渤海风暴潮与灾害

李培顺　曹丛华　等 著

海洋出版社
2019年·北京

图书在版编目(CIP)数据

渤海风暴潮与灾害 / 李培顺等著. — 北京：海洋出版社, 2019.4

ISBN 978-7-5210-0324-6

Ⅰ. ①渤… Ⅱ. ①李… Ⅲ. ①渤海－风暴潮－灾害性天气－研究 Ⅳ. ①P731.23

中国版本图书馆CIP数据核字(2019)第038716号

责任编辑：白　燕
责任印制：赵麟苏

海洋出版社 出版发行
http://www.oceanpress.com.cn
北京市海淀区大慧寺路 8 号　邮编：100081
北京朝阳印刷厂有限责任公司印刷　新华书店北京发行所经销
2019年4月第1版　2019年4月第1次印刷
开本：889mm × 1194mm　1 / 16　印张：30.75
字数：749千字　总定价：298.00元
发行部：62132549　邮购部：68038093　总编室：62114335

《渤海风暴潮与灾害》
编写人员名单

编　　著：李培顺　曹丛华

参与编写：阮成卿　高　松　李　杰　刘桂艳　黄　蕊

温连杰　于建生　刘清容　闫忠辉　李　健

连喜虎　袁本坤　黎　舸　王　宁　张永梅

焦　艳　冀承振　张　薇　陈胜建　高　山

葛　磊　郑志勇　王　彬　赵向玉　赵　鹏

王立鹏　张栋梁　商　杰　马海静

序

风暴潮是由强烈的大气扰动（如强风或气压骤变）所致的海面异常升高或降低的现象，是我国沿海地区常见的海洋灾害。渤海是北方内海，通过渤海海峡与黄海相连，其渤海湾和莱州湾沿岸是我国风暴潮灾害的重灾区之一，一年四季皆存在发生风暴潮灾害的风险。夏季的北上台风会带来台风风暴潮灾害，而秋冬、冬春过渡季节的冷空气和气旋，又会造成温带风暴潮灾害。例如，9216 号台风与天文大潮共同作用下引起了“92 特大风暴潮”，在渤海沿岸造成严重灾害损失，多处测站观测到了历史最高潮位。2003 年 10 月 11 日，受北方强冷空气影响，渤海湾、莱州湾沿岸发生了一次严重温带风暴潮灾害，灾害过程来势猛、强度大、持续时间长，成灾严重，河北省、天津市和山东省直接经济损失分别 5.84 亿元、1.13 亿元和 6.13 亿元。

防灾减灾能力建设是社会经济可持续发展的保证，也是一个国家文明程度的体现。新中国成立以来，国家和沿海各级地方政府投入大量人力、物力和财力，深入研究风暴潮的生成、发展和致灾机制，为风暴潮防灾减灾损失起到了巨大作用。而国家海洋局北海预报中心，是国家设在北海区全面履行海洋观测预报和海洋灾害预警报的区域中心。自 1965 年成立以来，北海预报中心业务化观测预报及海洋防灾减灾服务的创新力度不断提升，观测技术越来越先进，预报产品的准确率和精细化水平稳步提升。在过去的五十多年里，北海预报中心开展了大量观测、预警、调查与评估工作，用于渤海风暴潮灾害的防灾减灾、应急管理及科学研究，积累了极为宝贵的实践经验。

《渤海风暴潮与灾害》是编者集几十年在海洋预报工作中积累的经验与智慧的结晶，不仅详述了渤海地区的风暴潮特征及其灾害状况，还详尽介绍了导致风暴潮的天气系统及其生成、发展规律，以及对渤海地区的影响状况。

本书实用性强，实例丰富，要素齐全，图文并茂，所绘制的典型历史风暴潮过程的图集，涵盖了热带气旋、温带气旋、冷空气、冷空气与温带气旋相互配合以及北方气旋槽前SW向风场等致灾天气形势，各风暴潮过程影响形势的路径、强度、渤海区域的气压场演变以及沿海各测站风暴潮曲线的变化一目了然。本书可为从事风暴潮研究和预报工作及相关工作的从业者提供具有实际意义的基础资料，也可作为相关院校进行风暴潮教学工作弥足珍贵的参考材料，同时也可为渤海沿海地区风暴潮防灾减灾管理工作者提供科学参考依据。

管长龙

2018年10月于青岛

前　言

风暴潮是由热带气旋、温带天气系统、海上飑线等风暴过境所伴随的强风和气压骤变而引起的局部海面震荡或非周期性异常升降现象。通常，风暴增水称为风暴潮，风暴减水称为负风暴潮。

风暴潮发生期间，高涨的海水与伴随的狂风巨浪相互助虐，往往导致毁船沉舟、崩堤垮坝、摧桥断路、海水倒灌、淹田没禾、倒房塌屋、溺毙人畜等严重灾情。

负风暴潮发生时则海面骤降、岸边海水远退，往往造成港口和浅海区域船舶搁浅、需海水顶托工程的坍塌等灾情。

我国是风暴潮灾害最严重的国家之一，风暴潮引起的灾害损失居海洋灾害之首。据2000—2017年间的中国海洋灾害公报资料统计，我国沿海地区风暴潮灾害导致的直接经济损失年均超过110亿元（人民币，下同）。其中，2005年和2006年我国沿海地区风暴潮灾害导致的直接经济损失分别高达329.8亿元和217.11亿元，分别占同期全部海洋灾害直接经济损失的99.2%和99.4%。

渤海沿海地区是我国温带系统风暴潮灾害最频繁和最严重区域，还频受台风风暴潮侵害。自新中国成立以来特别是改革开放以来，沿海各级政府对风暴潮灾害的防御越来越重视，陆续投入了巨大的人力、物力和财力，不断加强风暴潮的监测预报、修建防潮堤坝等防灾减灾措施，为防御和减少灾害损失起到了巨大作用，使20世纪70年代以前动辄“海水入侵几十里、淹村毁禾、溺毙人畜无数”等灾情明显减少和减轻。但随着各沿海地区经济开发和建设的迅猛发展，昔日荒芜的海岸带区域不断被高效经济产业（如油气开采、水产养殖、港口码头、旅游场馆等）和居住性开发建设（如房地产开发等）所代替，社会、经济价值密度越来越大，风暴潮风险越来越高。一旦强风暴潮来袭，便会发生轻则损坏岸堤和岸边生产、生活设施，重则毁沉船只、冲垮岸堤、荡涤水产养殖场和盐场、淹灌油田油井和农田村舍、倒塌房屋和溺毙人畜等灾情，经济损失往往高达数亿元至十数亿元甚至数十亿元。如1997年8月19—20日第11号台风风暴潮和2003年10

月 11 日温带系统（江淮气旋配合冷空气）风暴潮，均导致渤海沿海地区发生了毁船沉舟、崩堤垮坝、摧桥断路、淹田没禾、倒房塌屋、溺毙人畜等严重灾情，直接经济损失总计均达 15 亿元以上。

据统计，1949 年以来，渤海沿海地区共发生局地或全线严重的台风风暴潮灾害和温带系统风暴潮灾害各十余次，经济损失少则数千万元，多则十数亿元甚至数十亿元，如此频繁、严重的风暴潮灾害已经成为影响乃至制约沿海地区经济发展的一个重要因素。因此，深入、具体、全面了解和掌握渤海区域的风暴潮及其灾害状况，对于研究和制定防灾措施、保障其经济开发建设和生产安全具有至关重要的作用。

众所周知，风暴潮的发生发展主要取决于地面天气系统的气压场和风场状况，故本书在列举导致风暴潮的天气形势时仅给出有关区域的地面形势图，均未涉及高空形势。

本书收集了许多学者和编者关于渤海区域风暴潮的研究和计算成果，全面、系统、详尽地给出了渤海区域 1960—2017 年间增（减）水值 ≥ 50 cm 的风暴潮（含负风暴潮）过程和不同区域的风暴潮特征，给出了导致渤海风暴潮的天气系统及其影响特征。

本书选取了热带气旋、温带气旋、冷空气、冷空气与温带气旋相互配合以及北方气旋槽前 SW 向风场等天气形势控制下的部分典型或较典型历史风暴潮过程，逐一给出了渤海区域各测站的风暴潮曲线和相应时段的天气实况分析图（见第 9 章至第 13 章风暴潮图集），以期为业者进行风暴潮研究和预报提供具有实际意义的基础资料。

本书图集中 2008 年以前羊口和黄骅两测站的风暴潮资料，源于多个单位或有关学者的计算值（多只有增水极值，部分有过程逐时值），部分系编者根据天气形势和相关分析给出的推测值（文中以“( )”标出）。

由于编者水平有限，不妥之处在所难免，敬请读者斧正。

编　者

2018 年 6 月于青岛

目　录

第1章
资料处理及测点简介

1.1 资料处理

本书所涉风暴潮数据源于蓬莱、龙口、潍坊港、羊口（又名:羊角沟）、孤东、黄河海港、黄骅港、塘沽、曹妃甸、京唐港、秦皇岛、芷锚湾、葫芦岛和鲅鱼圈共 14 个潮位测点的实测资料。除辽东湾东岸和海峡区域外，测站分布较为均匀（见图 1-1），但潮位观测时间早晚不一（见表 1-1）。

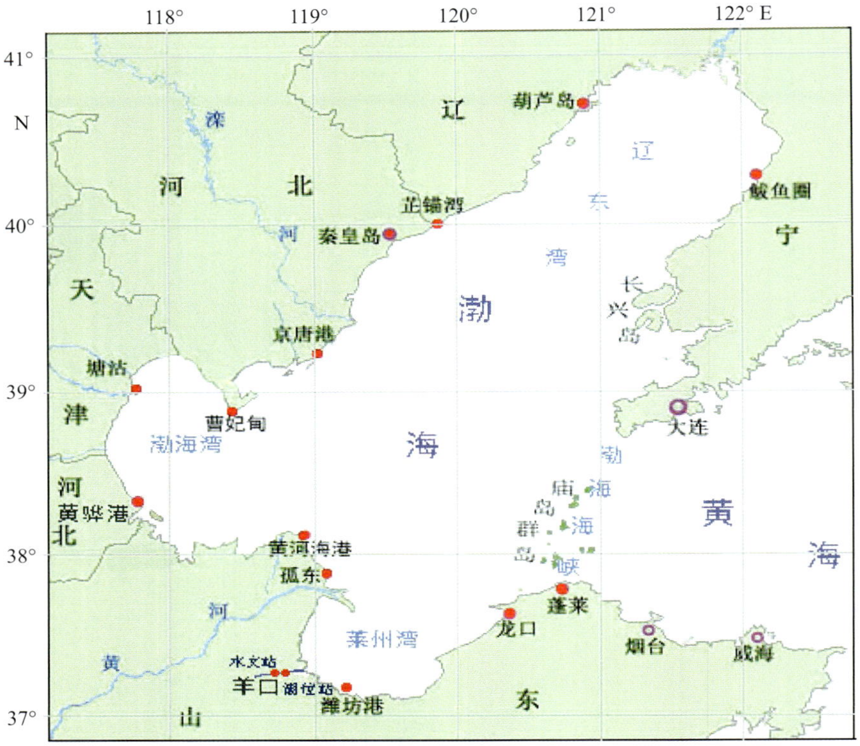

图 1-1　渤海区域潮位测点（实心红点者）分布

本书风暴潮资料的统计年限为 1960—2017 年共计 58 年，但由于各测点的资料序列长短不一，统计结果无法统一对比，难以对该区域的风暴潮状况予以明晰表述。为了客观、全面地反映渤海区域的风暴潮状况，本书以区域为单位进行描述。

蓬莱测站的潮位观测始于 1997 年，经 1997—2017 年间的同步统计，蓬莱、烟台的风暴潮资料具有较好的一致性（总体上蓬莱略高于烟台），故其 1960—1997 年间的风暴潮资料多由烟台（芝罘岛海洋站）资料代替，对个别过程的风暴潮强度则考虑影响形势而予以小幅增、减。

本书风暴潮次数统计系以影响系统为单位，同一系统影响的海区增水或减水（无论测站多寡）记为一次过程，风暴潮强度以区域内各测站增（减）水值最大者为准。

当渤海区域或某海区相继受北方低压槽前的 S—SW 风场和槽后的 N—NW 风场影响、两者增水极值均≥ 50 cm 且出现时差＜ 36 小时时，区域风暴潮过程次数按 1 次统计，该过程的影响系统按增水大者统计，但在另一系统风暴潮专项中亦记 1 次；当两者增水极值的出现时差≥ 36 小时时，受影响海区的风暴潮次数和影响系统分别按冷空气和 S—SW 风场统计。

本书数据主要源于编者的计算值，对于资料短缺测站，则收入了有关学者关于渤海区域风暴潮的研究和计算成果[1,2]。

1960—2004 年间，书中采用的温带系统（冷空气、温带气旋等）地面天气形势分析图，系由美国国家环境预报中心和美国国家大气研究中心（NCEP/NCAR）提供的再分析数据绘制而成（个别天气形势图有修改）；热带气旋的地面形势分析图系根据上述再结合历史天气实况分析图绘制而成，等压线间隔 2.5 hPa。

2005—2017 年间，书中采用的各系统天气实况分析图，均采用韩国气象机构提供的天气分析图的截图，等压线间隔 2.0 hPa。

本书中列举的热带气旋路径和强度资料，摘自中国气象局上海台风研究所建立的“中国台风网”（网址：www.typhoon.gov.cn）。

表 1-1　渤海区域风暴潮资料状况一览表

测站名称	所属海区	资料年限	备注
鲅鱼圈	辽东湾	1975—2017 年	资料完整
葫芦岛	辽东湾	1960—2017 年	资料完整
芷锚湾	辽东湾	1990—2017 年	资料完整
秦皇岛	辽东湾	1960—2017 年	资料完整
京唐港	辽东湾	2002—2017 年	断断续续，2008 年起完整
曹妃甸	渤海湾	2008—2017 年	断断续续
塘沽	渤海湾	1960—2017 年	资料完整
黄骅港	渤海湾	1982—2017 年	断断续续，2008 年起完整
黄河海港	莱州湾	2008—2017 年	断断续续，冬季因结冰多缺测
孤东	莱州湾	2008—2017 年	断断续续，冬季因结冰多缺测
羊口（水文站）	莱州湾	1960—2011 年	掌握的资料断断续续
羊口（潮位站）	莱州湾	2012—2017 年	因淤塞和结冰资料断断续续
潍坊（森达美）港	莱州湾	2008—2017 年	断断续续，冬季因结冰多缺测
龙口	莱州湾	1960—2017 年	资料完整
蓬莱	渤海海峡	1997—2017 年	资料完整

1.2　测点简介

为使读者明了本书所涉岸段的风暴潮特征，特将各测点的地理环境简要介绍如下[3]。

蓬莱测点：验潮井位于蓬莱港客运码头，无径流影响，验潮井无干出现象。

龙口测点：验潮井位于龙口港一号码头西端，无径流影响。

潍坊港测点：验潮井位于潍坊港码头，测点距岸边最近距离 3.5 km（见图 1-2），无径流影响。

羊口水文站和羊口潮位站测点：羊口又名羊角沟，两测站验潮井均位于小清河入海口内的羊口镇，东西相距 1 km，测点距入海河口直线距离约 12 km（见图 1-2）。两站验潮资料均无海浪影响，但径流影响显著，在每月的大潮期的低潮时段，该测点潮位值多为径流水位。潮位站验潮井易被泥沙淤塞，在冬季的低潮时段常干出。

孤东测点：验潮井位于莱州湾西北区域（现黄河入海口北侧），验潮井距岸边 0.2 km，无径流影响，冬季的特大低潮时段可干出。

黄河海港测点：验潮井位于黄河三角洲凸出区域的胜利油田黄河海港码头，验潮井距岸边 2 km（见图 1–3），无径流影响，冬季的特大低潮时段可干出。

黄骅港测点：验潮井位于黄骅港码头，无径流影响，验潮井无干出现象。

塘沽测点：验潮井位于天津港码头，测点位置曾数度变迁：1986 年 7 月以前，位于天津港务局 6 m 码头（见图 1–4 中验潮井 1），海河径流有影响；1986 年 7 月至 1994 年 7 月，位于天津港港务局三港池（见图 1–4 中验潮井 2），海河径流影响轻微；1994 年 8 月 1 日起，验潮井位于天津港东突堤（见图 1–4 中验潮井 3），海河径流基本无影响。

曹妃甸测点：验潮井位于曹妃甸港煤码头端部，无径流影响，验潮井无干出现象。

京唐港测点：验潮井位于京唐港码头，无径流影响，验潮井无干出现象。

秦皇岛测点：2002 年前，验潮井位于秦皇岛货港 3 号码头中段；2002 年 1 月起，验潮井位于原验潮井以西约 600 m 的海事局码头东端。均无径流影响。

芷锚湾测点：验潮井位于芷锚湾港码头端点，距岸边约 700 m（见图 1–5），无径流影响，验潮井无干出现象。

葫芦岛测点：验潮井位于葫芦岛港丙码头与 3 号码头衔接处，无径流影响，验潮井无干出现象。

鲅鱼圈测点：验潮井位于鲅鱼圈港四突堤，无径流影响，验潮井无干出现象。

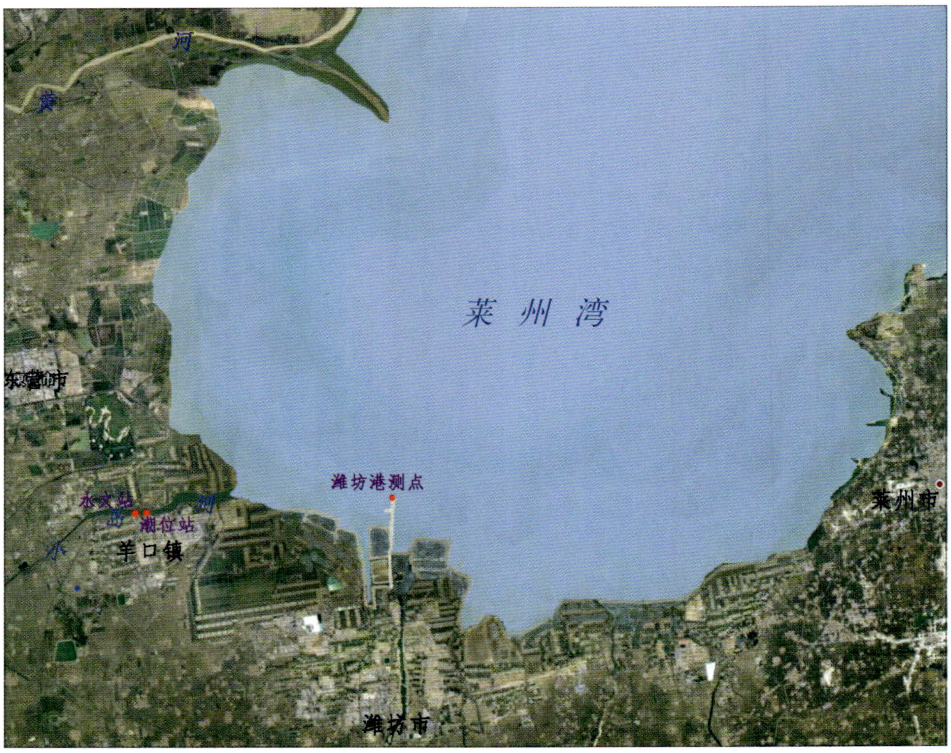

图 1–2　潍坊港潮位测点、羊口水文站和羊口潮位站潮位测点位置及周围环境

图 1-3　黄河海港潮位测点位置及周围环境

图 1-4　塘沽潮位测点位置及周围环境

图 1-5　芷锚湾潮位测点位置及周围环境

第2章
渤海区域的风暴潮特征

2.1 影响系统

导致渤海沿岸风暴潮的天气系统主要有热带气旋、冷空气（含冷空气与温带气旋相互配合者）、温带气旋、北方气旋槽前（编者对蒙古气旋槽、东北低压槽和渤海区域东高西低形势的统称，下同）SW 向风场 4 种类型。其中冷空气、温带气旋和北方低压槽前 SW 向风场等天气系统被统称为温带系统。

此外，无论春、夏、秋、冬，渤海沿岸时常出现由雷暴天气、冷空气间歇和大幅度减水过后的惯性回振、海湾振荡以及弱、乱系统中的局地切变等原因引起的局地增水现象。该增水在各海湾的出现次数差异较大，年均 4 ~ 8 次不等，增水一般为 50 cm 左右，特强者可达 100 cm 左右。由于此类增水不能归属某一明显的天气形势且幅度很小，本书未予统计。

2.2 风暴潮属性及其强度

渤海沿岸的风暴潮（过程最大增水≥ 50 cm 者，下同），主要由温带系统导致，热带气旋风暴潮占比很小。其中温带系统风暴潮的发生比率，莱州湾、渤海湾和辽东湾均占 96% 以上，海峡区域为 91.5%（见表 2–1）。

渤海沿岸的负风暴潮，几乎全部由温带系统所引发，热带气旋负风暴潮仅偶尔发生且强度很弱。

渤海沿岸的风暴潮极值，莱州湾、渤海湾和海峡区域系由温带系统导致，辽东湾为热带气旋引发（见表 2–1）。

表 2–1　温带系统风暴潮与热带气旋风暴潮的年均次数及极值对比（1960—2017 年）

强度 / 系统 / 频次（次） / 海区	≥ 50 cm		≥ 150 cm		≥ 250 cm		最大增水（cm）		
	温带系统	热带气旋	温带系统	热带气旋	温带系统	热带气旋	温带系统	热带气旋	测站
全区域	35.5	1.2	3.1	0.26	0.25	0.02	358	304	羊口
莱州湾	29.0	1.2	3.0	0.26	0.25	0.02	358	304	羊口
渤海湾	27.8	1.1	1.6	0.14	0.05	0	（270）	245	黄骅港
辽东湾	19.0	0.84	0	0.03			136	220	葫芦岛
海峡	8.7	0.76	0	0.02			142	（150）	蓬莱

2.3 风暴潮类别的区域变化

渤海区域的风暴潮过程，总体以冷空气（含冷空气与温带气旋相互配合者）类最多，北方低压槽前 SW 向风场类居次，温带气旋类位列第三，热带气旋类最少，不同类型风暴潮的发生比率则随海区的不同而差别显著（见表 2–2）。

冷空气风暴潮是渤海沿岸的主要风暴潮类型。该类风暴潮在渤海全区域占 64.1%，不同海区占比差别显著。其中：莱州湾、渤海湾和渤海海峡分别占本海区的 84%、81% 和 74%；辽东湾仅占本海区的 33.5%，远少于北方气旋槽前 SW 向风场风暴潮的占比（50.7%）。

由北方气旋槽前的 SW 向风场诱发的风暴潮，在全渤海区域占近 25%，是渤海沿岸的次多风暴潮类型。该类风暴潮以辽东湾沿岸出现的次数最多、分布区域最广，渤海湾区域较少发生且主要出现在塘沽附近及以北的渤海湾北岸区域，莱州湾仅在其东北区域的龙口湾偶有出现。其中，辽东湾的发生比率高达近 51%，渤海湾、莱州湾区域的发生比率分别为 4.2% 和 1%，海峡区域为 0%。

渤海沿岸单纯的温带气旋风暴潮出现次数较少，全区域年均出现 3.5 次，莱州湾、渤海湾、辽东湾和海峡区域年均分别为 3.4 次、3.3 次、2.4 次和 1.7 次。其发生比率，莱州湾、渤海湾和辽东湾均占本海区的 11%，在海峡区域则高达近 18%。

渤海沿岸热带气旋风暴潮年均出现 1.2 次，其发生比率在莱州湾、渤海湾和辽东湾均占本海区的 4% 左右，在渤海海峡区域则高达 8%。

表 2-2 风暴潮类别频次（次）和比率（%）的区域变化（1960—2017 年）

天气要素系统 \ 海区		全区		莱州湾		渤海湾		辽东湾		渤海海峡	
		年均次数	比率	年均次数	比率	年均次数	比率	年均次数	比率	年均次数	比率
温带系统	冷空气	26.8	64.1	25.3	84.1	23.3	80.9	6.8	33.5	7.0	73.7
	温带气旋	3.5	8.4	3.4	11.3	3.3	11.5	2.4	11.8	1.7	17.9
	SW 向风场	10.3	24.6	0.3	1.0	1.2	4.2	10.3	50.7	0	0
	合计	40.6	97.1	29.0	96.3	27.8	96.5	19.5	96.1	8.7	91.6
热带气旋		1.2	2.9	1.1	3.7	1.0	3.5	0.84	4.1	0.76	8.0
总计		41.8		30.1		28.8		20.3		9.5	
备注		风暴潮类别比率 =（本区域风暴潮年均次数 / 本区域风暴潮年均总次数）×100%。 本表全区栏内 SW 向风场数据中，全区和辽东湾分别有年均 5.1 次和 0.5 次的冷空气与 SW 向风场同计。故本表温带系统合计较表 2-1 分别多 5.1 次和 0.5 次									

2.4 风场变化与风暴潮

导致渤海沿岸风暴潮的风场，主要为渤海海域 SE → NE → N 的逆时针旋转风场，稍次为 E—NE → N 的逆时针旋转风场和 NE → N-NW 的逆时针旋转风场，再次为 SW → NW 的顺时旋转变风场和北方气旋或低压槽前的 S—SW 向风场。

2.4.1 SE → NE → N 的逆时针旋转风场与风暴潮

渤海海域 SE → NE → N 逆时针旋转的大风风场，是导致沿岸强风暴潮的主要风场类型。

该风场均出现在有温带气旋（主要为江淮气旋，其次为黄河气旋和渤海气旋）与南下冷空气相互配合的天气形势影响时（详见第 11 章 11.2 节）。

该天气形势影响时，海区风场 SE → NE → N 的风向转变过程缓慢，大风持续时间长，引发的风暴潮强度高，伴随的海浪大，影响区域广，往往导致渤海尤其莱州湾和渤海湾沿海地区出现严重或特别严重的风暴潮灾害。

该风场导致的最大增水，一般强度者为 150 ~ 200 cm，强者可达 250 ~ 300 cm，特强者可达到或超过 350 cm。

该风场导致的风暴潮灾害，主要发生在莱州湾、渤海湾和辽东湾西南部沿海地区。“东南转东北，不死也见鬼”，这一盛传于渤海尤其莱州湾、渤海湾沿海地区渔民和海上生产部门的天气谚语，正是对 SE → NE → N 大风风场所导致的风暴潮灾害和海浪灾害的真实写照。

2.4.2 持续的 E—NE → N 向大风风场与风暴潮

渤海海域 E—NE → N 逆时针旋转的大风风场，是导致渤海沿岸强风暴潮的重要风场类型。

该风场主要出现在由横向冷锋引导南下、渤海或鲁苏区域无明显温带气旋与之相互配合的北或西北路冷空气影响时（详见第 11 章 11.1 节）。

该天气形势影响时，海区持续长时间的 E—NE 向大风，其引发的风暴潮强度、伴随的海浪和影响区域，总体略低于 SE → NE → N 逆时针旋转的大风风场，可导致渤海尤其莱州湾和渤海湾沿海地区出现严重或特别严重的风暴潮灾害。

该风场导致的最大增水，一般为 150 cm 左右，强者可达 200 ~ 250 cm，特强者可达 300 cm。

该风场导致的风暴潮灾害主要发生在莱州湾、渤海湾和辽东湾西南部沿海地区，对其他区域影响较弱。

2.4.3 NE → N—NW 向大风风场与风暴潮

渤海海域 NE → N—NW 逆时针旋转的大风风场，是导致渤海沿岸较强风暴潮的风场类型。

该风场主要出现在经东海、南黄海海域北上进入渤海东部或北黄海的热带气旋或黄海气旋与北路冷空气相配合的天气系统影响时。

经东海、南黄海海域北上进入渤海东部或北黄海的热带气旋影响时，渤海海域的 NE 向大风持续时间长且风速强，伴随的海浪大，过程增水幅度一般为 150 cm 左右，强者可达 200 cm 左右，特强者可达 250 cm 左右。

该路径热带气旋导致的 NE → N—NW 风场，可引发渤海尤其莱州湾和渤海湾沿海地区出现严重或特别严重的风暴潮灾害（详见第 9 章 9.1 节和 9.2 节）。

北上黄海气旋与北方冷空气相配合的天气形势，均出现在渤海区域已由偏北路径冷空气控制而吹刮较长时间的 NE 向大风、后有气旋在南黄海西部区域生成并北上时。随着黄海气旋的北上，两者的配合使渤海区域的 NE 向大风骤然增大，风向则迅速转向 N—NW。

黄海气旋与北方冷空气相配合的天气形势，增水幅度一般为 100 cm 左右，强者可达 150 cm 左右，特强者可达 200 cm 左右。可导致莱州湾、渤海湾沿海地区和海峡南岸较重风暴潮灾害，对辽东湾区域影响较弱（详见第 11 章 11.1.2.4）。

黄海气旋与北方冷空气相配合的天气形势影响时，沿岸最大增水往往出现在风向转为 N 向大风时。

2.4.4　SW → NW 的顺时针旋转风场与风暴潮

渤海海域 SW → NW 的顺时针转变风场，是渤海区域常见的风场类型，多出现在西北路或西路冷空气锋面过境前后。

该冷空气多由蒙古气旋或东北低压的斜向或竖向冷锋引导，锋面过境时，海区 SW → NW 的风向转变快速，转风后风速骤然猛增，各测站最大增水主要出现在锋面过境后。

该风场导致的风暴潮强度远低于 SE → NE → N 的逆时针旋转风场，并且持续时间短暂。其最大增水一般为 100 cm 左右，强者可达 150 cm 左右，特强者可达 200 cm 左右。

该类天气引发的风暴潮主要发生辽东湾东岸、渤海湾南岸、莱州湾南岸和东岸，风暴潮灾害损失较小（详见第 11 章 11.2.1 节）。

2.4.5　S—SW 向风场与风暴潮

渤海海域的 S—SW 向风场，是导致辽东湾沿岸风暴潮的常见风场类型，多出现在蒙古气旋或东北低压槽前，部分出现在华北低压与日、韩区域高压之间的“西低东高”气压场控制时。

该风场风力一般为 6 级左右，特强者可达 7 ～ 8 级，海区内产生的海浪较小。其引发的风暴潮强度一般为 50 cm 左右，强者达 100 cm 左右，特强者可达 150 cm 左右，鲜有风暴潮灾害发生（详见第 12 章）。

该风场对渤海湾南岸、莱州湾和海峡区域基本无影响。

2.5　负风暴潮的风场变化

渤海沿岸的负风暴潮（减水），95% 以上为冷空气所引发，但不同状态（局地或整体）的负风暴潮的风场变化差异显著。

局地减水时，各海区风场变化不尽一致，风向较杂乱。

各海湾沿岸同时减水时，需整个渤海海域和黄海北部、黄海中部海域为持续的 N—NW 向大风风场（见图 2-1 至图 2-5）。

渤海和黄海（至少为北黄海和南黄海中、北部）海域持续的 N—NW 向大风风场，是导致渤海区域各测站负风暴潮（减水）的主要风场类型，也是导致渤海区域内各海湾沿岸同时大幅度减水的唯一风场类型。

该风场主要出现在西北路或西路冷空气完全控制渤海和黄海时，部分出现在北路冷空气与温带气旋配合过程的中后期（温带气旋移至朝鲜半岛南部及以东后）。其导致的负风暴潮强度，一般为 100 cm 左右，强者达 150 ～ 200 cm，特强者可达 250 cm 左右（详见第 13 章）。

2.6　常态过程中的风场变化与增减水态势

2.6.1　冷空气影响前后的风场变化与增减水态势

在冷空气影响之前，当黄海、渤海海域较长时间维持较稳定的偏 E 向风场时，渤海沿岸均呈较弱的增水态势（见图 2-1 中 1 日和图 2-2 中 12 日的增水曲线和风场）。

在强冷空气影响的初始阶段，当渤海区域由急剧增强的 NE 向大风控制时，沿岸风暴潮曲线呈显著的南增北减态势；至渤海和北黄海全部转为 N 向风场时，渤海南部沿岸增水达到顶峰，北部沿岸的减水亦达阶段性的谷值（见图 2–1 中 4 日 12 ～ 18 时、图 2–2 中 13 日 12 时的增、减水曲线和风场）。

当渤海区域由持续的 NE 向大风控制时，其南部沿岸呈周期为 18 小时左右的波动性增水状态，北部沿岸则呈现与南部反相的波动性减水，渤海区域呈现显著而持续的南增北减态势，直至渤海和北黄海全部转为 N 向风场时（见图 2–3 中 5—8 日的增、减水曲线和风场）。

在冷空气影响的中、后期，当渤海、黄海北部和黄海中部海域均为持续的 N—NW 向大风控制时，渤海各海域则呈现一致的急剧减水状态，至渤海风力减弱为 6 级以下时开始回升（见图 2–1 中 5—6 日、图 2–2 中 14—15 日和图 2–3 中 8—9 日增、减水曲线和风场）。

2.6.2 持续的 S—SW 向风场与增减水态势

当渤海区域处于稳定的蒙古气旋槽前或“东南高西北低”气压场影响，渤海和北黄海海域为持续时间较长的 S—SW 向风场控制时，沿岸风暴潮曲线呈北增南减态势，但增、减水幅度均较小（见图 2–4）。

2.6.3 冷空气转换过程中的风场变化与增减水态势

当渤海处于接踵冷空气影响时，各海区风暴潮曲线往往呈现与冷空气周期一致的波动态势。即：

在前次冷空气影响结束至后次冷空气影响之间的 S—SW 向风场控制时，各海区风暴潮曲线往往呈现一致的上升态势，直至受冷空气影响的 N—NW 向风场控制时回落，进而出现一致的减水（见图 2–5）。

2.6.4 北上热带气旋影响过程中的风场变化与增减水态势

凡由华东陆域或南黄海中—西部北上至渤海、北黄海或黄海中部海域的热带气旋，在北上过程中，渤海海域往往处于持续且不断增强的 E—NE 向风场控制中。

随着热带气旋的北上，渤海各区的增减水曲线往往呈现一致的逐渐增高状态；当海区风速增大到 7 ～ 8 级以上或开始转为 N 向风场时，则呈现迅猛的增水状态（见第 9 章）。

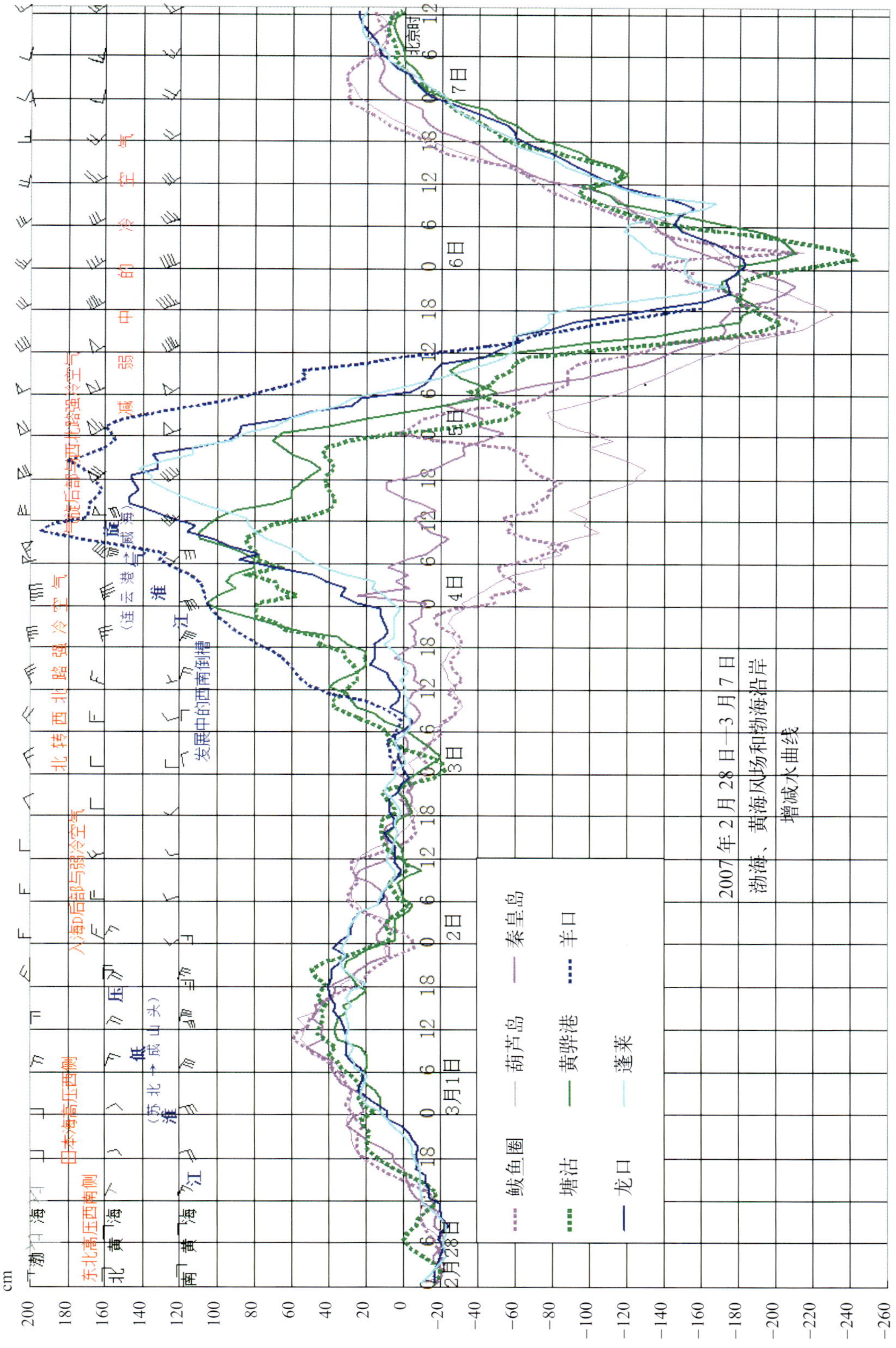

图 2-1 渤海沿岸风暴潮曲线态势与黄海、渤海风场的对应图例（1）

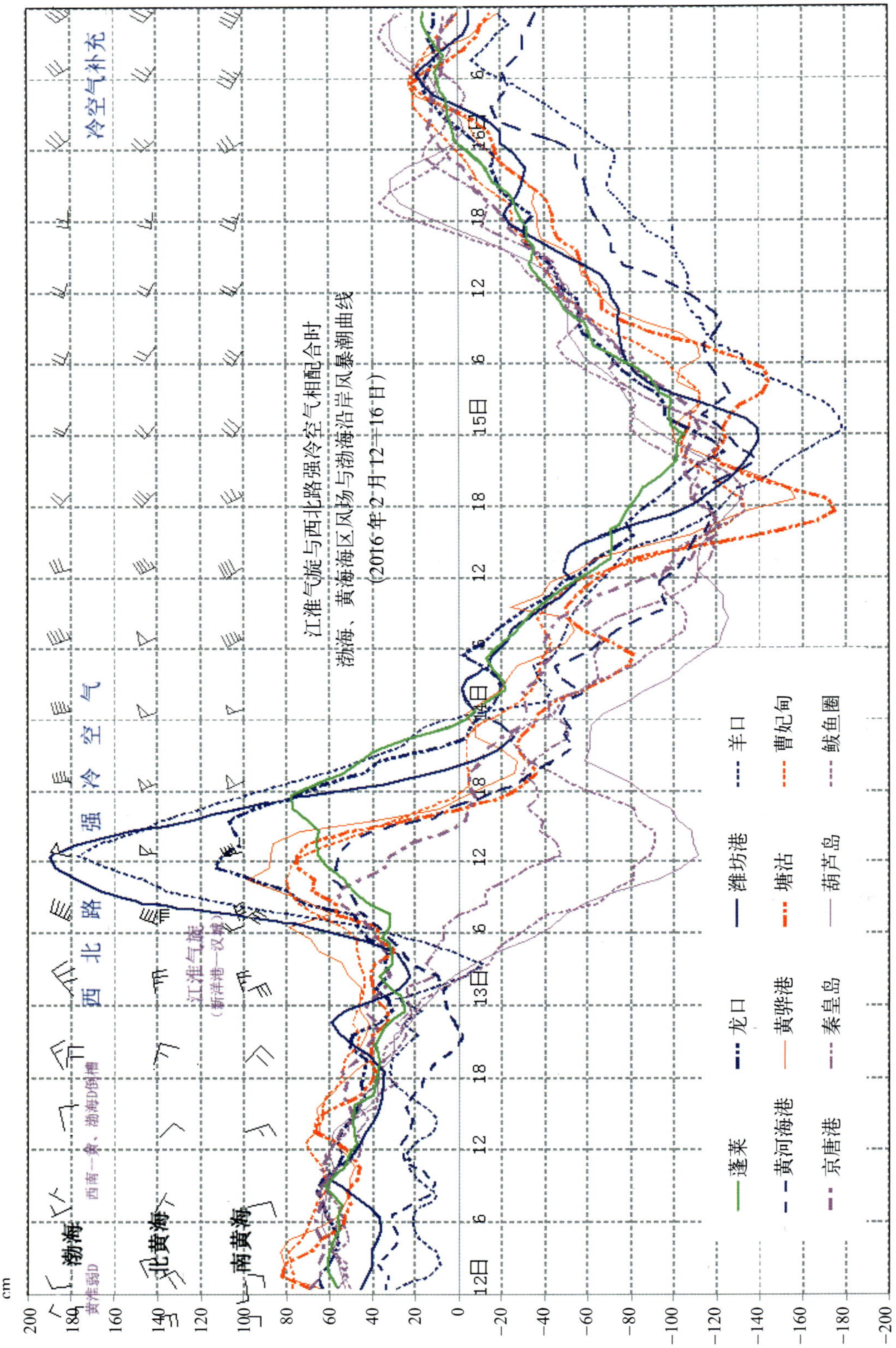

图2-2　渤海沿岸风暴潮曲线态势与黄海、渤海风场的对应图例（2）

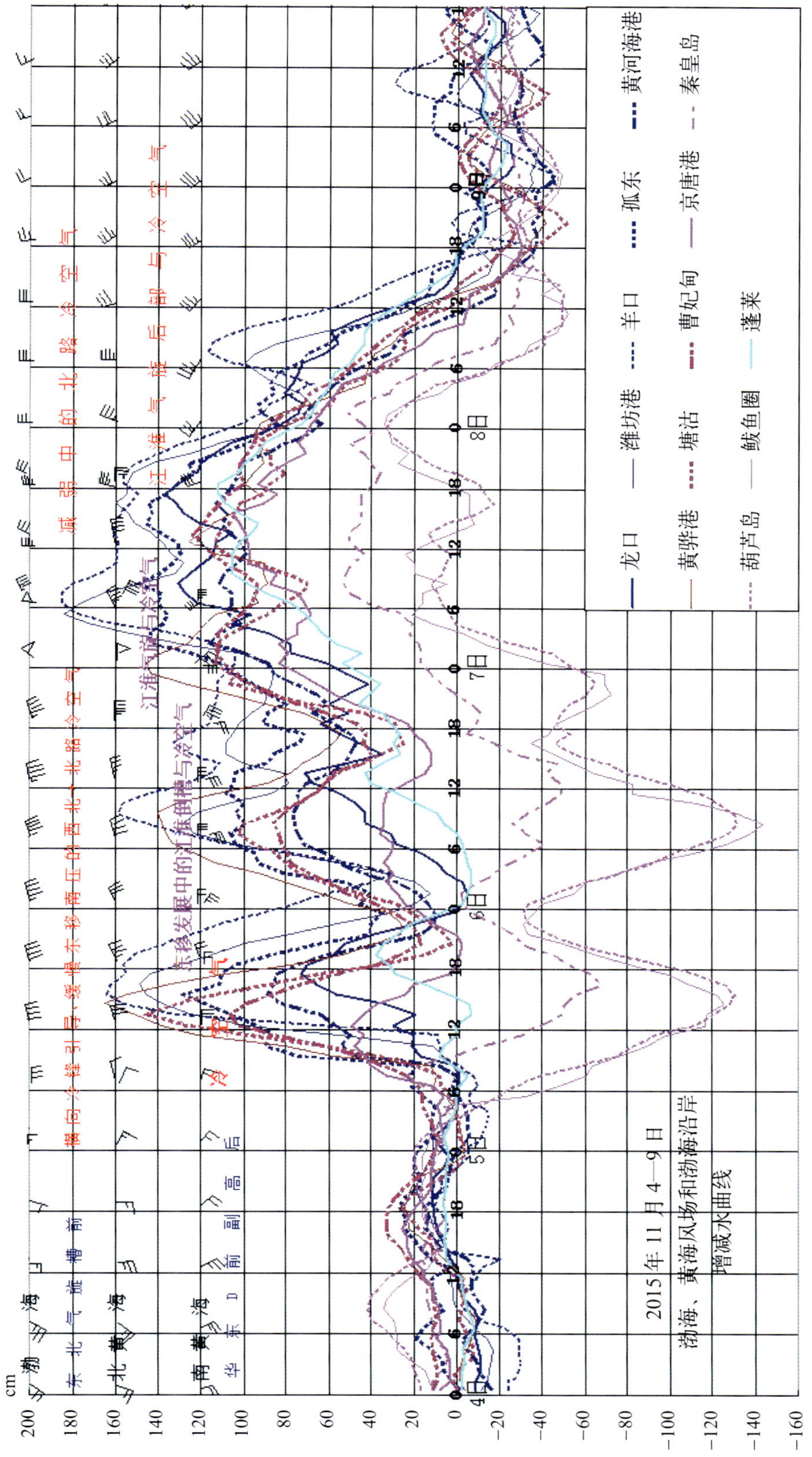

图 2-3 渤海沿岸风暴潮曲线态势与黄海、渤海风场的对应图例（3）

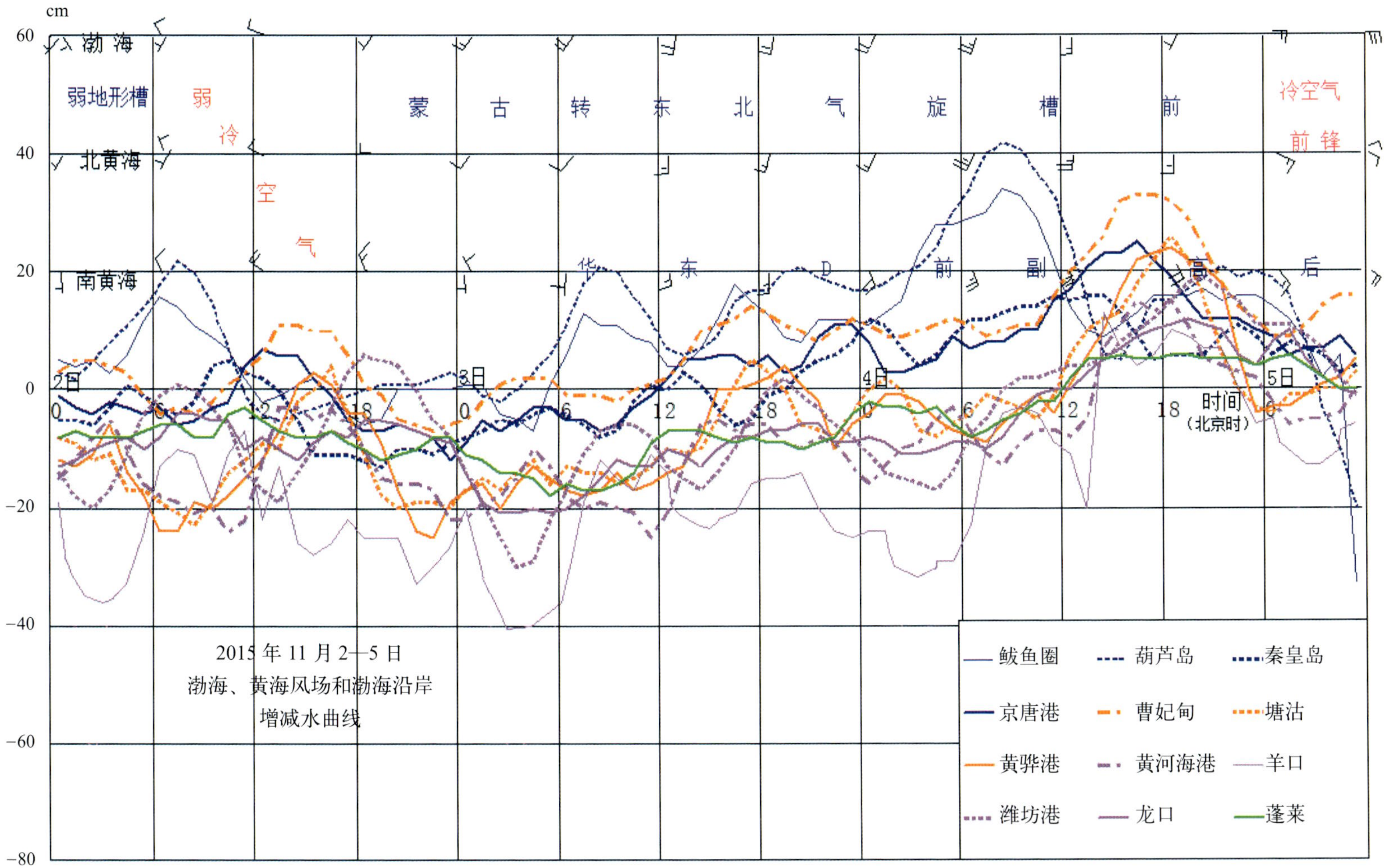

图 2-4　渤海沿岸风暴潮曲线态势与黄海、渤海风场的对应图例（4）

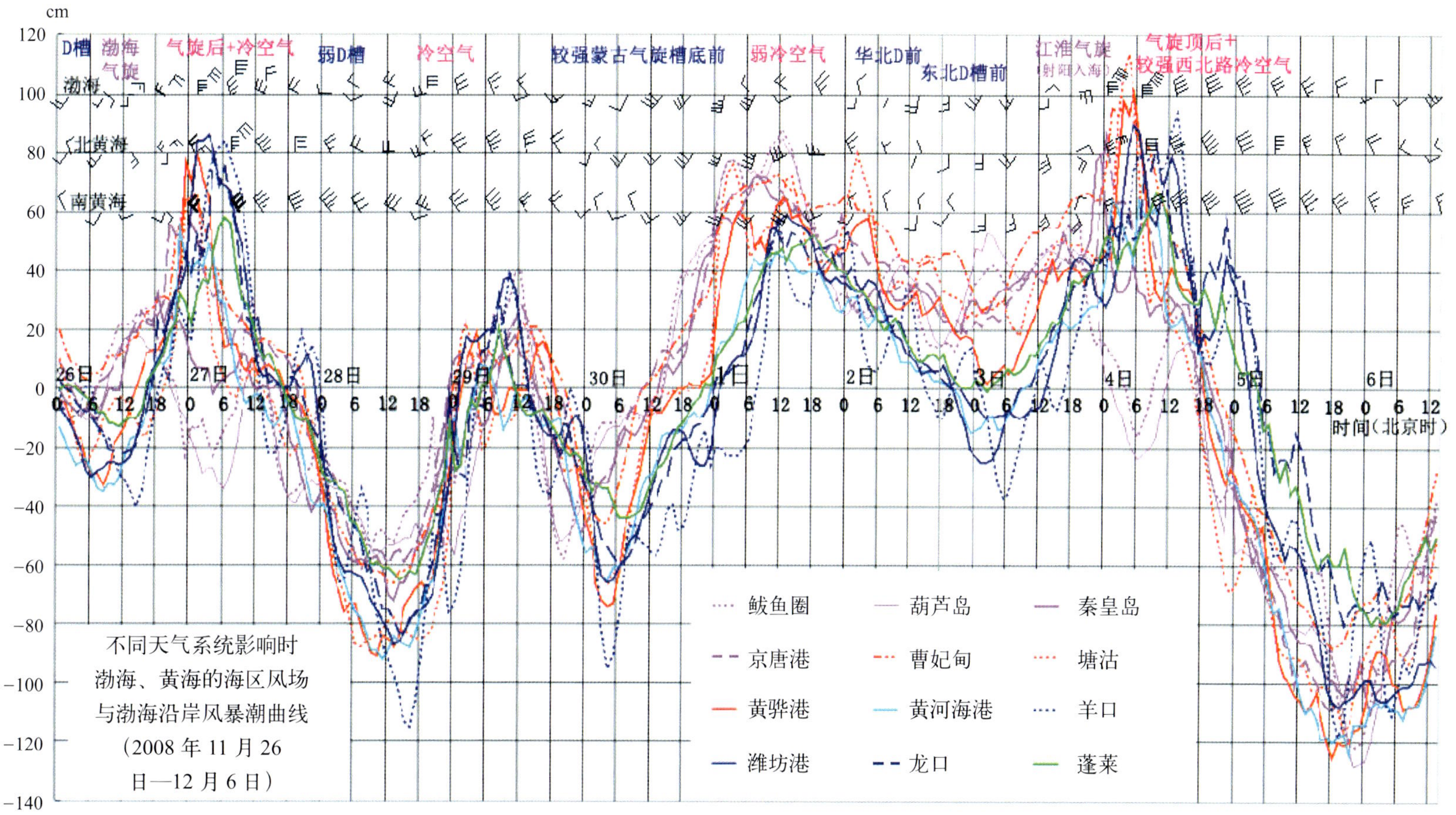

图 2-5 渤海沿岸风暴潮曲线态势与黄海、渤海风场的对应图例（5）

第3章

热带气旋与风暴潮

热带气旋是发生在热带或副热带洋面上的低压涡旋，是一种破坏性极强的天气系统。热带气旋共分为热带低压（TD）、热带风暴（TS）、强热带风暴（STS）、台风（TY）、强台风（STY）和超强台风（SuperTY）6 个等级。

表 3-1　热带气旋等级划分一览表

热带气旋等级名称	底层中心附近最大平均风速（m/s）	底层中心附近最大风力（级）
热带低压（TD）	10.8 ~ 17.1	6 ~ 7
热带风暴（TS）	17.2 ~ 24.4	8 ~ 9
强热带风暴（STS）	24.5 ~ 32.6	10 ~ 11
台风（TY）	32.7 ~ 41.4	12 ~ 13
强台风（STY）	41.5 ~ 50.9	14 ~ 15
超强台风（SuperTY）	≥ 51.0	16 或以上

3.1　导致渤海风暴潮的热带气旋路径

据 1960—2017 年间资料统计，渤海区域增水幅度达 50 cm 以上（含 50 cm）的热带气旋风暴潮，几乎均由进入 30°N 线以北、125°E 线以西的海域和陆域（见图 3-1 红线框起区域，称其为“渤海热带气旋风暴潮统计区域”，下同）的热带气旋所导致，根据其路径和影响状况，大致可分为 4 种类型。即：

Ⅰ型（进入渤海）——热带气旋中心进入渤海者。

Ⅱ型（北黄海消失或移出）——热带气旋进入北黄海消失或经由北黄海登陆辽东半岛或朝鲜半岛者。

Ⅲ型（南黄海消失或移出）——热带气旋在南黄海海域（含 30°N 以北的东海北部海域）转向朝鲜半岛和对马海峡者，或由东海北上、西行消失（含减弱为低气压“D”，不计“D”的去向）于南黄海者。

Ⅳ型（登陆消失）——热带气旋在闽、浙、沪、苏沿海登陆向西北或向西移行直至减弱为低气压或消失者。

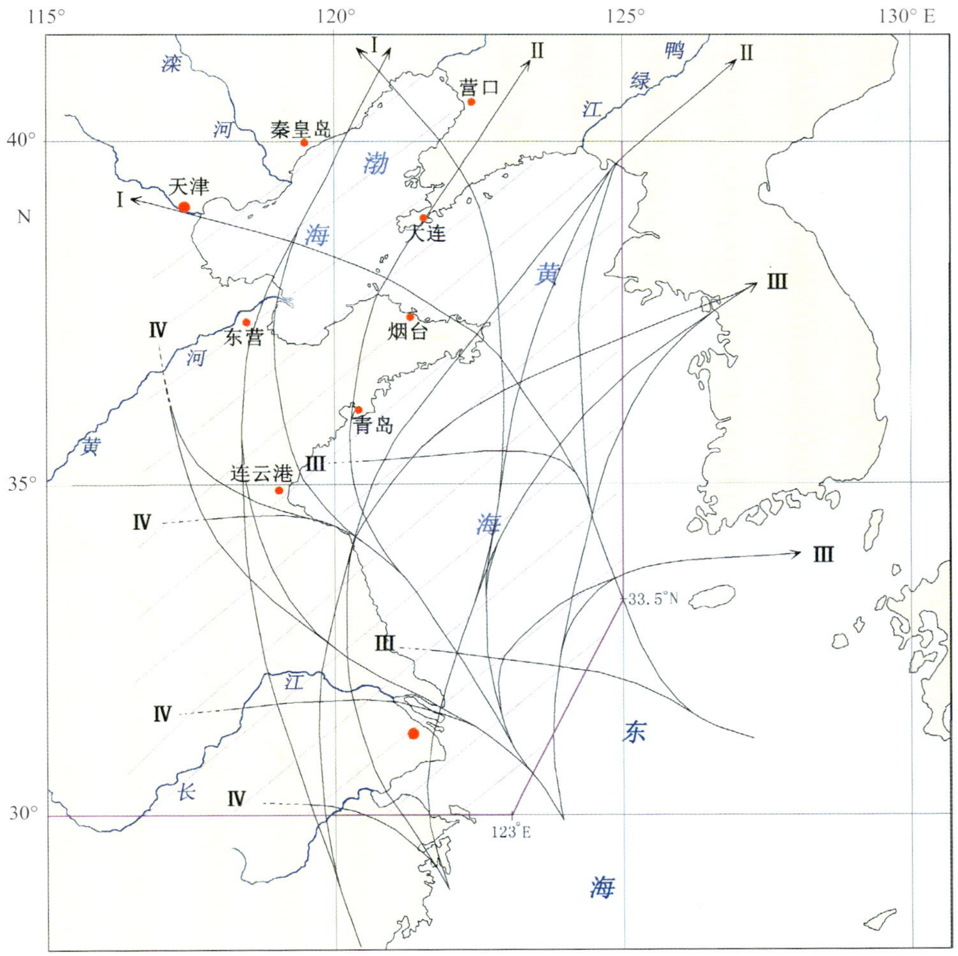

图 3-1　导致渤海风暴潮的热带气旋路径与统计区域示图

3.2　热带气旋路径与频率

根据我国中央气象台中国台风网给出的热带气旋路径和强度资料统计，1960—2017 年间，进入渤海风暴潮统计区域的热带气旋共有 92 个，平均每年 1.6 个，其中：

Ⅰ型 15 个（名称、路径见表 3-2 和图 3-2），占总数的 16%，平均 3.9 年出现 1 次；

Ⅱ型 19 个（名称、路径见表 3-3 和图 3-3），占总数的 21%，平均 3.1 年出现 1 次；

Ⅲ型 45 个（名称、路径见表 3-4 和图 3-4），占总数的 49%，平均 1.3 年出现 1 次；

Ⅳ型 13 个（名称、路径见表 3-5 和图 3-5），占总数的 14%，平均 4.5 年出现 1 次。

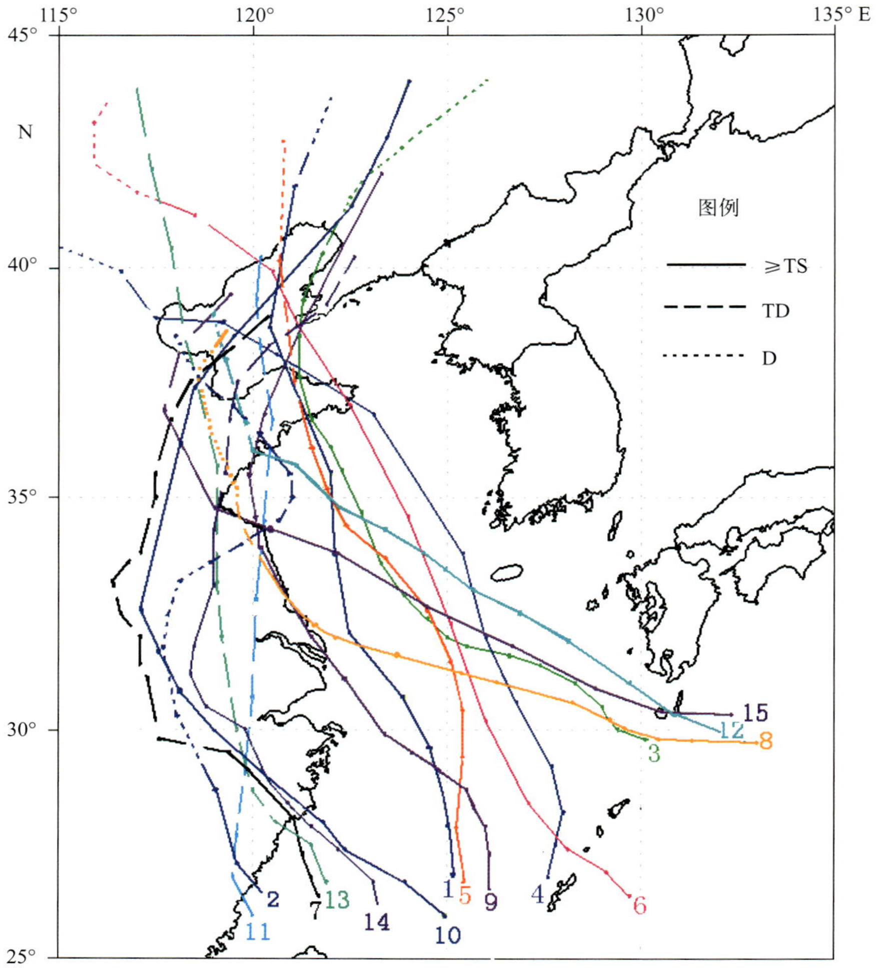

图 3-2　I 型热带气旋名称及路径（1960—2017 年）

表 3-2　进入统计区域的 I 型热带气旋序号、编号和名称（1960—2017 年）

序号	编号	名称	序号	编号	名称
1	6005	宝莉（POLLY）	9	8509	玛美（MAMIE）
2	6007	雪莉（SHIRLEY）	10	9711	温妮（WINNE）
3	6705	黛特（DOT）	11	0108	桃芝（TORAJI）
4	7203	莉泰（RITA）	12	0209	风神（FENGSHEN）
5	7303	毕莉（BILLIE）	13	0421	海马（HAIMA）
6	7416	（未命名）	14	0509	麦莎（MATSA）
7	8108	（未命名）	15	1210	达维（DAMREY）
8	8406	艾德（ED）			

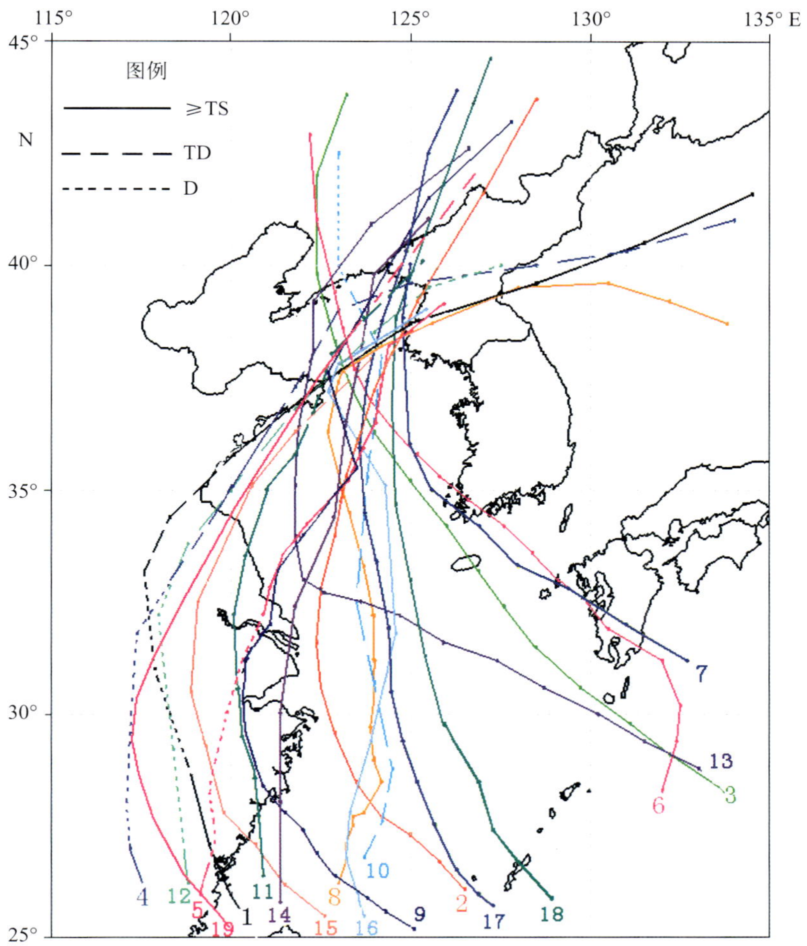

图 3-3 Ⅱ型热带气旋名称及路径（1960—2017 年）

表 3-3 进入统计区域的Ⅱ型热带气旋序号、编号和名称（1960—2017 年）

序号	编号	名称	序号	编号	名称
1	6208	欧珀（OPAL）	11	8707	亚力士（ALEX）
2	6408	芙劳西（FLOSSIE）	12	9216	宝莉（POLLY）
3	6410	海伦（HELEN）	13	9415	爱丽（ELLIE）
4	6510	哈莉（HARRIET）	14	0004	启德（KAI_TAK）
5	6513	玛丽（MARY）	15	0713	韦帕（WIPHA）
6	6612	温妮（WINNIE）	16	1105	米雷（MEARI）
7	8109	奥克顿（AGDEN）	17	1109	梅花（MUIFA）
8	8211	西仕（CECIL）	18	1215	布拉万（BOLAVEN）
9	8506	杰夫（JEFF）	19	1410	麦德姆（MATMO）
10	TD23（1985 年）	（未命名）			

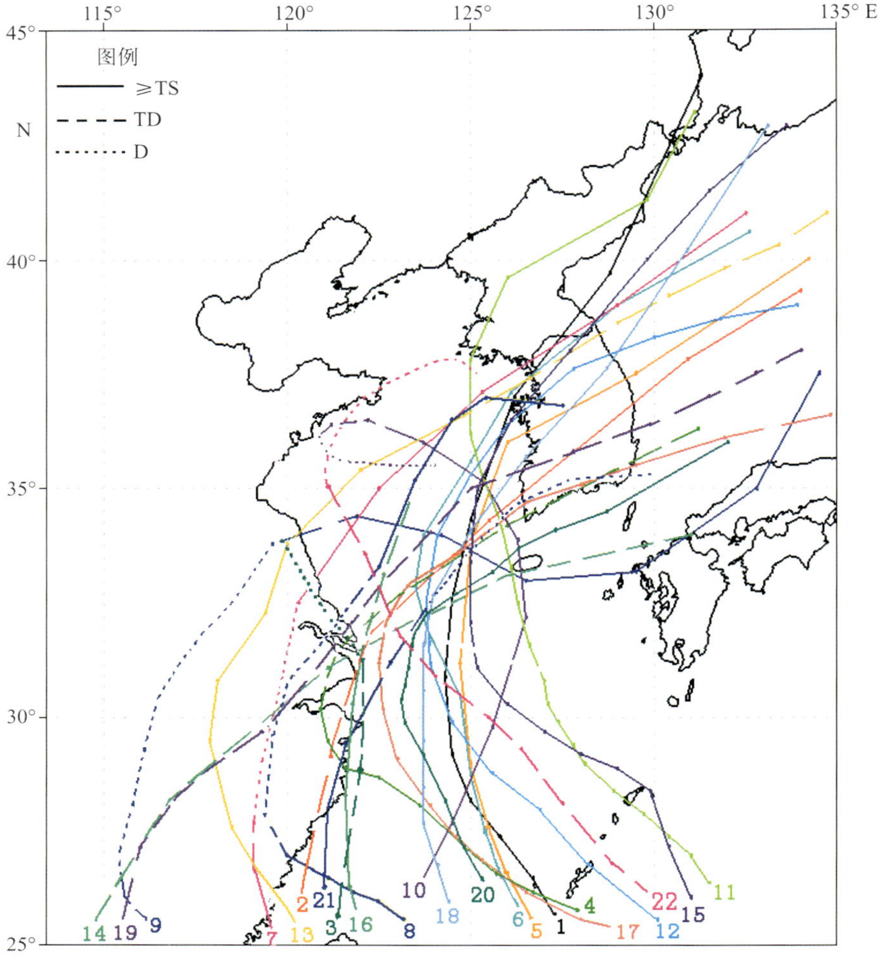

图 3-4 Ⅲ型热带气旋名称及路径（1960—1984 年）

表 3-4 进入统计区域的Ⅲ型热带气旋序号、编号和名称（1960—1984 年）

序号	编号	名称	序号	编号	名称
1	6014	卡门（CARMEN）	12	7117	宝莉（POLLY）
2	6104	贝蒂（BETTY）	13	7123	贝丝（BESS）
3	6116	（未命名）	14	7220	波密拉（PAMELA）
4	6126	蒂达（TILDA）	15	7308	艾瑞丝（IRIS）
5	6203	琼恩（JOAN）	16	7410	琴恩（JEAN）
6	6207	娜拉（NORA）	17	7615	黛特（DOT）
7	6214	艾美（AMY）	18	7909	欧文（IRVING）
8	6615	寇拉（CORA）	19	8006	埃达（IDA）
9	6911	艾尔西（ELISIE）	20	8114	艾妮丝（AGNES）
10	TD23（1970 年）	（未命名）	21	8403	亚力士（ALEX）
11	7008	毕莉（BILLIE）	22	TD14（1984 年）	（未命名）

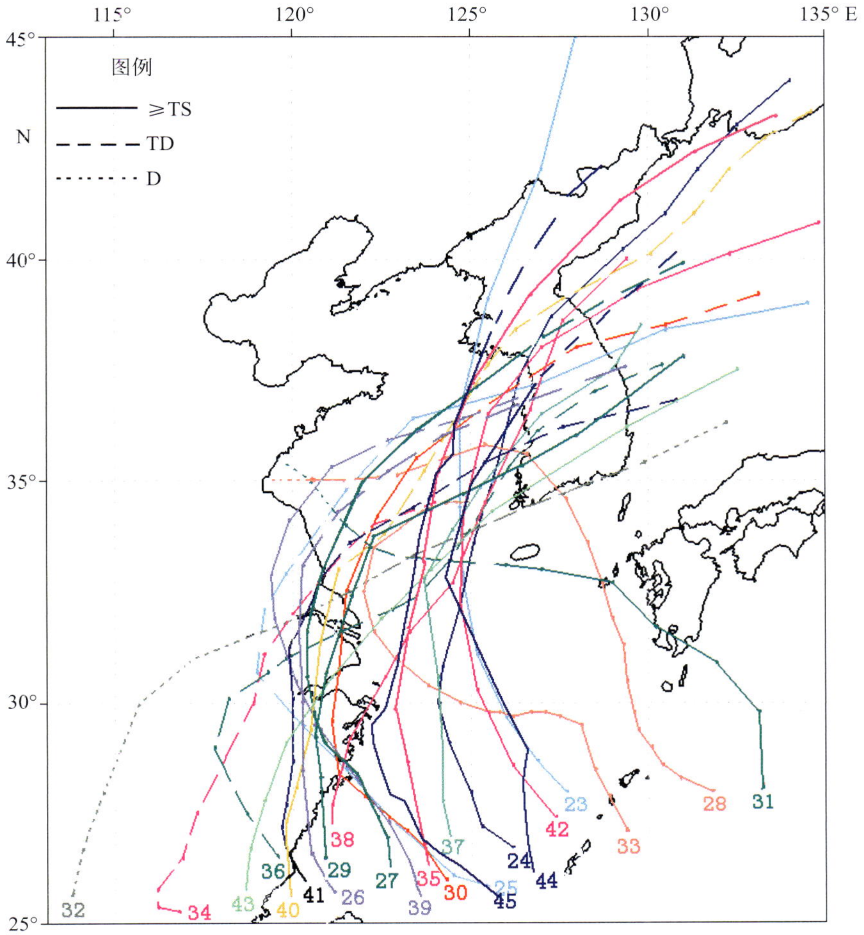

图 3-4 续 Ⅲ型热带气旋名称及路径（1985—2017 年）

表 3-4 续 进入统计区域的Ⅲ型热带气旋序号、编号和名称（1985—2017 年）

序号	编号	名称	序号	编号	名称
23	8508	李尹（LEE）	35	0012	派比安（PRAPIROON）
24	8615	薇拉（VERA）	36	TD09（2001 年）	（未命名）
25	8923	薇拉（VERA）	37	0205	威马逊（RAMMASUN）
26	9005	欧菲莉（OFFLIA）	38	0407	蒲公英（MINDULLE）
27	9015	埃布尔（ABE）	39	0515	卡努（KHANUN）
28	9112	葛拉丝（GLADYS）	40	0807	海鸥（KALMAEGI）
29	9219	泰德（TED）	41	0908	莫拉克（MORAKOT）
30	9507	贾尼丝（JANIS）	42	1007	圆规（KOMPASU）
31	9907	保罗（PAUL）	43	1010	莫兰蒂（MERANTI）
32	9908	山姆（SAM）	44	1412	娜基莉（NAKRI）
33	9911	安恩（ANN）	45	1509	灿鸿（CHANHOM）
34	0010	碧利斯（BILIS）			

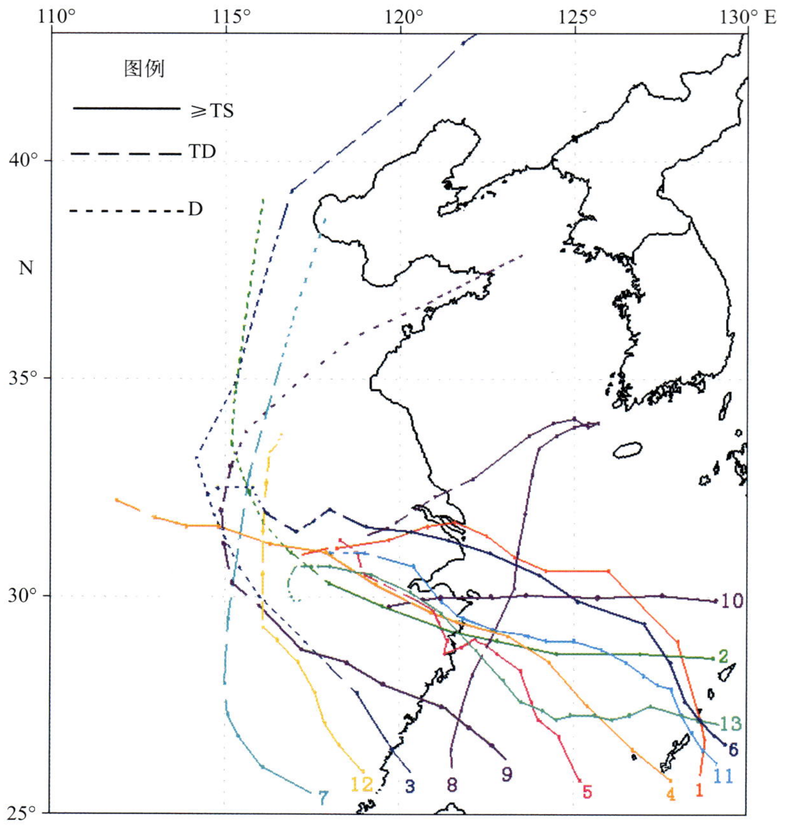

图 3-5　Ⅳ型热带气旋名称及路径（1960—2017 年）

表 3-5　进入统计区域的Ⅳ型热带气旋序号、编号和名称（1960—2017 年）

序号	编号	名称	序号	编号	名称
1	7708	宝佩（BABE）	8	9414	道格（DOUG）
2	7805	崔丝（TRIX）	9	9417	弗雷特（FRED）
3	8407	芙瑞达（FREDA）	10	9806	（TODD）
4	8807	比尔（BILL）	11	0008	杰拉华（JELAWAT）
5	8909	贺璞（HOPE）	12	0808	凤凰（FUNG-WONG）
6	8913	（KEN）	13	1211	海葵（HAIKUI）
7	9406	提姆（TIM）			

3.3　热带气旋的月际和年际变化

据 1960—2017 年间资料统计，进入图 3-6 统计区域内的热带气旋，主要出现在 7—9 月间，最早可出现在 5 月下旬（如 6104 “贝蒂 BETTY”），最晚可出现在 11 月中旬（如 7220 “波密拉 PAMELA”）（见表 3-6）。其中，8 月出现次数最多（占 49%），位居第二、第三的 7 月和 9 月分别占 25% 和 20%，6 月出现次数很少（仅占 3%），5 月、10 月和 11 月在统计时限内均各出现 1 次（均处于Ⅲ型台风统计区的外边缘区域，对渤海无影响或影响轻微。其月际分布曲线基本呈以 8 月为中心的正态变化态势（见图 3-6）。

上述热带气旋的年际变化，总体为 20 世纪 60—90 年代年出现次数多于 90 年代以后，年均出现次数为 0 ~ 4 次不等，年际分布周期约 30 年，但规律不甚明显（见表 3-7 和图 3-7）。

表 3-6　进入统计区域热带气旋的月际变化（1960—2017 年）

月　份		5	6	7	8	9	10	11	合计
出 现 次 数（次）		1	3	23	45	18	1	1	92
最早	编　号	6104							
	进入统计区域时间	1961 年 5 月 28 日							
	路径与影响状况	Ⅲ型，对渤海区域无影响							
最晚	编　号	7220							
	进入统计区域时间	1972 年 11 月 9 日							
	路径与影响状况	Ⅲ型，对渤海区域无影响							

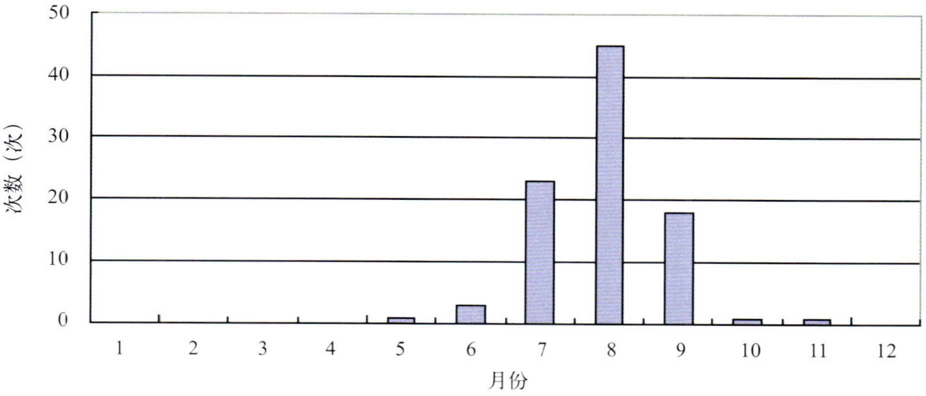

图 3-6　进入统计区域内热带气旋的月际分布（1960—2017 年）

表 3-7　进入统计区域热带气旋的年际变化（1960—2017 年）　单位：次

年份	次数	年份	次数	年份	次数	年份	次数	年份	次数	年份	次数
1960	3	1970	2	1980	1	1990	2	2000	4	2010	2
1961	3	1971	2	1981	3	1991	1	2001	2	2011	2
1962	4	1972	2	1982	1	1992	2	2002	2	2012	3
1963	0	1973	2	1983	0	1993	0	2003	0	2013	0
1964	2	1974	2	1984	4	1994	4	2004	2	2014	2
1965	2	1975	0	1985	4	1995	1	2005	2	2015	1
1966	2	1976	1	1986	1	1996	0	2006	0	2016	0
1967	1	1977	1	1987	1	1997	1	2007	1	2017	0
1968	0	1978	1	1988	1	1998	1	2008	2		
1969	1	1979	1	1989	3	1999	3	2009	1		
合计	18		14		19		15		16		10

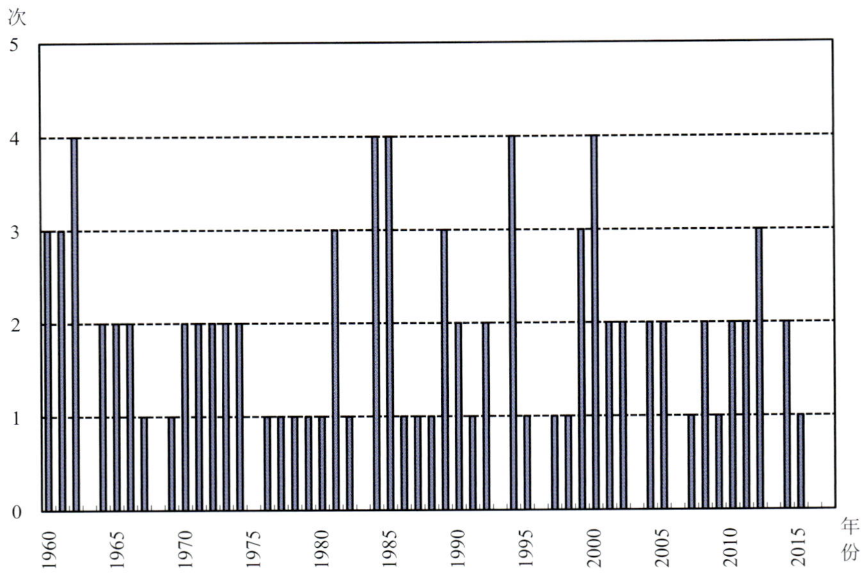

图 3-7　进入统计区域内热带气旋的年际分布直方图（1960—2017 年）

3.4　热带气旋路径与影响特征

3.4.1　Ⅰ型热带气旋的影响特征

Ⅰ型（进入渤海）热带气旋是导致渤海区域强风暴潮和严重风暴潮灾害的主要类型，其主要影响特征是：

（1）影响区域遍及渤海各区；

（2）诱发的风暴潮范围广、强度高、持续时间长；

（3）导致强风暴潮和严重风暴潮灾害的概率高。

1960—2017 年间，进入统计区域的Ⅰ型热带气旋出现 15 次。根据移行路径，又可分为“海域北上”和“陆域北上”2 种类别。

“海域北上”类——由东海、南黄海径直北上，在 35°N 以北登陆并穿越山东半岛西北行进入渤海。

“陆域北上”类——由华东（35°N 以南）沿岸登陆后，由陆域北上或在苏北入海再登陆并穿越山东半岛进入渤海。

“海域北上”类热带气旋多由山东半岛东部登陆经北黄海西部穿过渤海海峡进入渤海（如 6005、6705、7203、7303 和 7416），少数由蓬莱高角以西入渤海（如 0209）。

该类热带气旋进入渤海前后强度普遍较强，但由于路径相对偏东，进入渤海后多经辽东湾东部北上，渤海区域气压场多由“北北西高南南东低”转为“西高东低”型态，均不甚利于渤海的增水（如 6705、7303 和 7416），大多对渤海区域的影响较轻。但路径偏西和由蓬莱近海移向渤海湾区域的强者，可对渤海施加较重甚至严重影响（如 6005 和 7203）。

“陆域北上”类热带气旋路径偏西，多由黄河三角洲区域入渤海，少数由龙口至蓬莱一线入渤海。

在其北上过程中，渤海区域多形成有利于沿岸增水的“北高南低”型气压场和偏东转偏北的大风风场。但由于该类热带气旋在登陆后的北上过程中往往迅速减弱，多在苏、皖地区便减弱为"TD"甚至"D"（如 6007、8108、8406、0108 和 0421 等），只有少数强者以"TS"强度（如 9711）或"STS"强度（如 8509）进入渤海。

"陆域北上"类热带气旋影响区域广泛，大多可导致渤海区域出现强风暴潮和严重风暴潮灾害，只有少数自身强度弱且北方区域无适当天气系统与之配合者（如 8108 和 8406）对渤海区域的影响较轻或轻微。其影响区域主要为渤海湾和莱州湾沿岸，其次为辽东湾沿岸，对海峡区域影响相对较轻。

Ⅰ型热带气旋对渤海沿岸的影响状况统计见表 3-8，Ⅰ型热带气旋典型个例的气压场变化和增水状况见第 9 章 9.1 节。

表 3-8　Ⅰ型热带气旋对渤海沿岸的影响状况统计（1960—2017 年）

类别	进入渤海时强度	出现次数	风暴潮			致灾概率	影响区域
			次数	概率	最大增水		
陆域北上	≥ TS	2 次	2 次	100%	245 cm	100% 严重灾害	全海区，主要为渤海湾、莱州湾和辽东湾
	TD	7 次	7 次	100%	160 cm	70% 致灾 30% 重灾	主要为渤海湾、莱州湾
海域北上	≥ TS	4 次	4 次	100%	220 cm	100% 致灾 50% 严重灾害	全海区，主要为莱州湾、渤海湾
	TD	2 次	2 次	100%	151 cm	100% 致灾 50% 中灾	莱州湾、渤海湾和辽东湾
综合	≥ TS	6 次	6 次	100%	245 cm	100% 致灾 90% 严重灾害	全海区，主要为渤海湾、莱州湾
	TD	9 次	9 次	100%	160 cm	80% 致灾 20% 中－重灾	莱州湾、渤海湾辽东湾

3.4.2　Ⅱ型热带气旋的影响特征

Ⅱ型（北黄海消失或登陆辽东半岛后消失或向东北方向移出）热带气旋是导致渤海区域强风暴潮和严重风暴潮灾害的重要类型。

1960—2017 年间，进入统计区域的Ⅱ型热带气旋出现 19 次，根据移行路径，可分为"穿越半岛"和"海域北上"2 种类别。

"穿越半岛"类——由陆域或海域北上，穿越山东半岛进入北黄海者。

"海域北上"类——由海域径直北上或由苏北入南黄海东北行，经山东半岛以东海域进入北黄海者。

"穿越半岛"类热带气旋是Ⅱ型中引发渤海沿岸强风暴潮和风暴潮灾害的主要类型。其主要影响特征是：

（1）影响区域广；

（2）引发的风暴潮强度高、范围广、持续时间长，破坏力大；

（3）导致强风暴潮和风暴潮灾害的概率高。

该类热带气旋出现次数较少（约占Ⅱ型总数的 1/3），多由闽、浙登陆北上，在苏北入南黄海，再登陆并穿越山东半岛进入北黄海。少数由东海、南黄海径直北上穿越山东半岛进入北黄海。

由陆域北上者（如 6208、6510、8707 和 9216 等）虽多数自身强度较低（往往于赣、浙地区以低气压“D”强度北上，在苏北地区再增强为“TD”入南黄海，见图 3-3），但路径偏西，可使渤海区域形成有利于沿岸增水的“北高南低”型气压场和偏东转偏北的大风风场，强者可诱发渤海各区强风暴潮和严重风暴潮灾害。

由海域径直北上穿越山东半岛者（如 9415 和 1105）路径略偏东，在其影响期间，渤海区域往往呈现“北北西高南南东低”转“西北高东南低”型气压场，其大风风场多为由 NNE 逐渐转为 NW。尽管该气压场和风场不甚利于渤海区域的增水，但由于热带气旋自身强度较高（可保持“TS”或以上强度穿越山东半岛北上并进入北黄海，见图 3-3）且距渤海较近，仍可导致渤海区域（主要为莱州湾和海峡区域）发生较强风暴潮和较重甚至严重风暴潮灾害。

“海域北上”类热带气旋路径偏东，出现次数占Ⅱ型总数的 2/3，其主要影响特征是：

（1）诱发的风暴潮强度低；

（2）风暴潮灾害概率小，影响弱；

（3）区域狭小。

该类热带气旋多由海域径直北上，少数由闽、浙登陆在苏北入南黄海东北行。

由闽、浙登陆在苏北入南黄海东北行者（如 6513、8506、0004 和 0713）路径虽相对偏西，但在陆域北上影响渤海之前，渤海海域已多为冷空气影响，随着热带气旋的北上，两者配合后的渤海区域气压场多由“北北西高南南东低”转为“西高东低”状，其风场风向则多为 NE 转 N—NW。该气压场和风场在渤海沿岸诱发的增水多为 50 ~ 80 cm（如 0713），强者可达 100 cm 左右（如 8506），对渤海沿岸影响较弱。

由东海径直北上者（如 6410、8211 和 1109 等）路径最偏东，在北上过程中，渤海区域气压场多呈“西北高东南低”转“西高东低”型态，其风场风向则多为 NNE 转 N—NW。该气压场和风场演变不利于沿岸的增水，强者可使莱州湾沿岸增水 100 cm 左右（如 1109），并且影响区域主要为莱州湾和海峡区域，多对渤海区域影响轻微或无影响。

Ⅱ型热带气旋典型个例的气压场变化和增水状况见第 9 章 9.2 节。

表 3-9　Ⅱ型热带气旋对渤海沿岸的影响状况（1960—2017 年）

类别	出现次数	风暴潮			致灾概率	影响区域
		次数	概率	最大增水		
穿越半岛	8 次	8 次	100%	304 cm	80% 致灾 50% 严重灾害	全海区，主要为莱州湾、渤海湾和海峡区域，辽东湾相对较轻
海域北上	11 次	7 次	64%	100 cm	20% 局地轻灾	海峡和莱州湾
综合	19 次	15 次	79%	304 cm	40% 致灾 15% 严重灾害	全海区，主要为莱州湾、渤海湾和海峡区域，辽东湾较轻

3.4.3 Ⅲ型热带气旋的影响特征

1960—2017 年间，进入统计区域的Ⅲ型（南黄海消失或向东北方向移出）热带气旋出现次数多达 45 次，占进入统计区各型总数的 49%，但由于路径距渤海均较远，大多对渤海区域影响轻微或无影响，只有少数引发了渤海沿海地区增水 100 cm 以上、最大约 170 cm 的较强风暴潮和局地轻微的风暴潮灾害。

根据移行路径，Ⅲ型热带气旋可分为“苏、沪出海”“海域转向”和“南黄海西行”3 种类别。

“苏、沪出海”类——由闽、浙沿岸登陆北上，在苏、沪沿岸（含杭州湾沿岸）入海，移向朝鲜半岛南部、对马海峡或消失于南黄海。

“海域转向”类——由东海区域径直北上，在东海北部或南黄海海域转向朝鲜半岛南部或对马海峡。

“南黄海西行”类——由南黄海东南区域或东海东北区域向西北或向西移动，于南黄海西部消失或减弱为低气压。

“苏、沪出海”类热带气旋路径偏西、偏北，距渤海相对较近，是Ⅲ型热带气旋中在渤海沿岸可产生影响的主要类别。但由于登陆后迅速减弱，当到达影响区域（30°N 以北的陆域和入海后）时，近 2/3 仅为“TD”强度（含在陆域时为“D”，入海后复增为“TD”者），维持“TS”或以上强度（含入海后减弱为 TD）者仅占 1/3，故大多对渤海无影响，只有少数强者可对渤海南部和东南区域的塘沽至蓬莱沿岸产生较轻影响（见表 3-10）。

表 3-10 Ⅲ型热带气旋对渤海沿岸的影响状况（1960—2017 年）

类别	出现次数	风暴潮			致灾概率	影响区域
		次数	概率	最大增水		
苏、沪出海	23 次	11 次	49%	166 cm	10% 轻灾	主要为莱州湾，渤海湾和海峡区域轻微，辽东湾无影响
海域转向	19 次	15 次	79%	138 cm	5% 轻灾	主要为莱州湾，渤海湾区域轻微，海峡和辽东湾无影响
南黄海西行	3 次	3 次	100%	120 cm	20% 轻灾	主要为莱州湾，渤海湾和海峡区域轻微，辽东湾无影响
综合	45 次	29 次	64%	166 cm	10% 轻灾	主要为莱州湾，渤海湾和海峡区域轻微，辽东湾无影响

该类热带气旋在对渤海区域施加影响时，渤海区域气压场多呈“西北高东南低”转“西高东低”型态，风场风向则多为 NE 转 N—NW。该气压场和风场一般只能引发沿岸 80 cm 以内的增水，强者可引发沿岸 100 cm 以内的增水，只有自身气压场与北方气压场配合得当者可导致增水幅度达 150 cm 以上的较强风暴潮（如 7123 和 6615）。

“海域转向”类热带气旋路径偏东，在其北上过程中，渤海区域气压场多呈“西北高东南低”转“西高东低”型态，其风场风向则多为 NE 转 N—NW，该气压场和风场演变不利于沿岸增水。

该类热带气旋多引发沿岸 50 cm 左右或以内的增水，对渤海无影响（见表 3-10），只有个别与北方系统配合得当者，可导致渤海区域出现增水 100 cm 左右的较强风暴潮，但影响仍很弱（如 8114）。

“南黄海西行”类热带气旋西行路线南北跨度较大，多自济州岛海域向偏西方向移行，渤海区域气压场多呈“西北高东南低”转“北高南低”型态，其风场风向则多为 NE 转偏 E，如 7003（序号，未编号）和 9112。该类热带气旋可对渤海产生一定影响，影响范围主要为莱州湾和渤海湾沿岸，增水幅度可达 100 cm 左右。

Ⅲ型热带气旋典型个例的气压场变化和增水状况见第 9 章 9.3 节。

3.4.4 Ⅳ型热带气旋的影响特征

1960—2017 年间，Ⅳ型（登陆消失）热带气旋共出现 13 次，因路径距渤海较远或北上至距渤海较近时的强度太弱，大多对渤海影响轻微。

根据移行路径，Ⅳ型热带气旋可分为“西行消失”和“北上消失”2 种类别。

“西行消失”类——登陆后向西或向西北方向移动，于 32°N 以南区域减弱为“D”或消失者。

“北上消失”类——登陆后向西北再转为向北移动，于 32°N 以北区域减弱为“D”或消失者；或登陆后迅速减弱为“D”，北上至 35°N 以北后又在渤海西侧陆域增强为“TD”（中心未进入渤海或黄海）者。

“西行消失”类热带气旋登陆点在 28°—32°N 之间，其尚未登陆时，我国华北地区多为高压控制，随着热带气旋的登陆西行和北方高压的南压东移，渤海区域气压场始终呈不甚利于沿岸增水的“西北高东南低”态势。该类热带气旋大多对渤海区域影响轻微或无影响，只有强度高、自身气压场覆盖区域大且与北方冷高压气压场配合得当者，可对渤海区域施加较重影响（如 7708）。

“北上消失”类热带气旋登陆点在 25°—30°N 之间。在北上过程中，虽很快相继减弱为“TD”和“D”，但随着热带气旋的北上，渤海区域气压场多呈有利于辽东湾和渤海湾沿岸的增水的“东北高西南低”转“东高西低”形态。由于该气压场强度较弱，仅可引发沿岸增水幅度达 80 cm 左右的弱风暴潮，难以造成明显灾害，只有强者或北上位置特别偏北者（如 8407）可导致增水幅度达 100 cm 左右的较强风暴潮和轻度风暴潮灾害。

Ⅳ型热带气旋典型个例的气压场变化和增水状况见第 9 章 9.4 节。

表 3-11　Ⅳ型热带气旋对渤海沿岸的影响状况（1960—2017 年）

类别	出现次数	风暴潮			致灾概率	影响区域
		次数	概率	最大增水		
北上消失	4 次	4 次	100%	101 cm	50% 轻灾	海峡无影响，其余区域轻微或无影响
西行消失	9 次	4 次	44%	191 cm	20% 轻灾	辽东湾无影响，其余区域轻微
综合	13 次	8 次	62%	191 cm	30% 轻灾	各区影响轻微

3.5 热带气旋风暴潮频次和强度

1960—2017 年间，渤海沿岸共发生过程增水 ≥ 50cm 的热带气旋风暴潮 67 次，Ⅲ型出现次数最多但强度弱，Ⅰ型、Ⅱ型次数较少但强度大，Ⅳ型不仅次数少且强度弱（见表 3-12）。

据历史资料记载，近百年来影响渤海沿岸最强的热带气旋风暴潮为 1938 年 8 月 12 日（农历七月十七）和 1939 年 9 月 2 日（农历七月十九）由黄河口附近进入渤海的热带气旋所导致（该热带气旋路径[4]见图 3-8）。

表 3-12　热带气旋风暴潮过程统计（1960—2017 年）

次数 / 类型 / 增水幅度		风暴潮类型				合计
		Ⅰ型	Ⅱ型	Ⅲ型	Ⅳ型	
≥ 50 cm		15	15	29	8	67
≥ 100 cm		12	7	6	2	27
≥ 150 cm		8	4	2	1	15
≥ 200 cm		5	2			7
≥ 250 cm			1			1
最大增水	增水值（cm）	245	304	166	191	304
	台风号	9711	9216	6615	7708	9216
	测站	黄骅港	羊口	羊口	羊口	羊口

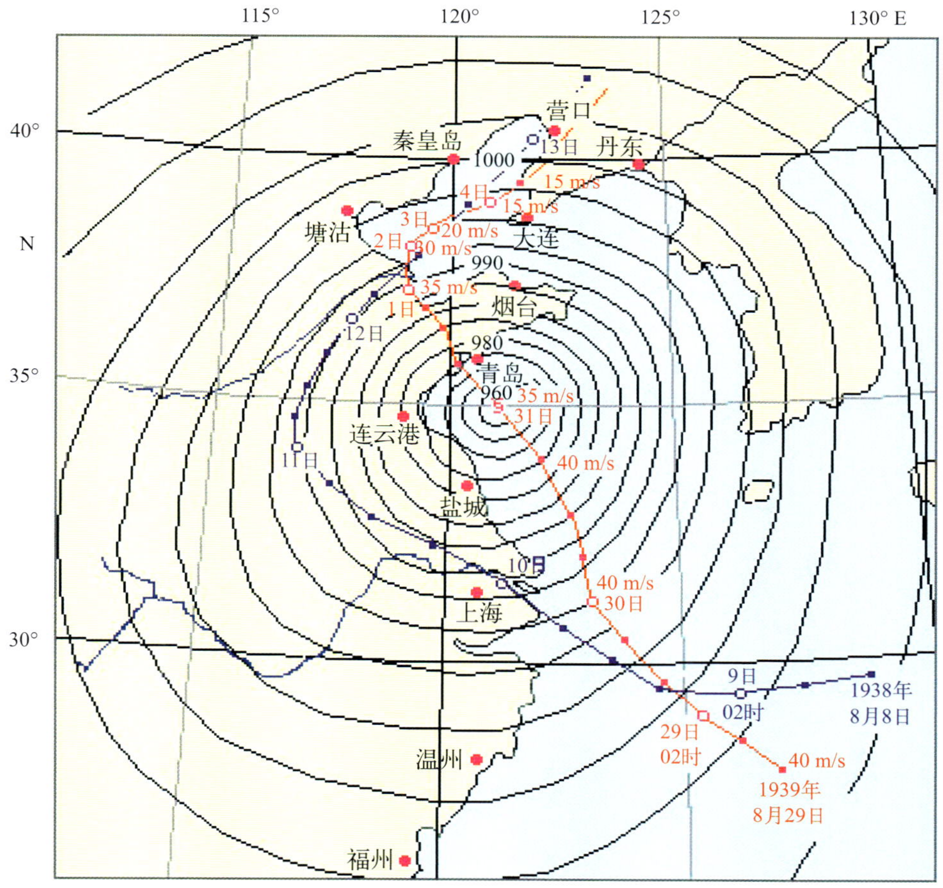

图 3-8　1938 年 8 月、1939 年 8 月台风路径和 1939 年 8 月 31 日气压场

1938 年 8 月 12 日（农历七月十七），受强热带气旋影响，塘沽和羊口均出现了有资料记录以来的历史极值潮位，其中：塘沽最高潮位达 650 cm（大沽零点）；羊口达 699 cm（青岛胶济铁路面，即：青岛验潮零点），超警戒潮位 144 cm。渤海沿岸发生了特别严重风暴潮灾害（引自天津汉沽区水利志）。

根据塘沽和羊口潮位分析，该强热带气旋导致的最大增水，渤海湾可达 300 cm 左右，莱州湾可达 350 cm 左右，辽东湾可达 200 cm。

3.6 热带气旋风暴潮的区域变化

据 1960—2017 年资料统计，渤海沿岸的热带气旋风暴潮，无论年均出现次数还是强度，均以莱州湾居首，渤海湾次之，辽东湾和海峡区域分别位居第三位和第四位，其年均出现次数分别为 1.16 次、1.07 次、0.84 次和 0.76 次，最大增水值分别为 304 cm、245 cm、220 cm 和（150）cm。

表 3-13 渤海沿岸热带气旋风暴潮类别、发生次数与强度的区域变化（1960—2017 年）

海区	类别 \ 次数 \ 强度	≥ 50 cm	≥ 100 cm	≥ 150 cm	≥ 200 cm	≥ 250 cm	最大增水 增水值（cm）	最大增水 测站	最大增水 台风号
莱州湾	Ⅰ	15	12	8	4		240	羊口	8509
	Ⅱ	15	7	4	2	1	304		9216
	Ⅲ	29	6	2			166		6615
	Ⅳ	8	1	1			191		7708
	合计	67	26	15	7	1	304		9216
渤海湾	Ⅰ	15	11	5	3		245	黄骅港	9711
	Ⅱ	14	4	3	1		237		9216
	Ⅲ	25	3				110	塘沽	8114
	Ⅳ	8	1				118	塘沽	7708
	合计	62	19	8	4		245	黄骅港	9711
辽东湾	Ⅰ	14	8	2	1		220	葫芦岛	7203
	Ⅱ	13	5				118	秦皇岛	9216
	Ⅲ	15					86		6207
	Ⅳ	7	1				101	葫芦岛	8407
	合计	49	14	2	1		220		7203
渤海海峡	Ⅰ	12	4				117（150）	烟台（蓬莱）	6005
	Ⅱ	13	2				122（125）	烟台（蓬莱）	9216
	Ⅲ	18					78	蓬莱	0012
	Ⅳ	1					79	烟台	7708
	合计	44	6				117（150）	烟台（蓬莱）	6005

续表 3-13

海区	类别（次数 / 强度）	≥ 50 cm	≥ 100 cm	≥ 150 cm	≥ 200 cm	≥ 250 cm	最大增水		
							增水值（cm）	测站	台风号
全海域	Ⅰ	15	12	8	5		245		9711
	Ⅱ	15	7	4	2	1	304		9216
	Ⅲ	29	6	2			166	羊口	6615
	Ⅳ	8	2	1			191		7008
	合计	67	27	15	7	1	304		9216
备注	蓬莱潮位观测始自 1997 年。1997 年以前者系根据台风路径和 1997—2017 年间烟台、龙口与蓬莱测站风暴潮资料的相关关系分析推算而得（下同）								

渤海各海湾不同类型风暴潮的发生次数，莱州湾和渤海湾以Ⅲ型居首，Ⅰ型、Ⅱ型次之，Ⅳ型最少；辽东湾和海峡区域的发生次数则Ⅰ型、Ⅱ型、Ⅲ型相当，Ⅳ型最少。

渤海各海湾不同类型风暴潮的强度，除莱州湾外，均为Ⅰ型最强，Ⅱ型次之，Ⅳ型居第三，Ⅲ型最弱，不同类型风暴潮的强度，各海湾差别显著。

应该说明的是：莱州湾的热带气旋风暴潮极值，实测为Ⅱ型大于Ⅰ型，但总体而言，Ⅰ型整体最强，Ⅱ型次之（见表 3-13）。

3.7　热带气旋风暴潮的月际变化

据 1960—2017 年资料统计，渤海区域的热带气旋风暴潮，发生时间为每年的 6 月中旬至 10 月上旬。频发期为 7 月中旬至 9 月上旬，8 月最多，6 月和 10 月偶有发生。不同类型风暴潮发生次数的月际变化差异显著。

Ⅰ型热带气旋风暴潮主要发生在 7 月下旬至 8 月底。期间的风暴潮强度，一般为 100 ~ 150 cm，强者可达 200 cm 左右，最大可达 250 cm 左右。该风暴潮最早和最晚发生时间分别为 7 月中旬和 9 月中旬。

Ⅱ型热带气旋风暴潮主要发生在 7 月中旬至 9 月初，8 月居多，最早和最晚发生时间分别为 6 月下旬和 9 月中旬。最强风暴潮发生在 8 月底 9 月初（1992 年 8 月 31—9 月 1 日，9216 号台风，最大增水 304 cm，羊口）。

Ⅲ型热带气旋风暴潮，最早出现在 6 月中旬，最晚发生在 10 月上旬，频发期为 8 月初至 9 月中旬，6 月、7 月、10 月仅偶有发生。最强风暴潮发生在 9 月上旬（1966 年 9 月 9 日，6615 号台风，最大增水 165 cm，羊口）。

Ⅳ型热带气旋风暴潮发生次数很少，主要发生在 7—8 月，9 月可偶有发生，最早和最晚发生时间分别为 7 月中旬和 9 月中旬。最强风暴潮发生在 9 月上旬（1977 年 9 月 11 日，7708 号台风，最大增水 191 cm，羊口）。

以上所述详见表 3-14。

应该强调指出：根据 1960—2017 年间的资料统计，Ⅰ型热带气旋在渤海沿岸区域引发的增水最大为 245 cm（1997 年 8 月 20 日，9711 号台风，黄骅港）。结合 1938 年 8 月、1939 年

8 月热带气旋的风暴潮资料，Ⅰ型热带气旋在渤海沿岸区域引发的增水幅度，8 月最大，达 300 ~ 350 cm（见 3.5 节对该风暴潮的描述）。

表 3-14 热带气旋风暴潮类型、强度和发生次数的月际变化（1960—2017 年）

月份	增水 \ 次数 \ 类型	Ⅰ	Ⅱ	Ⅲ	Ⅳ	合计
6月	≥ 50 cm	0	1	2	0	3
	≥ 100 cm		1	1		2
	≥ 150 cm		1			1
	最大	—	159 cm 1105，潍坊港	（120 cm） 7003（序号）羊口	—	—
7月	≥ 50 cm	6	5	3	3	17
	≥ 100 cm	5				5
	≥ 150 cm	3				3
	≥ 200 cm	2				2
	≥ 250 cm					1
	最大	220 cm 7203，葫芦岛	79 cm 6510，塘沽	65 cm 1509，潍坊港	93 cm 9406，葫芦岛	—
8月	≥ 50 cm	8	6	14	4	32
	≥ 100 cm	6	5	2	1	14
	≥ 150 cm	5	2			7
	≥ 200 cm	3	1			4
	最大	245 cm 9711，黄骅港	210 cm 9415，羊口	112 cm 6014，龙口	101 cm 8407，葫芦岛	—
9月	≥ 50 cm	1	3	9	1	14
	≥ 100 cm	1	1	3	1	6
	≥ 150 cm		1	2	1	4
	≥ 200 cm		1			2
	≥ 250 cm		1			1
	最大	133 cm 0421，鲅鱼圈	304 cm 9216，羊口	166 cm 6615，羊口	191 cm 7708，羊口	—
10月	≥ 50 cm	0	0	1	0	1
	最大			50 cm 6126，羊口		—
合计	≥ 50 cm	15	15	29	8	67
	≥ 100 cm	12	7	6	2	27
	≥ 150 cm	8	4	2	1	15
	≥ 200 cm	5	2			7
	≥ 250 cm	0	1			1
	最大	245 cm 9711，黄骅港	304 cm 9216，羊口	166 cm 6615，羊口	191 cm 7708，羊口	—

续表 3-14

类型 / 增水次数 / 月份	Ⅰ	Ⅱ	Ⅲ	Ⅳ	合计
最早发生时间	7 月 19 日（7303）	6 月 26 日（1105）	6 月 16 日（7003，序号）	7 月 13 日（9406）	—
最晚发生时间	9 月 15 日（0421）	9 月 19 日（0713）	10 月 5 日（6126）	9 月 11 日（7708）	—

3.8 热带气旋风暴潮的区域极值

3.8.1 Ⅰ型热带气旋风暴潮的区域极值

根据实测资料和相关分析，渤海沿岸各测站Ⅰ型热带气旋风暴潮极值统计结果分别列于表 3-15 和表 3-16。

综合表 3-15 和表 3-16，结合 1938 年 8 月和 1939 年 8 月强台风的灾情记载，渤海沿岸Ⅰ型热带气旋风暴潮极值的区域分布状况应为：

莱州湾沿岸为 150 ~ 350 cm，西南区域增水最大，湾口区域增水最小，增水强度自湾底向湾口逐渐减少。其中，羊口至潍坊港岸段可达 350 cm 左右，龙口湾北侧至蓬莱岸段为 150 ~ 200 cm，黄河海港附近岸段为 150 cm 左右；

渤海湾沿岸为 200 ~ 300 cm，其中塘沽至山东滨州岸段可达 250 ~ 300 cm，增水幅度最大的黄骅港及附近岸段可达 300 cm 左右，其北岸区域为 200 ~ 250 cm；

辽东湾西岸和北岸区域（滦河口至鲅鱼圈）可达 200 ~ 250 cm，东岸区域为 150 ~ 200 cm；

渤海海峡区域、黄河海港区域和辽东湾东岸增水幅度最小，可达 150 ~ 200 cm。

表 3-15　Ⅰ型热带气旋风暴潮极值统计（1960—2017 年）

测站	极值（cm）	台风编号	出现时间	测站	极值（cm）	台风编号	出现时间
蓬莱	105	9711	1997-08-20	塘沽	211	7203	1972-07-27
龙口	186	7203	1972-07-26	曹妃甸	73	1210	2012-08-03
潍坊港	60	1210	2012-08-03	京唐港	81	0509	2005-08-08
羊口	240	8509	1985-08-19	秦皇岛	201	7203	1972-07-27
孤东	81	1210	2012-08-03	芷锚湾	84	0421	2004-09-15
黄河海港	91	1210	2012-08-03	葫芦岛	220	7203	1972-07-27
黄骅港	245	9711	1997-08-20	鲅鱼圈	133	0421	2004-09-15

表 3-16 部分短序列测站 I 型热带气旋风暴潮极值相关分析（1960—2017 年）

测站	极值（cm）	台风编号	出现时间	推测依据
蓬莱	⩾ 150	6005	1960-08-05	该过程路径、强度、相关气压场和龙口、烟台增水值（分别为 153 cm 和 144 cm）
潍坊港	⩾ 240	8509	1985-08-19	该过程路径、强度、相关气压场和羊口增水值（240 cm）
孤东	⩾ 150			根据羊口、龙口、黄骅港等测站增水资料的相关对比
黄河海港	⩾ 130			同孤东
曹妃甸	⩾ 180	7203	1972-07-27	该过程路径、强度、相关气压场和塘沽、秦皇岛增水值（分别为 211 cm 和 201 cm）
京唐港	⩾ 200	7203	1972-07-27	该过程路径、强度、相关气压场和塘沽、秦皇岛增水值（分别为 211 cm 和 201 cm）
芷锚湾	⩾ 200	7203	1972-07-27	该过程路径、强度、相关气压场和秦皇岛、葫芦岛增水值（分别为 201 cm 和 220 cm）

据此，绘制出渤海沿岸 I 型热带气旋风暴潮区域极值分布如图 3-9 所示。

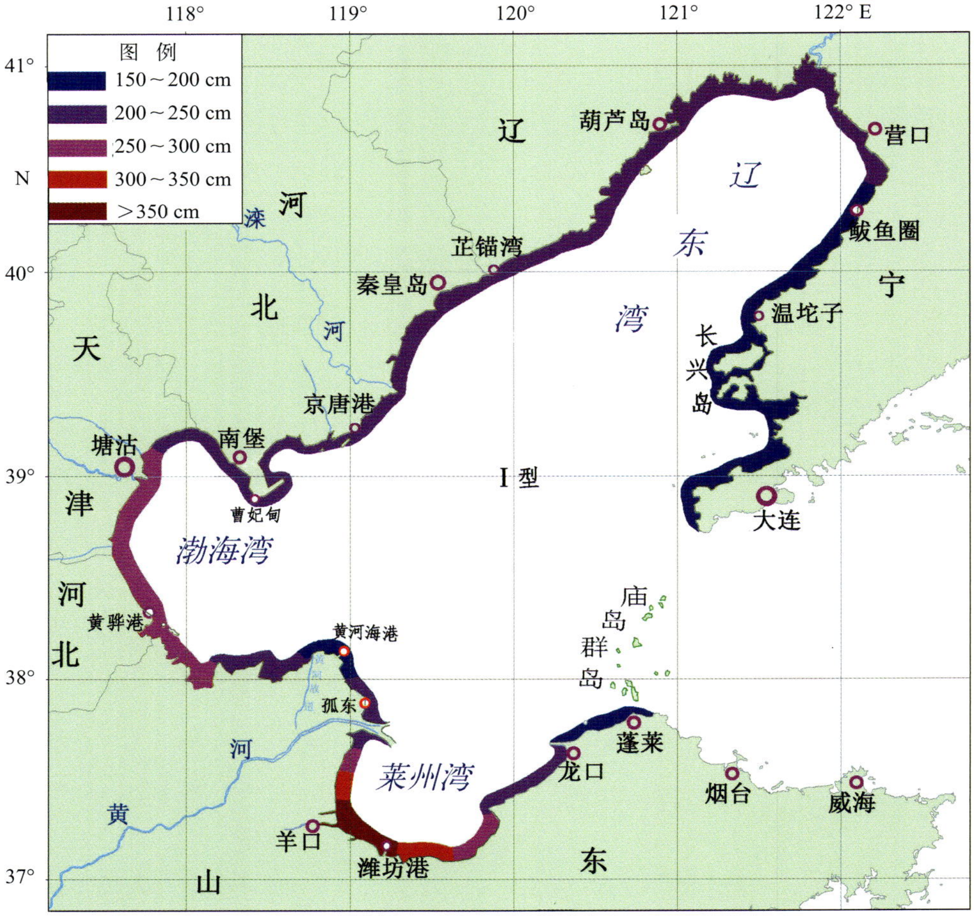

图 3-9 渤海沿岸 I 型热带气旋风暴潮的区域极值

3.8.2　Ⅱ型热带气旋风暴潮的区域极值

根据实测资料和相关分析，渤海沿岸各测站Ⅱ型热带气旋风暴潮极值统计结果分别列于表 3-17 和表 3-18。

综合表 3-17 和表 3-18，在现有极值资料的基础上略予增加后，渤海沿岸Ⅱ型热带气旋风暴潮的极值为 100 ～ 320 cm，各海湾的风暴潮极值状况如下：

莱州湾为 150 ～ 320 cm，自湾底（羊口及附近岸段）向湾口逐渐减少，其中，羊口及附近岸段可达 300 ～ 320 cm，潍坊港附近和羊口以北、黄河口以南岸段可达 250 ～ 300 cm，黄河口以北和龙口岸段可达 150 ～ 200 cm；

渤海湾为 120 ～ 250 cm，其中，西南区域（河北黄骅港至山东滨州岸段）可达 250 cm 甚至 270 cm 左右，西北区域（塘沽及附近岸段可达 150 ～ 200 cm，北部区域（曹妃甸及附近岸段）为 120 ～ 150 cm；

辽东湾大部区域为 100 ～ 120 cm，西南区域（芷锚湾至京唐港沿岸）可达 120 ～ 150 cm；

海峡区域为 150 cm 左右。

表 3-17　Ⅱ型热带气旋风暴潮极值统计（1960—2017 年）

测站	极值（cm）	台风编号	出现时间	测站	极值（cm）	台风编号	出现时间
蓬莱	100	1105	2011-06-26	塘沽	161	9216	1992-09-01
龙口	169	9216	1992-09-01	曹妃甸	116	1105	2011-06-26
潍坊港	159	1105	2011-06-26	京唐港	111	9415	1994-08-16
羊口	304	9216	1992-09-01	秦皇岛	125	9216	1992-09-01
孤东	81	1105	2011-06-26	芷锚湾	114	9216	1992-09-01
黄河海港	98	1105	2011-06-26	葫芦岛	105	9216	1992-09-01
黄骅港	237	9216	1992-09-01	鲅鱼圈	109	9216	1992-09-01

表 3-18　部分短序列测站Ⅱ型热带气旋风暴潮极值相关分析（1960—2017 年）

测站	极值（cm）	台风编号	出现时间	推测依据
蓬莱	≥ 150	9216	1992-09-01	该过程路径、强度、相关气压场和龙口、烟台增水值（分别为 169 cm 和 152 cm）
潍坊港	≥ 280	9216	1992-09-01	该过程路径、强度、相关气压场和羊口增水值（304 cm）
孤东	≥ 170	9216	1992-09-01	根据羊口、龙口、黄骅港等测站增水资料的相关对比
黄河海港	≥ 150	9216	1992-09-01	同孤东
曹妃甸	≥ 130	9216	1992-09-01	该过程路径、强度、相关气压场和塘沽、秦皇岛增水值（分别为 161 cm 和 125 cm）
京唐港	≥ 130	9216	1992-09-01	同曹妃甸

据此，绘制渤海沿岸Ⅱ型热带气旋风暴潮区域极值分布如图 3-10 所示。

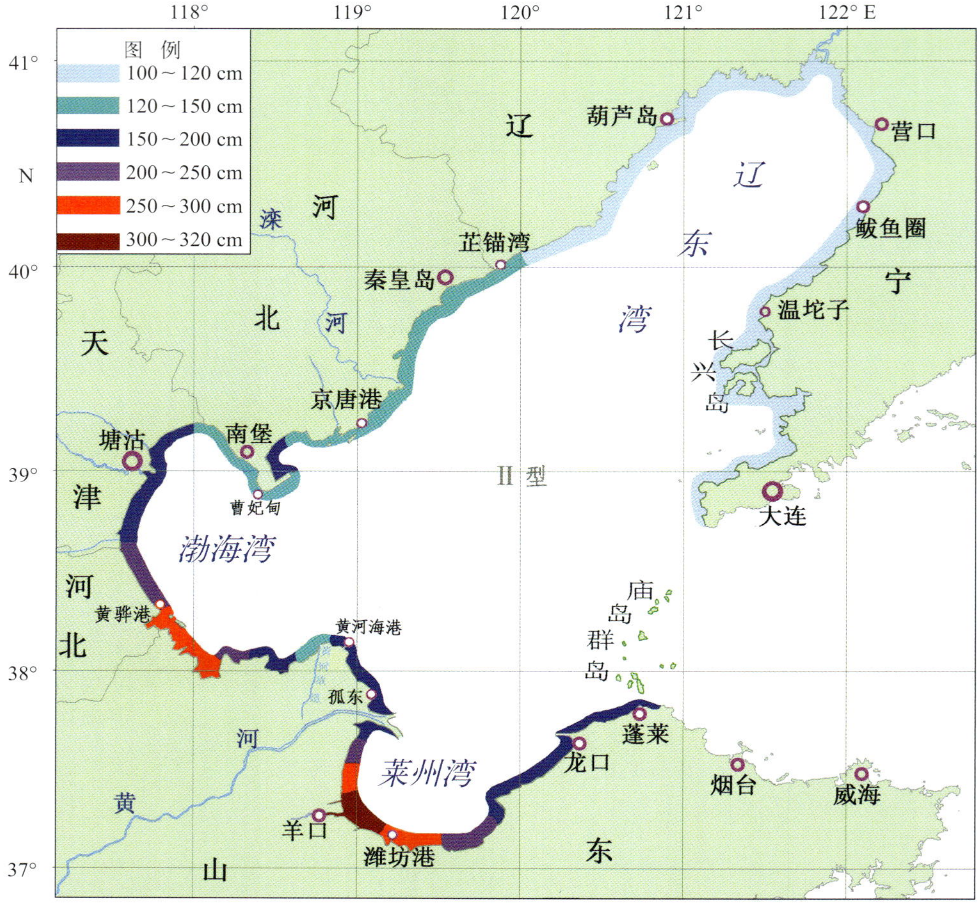

图 3-10　渤海沿岸Ⅱ型热带气旋风暴潮的区域极值

3.8.3　Ⅲ型热带气旋风暴潮的区域极值

根据实测资料和相关分析，渤海沿岸各测站Ⅲ型热带气旋风暴潮极值统计结果分别列于表 3-19 和表 3-20。

表 3-19　Ⅲ型热带气旋风暴潮极值统计（1960—2017 年）

测站	极值（cm）	台风编号	出现时间	测站	极值（cm）	台风编号	出现时间
蓬莱	78	0012	2000-09-01	塘沽	110	8114	1981-09-02
龙口	112	6014	1960-08-23	曹妃甸	58	1412	2014-08-02
潍坊港	65	1509	2015-07-13	京唐港	54	1412 1509	2014-08-02 2015-07-12
羊口	166	6615	1966-09-09	秦皇岛	76	—	1970-06-16

续表 3-19

测站	极值（cm）	台风编号	出现时间	测站	极值（cm）	台风编号	出现时间
孤东	50	1412	2014-08-02	芷锚湾	60	1509	2015-07-12
黄河海港	55	1412	2014-08-02	葫芦岛	86	6014 6207	1960-08-22 1962-08-02
黄骅港	65	1412	2014-08-02	鲅鱼圈	85	0012	2000-08-31

表 3-20 部分短序列测站Ⅲ型热带气旋风暴潮极值相关分析（1960—2017 年）

测站	极值（cm）	台风编号	出现时间	推测依据
蓬莱	≥ 80	7123	1971-09-25	该过程路径、强度、相关气压场和龙口、烟台增水值（分别为 90 cm 和 78 cm）
潍坊港	≥ 150	6615	1966-09-09	该过程路径、强度、相关气压场和羊口增水值（166 cm）
孤东	≥ 70			根据羊口、龙口、黄骅港等测站增水资料的相关对比
黄河海港	≥ 70			同孤东
黄骅港	≥ 110	6615 8114	1966-09-09 1981-09-02	该过程路径、强度、相关气压场和塘沽、羊口增水值（分别为 79 cm、110 cm 和 166 cm、138 cm）
曹妃甸	≥ 70	70年6月	1970-06-16	该过程路径、强度、相关气压场和塘沽、秦皇岛增水值（分别为 102 cm 和 76 cm）
京唐港	≥ 70	70年6月	1970-06-16	该过程路径、强度、相关气压场和秦皇岛增水值（76 cm）
芷锚湾	≥ 70	70年6月	1970-06-16	根据秦皇岛、葫芦岛增水值（分别为 76 cm 和 78 cm）

综合表 3-19 和表 3-20，在现有极值资料的基础上略予增加后，渤海沿岸Ⅲ型热带气旋风暴潮的极值在 70 ~ 180 cm 之间，各海湾的极值分布如下。

莱州湾为 70 ~ 180 cm，西南区域（羊口北侧至潍坊港东侧岸段）可达 150 ~ 180 cm，黄河口及以北区域和海峡区域只有 80 cm 左右；

渤海湾为 70 ~ 120 cm，西南区域可达 100 ~ 120 cm，北岸区域为 70 ~ 90 cm；

辽东湾沿岸均为 70 ~ 90 cm；

海峡区域可达 80 cm 左右。

据此，绘制渤海沿岸Ⅲ型热带气旋风暴潮极值极值分布如图 3-11 所示。

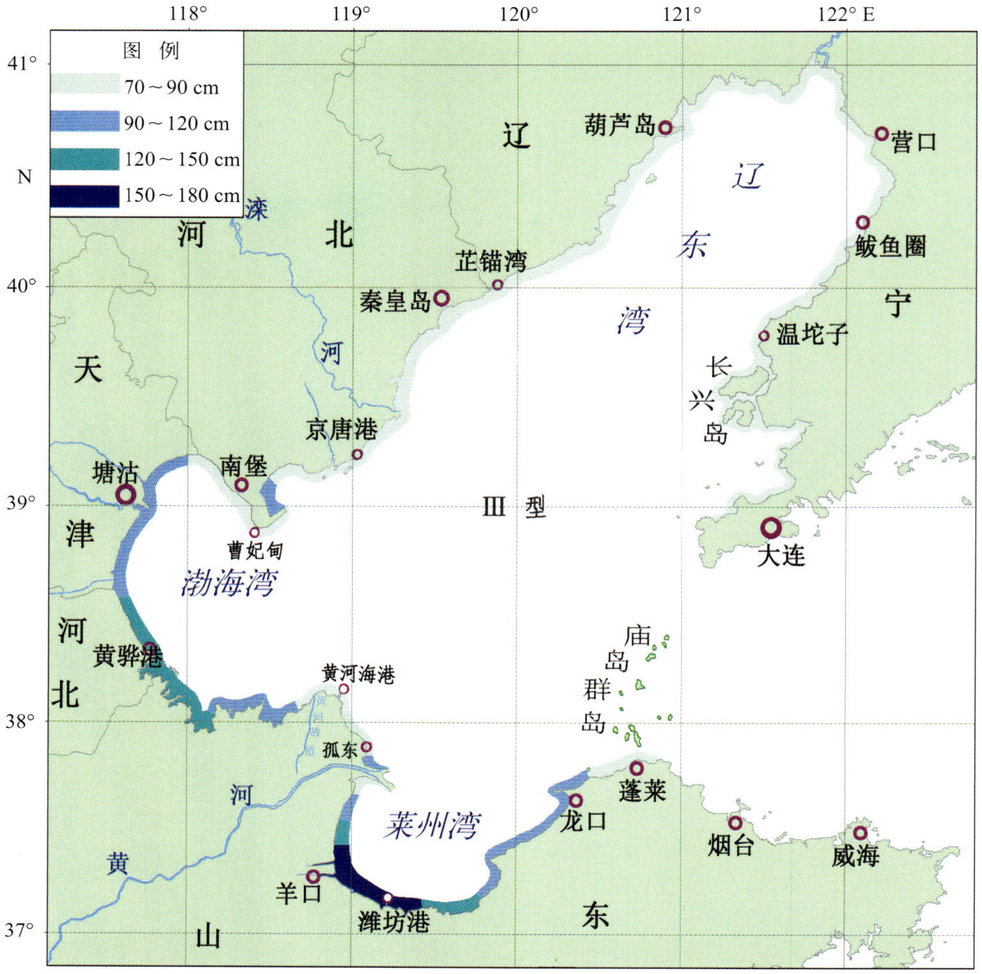

图 3-11　渤海沿岸Ⅲ型热带气旋风暴潮的区域极值

3.8.4　Ⅳ型热带气旋风暴潮的区域极值

根据实测资料和相关分析，渤海沿岸各测站Ⅳ型热带气旋风暴潮极值统计结果分别列于表 3-21 和表 3-22。

综合表 3-21 和表 3-22，在现有极值资料的基础上略予增加后，渤海沿岸Ⅳ型热带气旋风暴潮的极值在 70 ~ 200 cm 之间，莱州湾沿岸最大，渤海湾沿岸次之，辽东湾和海峡区域最小。各区域的极值分布如下。

莱州湾沿岸为 70 ~ 200 cm，最小为黄河口以北和龙口湾区域（分别为 80 cm 和 90 cm），最大为羊口附近区域（可达 200 cm）；

渤海湾沿岸为 80 ~ 150 cm，最小为老黄河口附近区域和曹妃甸区域（分别为 70 cm 和 80 cm），最大为黄骅港附近区域（140 cm）；

辽东湾北部（葫芦岛及以北区域）沿岸可达 110 cm，西岸芷锚湾至京唐港区域可达 80 ~ 100 cm，东岸营口以南区域为 70 ~ 90 cm；

海峡区域可达 80 ~ 100 cm。

表 3-21　Ⅳ型热带气旋风暴潮极值统计（1960—2017 年）

测站	极值（cm）	台风编号	出现时间	测站	极值（cm）	台风编号	出现时间
蓬莱	30	0808	2008-07-31	塘沽	118	7708	1977-09-11
龙口	84	7708	1977-09-11	曹妃甸	30	0808	2008-07-31
潍坊港	57	0808	2008-07-31	京唐港	45	0808	2008-07-31
羊口	191	7708	1977-09-11	秦皇岛	89	8407	1984-08-10
孤东	41	0808	2008-07-31	芷锚湾	51	9417	1994-08-23
黄河海港	38	0808	2008-07-31	葫芦岛	101	8407	1984-08-10
黄骅港	70	0808	2008-07-31	鲅鱼圈	63	7805	1978-07-26

表 3-22　部分短序列测站Ⅳ型热带气旋风暴潮极值相关分析（1960—2017 年）

测站	极值（cm）	台风编号	出现时间	推测依据
蓬莱	≥ 90	7708	1977-09-11	该过程路径、强度、相关气压场和龙口、烟台增水值（分别为 97 cm 和 84 cm）
潍坊港	≥ 150	7708	1977-09-11	该过程路径、强度、相关气压场和羊口增水值（191 cm）
孤东	≥ 80	7708	1977-09-11	该过程路径、强度、相关气压场和羊口增水值（191 cm）
黄河海港	≥ 70	7708	1977-09-11	同孤东
黄骅港	≥ 120	7708	1977-09-11	该过程路径、强度、相关气压场和塘沽、羊口增水值（分别为 118 cm 和 191 cm）
曹妃甸	≥ 80	8407	1984-08-10	该过程路径、强度、相关气压场和塘沽、秦皇岛增水值（均为 89 cm）
京唐港	≥ 80	8407	1984-08-10	该过程路径、强度、相关气压场和塘沽、秦皇岛增水值（均为 89 cm）
芷锚湾	≥ 90	8407	1984-08-10	根据秦皇岛、葫芦岛增水值（分别为 89 cm 和 101 cm）

据此，绘制渤海沿岸Ⅳ型热带气旋风暴潮区域极值分布如图 3-12 所示。

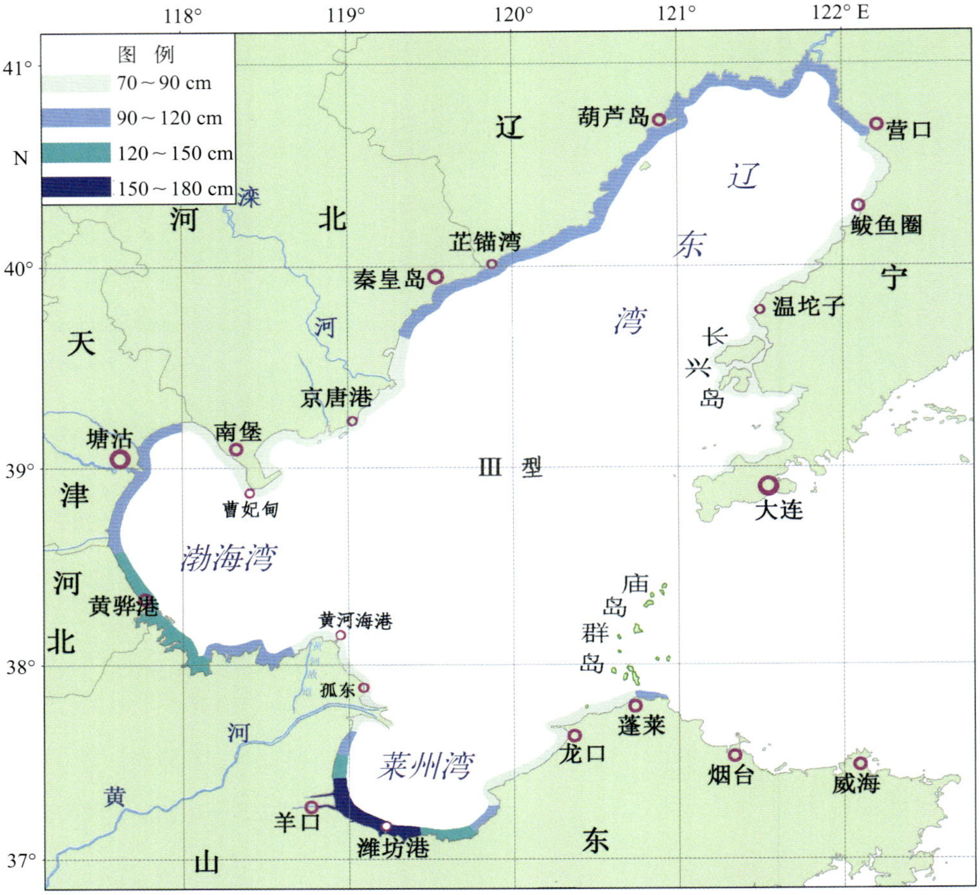

图 3-12　渤海沿岸Ⅳ型热带气旋风暴潮的区域极值

第4章

温带气旋风暴潮

引发渤海风暴潮的温带气旋主要有江淮气旋、黄河气旋、渤海气旋和黄海气旋 4 种类别。不同类别温带气旋对渤海的影响差异显著。温带气旋具有发展迅速、移速快等特点，一年四季均可发生。秋末至春初季节，温带气旋在移动过程中多与冷空气相配合，共同对渤海海域施加影响，往往导致渤海区域出现强风暴潮和严重风暴潮灾害（详见第 5 章 5.3 节）。春末至秋初季节，温带气旋在移动过程中多无冷空气或无明显冷空气与之配合，风力一般为 6 ～ 7 级，强者可达 7 ～ 8 级，可导致增水值达 100 ～ 150 cm，甚至 200 cm 以上的较强或强风暴潮，但影响区域较小。

本文将温带气旋与冷空气相配合所引发的风暴潮归属冷空气风暴潮范畴，将独立影响渤海的温带气旋（气旋影响渤海时无冷空气或无明显冷空气与之配合者，笔者称其为单纯温带气旋，下同）所引发的风暴潮称之为温带气旋风暴潮。

4.1 江淮气旋风暴潮

4.1.1 江淮气旋路径及影响特征

江淮气旋是发生在长江中、下游区域和淮河流域的气旋总称，属南支锋区上的波动，常出现于高空东亚槽前西南气流区域内。江淮气旋大多在西风带高空槽或西南涡向东移动时由地面静止锋诱发而成，部分为地面冷锋进入暖性低压槽后因锋面发生波动而形成。

江淮气旋一年四季均可发生，冬半年（秋末至春初）者多与北路或西北路冷空气相配合，共同对渤海海域施加影响，往往导致渤海区域强风暴潮和严重风暴潮灾害（详见第 5 章 5.3.1 小节）；夏半年（春末至秋初）者多无或无明显冷空气与之配合。

江淮气旋生成后，绝大多数向东北偏东方向移动入黄海或东海北部，少数向北偏东方向移动入渤海（见图 4-1）。影响渤海的江淮气旋，根据影响状况大致可分为 3 条路径，即：

A. 北上入渤海——由豫、皖、苏地区北上，经鲁西或鲁中北上进入渤海或由鲁西北上沿渤海西海岸区域移行；

B. 苏北北部东北行——由射阳以北（含射阳）区域入海或经鲁南地区向东北方向移行进入北黄海或南黄海北部；

C. 苏北南部入海东行——由射阳以南区域东行进入南黄海中部或南部区域。

其中，B 路径者对渤海区域影响最重，A 路径者次之，C 路径者基本无影响。

单纯的江淮气旋，可使渤海吹刮 7 级左右的东南转东北再转北到西北向的大风，强者可达 7 ～ 8 级，可引发 3 ～ 4 m 的大到巨浪和增水值达 200 cm 左右的强风暴潮，可导致局部区域的海浪灾害和风暴潮灾害。

江淮气旋在渤海的影响时间，一般为 20 小时左右，移速缓慢者可达 30 小时以上。

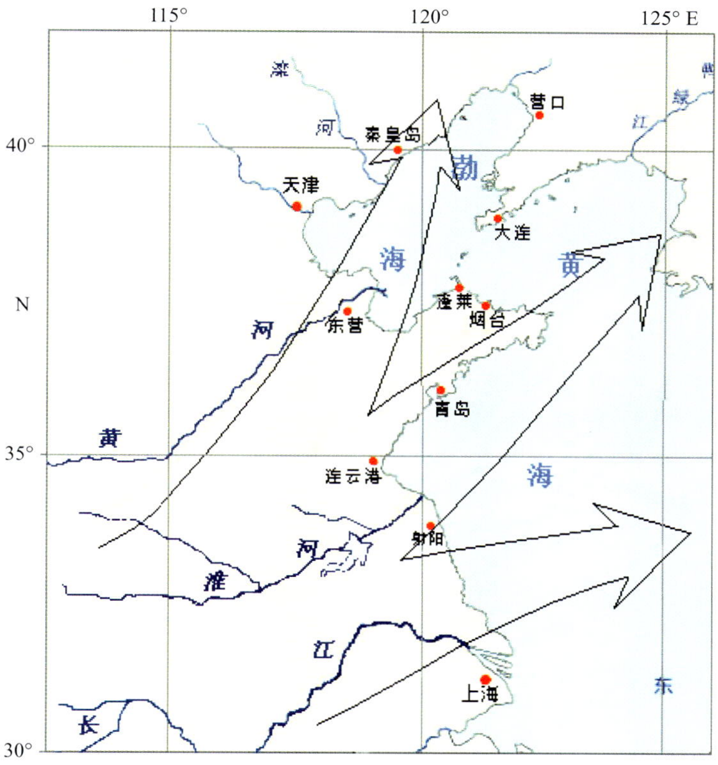

图 4-1　江淮气旋路径示图

4.1.2　江淮气旋风暴潮特征

江淮气旋是导致渤海沿岸风暴潮的主要温带气旋类型。渤海沿岸单纯的江淮气旋风暴潮年均 1.7 次左右，春末至秋初季节居多，多发生在莱州湾和渤海湾沿岸，辽东湾和海峡区域发生次数相对较少。渤海沿岸的江淮气旋风暴潮，发生区域和强度因路径而异，并且差异显著，总体以莱州湾出现次数最多、强度最强，渤海湾居次，辽东湾位列第三，海峡区域相对最弱。

A 路径江淮气旋多由鲁西南经渤海湾移向辽东湾，部分由鲁西南经塘沽沿渤海西海岸区域北上（个例见第 10 章 10.1.1 小节）。A 路径江淮气旋引发的风暴潮年均发生 0.5 次左右，主要出现在渤海湾、辽东湾区域，其次为莱州湾区域，海峡区域出现次数很少且强度很弱（见表 4-1）。

表 4-1　A 路径江淮气旋风暴潮强度的区域变化（1960—2017 年）

海　区	年均次数（次）	增　水　强　度			
		一般	强	最强	现有极值状况
渤海海峡	0.3	＜ 50 cm	50 cm 左右	80 cm 左右	71 cm，烟台，1983-04-26
辽东湾	0.5	70 cm 左右	90 cm 左右	110 cm 左右	115 cm，葫芦岛，1962-07-09
渤海湾	0.5	80 cm 左右	120 cm 左右	180 cm 左右	179 cm，塘沽，1971-06-26
莱州湾	0.4	60 cm 左右	80 cm 左右	100 cm 左右	85 cm，龙口，1983-04-26
全区域	0.5	—	—	—	179 cm，塘沽，1971-06-26

A 路径江淮气旋对莱州湾和海峡区域的影响形式，主要为气旋北上至辽东湾或以北地区时底部的 N—NW 向大风。故该路径江淮气旋在北上过程中，渤海湾南岸、莱州湾和海峡区域的最大增水多出现在气旋北上至辽东湾或以北地区时底部的 N—NW 向大风影响时（个例见第 10 章 10.1.1 小节）。

B 路径江淮气旋的出现次数较多，在渤海各海区导致的风暴潮强度最大，可广泛影响到渤海各区域。B 路径江淮气旋引发的风暴潮年均发生 1 次左右，主要出现在莱州湾和渤海湾区域，其次为辽东湾和海峡区域。

该风暴潮强度，莱州湾居首（最大增水可达 230 cm 左右）；渤海湾虽位居次席，但最大增水值却远小于莱州湾，只有 140 cm 左右；辽东湾虽名列第三，最大增水值仅稍小于渤海湾（130 cm）；海峡区域强度最弱，最大增水值达 90 cm 左右。

以上所述见表 4–2。

表 4–2　B 路径江淮气旋风暴潮强度的区域变化（1960—2017 年）

海　区	年均次数（次）	增　水　强　度			
		一般	强	最强	现有极值状况
渤海海峡	0.8	60 cm 左右	80 cm 左右	90 cm 左右	87 cm，烟台，1973–08–31
辽东湾	0.7	60 cm 左右	90 cm 左右	130 cm 左右	121 cm，鲅鱼圈，1981–03–24
渤海湾	1.0	70 cm 左右	100 cm 左右	140 cm 左右	128 cm，黄骅港，1990–04–02
莱州湾	1.0	100 cm 左右	170 cm 左右	230 cm 左右	219 cm，羊口，1973–05–07
全区域	1.0	—	—	—	219 cm，羊口，1973–05–07

C 路径江淮气旋的出现次数较多，但由于路径偏南，一般对渤海区域无影响或只影响到渤海南部区域。C 路径江淮气旋在渤海区域导致的增水幅度，一般只有 30 cm 左右，强者可达 50 ~ 60 cm，路径偏北的特强者可达 70 cm 以上，最强仅达 100 cm（见表 4–3）。渤海区域增水 ≥ 50 cm 的 C 路径江淮气旋风暴潮年均只有 0.2 次左右，春夏季节居多，主要发生在莱州湾区域，其他区域均极少出现。

表 4–3　C 路径江淮气旋风暴潮强度的区域变化（1960—2017 年）

海　区	年均次数（次）	增　水　强　度			
		一般	强	最强	现有极值状况
渤海海峡	0.1	30 cm 左右	50 cm 左右	60 cm 左右	54 cm，蓬莱，2002–06–24
辽东湾	0.1	30 cm 左右	50 cm 左右	70 cm 左右	67 cm，秦皇岛，2002–06–24
渤海湾	0.1	30 cm 左右	50 cm 左右	80 cm 左右	78 cm，塘沽，2002–06–24
莱州湾	0.2	40 cm 左右	60 cm 左右	100 cm 左右	（100 cm），羊口，1967–01–27
全区域	0.2	—	—	—	（100 cm），羊口，1967–01–27

4.1.3 江淮气旋风暴潮的区域极值

根据实测资料和相关分析，渤海沿岸江淮气旋风暴潮极值统计结果分别列于表 4−4 和表 4−5。

表 4−4 江淮气旋风暴潮极值统计（1960—2017 年）

测站	极值（cm）	出现时间	系统路径	测站	极值（cm）	出现时间	系统路径
蓬莱	77	2008−08−17	B 路径	塘沽	179	1971−06−26	A 路径
龙口	101	1989−06−09	B 路径	曹妃甸	79	2013−08−22	B 路径
潍坊港	109	2013−05−27	B 路径	京唐港	72	2010−07−19	A 路径
羊口	219	1973−05−07	B 路径	秦皇岛	104	1983−07−02	B 路径
孤东	77	2013−05−27	B 路径	芷锚湾	87	1990−05−02	B 路径
黄河海港	76	2013−05−27	B 路径	葫芦岛	115	1962−07−09	A 路径
黄骅港	128	1990−05−02	B 路径	鲅鱼圈	121	1981−03−24	B 路径

表 4−5 部分短序列测站江淮气旋风暴潮极值相关分析（1960—2017 年）

测站	极值（cm）	出现时间	系统类型	推测依据
蓬莱	≥ 85	1973−08−31	B 路径	该过程路径、强度、相关气压场和龙口、烟台增水值（分别为 91 cm 和 87 cm）
潍坊港	≥ 200	1973−05−07	B 路径	该过程路径、强度、相关气压场和羊口增水值（219 cm）
孤东	≥ 100	1973−05−07	B 路径	该过程路径、强度、相关气压场和羊口、龙口增水值（分别为 219 cm 和 92 cm）
黄河海港	≥ 85	1973−05−07	B 路径	同孤东
黄骅港	≥ 150	1973−05−07	B 路径	该过程路径、强度、相关气压场和羊口、塘沽增水值（分别为 219 cm 和 103 cm）
曹妃甸	≥ 90	1983−07−02	B 路径	该过程路径、强度、相关气压场和塘沽、秦皇岛增水值（分别为 108 cm 和 104 cm）
京唐港	≥ 100	1983−07−02	B 路径	该过程路径、强度、相关气压场和塘沽、秦皇岛增水值（分别为 108 cm 和 104 cm）
芷锚湾	≥ 100	1983−07−02	B 路径	该过程路径、强度、相关气压场和秦皇岛、葫芦岛增水值（分别为 104 cm 和 111 cm）

综合表 4−1 ～表 4−5，渤海沿岸江淮气旋风暴潮极值的区域分布状况应为：

莱州湾沿岸为 80 ～ 230 cm，其中，羊口至潍坊港岸段为增水最强区域（可达 200 ～ 230 cm），老黄河口至孤东岸段为增水最小区域（80 ～ 100 cm），强度自湾底向湾口逐渐减少；

渤海湾沿岸为 80 ～ 190 cm，其中，塘沽及附近岸段可达 180 cm 左右，黄骅港及附近岸段为 150 cm 左右，地处北岸的曹妃甸及附近岸段和地处东南区域的老黄河口附近岸段为 80 ~ 100 cm；

辽东湾沿岸为 80 ~ 130 cm，其中，大多为 100 ~ 120 cm，温坨子及以南区域≤ 100 cm；

渤海海峡区域增水幅度为 80 ~ 100 cm。

据此，绘制出江淮气旋风暴潮区域极值分布如图 4–2 所示。

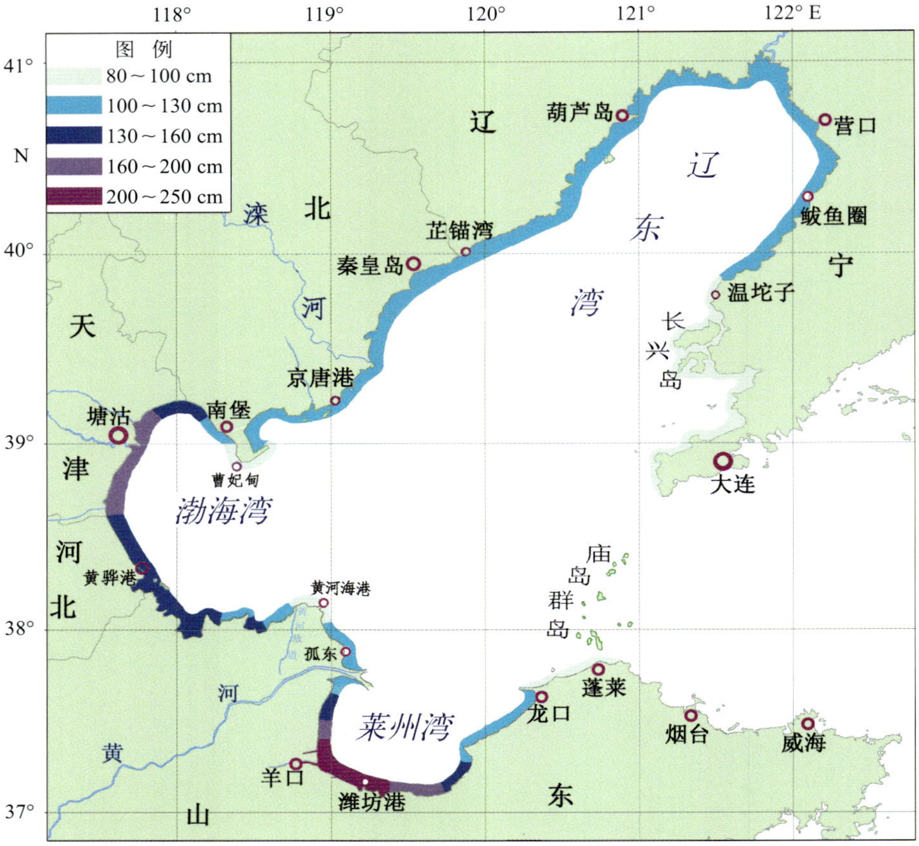

图 4–2 渤海沿岸江淮气旋风暴潮的区域极值

4.2 黄河气旋风暴潮

4.2.1 黄河气旋路径及影响特征

黄河气旋也称“黄河低压”，是生成于河套及黄河下游地区的锋面气旋，属北支锋区上的波动，全年各月均可出现。

黄河气旋主要产生于河套北部、晋陕地区和黄河下游华北平原 3 个区域：①产生于河套北部的黄河气旋，是北支锋区上有高空槽经过河套北部并加强时，在地面静止锋上产生的气旋波；②产生于晋陕地区的黄河气旋，多在黄河上游缓慢东移的暖性倒槽中有急速南下的冷锋进入后形成；③产生于黄河下游华北平原地区的黄河气旋，多在冷锋移入由西南伸向华北的低压倒槽内、或从蒙古东部至我国东北伸向河套或以东地区的低压槽中形成。

黄河气旋成型后，大多向偏东方向移动进入渤海，部分向东南移向鲁南或苏北地区，少数向东北方向移入我国东北地区（见图 4–3）。

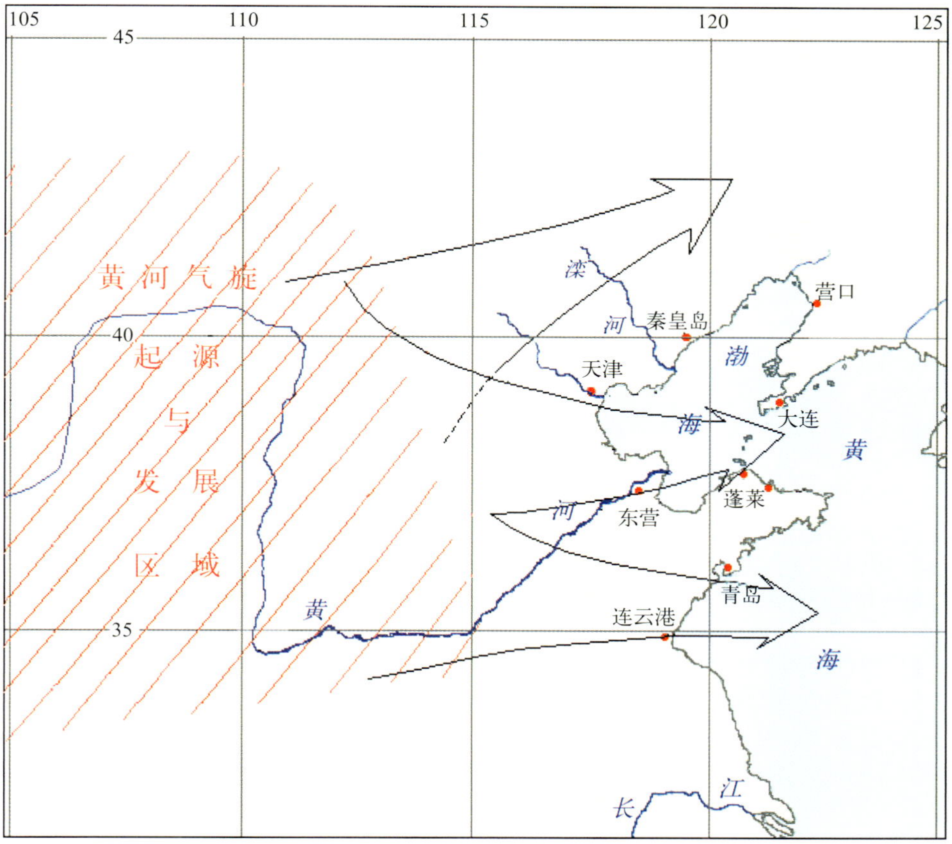

图 4-3 黄河气旋生成、发展区域及移行路径示图

冬半年（秋末至春初）的黄河气旋，大多处于南下冷空气底部，在东移过程中，部分受冷空气挤压而逐渐减弱消失于鲁东南或苏北北部区域，部分东移与冷空气配合共同影响渤海（见第 11 章 11.2.2 小节）。

独立影响渤海的黄河气旋出现次数较少，年均只有 1 次左右，主要出现在夏半年（春末至秋初）。单纯的黄河气旋影响时，渤海区域风力一般只有 6 ～ 7 级，对各区域影响较小。黄河气旋与冷空气相配合时，渤海区域风力一般可达 7 ～ 8 级，强者可达 9 ～ 10 级，可导致灾害现象发生。

4.2.2 黄河气旋风暴潮特征

独立影响并导致渤海沿岸风暴潮的黄河气旋，多由河套区域向东或东南方向移动进入渤海或鲁南地区（个例见第 10 章 10.2.1 小节），由河套向东北移行者较少（个例见第 10 章 10.2.2 小节）。该系统主要出现在春、夏季节。

渤海区域单纯的黄河气旋风暴潮年均不足 1 次，主要出现于莱州湾和渤海湾区域，其次为辽东湾区域，海峡区域出现次数较少。黄河气旋风暴潮强度较弱，一般为 60 ～ 80 cm，强者可达 100 cm 左右，最强可达 160 cm（见表 4-6）。黄河气旋风暴潮的最强区域为莱州湾和渤海湾，辽东湾较弱（最强仅达 110 cm），海峡区域最弱（最强仅达 70 cm）。单纯的黄河气旋风暴潮发生时，由于海区风力较弱，沿岸海域无大浪配合，故对各海区均无明显的灾害性影响。

表 4-6　黄河气旋风暴潮强度的区域变化（1960—2017 年）

海　区	年均次数（次）	增　水　强　度			
		一般	强	最强	现有极值状况
渤海海峡	0.2	＜ 50 cm	60 cm 左右	70 cm 左右	68 cm，蓬莱（烟台），1987-09-05
辽东湾	0.6	60 cm 左右	80 cm 左右	110 cm 左右	101 cm，葫芦岛，1981-07-04
渤海湾	0.9	70 cm 左右	100 cm 左右	160 cm 左右	154 cm，塘沽，1961-06-12
莱州湾	0.9	70 cm 左右	100 cm 左右	170 cm 左右	157 cm，羊口，1966-05-10
全海区	0.9	—	—	—	157 cm，羊口，1966-05-10

4.2.3　黄河气旋风暴潮的区域极值

根据实测资料和相关分析，渤海沿岸黄河气旋风暴潮极值统计结果分别列于表 4-7 和表 4-8。

表 4-7　黄河气旋风暴潮极值统计（1960—2017 年）

测站	极值（cm）	出现时间	测站	极值（cm）	出现时间
蓬莱	61	2011-04-30	塘沽	154	1961-06-12
龙口	82	2006-04-01	曹妃甸	61	2011-04-30
潍坊港	76	2009-07-18	京唐港	69	2011-04-30
羊口	157	1966-05-10	秦皇岛	67	1986-06-26
孤东	60	2011-04-30	芷锚湾	66	2011-04-30
黄河海港	69	2011-04-30	葫芦岛	101	1981-07-04
黄骅港	92	2009-07-18	鲅鱼圈	76	2011-04-30

表 4-8　部分短序列测站黄河气旋风暴潮极值相关分析（1960—2017 年）

测站	极值（cm）	出现时间	推测依据
蓬莱	≥ 70	1987-09-05	该过程路径、强度、相关气压场和龙口、烟台增水值（74 cm 和 68 cm）
潍坊港	≥ 150	1966-05-10	该过程路径、强度、相关气压场和羊口增水值（157 cm）
孤东	≥ 75	1966-05-10	同上
黄河海港	≥ 75	1966-05-10	同上
黄骅港	≥ 130	1966-05-10	该过程路径、强度、相关气压场和羊口、塘沽增水值（分别为 157 cm 和 98 cm）
曹妃甸	≥ 70	1961-06-12	该过程路径、强度、相关气压场和塘沽增水值（154 cm）

综合表 4-6 ~ 表 4-8，渤海沿岸黄河气旋风暴潮极值的区域分布状况应为：

莱州湾沿岸为 80 ~ 170 cm，其中，羊口以北至潍坊港以东岸段可达 150 ~ 170 cm，黄河海港至孤东岸段为 80 cm 左右，龙口湾为 80 ~ 100 cm，风暴潮强度自湾底向湾口逐渐减弱；

渤海湾沿岸为 70 ~ 160 cm，其中，塘沽至黄骅港以东岸段可达 150 ~ 160 cm，其北岸曹妃甸及附近区域为 80 cm 左右；

辽东湾大多岸段为 70 ~ 90 cm，北部湾底区域（葫芦岛至鲅鱼圈岸段）可达 90 ~ 110 cm；

渤海海峡区域为 70 cm 左右。

据此，绘制出黄河气旋风暴潮区域极值分布如图 4-4 所示。

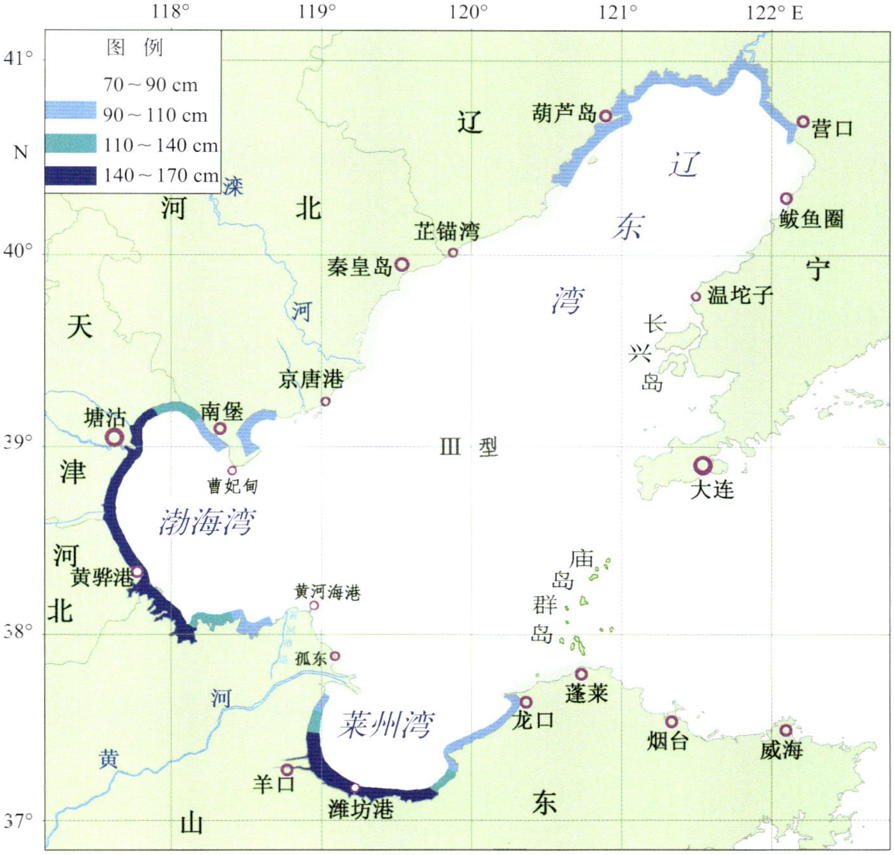

图 4-4　渤海沿岸黄河气旋风暴潮区域极值

4.3　渤海气旋风暴潮

4.3.1　渤海气旋及影响特征

渤海气旋是指在渤海及附近区域生成的气旋，属北支锋区上的波动，一年四季均可发生。渤海气旋多由华北东北部（河北北部至内蒙古东部）的低压南下发展而成，部分由河套以东低压东移发展而成，两者多成型于渤海西侧的冀、京、津区域（见图 4-5 圆形区域）。渤海气旋成型后，多由辽东湾西南区域和渤海湾东移穿越渤海，少数由冀西北经京、津移向鲁东南或苏北北部区域（见图 4-5），鲜有在渤海海域内生成者。

由华北东北部低压南下发展而成的渤海气旋，其后部跟随的冷空气一般较弱，但当高空有冷空气涡旋形成，该气旋便在渤海区域内加深徘徊，从而使其后部跟随较强的冷空气。由河套以东低压东移发展而成的渤海气旋，一般由天津至东营区域入海东移，其后部跟随的冷空气较弱。

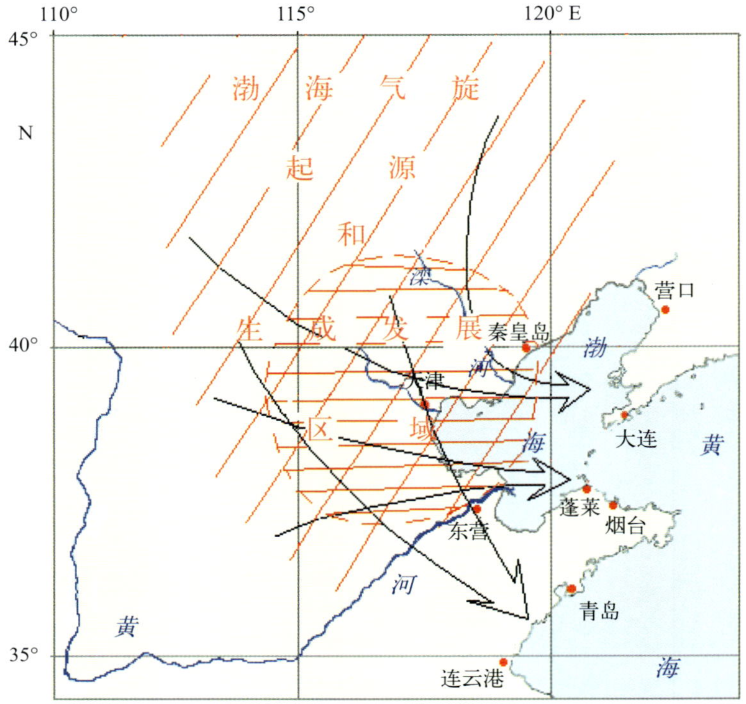

图 4-5　渤海气旋生成、入海区域及移行路径示图

渤海气旋在渤海区域的逗留时间短暂，多为 10 小时左右，个别移速缓慢者在渤海海域内可徘徊回旋长达 30 小时左右（如 2012 年 11 月 3—5 日天气系统，见第 11 章 11.1.2.3 中该日天气图）。冬半年（秋末至春初）的渤海气旋，多与西伯利亚冷空气配合共同影响渤海（见第 11 章 11.1.2.3），可导致灾害现象发生。独立影响渤海的渤海气旋出现次数很少，主要出现在夏半年（春末至秋初）。

单纯的渤海气旋影响时，渤海区域风力一般只有 6 ~ 7 级，对各区域影响微弱。

4.3.2　渤海气旋风暴潮特征

渤海沿岸的单纯渤海气旋风暴潮年均只有 0.6 次左右，全年各月均可发生，夏半年居多，主要发生在渤海湾、莱州湾和辽东湾区域，海峡区域仅偶有发生。

该风暴潮强度很弱，一般为 50 ~ 70 cm，最强只有 90 cm，对各沿岸区域均无明显的灾害性影响（见表 4-9）。

表 4-9　渤海气旋风暴潮强度的区域变化（1960—2017 年）

海区	年均次数（次）	增水强度			
		一般	强	最强	现有极值状况
辽东湾	0.4	50 cm 左右	60 cm 左右	80 cm 左右	75 m，京唐港，2009-06-02
渤海湾	0.6	60 cm 左右	70 cm 左右	80 cm 左右	77 cm，黄骅港，2009-06-02
莱州湾	0.6	60 cm 左右	80 cm 左右	90 cm 左右	87 cm，潍坊港，2008-04-25
渤海海峡	0.2	＜ 50 cm	50 cm 左右	60 cm 左右	59 cm，蓬莱，2008-04-25
渤全区域	0.6	—	—	—	87 cm，潍坊港，2008-04-25

4.3.3 渤海气旋风暴潮的区域极值

根据实测资料和相关分析，各测站渤海气旋风暴潮极值在 50 ～ 90 cm，其中，黄河海港、孤东和曹妃甸区域最小（50 cm 左右），潍坊港和羊口最大（90 cm 左右），其余各站在 70 ～ 80 cm，区域差距很小，强度分布较为均匀（见表 4-10）。

据此，绘制出渤海沿岸渤海气旋风暴潮区域极值分布如图 4-6 所示。

表 4-10 渤海气旋风暴潮极值统计（1960—2017 年）

测站	极值（cm）	出现时间	测站	极值（cm）	出现时间
蓬莱	59	2008-04-25	塘沽	75	2002-11-06
龙口	71	2008-04-25	曹妃甸	47（60）	2009-06-02（2002-11-06）
潍坊港	87	2008-04-25	京唐港	75	2009-06-02
羊口	73	2011-07-30	秦皇岛	67	1996-06-20
孤东	54	2008-04-25	芷锚湾	73	1996-06-20
黄河海港	46	2009-06-02	葫芦岛	76	2006-06-29
黄骅港	77	2009-06-02	鲅鱼圈	71	2006-06-29

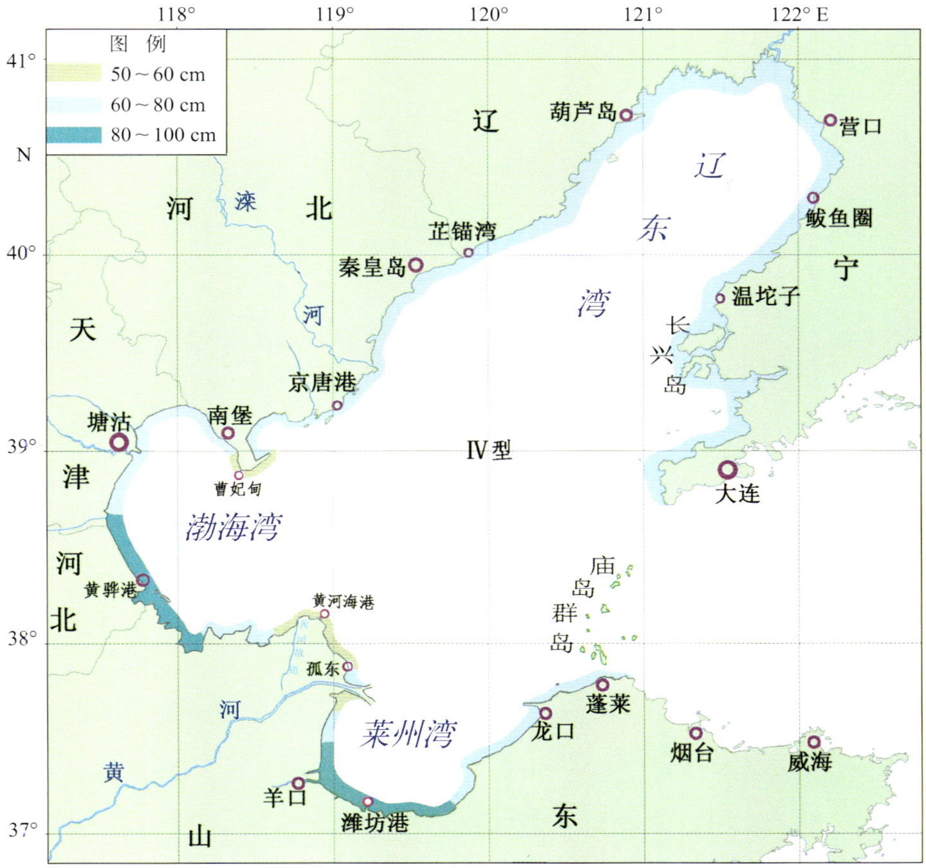

图 4-6 渤海沿岸渤海气旋风暴潮区域极值

4.4 黄海气旋风暴潮

4.4.1 黄海气旋及影响特征

黄海气旋是由江淮区域的低压槽东移入黄海后发展而成的气旋，属南支锋区上的波动，一年四季均可发生，但出现次数较少。该气旋多在苏北海域发展成型，大多向东或东北移向对马海峡区域或朝鲜半岛南部，部分向北移向北黄海或甚至辽东半岛（见图 4-7）。影响渤海的黄海气旋，主要为北上北黄海者，其次为移向朝鲜半岛南部者，移向对马海峡区域者对渤海基本无影响。

冬半年（秋末至春初）出现的黄海气旋，多与冷空气相配合共同影响渤海；夏半年（春末至秋初）出现的黄海气旋，多独立影响渤海。黄海气旋与冷空气相配合时，渤海区域风力一般可达 7 ～ 8 级，强者可达 9 ～ 10 级，可导致灾害现象发生。

黄海气旋独立影响时，渤海区域风力一般只有 6 ～ 7 级，对各区域影响微弱，但北上北黄海的极强者（海区风力可达 7 ～ 8 级）可对各区域具有较大影响。

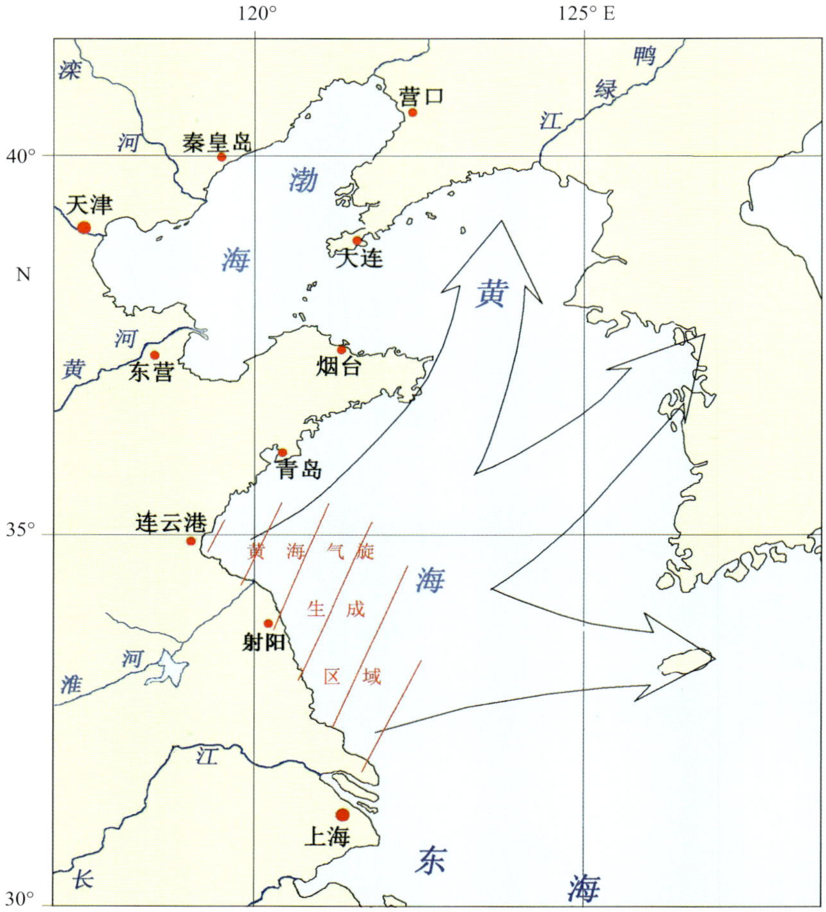

图 4-7 黄海气旋生成区域及移行路径示图

4.4.2 黄海气旋风暴潮特征

独立影响并导致渤海风暴潮的黄海气旋极少出现，年均 0.3 次左右，主要出现在春、夏季节。

该风暴潮强度很弱，一般为 50 ~ 70 cm，最强只有 120 cm 左右（如 1984 年 6 月 15—17 日过程，见第 10 章 10.4 节），主要影响莱州湾和海峡区域，对渤海湾影响较小，对辽东湾基本无影响（见表 4-11）。

截至目前，尚无独立黄海气旋（无冷气空配合者）导致渤海区域风暴潮灾害的报道。

表 4-11 黄海气旋风暴潮强度的区域变化（1960—2017 年）

海区	年均次数（次）	增水强度			
		一般	强	最强	现有极值状况
辽东湾	0.1	50 cm 左右	60 cm 左右	70 cm 左右	67 m，秦皇岛，1984-06-16
渤海湾	0.2	70 cm 左右	80 cm 左右	100 cm 左右	85 cm，塘沽，1984-06-16
莱州湾	0.3	70 cm 左右	90 cm 左右	120 cm 左右	114 cm，龙口，1984-06-16
渤海海峡	0.1	50 cm 左右	60 cm 左右	90 cm 左右	84 cm，烟台，1984-06-16
渤全区域	0.3	—	—	—	114 cm，龙口，1984-06-16

4.4.3 黄海气旋风暴潮的区域极值

据分析，1984 年 6 月 15—17 日，形成于长江口海域、径直北上至辽东半岛以北的黄海气旋，应为独立影响渤海的极强系统，其诱发的渤海风暴潮即该类系统之极值。

根据上述过程的实测资料和相关分析，得出渤海沿岸各测站的黄海气旋风暴潮极值列于表 4-11，据此绘制出渤海沿岸渤海气旋风暴潮区域极值分布如图 4-8 所示。

表 4-12 黄海气旋风暴潮极值统计（1960—2017 年）

测站	极值（cm）	出现时间	测站	极值（cm）	出现时间
蓬莱	（≥ 85）	1984-06-16	塘沽	85	1984-06-16
龙口	114	1984-06-16	曹妃甸	（70）	1984-06-16
潍坊港	（≥ 120）	1984-06-16	京唐港	（70）	1984-06-16
羊口	（115）	1984-06-16	秦皇岛	67	1984-06-16
孤东	（80）	1984-06-16	芷锚湾	（60）	1984-06-16
黄河海港	（70）	1984-06-16	葫芦岛	59	1984-06-16
黄骅港	（≥ 100）	1984-06-16	鲅鱼圈	52	1984-06-16
备注	“（ ）”内数值系根据 1984 年 6 月 15—17 日过程的天气形势和相邻测站实测资料分析而得，其他均为实测值				

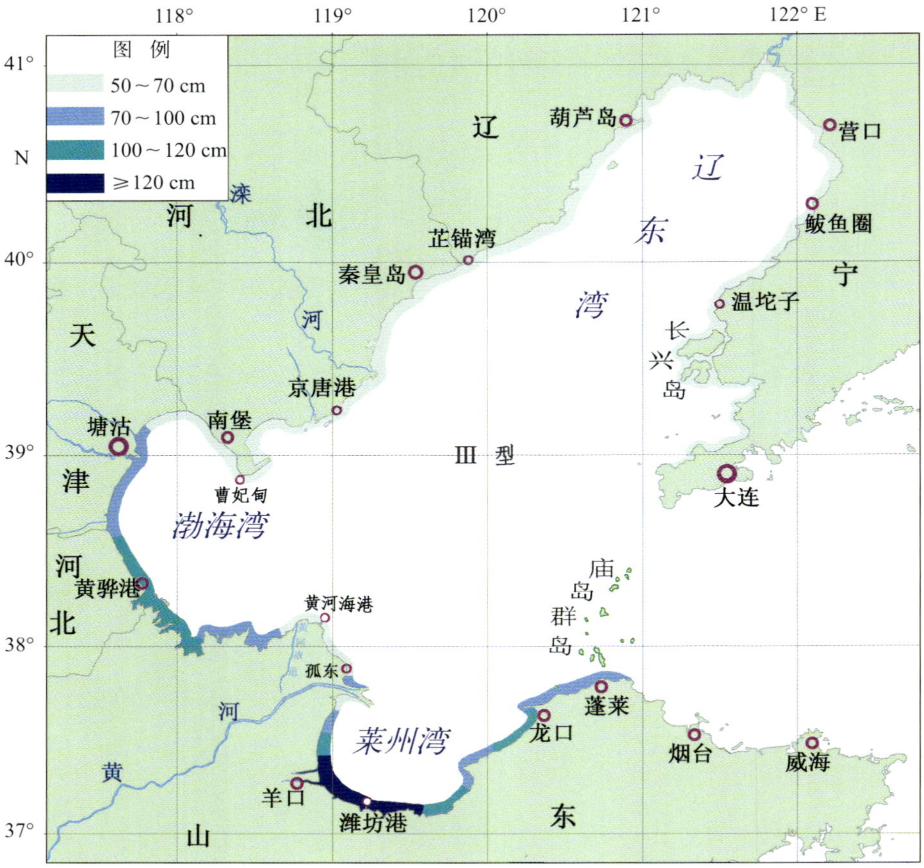

图 4-8　渤海沿岸黄海气旋风暴潮区域极值

第5章

冷空气风暴潮

5.1 影响我国的冷空气源地与路径

影响我国的冷空气，主要来自新地岛以西洋面、新地岛以东洋面和冰岛以南洋面三个源地[5]。冷空气在影响我国之前，大多在西伯利亚中部（又称寒潮关键区）予以积聚和加强，然后入侵我国（见图 5−1）。

在新地岛以西洋面形成的冷空气，往往经巴伦支海、俄罗斯等欧洲地区进入我国。该路径冷空气出现次数最多，对我国的影响最强。

在新地岛以东洋面形成的冷空气，大多经喀拉海、太梅尔半岛、俄罗斯、蒙古地区进入我国。该路径冷空气出现次数和对我国的影响强度次于前者。

在冰岛以南洋面形成的冷空气，一般经欧洲南部、俄罗斯南部、哈萨克斯坦等地区或黑海、里海地区进入我国。该路径冷空气对我国的影响强度较弱。

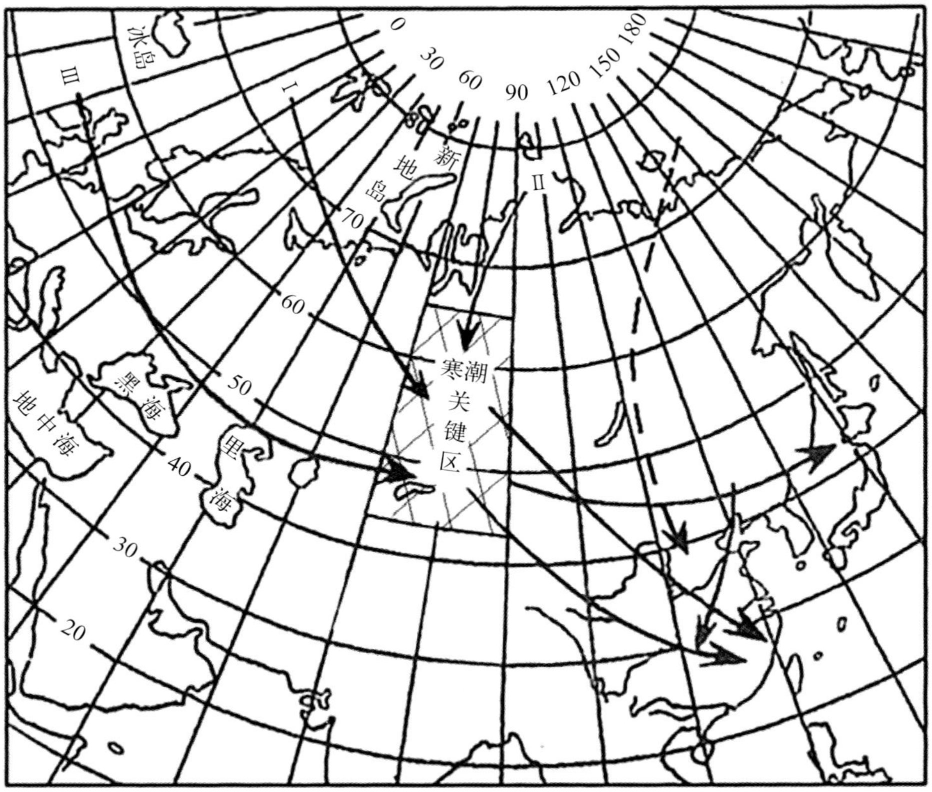

图 5−1　影响我国的冷空气路径示图

5.2 冷空气对渤海的影响特征

冷空气是影响渤海最频繁的天气系统，影响明显者平均每年出现 30 多次（含温带气旋与之相配合者），主要出现在以冬季为主的冬半年（秋末至春初），夏季偶有出现。

冷空气在渤海的表现形式，主要为持续的大风和降温。大风往往导致海域内出现狂涛和强风暴潮，进而引发海浪和风暴潮灾害。冬季强冷空气剧烈而持续的降温可使海面结冰，从而造成海冰灾害。

影响渤海的冷空气，可分为西北路、北路和西路 3 条路径（见图 5-2）。不同路径冷空气对渤海的影响特征差异显著。

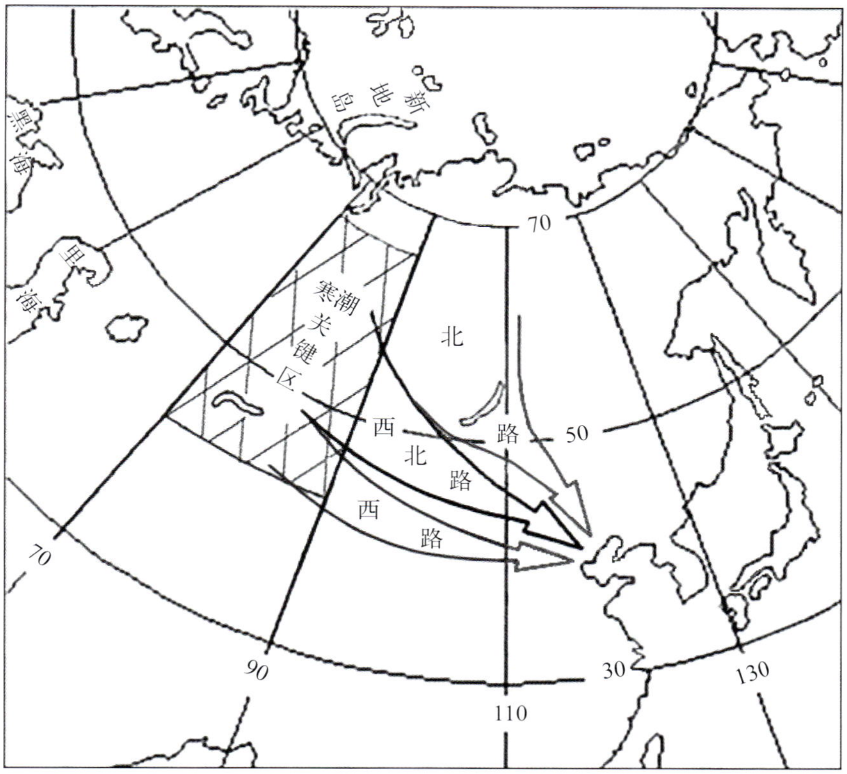

图 5-2 影响渤海的冷空气路径示图

5.2.1 西北路冷空气的影响特征

影响渤海的西北路冷空气主要源自新地岛以西洋面上，主体多自巴尔喀什湖和贝加尔湖之间向东南方向移动（见图 5-2）。该路冷空气多由蒙古气旋（或称蒙古低压）为前导，临近和影响渤海区域时，其锋面大多呈斜向（东北—西南走向）状态，部分呈横向（东—西走向）状态，少数呈竖向（北—南走向）状态。

5.2.1.1 西北路斜向锋面冷空气的影响特征

影响渤海的西北路斜向锋面冷空气的具有如下特征。

（1）冷空气自巴尔喀什湖和贝加尔湖之间向东南方向径直奔向我国河套至渤海区域。

（2）冷空气多由蒙古气旋（或称蒙古低压）为前导，气旋中心多由蒙古东部移向我国东北或俄罗斯远东地区。

（3）冷空气到达渤海区域时，先前而行的蒙古气旋冷锋在我国东北至华北地区呈斜向状态（见图 5-3）。

（4）冷空气影响渤海区域时，渤海区域锋面前后南、北风向分明；锋面过境时，南、北风向变换时间短暂。

（5）锋面过境后，渤海区域风场多为持续的北到西北向大风。

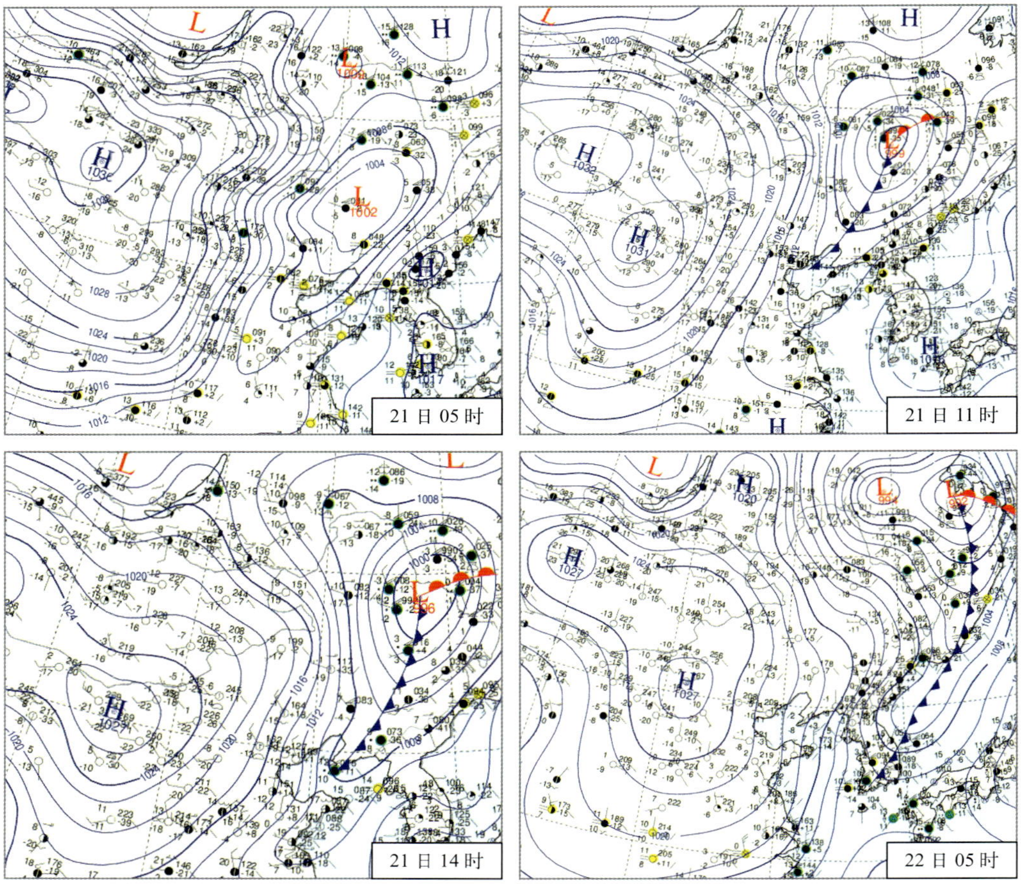

图 5-3　影响渤海的西北路斜向锋面冷空气移动图例
（2010 年 11 月 21—22 日）

该类型冷空气对渤海影响最频繁，在其影响过程中，渤海海区的北到西北风平均风力一般为 7 ～ 8 级，强者可达 9 ～ 10 级。大风持续时间一般为 2 ～ 3 天，强者可持续 3 ～ 4 天或以上，往往导致海浪灾害。

该类型冷空气对渤海的风暴潮影响较弱，一般不会引发明显风暴潮灾害。

该类型冷空气降温幅度大，冬季的强者可使渤海大范围海面结冰并导致海冰灾害。

5.2.1.2　西北路横向锋面冷空气的影响特征

影响渤海的西北路横向锋面冷空气的具有如下特征。

（1）冷空气前锋越过贝加尔湖和巴什喀尔湖区域后，蒙古地区有气旋或低压在发展东移，河套至长江中、上游地区为低压区。

（2）冷空气主体在向东南方向移动的过程中，偏西部分由我国新疆和蒙古西部压向黄河中、上游区域，偏东部分则向俄罗斯远东地区快速扩展，蒙古气旋或低压快速向东偏北方向移动并加强，河套区域低压则在冷空气压迫下不断向东南方向缓慢移动或并于江淮地区不断发展的低压系统中。蒙古气旋冷锋在我国东北至华北北部地区呈准横向状态引导冷空气向渤海区域推进。

（3）冷空气临近或到达渤海区域时，在冷空气和江淮低压倒槽或江淮气旋共同作用下，渤海区域气压场演变为北高南低形态，蒙古气旋冷锋在渤海区域呈横向状态（见图 5-4）。

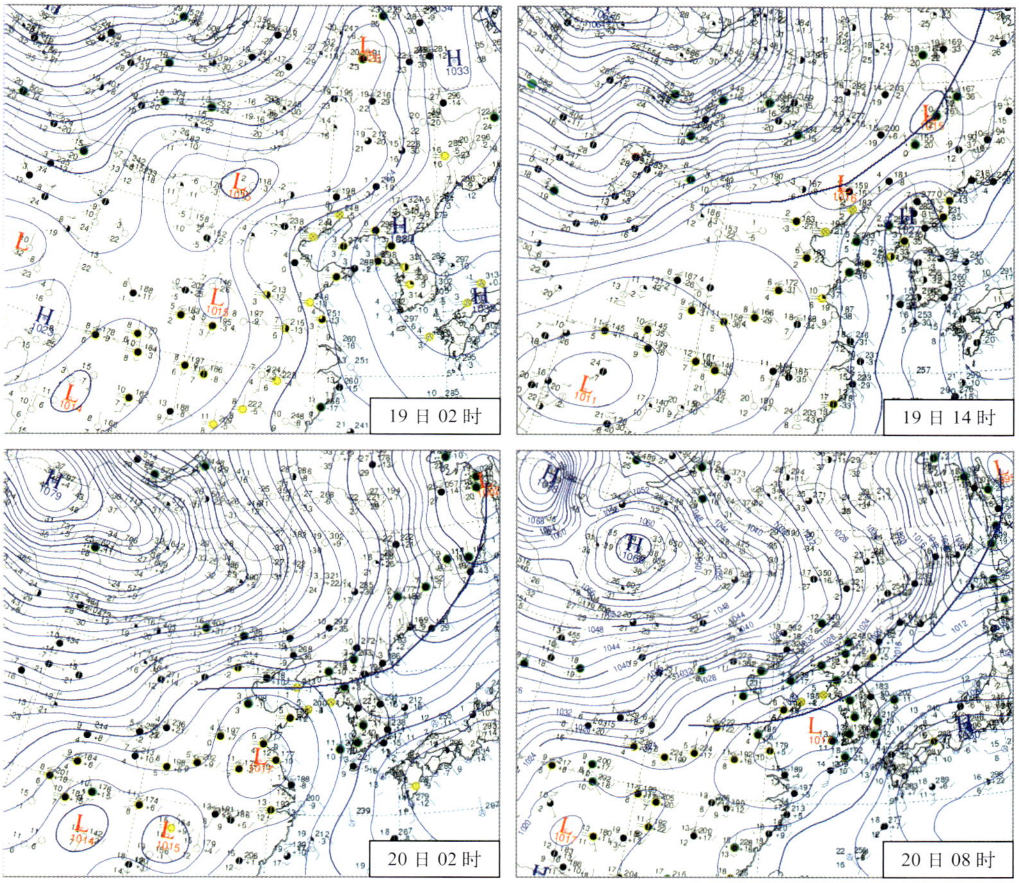

图 5-4　影响渤海的西北路横向锋面冷空气移动图例
（2010 年 1 月 19—20 日）

影响渤海的西北路横向锋面冷空气远少于斜向锋面者。在其影响过程中，海区风场多为持续 10 小时左右的 NE 向大风后转持续的 N—NW 向大风，N—NW 向大风风力和持续时间与斜向锋面冷空气相当。

该类型冷空气降温幅度大，天气阴冷，持续时间长。

该类型冷空气是导致渤海区域风暴潮灾害、海浪灾害和海冰灾害的主要天气形势之一。

5.2.1.3　西北路竖向锋面冷空气的影响特征

影响渤海的西北路竖向锋面冷空气的具有如下特征。

（1）蒙古气旋或蒙古低压在蒙古中部徘徊发展并东移缓慢，我国西南和华南有低压或低压倒槽与北方的蒙古气旋或蒙古低压南北遥相呼应。

（2）冷空气在蒙古气旋或蒙古低压阻挡下由蒙古西部及我国新疆地区向南径直奔向长江中、上游甚至华南地区，蒙古气旋冷锋由蒙古中、东部伸向长江中游区域。

（3）冷空气由西向东越过河套区域后，蒙古气旋冷锋在华北地区呈竖向状态。

（4）冷空气在华北竖向冷锋引导下由西向东推进，直至越过渤海区域（见图 5-5）。

冷空气到达渤海区域时，锋面两侧的风向东西分明；锋面过境时，东、西风向变换快速。

锋面过境后，渤海区域风场多为持续的 NW 向大风。

该类型冷空气较少出现，影响时，渤海海区 NW 向大风平均风力一般为 7 ~ 8 级，强者可达 9 ~ 10 级；大风持续时间一般为 1 天左右，强者可持续 2 天左右，可导致渤海海浪灾害。

该类型冷空气对渤海风暴潮的贡献较小，一般不会引发强风暴潮和明显风暴潮灾害。

该类型冷空气降温幅度较大，冬季的强者可使渤海较大范围海面结冰并导致海冰灾害。

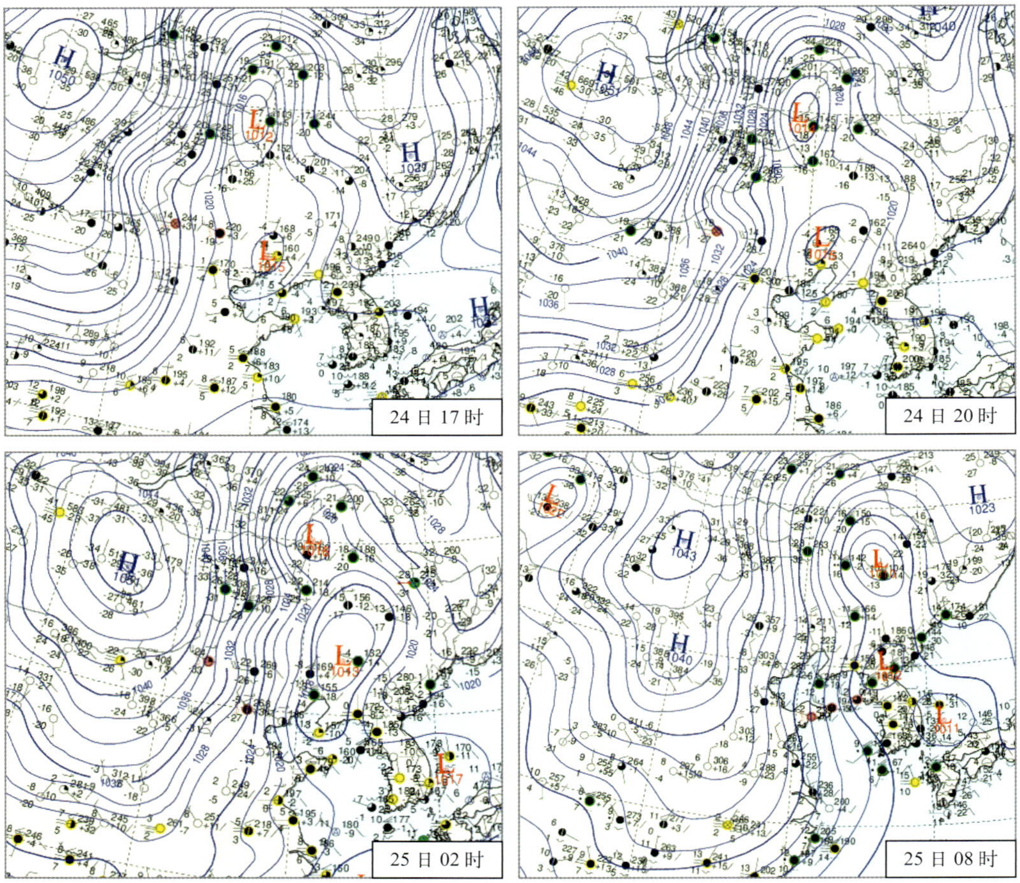

图 5-5　影响渤海的西北路竖向锋面冷空气移动图例
（2009 年 12 月 24—25 日）

5.2.2　北路冷空气的影响特征

影响渤海的北路冷空气，多源自新地岛以东洋面上，部分源自新地岛以西洋面上，冷空气主体经贝加尔湖及附近区域南下影响我国（见图 5-2）。

该路冷空气大多经贝加尔湖西侧区域（地面冷高压中心位于贝加尔湖西端，以下简称北路偏西类）向东南方向移动，部分自贝加尔湖区域（地面冷高压中心穿过贝加尔湖区域，以下简称北路居中类）向南略偏东方向移动，偶有自贝加尔湖东侧南下（地面冷高压中心位于贝加尔湖东侧，以下简称北路偏东类）者。

影响渤海的北路冷空气出现次数较少，在其影响过程中，锋后的渤海区域一般维持 12 ~ 18 小时 7 ~ 8 级或以上的 NE 大风后再转 N—NW 向大风，大风持续时间一般为 2 天左右，强者可持续 3 ~ 4 天。

北路冷空气影响时，天气阴冷、降温幅度大、持续时间长，冬季的强者可使渤海大范围海面结冰并导致严重的海冰灾害。

北路冷空气是导致渤海风暴潮灾害、海浪灾害和海冰灾害的主要天气系统之一。不同类别冷空气对渤海的影响特征差异较大。

5.2.2.1 北路偏西类冷空气的影响特征

北路偏西类冷空气出现次数较多，是影响渤海北路冷空气的主要类型，其地面主要特征是：

（1）冷空气主体经贝加尔湖西侧区域向东南方向移动。

（2）冷空气南缘越过贝加尔湖或附近区域后，东侧快速向库页岛方向扩展，南侧在贝湖以南区域缓慢南压。我国新疆至俄罗斯远东地区为一宽广、深厚的低压带，蒙古气旋（或低压）沿冷空气前缘快速向俄罗斯远东地区移动。

（3）冷空气南缘抵达我国内蒙古一带时，东缘已扩至俄罗斯远东地区甚至库页岛附近。冷空气临近和影响渤海区域时，锋面在渤海及附近区域呈横向状态。

该类冷空气影响渤海时，多无明显低压系统与之配合，偶有江淮气旋或黄河气旋与之配合（见图5-6）。

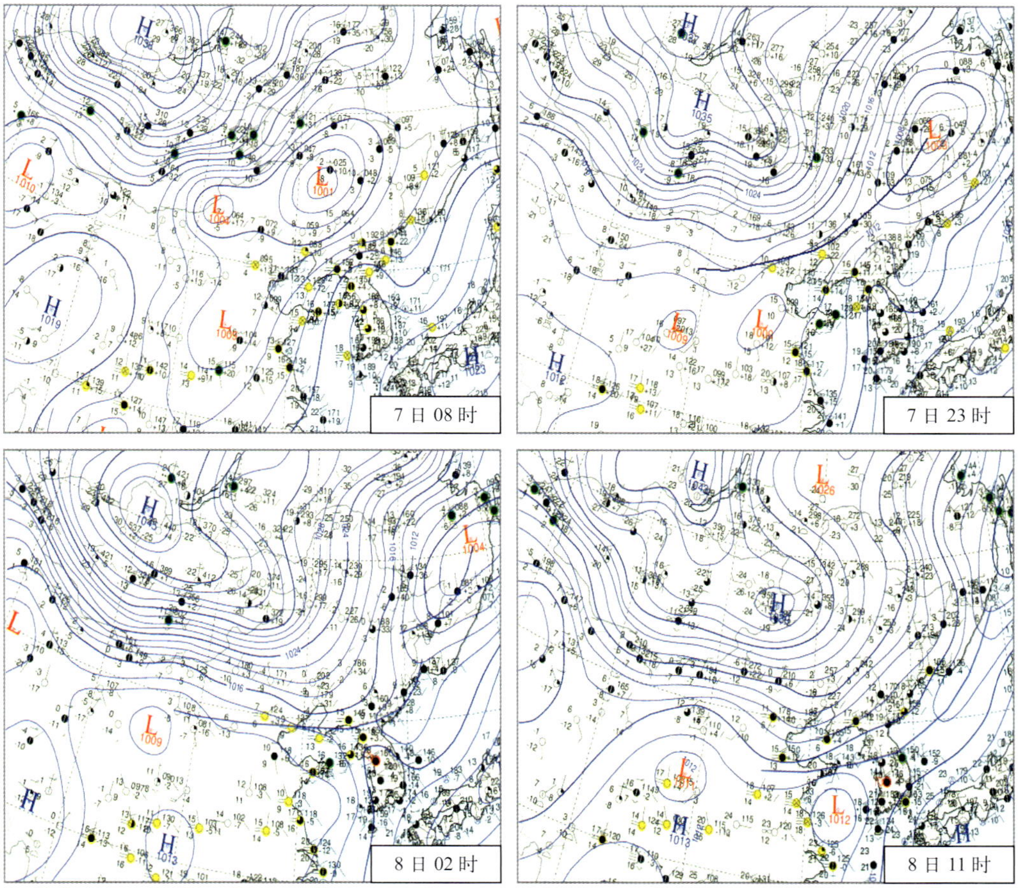

图5-6 影响渤海的北路偏西类冷空气移动图例
（2009年11月7—8日）

5.2.2.2 北路居中类冷空气的影响特征

北路居中类冷空气的出现次数少于北路偏西类，是影响渤海北路冷空气的重要类型，其地面主要特征是：

（1）冷空气主体经贝加尔湖区域南下。

（2）冷空气越过贝加尔湖区域后缓慢东扩、南压，蒙古中西部和我国河套以西地区有低压发展东移，俄罗斯远东地区多为低压控制。

（3）在冷空气南压东移直至临近和影响渤海区域的过程中，南侧锋面始终呈横向状态。

该类冷空气影响渤海时，半数无明显低压系统与之配合，半数有江淮气旋或黄河气旋与之相配合（见图 5-7）。

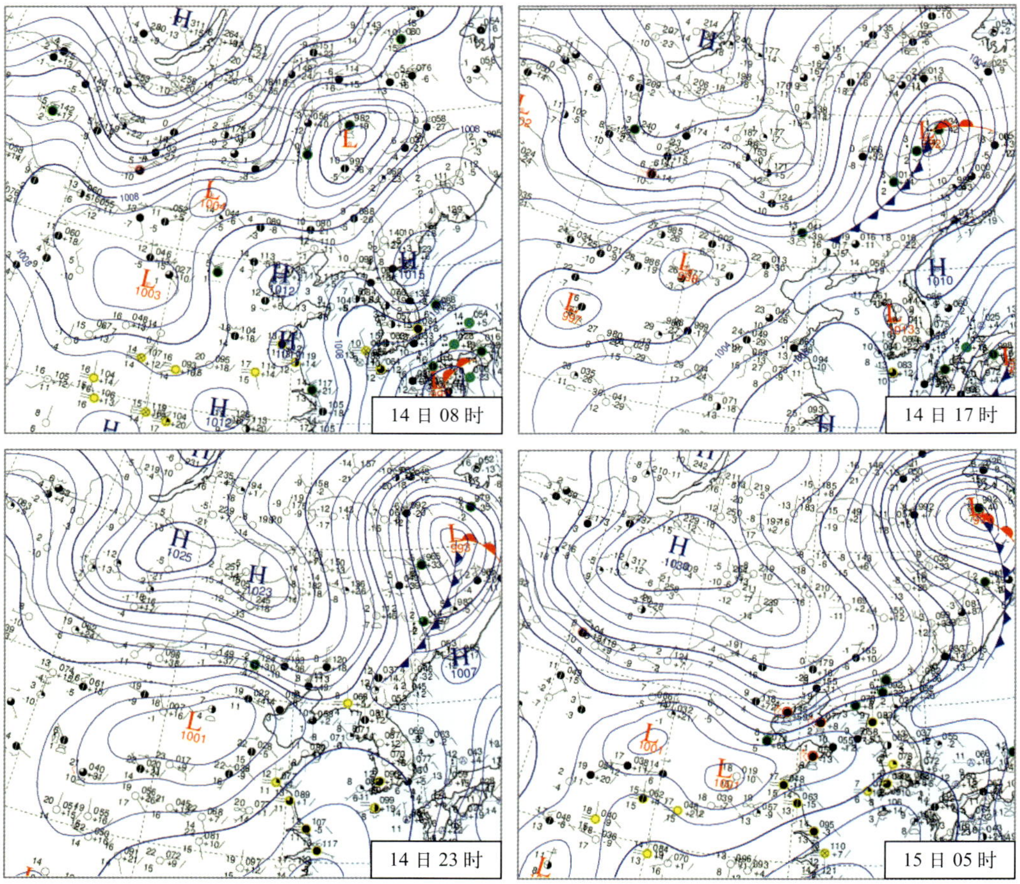

图 5-7 影响渤海的北路居中类冷空气移动图例
（2009 年 4 月 14—15 日）

5.2.2.3 北路偏东类冷空气的影响特征

北路偏东类冷空气的出现次数，明显少于偏西类和居中类。

该类冷空气部分在河套及渤海区域有气旋予以配合并共同影响渤海，部分在河套及渤海区域无气旋配合而长驱南下影响渤海。前者对渤海的影响较重，后者对渤海一般无灾害性影响。

有气旋配合者的地面主要特征是：

（1）贝加尔湖西侧至我国西北或华北地区为低压区，贝加尔湖东侧区域有冷空气南下。

（2）位于我国西北或华北地区的低压逐渐发展加强，在河套区域形成黄河气旋或黄河低压东移；贝加尔湖东侧的冷高压不断加强南下直至朝鲜半岛区域。

（3）在黄河气旋和冷空气的相互作用下，冷空气锋面自渤海北部起呈横向状态南下，直至鲁西南和南黄海中部区域。

该类冷空气影响渤海时，多有黄河气旋或低压与之相配合（见图 5-8）。

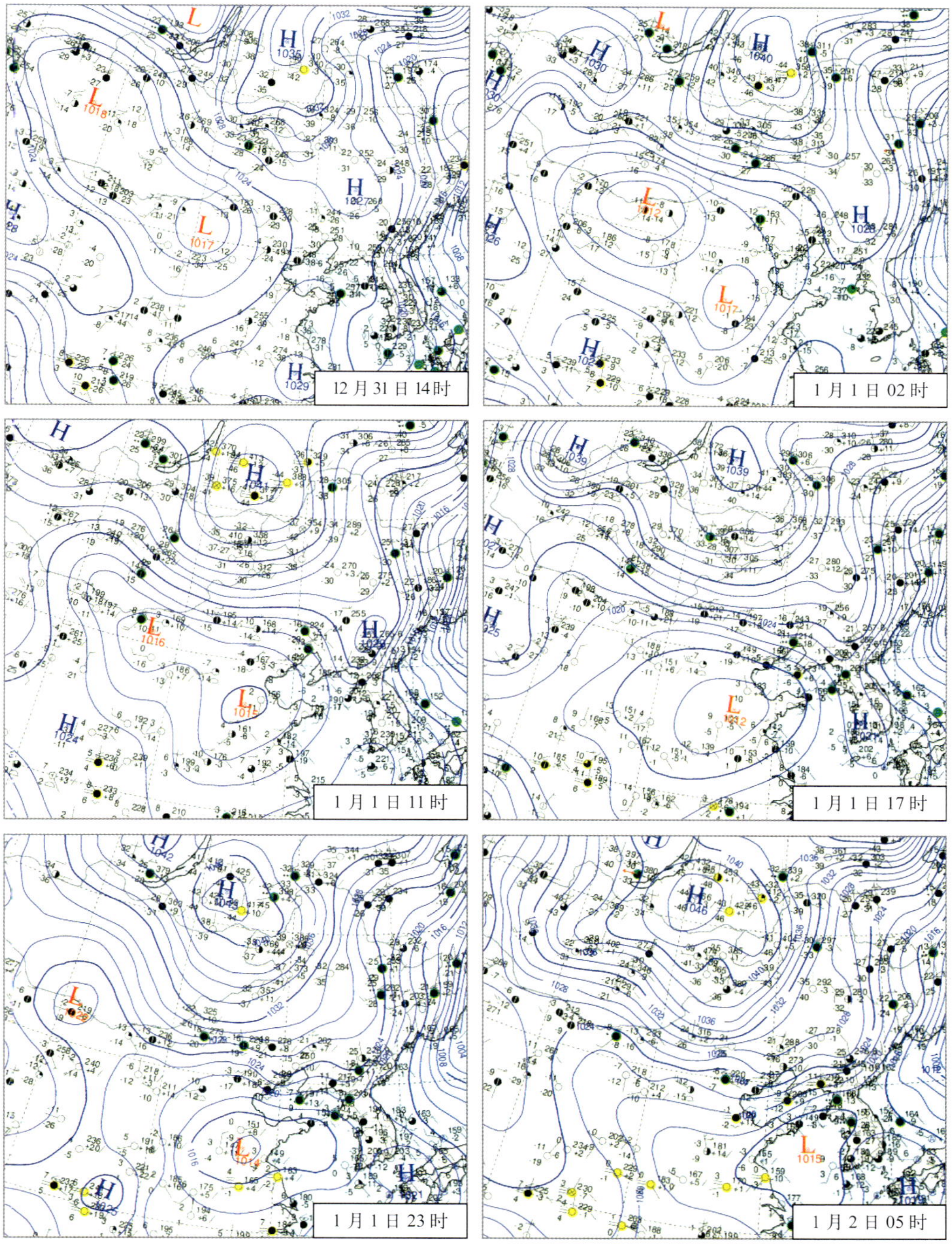

图 5-8　影响渤海的北路偏东类冷空气移动图例
（2009 年 12 月 31 日至 2010 年 1 月 2 日）

5.2.3 西路冷空气的影响特征

西路冷空气主要源自冰岛以南的洋面上，部分源自新地岛以西洋面上。

该路冷空气多经巴什喀尔湖区域进入我国西北地区（见图 5–2），然后沿河西走廊自西向东移动。冷空气前锋东移到河套区域时，蒙古气旋冷锋多呈竖向（南—北走向）引导冷空气东行，直至越过渤海区域（见图 5–9）。

该路冷空气锋后为 7 ～ 8 级 NW 向大风，影响时间较短，降温幅度较小。

该路冷空气对渤海的影响较弱，一般不会导致明显的海洋灾害。

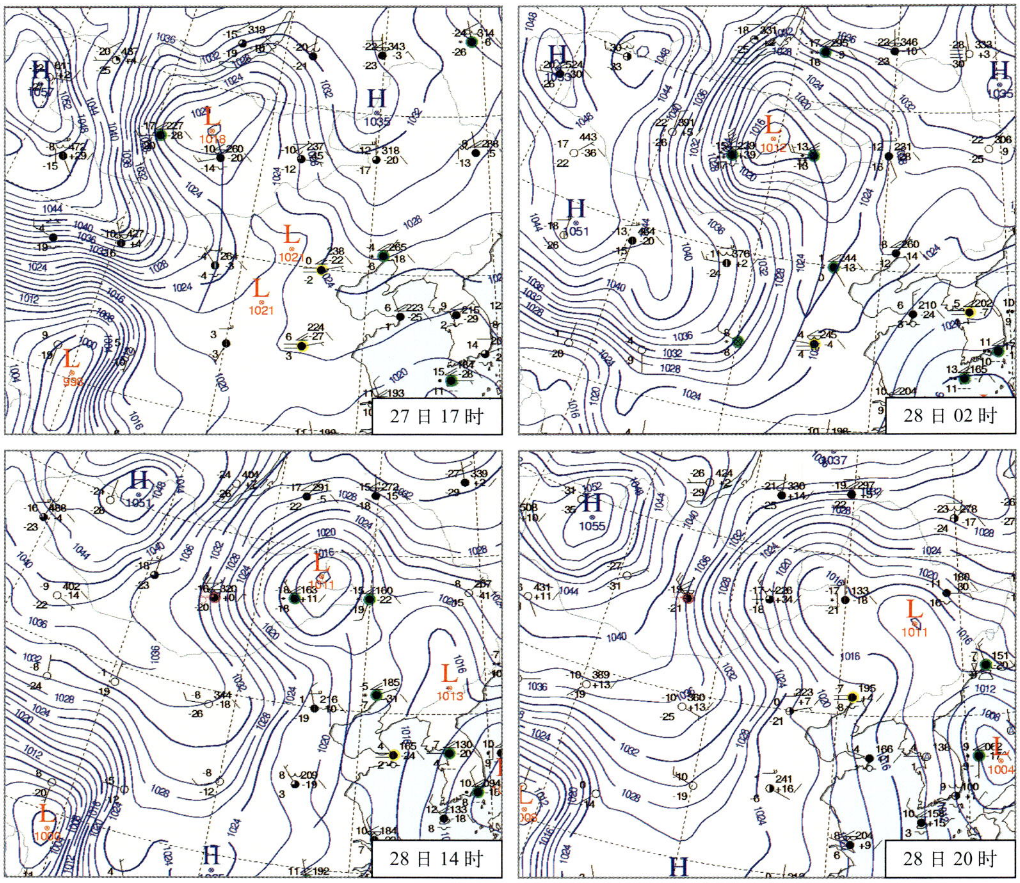

图 5–9　影响渤海的西路冷空气移动图例
（2007 年 12 月 27—28 日）

5.3 冷空气与温带气旋相配合对渤海的影响特征

温带气旋配合冷空气，是指温带气旋和冷空气南北两系统在渤海区域相遇相互配合加强，共同对渤海区域施加影响的天气形势。

该天气形势是导致渤海区域风暴潮灾害和海浪灾害的主要温带系统。由于该形势以冷空气的影响力为主，故将其归于冷空气范畴。

与冷空气相配合共同影响渤海的温带气旋，以江淮气旋居多，黄河气旋居次，再次为渤海气旋，偶有由江淮区域的低压倒槽东移入南黄海后发展而成的黄海气旋。

5.3.1　江淮气旋与冷空气相配合的影响特征

与江淮气旋相互配合、共同影响渤海区域的冷空气，多为西北路冷空气，北路冷空气较少。

江淮气旋在渤海区域与冷空气相配合，往往引发渤海海域及沿海地区严重或特别严重的巨浪和风暴潮（含负风暴潮）灾害，是导致渤海海洋灾害的主要天气形势。

该天气形势一年四季都可出现，以春、秋季节居多，冬季相对较少，夏季可偶有发生且强度很弱。

该天气形势地面系统的主要配置特点是：

（1）西伯利亚冷空气到达我国华北北部区域时，蒙古中、东部至我国华北、东北地区由冷高压所控制，江淮地区则有明显的气旋或低压倒槽向东北发展，南北两系统在辽东湾南部或渤海中部相遇，冷空气锋面在辽宁省中、南部至河套北部或中、朝边界至京、津地区呈东—西走向（见图 5-4）。

（2）两系统相遇后，冷空气不断东移南压，江淮气旋则在冷空气挤压下向东偏北方向移动。

该天气形势在影响渤海区域的过程中，海区风场变化具有如下特征。

风向：SE → NE → N—NW，风向转换较慢；

风场风速：平均风速一般为 7 ～ 8 级，强者可达 8 ～ 9 级；极大风速可达 10 ～ 11 级；

NE 向大风持续时间：一般为 12 ～ 18 小时，强者可持续 24 小时左右；

N—NW 向大风持续时间：一般为 2 天左右，长者可持续 3 ～ 4 天。

5.3.2　黄河气旋与冷空气相配合的影响特征

与黄河气旋相配合共同影响渤海区域的冷空气，主要为北路者，其次为西北路者。

5.3.2.1　黄河气旋与北路冷空气相配合时的影响特征

黄河气旋与北路冷空气相配合共同影响渤海的天气形势，主要出现在冬半年（秋末至春初），强者可导致渤海区域较重或严重的海浪和风暴潮灾害。

该天气形势的地面配置特征是：

（1）河套区域有气旋（或低压）生成、发展，贝加尔湖及附近区域有冷空气南下。

（2）当河套区域的气旋（或低压）移行到河套东部区域时，冷空气大多南下至我国东北和华北北部区域。在冷空气和气旋的共同作用下，形成自华北北部压向渤海区域的“东—西”走向冷锋锋面。

（3）迫于南下冷空气的挤压，黄河气旋大多沿冷空气底部向东南方向移向鲁东南或苏北北部区域，少数在冷空气底部向东经渤海湾、莱州湾移向胶东半岛北部。

（4）冷空气南压缓慢，黄河气旋大多在移行过程中不断减弱。

该天气形势在影响渤海区域的过程中，海区风场变化具有如下特征。

风向：S → E → NE → N，E—NE 持续时间长，风向转换较慢；

风速：平均风速一般为 7 级左右，强者可达 9 级左右，风速变化平稳；

东北向大风持续时间：一般为 20 小时左右，长者可持续 40 小时左右。

黄河气旋与北路冷空气相配合的图例见图 5-7 和图 5-8。

5.3.2.2 黄河气旋与西北路冷空气相配合时的影响特征

与黄河气旋相配合共同影响渤海区域的西北路冷空气，多为冷空气在贝加尔湖以西区域以南下为主者，亦有由贝加尔湖南侧以向东扩展为主者。

A. 由贝加尔湖以西区域南下为主的西北路冷空气与黄河气旋相配合时的地面配置特征是：

（1）贝加尔湖西侧区域有冷空气南下，蒙古东部至长江中、上游区域为带状低压区，河套区域有低压发展。

（2）冷空气以南下为主，东移缓慢，当河套区域的低压增强为气旋移行到河套东部区域时，其西侧冷空气大多南下至长江中、上游区域，北侧冷空气东扩至我国东北地区西部，东北地区大部至河套区域为低压区。

（3）当黄河气旋移行到渤海西岸区域时，东北区域的低压移出或消失，气旋北侧冷空气迅速东扩代之。

（4）迫于冷空气的挤压，气旋大多东移入渤海或鲁西北区域，与紧随其后的冷空气共同影响渤海区域。

该天气形势在影响渤海区域的过程中，海区风场变化具有如下特征。

海区风向变化：S → E → NE → N → NW，E—NE 持续时间短，风向转换较快；

海区风场风速：平均风速一般为 6 ～ 7 级，强者可达 8 ～ 9 级。

该天气形势对渤海的影响较弱，强者可导致渤海区域较重的海浪灾害和轻度风暴潮灾害。

黄河气旋与西北路以南下为主冷空气相配合的图例见图 5-10。

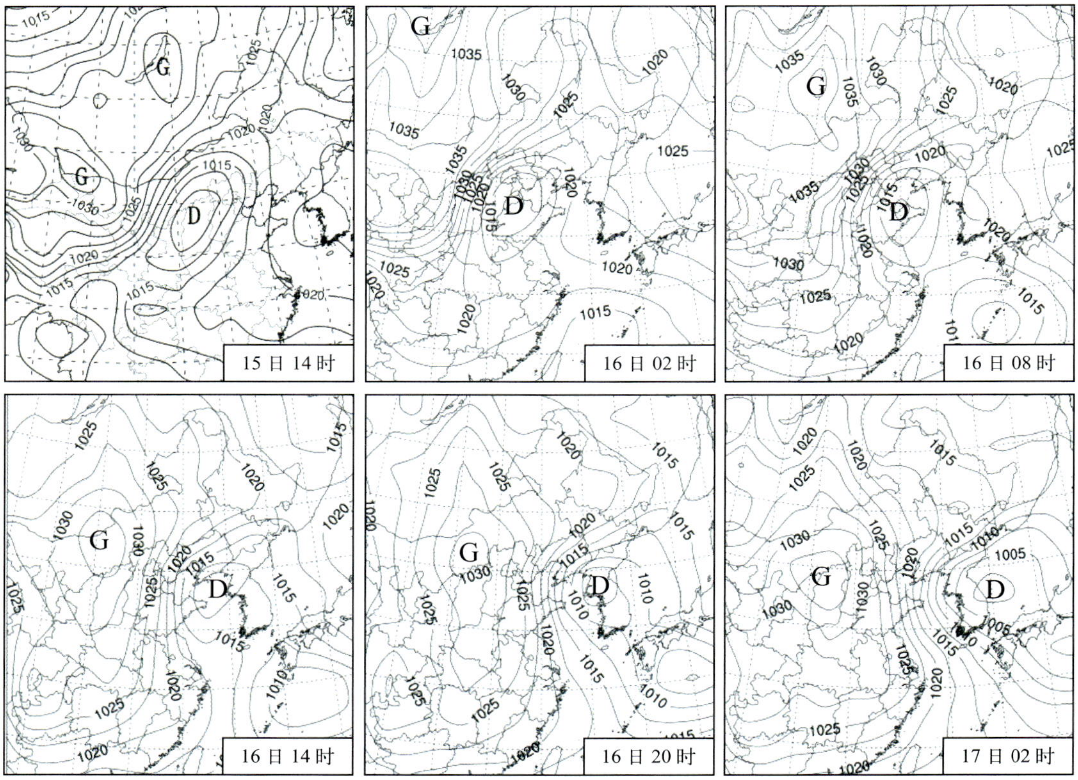

图 5-10　黄河气旋与西北路（南下为主）冷空气配合影响渤海的移动图例
（1983 年 3 月 15—17 日）

B. 在贝加尔湖南侧以向东扩展为主的西北路冷空气与黄河气旋相配合时，地面配置特征基本同北路冷空气与黄河气旋相配合者（见图 5-11 和 5.3.2.1 小节）。

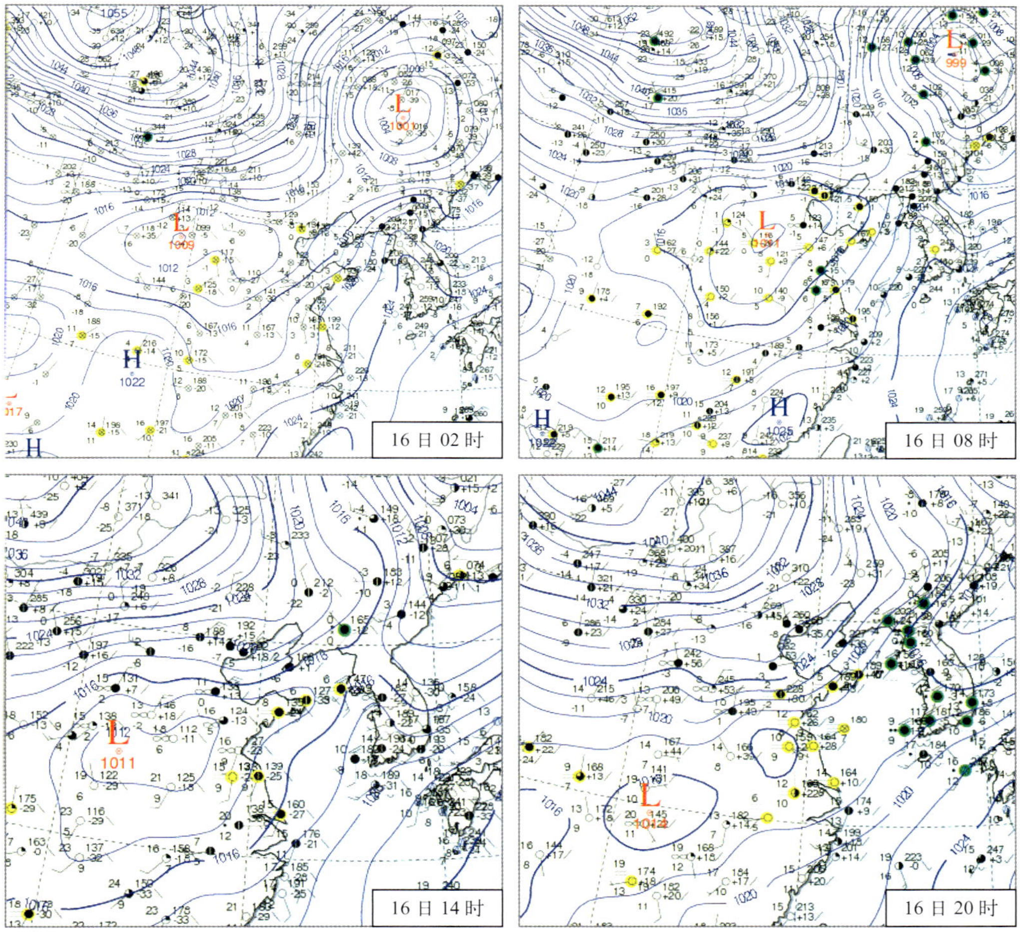

图 5-11　黄河气旋与西北路（东扩为主）冷空气配合影响渤海的移动图例
（2017 年 2 月 16 日）

5.3.3　渤海气旋与冷空气相配合的影响特征

渤海气旋多与西北路冷空气相配合共同影响渤海，该气旋多由华北低压发展而成。渤海气旋与西北路冷空气相配合的天气形势出现次数很少，其地面配置的主要特点是：

（1）当华北低压尚处发展阶段时，西伯利亚冷空气已在其西侧南下至黄河中、上游甚至长江中、上游流域。

（2）随着华北低压的发展、加深和东移南下，冷空气在其西、北两侧加强并紧随其后。

（3）当华北低压发展为气旋进入渤海后，与紧随其后的冷空气共同施加影响。

该形势在向东南或向东移行过程中，气旋前部区域为持续的偏南或偏东向强风或疾风，后部多为持续的 N—NW 向大风或狂风。

渤海气旋与西北路冷空气相配合的天气形势对渤海区域的影响相对较轻，强者可导致海区和沿岸地区海浪灾害和轻度风暴潮灾害。

渤海气旋与西北路冷空气相配合的图例见图 5-12。

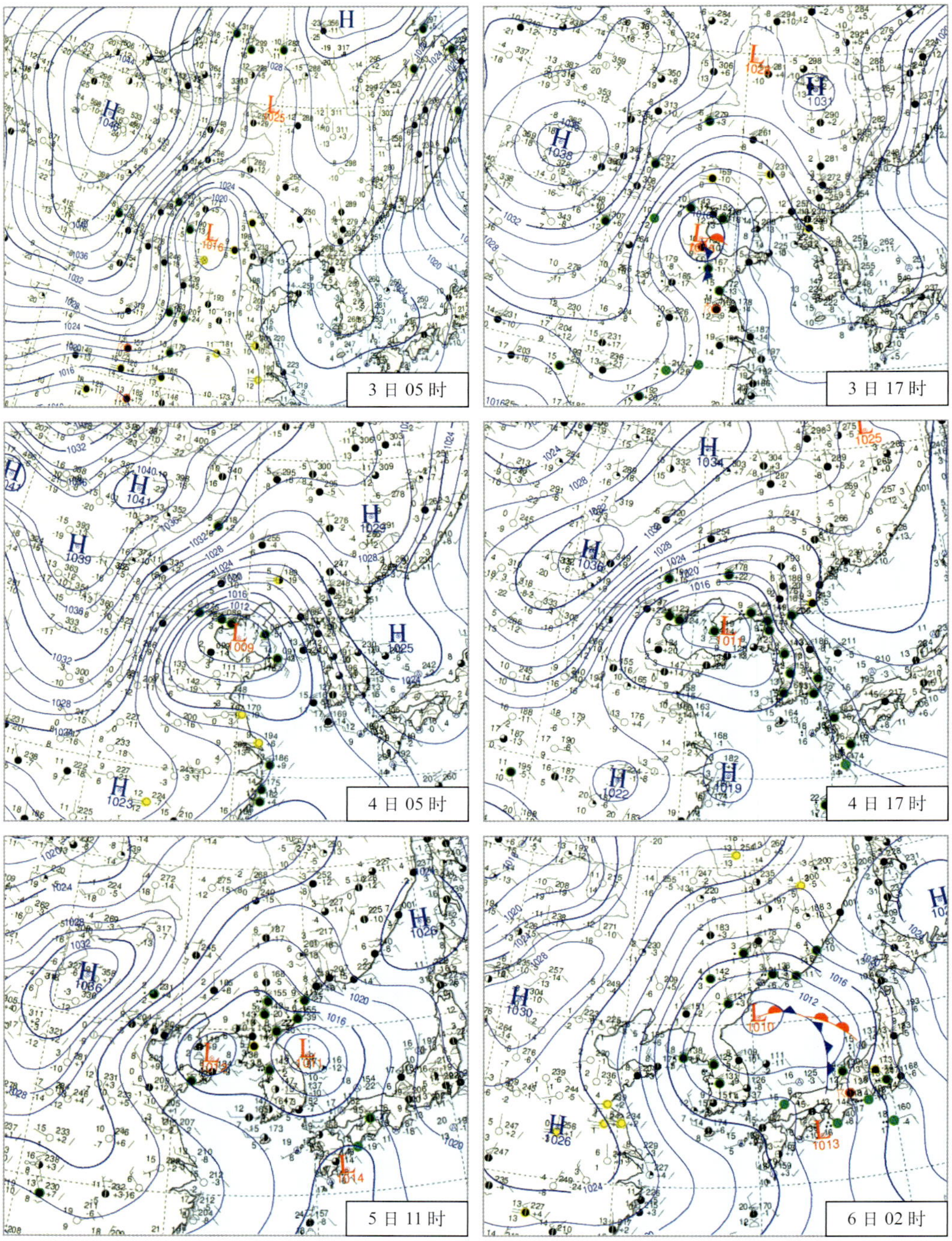

图 5-12　渤海气旋与冷空气配合影响渤海的移动图例
（2012 年 11 月 3—6 日）

5.3.4　黄海气旋与冷空气相配合的影响特征

黄海气旋多与北路或西北路冷空气相配合共同影响渤海，其地面配置的主要特点是：

（1）北路或西北路冷空气已南下至渤海南部或南岸一线，南黄海西部有气旋生成并向北或东北方向移动。

（2）在南下冷空气和北上气旋的共同作用下，渤海区域的气压梯度迅速增加，风速骤然猛增，甚至可使原本处于稳定或开始减弱的形势再次增强。

该天气形势影响时，渤海海区风速一般为 7 ～ 8 级，强者达 8 ～ 9 级；强者极大风速可达 10 ～ 11 级。

该天气形势出现次数极少，但具有较大的破坏力，可导致渤海海域及沿海地区发生较重或严重的巨浪和风暴潮（含负风暴潮）灾害。其影响区域主要为莱州湾和海峡，其次为渤海湾和辽东湾南部。

由南黄海东部转向北偏西移入北黄海的黄海气旋影响时，多使渤海区域内原处于维持或开始减弱的形势再次骤然增强。该形势具有一定的欺骗性，在气旋转向北偏西移向北黄海之前，往往使人们产生气旋将向东北方向移出、严峻形势已过去的误判而解除防范（见图 5-13）。

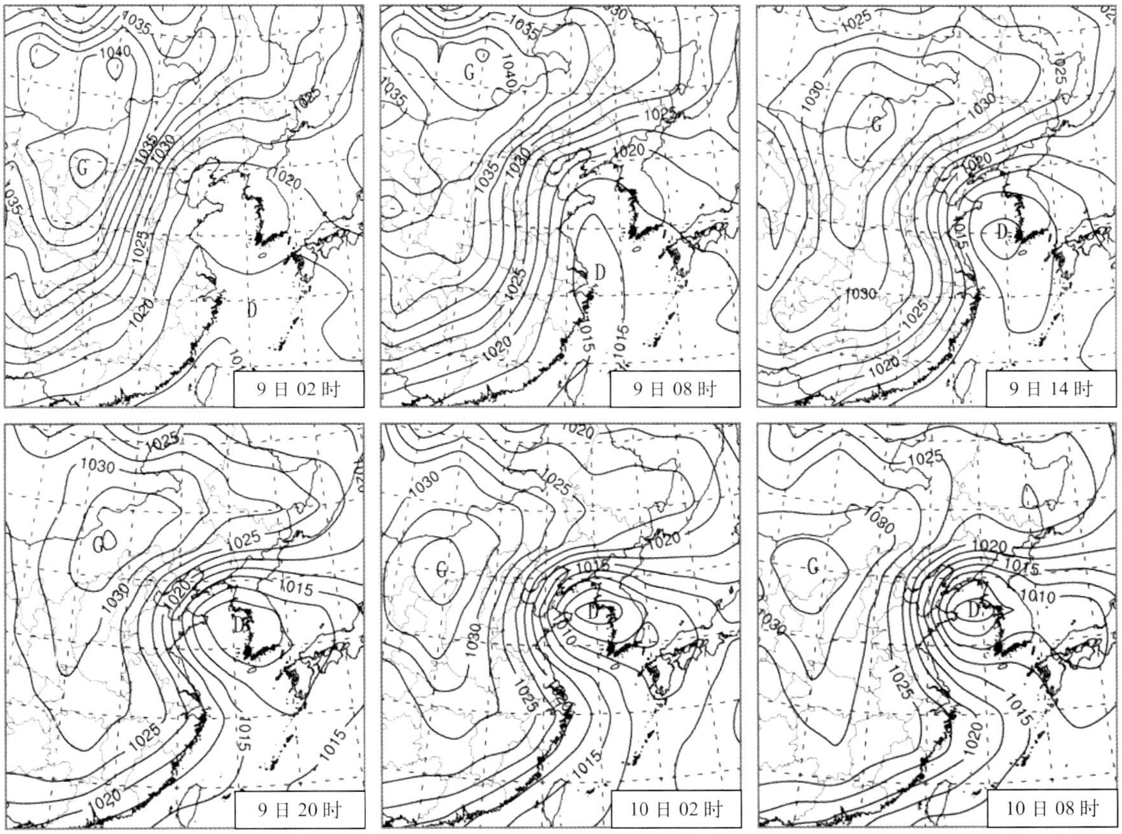

图 5-13　黄海气旋与冷空气配合影响渤海的移动图例
（1982 年 11 月 9—10 日）

5.4　冷空气风暴潮特征

根据冷空气影响渤海时的锋面走向，渤海区域的冷空气风暴潮亦相应分为横向冷锋型、斜向冷锋型和竖向冷锋型 3 种类型。

横向冷锋型冷空气风暴潮发生频率高，强度大，是引发渤海沿岸尤其莱州湾、渤海湾和海峡区域强风暴潮灾害的主要风暴潮类型。

斜向冷锋型冷空气风暴潮发生频率较低，强度较弱，对渤海区域影响较轻。

竖向冷锋型冷空气风暴潮发生次数很少，强度很弱，对渤海区域影响轻微。

5.4.1 横向冷锋型冷空气风暴潮特征

横向冷锋型冷空气风暴潮，是渤海区域冷空气风暴潮的主要类型。该风暴潮发生频率高、分布范围广、强度大、持续时间长，往往导致渤海沿岸发生严重或特别严重风暴潮灾害。该风暴潮主要由气旋配合类横向冷锋型冷空气所引发，部分由无气旋配合类横向冷锋型冷空气所导致。该风暴潮主要发生在莱州湾和渤海湾沿岸，辽东湾和海峡区域发生次数很少且强度很弱。

该风暴潮年均发生 20 次以上，可广泛分布于渤海各区域，其增水值≥ 100 cm、≥ 200 cm 和≥ 300 cm 的年均发生次数分别为 7.8 次、1.1 次和 0.07 次，过程增水极值最大曾达 358 cm（见表 5-1）。

表 5-1 横向冷锋型冷空气风暴潮强度、年均频次的区域分布（1960—2017 年）

<table>
<tr><th rowspan="2">海区</th><th colspan="6">增水幅度（cm）</th><th colspan="4">最大增水</th></tr>
<tr><th>≥ 50</th><th>≥ 100</th><th>≥ 150</th><th>≥ 200</th><th>≥ 250</th><th>≥ 300</th><th>增水值（cm）</th><th>影响系统</th><th>测站或海区</th><th>出现时间</th></tr>
<tr><td>全 区</td><td>20.1</td><td>7.8</td><td>3</td><td>1.1</td><td>0.25</td><td>0.07</td><td>358</td><td rowspan="3">江淮气旋配合</td><td>羊口</td><td>1969-04-23</td></tr>
<tr><td>莱州湾</td><td>19.4</td><td>6.9</td><td>2.8</td><td>1.1</td><td>0.25</td><td>0.07</td><td>358</td><td>羊口</td><td>1969-04-23</td></tr>
<tr><td>渤海湾</td><td>19.0</td><td>6.2</td><td>1.5</td><td>0.23</td><td>0.05</td><td></td><td>227（270）</td><td>塘沽
黄骅港</td><td>1969-04-23</td></tr>
<tr><td>辽东湾</td><td>4.4</td><td>0.05</td><td></td><td></td><td></td><td></td><td>105</td><td>黄海气旋配合</td><td>京唐港</td><td>2015-11-07</td></tr>
<tr><td>渤海海峡</td><td>5.0</td><td>0.12</td><td></td><td></td><td></td><td></td><td>142</td><td>江淮气旋配合</td><td>蓬莱</td><td>2007-03-04</td></tr>
</table>

5.4.1.1 气旋配合类横向冷锋型冷空气风暴潮特征

所谓气旋配合类横向冷锋型冷空气，是指北路或西北路冷空气锋面在到达和影响渤海区域时呈横向（东—西走向）状态，其南侧有温带气旋（多为江淮气旋和黄河气旋，偶有渤海气旋和黄海气旋）与之相配合者（见图 5-4、图 5-7、图 5-8、图 5-12、图 5-13 和第 11 章 11.2 节）。

渤海区域的气旋配合类横向冷锋型冷空气风暴潮强度大，分布范围广，持续时间长，往往导致渤海沿岸发生不同程度的风暴潮灾害，但不同温带气旋配合的冷空气风暴潮强度和影响区域各不相同（见表 5-2）。

江淮气旋与之相配合的横向冷锋型冷空气出现次数较多，风暴潮发生频率较高、强度大、影响范围广，往往导致莱州湾、渤海湾和海峡南岸区域发生严重甚至特别严重的风暴潮灾害。该天气形势对辽东湾影响较弱，可引发其西南部沿岸的较重风暴潮灾害，对其北部和东岸区域影响轻微或无影响。

黄河气旋与之相配合的横向冷锋型冷空气，出现次数和影响范围均低于与江淮气旋相配合者，可导致莱州湾和渤海湾沿岸较重或严重风暴潮灾，对辽东湾和海峡区域影响轻微或无影响。

渤海气旋与之相配合的冷空气多为非标准横向型（见第 11 章 11.1.2.3）。该天气形势导致的风暴潮强度很弱，强者可引发莱州湾和渤海湾沿岸轻度风暴潮灾害，对辽东湾和渤海海峡区域影响轻微或无影响。

由黄海气旋配合的横向冷锋型冷空气风暴潮出现次数虽极少，但其强度较大，影响区域较广，可导致莱州湾、渤海湾沿岸和海峡区域较重风暴潮灾害。该风暴潮在辽东湾区域强度较弱，无明显灾害发生。

表 5-2　气旋配合类横向冷锋型冷空气风暴潮特征（1960—2017 年）

天气形势		增水幅度			
类别	强度	渤海海峡	辽东湾	渤海湾	莱州湾
江淮气旋配合类	一般	70 cm 左右	50 cm 左右	100 ~ 150 cm	150 ~ 200 cm
	强	100 cm 左右	80 cm 左右	200 ~ 250 cm	250 ~ 300 cm
	最强	150 cm 左右	120 cm 左右	270 cm 左右	360 cm 左右
	现有极值状况	142 cm，蓬莱 2007-03-04	100 cm，京唐港 2009-02-13	（270 cm），黄骅港 1969-04-23	358 cm，羊口 1969-04-23
黄河气旋配合类	一般	50 cm 左右	50 cm 左右	90 cm 左右	100 ~ 150 cm
	强	70 cm 左右	70 cm 左右	120 cm 左右	150 ~ 200 cm
	最强	100 cm 左右	100 cm 左右	170 cm 左右	250 cm 左右
	现有极值状况	97 cm，蓬莱 1999-11-24	92 cm，京唐港 2009-04-15	155 cm，黄骅港 2009-04-15	（230 cm），羊口 2009-04-15
渤海气旋配合类	一般	50 cm 左右	50 cm 左右	70 cm 左右	100 cm 左右
	强	80 cm 左右	70 cm 左右	100 cm 左右	150 cm 左右
	最强	100 cm 左右	100 cm 左右	150 cm 左右	200 cm 左右
	现有极值状况	89 cm，蓬莱 2010-12-10	91 cm，葫芦岛 2012-11-04	148 cm，塘沽 1971-10-10	189 cm，羊口 2071-10-10
黄海气旋配合类	一般	60 cm 左右	50 cm 左右	80 cm 左右	150 cm 左右
	强	90 cm 左右	80 cm 左右	120 cm 左右	200 cm 左右
	最强	140 cm 左右	120 cm 左右	180 cm 左右	230 cm 左右
	现有极值状况	112 cm，蓬莱 2015-11-07	114 cm，鲅鱼圈 2012-11-11	165 cm，黄骅港 2015-11-07	213 cm，羊口 1982-11-10
风暴潮主要发生区域		蓬莱及附近岸段	京唐港及附近岸段	黄骅港 - 塘沽岸段	羊口、潍坊港及附近岸段

5.4.1.2　无气旋配合类横向冷锋型冷空气风暴潮特征

所谓无气旋配合类横向冷锋型冷空气，是指北路或西北路冷空气锋面在到达和影响渤海区域时呈横向（东—西走向），但其南侧无明显温带气旋（仅有弱低压或弱低压倒槽）与之相配合者（见图 5-6 和第 11 章 11.1 节）。

该类风暴潮较频繁，影响范围广，持续时间长，强度弱于气旋配合类（见表 5-3）。

表 5-3　无气旋配合类横向冷锋型冷空气风暴潮特征（1960—2017 年）

形势强度	增　水　幅　度			
	渤海海峡	辽东湾	渤海湾	莱州湾
一般	＜ 50 cm	＜ 50 cm	100 ～ 150 cm	150 cm 左右
强	60 cm 左右	70 cm 左右	200 cm 左右	200 ～ 250 cm
最强	90 cm 左右	120 cm 左右	250 cm 左右	300 cm 左右
现有极值状况	85 cm，蓬莱 2014-10-12	108 cm，秦皇岛（120 cm，京唐港）1960-11-21	221 cm，塘沽（250 cm，黄骅港）1960-11-21	295 cm，羊口 1979-02-21
风暴潮主要发生区域	蓬莱及附近岸段	京唐港及附近岸段	黄骅港—塘沽岸段	羊口、潍坊港及附近岸段

该类风暴潮主要发生于莱州湾和渤海湾沿岸，可导致莱州湾和渤海湾沿岸发生强风暴潮和较重或严重风暴潮灾害。

该风暴潮在辽东湾沿岸和海峡区域发生次数较少，强度亦很弱，增水幅度最大仅达 100 cm 左右，可使辽东湾西南部沿岸和渤海海峡南岸区域出现轻到中度风暴潮灾害，对辽东湾北部和东岸区域基本无影响。

5.4.2　斜向和竖向冷锋型冷空气风暴潮特征

渤海区域的斜向冷锋型冷空气出现较频繁，但诱发的风暴潮强度较弱，频次较低（见表 5-4），影响时间短暂。该型冷空气多由斜向冷锋引导东移，偶有由渤海气旋、北上的江淮气旋或黄海气旋与之配合（见第 11 章 11.3 节）。

表 5-4　斜向（含竖向）冷锋型冷空气风暴潮强度、年均频次的区域分布（1960—2017 年）

海区	增水幅度（cm）			可能最大增水	现有极值状况
	≥ 50 cm	≥ 100 cm	≥ 150 cm		
全 区	6.7	0.6	0.05	180 cm 左右	（180 cm），潍坊港，1998-03-19
莱州湾	5.9	0.5	0.05	180 cm 左右	（180 cm），潍坊港，1998-03-19 145 cm，羊口，1976-11-10
渤海湾	4.3	0.2		150 cm 左右	134 cm，塘沽，1990-10-24 （150 cm），黄骅港，1998-03-19
辽东湾	2.4	0.1		130 cm 左右	118 cm，鲅鱼圈，2012-11-28
渤海海峡	1.9	0.02		100 cm 左右	96 cm，烟台，2012-11-11

无论有无温带气旋与之配合，该型冷空气增水多为 100 cm 以内，强者可达 150 cm 左右，特强者可达 180 cm 左右，影响区域以黄骅港至龙口一线为主，一般无明显的风暴潮灾害。

竖向冷锋型冷空气出现次数很少，部分由竖向冷锋引导东移，部分由渤海气旋、北上的江淮气旋或黄海气旋与之配合（见第 11 章 11.3 节）。

由竖向冷锋引导东移的冷空气出现次数很少，引发的增水多为 50 ~ 70 cm，最强仅达 100 cm 左右，影响时间短暂，对各岸段均无明显影响。

由温带气旋与之配合的竖向冷锋型冷空气虽出现次数很少，其增水幅度稍大于单纯竖向冷锋冷空气者。该形势导致的增水一般为 100 cm 左右，强者可达 130 cm 左右，影响区域以辽东湾东岸区域和黄骅港至蓬莱一线为主，一般无明显的风暴潮灾害。

5.5　冷空气风暴潮的季节变化

渤海沿岸增水≥ 50 cm 的冷空气风暴潮，年均发生近 27 次，月均发生次数以 10—12 月最多（3.3 ~ 3.8 次），1—3 月次多（2.6 ~ 2.9 次），4 月和 9 月 2.0 ~ 2.1 次，5—8 月 0.8 ~ 1.1 次。月均发生次数最多的月份为 11 月（3.8 次），最少的月份为 6 月和 7 月（0.8 次，见表 5-5）。

渤海沿岸的冷空气风暴潮，秋末至春初（10 月—翌年 4 月）最强，其间各月历史极值增水均大于 250 cm。1960—2017 年的 58 年间，渤海沿岸共出现 4 次最大增水≥ 300 cm 的冷空气风暴潮，分别出现在 10 月（1 次）和 4 月（3 次），增水极值为 358 cm，出现在 1969 年 4 月（见表 5-5）。

渤海沿岸的冷空气风暴潮，夏季不仅次数最少，而且强度最弱。其中，7 月在 58 年间仅出现 2 次增水≥ 100 cm 者，增水极值为 103 cm（见表 5-5）。

表 5-5　渤海沿岸冷空气风暴潮年均频次和强度的季节分布（1960—2017 年）

强度 / 频次 / 月份	≥ 50 cm	≥ 100 cm	≥ 150 cm	≥ 200 cm	≥ 250 cm	≥ 300 cm	≥ 350 cm	最大增水		
								增水值（cm）	出现年份	测站
1	2.9	0.88	0.25	0.07	0.02			262	2010	羊口
2	2.6	0.75	0.32	0.07	0.02			295	1979	羊口
3	2.7	0.93	0.45	0.07	0.02			261	1971	羊口
4	2.1	0.57	0.34	0.16	0.07	0.05	0.02	358	1969	羊口
5	1.1	0.34	0.04	0.04	0.02			250	1960	羊口
6	0.8	0.14						118	2008	羊口
7	0.8	0.04						103	1960	龙口
8	1.1	0.2	0.04					194	1966	羊口
9	2	0.54	0.14	0.02				235	1967	羊口
10	3.3	1.43	0.59	0.16	0.05	0.02		307	2003	羊口
11	3.8	1.3	0.52	0.34	0.05			280	1960	羊口
12	3.6	1.23	0.3	0.09				238	2010	羊口
合计	26.8	8.34	2.91	1.05	0.11	0.07	0.02	358	1969	羊口

5.6 冷空气风暴潮极值的区域分布

根据实测资料和相关分析，渤海沿岸各测站冷空气风暴潮极值统计分别如表 5-6 和表 5-7 所示，并据此绘制出渤海沿岸冷空气风暴潮极值分布图，如图 5-14 所示。

表 5-6 各测站冷空气风暴潮极值统计（1960—2017 年）

测站	极值（cm）	影响系统	出现时间	测站	极值（cm）	影响系统	出现时间
蓬莱	142	江淮气旋配合	2007-03-04	塘沽	227	江淮气旋配合	1969-04-23
龙口	157		1965-01-10	曹妃甸	129	横锋北高	2010-12-13
潍坊港	230	横锋西北高	2008-12-21	京唐港	105	黄海气旋配合	2015-11-07
羊口	358	江淮气旋配合	1969-04-23	秦皇岛	108	横锋西北高	1960-11-22
孤东	145	黄海气旋配合	2015-11-07	芷锚湾	93	黄海气旋配合	2012-11-11
黄河海港	132	横锋北高	2010-12-13	葫芦岛	101		
黄骅港	240	江淮气旋配合	1997-11-12	鲅鱼圈	118	斜锋西北高	2012-11-28

表 5-7 部分短序列测站冷空气风暴潮极值相关分析（1960—2017 年）

测站	极值（cm）	出现时间	推测依据
蓬莱	（150）	1965-01-10	该过程的天气形势和龙口、烟台实测值（分别为 157 cm 和 116 cm）
潍坊港	≥ 350	1969-04-23	该过程的天气形势和羊口实测值（358 cm）
孤东	≥ 150		根据 2008—2017 年间与羊口资料的相关对比推延到羊口历史强风暴潮过程
黄河海港	≥ 150		同孤东
黄骅港	（270）	1969-04-23	该过程的天气形势和羊口、塘沽实测值（分别为 358 cm 和 227 cm）
曹妃甸	≥ 150	1969-04-23	该过程的天气形势和塘沽实测值（227 cm）
京唐港	≥ 130	1960-11-22	该过程的天气形势和秦皇岛实测值（108 cm）

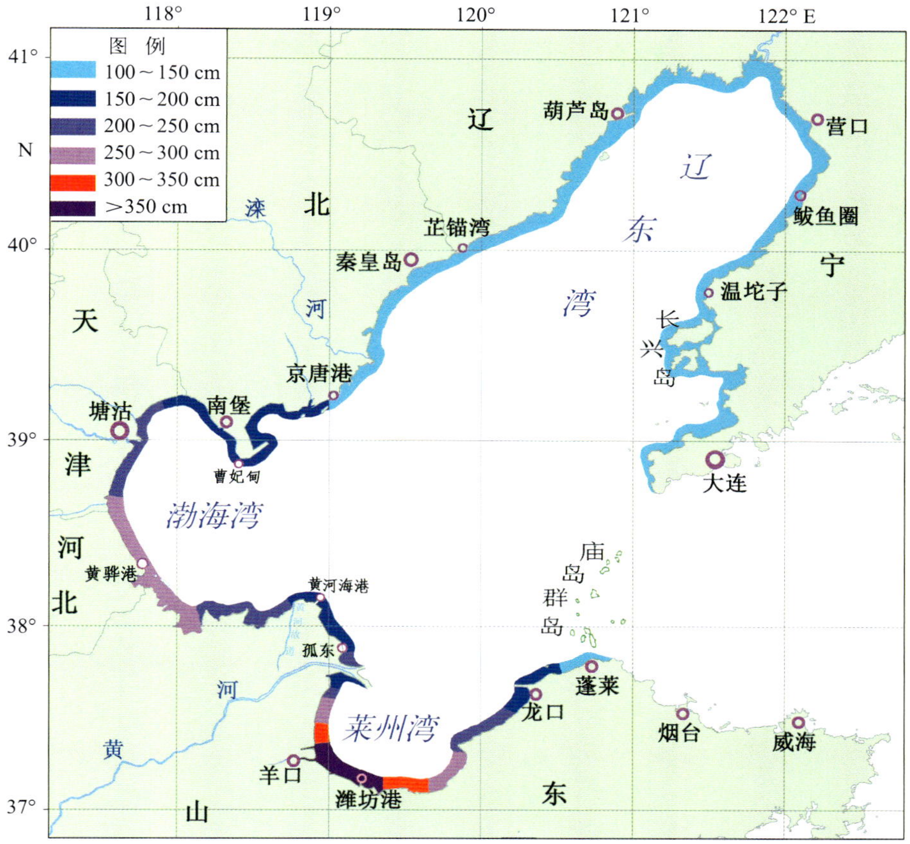

图 5-14　冷空气风暴潮极值的区域分布

第6章

北方气旋槽前SW向风场风暴潮

6.1 北方气旋类别及影响特征

本章所述北方气旋，仅指蒙古气旋和东北气旋。

蒙古气旋又称蒙古低压，多发生于蒙古的中、西部，大多向偏东方向移动（见图 6–1），少数向东南方向移动，是引导影响我国冷空气东移南下的标志性低压系统。

东北气旋亦称东北低压，多由蒙古气旋移入东北地区而成（见图 6–2），部分由黄河气旋向东北方向移入东北地区而成（见图 6–3 和图 6–4），极少当地产生，亦是引导影响我国冷空气东移南下的标志性低压系统。

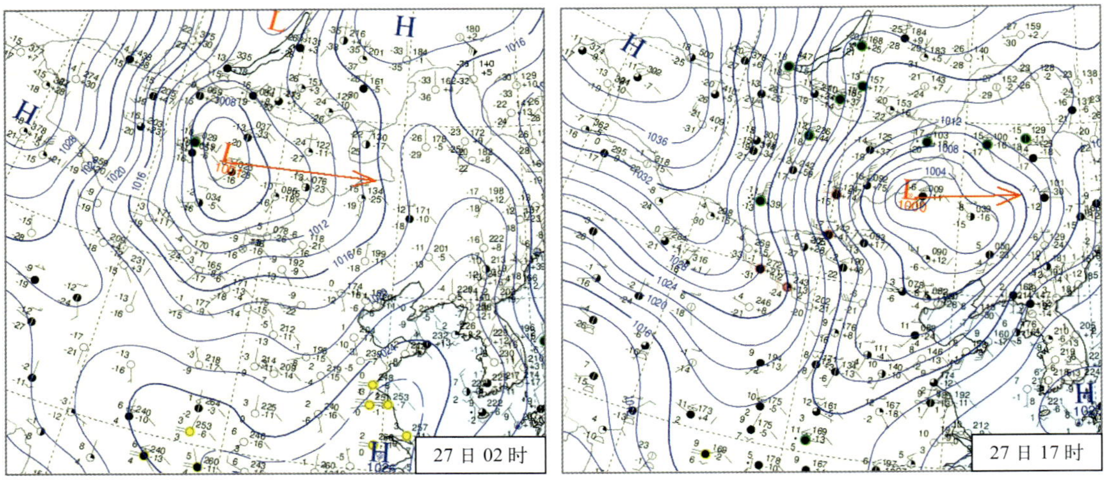

图 6–1 蒙古气旋移行及槽前渤海气压场变化图例
（2012 年 11 月 27 日）

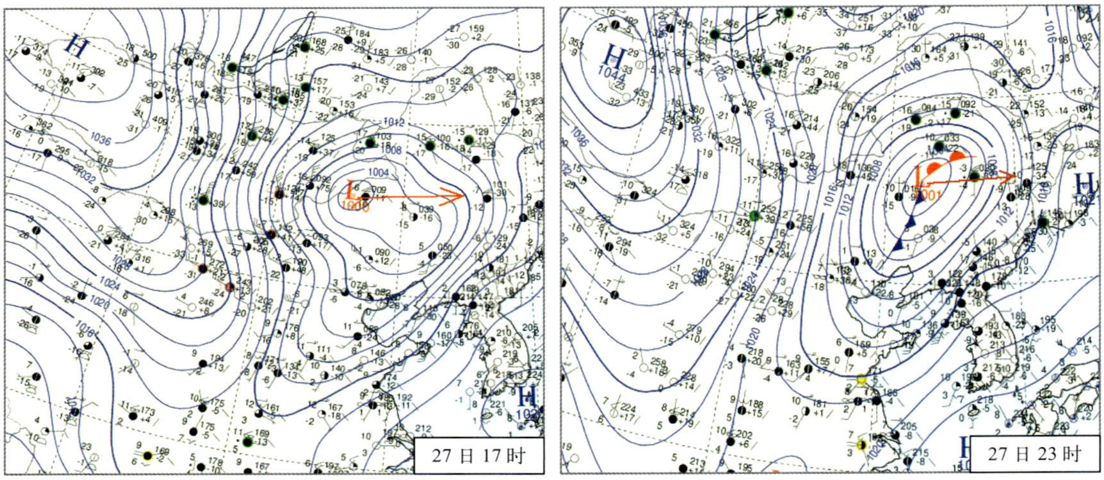

图 6–2 蒙古气旋移入而成东北气旋的移行及槽前渤海气压场变化图例
（2012 年 11 月 27 日）

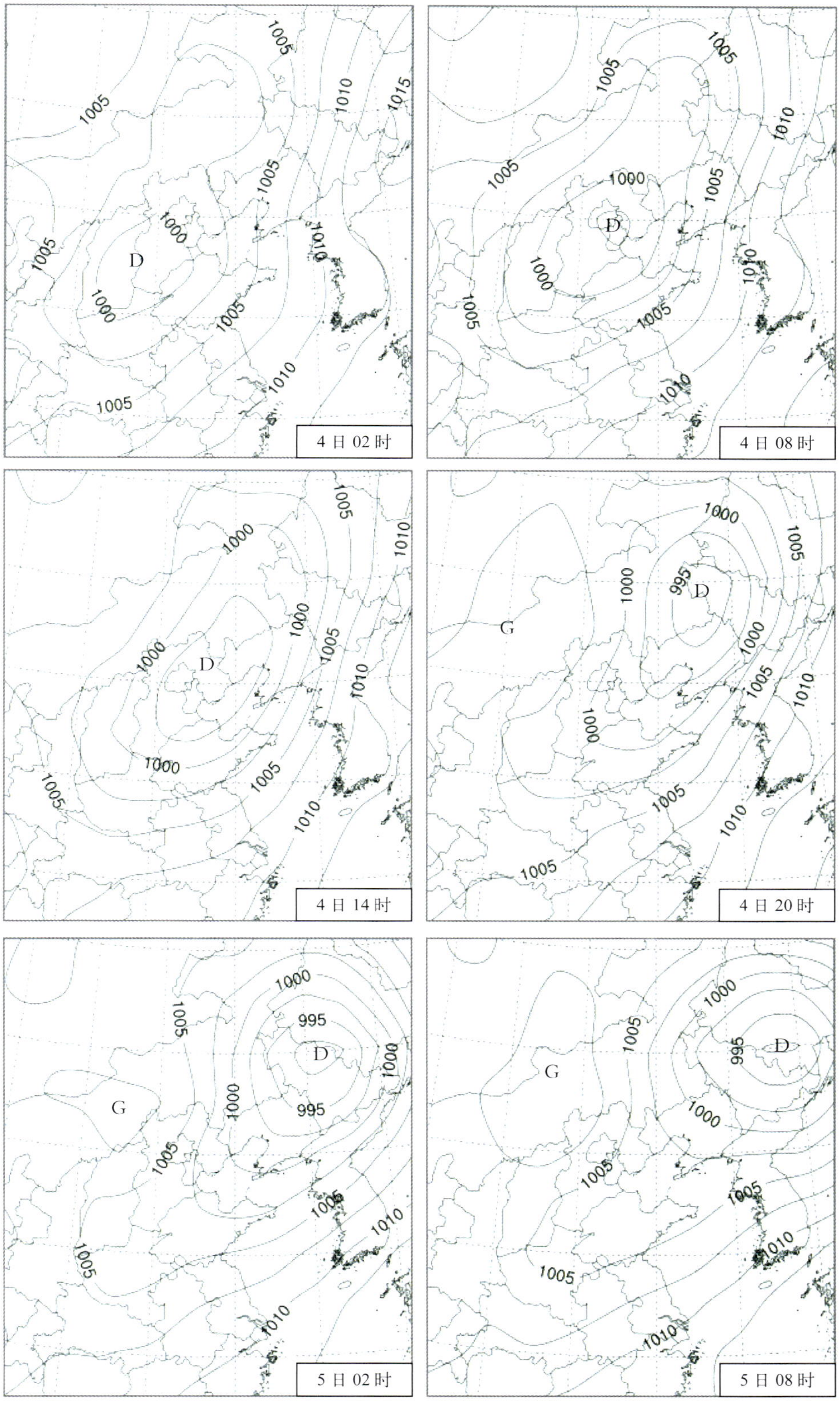

图 6-3　黄河气旋移入而成的东北气旋移行及渤海气压场变化图例之一
（1981 年 7 月 4—5 日）

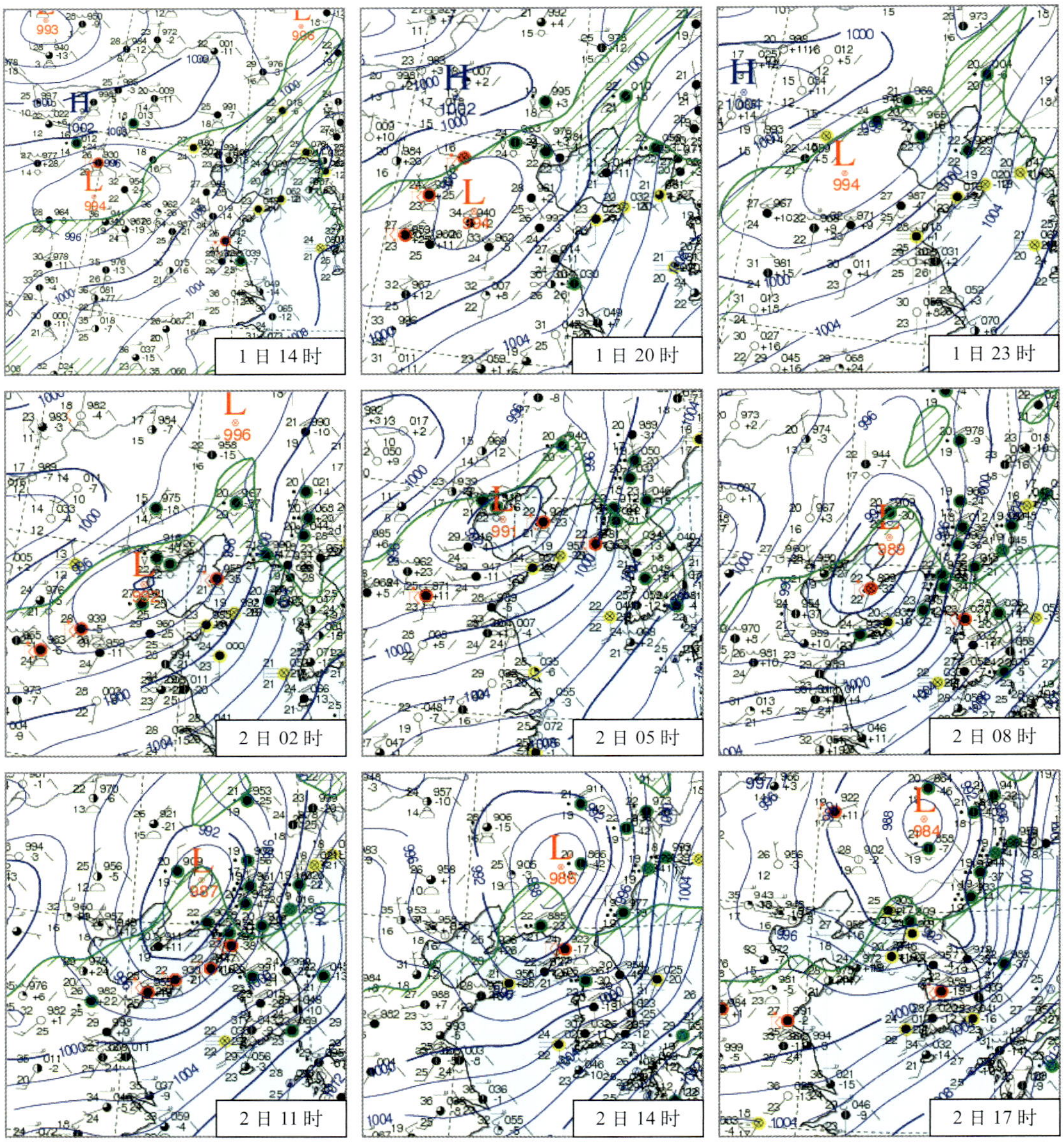

图 6-4　黄河气旋移入而成东北气旋的移行及渤海气压场变化图例之二
（2013 年 7 月 1—2 日）

蒙古气旋和东北气旋的移行区域均在渤海以北地区，其南伸的气旋槽前往往形成“东南高西北低”态势的气压场并导致强劲的 S—SW 向大风。当该气压场和风场控制渤海区域时，气旋槽前的 S—SW 向大风风力一般为 6 级左右，强者可达 7 ~ 8 级，可导致渤海北部区域一定强度的风暴潮。

导致渤海 SW 向风场风暴潮的北方气旋槽，主要为蒙古气旋槽。当地产生和由黄河气旋移入而成的东北气旋槽对渤海多无影响或影响轻微。

6.2　风暴潮概况

渤海区域由北方气旋槽前 SW 向风场导致的风暴潮，年均出现 10 次强，主要发生在秋末至春初（10 月至翌年 4 月），以 10—11 月居多，以春末至秋初（5—9 月）仅偶有出现（见表 6-1）。

该风暴潮主要发生在辽东湾沿岸（年均近 11 次），其次为渤海湾北部沿岸（年均 1.2 次左右），莱州湾东北部的龙口湾区域可偶有发生（见表 6-2）。

该风暴潮强度较弱，受影响最重的辽东湾一般为 60 cm 左右，强者达 100 cm 左右，最大可达 150 cm 左右；渤海湾北部沿岸一般为 60 cm 左右，强者达 90 cm 左右，最大可达 120 cm；龙口湾沿岸一般小于 50 cm，强者达 70 cm 左右，最大可达 90 cm（见表 6-2）。

该风暴潮对各海区均无明显的灾害性影响。

表 6-1　渤海区域北方气旋槽前风暴潮季节分布（1960—2017 年）

频次 / 强度 / 月份	≥ 50 cm	≥ 100 cm	最大增水		
			增水值（cm）	出现时间	测站
1	1.2	0.02	113	1987-01-14	鲅鱼圈
2	1.1	0.02	117	1981-02-18	鲅鱼圈
3	1.1	0.02	103	1963-03-30	葫芦岛
4	1.1		99	1964-04-08 1969-04-21	葫芦岛
5	0.4		78	1977-05-15	鲅鱼圈
6	0.2		74	1960-06-11	鲅鱼圈
7	0.1		88	1967-08-18	葫芦岛
8	0.1		69	1960-08-01	葫芦岛
9	0.4	0.03	136	1960-09-29	葫芦岛
10	1.6		99	1996-10-28	葫芦岛
11	1.7	0.03	118	2012-11-27	鲅鱼圈
12	1.3	0.05	115	1987-12-31	鲅鱼圈
合计	10.3	0.17	136	1960-09-29	葫芦岛

表 6-2　各海区北方气旋槽前 SW 向风场风暴潮强度统计（1960—2017 年）

海区	年均次数（次）	发生区域	增水强度			
			一般	强	最强	现有极值状况
全区	9.8	辽东湾为主	60 cm 左右	100 cm 左右	150 cm 左右	136 cm，葫芦岛 1960-09-29
辽东湾	9.8	全线，北部为主	60 cm 左右	100 cm 左右	150 cm 左右	136 cm，葫芦岛 1960-09-29
渤海湾	1.2	西北部和北部	60 cm 左右	90 cm 左右	120 cm 左右	112 cm，塘沽 1987-01-14
莱州湾	0.3	龙口湾	＜ 50 cm	70 cm 左右	90 cm 左右	82 cm，龙口 1987-01-14

6.3 北方气旋槽前SW向风场的风暴潮特征

渤海区域的强 SW 向风场，主要出现在渤海区域明显的“东南高西北低”型的气压场中。该气压场均出现于不同程度冷空气过后、蒙古或东北气旋之前。此前冷空气的强弱和其后北方气旋的的强弱，不仅影响和决定了渤海区域 SW 向风场风暴潮的强弱，也影响和决定了渤海区域 SW 向风场风暴潮的特征。

6.3.1 强或较强冷空气过后 SW 向风场的风暴潮特征

渤海区域强或较强冷空气过后的 SW 向风场风暴潮特征是：

（1）前期的冷空气减水明显（轻者 50 cm 左右，重者≥ 150 cm）。

（2）冷空气过后的渤海海域处在高压顶后部并开始或已经转为 W—SW 向风场时，各沿岸区域往往仍处于减水鼎盛期。

（3）该减水的回升（现视为 SW 向风场增水的开始）多出现在渤海海域开始转为 W—SW 向风场时，部分出现渤海海域转为 S—SW 向风场 3 ～ 5 小时后。

（4）该增水持续时间一般为 24 小时左右，短者仅有 15 小时左右，长者可持续 35 小时以上（个例见第 12 章 12.1 个例）。

（5）该增水峰值多出现在渤海区域 S—SW 向风场最强阶段，部分出现在 S—SW 向风场最强阶段之前。

（6）该增水峰期持续时间较短，多数过程在增水回落时仍处于 S—SW 向风场强盛时段。

（7）该增水广泛分布于渤海各岸段，其本无岸段朝向之区别，各沿岸的增水值均较大。

（8）该增水强度：迎风区域（如辽东湾沿岸）一般为 60 cm 左右，强者为 100 cm 左右，最大可达 150 cm；背风区域（如黄河三角洲沿岸、莱州湾南岸、海峡南岸等）一般为 30 cm 左右，强者为 50 cm 左右，最大可达 90 cm。

（9）该增水往往峰值刚过，便与随后冷空气的锋面增水相叠加，致使呈现持续时间较长的增水现象（如 2010 年 3 月 10—12 日天气过程，见第 12 章 12.1 节）。

（10）个别过程增水峰值恰与随后冷空气的锋面增水相叠加，难以分辨该峰值的增水属性（如 1981 年 2 月 17—18 日和 2012 年 11 月 26—28 日天气过程，见第 12 章 12.1 节）。

6.3.2 单纯 SW 向风场的风暴潮特征

所谓单纯 SW 向风场，是指渤海区域在出现 SW 向风场之前无或仅受弱冷空气影响，SW 向风场出现时无明显的“东南高西北低”型的气压场。

单纯 SW 向风场的增水特征如下：

（1）前期无明显减水（减水幅度可在 0 ～ 30 cm 之间）。

（2）SW 向风场影响时，各海区沿岸增水缓慢、平稳。

（3）增水幅度小，迎风区域（如辽东湾）一般为 40 cm 左右，强者达 60 cm 左右，最大可达 80 cm。

（4）最大增水时段与 S—SW 向风场最强时段相吻合。

（5）若前有弱冷空气影响时，可出现“峰期持续时间较短，增水回落始于 SW 向风场强盛时段且回落速度较快、幅度较大”现象（如 2012 年 4 月 16—20 日过程，见第 12 章 12.2 节）。

（6）气旋槽后多无冷空气紧随，SW 向风场和增水持续时间长。

（7）该风暴潮主要发生于辽东湾沿岸，其次为渤海湾北部和西部沿岸，再次为龙口湾沿岸，渤海湾南岸、黄河三角洲、莱州湾南岸、海峡南岸等背风岸段基本不受影响。

6.3.3 SW 向风场的风暴潮特征综述

根据 6.3.1 和 6.3.2 所述，辽东湾、渤海湾北部和龙口湾沿岸的北方气旋槽前 SW 向风场的风暴潮，是前期冷空气减水回振与 SW 向风场引发的增水的综合值，冷空气的减水回振增水值（零上数值，下同）约为综合值的 1/2，个别过程的减水回振值可占综合值的 2/3 ~ 3/4 以上（如 1981 年 2 月 17—18 日过程，渤海区域 SW 向风场弱而短暂，但辽东湾最大增水却高达 117 cm。见第 12 章 12.1 节）。

综前所述，去除冷空气的减水回振成分后，渤海沿岸北方气旋槽前 SW 向风场的风暴潮强度大致如下。

辽东湾沿岸一般为 40 cm 左右，强者达 60 cm 左右，最大可达 80 cm 左右；

渤海湾西北和北部沿岸一般为 30 cm 左右，强者达 50 cm 左右，最大可达 70 cm 左右；

龙口湾沿岸一般为 20 cm 左右，强者达 30 cm 左右，最大可达 50 cm 左右。

对于渤海湾南岸、黄河三角洲、莱州湾南岸、海峡南岸等背风岸段在强或较强冷空气过后的 SW 向风场控制时的增水，均应视为该区域前期减水的回振，或称之为减水过后海面回升的惯性振荡。

第7章
负风暴潮

7.1 影响系统及风场特征

渤海沿岸的负风暴潮，主要由冷空气（含与温带气旋或热带气旋配合者）所导致，热带气旋和温带气旋负风暴潮只是偶有发生且强度较弱。

此外，渤海沿岸时常出现由局地天气系统（如弱、乱系统中的风向切变或风速切变、雷暴天气等）和非天气原因（如过程间歇和大幅度增水过后的惯性振荡等）引起的局地减水现象。该类减水各海区均有出现，年均 4 ~ 6 次不等，减水值一般为 50 cm 左右，强者可达 80 cm 左右。由于此类减水不能归属某一明显的天气形势且幅度很小，本文未予统计。

渤海沿岸的强负风暴潮（减水 100 ~ 200 cm）和特强负风暴潮（减水超过 200 cm），无论天气系统如何，均发生在黄海、渤海大范围偏 N 尤其 NW 向风场控制下（见第 2 章图 2-1 ~ 图 2-3 和图 2-5 中减水及风场变化）。

7.2 负风暴潮频次和强度的季节变化

渤海沿岸减水≥ 50 cm 的负风暴潮，一年四季都可能发生，年均近 30 次，最大减水值超过 300 cm。该负风暴潮主要出现在 11 月至翌年 3 月间，5—8 月仅偶有发生且强度很弱（见表 7-1）。

表 7-1 渤海沿岸减水的月际变化（1960—2017 年）

月＼频次＼强度	≥ 50 cm	≥ 100 cm	≥ 150 cm	≥ 200 cm	≥ 250 cm	最大减水		
						减水值（cm）	测站	时间
1	4.8	2.5	0.59	0.14	0.02	314	塘沽	1968-01-14
2	4.3	2.4	0.39	0.07		233	鲅鱼圈	1987-02-03
3	4.6	2.2	0.25	0.02	0.02	254	塘沽	2007-03-05
4	2.6	0.52	0.11	0.04	0.02	251	塘沽	1962-04-03
5	0.38	0.05				122	葫芦岛	1977-05-13
6	0.23					97	塘沽 鲅鱼圈	1993-06-03
7	0.04					68	羊口	2002-07-06
8	0.23	0.05				136	葫芦岛	1986-08-29
9	1.1	0.18				135	葫芦岛	1992-09-25
10	2.5	0.64	0.14	0.04		241	塘沽	1980-10-26
11	4.1	2	0.43	0.04		210	塘沽	2012-11-12
12	4.5	2.8	0.82	0.18		244	塘沽	1973-12-22 1980-12-04
合计	29.2	13	2.7	0.52	0.05	314	塘沽	1968-01-14

11 月至翌年 3 月间，减水过程月均发生 4.5 次左右，以 1 月居多（月均 4.8 次）。该季减水值≥ 100 cm 者月均 2 ~ 3 次不等，1960 年以来的历史减水极值均≥ 200 cm，其中 1 月的极值减水达 314 cm（塘沽），为 1960—2017 年间渤海区域减水的历史极值。

4 月和 10 月减水过程月均 2.5 次左右，较 11 月至翌年 3 月明显下降，但特大减水过程（减水值≥ 200 cm 者）发生次数却与 2 月、3 月和 11 月相当，最大减水分别为 251 cm 和 241 cm。

5 月和 9 月，是渤海沿岸负风暴频繁期与贫发期的转换季节，减水过程月均分别为 0.4 次和 1.1 次，减水值≥ 100 cm 者月均分别为 0.05 次和 0.64 次，最大减水均为 130 cm。

6—8 月，减水过程极少出现，月均最多者仅为 0.23 次，最大减水 100 cm；7 月减水过程最少、减水强度最弱（月均 0.04 次，最大减水 72 cm）。

7.3 负风暴潮频次和强度的区域变化

渤海沿岸负风暴潮的发生次数，以渤海湾最多（年均 28 次），莱州湾居次（年均 27 次）辽东湾位列第三（年均 25 次），海峡区域最少（年均 18 次），除海峡区域外，各海区的发生次数相近（见表 7-2）。

渤海沿岸的负风暴潮强度，渤海湾最大，辽东湾居次，莱州湾位列第三，海峡区域最小。其中，辽东湾和莱州湾的减水强度相近（见表 7-2）。

表 7-2 渤海沿岸的减水强度与频次（1960—2017 年）

频次 强度 海区	≥ 50 cm	≥ 100 cm	≥ 150 cm	≥ 200 cm	≥ 250 cm	最大减水		
						减水值（cm）	测站	时间
辽东湾	25	9.3	1.7	0.2		244	葫芦岛	1968-01-14
渤海湾	28	10.2	2.2	0.39	0.05	314	塘沽	2007-03-05
莱州湾	27	8	1.9	0.23		（240）	羊口	2007-03-05
渤海海峡	18	2.4	0.07			188	蓬莱	2007-03-05

7.4 负风暴潮的区域极值

根据 1960—2017 年各测站负风暴潮实测资料和推测分析，渤海沿岸负风暴潮的区域极值，渤海湾沿岸为 220 ~ 320 cm，辽东湾为 220 ~ 270 cm，莱州湾为 210 ~ 280 cm，海峡区域为 200 cm 左右（见表 7-3）。

表 7-3 渤海沿岸各测站负风暴潮极值统计（1960—2017 年）

测站	实测		推测极值（cm）	推测依据
	极值（cm）	出现时间		
蓬莱	188	2007-03-05	200 ～ 210	按已有极值的 5% ～ 10% 计算
龙口	198	2007-03-05	210 ～ 220	按已有极值的 5% ～ 10% 计算
潍坊港	184	2009-01-24	250 ～ 280	2008—2017 年间，本站减水超 130 cm 过程均高出龙口 5% ～ 25% 不等，与羊口同期过程高低互现，总体相当
羊口	（240）	2007-03-05	250 ～ 280	2001—2017 年间，本站减水超 140 cm 过程，90% 低于塘沽，为塘沽同期减水值的 80% ～ 97% 不等。该推测值按塘沽极值的 80% ～ 90% 计算
孤东	152	2012-11-12	200 ～ 220	2008—2017 年间，本站减水幅度与龙口总体相当
黄河海港	160	2008-12-22	200 ～ 220	2008—2017 年间，本站减水幅度与龙口总体相当
黄骅港	225	2009-01-24	280 ～ 300	2008—2017 年间，黄骅港减水超 160 cm 过程共 8 例，均低于塘沽，为塘沽同期减水值的 90% ～ 98% 不等。该推测值按塘沽极值的 90% ～ 95% 计算
塘沽	314	2007-03-05	320	按已有极值的 2% 计算
曹妃甸	198	2009-01-24	220 ～ 250	2008—2017 年间，本站减水超 150 cm 过程共 7 例，分别为塘沽同期减水值的 80% ～ 90% 不等
京唐港	201	2006-02-08	220 ～ 250	2002—2017 年间，本站与秦皇岛减水幅度相近
秦皇岛	224	2007-03-05	230 ～ 250	按已有极值的 5% ～ 10% 计算
芷锚湾	178	1990-12-02	230 ～ 250	1990—2017 年间，本站与秦皇岛减水幅度相当
芦葫岛	244	2007-03-05	250 ～ 270	按已有极值的 5% ～ 10% 计算
鲅鱼圈	236	1990-12-26	250 ～ 260	按已有极值的 5% ～ 10% 计算

第8章

风暴潮灾害

8.1　导致风暴潮灾害的天气系统

渤海沿海地区的风暴潮灾害，主要由温带气旋与冷空气相配合的天气系统和热带气旋引起，单纯的温带气旋风暴潮灾害发生次数很少且损失较轻。

出现在秋、冬、春季的温带系统，是导致渤海（主要为渤海湾和莱州湾）沿海地区风暴潮灾害最频繁的天气系统，尤以气旋（或气旋倒槽）与冷空气相配合所导致的灾害损失最严重。

无气旋配合的冷空气，由横向冷锋引导者可导致渤海（主要为莱州湾和渤海湾）沿海地区严重风暴潮灾害，由斜向或竖向冷锋引导者只能导致莱州湾、渤海湾的轻度风暴潮灾害。

无冷空气配合的单纯温带气旋，一般不会造成灾害，但出现在夏半年天文大潮高潮期的强者亦可导致局部轻灾。

夏季北上的热带气旋虽次数很少，但却是导致渤海沿海地区风暴潮灾害的重要天气系统。尤其是进入渤海海域的热带气旋，不仅致灾范围广，而且灾情重，渤海沿海地区的严重风暴潮灾害约有半数由其导致。

8.2　风暴潮灾害概况

受地理环境影响，从古至今，渤海沿海地区风暴潮灾害以莱州湾和渤海湾最严重，辽东湾沿海地区相对较轻。

据明代至国民党统治时期的历史资料记载，莱州湾和渤海湾沿海地区较重以上程度的风暴潮灾害几乎连年不断，其中海水侵溢内陆 60 ~ 120 里的严重或特别严重风暴潮灾害记载多达近 70 余次，平均不足 10 年便出现 1 次，动辄“海水蔓延数十或百余里，淹没良田、禾稼、村庄，溺毙人畜无数，饿殍遍地，哭声连片”，风暴潮灾害屡屡惊动朝廷。

据山东省有关部门和各市有关风暴潮灾情报告统计，1949 年以来，沿海地区海水侵溢、决堤垮坝、损桥坏路、荡平盐田、淹禾毁地、浸村塌房、溺毙人畜、破坏生产设施等现象的风暴潮灾害时常发生。经济损失在十万元级的局地轻微风暴潮灾害不计其数，经济损失在百万元级的轻度风暴潮灾害几乎每年都有发生，一个地区经济损失达数千万至逾亿元甚至数亿元的严重或特重风暴潮灾害便发生过 10 余次（如：1952 年、1960 年、1964 年、1969 年、1972 年、1980 年、1985 年、1987 年、1992 年、1997 年、2003 年），平均 5 年左右便发生 1 次。

据 1990—2005 年间有关风暴潮灾情报告统计，经济损失超过亿元的严重或特别严重风暴潮灾害，仅渤海湾和莱州湾沿海地区便出现 5 次之多，平均 3 年左右发生 1 次。

据山东省潍坊市、东营市、滨州市风暴潮灾害资料以及河北省、天津市部分风暴潮灾害资料统计，渤海沿海地区温带系统风暴潮灾害约占 70% 强，台风风暴潮灾害占不足 30%，但两者导致的严重或特别严重风暴潮灾害年均次数相当。

温带系统风暴潮灾害出现时间主要为春、秋季节，冬季较少，夏季偶有发生，春、秋季节的 3 月、4 月和 10 月、11 月出现次数最多。

热带气旋风暴潮灾害主要发生 7—9 月，6 月和 10 月偶有发生且强度较弱。

负风暴潮灾害对海洋工程、海上交通和港内船舶危害较大，对人们的日常生活危害较小，人们一般不予重视，故历史鲜有记载。

渤海沿海地区负风暴潮灾害比较频繁，其表现形式主要为船舶搁浅。莱州湾、渤海湾和辽东湾近岸浅海区域每年都有若干次船舶（多为渔船）搁浅事件发生，所幸经济损失较轻。该灾害主要发生在各月尤其冬半年各月天文大潮低潮期，只要强风暴减水恰与天文低潮尤其1—3 月的天文低潮位相叠加，便会发生船舶搁浅事件。

8.3　风暴潮灾害记载

8.3.1　明朝至民国期间的部分灾害记载

“明嘉靖三十六年（1557 年）七月初八，……风雨达旦，拔木坏庐。……海丰海潮南溢八十余里，坏庐舍禾稼”（《海丰县志》卷四、《济南府志》卷一）；

“明嘉靖三十七年（1558 年）二月，海丰海潮南溢六十余里，大饥”（《海丰县志》卷四《济南府志》卷一）；

“明万历四十一年（1631 年）秋七月，海潮一百二十里，坏民居、田产无数。……海丰、沾化、利津、乐安、寿光海潮……”（清嘉庆四年《寿光县志》卷九、《续修广饶县志》卷二六、《乐安县志》卷一三、民国三十年《潍县志稿》卷二、咸丰《寿州县志》）；

“清康熙七年（1668 年）三月三十日，大风雨，海潮南溢八十里，冻溺死者数百人”“……人畜死者千百计……”“……溺死者无算……”（清乾隆二十四年《武定府志》卷一四、《无棣县志》卷一六、康熙《海丰县志》等）；

“清康熙十六年（1677 年）二月，大风，海水南溢百余里”“……麦田淹没”（乾隆二十四年《武定府志》卷一四、民国十四年《无棣县志》卷一六）；

“清乾隆十六年（1751 年）五月，山东掖县、平度、昌邑、寿光、潍县、利津六州县海潮陡涨，浸溢成灾……”“……民众谓之系历年仅见之灾……”（《清实录》、邑令王春《海防议》）；

……

1818 年（清嘉庆二十三年）农历四月初九，大海潮，天津大沽炮台人、物有损，两只战船被冲上岸，两只木船搁浅，淹毙船工 2 人，倒塌房屋 15 间。山东省无棣、利津、沾化、阳信、广饶受灾。

——《山东省自然灾害史》

1845 年（清道光二十五年）农历二月二十九，特大海潮，海水倒灌达百余里，仅山东海丰、沾化、利津三县海水淹没土地 65 000 余亩。

——《山东省自然灾害史》

1895 年（清光绪二十一年）农历四月初五、初六，东南风如吼，入夜风益怒号，雨如瀑布，20 英尺高海啸（约 6.1 m），沿海浪高 7 m。淹没土屋千数百家，塘沽至北塘间铁路冲断。海挡全部冲决口。从天津大沽口到河北省歧口“七十二连营”基地被冲得荡然无存，死者 2 000 余人。

另据史料记载，1895 年、1900 年有两次强风暴潮袭击曹妃甸，岛上庙宇、店铺均被冲入大海，岛民迁徙，遂日渐衰凉。

1902 年（清光绪二十三八年）农历十月，海啸（风暴潮），塘沽、邓沽滩地淹，存盐漂损5万余包。

1917年8月21日（农历七月初四），一强台风登陆青岛后出海，天津塘沽沿海飓风潮位高达5.3 m，大沽海军船坞和很多村庄被潮水淹没。

1936年（民国二十五年），据《滦县志》县志记载，“曹妃甸，时被潮水所漫，庙宇倾圮，灯塔亦毁”。自此曹妃甸上的古存殿堂、庙宇荡然无存，迄今未得重建。

1938年8月12日（农历七月十七）强台风在上海登陆后移经渤海（路径：上海—临沂—老黄河口—大连金州湾—鸭绿江口），渤海沿岸风暴潮高达6.5 m（大沽零点），天津大神堂村海水入室没炕，沿海岸百余千米，纵深20～30 km被淹，冲毁新河盐滩39座（引自天津汉沽区水利志）。渤海南岸北风大作，海溢六十里，山东省无棣、沾化、利津等县淹没耕地619万亩，倒塌房屋4.5万间，死伤约500人。寿光县羊角沟最高潮位达6.99 m（超警戒潮位1.44 m），海侵30余里，盐田全部被淹，倒塌房屋数百间，漂没船只数百只。潍坊昌邑县海水倒灌60里。

——《山东省自然灾害史》

“民国二十七年（1938年），广饶、昌邑，农历七月十七（强台风，同上），海溢，侵入荒区20～30 km”“……无棣……海潮涌上陆地40余里……”“……岐口以南海蚀严重，陈家铺被卷入海，塘沽沿海房子淹了，高粱只露个头”。

——《山东省水科所滨海灌区实验站选址报告》，1958年

1939年8月31日（农历七月十七）强台风在青岛登陆后进入渤海（路径：长江口外—青岛—莱州湾—黄河口外—长兴岛—营口），渤海沿岸潮位高达6 m，大潮与洪水激荡，泛滥成灾。天津塘沽四号、六号、八号码头全部被淹没，货物流失；北炮台码头积水1.5 m；大沽盐场仓库全部倒塌，存盐淌化；邓沽新开10座盐滩被冲毁，塘沽境内积水10日方退；河北省新河庄内积水齐腰，房屋大部分被冲倒，颗粒无收；京山铁路被冲断；山东省寿光县海水倒灌30里，毁房数百间，毁船数百艘盐田淹没。

——《山东省自然灾害史》

8.3.2 1949—2017年间部分台风灾害

4906号台风：

1949年7月25—27日，台风（4906）在浙北象山登陆、江苏射阳出海，再于山东半岛乳山登陆、威海出海移向朝鲜半岛北部，黄海、渤海沿岸普遍受灾。

1949年7月26日（农历七月初一），台风在山东半岛登陆，福山、蓬莱以西及河北沿海均遭风暴潮袭击；掖县（今莱州）、黄县海潮暴涨，近岸低洼农田被淹，损失较重。

——烟台中心海洋站调查资料；《掖县历史自然灾害汇编》

1949年7月26—27日，4906号台风（外围）袭击大连，台风和风暴潮灾害使全市经济损失巨大。

——大连市警戒水位核定，1998年

大连沿岸倒塌房屋7 399间，死亡387人，灾民6 313人。

——《中国海洋灾害四十年资料汇编（1949—1990）》

7月，山东莱阳，辽宁大连、新民、辽中、营口、庄河、辽阳、渤海西岸，阴雨连绵40多天，

河水猛涨泛滥。据渔民回忆，台风暴潮带来严重损失。有的地区海水侵入陆地 10 km。

——《中国潮灾近 500 年来活动图像的研究》，海洋通报，1984 年 NO.2

4908 号台风：

路径：台湾东侧北上至黄海中部减弱为低压继续北上。

1949 年 7 月 30 日（农历七月初五），4908 号台风风暴潮使天津大沽盐滩全部被淹，塘沽低洼处积水 1.3 m，冲毁渔港 4 座，倒塌房屋 83 间，晚秋作物淹损七成以上。

——《山东省自然灾害史》

1949 年 7 月 26—30 日（4906 和 4908 号台风），台风拔树倒屋之狂风并暴雨连续 3 日，……海堤决口 10 余处，海水倒灌横流，潮水涌上三四十华里，淹没良田 8 371 亩，利津毁盐滩 21 村，损盐百万斤，造成严重灾害。

——《昌邑县志》

5305 号台风：

1953 年 7 月 6—7 日，台风由福建登陆北上，减弱为热带低压后经连云港穿过山东半岛由烟台出海移向朝鲜北部，山东省沿海地区出现较重灾情。

——《黄渤海沿岸潮灾录》，北海海洋信息中心，1991 年 10 月

5310 号台风：

路径与影响区域：1953 年 8 月 21—22 日，5310 号台风由浙江登陆西北行，减弱为热带低压后穿过鲁西由羊口出海移向东北，山东半岛北部沿海地区受灾严重。

1953 年 8 月 21 日（农历七月十二）5310 号台风势力减弱在莱州湾过境，掖县先刮西南风后转东南风，再转东北风，风力达 7 ~ 8 级，……风暴潮水位超过 1949 年 7 月 26 日，掖县盐田、盐垛过水，沿岸农田被淹，损失惨重。

——烟台中心海洋站调查资料

5905 号台风：

路径与影响区域：1959 年 9 月 6—7 日，台风由长江口以北出海经成山头近海北上，黄海和渤海南部沿海普遍成灾。

1959 年农历八月，强潮倒灌，大沽滩地一度淹没。

——天津市海洋与渔业局资料

6005 号台风：

路径与影响区域：1960 年 7 月 26—28 日，6005 号台风在文登登陆后，穿过山东半岛经烟台福山进入渤海，直至葫芦岛附近，渤海各沿海地区普遍受灾，山东沿海地区受灾最为严重。

1960 年 7 月 28 日，台风引起的潮灾在龙口淹没土地 1 762 亩（其中绝产 1 500 亩），在龙口港待运物资中损失食盐 3 000 t，小麦 230 t。据不完全统计，这次潮灾造成的直接经济损失达 72 万元。

——《龙口海洋站海洋水文气候志》

1960 年 7 月 28 日，6005 号台风影响小长山一带，偏东风阵风达 12 级，引起的暴潮侵入陆岸，船只损坏很多。

——《小长山海洋站海洋水文气候志》

蓬莱：海上产业受损严重。

6007 号台风：

路径与影响区域：福州登陆北上，射阳出海，青岛再登陆经掖县移向渤海湾。

1960 年 8 月 5 日（农历闰六月十三），6007 号台风在掖县过境，大风加雷雨，两小时降水 200 mm，潮水暴涨，近岸盐田和农田被淹，造成较大损失。

——烟台中心站调查资料

6410 号台风：

1964 年 8 月 3—4 日，6410 号台风由南向北经成山头近海北上辽东半岛西南部，山东省东营至蓬莱沿海地区出现较重灾情。

——北海预报中心调访资料

7203 号台风：

路径与影响区域：1972 年 7 月 26—28 日，7203 号台风穿过山东半岛东端西行直达塘沽，黄海北部和渤海沿海各地普遍受灾。

山东：烟台市沿海（含蓬莱 - 莱州岸段）损坏船只 471 条，损失盐 106.5 kg，水产养殖损失严重。

——烟台海洋中心站资料

台风路经本站，最大风力 11 级，龙口海湾发生风暴潮，测得历史最高潮位黄海高程 253 cm。这次台风使龙口地区死 1 人，龙口码头被潮水淹没，本地工农业损失约计当时物价 100 万元。

——龙口海洋站资料

7 月 26 日 18 时左右，当海潮上涨之际，北到西北风海面达 9 ~ 10 级，海潮激流猛升，至 24 时，潮位出现高峰。据老农介绍，50 多年没有出现这样大的海潮，朱由村、崔家村、汪里大队灌进了海水，东方红盐场、盐田大部分淹没，刁龙咀鱼台进水，海庙后鱼台被冲垮……60 多处受灾，共淹没农作物 9.6 km^2，冲倒房屋 42 间，淹毁树木 10 万余株，冲毁防潮大坝 6 km 长，放水闸 30 多处，损船 107 条（其中报废 25 条），毁盐百万多千克，损失各种物资折款 30 万 ~ 40 万元。

——掖县气象站记载

天津：天津港最高潮位 540 cm。使渤海西岸由葫芦岛至塘沽都出现海水上陆，淹没大片盐田和农田，并造成土地盐碱化。

——《北海区海洋灾害调查报告》，北海预报中心，2008 年

7303 号台风：

1973 年 7 月 26—28 日，7303 号台风穿过山东半岛由蓬莱东侧出海至辽东湾，山东蓬莱

至滨州沿海地区受灾严重。

——北海预报中心调访资料

8509 号台风：

路径与影响区域：1985 年 8 月 19 日，8509 号台风由青岛登陆、蓬莱出海，沿辽东湾东岸北上，渤海沿海地区普遍受灾。

1985 年 8509 号台风引起的风暴潮灾是近 40 年来最严重的一次，灾情波及我国东部沿海，影响范围包括浙江北部海面，山东沿岸及半岛内陆，河北沿岸，辽宁沿岸部分内陆，尤其对上海、青岛、烟台、大连、营口等人口稠密区造成严重灾害。

——《山东沿岸历史风暴潮探讨》，青岛海洋大学学报，1989 年，NO.3

8509 号台风风暴潮的另一严重性是遇上了天文大潮期，致使海面水位猛增，大连、龙口、塘沽等地最大增水均在 140 cm 以上，龙口增水高达 166 cm；……；蓬莱县经济损失 3 600 万元，死亡 7 人。在这次风暴潮灾中，受灾最重的是大连地区，经济损失 8.1 亿元，死亡 63 人，失踪 37 人，仅被冲走的汽车就达 97 辆。至于其他被淹耕地、倒塌房屋、毁船、冲毁公路、冲毁桥梁涵洞、冲毁电杆、冲毁大坝、冲毁水库等就无计其数了。

——《山东沿岸历史风暴潮探讨》，青岛海洋大学学报，1989 年，NO.3

莱州湾沿海地区普遍决堤溃坝、毁坏船只、水漫水产养殖池和盐田，灾情特别严重；掖县沿海防潮坝外的养虾池全部冲毁，池中对虾跑光，损失较重。

——烟台中心海洋站调查资料

台风自黄县入海后，塘沽地区风平浪静，但海水上涨不退，数小时后淹没东沽一带（天津港最高潮位 528 cm），东沽被淹水深普遍 1 m 以上，塘沽盐场防潮堤全线漫水，造成房屋倒塌、港口停止运输等，使塘沽地区直接经济损失达 7 000 余万元。

——《中国海洋灾害四十年资料汇编（1949—1990）》

受 8509 号台风影响出现特大海潮，新港码头水深 0.5 m，一些工厂停工，民舍倒塌，机械受损，总计 6000 余万元。

——塘沽海洋站 1985 年气表 21

1985 年 8 月 19 日 19 时，8509 号台风影响丰南、唐海、滦南、乐亭 4 县，沿海遭风暴潮袭击，丰南县澜河高潮位 4.24 m（为 1949 年以来最高），滦南县南堡为 4.00 m，乐亭县捞鱼尖为 340 m，滦河口兜网铺为 1.73 m。南堡 80% ~ 90% 的村户进水；涧河村进水，供销站粮店水深 0.7 m，部分村镇冲走部分物资；丰南县毕家屯至澜河公路被淹，丰南、滦南海挡外近千亩虾池及 700 亩养鱼池被淹，1 800 m 海坝冲决，造成直接经济损失 50 万元。

——《河北省海岸带资源》下卷，各类资源状况，第一分册

1985 年 8 月 19 日，受 8509 号台风影响，黄骅港最大增水 2.20 m，最高潮位 4.98 m（当地水尺零点）。黄骅市 760 亩虾池被淹，50 亩减产，150 亩半减产，渔港码头被淹。

——河北省警戒潮位核定，2006 年

大连地区防潮堤损坏 294 处，水利工程 597 处，损坏渔船 457 条，死亡 63 人，失踪 37 人。

——《中国海洋灾害四十年资料汇编（1949—1990）》

1985 年 8 月 19 日，8509 号台风于 8 月 19 日 19 时 15 分在大连登陆，沿渤海东岸北上，最大风力 12 级，持续 6 小时，全市遭受历史上最严重的强台风和风暴潮袭击，全市经济损失

11.47 亿元；复州湾和金州湾盐场遭受风暴潮灾害，潮水从防潮堤上漫过，盐区内一片汪洋，积水达 40 ～ 50 cm，经济损失达 4 989 万元。

——大连市警戒潮位核定，1998 年

9216 号台风：

路径与影响区域：1992 年 8 月 31 日至 9 月 2 日，9216 号台风由福州登陆北上，在 28°N、118°E 处减弱为热带低压后继续北上，再由连云港南侧出海，经成山头进入北黄海。该台风导致黄海、渤海沿海地区 4 省 1 市（江苏、山东、河北、辽宁、天津）普遍发生特别严重风暴潮灾害。导致渤海沿海地区直接经济损失总额近 15 亿元人民币。

山东：9216 号热带风暴袭击蓬莱沿海，阵风达 11 级，潮汐增水 1.34 m，农作物、海上船只遭到严重损毁，共损失约 4 100 万元。

——蓬莱海洋站资料

1992 年 8 月 31 日—9 月 2 日（农历八月初四—初六），受 9216 号热带风暴袭击，龙口市最大降水 192 mm，潮水暴涨，潮位（黄海高程）达 202 cm，出现罕见的风暴潮。据不完全统计，龙口市水产养殖业损失 3000 余亩，渔船 120 余条，……，直接经济损失 8 700 多万元。

——龙口海洋站资料

9216 号台风风暴潮淹没东营市沿海土地面积 960 km^2（从高潮线起算），胜利油田 105 口油井被淹，24 个村庄被海水围困，倒塌房屋 5 388 间，围困群众 5 000 人，死亡 32 人，冲毁防潮堤坝 50 km、柏油路 30 km、水工建筑物 350 座，冲毁虾池、扬水站、闸门等养殖和水利建筑物 100 余座；损坏渔船 1 000 多艘，其中严重损坏 105 艘，沉没 7 艘；冲毁虾池 2.7 万亩，损失对虾 945 t，冲走海蛰、文蛤等海产品 1 500 余吨；冲毁卤水井 349 眼，盐地 23×10^4 hm^2，冲走卤水 71.6×10^4 m^3，溶化原盐 8.4×10^4 t。加上其他破坏损失，共造成直接经济损失达 5 亿元人民币。

——东营市海洋与渔业局资料

9216 号台风风暴潮使滨州沿海地区海水倒灌 5 ～ 10 km，直接经济损失高达 2 亿元人民币。

——无棣县和沾化县海洋与水产局资料

天津：天津港最高潮位达到 5.87 m，是有记录以来的最高潮位。加之风浪作用，整个天津沿海受到威胁，塘沽、大港、汉沽三区决口 13 处，港口、油田、水产养殖区、街道等部分地区发生淹泡，港口码头上水接近 1 m，致使生产停顿，货物被淹，沿海的养殖物外溢，海产品流失。

——《北海区海洋灾害调查报告》，北海预报中心，2008 年

1992 年 9 月，9216 号热带风暴路经台湾、福建、浙江到达山东境内，9 月 1 日晚横扫天津沿海，导致渤海海面八九级向岸东北风（阵风可达 11 级）、沿岸强风暴潮和严重风暴潮灾害。

由于天文大潮叠加强风暴增水，在夜间 11 时 25 分，新港潮位高达 5.7 m，11 时 50 分达到 5.98 m，超过警戒水位 1.28 m，高出 1965 年风暴潮位 0.26 m，为近代以来天津历史上最严重的一次风暴潮。与此同时，大港区、金钟河口、蓟运河口、海河闸等处也出现了 6.40 m、5.65 m、4.74 m、6.14 m 的历史最高潮位。

灾情：

潮水把地处塘沽海河入海口的渔船大闸冲开两个缺口；

大港南部沿海的马棚口村有200余亩养虾池被潮水冲毁；

汉沽大神堂村，海挡被潮水冲开3个缺口，海水直灌村庄。

本次潮灾，海水上岸达4个小时，有100 km海堤漫水，救助站、北塘附近海挡被潮水冲垮，其他地方有10处决口。塘沽、汉沽、大港一个沿海行政区受损严重，大型企业遭受严重损失。港务局码头被淹，2 400多个集装箱和大批散杂货物在海水中淹泡，天津港积水1 m多深；1 200 hm^2 养虾池被冲毁；盐场海堤潮水漫顶，损失原盐 30×10^4 t；新港船厂、北塘修船厂也遭海水淹泡；风暴潮水越过闸顶，向塘沽市区漫溢；北塘、东沽、新港地区部分居民家庭和汉沽、大港的部分村庄进水，沿岸水利设施被损坏，部分农田被淹；正在建设中的大港油田1号人工岛遭到严重损坏。

本次潮灾导致天津沿海直接经济损失4亿元人民币。

——《天津海洋灾害汇编》

河北：1992年9月1日，受9216号台风北上后与北方冷空气相互作用的影响，渤海沿岸发生特大风暴潮灾害。黄骅港最大增水2.74 m，最高潮位5.74 m（当地水尺零点）；秦皇岛最大增水0.93 m，最高潮位2.09 m（当地水尺零点）；唐山、沧州二市受灾严重，冲毁虾池5.36万亩（3 600 hm^2），淹没盐田26.93万亩（1.8×10^4 hm^2），冲走原盐 8.1×10^4 t。直接经济损失1.5亿元。其中，黄骅市海潮越过55 km长的海挡，向内陆推进了4 km，渔区四镇被海水浸淹，歧口公路以东至海挡的16个渔村及虾池全部被海水吞没，平均积水达1.2 m，最深处达1.6 m，造成8 000多户居民、43家企业进水被淹，倒塌房屋100多间，被海水吞没的虾池达1.8万亩（1 200 hm^2）、毁坏盐田、损失原盐8 000多吨，潮水淹没2 400多亩农作物和300多棵果树，歧口公路中断3小时，不少通信、电力、广播设施遭到破坏，潮水涌上黄骅港3 000 t码头，影响码头作业，造成直接经济损失近0.984 2亿元；唐山市京唐港最高潮位2.07 m（国家85高程，下同），乐亭北港2.42 m，大清河盐场2.32 m，唐海县一排闸2.62 m，南堡盐场2.78 m，滦南北堡3.2 m，丰南涧河闸3.32 m，部分地段海水越过海挡，淹没许多养殖区。

——河北省警戒潮位核定，2006年

辽宁：1992年9月1—2日9216号台风，老虎滩潮位468 cm，风增水84 cm，大连新港码头沉箱移位，钢筋水泥板被掀入海中，大连港部分码头波浪越顶。致使大连经济损失1.84亿元，死亡14人；复州湾和金州湾盐场遭受风暴潮灾害，盐区内一片汪洋，积水达40 ~ 50 cm，经济损失达上千万元。

——大连市警戒潮位核定，1998年

9415号台风：

路径与影响区域：1994年8月16日，9415号台风由山东乳山登陆、威海出海北上辽东半岛，山东威海至龙口和辽东半岛沿海地区发生严重灾害。

1994年8月16日9415号强热带风暴引起风暴潮，致使大连地区经济损失高达13.128 9亿元，大连港和大窑湾部分码头遭受严重破坏，高潮位449 cm。复州湾和金州湾盐场遭受风暴潮灾害，盐厂损失上千万元。

——大连市警戒潮位核定，1998 年

9711 号台风：

路径与影响区域：1997 年 8 月 19—20 日，9711 号台风由浙江登陆经山东羊角沟北上至辽东湾东北角，横扫东部沿海 5 省 2 市（浙江、江苏、山东、河北、辽宁、上海、天津），东海、黄海和渤海沿海地区普遍受灾，其中山东东营至河北唐山沿海地区灾情最重。

山东：9711 号台风暴潮袭击时，东营市沿海被海水淹没面积达 1 417 km^2，沿海地区普遍坝垮堤塌，海水漫溢，淹没农田、油田、盐场。其中，河口区和利津县 61 个村庄 1.31 万农户进水，损坏房屋 32 450 间，倒塌房屋 9 436 件，死亡 6 人，6 000 人被潮水围困；冲坏防潮堤 60 km，冲坏公路 145 km，冲毁桥、涵闸 1 259 座，农作物受灾面积 163.55 万亩，冲毁虾池 8 038 万亩，冲毁盐田 16.4 万亩，损坏渔船 158 艘，网具 1 230 件，直接经济损失逾 2 亿元人民币；胜利油部分油井被潮水淹没、井架被冲毁，直接经济损失高达 5.2 亿元。

——山东省警戒潮位核定，1998 年

9711 号台风暴潮袭击时，滨州市沿海地区海水倒灌 5 ~ 10 km，直接经济损失高达 2 亿元人民币。

——无棣县和沾化县海洋与水产局资料；山东省 1998 年警戒潮位核定

天津：1997 年 8 月 19—20 日，受 9711 号台风和冷空气的影响，天津市遭到风暴潮袭击，塘沽地区最高潮位达 5.46 m，当时伴有 8 ~ 9 级大风，阵风达 11 级，塘沽、大港、汉沽 3 区决口 4 处，造成直接经济损失 1.24 亿元；8 月 20 日 08 时至 20 日 20 时，在天津港锚地实测平均波高 3.0 ~ 3.5 m，由于潮位较高，天津港码头东突堤处出现 2 m 以上的拍岸浪，致使一部分物资因为没来得及倒运而受海水浸泡，仅 5 000 多吨氧化铝被海水浸泡就损失近千万美元，停在码头上的高级轿车也被海浪卷入海中。汉沽区有 3 处海堤出现决口，虾池被冲，造成严重经济损失。

——《北海区海洋灾害调查报告》，北海预报中心，2008 年

河北：1997 年 8 月 20 日，9711 号台风移经渤海，受其影响，渤海沿岸普遍出现特大台风风暴潮灾害，黄骅港最大增水 2.45 m，最高潮位 5.95 m（水尺零点）；秦皇岛最大增水 0.95 m，最高潮位 2.18 m（水尺零点）；唐山市乐亭北港最高潮位 2.42 m，大清河盐场 2.12 m，南堡盐场 2.57 m，十里海 2.77 m，丰南涧河闸 3.02 m（国家 85 高程）；唐山、沧州共淹没虾池 7.98 万亩（5 300 hm^2），冲毁海挡 76.5 km，冲毁涵闸 116 座、冲毁虾池数千座。其中黄骅市冲毁 45 km 海挡、3 万亩（2 000 hm^2）虾池被淹，损毁船只 26 艘，盐场 13 个；唐山市乐亭县损失海挡 15 km，虾池 1.7 万亩（1 100 hm^2），391 艘船只受损；滦南县损失 40 万方盐卤。唐海县 33 km 虾池被淹，南堡盐场部分岸段海挡护坡被毁，储运码头上水，大清河盐场扬水站进水；秦皇岛市沿海的小型旅游码头、海水养殖区的防波堤均受到不同程度的破坏，许多渔船被毁；网箱养殖扇贝几乎全部损失；冲走 2 150 t 文蛤、损失扇贝养殖台筏 4 415 台。

此次风暴潮造成河北省直接经济损失约 4.5 亿元，其中，秦皇岛 2.0 亿元，唐山 0.8 亿元，黄骅港 1.7 亿元。

——河北省警戒潮位核定，2006 年

辽宁：1997 年 8 月 20 日，受 9711 号台风影响，锦州湾乌龟山段铁路打断 200 余米（路基被打塌），潮位达到 411 cm，超警戒水位 11 cm。

——大连市警戒潮位核定，1998年

0509号台风：

路径与影响区域：2005年8月7—8日，0509号台风“麦莎”由浙江登陆经山东羊角沟北上至辽东湾南部，其风暴潮相继影响浙江省、上海市、江苏省、山东省、天津市、河北省、辽宁省，共造成直接经济损失35.19亿元，死亡7人。山东东营至河北唐山沿海地区普遍发生严重或特别严重风暴潮灾害，其他沿海地区发生轻到中灾。

山东：胜利油田桩西106井附近岸段约2 km水泥构件护堤被大浪冲击的残乱不堪（见图8-1），海水越过护堤，造成堤内积水成泊，许多油井被淹（见图8-2）；东营市刁口乡部分农田被淹；龙口湾海岸侵蚀严重（见图8-3）。

——北海预报中心实地踏勘与调访

辽宁：葫芦岛沿海地区相继发生强降雨，并出现9级大风。海上风速最大值为17.7 m/s；最高潮位达到3.91 m，超过3.80 m的警戒潮位。芷锚湾渔港两处防浪墙倒塌近19 m；长100多米、宽5 m的码头路面损坏；浮桥护桥木因船舶碰撞挤压部分丢失。兴城海滨东渔港路基下沉长15 m，深约3 m；有1条18马力渔船受损，2条12马力渔船沉没；海水养殖拔掉台筏704台，冲断台筏1 000台，总计直接经济损失522万元。

——《北海区海洋灾害调查报告》，北海预报中心，2008年

天津市：受灾人口32.2万人。农作物受灾面积6.67×10^4 hm^2；损毁房屋2 000间，造成直接经济损失2.2亿元。

——《北海区海洋灾害调查报告》，北海预报中心，2008年

1210号台风：

2012年8月2日21时30分，1210号台风“达维”于江苏陈家港镇登陆，登陆后向西北偏北方向移动，经山东临沂、东营进入渤海湾，导致了黄海、渤海沿岸较强风暴潮和较重风暴潮灾害。在其影响下，沿岸共有7个验潮站的最高潮位超过当地警戒潮位，其中山东岚山站、河北黄骅站和天津塘沽站高潮位超过当地警戒潮位30 cm。

受台风“达维”风暴潮过程影响，山东省受灾人口281.40万人，损毁房屋1.76万间，淹没农田5.23×10^4 hm^2，受损水产养殖9.316×10^4 hm^2，损毁船只538艘，损毁码头8座，损毁防波堤34.95 km，直接经济损失15.99亿元。

天津市水产养殖受灾面积173 hm^2，损毁海堤、护岸0.8 km，造成直接经济损失0.04亿元。

河北省受灾人口23万人，损毁房屋1.60万间，损毁船只152艘，淹没农田5 390 hm^2，水产养殖受损1.004×10^4 hm^2，损毁码头2座，损毁防波堤4.15 km，造成直接经济损失20.44亿元。

——摘自2012年北海区海洋灾害公报

8.3.3 1949—2017年间部分温带系统灾害

1949年（气旋配合冷空气）：

10月31日，海潮倒灌，天津塘沽一带大部进水，低洼处积水1 m左右，房屋淹浸。

——河北省警戒潮位核定，2006年

1950年（气旋）：

9月25日（农历八月十六），一次大海潮淹没了大沽滩地。

——《渤海沿岸风暴潮历史资料》，风暴潮，1983，NO.1

1952年（气旋配合冷空气）：

4月6—10日，风暴潮袭击渤海湾和莱州湾，山东寿光县海水倒灌，农田和公路受到损坏。

——潍坊市海洋与渔业局调查资料

10月18—23日，风暴潮袭击渤海湾和莱州湾，山东寿光县海水倒灌，农田和公路受到一些损坏。

——《寒潮年鉴》综合本，1951—1975年

1954年（气旋配合冷空气）：

8月18日，连日大雨，各河泄洪，当日强海潮倒灌，海河堤防7处决口，水深1 m，积水数天，工、农业和人民生活受损。

——《北海区海洋灾害调查报告》，北海预报中心，2008年

1956年（气旋配合冷空气）：

7月26日，强海潮，上游泄洪，海河水位达4.05 m，两岸水深1 m，积水最长时间达10天，工、农业及人民生活受损。

——《北海区海洋灾害调查报告》，北海预报中心，2008年

1957年（气旋配合冷空气）：

4月6—11日，黄海北部和中部、渤海、黄河下游有6～8级东北风，山东寿光县短时风力最大10级，造成海水倒灌，淹没部分盐滩，刮倒部分房屋，人员也有伤亡。

——《寒潮年鉴》综合本，1951—1975年

1959年（江淮气旋）：

8月，强潮倒灌，大沽滩地一度淹没。

——《北海区海洋灾害调查报告》，北海预报中心，2008年

1960年（气旋配合冷空气）：

4月10日，风暴潮袭击莱州湾和渤海湾沿海地区，羊角沟最高潮位5.81 m，莱州湾西南沿岸的滩涂地带和羊角沟镇附近被淹。

——《中国海洋灾害四十年资料汇编（1949—1990年）》

11月22日，风暴潮袭击莱州湾沿海地区，羊角沟最高潮位5.66 m，寿光农田受淹，灾情较重。

——北海预报中心调访资料

1963年（气旋配合冷空气）：

10月3日，渤海湾发生风暴潮灾害，塘沽潮位达4.5 m，塘沽盐场河南海挡损坏严重。

——《北海区海洋灾害调查报告》，北海预报中心，2008 年

1964 年（气旋配合冷空气）：

4 月 5—6 日，风暴潮袭击渤海湾和莱州湾，导致特别严重风暴潮灾害。其中：

莱州、蓬莱市沿海因大风引起海水倒灌，莱州市 4 600 亩农田被淹，停泊蓬莱港 6 条长岛渔船被撞毁。莱州市三山岛大桥东面，有机动船被潮水冲到陆地搁浅撞坏。

——《烟台市情》，烟台中心海洋站调查资料

风暴潮袭击渤海湾和莱州湾，导致特别严重风暴潮灾害。“羊角沟水文站 4 月 5 日最大增水 3.16 m，4 月 6 日最高潮位 624 cm，超过当地警戒潮位（警戒潮位 550 cm）74 cm，500 cm 以上高潮位持续 35 小时；塘沽 4 月 5 日最大增水 227 cm，龙口最大增水 151 cm。这次强温带风暴潮过程，自渤海湾到莱州湾沿岸，普遍出现 200 cm 以上的增水，从河北岐口到山东昌邑县被淹面积数千平方千米，海水侵陆一般为 10 多千米，最远 29 km。山东寿光、潍县、昌邑 3 县 12 个公社、145 个村庄、9 处演唱、2 处牧场被淹。共淹土地 15.5 万亩，受灾群众 2 万多户，倒塌房屋 1 017 间，刮坏房屋 1 522 间，死亡 24 人，淹死牲畜 4 头、羊 329 只，当时下落不明的渔船 48 条、人员 301 名。寿光县总经济损失 2 390 万元，昌邑盐场损失 16.8 万元。

——《中国海洋灾害四十年资料汇编（1949—1990）》

1964 年 4 月 6 日的强风暴潮袭击，导致羊角沟最高潮位 624 cm，海水浸入陆地最远处 29 km，淹没潍坊市沿海土地七八十万亩。海水所到之处房倒屋塌、淹地毁禾、溺死人畜等情景惨不忍睹，经济损失非常严重。

——潍坊市海洋与渔业局调查资料

1964 年 4 月 5 日大海潮，寿光县有 5 个公社，38 个村庄，近 49 万亩土地被淹，死亡 17 人。淹死耕畜 4 头，羊 155 只，合计损失价值 38 万元。倒塌房屋 104 间，将要倒塌房屋 96 间，企事业单位损失 913 万元，共造成价值 1 000 多万元的损失。

——《5 号桩港口工程勘察报告》潮汐、波浪部分

1964 年 4 月 3—8 日，受寒潮影响，渤海、黄海北部一带出现 8 ~ 10 级东北大风，河北东南部、山东地区有 7 ~ 9 级东北风，海上发生人员伤亡事故，黄河下游房屋倒塌也造成人员伤亡。时值大潮期间，海水倒灌 40 ~ 60 华里；山东寿光、潍县、昌邑县沿海有数百个大队受灾，淹没土地 80 多万亩，房基受损状况较严重。

——《寒潮年鉴》综合本，1951—1975 年

1964 年 4 月 5 日晨潮水起涨，6 日凌晨 1—5 时，黄河三角洲各地先后达到最高潮位，黄河西部出现最高潮位比东部早约 6 小时。沾化共淹 20 多个村庄，淹没了 8 个村，人、畜、船伤之惨重。

——《黄河三角洲风暴潮》，风暴潮，1982，NO.2

滨州沿海海水倒灌 40 ~ 80 华里，大量土地和数十个村庄受淹，人、畜、船伤之惨重，给滨州沿海地区造成了约数千万元至亿元的巨大经济损失（按现标准计算）。

——无棣县和沾化县海洋与水产局调查资料

东营市利津县潮水迅猛上涨，海滩水深 2 m 左右，持续时间长达两天一夜，倒塌房屋 78 间，沉毁船只 6 条，淹死社员 16 人，损失渔具等生产资料若干，总损失折价 11 万元。

——东营市海洋与水产局调查资料

1965 年（气旋配合冷空气）：

1965 年 11 月 7 日，渤海湾发生风暴潮灾害，塘沽潮位达 572 cm，岐口最高水位 327 cm（国家 85 高程上），曹妃甸一度被海水淹没，盐场海挡、堤埝受损严重，海水涌上岸达 4 小时，在岛上作业的海洋石油 1806 钻井队 53 人被困 3 天。经济损失 50 多万元。

——河北省警戒潮位核定，2006 年

1965 年 11 月 7 日，塘沽实测最高水位 572 cm，海水入陆岸延续 4 小时，是"枯水季"严重灾害性异常增水少有个例之一。

——《莱州湾地区风暴潮预报方法》，海洋科技，1974，NO.4

1965 年 11 月 7 日，水位 550 cm（大沽基面），这次海啸与民国二十八年相似，全海堡 24 个村有 22 个村进水，户内平地水深 1 m 左右，陆岸变成海洋，比 1939 年水位 6 m 低 0.5 m，南北横贯 160 多华里的海挡，大部冲成一片平滩，同时海岸向西移出 4 ~ 10 m。

——《河北省海洋岸带资源》下卷，各类资源状况，第一分册

1965 年 11 月 7 日，塘沽 6 m 码头最大增水 224 cm，最高潮位 572 cm，塘沽新港一带普遍上水，港务局码头仓库、641 厂部分仓库进水。

——《中国海洋灾害四十年资料汇编（1949—1990）》

1965 年 11 月 7 日，正值农历十月十五，由于受温带气旋及寒潮的双重影响，天津滨海地区遭受到一次突如其来的风暴潮袭击，此次风暴潮是近代以来最严重的一次。

该日时近中午时，渤海海面上突然刮起八级偏东大风，一时间伴随着风起云落，潮水猛然上涨，狂风卷着恶浪向岸边猛扑过来。12 时 10 分，塘沽潮位高达 5.72 m，达到有记载以来的历史最高潮位。

由于地面沉降，海挡下沉和部分海挡失修，部分泄洪用雨水口、预留口倒灌。从南起岐口、北至涧河口，天津滨海 150 多千米海岸线的几十个村庄、大片农田、无数盐田及一座座"盐山"，随时有被海水吞噬的危险。

解放军某部防线处，海堤突然决口，海水滚滚涌向村庄、一望无际的盐田和解放军某部驻地。地势比较低洼，有一条小河从这里入海，潮水顺着河口涌进村庄，霎时间，海水切断道路，冲毁电线。

在新港船厂，转眼间潮水冲过护厂堤和码头，向厂内漫溢。

新港船厂积水 0.5 m，厂部和居民区被淹泡。

在制卤厂第扬水站十四孔闸处，狂风巨浪把木桩码头掀得七零八落，正在引潮沟内进行疏浚工程挖泥船的 4 根缆绳霎时被打断，被风浪抛向十四孔闸（后经奋力抢救脱险）。

——《天津海洋灾害汇编》

1966 年（气旋）：

8 月，渤海湾发生风暴潮灾害，塘沽潮位 461 cm，塘沽全区积水，南北排污河受潮水顶托部分决口，淹泡农田 1.57 万亩。

——《北海区海洋灾害调查报告》，北海预报中心，2008 年

1969 年（气旋配合冷空气）：

1969 年 4 月 23 日（农历三月初七），受 6922 号强冷空气和江淮气旋的共同影响，渤海

湾、莱州湾出现了几十年以来最严重的风暴潮，莱州湾一带增水值达 300 cm 以上，暴潮伴随着巨浪，冲垮海堤百余里，海水侵入陆地 60 ~ 70 里，使当地人民生命财产蒙受较大损失。

——《山东沿岸及濒邻海区海上气象灾害》，海洋调查，1985，NO.2

1969 年 4 月 23 日，山东寿光县最大增水 350 cm，最高潮位 674 cm，超过当地警戒潮位（警戒潮位 550 cm）124 cm，500 cm 以上高潮位持续 26 小时。自渤海湾到莱州湾，普遍出现 200 cm 以上的增水，山东无棣到昌邑县沿海普遍受灾，被淹面积 1 000 多平方千米，海水侵陆最远 4 km。其中，潍县淹没良田 1.2 万亩，倒塌房屋 252 间，冻死 2 人，砸死耕牛 40 头，冲毁盐田 1 500 亩，毁坏渔网 432 付，渔船 6 条，铁锚、竹竿若干；昌邑县有 59 个村受灾，淹没良田 4 140 万亩，受灾 4 万多人，倒塌房屋 62 间，冲走衣物万余件，死亡 2 人、牲畜 101 头；寿光县淹没土地 451 km^2，经济损失约 250 万元。

——《中国海洋灾害四十年资料汇编（1949—1990）》

1969 年 4 月 23 日（农历三月初七），莱州湾发生严重风暴潮灾，胶莱河口以东灾情较轻，据不完全统计，掖县沿海 2 万多亩小麦因遭潮淹而绝产。

——烟台中心海洋站调查资料

1969 年 4 月 23 日是新中国成立后最大一次风暴潮。……此次羊角沟 300 cm 以上增水持续 8 小时（23 日 16—23 时），100 cm 以上增水持续 38 小时（24 日 12 时—25 日 01 时），50 cm 以上水位持续 27 小时（23 日 14 时—24 日 16 时），引起的暴潮在 2 ~ 3 小时内冲破了 70 km 长的海岸线，向陆地推进 30 ~ 40 km，仅山东昌潍地区就有 128 个大队受灾，34 个村进水，溺死人畜，房屋倒塌 830 间，受灾面积 99 914 亩，冲走食盐 42 999 t……

——《风暴潮》，海洋科技，1974 年，NO.4

1969 年 4 月 23 日大海潮，羊角沟公社损失 51 万多元，羊角沟镇盐场全部盐滩被淹，盐、工具、物资等损失共价值 250 余万元，死亡 1 人。这次风暴潮在莱州湾地区引起的暴潮在 2 ~ 3 小时之间就冲破了 70 km 的海岸线，向陆地推进了 30 ~ 40 km。

——《5 号桩港口工程勘察报告》

1969 年 4 月 23 日的强风暴潮袭击时，海水浸入陆地最远达 40 km，淹没潍坊市沿海土地均高达七八十万亩。海水所到之处房倒屋塌、淹地毁禾、溺死人畜等现象惨不忍睹，经济损失非常严重。

——潍坊市海洋与渔业局调查资料

东营市利津县潮水猛烈上涨，海滩水深 2 m 左右，持续时间长达两天一夜，倒塌房屋 78 间，沉毁船 6 条，淹死社员 16 人，损失渔具等生产资料若干，总损失折价 11 万元。

——东营市利津县海洋与渔业局调查资料

“1969 年 4 月 23 日的特大温带风暴潮侵袭时，滨州沿海地区海水倒灌 40 ~ 80 华里，大量土地和数十个村庄受淹，人、畜、船伤之惨重，给滨州沿海地区造成了约数千万元至亿元的巨大经济损失（按现标准计算）。”

——无棣县和沾化县海洋与水产局调查资料

1969 年（气旋）：

7 月 15 日，辽宁普兰店羊官堡大队盐场被淹。”

——《风暴潮》，海洋科技，1974 年，NO.4

1978 年（气旋配合冷空气）：

2 月 24 日，风暴潮袭击渤海湾和莱州湾，河北省青锋农场附近海水冲越海挡，青锋农场、赵付一带被淹。

——《河北省海岸带资源》下卷，各类资源状况，第一分册

1978 年（锋面过境）：

8 月 19 日 00 时 38 分，正当高潮时刻冷锋过境，风向西北，风速 18 m/s，最高水位达到 299 cm。此次风暴潮未造成多大损失，仅在龙口镇附近沿岸淹没非沙滩地数十公顷，龙口造船厂损失木材几个立方米。

——《龙口海洋站月报表》

1980 年（气旋配合冷空气）：

4 月 5 日，羊角沟水位站最高水位 6.01 m，超过当地警戒潮位（5.5 m）0.51 m。大潮来势凶猛，切断了羊角沟公路，冲毁建港路桥，防潮土坝多处决口，淹没盐田 6.9 万亩，溶盐 8.5×10^4 t，毁坏渔船 20 多条，冲走渔具不计其数；田柳公社盐田被冲。

——《中国海洋灾害四十年资料汇编（1949—1990）》

1982 年（气旋配合冷空气）：

11 月 8—9 日，渤海湾发生风暴潮灾害，山东滨州和东营沿海地区受灾严重。其中东营市利津县“海潮飞涨，海滩水深 2 m 以上，淹没了大半个吊口铺的房台，半数以上的房内进水，时间达 21 个小时。据统计，本次风暴潮共冲毁房屋 117 间，院墙 270 m，损失渔船 5 条，舢板 7 只，网具一大宗，直接经济损失折价 41.5 万元。

——《中国海洋灾害四十年资料汇编（1949—1990）》

1983 年（锋面气旋）：

7 月 14 日，辽宁营口最高潮位 5.11 m，超警戒潮位 0.35 m。受潮灾影响，大连市沿岸受灾 37 个公社 95 个大队，淹死 2 人，毁坏防潮堤 61 500 m，淹没农田 4 万亩，589 间房屋受淹，各种损失价值 1271 万元。

——《中国海洋灾害四十年资料汇编（1949—1990）》

1985 年（气旋）：

6 月 9 日（农历五月初六），蓬莱沿海 NE 向阵风达 10 级，水产养殖、海上船只受损。

——烟台市警戒潮位核定，2005 年

1987 年（气旋配合冷空气）：

1987 年 11 月 26—27 日，强风暴潮给莱州湾和渤海湾沿岸带来严重损失。27 日羊角沟水位站最大增水 2.14 m，最高水位 5.84 m。山东东营市、胜利油田、潍坊市沿海都不同程度受灾，仅潍坊的寿光县、昌邑县和寒亭区总经济损失为 2 207.92 万元，其中寿光县 850 万元，寒亭区 758.92 万元，昌邑县 599 万元。

——《中国海洋灾害四十年资料汇编（1949—1990）》

1987 年 11 月 27 日，莱州湾胶莱河口以东的掖县沿海潮位很高，潮水几乎漫过大坝，防潮坝外的虾池大部分被冲毁。

——烟台市警戒潮位核定，2005 年

东营广利港附近冲毁水产养殖池和防潮堤坝多处，垦利县虾场损失严重。

——《东营市海洋与渔业局灾情报告》

1992 年（气旋配合冷空气）：

6 月 5 日，较强风暴潮使塘沽港出现了 4.85 m 的高潮位，超过当地警戒水位 15 cm，过程最大增水几乎与天文高潮同时发生，塘沽港局部低洼地区受潮水浸泡。

——《北海区海洋灾害调查报告》，北海预报中心，2008 年

1992 年（气旋配合冷空气）：

1992 年 10 月 2 日，渤海湾发生较强风暴潮灾害，山东滨州沿海仅无棣县被冲垮防潮堤坝和路基路面、冲毁虾池、沉没船只、冲失网具、冲倒房屋等灾害损失 383.72 万元。

——无棣县海洋与水产局调查资料

天津塘沽最高潮位 521 cm，超过警戒水位 51 cm，过程最大增水与天文高潮同时发生，高潮增水 117 cm，塘沽港局部低洼地区受潮水浸泡。

——《北海区海洋灾害调查报告》，北海预报中心，2008 年

1993 年（气旋配合冷空气）：

1993 年 11 月 16 日，渤海湾发生较强风暴潮灾害，山东滨州市无棣县被冲垮防潮堤坝和路基路面、冲毁虾池、沉没船只、冲失网具、冲倒房屋等灾害，损失 514.3 万元。

——无棣县海洋与水产局调查资料

1993 年 11 月 16 日，渤海发生一次较强的温带风暴潮过程，恰遇农历十月初三天文大潮期，沿海潮位较高，天津塘沽海洋站 11 月 16 日 04 时 45 分观测到最高潮位 486 cm，超过当地警戒水位 16 cm，使天津塘沽新港客运码头和航道局管线队等地，部分堤埝少量上水，新港船闸漏水，东沽部分船闸漏水，地沟反水。

——《北海区海洋灾害调查报告》，北海预报中心，2008 年

2003 年 10 月 11 日（气旋配合冷空气）：

2003 年 10 月 11 日，温带风暴潮袭击渤海湾和莱州湾，渤海湾沿岸发生了特别严重的风暴潮灾害（塘沽至黄骅港一线灾情最重），莱州湾羊角沟最大增水 307 cm，最高潮位达黄海面 324 cm，为有记录以来的历史第三高潮位。

山东：东营市和胜利油田分别蒙受数以亿计的直接经济损失。其中，桩西至潮河口沿岸灾情最重：胜利油田飞雁滩采油场防潮堤被冲击得支离破碎（图 8–4），残垣断壁随处可见，采油场院内场房受淹严重（图 8–5）；桩西防潮堤水泥构件护坡大面积被大浪掀起，防潮堤多处被冲垮，堤外电线杆被折断若干（图 8–6），海水越过防潮堤，堤内受淹严重。本次风暴潮造成桩西至新户一线海水侵入内地 5 ~ 10 km，水产养殖场、盐场、村庄、采油场和大量油井被淹，损失严重。

——北海预报中心调访资料

烟台市莱州、招远、龙口、长岛、芝罘及牟平等市（区）遭遇历史上罕见的风暴潮袭击，虽然各地紧急启动了“防风暴潮预案”，但由于风大浪急、潮位太高，全市沿海渔业损失严重，部分渔船损坏、许多海坝和虾池被冲毁，造成直接经济损失 9 264 万元。

——烟台沿海警戒潮位核定，2005 年

天津市：2003 年 10 月 11—12 日，天文大潮伴随 11 级狂风形成的风暴潮突袭天津市沿海，历时 8 小时，渤海湾、莱州湾沿岸发生特大温带风暴潮灾，塘沽地区最高潮位达到 5.33 m。导致港口、油田、渔业等遭到不同程度的损失。其中，失踪 1 人，新港船厂设备被淹，库存物资损失严重，部分企业停产；天津港遭受浸泡的货物有 37 万余件，计 22.5×10^4 t，740 个集装箱和 107 台（辆）设备遭海水淹泡；大港石油公司油田停产 1 094 井次；原盐损失 15.3×10^4 t；淹没鱼池 3 440 亩；渔船损毁 156 条、渔网 27 排；海堤损毁 7.3 km，泵房损坏 13 处；倒塌民房 1 间，损坏民房 544 间。本次风暴潮使天津蒙受直接经济损失约 1.13 亿元。

——《北海区海洋灾害调查报告》，北海预报中心，2008 年

河北：黄骅港最大增水 2.33 m，最高潮位 5.69 m（当地水尺零点），国家 85 高程上 3.33 m。据沧州市水文局事后调查水痕得知：歧口最高潮位 3.48 m、南排河 3.8 m、冯家堡 3.41 m（国家 85 高程），均高于黄骅港。经计算歧口高潮位的重现期约为百年一遇。京唐港最大增水 1.03 m，最高潮位 2.53 m（当地水尺零点）。

全省沿海共冲毁虾池 3.7 万亩（2 500 hm^2），扇贝养殖受损 590 万笼，网具 3 000 多条，多座育苗室和海产品加工厂被毁；损坏渔船 1 450 条；损失原盐 15×10^4 t、盐田塑苫 480 万片、卤水 30 万方；港口航道淤积，部分在建的海洋工程受损；海水淹没农田 1.7 万多亩、冲毁土地 8 000 多亩，农业损失 700 万元。28 个村庄进水、500 户民房被淹、损坏房屋 2 800 多间，民房损失 1 000 万元。冲毁闸涵 775 座、泵站 69 座、海堤 4 km；刮倒电杆 100 多根，造成大面积停电，企业停产、学校停课，直接经济损失 5.84 亿元。其中：

秦皇岛市：沿海出现 2.7 ~ 3.2 m 大浪，在大浪作用下昌黎、抚宁沿海受到不同程度损害，特别是 4 海里以外养殖区的养殖台筏被挤成堆纠缠在一起，扇贝养殖区 27 万亩（1.8×10^4 hm^2），约 900 万笼全部损失；70 艘渔船损坏；直接经济损失约 2.0 亿元。

唐山市：丰南区 5 000 亩虾池被冲毁，4 km 海挡受损，5 个扬水站被淹；乐亭县 40 万笼养殖扇贝全部被冲走；滦南县渔船受损 70 艘，网具损失 3 000 余条，养殖大棚、扬水站机房各损坏 1 座，海挡大堤损失土方 50 万方，盐业损失惨重，盐田塑毡损失 480 万片，原盐 15×10^4 t，卤水 30 万方。11 日凌晨，唐山境内的曹妃甸岛通路工程工地出现险情，400 多名民工被困，后被全部营救出来。唐山市直接经济损失 8 000 万元。

沧州市：本次风暴潮过程风大浪高，据目测海面浪高达 3 ~ 4 m。沧州沿海部分岸段海挡被冲毁或发生波浪越顶现象，黄骅港、海兴等地潮水越过海堤缺口和海防路，侵入内地 5 ~ 10 km，沿河道上溯 50 km；28 个村庄大面积进水，500 户居民房屋进水，受灾人口约 15 万余人；潮水淹没范围达 190.6 km^2；418 个闸涵被冲毁；1 310 艘渔船损毁；46 个盐场被淹，500 公亩盐田受灾；黄骅港航道出现淤积，淤泥总量 $1\,000\times10^4$ m^3，后采用挖泥船清淤，耗资 2 亿元，还不包括近 1 个月煤炭停运所造成的经济损失。黄骅港所有船只不能进出，港务局停业 3 天；黄骅港液化码头围堰工程部分被冲毁。直接经济损失 3.04 亿元。

——河北省警戒潮位核定，2006 年

2003年11月25日（气旋配合冷空气）：

11月25日，天津市沿海发生风暴潮，塘沽地区最高潮位达到525 cm，塘沽、大港、汉沽3区决口3处，部分地区被淹严重，直接经济损失1.11亿元。

——《北海区海洋灾害调查报告》，北海预报中心，2008年

2007年3月4—5日（气旋配合冷空气）：

2007年3月4—5日，山东北部沿海地区发生中度—特别严重风暴潮灾害。其中滨州、东营和潍坊沿海地区发生较重灾害，龙口至成山头一线发生特别严重风暴潮灾害，各地经济损失少则数千万元，多则数亿甚至数十亿元。

龙口至成山头一线普遍堤垮岸塌（图8-7）、船损人亡、淹地毁屋、经济损失达20余亿元；

潍坊港大浪越过码头防浪墙直扑码头面，浪花直扑50 m远处的办公房屋、仓库和油罐，码头面上一片汪洋，港务工人紧急堵水。在大浪冲击下，码头护堤石料被卷走，栅石护堤构件被冲击得凌乱不堪，码头护堤被冲出一个深1 m以上、面积约10 m^2左右的空洞，引堤7500 m处护坡被大浪淘空多处，最大掏坑深1.5 ~ 2.0 m，面积约20 m^2（图8-8）；码头面铺石被越堤海浪冲击得凌乱不堪，码头面下陷6 ~ 7处，最大下陷坑深约0.8 m，面积20 ~ 30 m^2（图8-9）。

——北海预报中心实地踏勘和调访

2007年8月12日（气旋）：

8月12日，受东海低压影响，海风引发大浪，秦皇岛养殖区一艘扇贝养殖渔船被大浪打翻，造成1人死亡，经济损失12万元。

——《北海区海洋灾害调查报告》，北海预报中心，2008年

2009年2月13日（气旋配合冷空气）：

受温带气旋与冷空气的共同影响，2月12日夜至13日晚，渤海湾、莱州湾和黄海北部发生了最大增水值为120 ~ 200 cm的较强风暴潮，塘沽至黄骅港岸段和蓬莱至烟台岸段出现了超过当地警戒潮位的高潮位并出现轻度灾情；京唐港至曹妃甸岸段和潍坊岸段出现了接近当地警戒潮位的高潮位。

塘沽灾情：

天津港一公司：场区内积水，部分货物被海水淹泡（图8-10）；

客运码头：最高潮位时，码头上水达40 cm左右，未发生明显险情；

北塘码头：2条渔船进水，几乎沉船（因发现较早，及时将其拖回）；

滨海大道北段二期永定新河特大桥工程项目部施工现场：现场数台电机淹泡，施工便道冲毁，海挡外30余施工人员被海水围困（后被安全营救）；

蔡家堡：海挡外200余名进行填海大坝施工的人员被困（后被安全营救）；当地船码头在高潮时上水，20多艘渔船船帮磕碰；

大神堂渔港：渔码头上水近30 cm，有小渔船冲到码头之上，部分小船的船帮有磕碰现象。

另外，海挡外约有 380 亩养虾池被海水冲坏，海挡外有围埝被冲坏，2 台电机被淹。

——《天津海洋环境监测中心站风暴潮灾害调查报告》

2009 年 4 月 15 日（气旋配合冷空气）：

受较强冷空气和低压倒槽的共同影响，14 日夜至 15 日傍晚，莱州湾、渤海湾、辽东湾和海峡区域分别出现了 130 ~ 220 cm、120 ~ 170 cm、60 ~ 100 cm 和 70 ~ 80 cm 的风暴增水。本次过程风大浪急、增水幅度大且最大增水多出现在高潮时段，致使塘沽和黄骅港出现了超过当地警戒潮位的高潮位，羊口、潍坊港和蓬莱岸段出现了接近当地警戒潮位的高潮位。

渤海湾滨州港码头漫水严重，码头多处受损（图 8-11~ 图 8-13）。

莱州湾 140 多人受困被救、1 人失踪和潍坊港渔船侧翻；潍坊港（森达美港）引堤和围堤受损严重（图 8-14）。

——北海预报中心调访资料

2012 年 11 月 11 日（气旋配合冷空气）：

11 月 10—12 日，受强冷空气和气旋的共同影响，渤海东南部和北黄海沿岸发生了较强风暴潮(龙口和蓬莱最大增水分别为 107 cm 和 92 cm)和海浪灾害(渤海和黄海出现了 6.0 m 左右的狂浪区，4 m 以上灾害性海浪累计持续时间近 20 小时)。

受其影响，地处海峡南部的长岛县受灾人口 1 800 人，水产养殖受灾面积 540 hm^2，损毁船只 531 艘，损毁码头 15 座，造成直接经济损失 1.49 亿元（图 8-15）。

——《2012 年北海区海洋灾害公报》

2013 年 5 月 26 日（江淮气旋）：

2013 年 5 月 26—28 日，江淮气旋自皖南经鲁东南移向北黄海，导致渤海沿岸出现了增水 80 ~ 120 cm 的风暴潮。其中蓬莱、潍坊、葫芦岛、鲅鱼圈验潮站出现了超过当地警戒潮位的高潮位，孤东、黄骅港、塘沽和曹妃甸验潮站出现了接近当地警戒潮位的高潮位。

受该气旋风暴潮影响，山东省倒塌房屋 5 间，损坏房屋 406 间，淹没盐田 26.7 hm^2，水产养殖受灾面积 7 239 hm^2，（其中，水产养殖成灾面积 520 hm^2，水产养殖绝收面积 163 hm^2），水产养殖损失 6 028 t，养殖设备、设施损失 1 475 个，毁坏渔船船只 64 艘，损坏渔船船只 45 艘，损毁码头 4 km，损毁防波堤 1.58 km，损毁海堤、护岸 5.23 km，损毁道路 4.3 km，损毁海上桥梁 1 座，造成直接经济损失 1.44 亿元（该损失含日照、青岛、威海和烟台沿海地区者）。

——《2013 年北海区海洋灾害公报》

2014 年 10 月 11 日（冷空气）：

2014 年 10 月 11 日夜间至 12 日，受冷空气和 1419 号台风“黄蜂”远外围的共同影响，渤海湾、莱州湾和海峡区域分别出现了 80 ~ 120 cm、100 ~ 180 cm 和 80 cm 的风暴增水，其中潍坊港于 12 日 12 时 58 分出现了 432 cm 的高潮位，达到当地风暴潮橙色警戒标准；羊角沟站于 12 日 14 时 39 分出现 550 cm 的高潮位，达到当地风暴潮黄色警戒标准；蓬莱、龙口、曹妃甸和黄骅港验潮站均达到当地风暴潮蓝色警戒标准。

受该风暴潮影响，山东省潍坊、东营地区水产养殖受灾面积 320.7 hm^2，损失养殖设备、设施 121 个，损毁海堤（图 8-16）、护岸 10.26 km，造成直接经济损失 0.29 亿元。

——《2014 年北海区海洋灾害公报》

2015 年 11 月 6 日（冷空气）：

2015 年 11 月 5—7 日，受较强冷空气和江淮气旋的共同影响，渤海湾、莱州湾和山东半岛北部沿岸分别出现了 100 ~ 170 cm、100 ~ 200 cm 和 70 ~ 120 cm 的风暴增水，其中，曹妃甸、京唐港、黄骅港、潍坊港、蓬莱和芝罘岛验潮站的高潮位超过了当地警戒潮位。

受该风暴潮影响，部分岸段出现了冲毁岸堤和海水漫灌（图 8-17 和图 8-18）等灾情，经济损失较大（无具体统计）。

——《2015 年北海区海洋灾害公报》

2016 年 7 月 19 日（江淮气旋）：

2016 年 7 月 19 日夜间到 21 日早晨，江淮气旋由鲁西南移向天津区域，辽东湾、渤海湾和莱州湾沿岸分别出现了 50 ~ 80 cm、50 ~ 100 cm 和 40 ~ 70 cm 的风暴增水，其中秦皇岛验潮站出现了达到当地黄色警戒潮位的高潮位，芷锚湾验潮站出现了接近当地警戒潮位的高潮位，曹妃甸、塘沽和黄骅港验潮站出现了达到当地蓝色警戒潮位的高潮位。

此次过程，给河北省造成直接经济损失 7.67 亿元（图 8-19）间接经济损失 0.80 亿元。

——《2016 年北海区海洋灾害公报》

2016 年 10 月 21 日（冷空气）：

2016 年 10 月 21 日夜间到 22 日傍晚，受较强冷空气影响，渤海湾、莱州湾和山东半岛北部沿岸分别出现了 90 ~ 180 cm、100 ~ 190 cm 和 40 ~ 90 cm 的风暴增水，其中河北省曹妃甸和黄骅港、山东省滨州港和潍坊港验潮站出现了超过当地橙色警戒潮位的高潮位。天津塘沽、山东省黄河海港和龙口验潮站出现了超过当地黄色警戒潮位的高潮位。山东省蓬莱出现了接近当地警戒潮位的高潮位。渤海湾和莱州湾出现了海浪越堤、海水漫滩、淹没盐田、损毁码头、毁坏渔船、翻沉货船（图 8-20）、倒塌房屋、冲走货物等灾情。

此次过程，给河北省造成直接经济损失 1.68 亿元，山东省直接经济损失 0.89 亿元。

其中：山东省东营市受损渔港 1 座，水产养殖受灾面积 433 hm^2，水产损失 230 t，毁坏房屋 12 间，损毁防波堤 11 km、护岸 90 km，淹没盐田 533 hm^2，直接经济损失近 7860 万元；

滨州港毁坏码头 0.8 km，冲走货物 120 t，毁坏渔船 2 艘，倒塌房屋 14 间，水产养殖受灾面积 530 hm^2，毁坏防波堤 3 km、护岸 2.5 km，直接经济损失 1 022 万元。

潍坊港冲走、毁坏货物 1 000 t，毁坏防波堤 0.08 km，直接经济损失近 22 万元；

潍坊中心渔港（羊口港）和寿光渔港海水漫上码头、路面（图 8-21）。

——《2016 年北海区海洋灾害公报》

2016 年 11 月 21 日（冷空气）：

2016 年 11 月 21 日，受强冷空气影响，渤海湾、莱州湾和山东半岛北部沿岸分别出现了 90 ~ 120 cm、100 ~ 180 cm 和 60 ~ 80 cm 的风暴增水，其中山东省潍坊港验潮站出现了超过当地橙色警戒潮位的高潮位，河北省黄骅港和山东省滨州港出现了接近当地蓝色警戒潮位的高潮位。

此次过程，导致渤海山东省沿岸发生了较重风暴潮灾害，损失最重的东营市受灾状况与10 月 21 日者相近，造成直接经济损失达 0.8 亿元。

——《2016 年北海区海洋灾害公报》

2017 年 10 月 9 日（冷空气）：

10 月 9 日中午至 10 日上午，渤海湾和莱州湾沿岸分别出现了 60 ～ 160 cm 和 80 ～ 210 cm 的风暴增水，其中黄骅港验潮站于 9 日下午出现了达到当地黄色警戒潮位的高潮位，曹妃甸验潮站于 9 日下午出现了达到当地蓝色警戒潮位的高潮位，滨州港验潮站于 9 日傍晚出现了达到当地蓝色警戒潮位的高潮位。潍坊港海水浸过进港路状况见图 8-22。此次过程，给山东省造成直接经济损失 0.06 亿元。

——《2017 年北海区海洋灾害公报》

8.4 部分风暴潮灾害调防现场图照

8.4.1 台风风暴潮灾害图照

图 8-1 台风风暴潮灾害
0509 号台风（麦莎），胜利油田

图 8-2　台风风暴潮灾害
0509 号台风（麦莎），胜利油田桩西大堤内

图 8-3　台风风暴潮灾害
0509 号台风（麦莎），龙口湾

8.4.2 温带系统风暴潮灾害图照

图 8-4　温带系统风暴潮灾害
2003 年 10 月 11 日冷空气，胜利油田飞雁滩采油场

图 8-5　温带系统风暴潮灾害
2003 年 10 月 11 日冷空气，胜利油田飞雁滩采油场院内

图 8-6 温带系统风暴潮灾害
2003 年 10 月 11 日冷空气，胜利油田桩西采油区

图 8-7 温带系统风暴潮灾害
2007 年 3 月 4 日冷空气，龙口北海岸

图 8-8　温带系统风暴潮灾害
2007 年 3 月 4 日冷空气，潍坊港码头

图 8-9　温带系统风暴潮灾害
2007 年 3 月 4 日冷空气，潍坊港码头

图 8-10 温带系统风暴潮灾害
2009 年 2 月 13 日冷空气，天津港门口路面

图 8-11 温带系统风暴潮灾害
2009 年 4 月 15 日冷空气，滨州港西港区

图 8-12　温带系统风暴潮灾害
2009 年 4 月 15 日冷空气，滨州港西港区

图 8-13　温带系统风暴潮灾害
2009 年 4 月 15 日冷空气，滨州万吨港码头

图 8-14 温带系统风暴潮灾害
2009 年 4 月 15 日冷空气，潍坊港引堤

图 8-15 温带系统风暴潮灾害
2012 年 11 月 11 日冷空气，长岛

图 8-16 温带系统风暴潮灾害
2014 年 10 月 12 日冷空气，潍坊昌邑

图 8-17　温带系统风暴潮灾害
2015 年 11 月 6 日冷空气，潍坊港

图 8-18　温带系统风暴潮灾害
2015 年 11 月 6 日冷空气，羊口中心渔港

图 8-19　温带系统风暴潮灾害
2016 年 7 月 19 日江淮气旋，北戴河鸽子窝公园

图 8-20　温带系统风暴潮灾害
2016 年 10 月 21 日冷空气，黄骅港

图 8-21　温带系统风暴潮灾害
2016 年 10 月 21 日冷空气，潍坊寿光渔港

图 8-22　温带系统风暴潮灾害
2017 年 10 月 9 日冷空气，潍坊港

第9章
典型热带气旋风暴潮图集

9.1 Ⅰ型（进入渤海）热带气旋

9.1.1 Ⅰ型“海域北上”类

6005 号台风

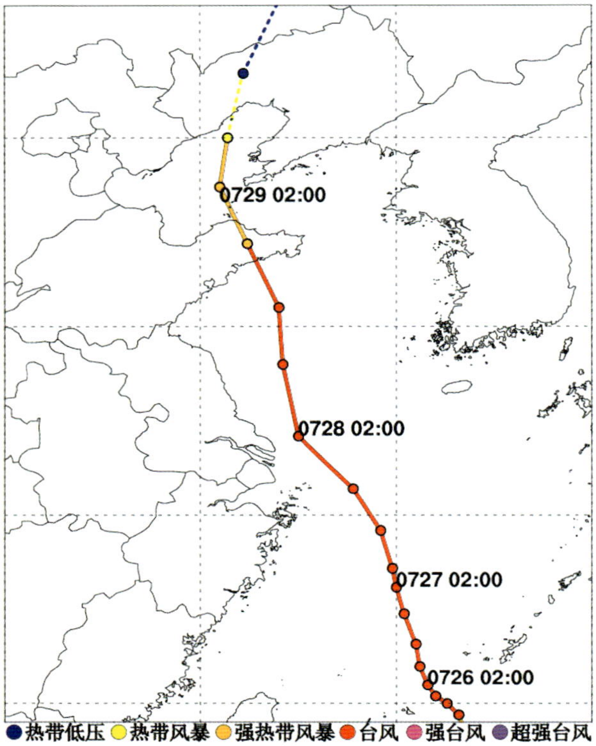

6005号台风位置与强度

日	时	中心位置	最大风速 (m/s)	最低气压 (hPa)
25	08	126.6E/ 24.7N	35	980
25	14	126.3E/ 25.0N	35	980
25	20	126.0E/ 25.2N	40	979
26	02	125.8E/ 25.5N	40	979
26	08	125.6E/ 26.0N	40	979
26	14	125.5E/ 26.6N	40	979
26	20	125.2E/ 27.4N	40	979
27	02	125.0E/ 28.1N	40	979
27	08	124.9E/ 28.6N	40	975
27	14	124.6E/ 29.6N	40	975
27	20	123.9E/ 30.7N	35	975
28	02	122.5E/ 32.1N	35	975
28	08	122.1E/ 34.0N	35	980
28	14	122.0E/ 35.5N	35	980
28	20	121.2E/ 37.2N	30	983
29	02	120.5E/ 38.7N	25	990
29	08	120.7E/ 40.0N	20	997
29	14	121.1E/ 41.7N	10	1001

6005 号台风路径和强度变化（1960 年 7 月 25—29 日）

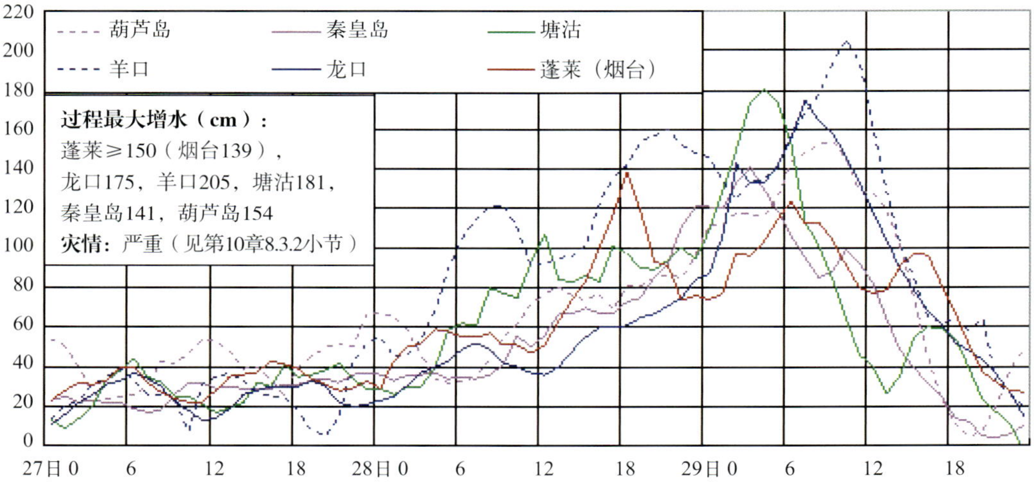

6005 号台风风暴潮曲线（1960 年 7 月 27—29 日）

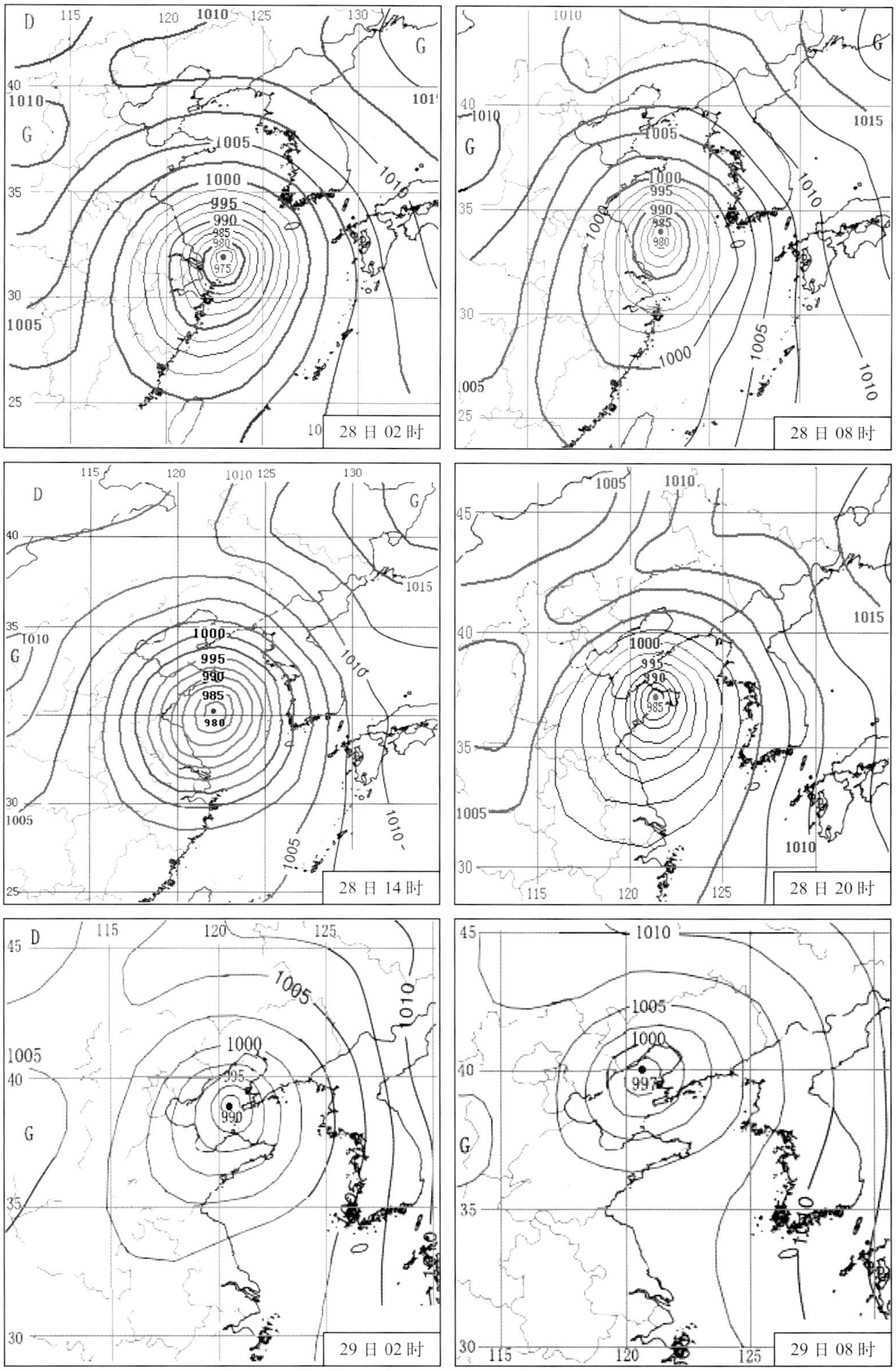

6005 号台风影响时段的气压场（1960 年 7 月 28—29 日）

6705 号台风

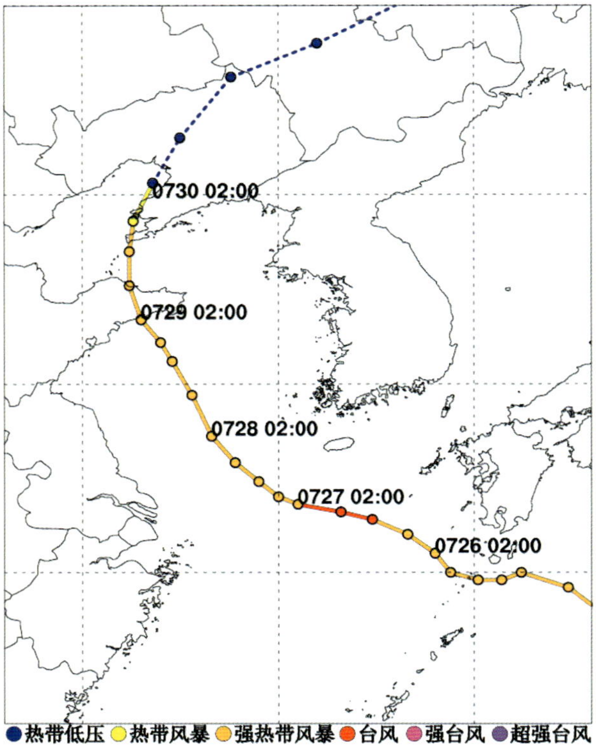

6705号台风位置与强度

日	时	中心位置	最大风速 (m/s)	最低气压 (hPa)
25	08	130.7E/ 29.8N	30	979
25	14	130.1E/ 29.8N	30	978
25	20	129.4E/ 30.0N	30	980
26	02	129.0E/ 30.5N	30	982
26	08	128.3E/ 31.0N	30	982
26	14	127.4E/ 31.4N	35	978
26	20	126.6E/ 31.6N	35	976
27	02	125.5E/ 31.8N	30	978
27	08	125.0E/ 32.0N	30	980
27	14	124.5E/ 32.4N	30	981
27	20	123.9E/ 32.9N	25	983
28	02	123.3E/ 33.6N	25	986
28	08	122.8E/ 34.7N	25	989
28	14	122.3E/ 35.6N	25	990
28	20	122.0E/ 36.1N	25	990
29	02	121.5E/ 36.7N	25	990
29	08	121.2E/ 37.6N	25	993
29	14	121.2E/ 38.5N	25	993
29	20	121.3E/ 39.3N	20	995
30	02	121.8E/ 40.3N	15	998

6705 号台风路径和强度变化（1967 年 7 月 25—30 日）

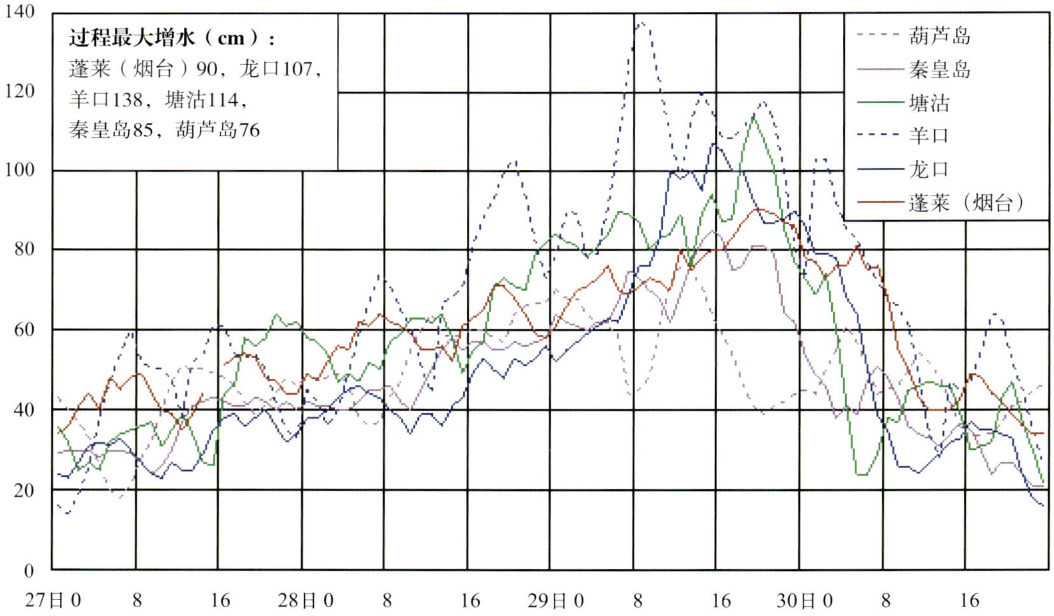

6705 号台风风暴潮曲线（1967 年 7 月 27—30 日）

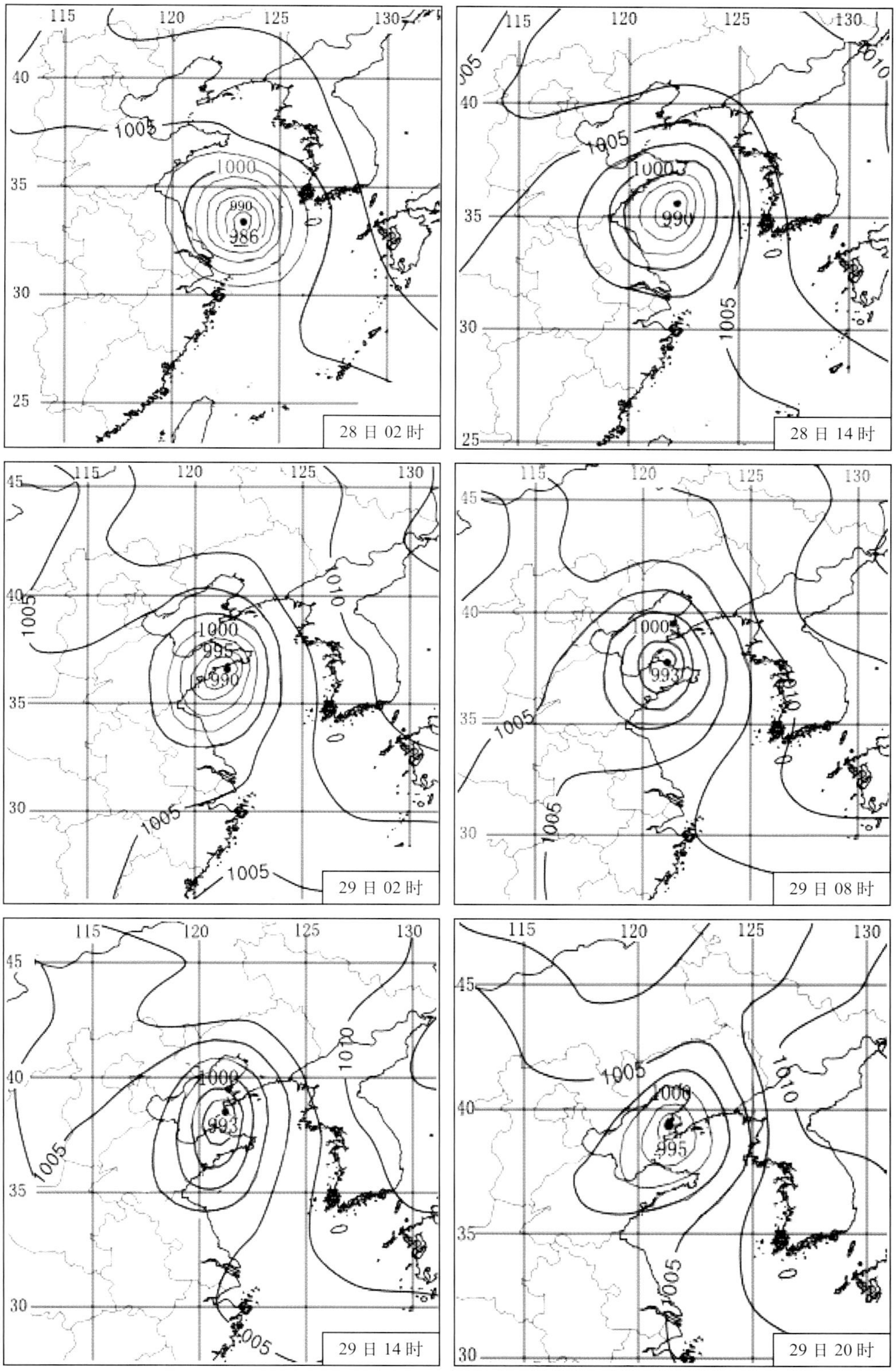

6705号台风影响时段的气压场（1967年7月28—29日）

7203 号台风

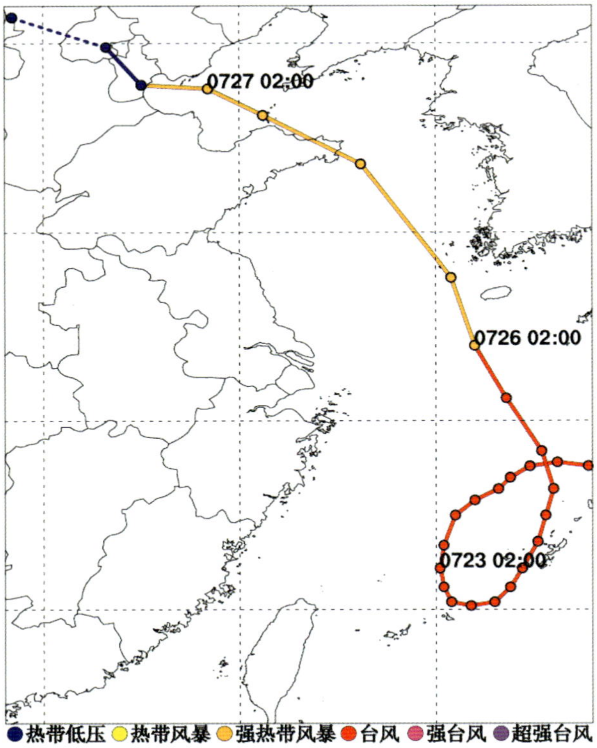

7203号台风位置与强度

日	时	中心位置	最大风速 (m/s)	最低气压 (hPa)
23	02	125.1E/ 26.1N	35	960
23	08	125.2E/ 25.6N	35	960
23	14	125.4E/ 25.2N	35	960
23	20	125.9E/ 25.1N	35	960
24	02	126.5E/ 25.2N	35	959
24	08	126.9E/ 25.6N	35	958
24	14	127.2E/ 26.1N	35	955
24	20	127.6E/ 26.8N	35	954
25	02	127.8E/ 27.5N	35	955
25	08	128.0E/ 28.2N	35	957
25	14	127.7E/ 29.2N	35	957
25	20	126.8E/ 30.6N	35	960
26	02	126.0E/ 32.0N	30	965
26	08	125.4E/ 33.8N	30	970
26	14	123.1E/ 36.8N	30	970
26	20	120.6E/ 38.1N	30	975
27	02	119.2E/ 38.8N	25	975
27	08	117.5E/ 38.9N	15	980
27	14	116.6E/ 39.9N	15	990
27	20	114.2E/ 40.7N	10	998

7203 号台风路径和强度变化（1972 年 7 月 23—27 日）

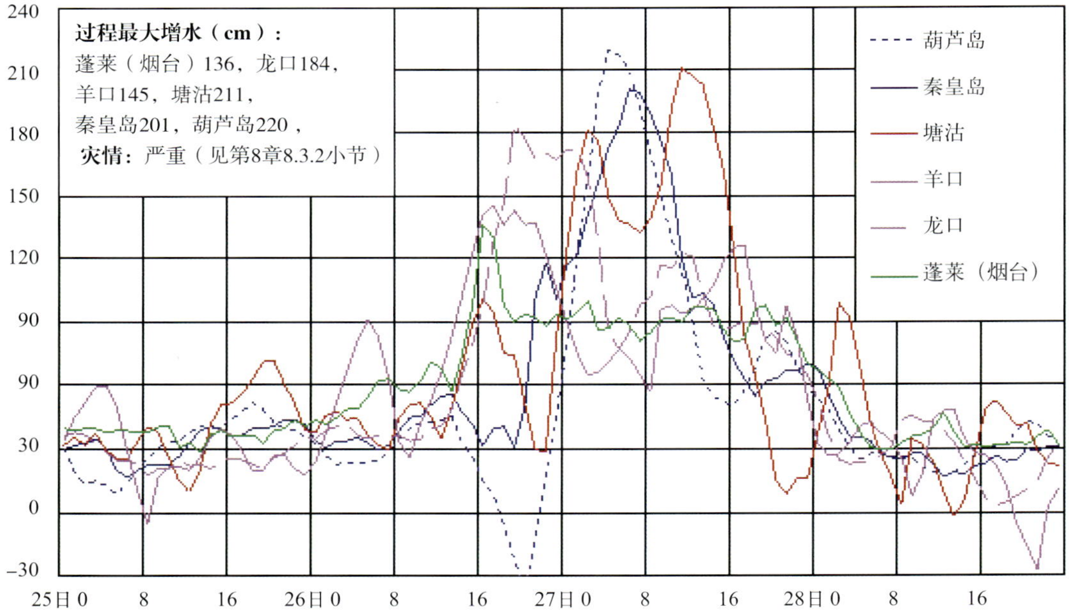

7203 号台风风暴潮曲线（1972 年 7 月 25—28 日）

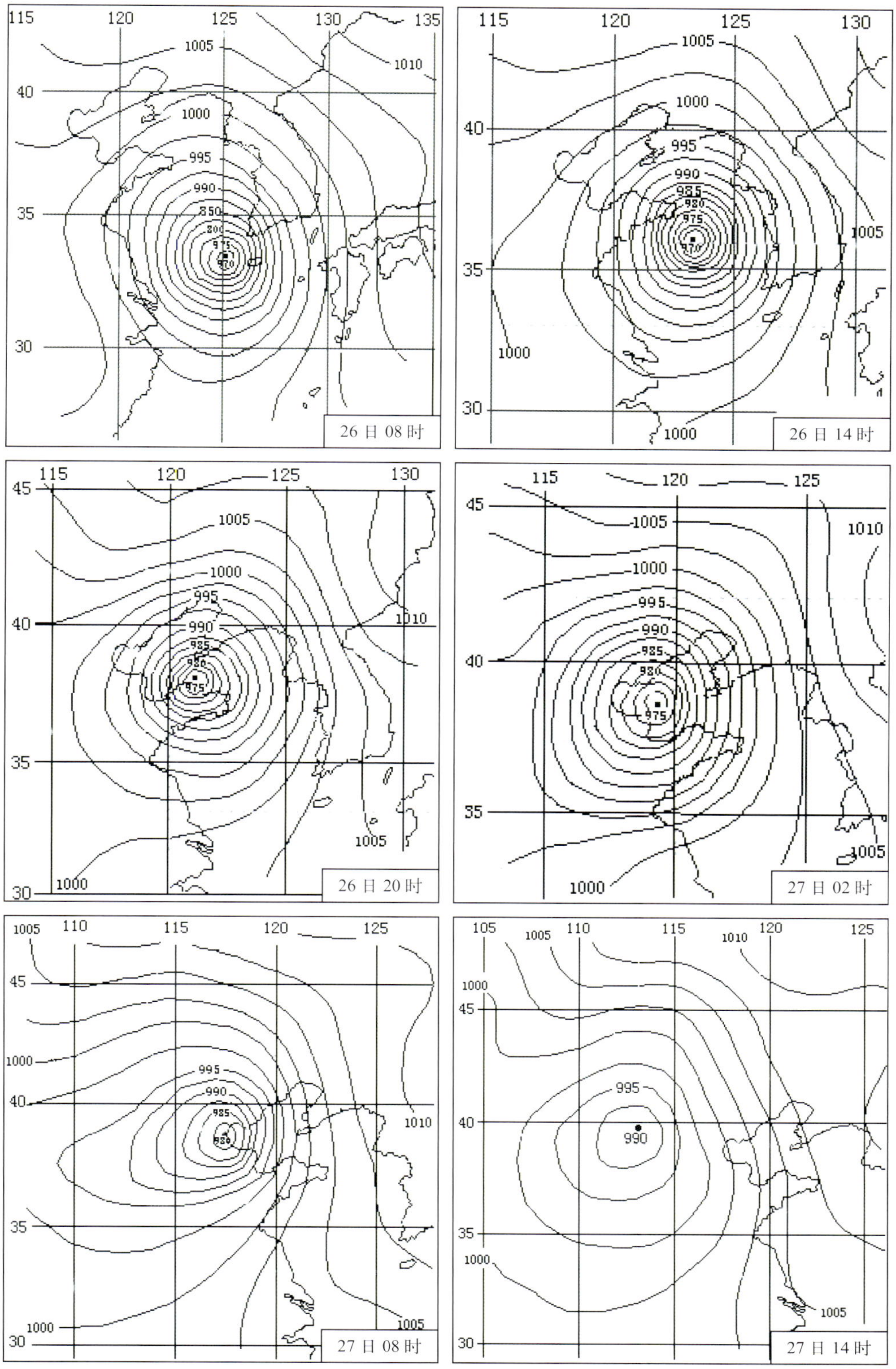

7203 号台风影响时段的气压场（1972 年 7 月 26—27 日）

7416 号台风

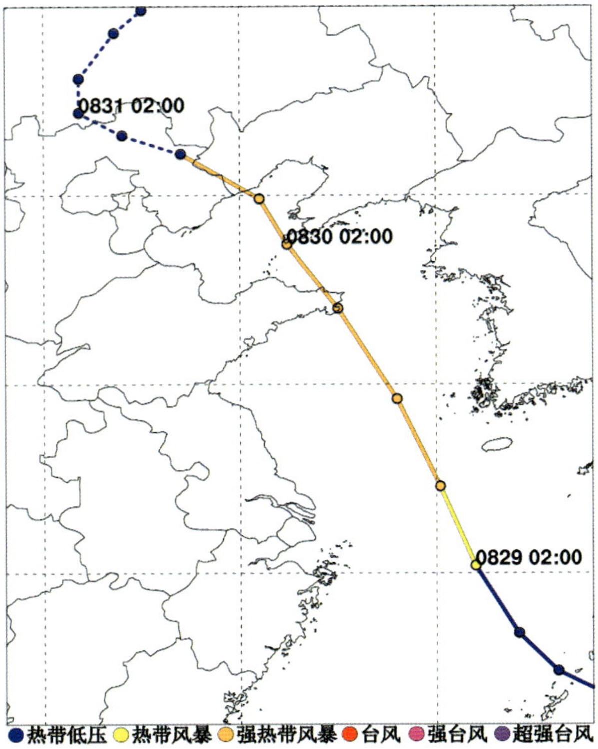

7416号台风位置与强度

日	时	中心位置	最大风速 (m/s)	最低气压 (hPa)
28	14	128.1E/ 27.4N	12	995
28	20	127.1E/ 28.4N	12	995
29	02	126.0E/ 30.2N	20	995
29	08	125.1E/ 32.3N	25	990
29	14	124.0E/ 34.6N	30	990
29	20	122.5E/ 37.0N	30	985
30	02	121.2E/ 38.7N	30	980
30	08	120.5E/ 39.9N	25	986
30	14	118.5E/ 41.1N	15	993

7416 号台风路径和强度变化（1974 年 8 月 28—30 日）

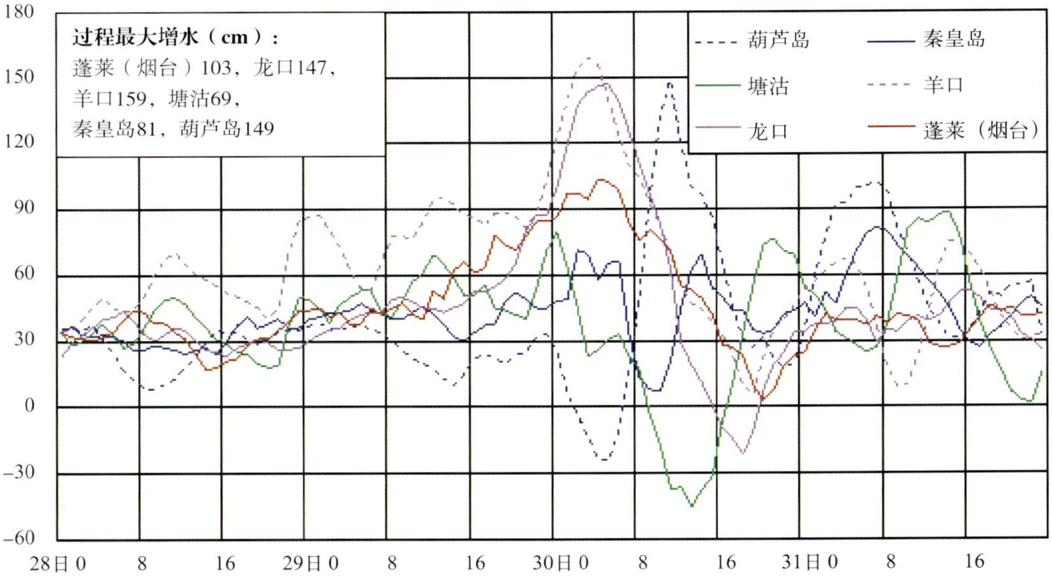

7416 号台风风暴潮曲线（1974 年 8 月 28—31 日）

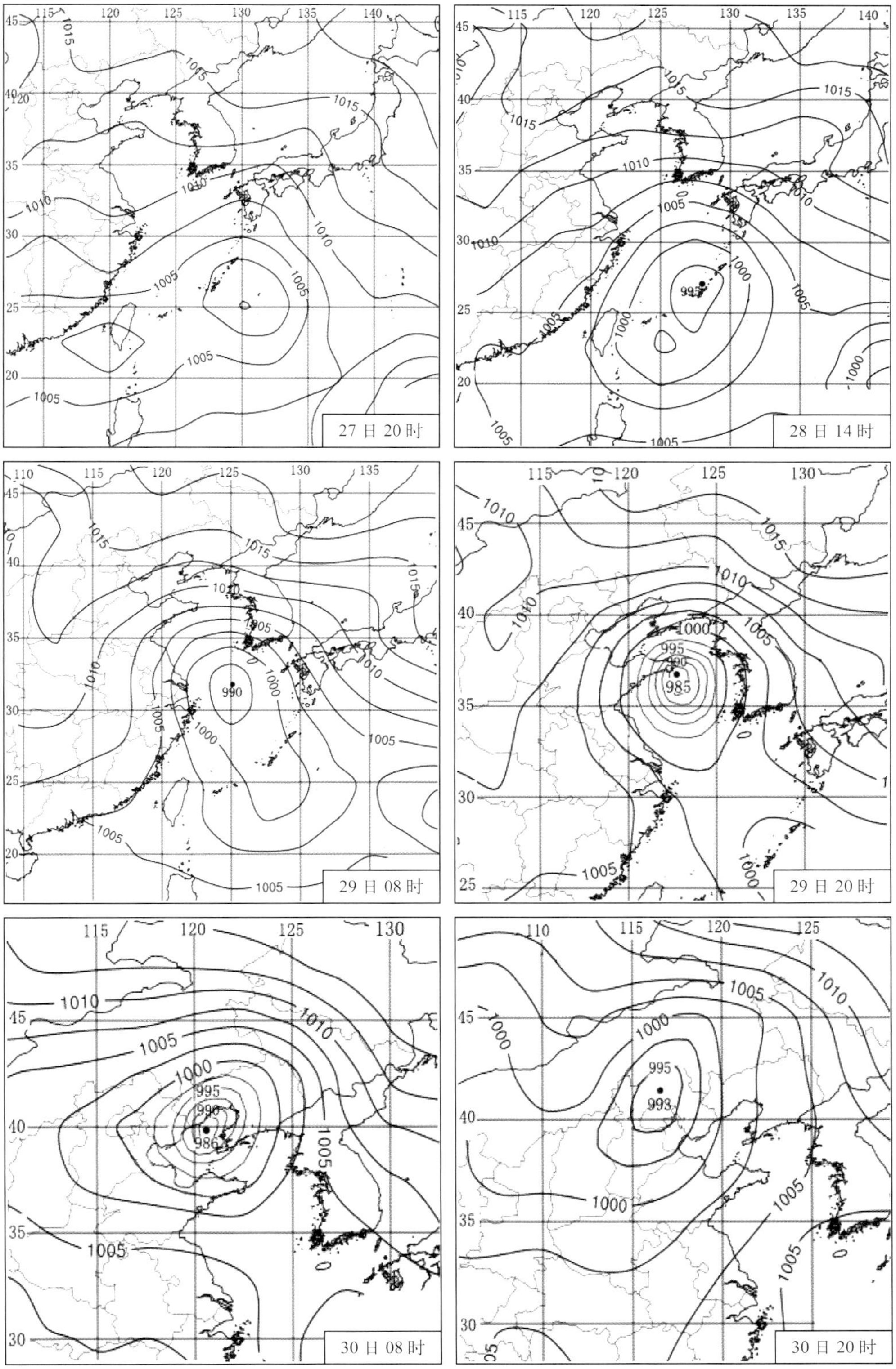

7416号台风影响时段的气压场（1974年8月27—30日）

9.1.2 Ⅰ型“陆域北上”类

6007 号台风

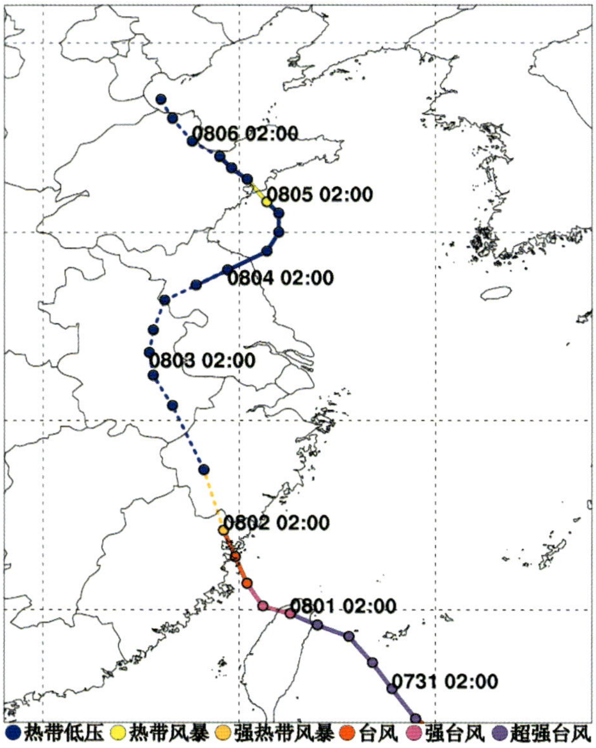

6007号台风位置与强度

日	时	中心位置	最大风速(m/s)	最低气压(hPa)
01	20	119.9E/ 26.4N	35	980
02	02	119.6E/ 27.1N	30	985
02	08	119.1E/ 28.7N	10	993
02	14	118.3E/ 30.4N	10	994
02	20	117.8E/ 31.2N	10	995
03	02	117.7E/ 31.8N	10	995
03	08	117.8E/ 32.4N	10	995
03	14	118.1E/ 33.2N	9	995
03	20	118.9E/ 33.6N	9	995
04	02	119.7E/ 34.0N	15	995
04	08	120.7E/ 34.5N	15	992
04	14	121.0E/ 35.0N	15	992
04	20	121.0E/ 35.5N	15	993
05	02	120.7E/ 35.8N	20	993
05	08	120.2E/ 36.4N	15	993
05	14	119.8E/ 36.7N	15	996
05	20	119.5E/ 37.0N	12	998
06	02	118.8E/ 37.4N	9	999
06	08	118.3E/ 38.0N	9	1002
06	14	118.0E/ 38.5N	9	1003

6007 号台风路径和强度变化（1960 年 7 月 31 日—8 月 6 日）

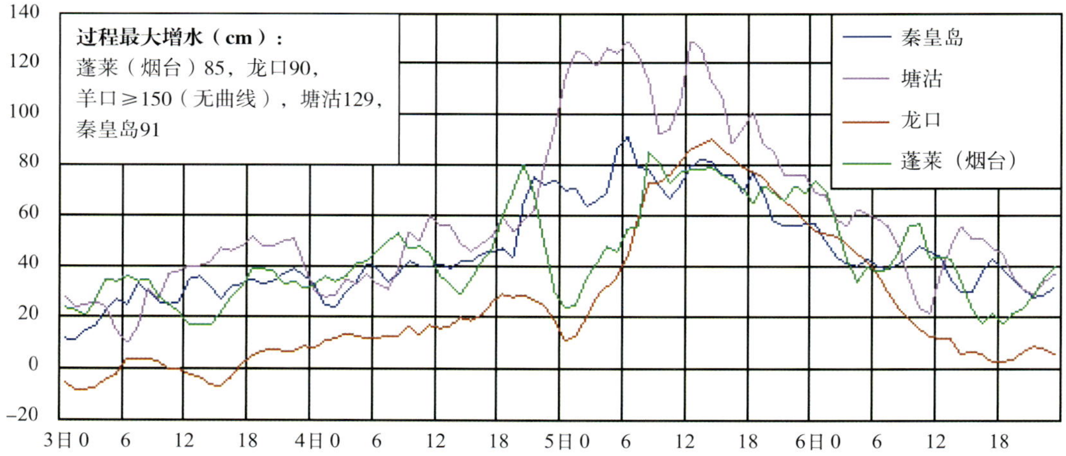

6007 号台风风暴潮曲线（1960 年 8 月 3—6 日）

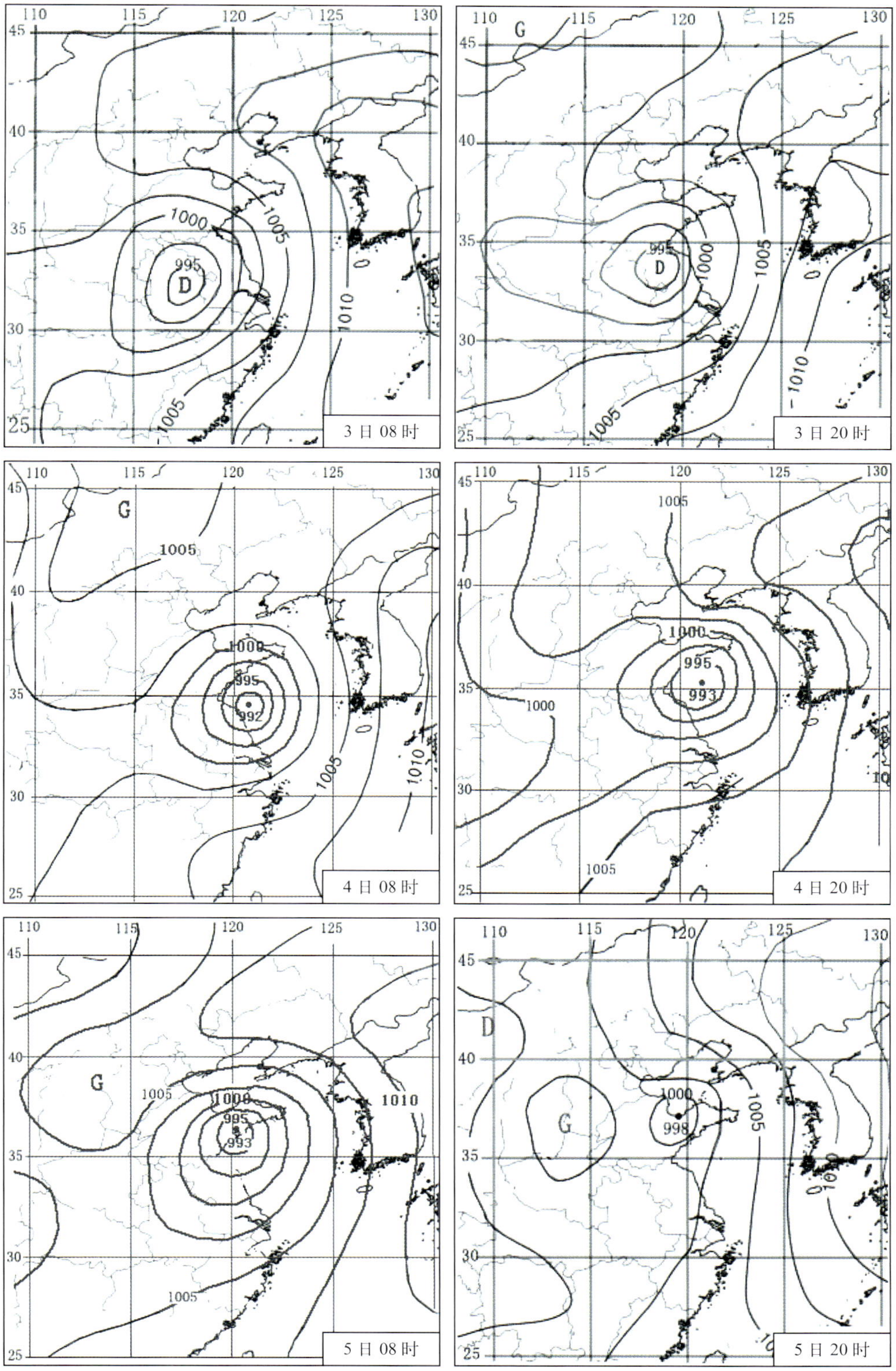

6007 号台风影响时段的气压场（1960 年 8 月 3—5 日）

8108 号台风

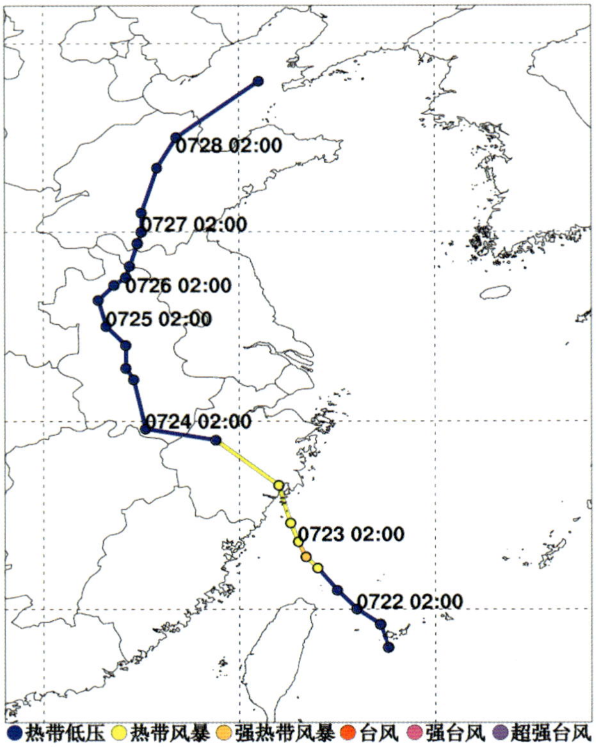

8108号台风位置与强度

日	时	中心位置	最大风速 (m/s)	最低气压 (hPa)
23	14	121.0E/ 28.3N	20	996
23	20	119.4E/ 29.5N	15	998
24	02	117.6E/ 29.8N	15	998
24	08	117.3E/ 31.1N	15	998
24	14	117.1E/ 31.4N	15	998
24	20	117.1E/ 32.0N	15	998
25	02	116.6E/ 32.5N	15	998
25	08	116.4E/ 33.2N	15	998
25	14	116.8E/ 33.6N	15	998
25	20	117.1E/ 33.8N	15	998
26	02	117.1E/ 33.8N	12	1000
26	08	117.2E/ 34.1N	12	1001
26	14	117.4E/ 34.7N	15	999
26	20	117.4E/ 34.7N	15	1000
27	02	117.5E/ 35.0N	15	1000
27	08	117.5E/ 35.0N	15	1000
27	14	117.5E/ 35.5N	15	998
27	20	117.9E/ 36.7N	15	998
28	02	118.4E/ 37.5N	12	1001
28	08	120.5E/ 39.0N	12	1001

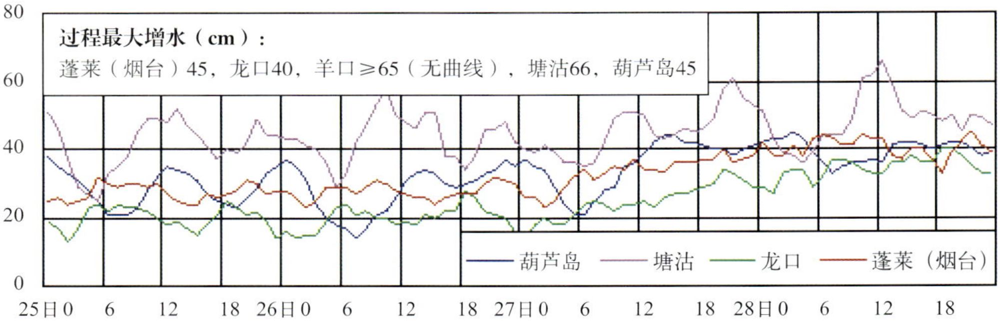

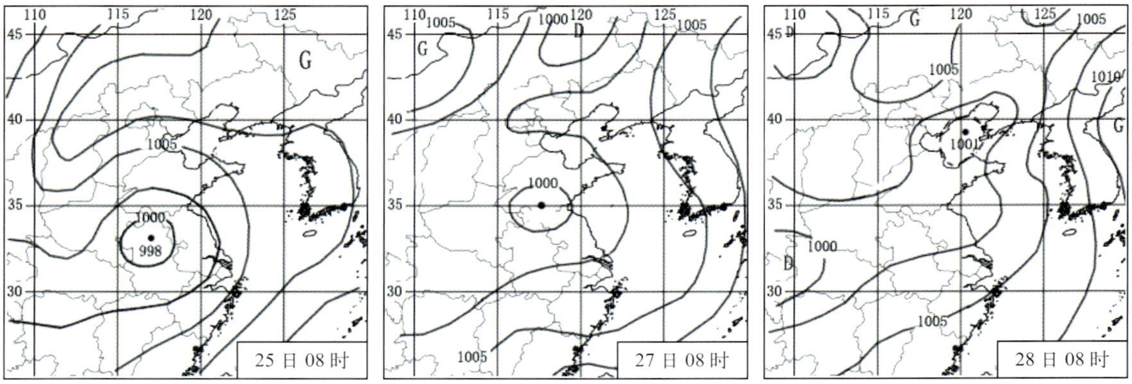

8108 号台风路径、强度、风暴潮及气压场（1981 年 7 月 22—28 日）

8509 号台风

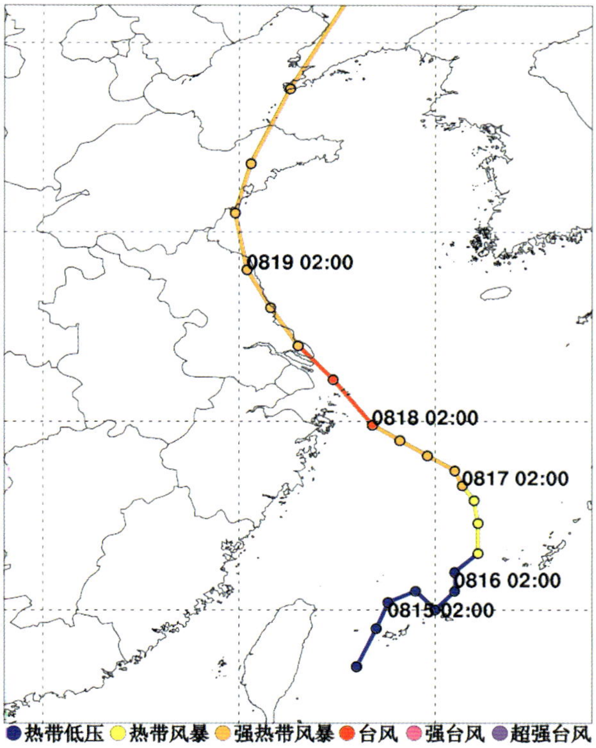

8509号台风位置与强度

日	时	中心位置	最大风速 (m/s)	最低气压 (hPa)
15	08	124.5E/ 25.5N	12	1000
15	14	125.0E/ 25.0N	12	999
15	20	125.5E/ 25.5N	15	998
16	02	125.5E/ 26.0N	15	998
16	08	126.1E/ 26.5N	20	996
16	14	126.1E/ 27.3N	20	992
16	20	126.0E/ 27.9N	20	990
17	02	125.7E/ 28.3N	25	985
17	08	125.5E/ 28.7N	30	983
17	14	124.8E/ 29.1N	30	980
17	20	124.1E/ 29.5N	30	980
18	02	123.4E/ 29.9N	35	980
18	08	122.4E/ 31.1N	35	980
18	14	121.5E/ 32.0N	30	982
18	20	120.8E/ 33.0N	25	985
19	02	120.2E/ 34.0N	25	985
19	08	119.9E/ 35.5N	30	983
19	14	120.3E/ 36.8N	25	985
19	20	121.3E/ 38.8N	30	981
20	02	123.3E/ 42.0N	20	992

8509 号台风路径和强度变化（1985 年 8 月 15—20 日）

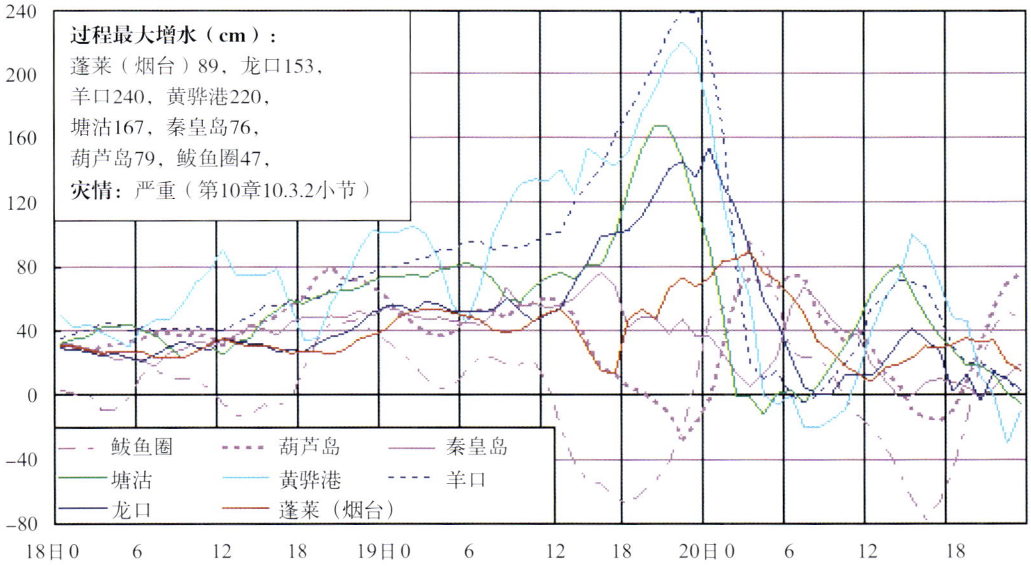

8509 号台风风暴潮曲线（1985 年 8 月 18—20 日）

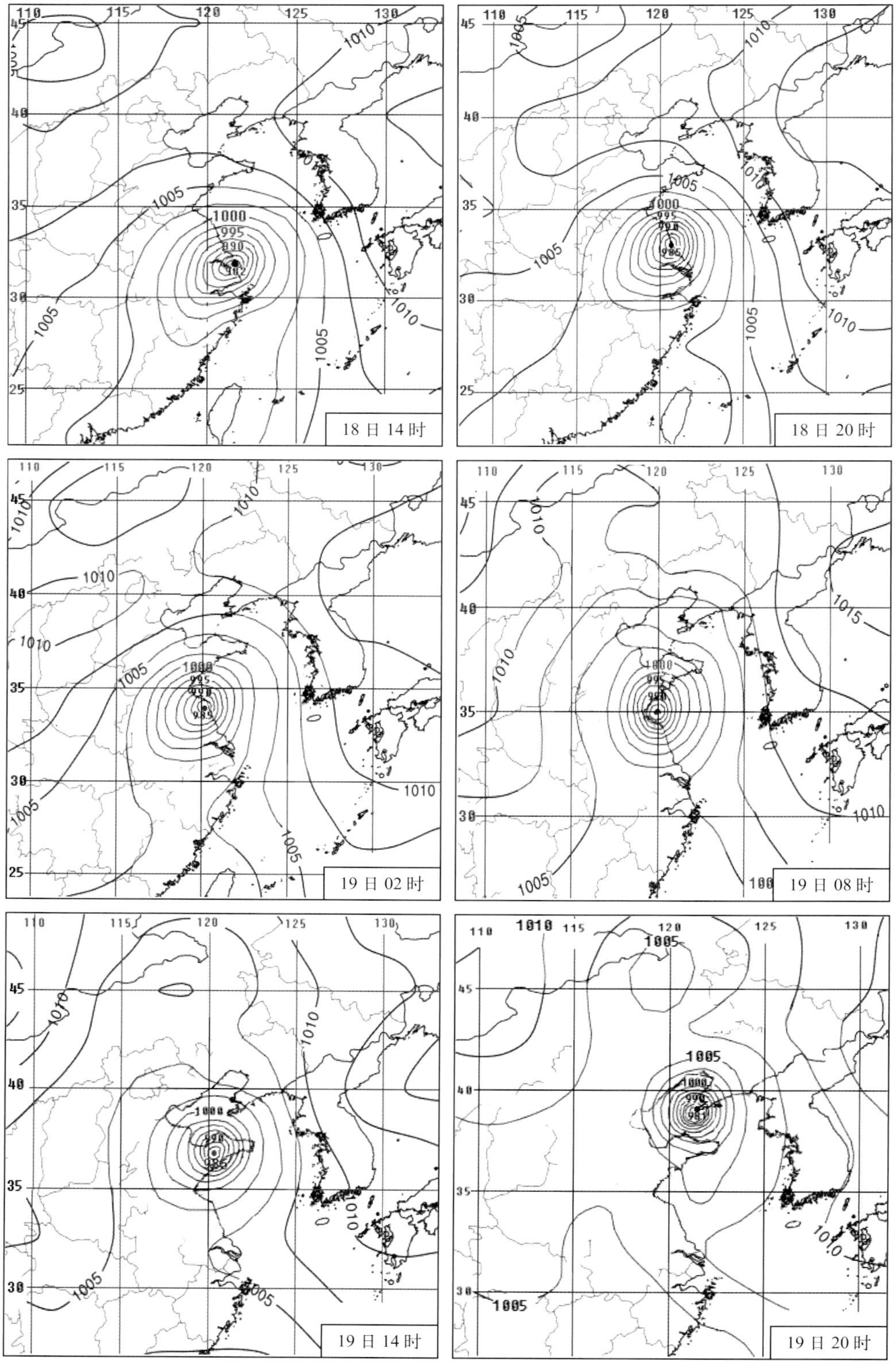

8509 号台风影响时段的气压场（1985 年 8 月 18—19 日）

9711 号台风

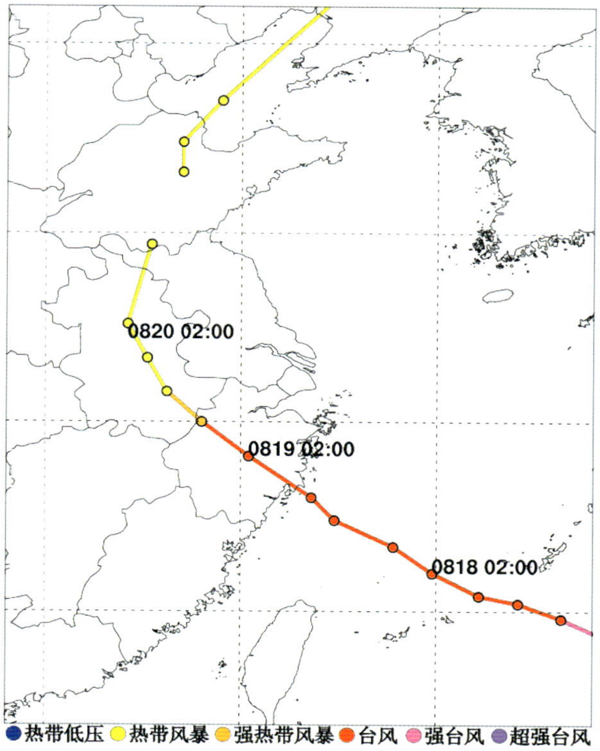

9711号台风位置与强度

日	时	中心位置	最大风速 (m/s)	最低气压 (hPa)
17	08	128.2E/ 24.8N	40	960
17	14	127.1E/ 25.2N	40	960
17	20	126.1E/ 25.4N	40	960
18	02	124.9E/ 26.0N	40	960
18	08	123.9E/ 26.7N	40	960
18	14	122.4E/ 27.4N	40	960
18	20	121.8E/ 28.0N	40	960
19	02	120.2E/ 29.1N	35	970
19	08	119.0E/ 30.0N	28	980
19	14	118.1E/ 30.8N	20	990
19	20	117.6E/ 31.7N	20	990
20	02	117.1E/ 32.6N	20	990
20	08	117.7E/ 34.7N	20	994
20	08	118.5E/ 36.6N	20	994
20	14	118.5E/ 37.4N	20	994
20	20	119.5E/ 38.5N	20	994
21	02	122.5E/ 41.3N	20	994

9711 号台风路径和强度变化（1997 年 8 月 17—21 日）

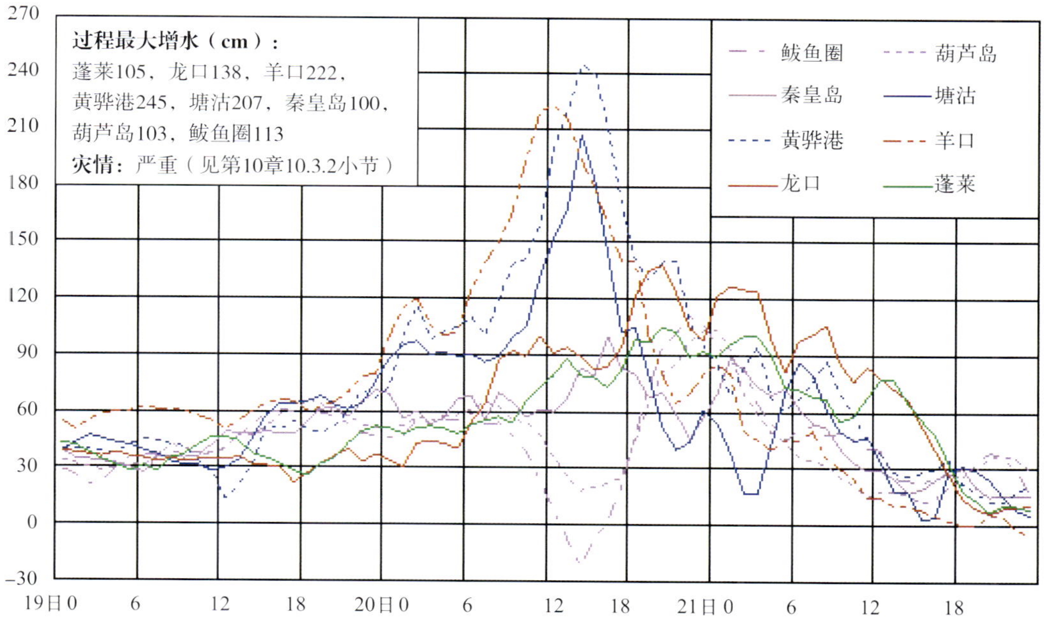

9711 号台风风暴潮曲线（1997 年 8 月 19—21 日）

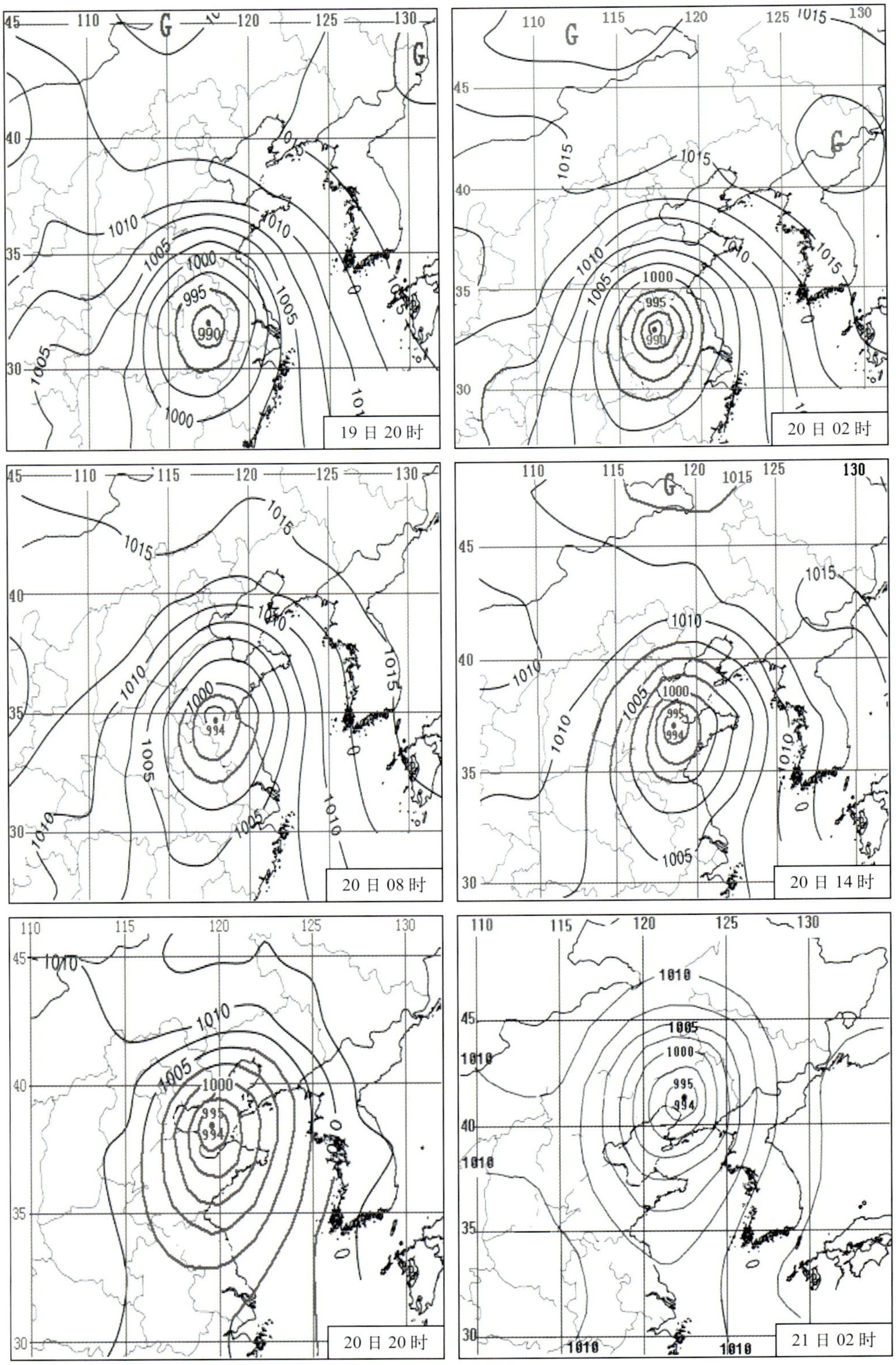

9711 号台风影响时段的气压场（1997 年 8 月 19—21 日）

0509 号台风

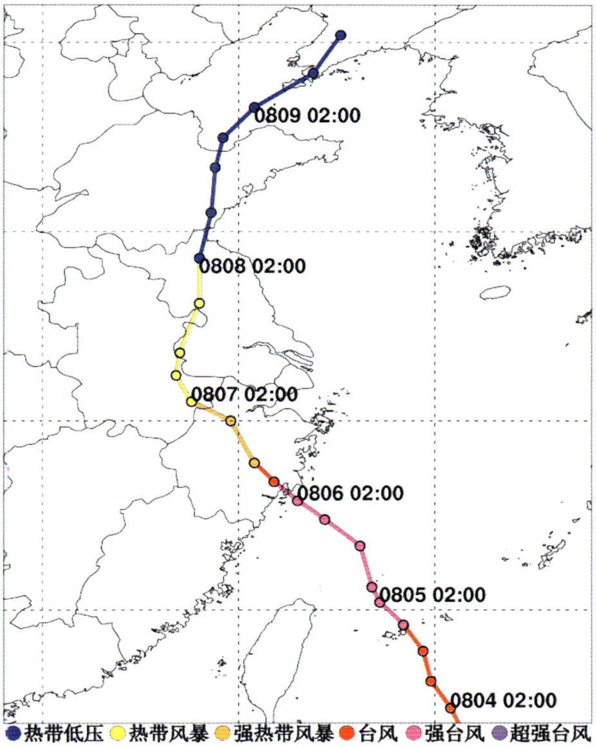

0509号台风位置与强度

日	时	中心位置	最大风速 (m/s)	最低气压 (hPa)
04	20	124.2E/ 24.6N	45	950
05	02	123.6E/ 25.2N	45	950
05	08	123.4E/ 25.6N	45	950
05	14	123.1E/ 26.7N	45	950
05	20	122.2E/ 27.4N	45	950
06	02	121.5E/ 27.9N	45	950
06	08	120.9E/ 28.4N	35	970
06	14	120.4E/ 28.9N	30	980
06	20	119.8E/ 30.0N	28	985
07	02	118.8E/ 30.5N	23	988
07	08	118.4E/ 31.2N	23	990
07	14	118.5E/ 31.8N	20	994
07	20	119.0E/ 33.1N	18	995
08	02	119.0E/ 34.3N	15	995
08	08	119.3E/ 35.5N	15	995
08	14	119.4E/ 36.7N	15	995
08	20	119.6E/ 37.5N	15	995
09	02	120.4E/ 38.3N	15	995
09	08	121.9E/ 39.2N	15	1000
09	14	122.6E/ 40.2N	12	1000

0509 号台风路径和强度变化（2005 年 8 月 4—9 日）

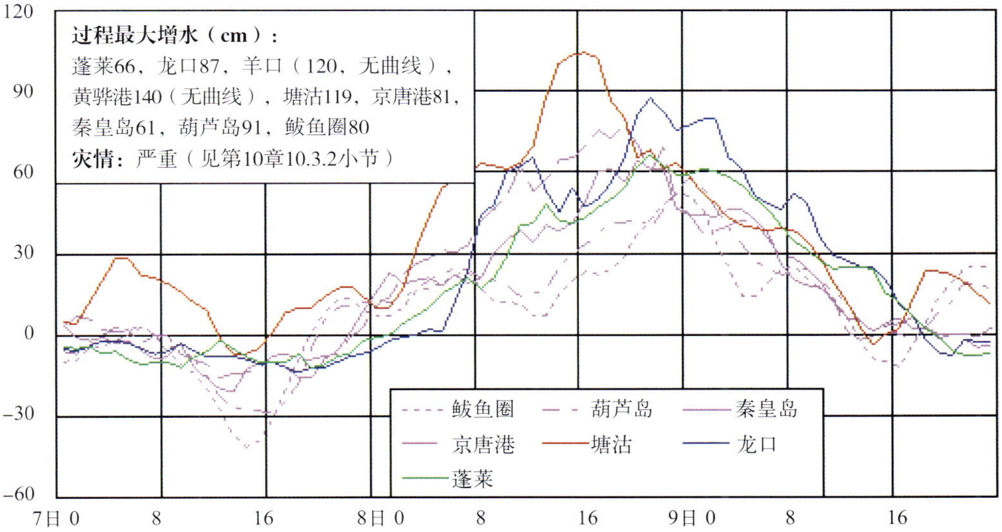

0509 号台风风暴潮曲线（2005 年 8 月 7—9 日）

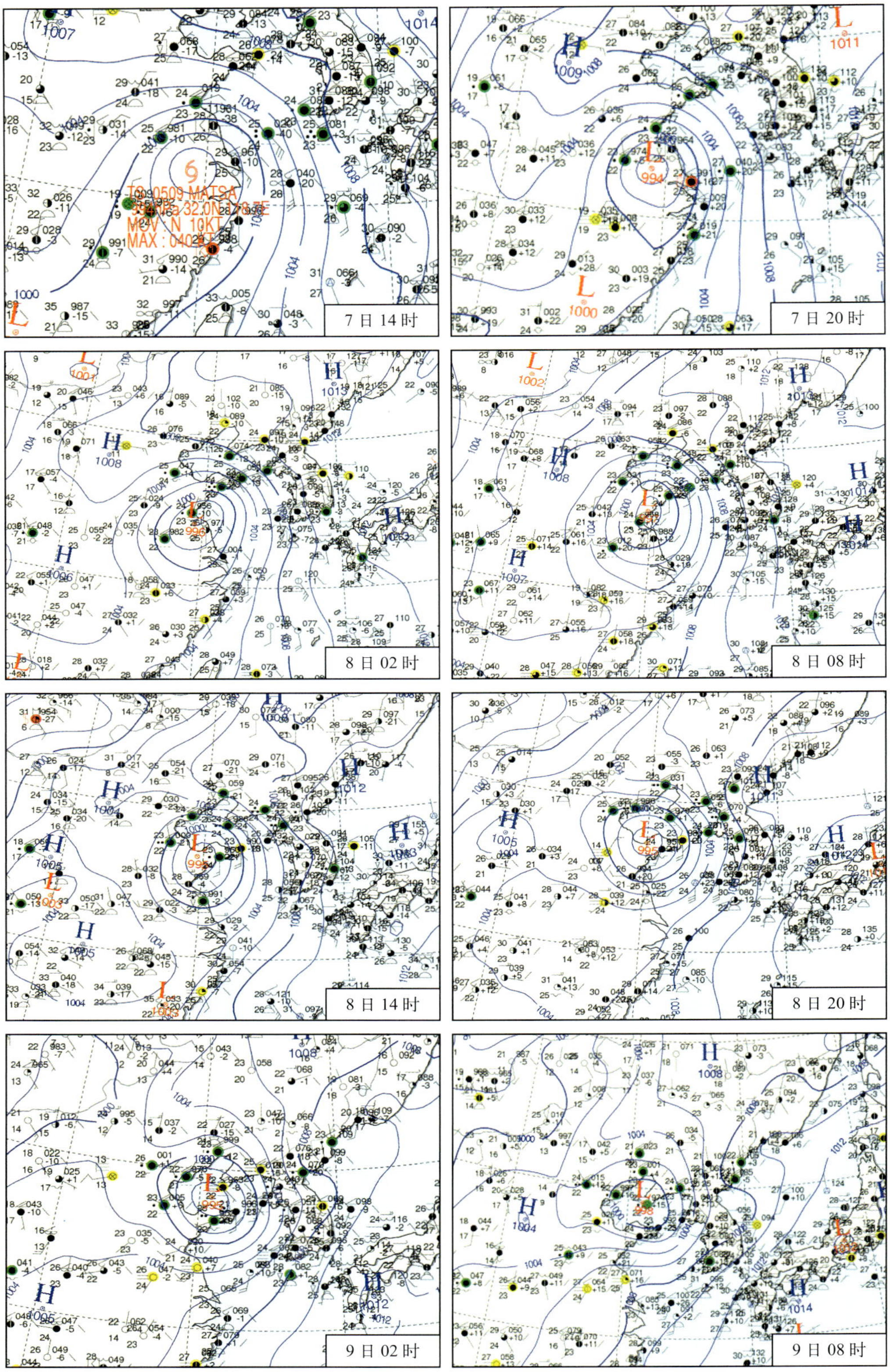

0509 号台风影响时段的气压场（2005 年 8 月 7—9 日）

9.2　Ⅱ型（进入北黄海）热带气旋

9.2.1　Ⅱ型“穿越半岛”类

6208 号台风

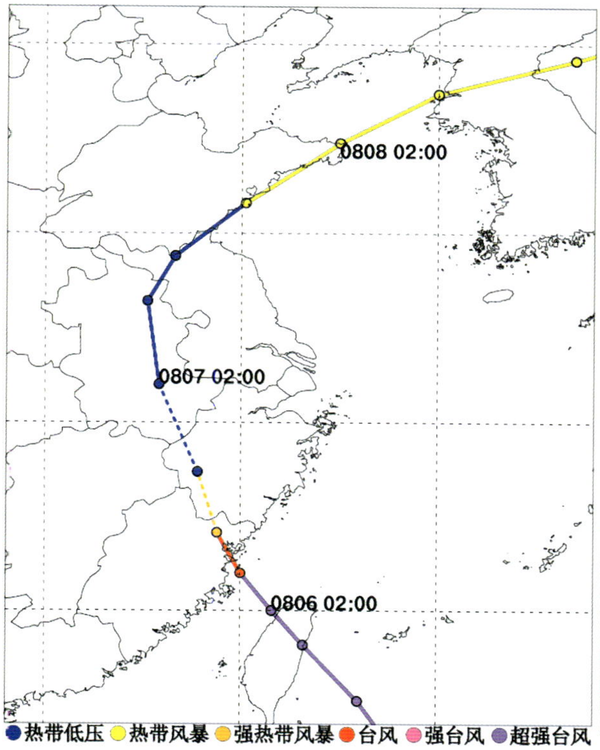

6208号台风位置与强度

日	时	中心位置	最大风速 (m/s)	最低气压 (hPa)
05	14	123.0E/ 22.6N	75	900
05	20	121.6E/ 24.1N	65	920
06	02	120.8E/ 25.0N	55	940
06	08	120.0E/ 26.0N	40	965
06	14	119.4E/ 27.1N	30	974
06	20	118.9E/ 28.7N	9	988
07	02	117.9E/ 31.0N	10	988
07	08	117.6E/ 33.2N	12	988
07	14	118.3E/ 34.4N	12	988
07	20	120.1E/ 35.8N	20	988
08	02	122.5E/ 37.4N	20	988
08	08	125.0E/ 38.7N	20	988
08	14	128.5E/ 39.6N	20	988
08	20	131.5E/ 40.5N	20	988

6208 号台风路径和强度变化（1962 年 8 月 5—8 日）

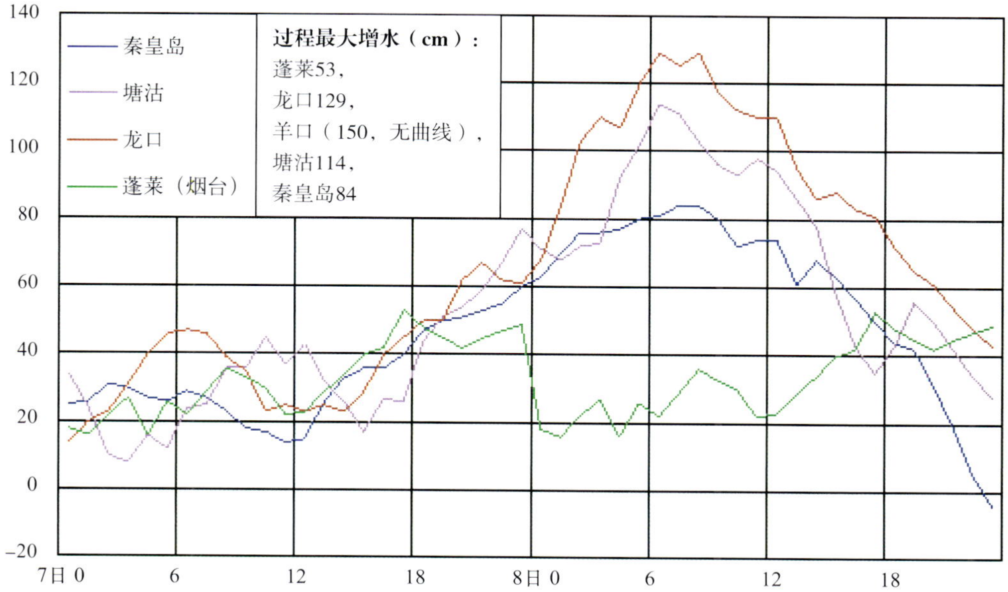

6208 号台风风暴潮曲线（1962 年 8 月 7—8 日）

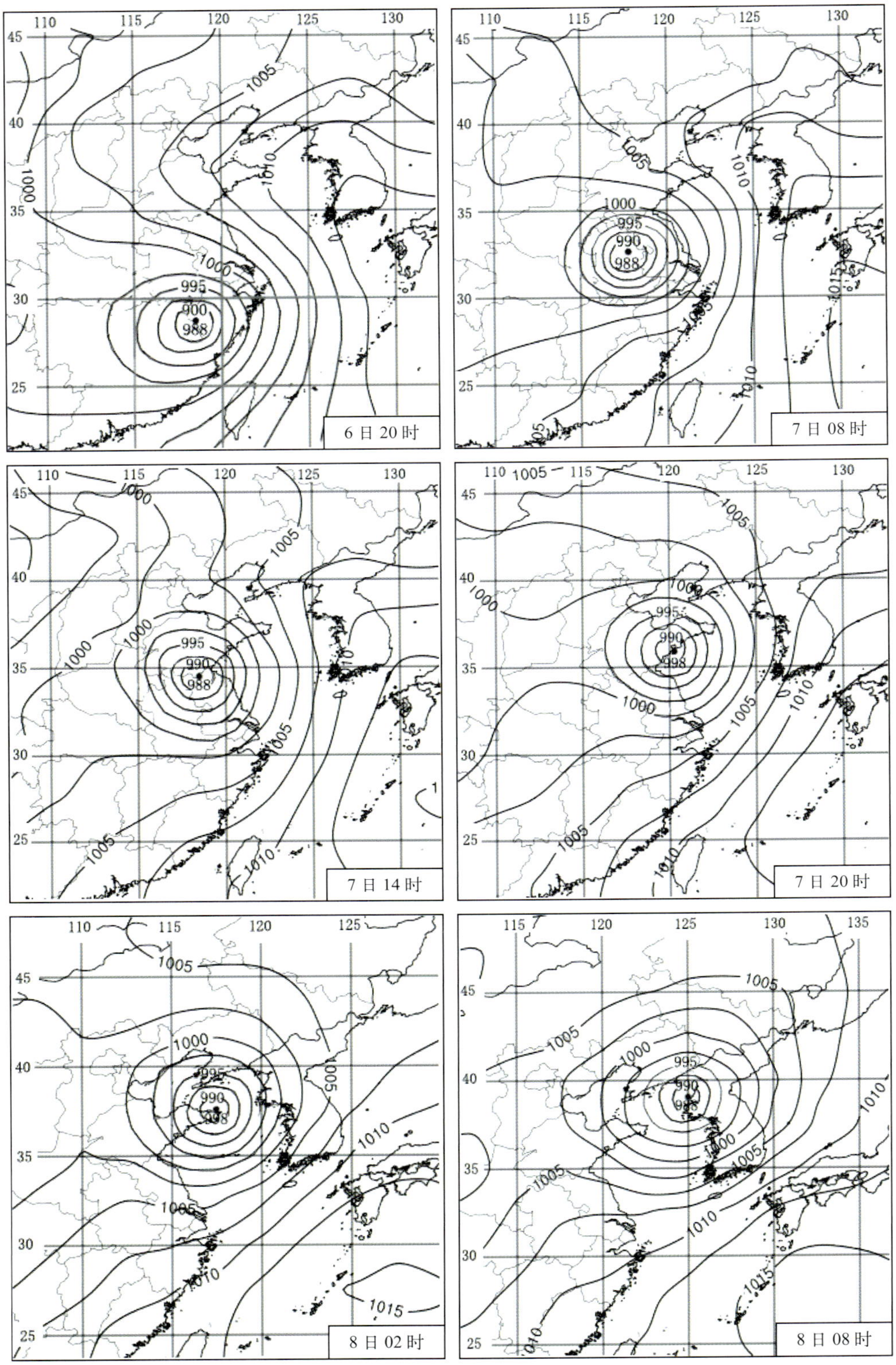

6208 号台风影响时段的气压场（1962 年 8 月 6—8 日）

8707 号台风

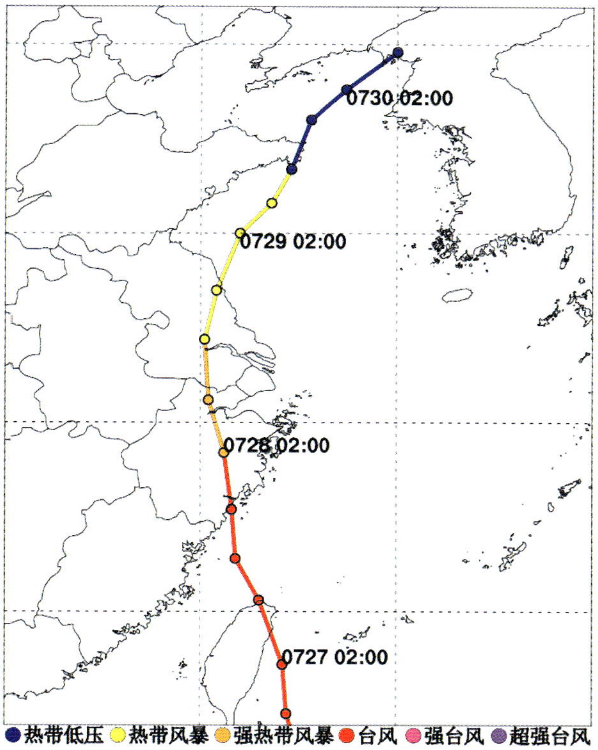

8707号台风位置与强度

日	时	中心位置	最大风速 (m/s)	最低气压 (hPa)
26	20	122.2E/ 22.3N	35	970
27	02	122.1E/ 23.6N	35	970
27	08	121.5E/ 25.3N	35	970
27	14	120.9E/ 26.4N	35	970
27	20	120.8E/ 27.7N	35	970
28	02	120.6E/ 29.2N	25	985
28	08	120.2E/ 30.6N	25	990
28	14	120.1E/ 32.2N	20	990
28	20	120.4E/ 33.5N	20	990
29	02	121.0E/ 35.0N	20	992
29	08	121.8E/ 35.8N	20	992
29	14	122.3E/ 36.7N	15	992
29	20	122.8E/ 38.0N	15	994
30	02	123.7E/ 38.8N	15	996
30	08	125.0E/ 39.8N	15	997

8707 号台风路径和强度变化（1987 年 7 月 26—30 日）

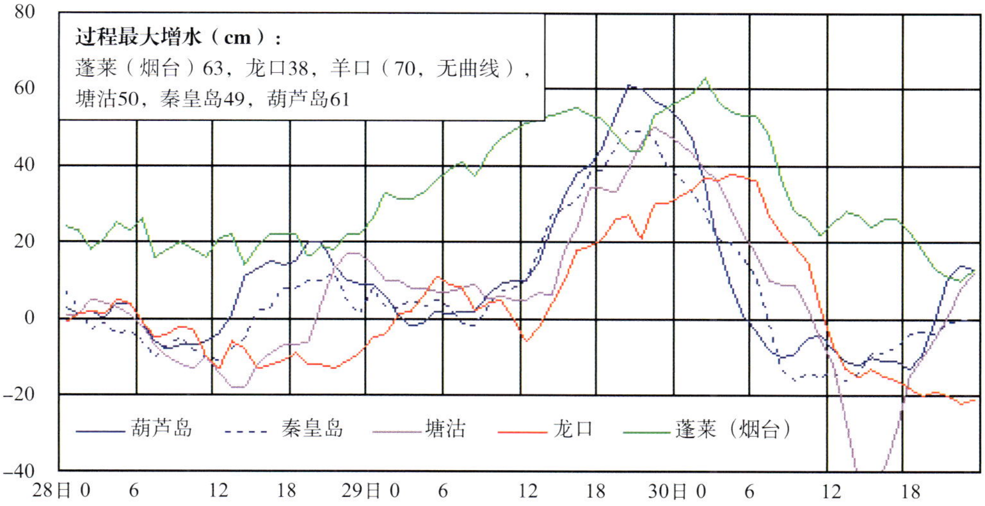

8707 号台风风暴潮曲线（1987 年 7 月 28—30 日）

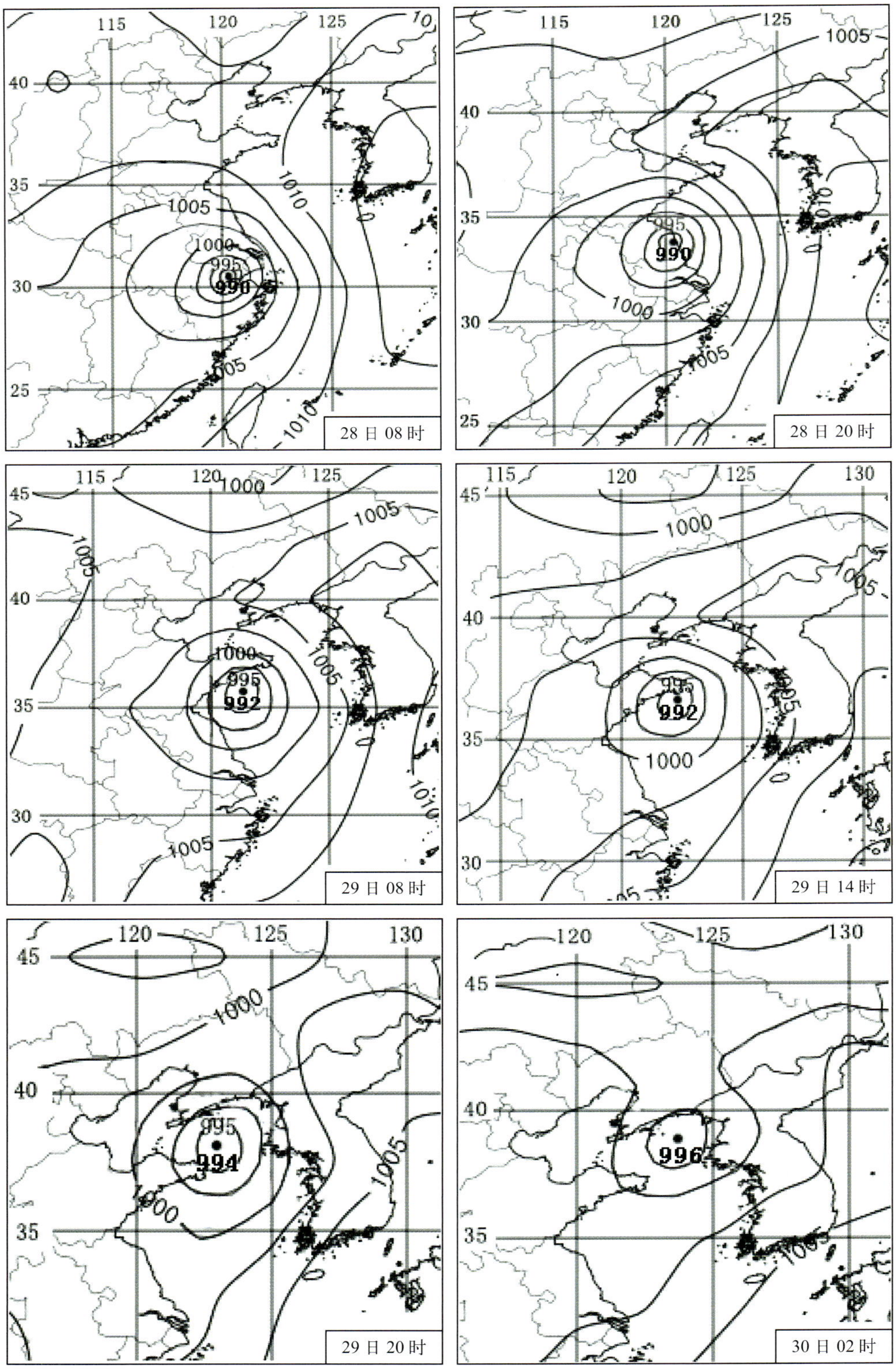

8707号台风影响时段的气压场（1987年7月28—30日）

9216 号台风

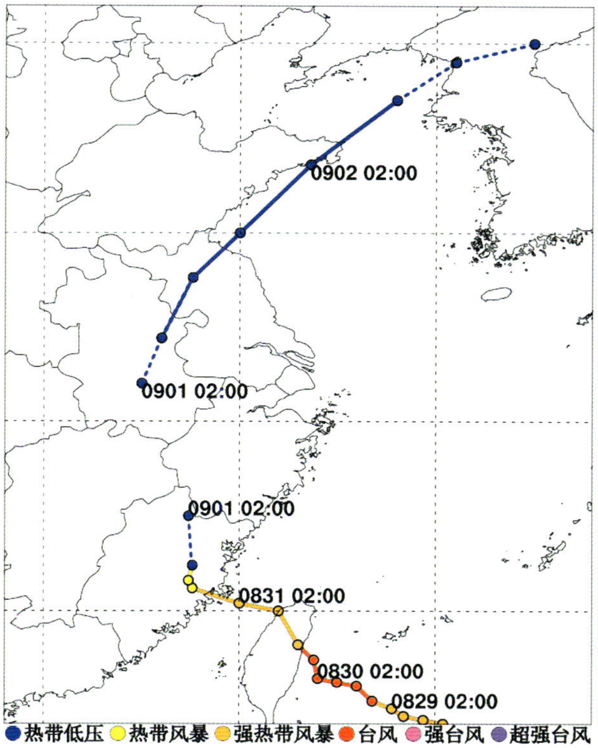

9216号台风位置与强度

日	时	中心位置	最大风速 (m/s)	最低气压 (hPa)
29	08	123.4E/ 22.6N	35	980
29	14	123.0E/ 23.0N	35	975
29	20	122.5E/ 23.1N	35	975
30	02	122.0E/ 23.2N	35	975
30	08	121.9E/ 23.7N	35	975
30	14	121.5E/ 24.1N	30	975
30	20	121.0E/ 25.0N	30	975
31	02	120.0E/ 25.2N	25	975
31	08	118.8E/ 25.6N	20	978
31	14	118.7E/ 25.8N	20	982
31	20	118.8E/ 26.2N	12	986
01	02	118.7E/ 27.5N	10	988
01	02	117.5E/ 31.0N	10	988
01	08	118.0E/ 32.2N	10	990
01	14	118.8E/ 33.8N	12	990
01	20	120.0E/ 35.0N	12	993
02	02	121.8E/ 36.8N	12	995
02	08	124.0E/ 38.5N	12	998
02	14	125.5E/ 39.5N	10	1000
02	20	127.5E/ 40.0N	10	1000

9216 号台风路径和强度变化（1992 年 8 月 29 日—9 月 2 日）

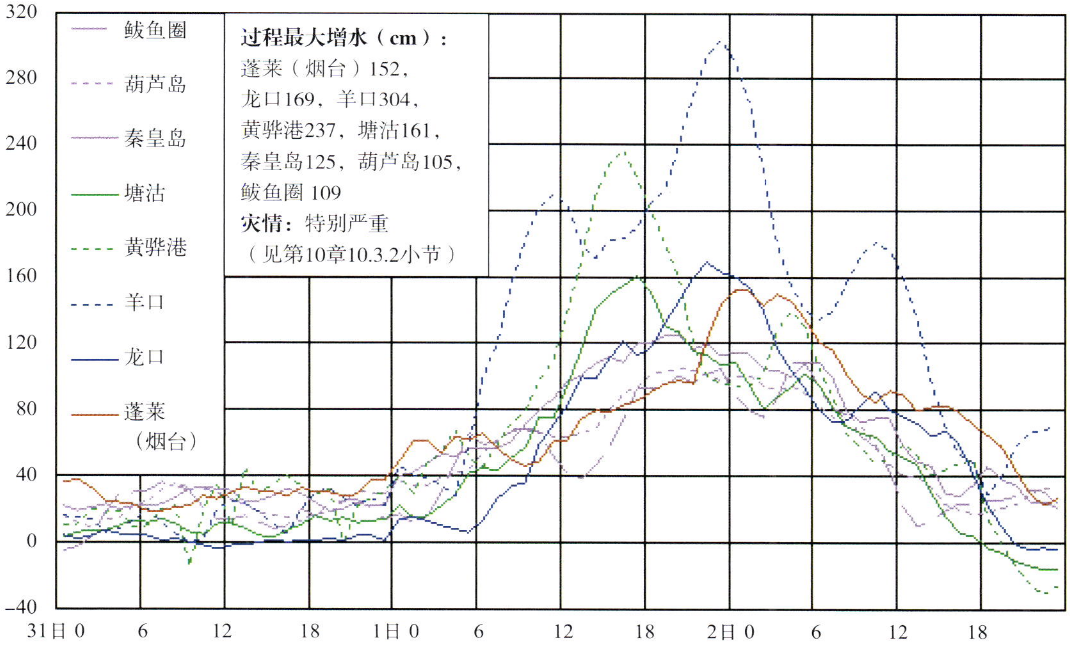

9216 号台风风暴潮曲线（1992 年 8 月 31 日—9 月 2 日）

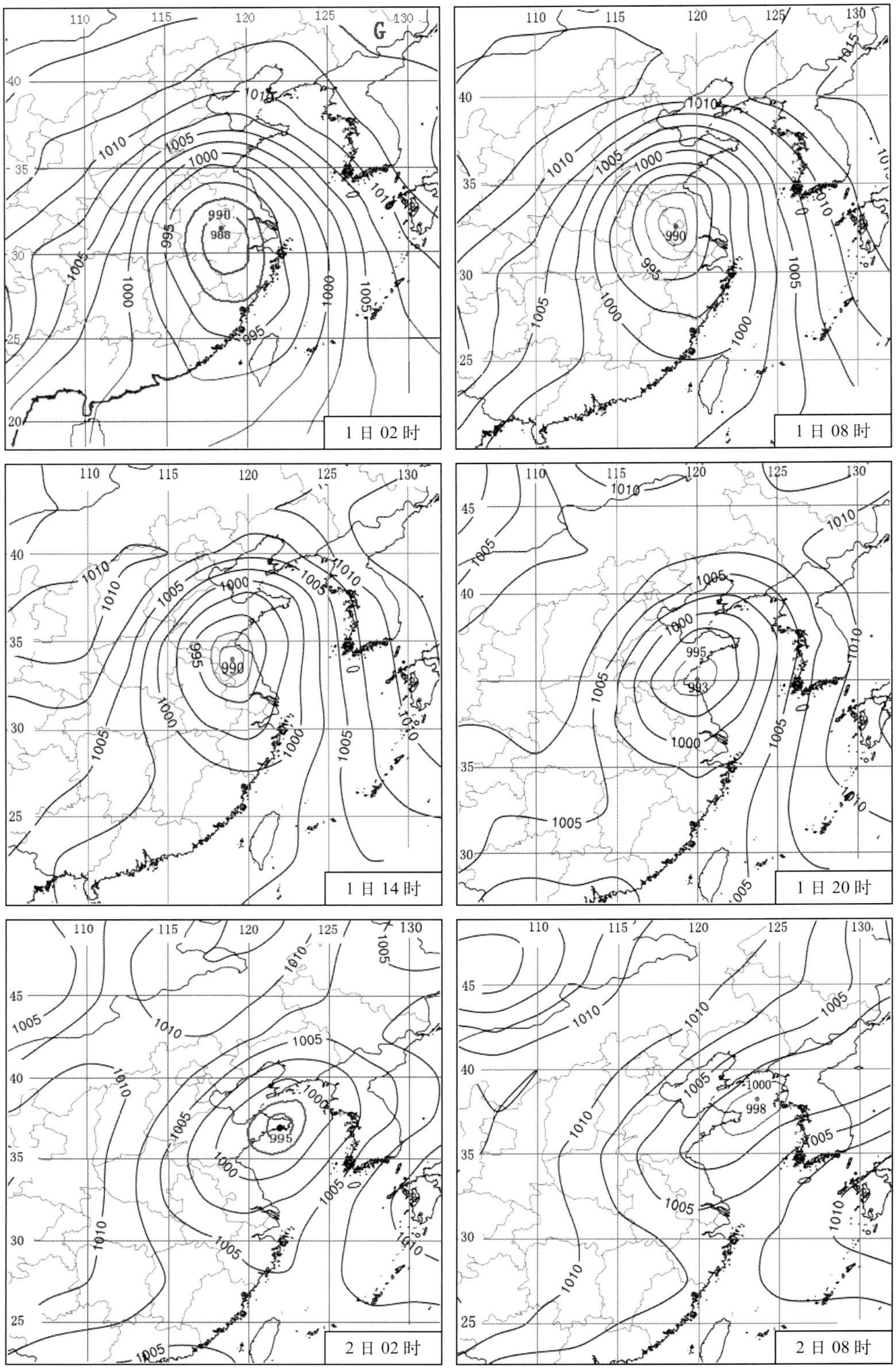

9216 号台风影响时段的气压场（1992 年 9 月1—2 日）

9415 号台风

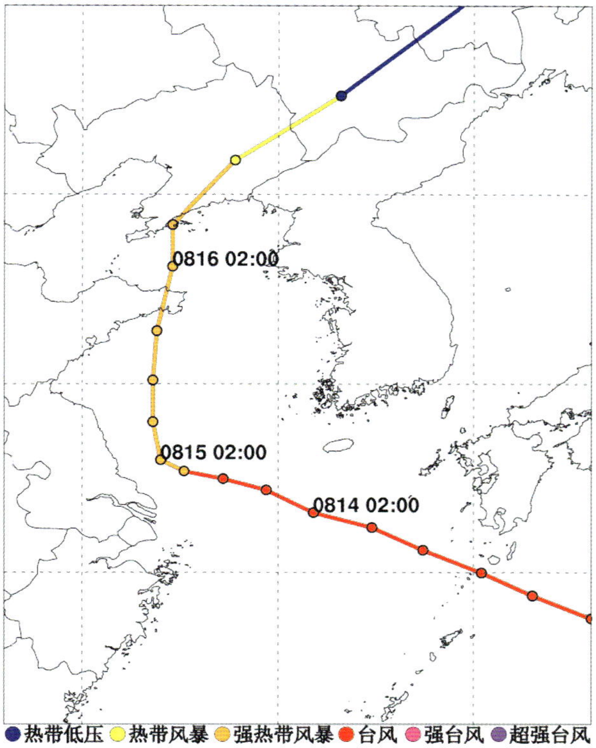

9415号台风位置与强度

日	时	中心位置	最大风速 (m/s)	最低气压 (hPa)
13	02	131.5E/ 29.4N	35	970
13	08	130.2E/ 30.0N	35	970
13	14	128.7E/ 30.6N	40	960
13	20	127.4E/ 31.2N	40	960
14	02	125.9E/ 31.6N	35	970
14	08	124.7E/ 32.2N	35	970
14	14	123.6E/ 32.5N	35	970
14	20	122.6E/ 32.7N	30	980
15	02	122.0E/ 33.0N	30	980
15	08	121.8E/ 34.0N	25	985
15	14	121.8E/ 35.1N	25	985
15	20	121.9E/ 36.4N	25	985
16	02	122.3E/ 38.1N	25	990
16	08	122.3E/ 39.2N	25	990
16	14	123.9E/ 40.9N	20	995

9415 号台风路径和强度变化（1994 年 8 月 13—16 日）

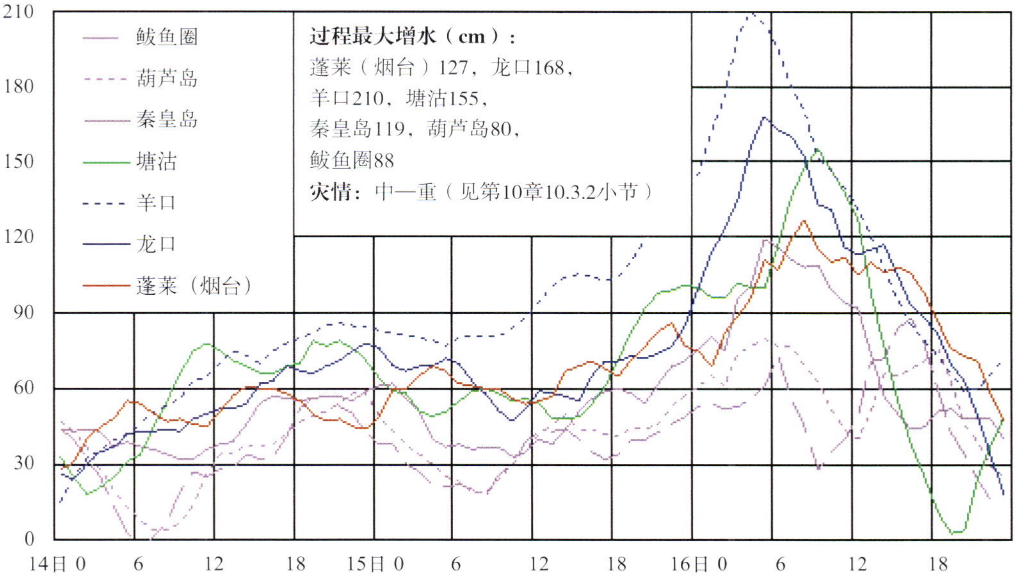

9415 号台风风暴潮曲线（1994 年 8 月 14—16 日）

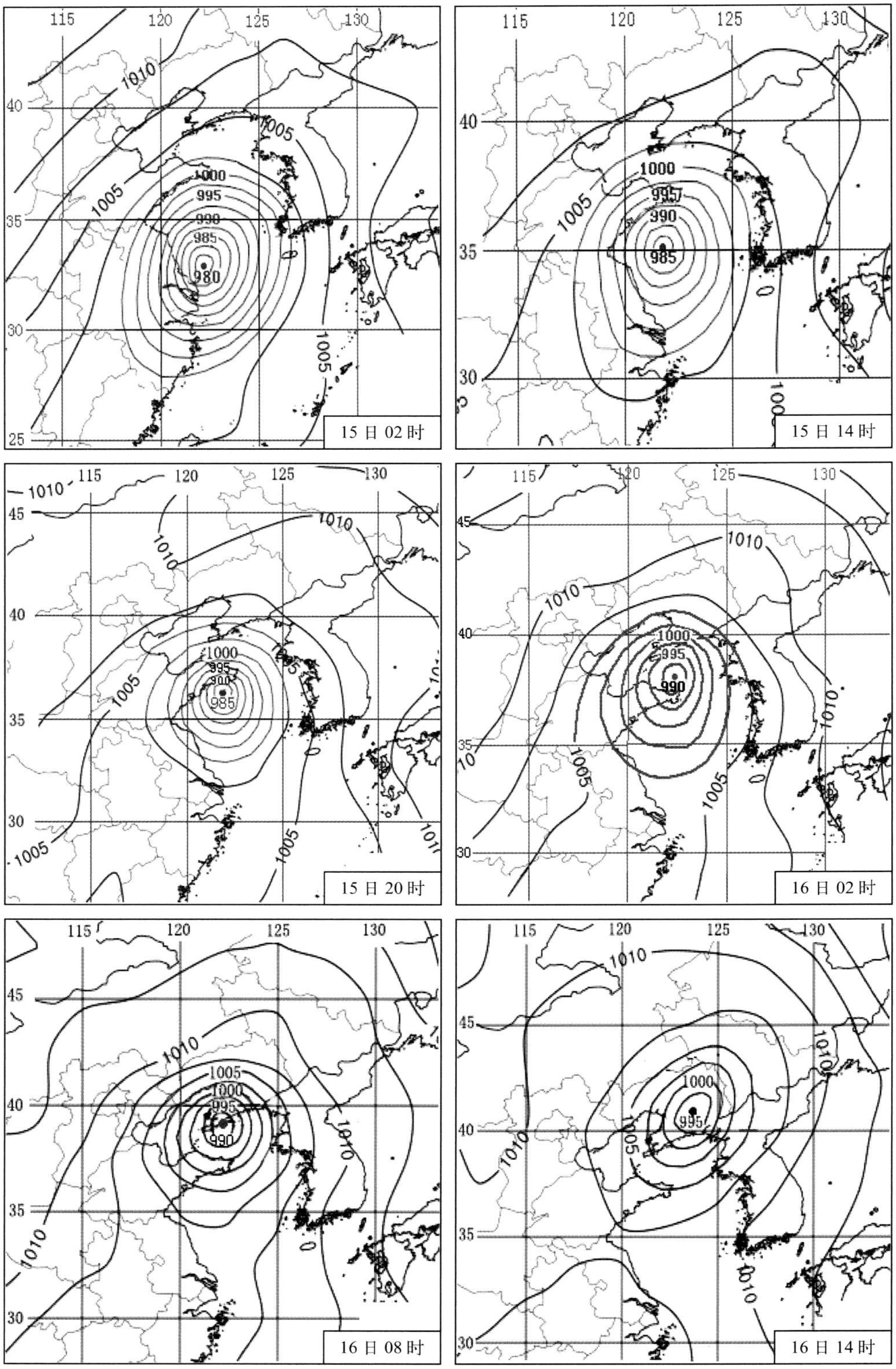

9415号台风影响时段的气压场（1994年8月15—16日）

1105 号台风

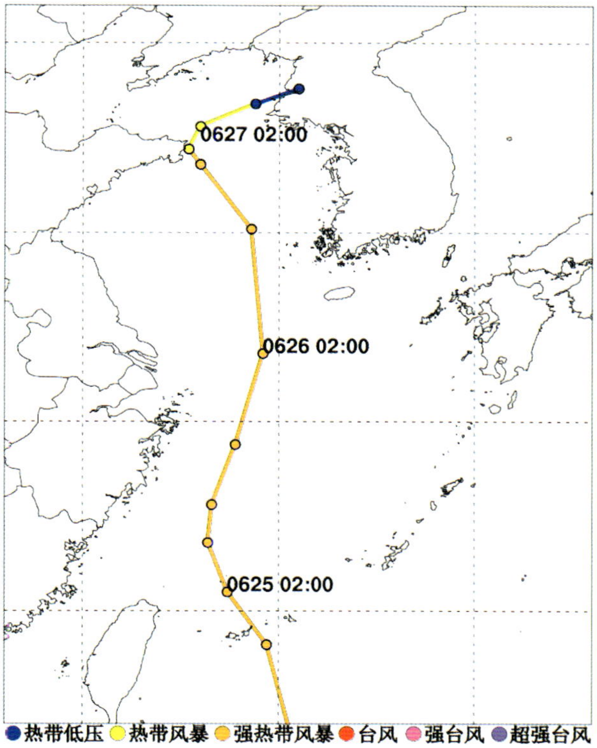

1105号台风位置与强度

日	时	中心位置	最大风速 (m/s)	最低气压 (hPa)
24	20	124.7E/ 24.1N	30	975
25	02	123.7E/ 25.5N	30	975
25	08	123.2E/ 26.8N	30	975
25	14	123.3E/ 27.8N	30	975
25	20	123.9E/ 29.4N	28	980
26	02	124.6E/ 31.8N	28	980
26	08	124.3E/ 35.1N	28	980
26	14	123.0E/ 36.8N	25	982
26	20	122.7E/ 37.2N	23	982
27	02	123.0E/ 37.8N	23	985
27	08	124.4E/ 38.4N	16	990
27	14	125.5E/ 38.8N	12	996

1105 号台风路径和强度变化（2011 年 6 月 24—27 日）

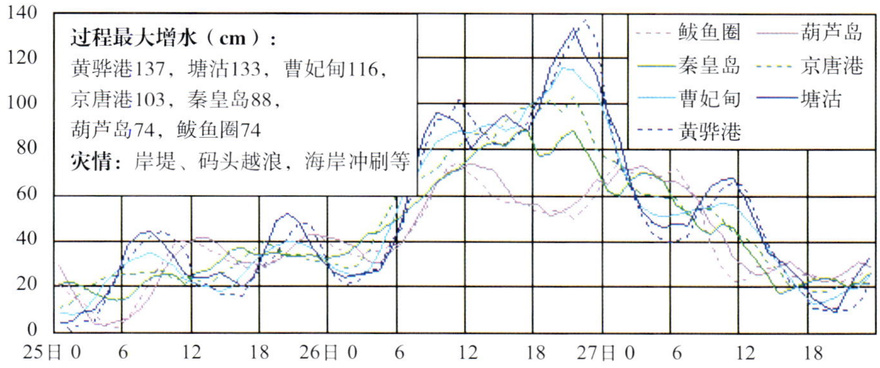

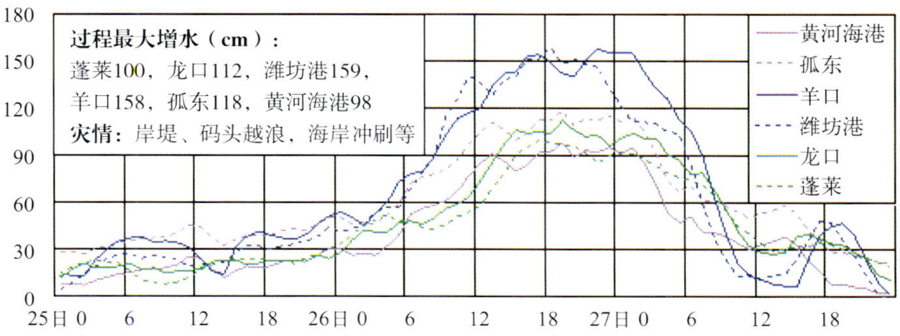

1105 号台风风暴潮曲线（2011 年 6 月 25—27 日）

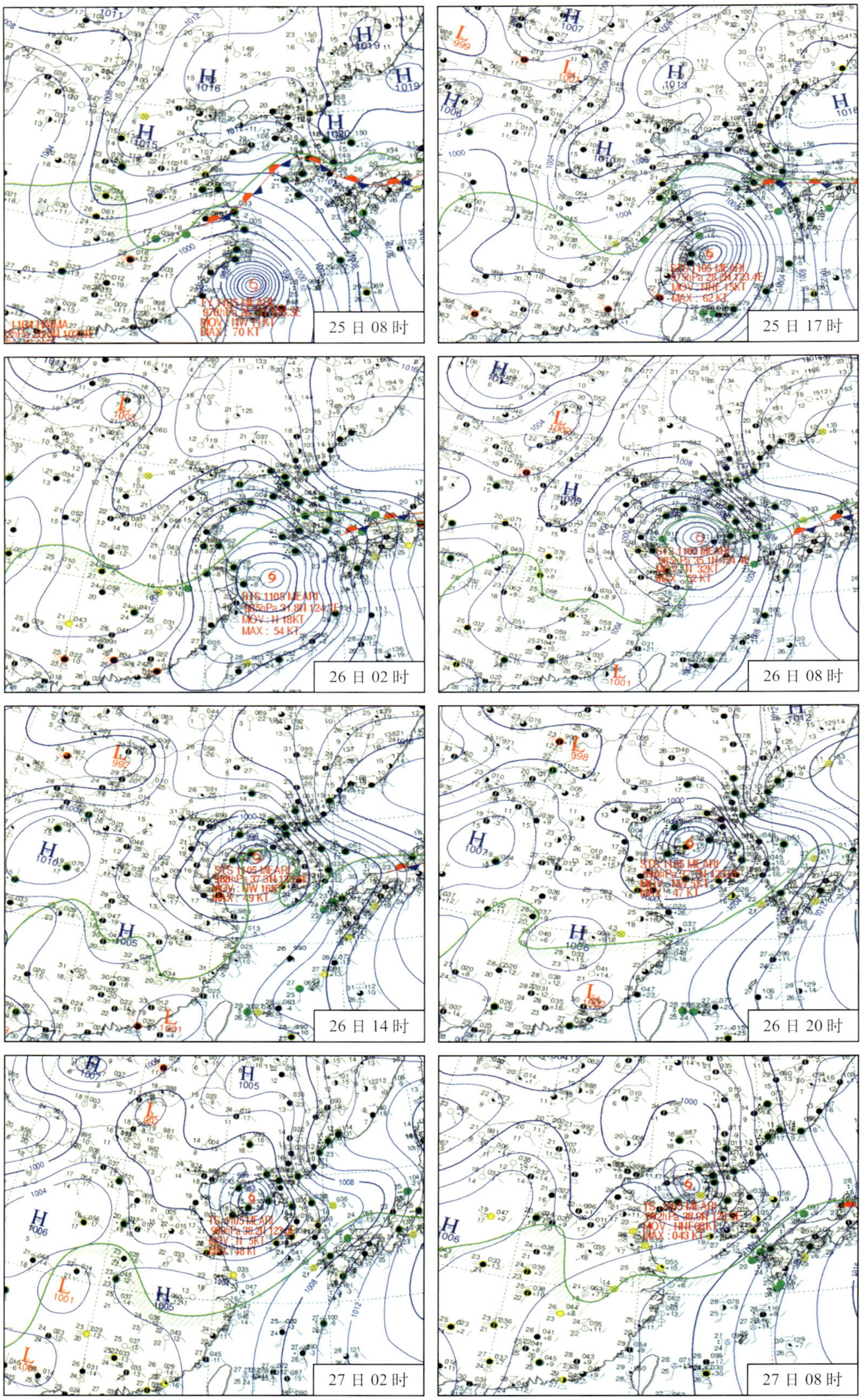

1105 号台风影响时段的气压场（2011 年 6 月 25—27 日）

9.2.2 Ⅱ型“海域北上”类

8211 号台风

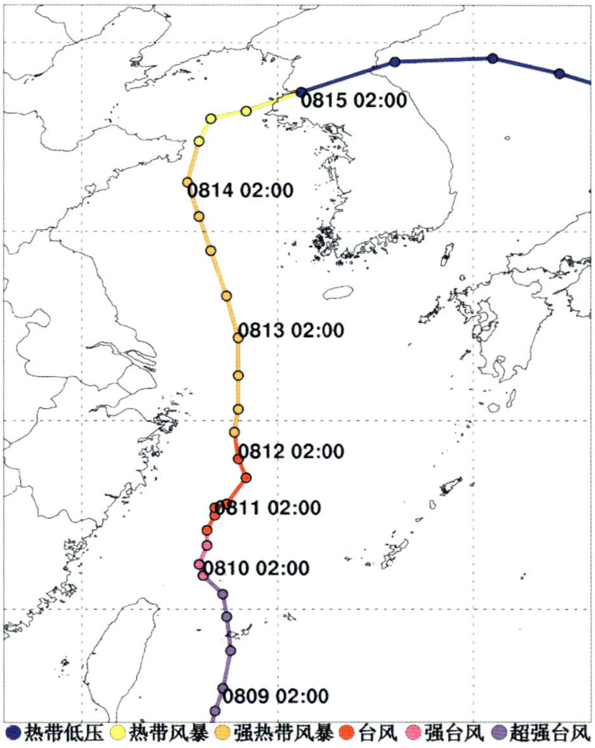

8211号台风位置与强度

日	时	中心位置	最大风速 (m/s)	最低气压 (hPa)
11	08	123.4E/ 27.7N	35	955
11	14	123.7E/ 27.8N	35	960
11	20	124.2E/ 28.5N	35	965
12	02	124.0E/ 29.0N	35	965
12	08	123.9E/ 29.7N	30	970
12	14	124.0E/ 30.3N	30	970
12	20	124.0E/ 31.2N	30	970
13	02	124.0E/ 32.2N	25	975
13	08	123.7E/ 33.3N	25	980
13	14	123.3E/ 34.5N	25	980
13	20	123.0E/ 35.4N	25	985
14	02	122.7E/ 36.3N	25	985
14	08	123.0E/ 37.4N	20	990
14	14	123.3E/ 38.0N	20	992
14	20	124.2E/ 38.2N	20	995
15	02	125.6E/ 38.7N	15	1000
15	08	128.0E/ 39.5N	15	1004
15	14	130.5E/ 39.6N	15	1004
15	20	132.2E/ 39.2N	15	1004
16	02	133.8E/ 38.7N	15	1004

8211 号台风路径和强度变化（1982 年 8 月 9—16 日）

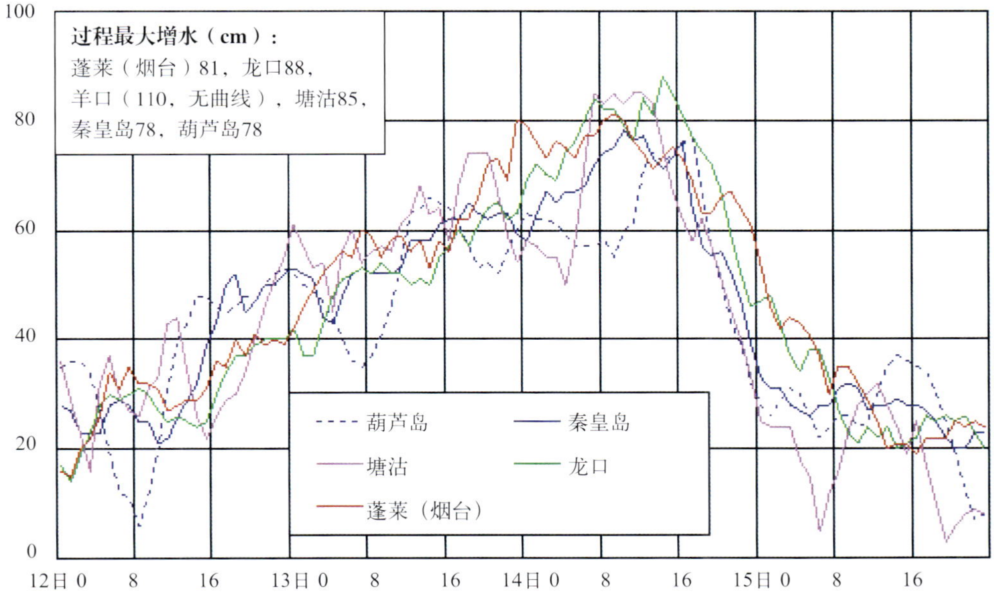

8211 号台风风暴潮曲线（1982 年 8 月 12—15 日）

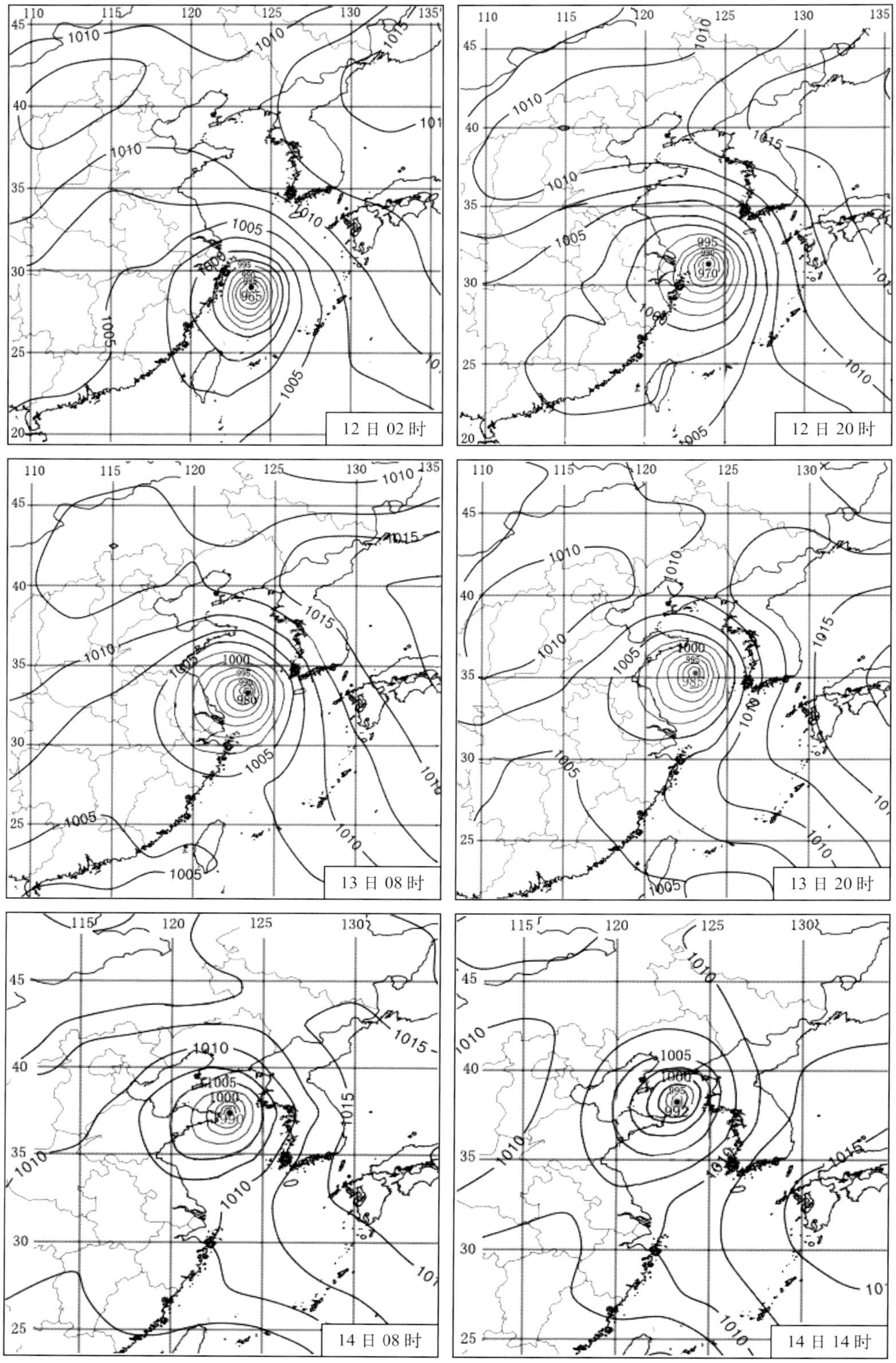

8211 号台风影响时段的气压场（1982 年 8 月 12—14 日）

8506 号台风

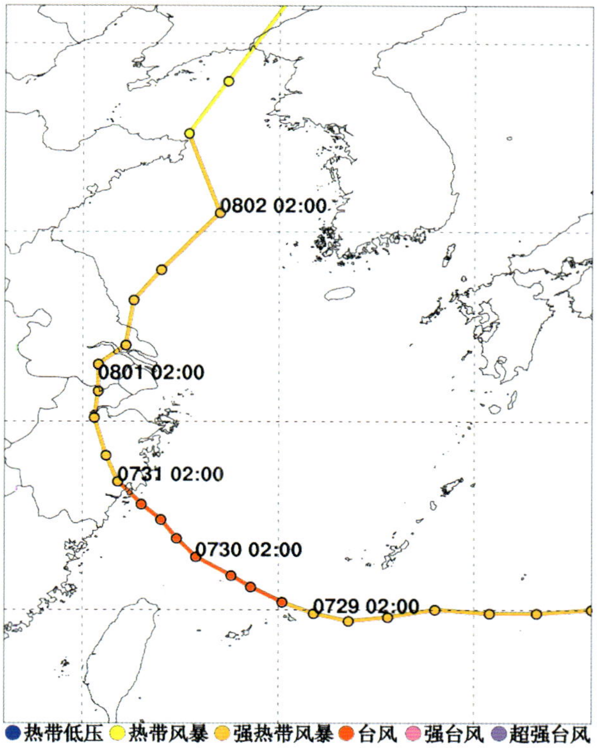

8506号台风位置与强度

日	时	中心位置	最大风速 (m/s)	最低气压 (hPa)
29	02	125.9E/ 24.9N	30	980
29	08	125.1E/ 25.2N	35	978
29	14	124.3E/ 25.6N	35	970
29	20	123.8E/ 25.9N	35	968
30	02	122.9E/ 26.4N	35	968
30	08	122.4E/ 26.9N	35	968
30	14	122.0E/ 27.4N	40	965
30	20	121.5E/ 27.8N	40	965
31	02	120.9E/ 28.4N	30	975
31	08	120.6E/ 29.1N	25	985
31	14	120.3E/ 30.1N	25	988
31	20	120.4E/ 30.8N	25	988
01	02	120.4E/ 31.5N	25	988
01	08	121.1E/ 32.0N	25	988
01	14	121.3E/ 33.2N	25	988
01	20	122.0E/ 34.0N	25	988
02	02	123.5E/ 35.5N	25	988
02	08	122.7E/ 37.6N	20	988
02	14	123.7E/ 39.0N	20	990
02	20	125.5E/ 41.5N	15	992

8506 号台风路径和强度变化（1985 年 7 月 29 日—8 月 2 日）

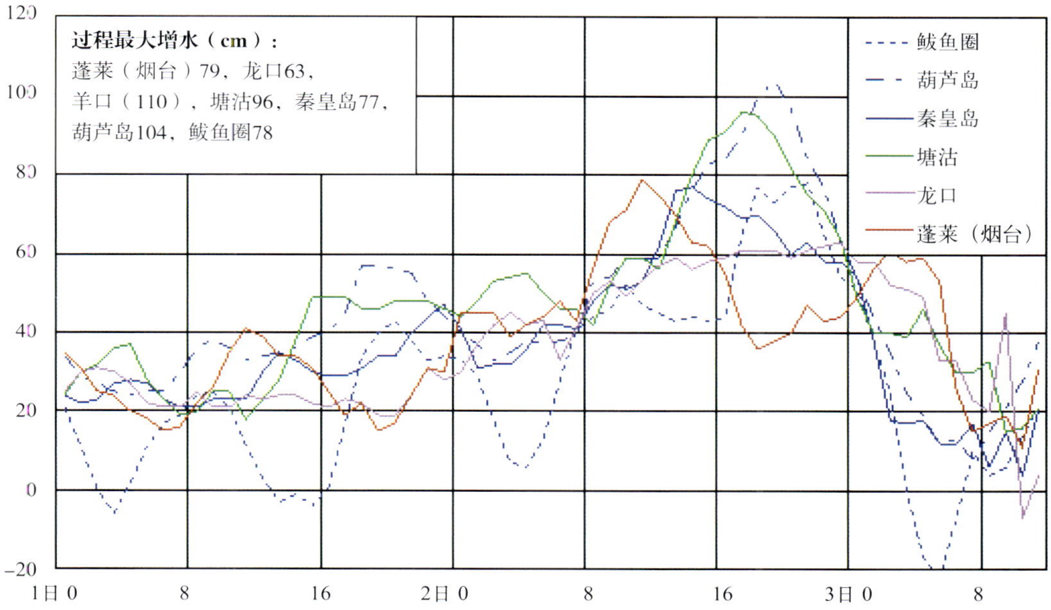

8506 号台风风暴潮曲线（1985 年 8 月 1—3 日）

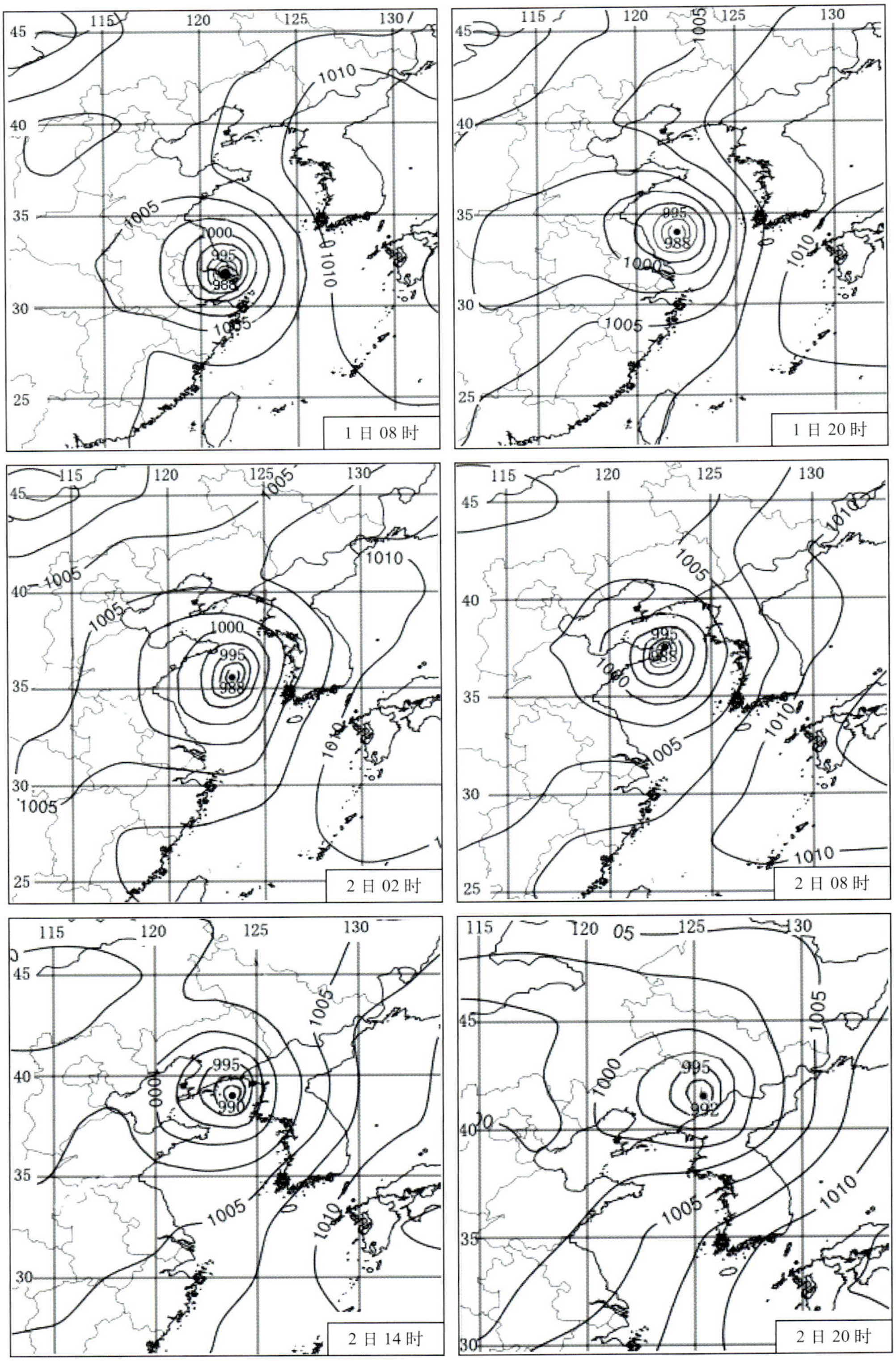

8506 号台风影响时段的气压场（1985 年 8 月 1—2 日）

0713 号台风

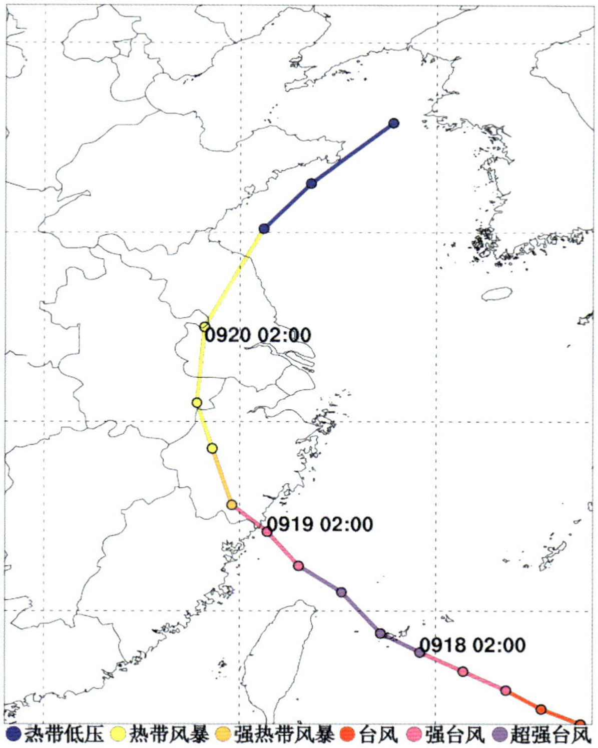

0713 号台风位置与强度

日	时	中心位置	最大风速 (m/s)	最低气压 (hPa)
17	08	127.7E/ 22.4N	35	970
17	14	126.8E/ 22.9N	45	950
17	20	125.7E/ 23.4N	50	940
18	02	124.6E/ 23.9N	55	935
18	08	123.6E/ 24.4N	55	935
18	14	122.6E/ 25.5N	55	935
18	20	121.5E/ 26.2N	50	940
19	02	120.7E/ 27.1N	45	950
19	08	119.8E/ 27.8N	30	980
19	14	119.3E/ 29.3N	23	990
19	20	118.9E/ 30.5N	20	995
20	02	119.1E/ 32.5N	18	998
20	08	120.6E/ 35.1N	18	998
20	14	121.8E/ 36.3N	15	1002
20	20	123.9E/ 37.9N	15	1006

0713 号台风路径和强度变化（2007 年 9 月 17—20 日）

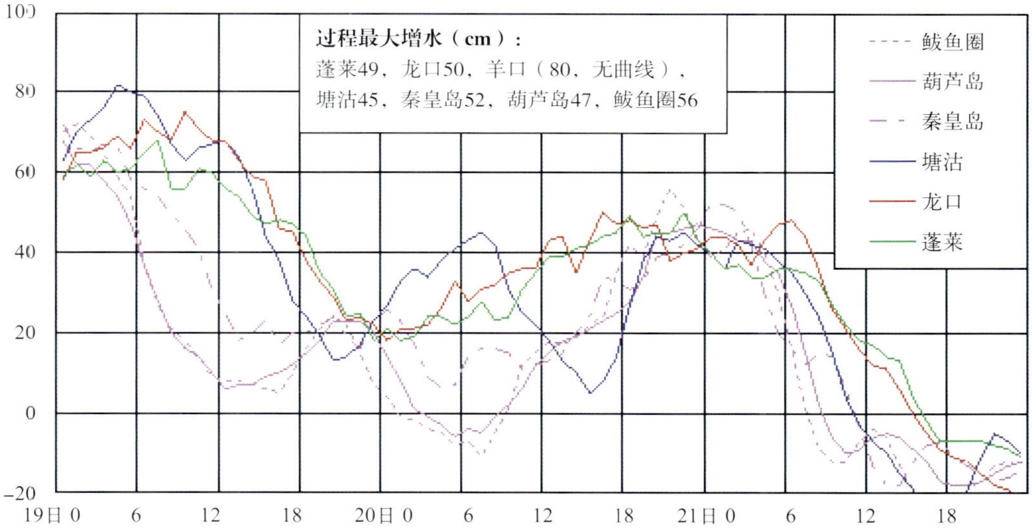

0713 号台风风暴潮曲线（2007 年 9 月 19—21 日）

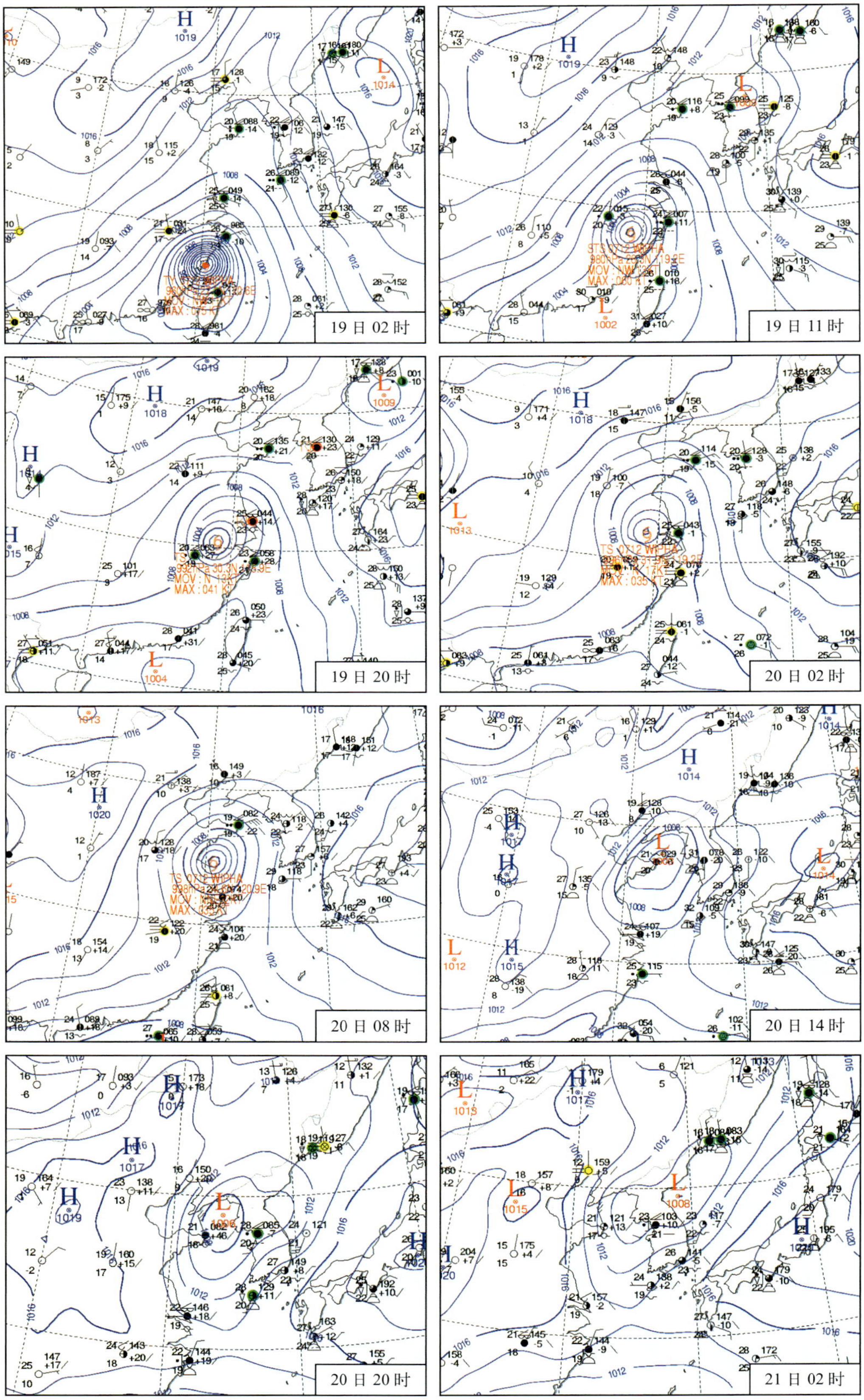

0713 号台风影响时段的气压场（2007 年 9 月 19—21 日）

1109 号台风

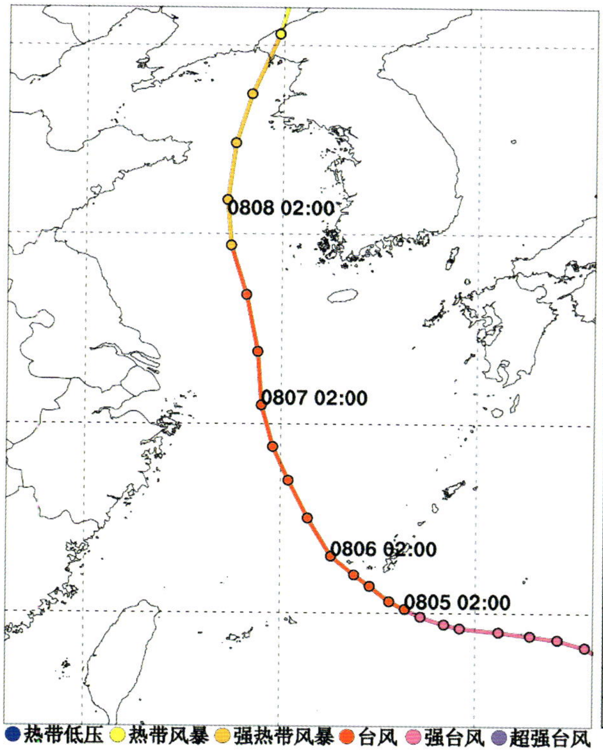

1109号台风位置与强度

日	时	中心位置	最大风速 (m/s)	最低气压 (hPa)
04	02	130.6E/ 24.5N	45	950
04	08	129.6E/ 24.6N	42	955
04	14	129.2E/ 24.7N	42	955
04	20	128.6E/ 24.9N	42	955
05	02	128.2E/ 25.1N	40	955
05	08	127.8E/ 25.3N	40	955
05	14	127.3E/ 25.7N	40	955
05	20	126.9E/ 26.0N	38	960
06	02	126.3E/ 26.5N	38	960
06	08	125.7E/ 27.5N	35	965
06	14	125.2E/ 28.5N	35	965
06	20	124.8E/ 29.4N	35	965
07	02	124.5E/ 30.5N	35	965
07	08	124.4E/ 31.9N	33	970
07	14	124.1E/ 33.4N	33	970
07	20	123.7E/ 34.7N	30	975
08	02	123.6E/ 35.9N	30	975
08	08	123.8E/ 37.4N	30	975
08	14	124.2E/ 38.7N	25	980
08	20	124.9E/ 40.3N	20	990

1109 号台风路径和强度变化（2011 年 8 月 4—8 日）

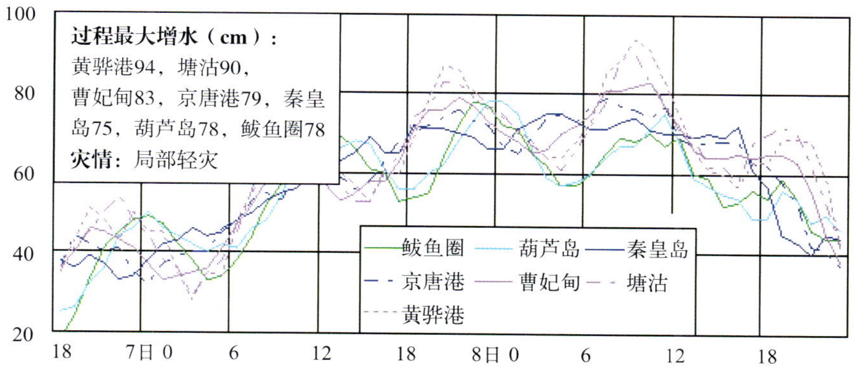

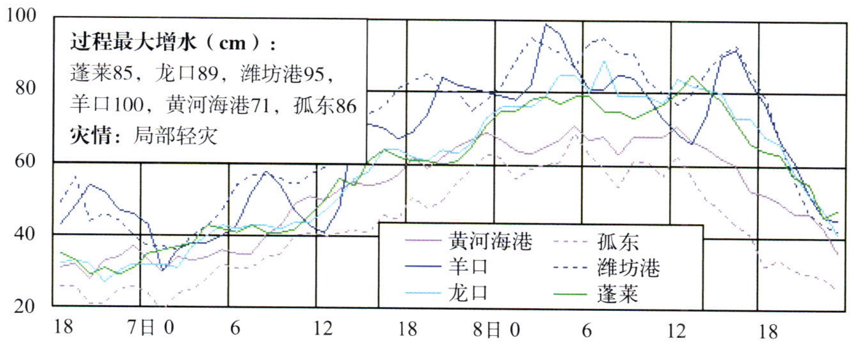

1109 号台风风暴潮曲线（2011 年 8 月 6—8 日）

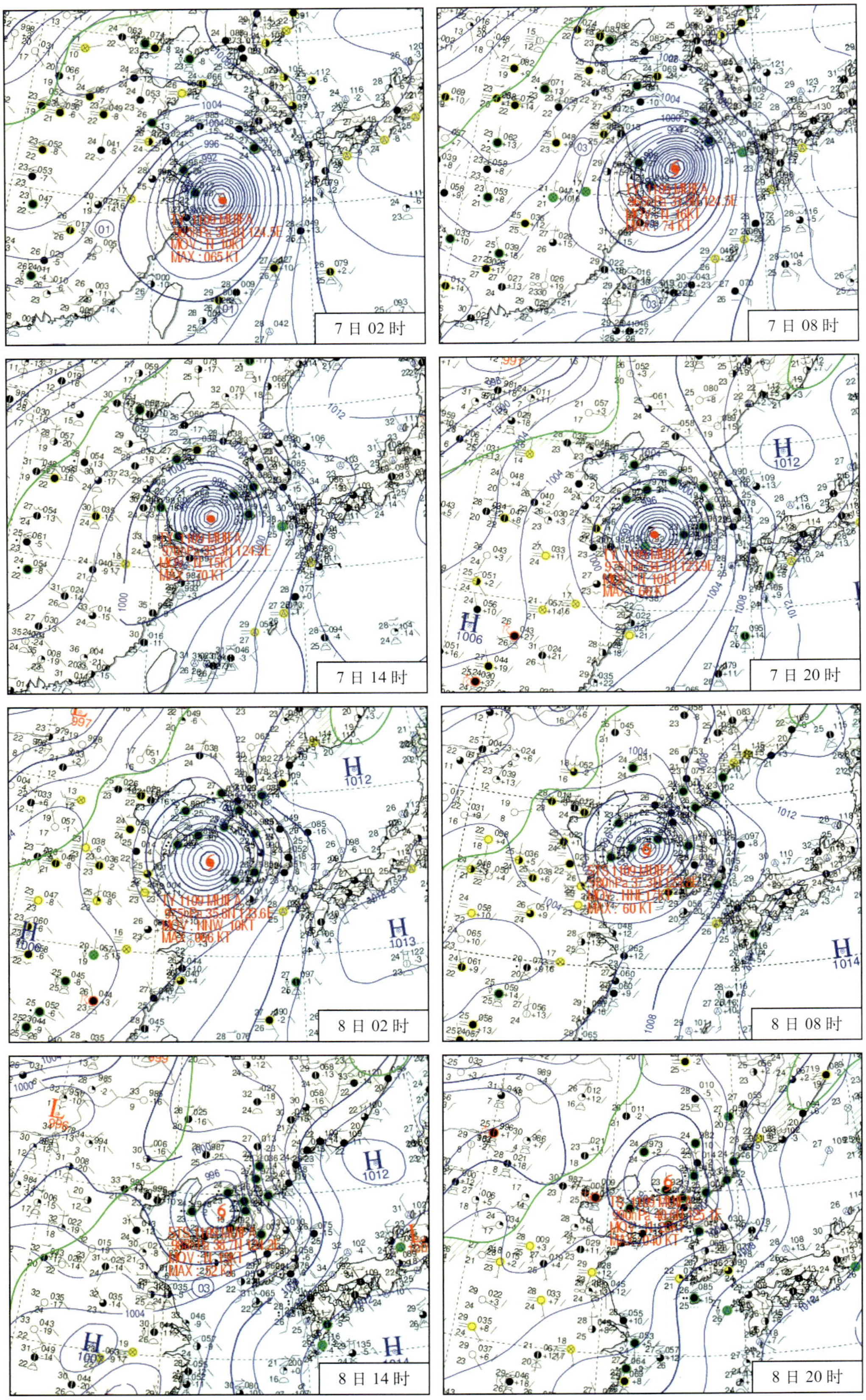

1109 号台风影响时段的气压场（2011 年 8 月 7—8 日）

9.3　Ⅲ型（进入南黄海）热带气旋

9.3.1　Ⅲ型“苏、沪出海”类

6615 号台风

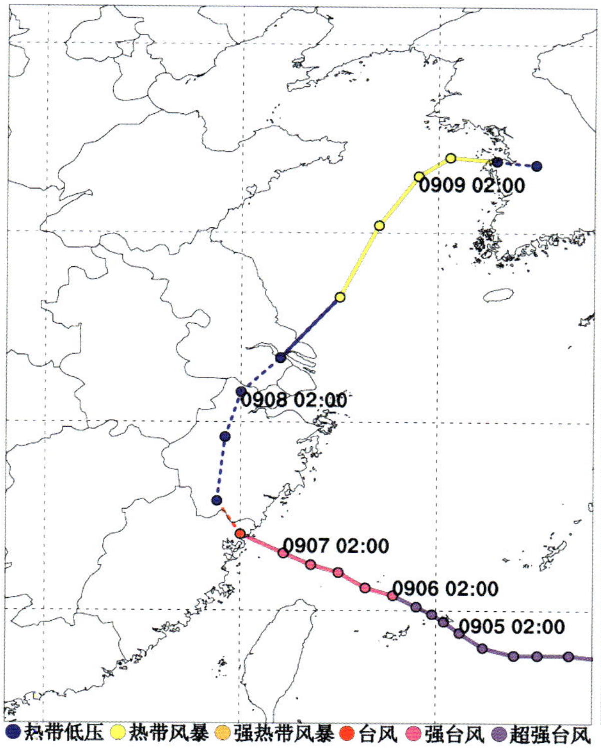

6615号台风位置与强度

日	时	中心位置	最大风速 (m/s)	最低气压 (hPa)
05	02	125.6E/ 24.4N	65	918
05	08	125.2E/ 24.7N	65	918
05	14	124.9E/ 24.9N	60	922
05	20	124.5E/ 25.1N	60	928
06	02	123.9E/ 25.4N	50	935
06	08	123.2E/ 25.6N	50	936
06	14	122.5E/ 26.0N	50	936
06	20	121.8E/ 26.2N	50	936
07	02	121.1E/ 26.5N	50	945
07	08	120.0E/ 27.0N	35	978
07	14	119.4E/ 27.9N	9	988
07	20	119.6E/ 29.6N	9	994
08	02	120.0E/ 30.8N	10	996
08	08	121.0E/ 31.7N	10	997
08	14	122.5E/ 33.3N	20	997
08	20	123.5E/ 35.2N	20	997
09	02	124.5E/ 36.5N	20	997
09	08	125.3E/ 37.0N	20	997
09	14	126.5E/ 36.9N	15	997
09	20	127.5E/ 36.8N	-	1000

6615 号台风路径和强度变化（1966 年 9 月 5—9 日）

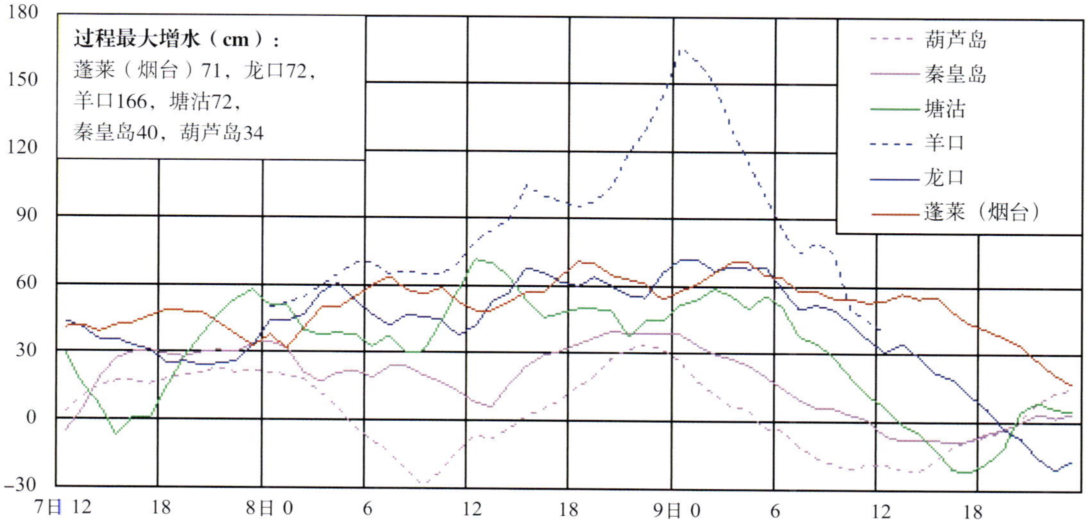

6615 号台风风暴潮曲线（1966 年 9 月 7—9 日）

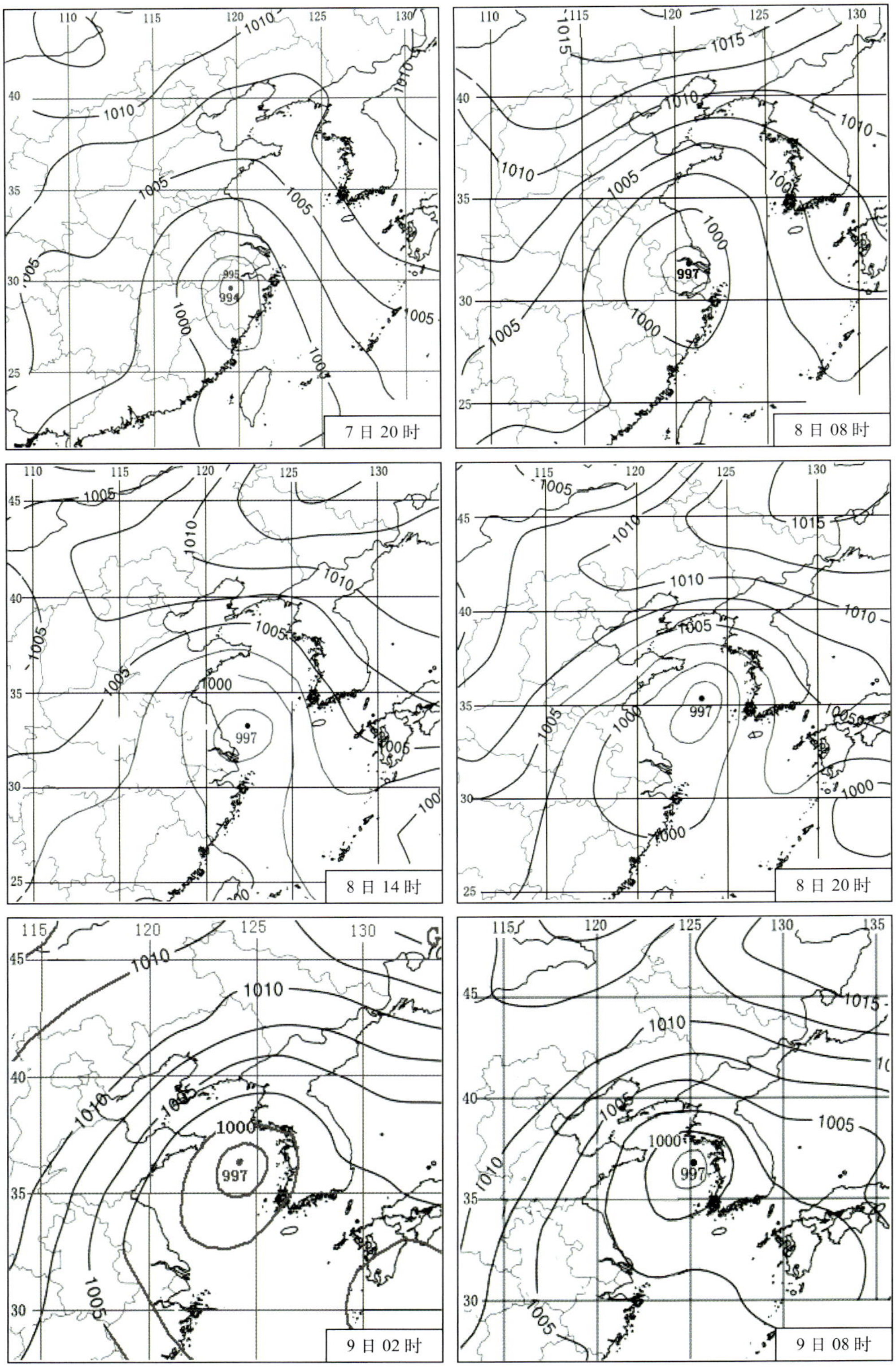

6615 号台风影响时段的气压场（1966 年 9 月 7—9 日）

7123 号台风

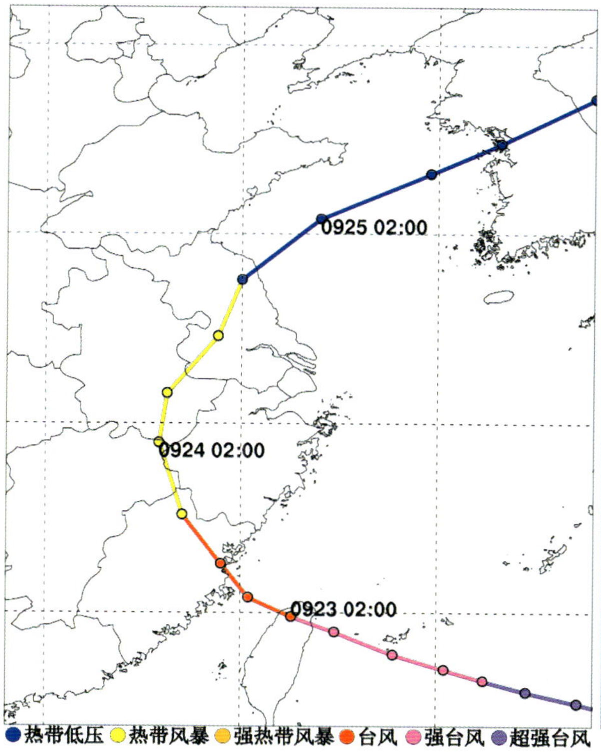

7123号台风位置与强度

日	时	中心位置	最大风速 (m/s)	最低气压 (hPa)
21	14	128.6E/ 22.6N	55	922
21	20	127.3E/ 22.9N	55	926
22	02	126.2E/ 23.2N	50	930
22	08	125.2E/ 23.5N	50	940
22	14	123.9E/ 23.9N	50	940
22	20	122.4E/ 24.5N	50	940
23	02	121.3E/ 24.9N	40	950
23	08	120.2E/ 25.4N	40	950
23	14	119.5E/ 26.3N	35	970
23	20	118.5E/ 27.6N	20	990
24	02	117.9E/ 29.5N	20	993
24	08	118.1E/ 30.8N	20	995
24	14	119.4E/ 32.3N	20	995
24	20	120.0E/ 33.8N	20	996
25	02	122.0E/ 35.4N	20	996
25	08	124.8E/ 36.6N	20	996
25	14	126.6E/ 37.4N	15	996
25	20	129.0E/ 38.6N	15	999
26	02	130.4E/ 39.2N	15	1000

7123 号台风路径和强度变化（1971 年 9 月 21—26 日）

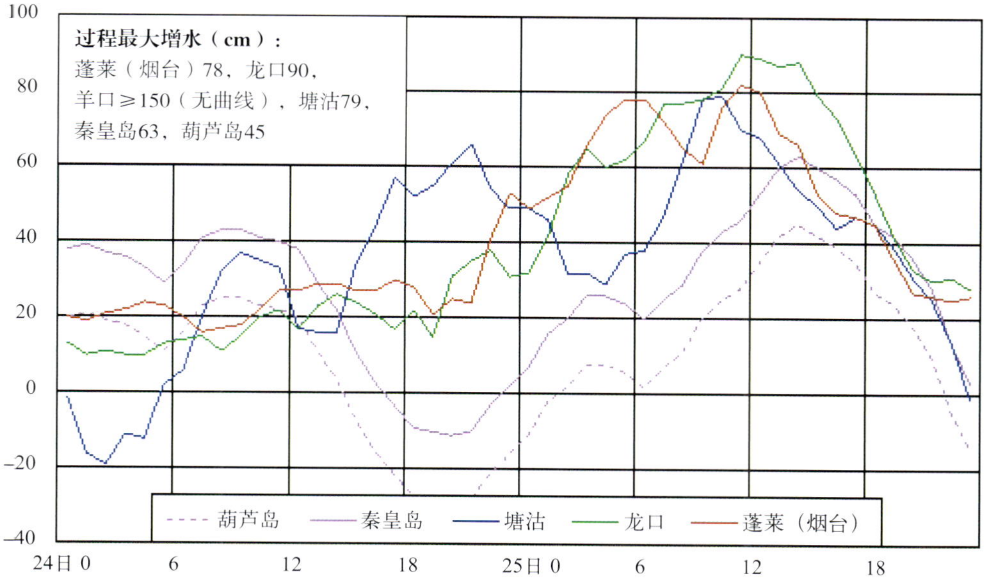

7123 号台风风暴潮曲线（1971 年 9 月 24—25 日）

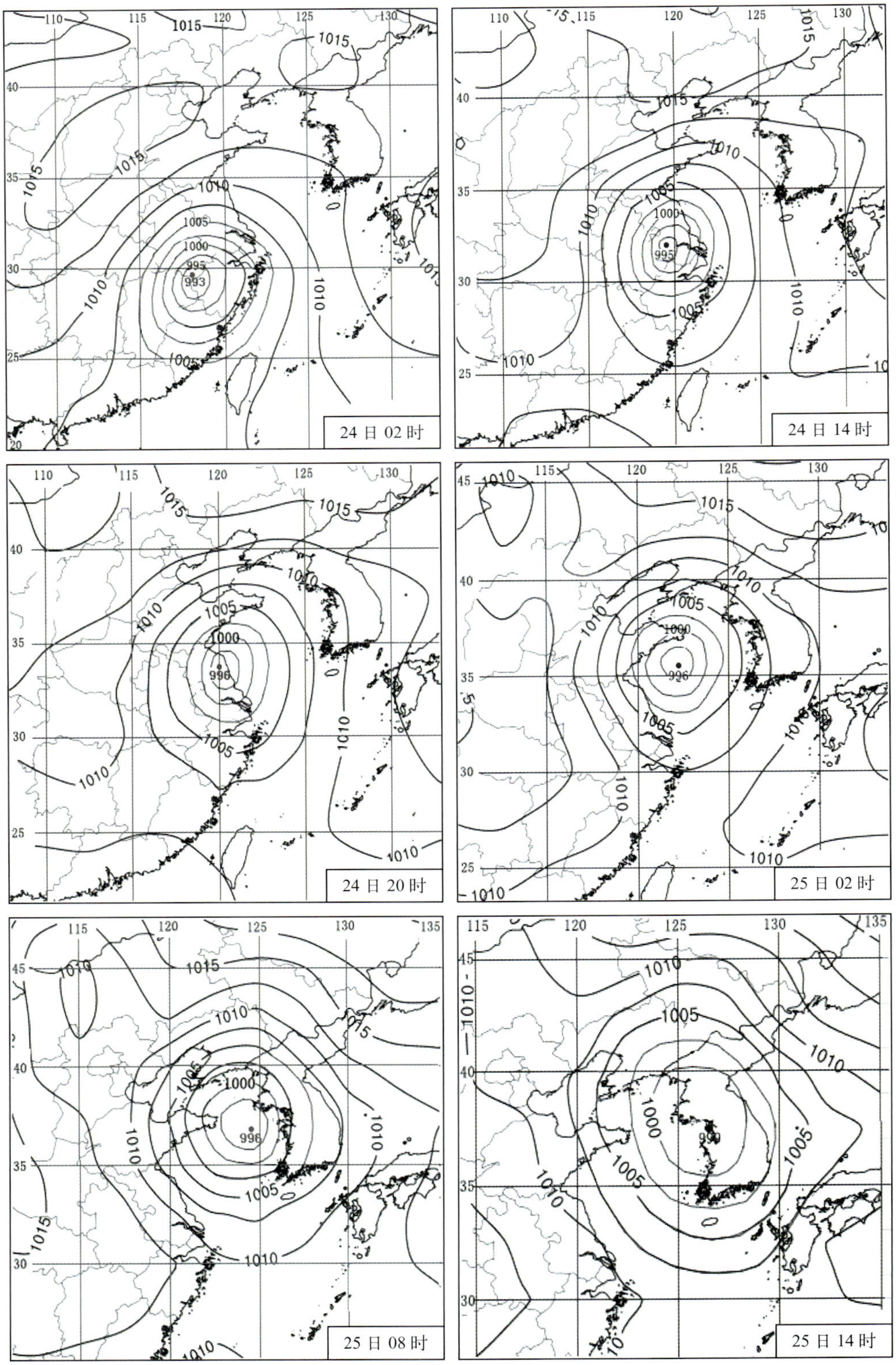

7123 号台风影响时段的气压场（1971 年 9 月 24—25 日）

0515 号台风

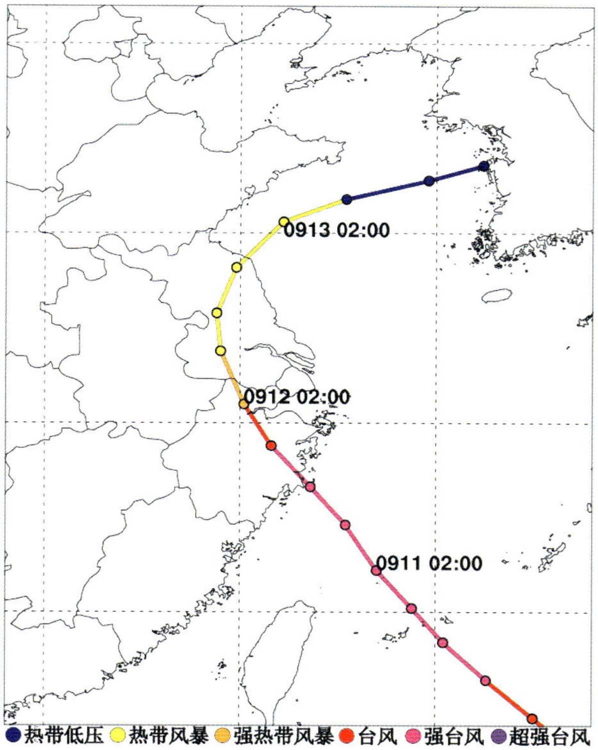

0515号台风位置与强度

日	时	中心位置	最大风速 (m/s)	最低气压 (hPa)
10	02	127.5E/ 22.2N	40	960
10	08	126.3E/ 23.2N	45	950
10	14	125.2E/ 24.2N	45	950
10	20	124.4E/ 25.1N	50	945
11	02	123.5E/ 26.1N	50	945
11	08	122.7E/ 27.3N	50	945
11	14	121.8E/ 28.3N	50	945
11	20	120.8E/ 29.4N	33	975
12	02	120.1E/ 30.5N	25	985
12	08	119.5E/ 31.9N	20	995
12	14	119.4E/ 32.9N	20	995
12	20	119.9E/ 34.1N	20	995
13	02	121.1E/ 35.3N	18	995
13	08	122.7E/ 35.9N	15	1000
13	14	124.8E/ 36.4N	15	1002
13	20	126.2E/ 36.8N	12	1004

0515 号台风路径和强度变化（2005 年 9 月 10—13 日）

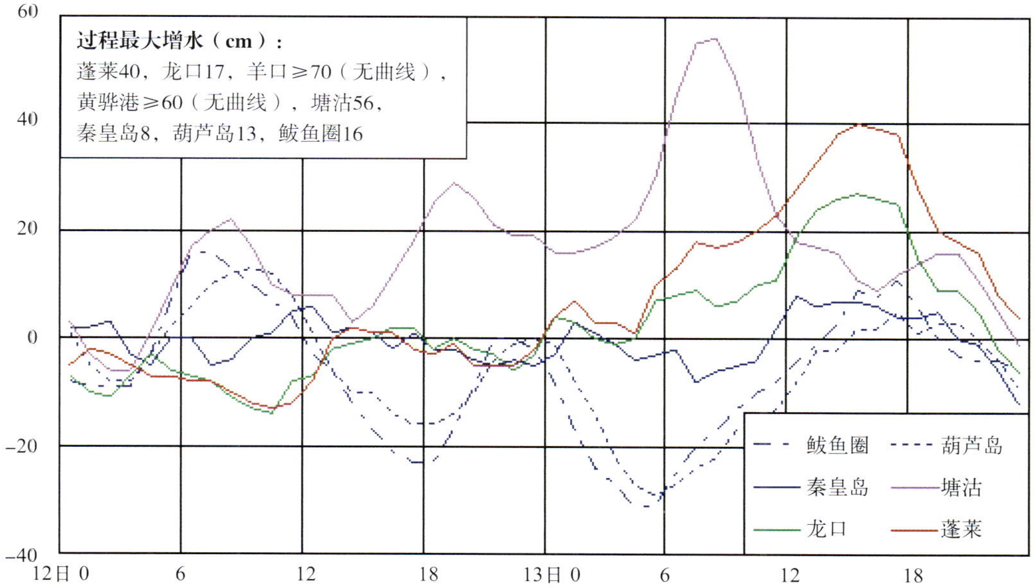

0515 号台风风暴潮曲线（2005 年 9 月 12—13 日）

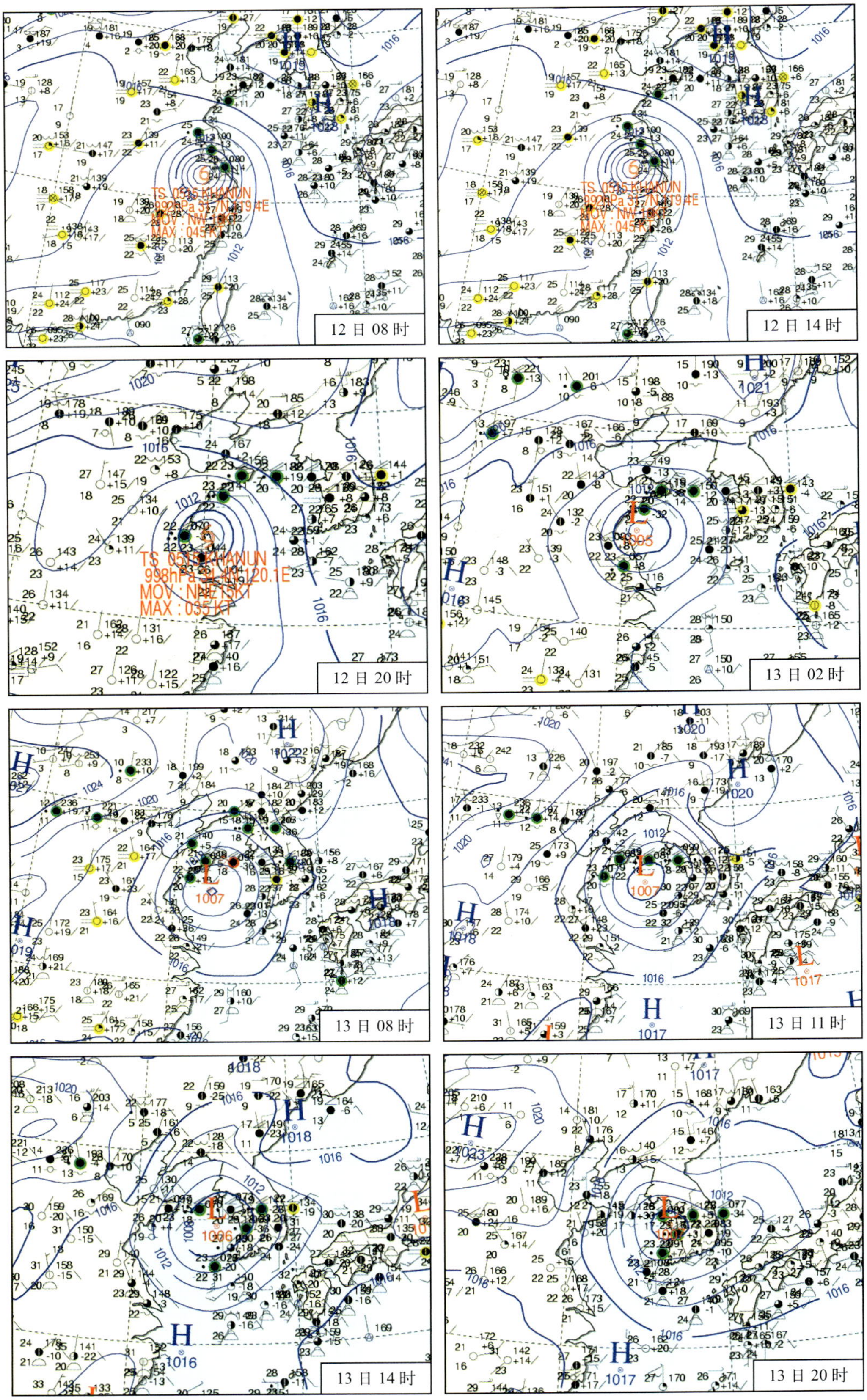

0515 号台风影响时段的气压场（2005 年 9 月 12—13 日）

9.3.2 Ⅲ型“海域转向”类

7615 号台风

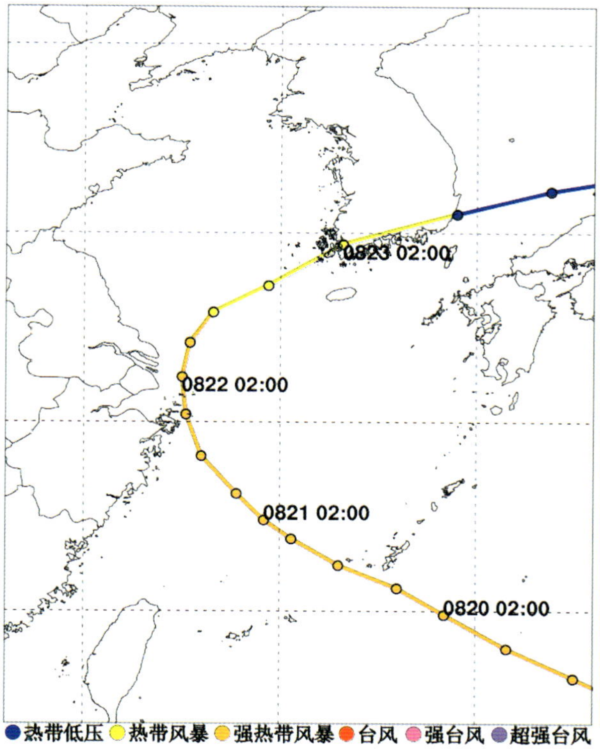

7615号台风位置与强度

日	时	中心位置	最大风速 (m/s)	最低气压 (hPa)
19	14	132.5E/ 23.2N	25	994
19	20	130.8E/ 24.0N	25	994
20	02	129.2E/ 24.9N	25	994
20	08	128.0E/ 25.6N	25	993
20	14	126.5E/ 26.2N	25	991
20	20	125.3E/ 26.9N	30	989
21	02	124.6E/ 27.4N	25	990
21	08	123.9E/ 28.1N	25	990
21	14	123.0E/ 29.1N	25	992
21	20	122.6E/ 30.2N	25	995
22	02	122.5E/ 31.2N	25	995
22	08	122.7E/ 32.1N	25	995
22	14	123.3E/ 32.9N	20	995
22	20	124.7E/ 33.6N	20	998
23	02	126.6E/ 34.7N	20	1000
23	08	129.5E/ 35.5N	15	1002
23	14	131.9E/ 36.1N	15	1003
23	20	134.8E/ 36.6N	15	1003

7615 号台风路径和强度变化（1976 年 8 月 19—23 日）

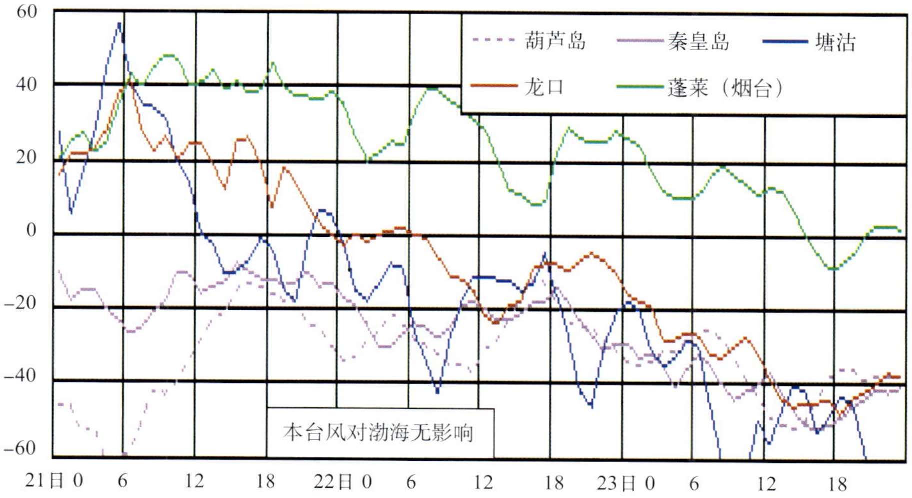

7615 号台风风暴潮曲线（1976 年 8 月 19—23 日）

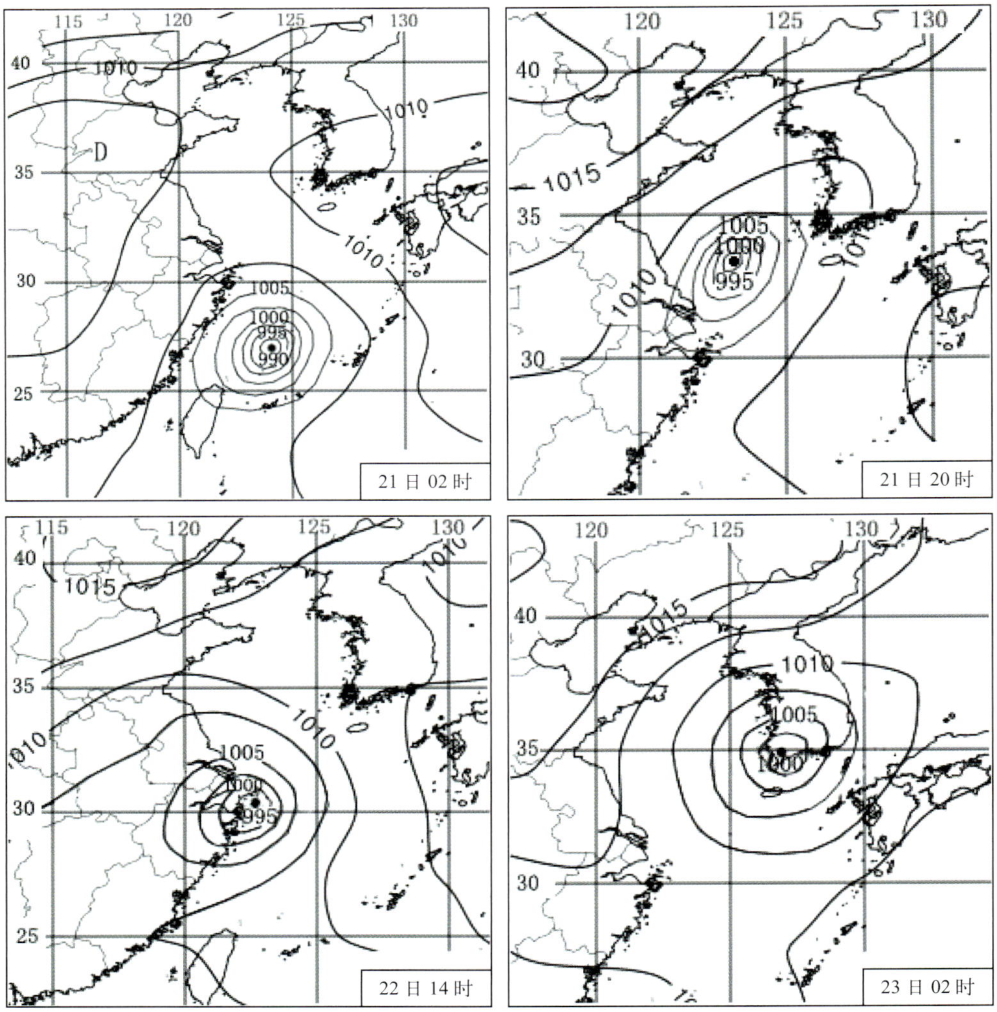

7615 号台风影响时段的气压场（1976 年 8 月 19—23 日）

8114 号台风

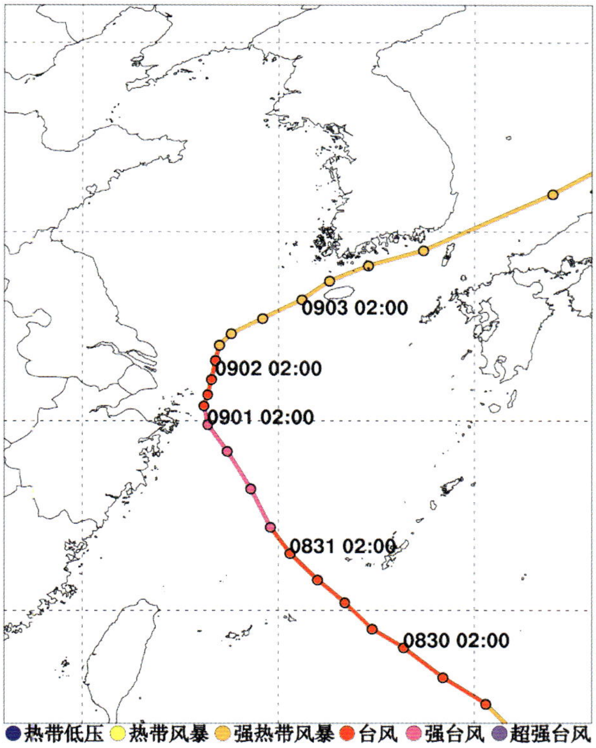

8114号台风位置与强度

日	时	中心位置	最大风速 (m/s)	最低气压 (hPa)
30	14	126.7E/ 25.2N	40	960
30	20	126.0E/ 25.8N	40	955
31	02	125.3E/ 26.5N	40	955
31	08	124.8E/ 27.2N	45	950
31	14	124.3E/ 28.2N	45	949
31	20	123.7E/ 29.2N	45	950
01	02	123.2E/ 29.9N	45	950
01	08	123.1E/ 30.4N	40	955
01	14	123.2E/ 30.7N	40	955
01	20	123.3E/ 31.1N	35	960
02	02	123.4E/ 31.6N	35	965
02	08	123.5E/ 32.0N	30	975
02	14	123.8E/ 32.3N	30	980
02	20	124.6E/ 32.7N	25	984
03	02	125.6E/ 33.2N	25	984
03	08	126.3E/ 33.7N	25	984
03	14	127.3E/ 34.1N	25	986
03	20	128.7E/ 34.5N	25	987
04	02	132.0E/ 36.0N	25	987
04	08	136.5E/ 38.5N	20	985

8114 号台风路径和强度变化（1981 年 8 月 30—9 月 4 日）

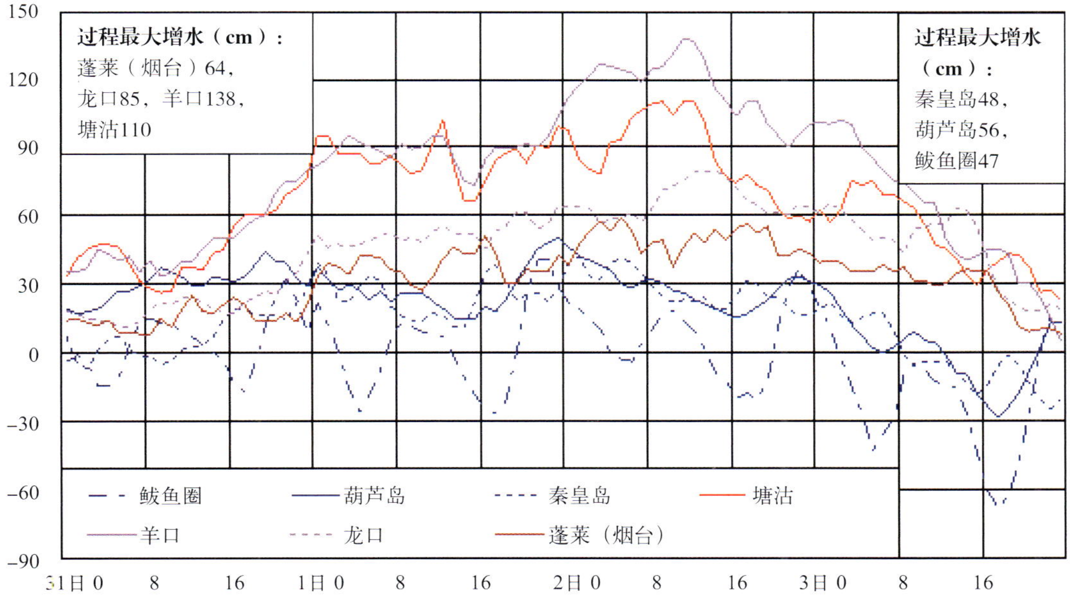

8114台风风暴潮曲线（1981年8月31日—9月3日）

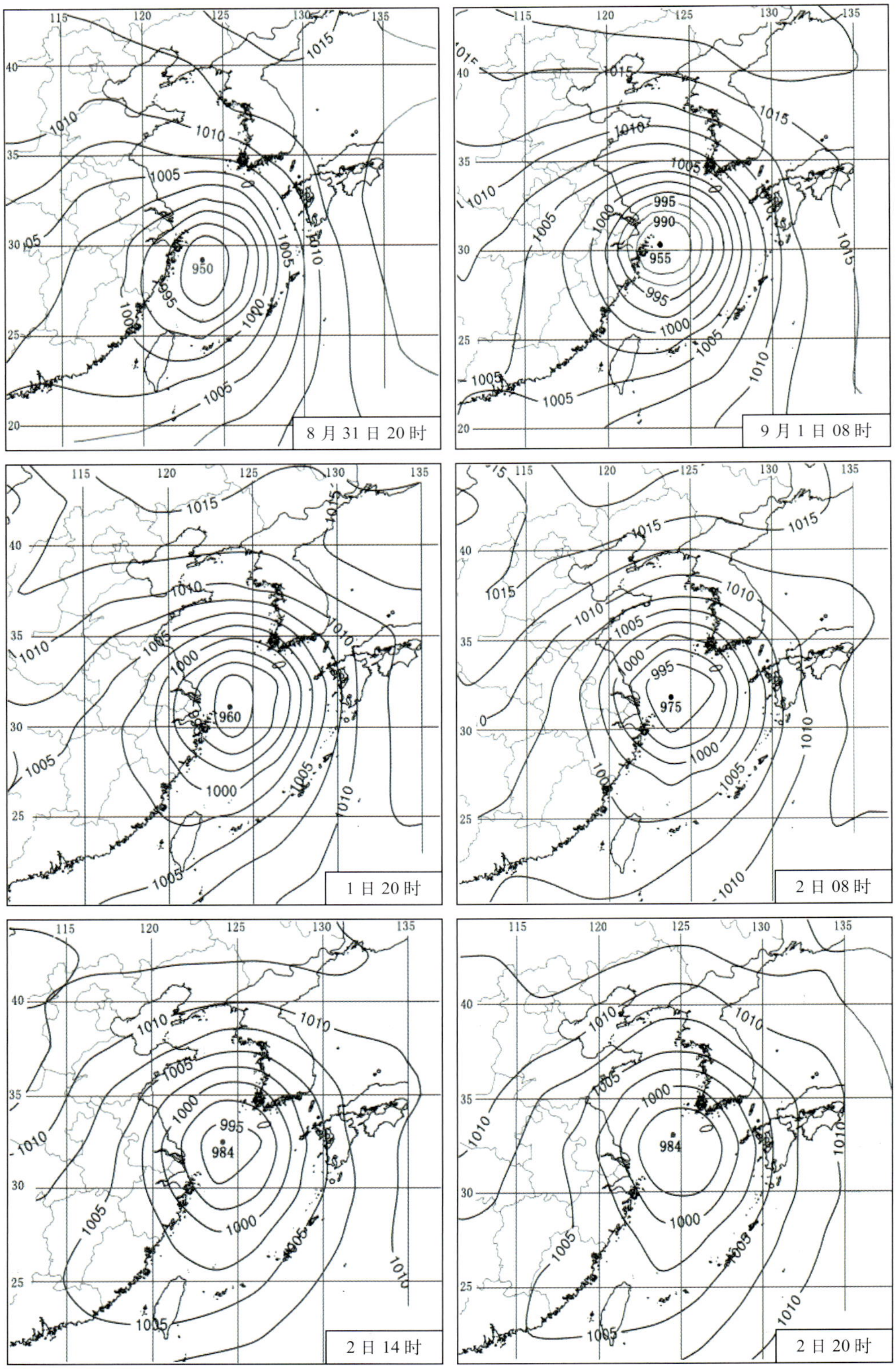

8114 号台风影响时段的气压场（1981 年 8 月 31 日—9 月 2 日）

0012 号台风

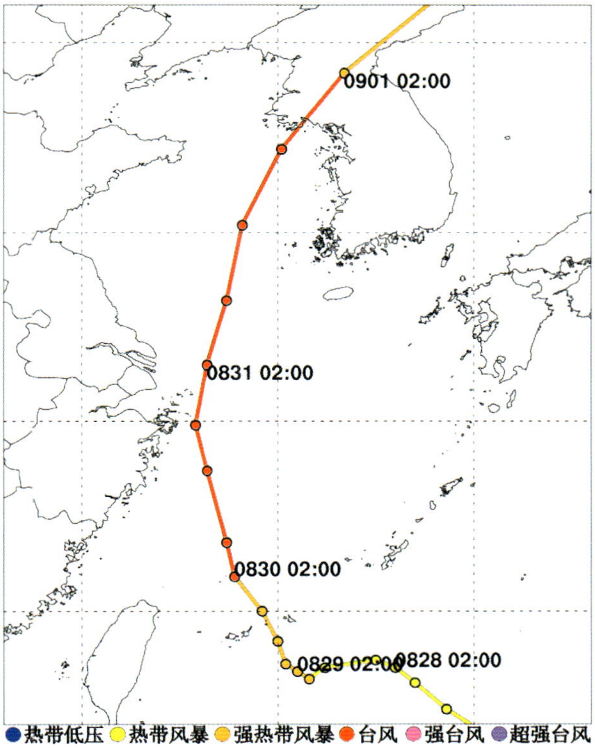

0012号台风位置与强度

日	时	中心位置	最大风速 (m/s)	最低气压 (hPa)
27	14	129.3E/ 22.4N	20	990
27	20	128.5E/ 23.1N	20	990
28	02	128.0E/ 23.5N	20	990
28	08	127.5E/ 23.7N	23	985
28	14	126.2E/ 23.5N	23	985
28	20	125.8E/ 23.2N	25	980
29	02	125.5E/ 23.4N	25	980
29	08	125.2E/ 23.6N	28	975
29	14	125.0E/ 24.2N	30	975
29	20	124.6E/ 25.0N	30	975
30	02	123.9E/ 25.9N	33	970
30	08	123.7E/ 26.8N	33	970
30	14	123.2E/ 28.7N	33	970
30	20	122.9E/ 29.9N	35	965
31	02	123.2E/ 31.5N	35	965
31	08	123.7E/ 33.2N	33	970
31	14	124.1E/ 35.2N	33	970
31	20	125.1E/ 37.2N	33	970
01	02	126.7E/ 39.2N	25	980
01	08	129.2E/ 41.3N	23	990

0012 号台风路径和强度变化（2000 年 8 月 27 日—9 月 1 日）

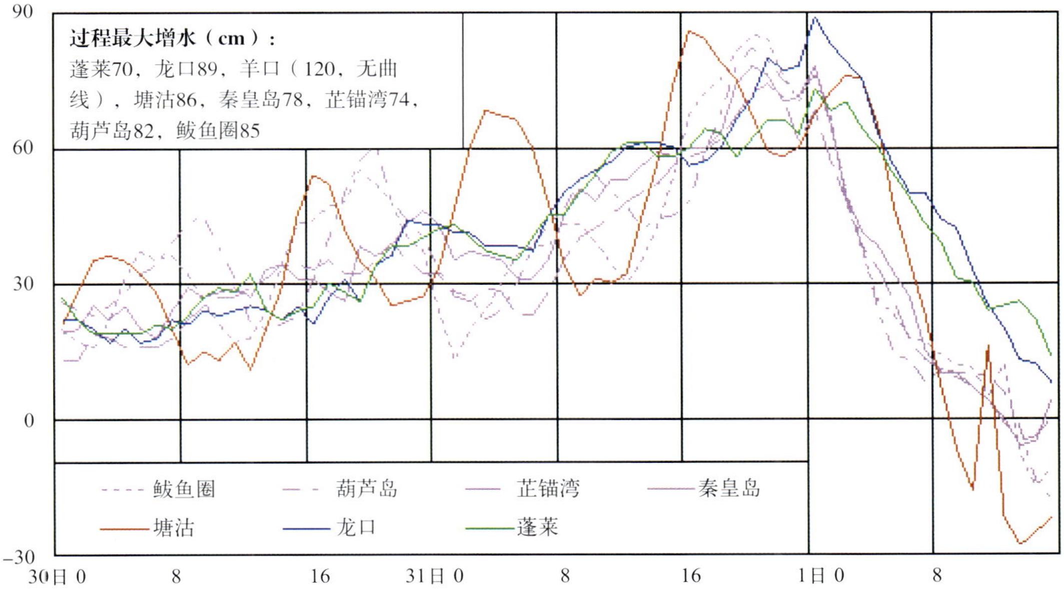

0012 号台风风暴潮曲线（2000 年 8 月 30 日—9 月 1 日）

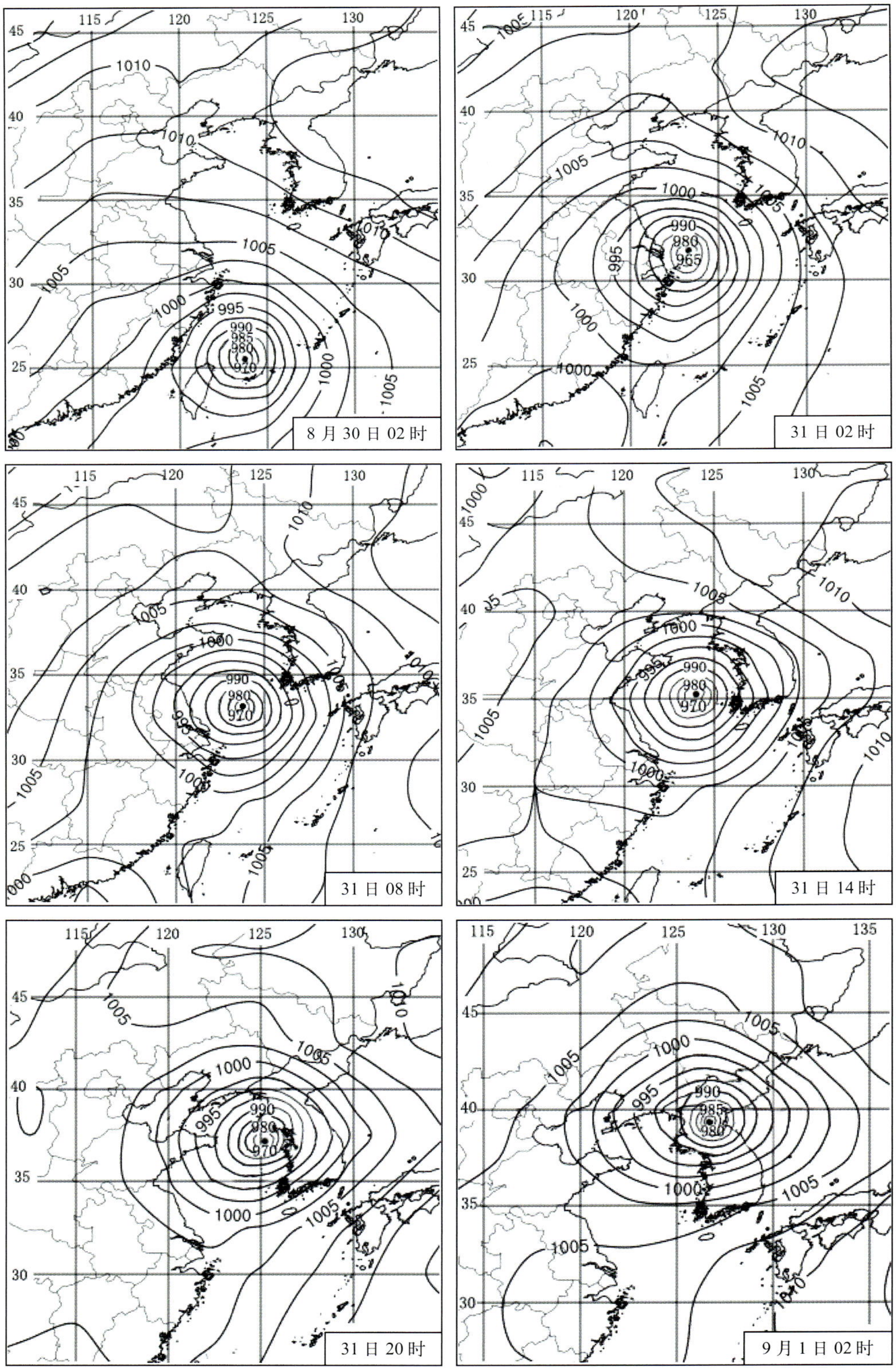

0012 号台风影响时段的气压场（2000 年 8 月 30 日—9 月 1 日）

9.3.3 Ⅲ型“南黄海西行”类

1970年6月13—17日台风

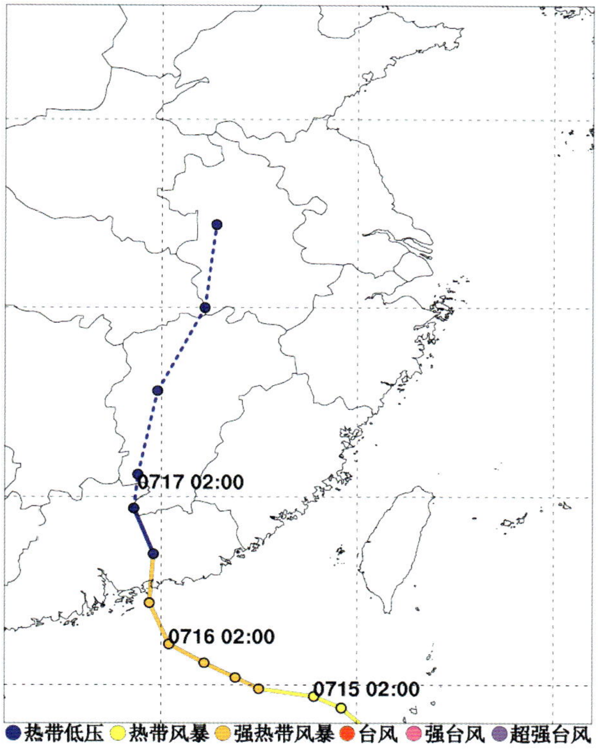

7003号台风位置与强度

日	时	中心位置	最大风速 (m/s)	最低气压 (hPa)
14	20	119.6E/ 19.4N	20	990
15	02	118.9E/ 19.7N	20	988
15	08	117.5E/ 19.9N	25	984
15	14	116.9E/ 20.2N	25	985
15	20	116.1E/ 20.6N	25	985
16	02	115.2E/ 21.1N	25	988
16	08	114.7E/ 22.2N	25	989
16	14	114.8E/ 23.5N	15	991
16	20	114.3E/ 24.7N	12	996
17	02	114.4E/ 25.6N	9	997
17	08	114.9E/ 27.8N	9	999
17	14	116.1E/ 30.0N	9	999
17	20	116.4E/ 32.2N	9	999

7003号台风路径和强度变化（1970年6月13—17日）

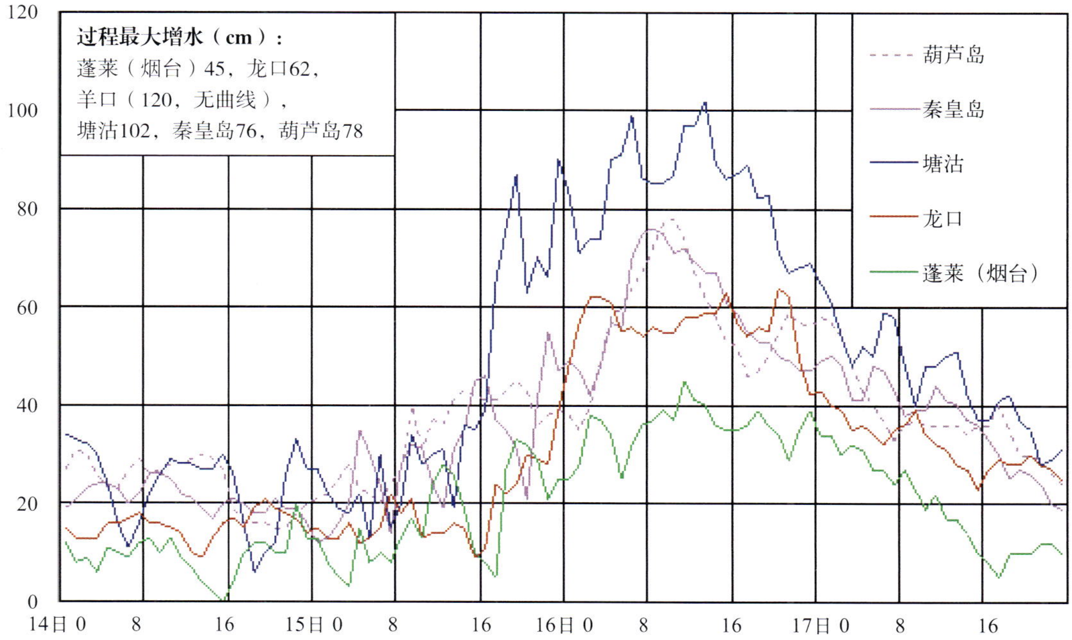

7003号台风风暴潮曲线（1970年6月14—17日）

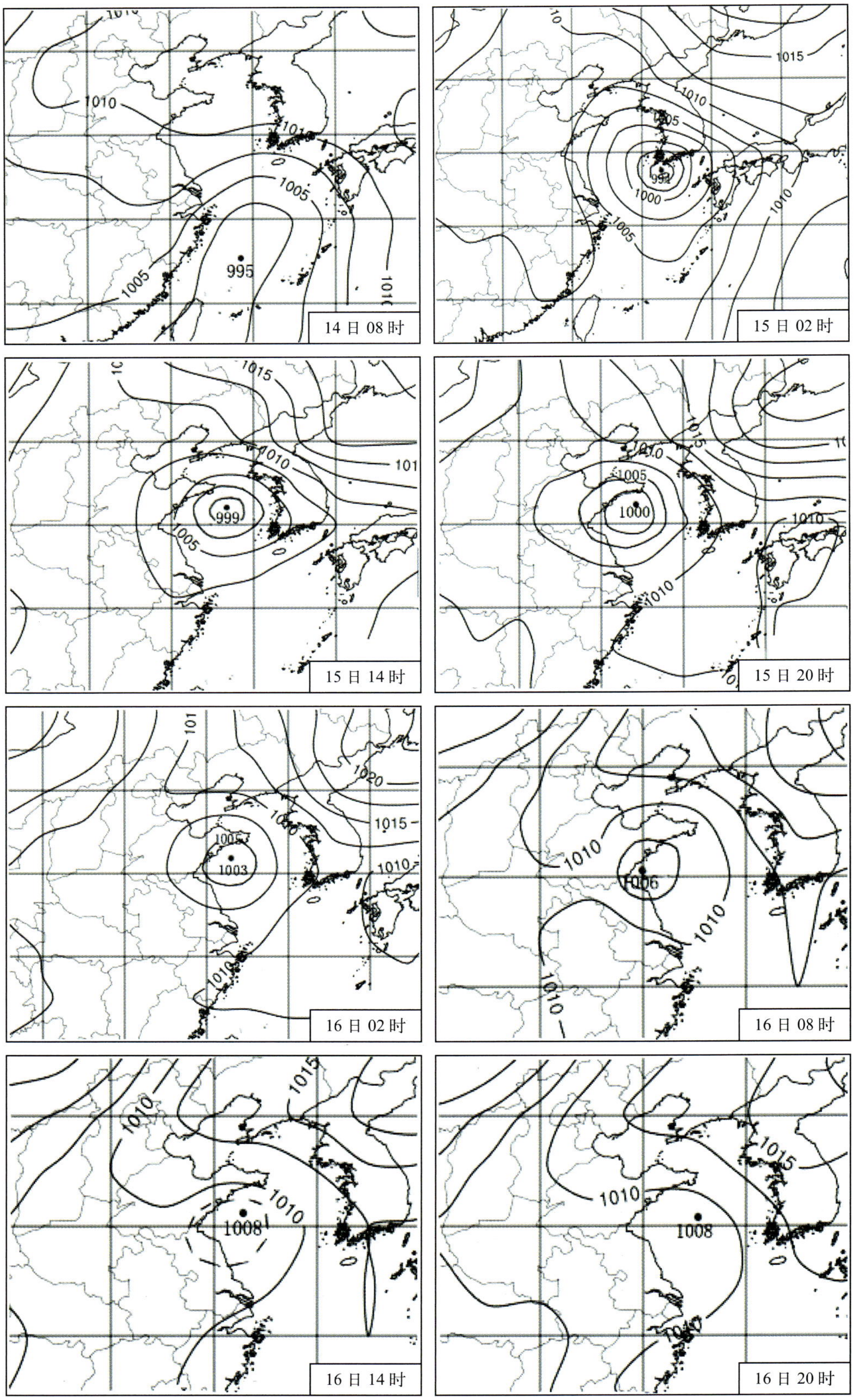

7003 号台风影响时段的气压场（1970 年 6 月 14—16 日）

9112 号台风

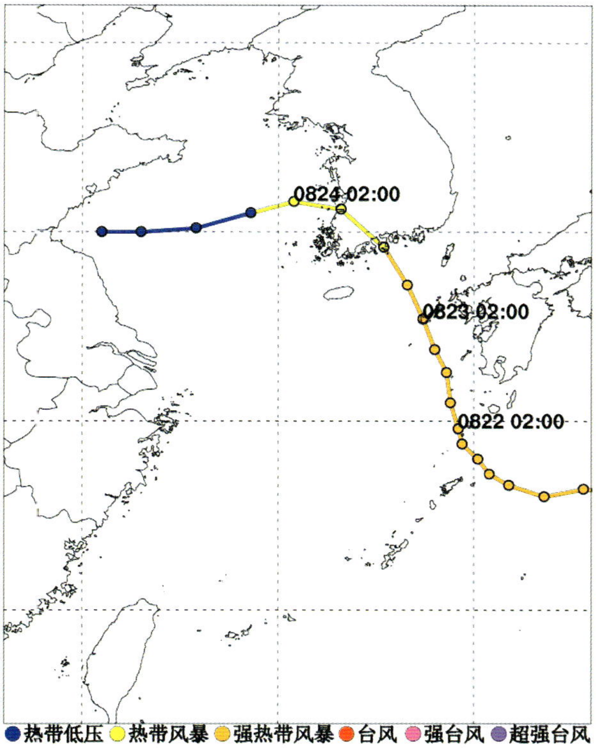

9112号台风位置与强度

日	时	中心位置	最大风速 (m/s)	最低气压 (hPa)
20	14	132.8E/ 28.2N	30	975
20	20	131.8E/ 28.0N	30	975
21	02	130.9E/ 28.3N	30	975
21	08	130.4E/ 28.6N	30	975
21	14	130.1E/ 29.0N	30	975
21	20	129.7E/ 29.4N	30	975
22	02	129.6E/ 29.8N	30	975
22	08	129.4E/ 30.5N	30	975
22	14	129.3E/ 31.3N	30	975
22	20	129.0E/ 31.9N	25	980
23	02	128.7E/ 32.7N	25	980
23	08	128.3E/ 33.6N	25	985
23	14	127.7E/ 34.6N	20	990
23	20	126.6E/ 35.6N	20	990
24	02	125.4E/ 35.8N	20	990
24	08	124.3E/ 35.5N	15	995
24	14	122.9E/ 35.1N	15	995
24	20	121.5E/ 35.0N	15	998
25	02	120.5E/ 35.0N	12	1000

9112 号台风路径和强度变化（1991 年 8 月 20—25 日）

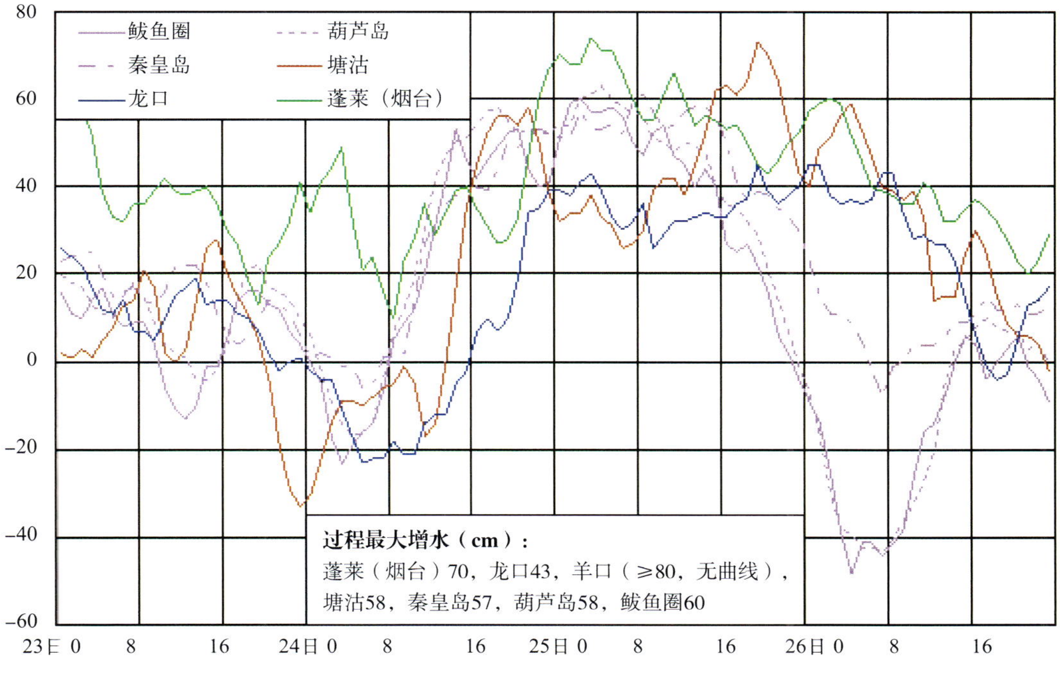

9112 号台风风暴潮曲线（1991 年 8 月 23—26 日）

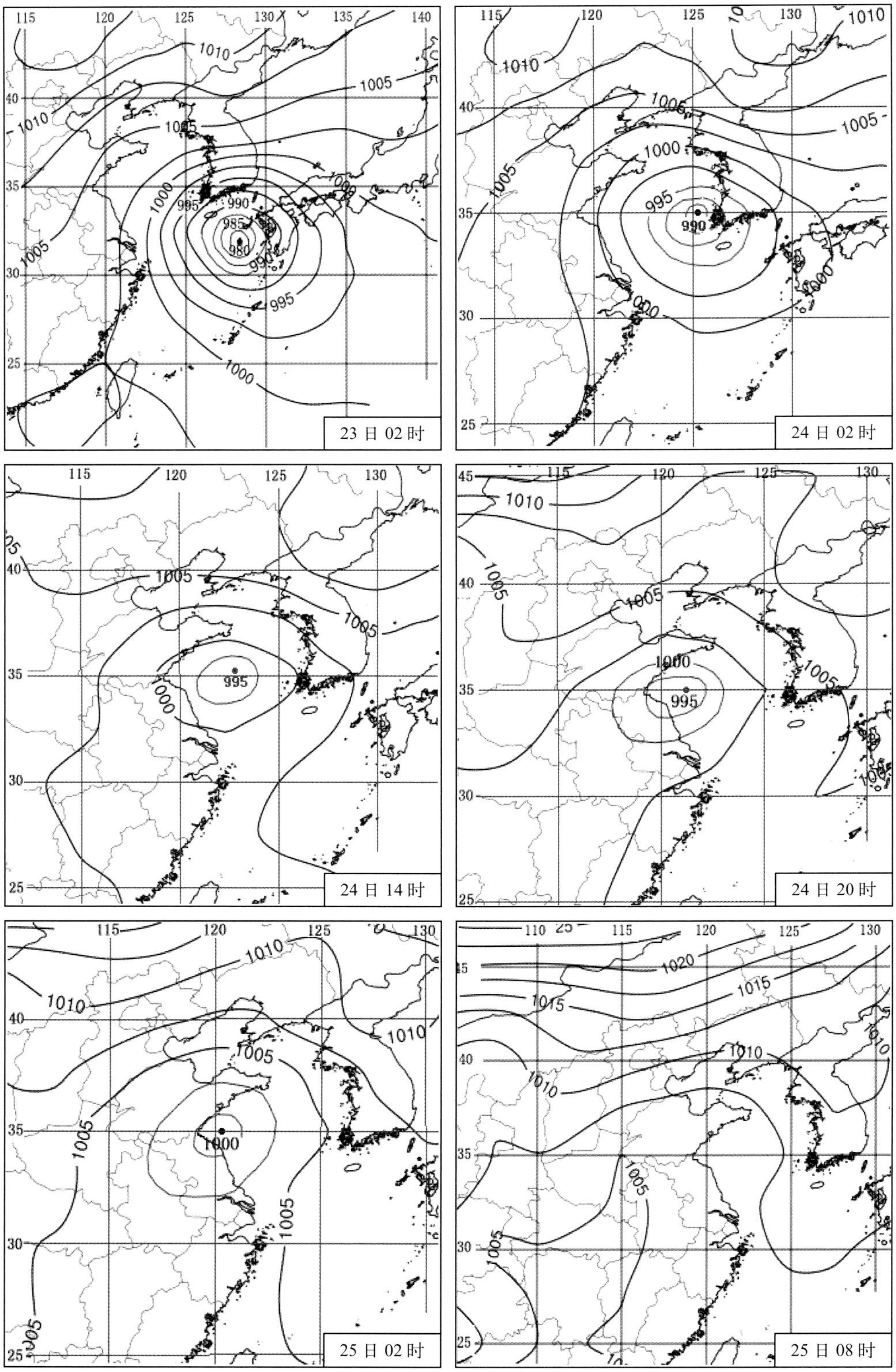

9112 号台风影响时段的气压场（1991 年 8 月 23—25 日）

9.4　Ⅳ型（登陆消失）热带气旋

9.4.1　Ⅳ型“西行消失”类

7708 号台风

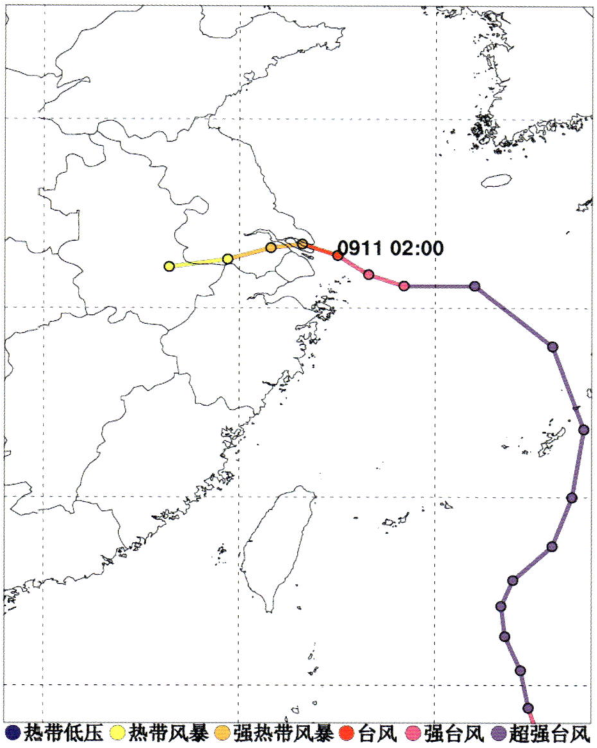

7708号台风位置与强度

日	时	中心位置	最大风速 (m/s)	最低气压 (hPa)
08	02	127.4E/ 19.4N	55	930
08	08	127.2E/ 20.4N	65	906
08	14	126.8E/ 21.3N	70	907
08	20	126.7E/ 22.1N	70	910
09	02	127.0E/ 22.8N	65	915
09	08	128.0E/ 23.7N	65	920
09	14	128.5E/ 25.0N	60	920
09	20	128.8E/ 26.8N	60	920
10	02	128.0E/ 29.0N	60	925
10	08	126.0E/ 30.6N	55	930
10	14	124.2E/ 30.6N	50	940
10	20	123.3E/ 30.9N	45	945
11	02	122.5E/ 31.4N	40	955
11	08	121.6E/ 31.7N	25	970
11	14	120.8E/ 31.6N	25	980
11	20	119.7E/ 31.3N	20	990
12	02	118.2E/ 31.1N	20	995

7708 号台风路径和强度变化（1977 年 9 月 8—12 日）

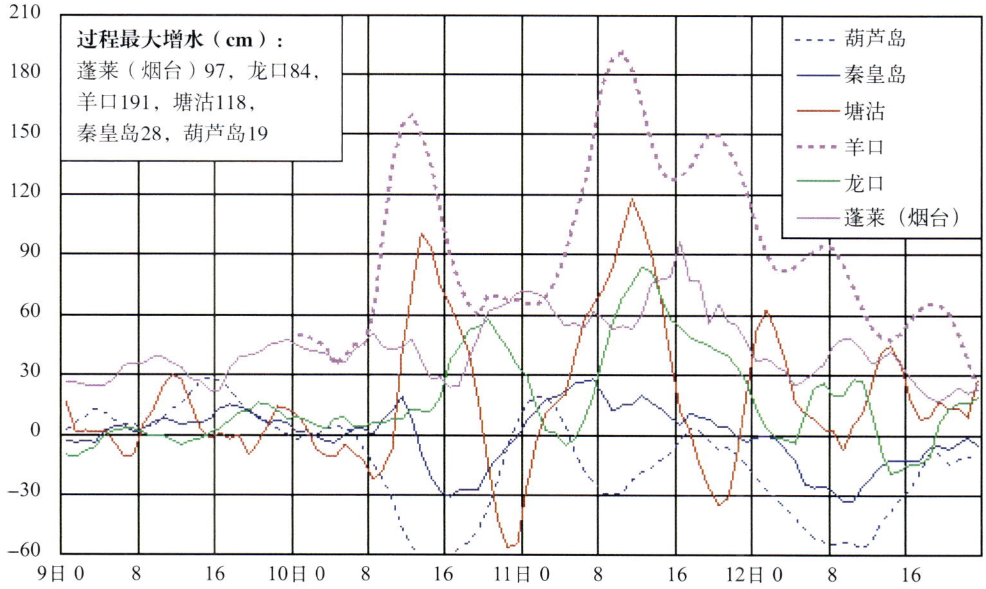

7708 号台风风暴潮曲线（1977 年 9 月 9—12 日）

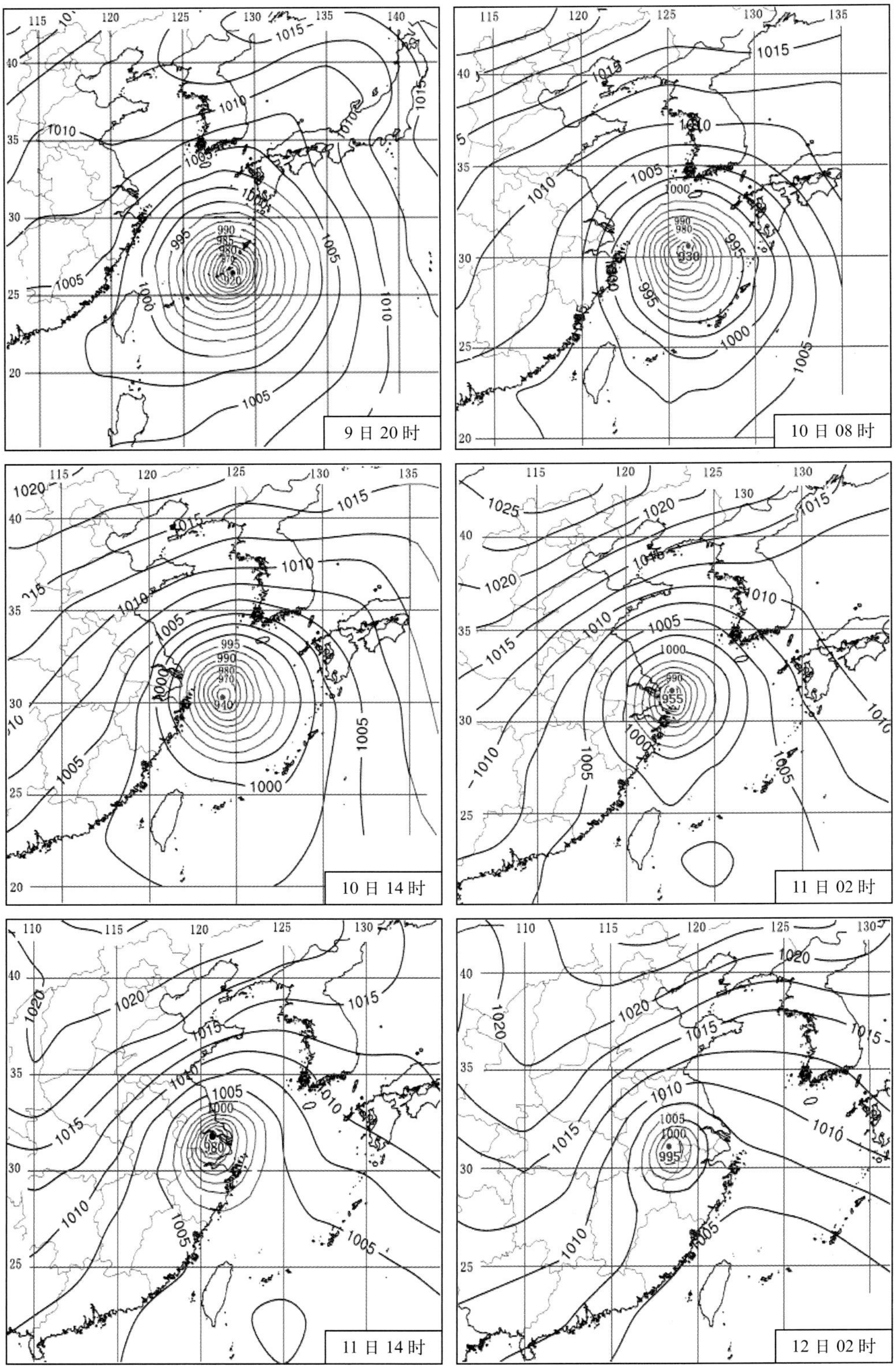

7708 号台风影响时段的气压场（1977 年 9 月 9—12 日）

9414 号台风

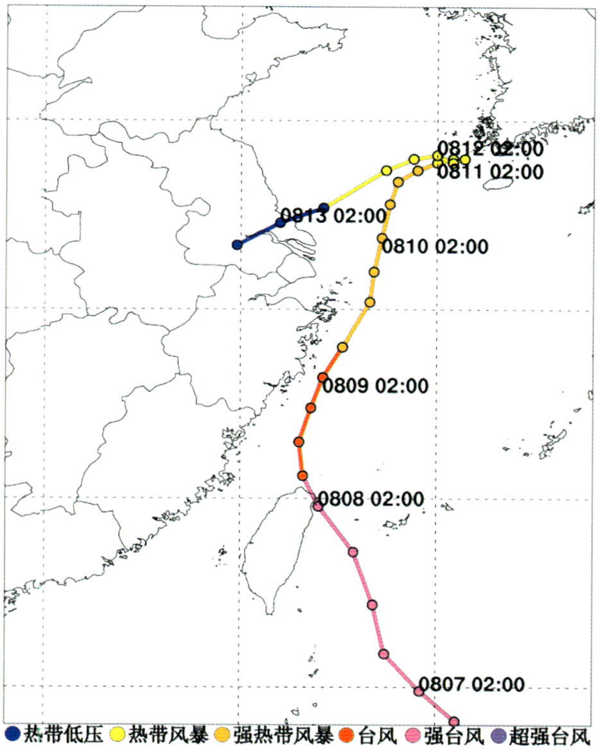

9414号台风位置与强度

日	时	中心位置	最大风速 (m/s)	最低气压 (hPa)
08	14	121.5E/ 26.5N	40	960
08	20	121.8E/ 27.4N	40	960
09	02	122.1E/ 28.2N	35	970
09	08	122.6E/ 29.0N	30	975
09	14	123.3E/ 30.2N	30	980
09	20	123.4E/ 31.0N	30	980
10	02	123.6E/ 31.9N	30	980
10	08	123.8E/ 32.8N	25	985
10	14	124.0E/ 33.4N	25	985
10	20	124.5E/ 33.7N	25	985
11	02	125.0E/ 33.9N	20	990
11	08	125.4E/ 34.0N	20	990
11	14	125.7E/ 34.0N	20	992
11	20	125.4E/ 33.9N	20	992
12	02	125.0E/ 34.1N	20	992
12	08	124.4E/ 34.0N	20	992
12	14	123.7E/ 33.7N	20	995
12	20	122.1E/ 32.7N	15	998
13	02	121.0E/ 32.3N	15	1000
13	08	119.9E/ 31.7N	15	1000

9414 号台风路径和强度变化（1994 年 8 月 7—13 日）

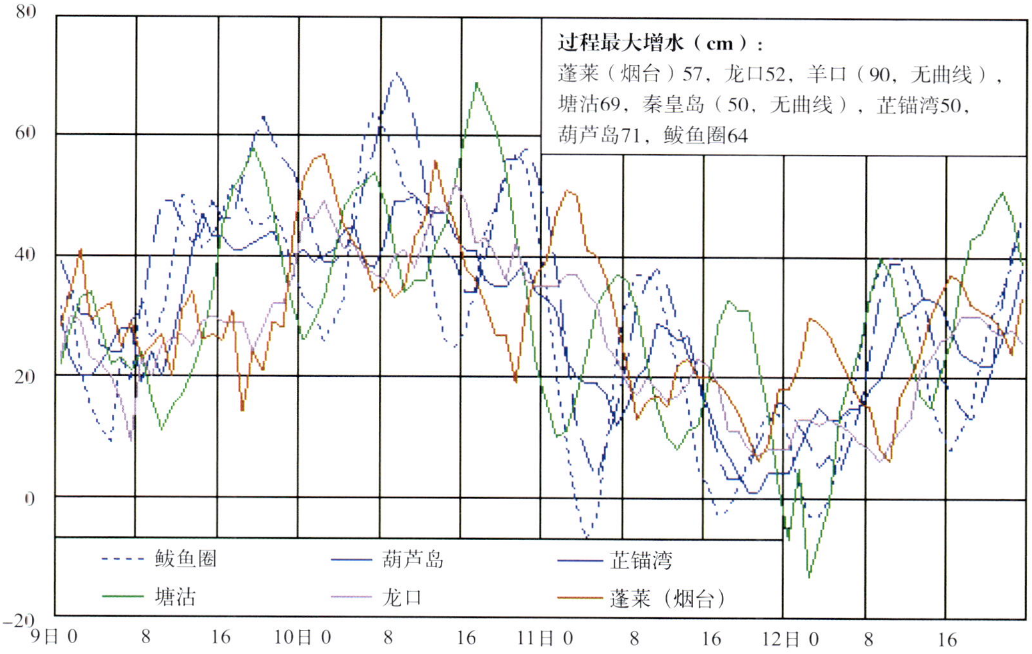

9414 号台风风暴潮曲线（1994 年 8 月 9—12 日）

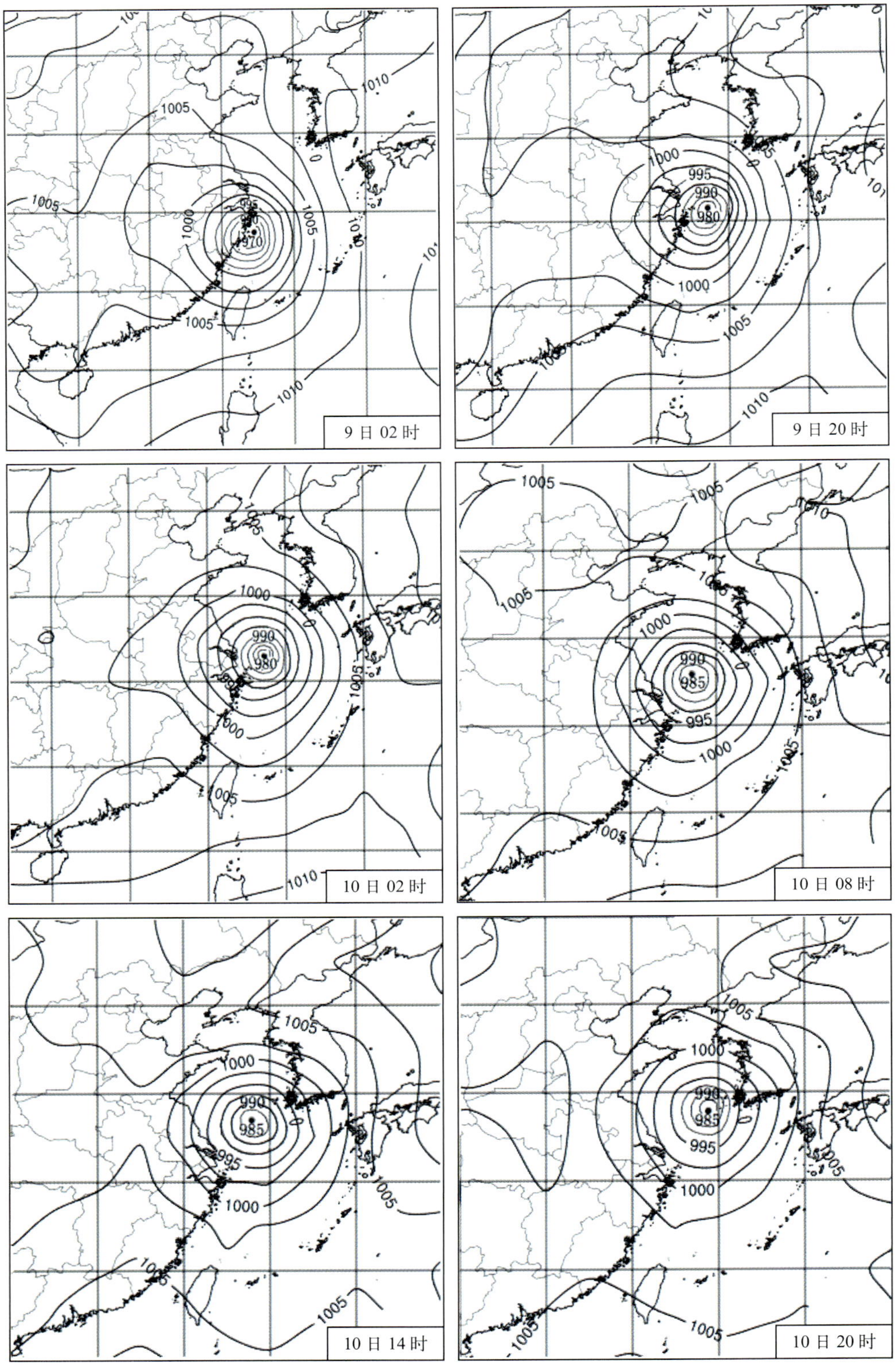

9414 号台风影响时段的气压场（1994 年 8 月 9—13 日）

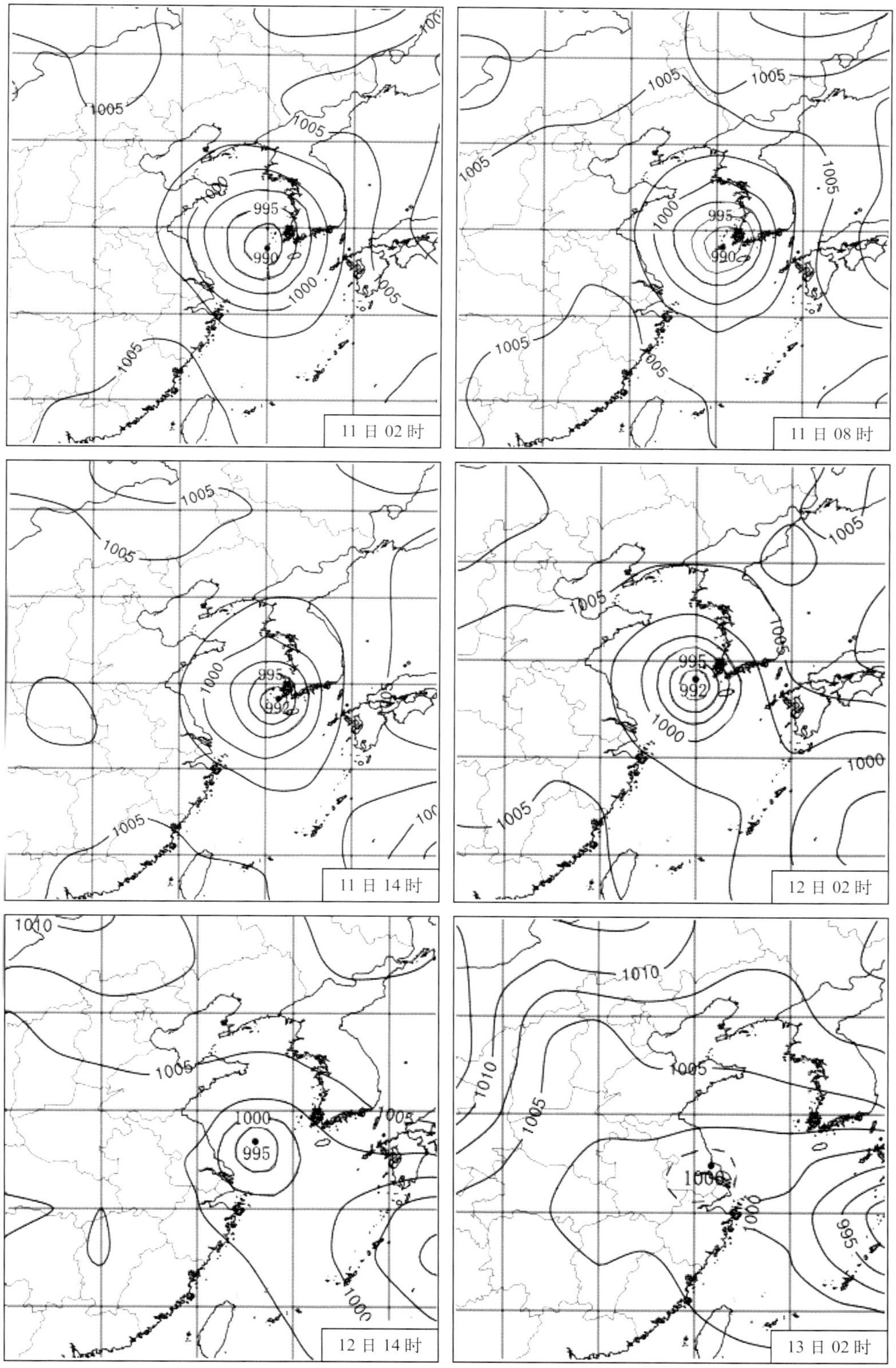

9414 号台风影响时段的气压场（1994 年 8 月 9—13 日）（续）

9.4.2 Ⅳ型“北上消失”类

8407 号台风

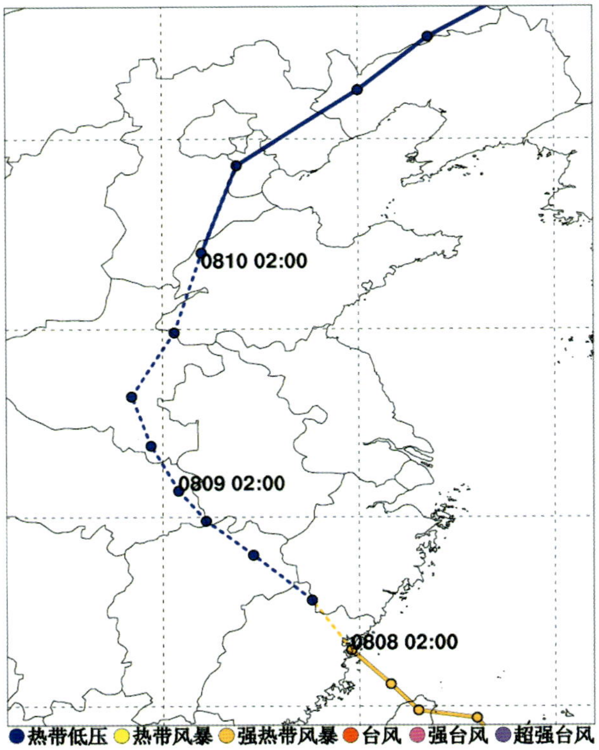

8407号台风位置与强度

日	时	中心位置	最大风速 (m/s)	最低气压 (hPa)
07	08	123.0E/ 24.7N	30	985
07	14	121.5E/ 24.9N	25	985
07	20	120.8E/ 25.6N	25	987
08	02	119.8E/ 26.5N	25	988
08	08	118.8E/ 27.8N	9	995
08	14	117.3E/ 29.0N	9	995
08	20	116.1E/ 29.9N	9	996
09	02	115.4E/ 30.7N	9	996
09	08	114.7E/ 31.9N	9	996
09	14	114.2E/ 33.2N	9	997
09	20	115.3E/ 34.9N	9	997
10	02	116.0E/ 37.0N	9	996
10	08	116.9E/ 39.3N	15	993
10	14	120.0E/ 41.3N	15	995

8407 号台风路径和强度变化（1984 年 8 月 7—10 日）

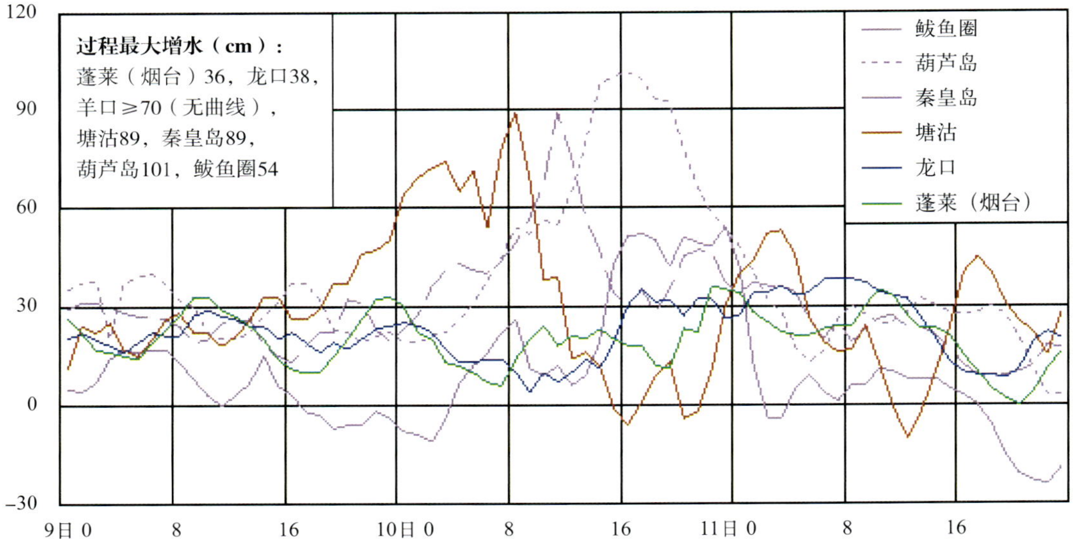

8407 号台风风暴潮曲线（1984 年 8 月 9—11 日）

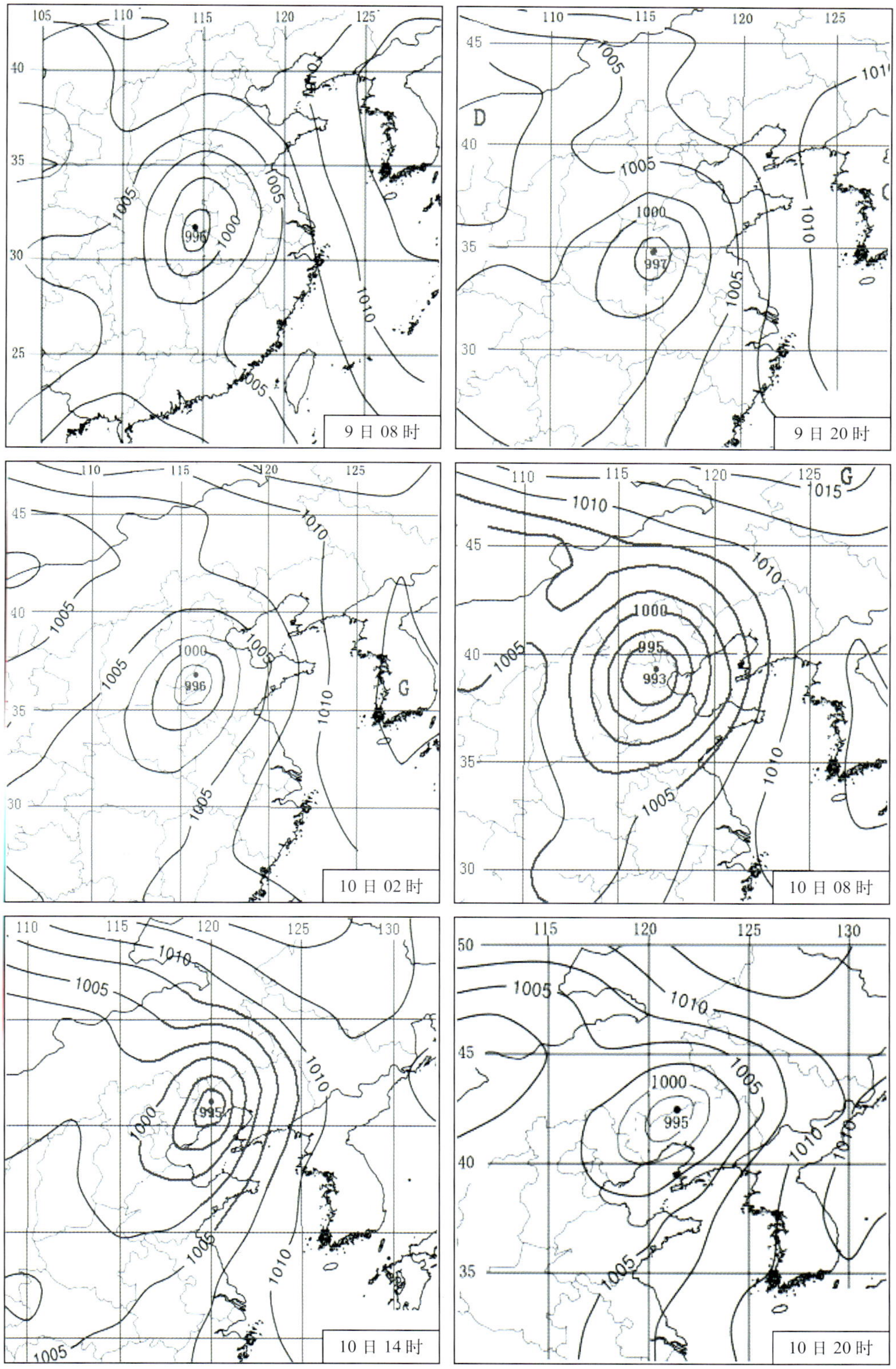

8407 号台风影响时段的气压场（1984 年 8 月 9—10 日）

9406 号台风

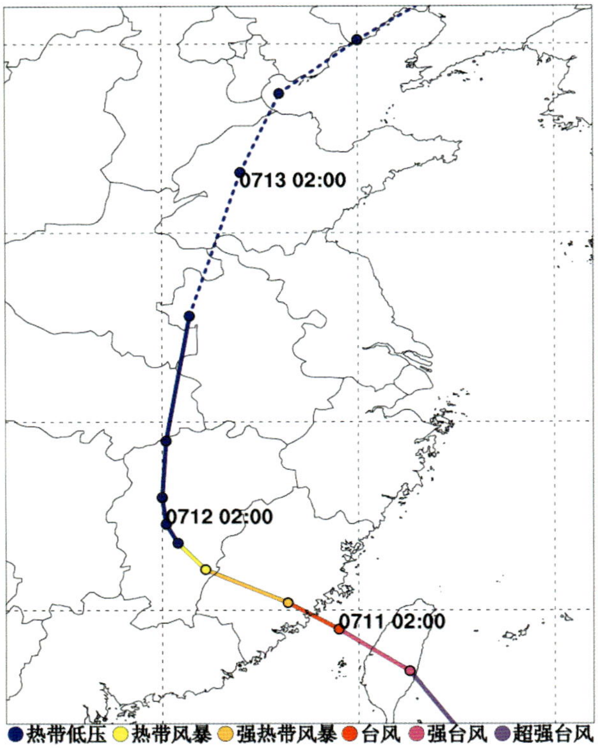

9406号台风位置与强度

日	时	中心位置	最大风速 (m/s)	最低气压 (hPa)
10	20	121.3E/ 23.4N	45	950
11	02	119.5E/ 24.5N	35	970
11	08	118.2E/ 25.2N	25	980
11	14	116.1E/ 26.1N	20	985
11	20	115.4E/ 26.8N	15	990
12	02	115.1E/ 27.3N	15	992
12	08	115.0E/ 28.0N	15	992
12	14	115.1E/ 29.5N	15	992
12	20	115.7E/ 32.8N	15	992
13	02	117.0E/ 36.6N	10	992
13	08	118.0E/ 38.7N	10	992
13	14	120.0E/ 40.1N	10	992

9406 号台风路径和强度变化（1994 年 7 月 10—13 日）

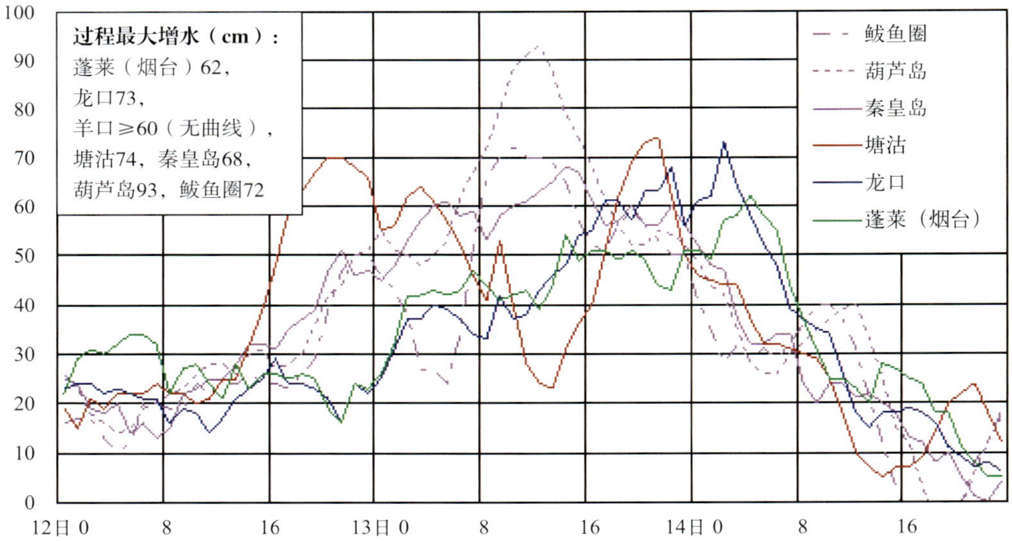

9406 号台风风暴潮曲线（1994 年 7 月 12—14 日）

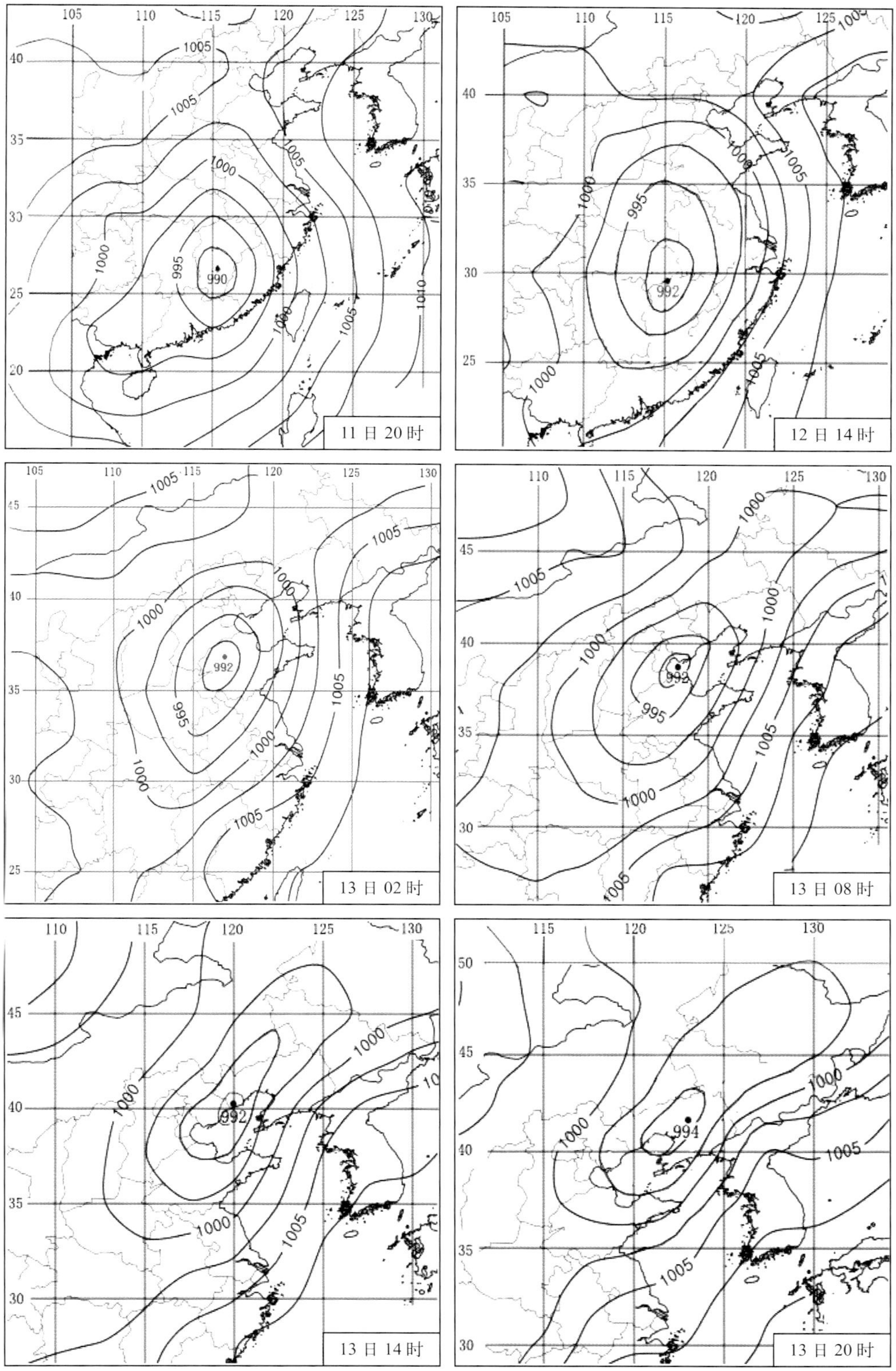

9406 号台风影响时段的气压场（1994 年 7 月 11—13 日）

第10章
典型温带气旋风暴潮图集

10.1 江淮气旋

10.1.1 北上入渤海类

1962 年 7 月 8—10 日

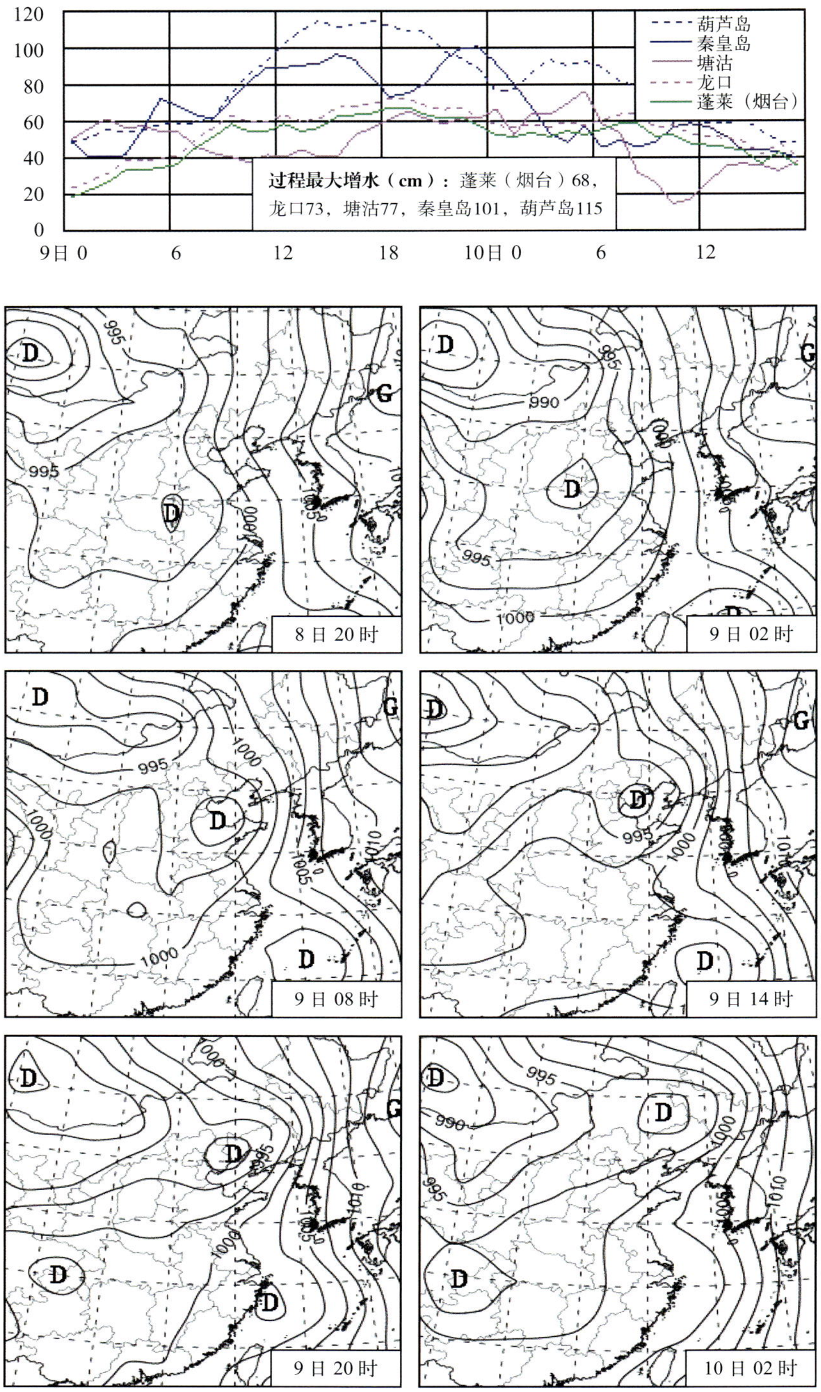

江淮气旋风暴潮曲线与气压场（1962 年 7 月 8—10 日）

1967 年 7 月 1—2 日

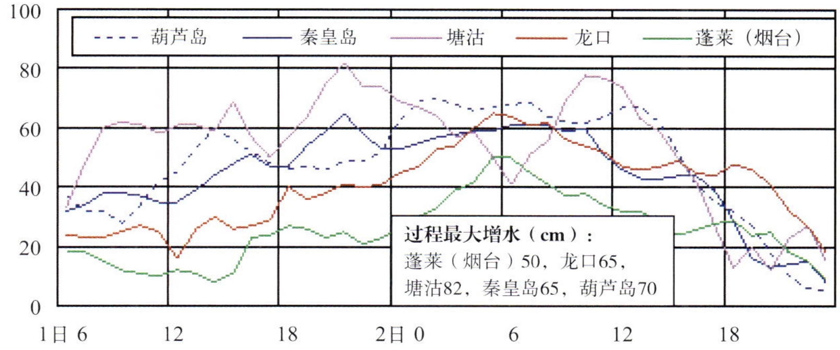

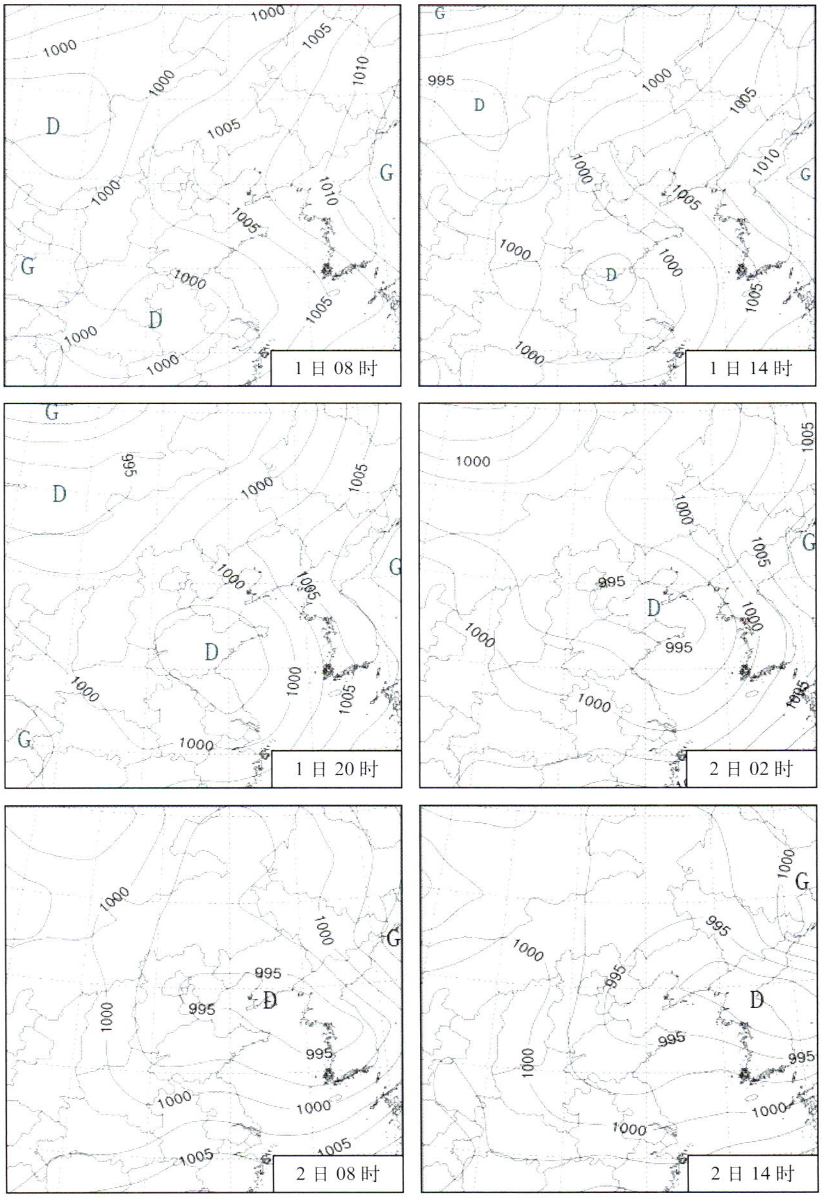

江淮气旋风暴潮曲线与气压场（1967 年 7 月 1—2 日）

1971 年 6 月 25—27 日

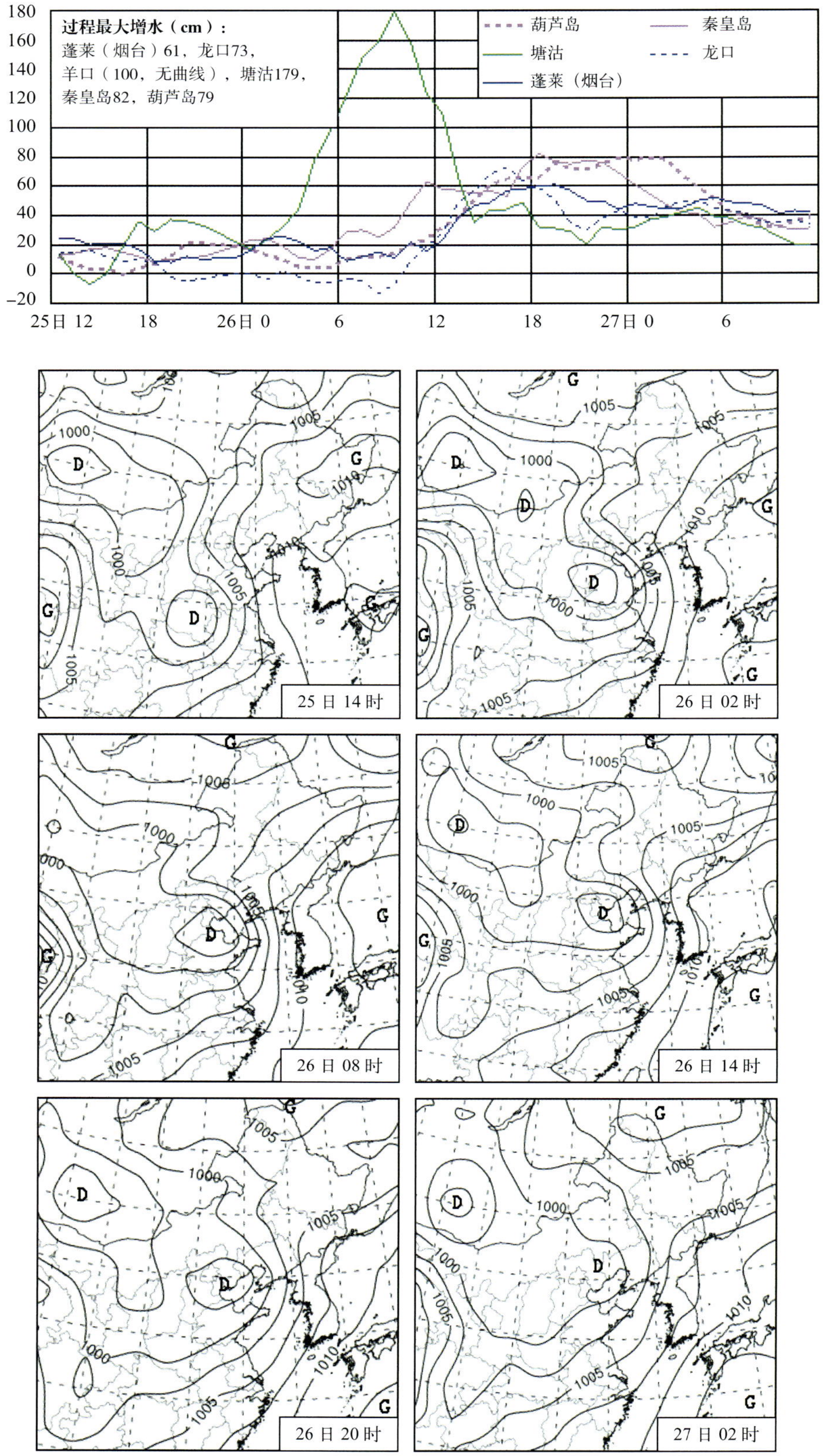

江淮气旋风暴潮曲线与气压场（1971 年 6 月 25—27 日）

1977 年 10 月 28—30 日

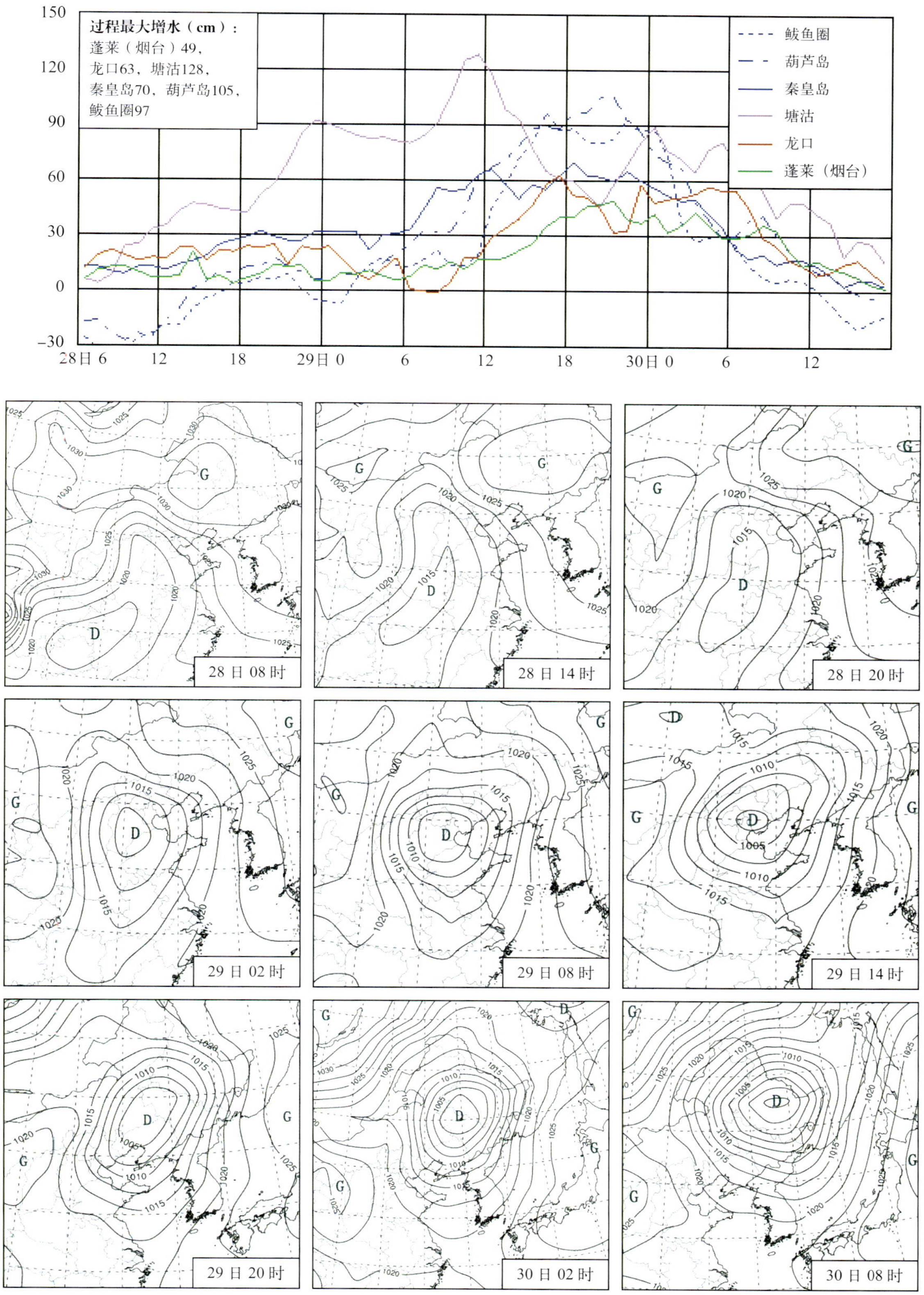

江淮气旋风暴潮曲线与气压场（1977 年 10 月 28—30 日）

1983 年 4 月 25—27 日

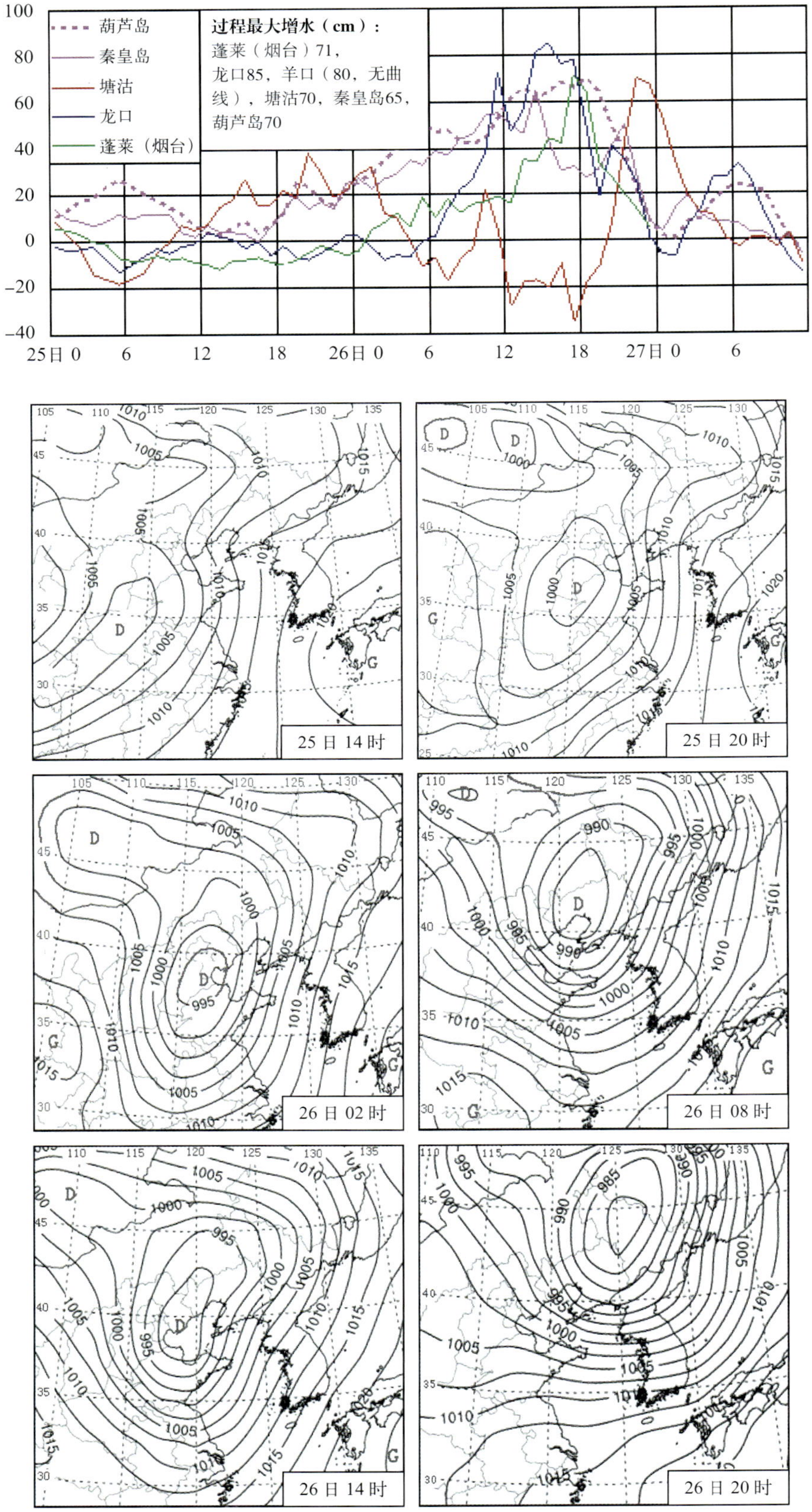

江淮气旋风暴潮曲线与气压场（1983 年 4 月 25—27 日）

1987 年 8 月 26—28 日

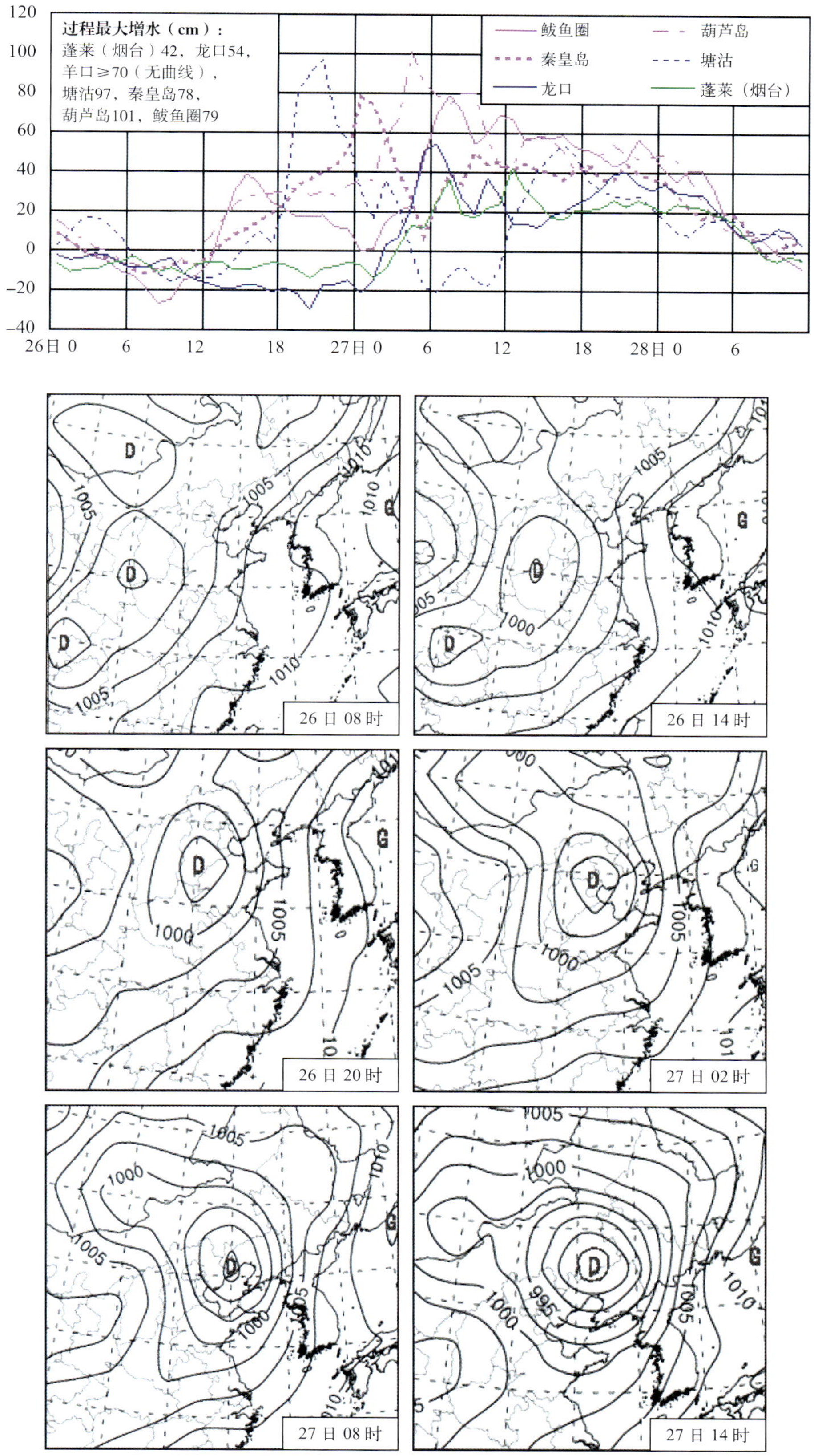

江淮气旋风暴潮曲线与气压场（1987 年 8 月 26—28 日）

1990 年 7 月 6—9 日

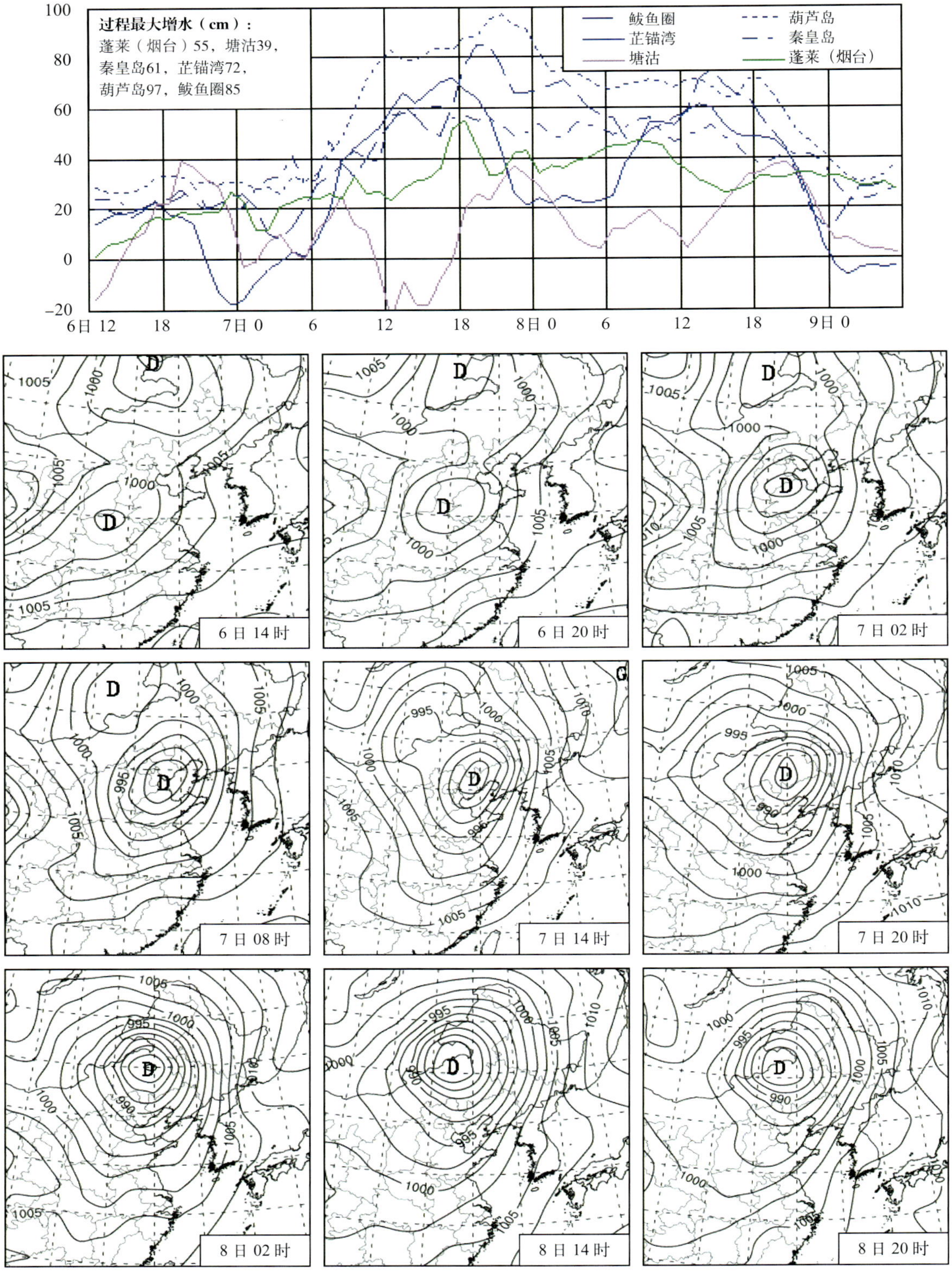

江淮气旋风暴潮曲线与气压场（1990 年 7 月 6—9 日）

1995 年 7 月 25—26 日

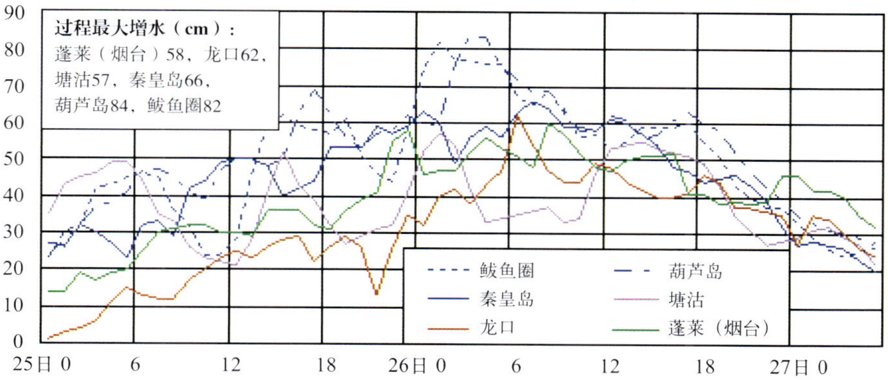

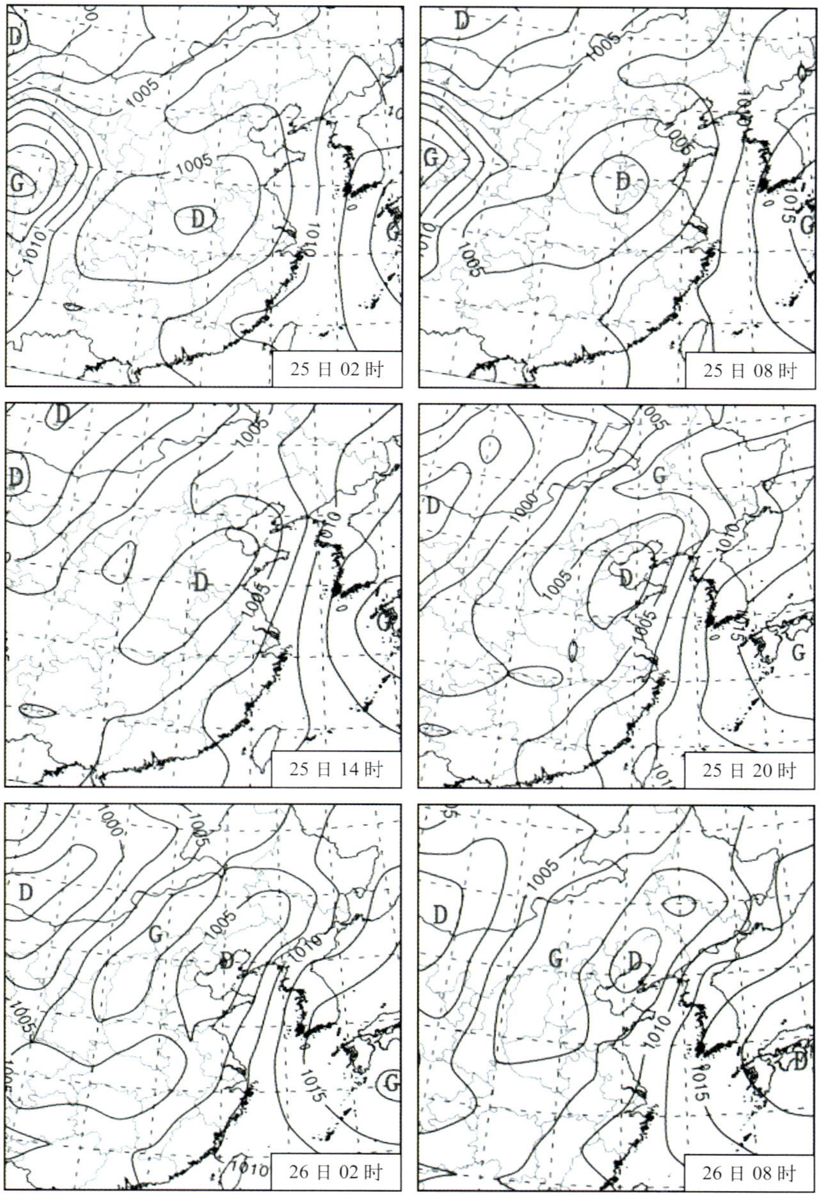

江淮气旋风暴潮曲线与气压场（1995 年 7 月 25—26 日）

2009 年 7 月 13—14 日

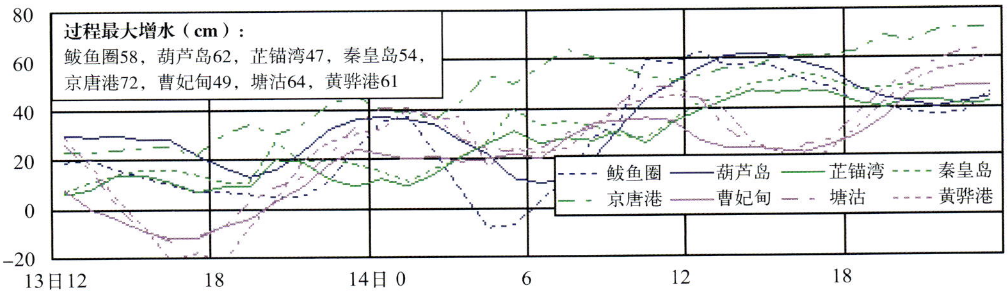

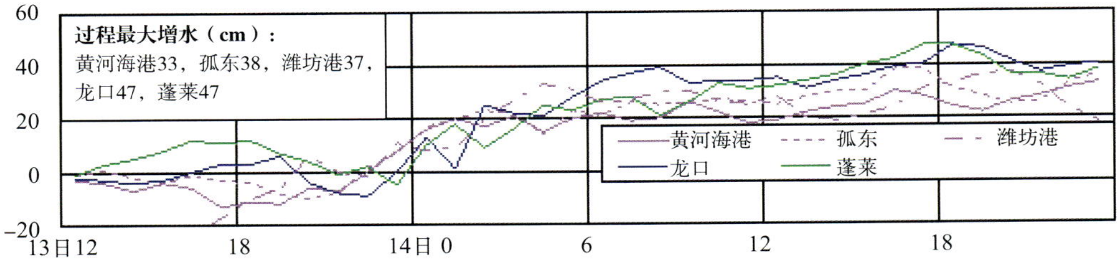

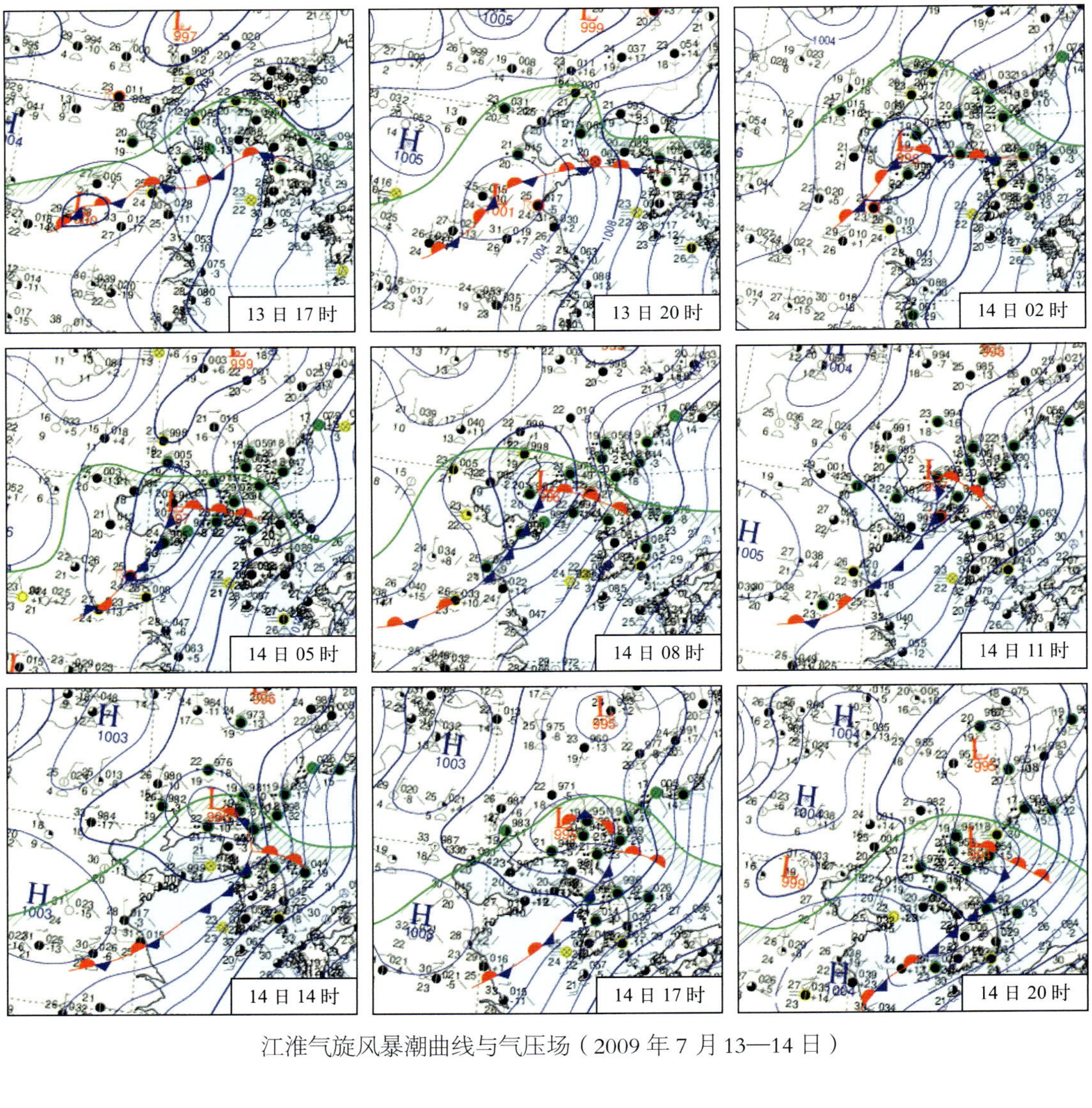

江淮气旋风暴潮曲线与气压场（2009 年 7 月 13—14 日）

2010 年 7 月 19—20 日

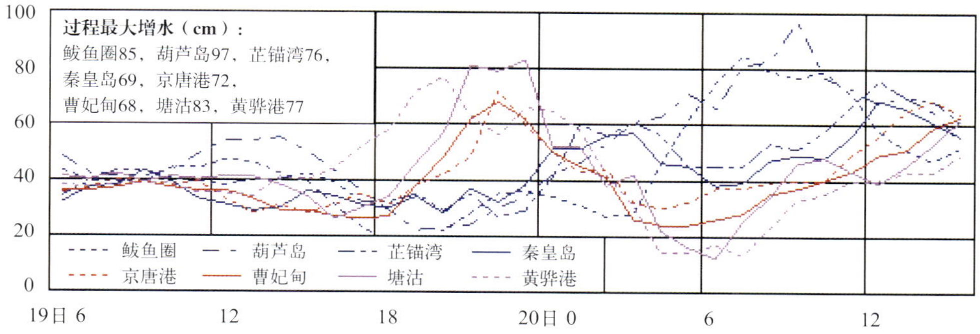

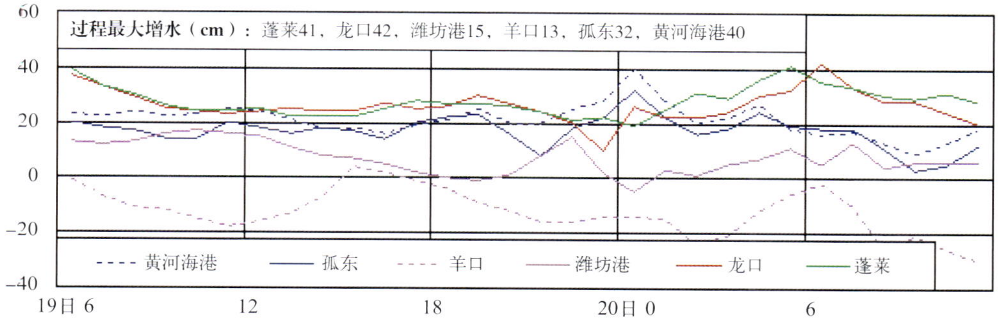

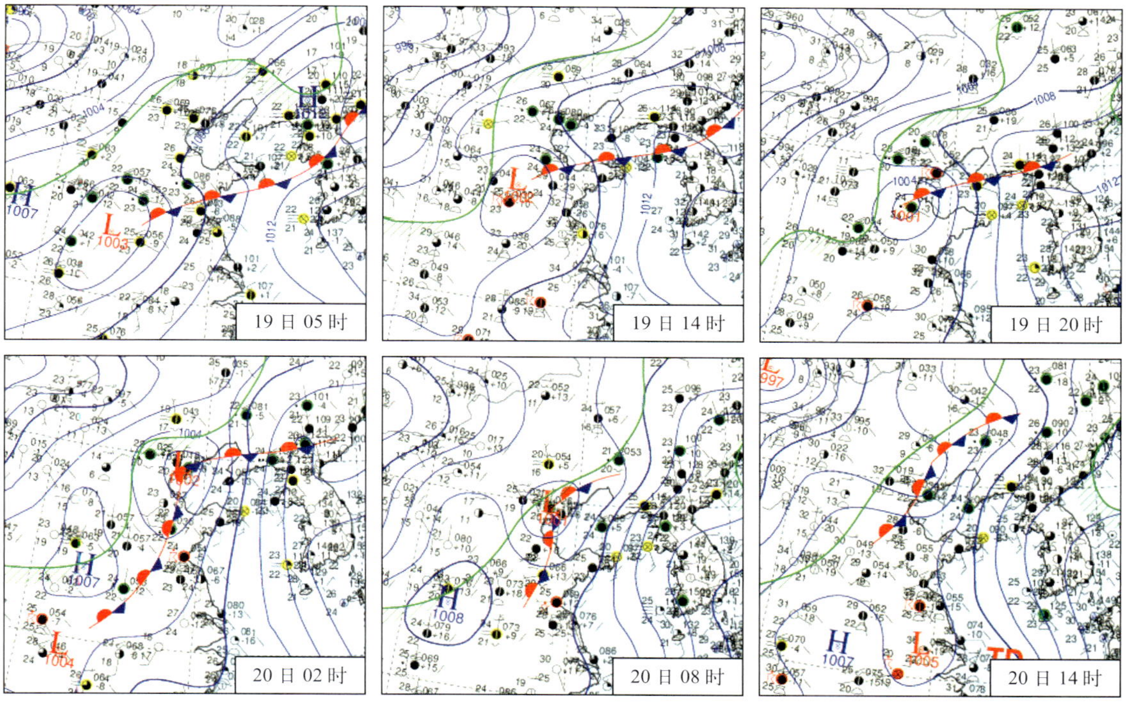

江淮气旋风暴潮曲线与气压场（2010 年 7 月 19—20 日）

2012 年 7 月 9—11 日

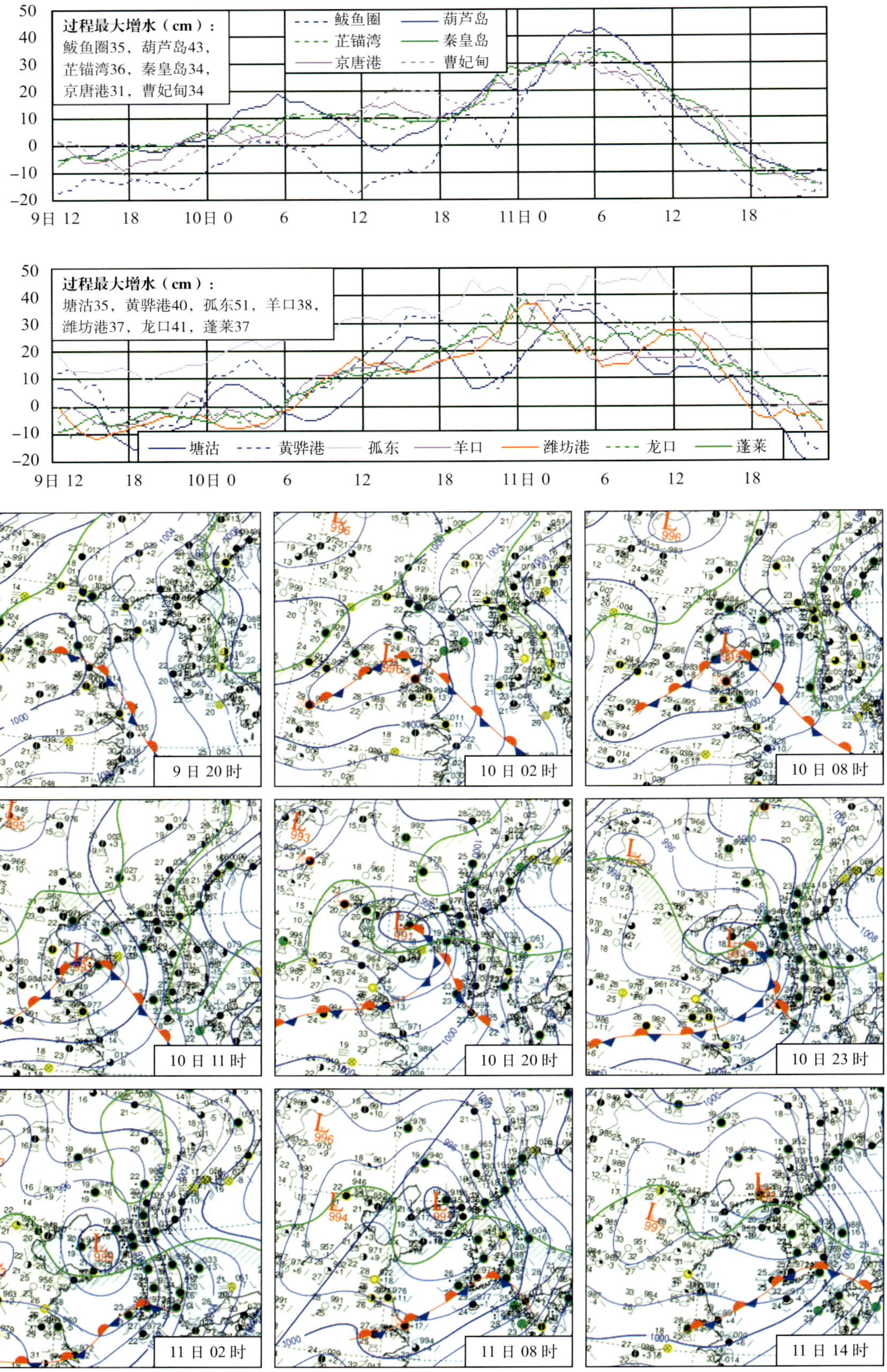

江淮气旋风暴潮曲线与气压场（2012 年 7 月 9—11 日）

2014 年 5 月 10—12 日

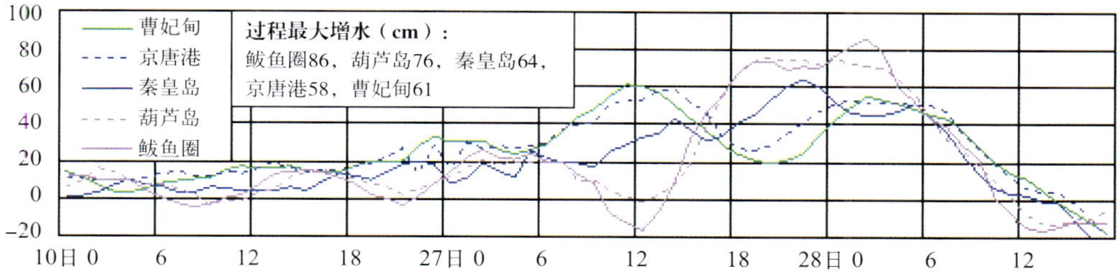

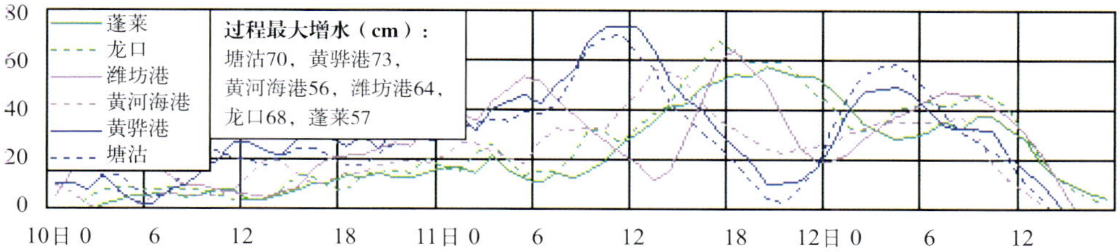

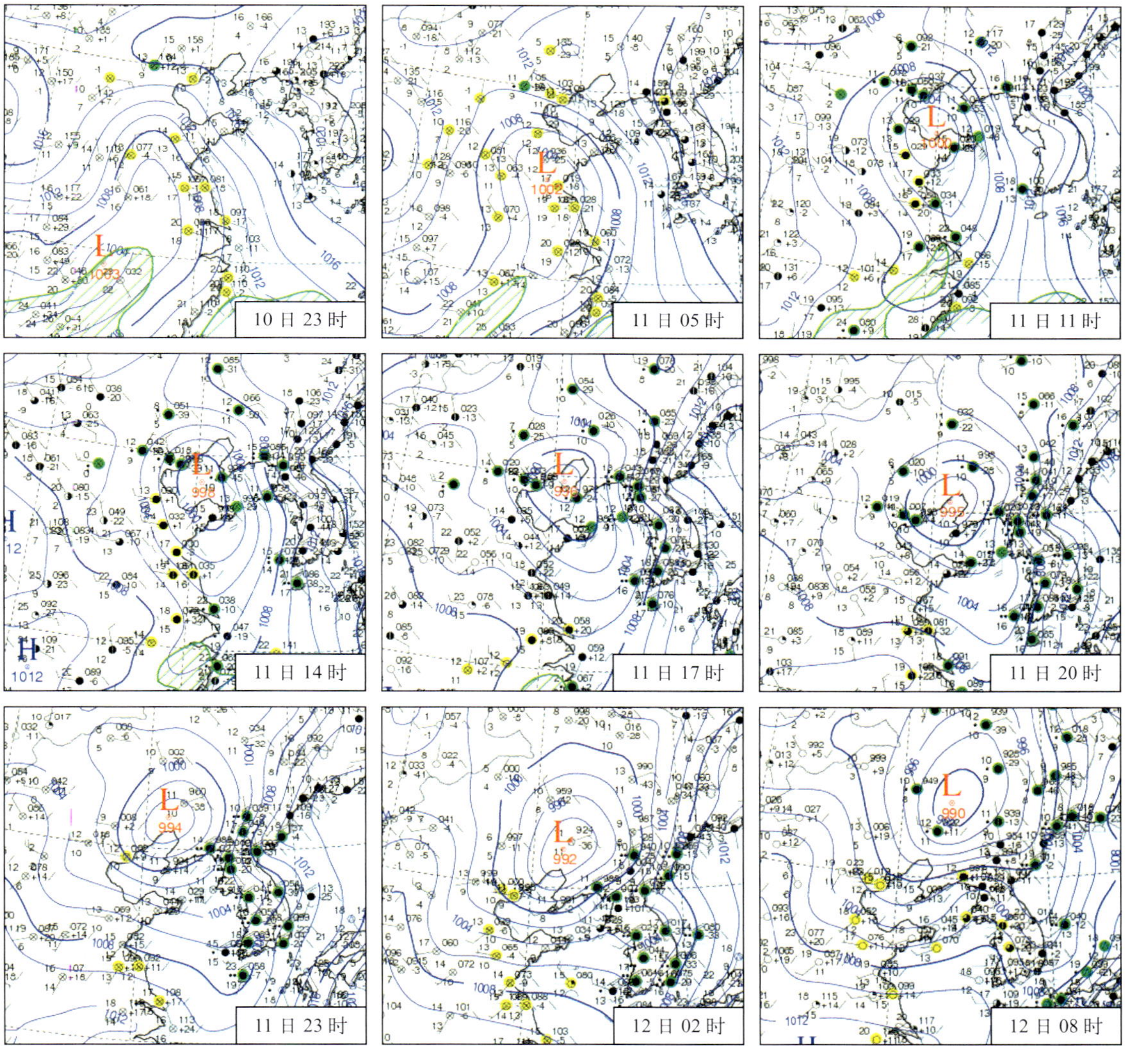

江淮气旋风暴潮曲线与气压场（2014 年 5 月 10—12 日）

2015 年 4 月 1—3 日

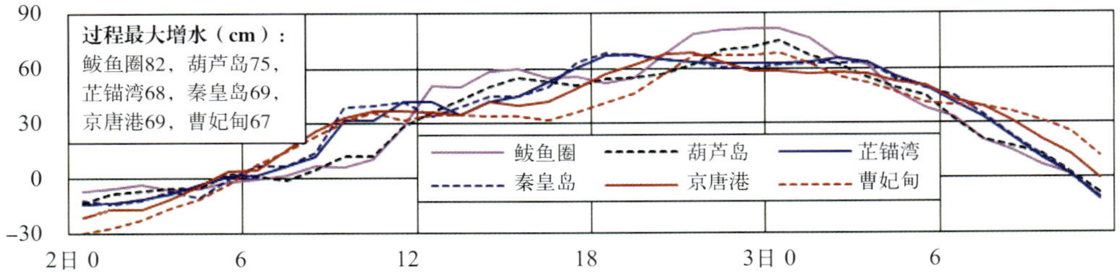

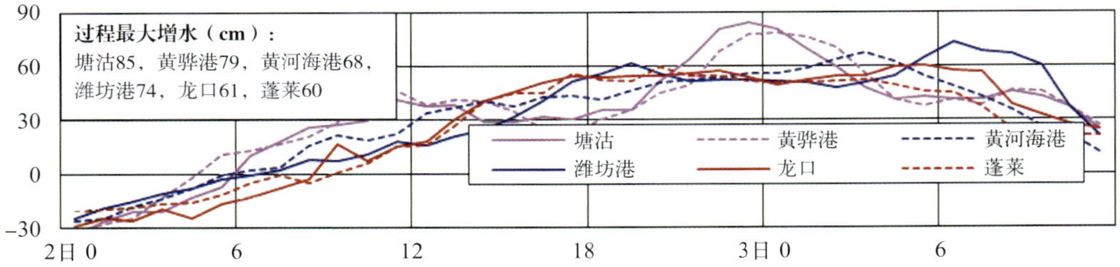

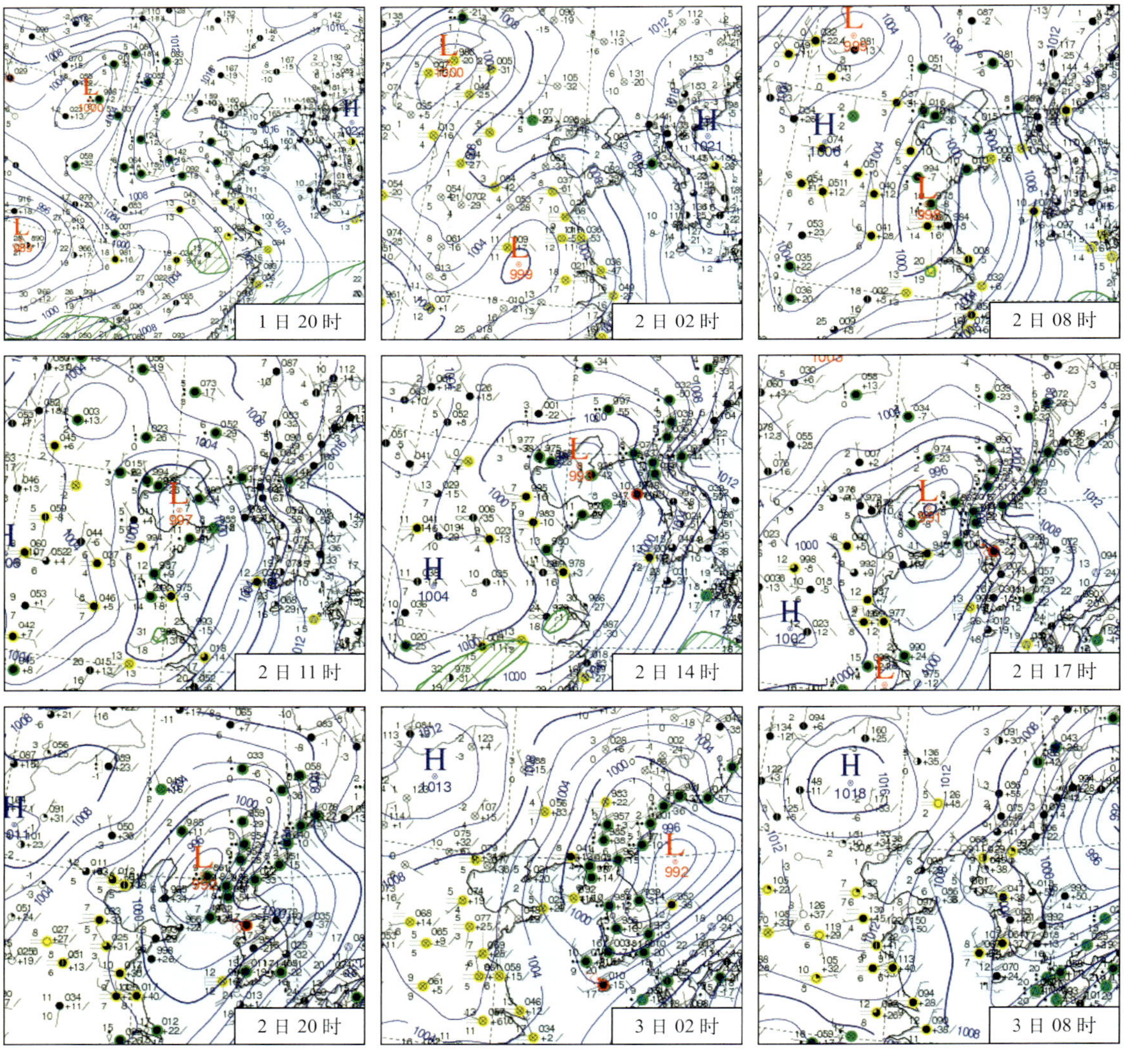

江淮气旋风暴潮曲线与气压场（2015 年 4 月 1—3 日）

2016 年 7 月 19—21 日

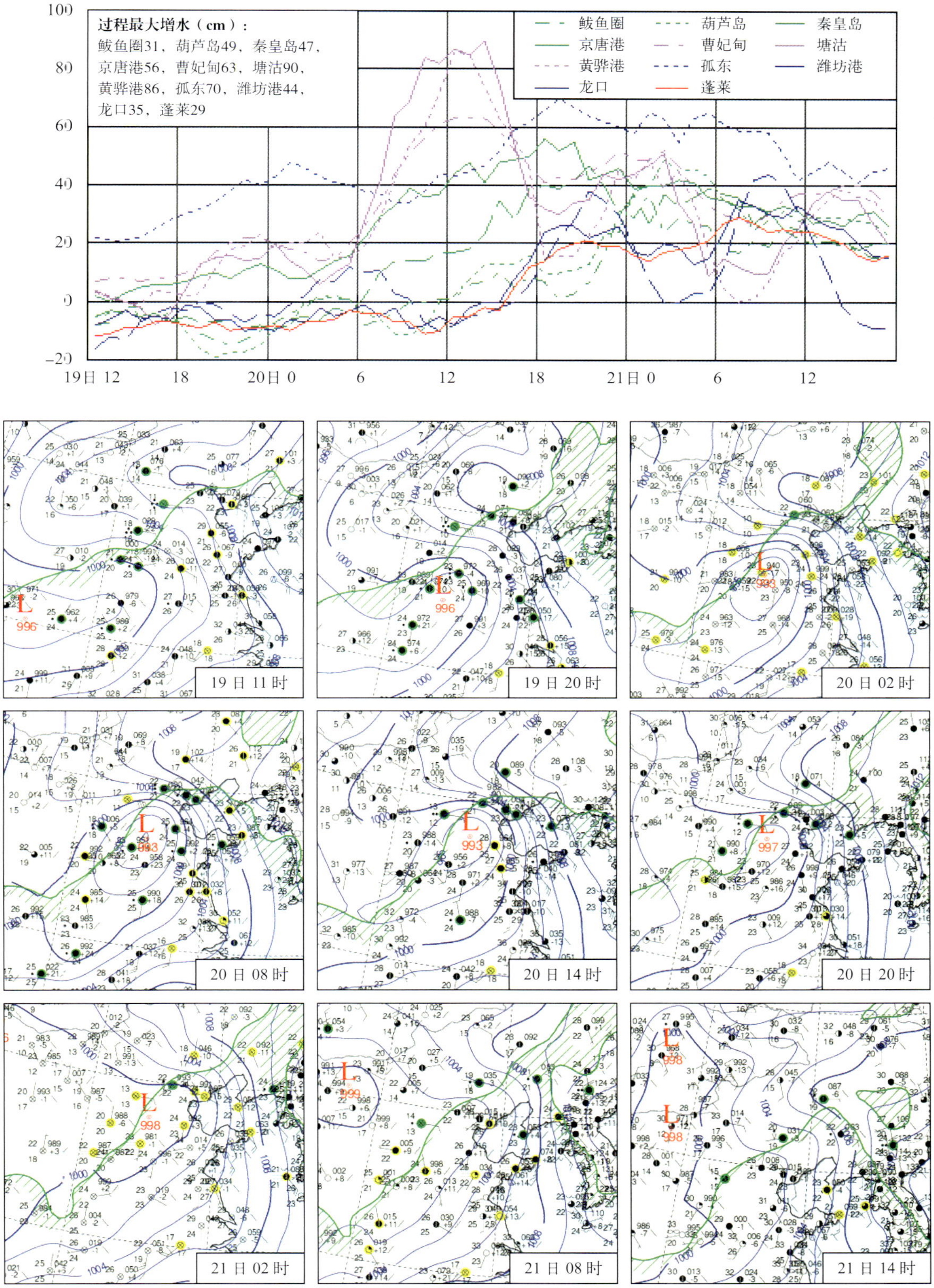

江淮气旋风暴潮曲线与气压场（2016 年 7 月 19—21 日）

10.1.2 苏北北部东北行类

1964 年 1 月 11—12 日

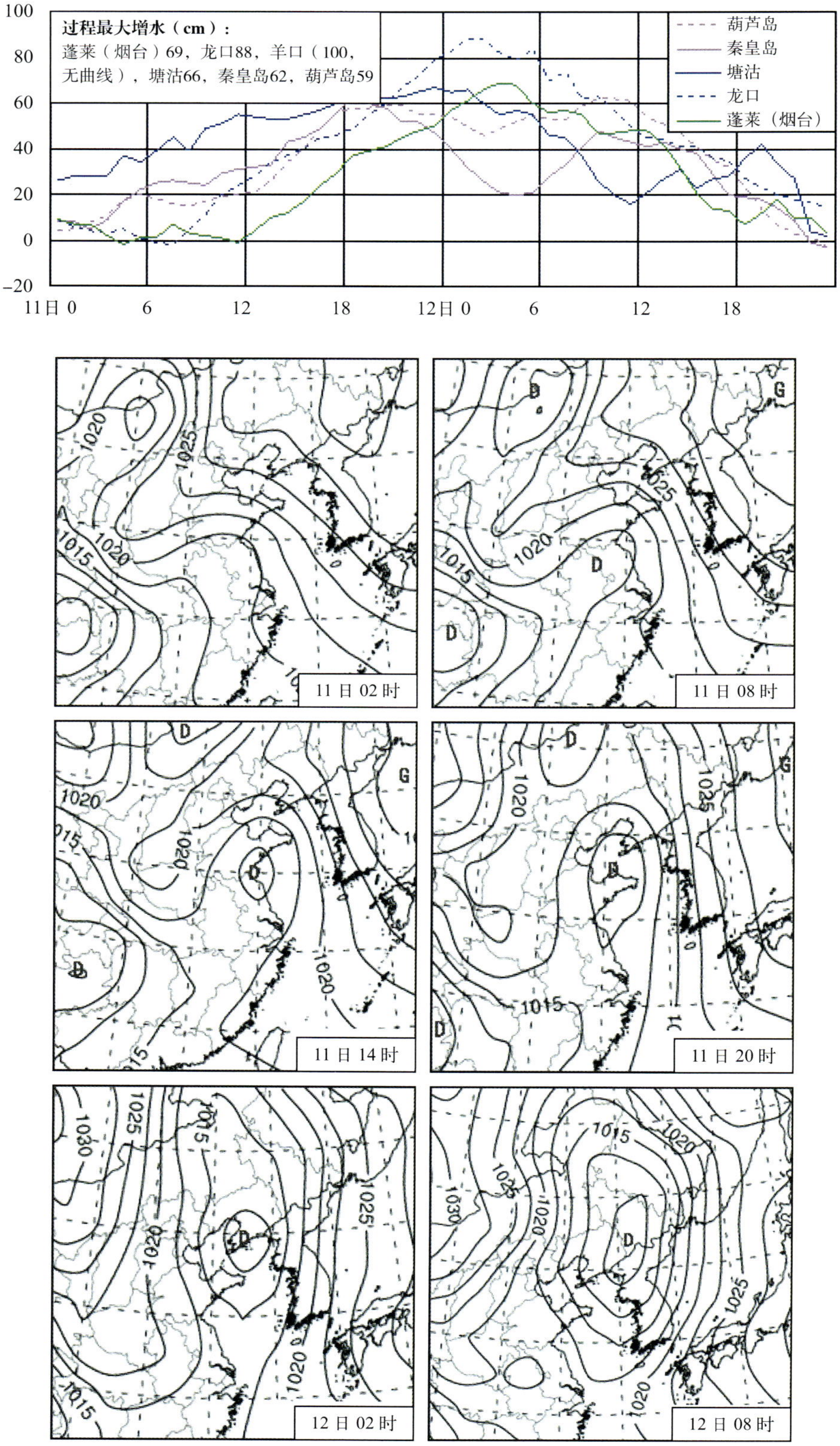

江淮气旋风暴潮曲线与气压场（1964 年 1 月 11—12 日）

1973 年 4 月 30 日—5 月 2 日

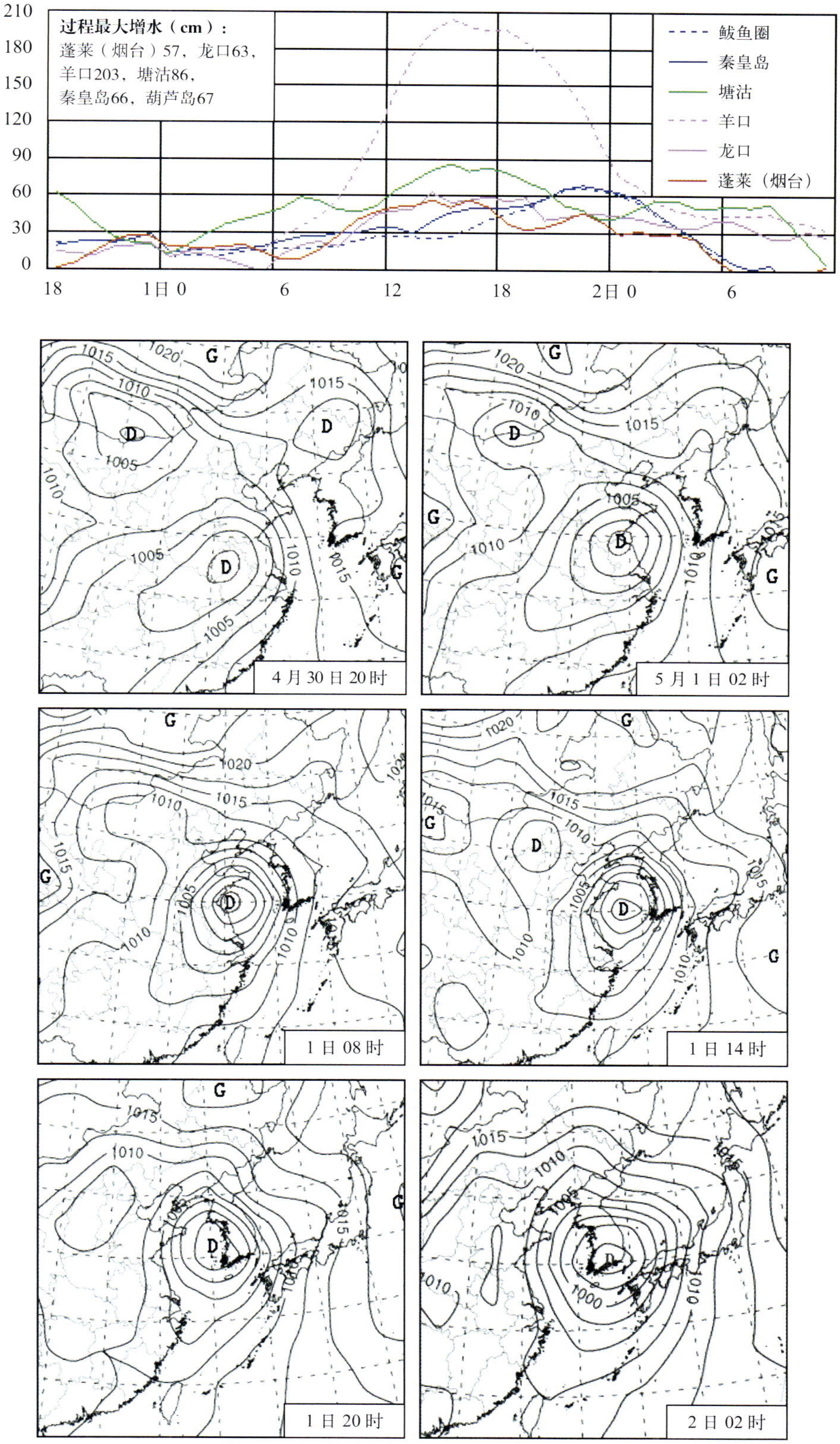

江淮气旋风暴潮曲线与气压场（1973 年 4 月 30 日—5 月 2 日）

1973 年 5 月 6—8 日

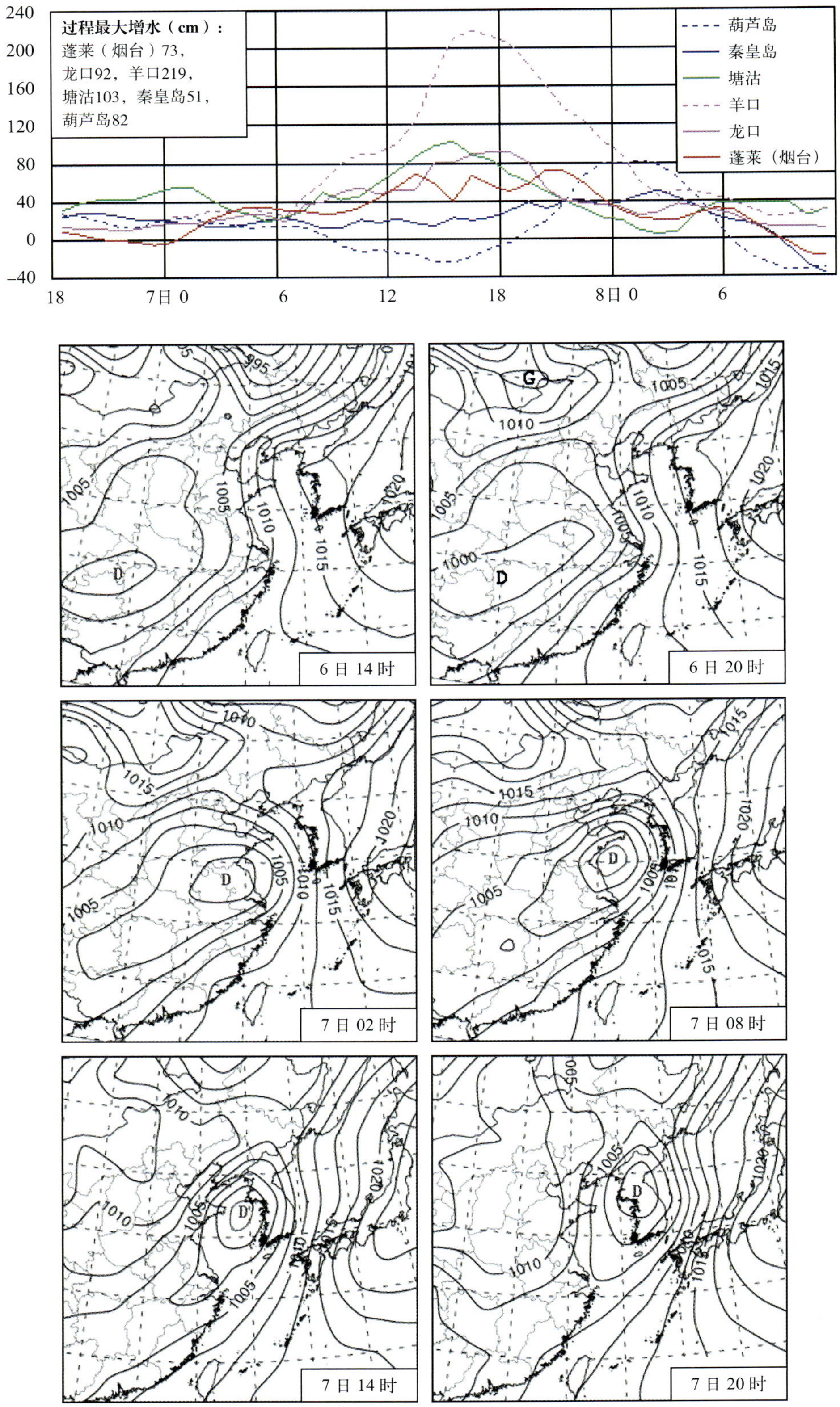

江淮气旋风暴潮曲线与气压场（1973 年 5 月 6—8 日）

1973 年 8 月 30 日—9 月 1 日

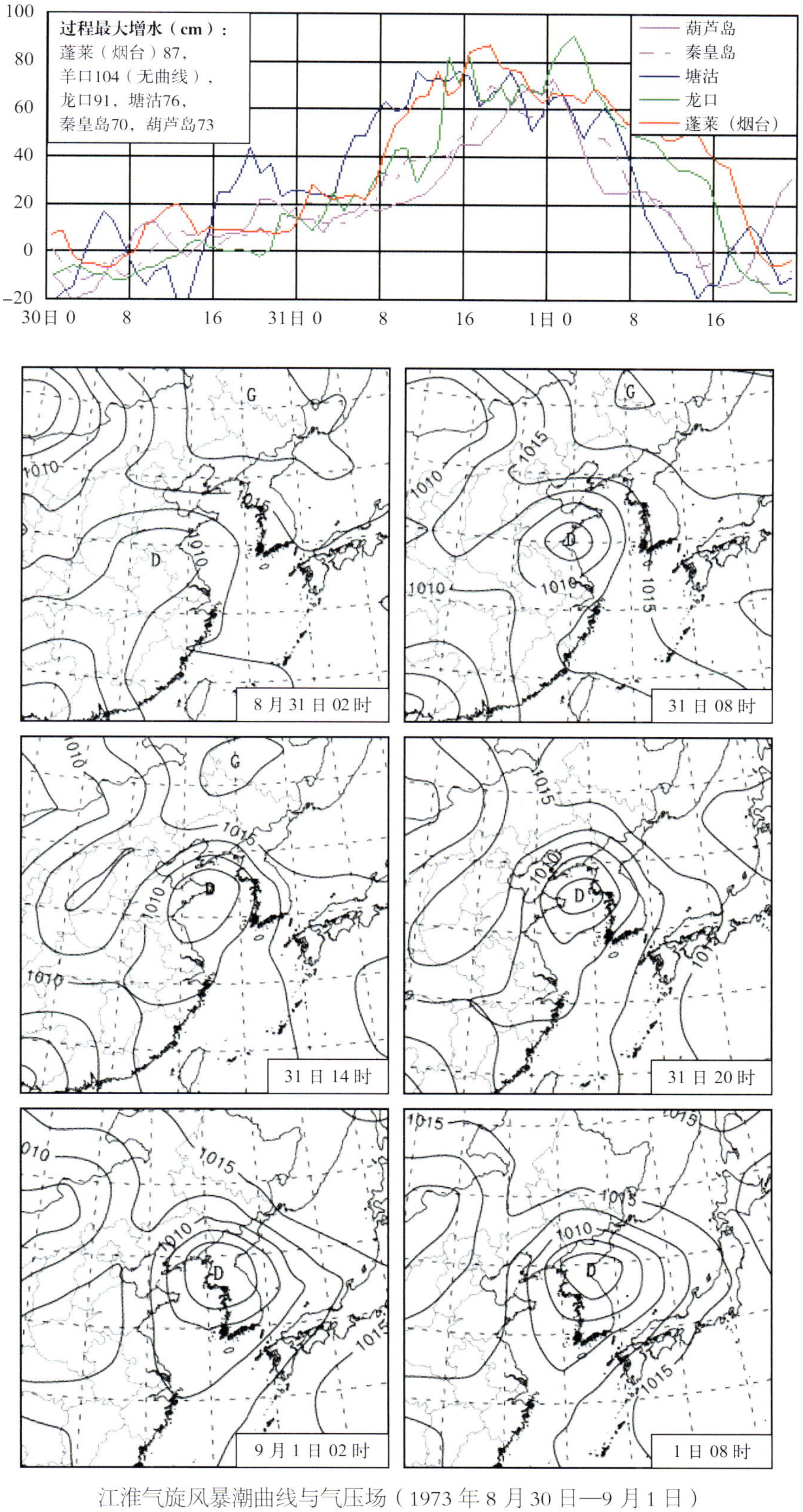

江淮气旋风暴潮曲线与气压场（1973 年 8 月 30 日—9 月 1 日）

1979 年 6 月 5—7 日

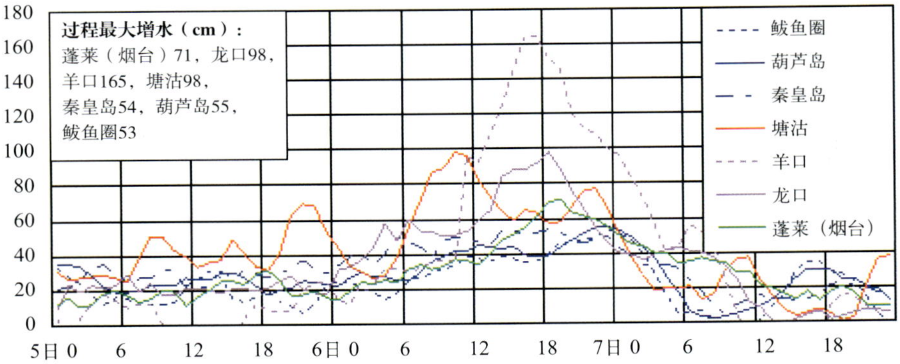

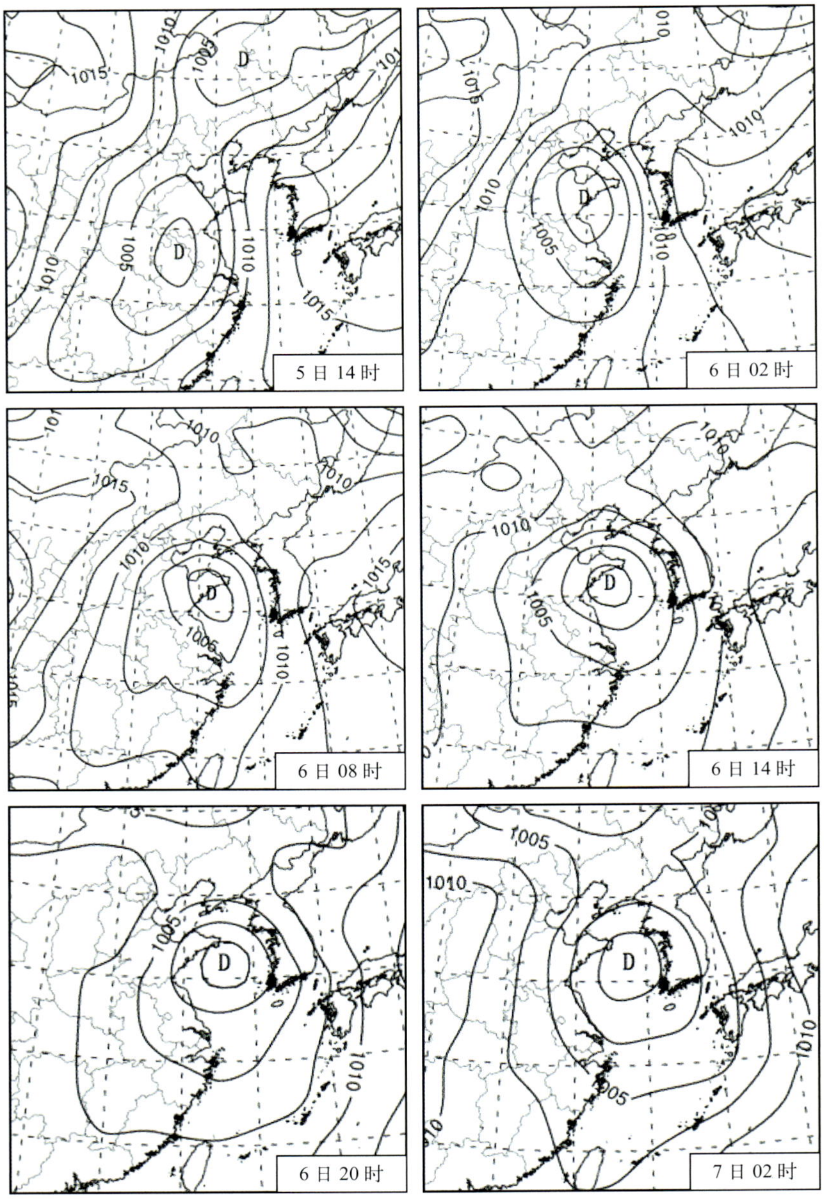

江淮气旋风暴潮曲线与气压场（1979 年 6 月 5—7 日）

1981 年 3 月 23—25 日

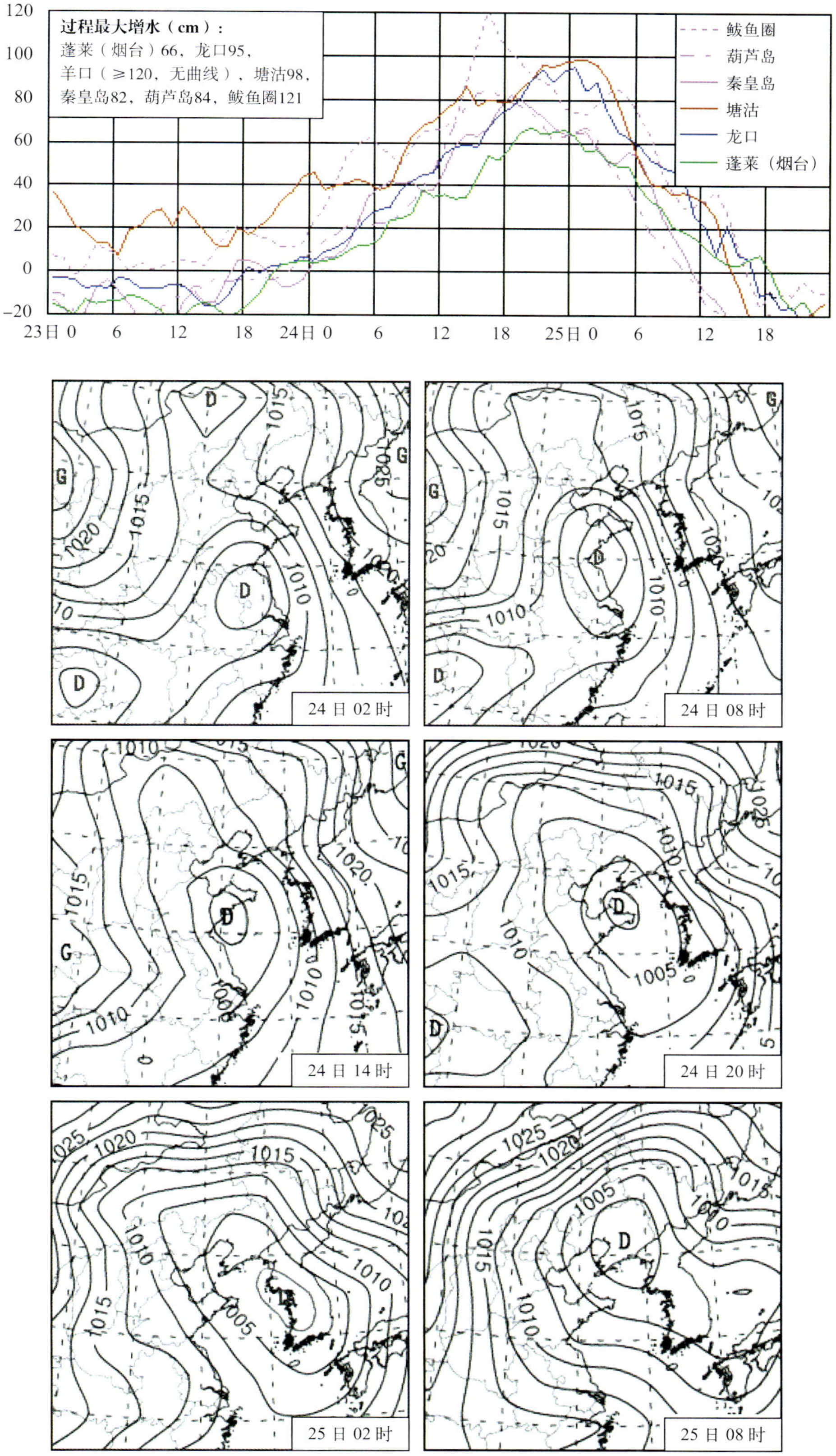

江淮气旋风暴潮曲线与气压场（1981 年 3 月 23—25 日）

1983 年 7 月 1—3 日

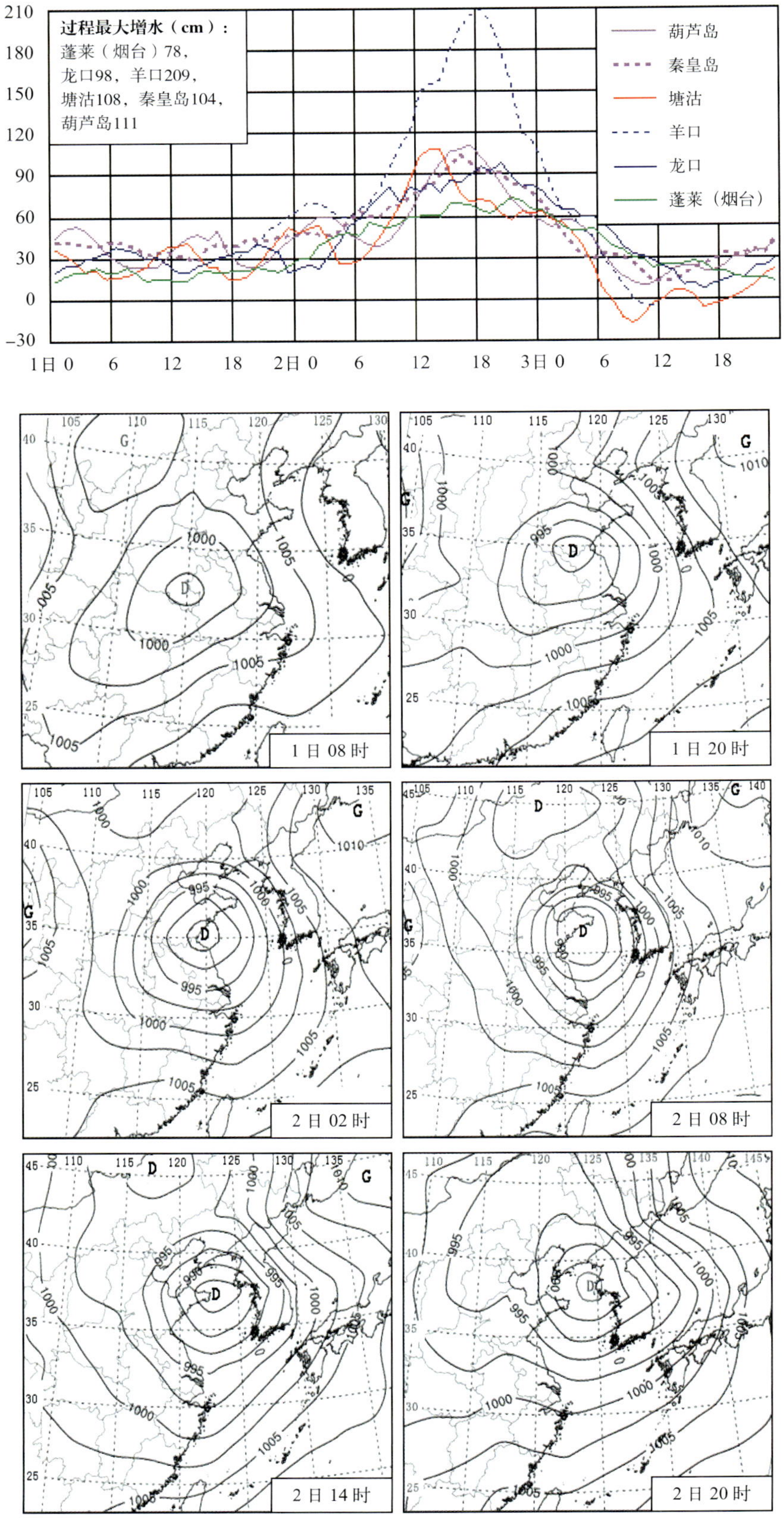

江淮气旋风暴潮曲线与气压场（1983 年 7 月 1—3 日）

1984 年 12 月 9—10 日

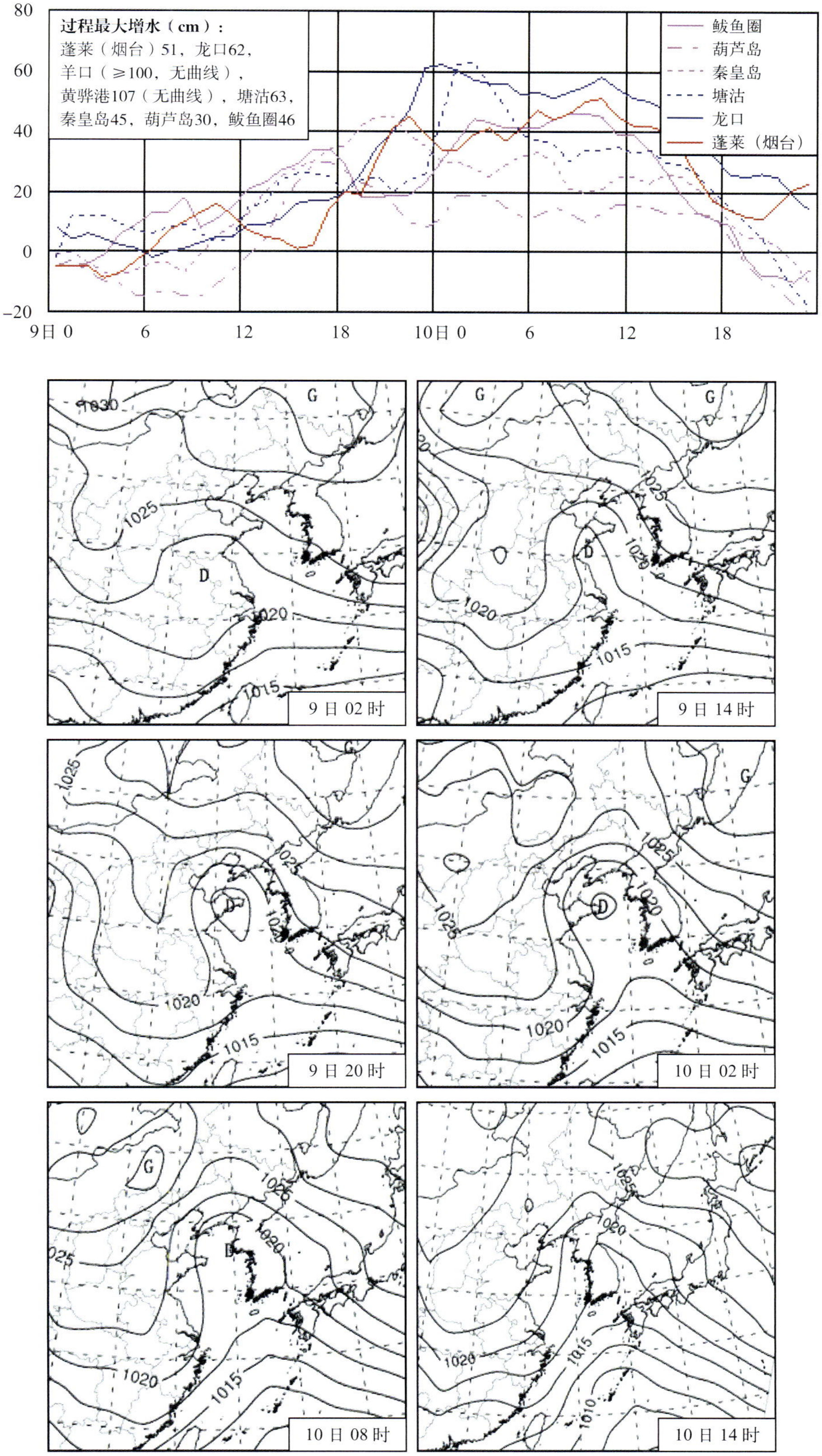

江淮气旋风暴潮曲线与气压场（1984 年 12 月 9—10 日）

1989 年 6 月 7—9 日

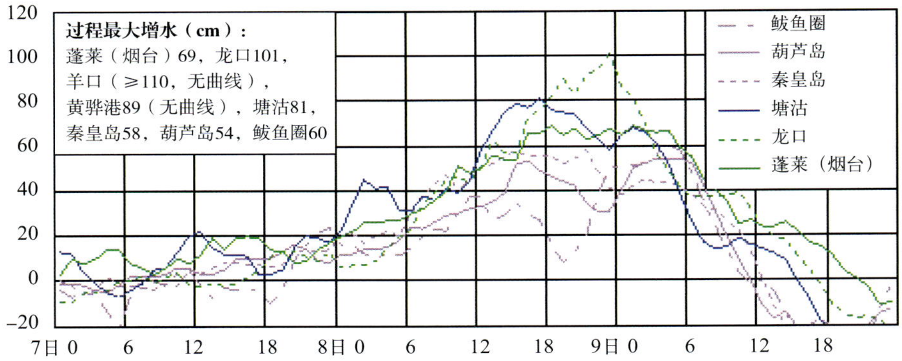

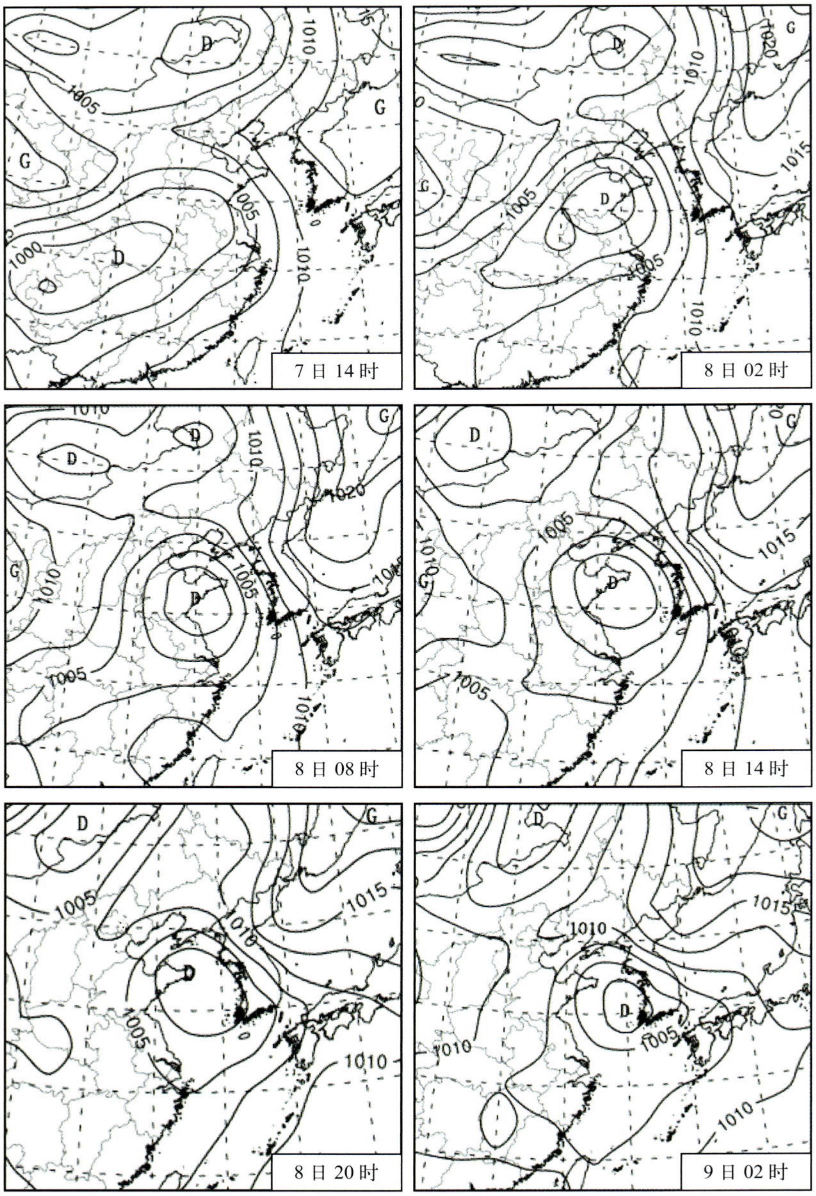

江淮气旋风暴潮曲线与气压场（1989 年 6 月 7—9 日）

1990 年 4 月 30 日—5 月 2 日

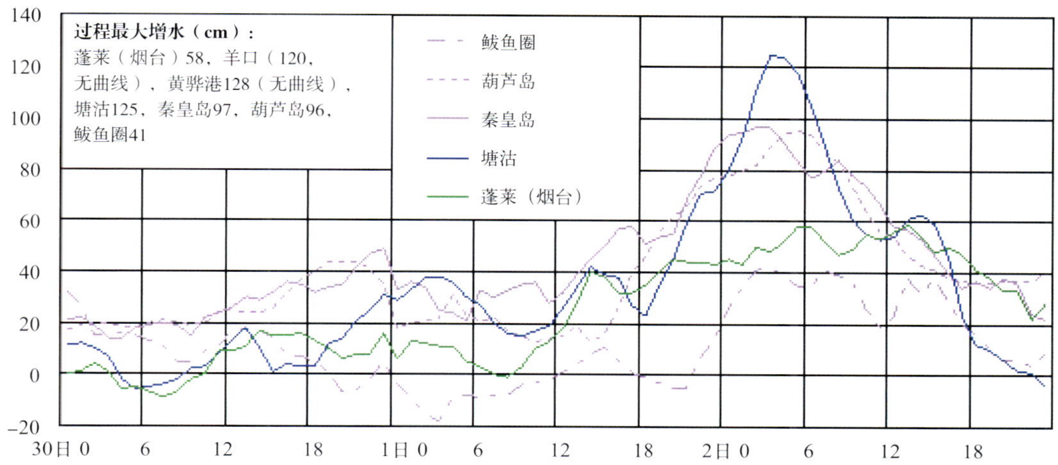

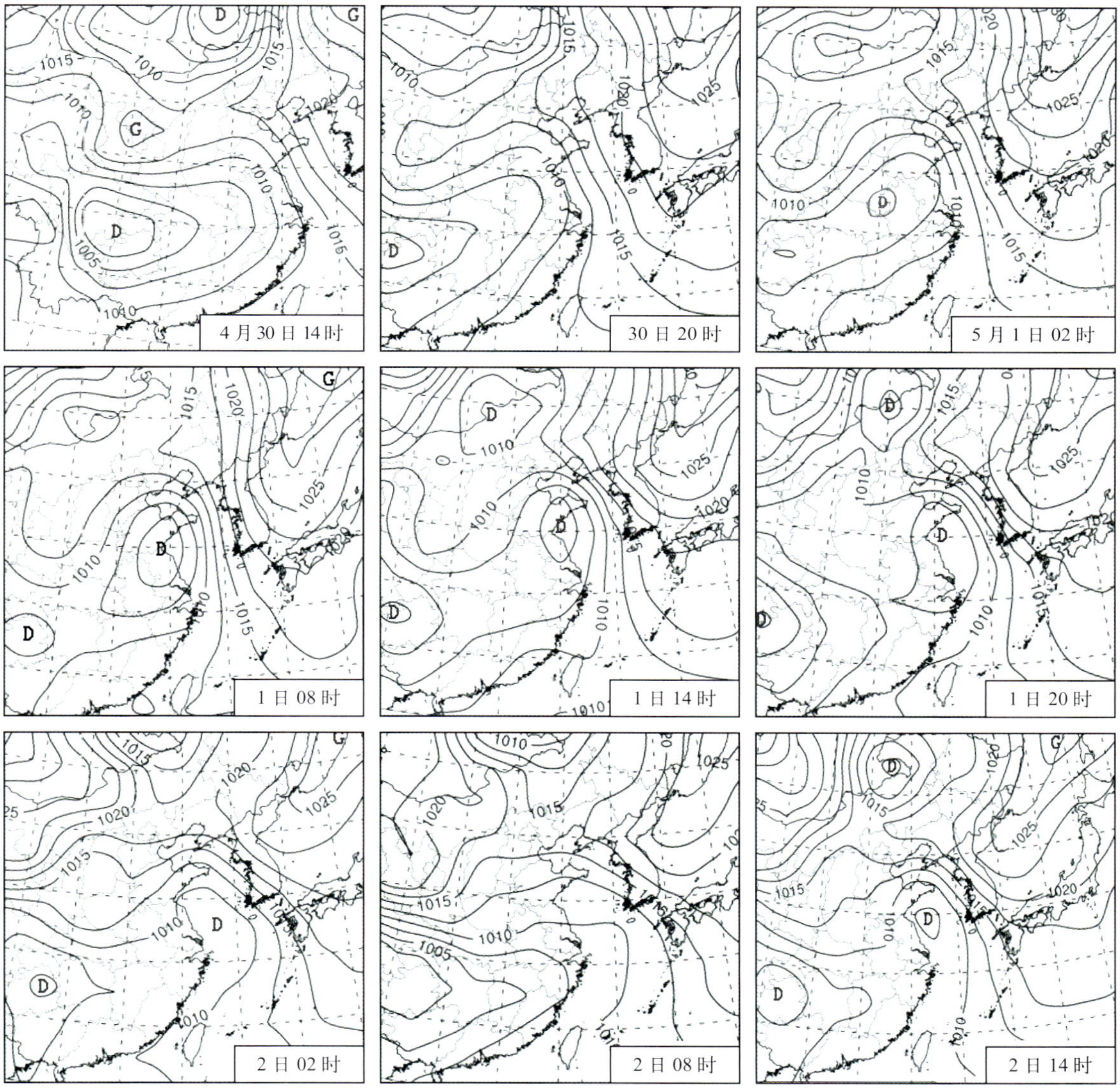

江淮气旋风暴潮曲线与气压场（1990 年 4 月 30 日—5 月 2 日）

1992 年 5 月 5—7 日

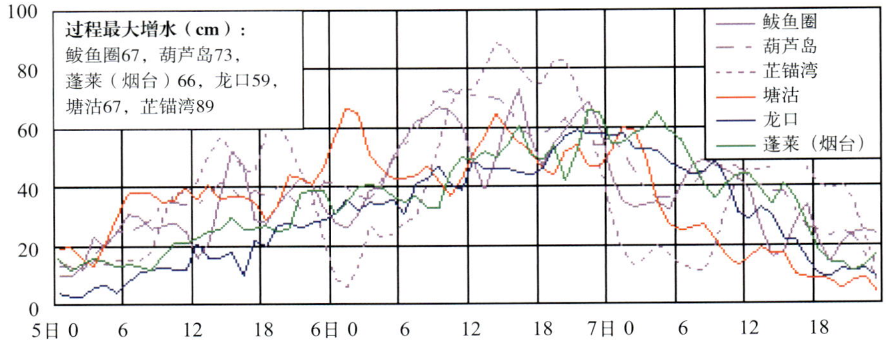

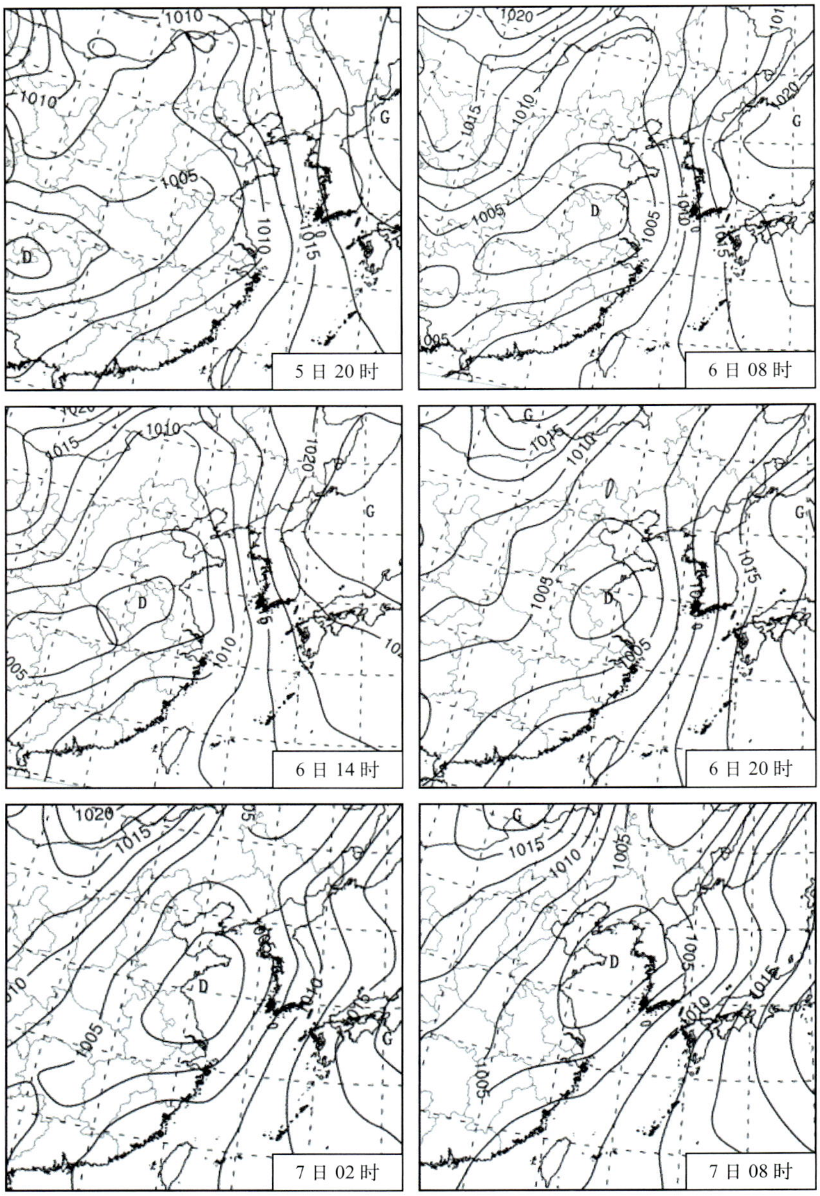

江淮气旋风暴潮曲线与气压场（1992 年 5 月 5—7 日）

2000 年 5 月 8—10 日

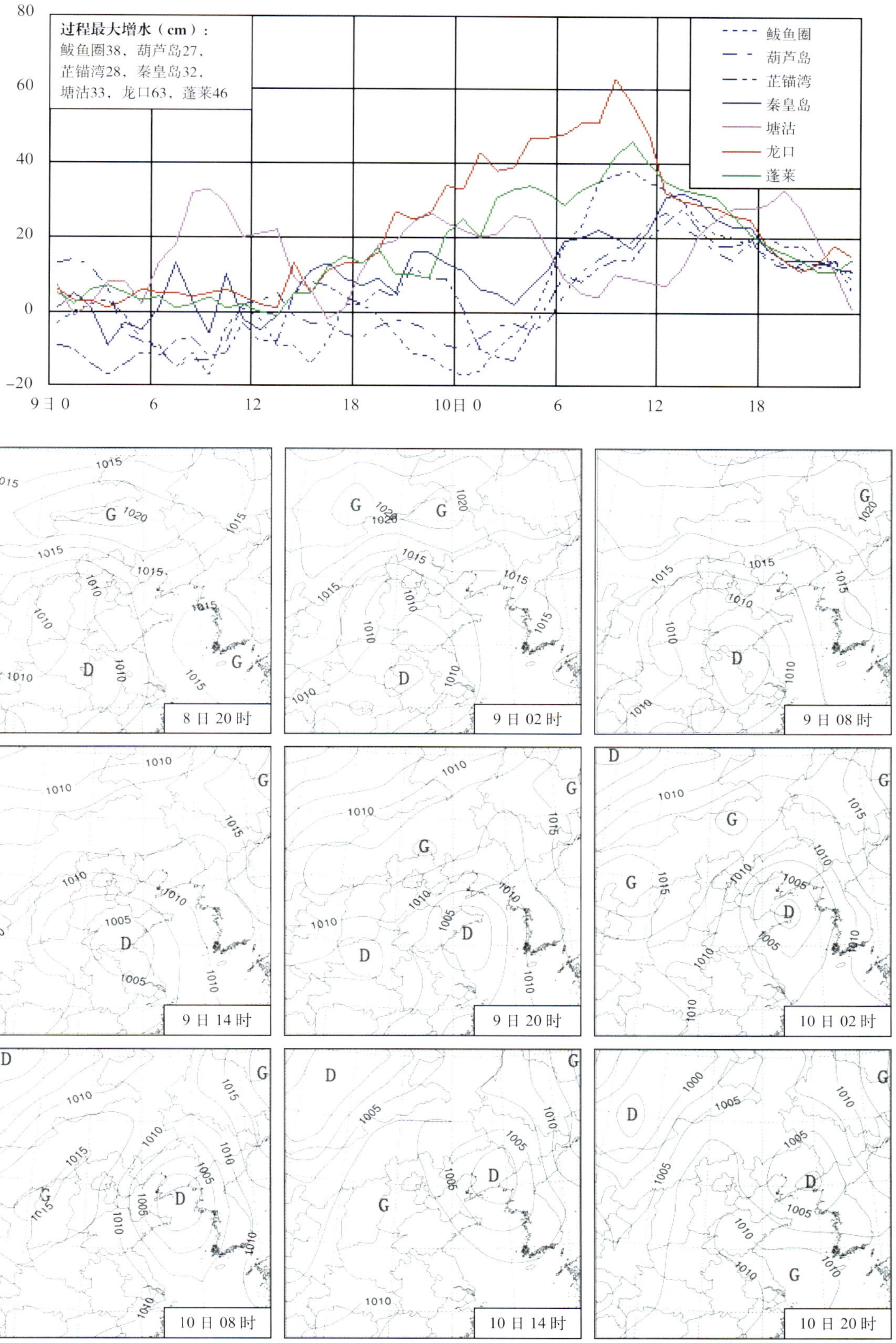

江淮气旋风暴潮曲线与气压场（2000 年 5 月 8—10 日）

2002 年 5 月 14—17 日

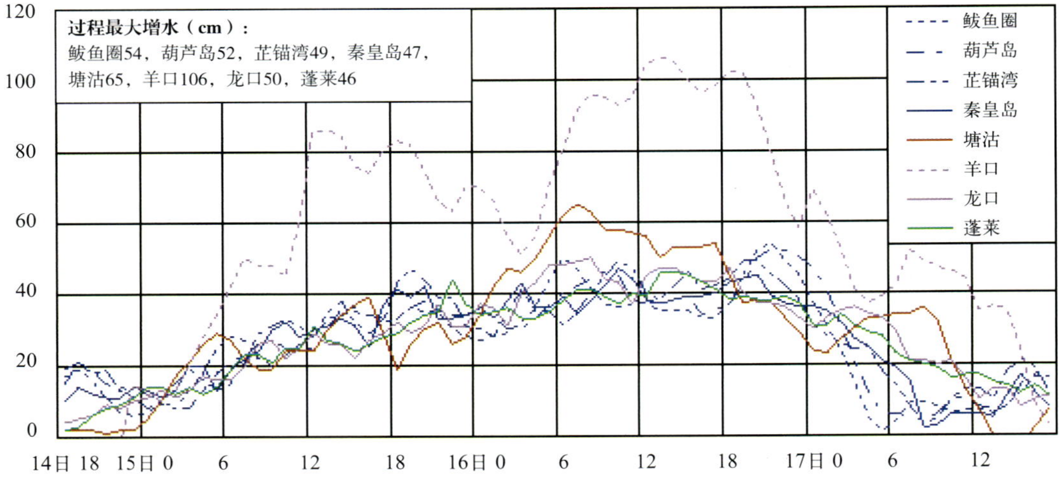

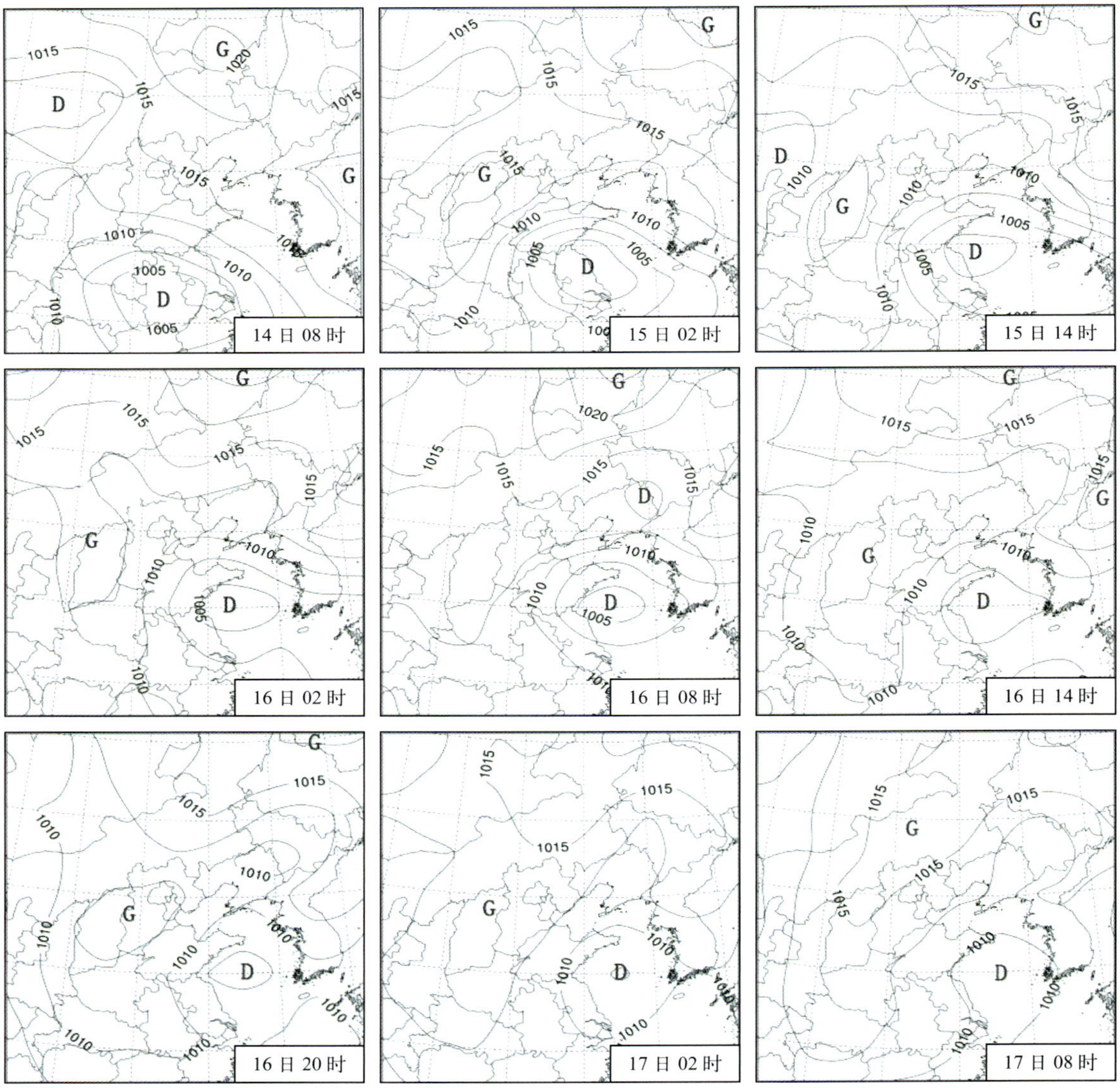

江淮气旋风暴潮曲线与气压场（2002 年 5 月 14—17 日）

2005 年 5 月 16—18 日

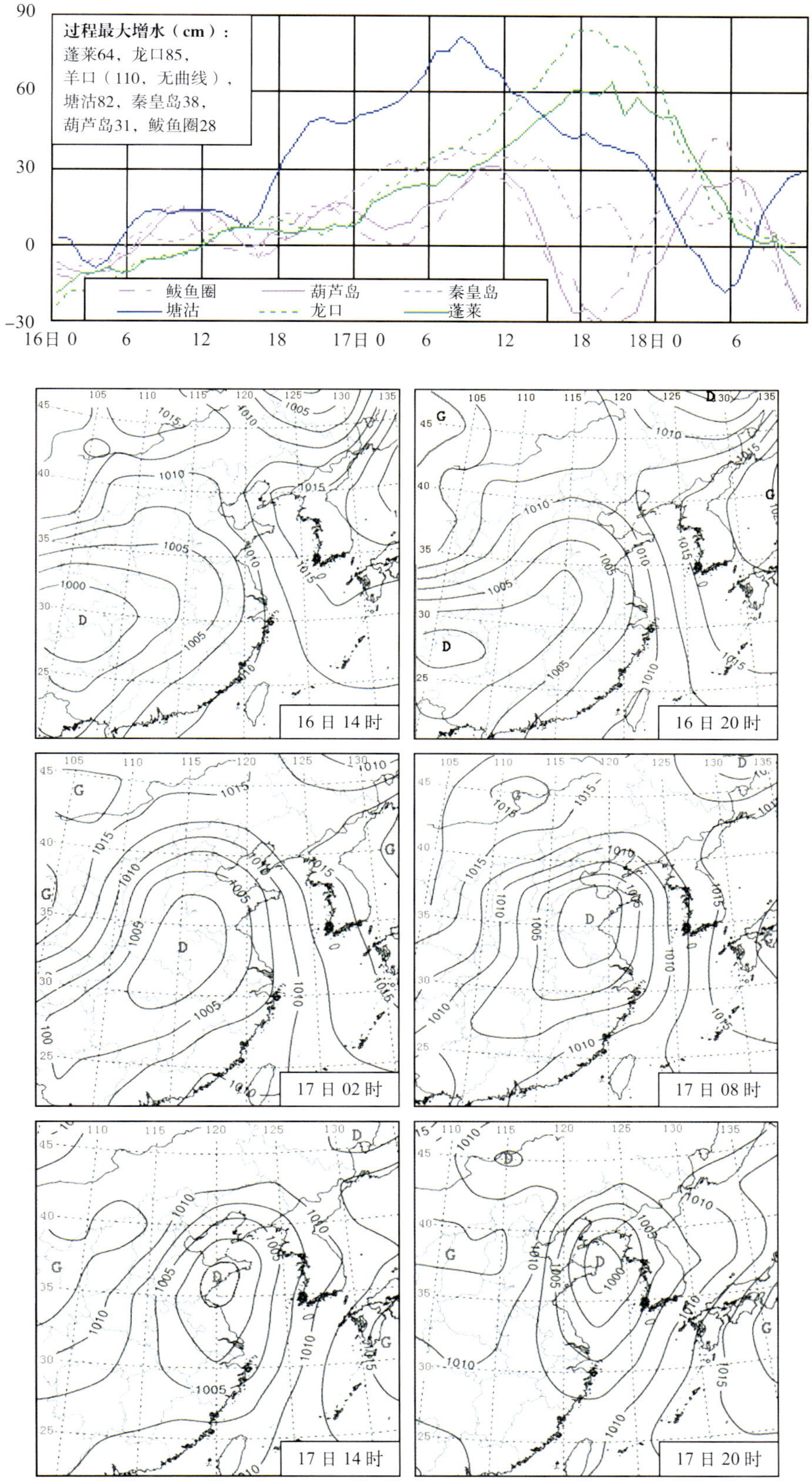

江淮气旋风暴潮曲线与气压场（2005 年 5 月 16—18 日）

2008 年 8 月 17—18 日

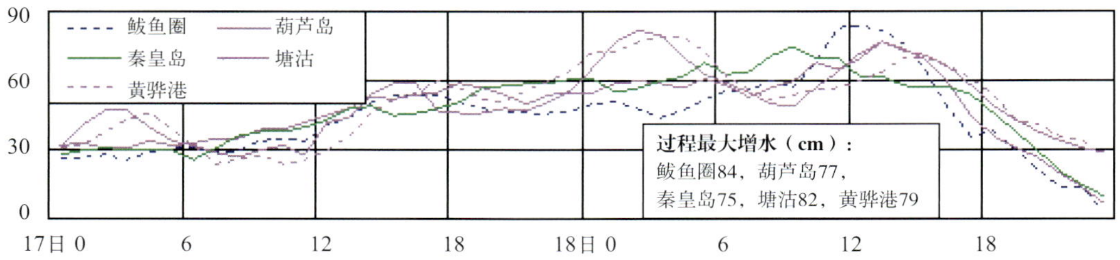

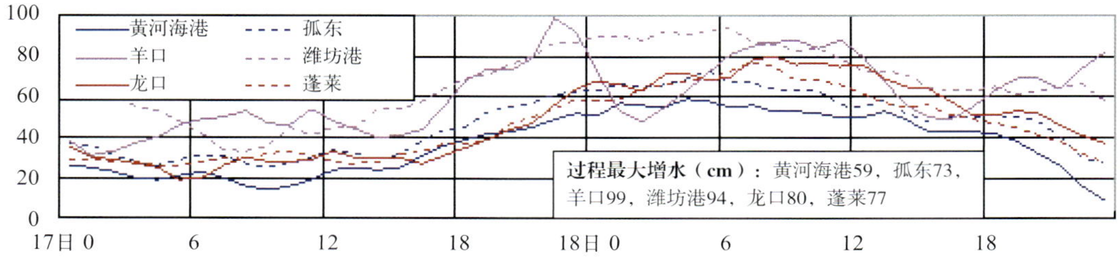

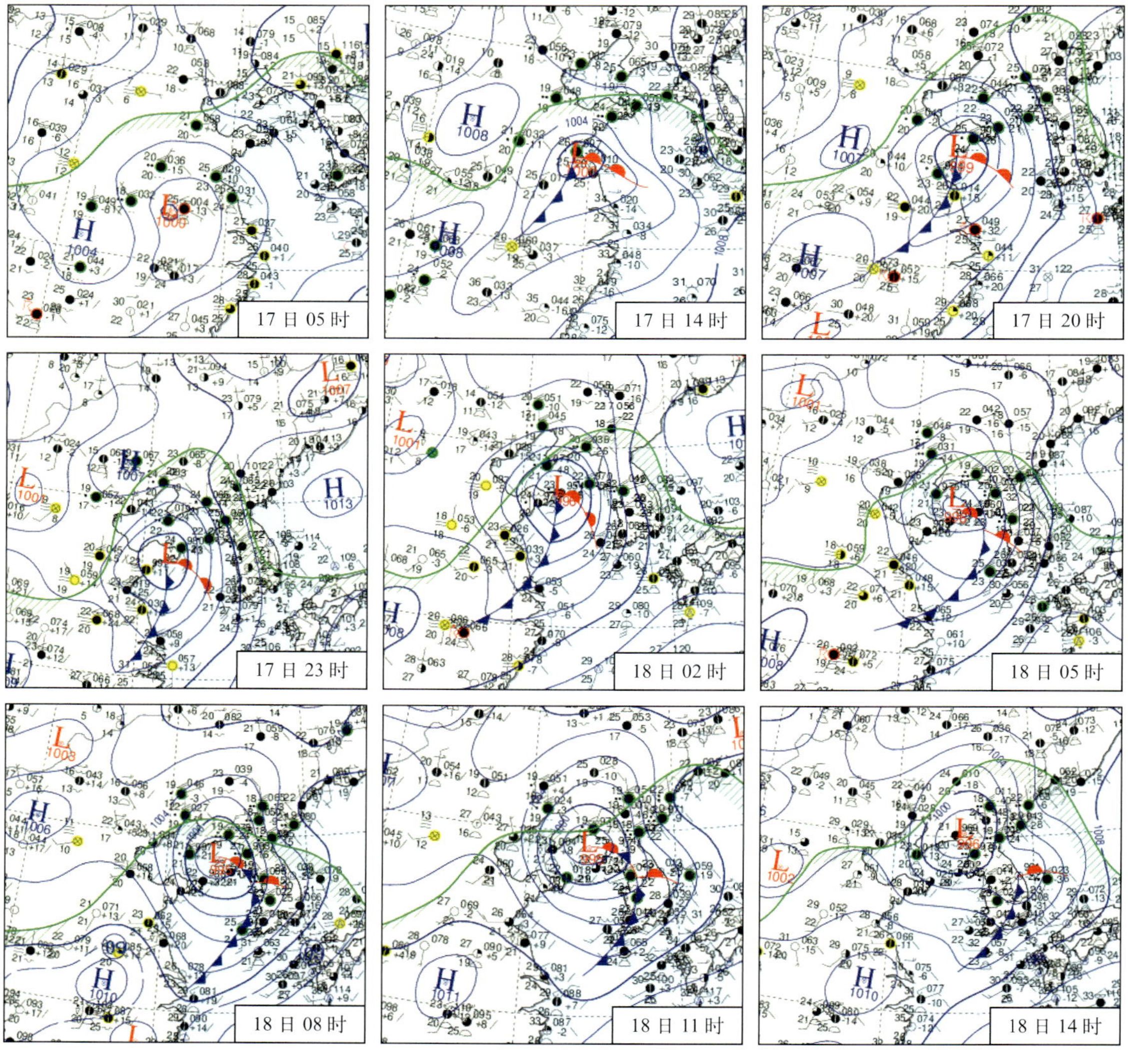

江淮气旋风暴潮曲线与气压场（2008 年 8 月 17—18 日）

2008 年 8 月 21—23 日

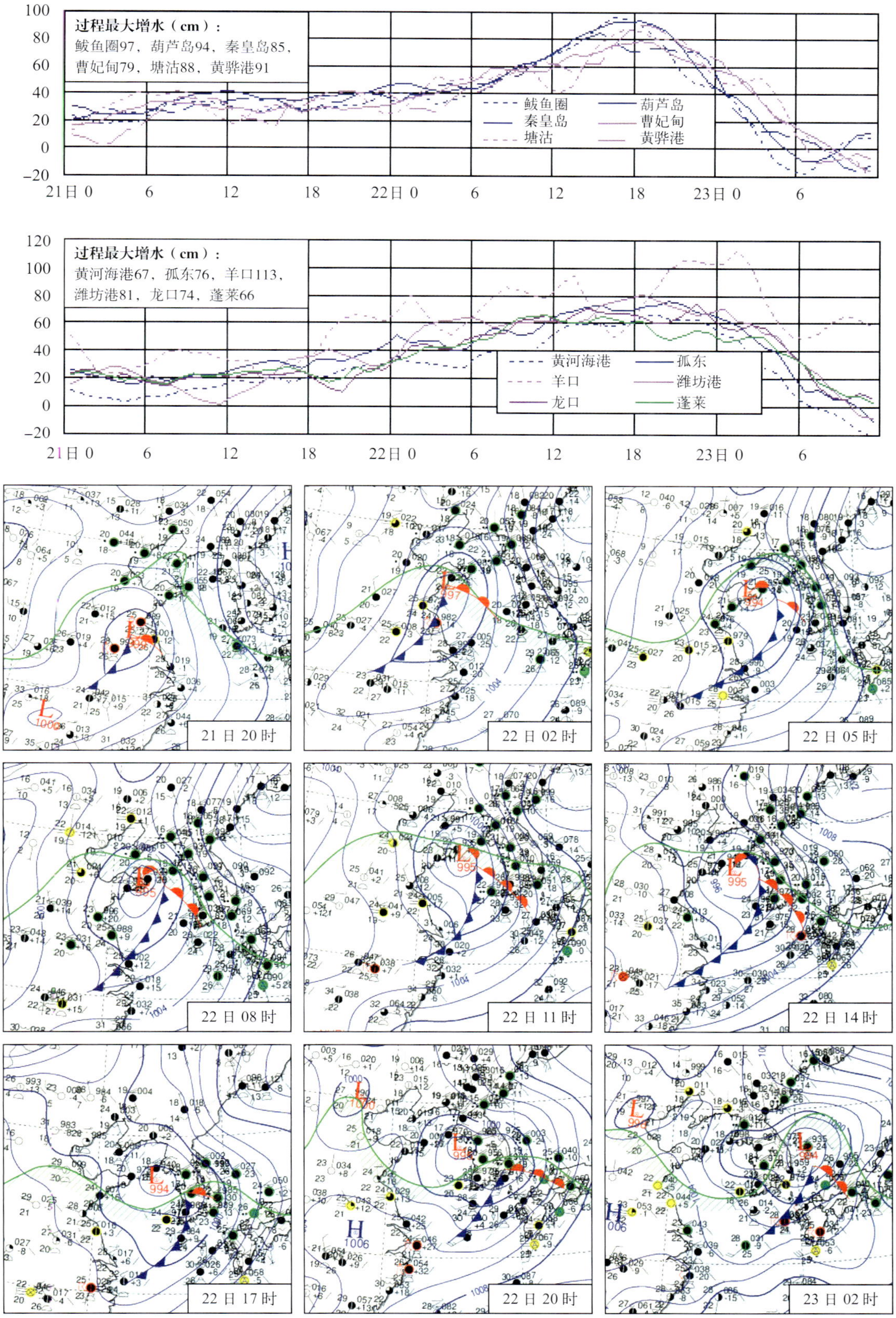

江淮气旋风暴潮曲线与气压场（2008 年 8 月 21—23 日）

2013 年 5 月 26—28 日

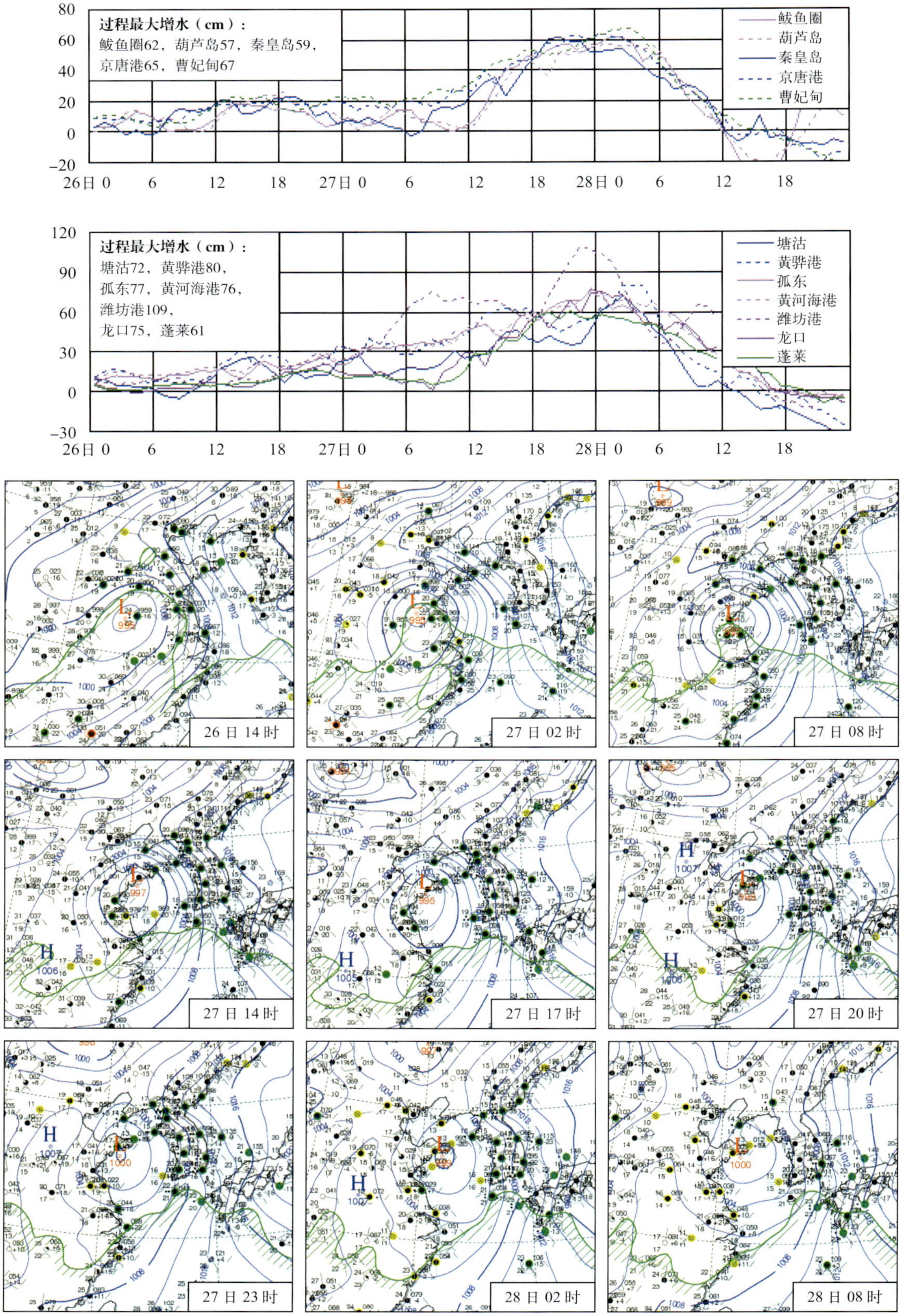

江淮气旋风暴潮曲线与气压场（2013 年 5 月 26—28 日）

2013 年 11 月 24—25 日

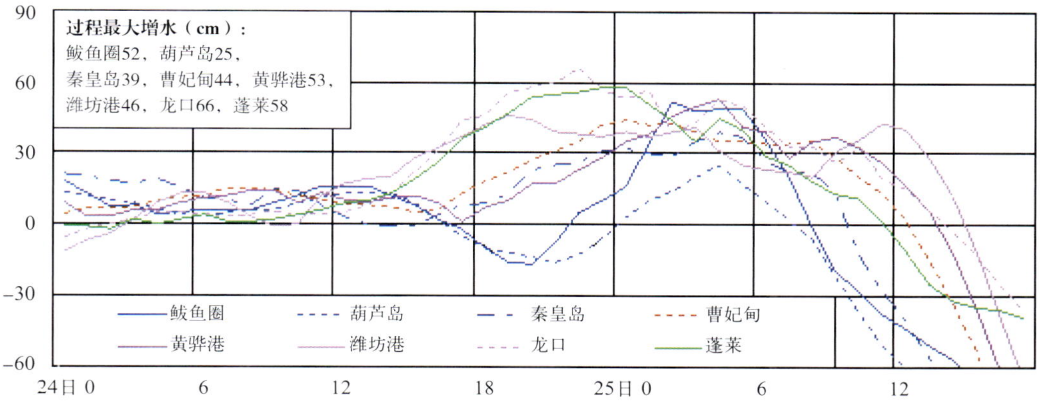

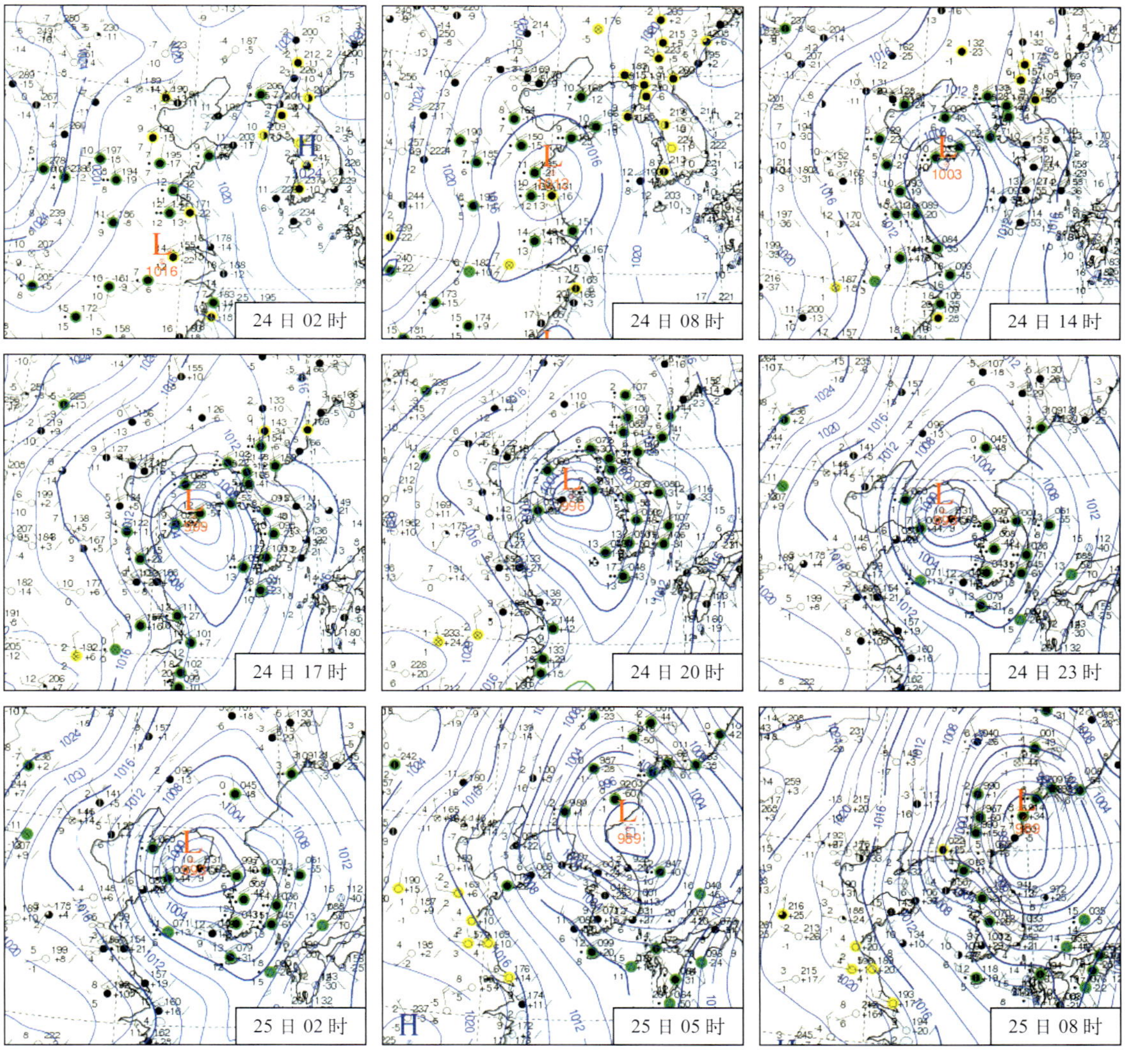

江淮气旋风暴潮曲线与气压场（2013 年 11 月 24—25 日）

2016 年 4 月 15—17 日

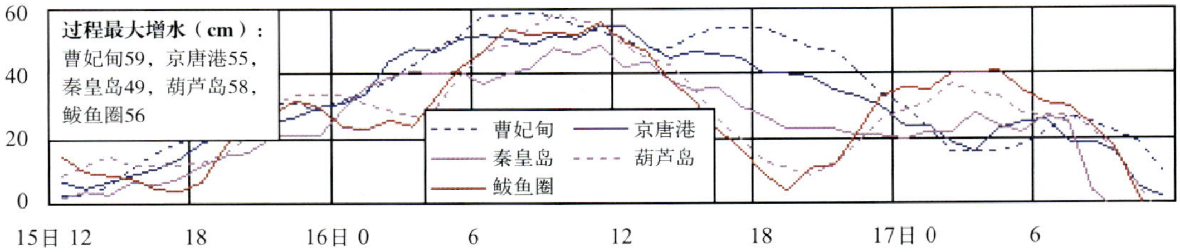

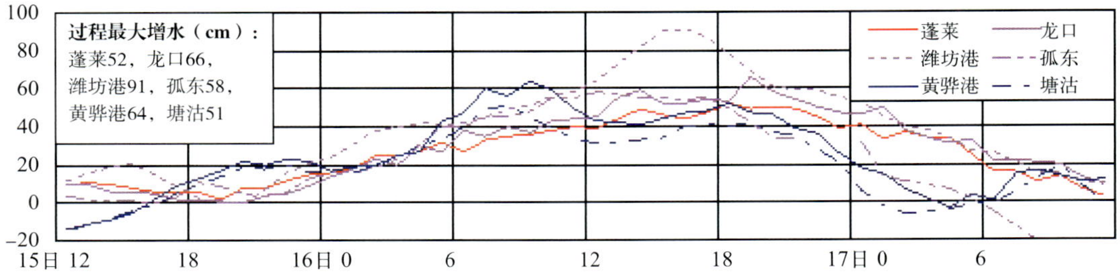

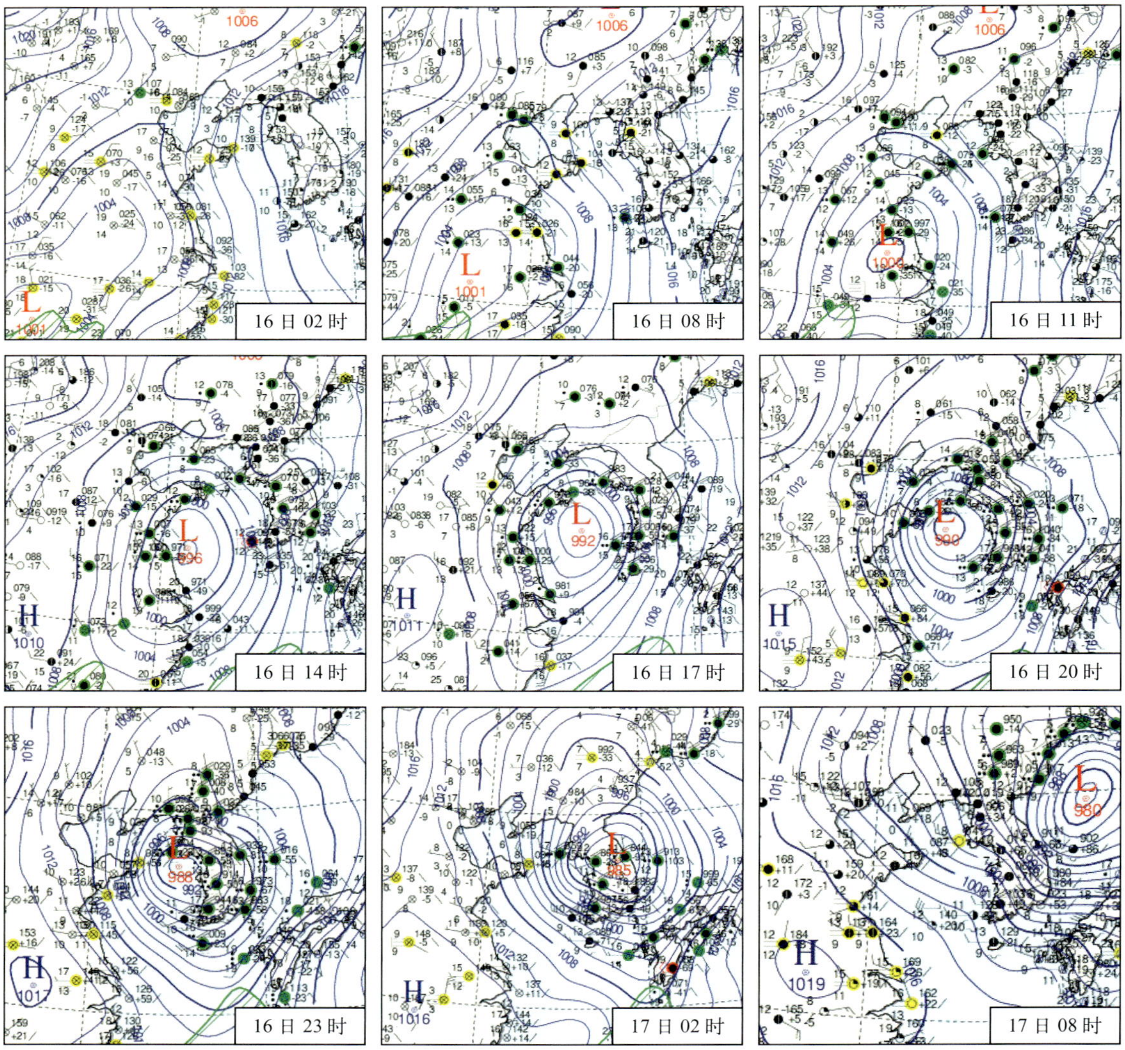

江淮气旋风暴潮曲线与气压场（2016 年 4 月 15—17 日）

2016 年 7 月 15—16 日

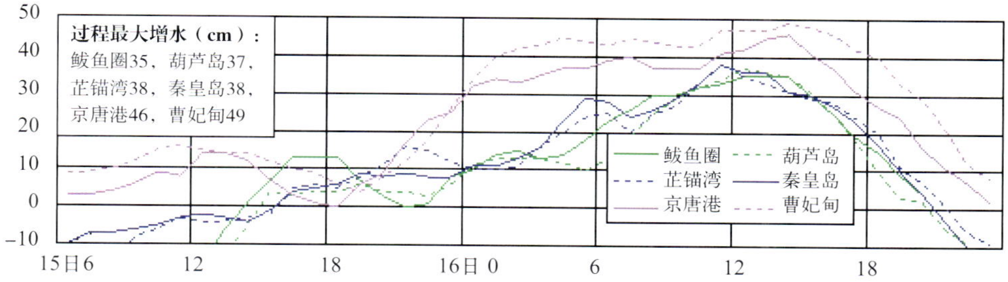

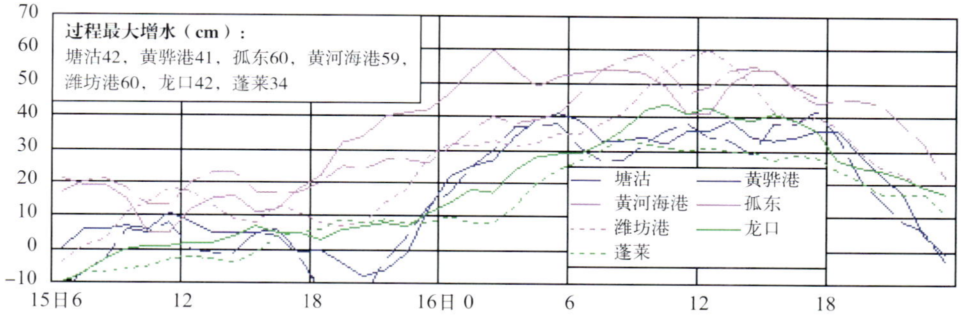

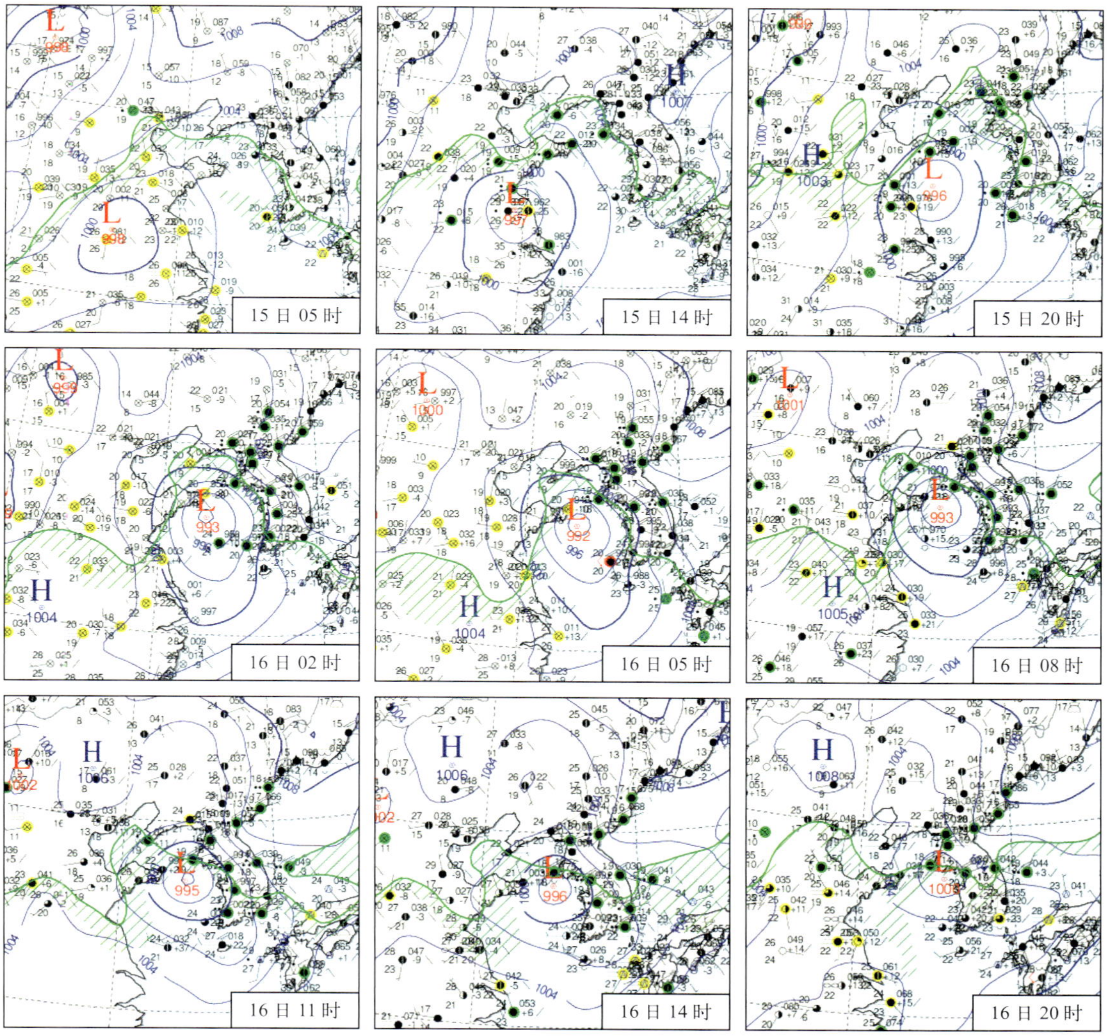

江淮气旋风暴潮曲线与气压场（2016 年 7 月 15—16 日）

2017 年 6 月 5—7 日

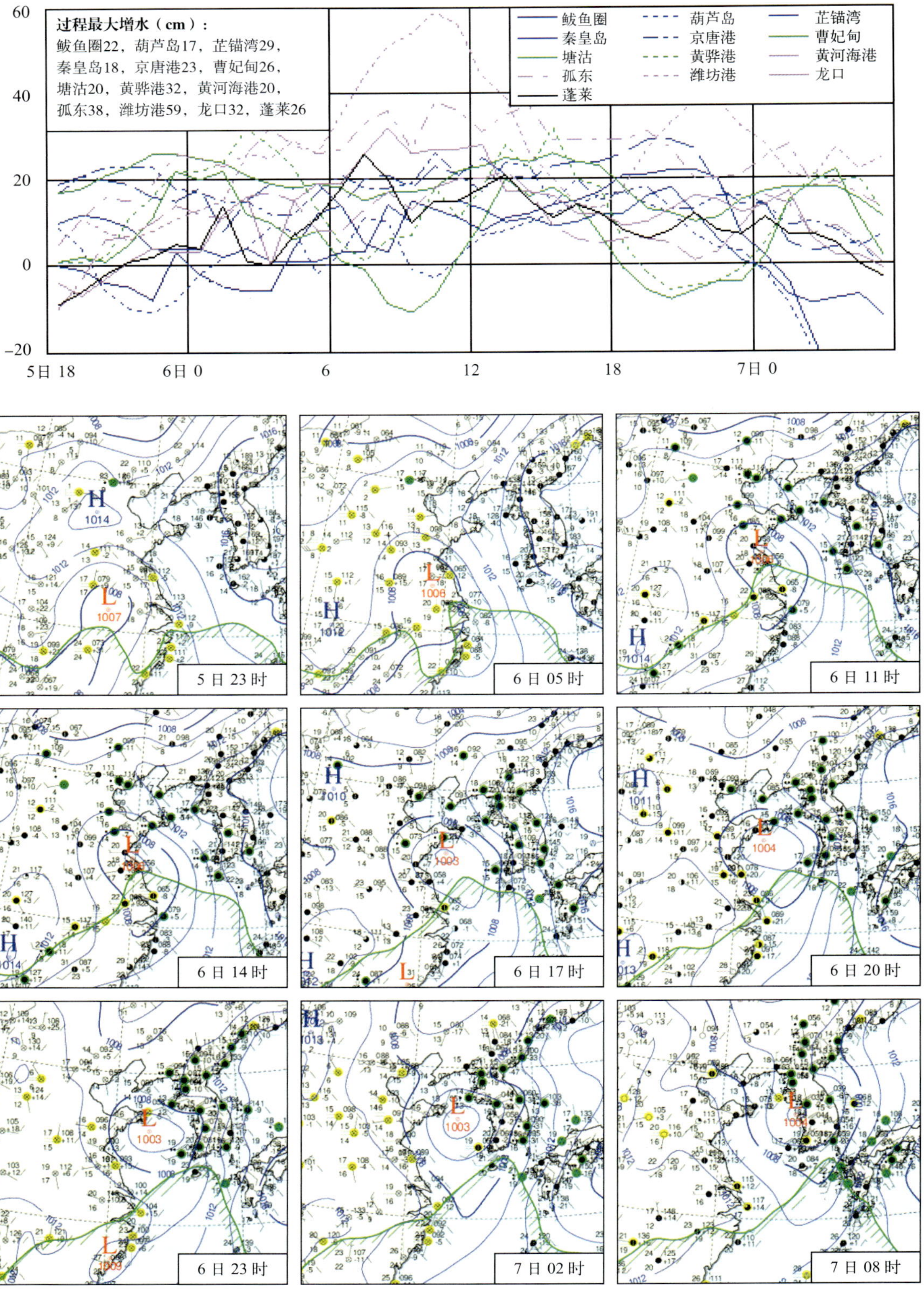

江淮气旋风暴潮曲线与气压场（2017 年 6 月 5—7 日）

10.1.3　苏北南部入海类

1967 年 1 月 26—28 日

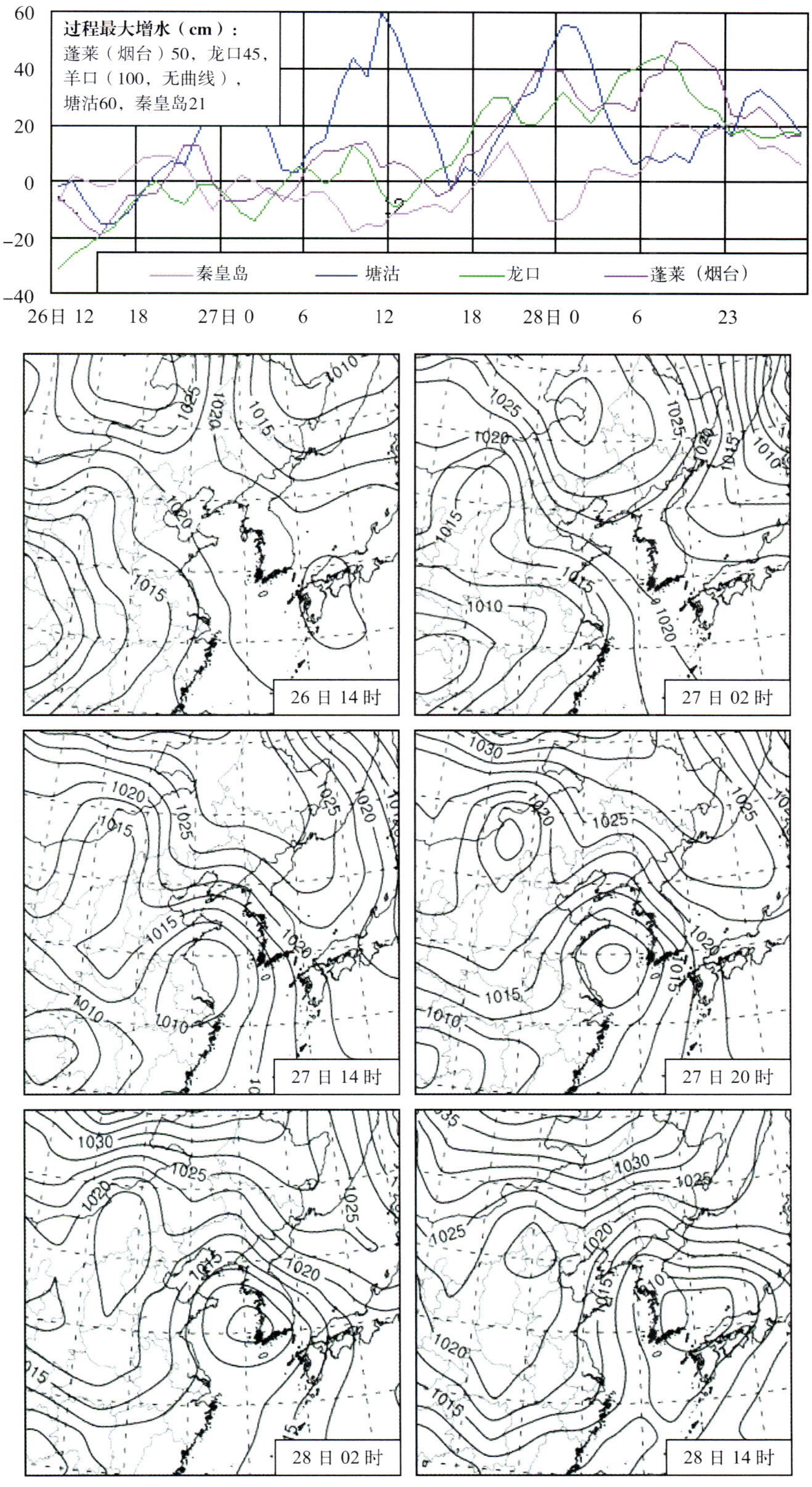

江淮气旋风暴潮曲线与气压场（1967 年 1 月 26—28 日）

1983 年 6 月 11—13 日

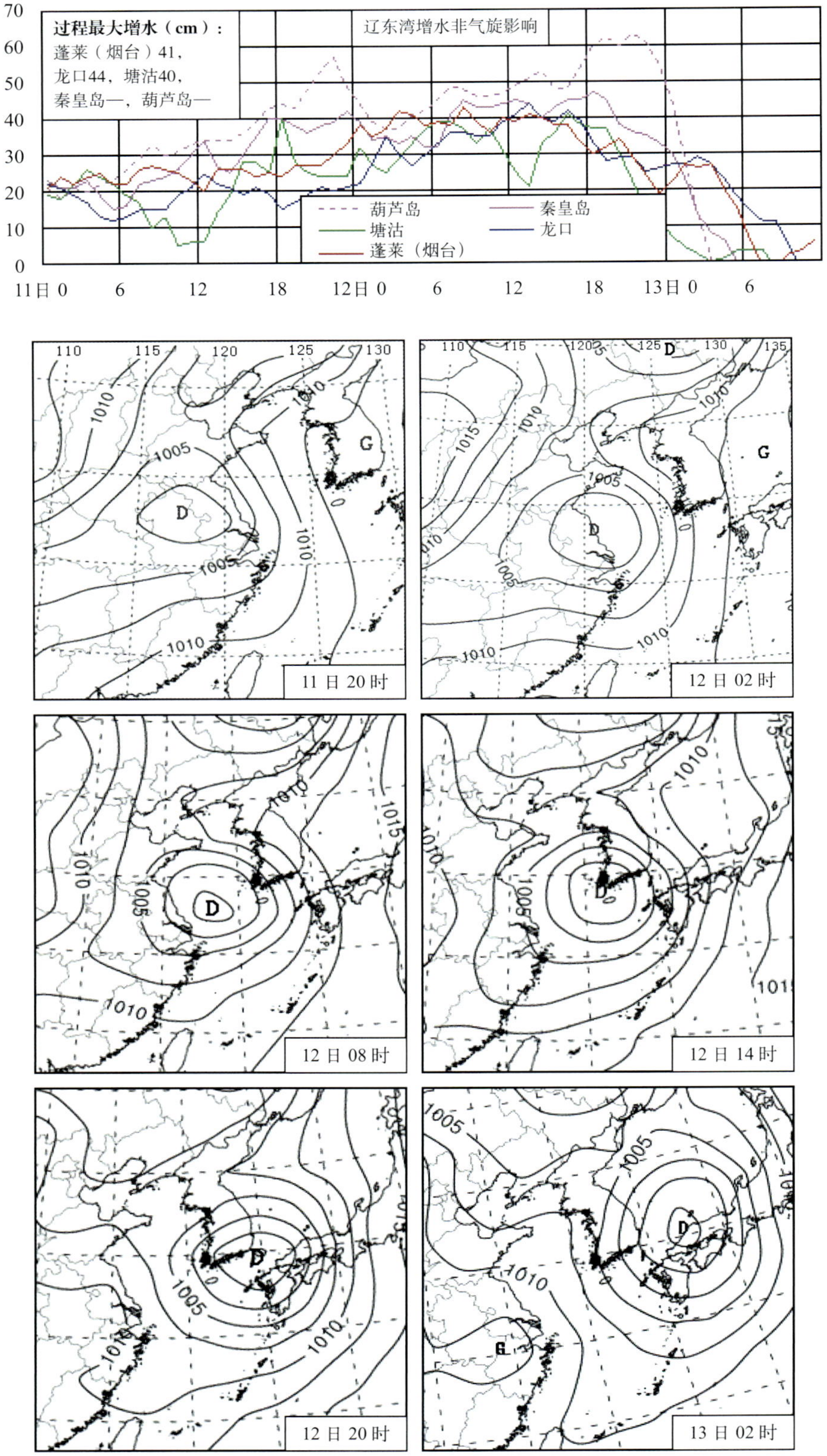

江淮气旋风暴潮曲线与气压场（1983 年 6 月 11—13 日）

2001 年 4 月 28—30 日

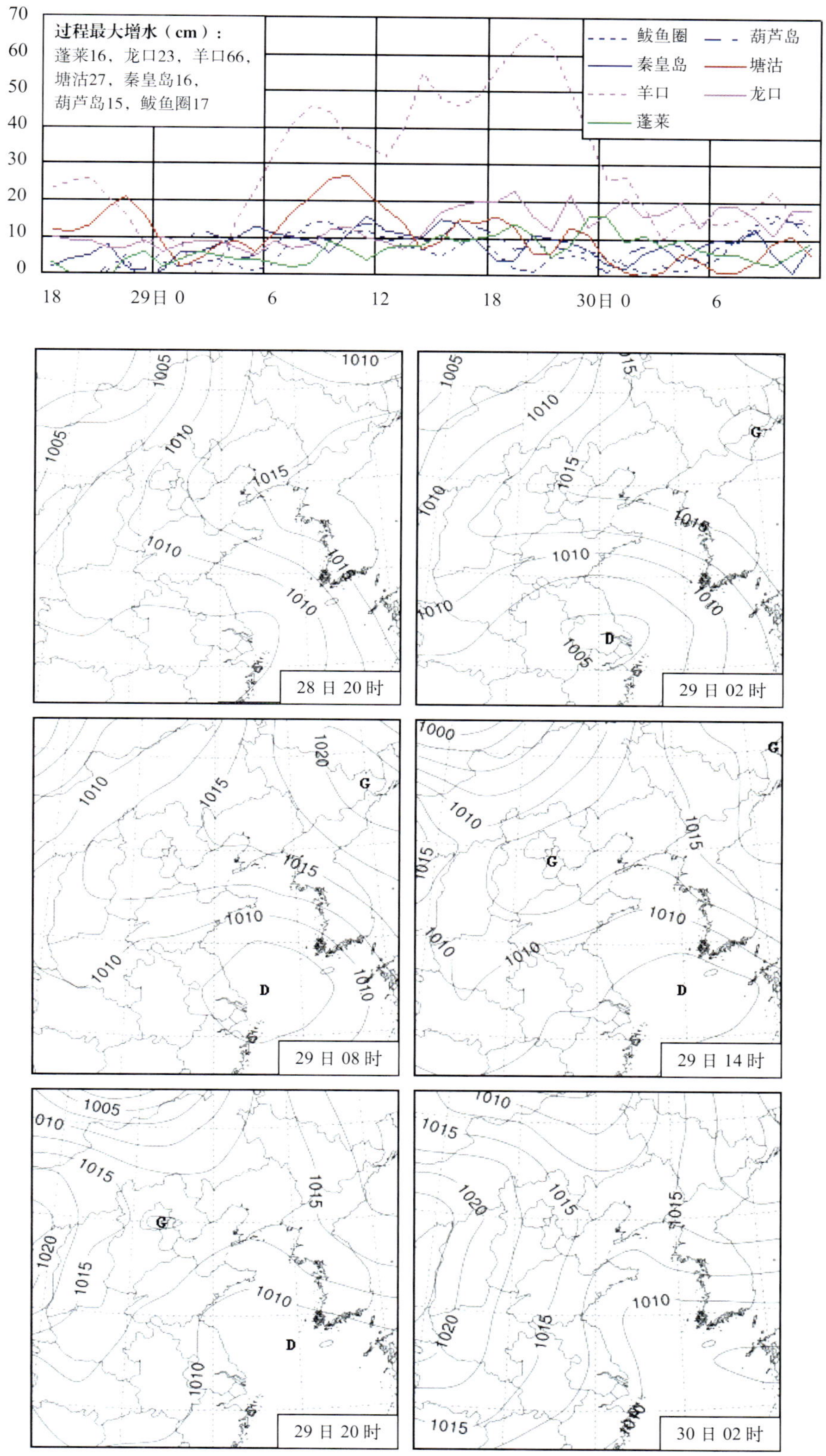

江淮气旋风暴潮曲线与气压场（2001 年 4 月 28—30 日）

2002 年 6 月 22—24 日

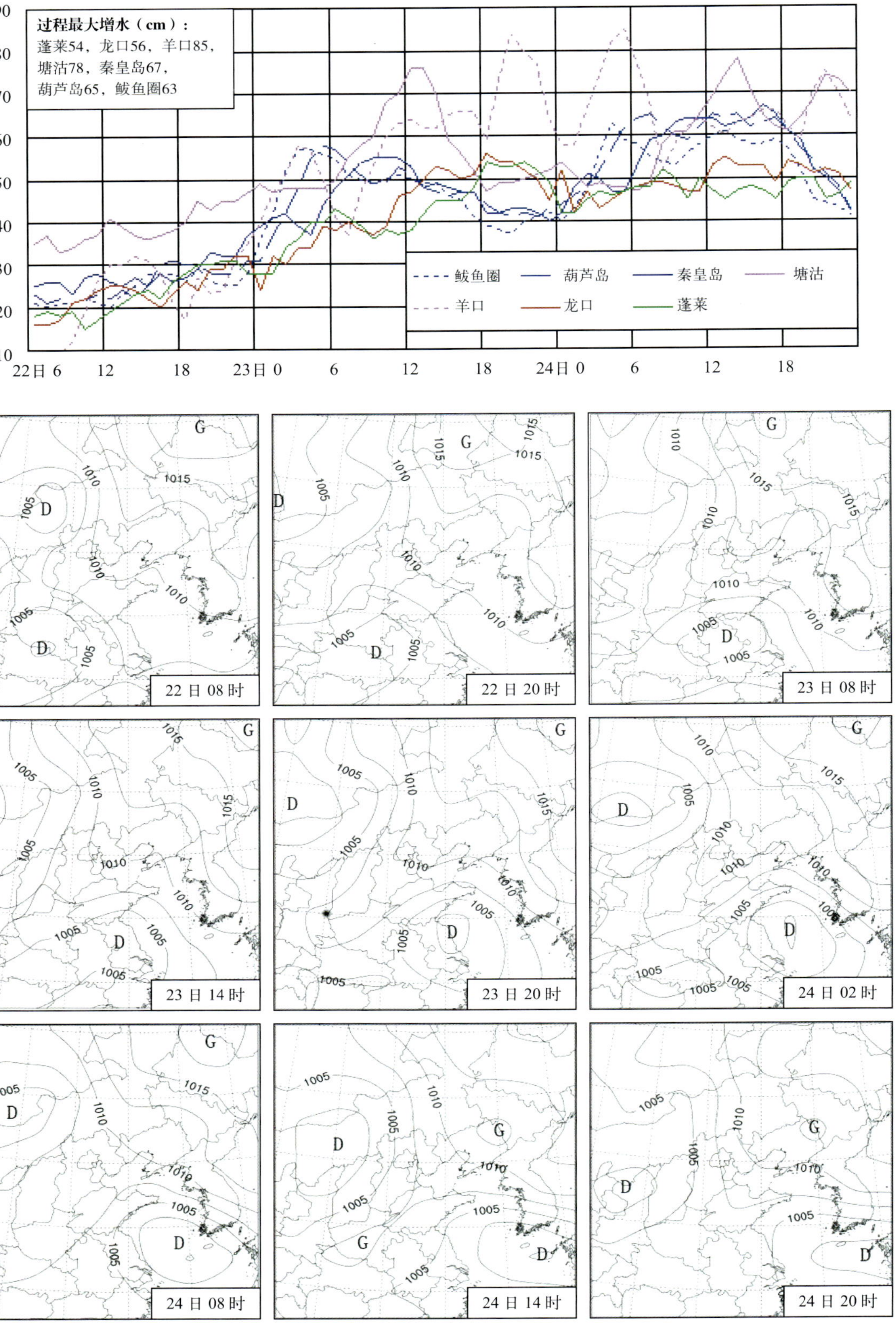

江淮气旋风暴潮曲线与气压场（2002 年 6 月 22—24 日）

2008 年 4 月 8—10 日

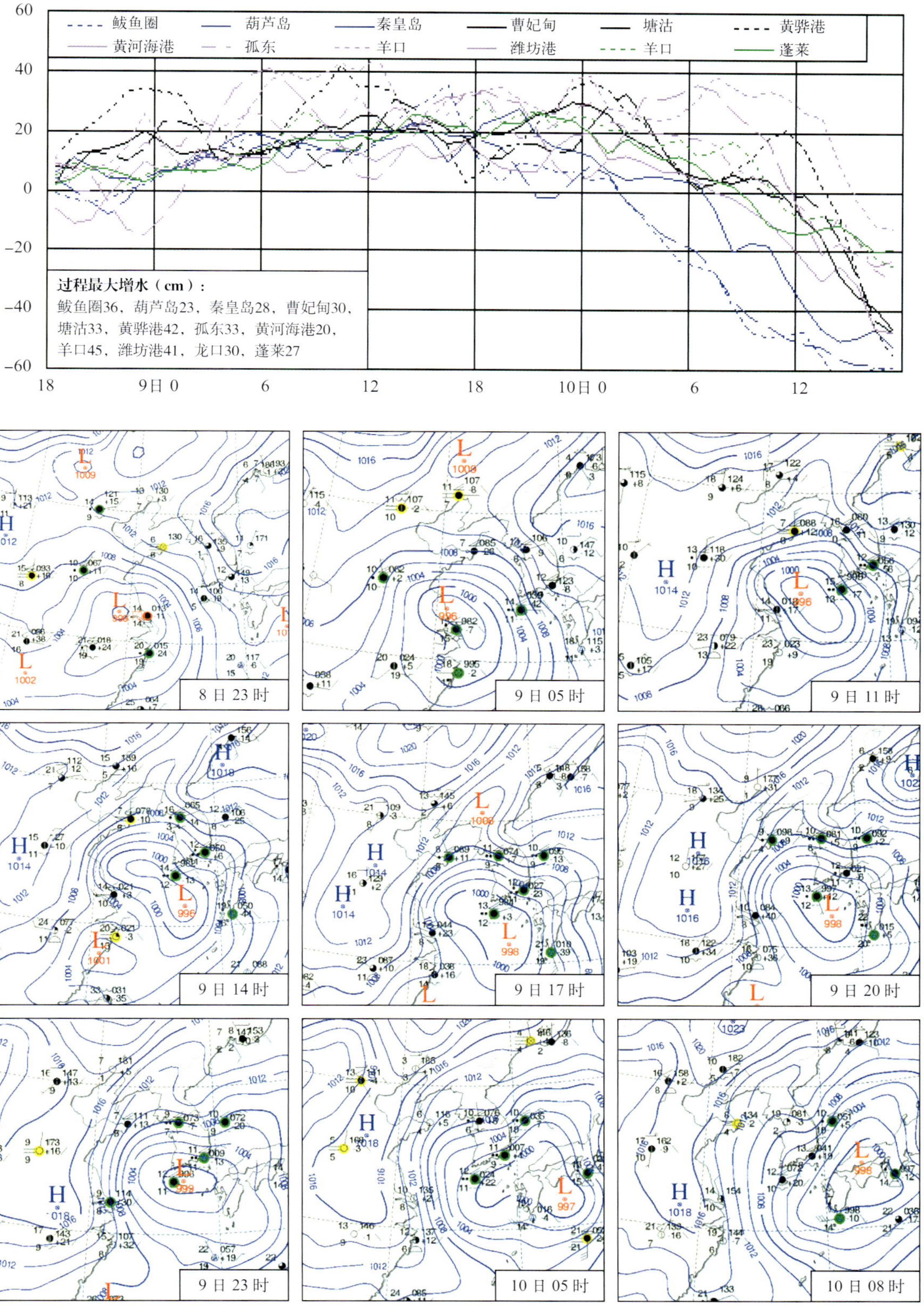

江淮气旋风暴潮曲线与气压场（2008 年 4 月 8—10 日）

2014 年 6 月 1—3 日

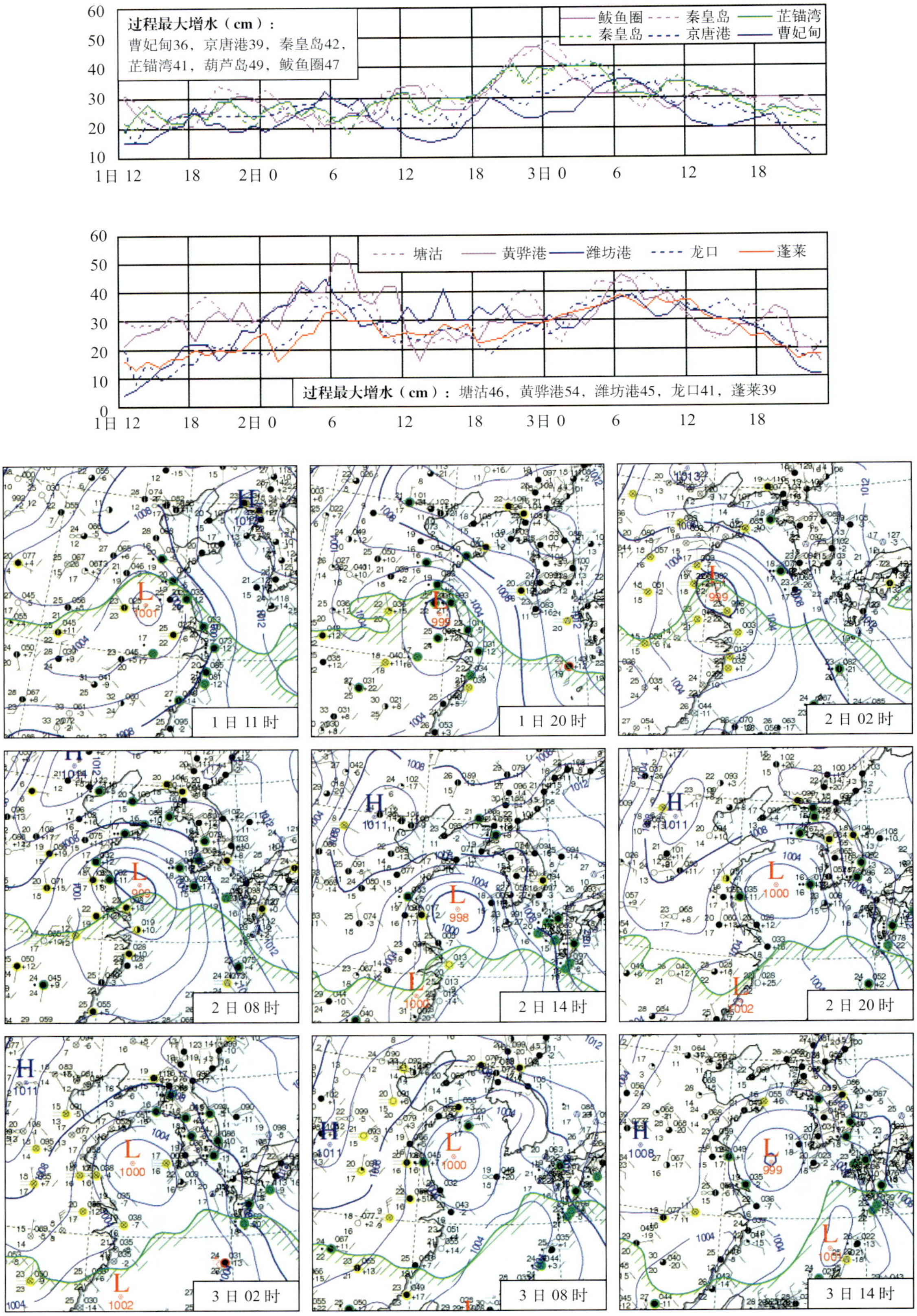

江淮气旋风暴潮曲线与气压场（2014 年 6 月 1—3 日）

10.2 黄河气旋风暴潮个例

10.2.1 河套东行或东南行类

1960 年 6 月 21—22 日

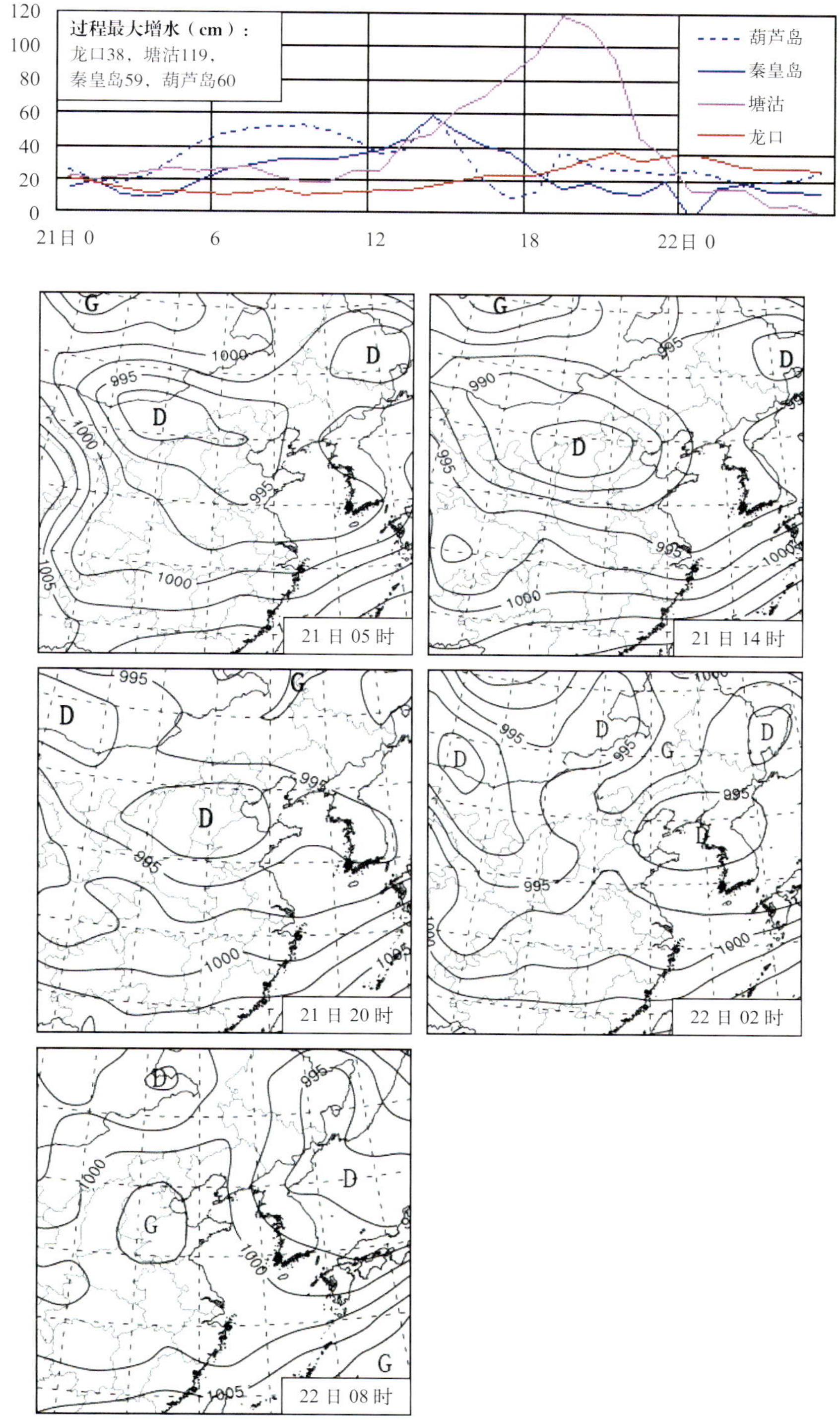

黄河气旋风暴潮曲线与气压场（1960 年 6 月 21—22 日）

1961 年 6 月 12—13 日

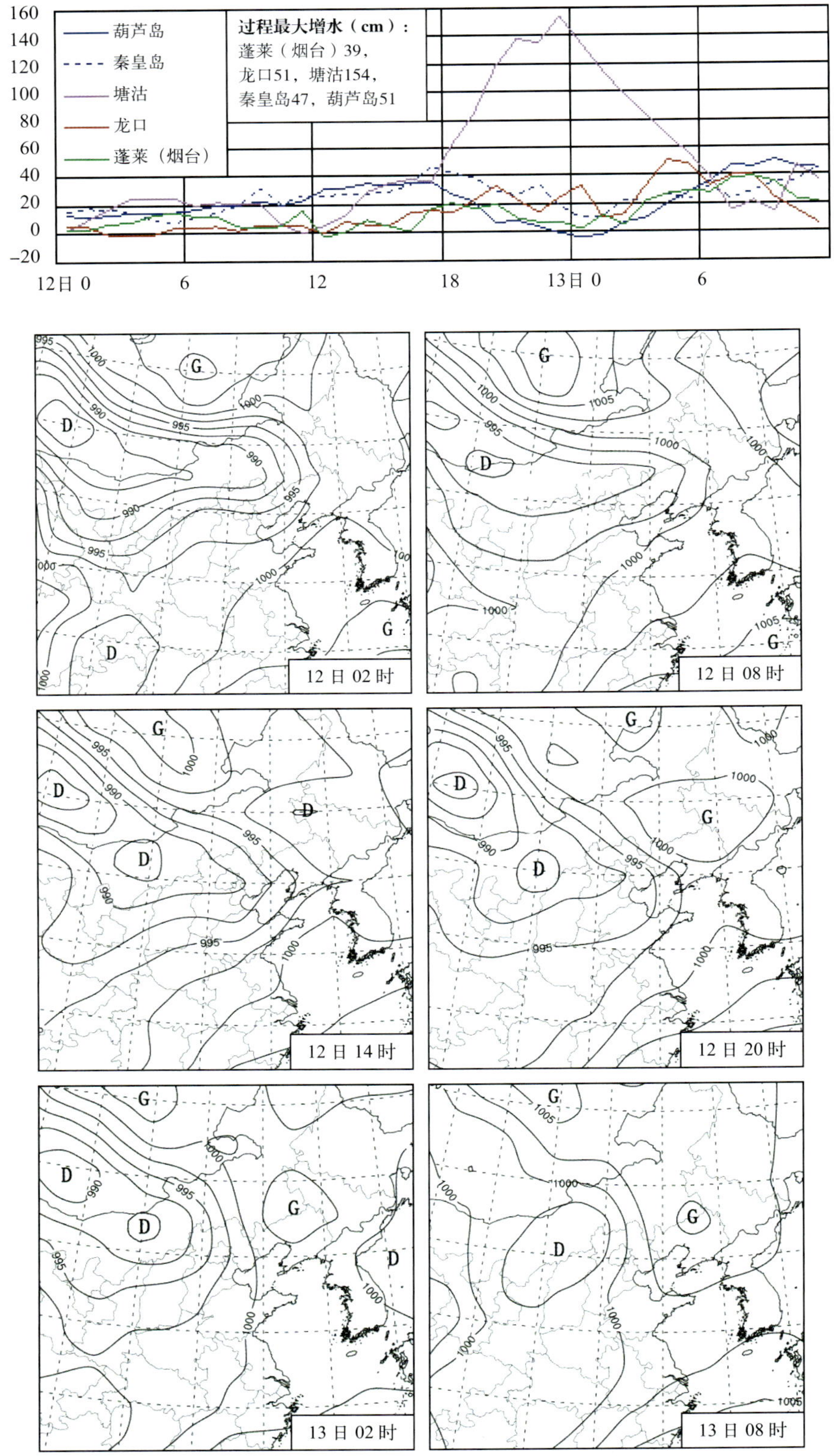

黄河气旋风暴潮曲线与气压场（1961 年 6 月 12—13 日）

1966 年 5 月 9—10 日

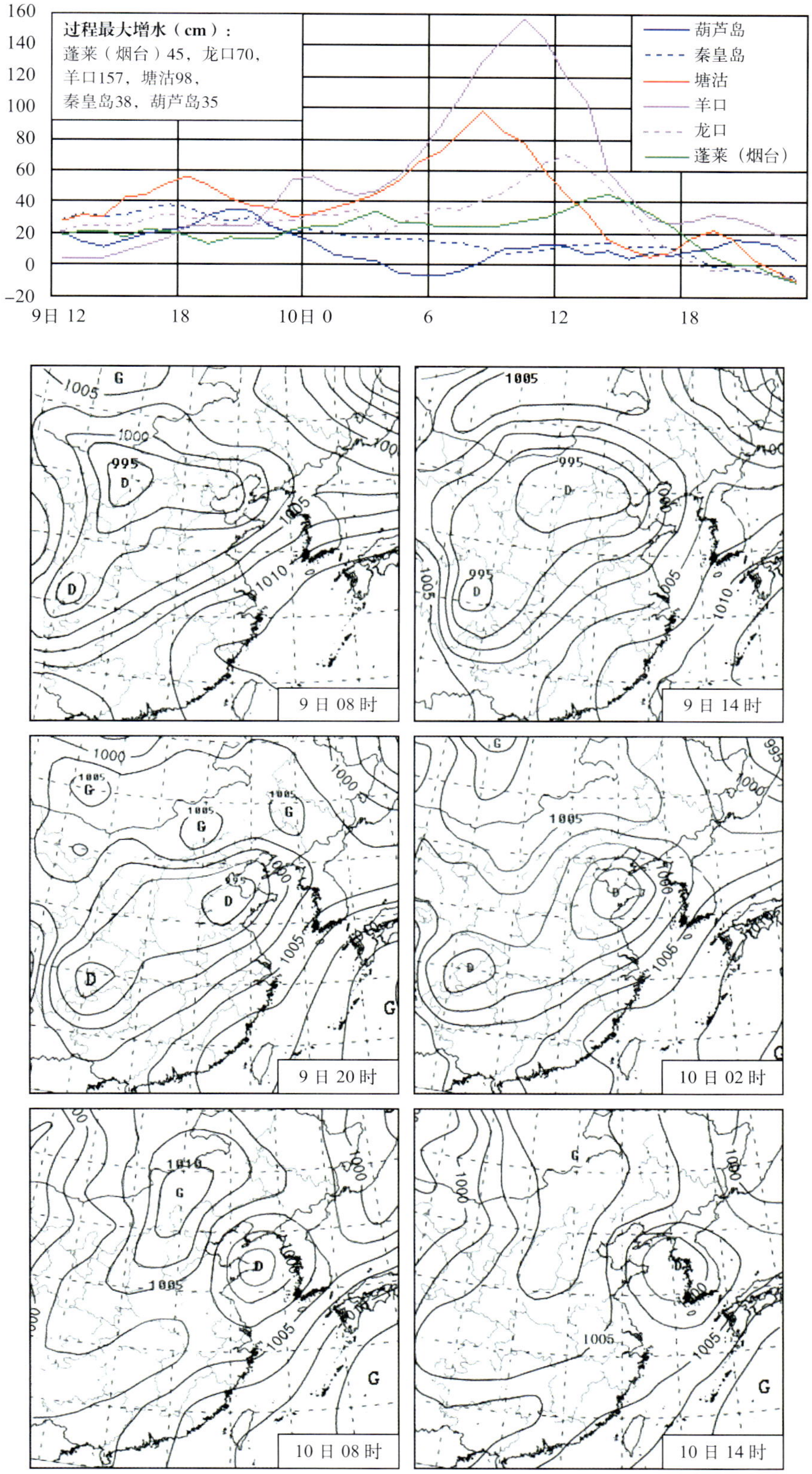

黄河气旋风暴潮曲线与气压场（1966 年 5 月 9—10 日）

1980 年 6 月 28 日—7 月 1 日

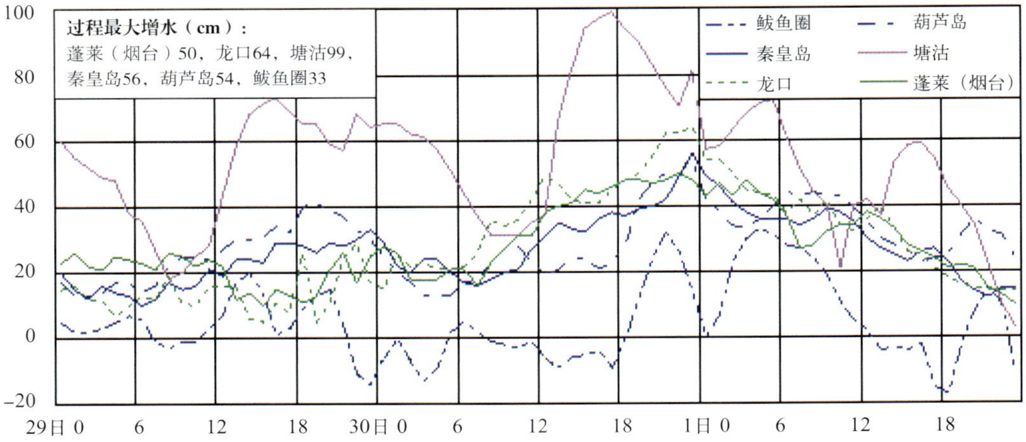

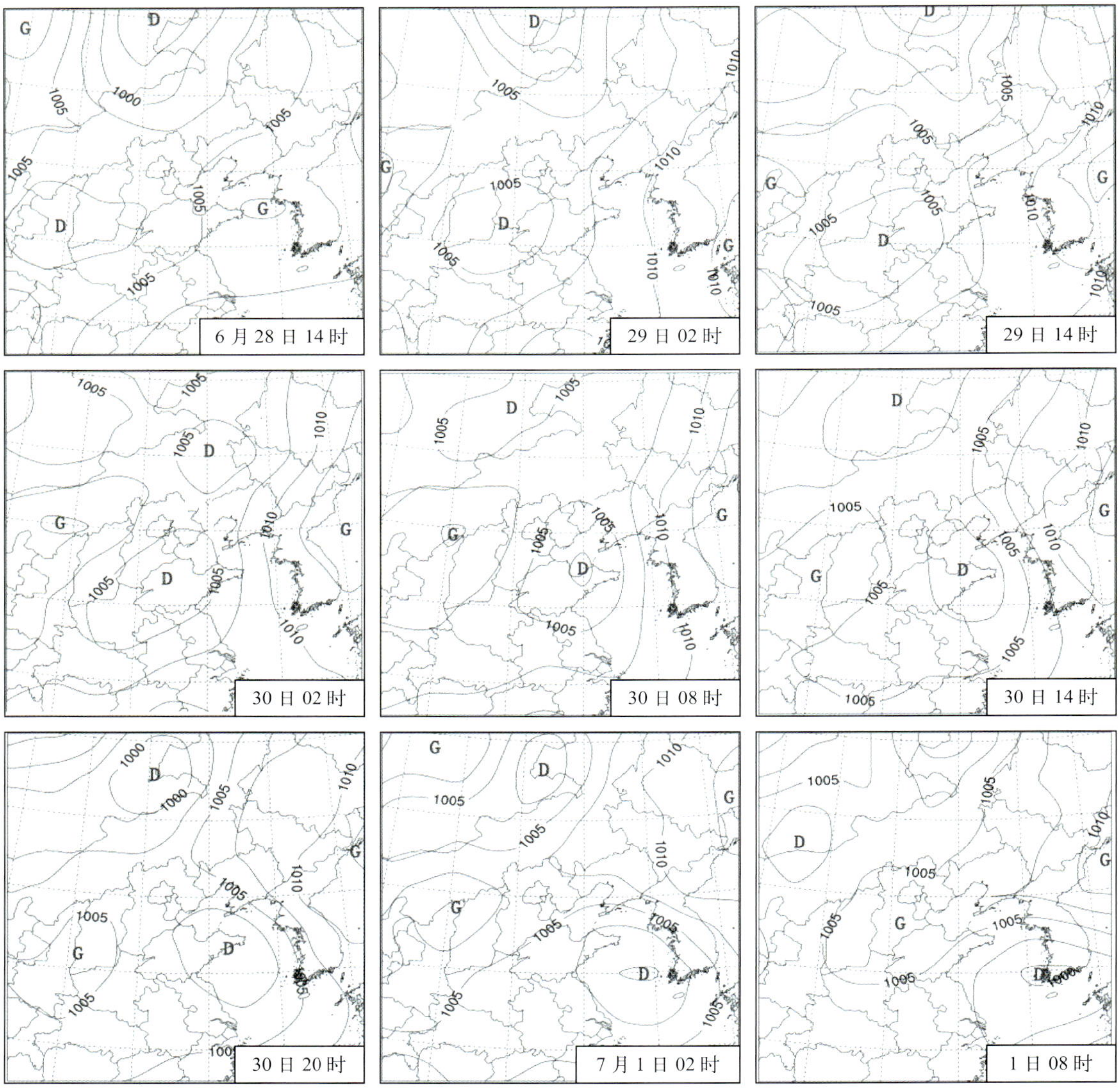

黄河气旋风暴潮曲线与气压场（1980 年 6 月 28 日—7 月 1 日）

1987 年 9 月 3—5 日

黄河气旋风暴潮曲线与气压场（1987 年 9 月 3—5 日）

1995 年 5 月 12—14 日

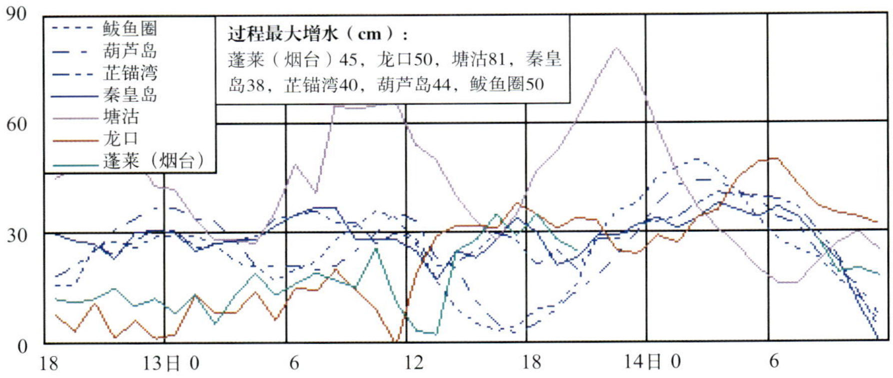

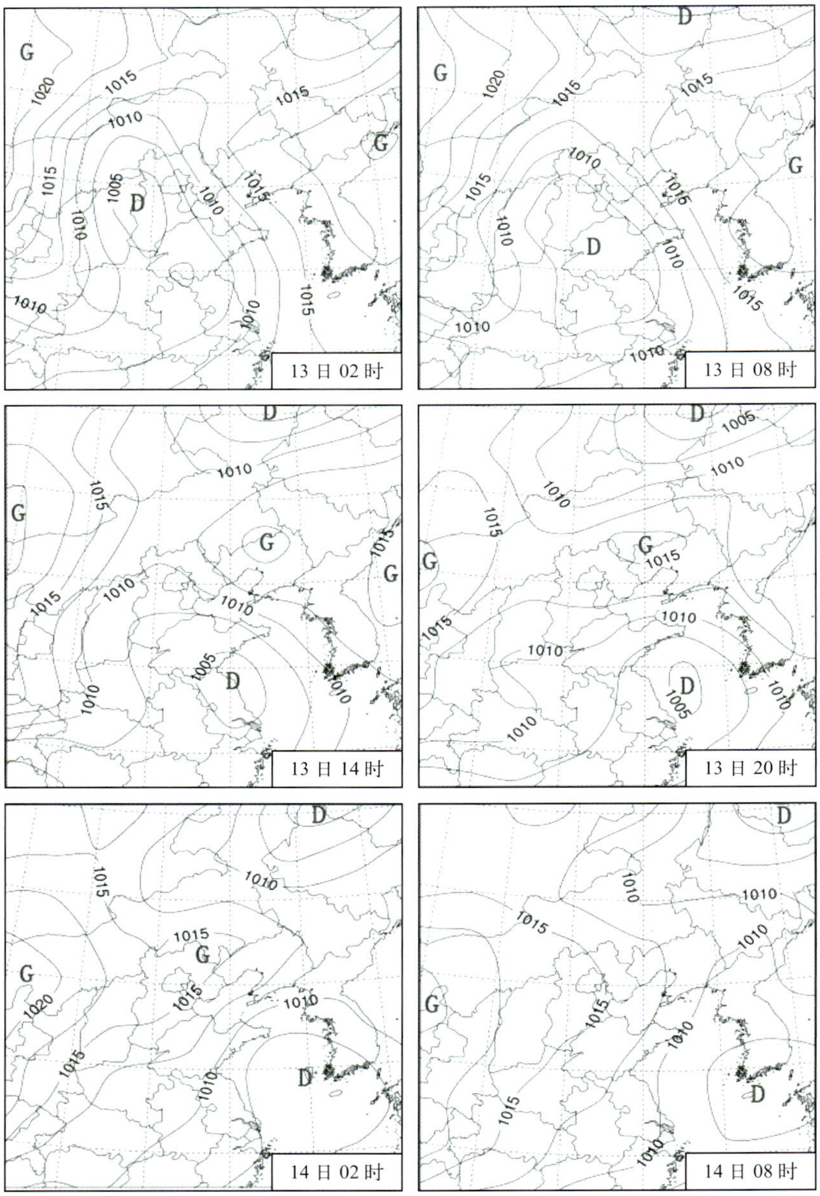

黄河气旋风暴潮曲线与气压场（1995 年 5 月 12—14 日）

2004 年 3 月 31 日—4 月 1 日

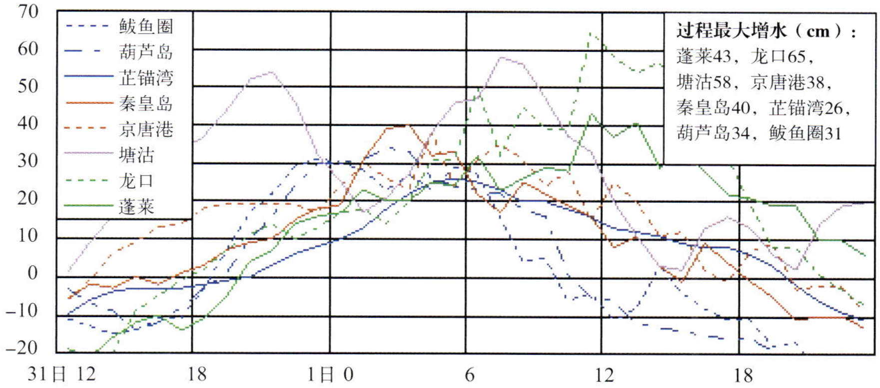

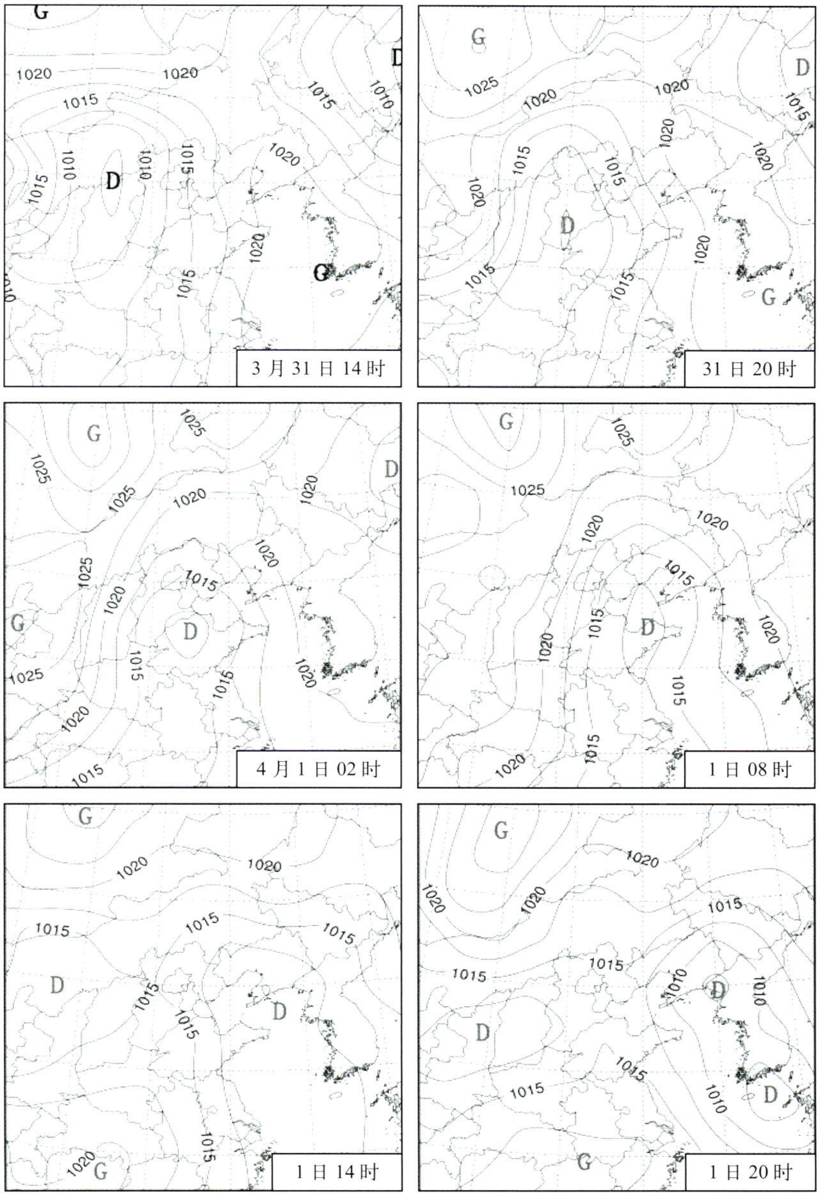

黄河气旋风暴潮曲线与气压场（2004 年 3 月 31 日—4 月 1 日）

2006 年 3 月 31 日—4 月 2 日

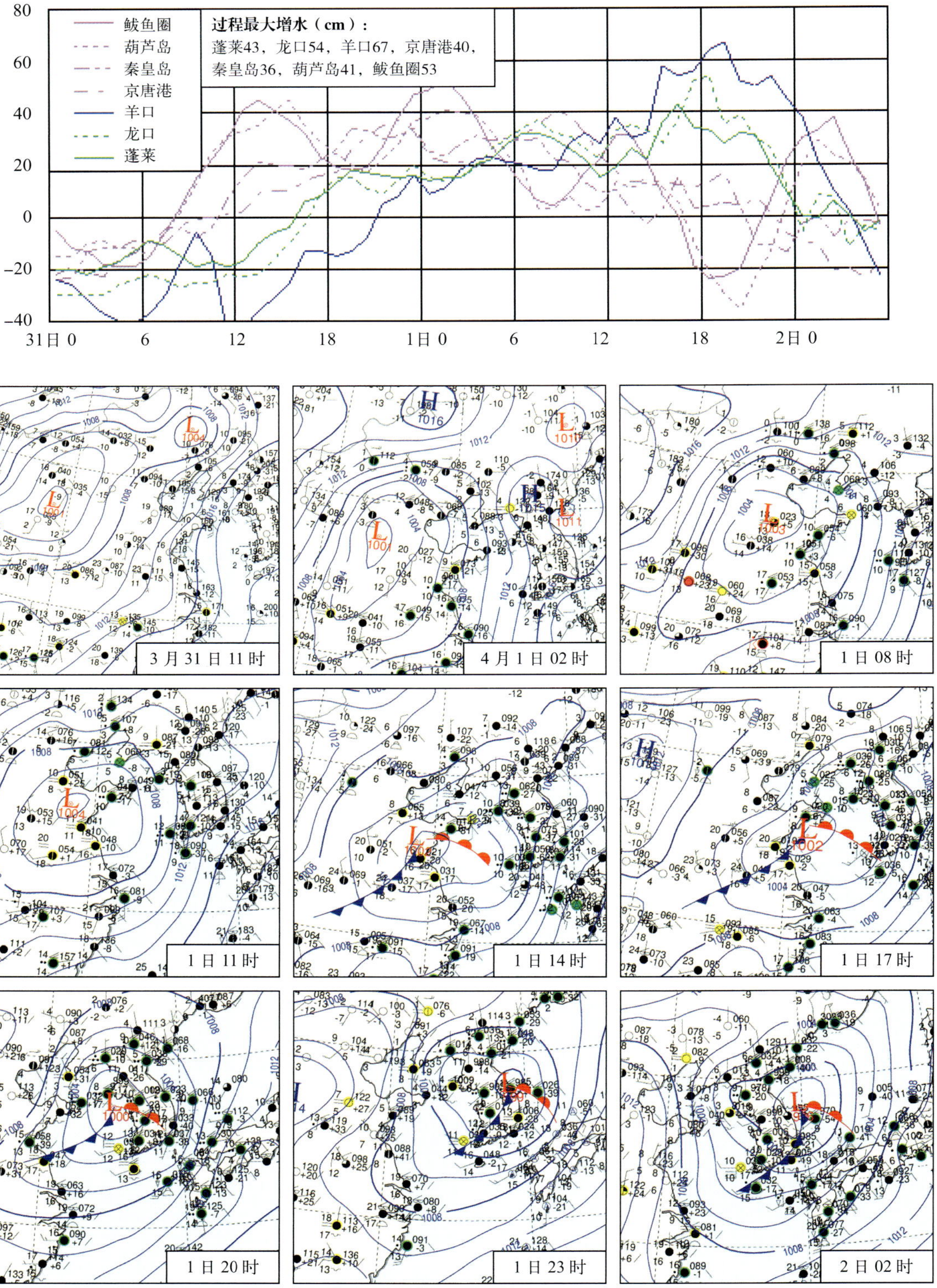

黄河气旋风暴潮曲线与气压场（2006 年 3 月 31 日—4 月 2 日）

2009 年 7 月 17—18 日

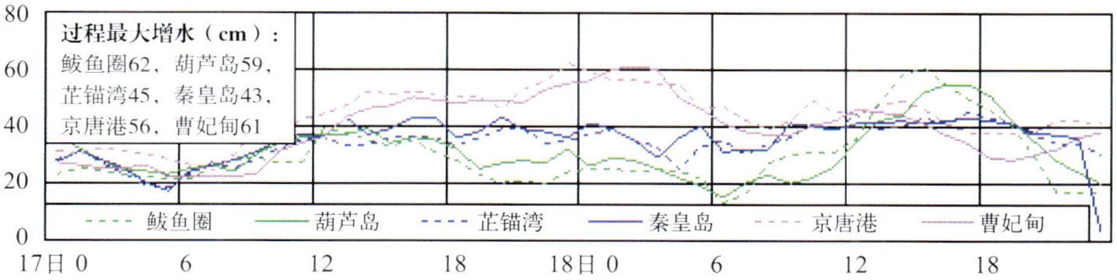

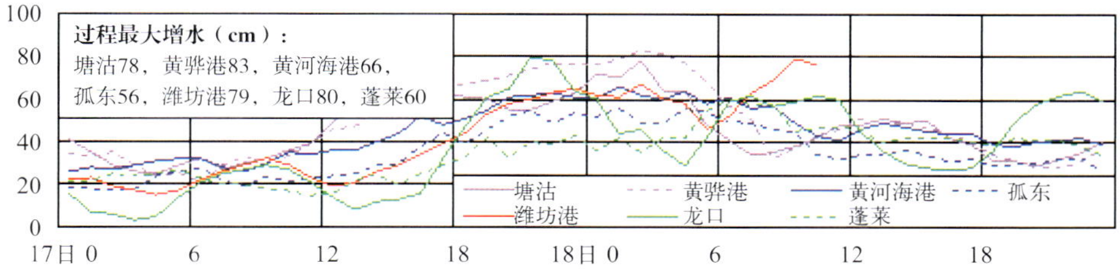

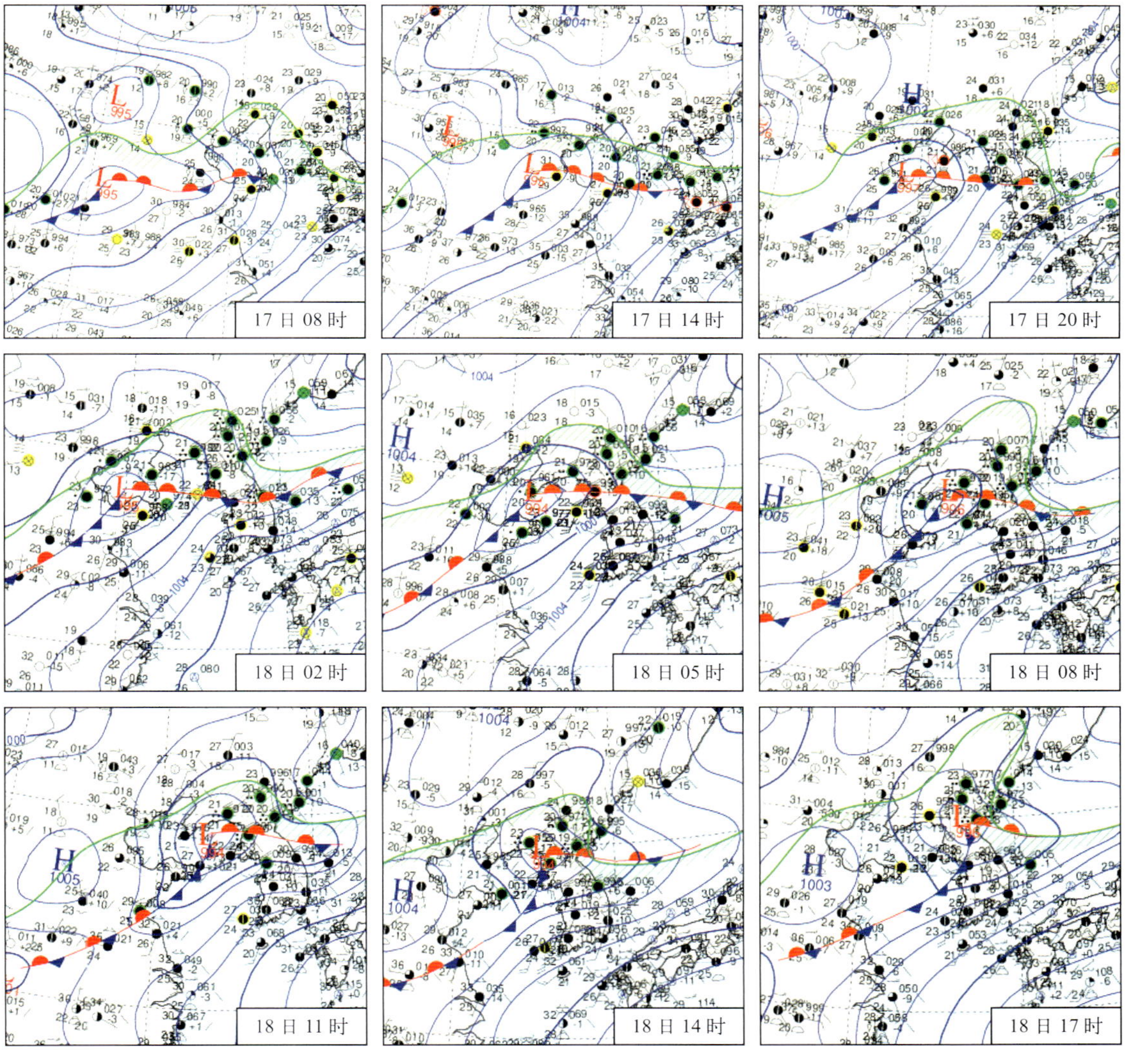

黄河气旋风暴潮曲线与气压场（2009 年 7 月 17—18 日）

2011 年 4 月 28 日—5 月 1 日

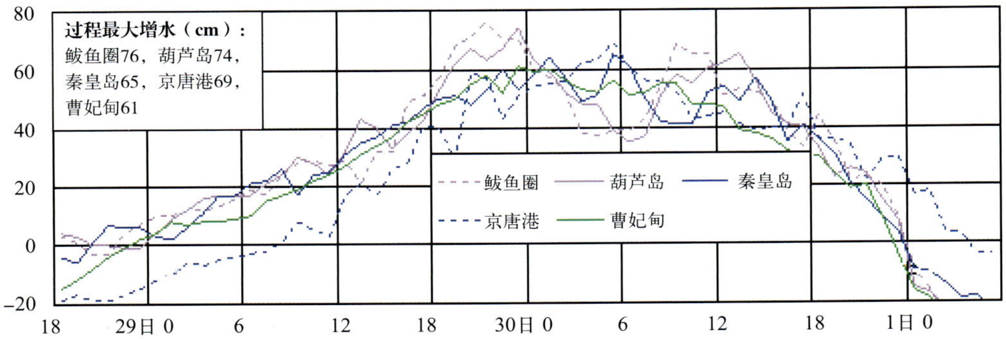

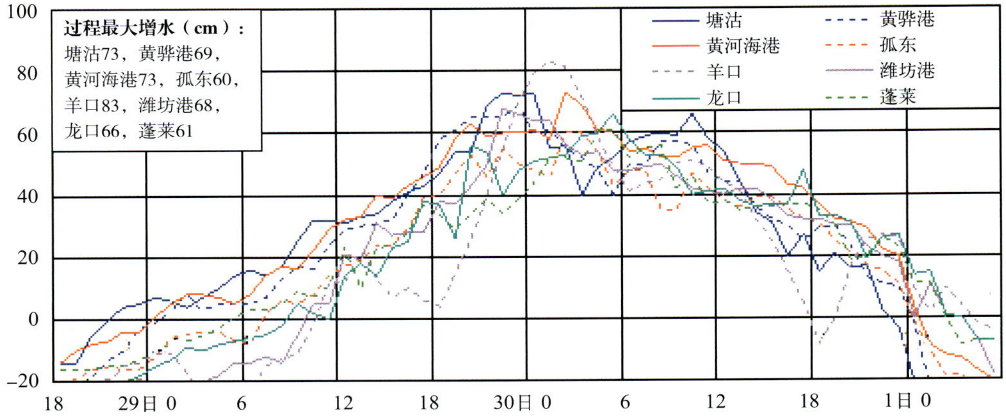

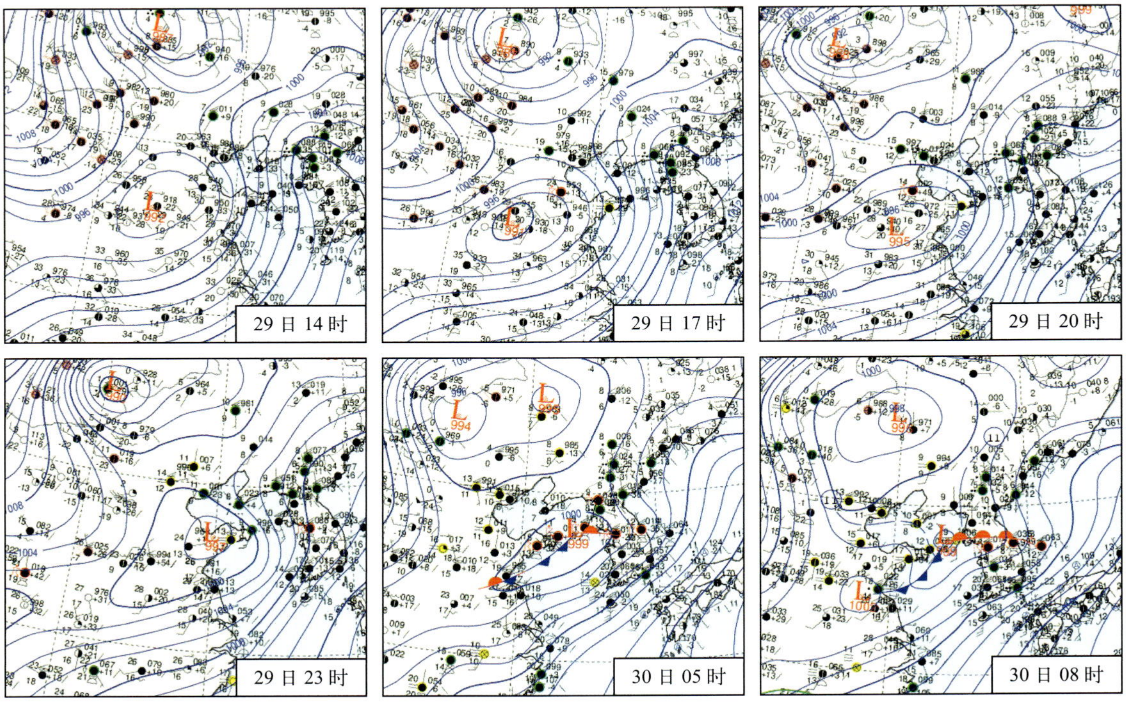

黄河气旋风暴潮曲线与气压场（2011 年 4 月 28 日—5 月 1 日）

2012 年 6 月 13—14 日

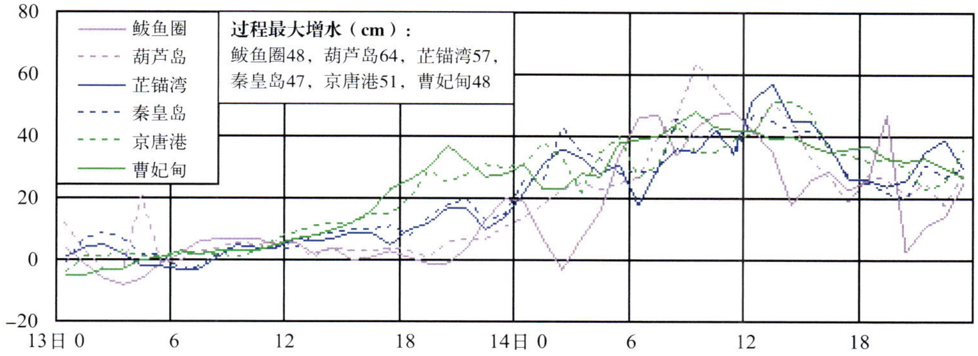

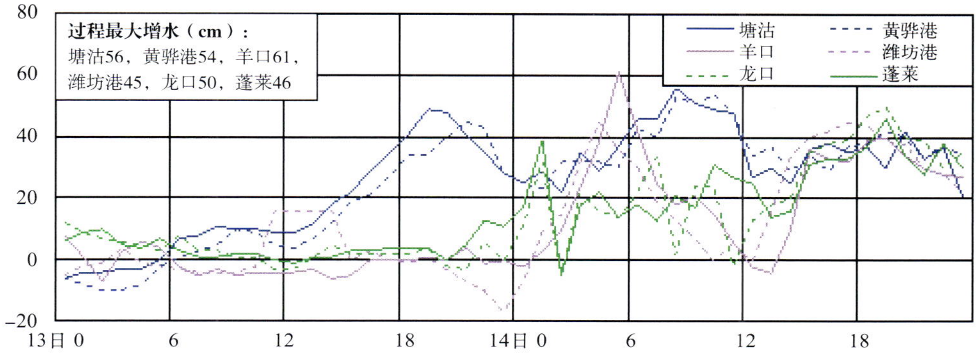

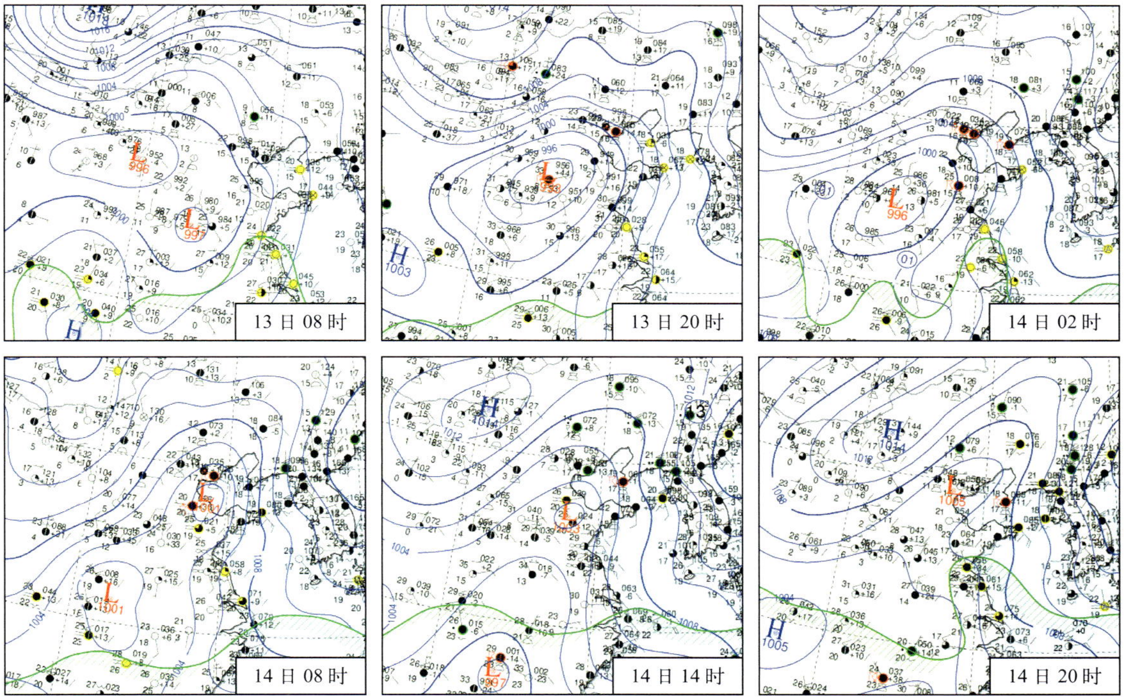

黄河气旋风暴潮曲线与气压场（2012 年 6 月 13—14 日）

2013 年 3 月 5—7 日

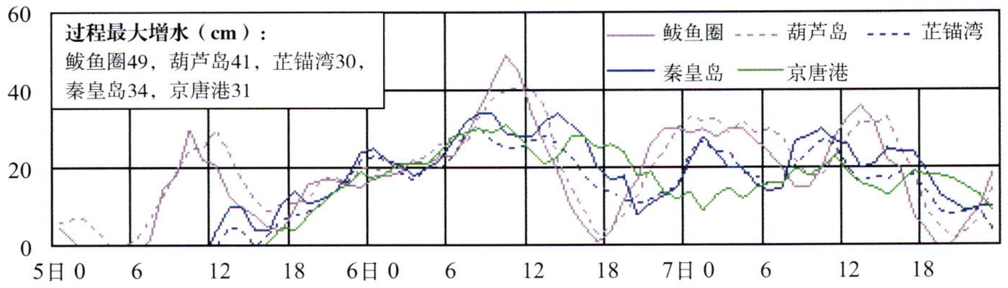

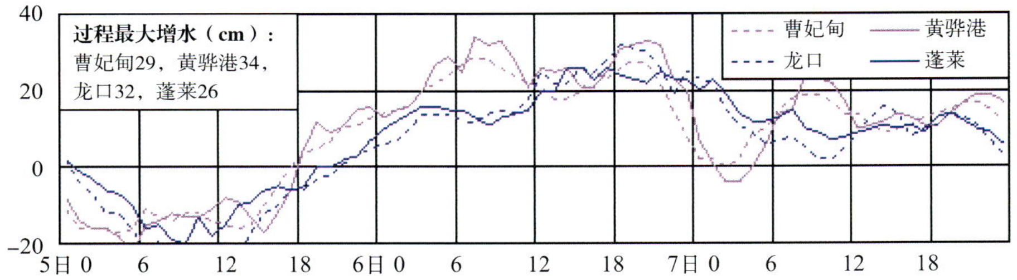

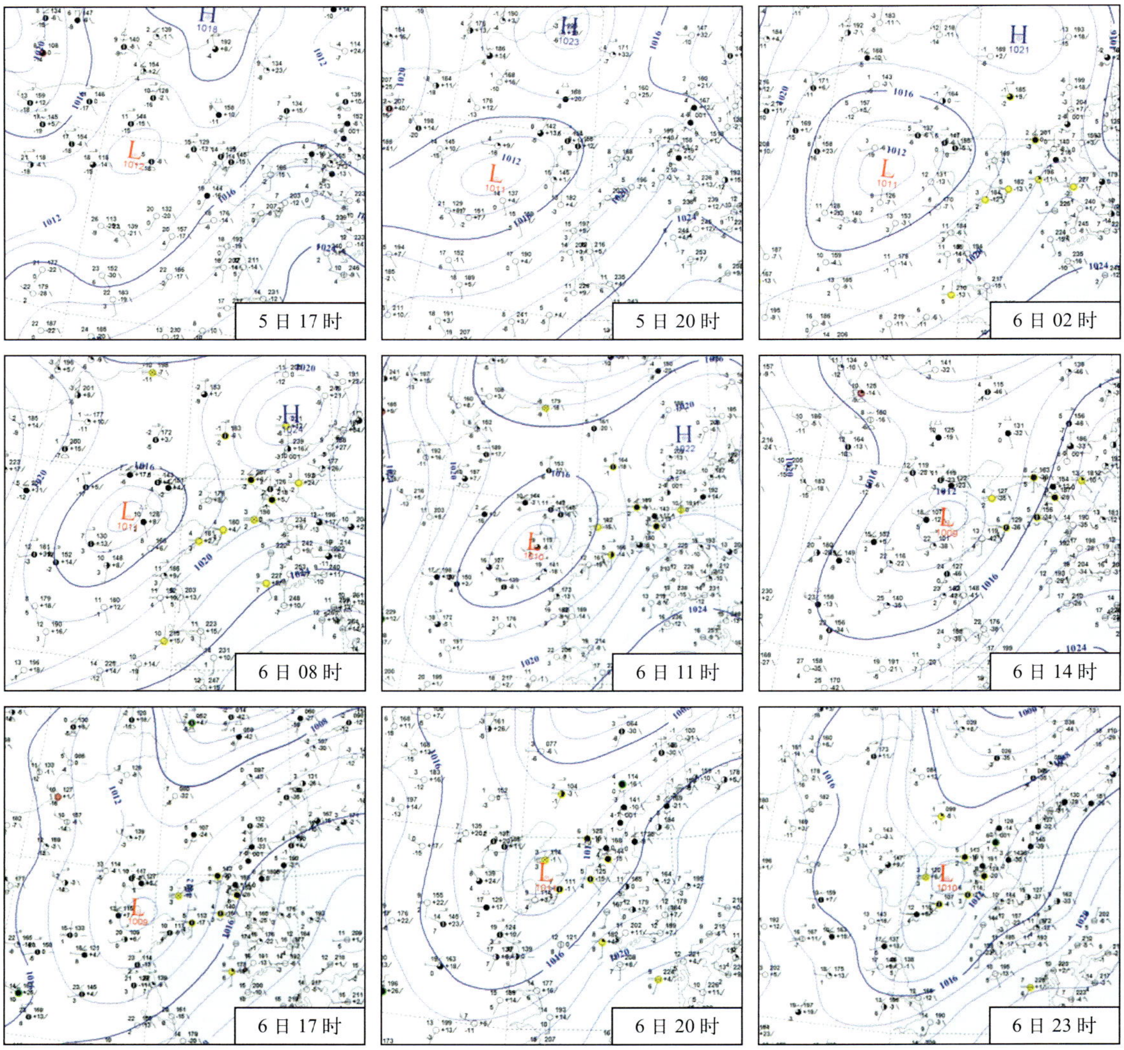

黄河气旋风暴潮曲线与气压场（2013 年 3 月 5—7 日）

2014 年 5 月 6—7 日

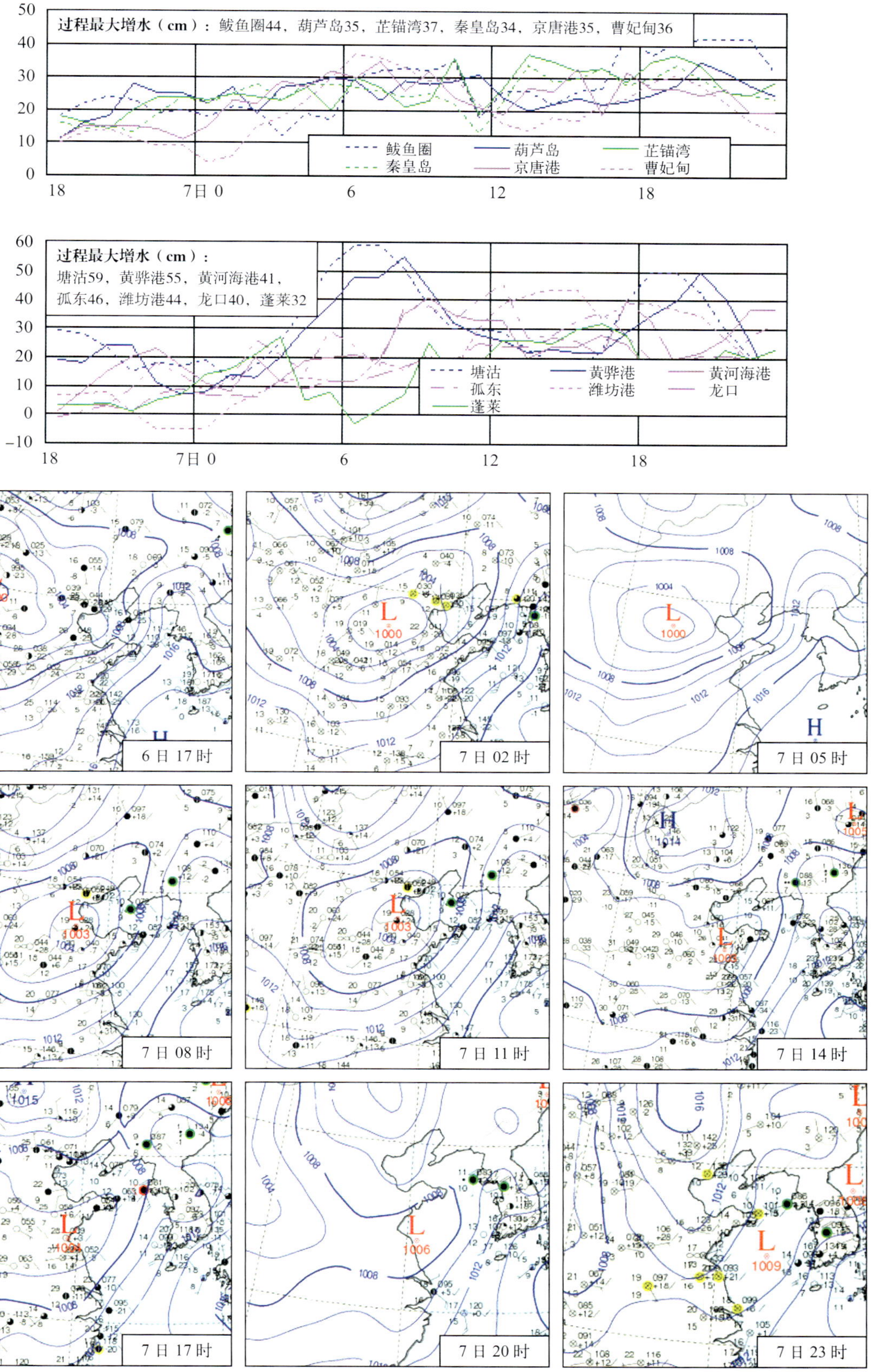

黄河气旋风暴潮曲线与气压场（2014 年 5 月 6—7 日）

2015 年 6 月 5—7 日

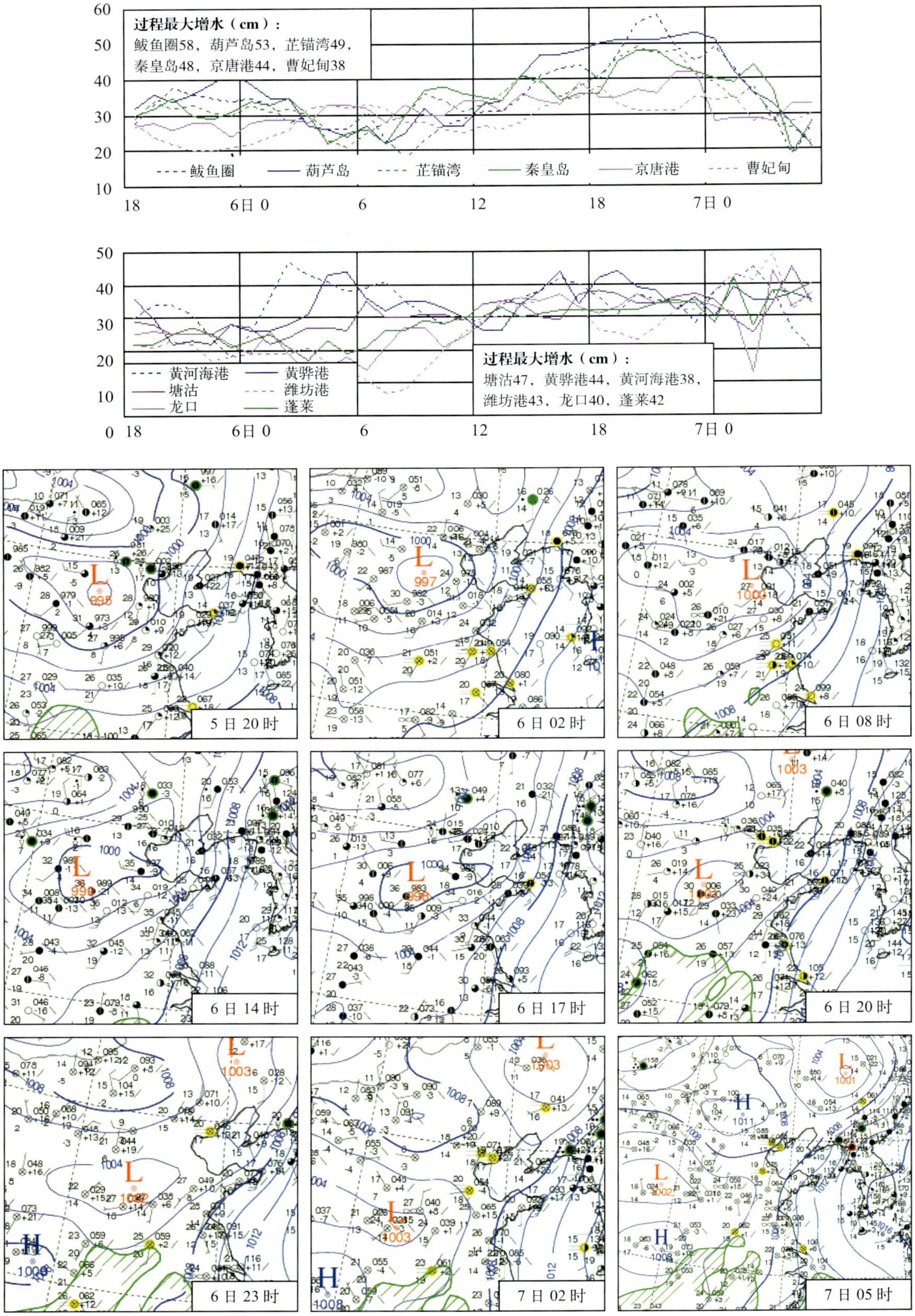

黄河气旋风暴潮曲线与气压场（2015 年 6 月 5—7 日）

2016 年 6 月 14—15 日

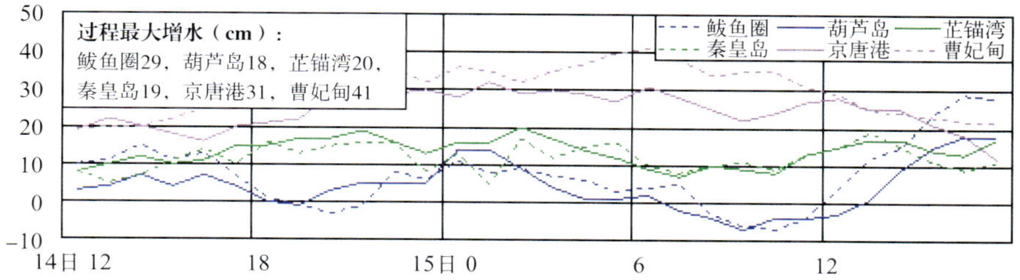

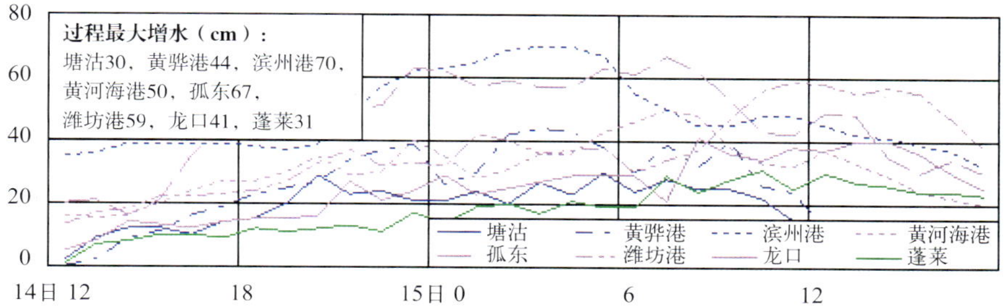

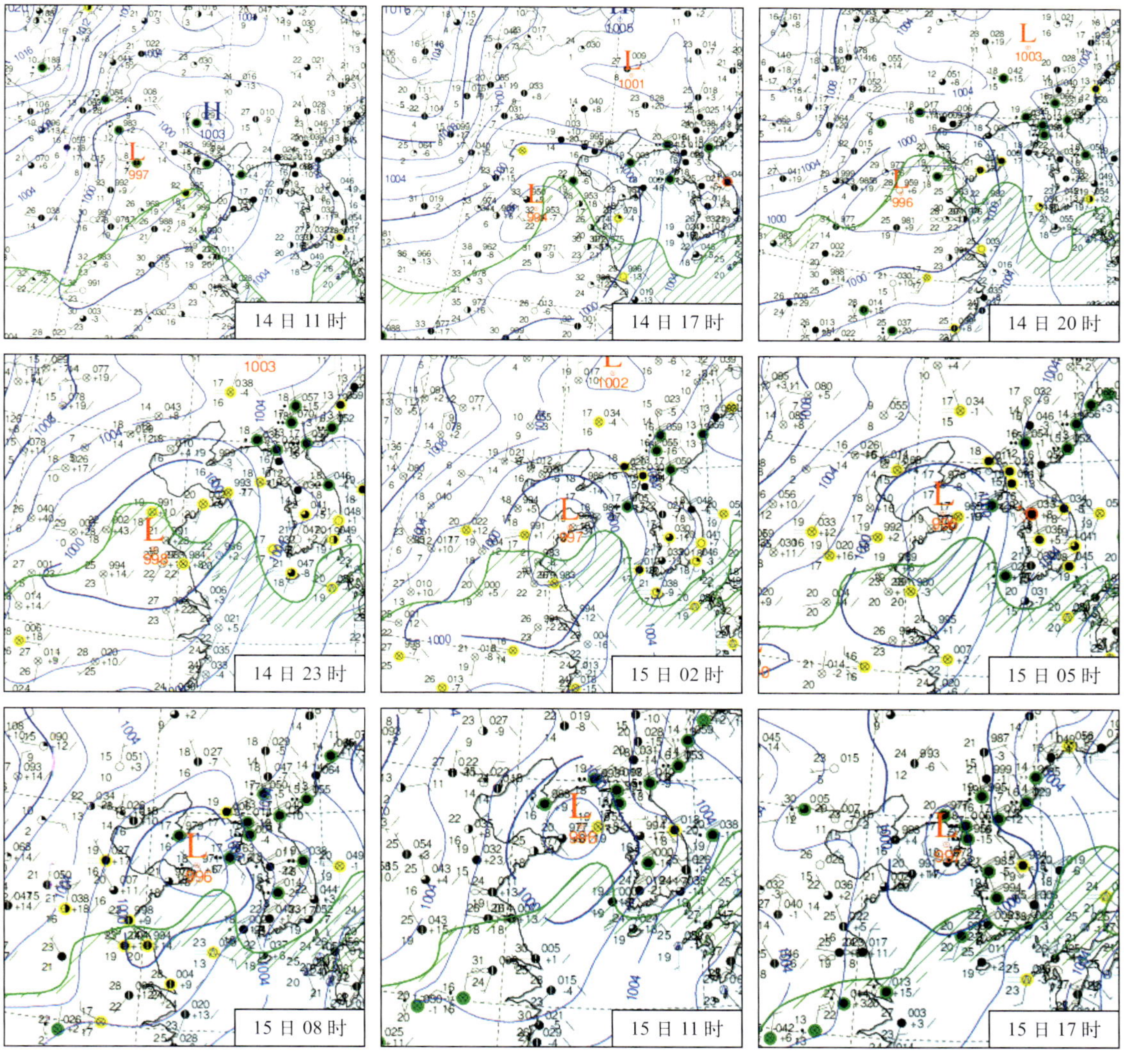

黄河气旋风暴潮曲线与气压场（2016 年 6 月 14—15 日）

2017 年 5 月 12—14 日

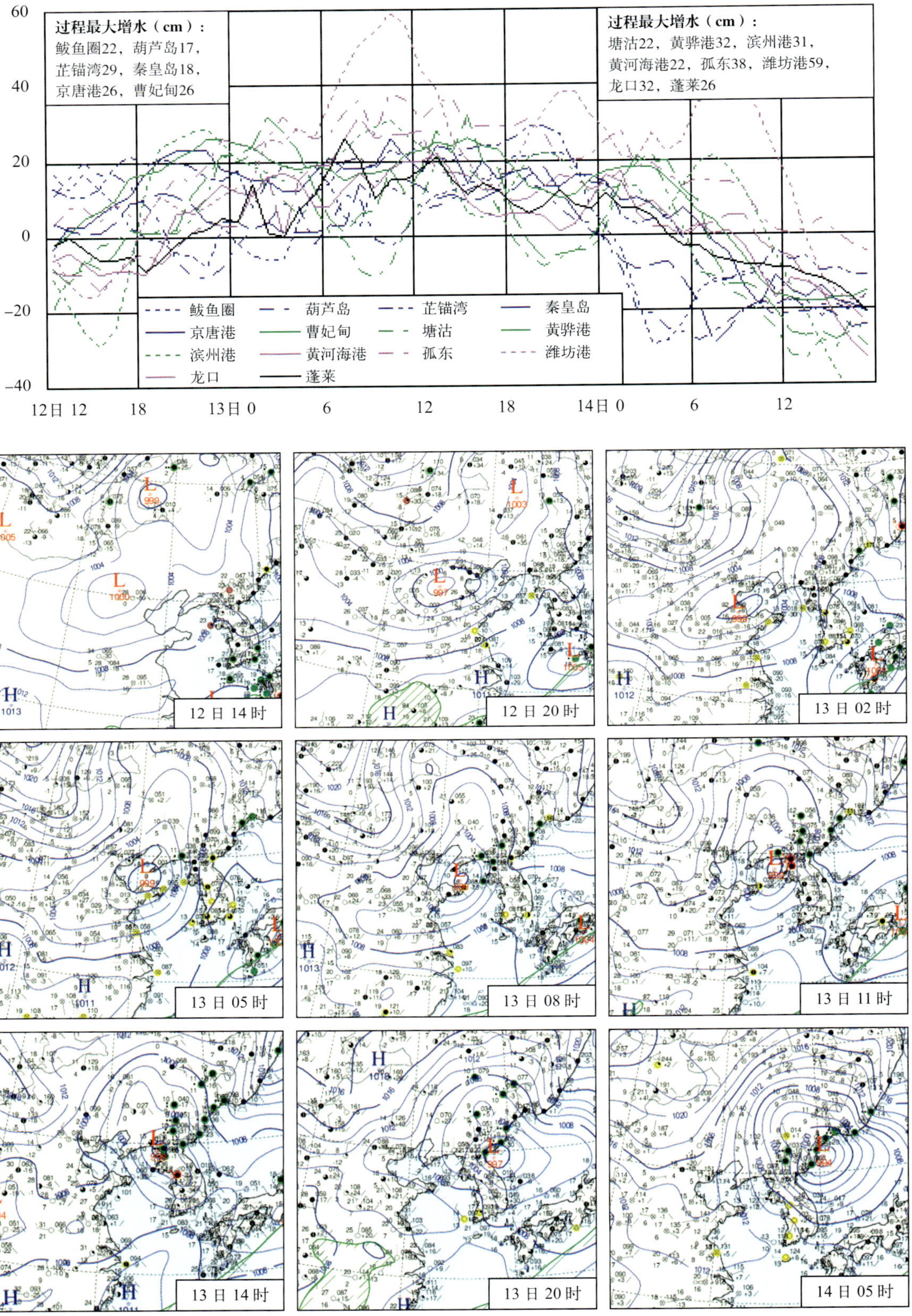

黄河气旋风暴潮曲线与气压场（2017 年 5 月 12—14 日）

10.2.2　河套东北行类

1981 年 7 月 3—5 日

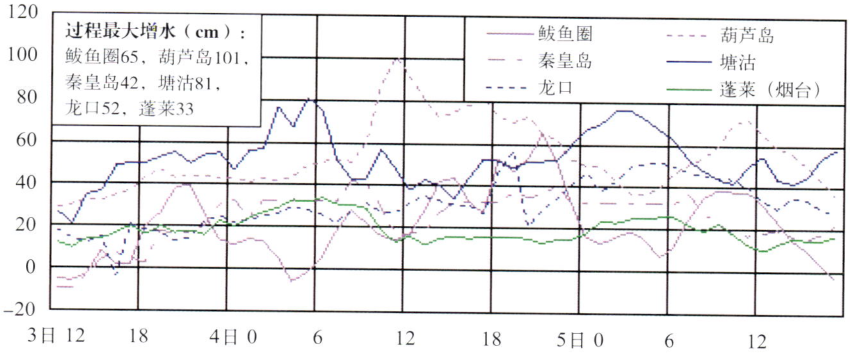

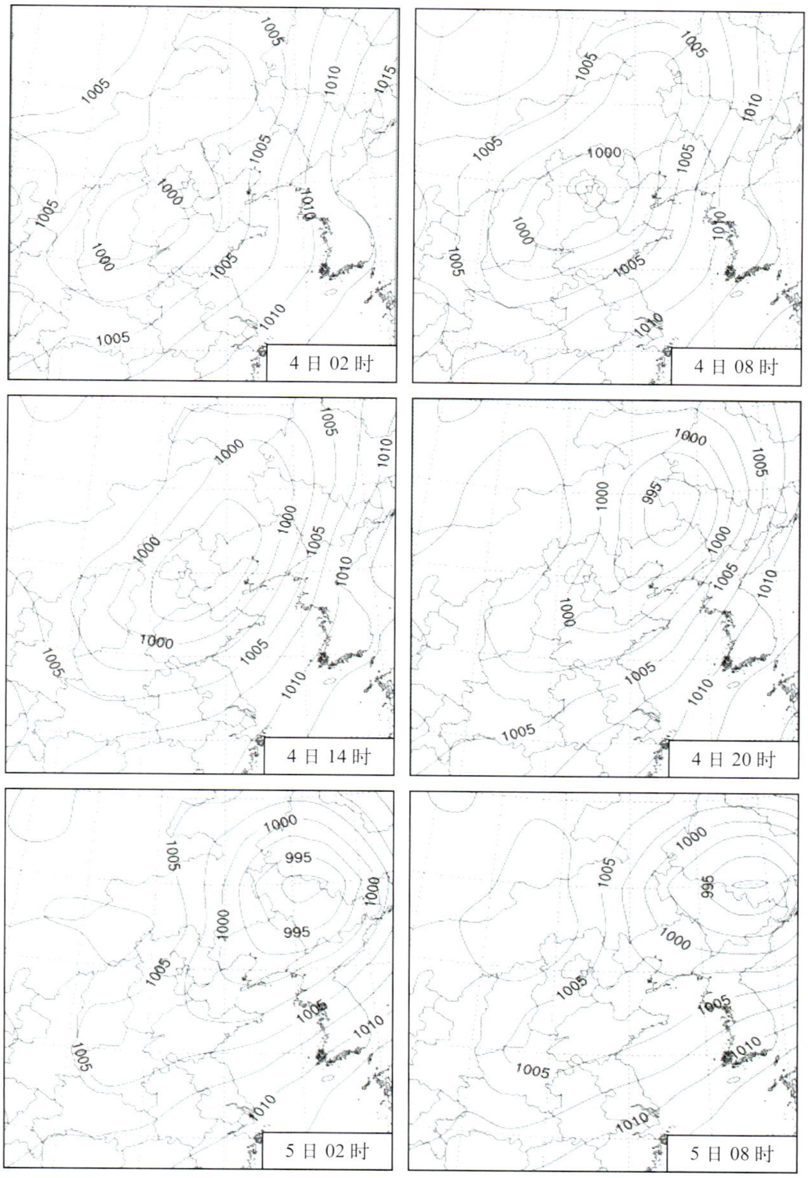

黄河气旋风暴潮曲线与气压场（1981 年 7 月 3—5 日）

1986 年 6 月 26—29 日

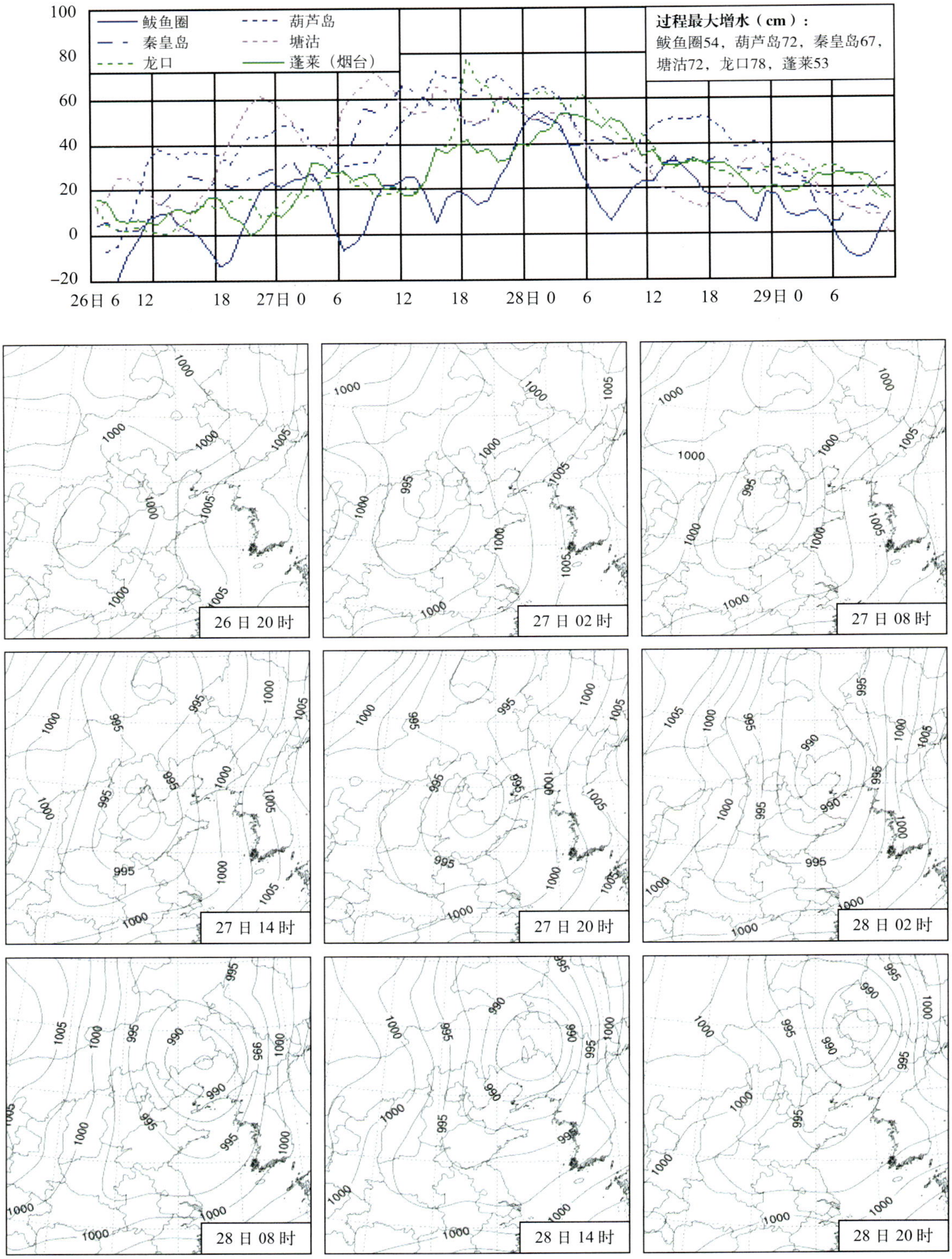

黄河气旋风暴潮曲线与气压场（1986 年 6 月 26—29 日）

2008 年 7 月 4—6 日

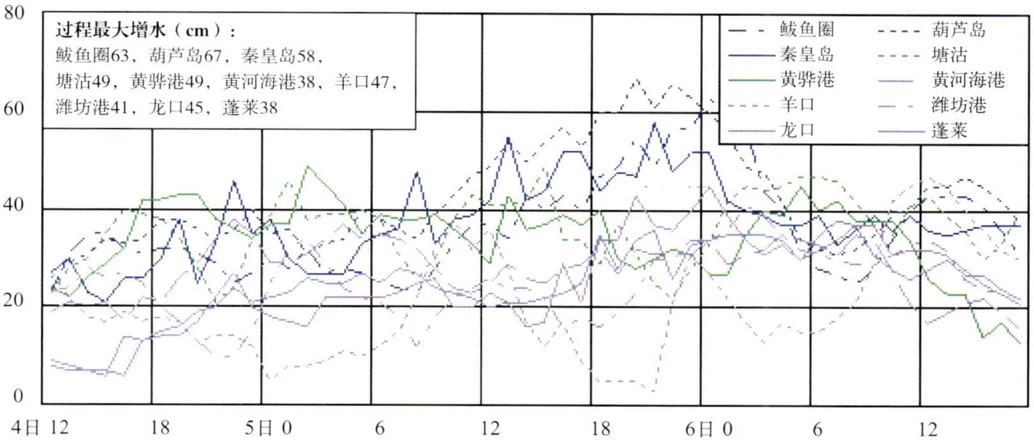

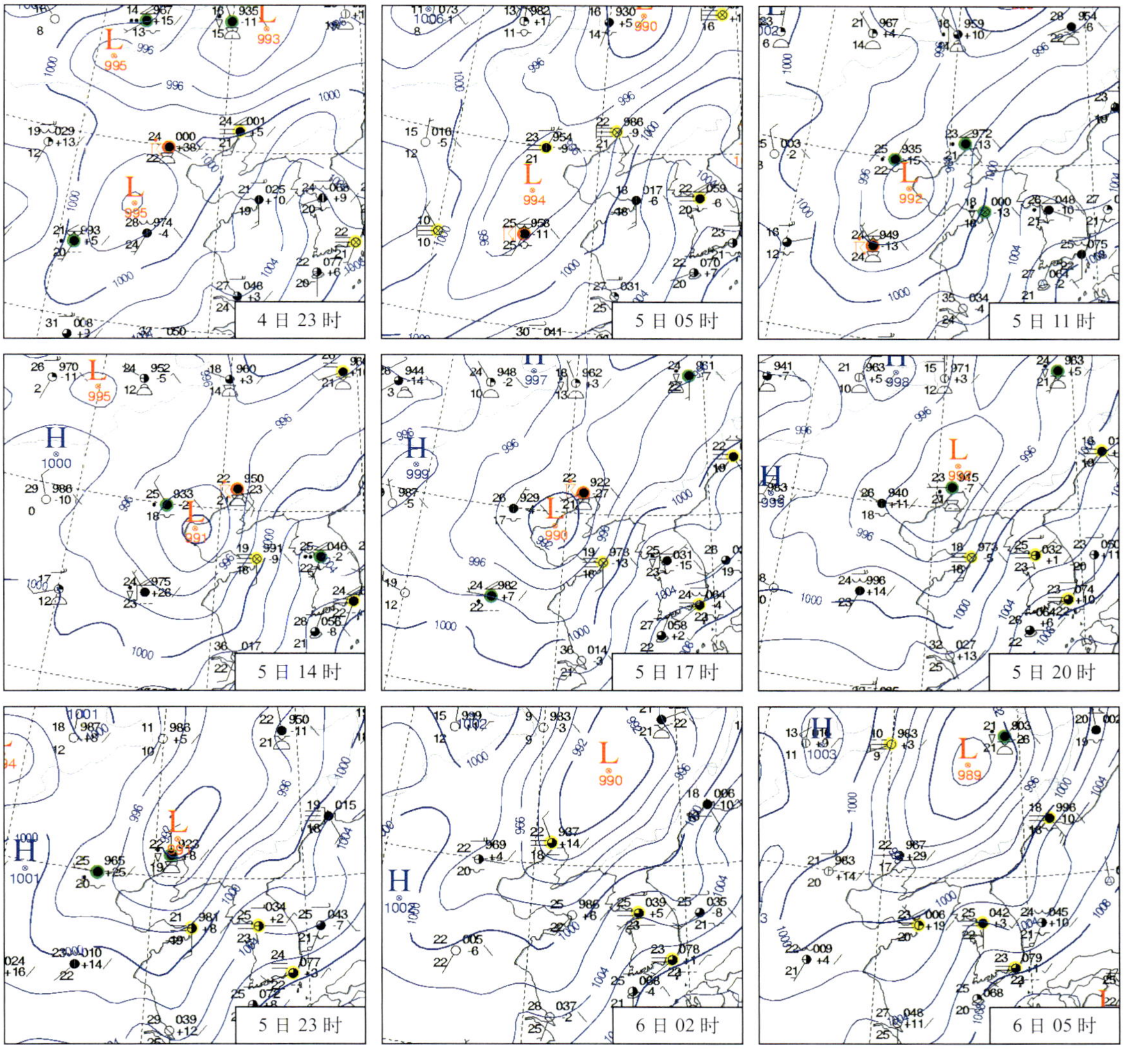

黄河气旋风暴潮曲线与气压场（2008 年 7 月 4—6 日）

2013 年 7 月 1—2 日

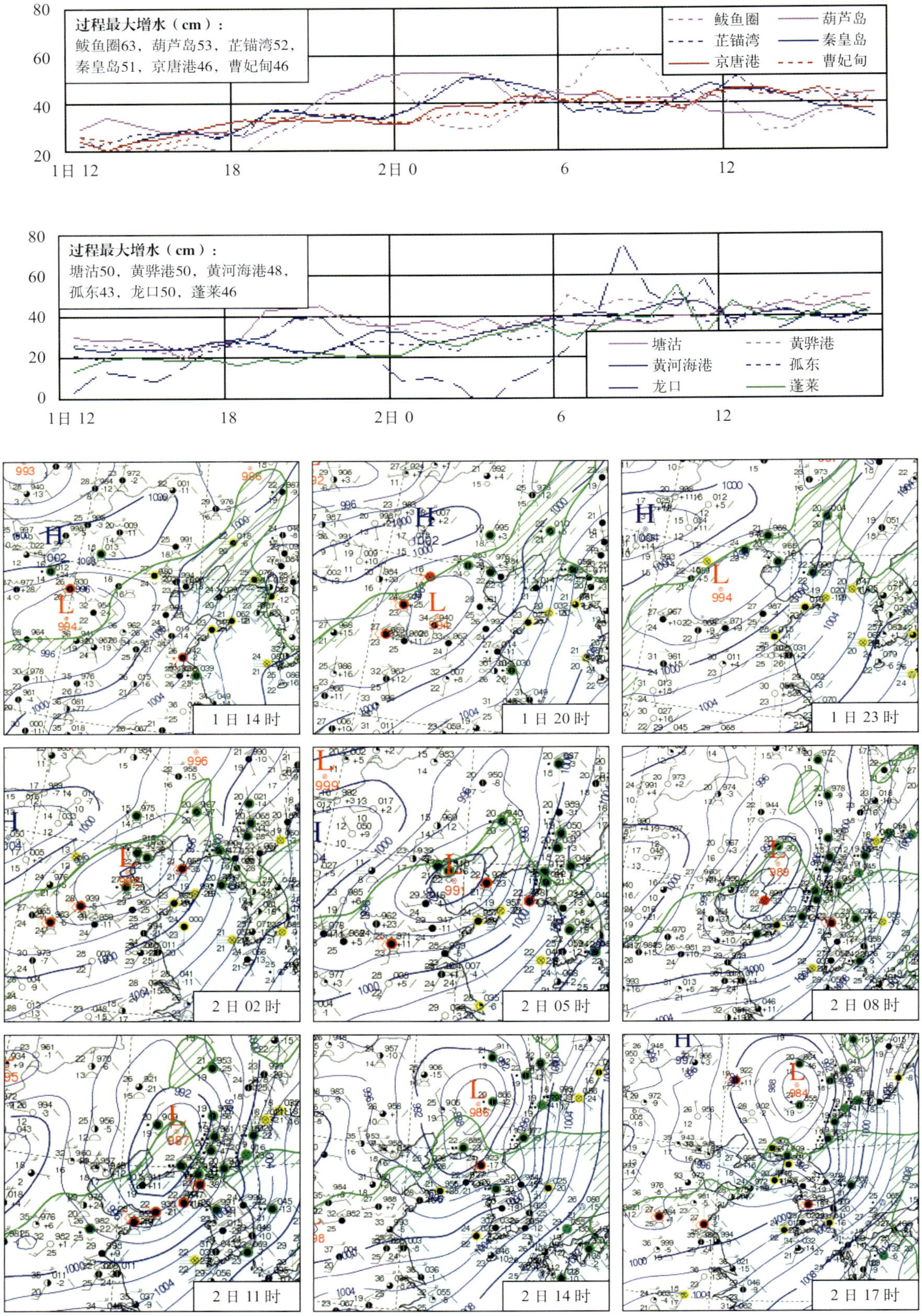

黄河气旋风暴潮曲线与气压场（2013 年 7 月 1—2 日）

2016 年 7 月 19—21 日

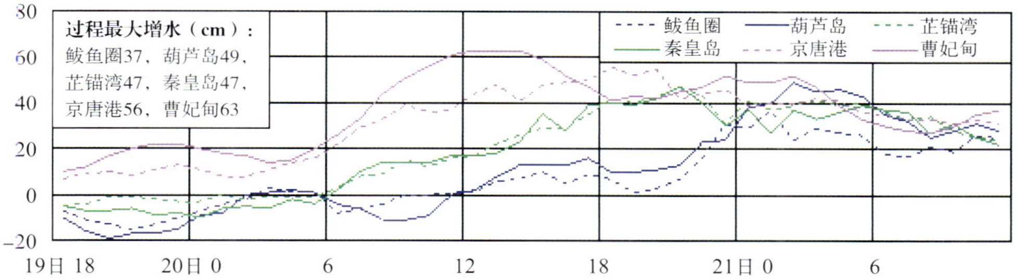

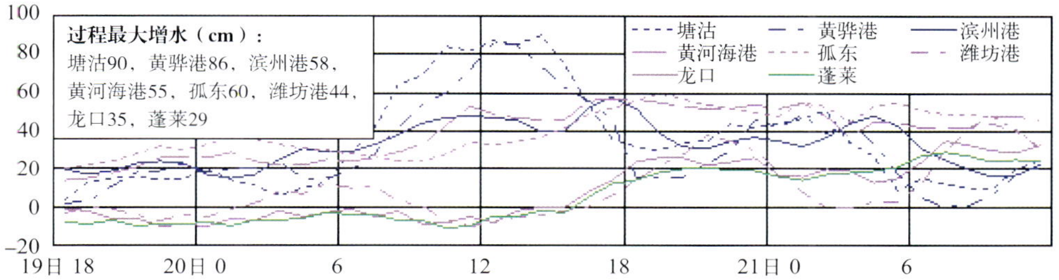

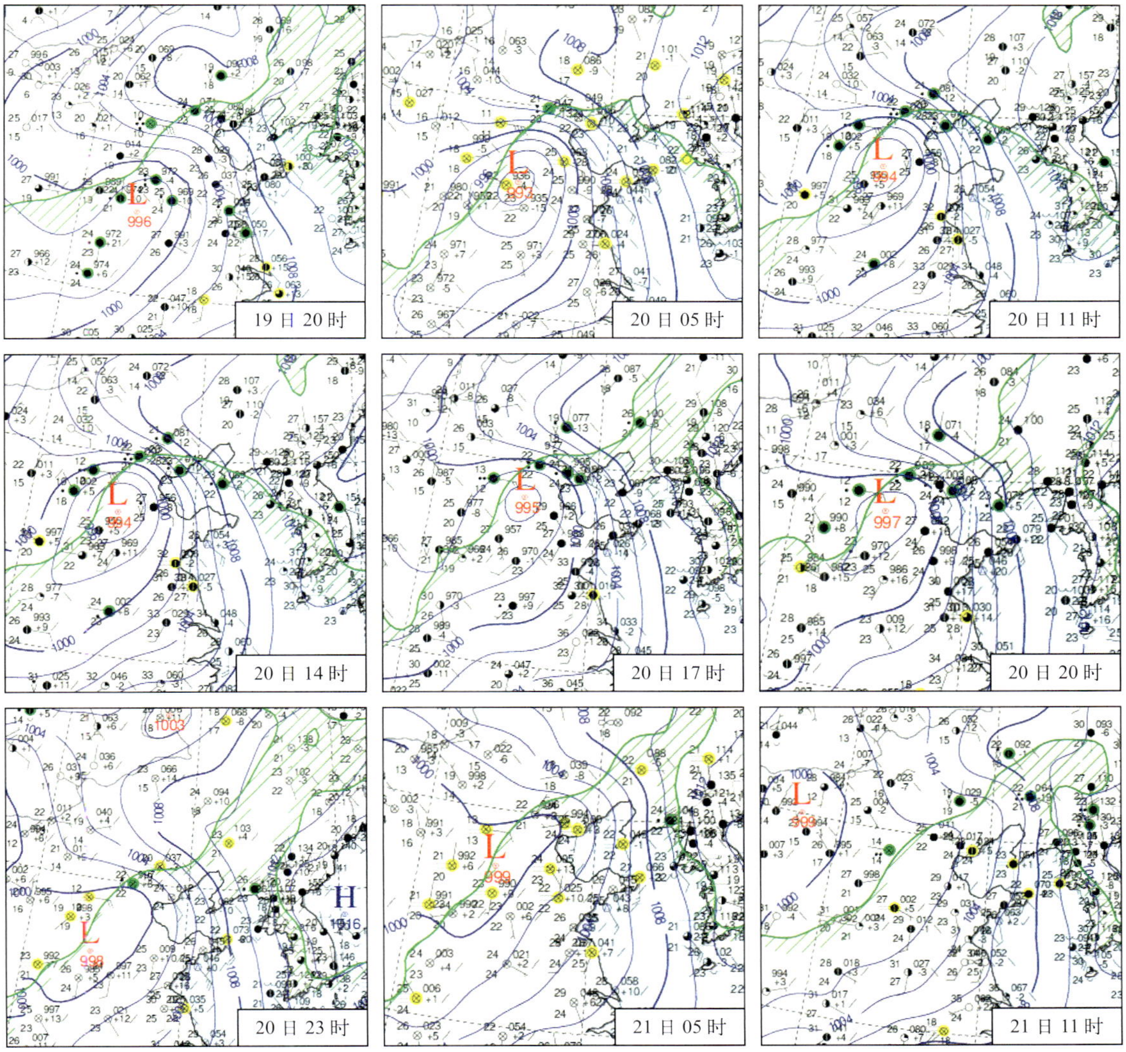

黄河气旋风暴潮曲线与气压场（2016 年 7 月 19—21 日）

10.3 渤海气旋

1980 年 8 月 31 日—9 月 2 日

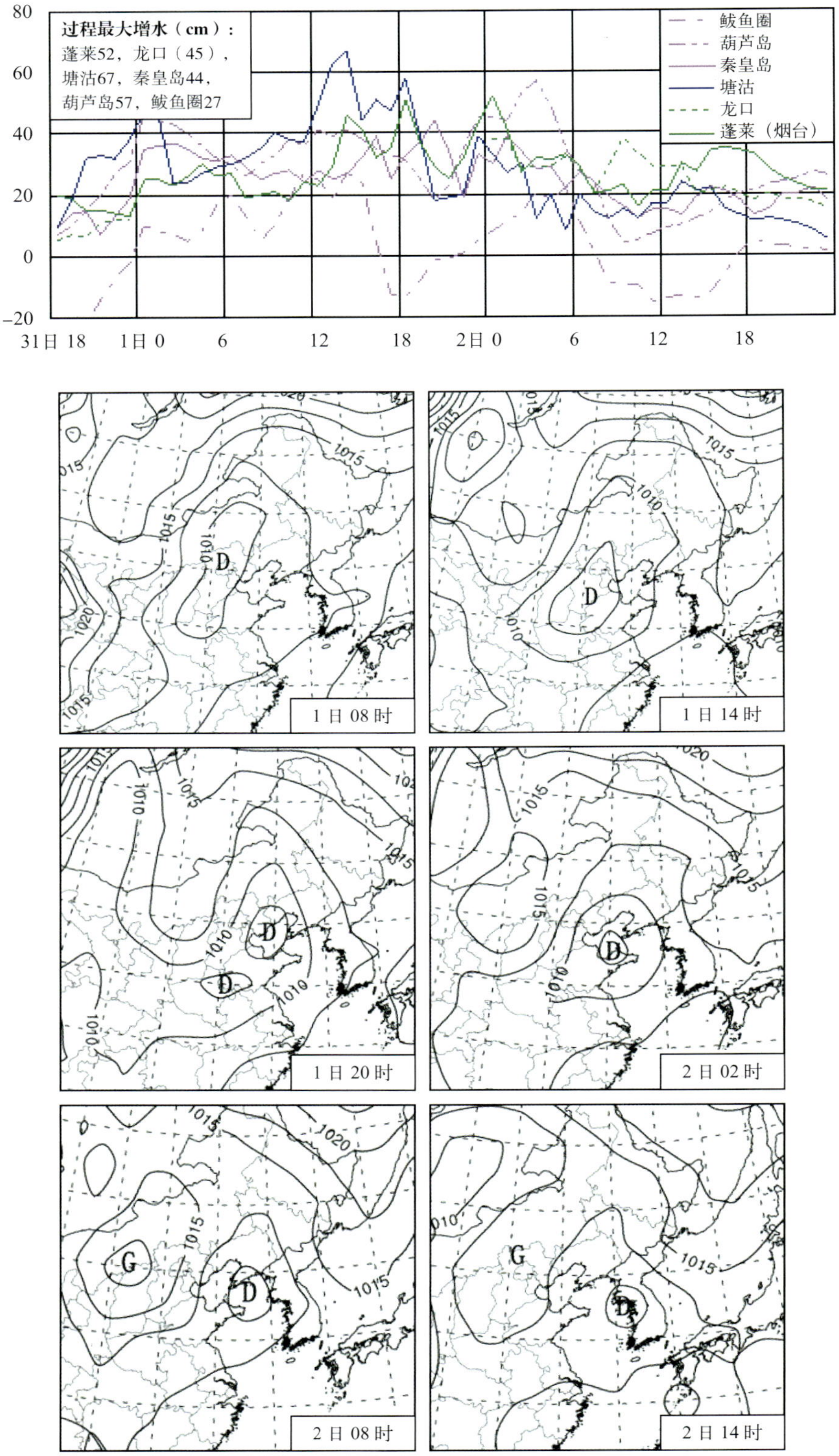

渤海气旋风暴潮曲线与气压场（1980 年 8 月 31 日—9 月 2 日）

1996 年 6 月 19—21 日

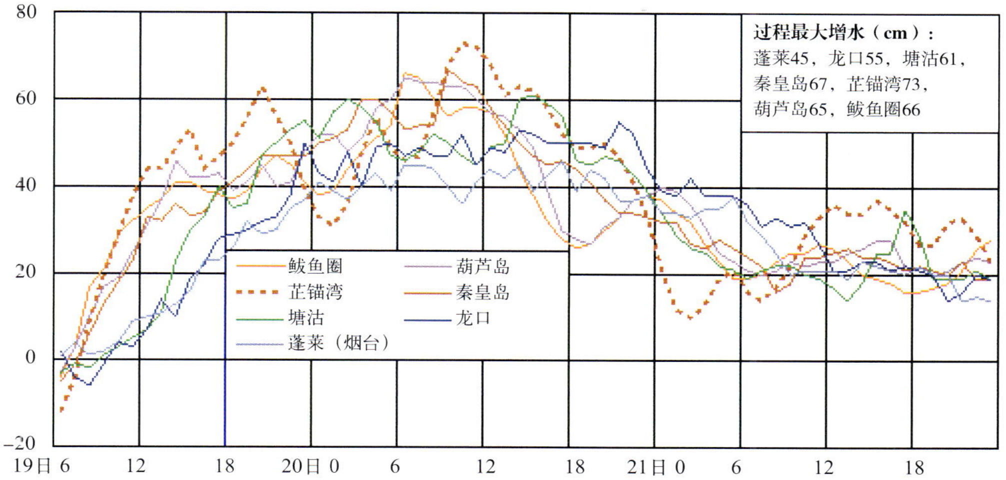

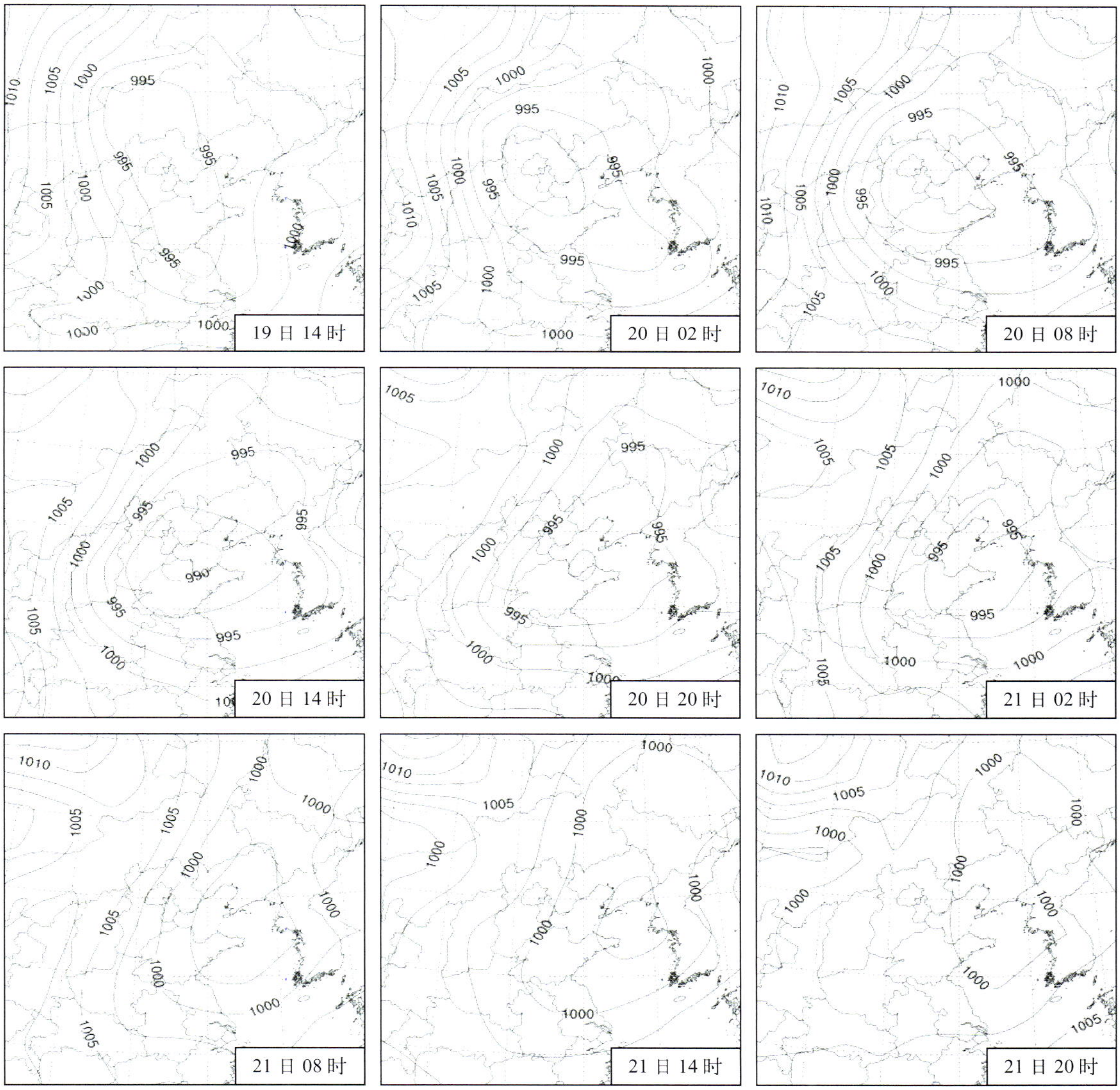

渤海气旋风暴潮曲线与气压场（1996 年 6 月 19—21 日）

2002 年 11 月 5—6 日

渤海气旋风暴潮曲线与气压场（2002 年 11 月 5—6 日）

2005 年 11 月 25—27 日

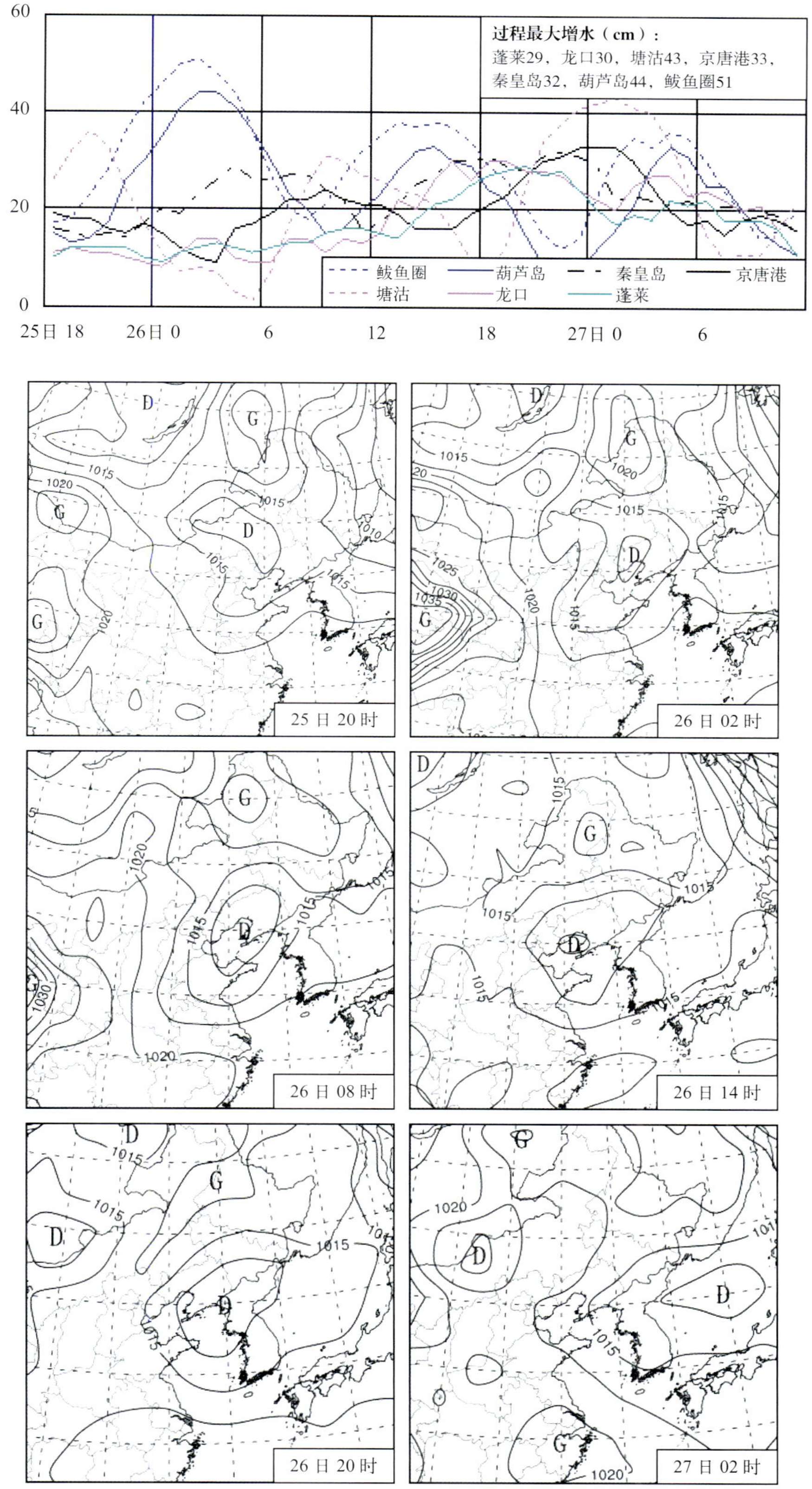

渤海气旋风暴潮曲线与气压场（2005 年 11 月 25—27 日）

2008 年 4 月 24—26 日

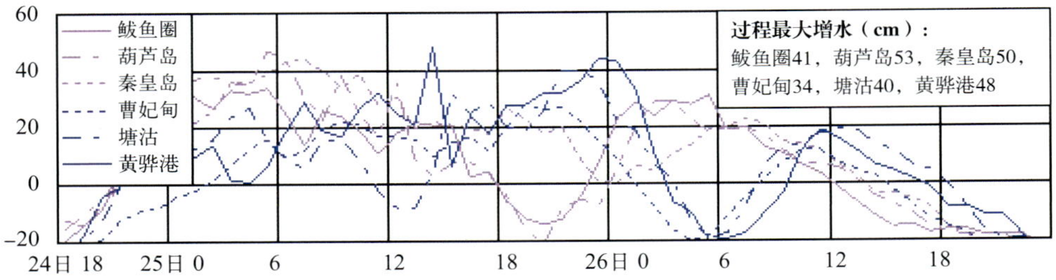

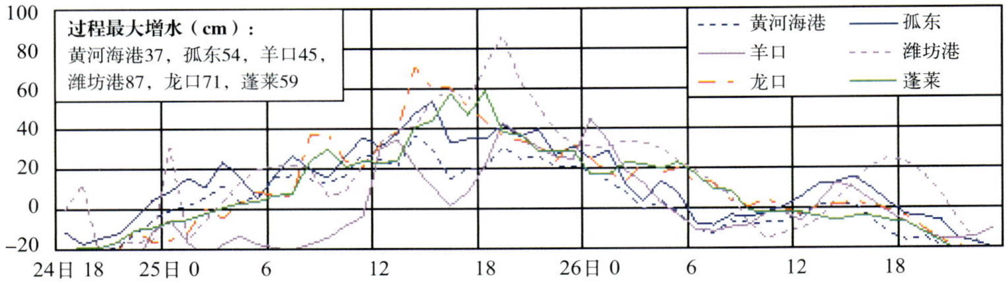

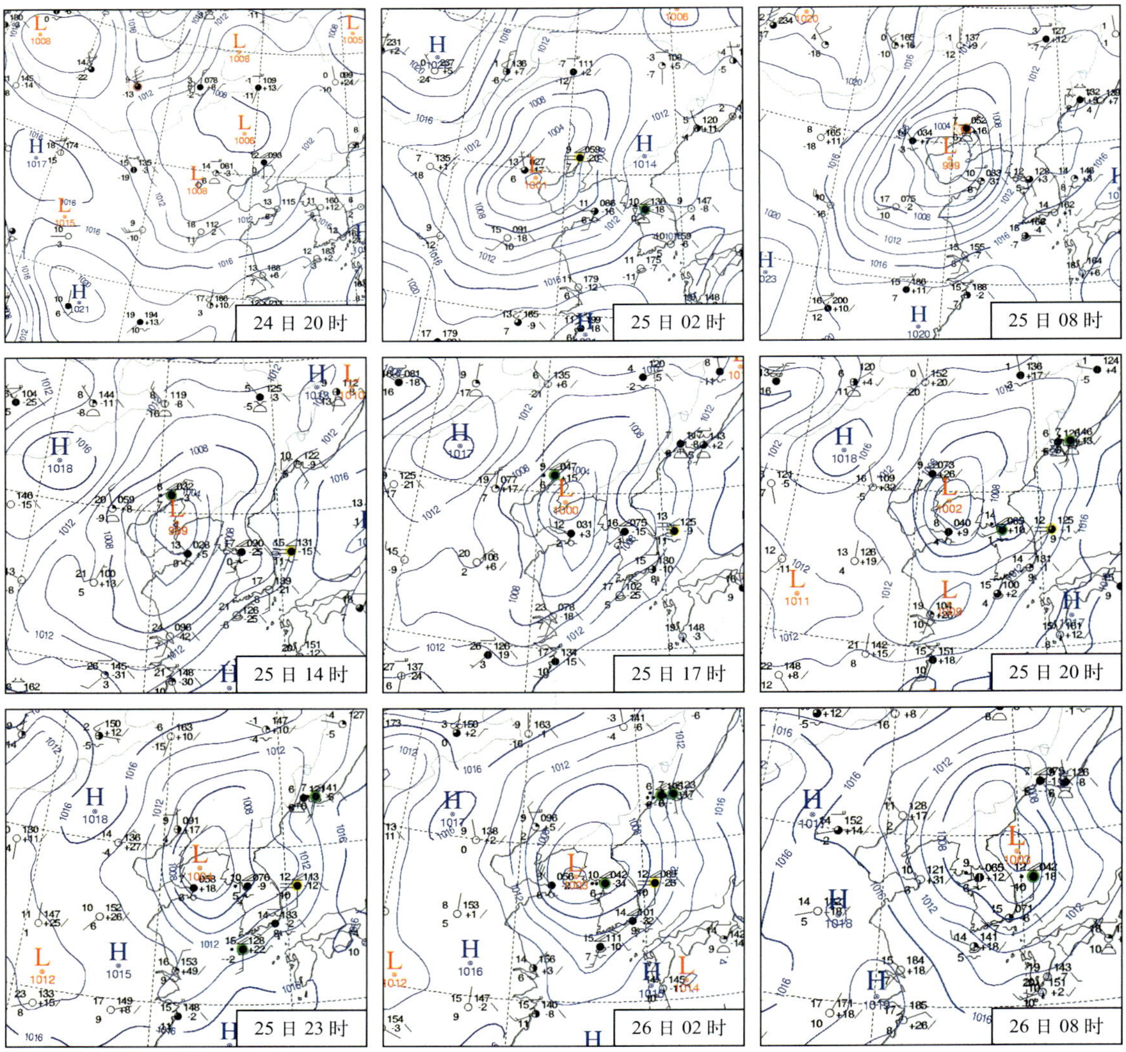

渤海气旋风暴潮曲线与气压场（2008 年 4 月 24—26 日）

2009 年 6 月 1—2 日

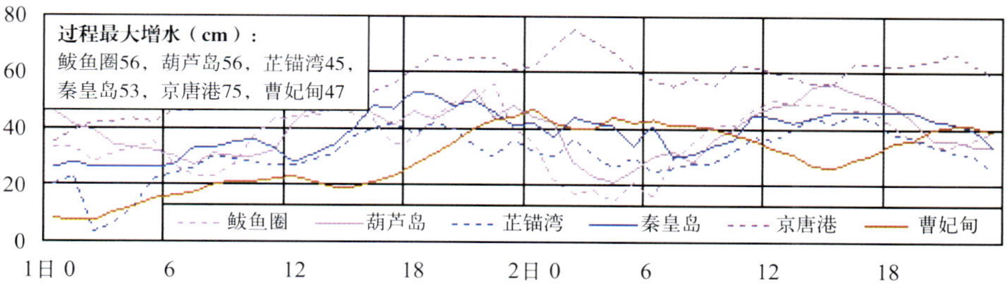

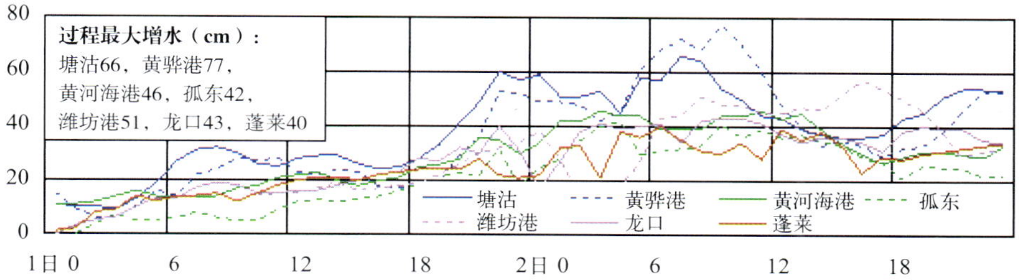

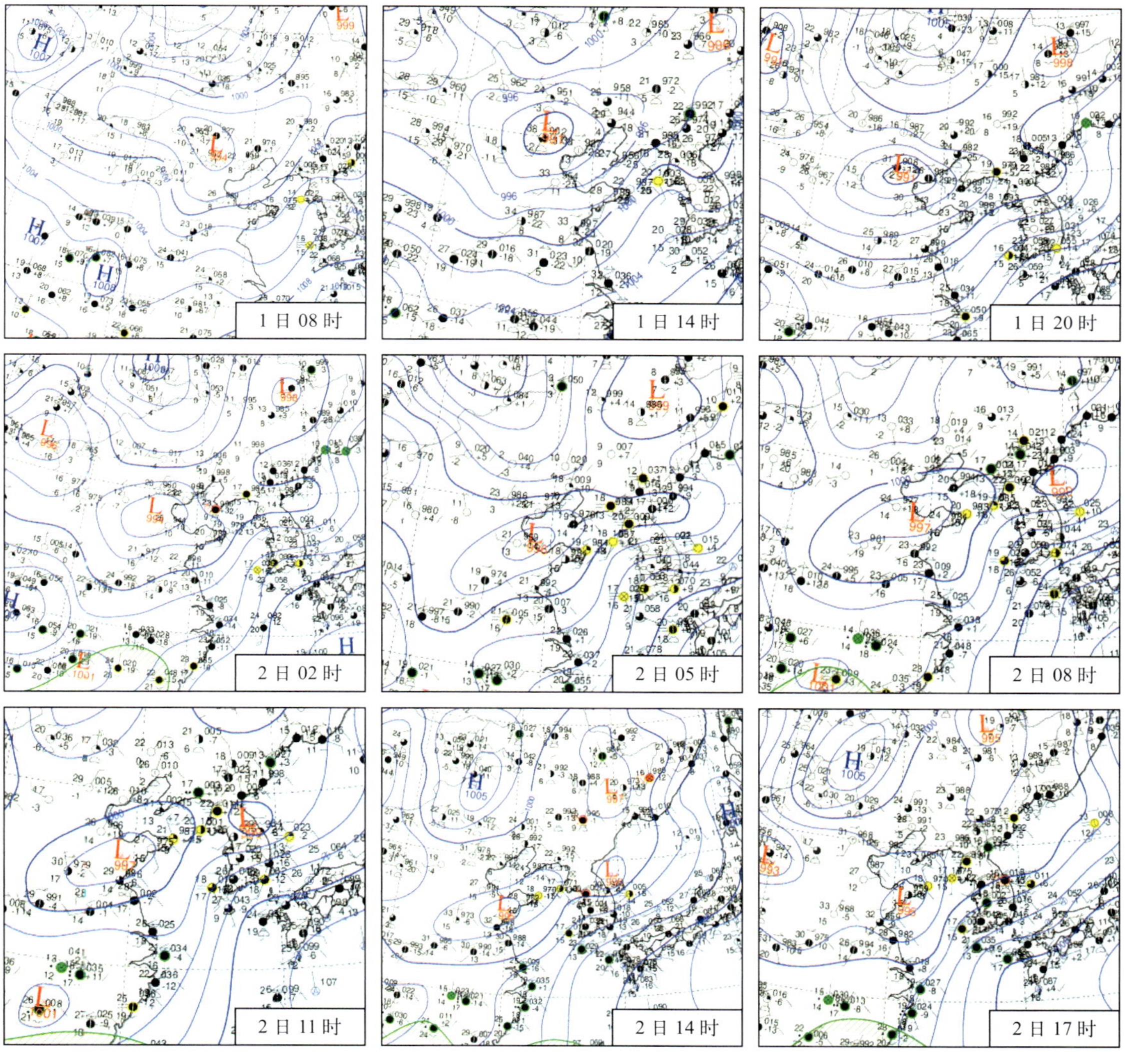

渤海气旋风暴潮曲线与气压场（2009 年 6 月 1—2 日）

2010 年 4 月 26—27 日

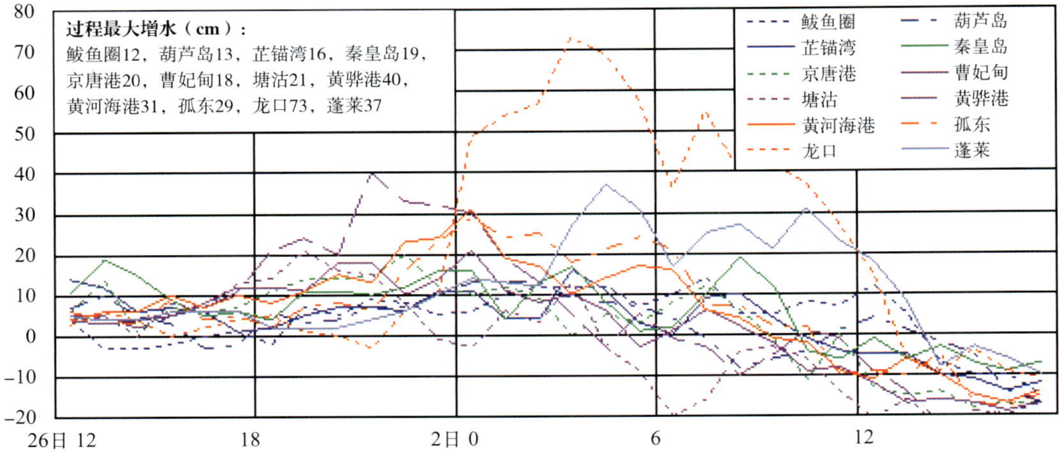

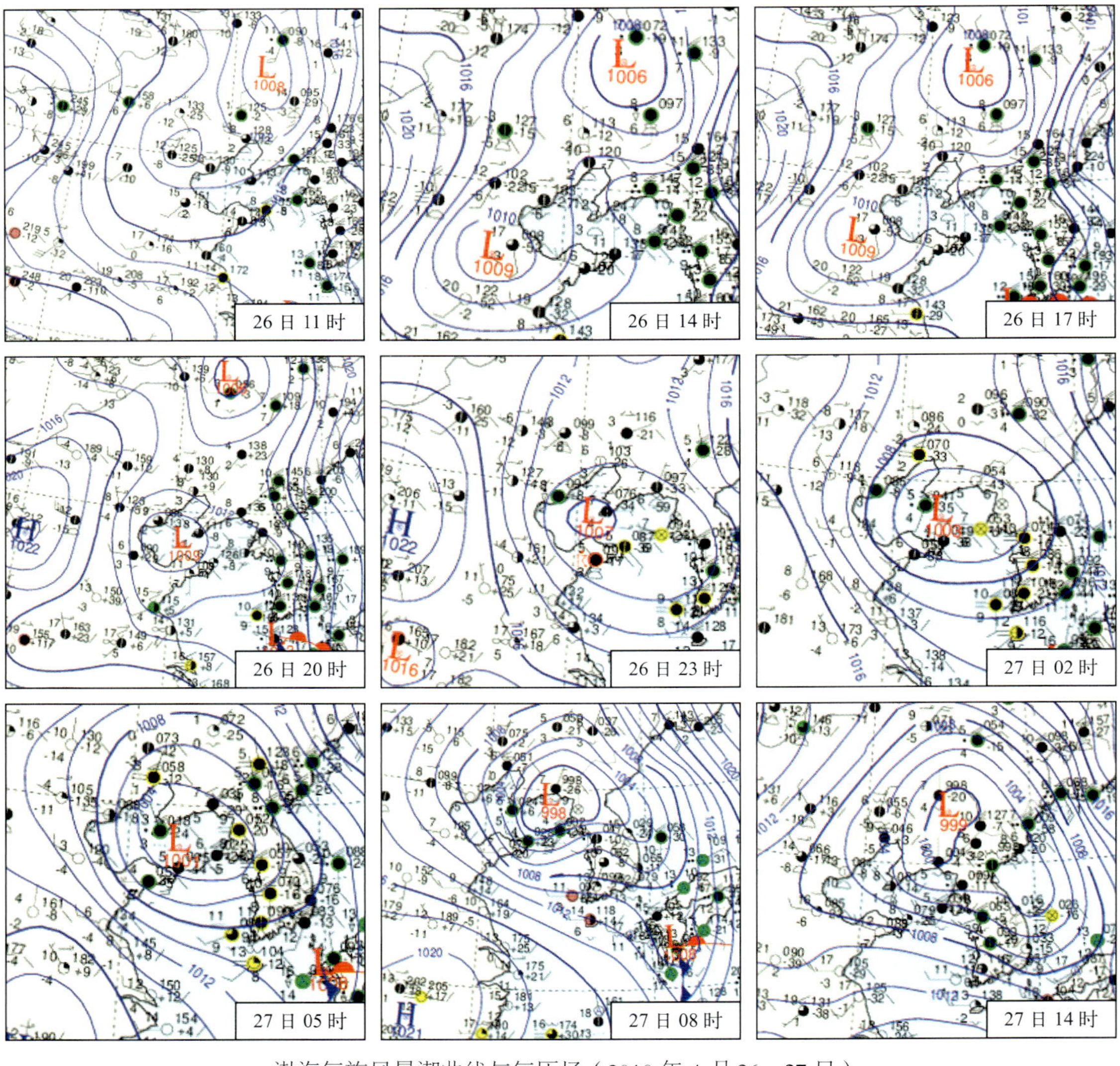

渤海气旋风暴潮曲线与气压场（2010 年 4 月 26—27 日）

2011 年 7 月 29—31 日

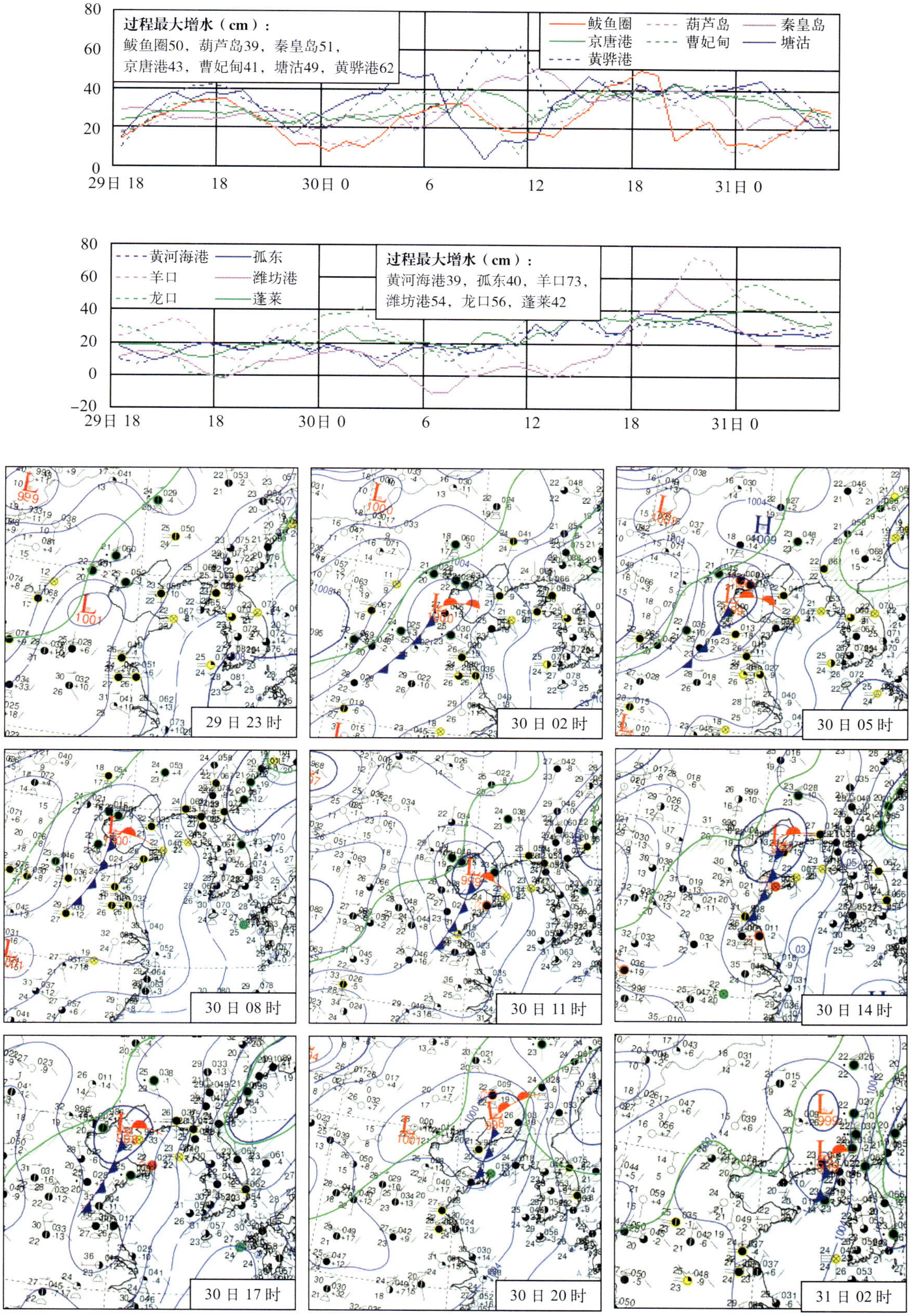

渤海气旋风暴潮曲线与气压场（2011 年 7 月 29—31 日）

2015 年 6 月 12—14 日

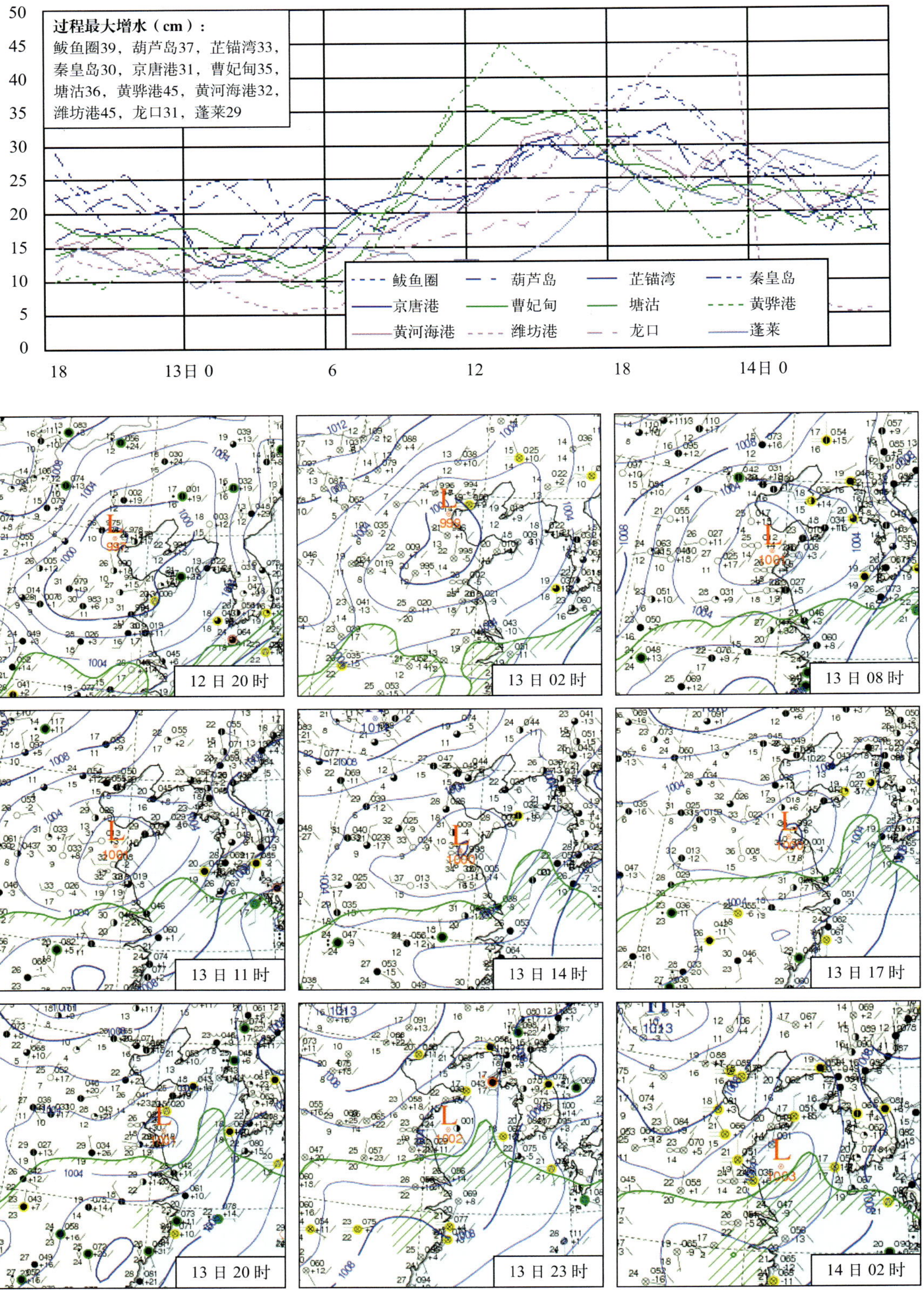

渤海气旋风暴潮曲线与气压场（2015 年 6 月 12—14 日）

10.4　黄海气旋

1984 年 6 月 15—17 日

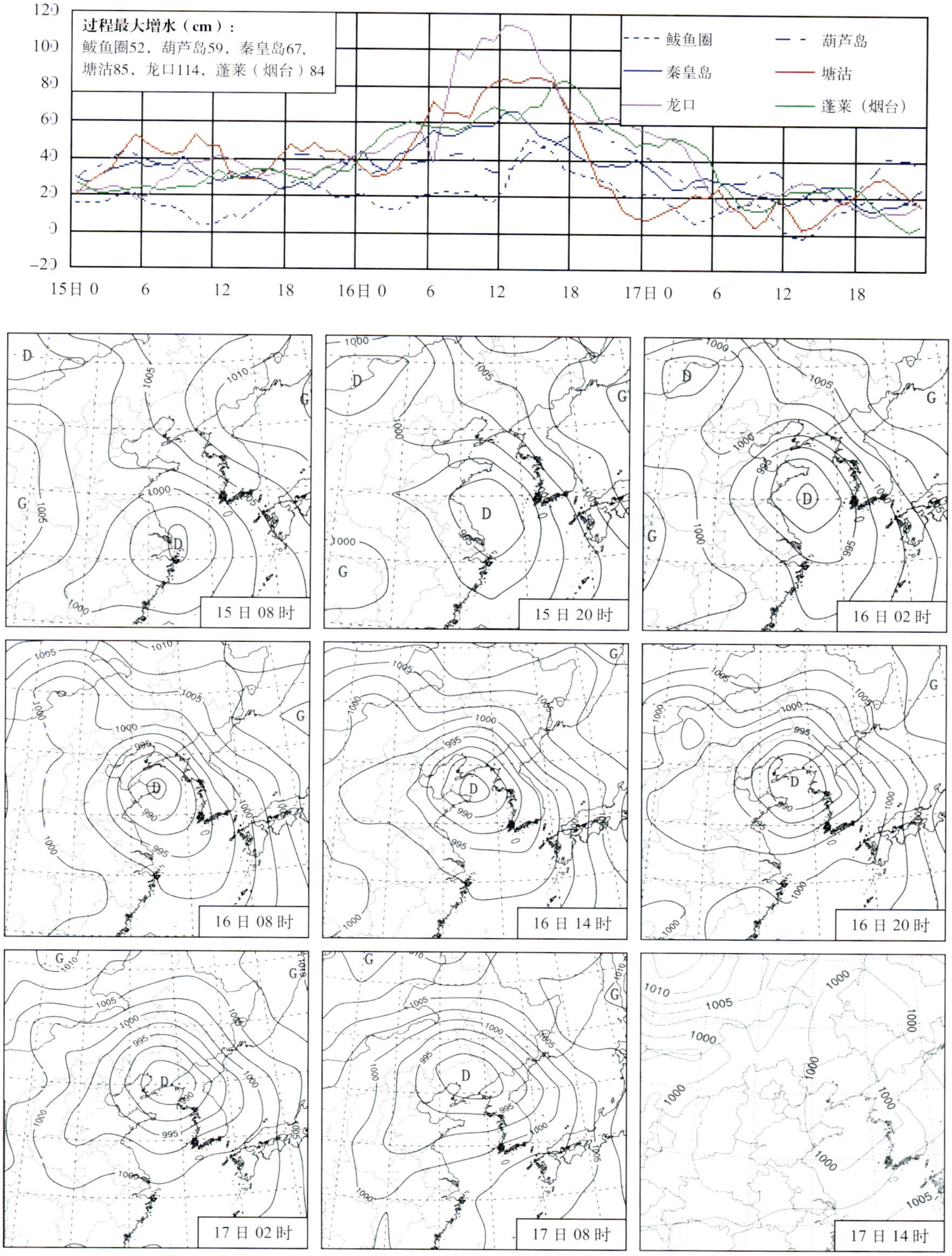

黄海气旋风暴潮曲线与气压场（1984 年 6 月 15—17 日）

2001 年 1 月 6—8 日

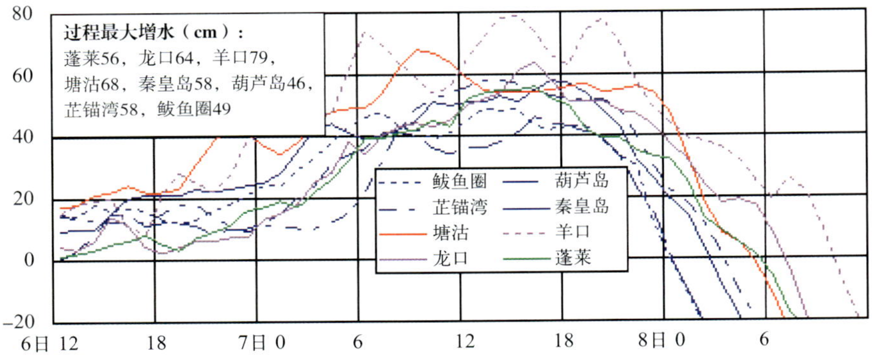

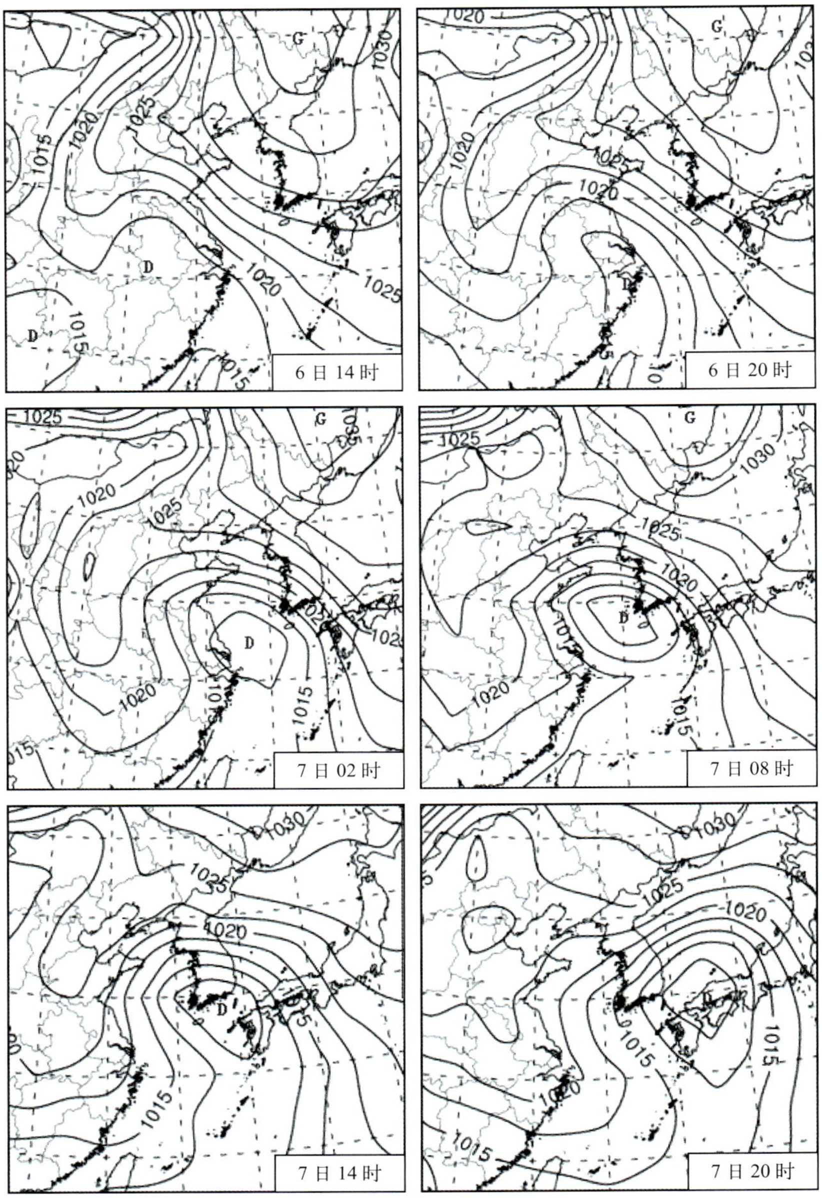

黄海气旋风暴潮曲线与气压场（2001 年 1 月 6—8 日）

2005 年 8 月 23—25 日

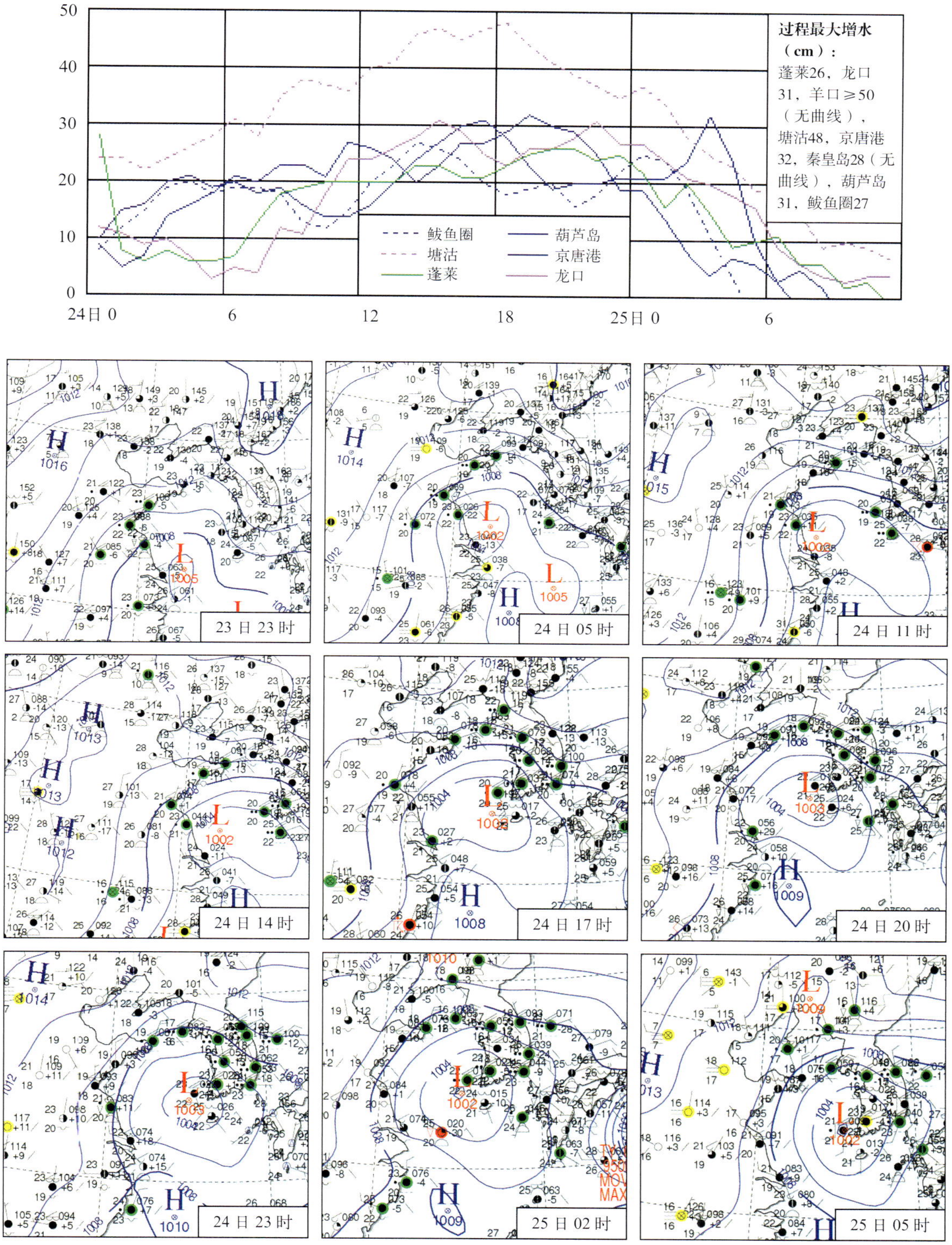

黄海气旋风暴潮曲线与气压场（2005 年 8 月 23—25 日）

2008 年 6 月 17—18 日

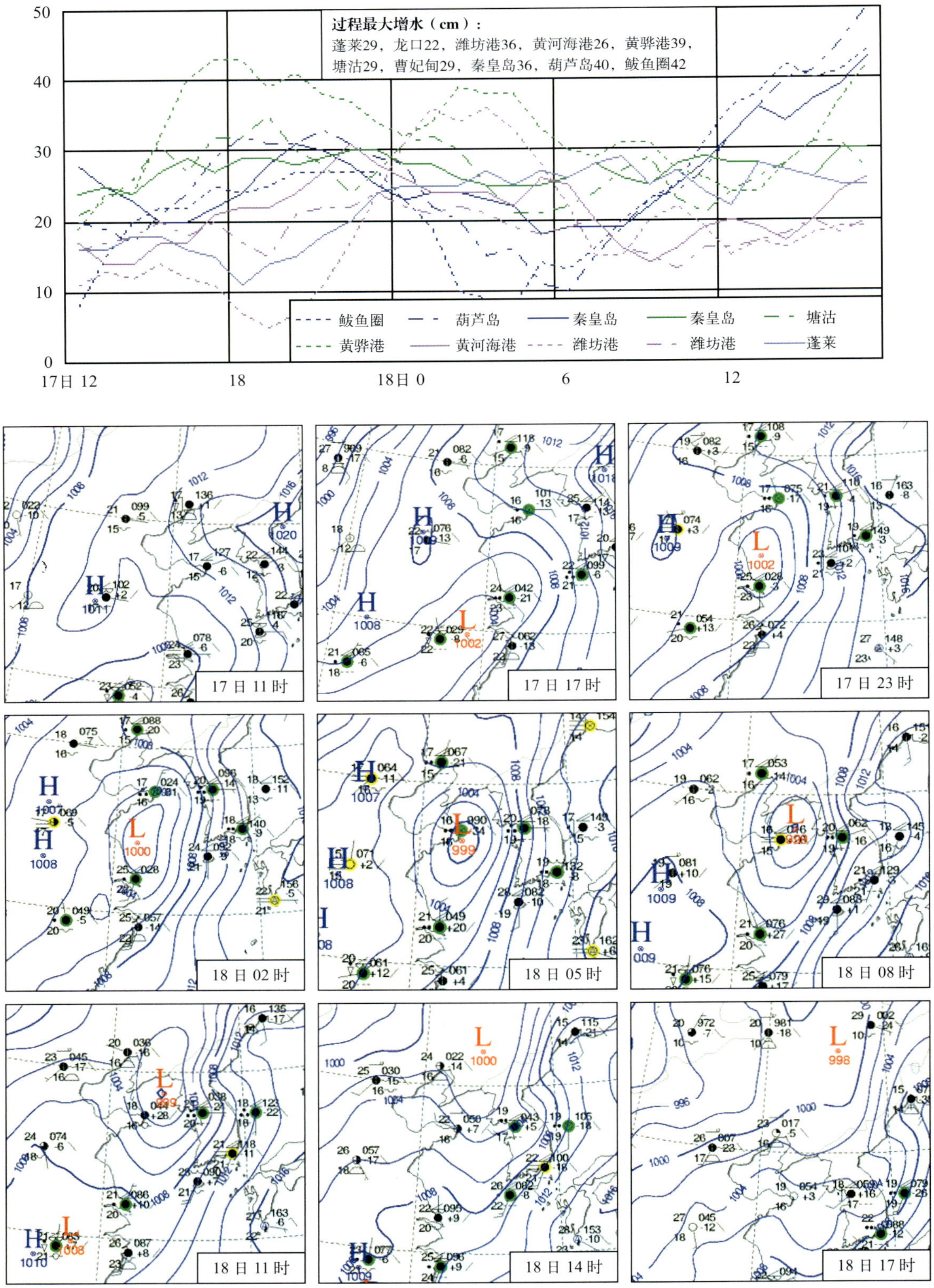

黄海气旋风暴潮曲线与气压场（2008 年 6 月 17—18 日）

2012 年 4 月 20—22 日

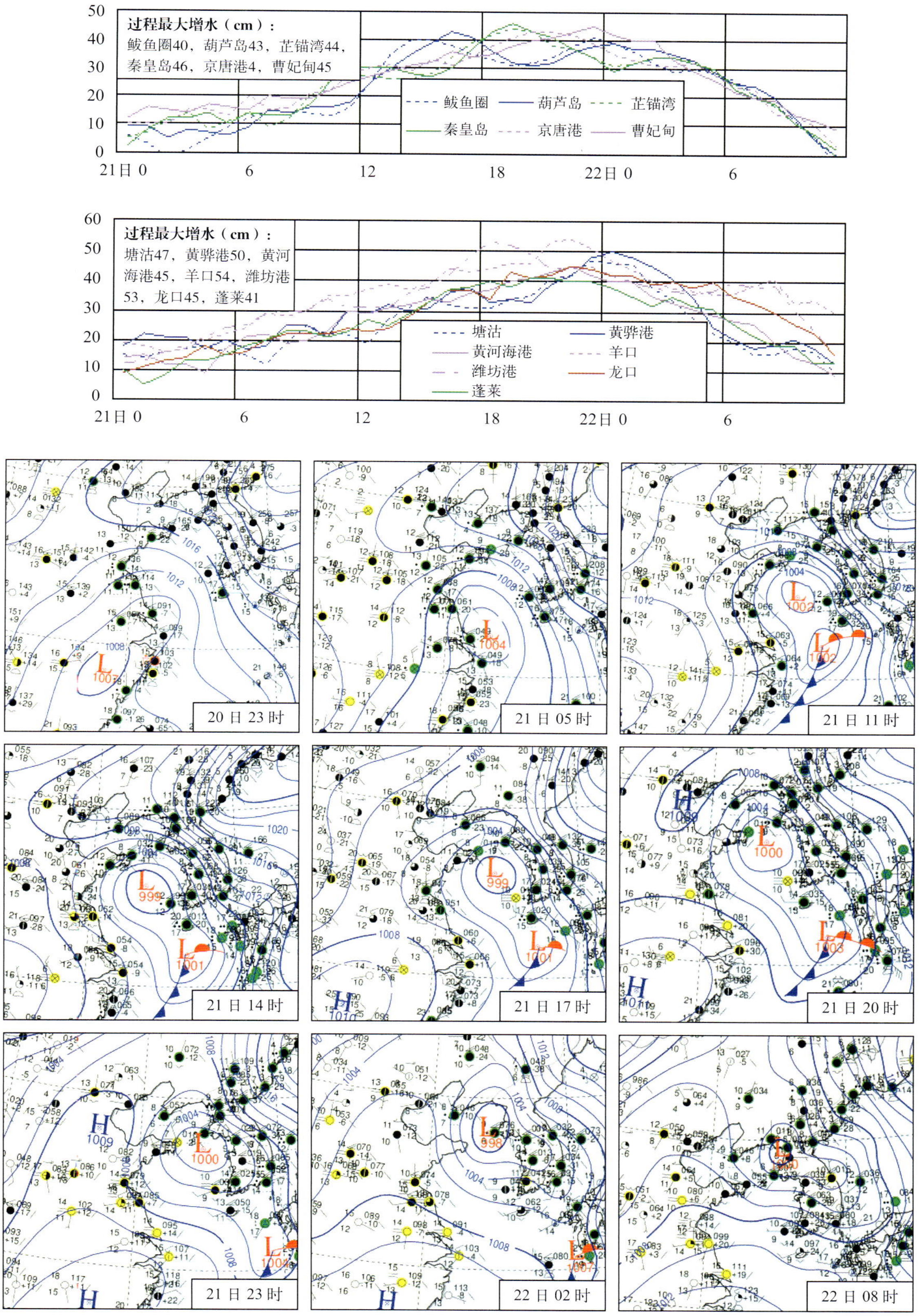

黄海气旋风暴潮曲线与气压场（2012 年 4 月 20—22 日）

2014 年 9 月 2—3 日

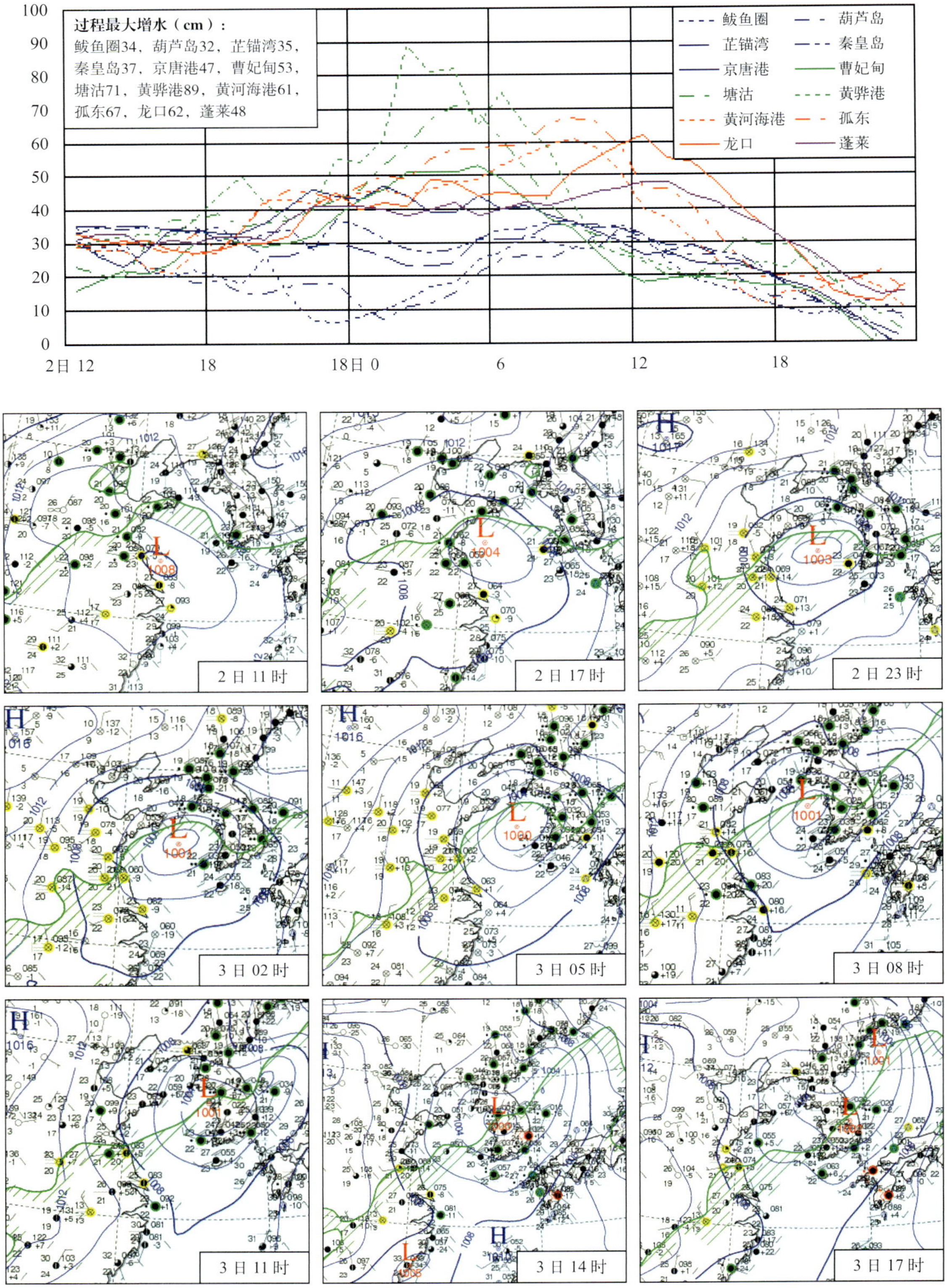

黄海气旋风暴潮曲线与气压场（2014 年 9 月 2—3 日）

2015 年 5 月 11—12 日

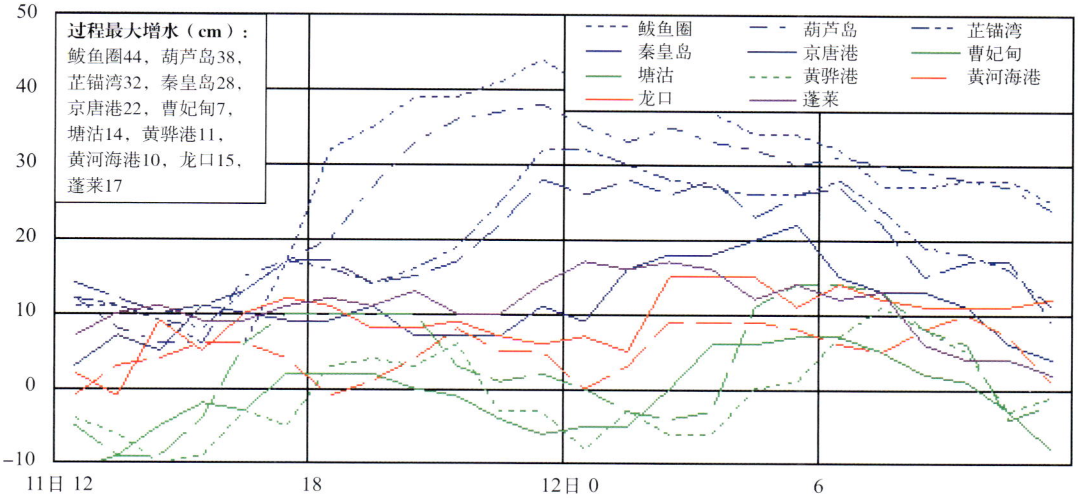

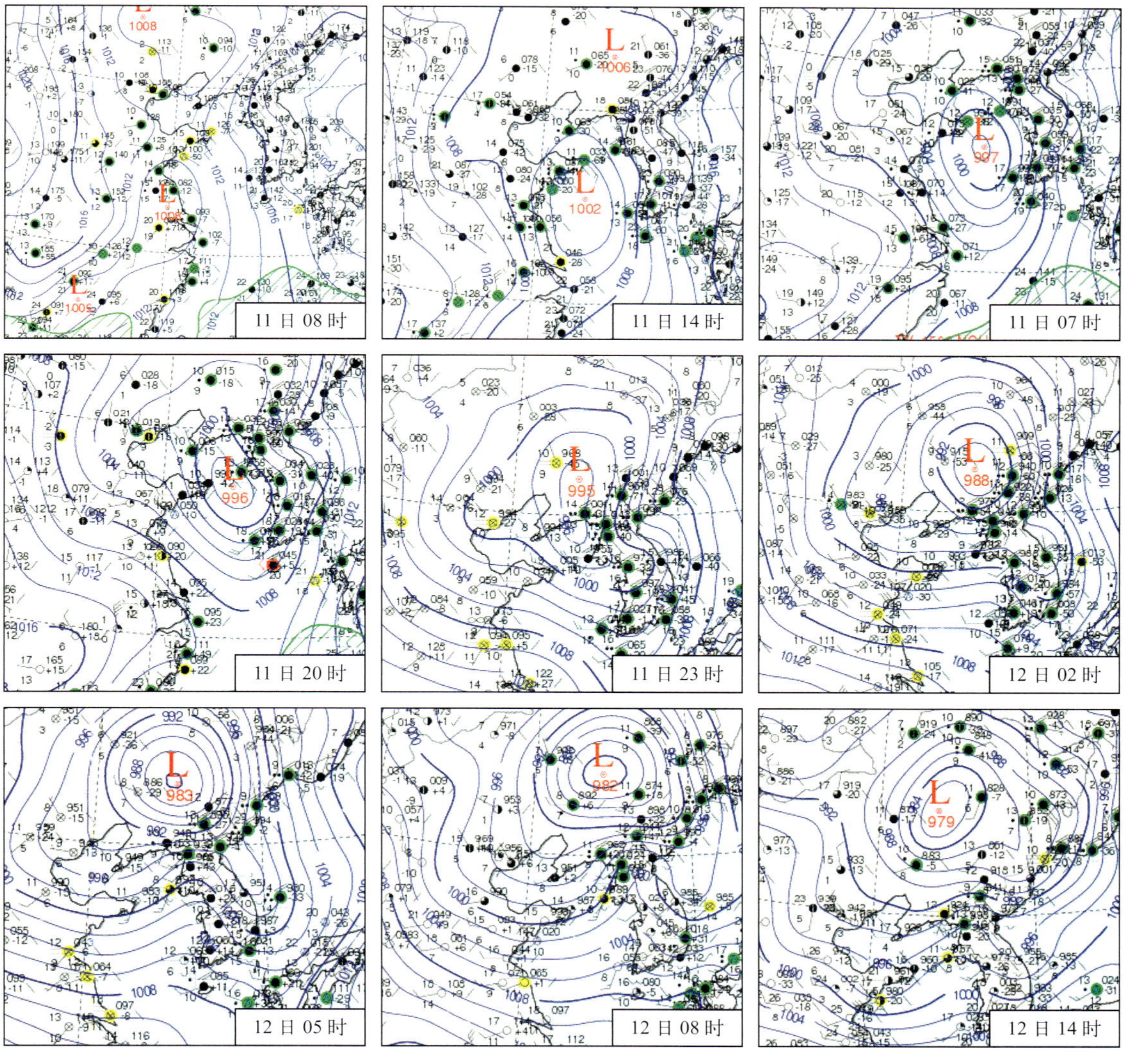

黄海气旋风暴潮曲线与气压场（2015 年 5 月 11—12 日）

第11章

典型冷空气风暴潮图集

11.1 横向冷锋冷空气

11.1.1 无温带气旋配合类

1960 年 5 月 3—5 日

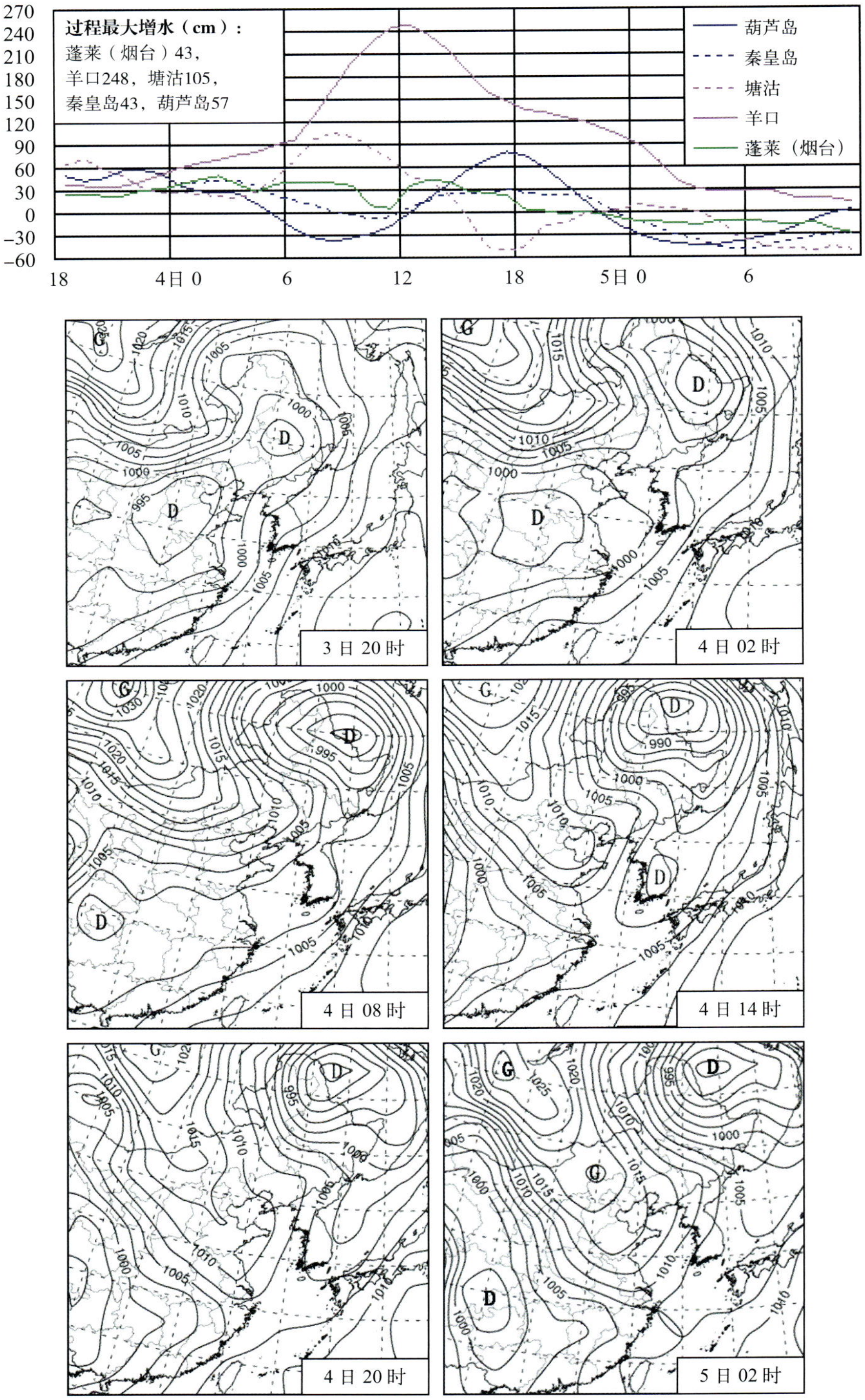

横锋冷空气风暴潮曲线与气压场（1960 年 5 月 3—5 日）

1960 年 11 月 20—22 日

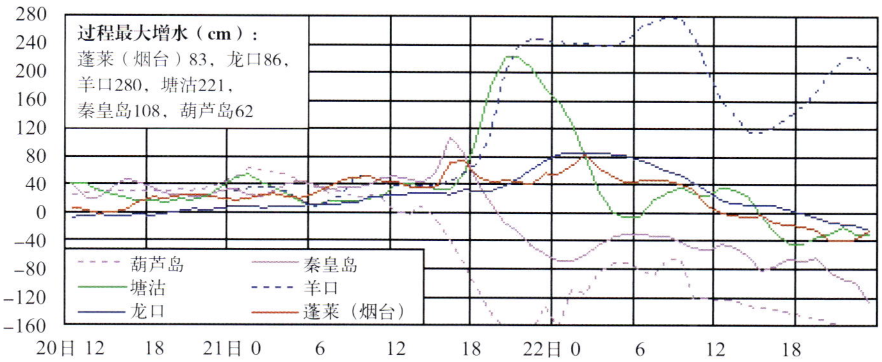

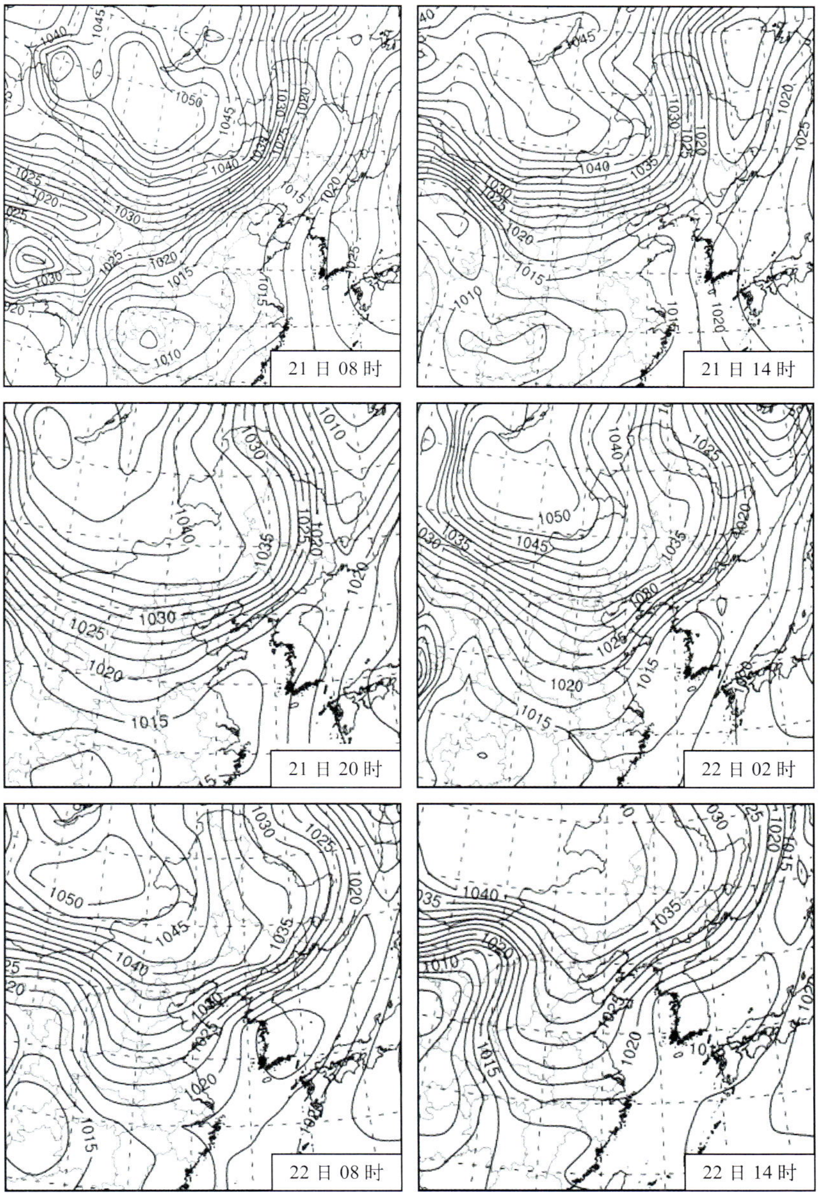

横锋冷空气风暴潮曲线与气压场（1960 年 11 月 20—22 日）

1962 年 3 月 5—7 日

横锋冷空气风暴潮曲线与气压场（1962 年 3 月 5—7 日）

1962 年 11 月 18—20 日

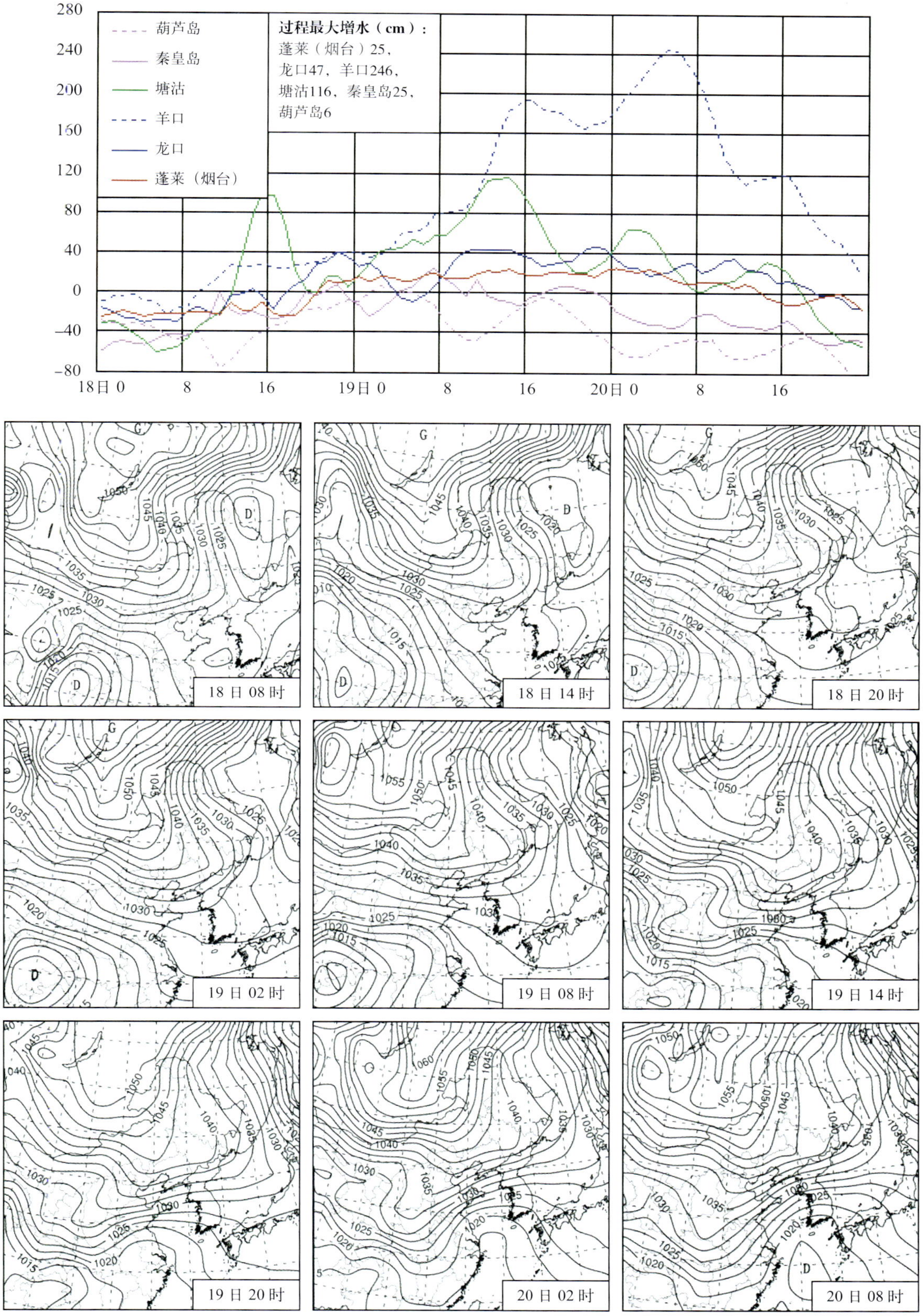

横锋冷空气风暴潮曲线与气压场（1962 年 11 月 18—20 日）

1965 年 11 月 6—8 日

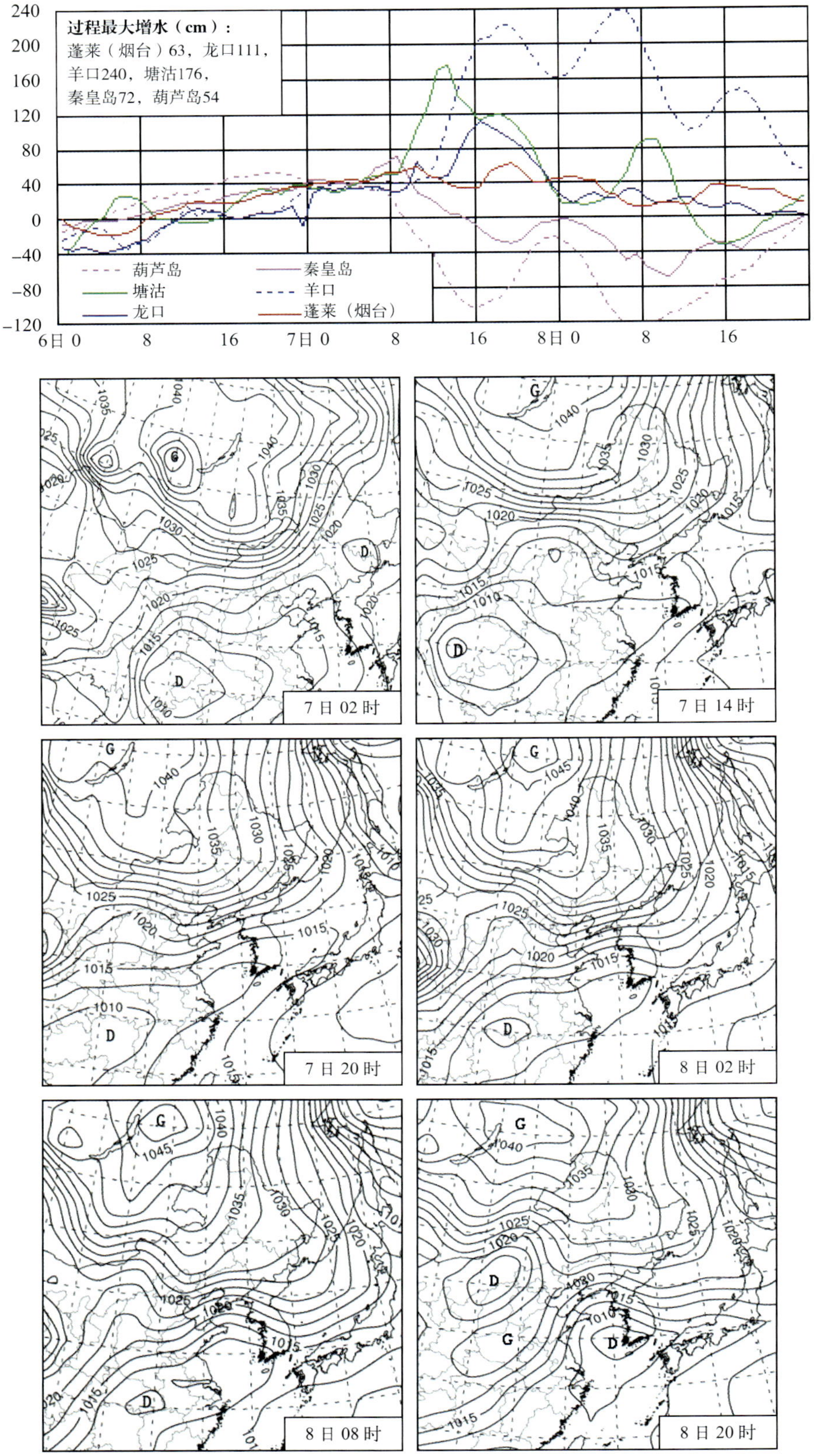

横锋冷空气风暴潮曲线与气压场（1965 年 11 月 6—8 日）

1966 年 2 月 9—11 日

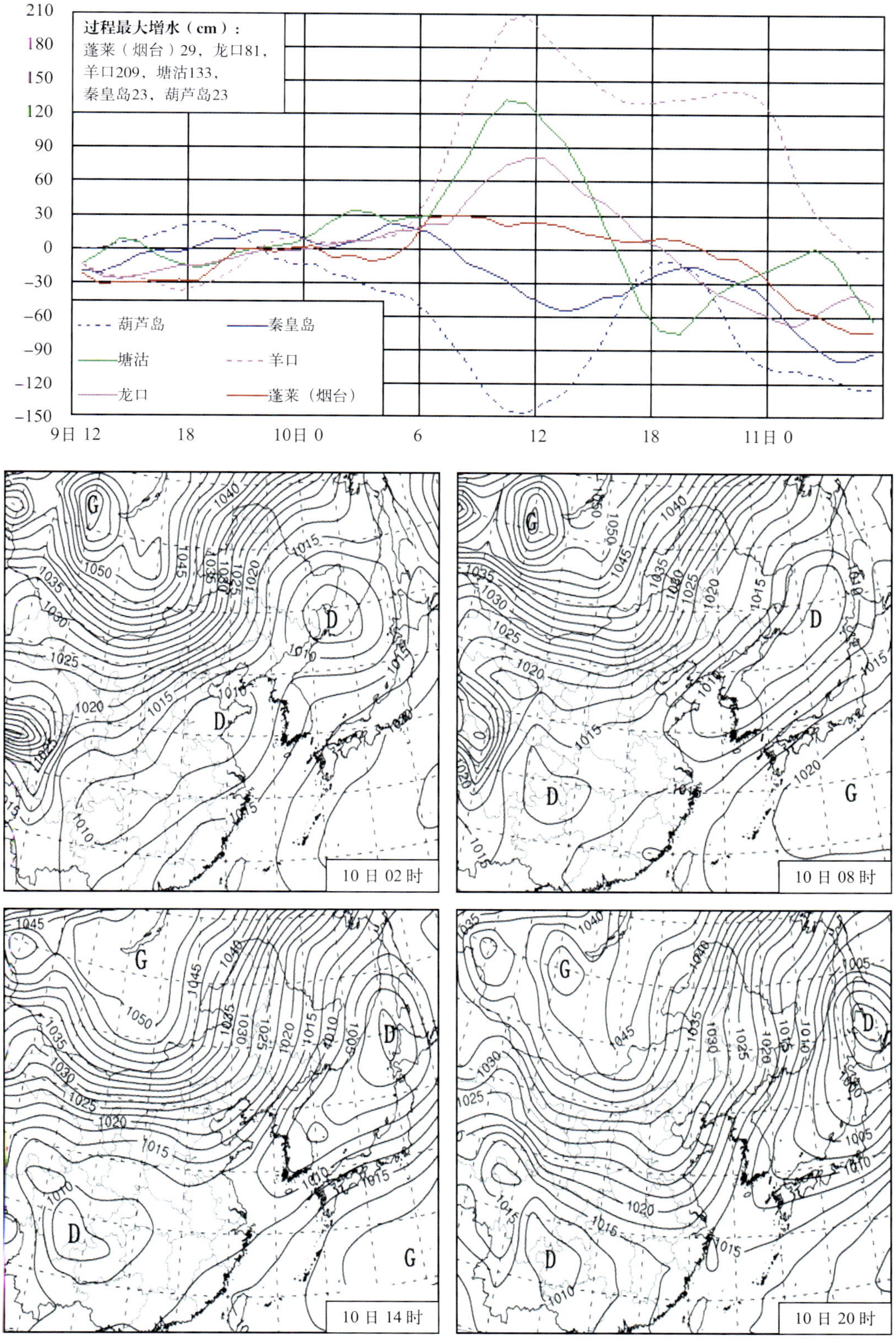

横锋冷空气风暴潮曲线与气压场（1966 年 2 月 9—11 日）

1966 年 2 月 19—21 日

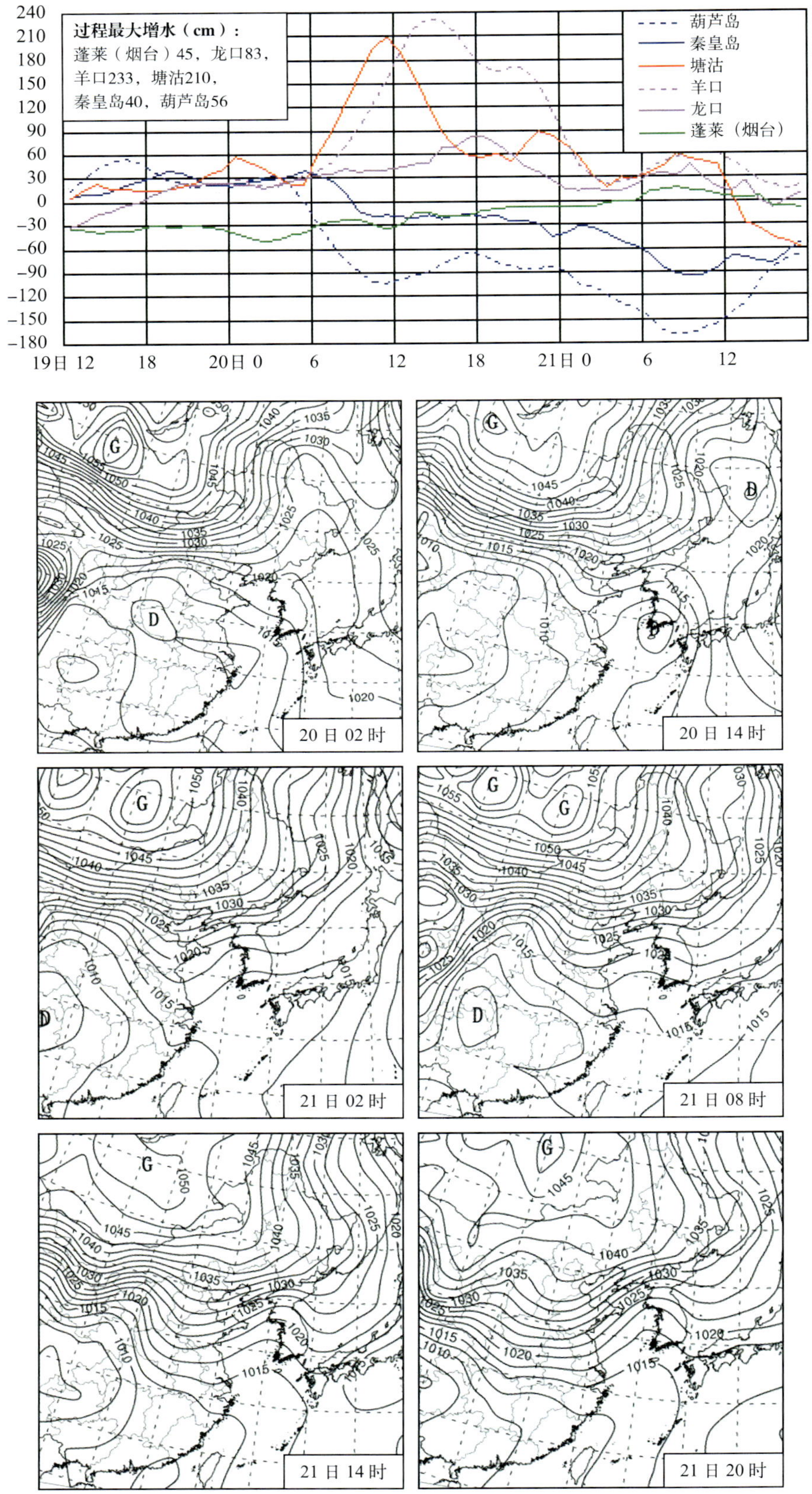

横锋冷空气风暴潮曲线与气压场（1966 年 2 月 19—21 日）

1966 年 8 月 31 日—9 月 1 日

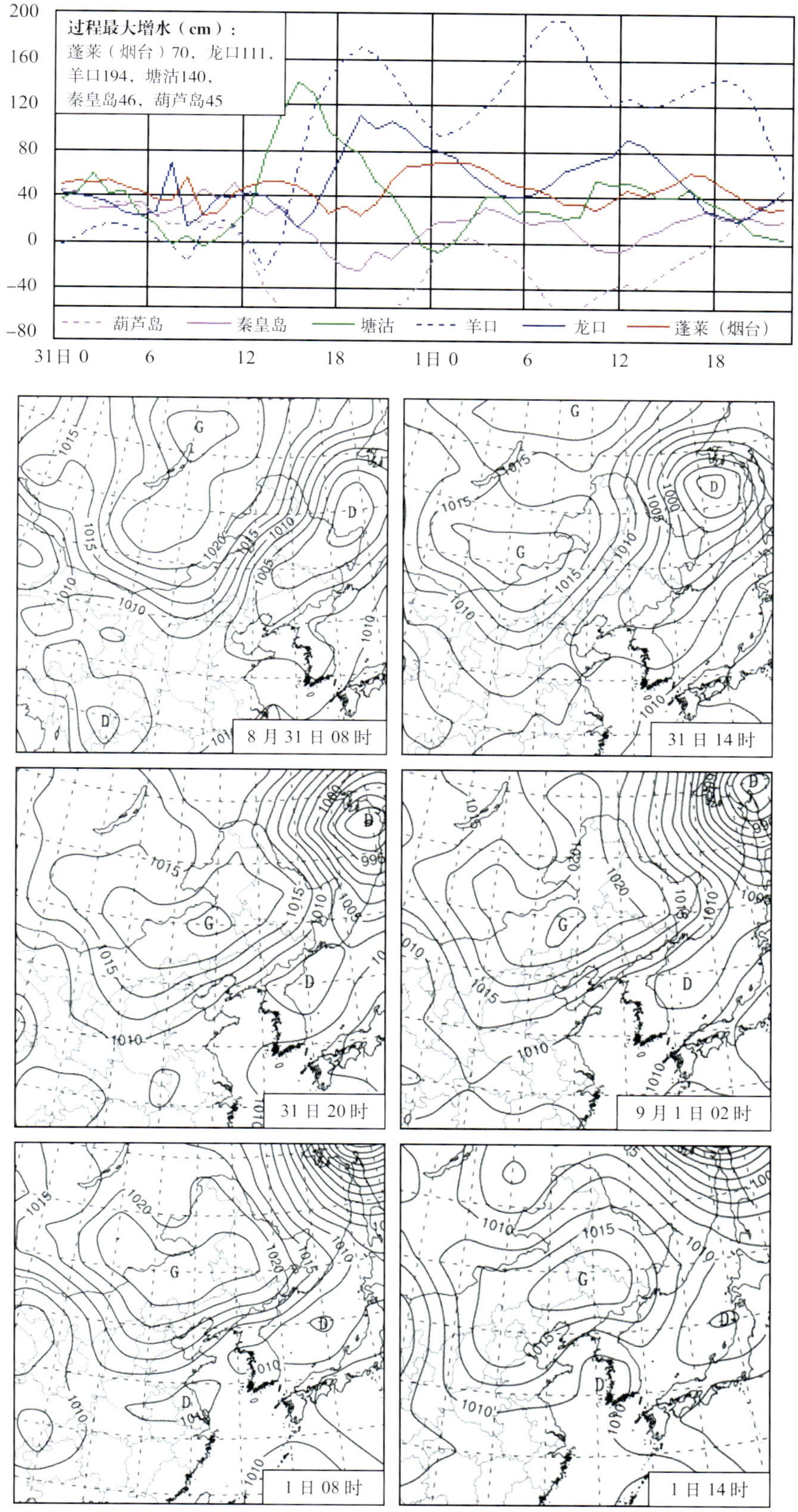

横锋冷空气风暴潮曲线与气压场（1966 年 8 月 31 日—9 月 1 日）

1966 年 12 月 18—20 日

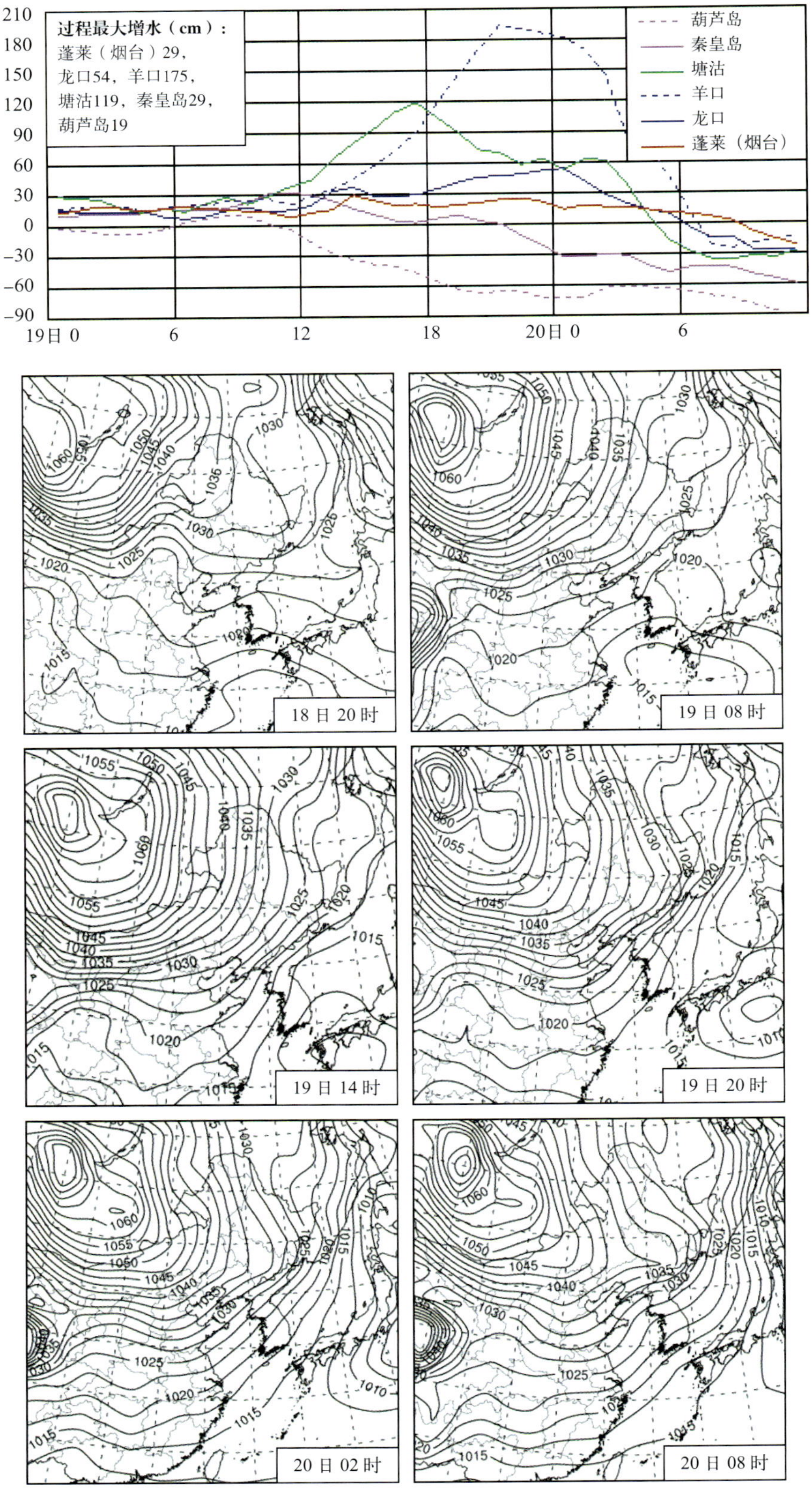

横锋冷空气风暴潮曲线与气压场（1966 年 12 月 18—20 日）

1967 年 11 月 18—20 日

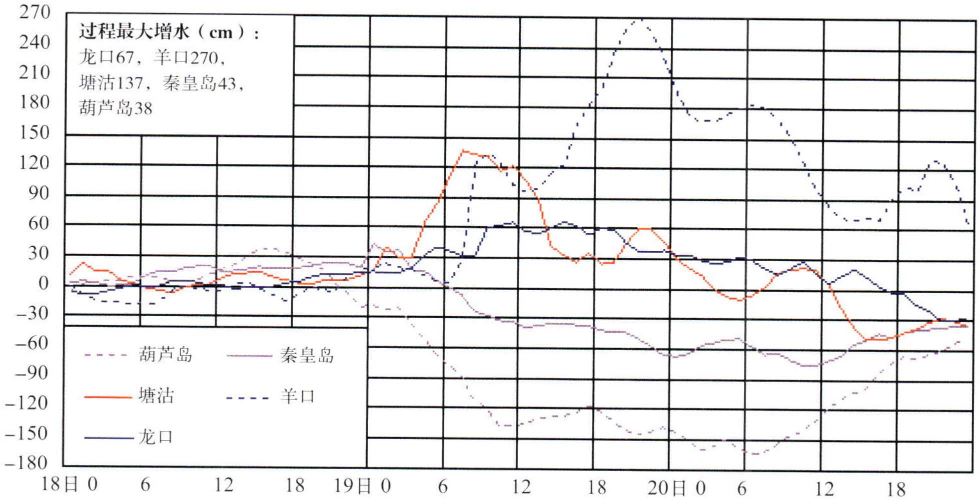

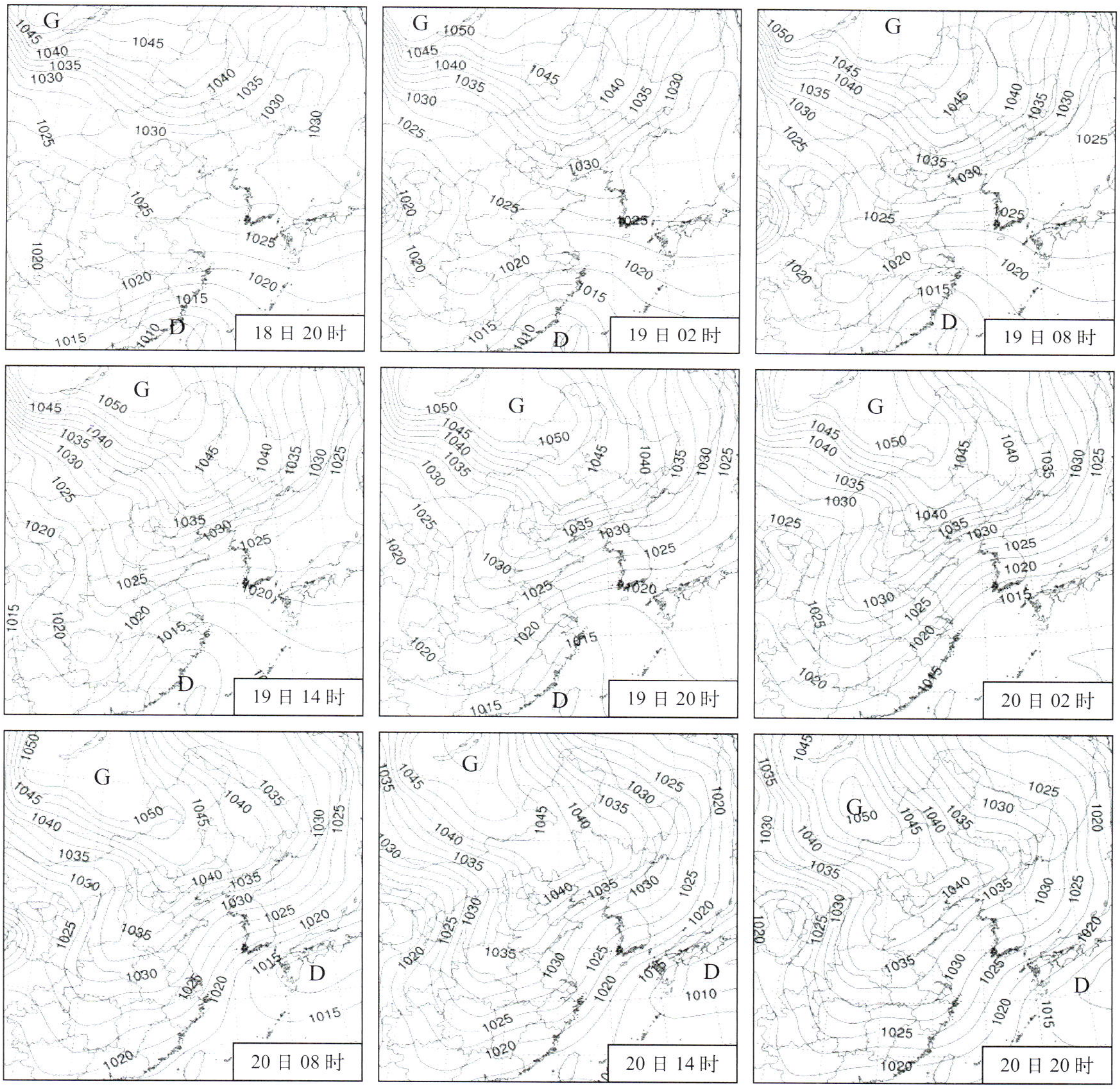

横锋冷空气风暴潮曲线与气压场（1967 年 11 月 18—20 日）

1968 年 10 月 5—7 日

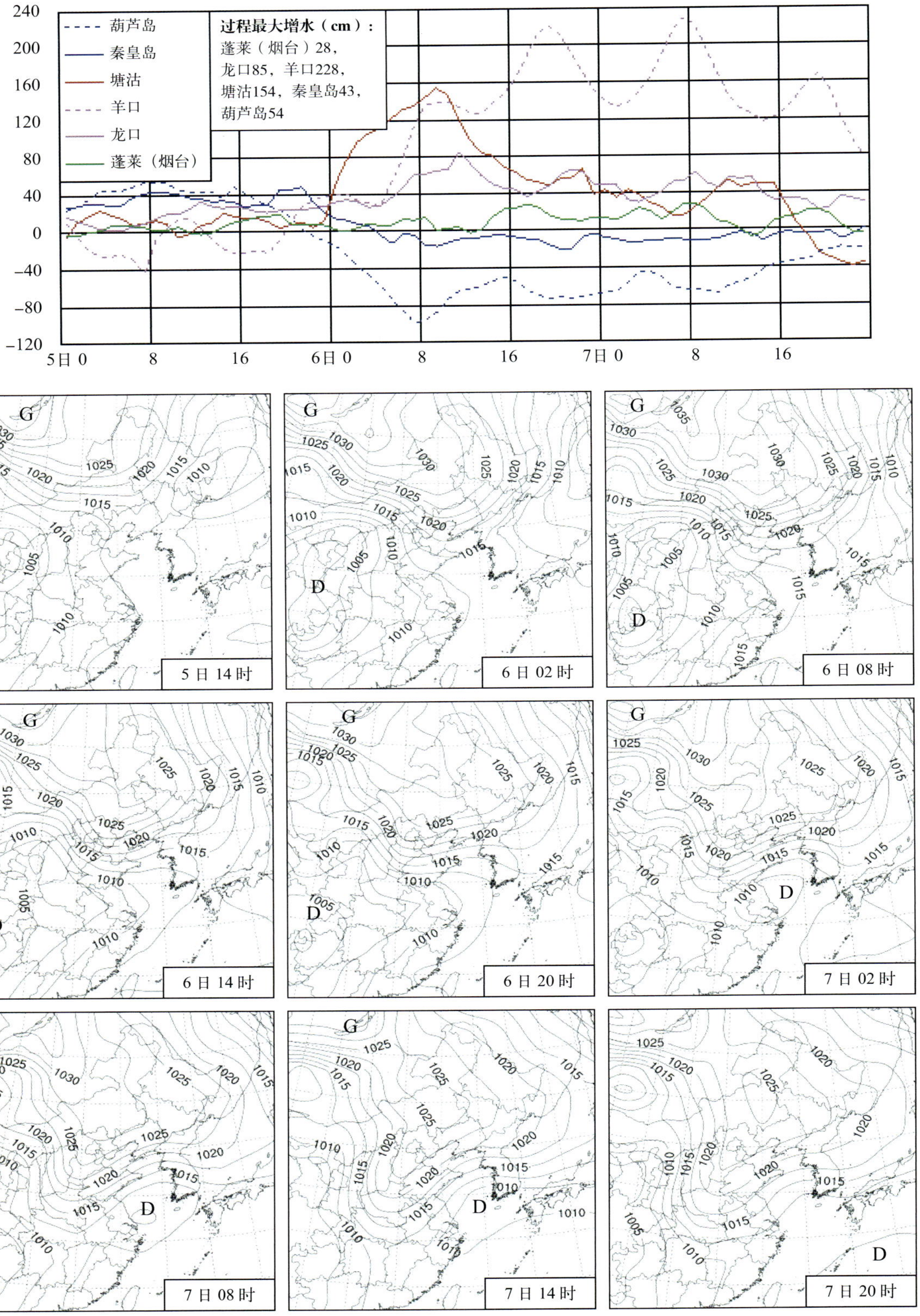

横锋冷空气风暴潮曲线与气压场（1968 年 10 月 5—7 日）

1969 年 11 月 13—15 日

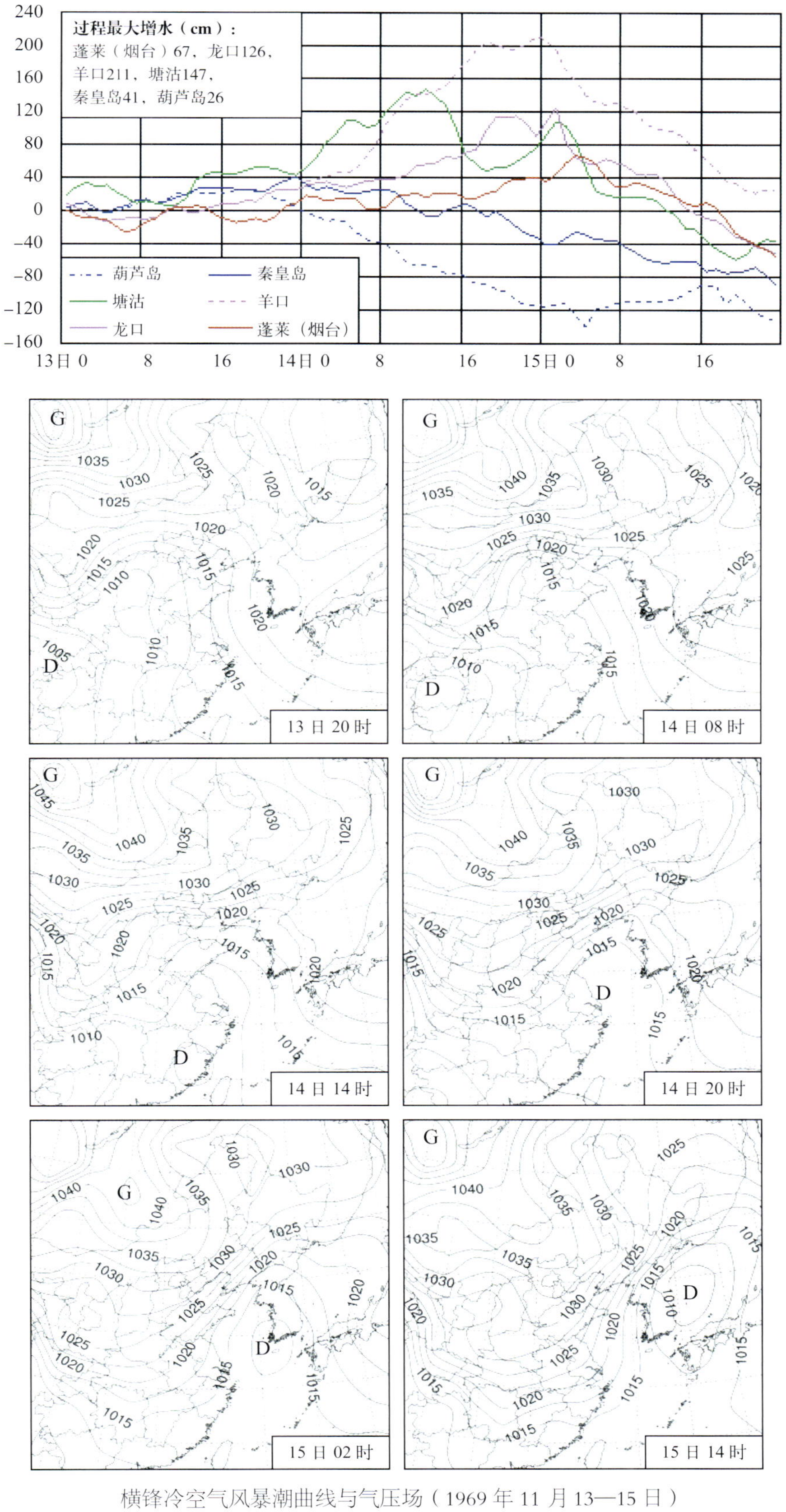

横锋冷空气风暴潮曲线与气压场（1969 年 11 月 13—15 日）

1971 年 11 月 27—28 日

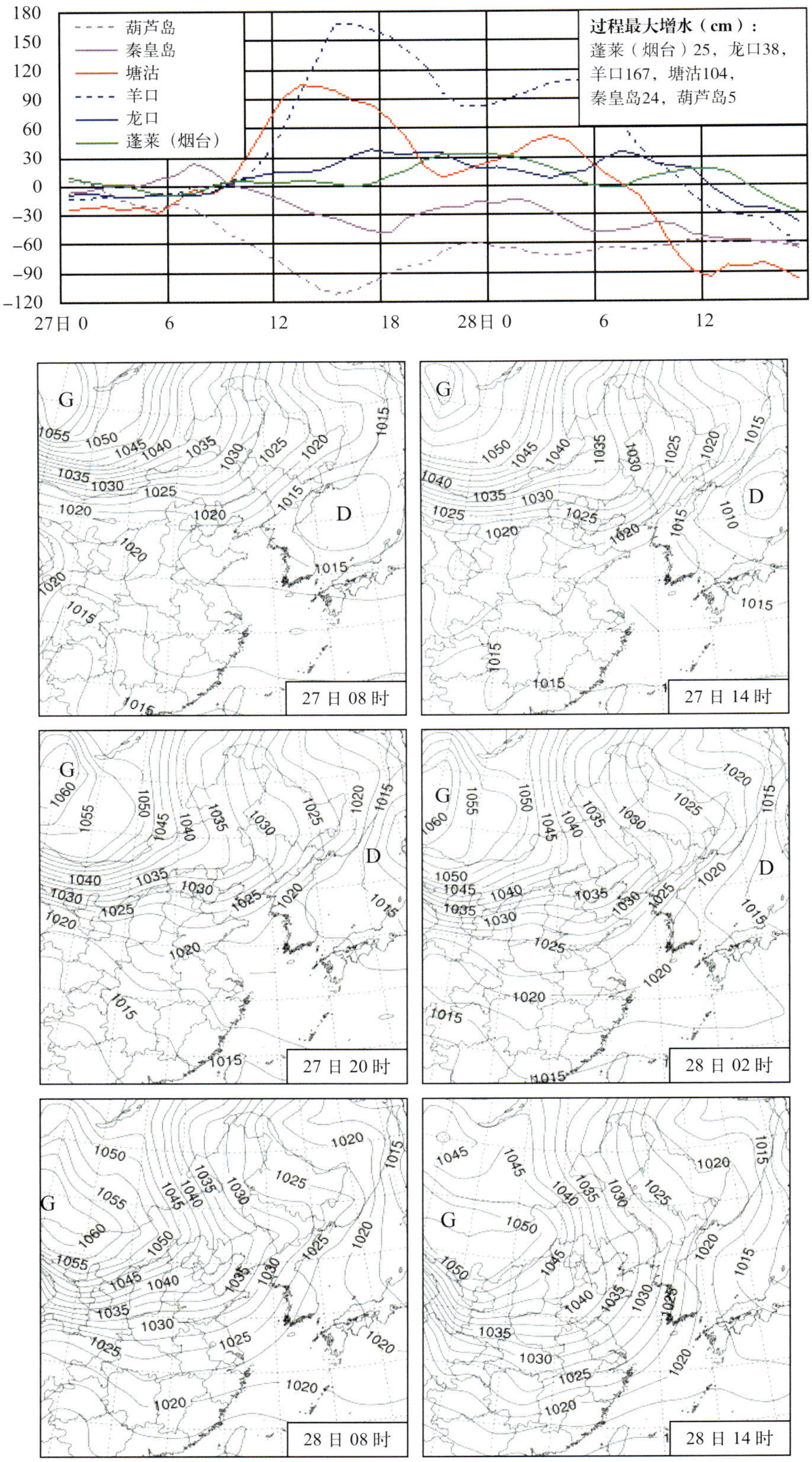

横锋冷空气风暴潮曲线与气压场（1971 年 11 月 27—28 日）

1972 年 1 月 22—24 日

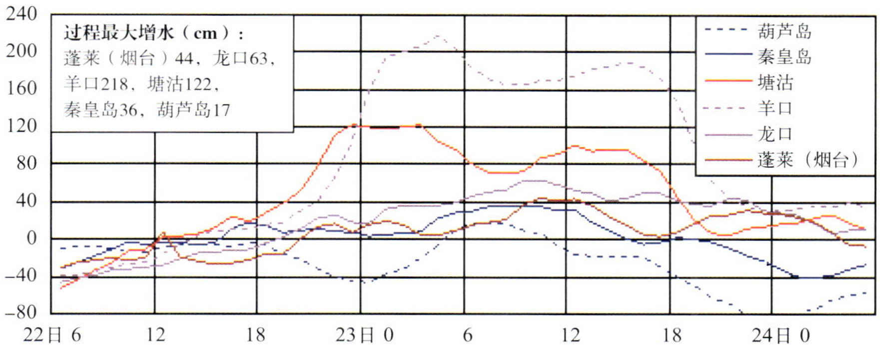

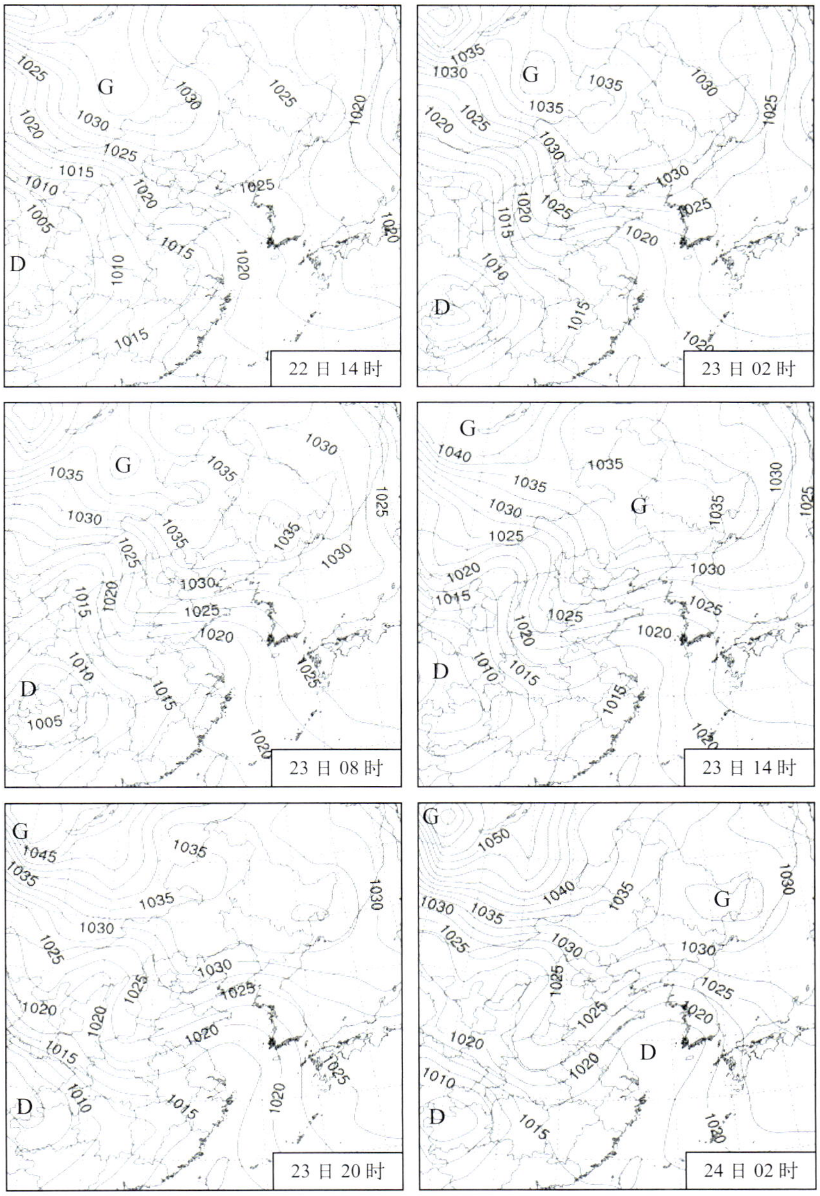

横锋冷空气风暴潮曲线与气压场（1972 年 1 月 22—24 日）

1974 年 11 月 7—9 日

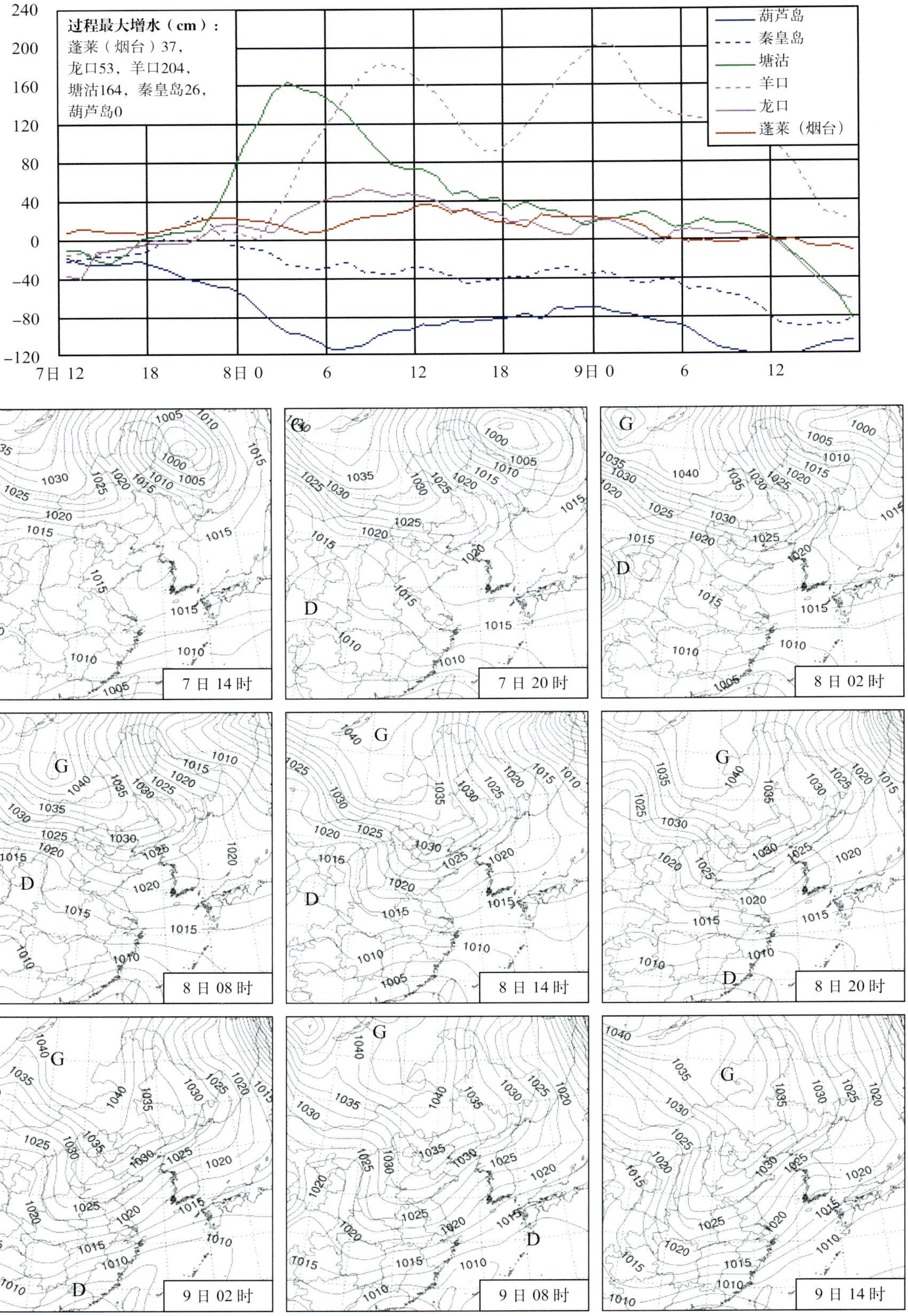

横锋冷空气风暴潮曲线与气压场（1974 年 11 月 7—9 日）

1976 年 3 月 17—18 日

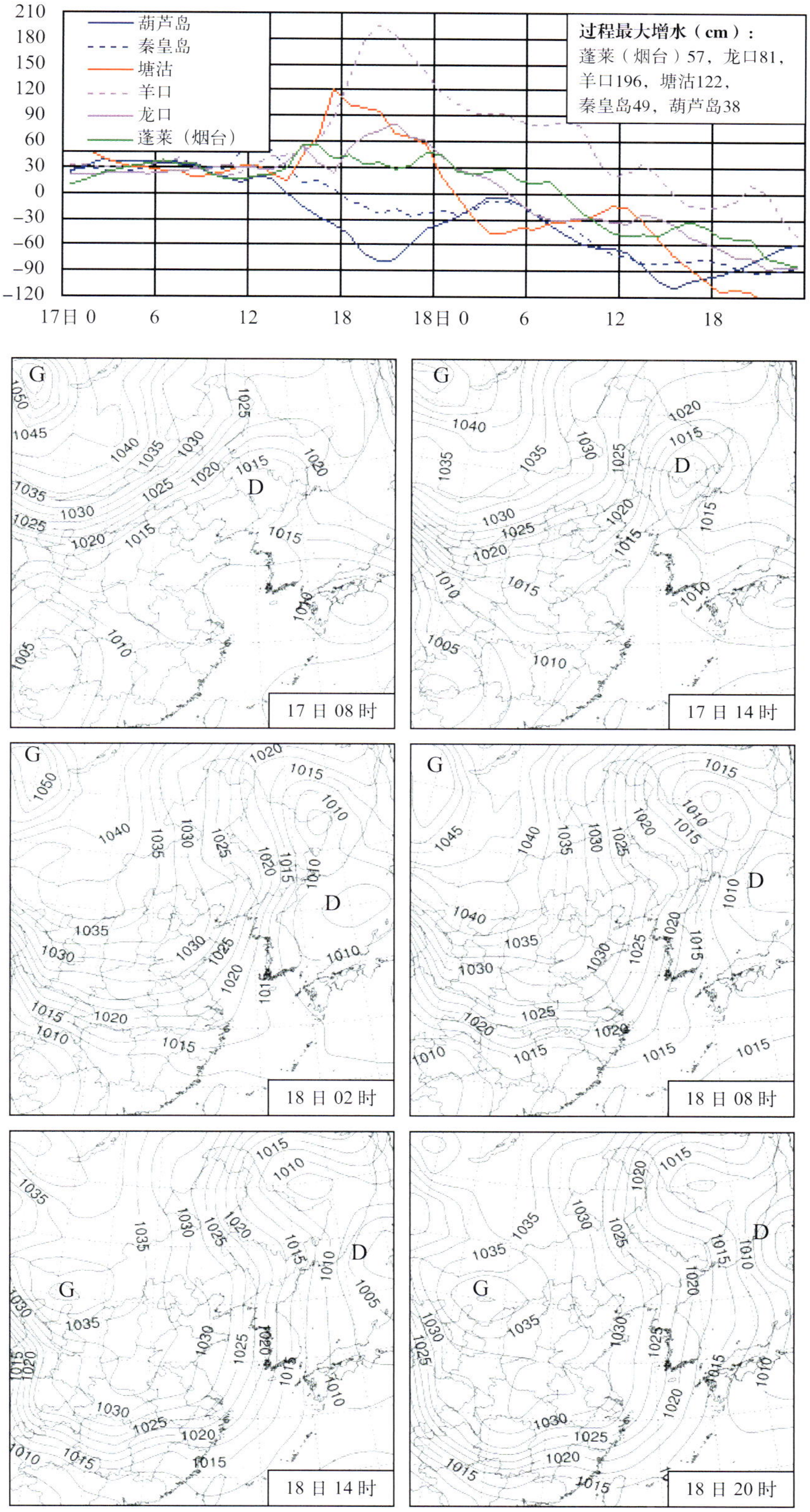

横锋冷空气风暴潮曲线与气压场（1976 年 3 月 17—18 日）

1978 年 2 月 8—10 日

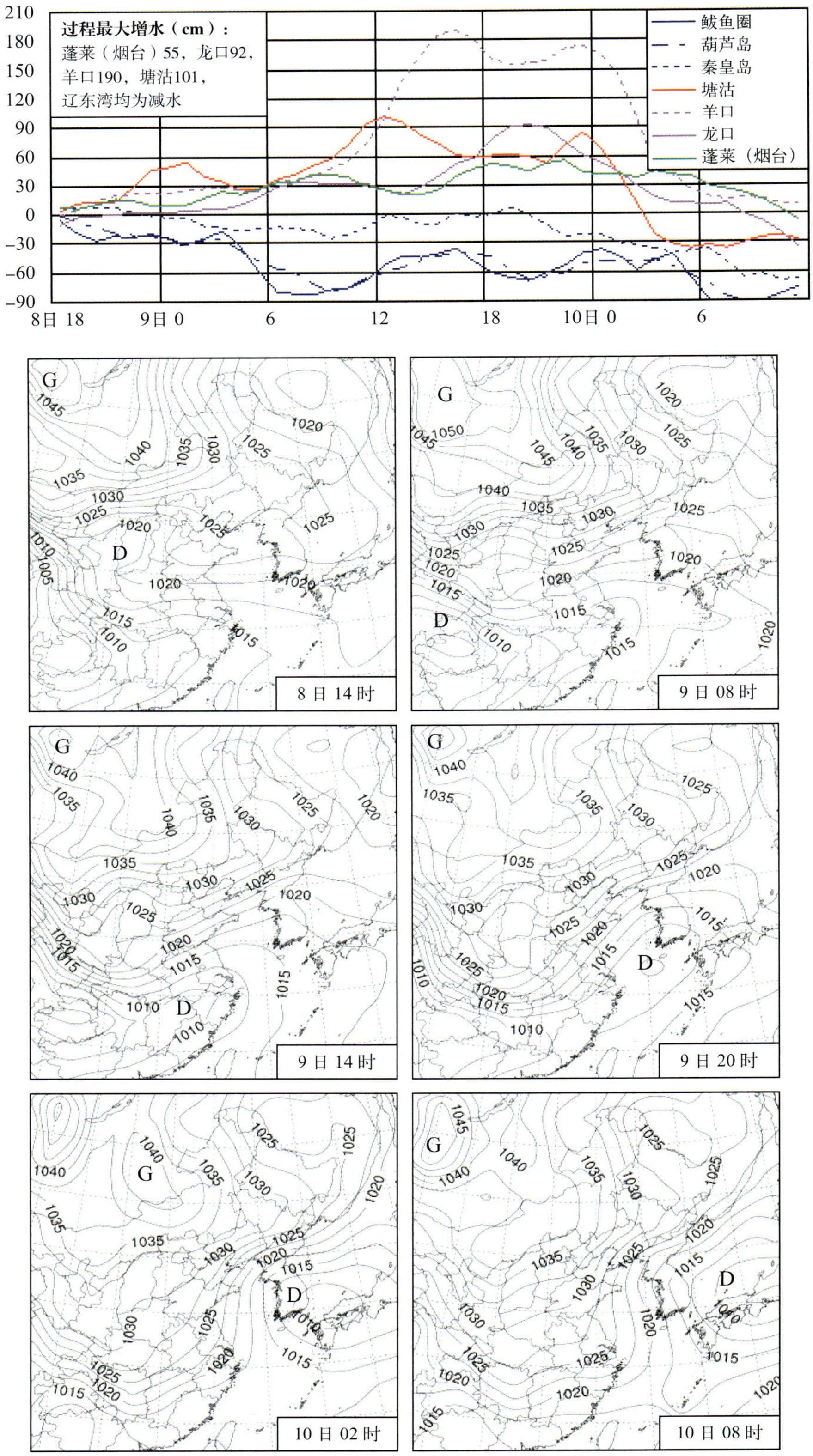

横锋冷空气风暴潮曲线与气压场（1978 年 2 月 8—10 日）

1979 年 2 月 20—22 日

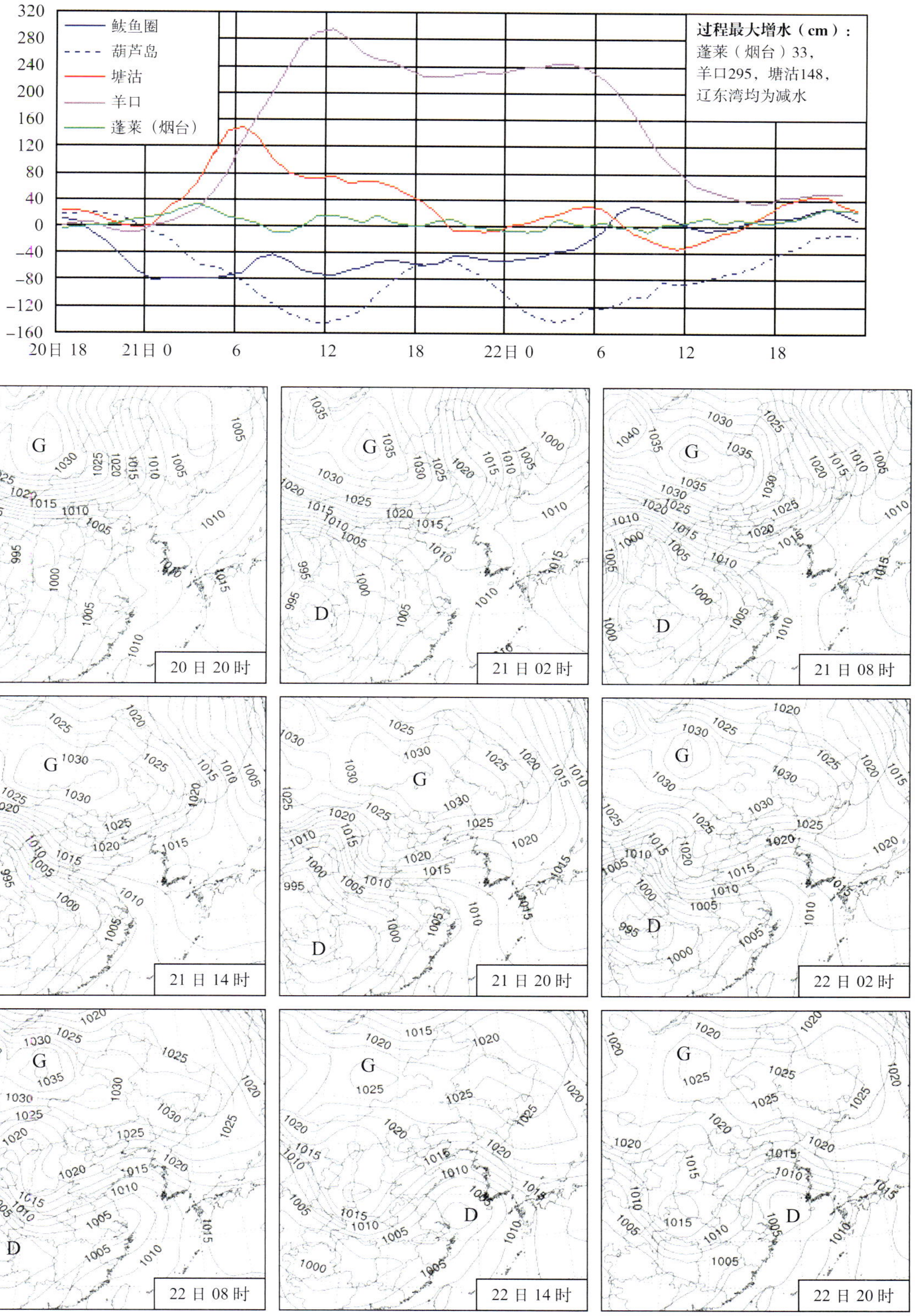

横锋冷空气风暴潮曲线与气压场（1979 年 2 月 20—22 日）

1979 年 3 月 9—11 日

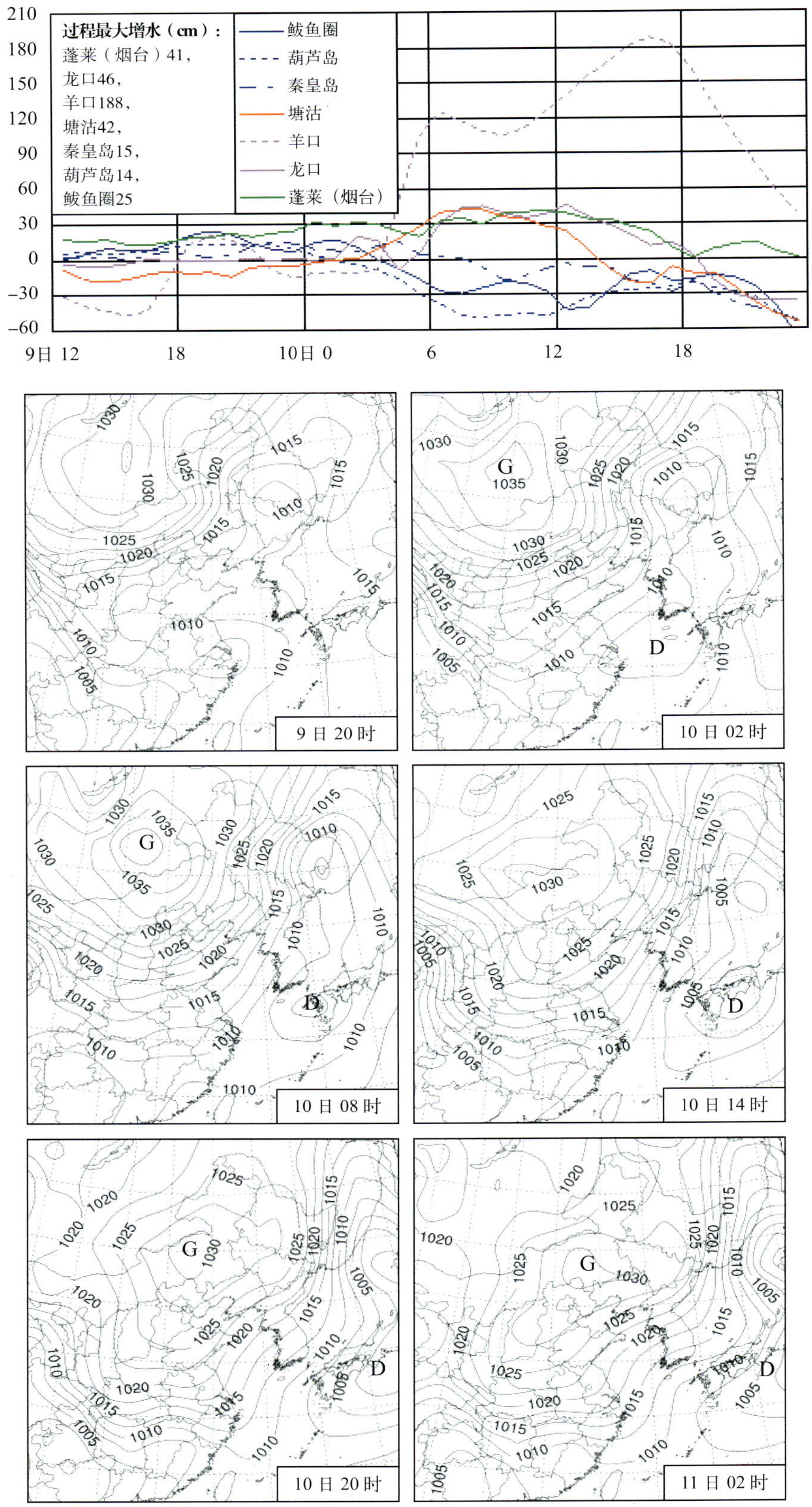

横锋冷空气风暴潮曲线与气压场（1979 年 3 月 9—11 日）

1982 年 3 月 22—23 日

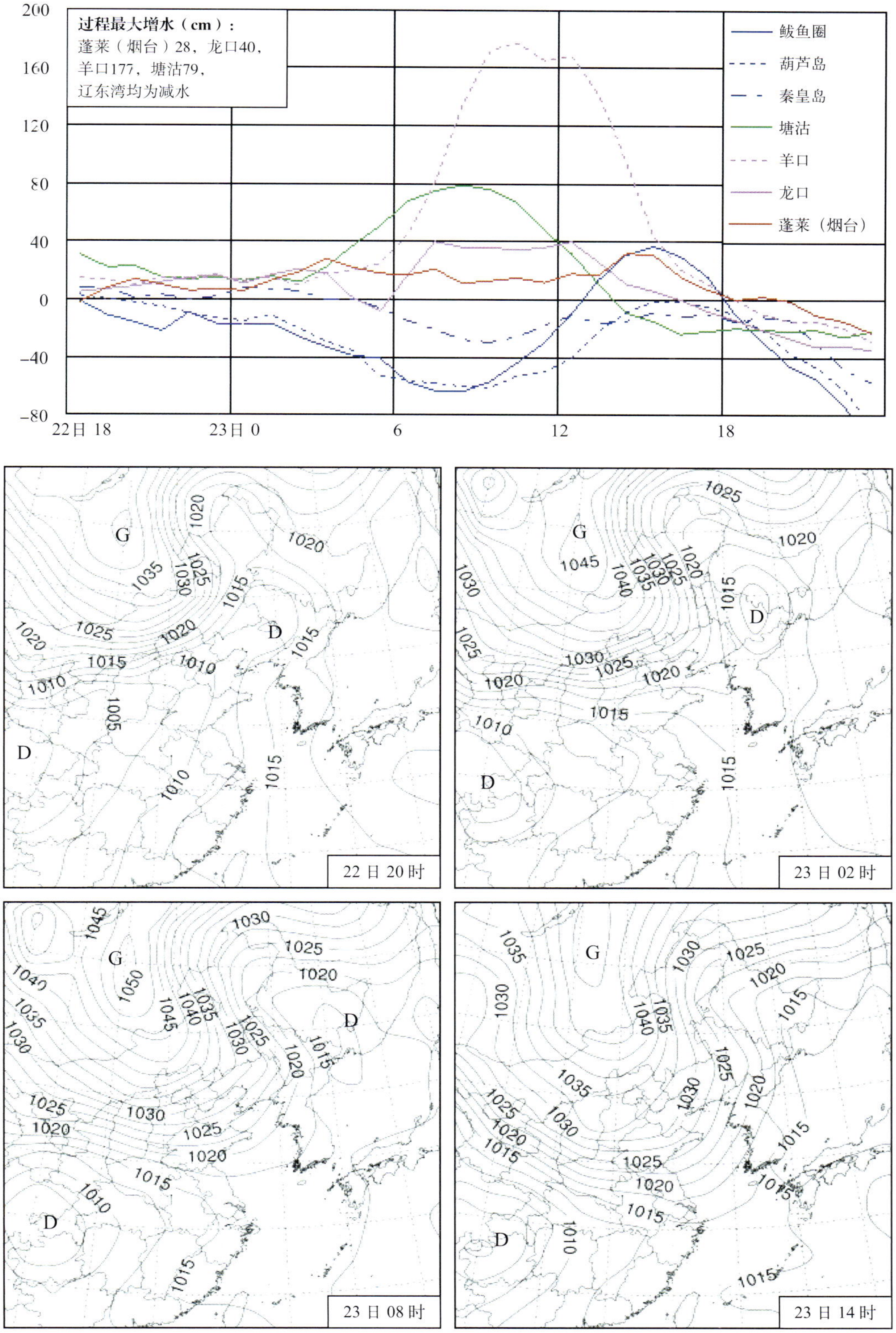

横锋冷空气风暴潮曲线与气压场（1982 年 3 月 22—23 日）

1986 年 12 月 13—14 日

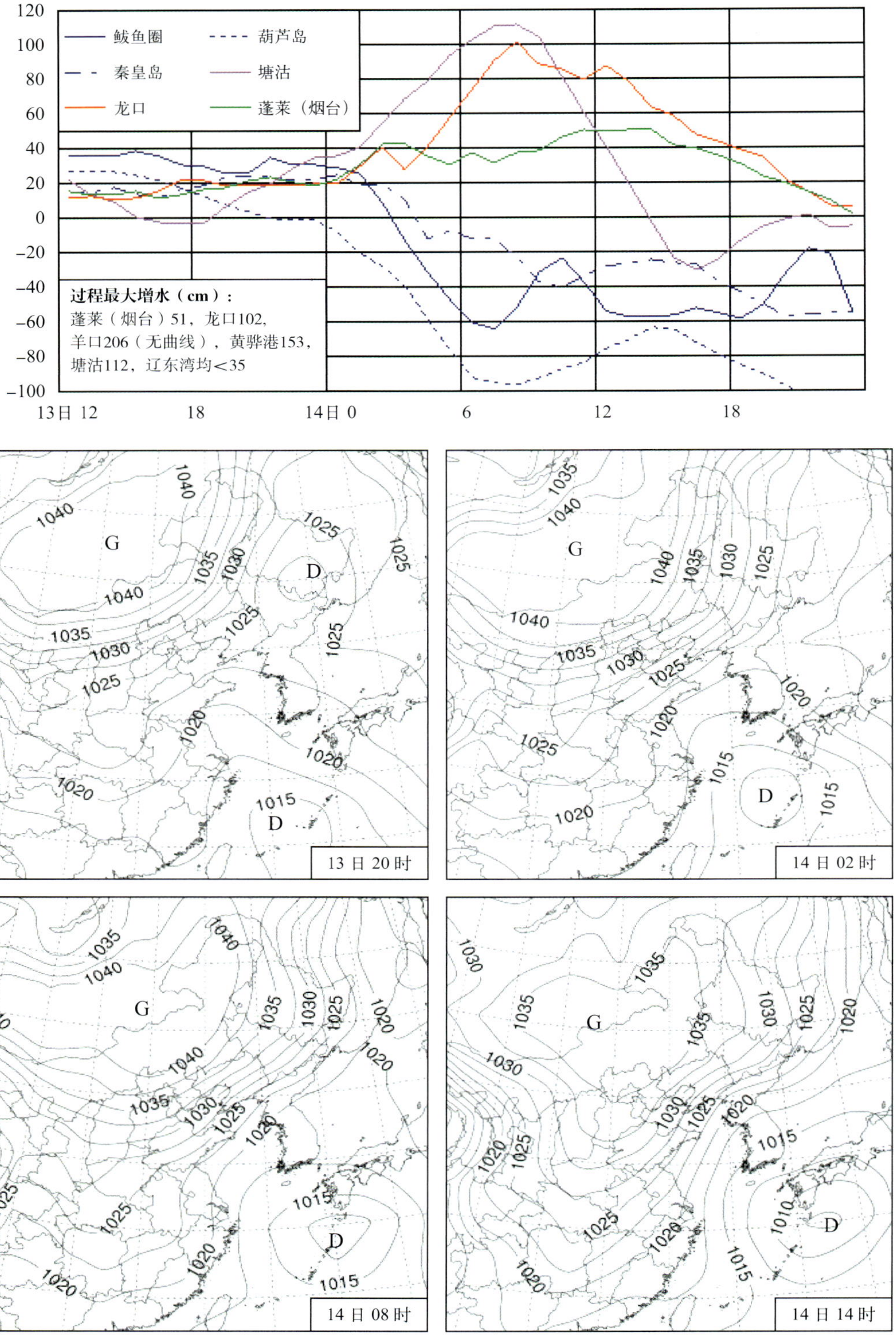

横锋冷空气风暴潮曲线与气压场（1986 年 12 月 13—14 日）

1987 年 11 月 25—27 日

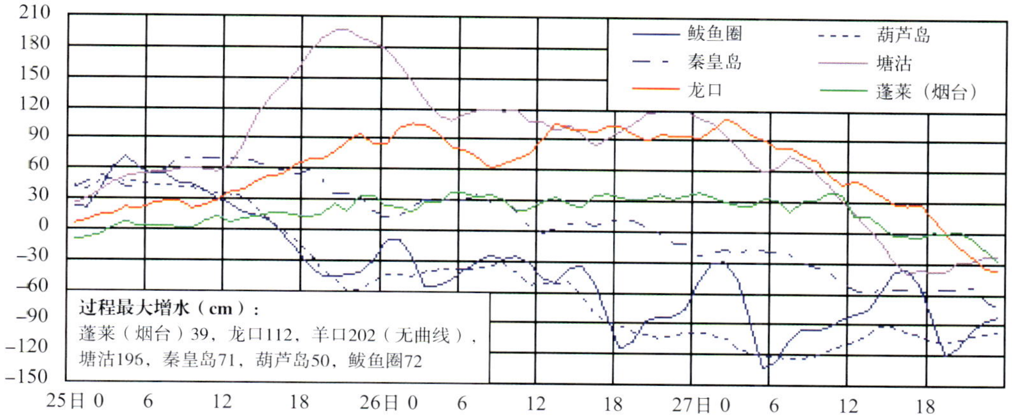

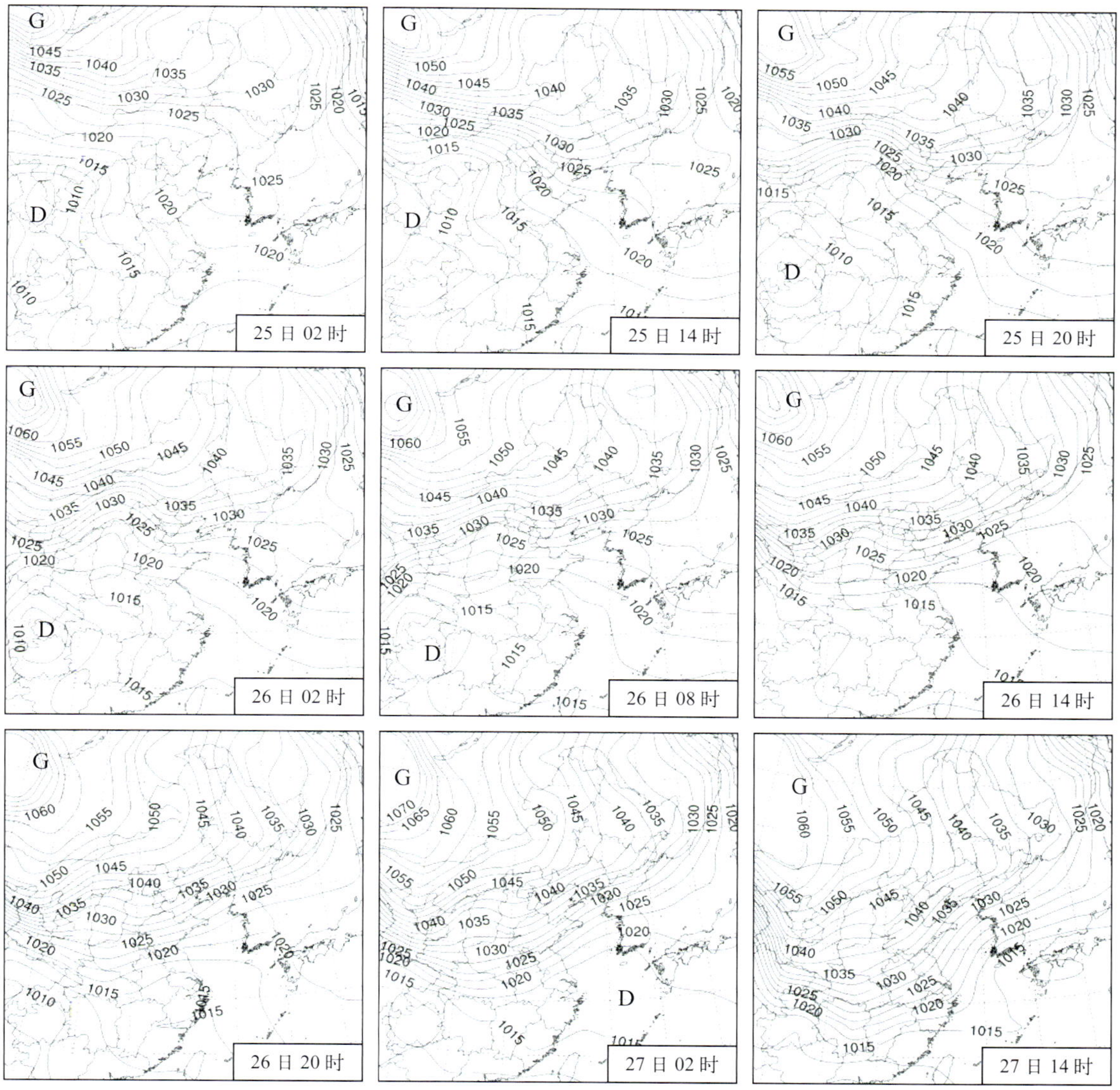

横锋冷空气风暴潮曲线与气压场（1987 年 11 月 25—27 日）

1991 年 12 月 5—8 日

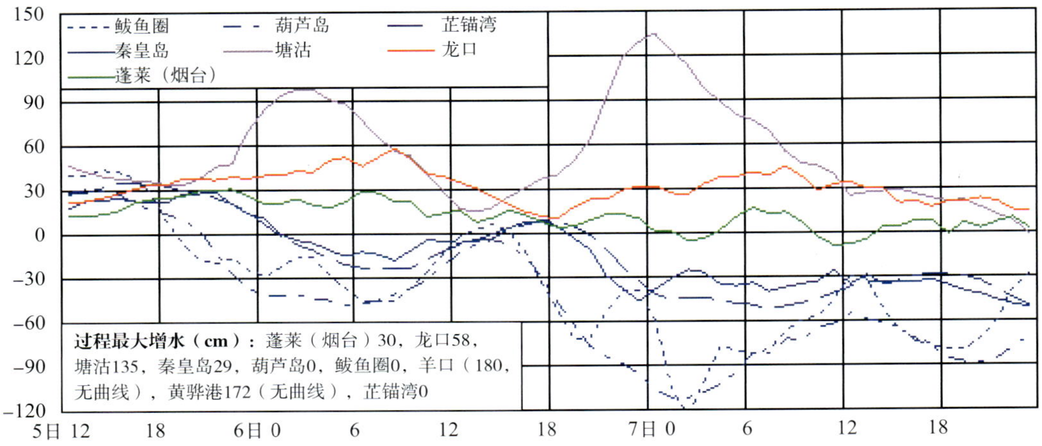

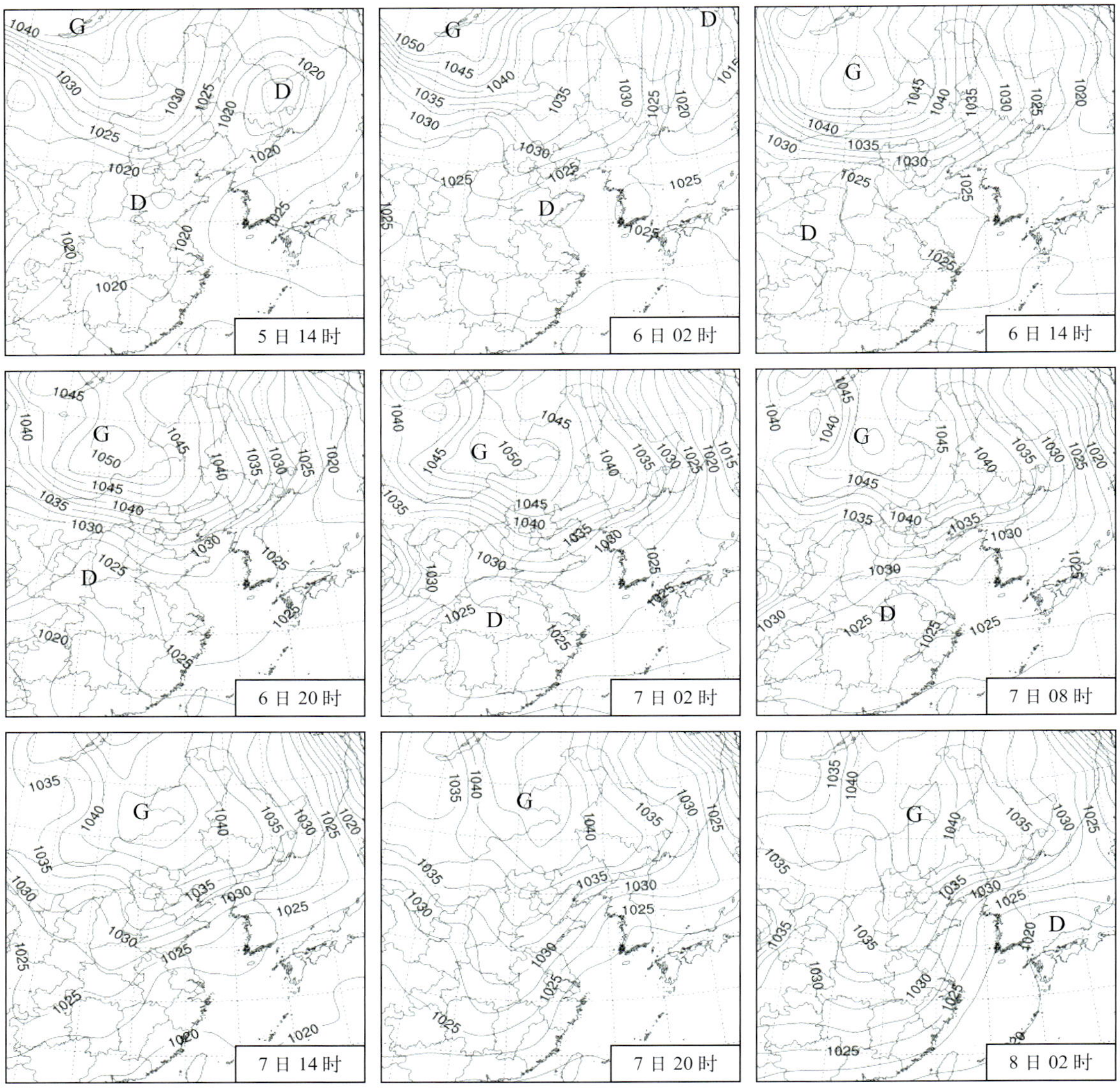

横锋冷空气风暴潮曲线与气压场（1991 年 12 月 5—8 日）

1993 年 11 月 15—17 日

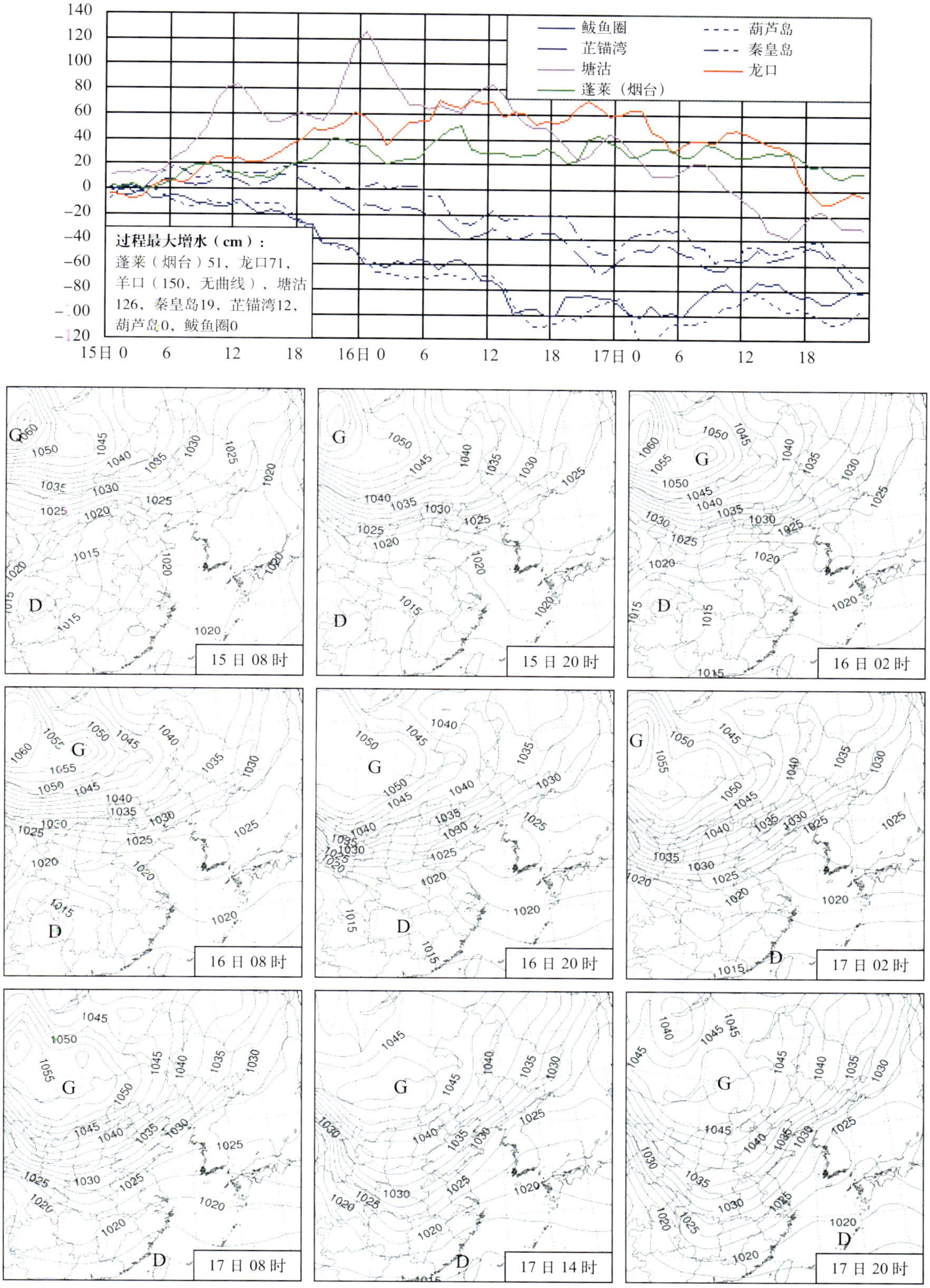

横锋冷空气风暴潮曲线与气压场（1993 年 11 月 15—17 日）

1995 年 11 月 6—7 日

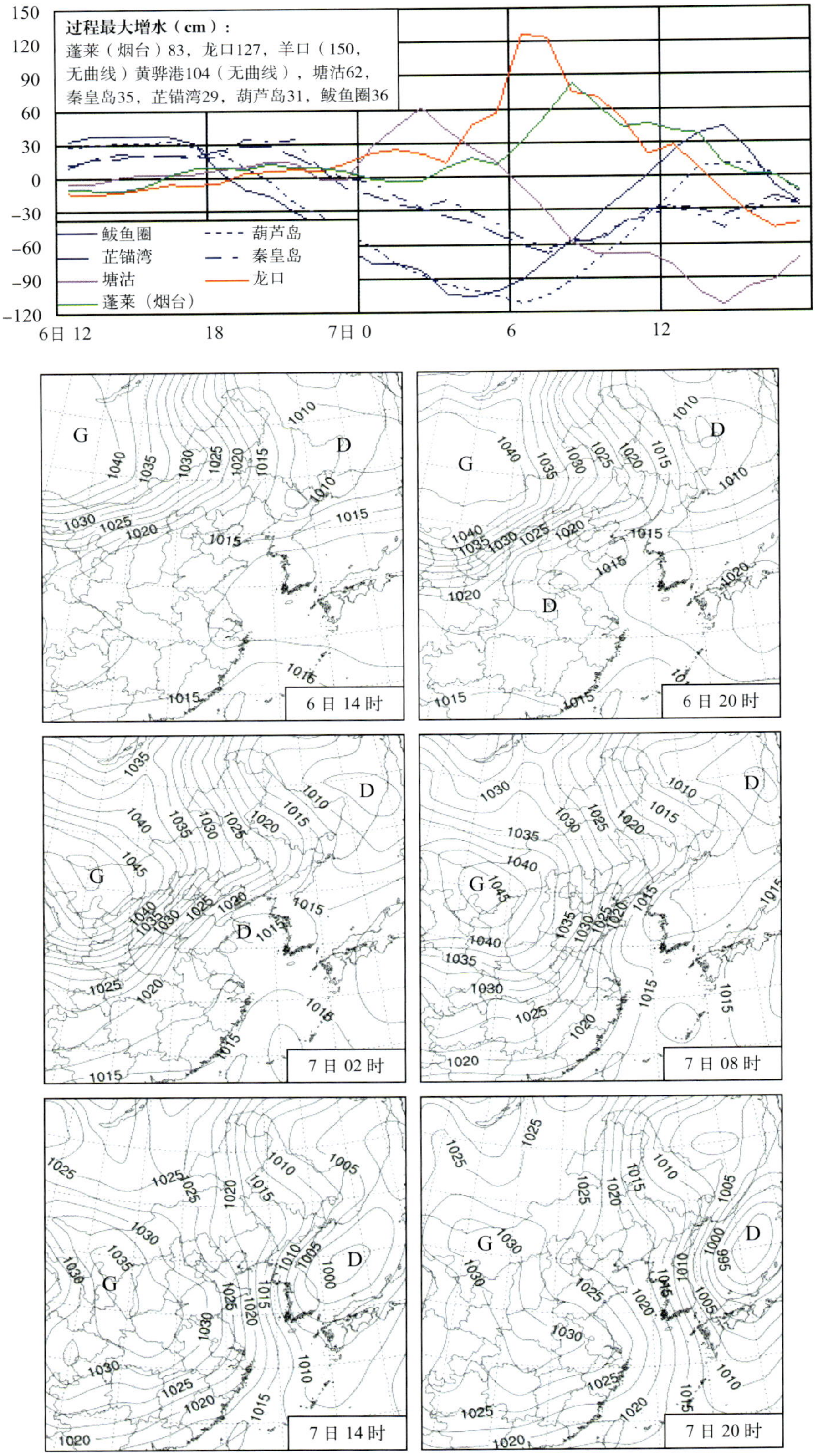

横锋冷空气风暴潮曲线与气压场（1995 年 11 月 6—7 日）

1996 年 11 月 10—12 日

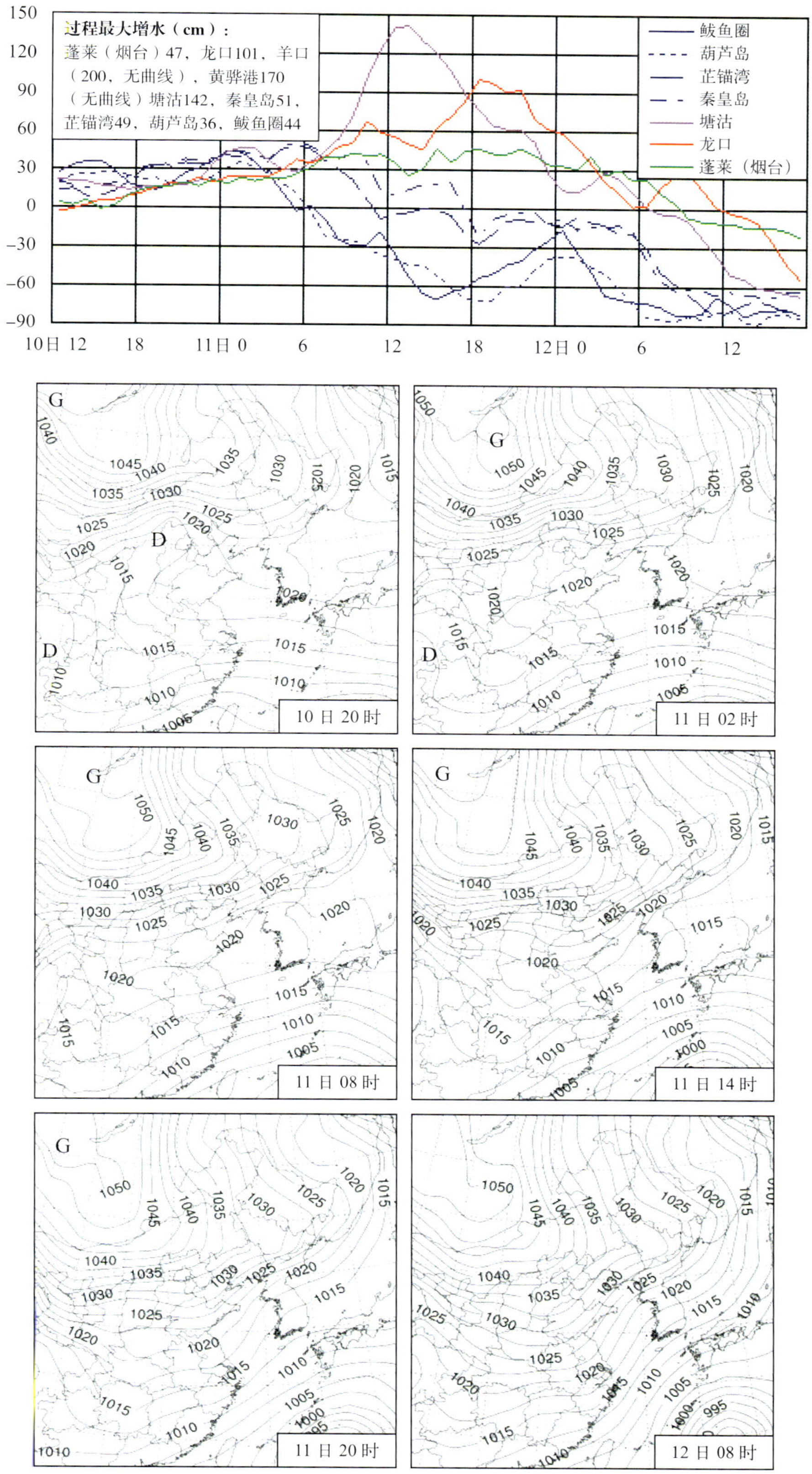

横锋冷空气风暴潮曲线与气压场（1996 年 11 月 10—12 日）

1998 年 11 月 15—16 日

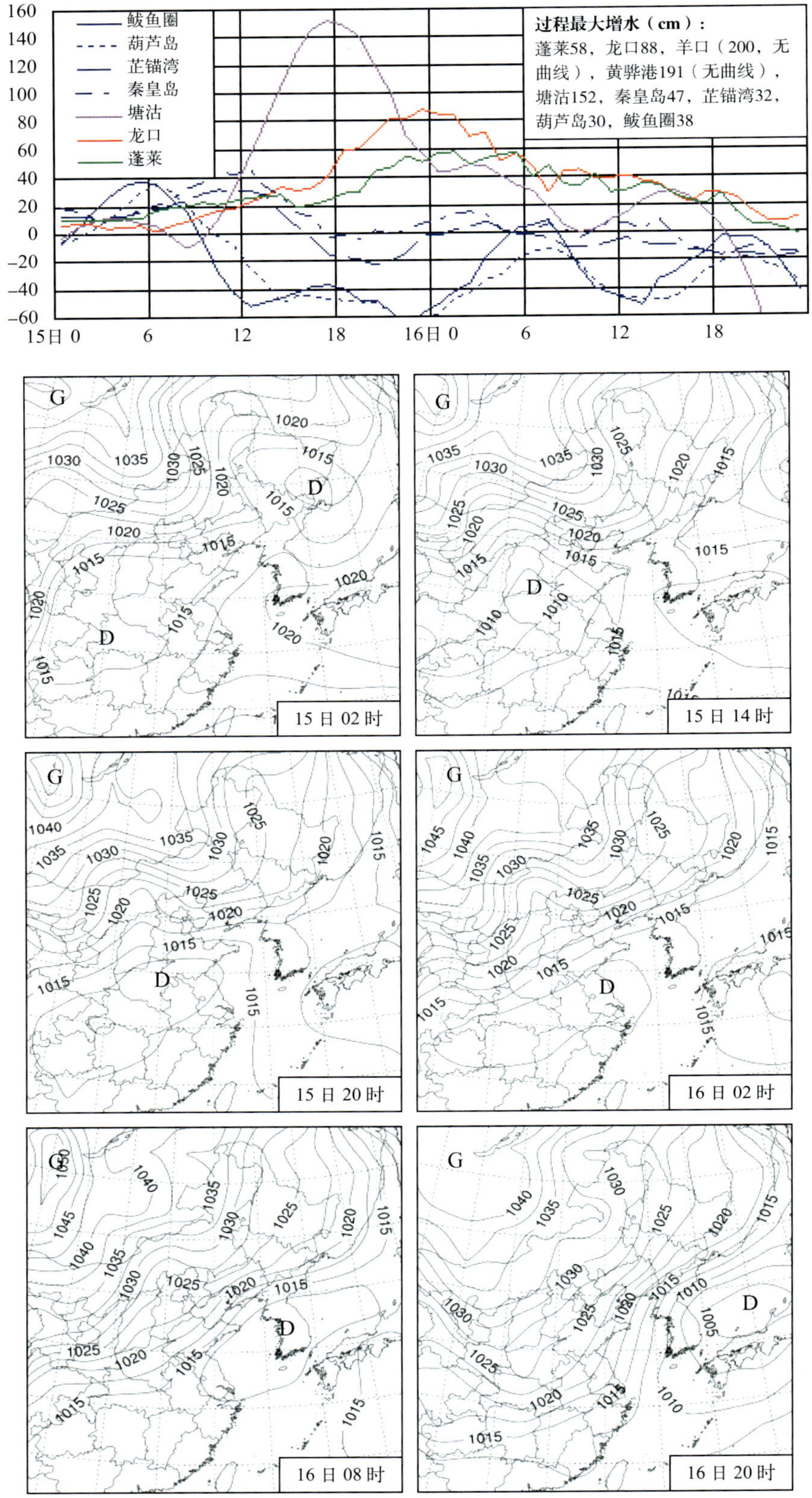

横锋冷空气风暴潮曲线与气压场（1998 年 11 月 15—16 日）

2001 年 4 月 19 日

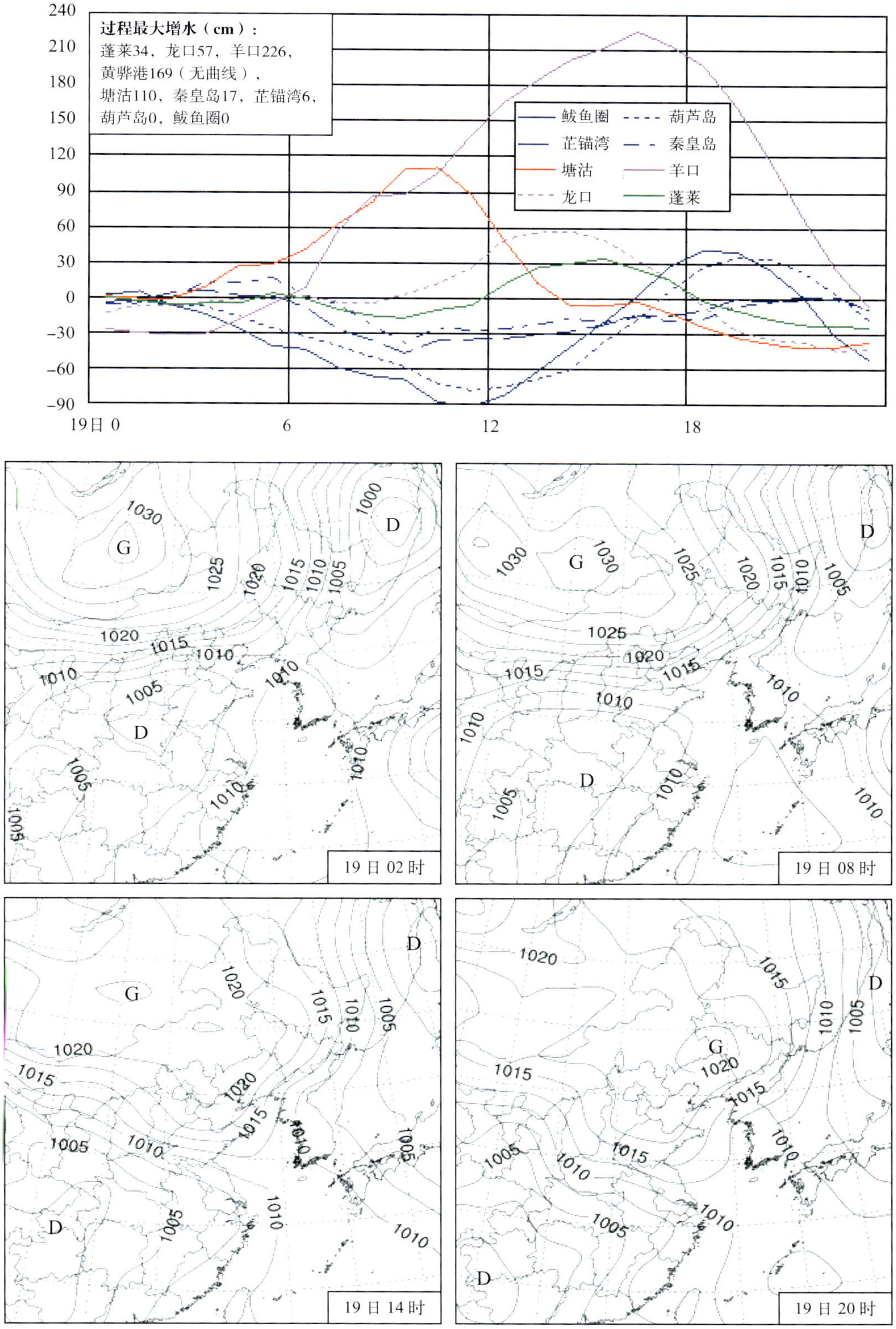

横锋冷空气风暴潮曲线与气压场（2001 年 4 月 19 日）

2002 年 1 月 14—16 日

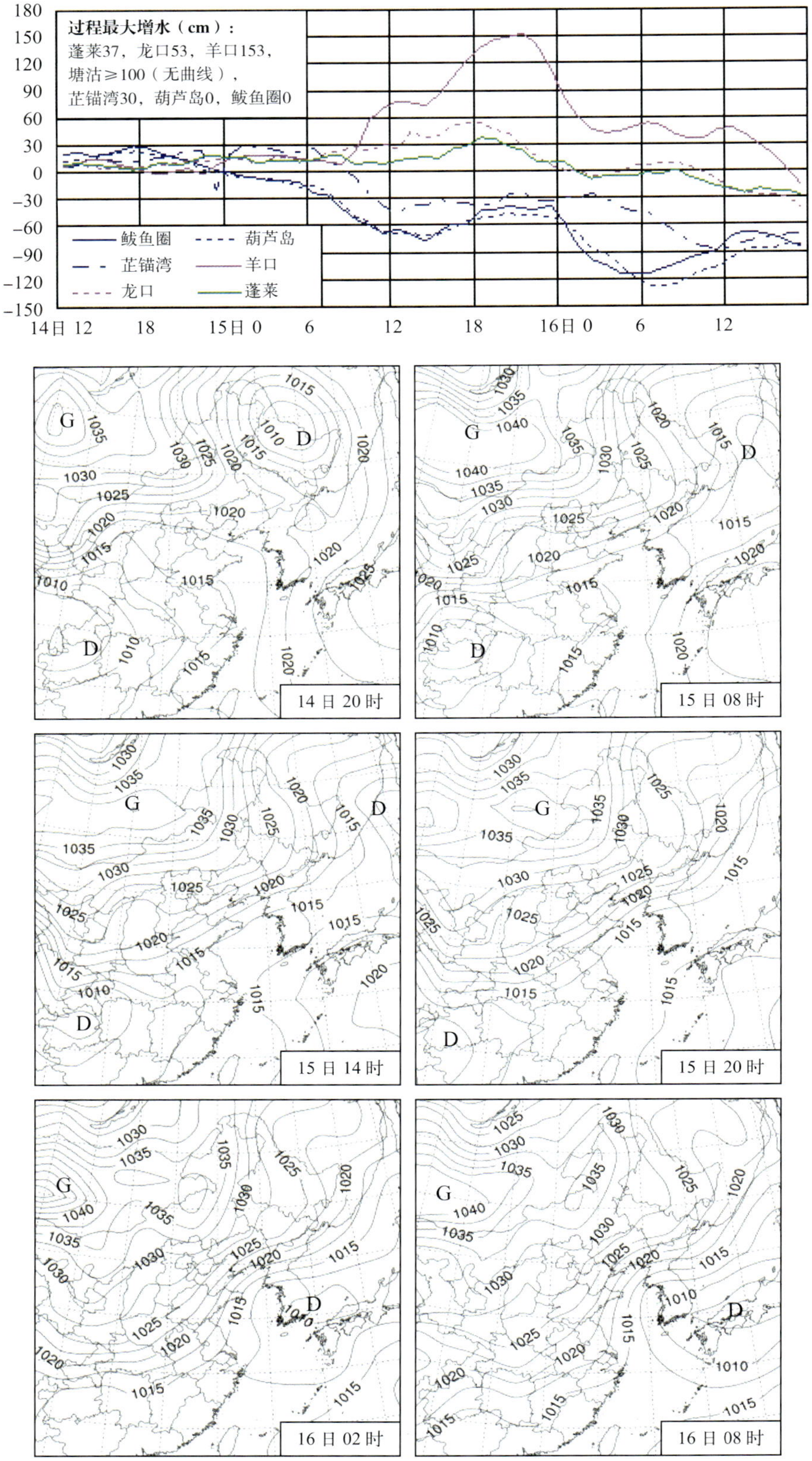

横锋冷空气风暴潮曲线与气压场（2002 年 1 月 14—16 日）

2002 年 10 月 17—20 日

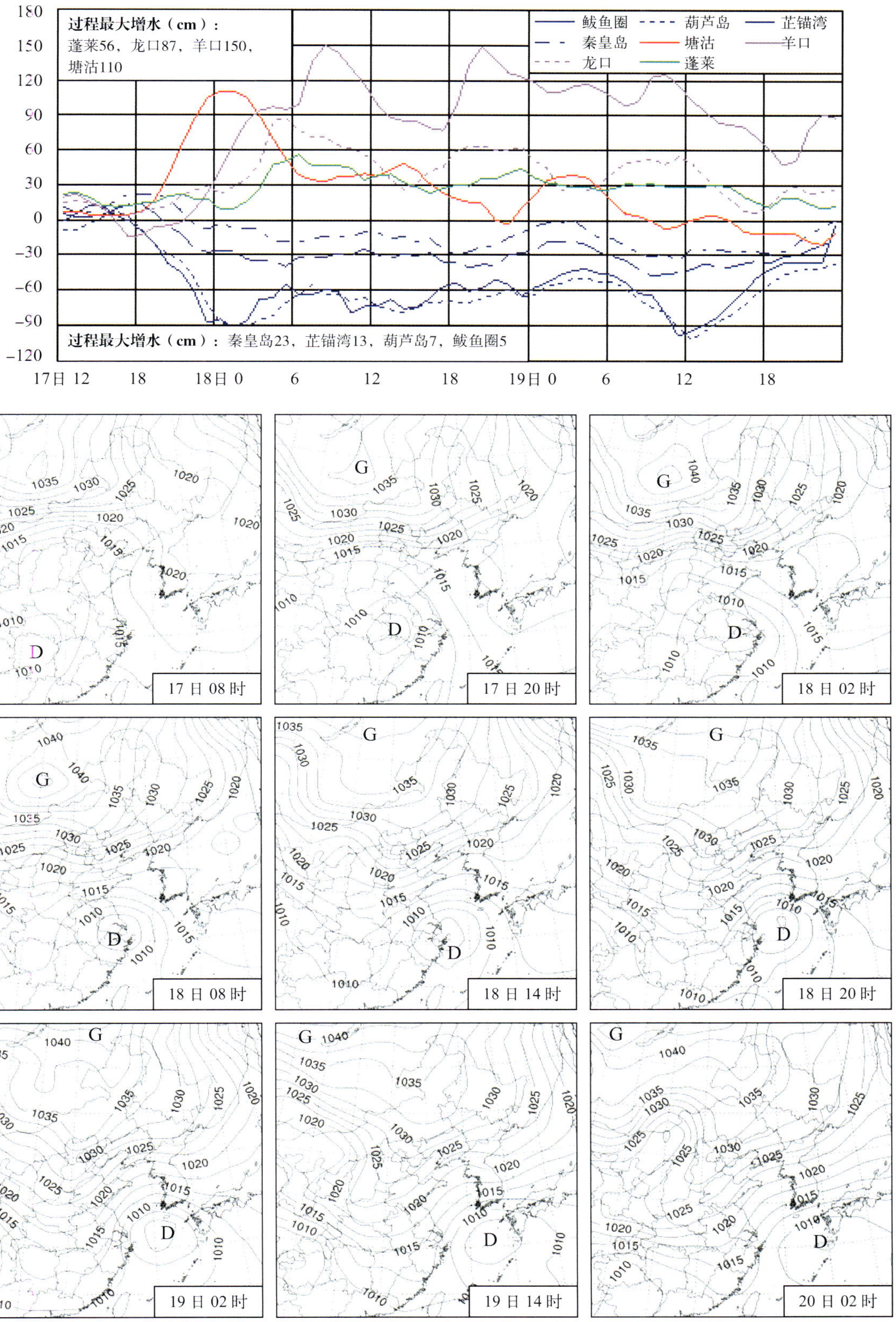

横锋冷空气风暴潮曲线与气压场（2002 年 10 月 17—20 日）

2003 年 10 月 10—12 日

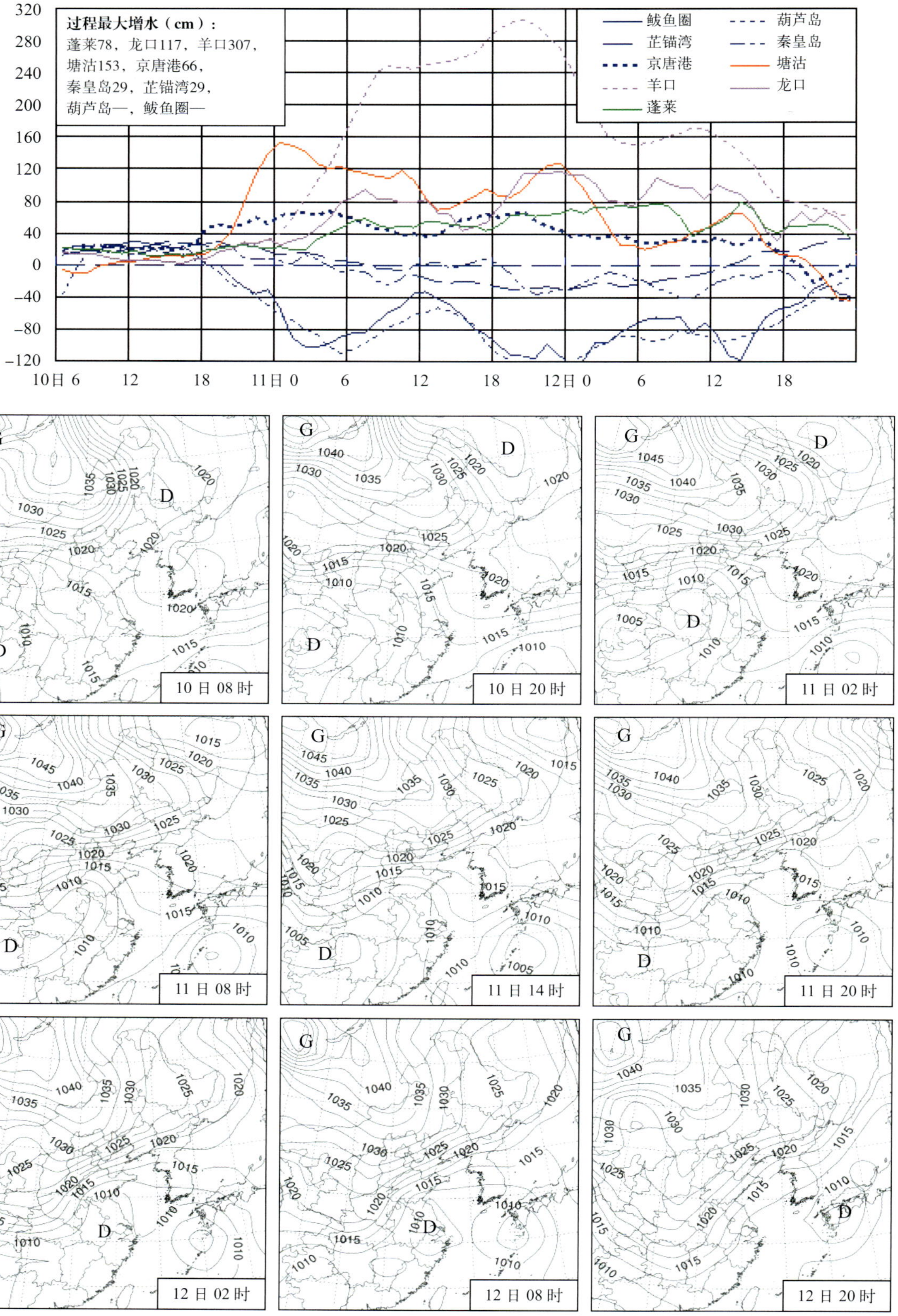

横锋冷空气风暴潮曲线与气压场（2003 年 10 月 10—12 日）

2006 年 4 月 11—12 日

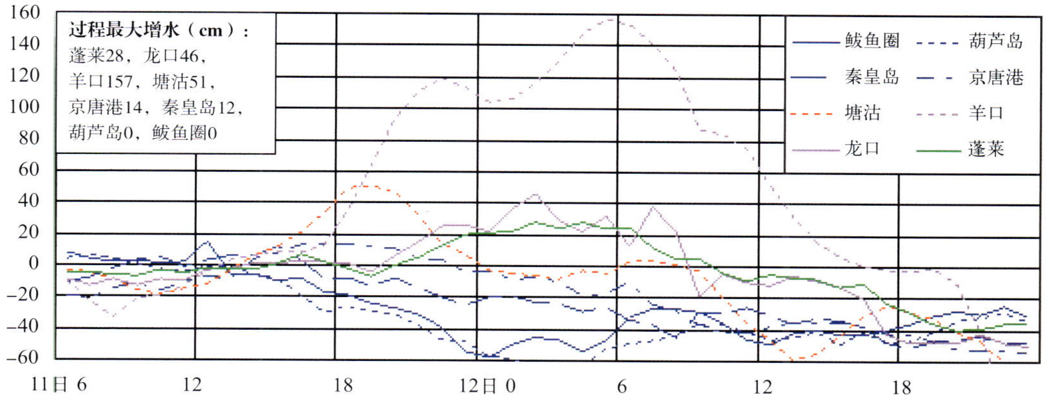

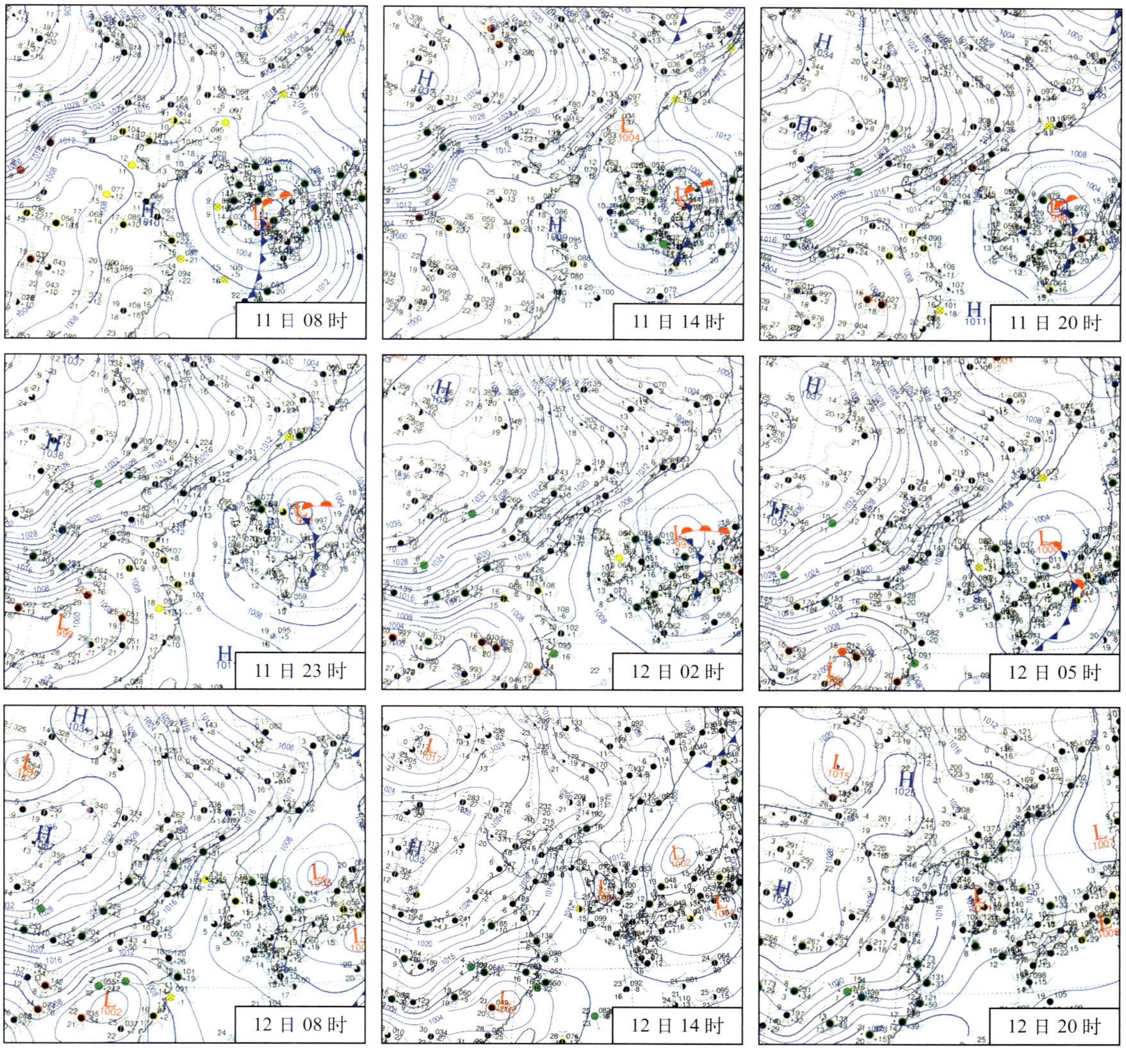

横锋冷空气风暴潮曲线与气压场（2006 年 4 月 11—12 日）

2006 年 11 月 25—27 日

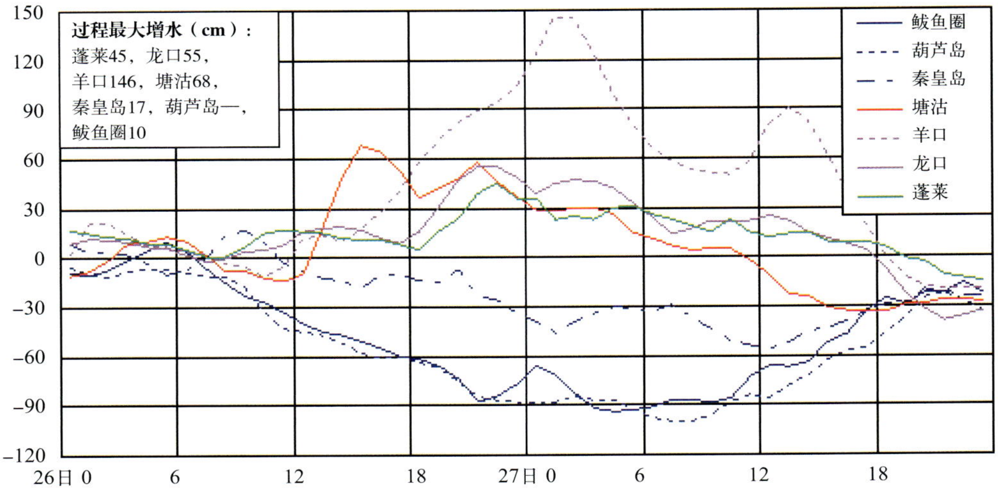

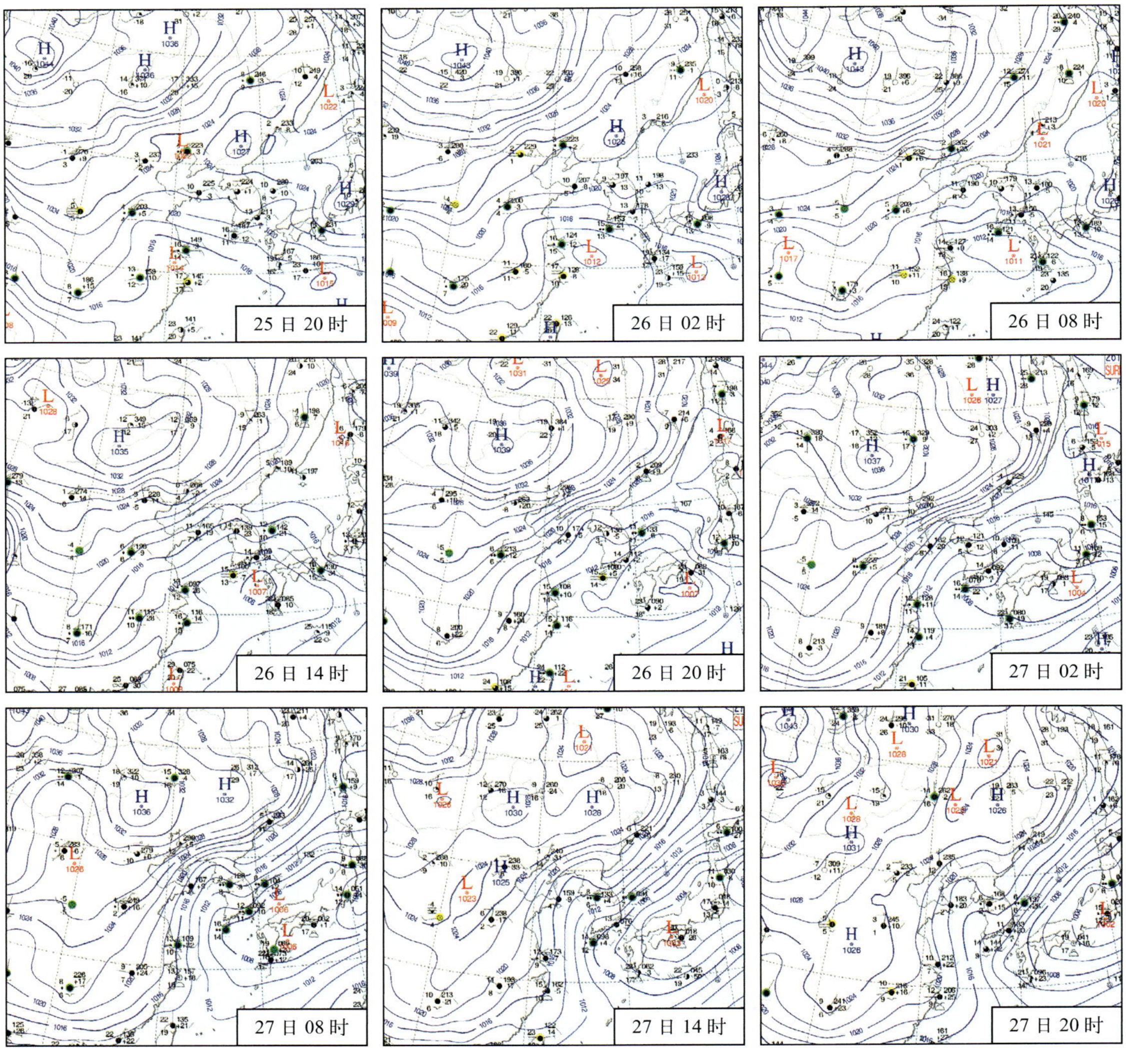

横锋冷空气风暴潮曲线与气压场（2006 年 11 月 25—27 日）

2008 年 9 月 22—23 日

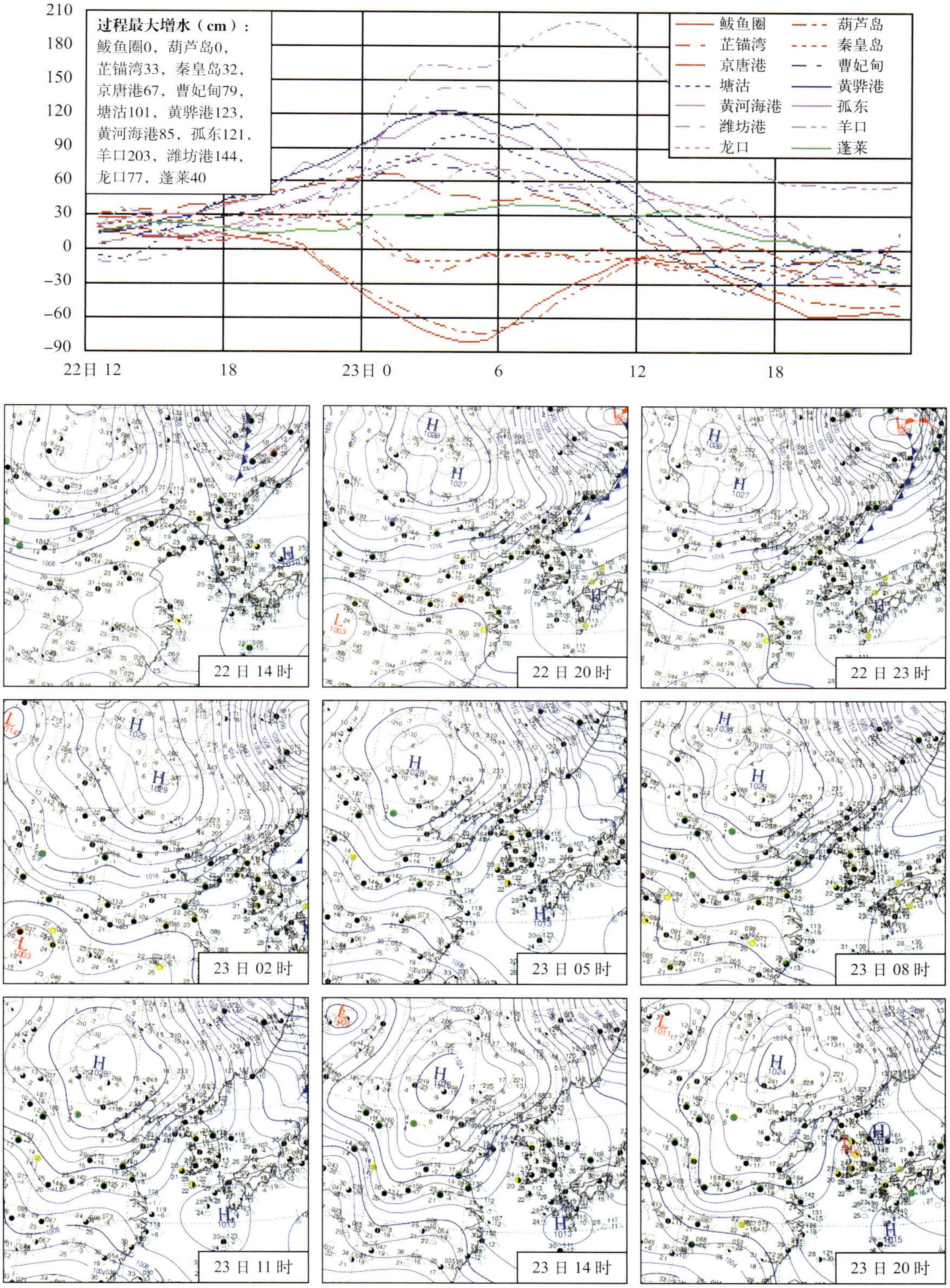

横锋冷空气风暴潮曲线与气压场（2008 年 9 月 22—23 日）

2008 年 12 月 20—21 日

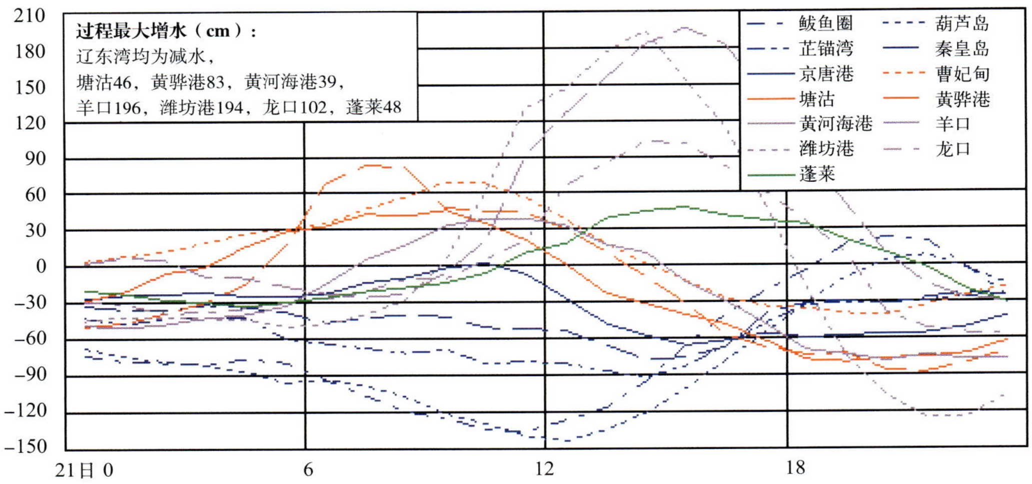

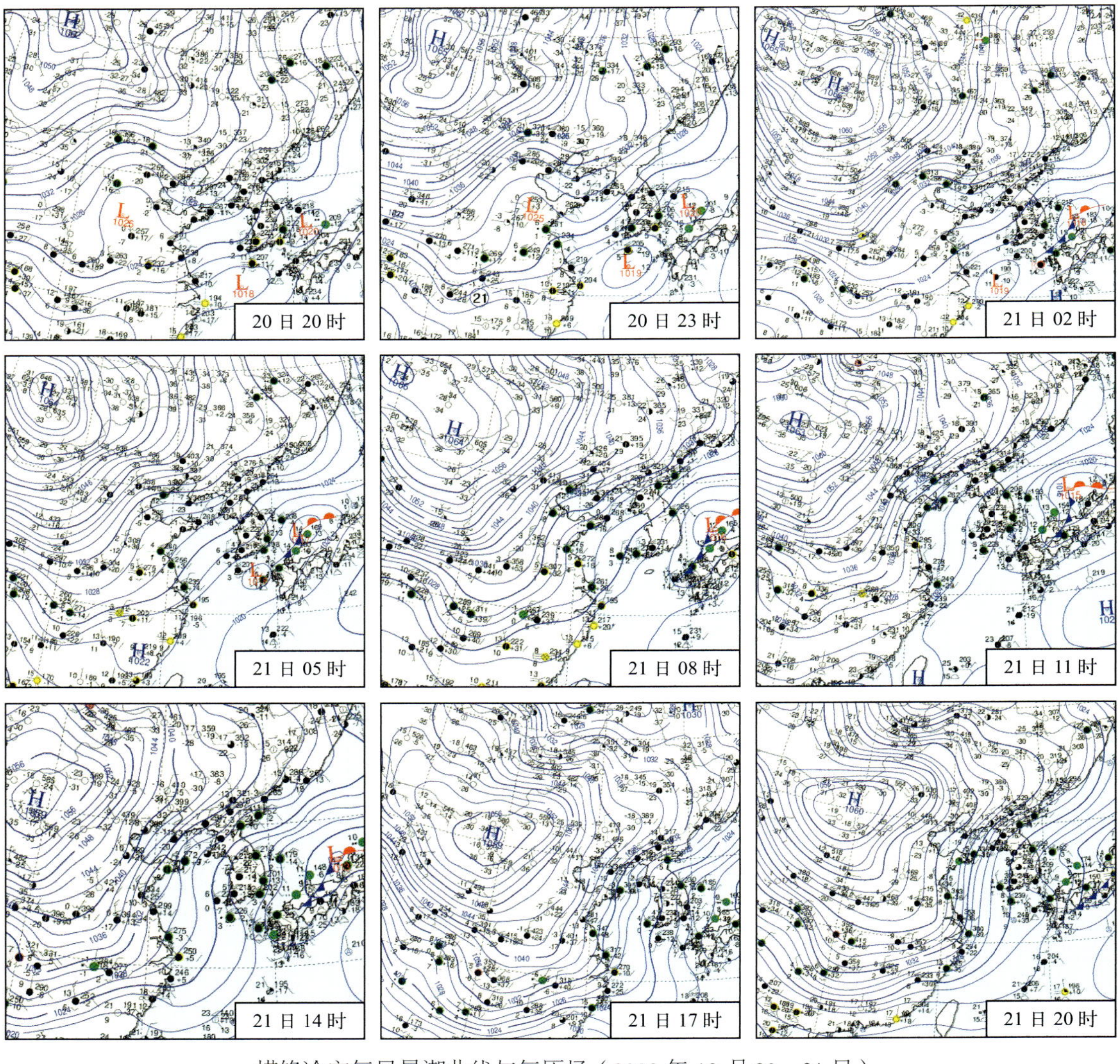

横锋冷空气风暴潮曲线与气压场（2008 年 12 月 20—21 日）

2010 年 2 月 28 日—3 月 1 日

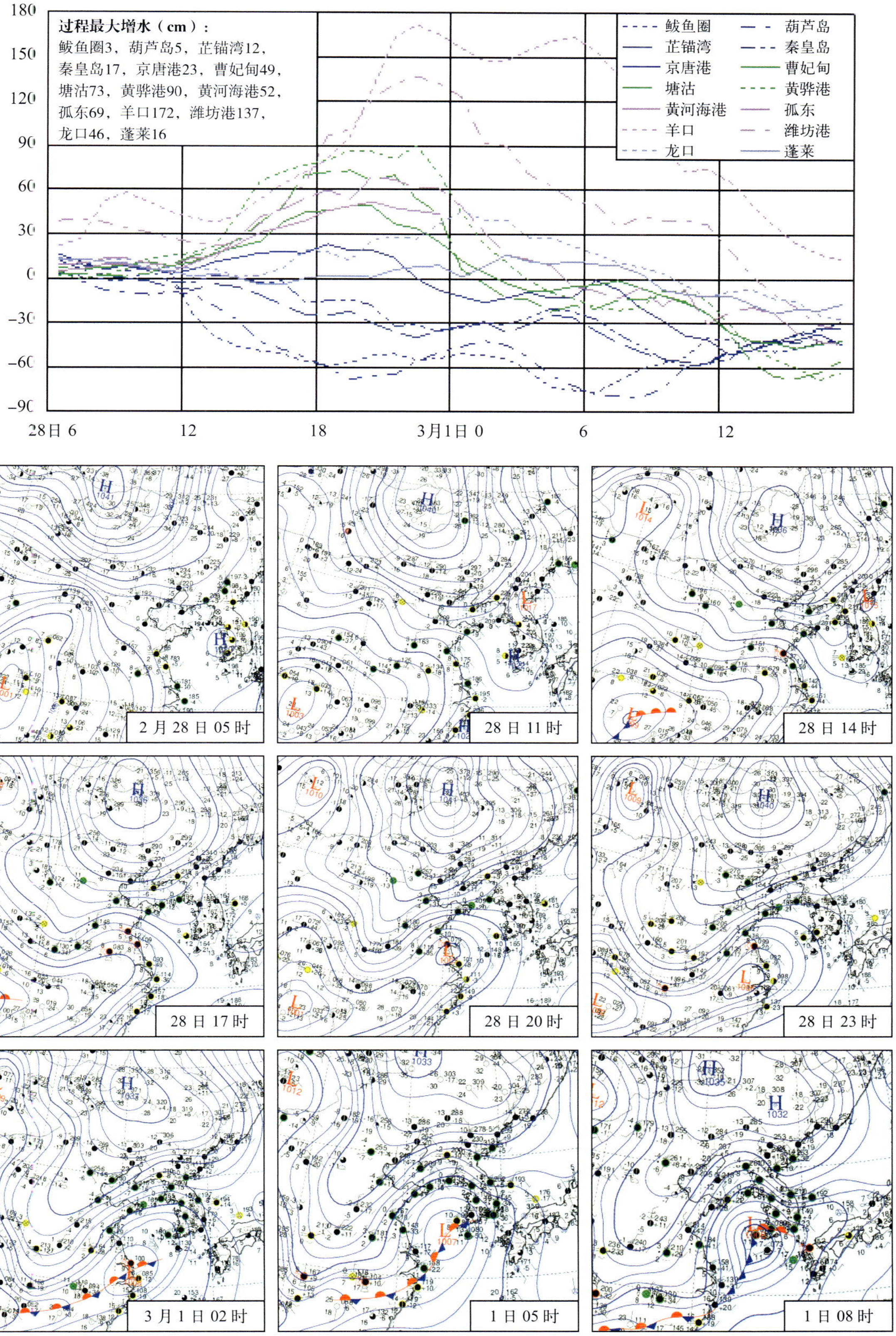

横锋冷空气风暴潮曲线与气压场（2010 年 2 月 28 日—3 月 1 日）

2010 年 12 月 12—14 日

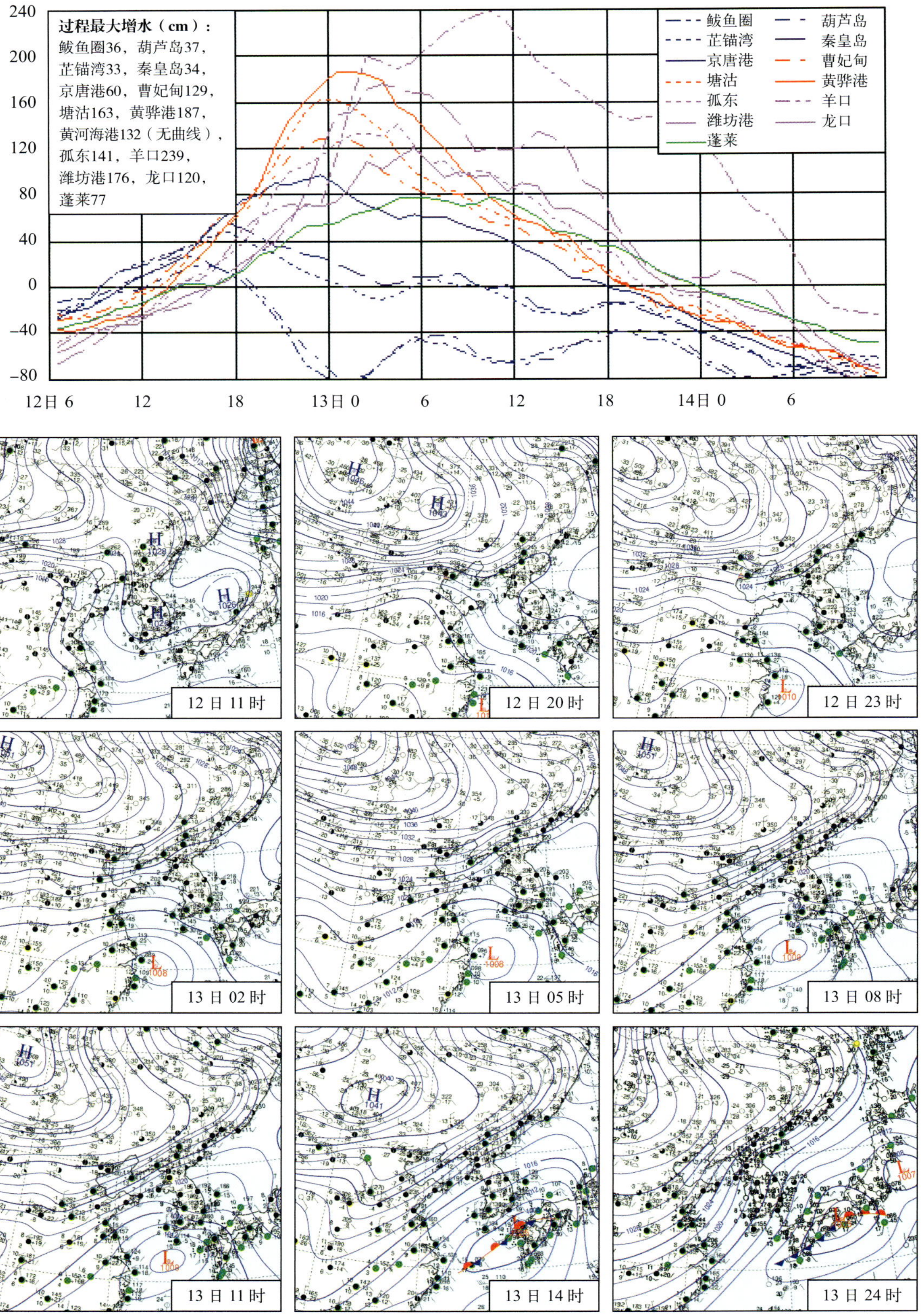

横锋冷空气风暴潮曲线与气压场（2010 年 12 月 12—14 日）

2011 年 3 月 13—14 日

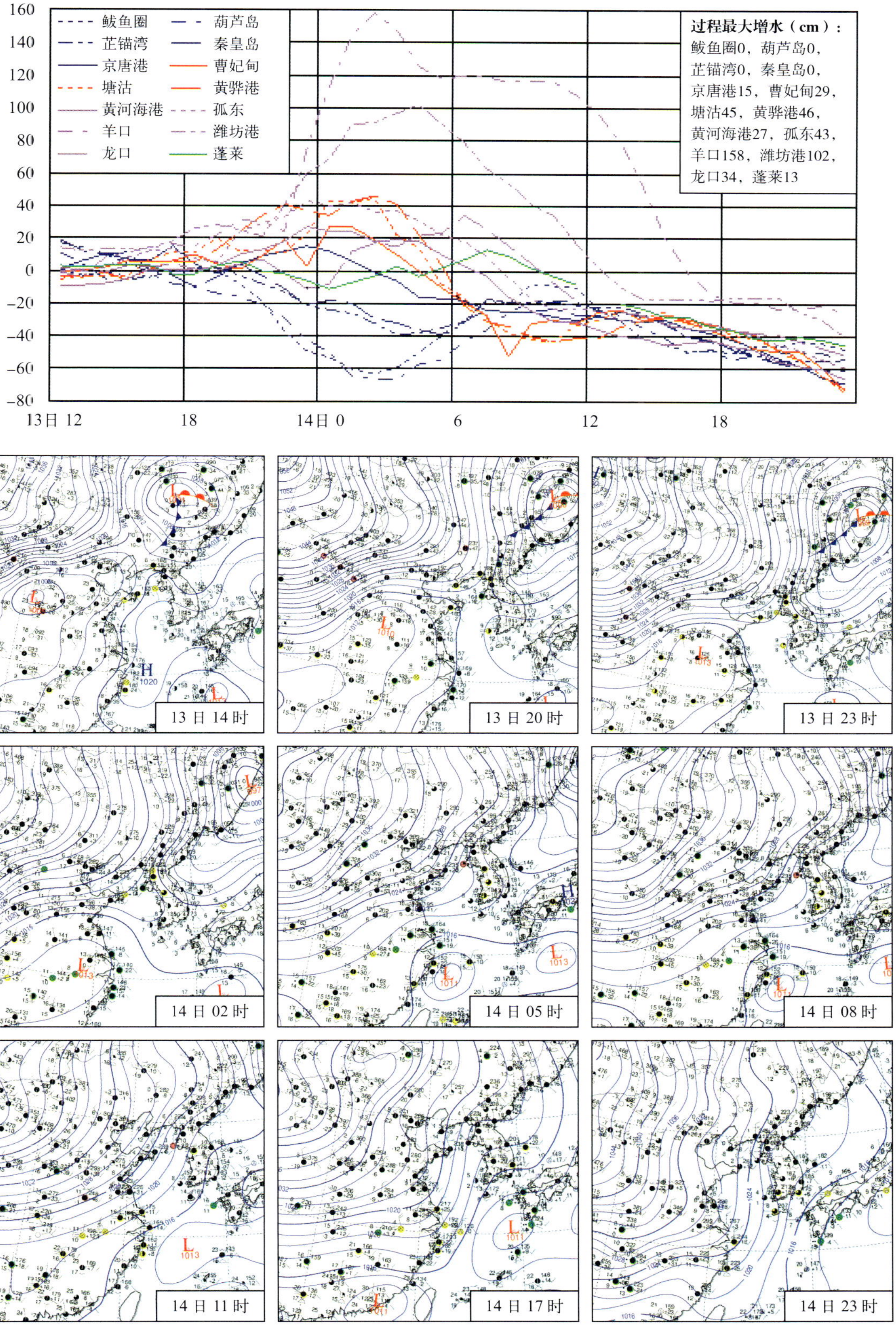

横锋冷空气风暴潮曲线与气压场（2011 年 3 月 13—14 日）

2011 年 3 月 31—4 月 2 日

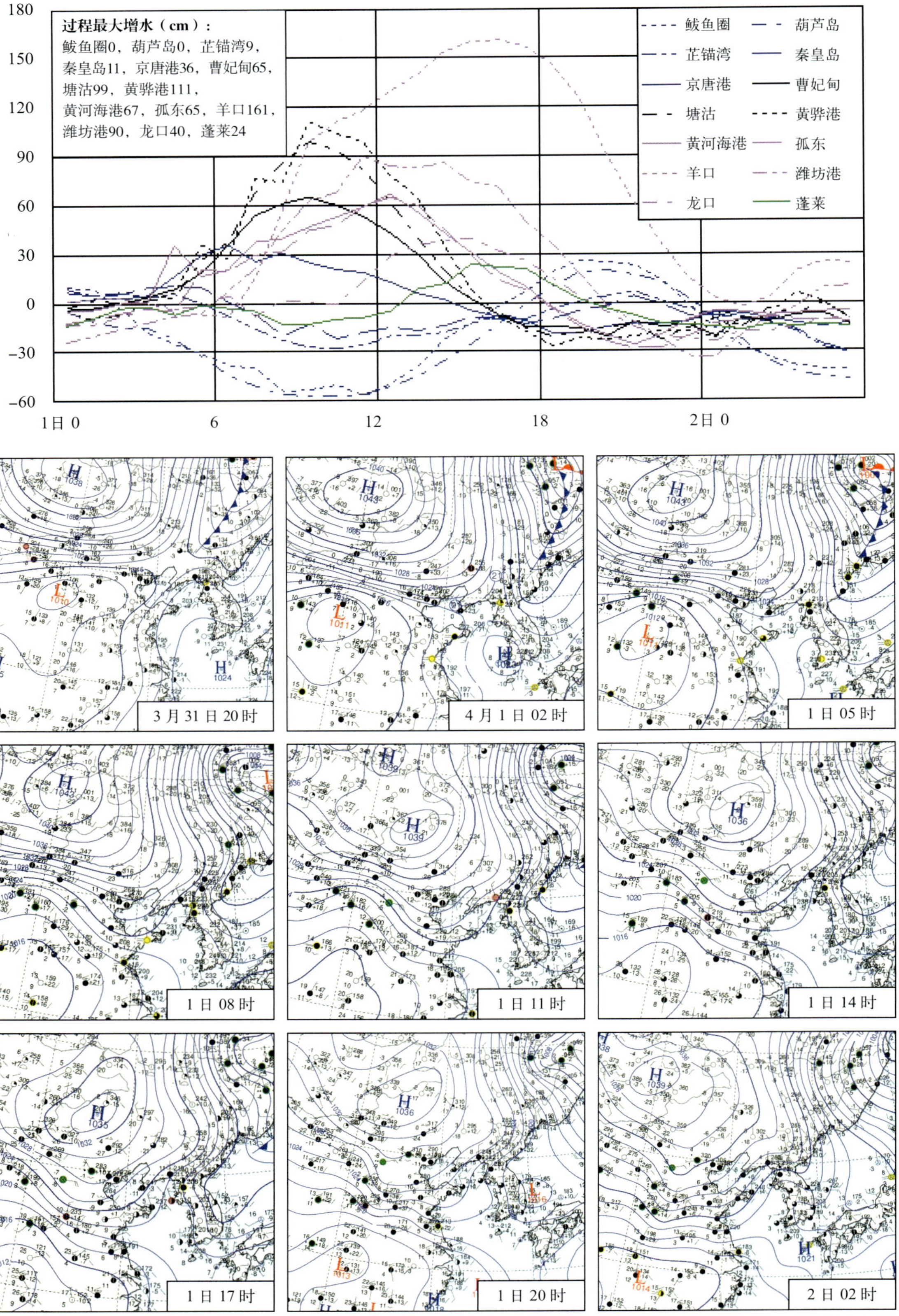

横锋冷空气风暴潮曲线与气压场（2011 年 3 月 31—4 月 2 日）

2012 年 2 月 22—23 日

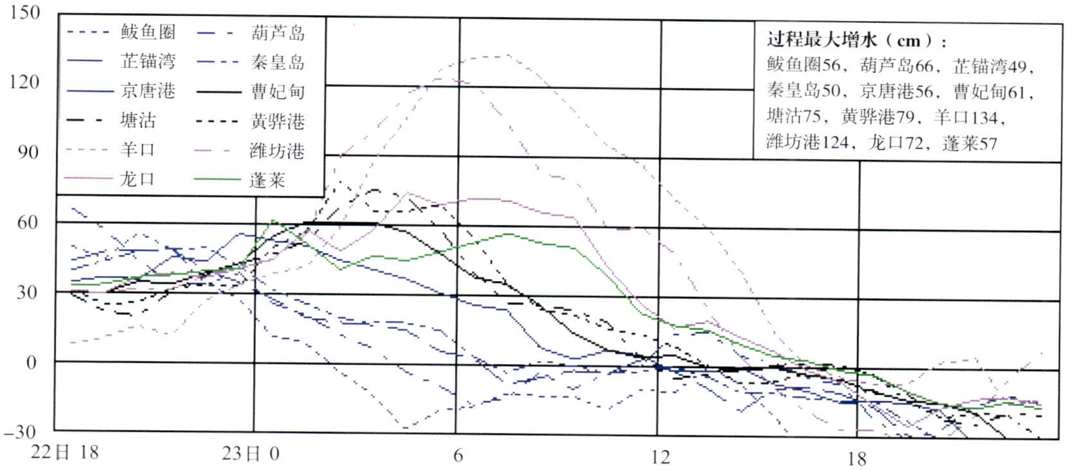

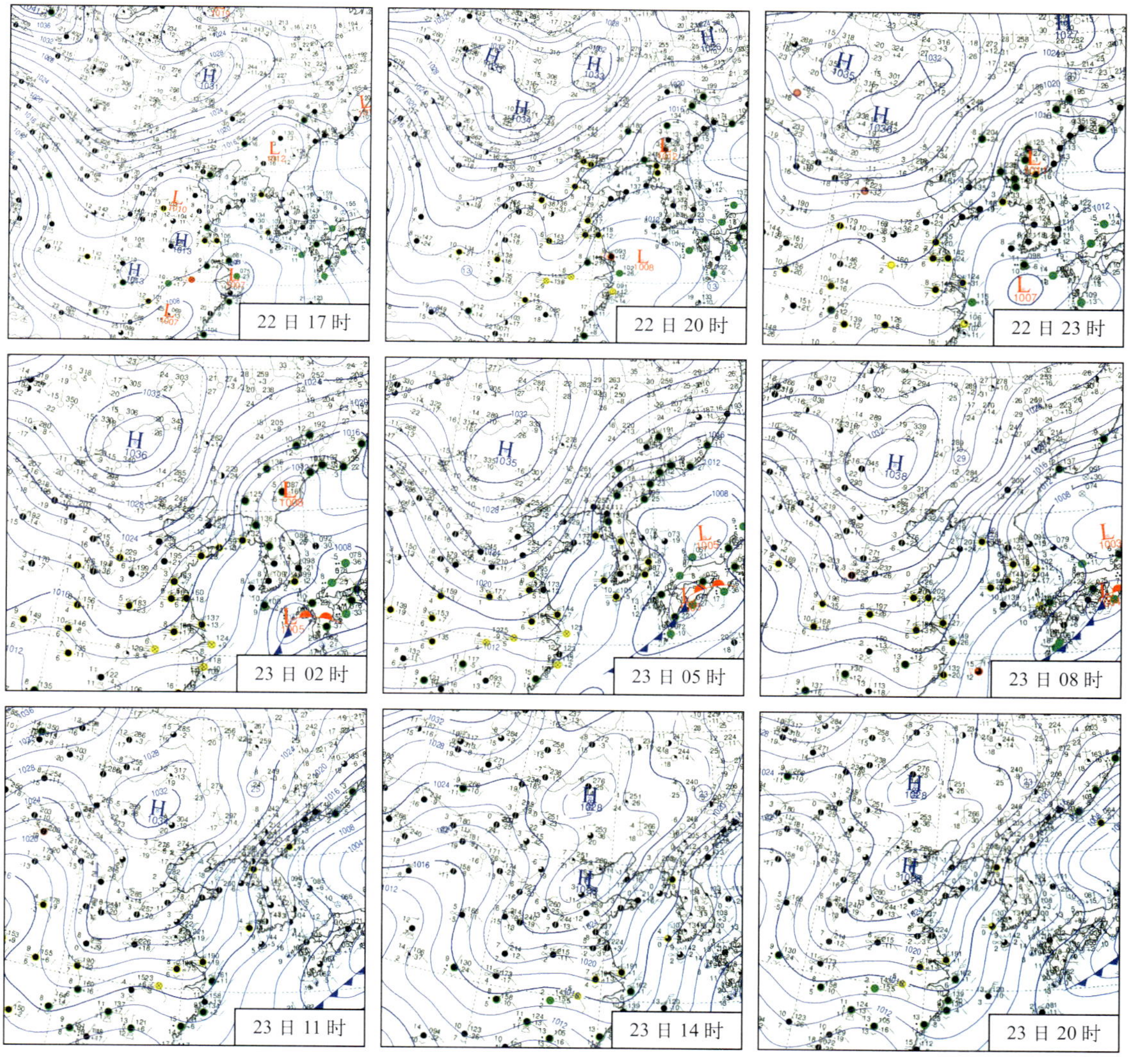

横锋冷空气风暴潮曲线与气压场（2012 年 2 月 22—23 日）

2014 年 10 月 11—13 日

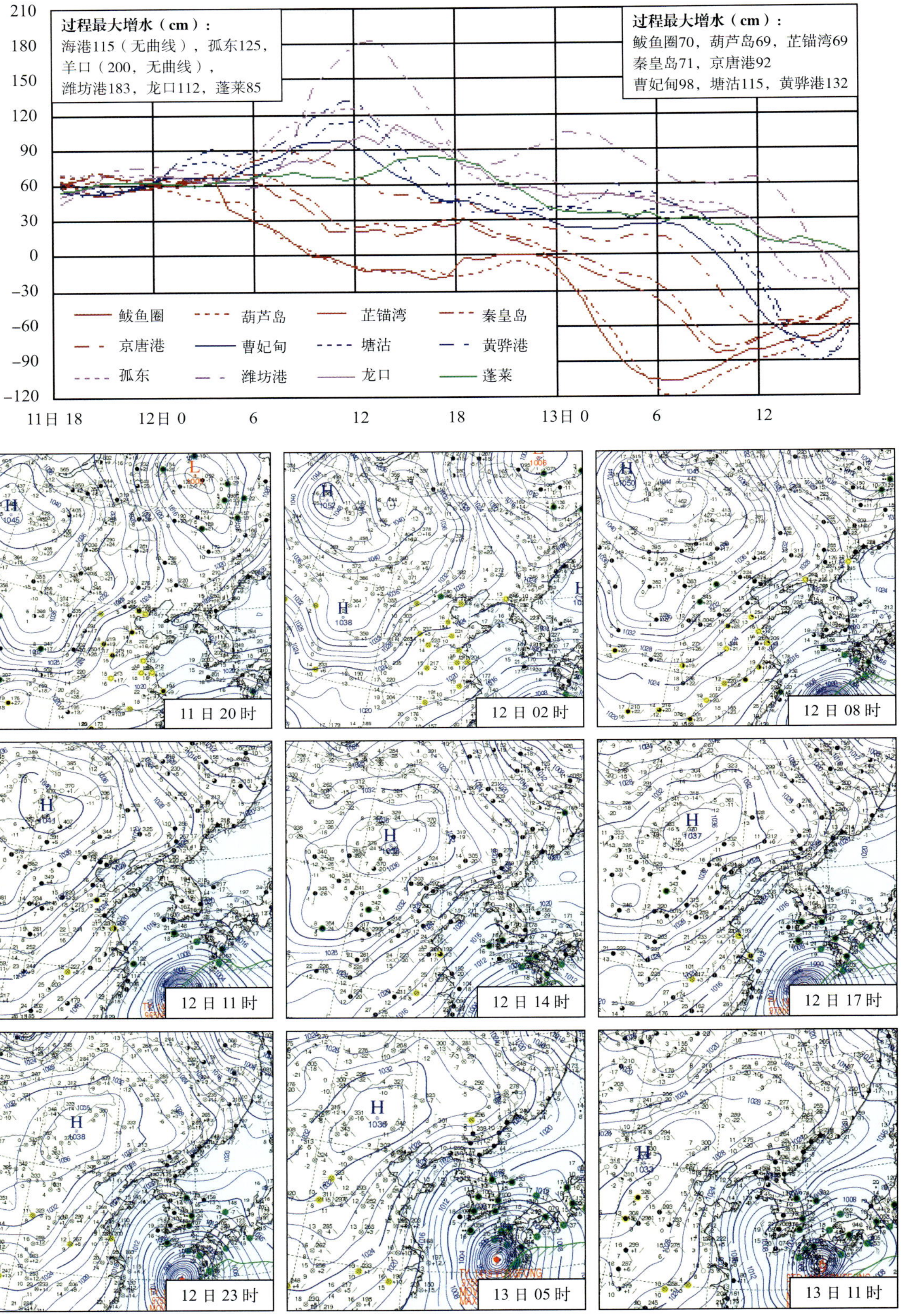

横锋冷空气风暴潮曲线与气压场（2014 年 10 月 11—13 日）

2015 年 11 月 5—6 日

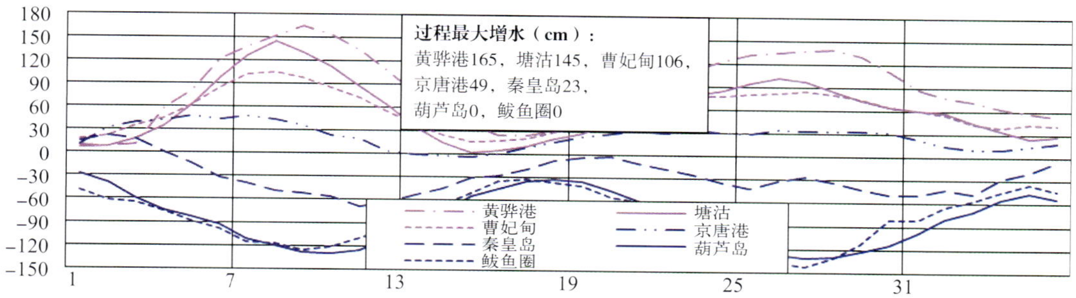

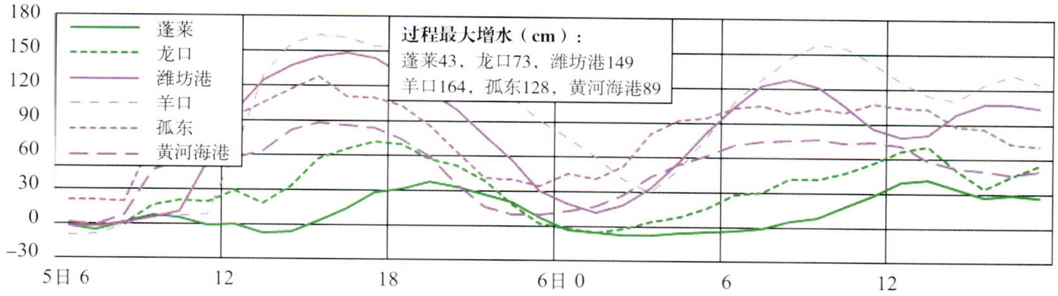

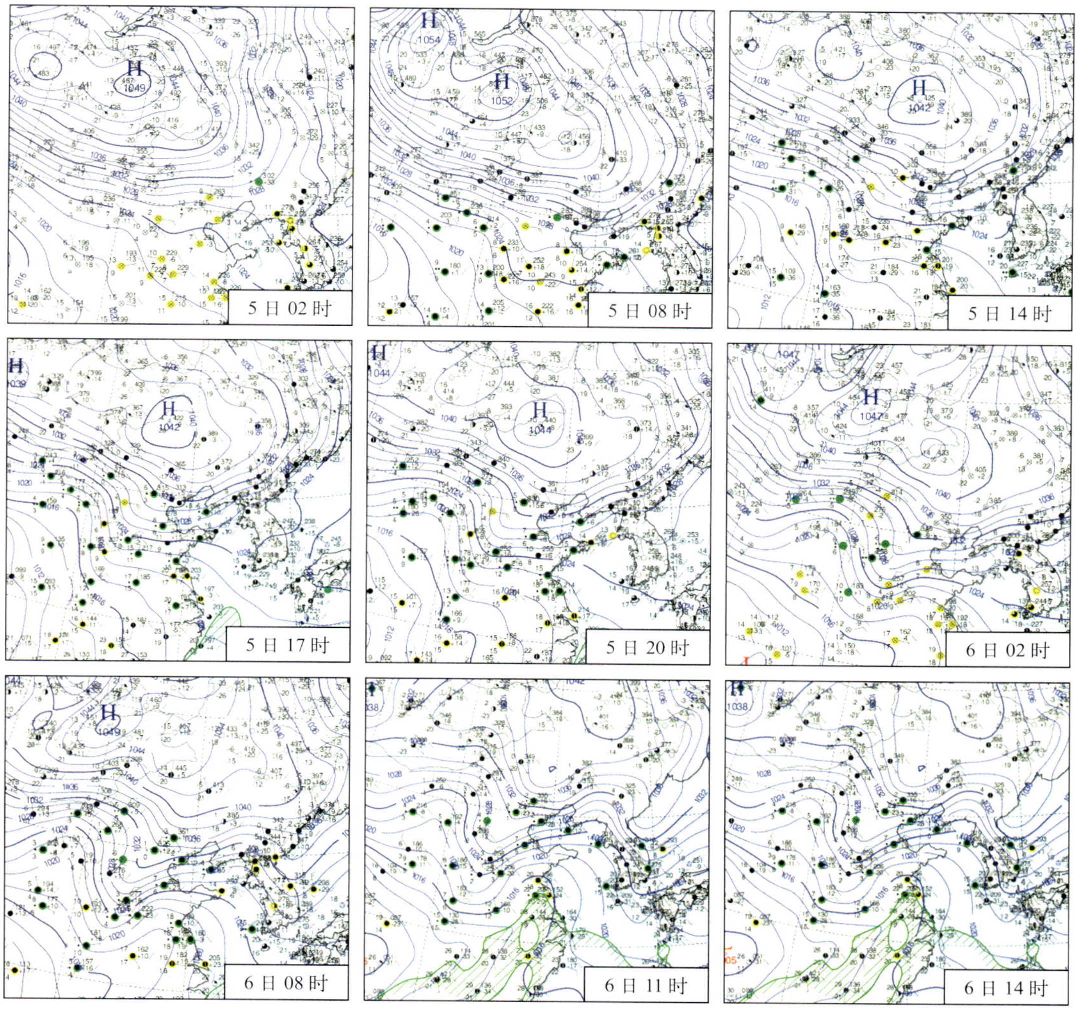

横锋冷空气风暴潮曲线与气压场（2015 年 11 月 5—6 日）

2016 年 8 月 25 日

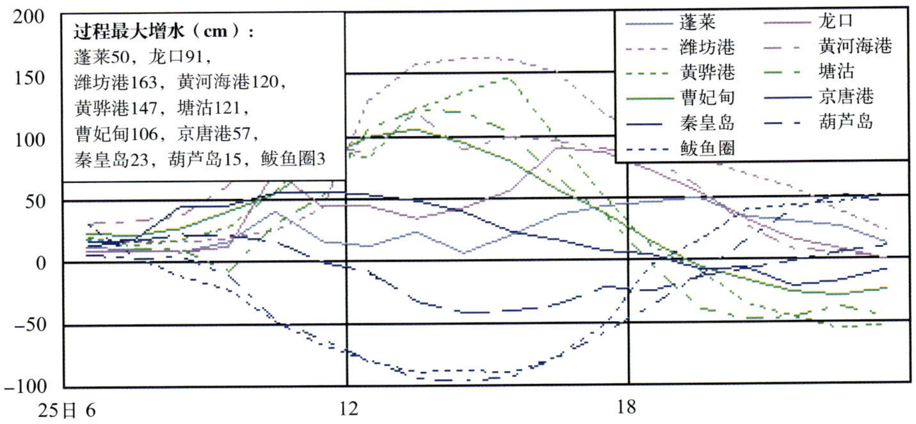

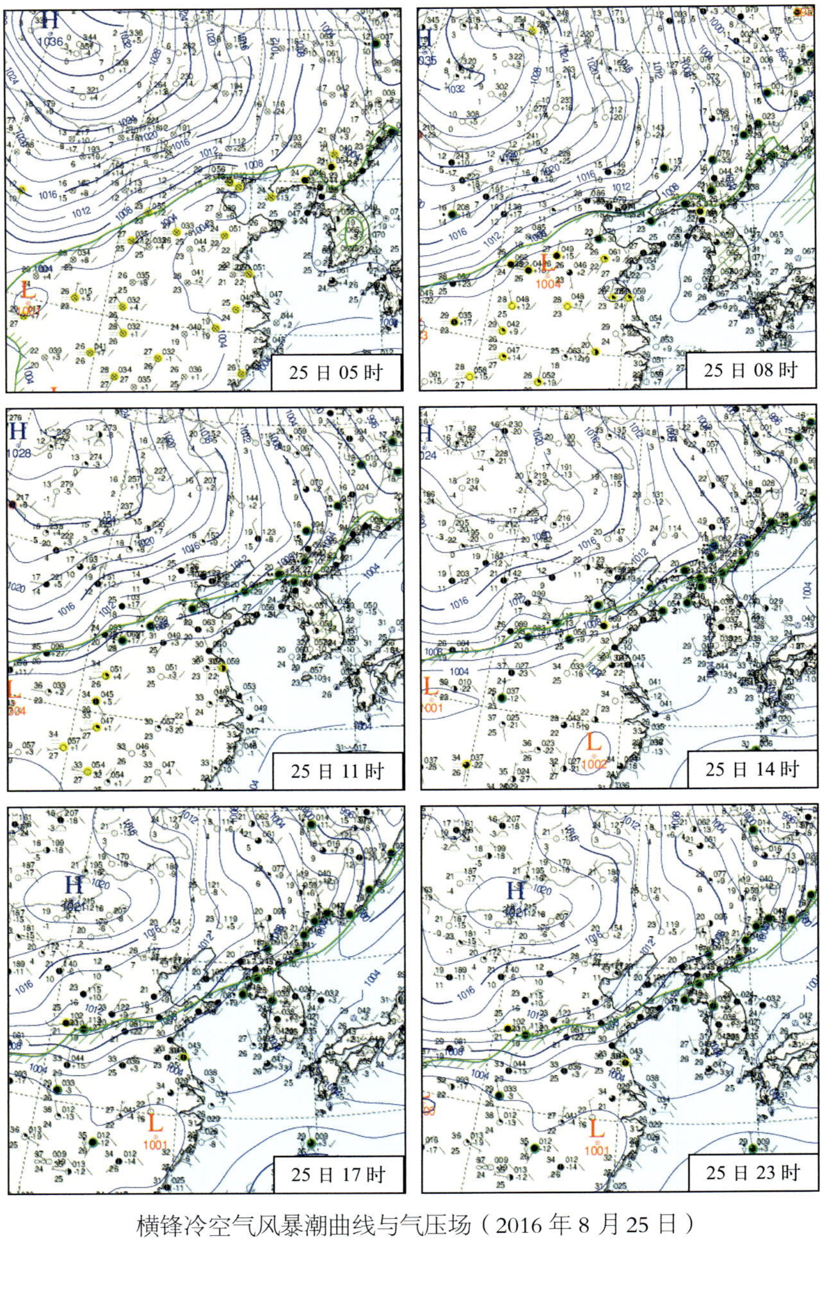

横锋冷空气风暴潮曲线与气压场（2016 年 8 月 25 日）

2016 年 10 月 21—23 日

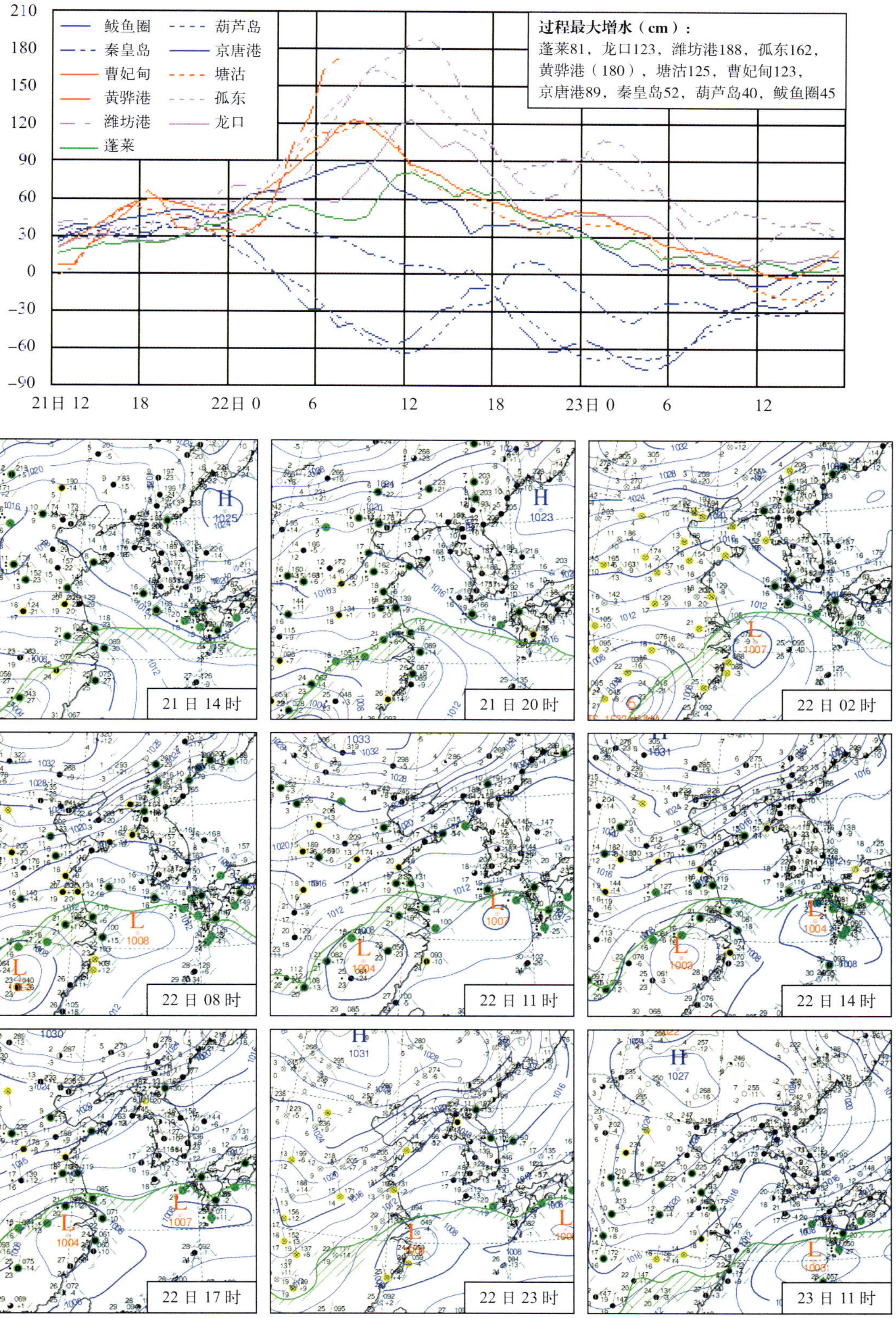

横锋冷空气风暴潮曲线与气压场（2016 年 10 月 21—23 日）

2017 年 10 月 9—10 日

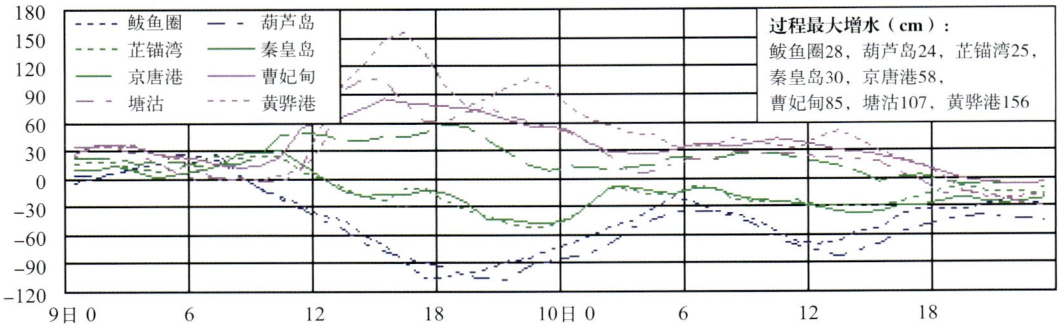

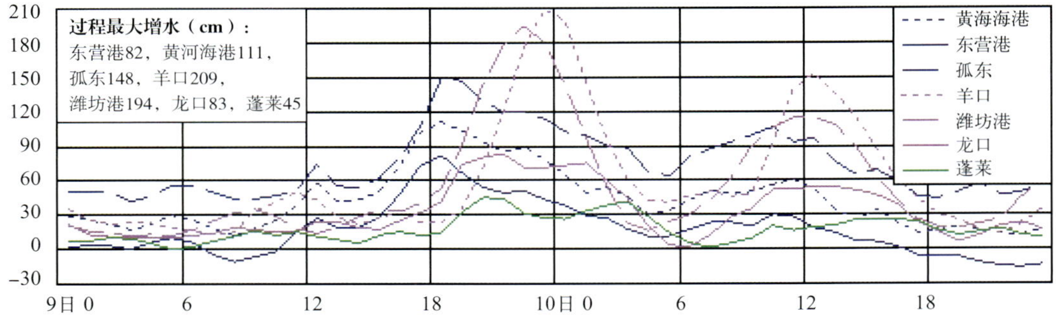

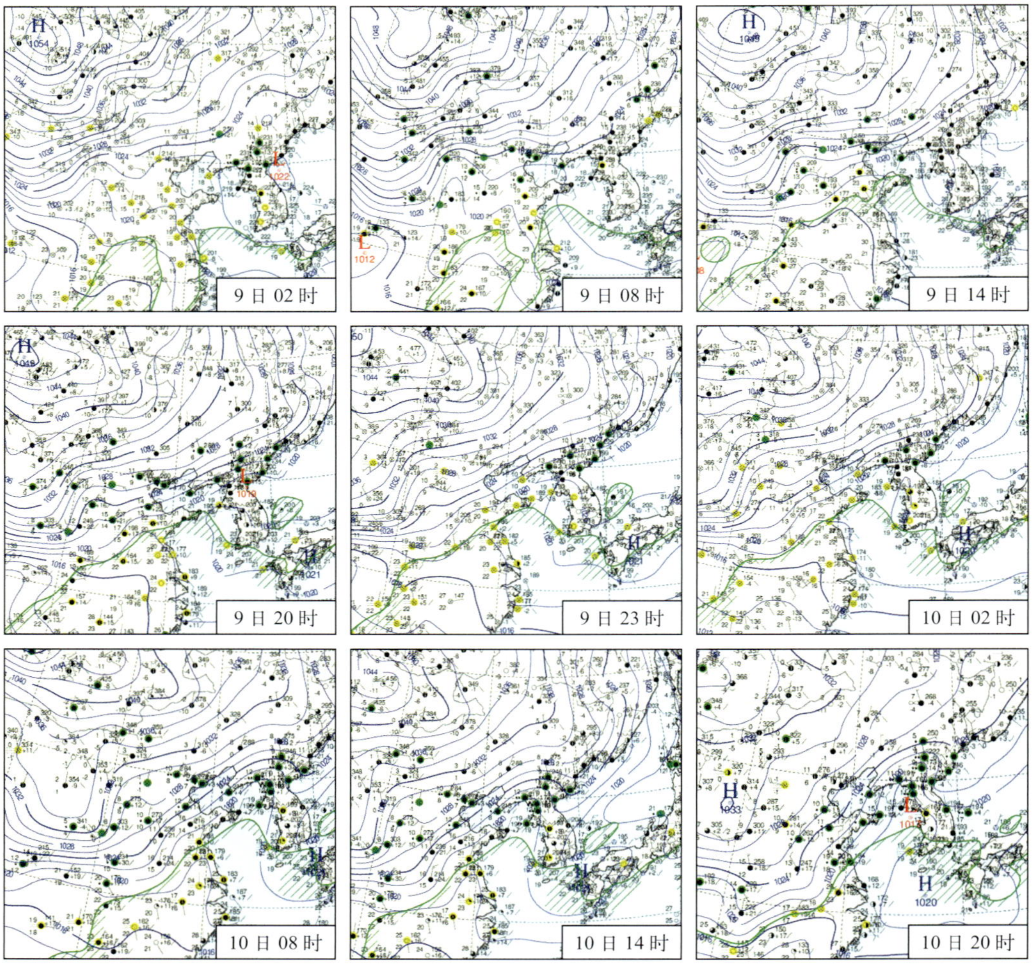

横锋冷空气风暴潮曲线与气压场（2017 年 10 月 9—10 日）

11.1.2　温带气旋配合类

11.1.2.1　江淮气旋配合类

1961 年 10 月 18—19 日

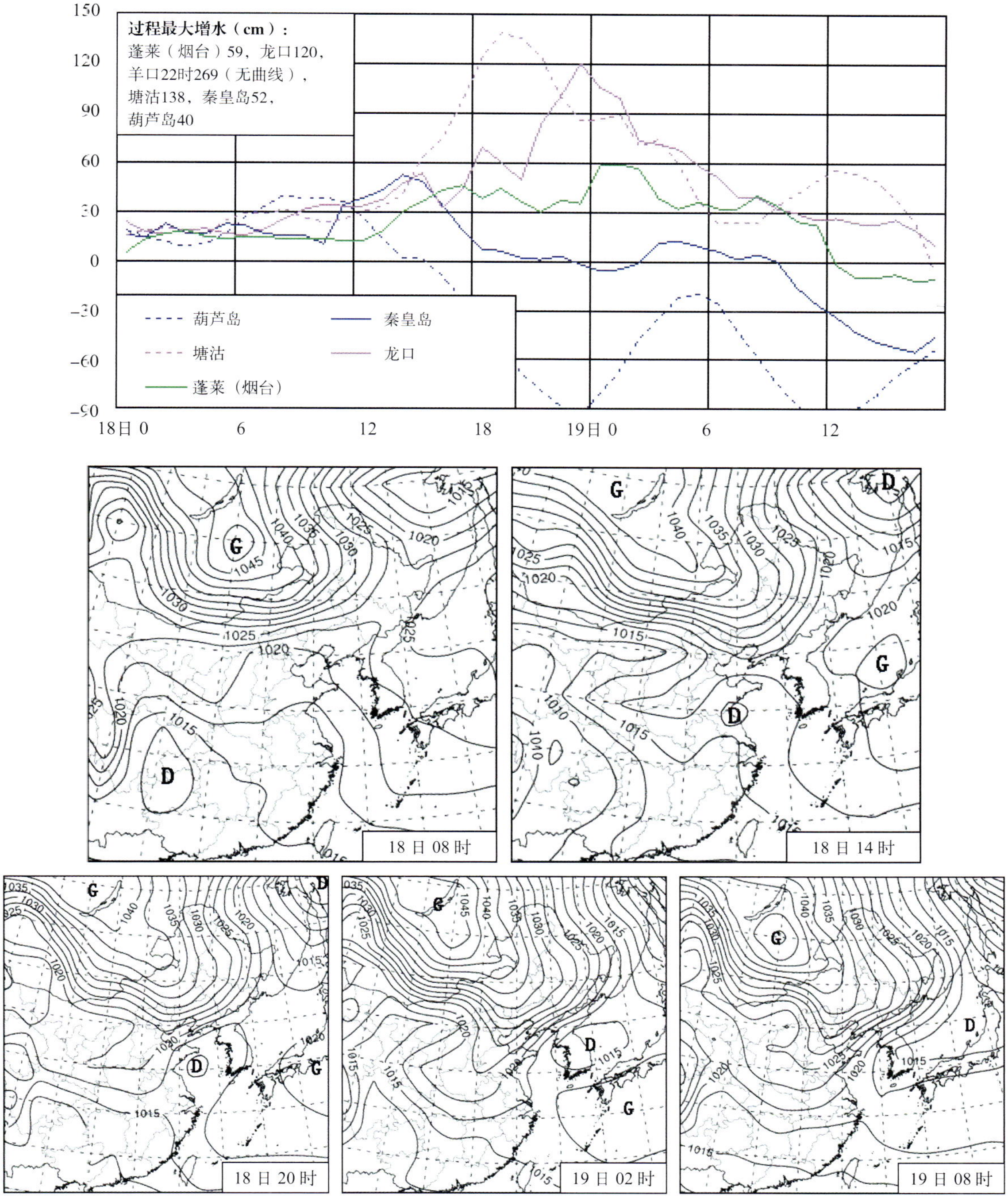

江淮气旋配合冷空气风暴潮曲线与气压场（1961 年 10 月 18—19 日）

1962 年 4 月 1—2 日

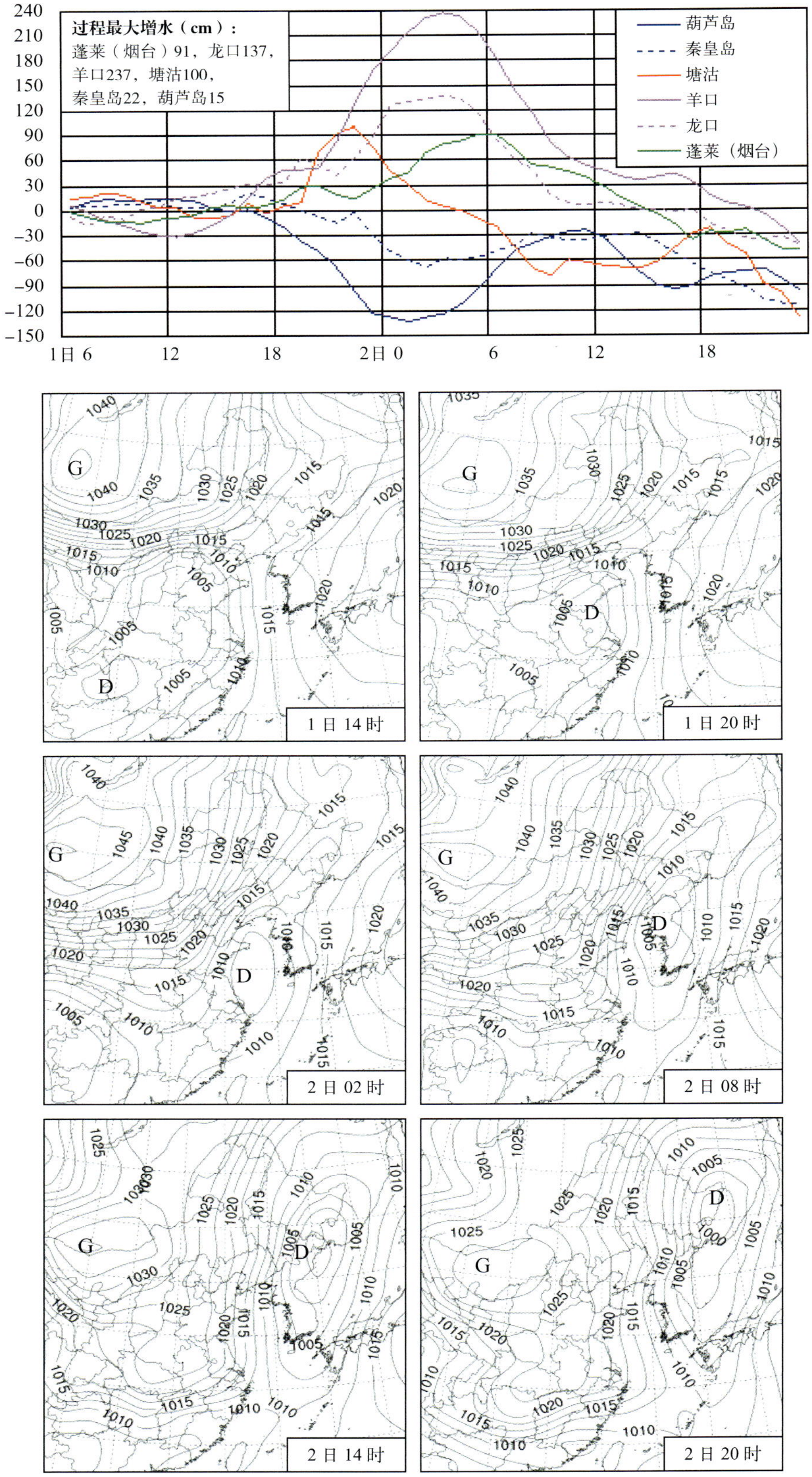

江淮气旋配合冷空气风暴潮曲线与气压场（1962 年 4 月 1—2 日）

1964 年 4 月 4—7 日

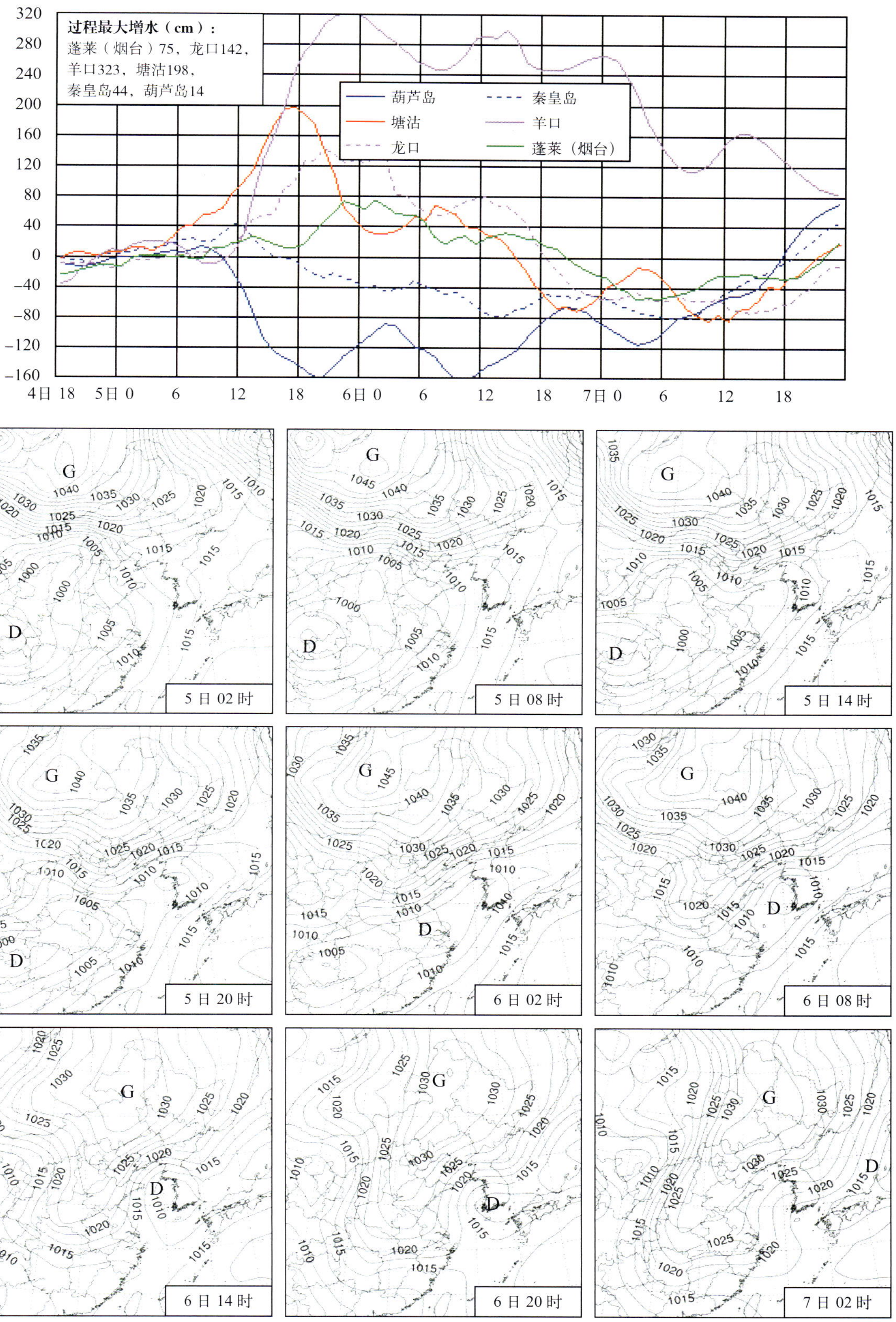

江淮气旋配合冷空气风暴潮曲线与气压场（1964 年 4 月 4—7 日）

1965 年 1 月 9—11 日

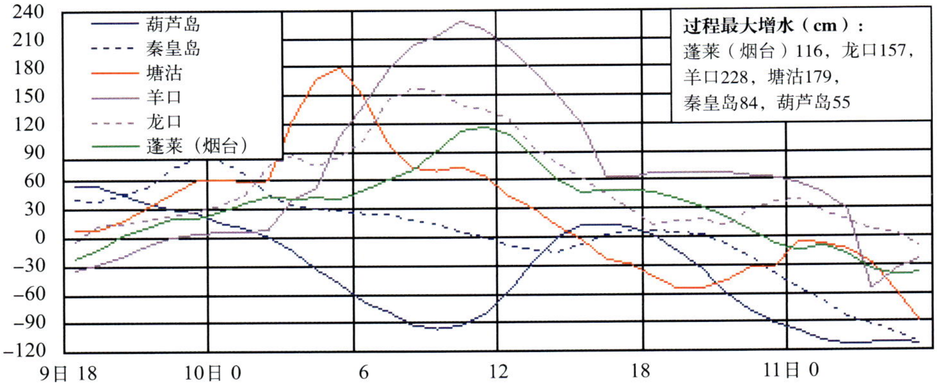

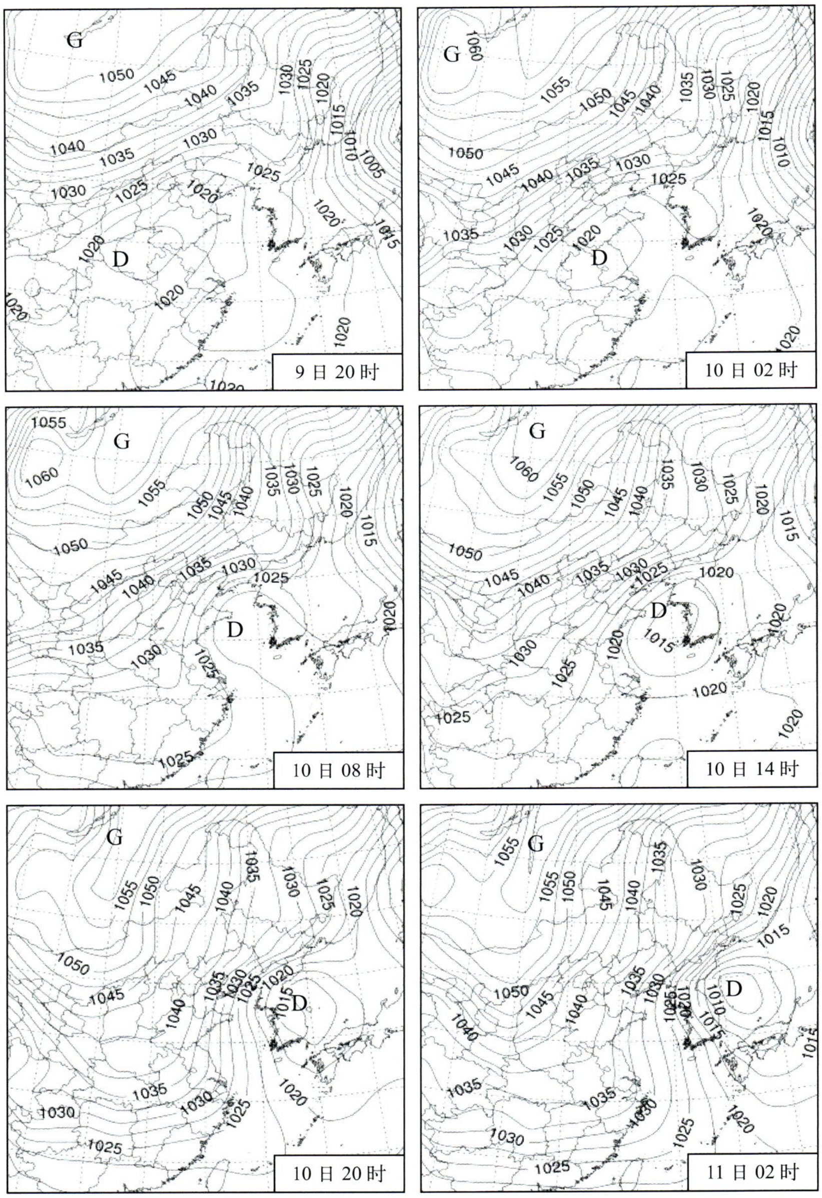

江淮气旋配合冷空气风暴潮曲线与气压场（1965 年 1 月 9—11 日）

1966 年 11 月 12—13 日

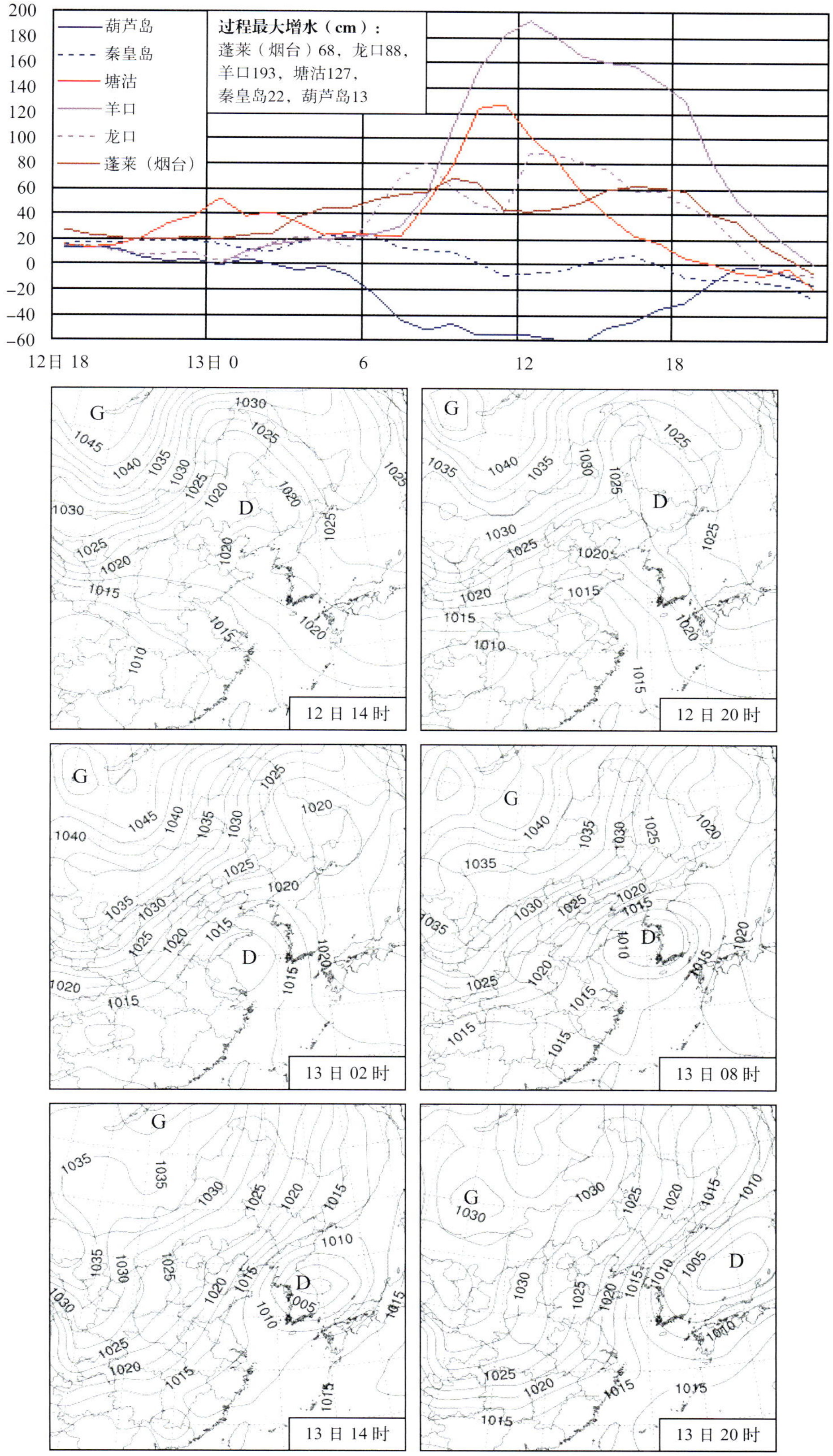

江淮气旋配合冷空气风暴潮曲线与气压场（1966 年 11 月 12—13 日）

1969 年 4 月 23—25 日

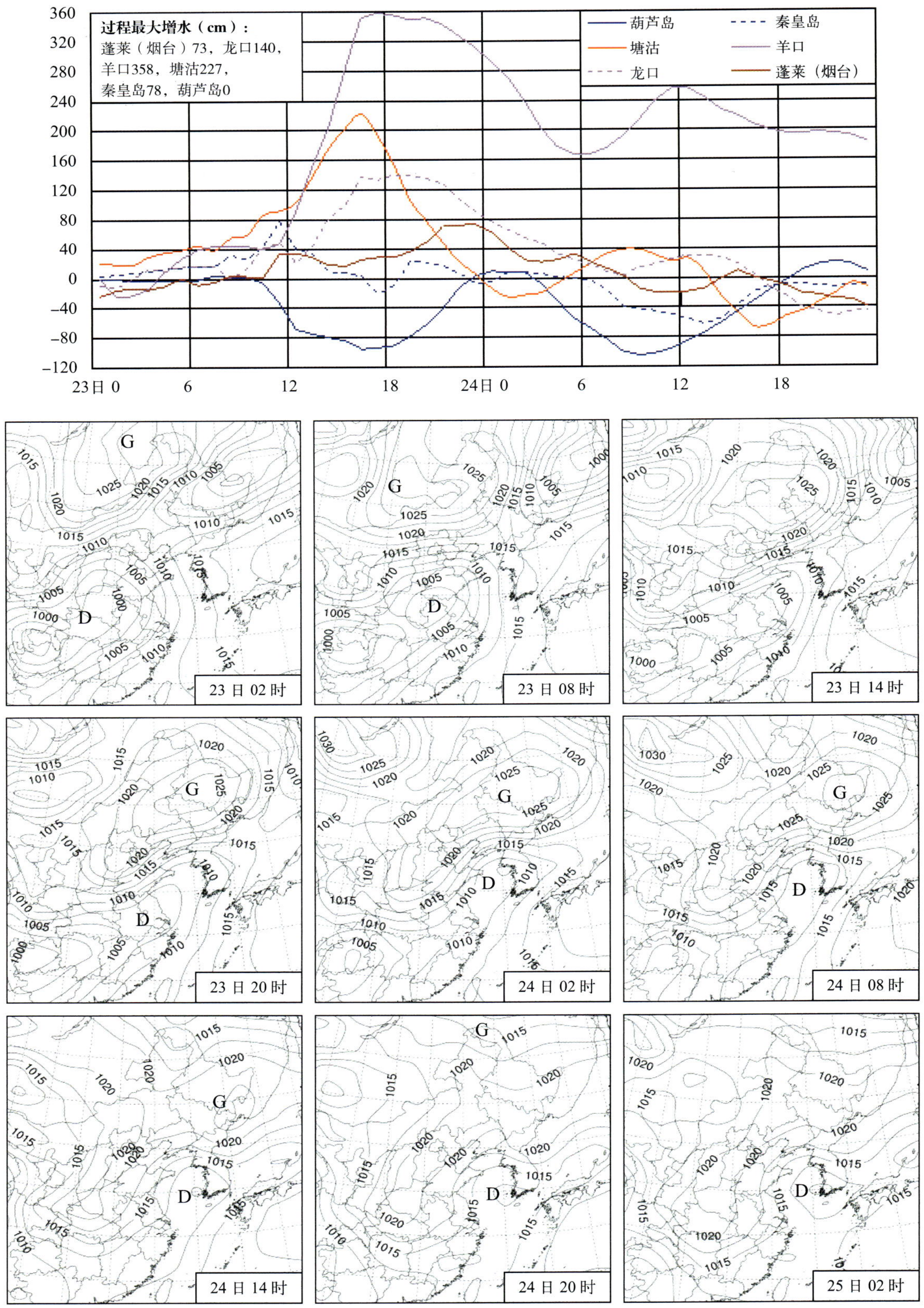

江淮气旋配合冷空气风暴潮曲线与气压场（1969 年 4 月 23—25 日）

1971 年 3 月 1—3 日

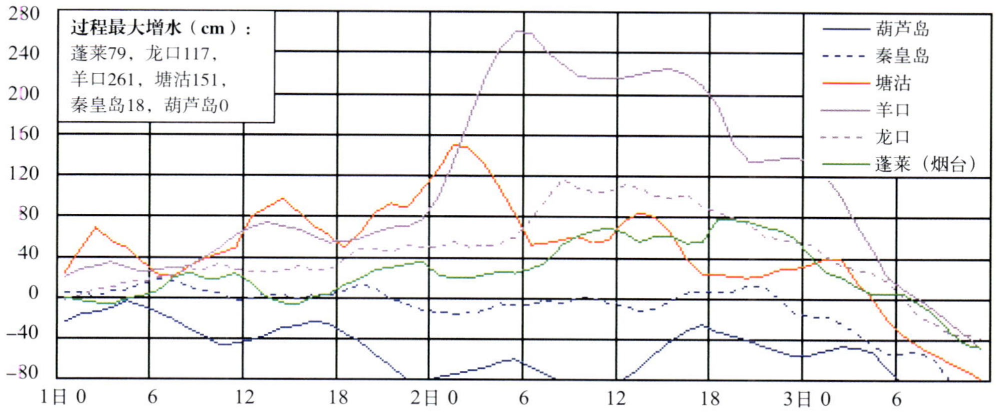

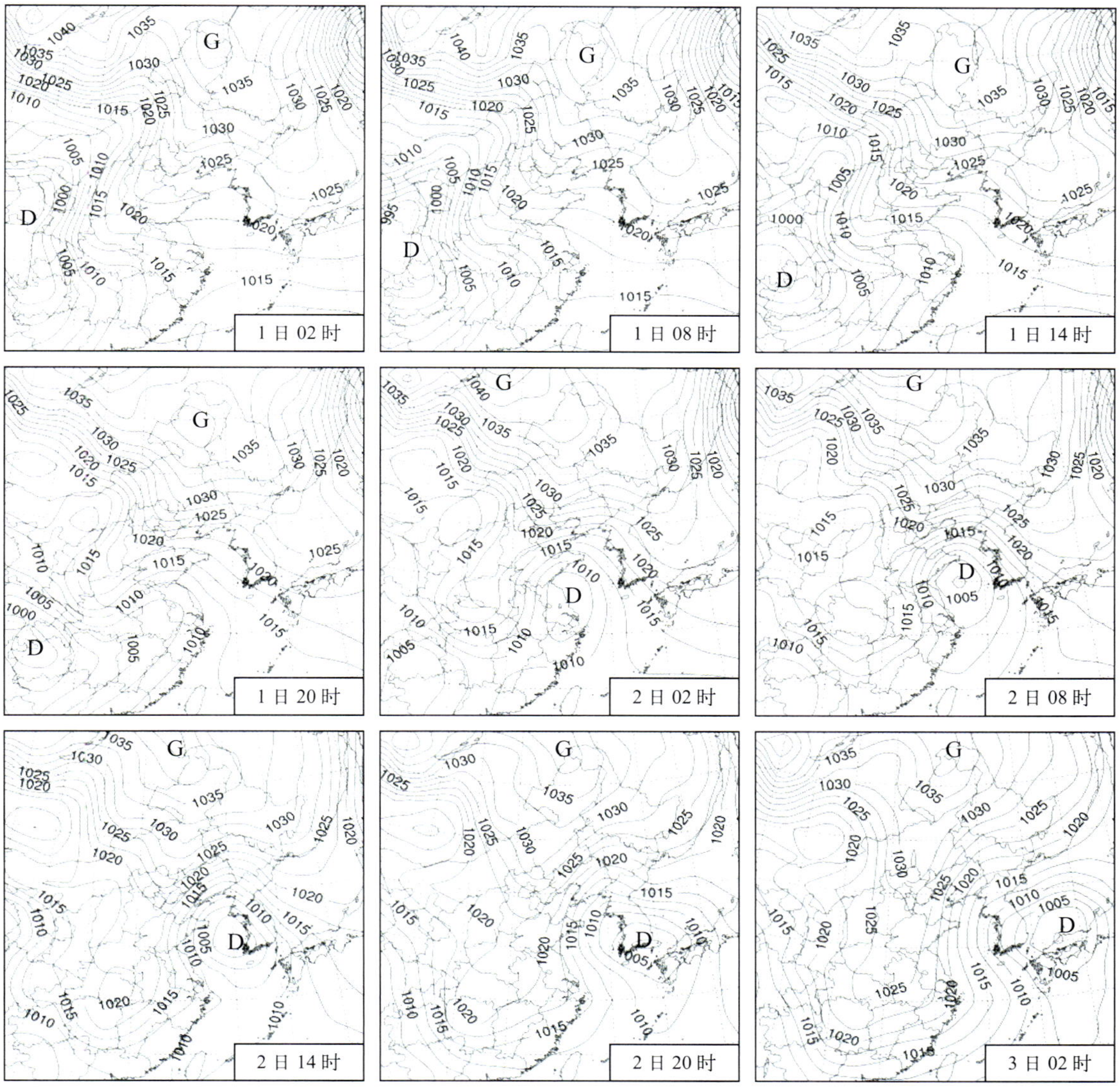

江淮气旋配合冷空气风暴潮曲线与气压场（1971 年 3 月 1—3 日）

1974 年 12 月 1—3 日

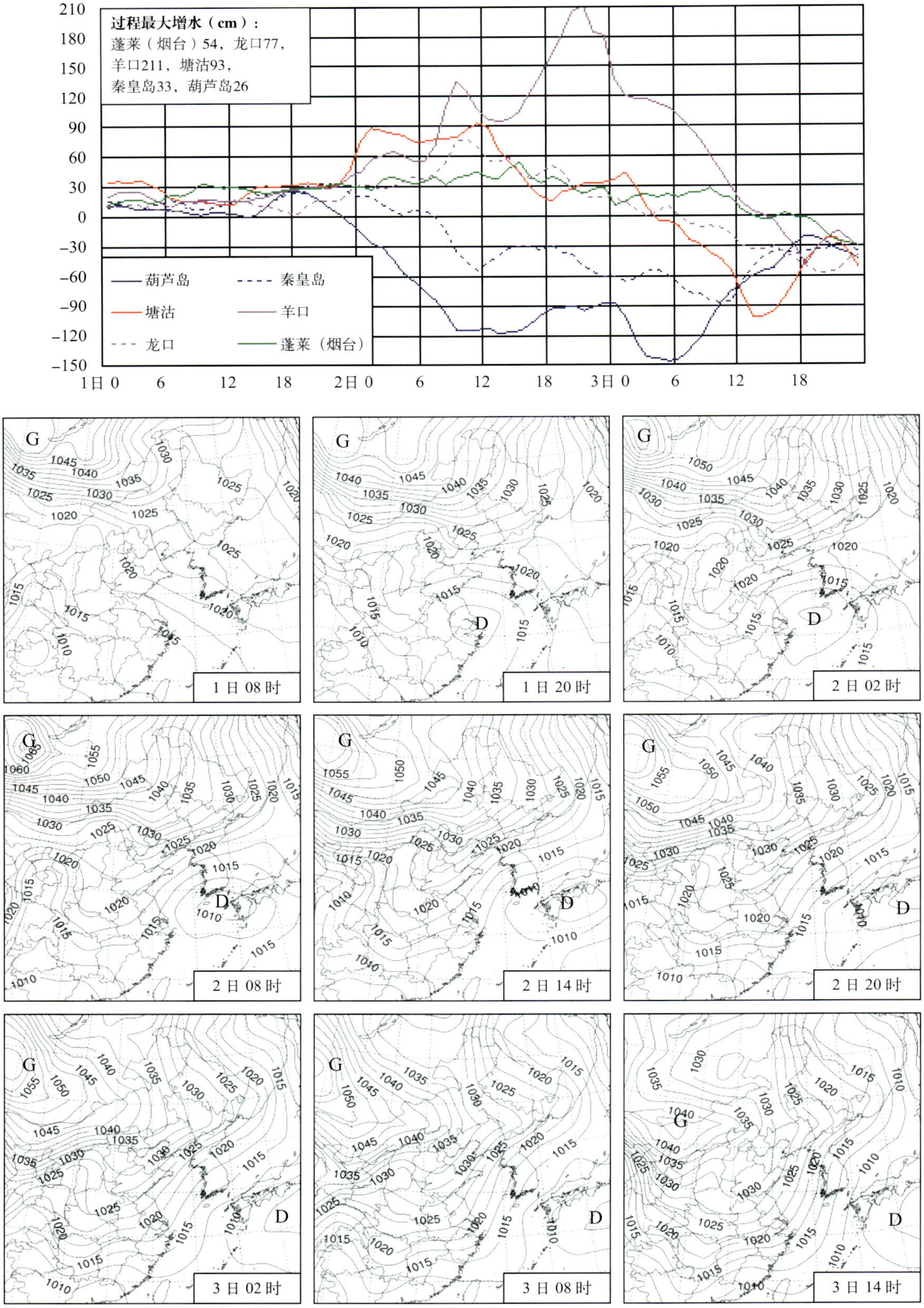

江淮气旋配合冷空气风暴潮曲线与气压场（1974 年 12 月 1—3 日）

1978 年 10 月 25—27 日

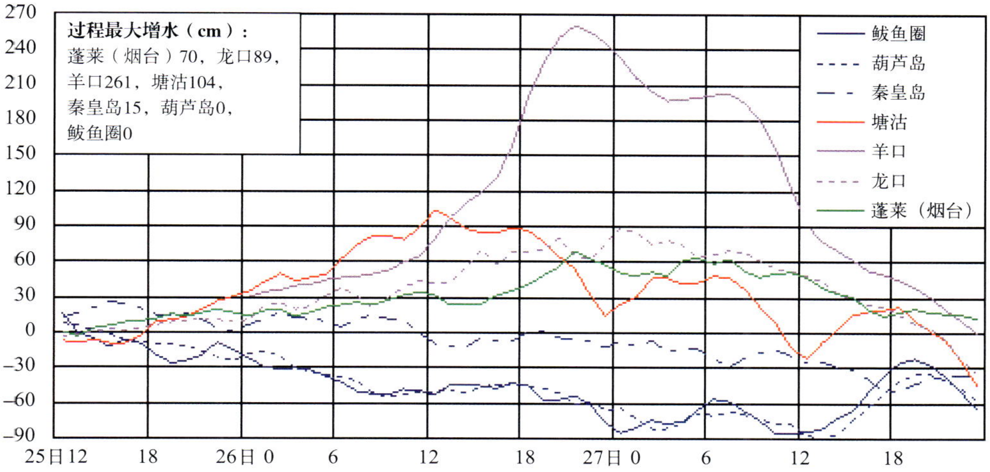

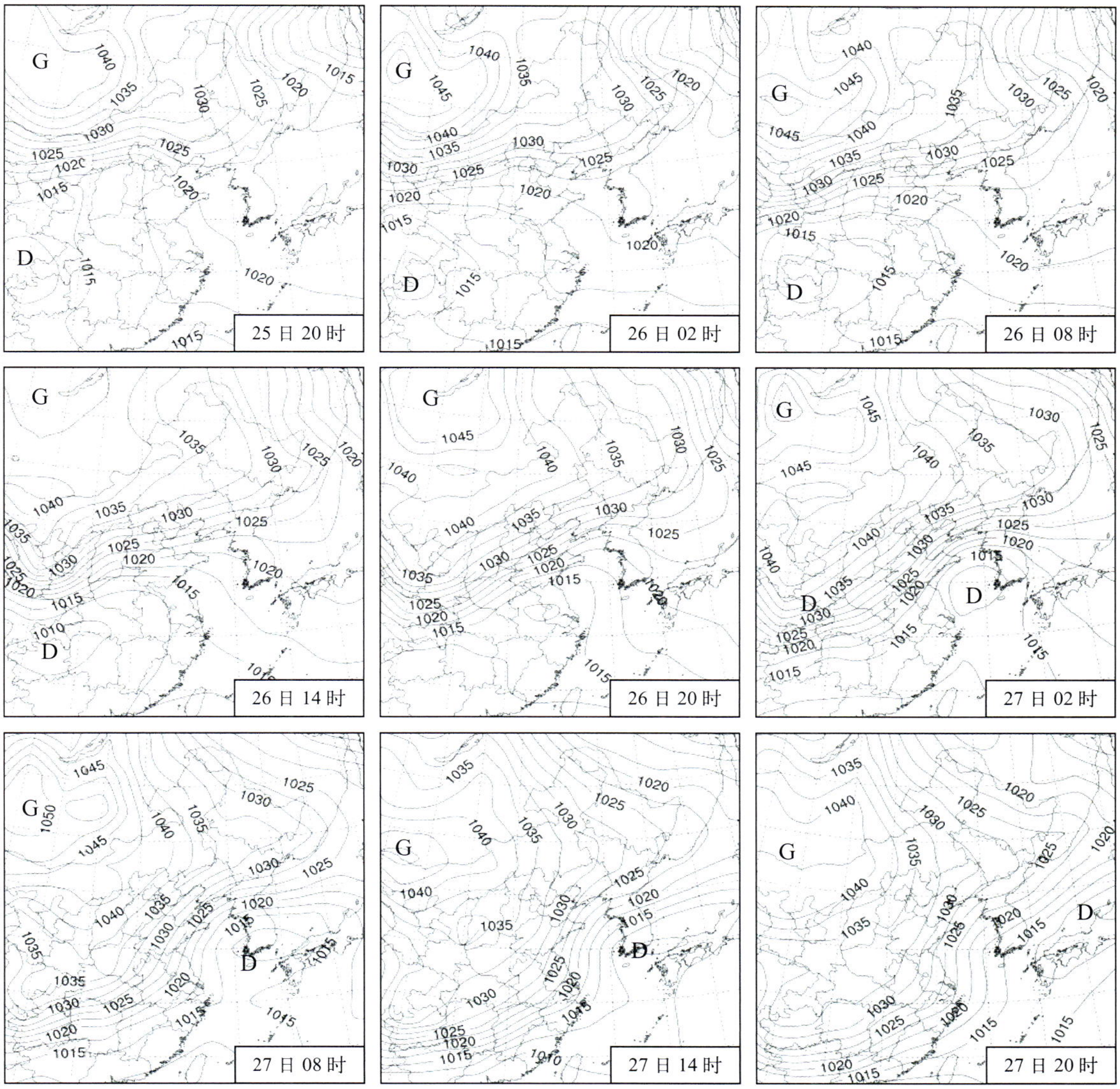

江淮气旋配合冷空气风暴潮曲线与气压场（1978 年 10 月 25—27 日）

1980 年 4 月 4—6 日

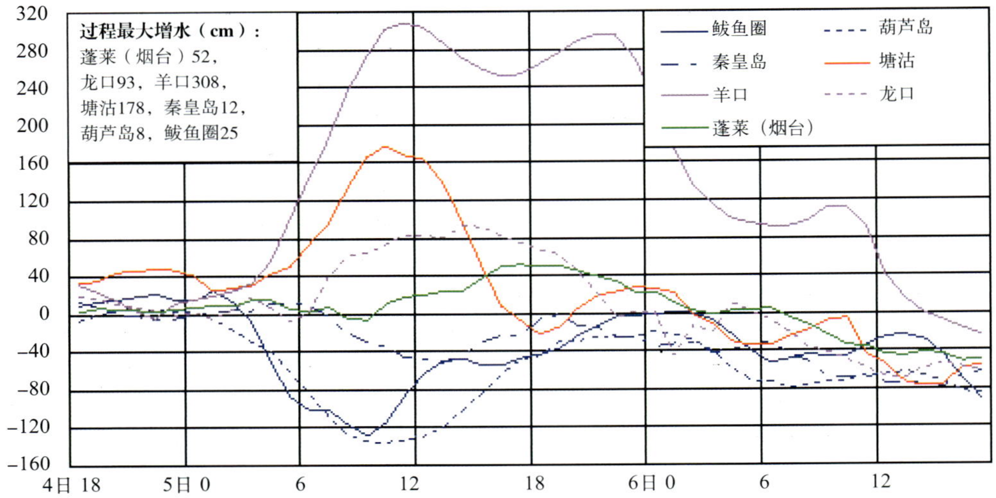

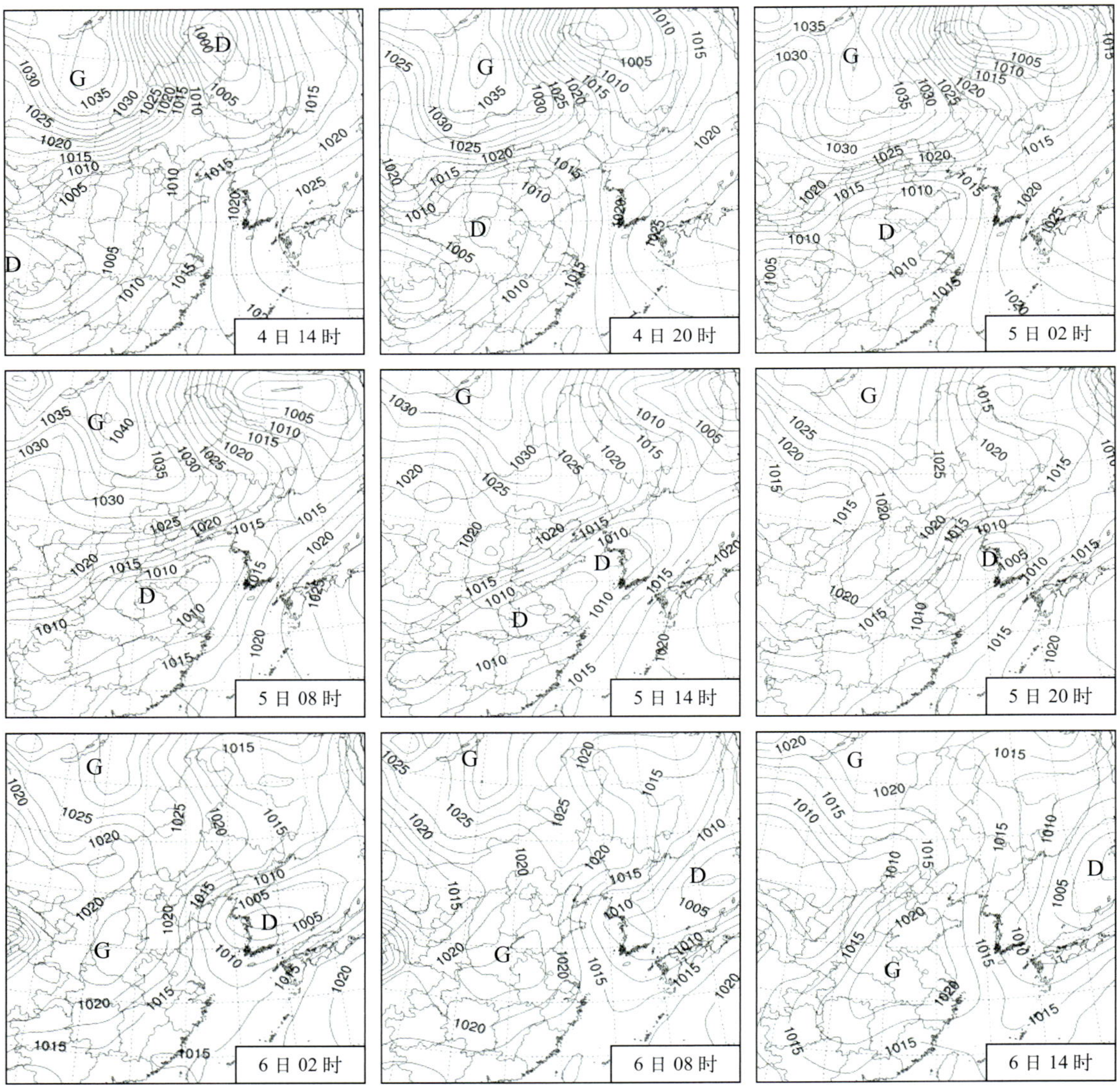

江淮气旋配合冷空气风暴潮曲线与气压场（1980 年 4 月 4—6 日）

1986 年 3 月 8—9 日

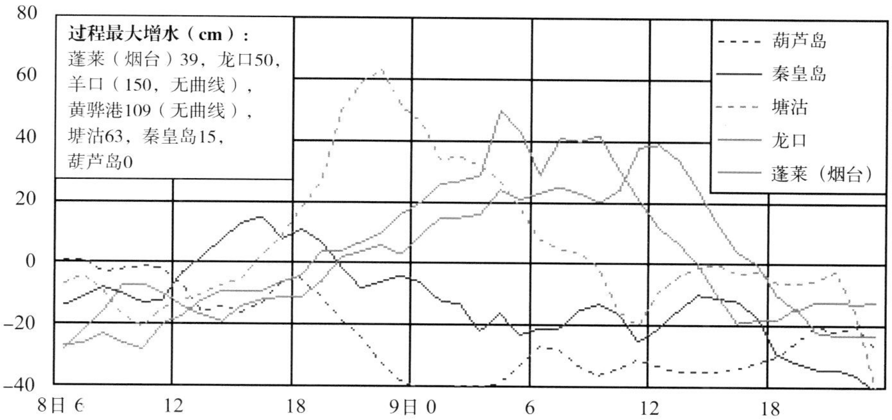

江淮气旋配合冷空气风暴潮曲线与气压场（1986 年 3 月 8—9 日）

1992 年 11 月 18—20 日

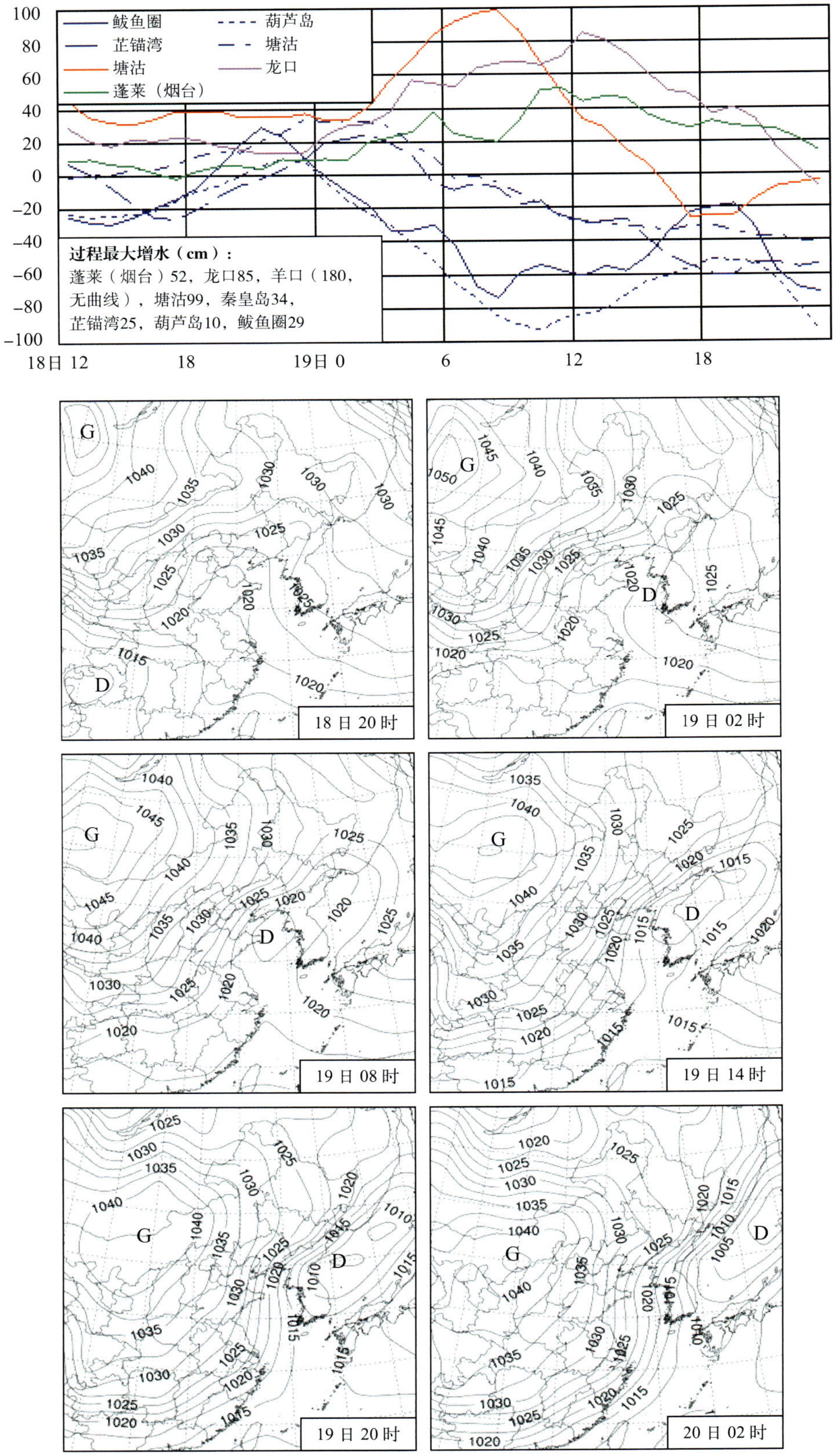

江淮气旋配合冷空气风暴潮曲线与气压场（1992 年 11 月 18—20 日）

1997 年 11 月 11—12 日

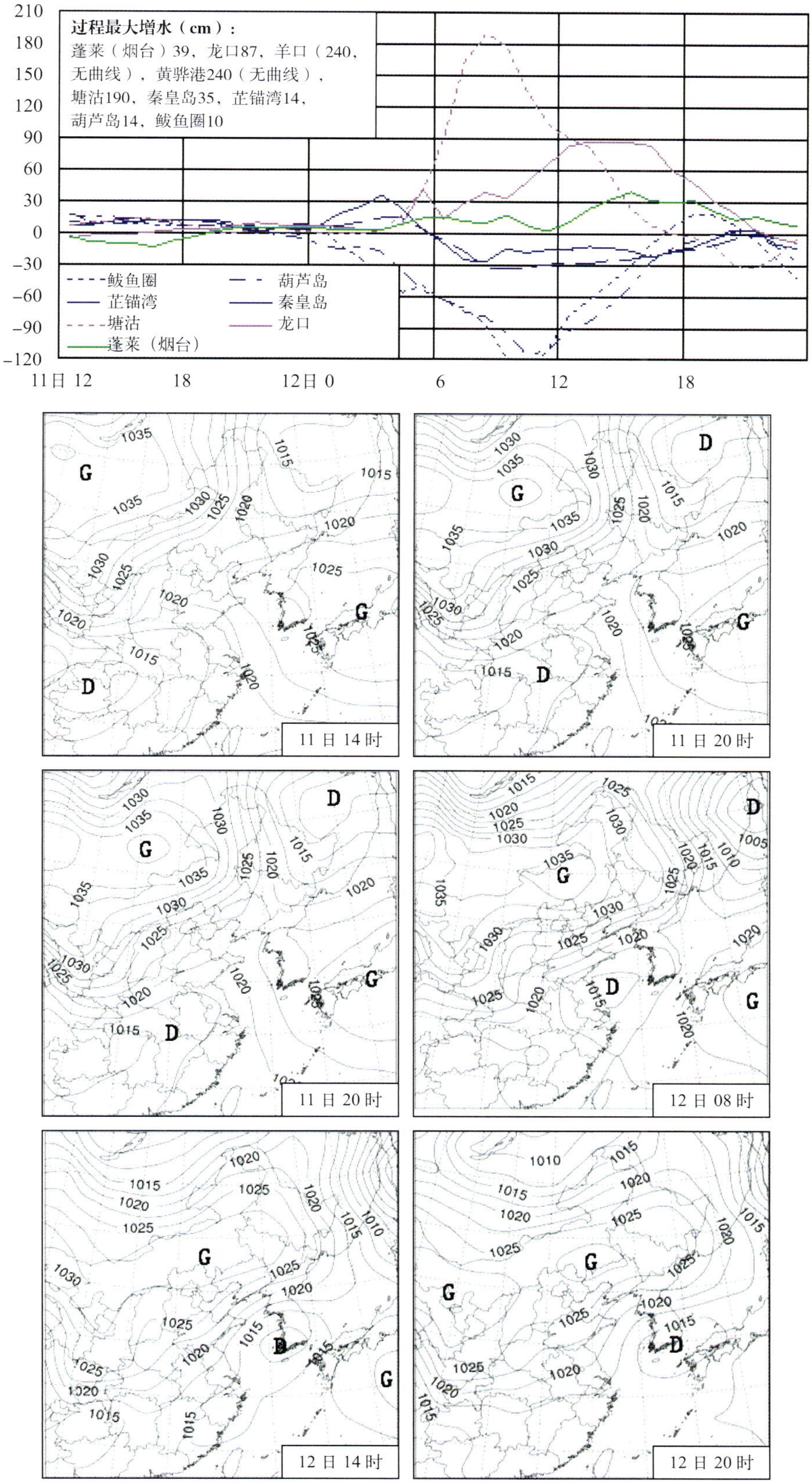

江淮气旋配合冷空气风暴潮曲线与气压场（1997 年 11 月 11—12 日）

1997 年 11 月 25—26 日

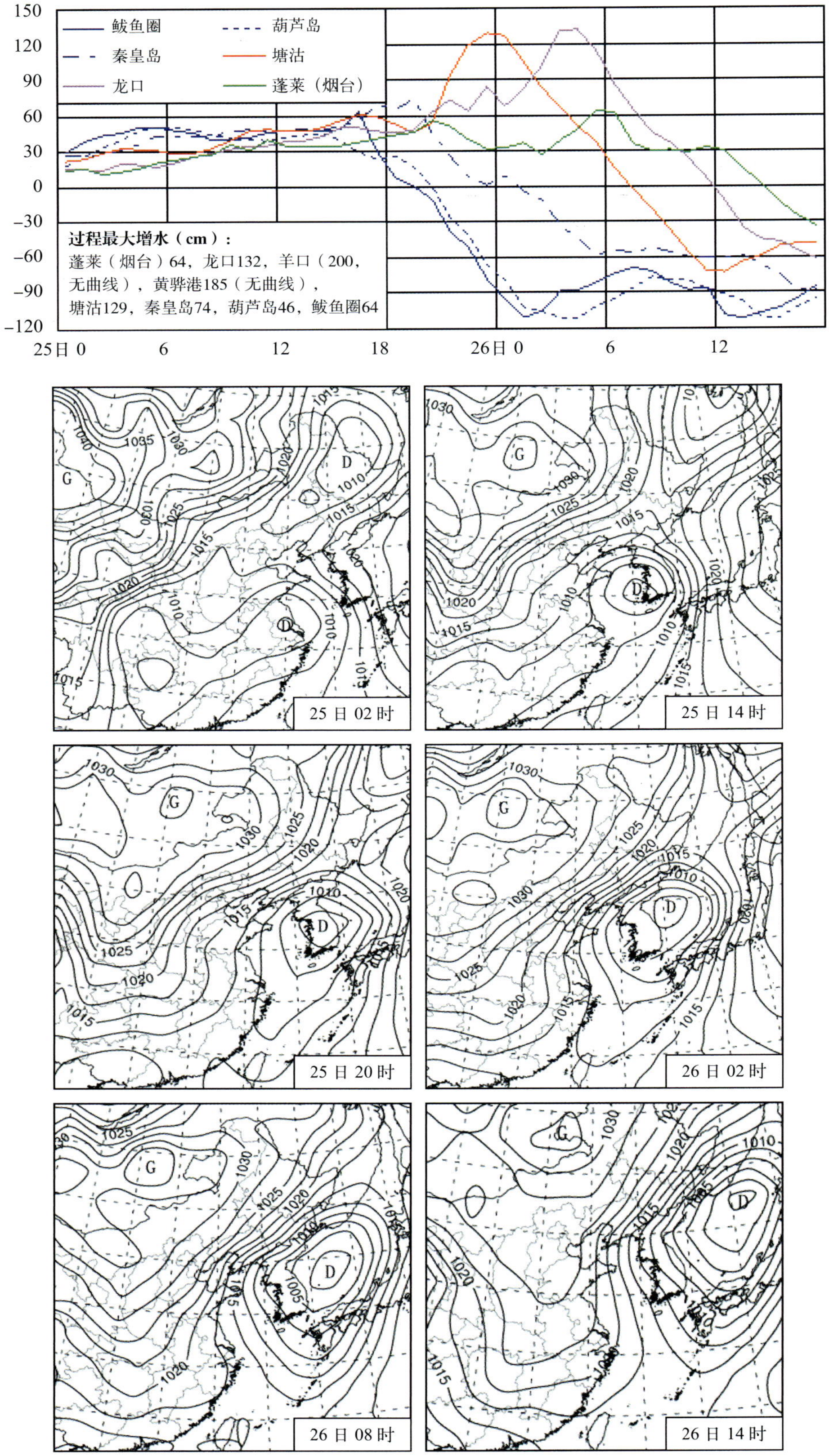

江淮气旋配合冷空气风暴潮曲线与气压场（1997 年 11 月 25—26 日）

2004 年 2 月 20—22 日

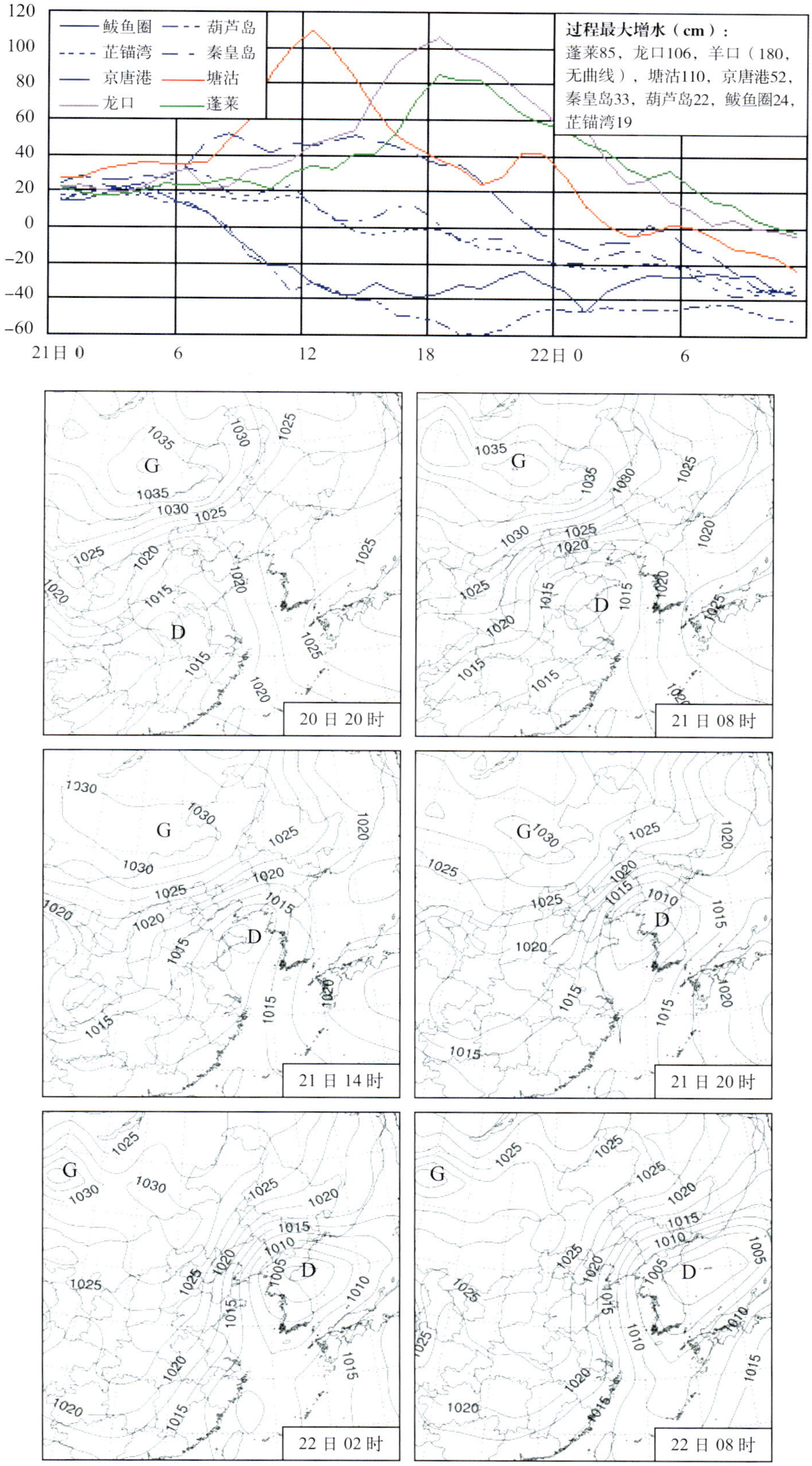

江淮气旋配合冷空气风暴潮曲线与气压场（2004 年 2 月 20—22 日）

2007 年 3 月 2—5 日

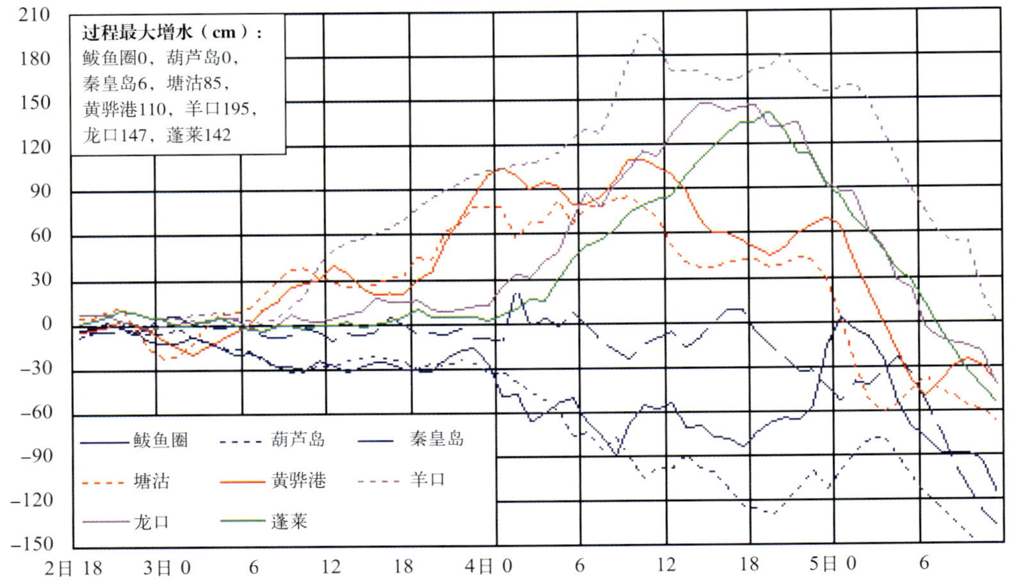

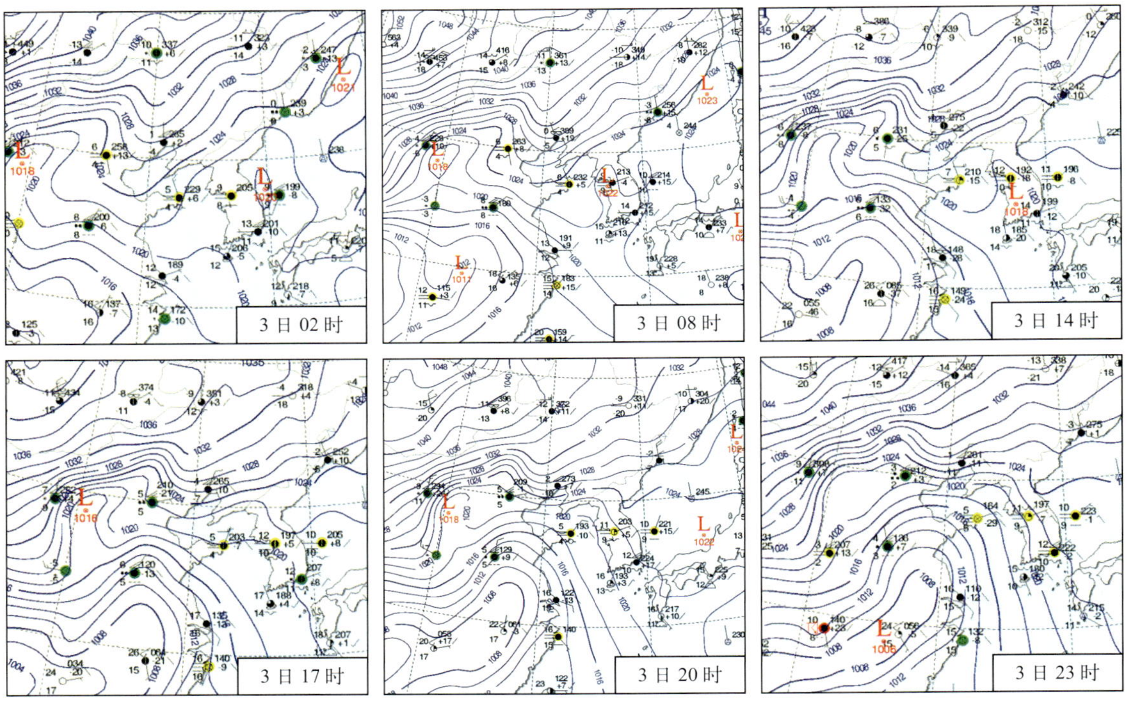

江淮气旋配合冷空气风暴潮曲线与气压场（2007 年 3 月 2—5 日）

续上

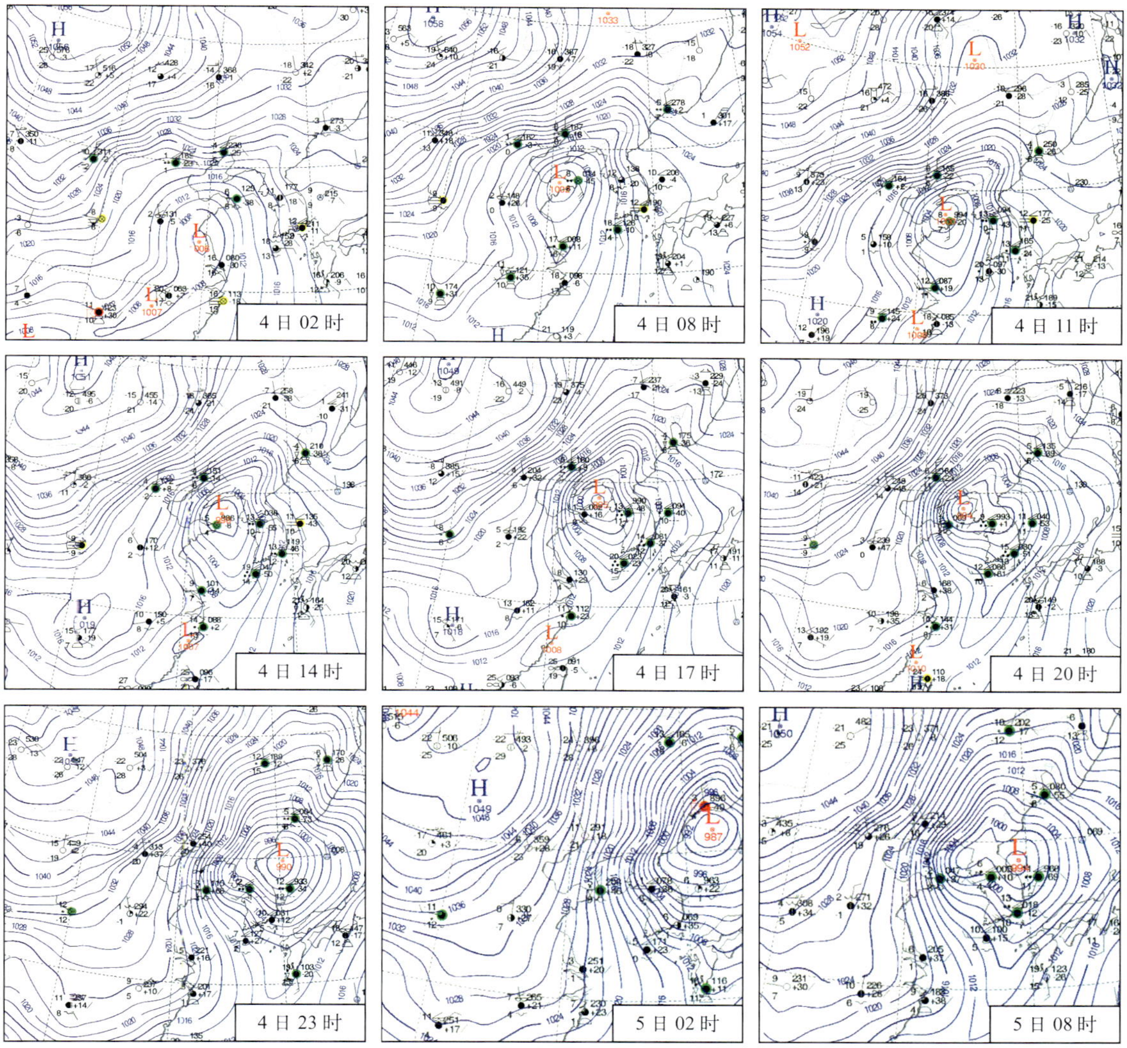

2007 年 3 月 3—5 日风暴潮气压场续图（3 月 2—5 日）

2009 年 2 月 12—13 日

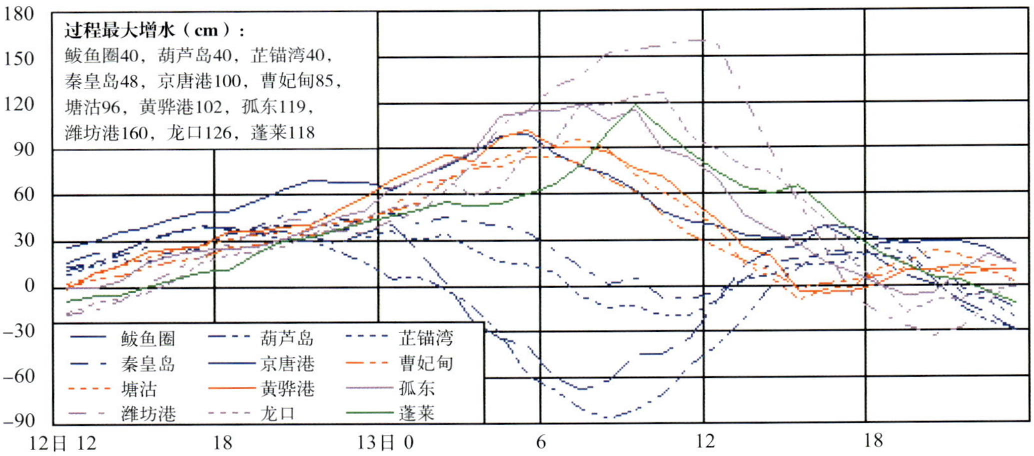

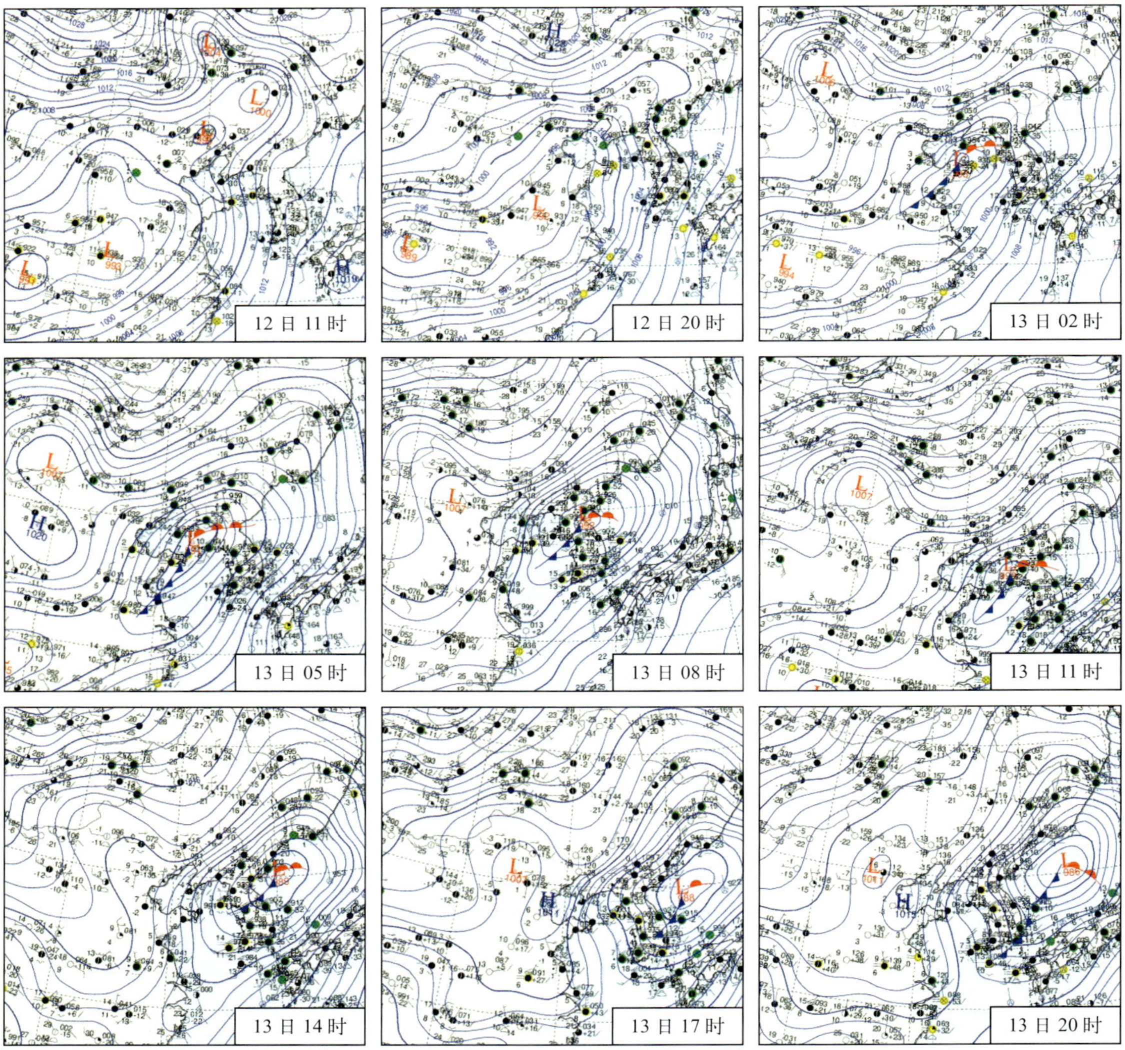

江淮气旋配合冷空气风暴潮曲线与气压场（2009 年 2 月 12—13 日）

2010 年 1 月 20—21 日

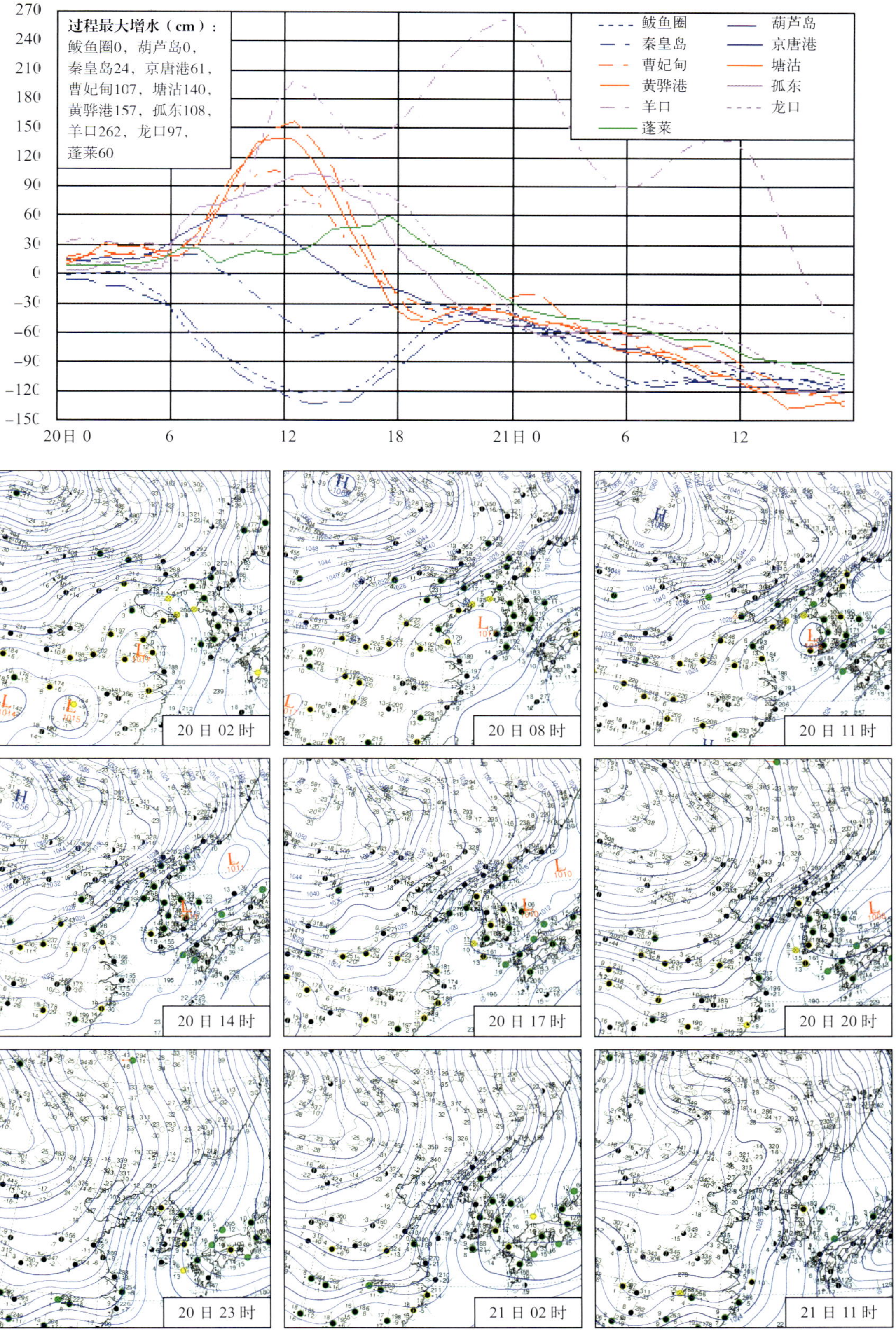

江淮气旋配合冷空气风暴潮曲线与气压场（2010 年 1 月 20—21 日）

2011 年 2 月 26—28 日

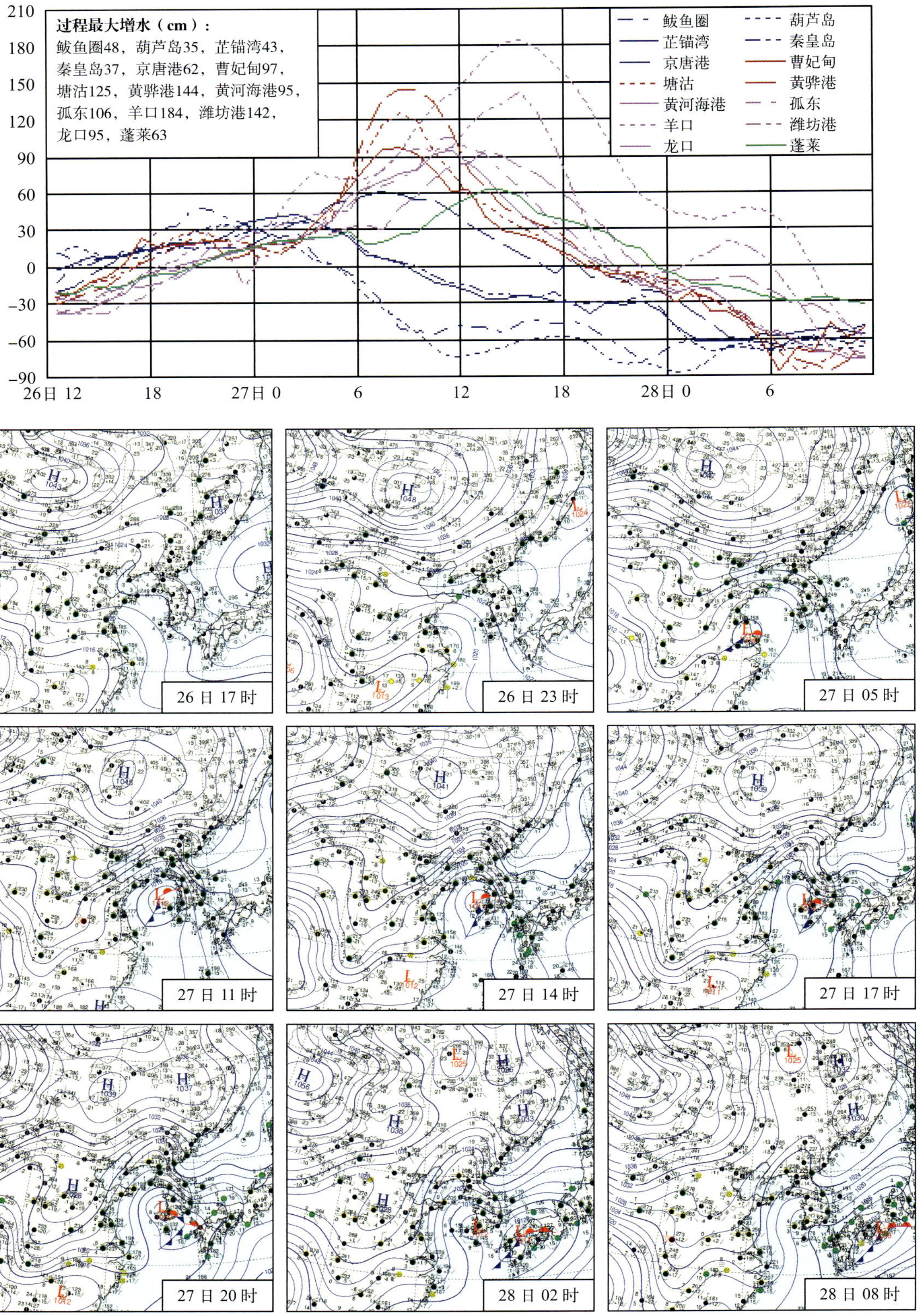

江淮气旋配合冷空气风暴潮曲线与气压场（2011 年 2 月 26—28 日）

2012 年 4 月 2—3 日

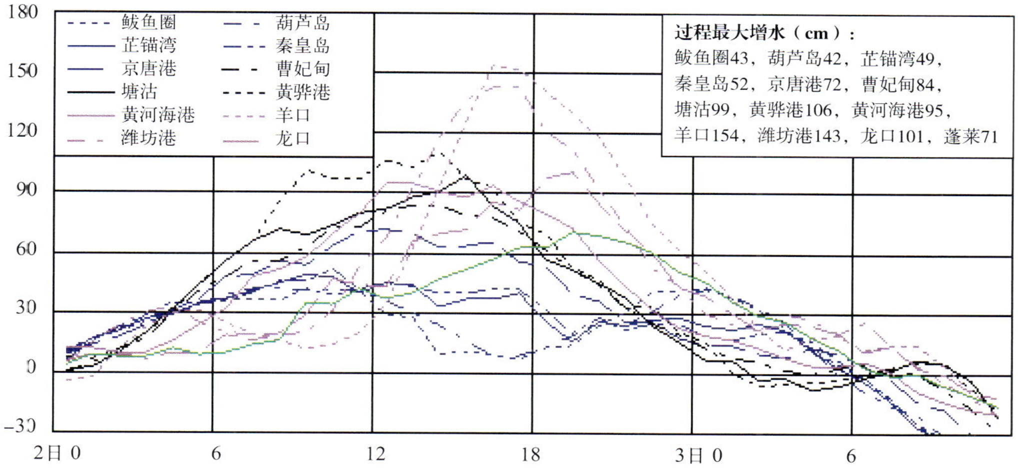

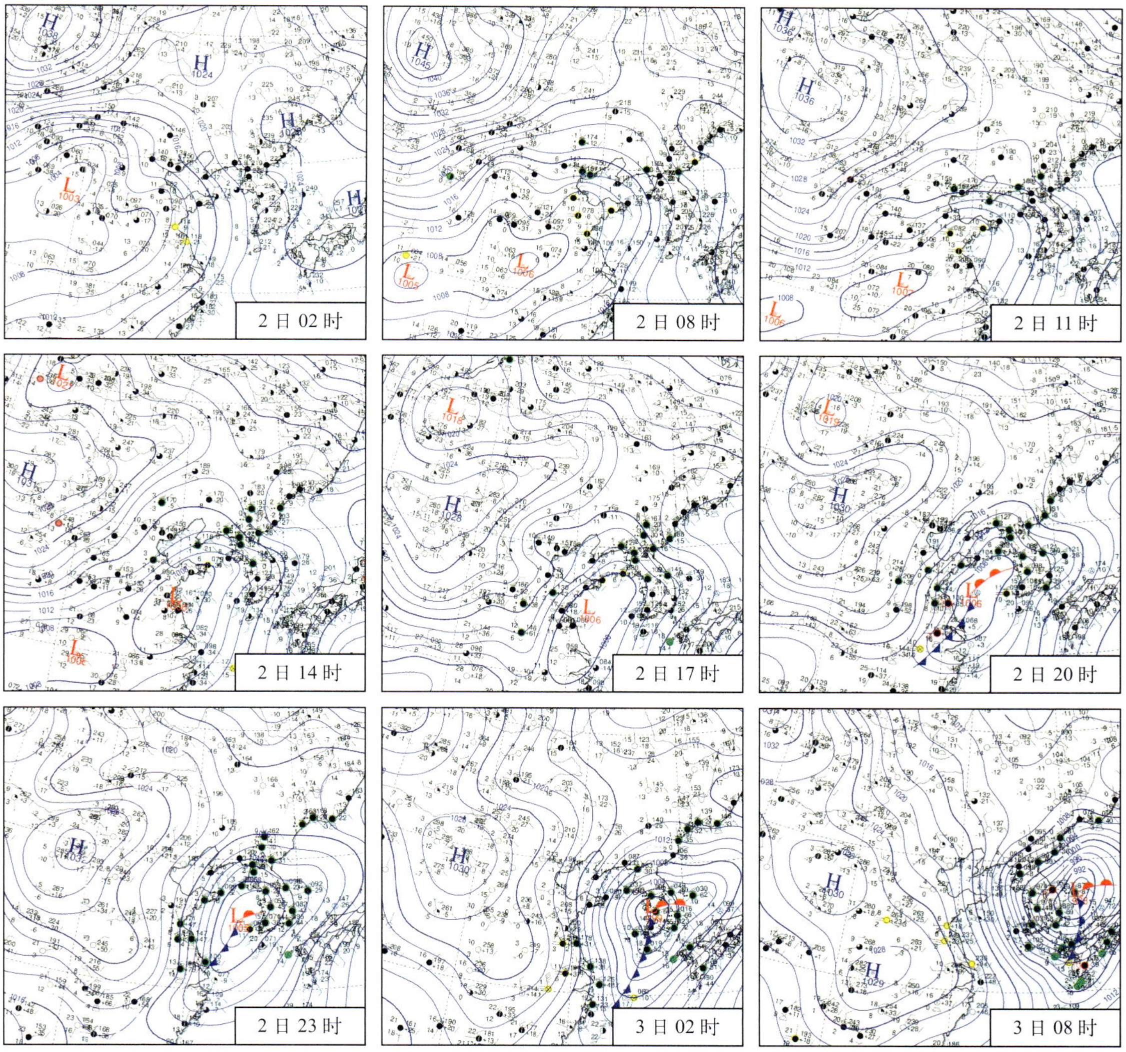

江淮气旋配合冷空气风暴潮曲线与气压场（2012 年 4 月 2—3 日）

2013 年 1 月 31 日—2 月 1 日

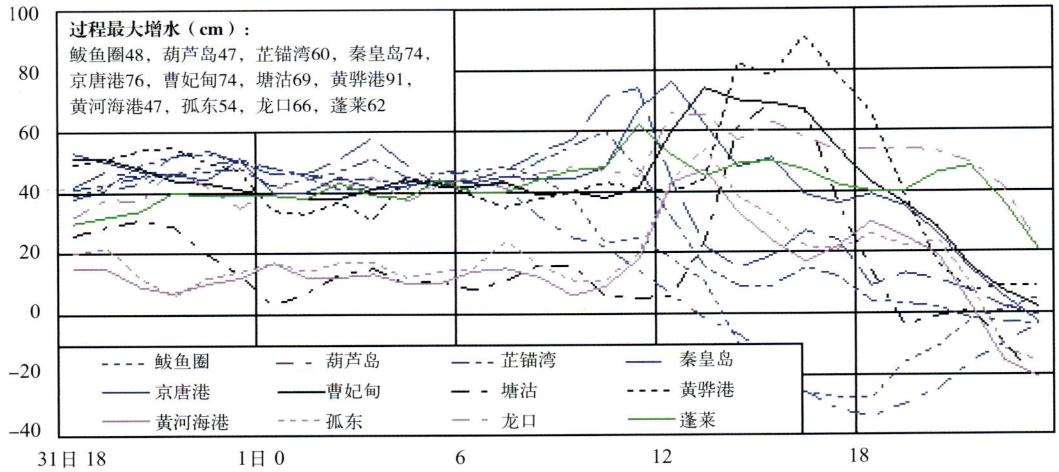

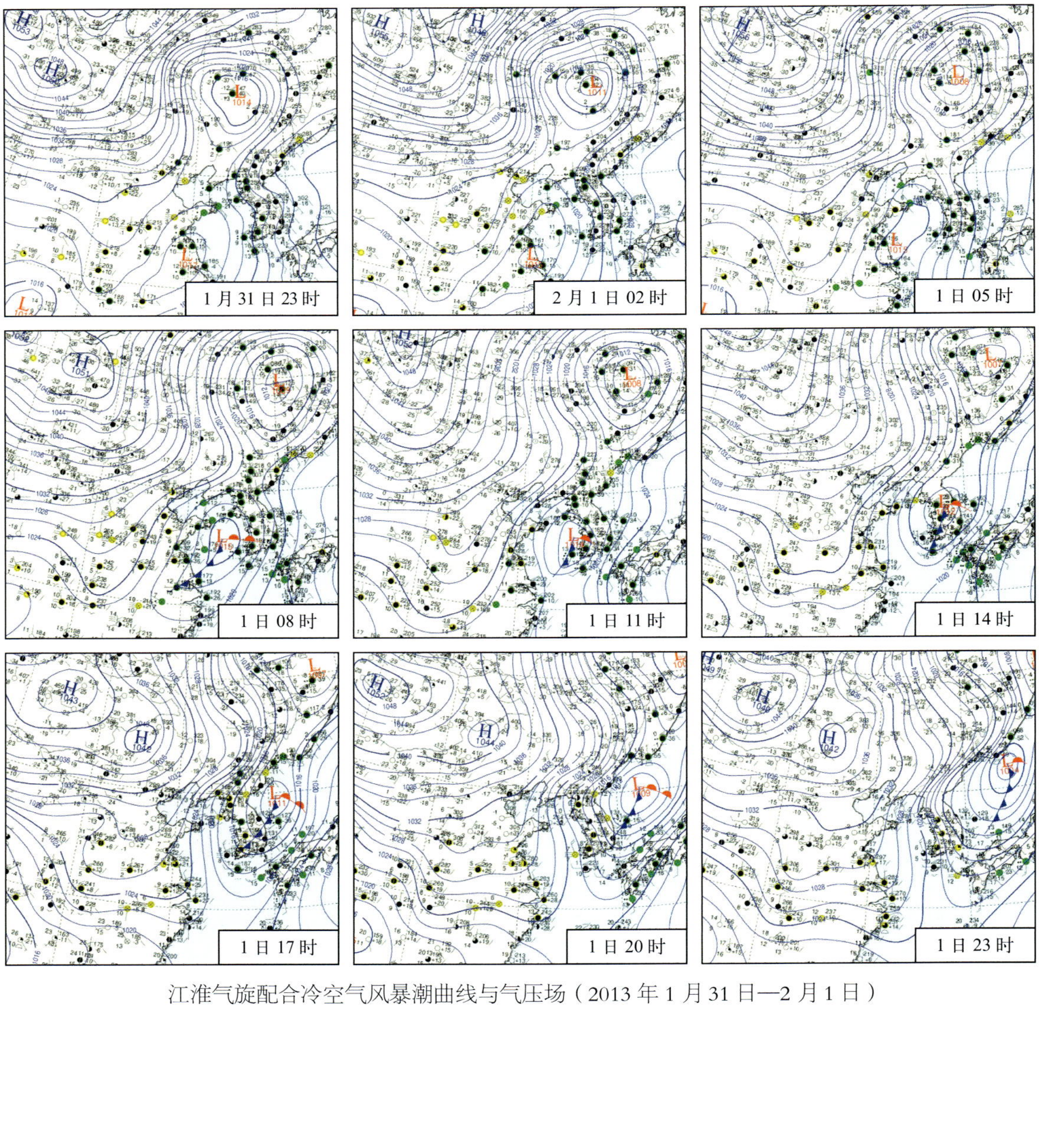

江淮气旋配合冷空气风暴潮曲线与气压场（2013 年 1 月 31 日—2 月 1 日）

2016 年 2 月 12—13 日

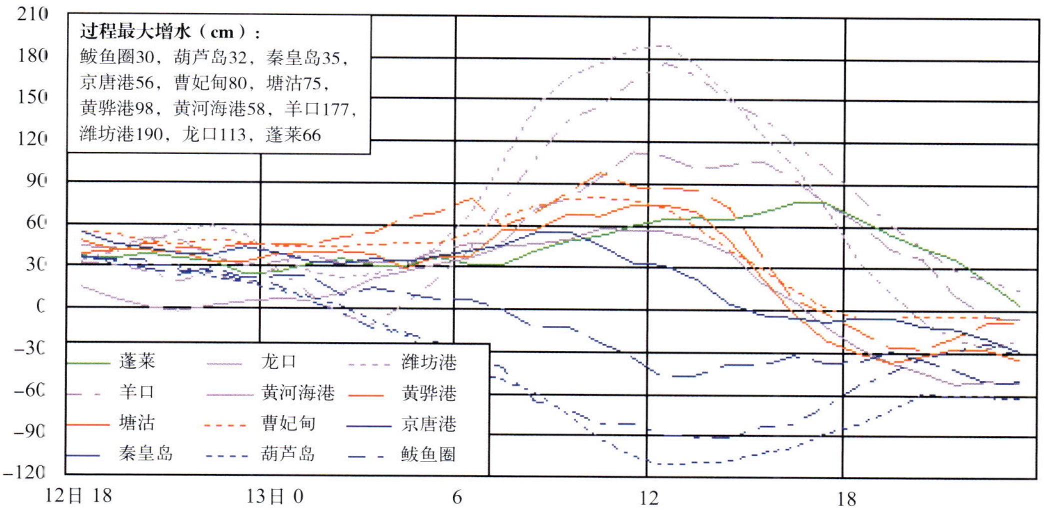

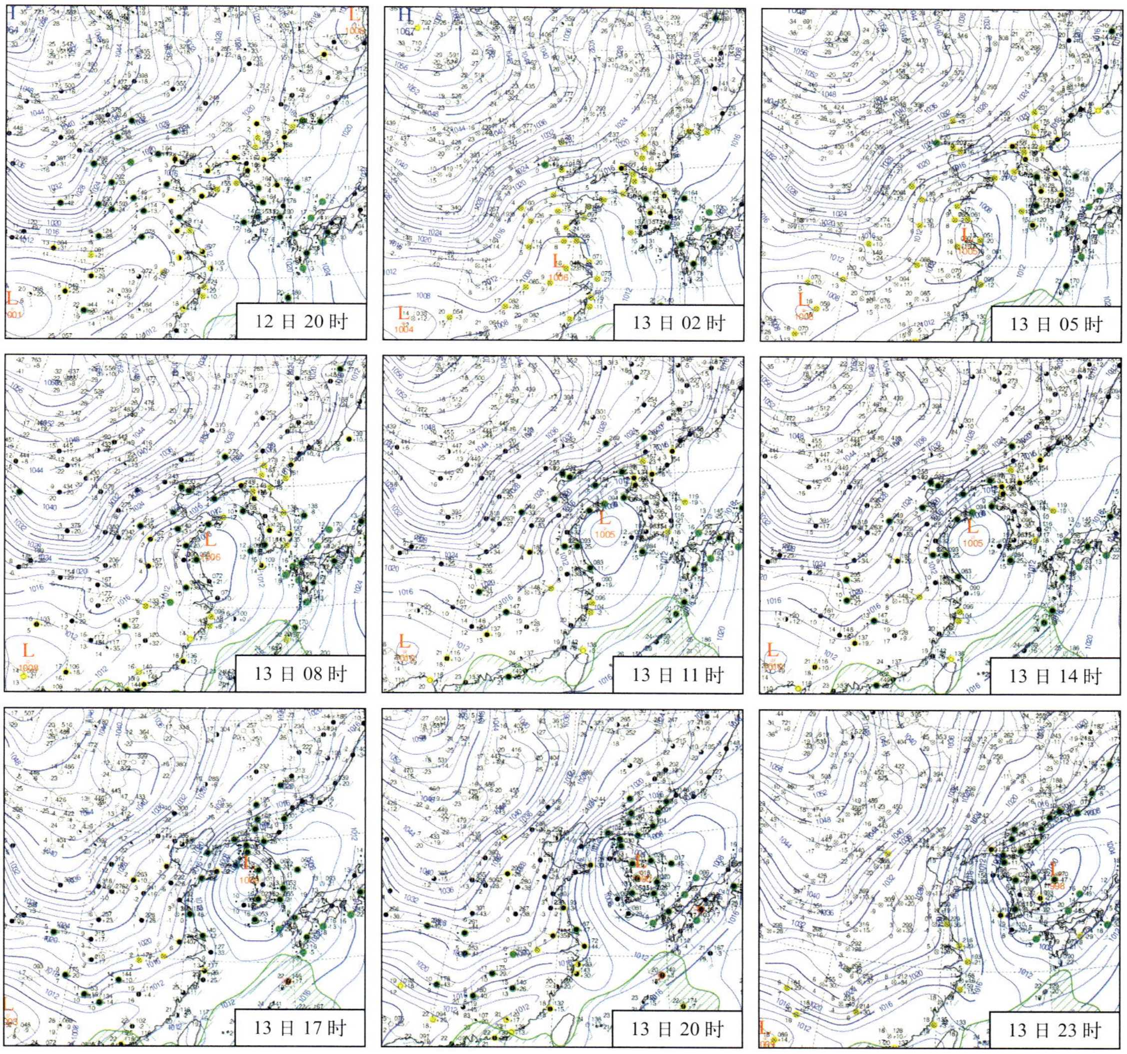

江淮气旋配合冷空气风暴潮曲线与气压场（2016 年 2 月 12—13 日）

2017 年 10 月 1—2 日

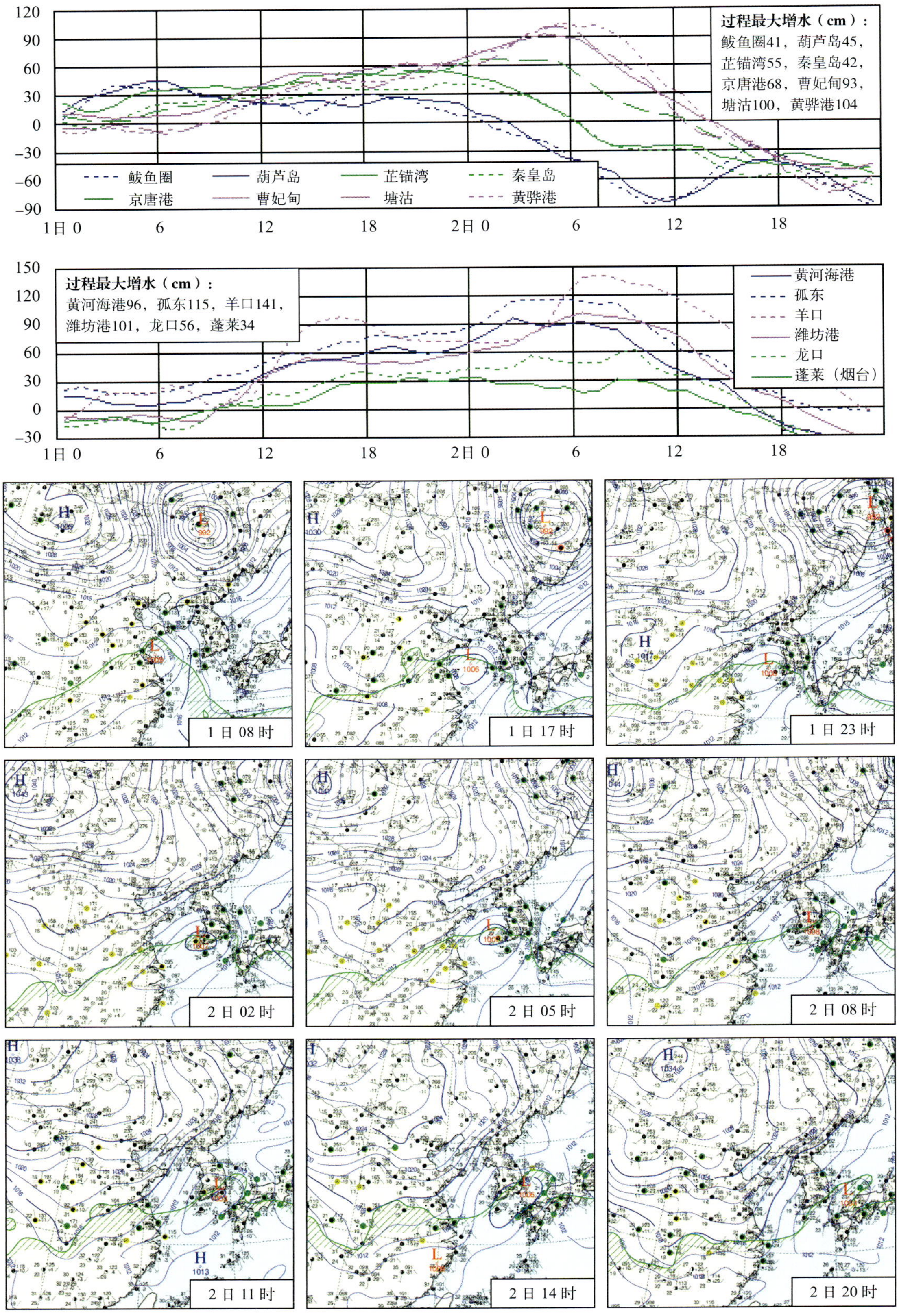

江淮气旋配合冷空气风暴潮曲线与气压场（2017 年 10 月 1—2 日）

11.1.2.2 黄河气旋配合类

1961 年 4 月 3—5 日

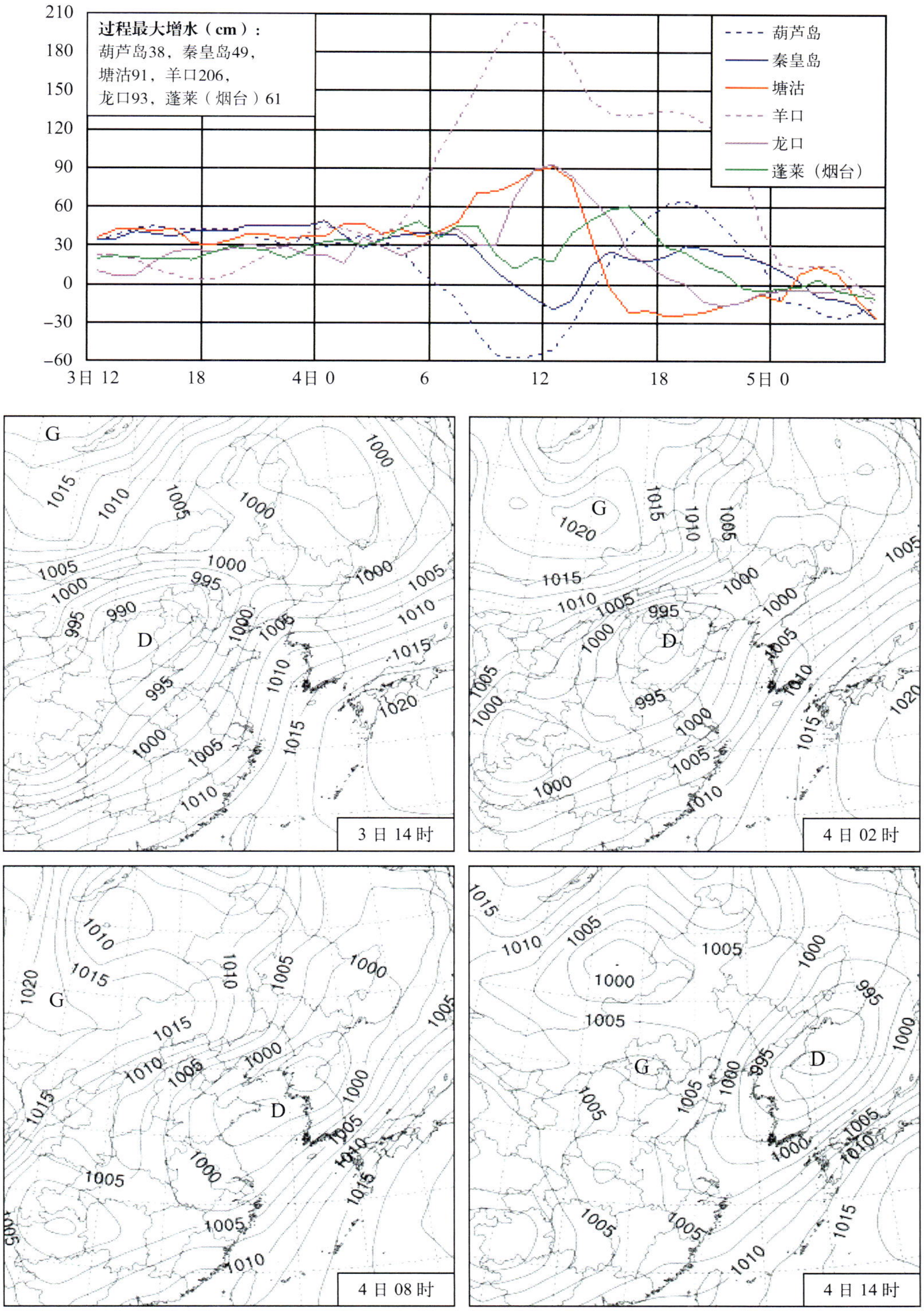

黄河气旋配合冷空气风暴潮曲线与气压场（1961 年 4 月 3—5 日）

1961 年 5 月 2—4 日

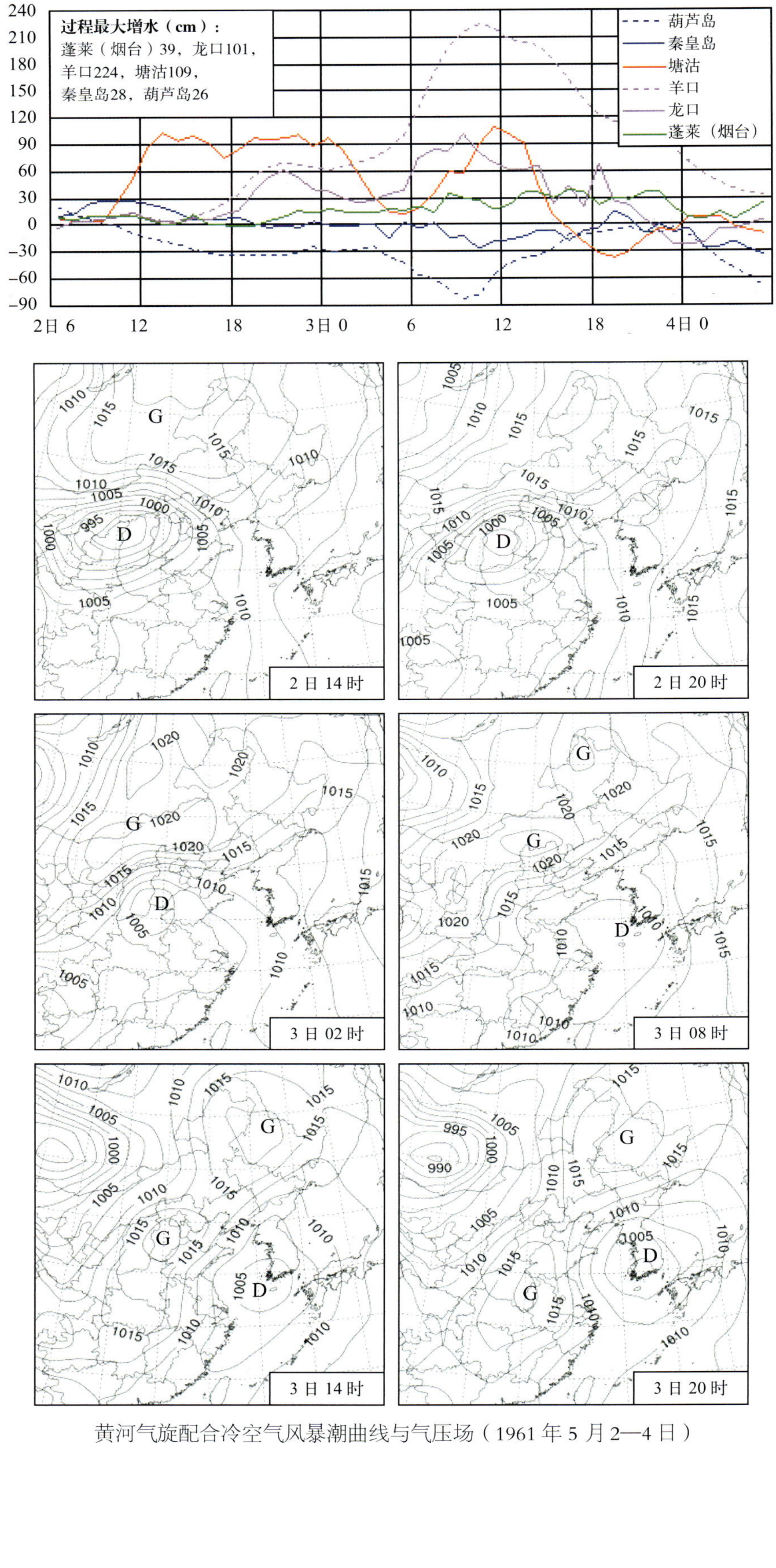

黄河气旋配合冷空气风暴潮曲线与气压场（1961 年 5 月 2—4 日）

1963 年 1 月 19—21 日

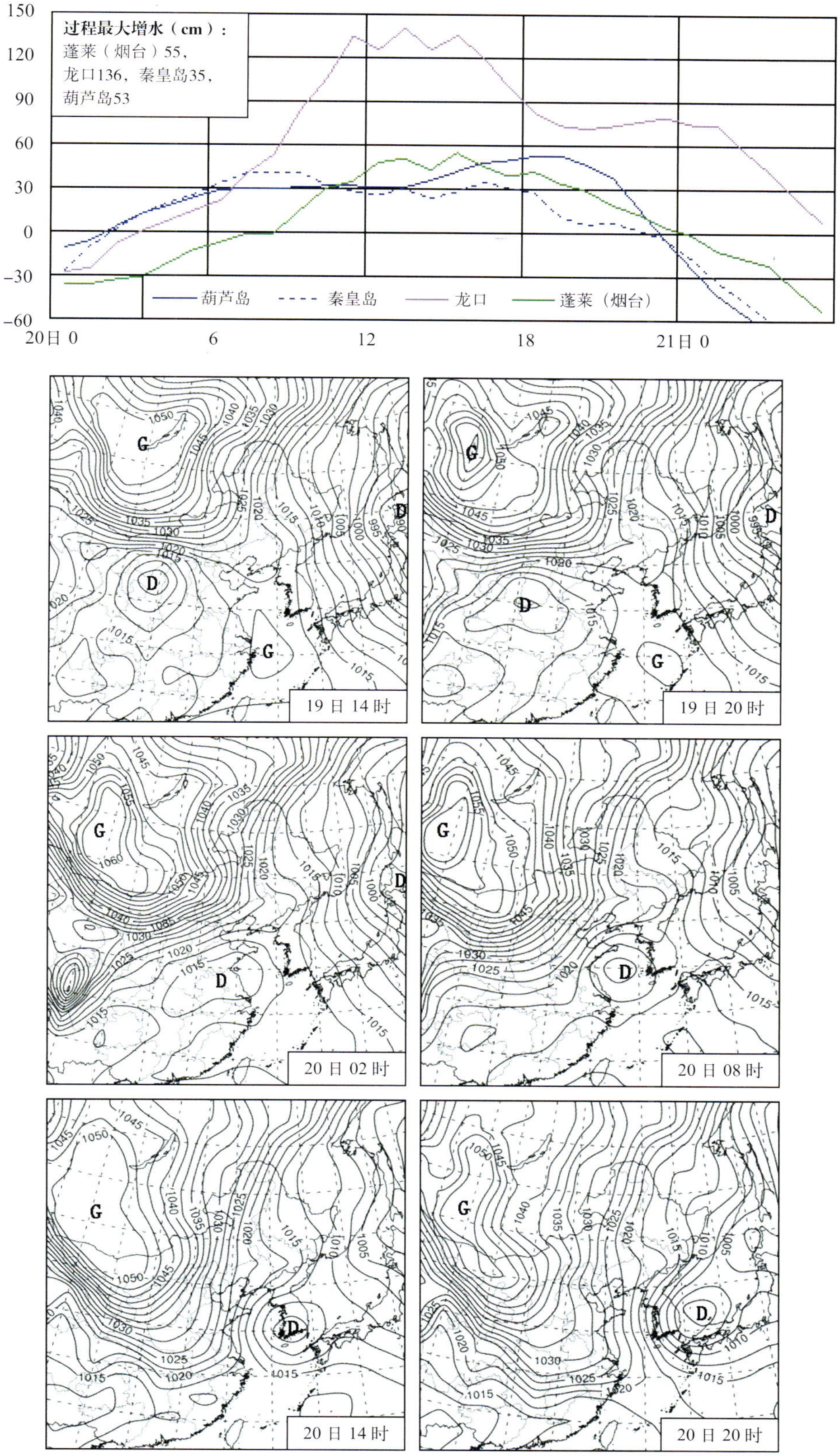

黄河气旋配合冷空气风暴潮曲线与气压场（1963 年 1 月 19—21 日）

1973 年 2 月 21—22 日

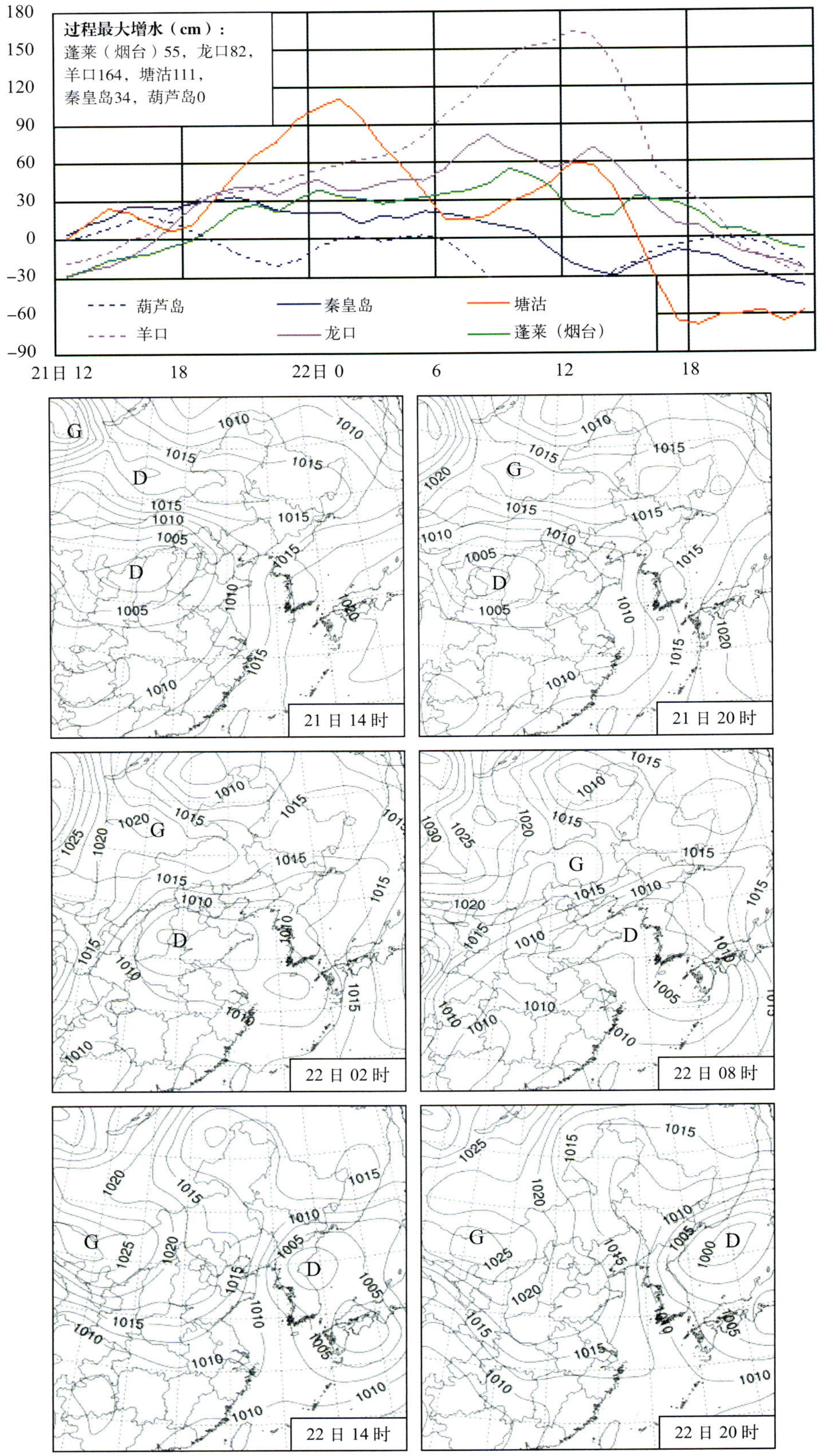

黄河气旋配合冷空气风暴潮曲线与气压场（1973 年 2 月 21—22 日）

1977 年 3 月 1—2 日

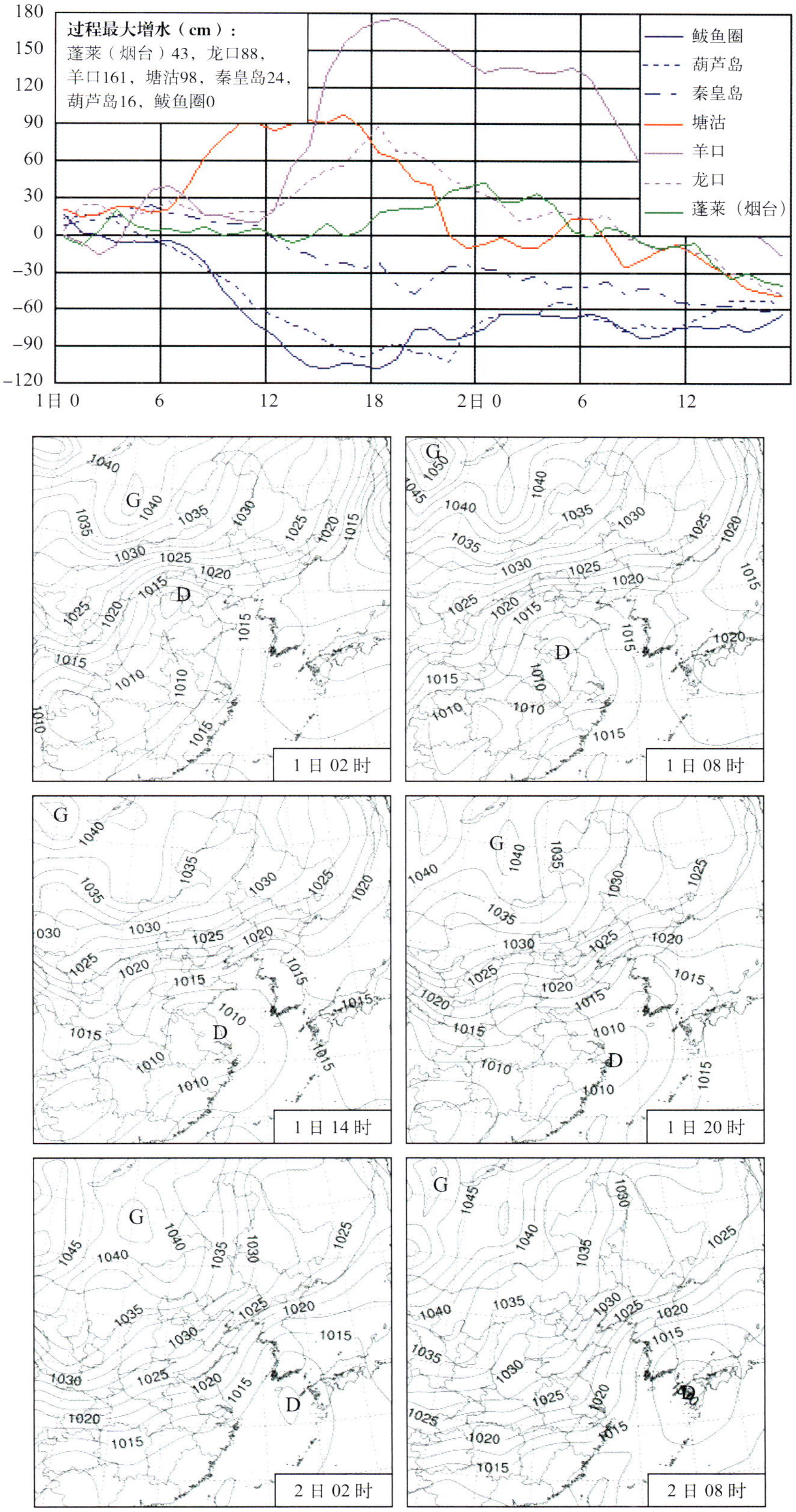

黄河气旋配合冷空气风暴潮曲线与气压场（1977 年 3 月 1—2 日）

1980 年 10 月 23—25 日

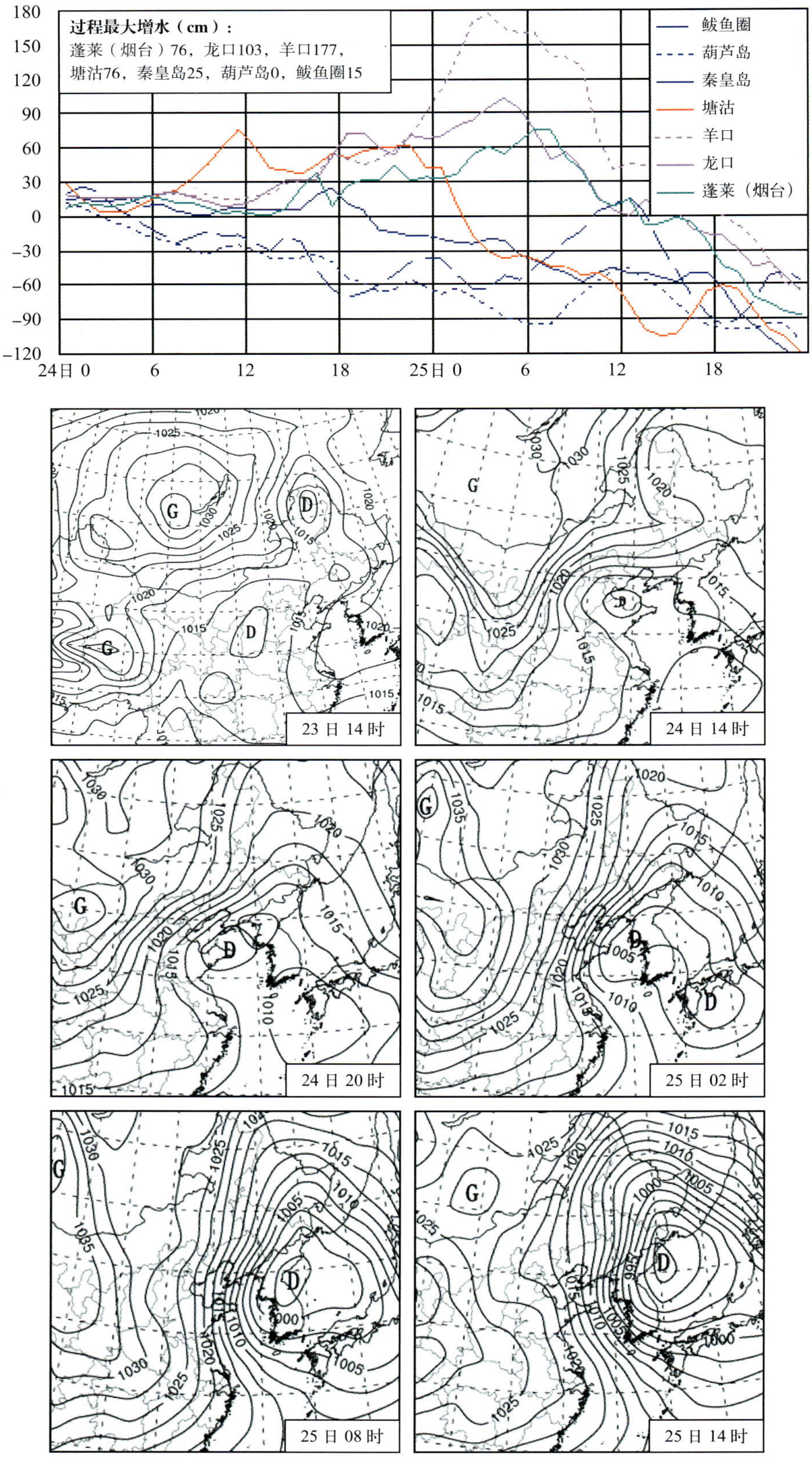

黄河气旋配合冷空气风暴潮曲线与气压场（1980 年 10 月 23—25 日）

1983 年 3 月 15—17 日

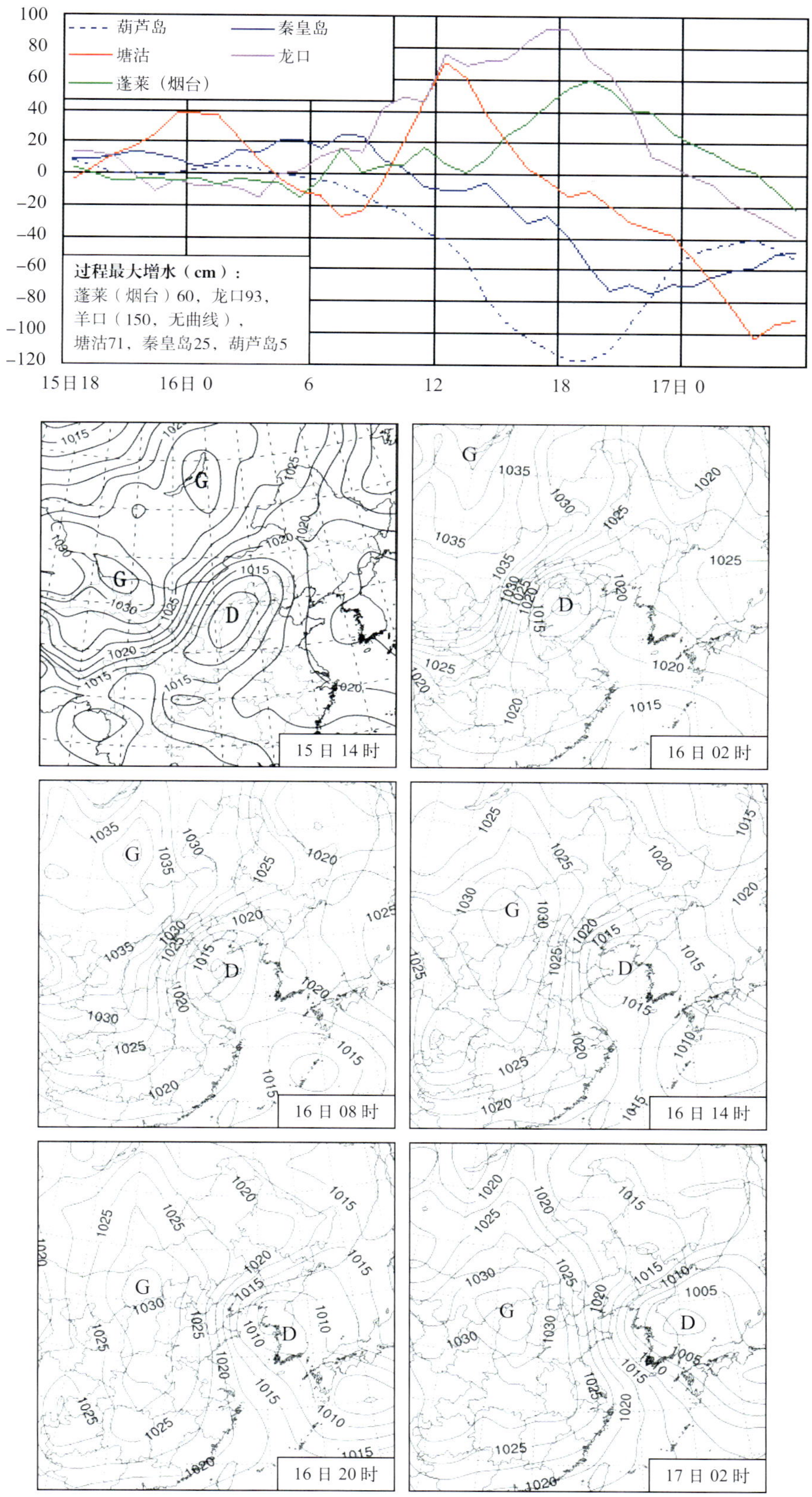

黄河气旋配合冷空气风暴潮曲线与气压场（1983 年 3 月 15—17 日）

1988 年 2 月 4—5 日

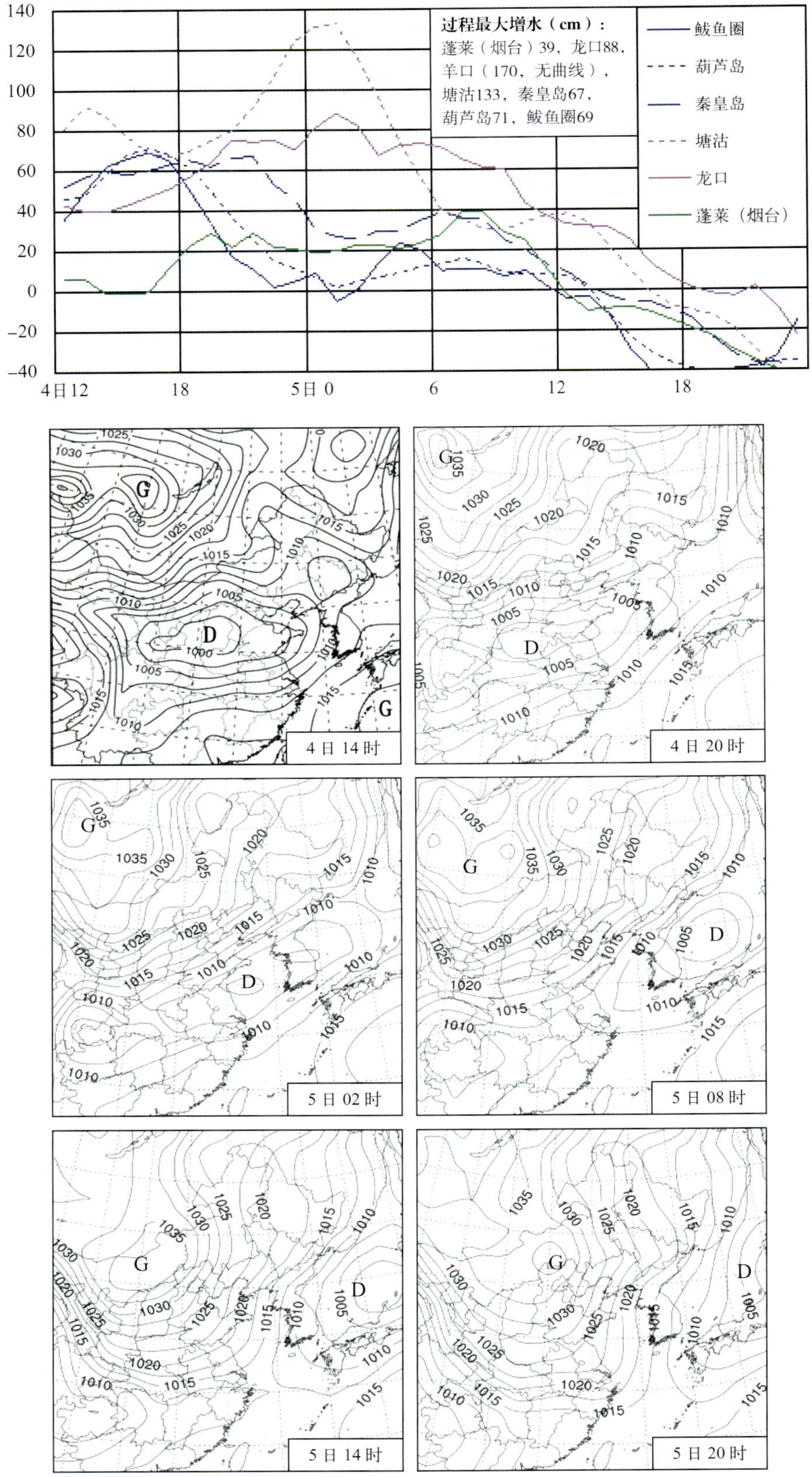

冷空气（黄河气旋配合）风暴潮曲线与气压场（1988 年 2 月 4—5 日）

1995 年 2 月 26—28 日

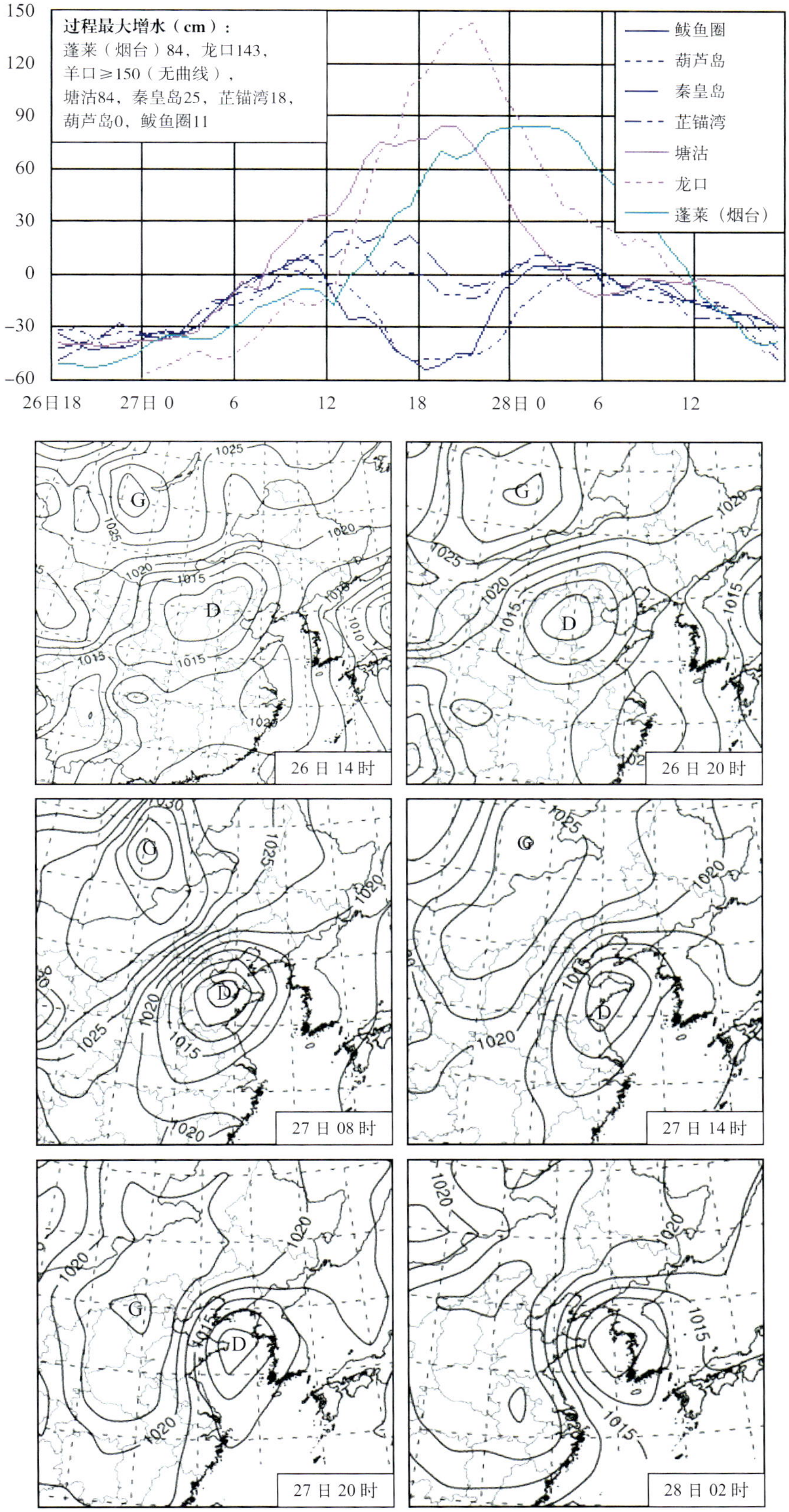

黄河气旋配合冷空气风暴潮曲线与气压场（1995 年 2 月 26—28 日）

1999 年 11 月 23—25 日

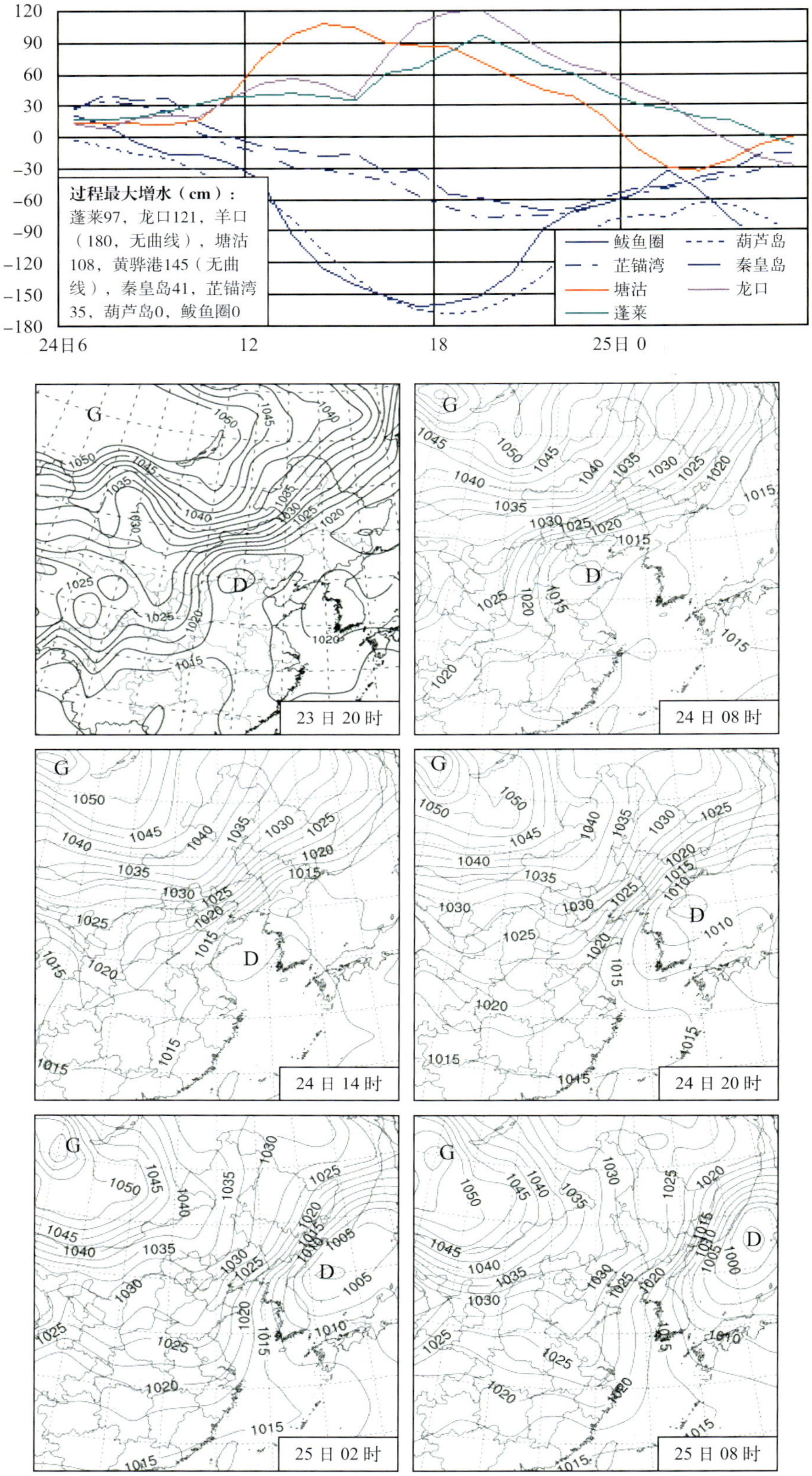

黄河气旋配合冷空气风暴潮曲线与气压场（1999 年 11 月 23—25 日）

2002 年 11 月 15—17 日

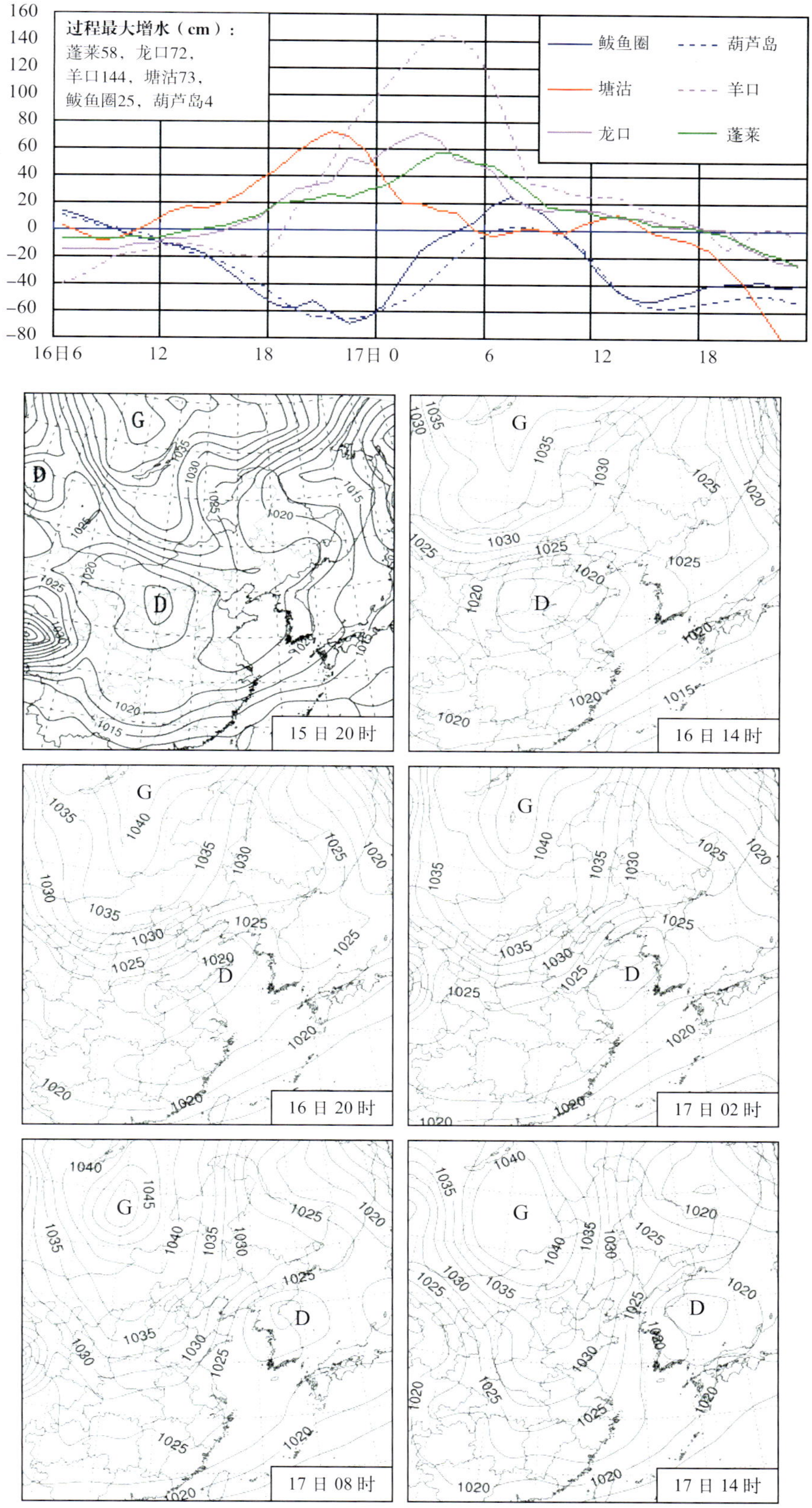

黄河气旋配合冷空气风暴潮曲线与气压场（2002 年 11 月 15—17 日）

2005 年 2 月 21—23 日

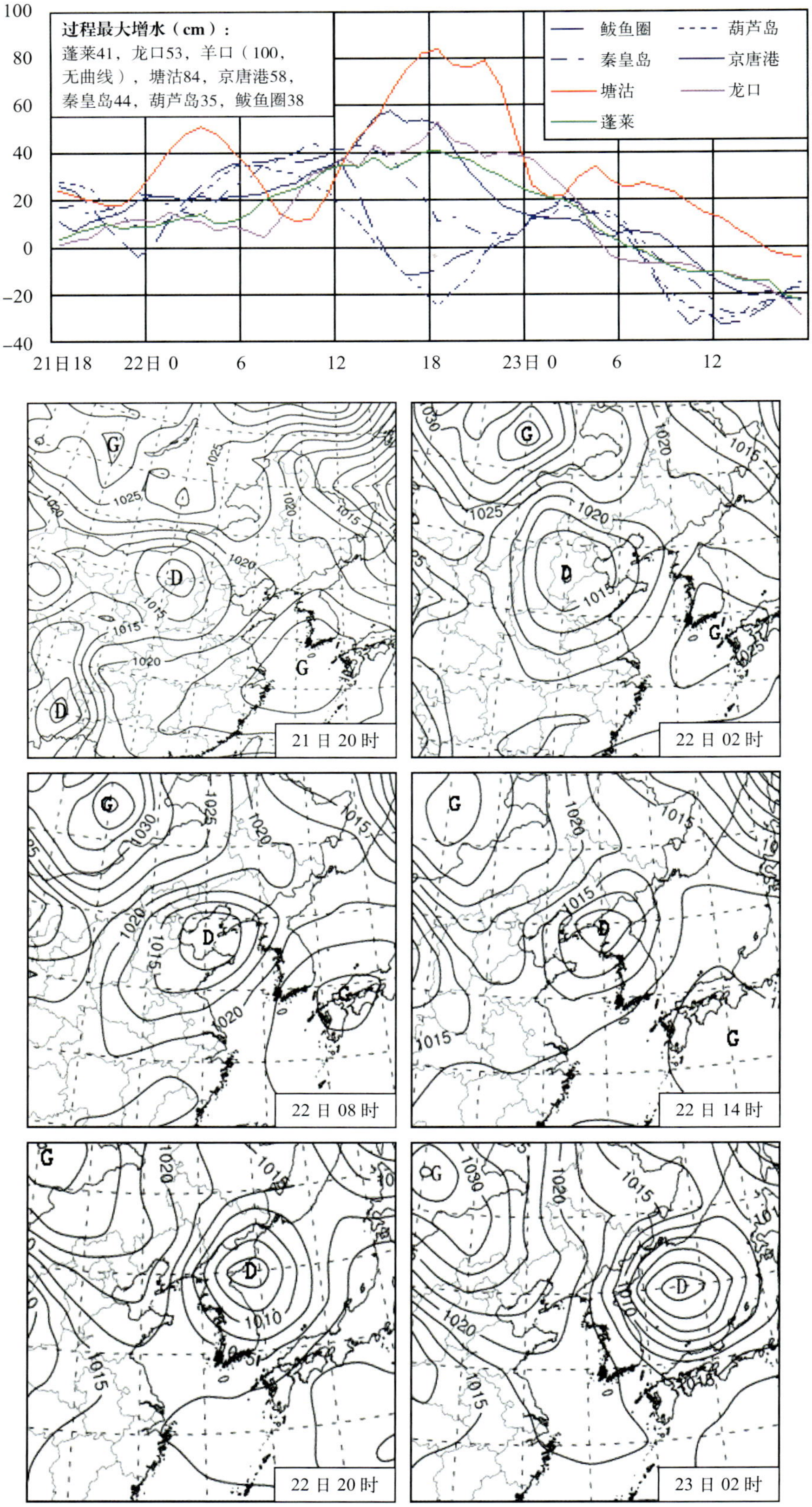

黄河气旋配合冷空气风暴潮曲线与气压场（2005 年 2 月 21—23 日）

2009 年 4 月 14—15 日

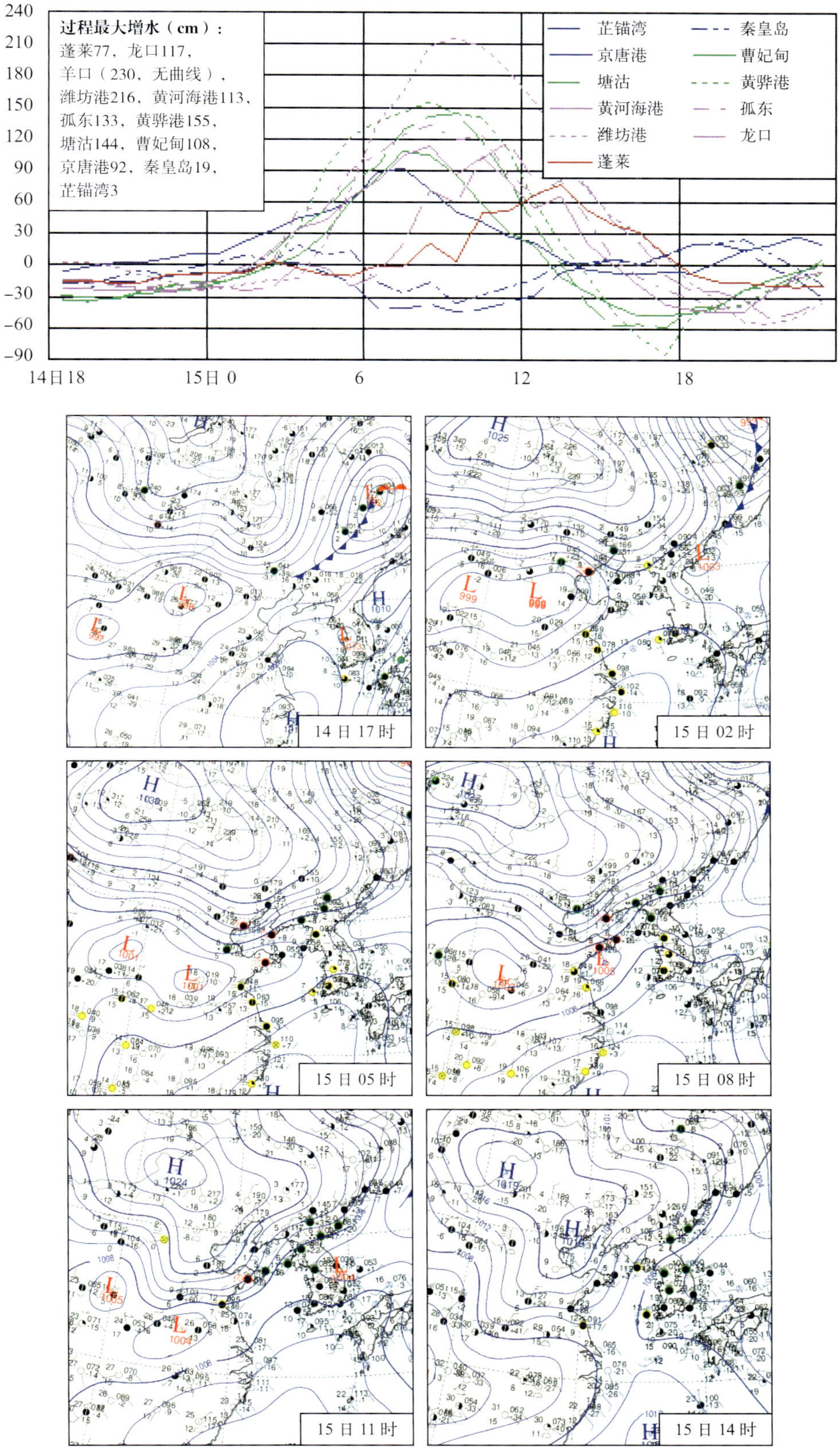

黄河气旋配合冷空气风暴潮曲线与气压场（2009 年 4 月 14—15 日）

2010 年 1 月 1—2 日

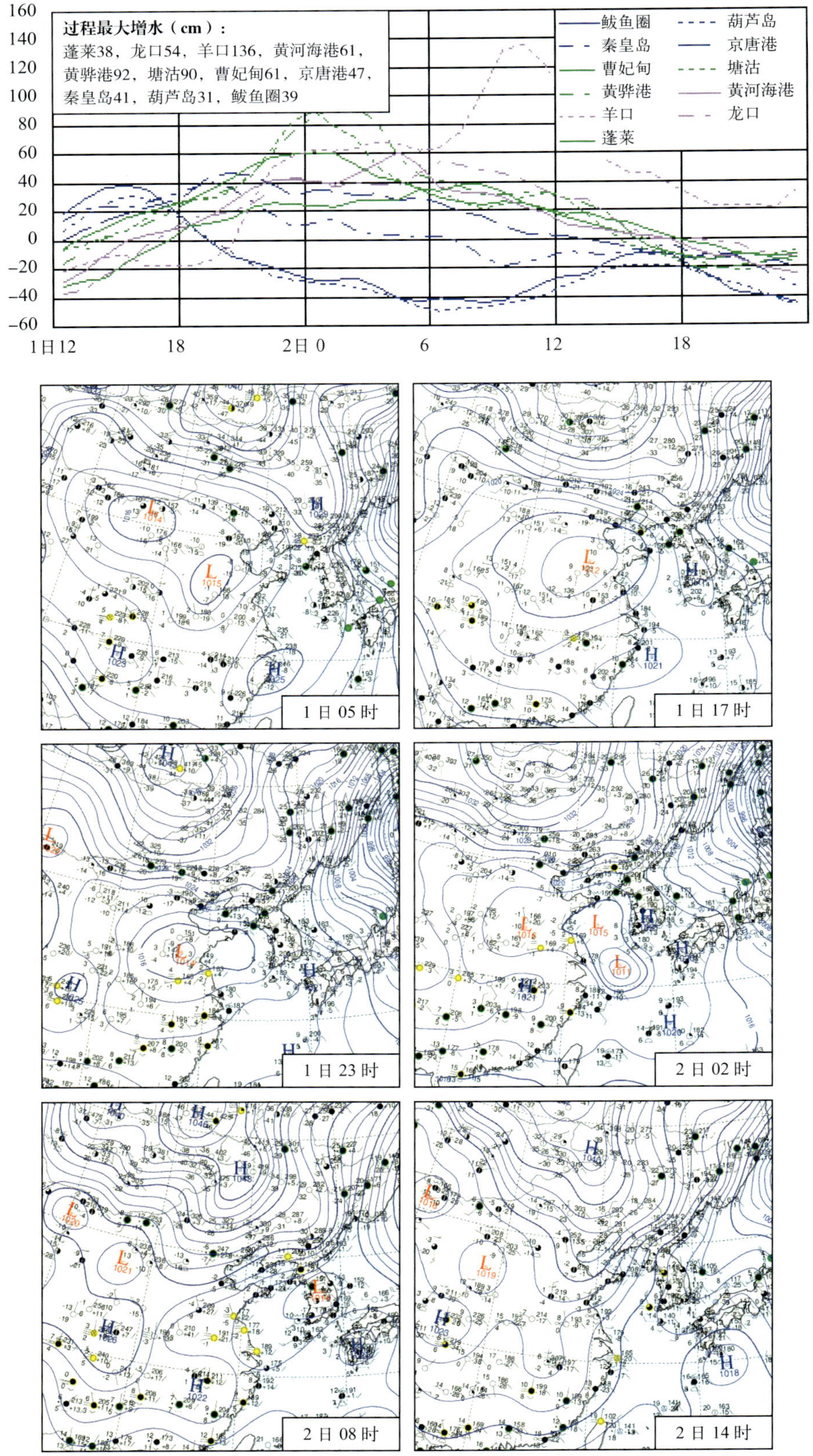

黄河气旋配合冷空气风暴潮曲线与气压场（2010 年 1 月 1—2 日）

2011 年 4 月 9—10 日

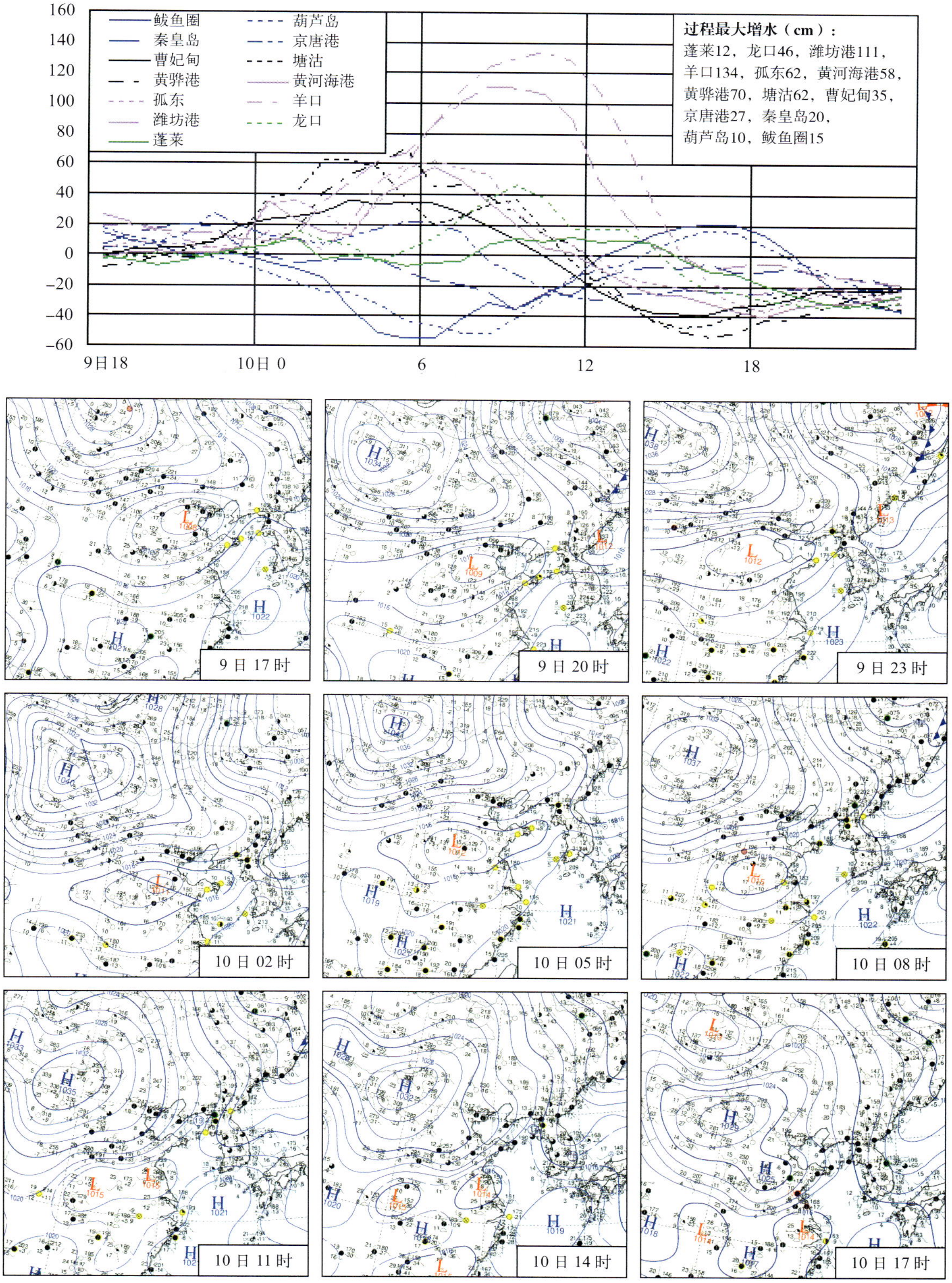

黄河气旋配合冷空气风暴潮曲线与气压场（2011 年 4 月 9—10 日）

2015 年 4 月 11—13 日

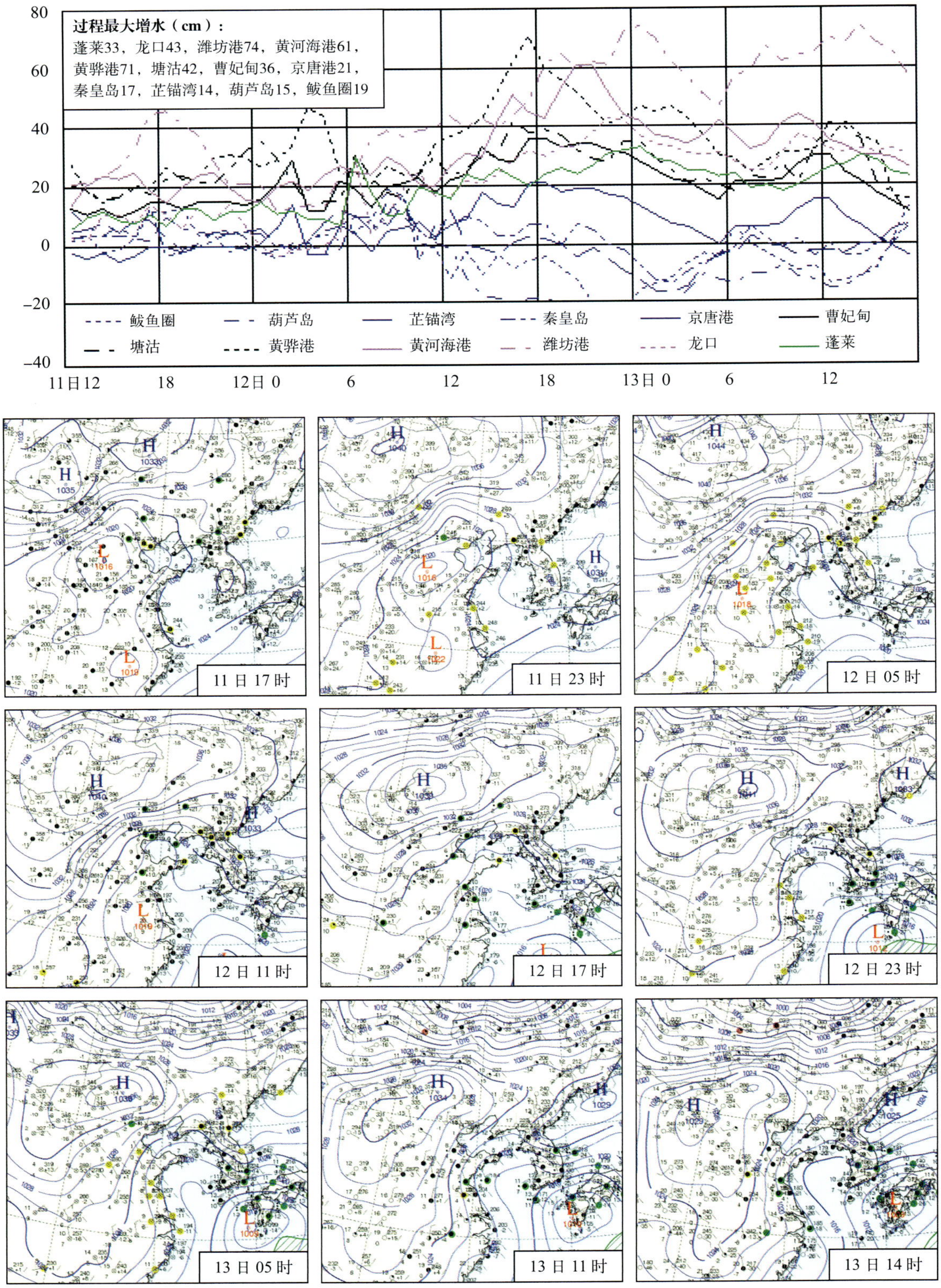

黄河气旋配合冷空气风暴潮曲线与气压场（2015 年 4 月 11—13 日）

2016 年 5 月 1—3 日

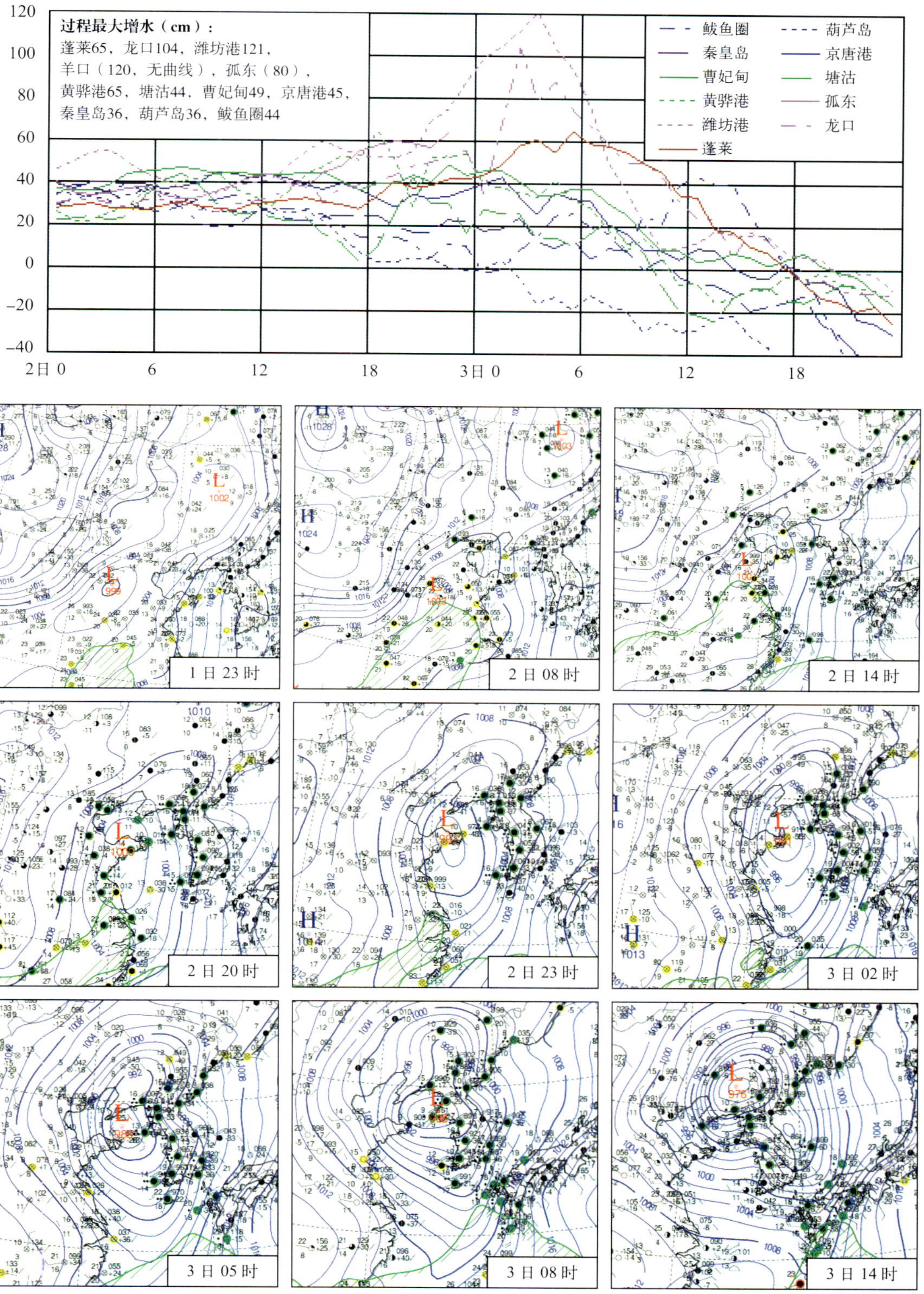

黄河气旋配合冷空气风暴潮曲线与气压场（2016 年 5 月 1—3 日）

2017 年 2 月 16—17 日

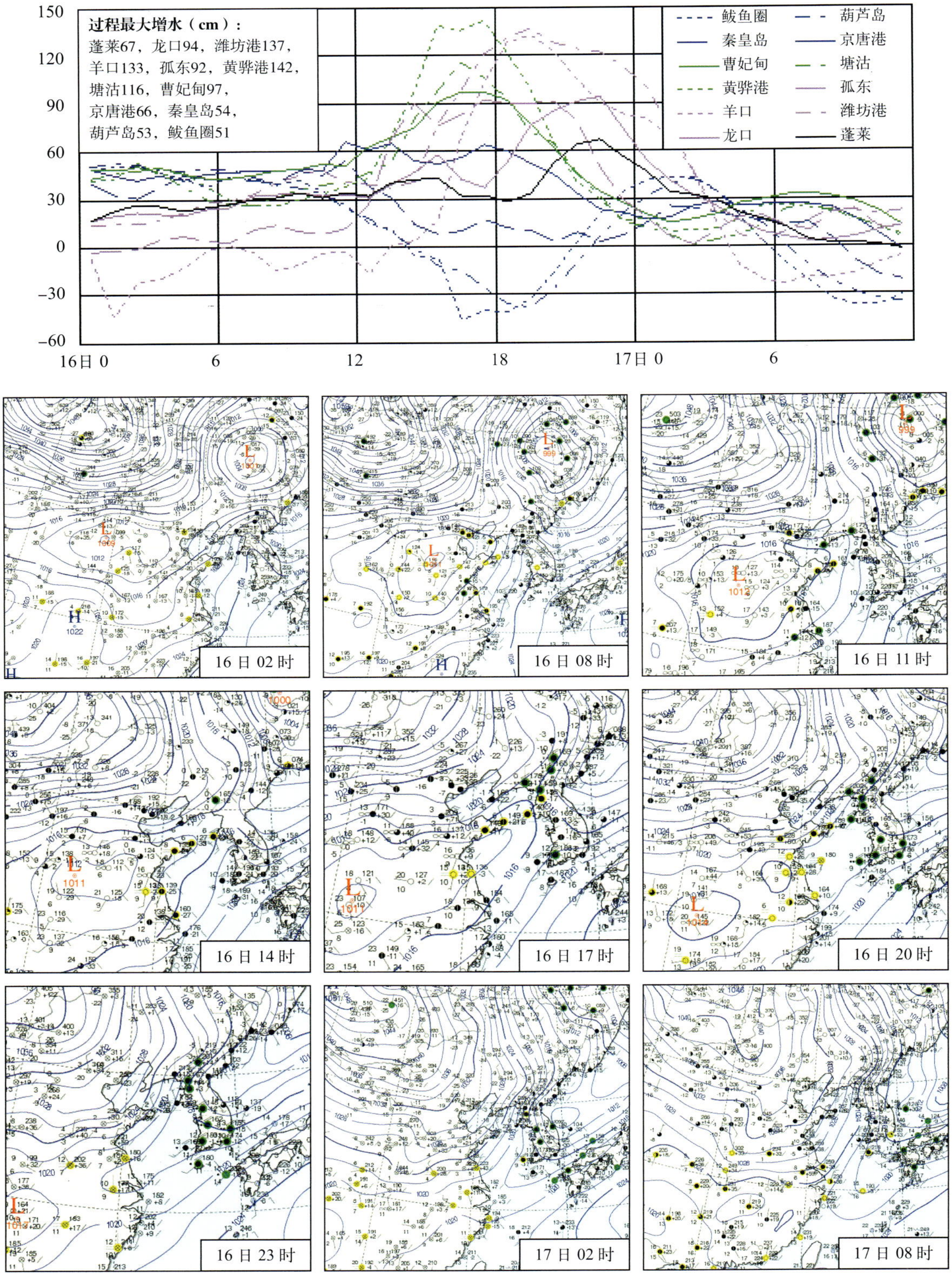

黄河气旋配合冷空气风暴潮曲线与气压场（2017 年 2 月 16—17 日）

11.1.2.3 渤海气旋配合类

1963 年 1 月 3—5 日

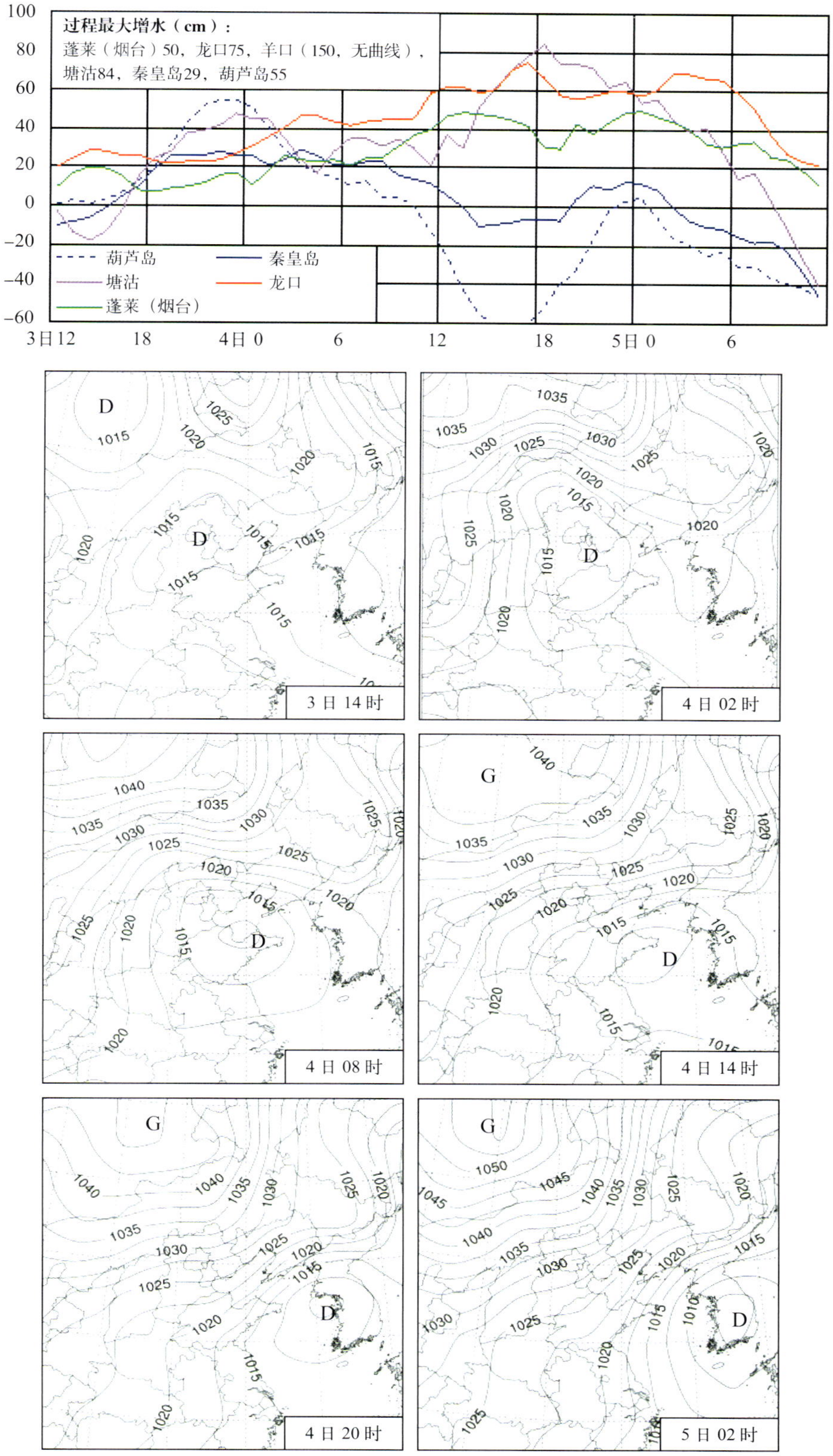

渤海气旋配合冷空气风暴潮曲线与气压场（1963 年 1 月 3—5 日）

1963 年 12 月 22—24 日

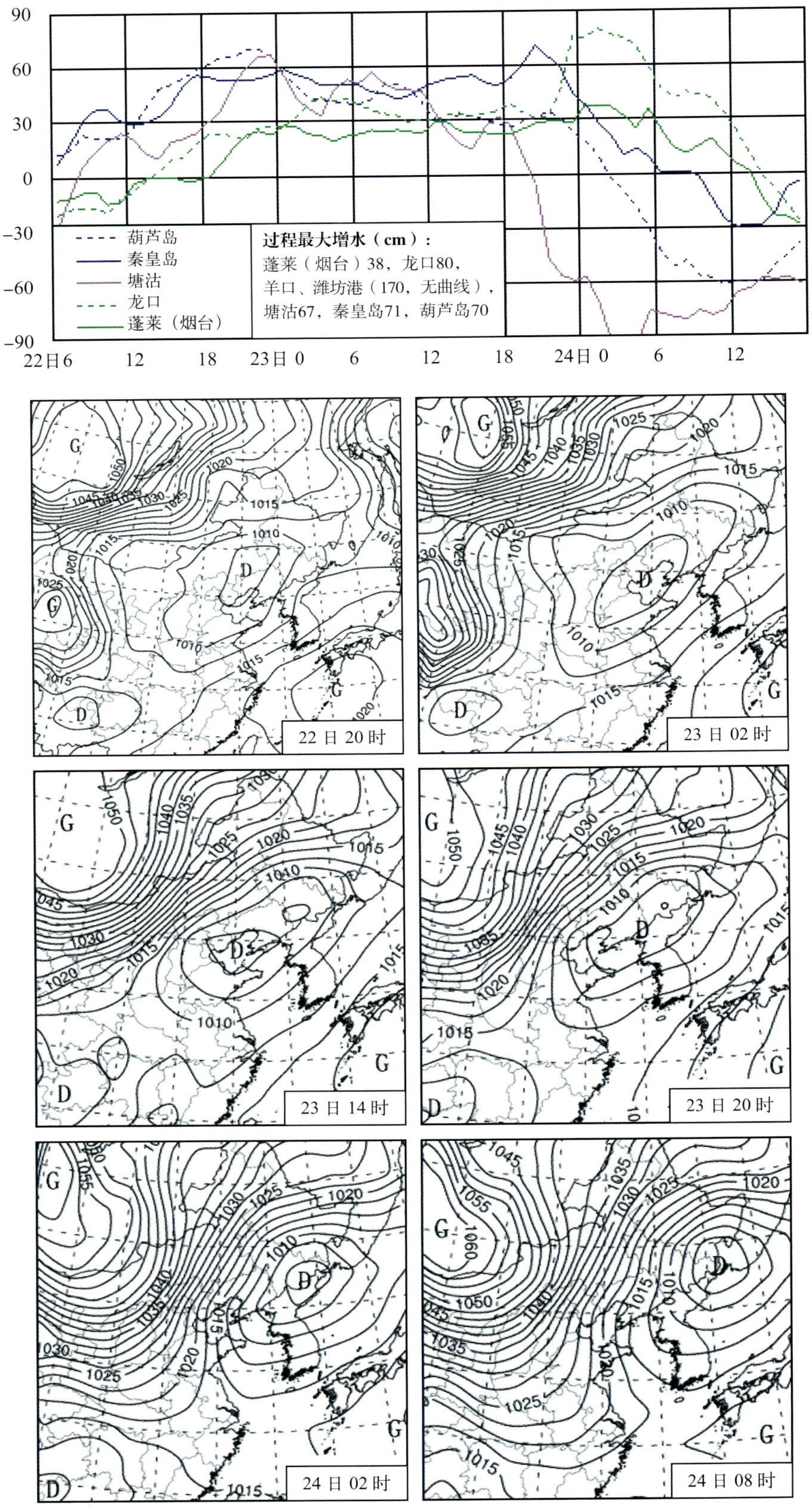

渤海气旋配合冷空气风暴潮曲线与气压场（1963 年 12 月 22—24 日）

1965 年 3 月 13—15 日

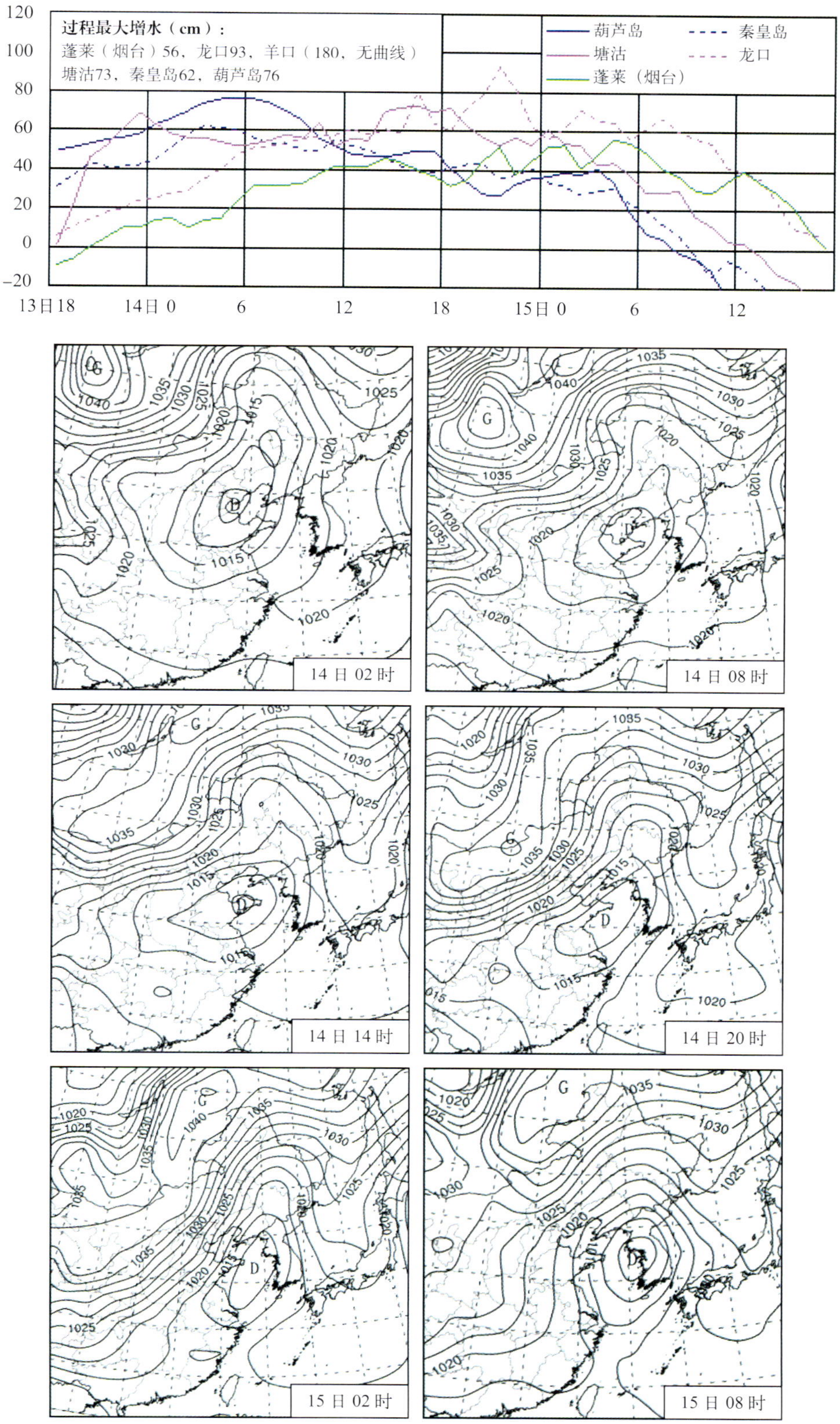

渤海气旋配合冷空气风暴潮曲线与气压场（1965 年 3 月 13—15 日）

1971 年 10 月 10—11 日

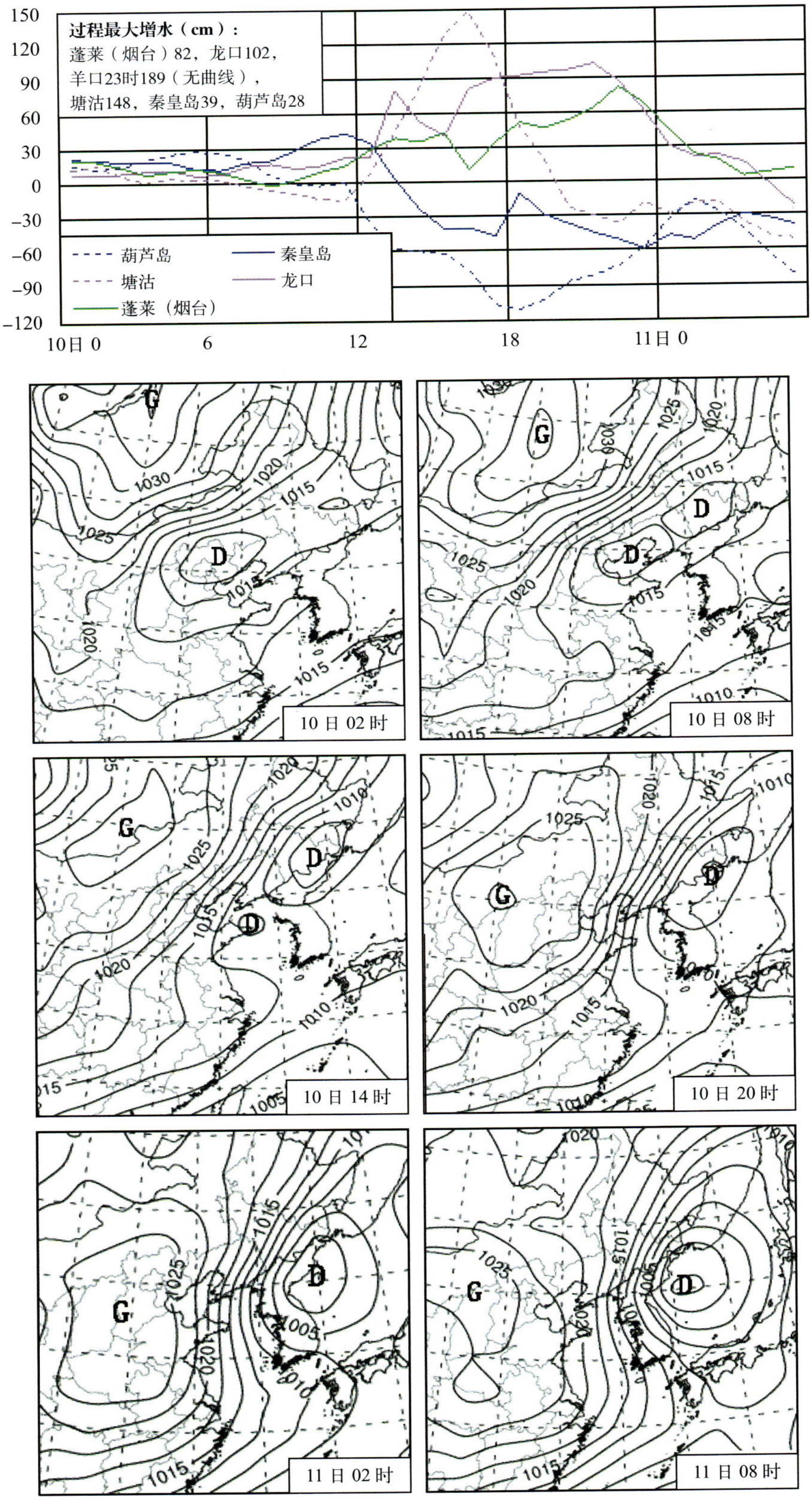

渤海气旋配合冷空气风暴潮曲线与气压场（1971 年 10 月 10—11 日）

1977 年 11 月 30 日—12 月 1 日

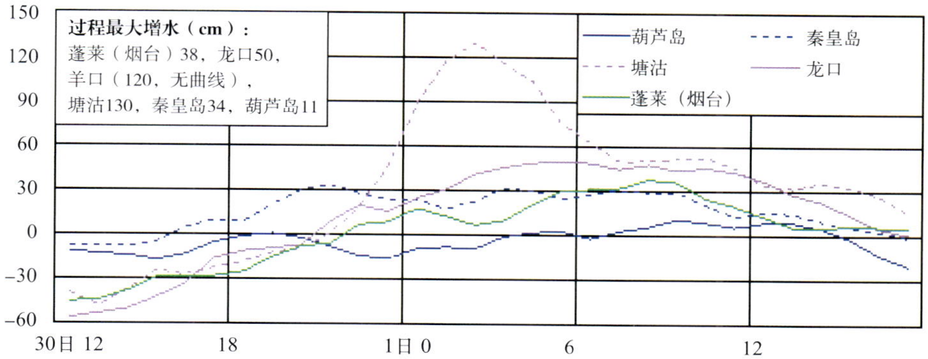

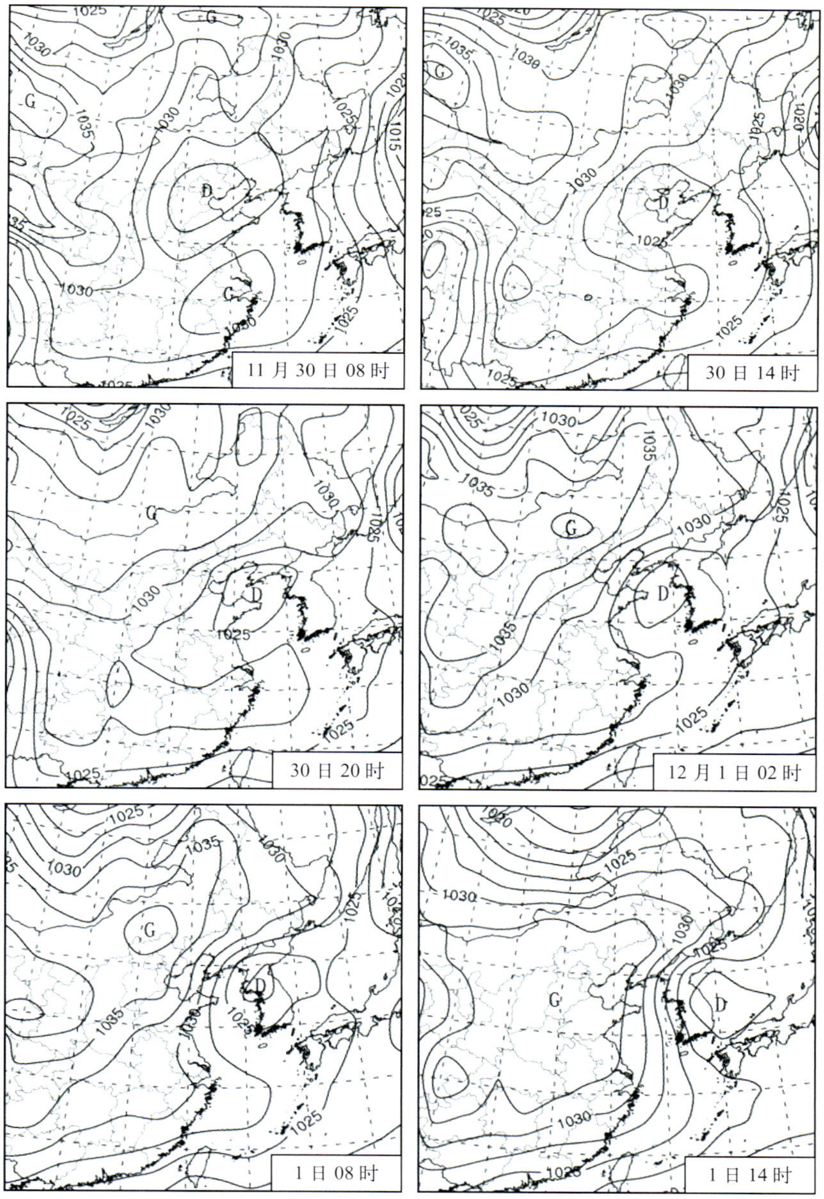

渤海气旋配合冷空气风暴潮曲线与气压场（1977 年 11 月 30 日—12 月 1 日）

1979 年 11 月 24—25 日

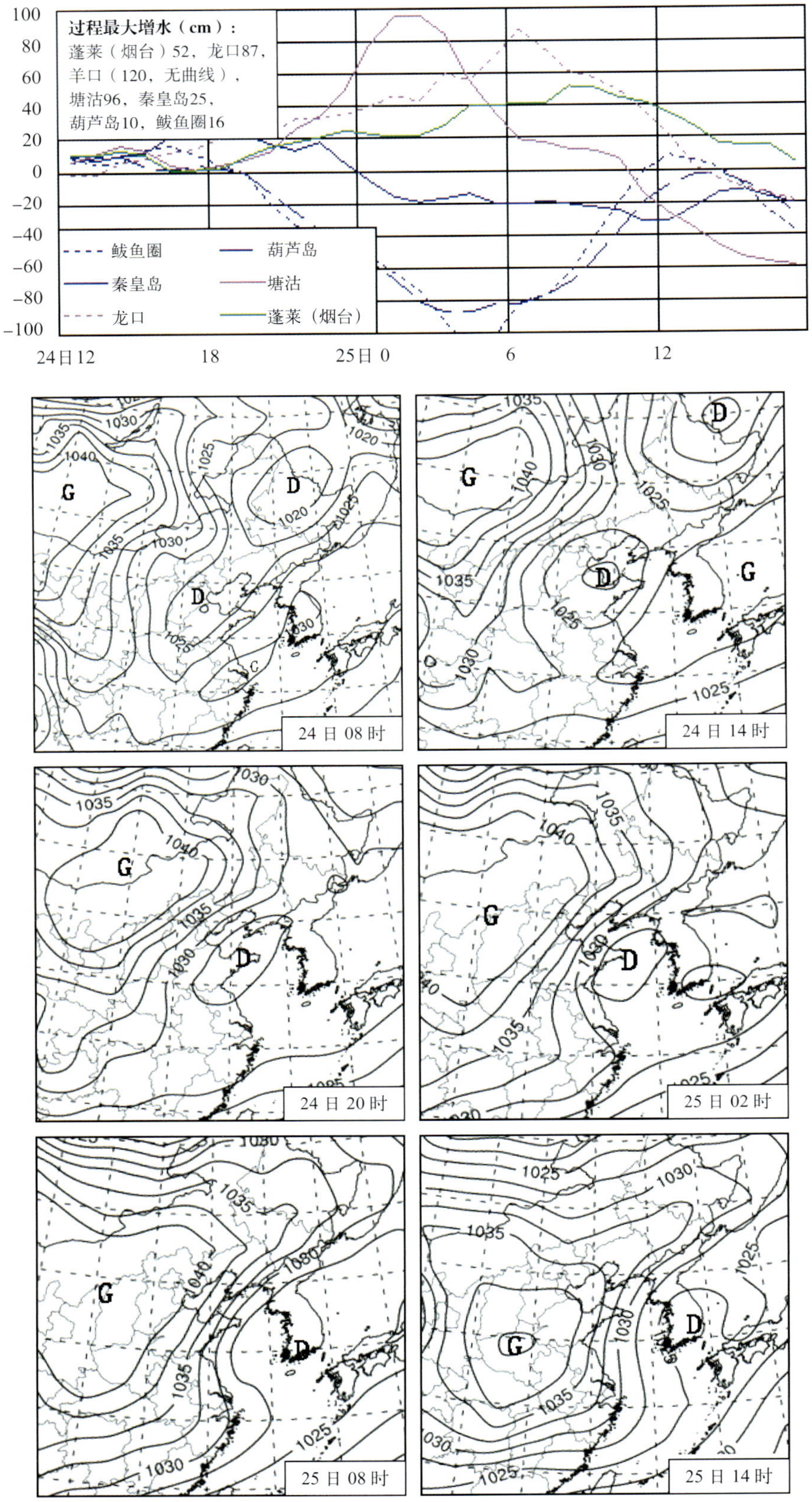

渤海气旋配合冷空气风暴潮曲线与气压场（1979 年 11 月 24—25 日）

1992 年 4 月 17—18 日

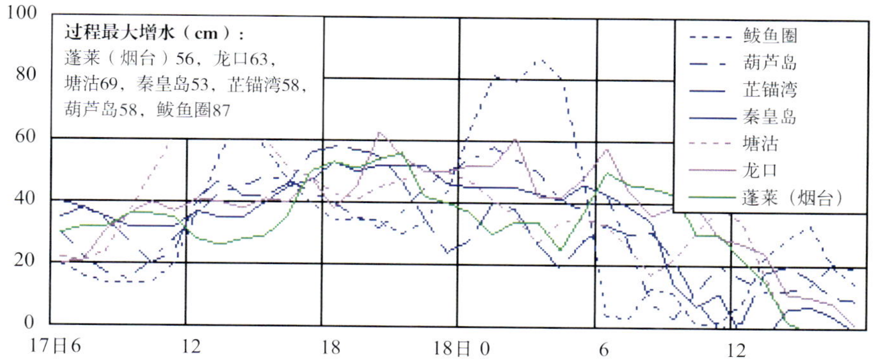

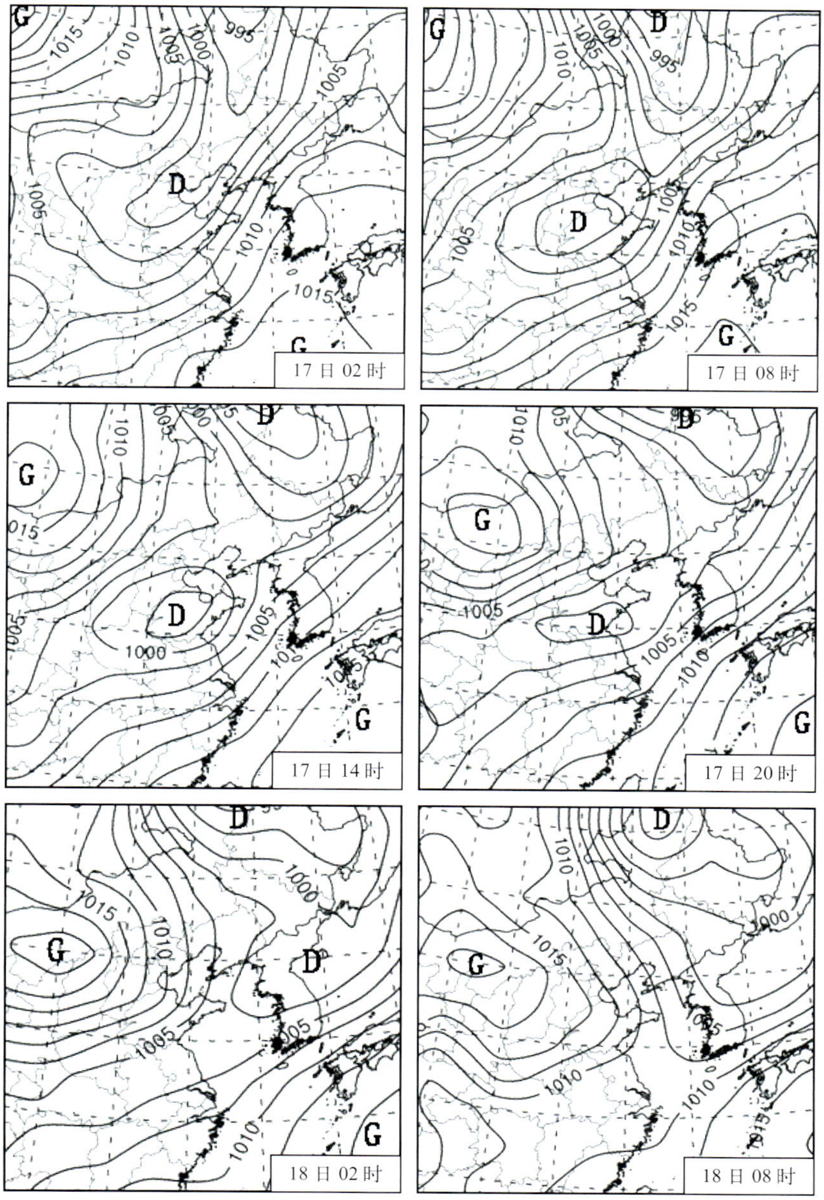

渤海气旋配合冷空气风暴潮曲线与气压场（1992 年 4 月 17—18 日）

1997 年 5 月 17—19 日

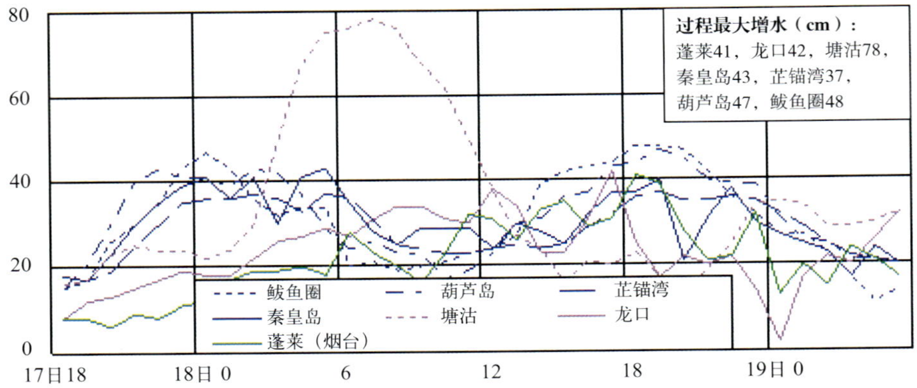

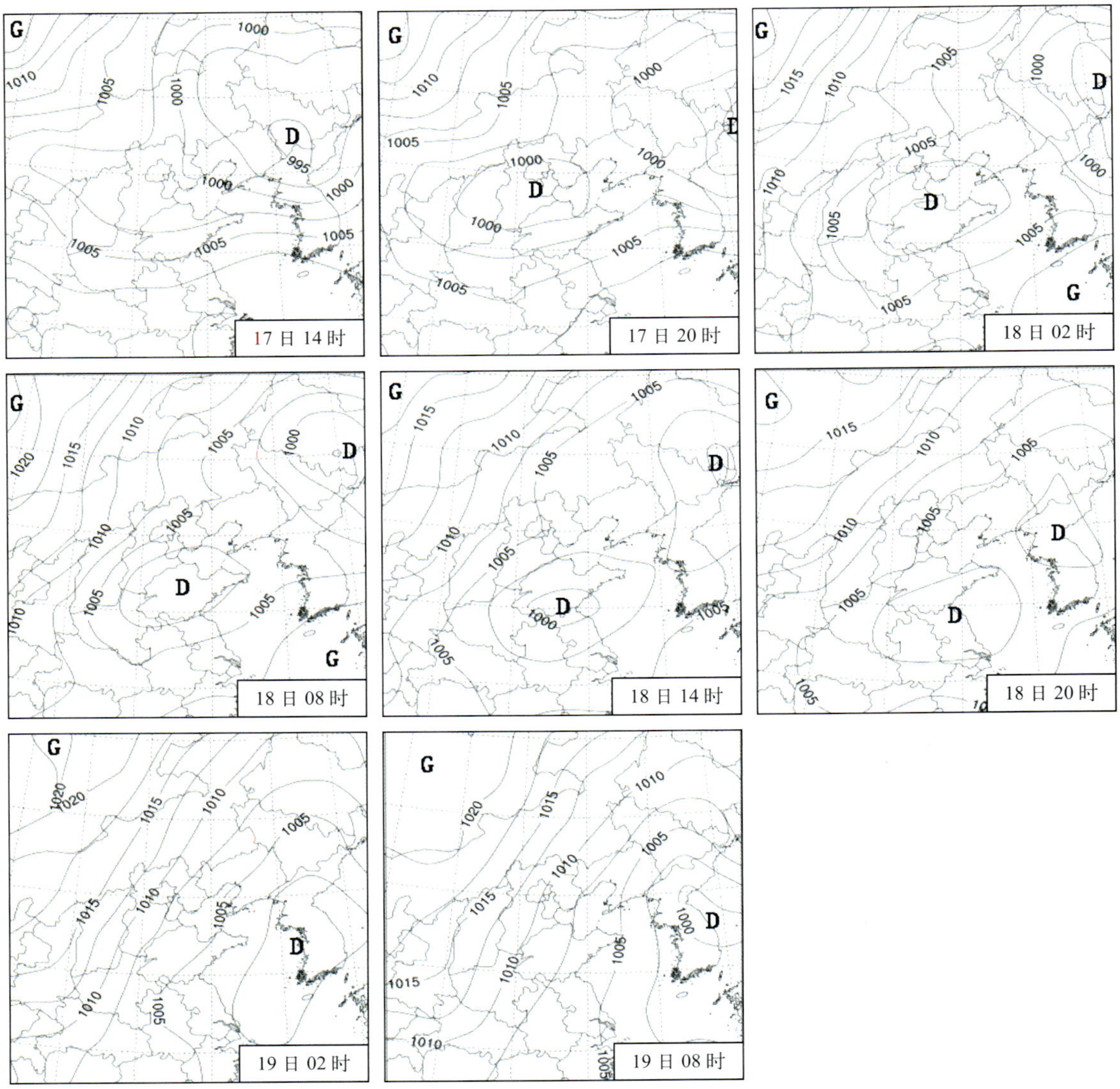

渤海气旋配合冷空气风暴潮曲线与气压场（1997 年 5 月 17—19 日）

2001 年 3 月 24—25 日

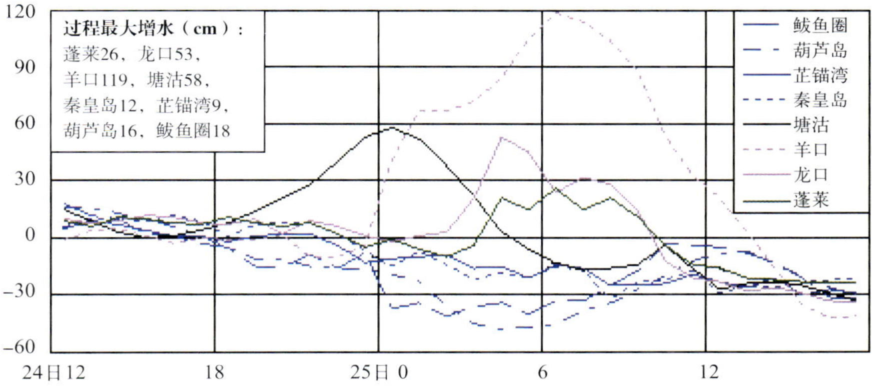

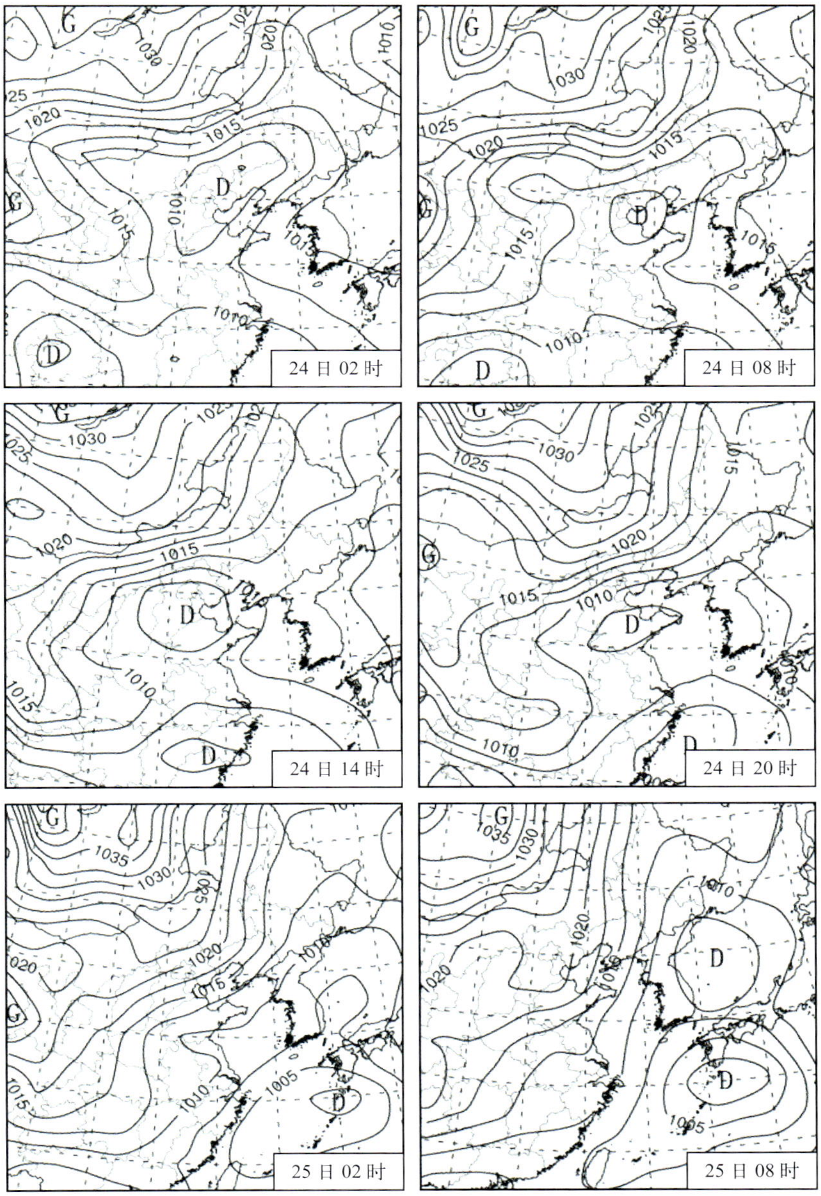

渤海气旋配合冷空气风暴潮曲线与气压场（2001 年 3 月 24—25 日）

2005 年 11 月 30 日—12 月 1 日

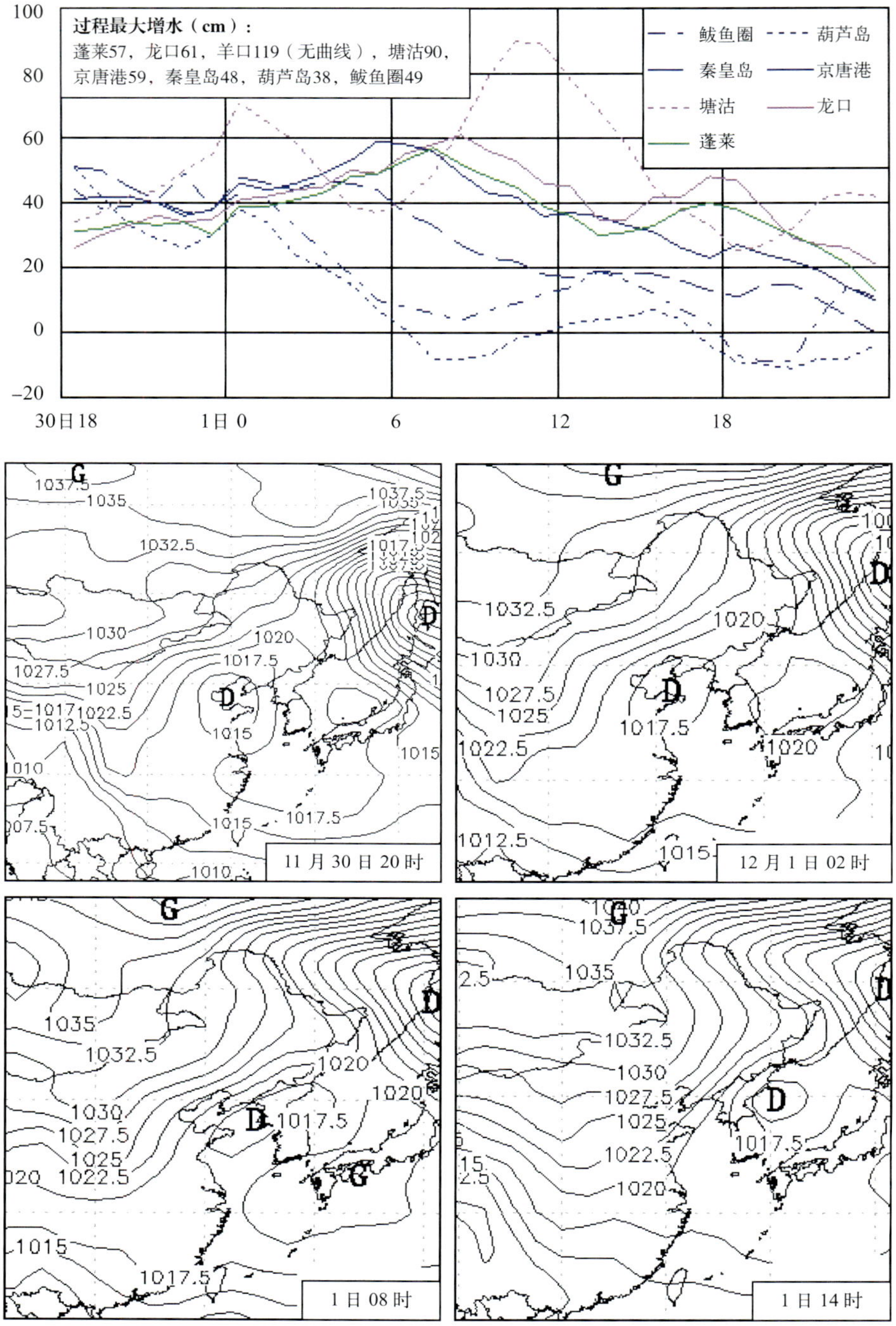

渤海气旋配合冷空气风暴潮曲线与气压场（2005 年 11 月 30 日—12 月 1 日）

2009 年 12 月 4—6 日

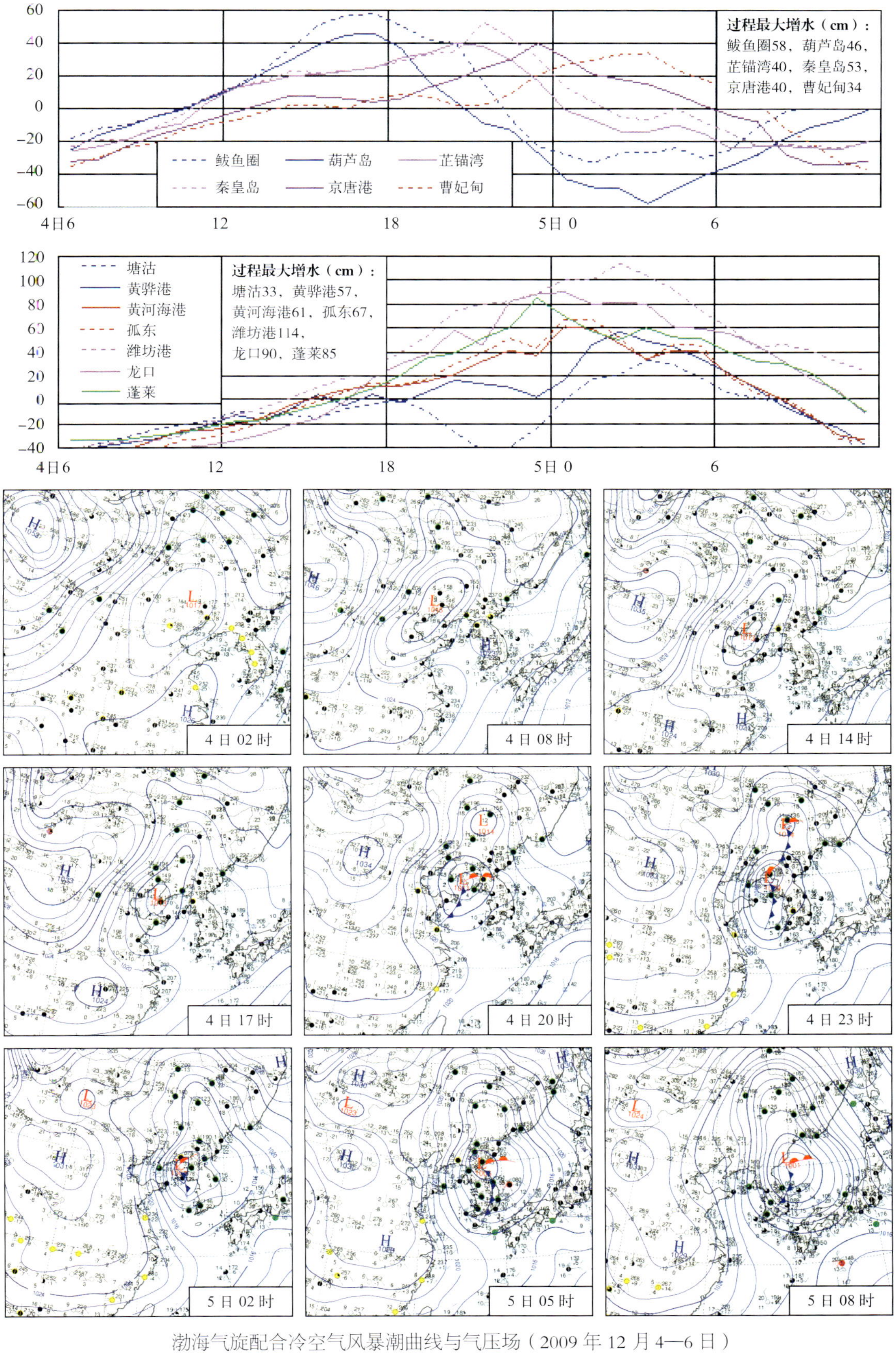

渤海气旋配合冷空气风暴潮曲线与气压场（2009 年 12 月 4—6 日）

2010 年 11 月 6—8 日

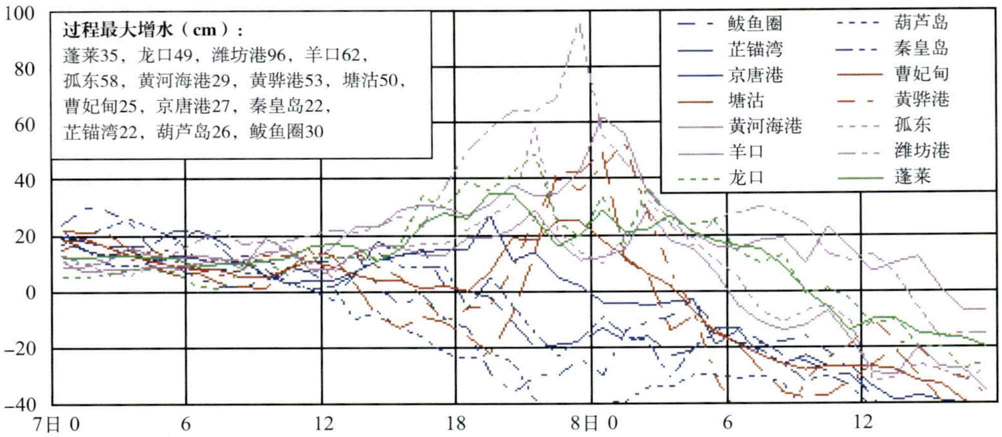

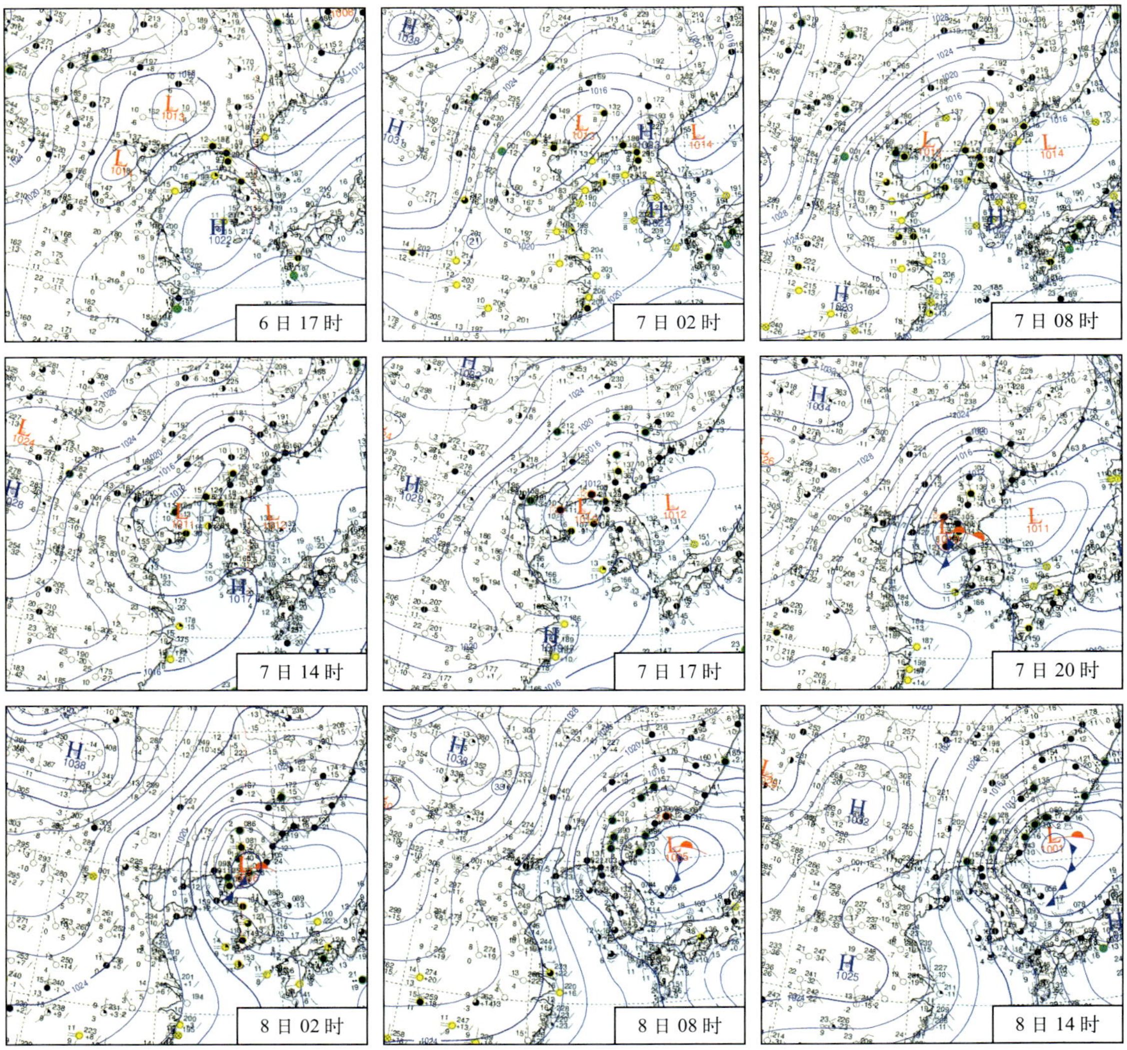

渤海气旋配合冷空气风暴潮曲线与气压场（2010 年 11 月 6—8 日）

2010 年 12 月 9—11 日

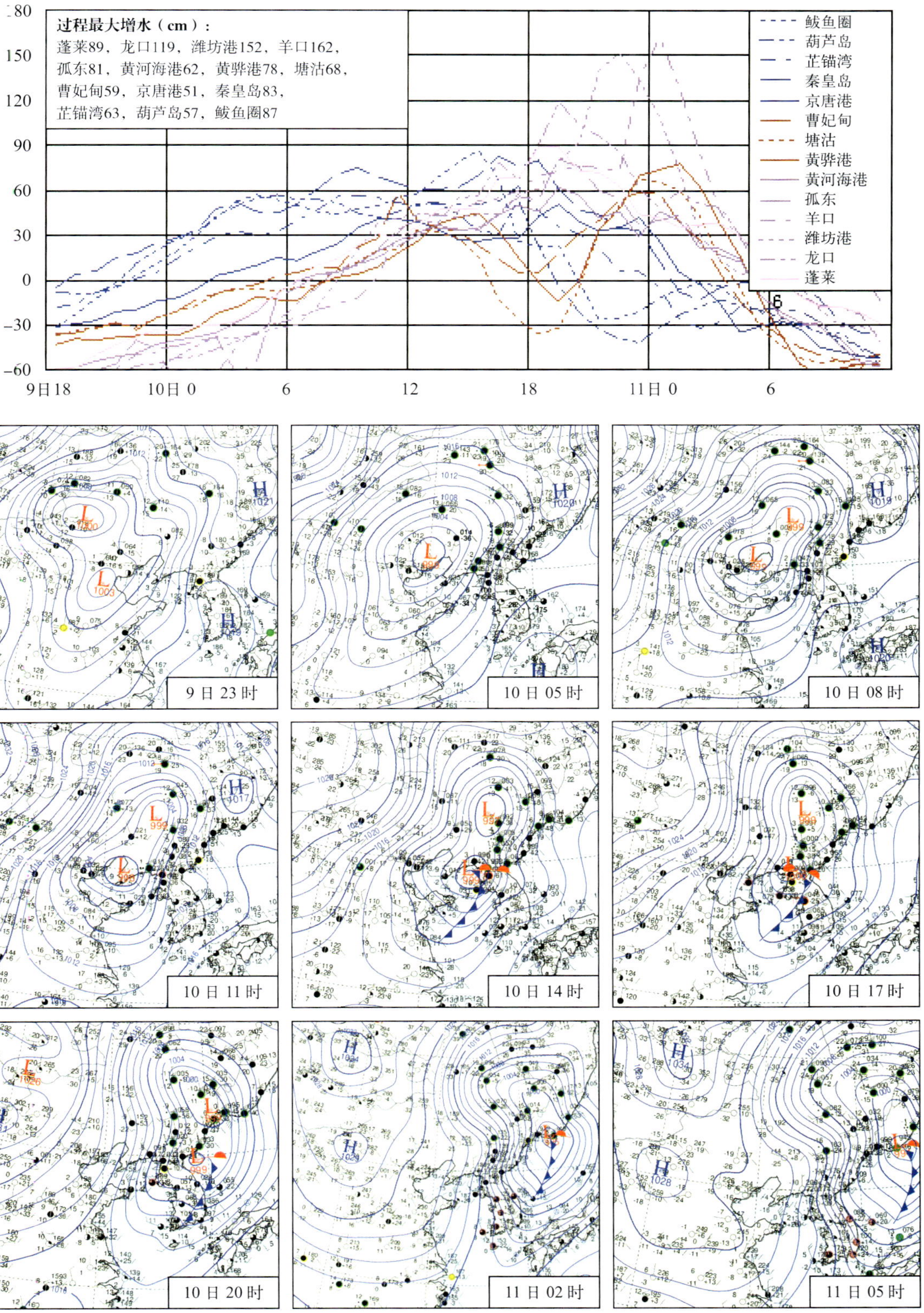

渤海气旋配合冷空气风暴潮曲线与气压场（2010 年 12 月 9—11 日）

2011 年 11 月 22—23 日

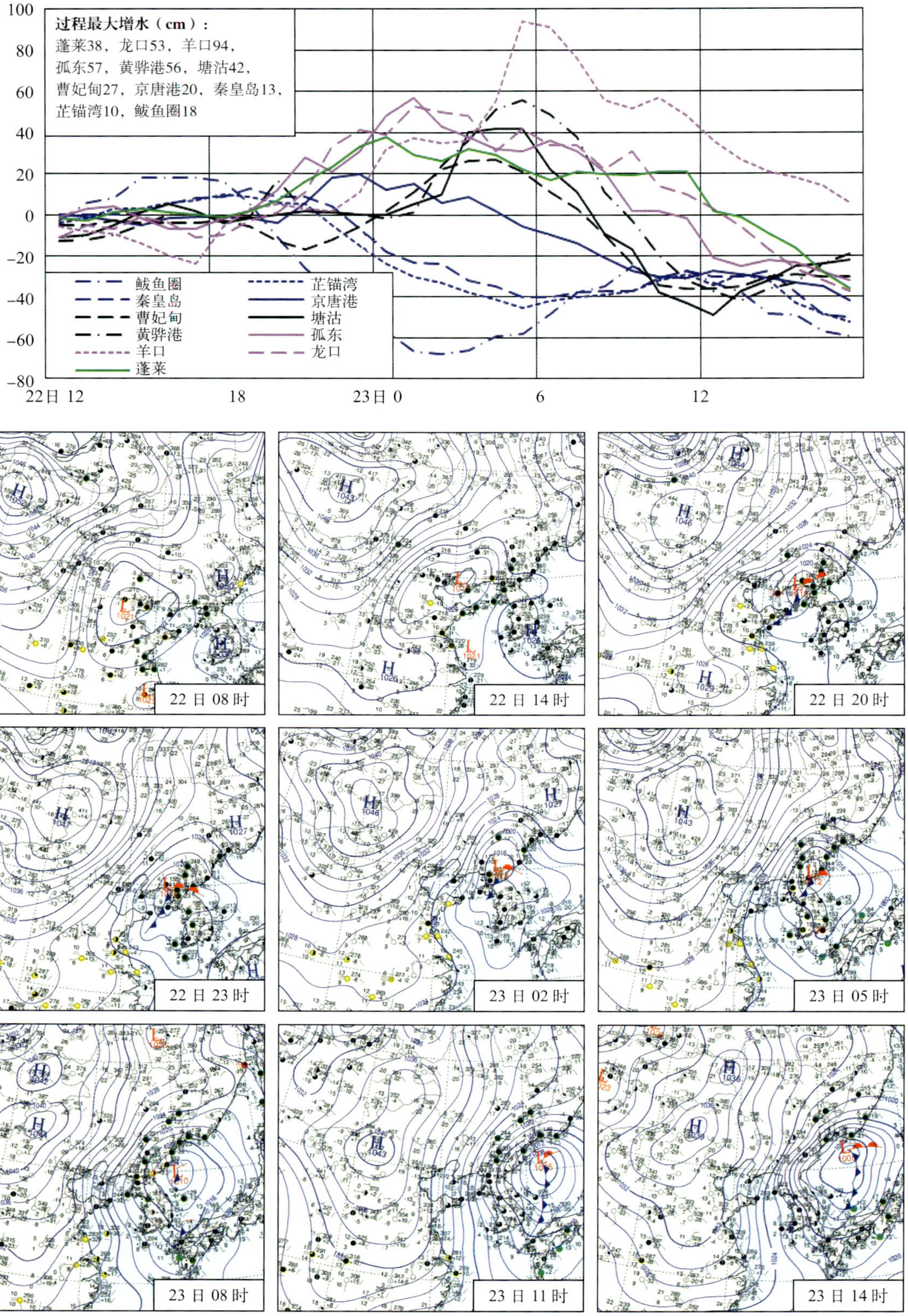

渤海气旋配合冷空气风暴潮曲线与气压场（2011 年 11 月 22—23 日）

2012 年 11 月 3—5 日

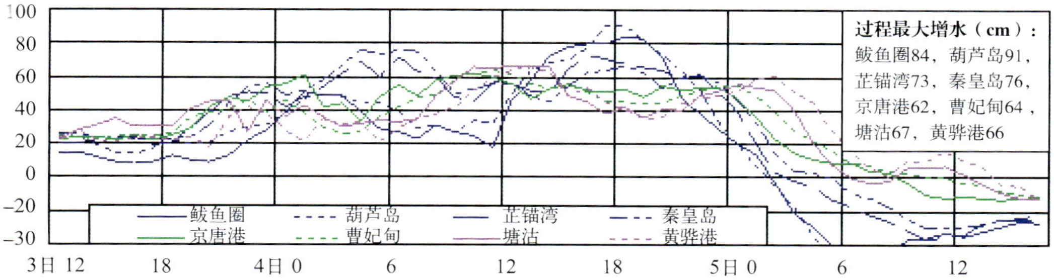

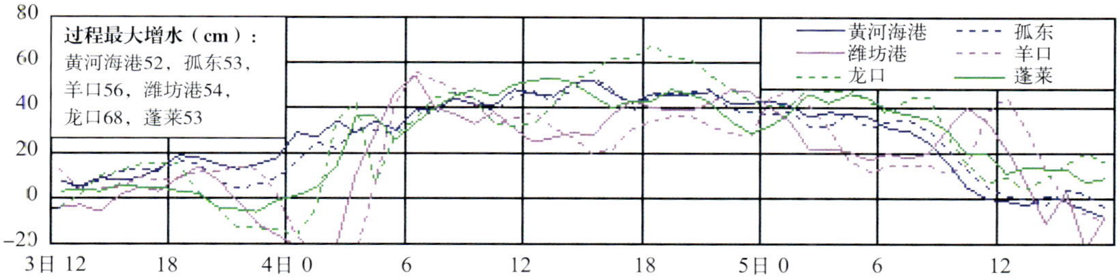

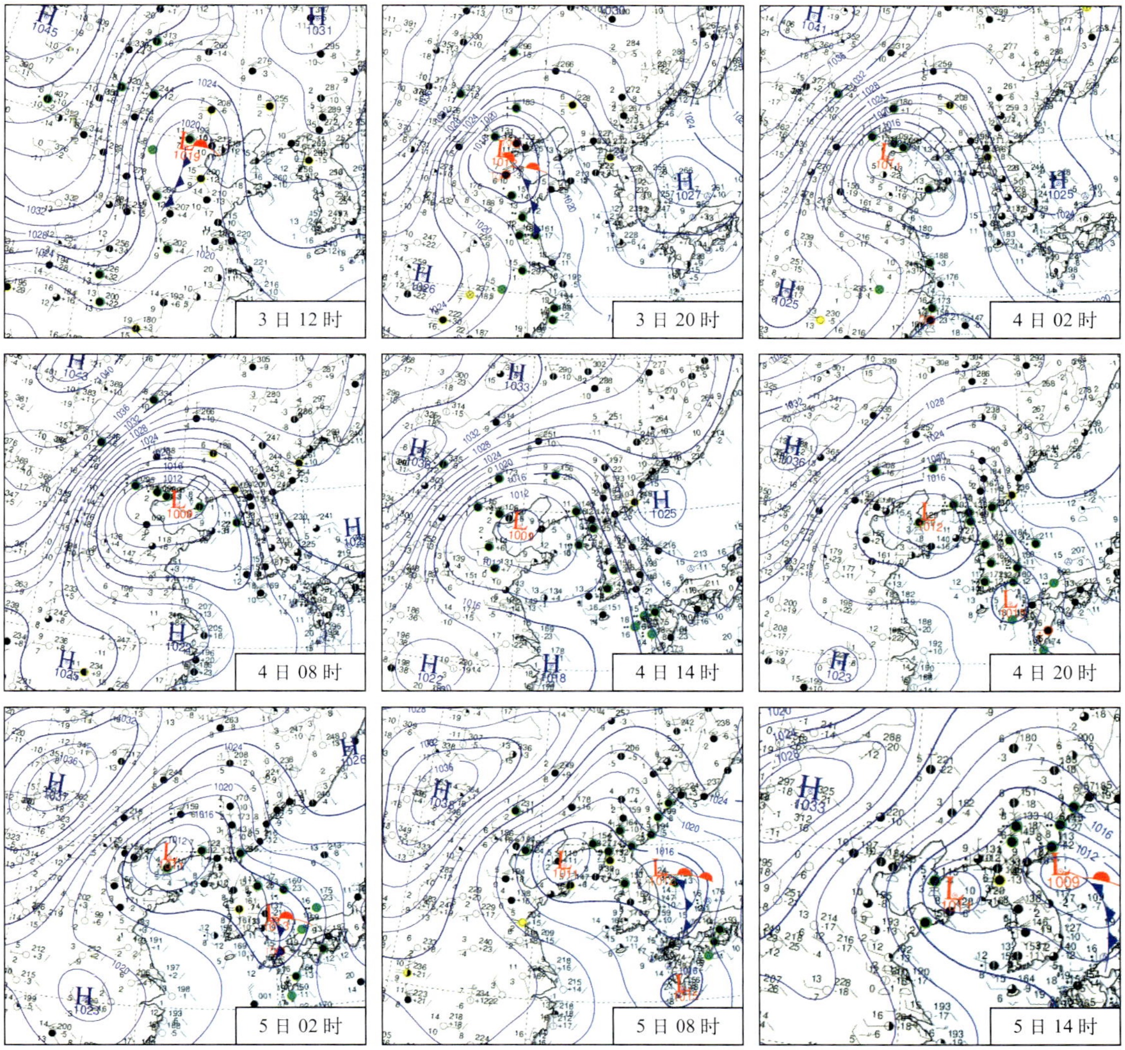

渤海气旋配合冷空气风暴潮曲线与气压场（2012 年 11 月 3—5 日）

2013 年 3 月 8—10 日

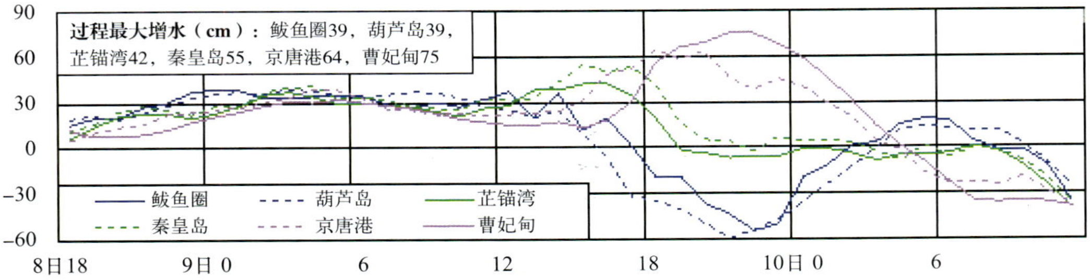

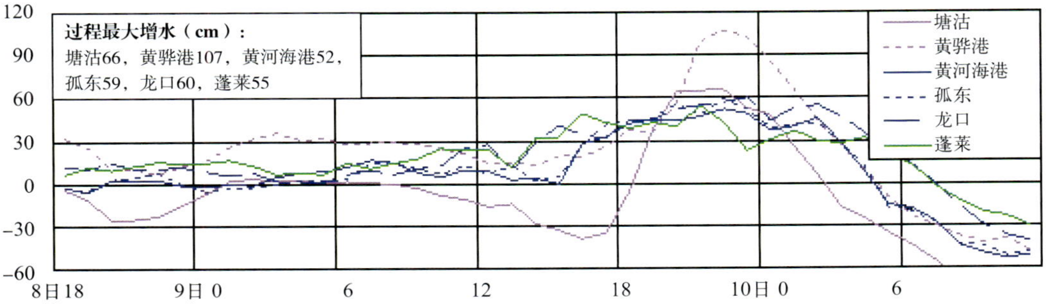

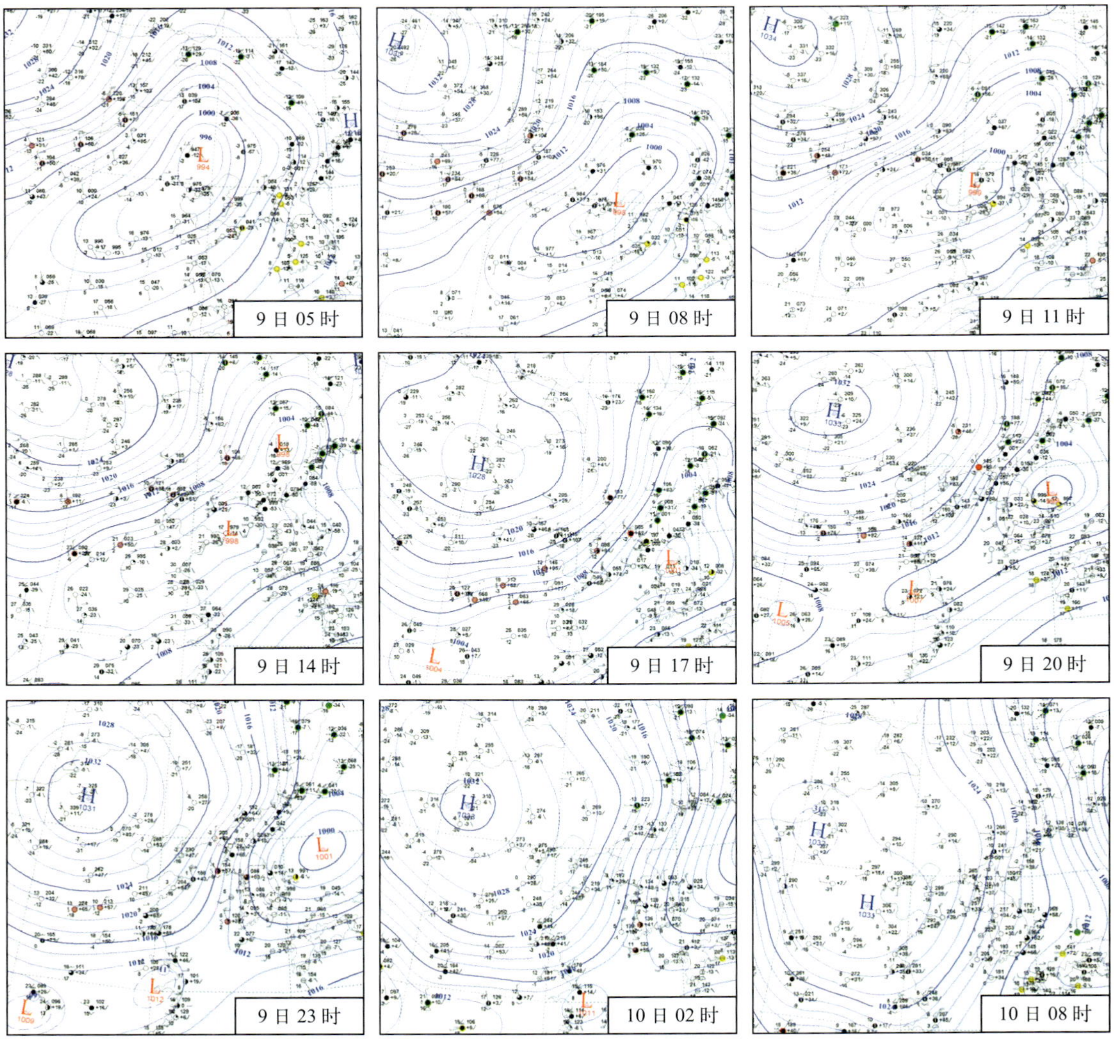

渤海气旋配合冷空气风暴潮曲线与气压场（2013 年 3 月 8—10 日）

2013 年 8 月 28—30 日

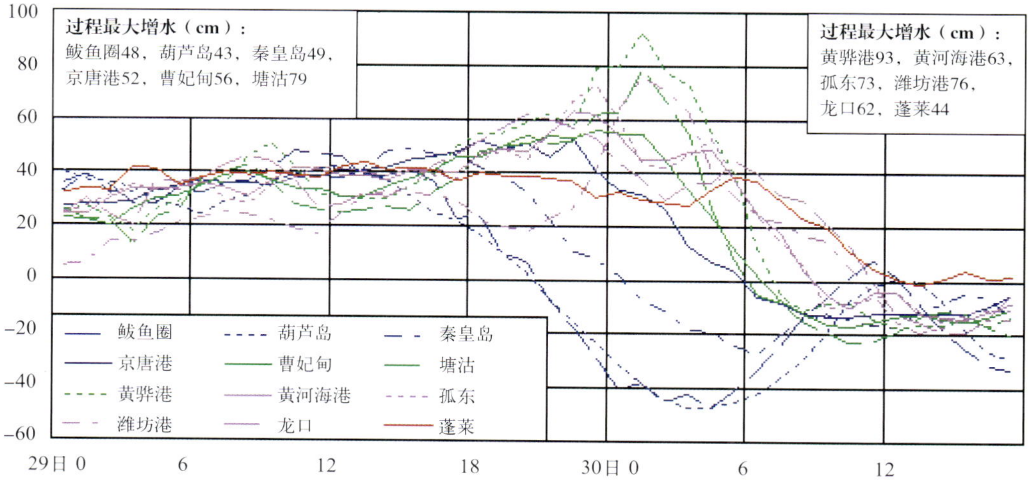

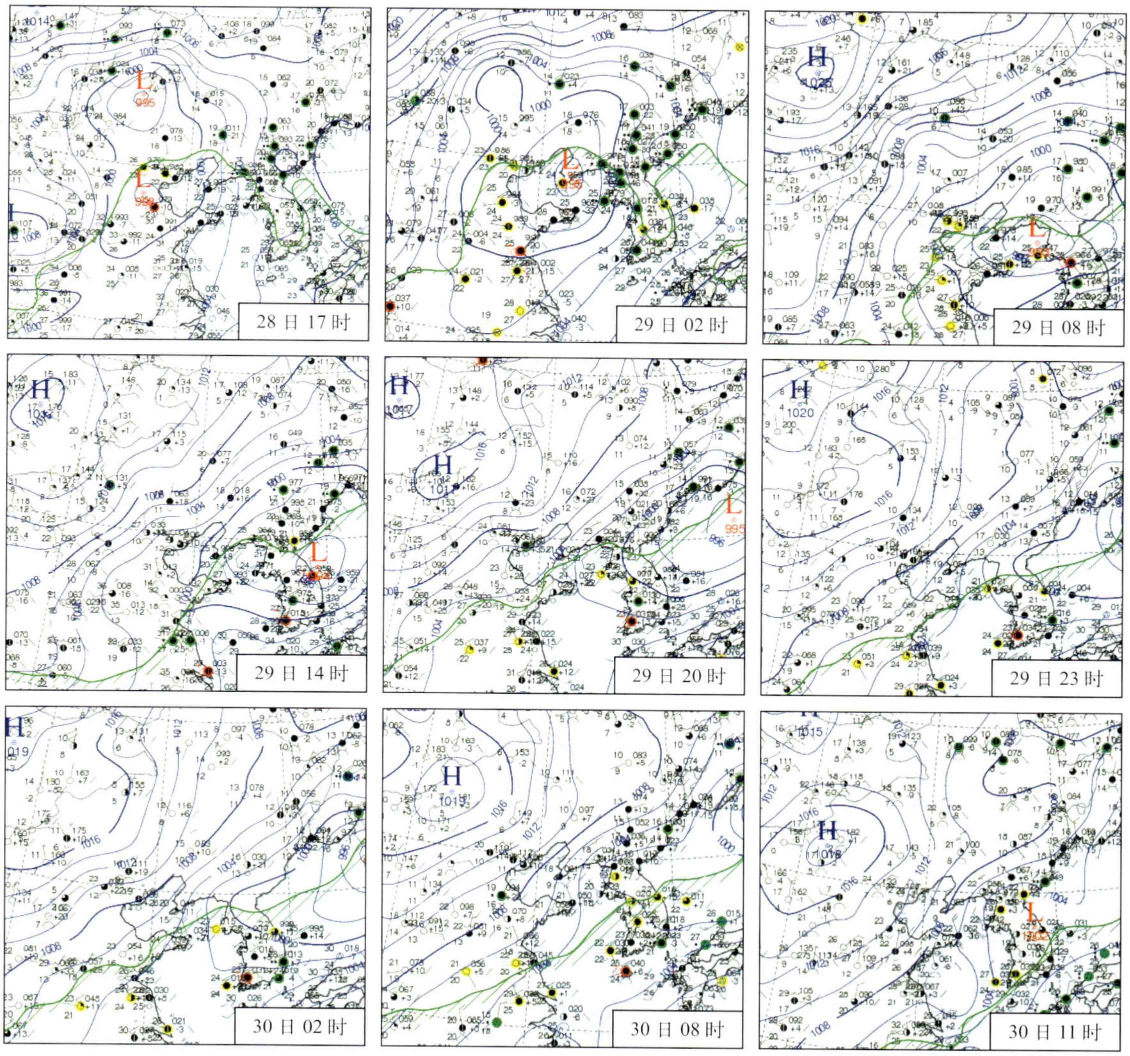

渤海气旋配合冷空气风暴潮曲线与气压场（2013 年 8 月 28—30 日）

2017 年 2 月 28 日—3 月 2 日

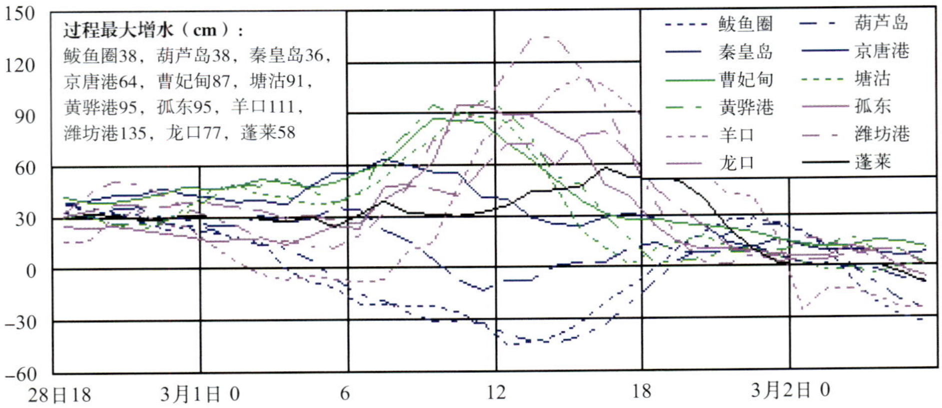

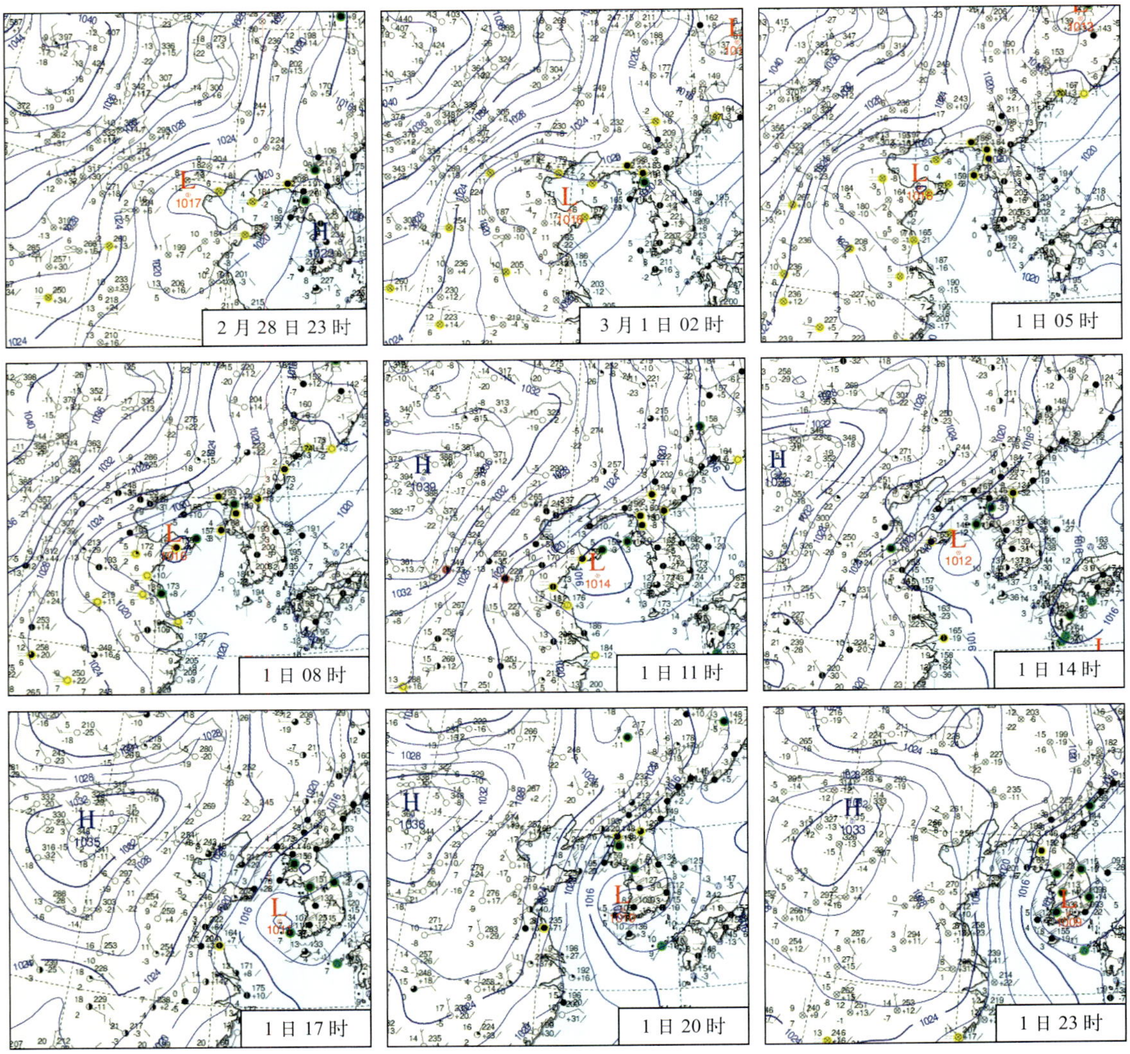

渤海气旋配合冷空气风暴潮曲线与气压场（2017 年 2 月 28 日—3 月 2 日）

11.1.2.4　黄海气旋配合类

1961 年 11 月 19—21 日

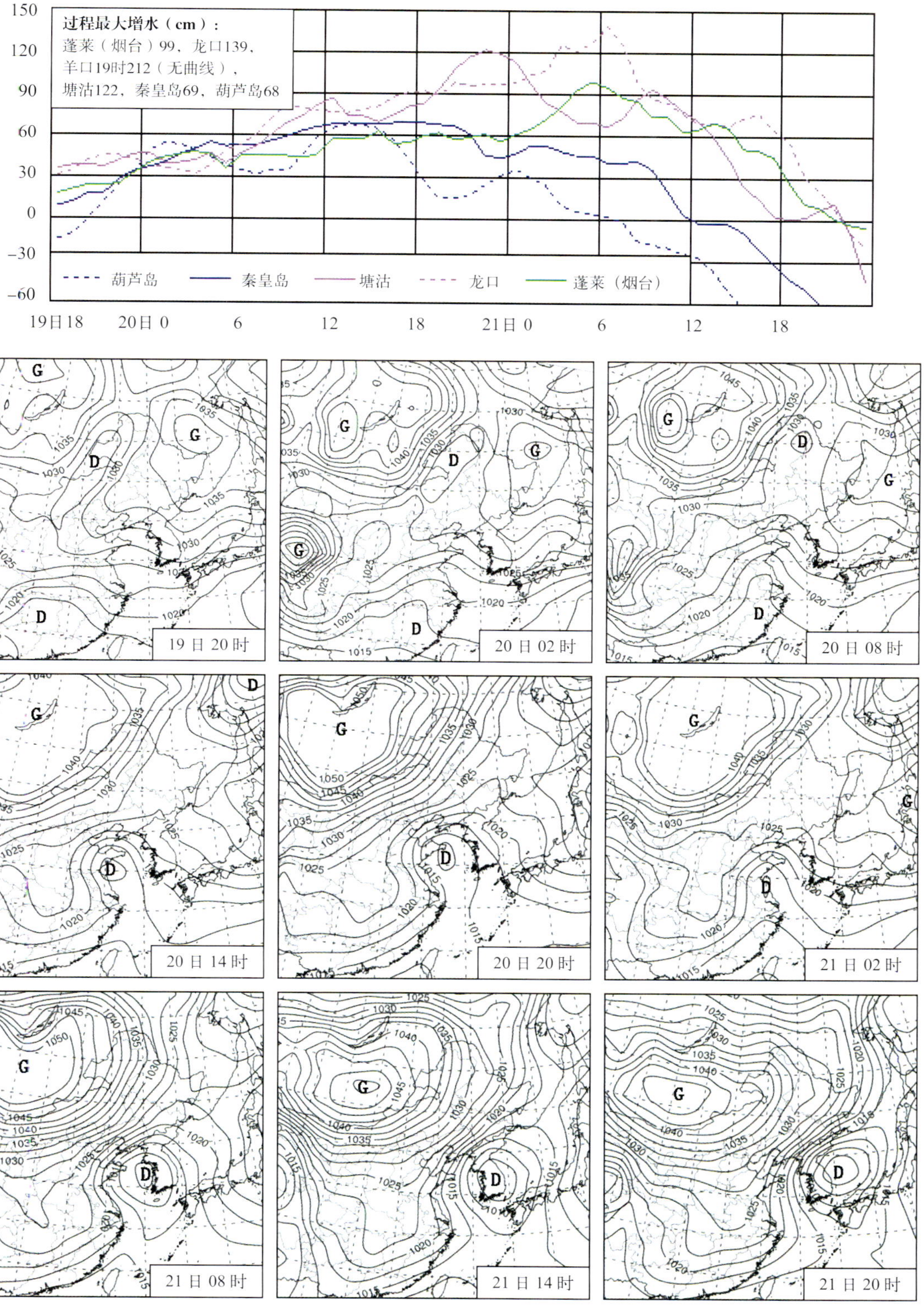

黄海气旋配合冷空气风暴潮曲线与气压场（1961 年 11 月 19—21 日）

1971 年 1 月 19—21 日

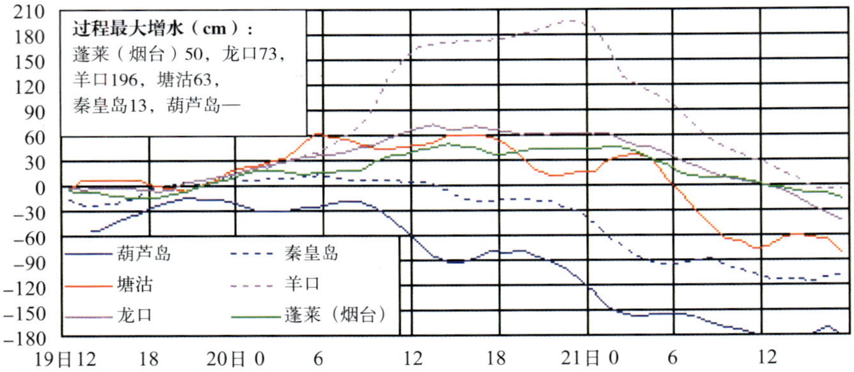

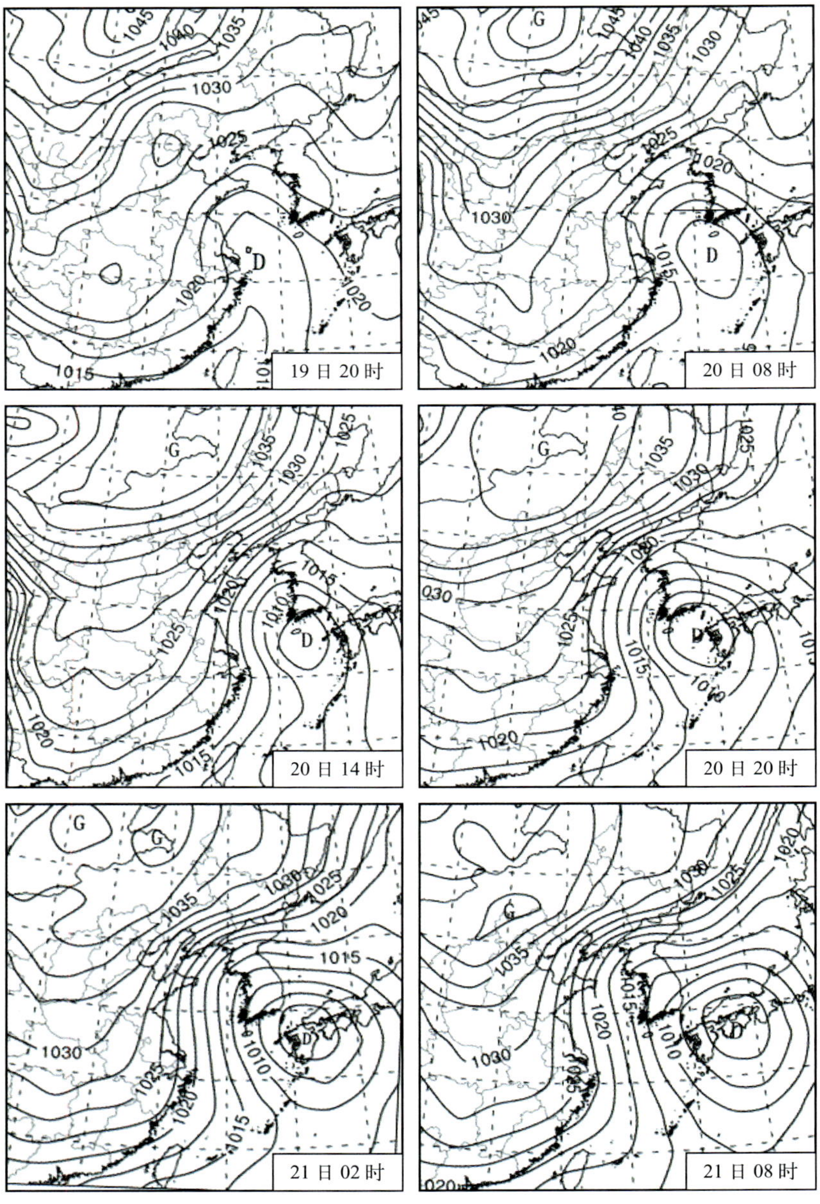

黄海气旋配合冷空气风暴潮曲线与气压场（1971 年 1 月 19—21 日）

1972 年 10 月 20—21 日

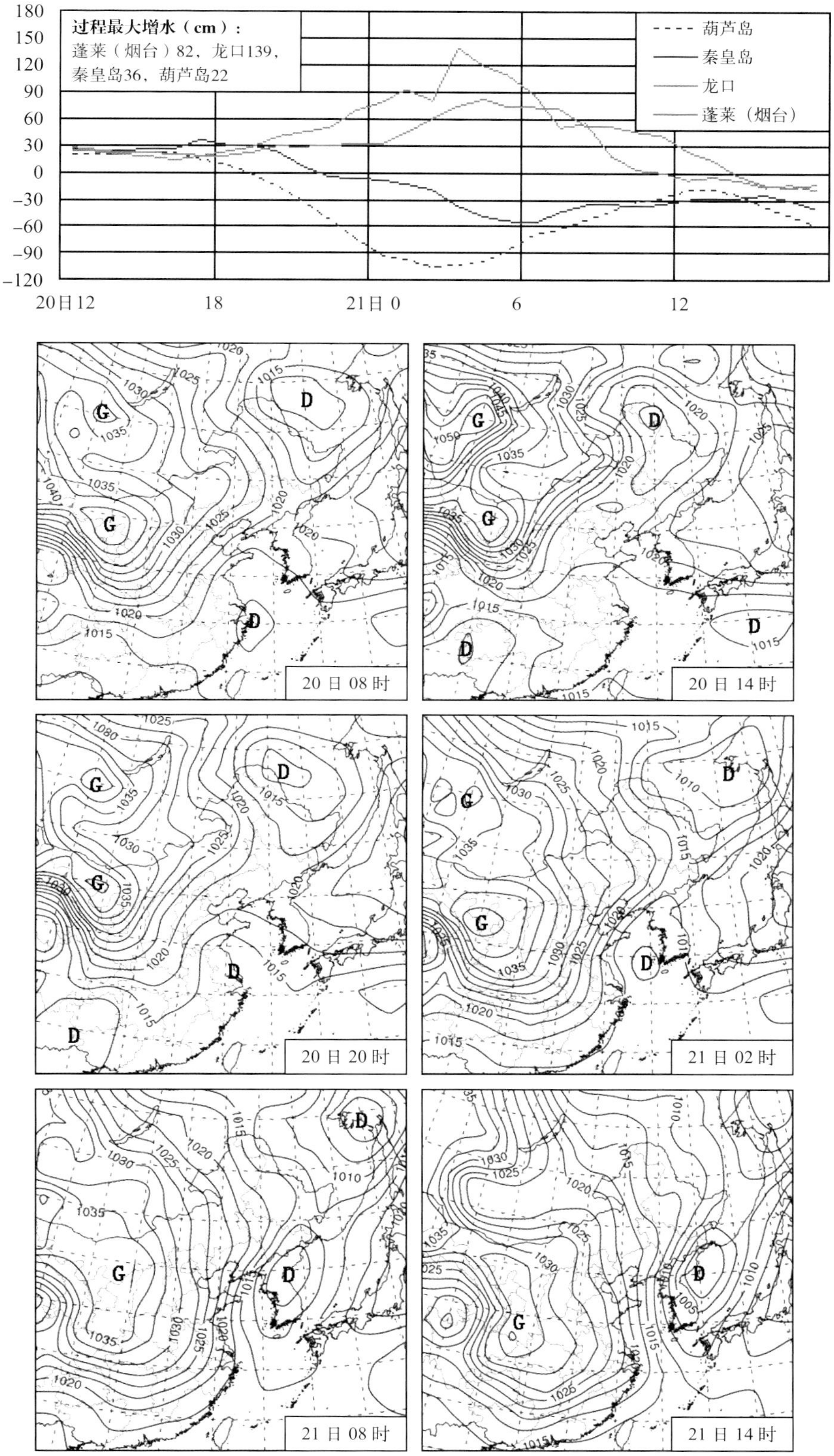

黄海气旋配合冷空气风暴潮曲线与气压场（1972 年 10 月 20—21 日）

1976 年 2 月 27—28 日

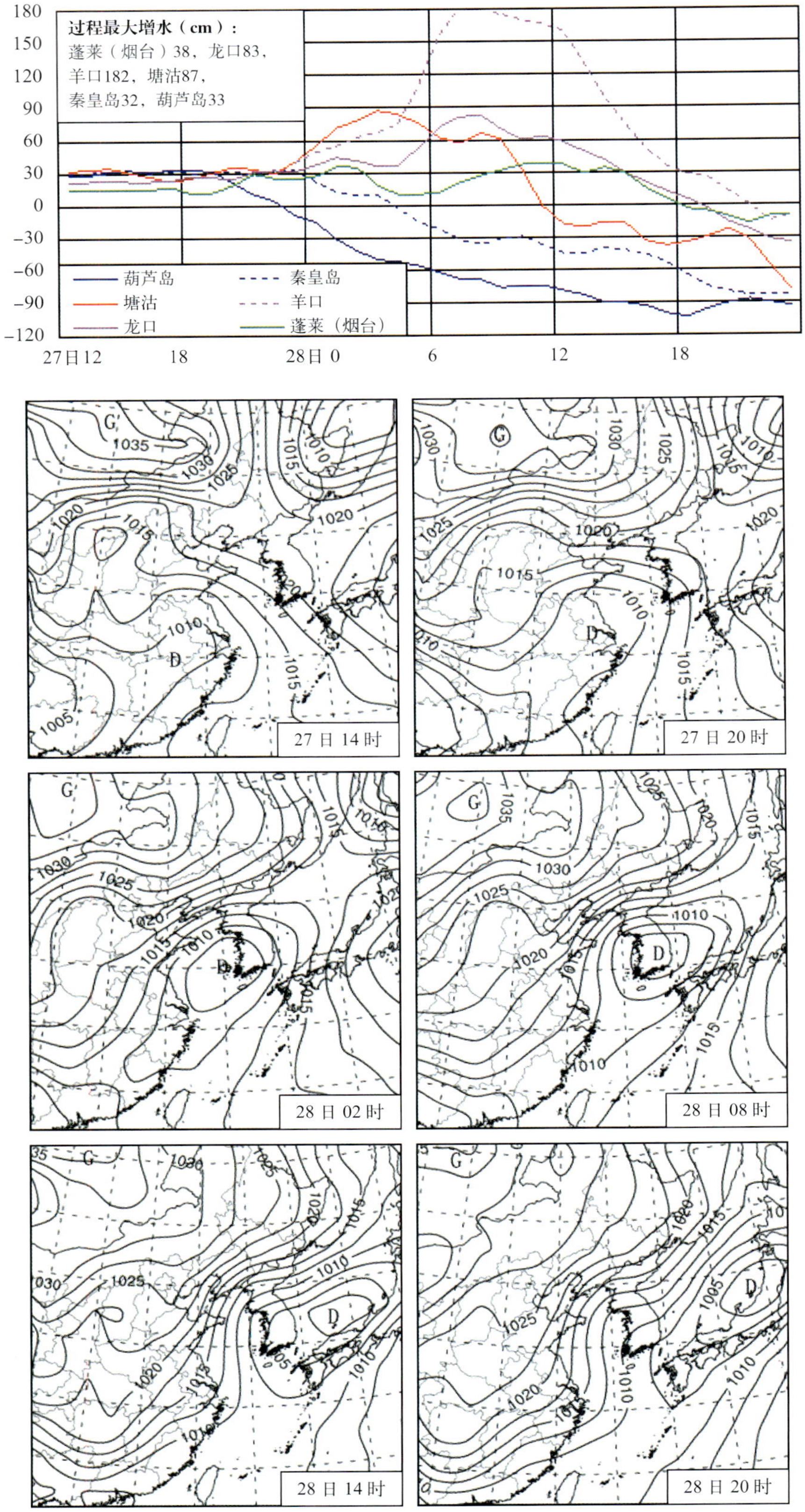

黄海气旋配合冷空气风暴潮曲线与气压场（1976 年 2 月 27—28 日）

1982 年 11 月 9—10 日

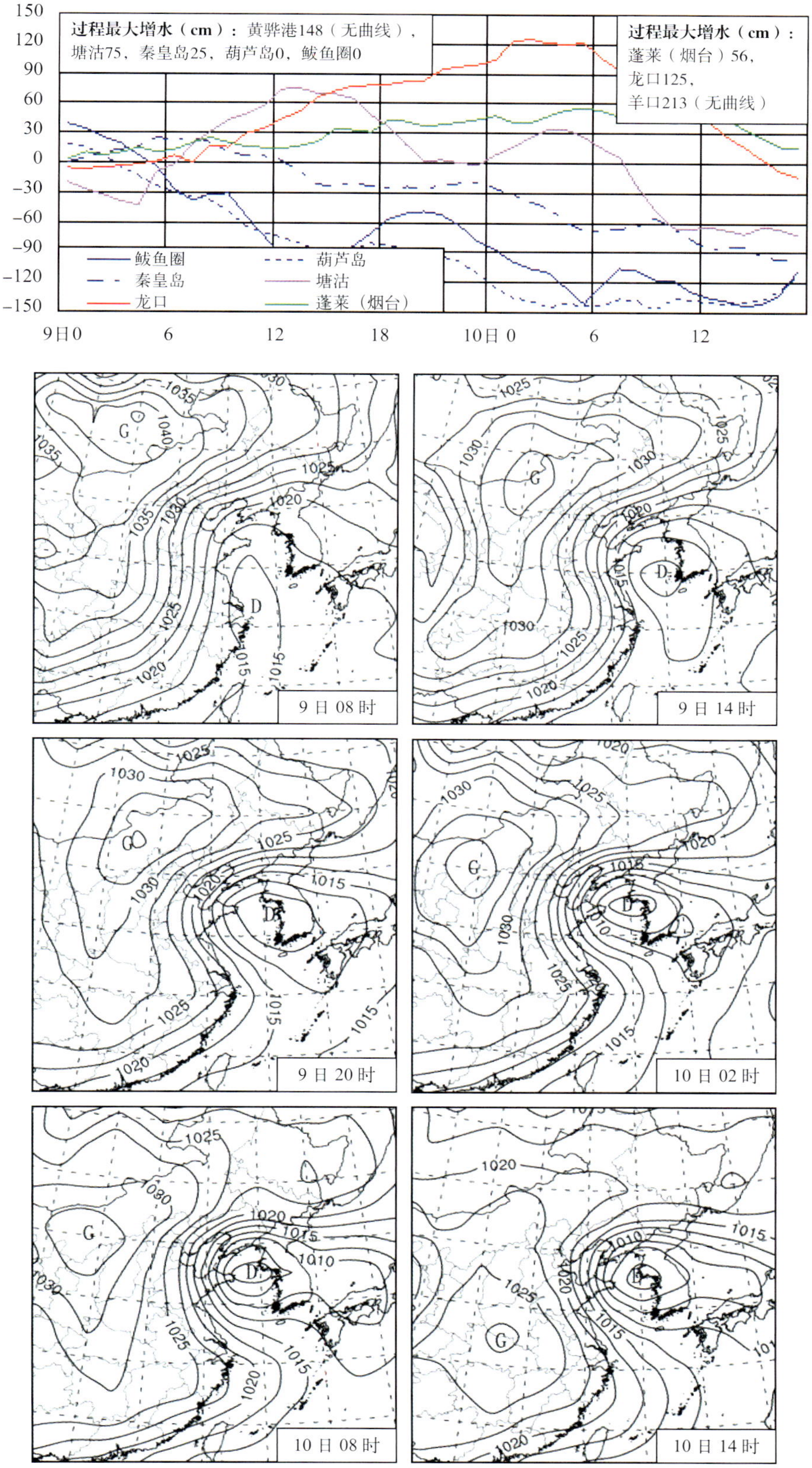

黄海气旋配合冷空气风暴潮曲线与气压场（1982 年 11 月 9—10 日）

1986 年 10 月 20—21 日

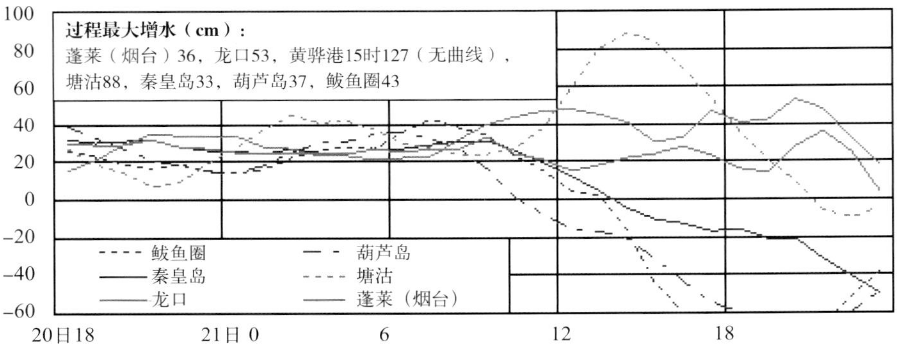

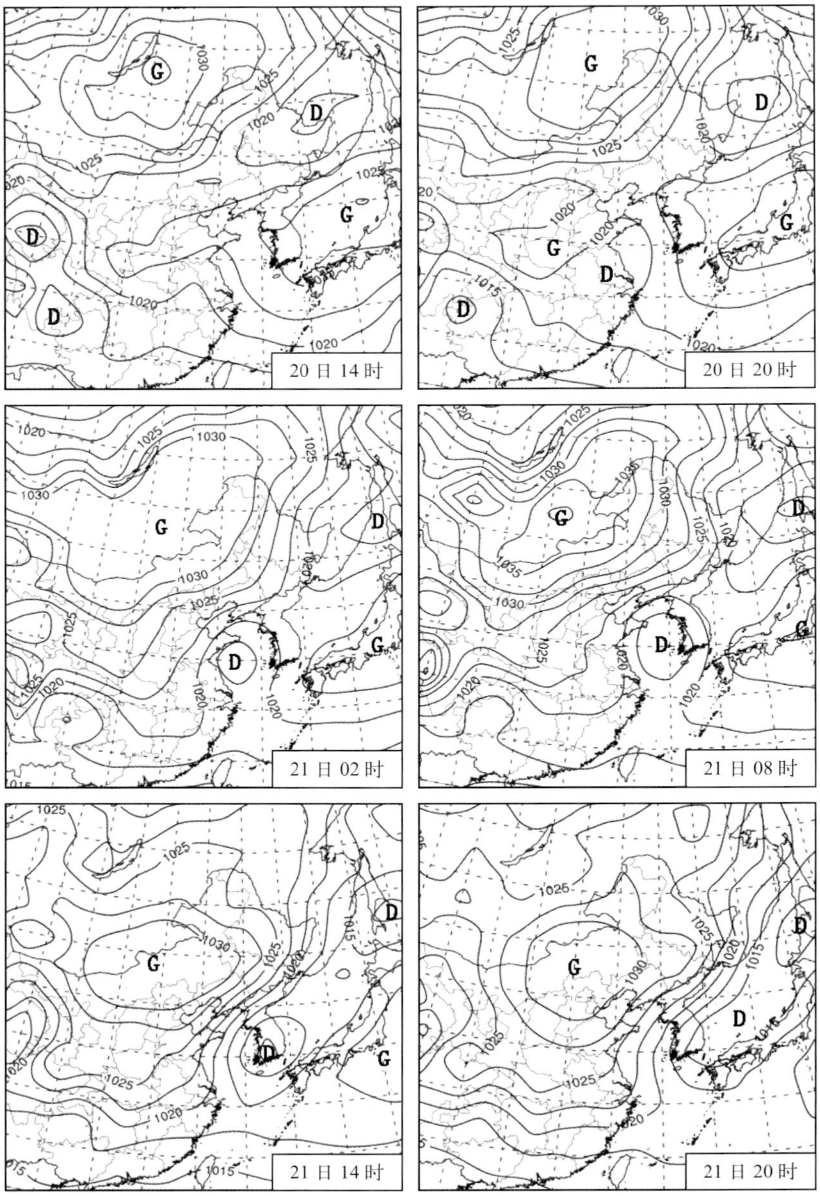

黄海气旋配合冷空气风暴潮曲线与气压场（1986 年 10 月 20—21 日）

2001 年 10 月 27—28 日

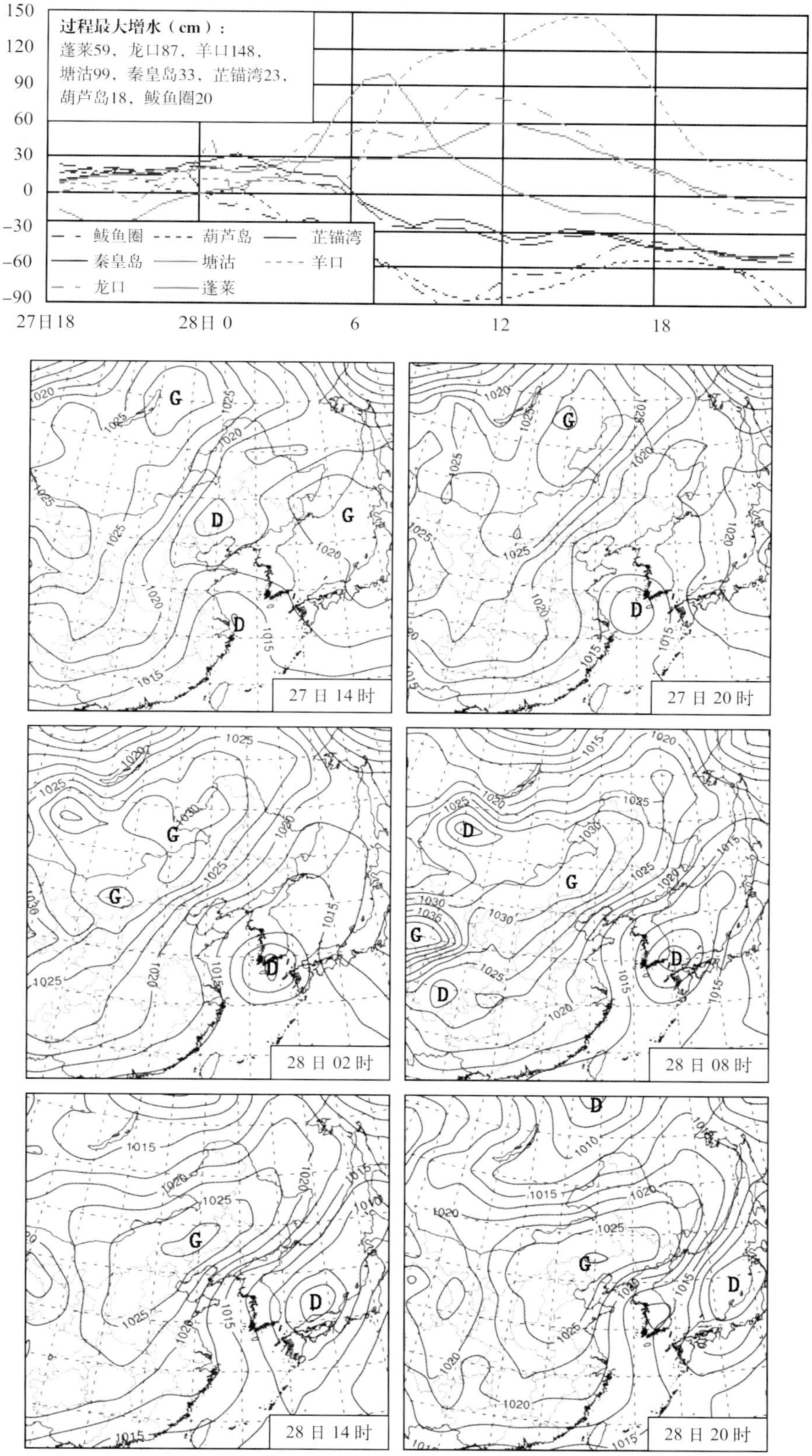

黄海气旋配合冷空气风暴潮曲线与气压场（2001 年 10 月 27—28 日）

2012 年 11 月 10—11 日

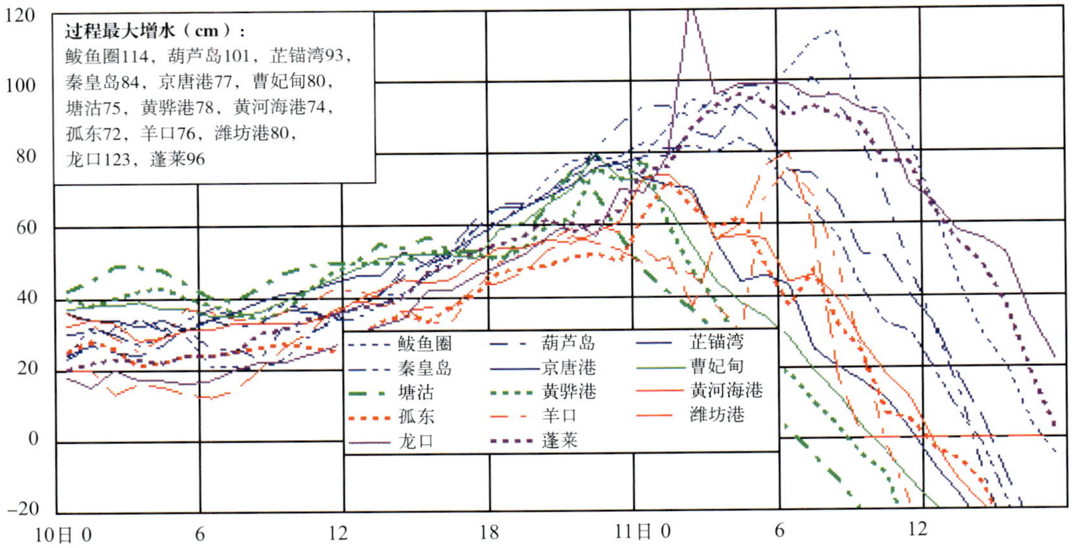

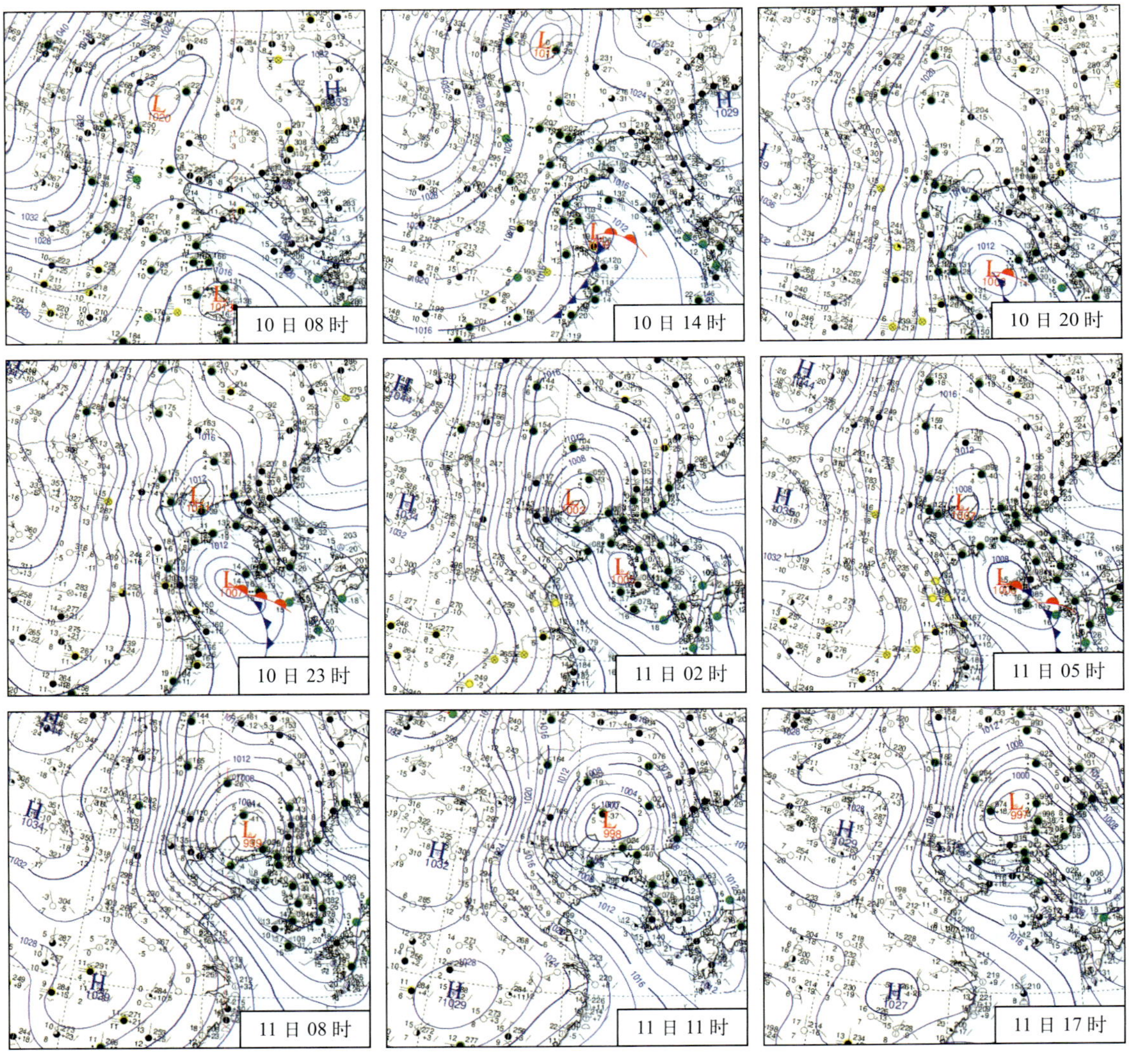

黄海气旋配合冷空气风暴潮曲线与气压场（2012 年 11 月 10—11 日）

2013 年 1 月 20—22 日

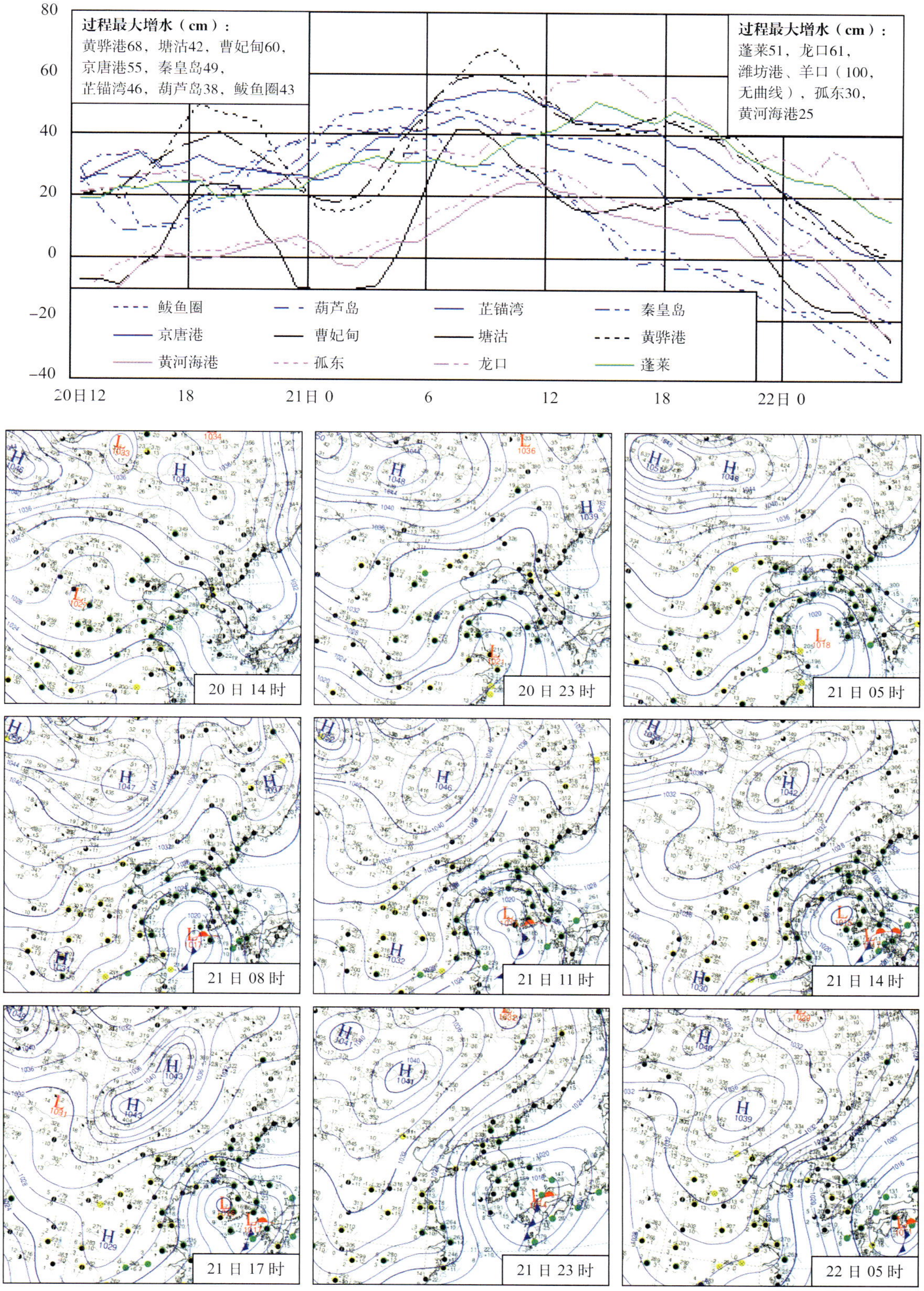

黄海气旋配合冷空气风暴潮曲线与气压场（2013 年 1 月 20—22 日）

2015 年 11 月 6—8 日

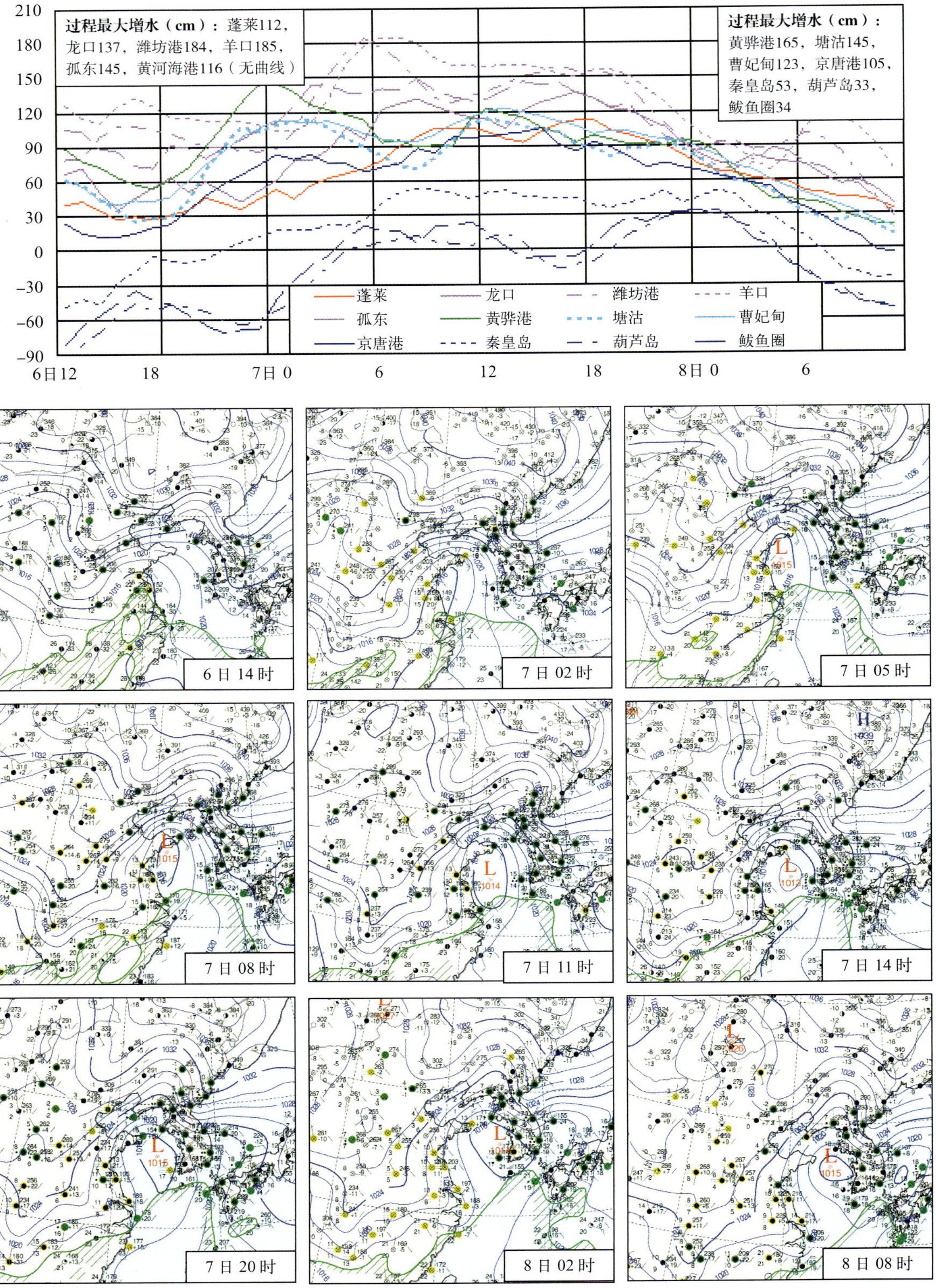

黄海气旋配合冷空气风暴潮曲线与气压场（2015 年 11 月 6—8 日）

11.2　斜（或竖）向冷锋冷空气风暴潮个例

11.2.1　无温带气旋配合类

1962 年 1 月 3—4 日

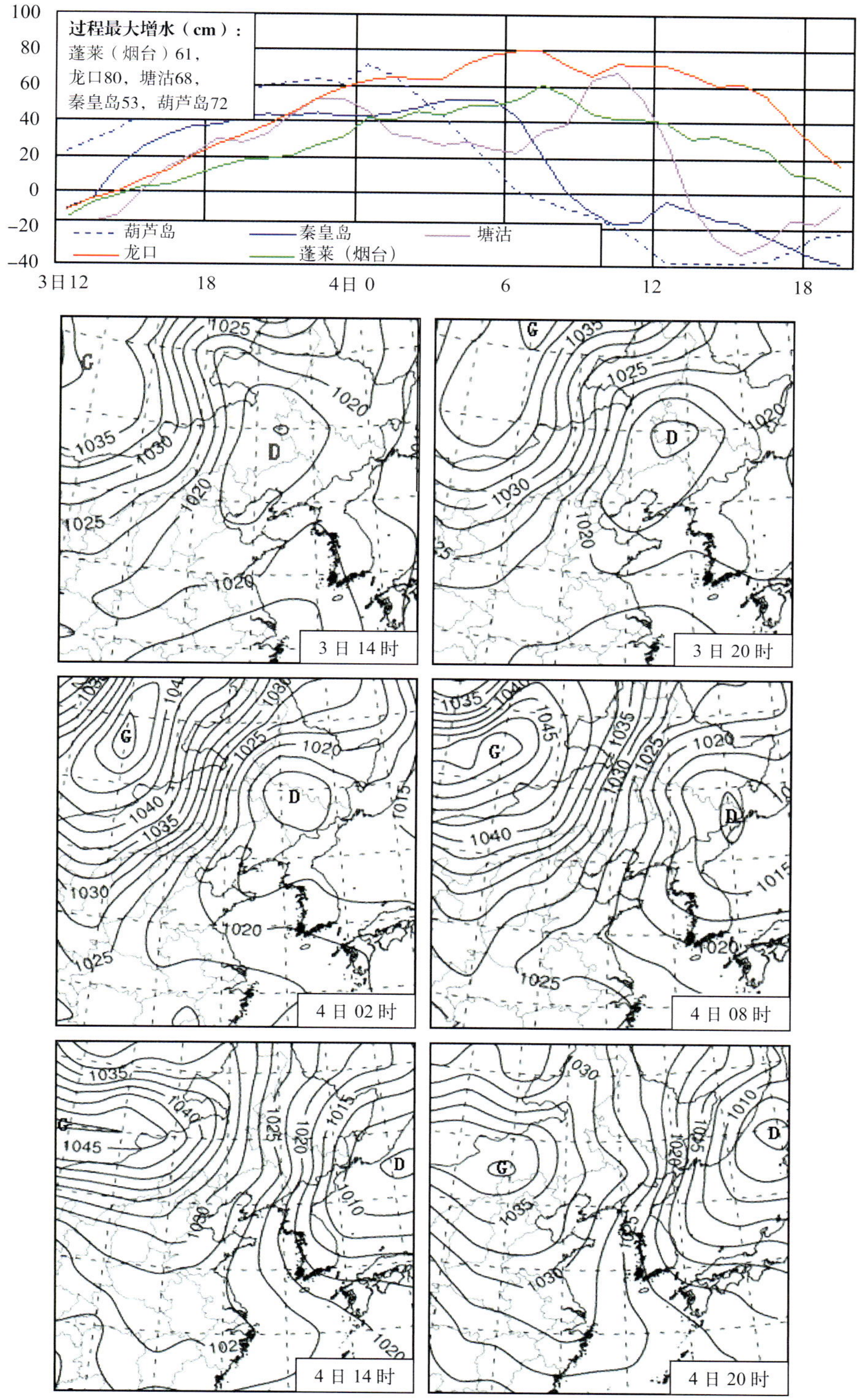

斜锋冷空气风暴潮曲线与气压场（1962 年 1 月 3—4 日）

1965 年 1 月 30—31 日

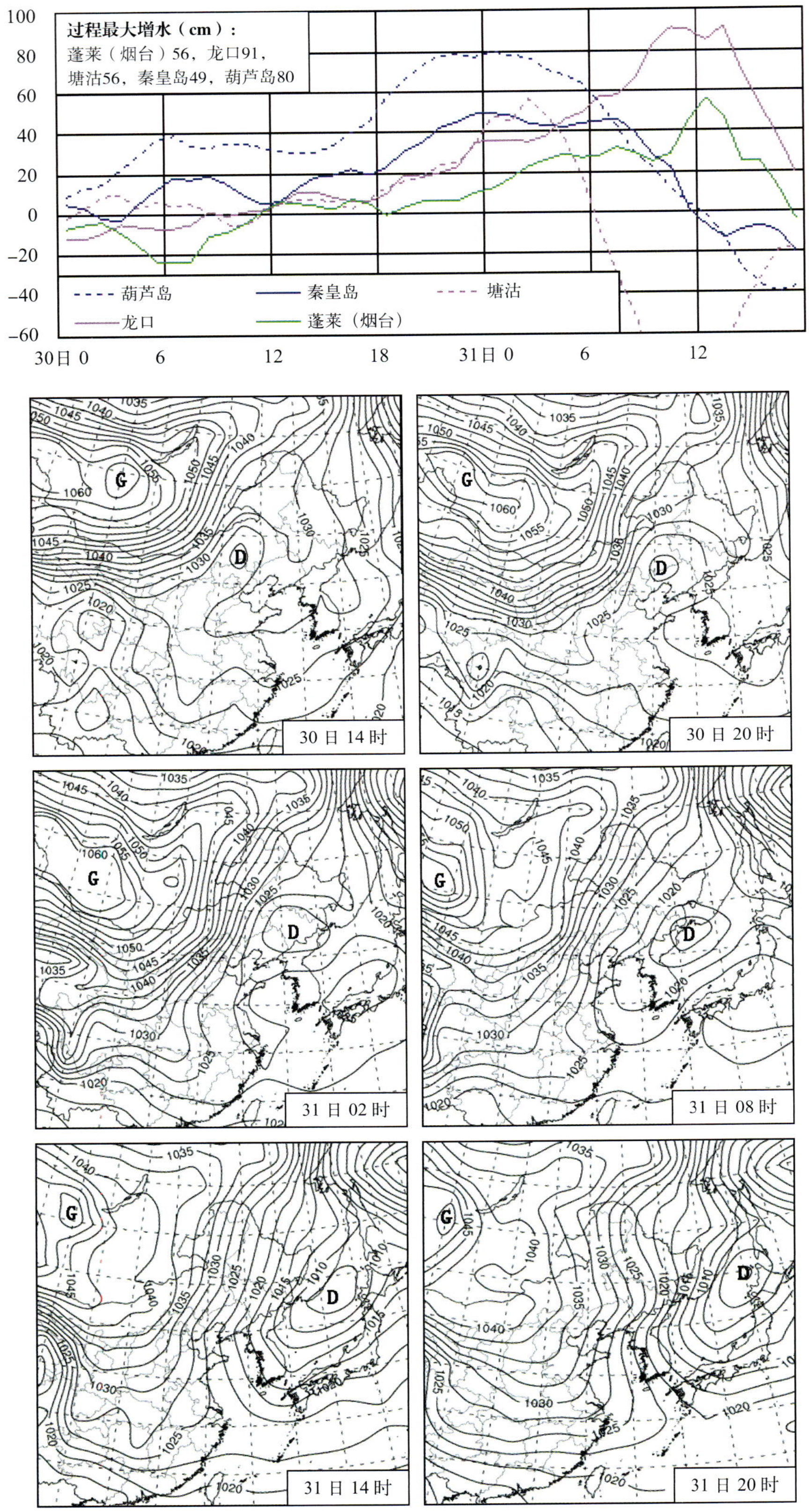

斜锋冷空气风暴潮曲线与气压场（1965 年 1 月 30—31 日）

1969 年 11 月 8—9 日

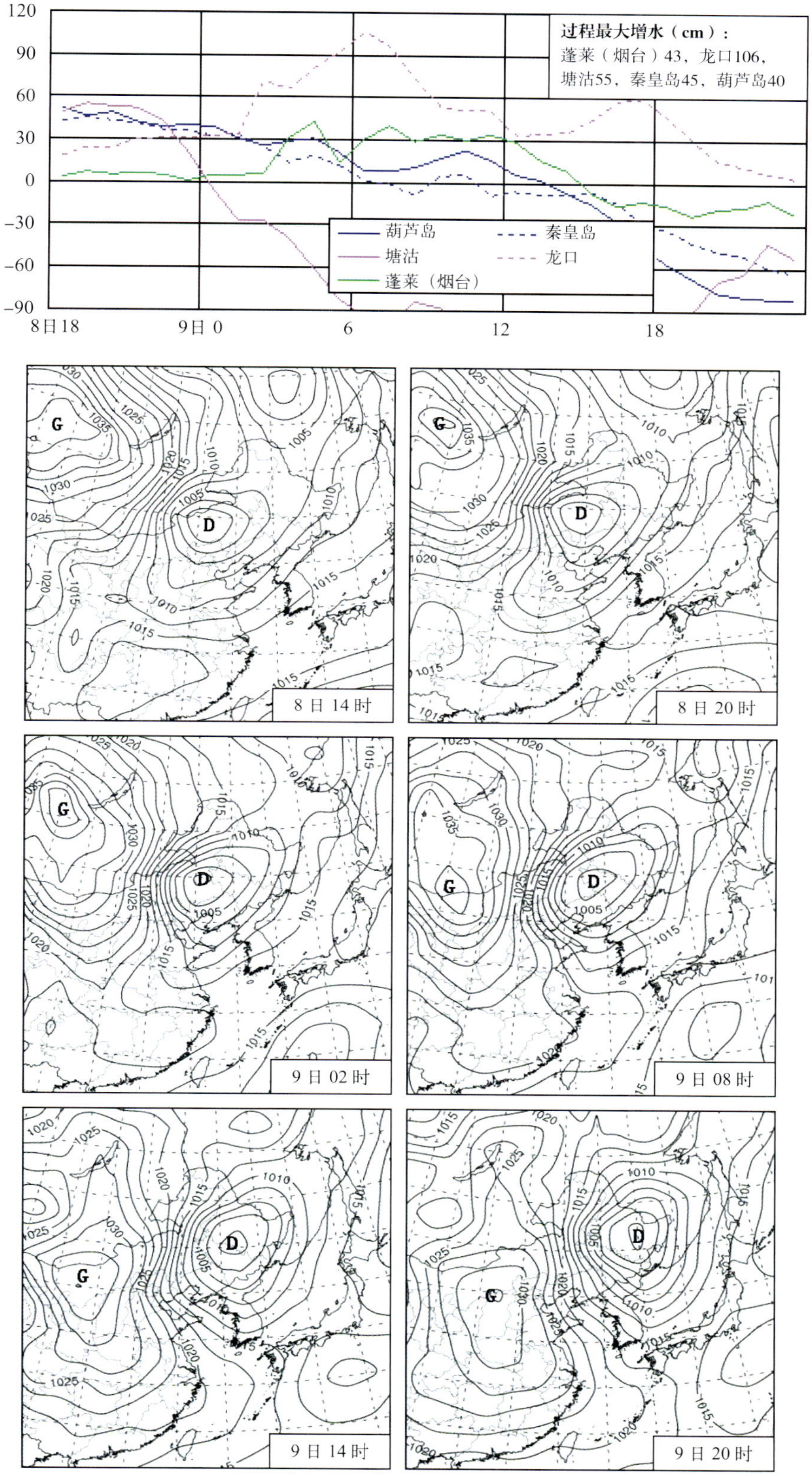

斜锋冷空气风暴潮曲线与气压场（1969 年 11 月 8—9 日）

1976 年 11 月 9—10 日

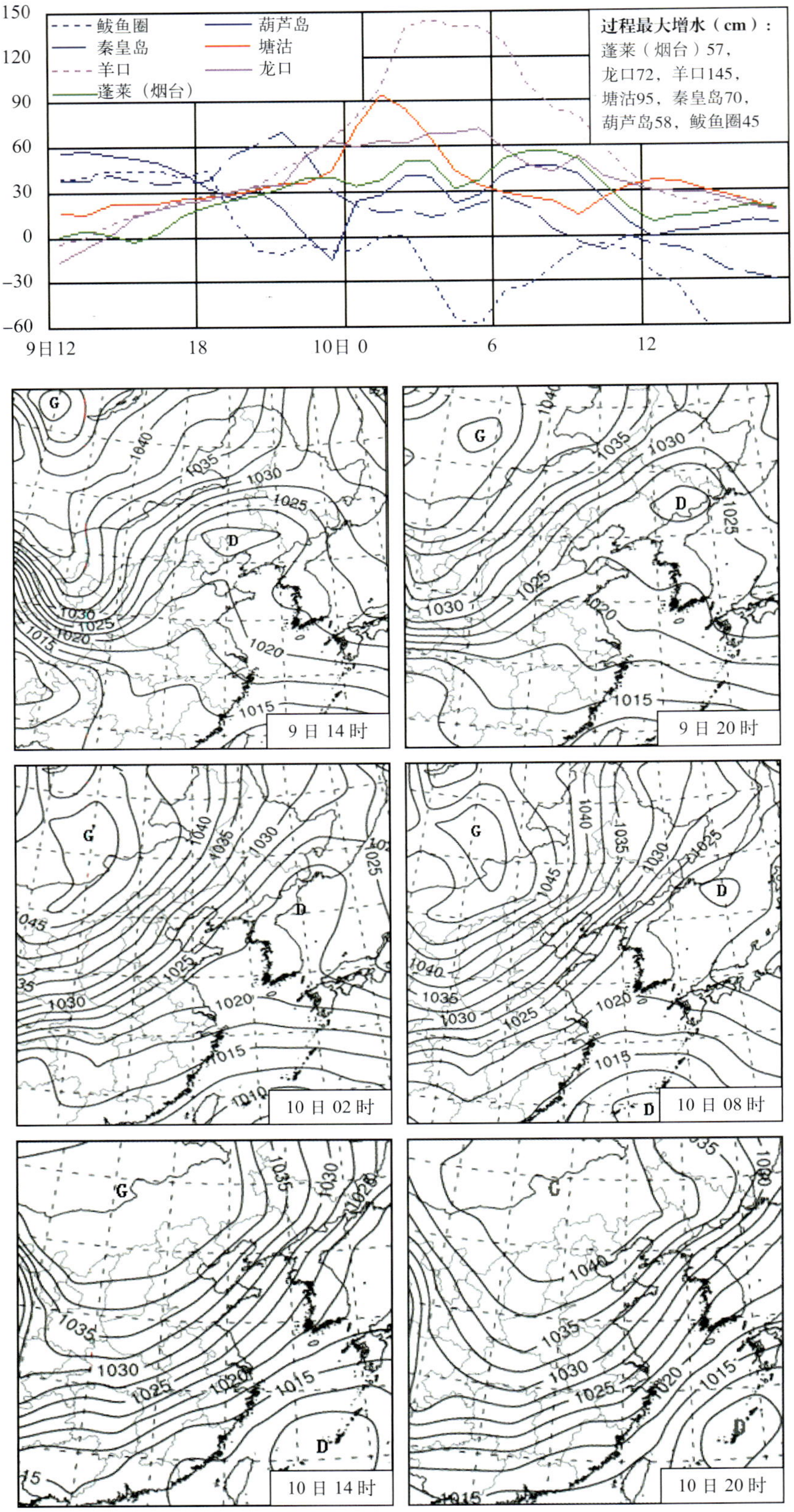

斜锋冷空气风暴潮曲线与气压场（1976 年 11 月 9—10 日）

1982 年 12 月 3—4 日

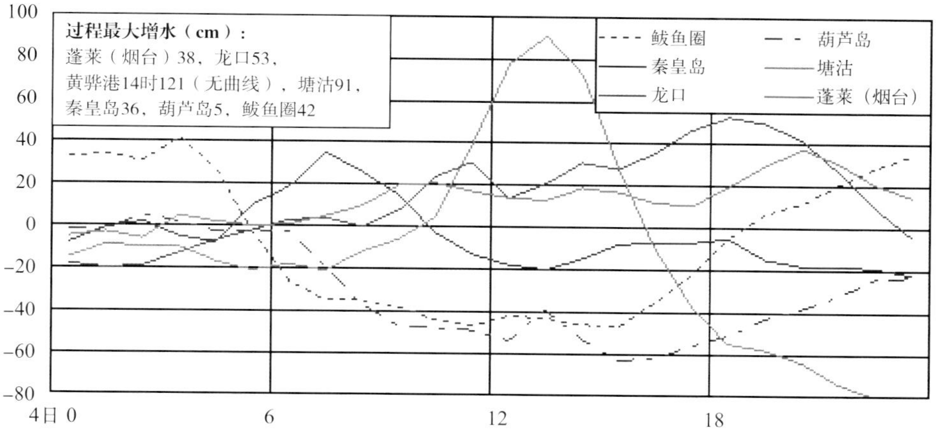

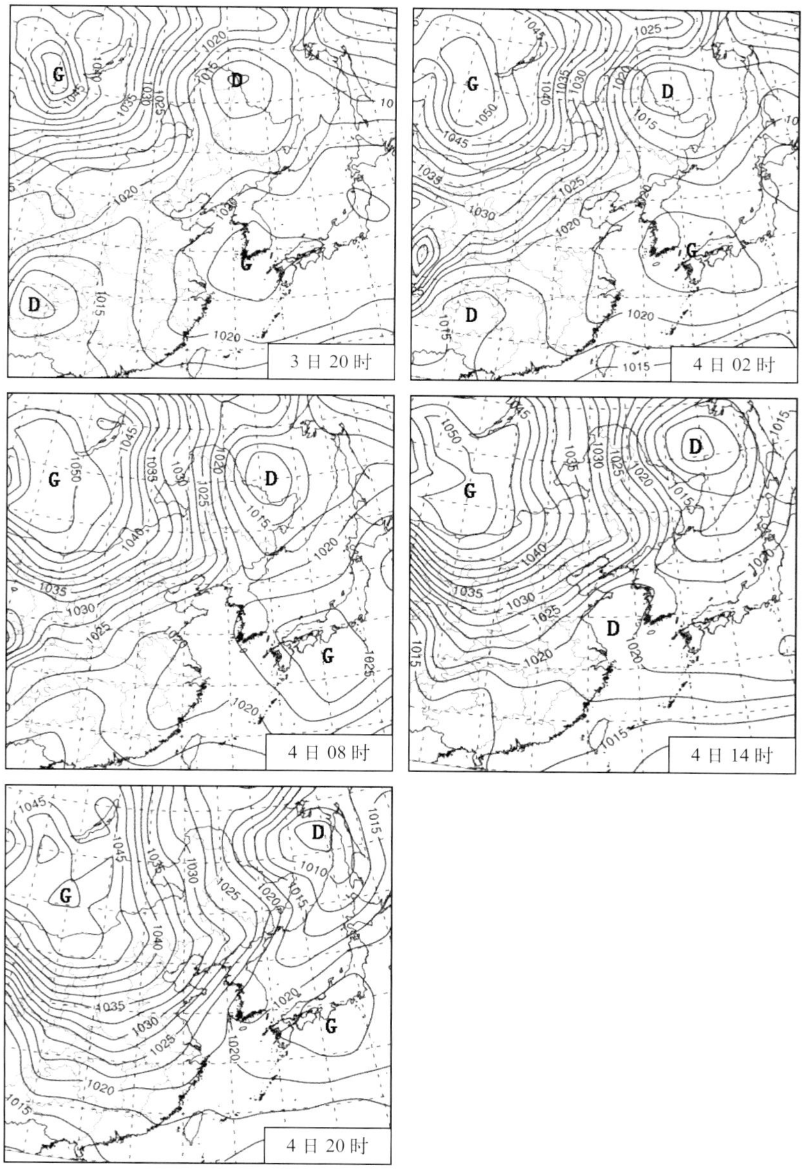

斜锋冷空气风暴潮曲线与气压场（1982 年 12 月 3—4 日）

1988 年 1 月 21—22 日

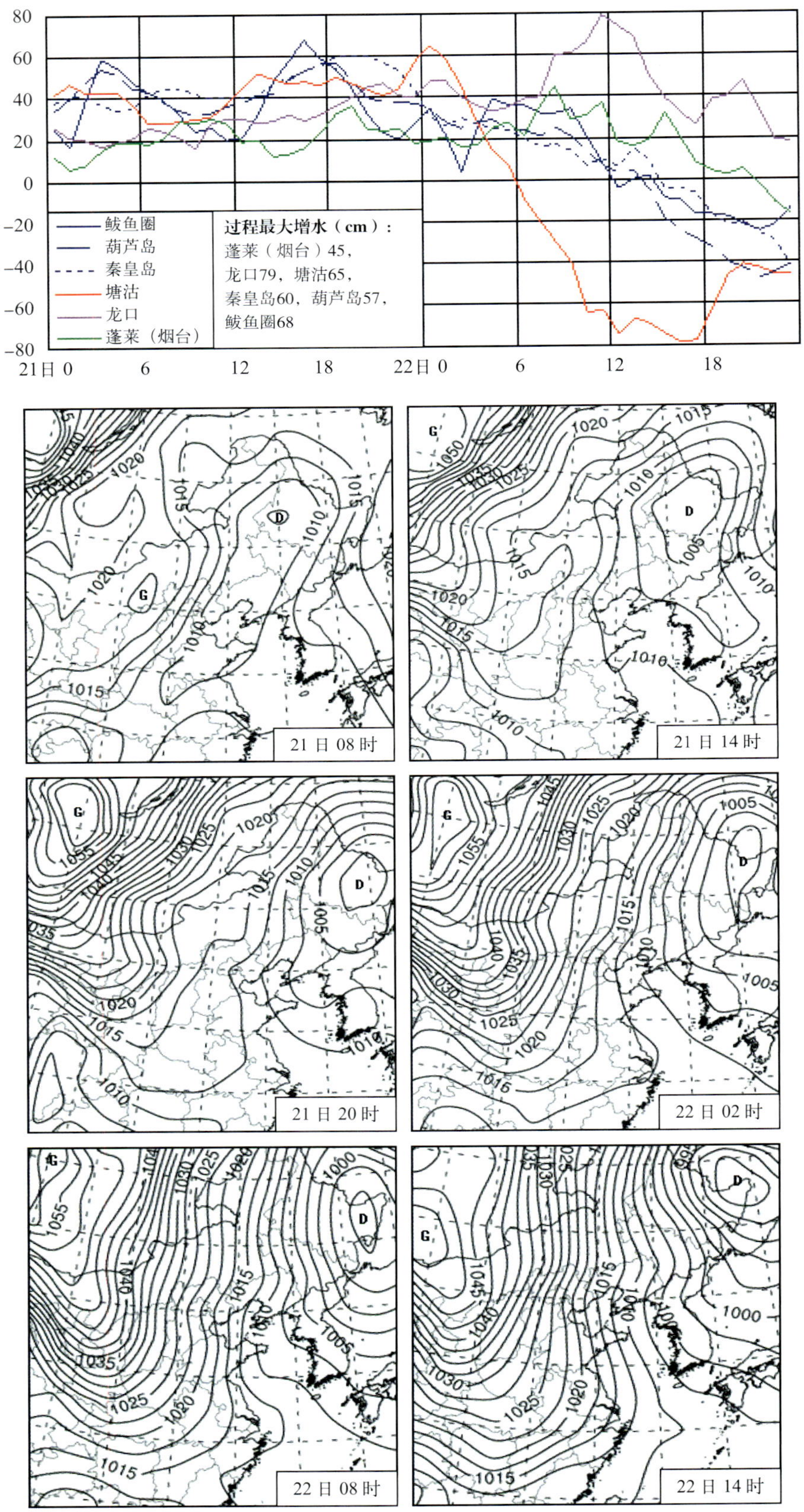

斜锋冷空气风暴潮曲线与气压场（1988 年 1 月 21—22 日）

1990 年 10 月 23—24 日

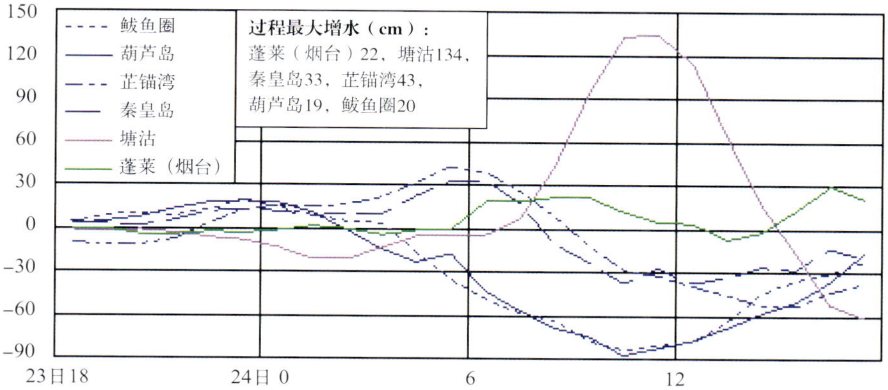

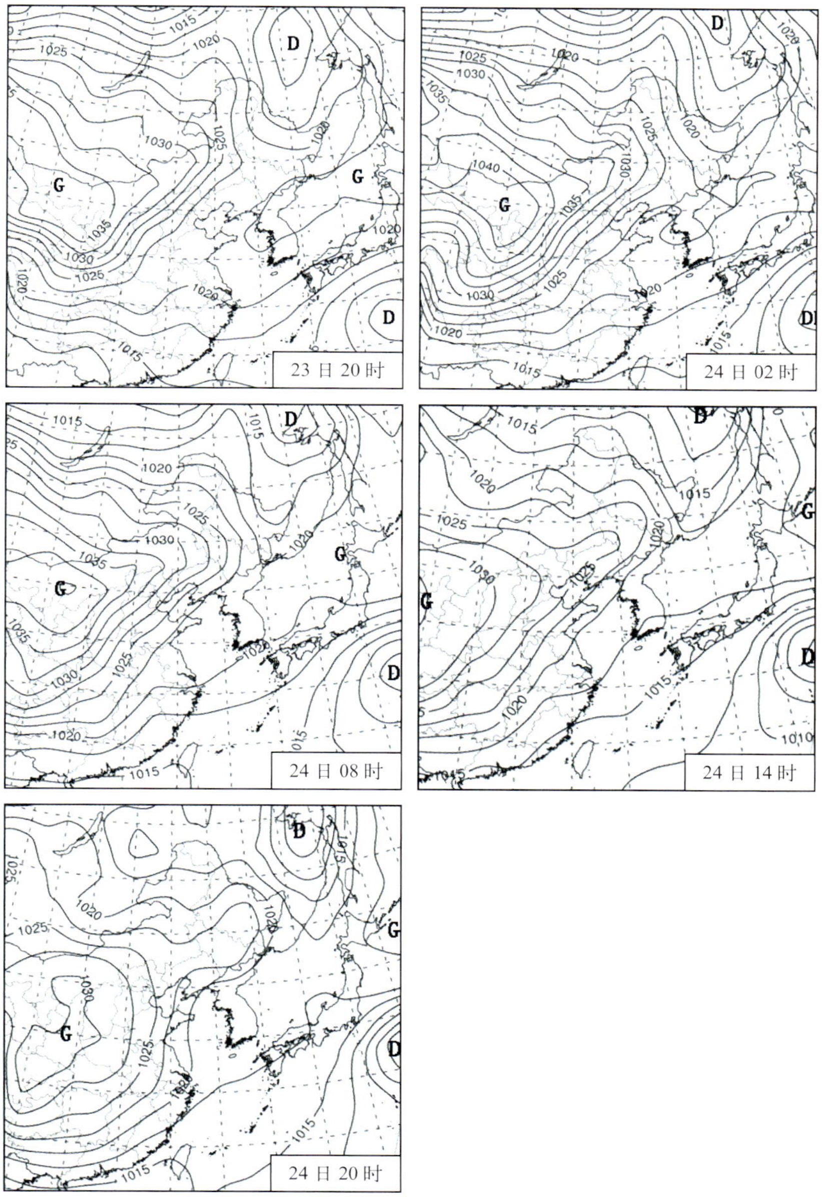

斜锋冷空气风暴潮曲线与气压场（1990 年 10 月 23—24 日）

1997 年 11 月 3—4 日

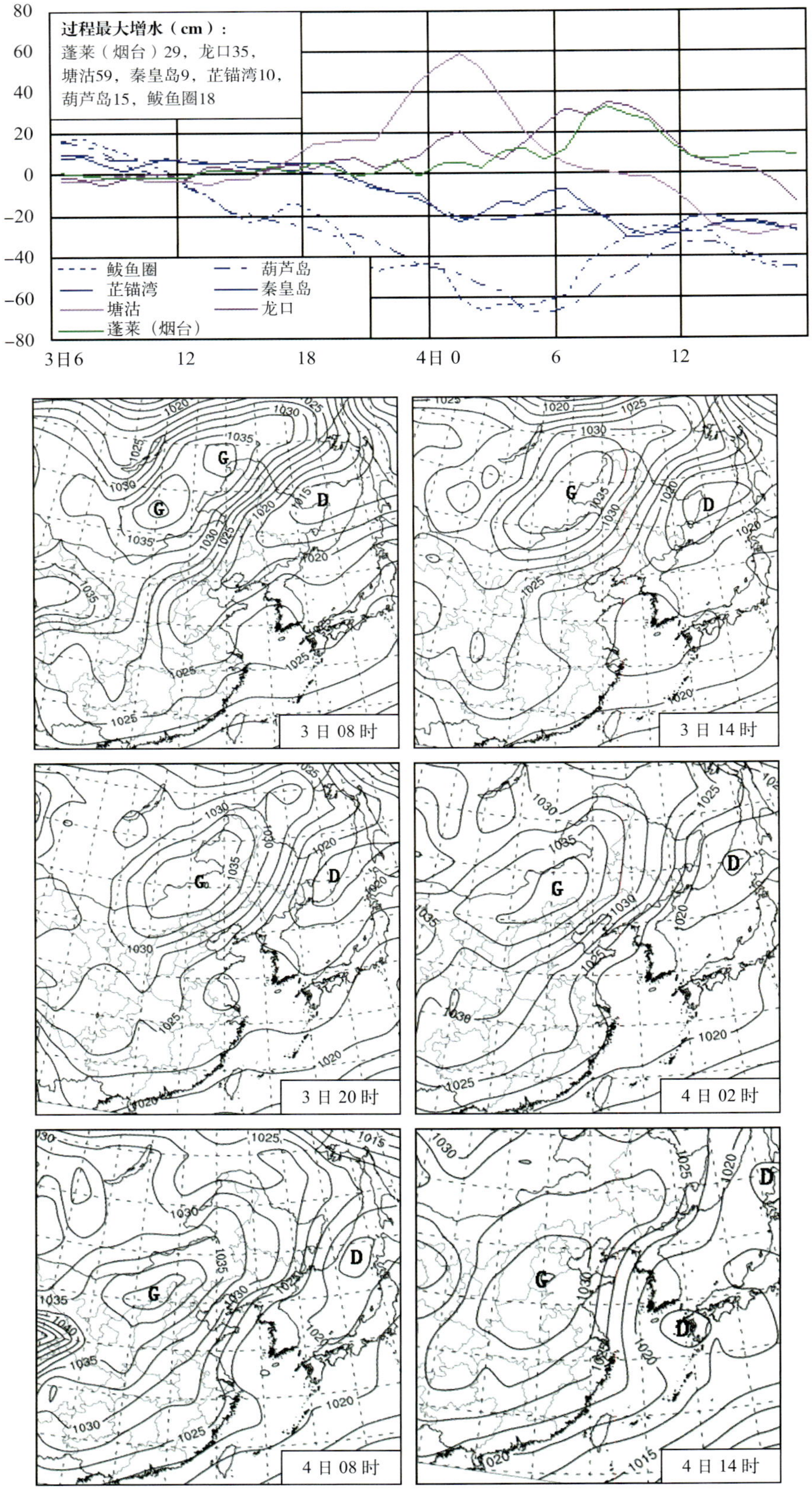

斜锋冷空气风暴潮曲线与气压场（1997 年 11 月3—4 日）

1998 年 3 月 18—19 日

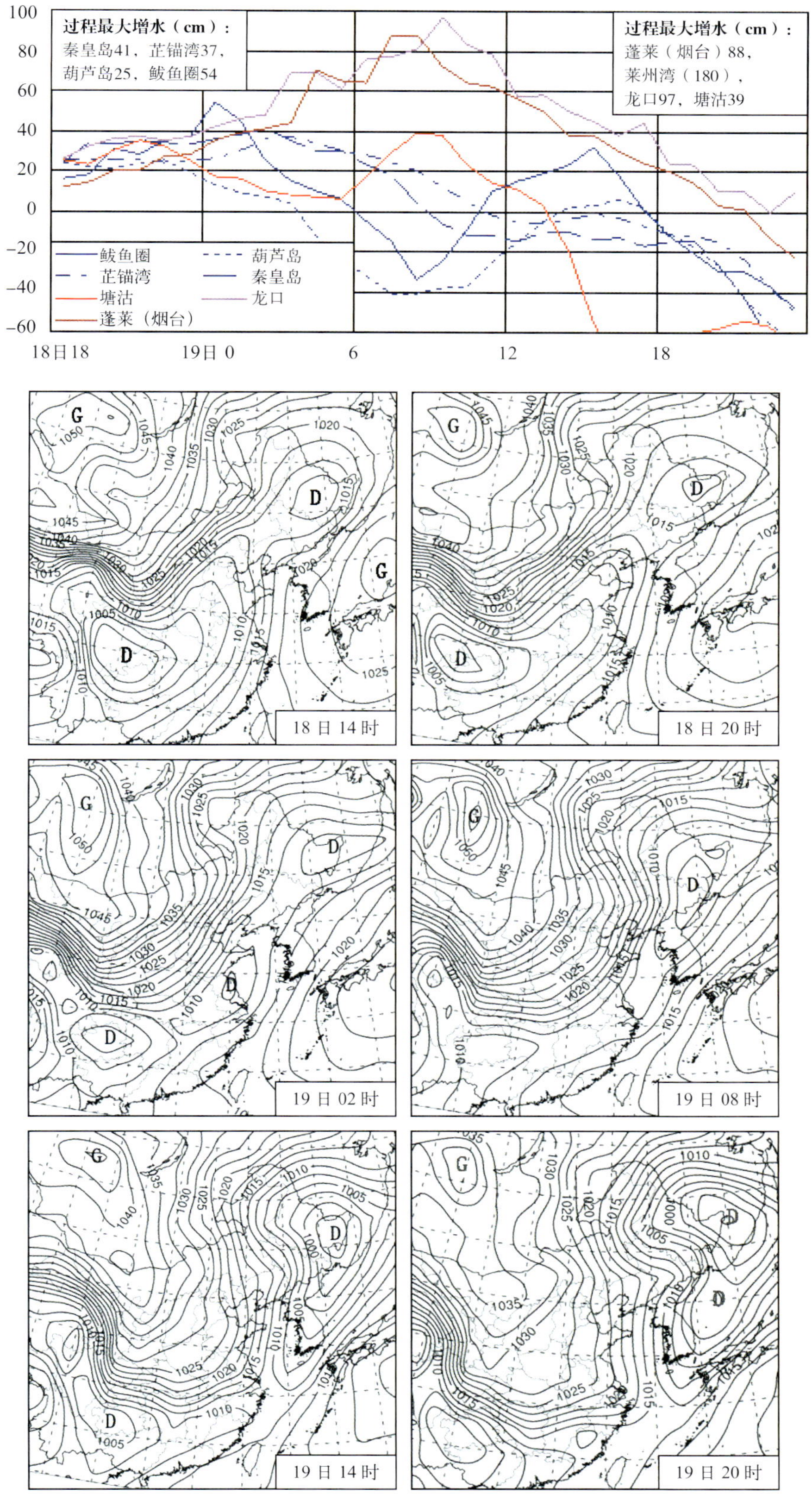

斜锋冷空气风暴潮曲线与气压场（1998 年 3 月 18—19 日）

2001 年 12 月 23—24 日

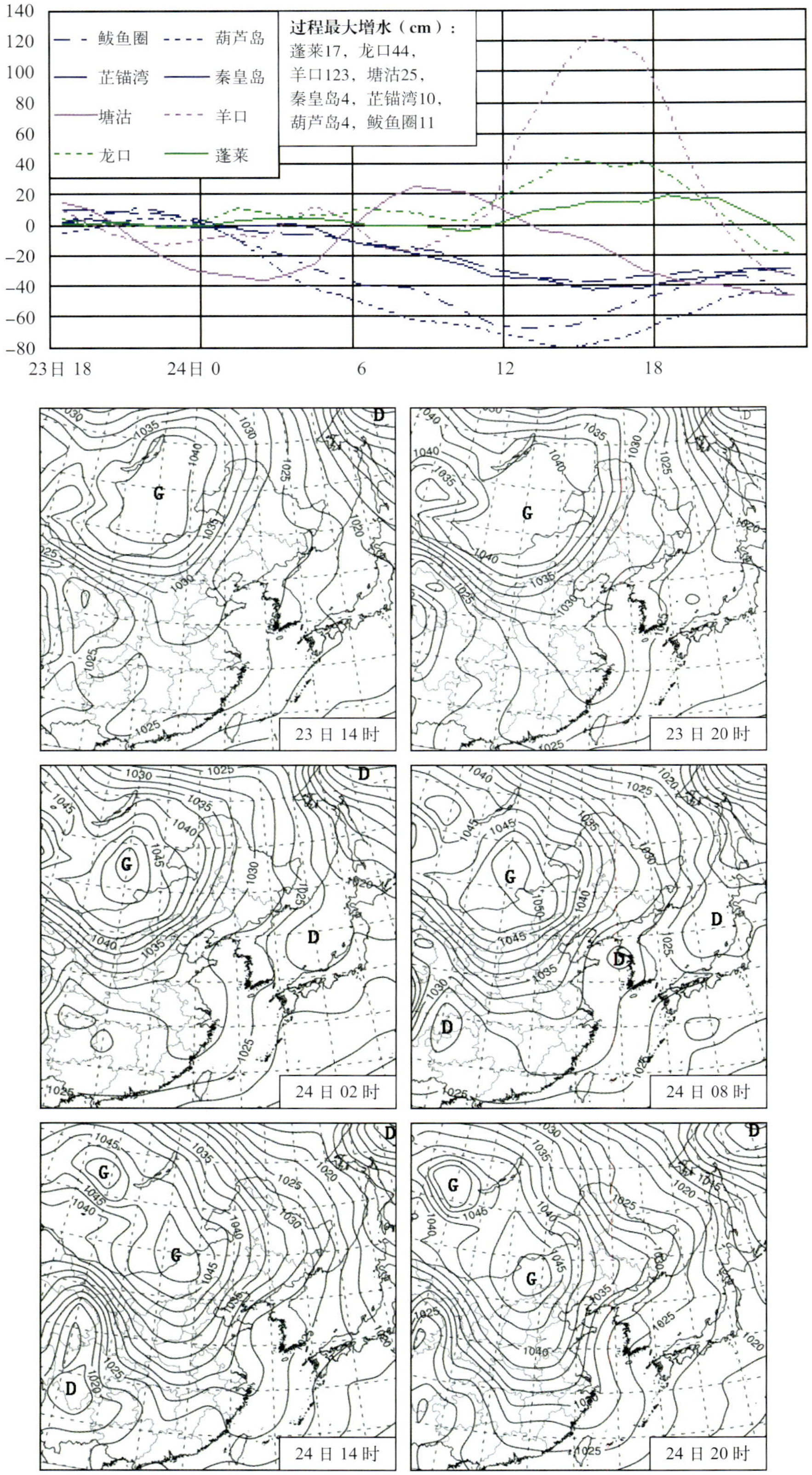

斜锋冷空气风暴潮曲线与气压场（2001 年 12 月 23—24 日）

2002 年 1 月 6—7 日

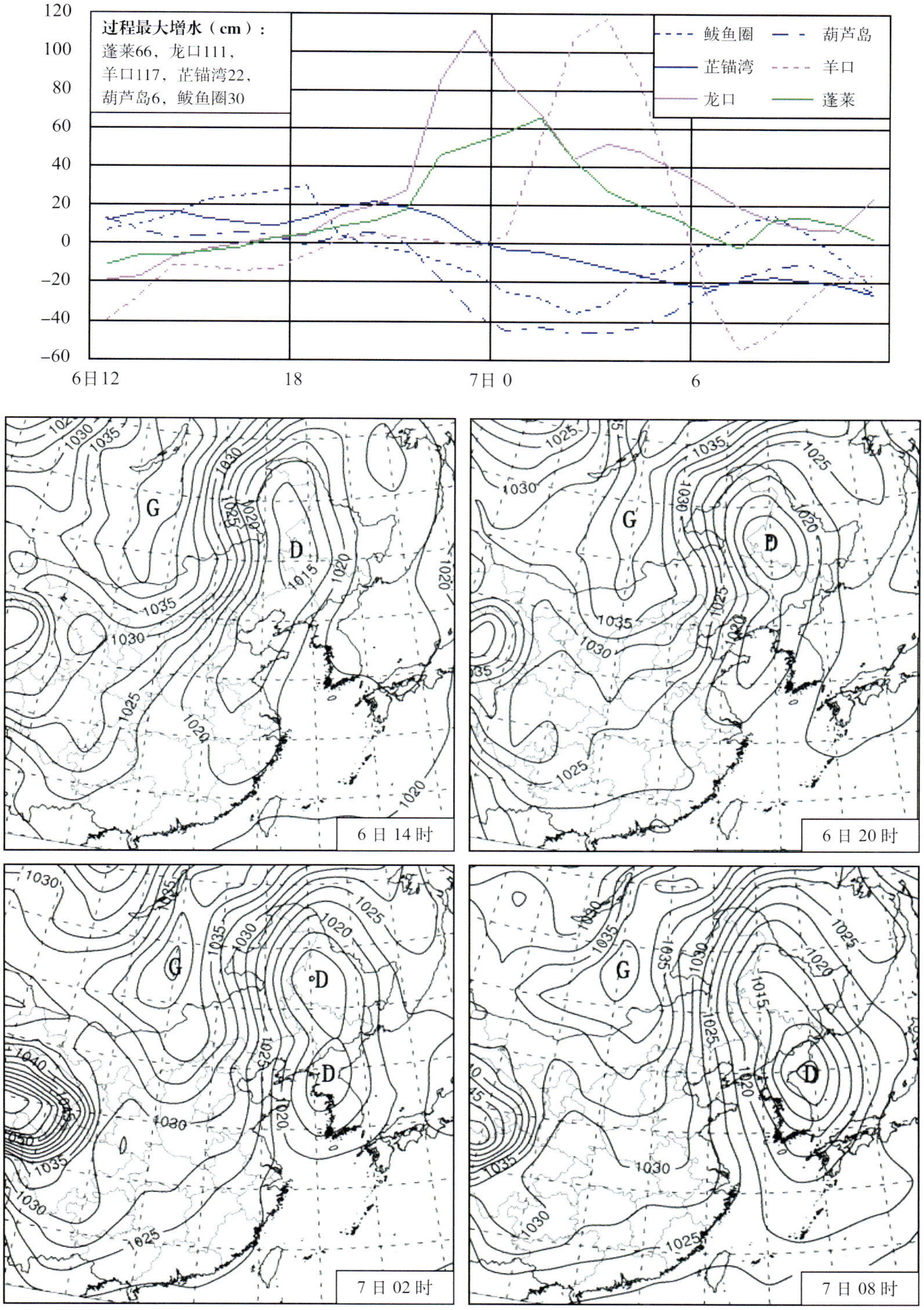

斜锋冷空气风暴潮曲线与气压场（2002 年 1 月 6—7 日）

2007 年 12 月 28—29 日

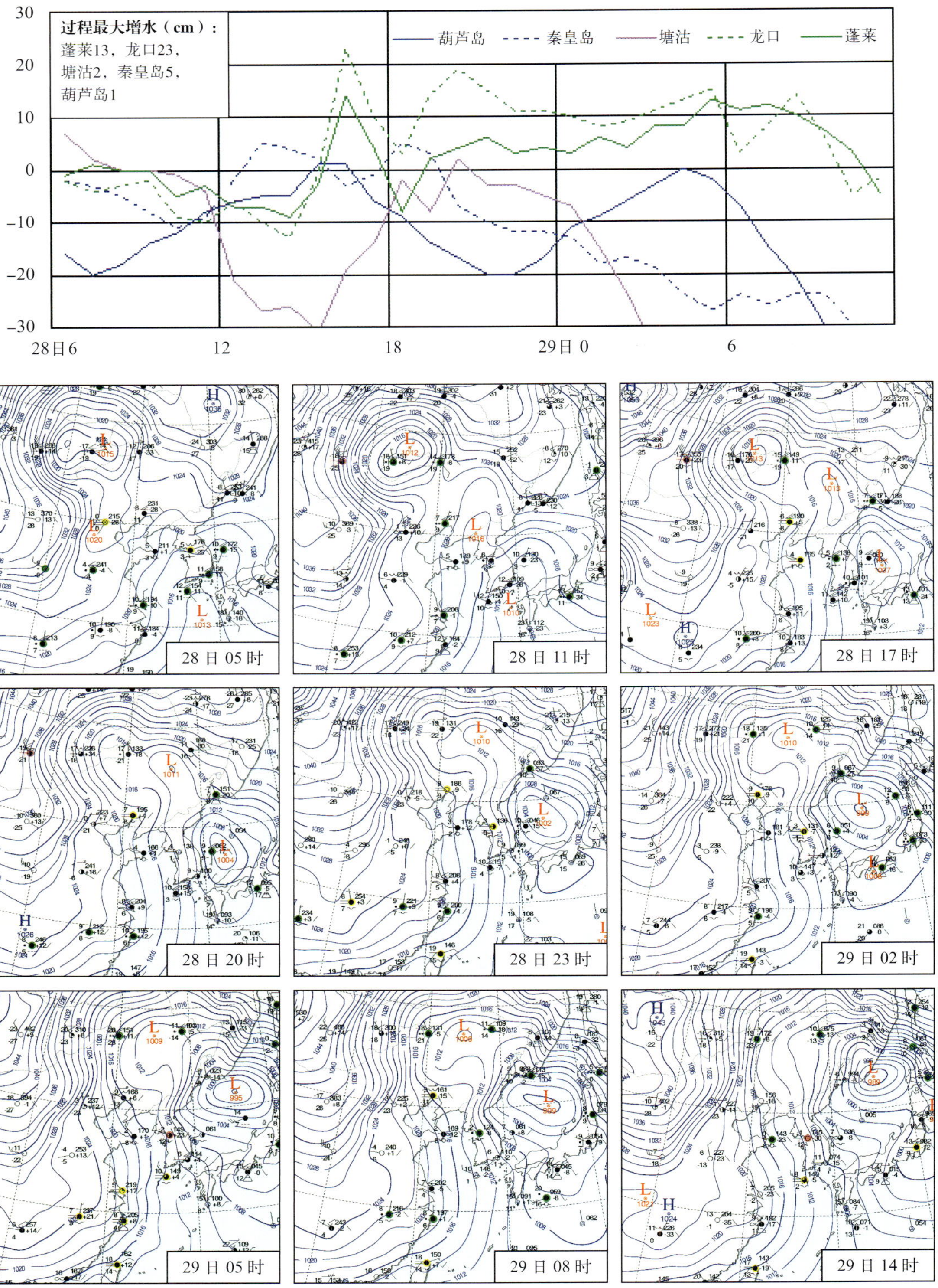

竖锋冷空气风暴潮曲线与气压场（2007 年 12 月 28—29 日）

2009 年 12 月 24—25 日

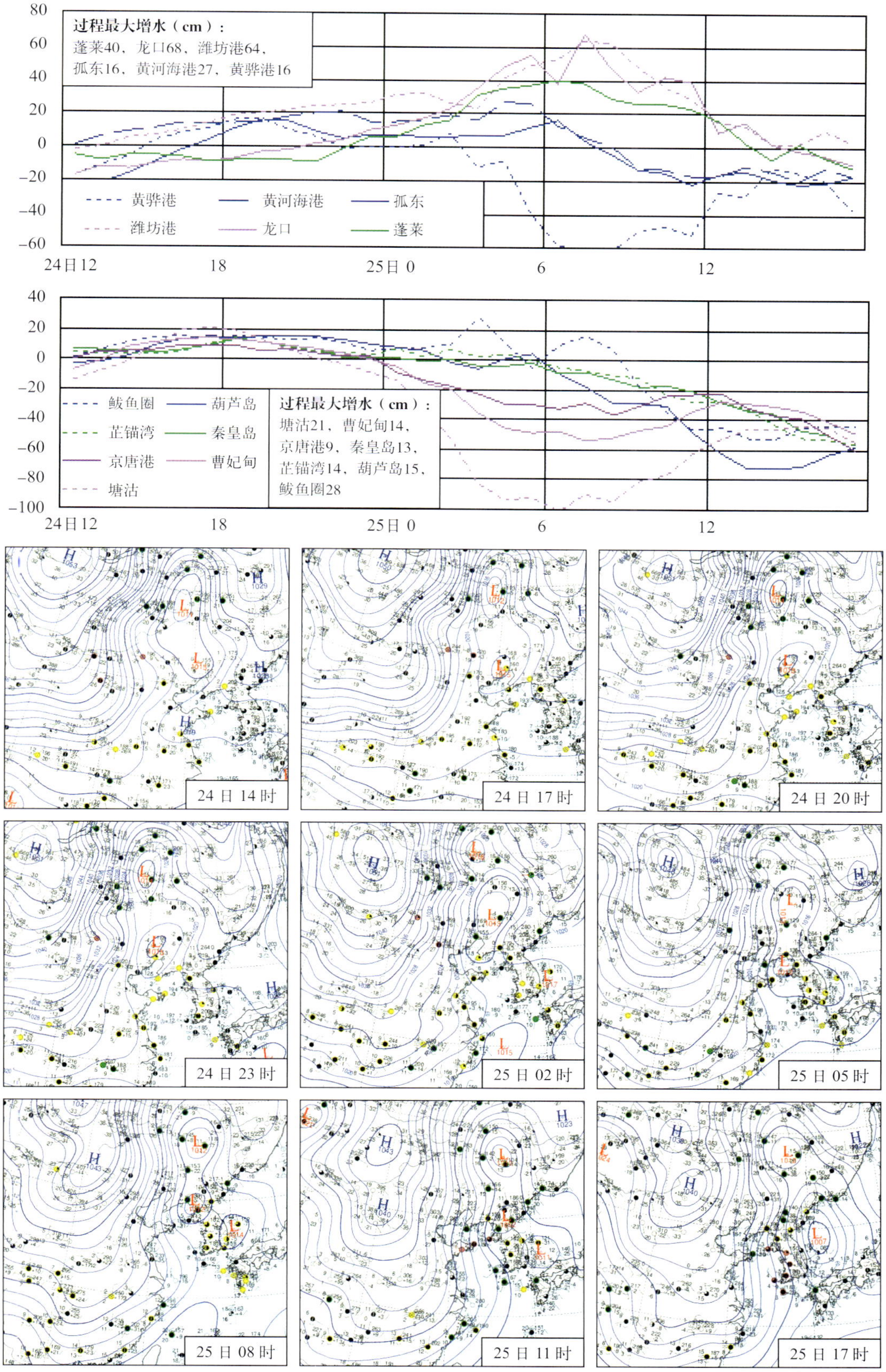

斜锋冷空气风暴潮曲线与气压场（2009 年 12 月 24—25 日）

2010 年 11 月 26—27 日

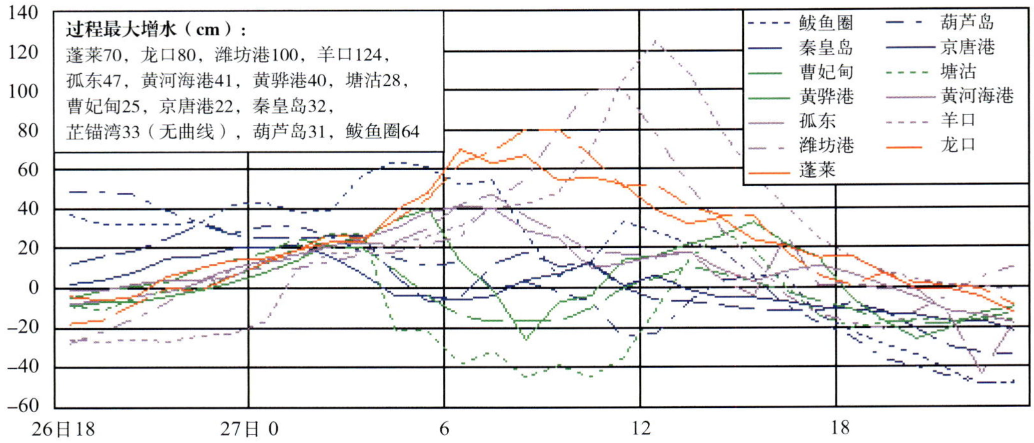

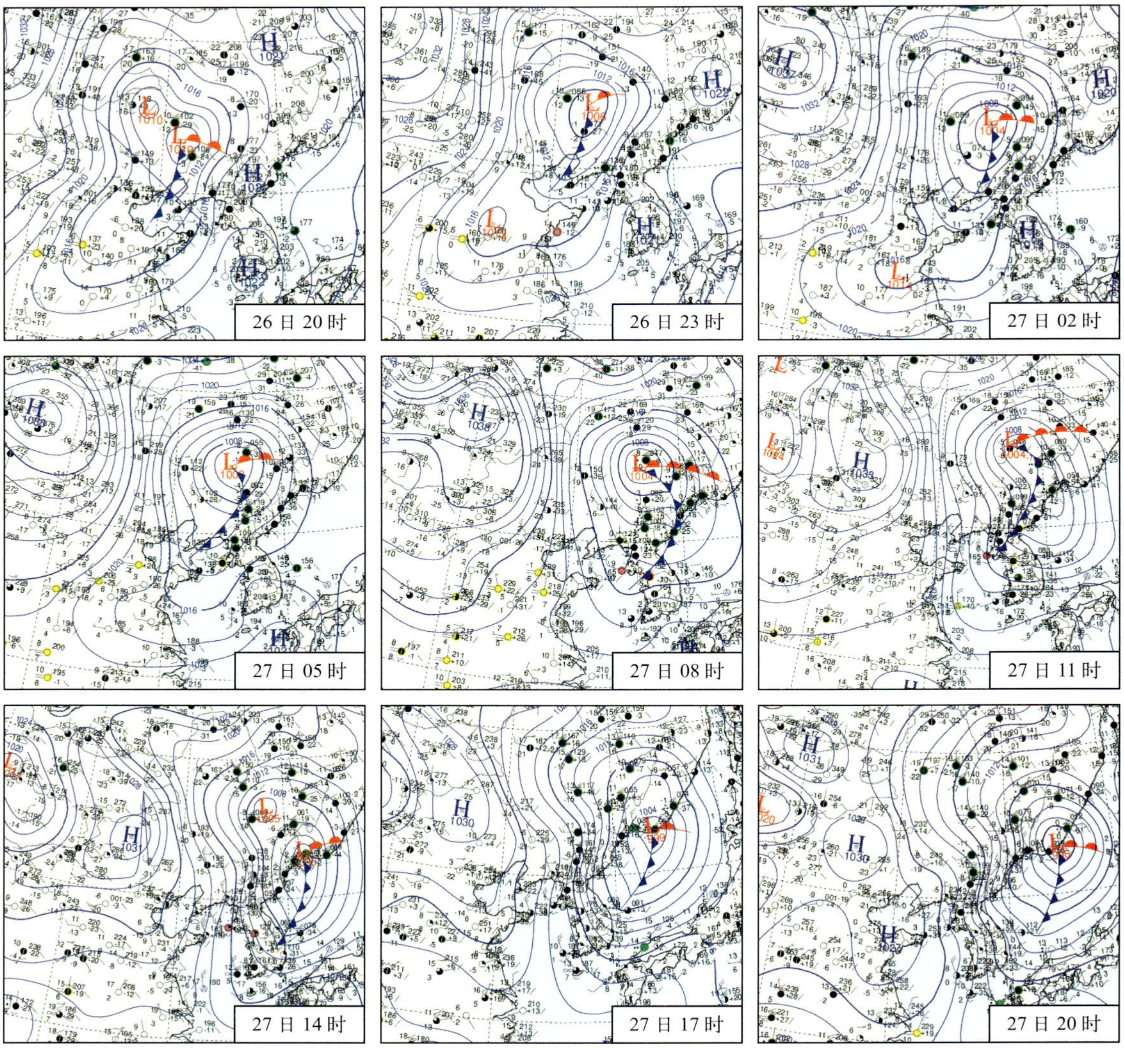

斜锋冷空气风暴潮曲线与气压场（2010 年 11 月 26—27 日）

2012 年 11 月 27—28 日

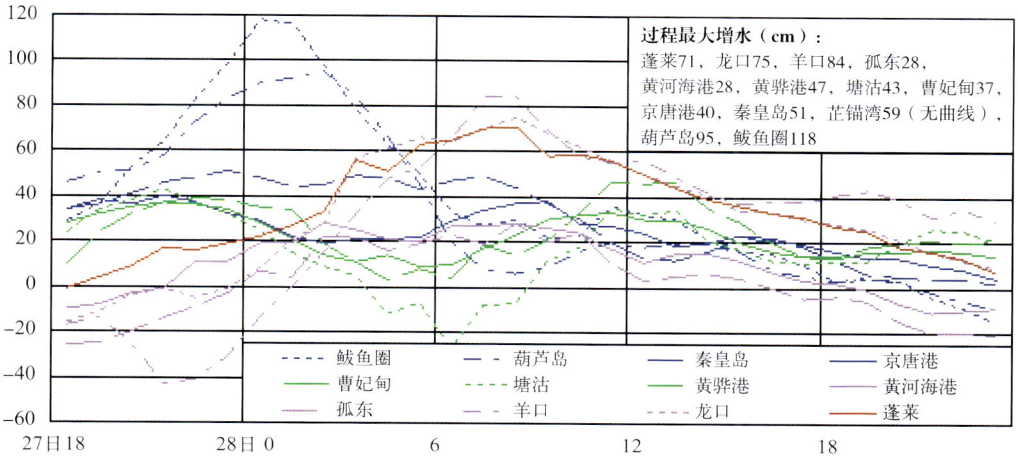

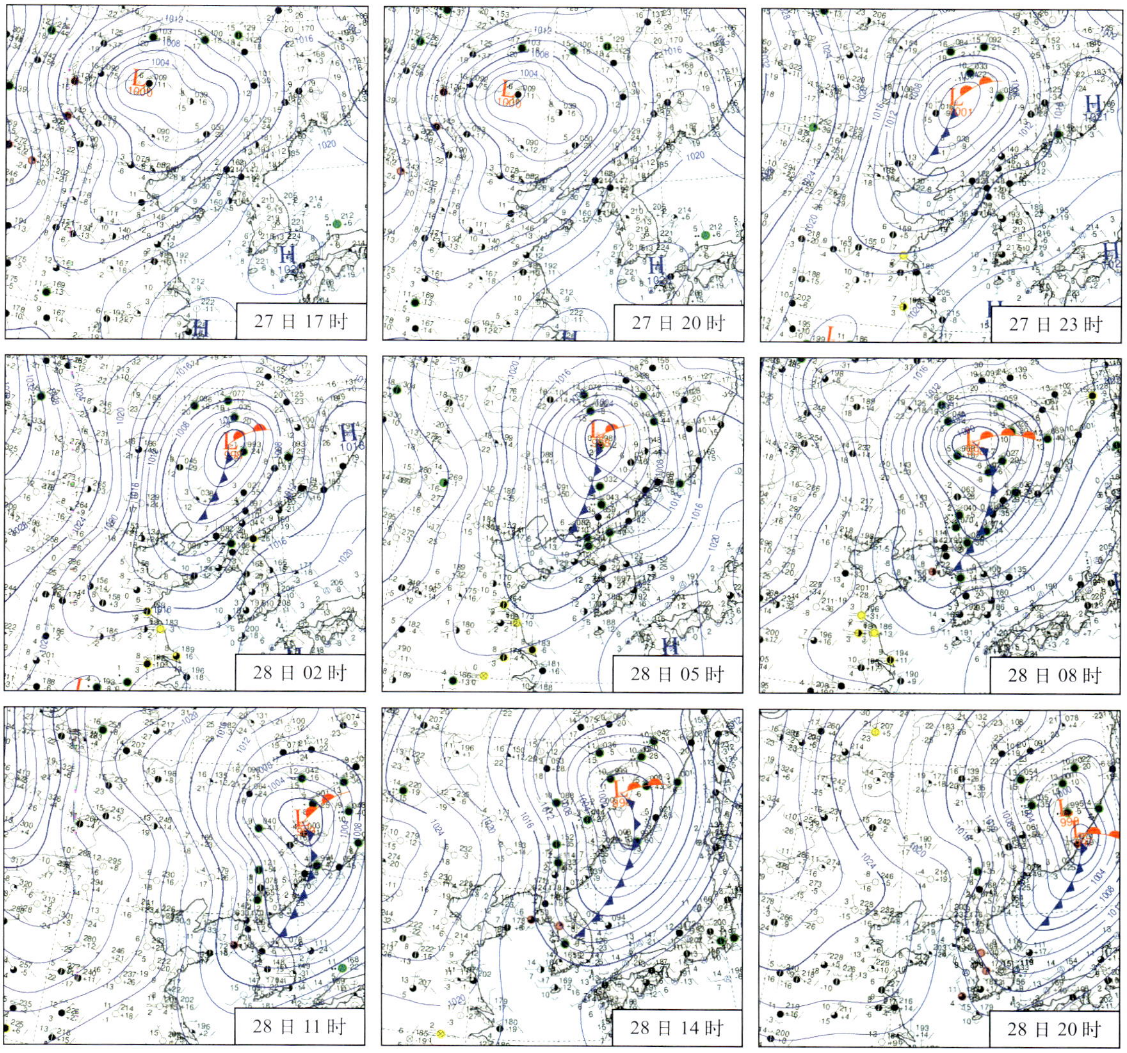

斜锋冷空气风暴潮曲线与气压场（2012 年 11 月 27—28 日）

2013 年 2 月 28 日—3 月 1 日

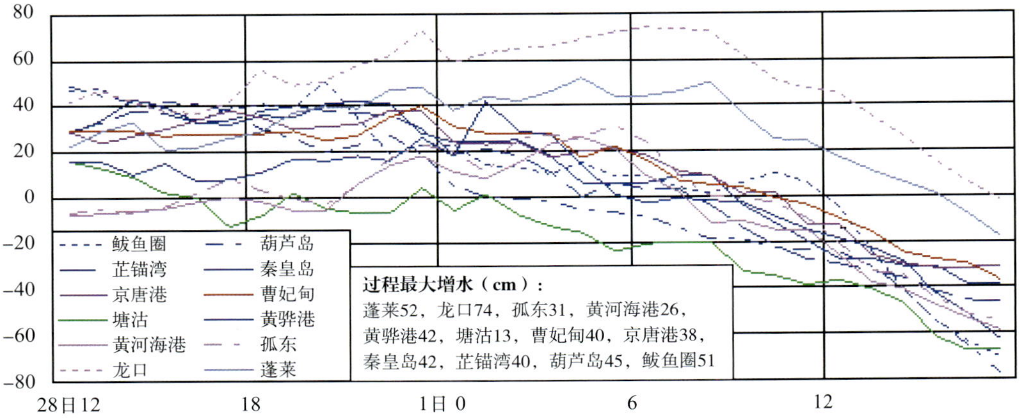

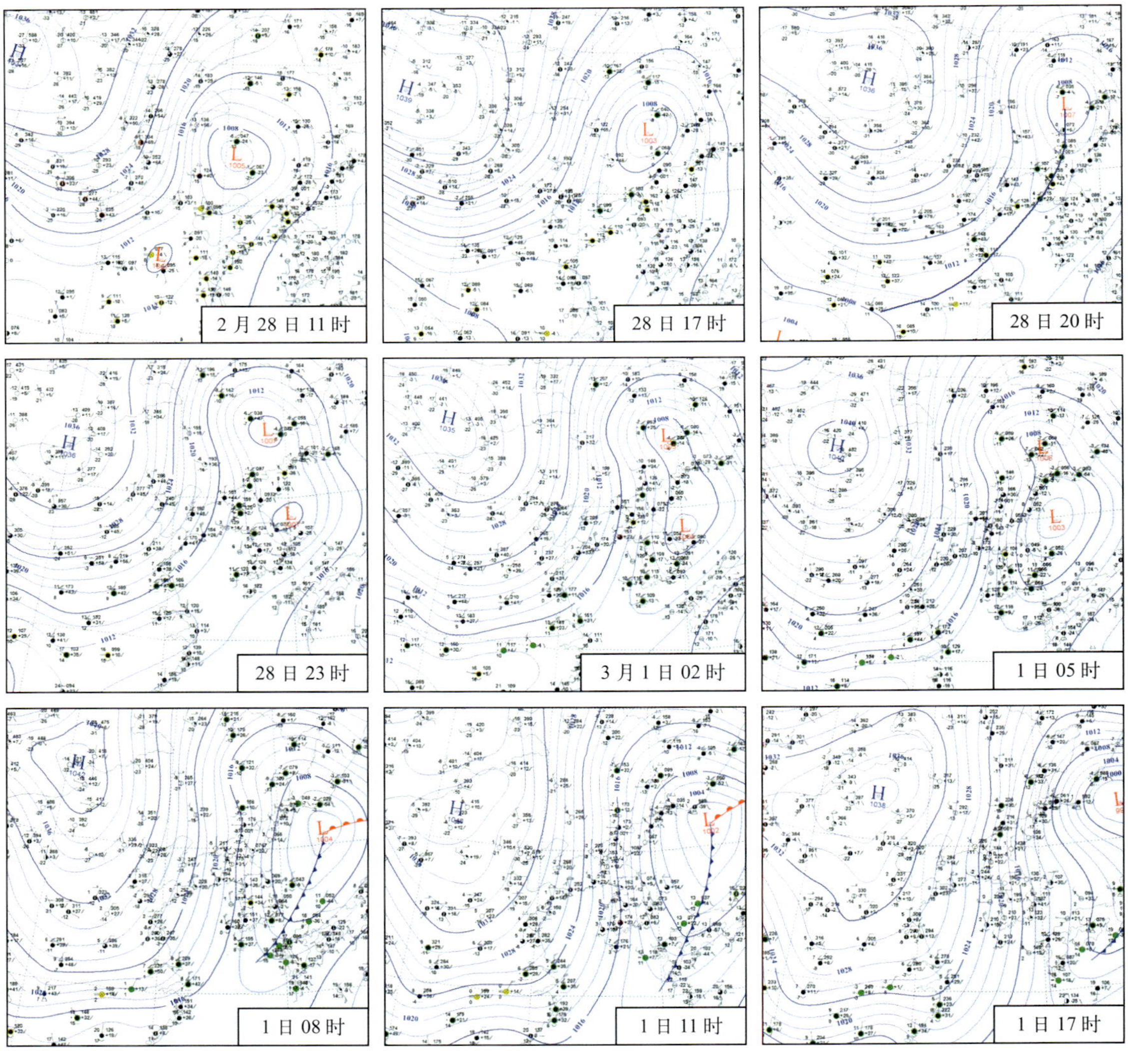

斜锋冷空气风暴潮曲线与气压场（2013 年 2 月 28 日—3 月 1 日）

2014 年 11 月 30 日—12 月 1 日

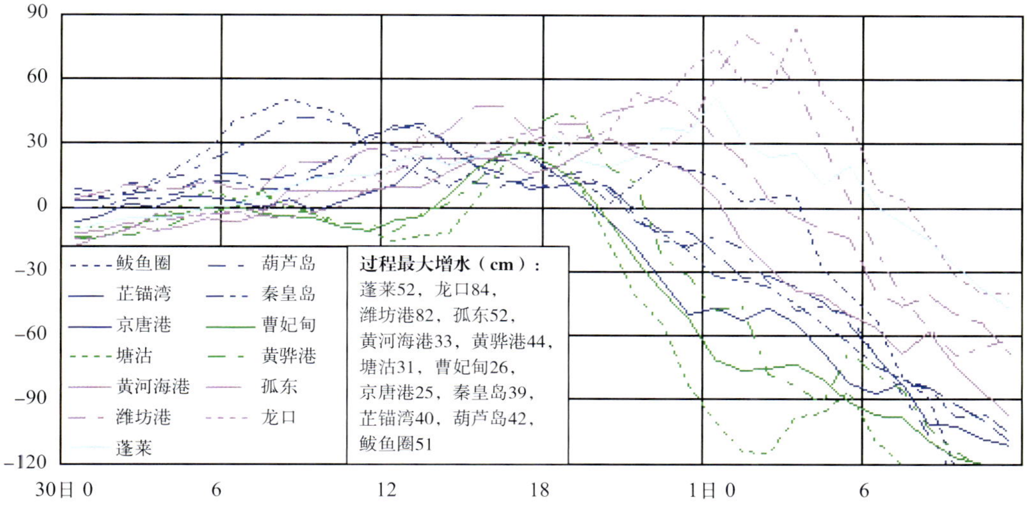

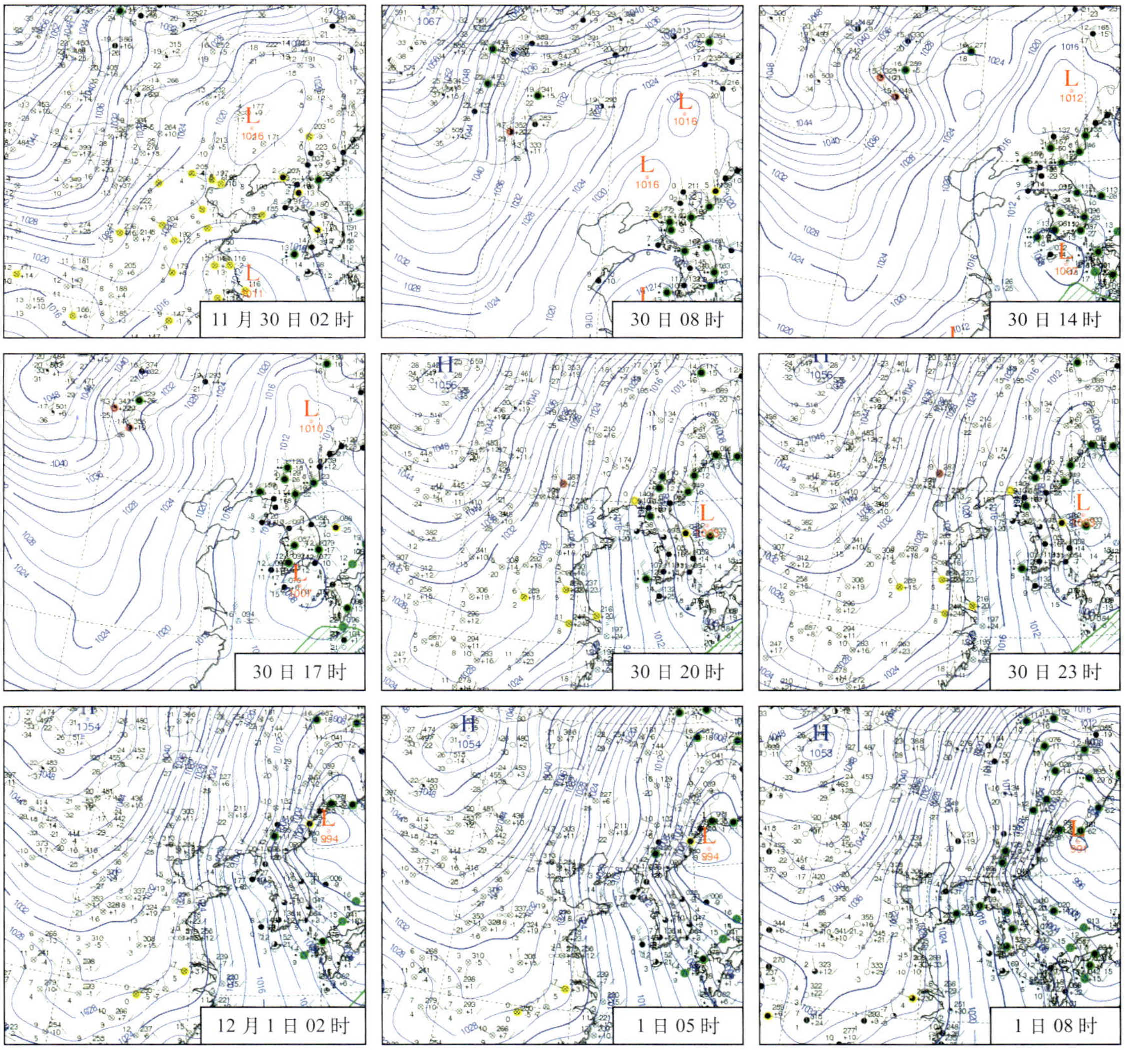

斜锋冷空气风暴潮曲线与气压场（2014 年 11 月 30 日—12 月 1 日）

2015 年 2 月 21—22 日

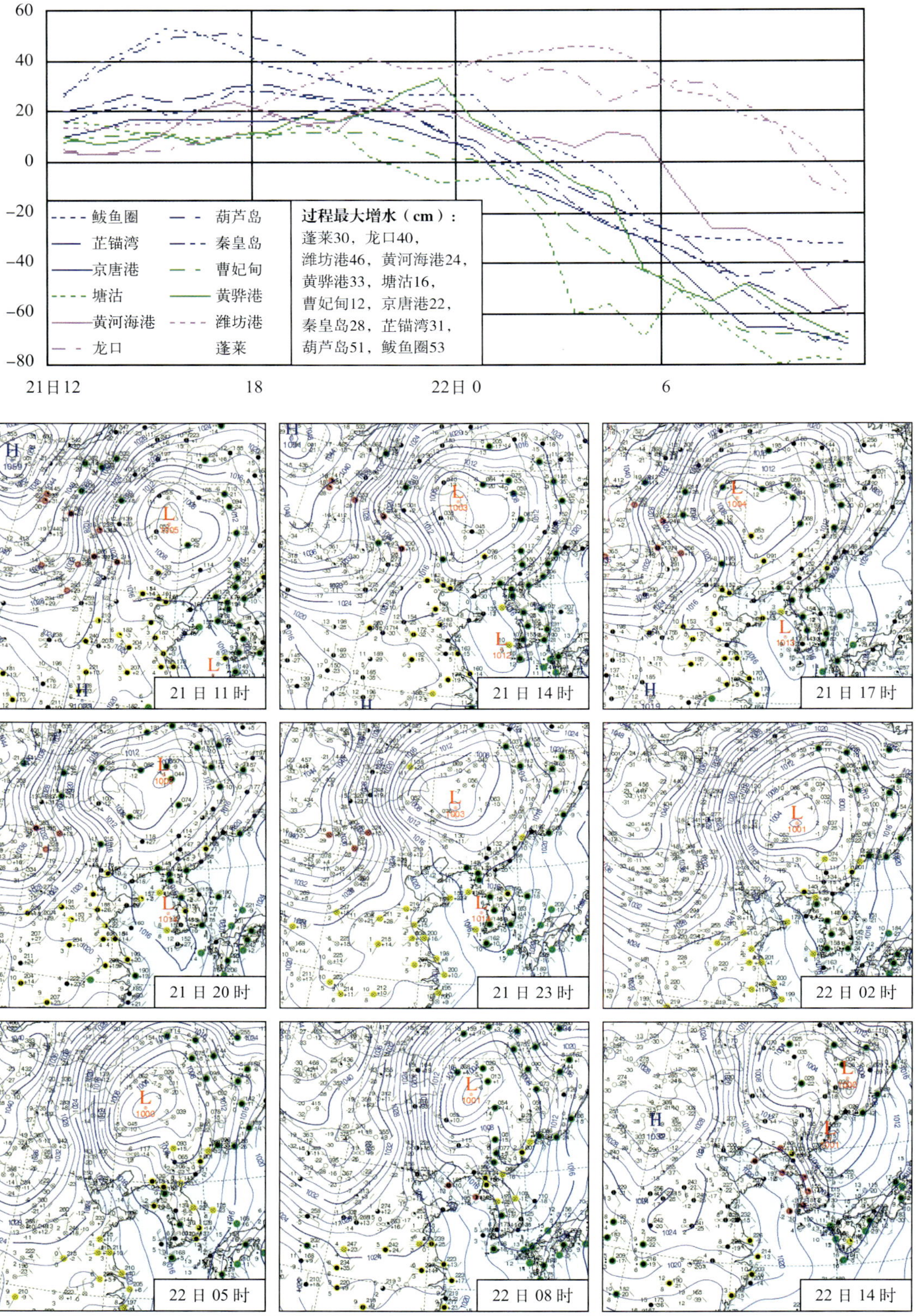

斜锋冷空气风暴潮曲线与气压场（2015 年 2 月 21—22 日）

2017 年 1 月 26—27 日

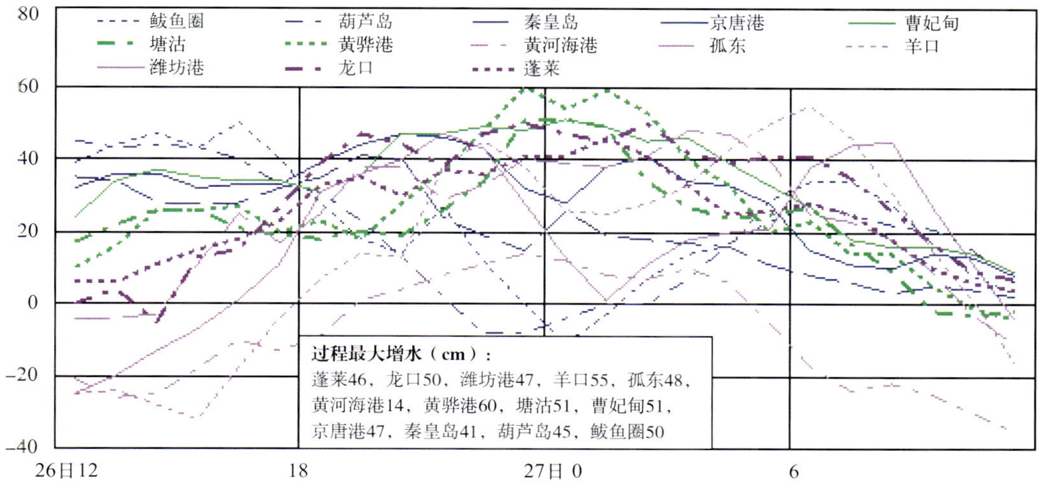

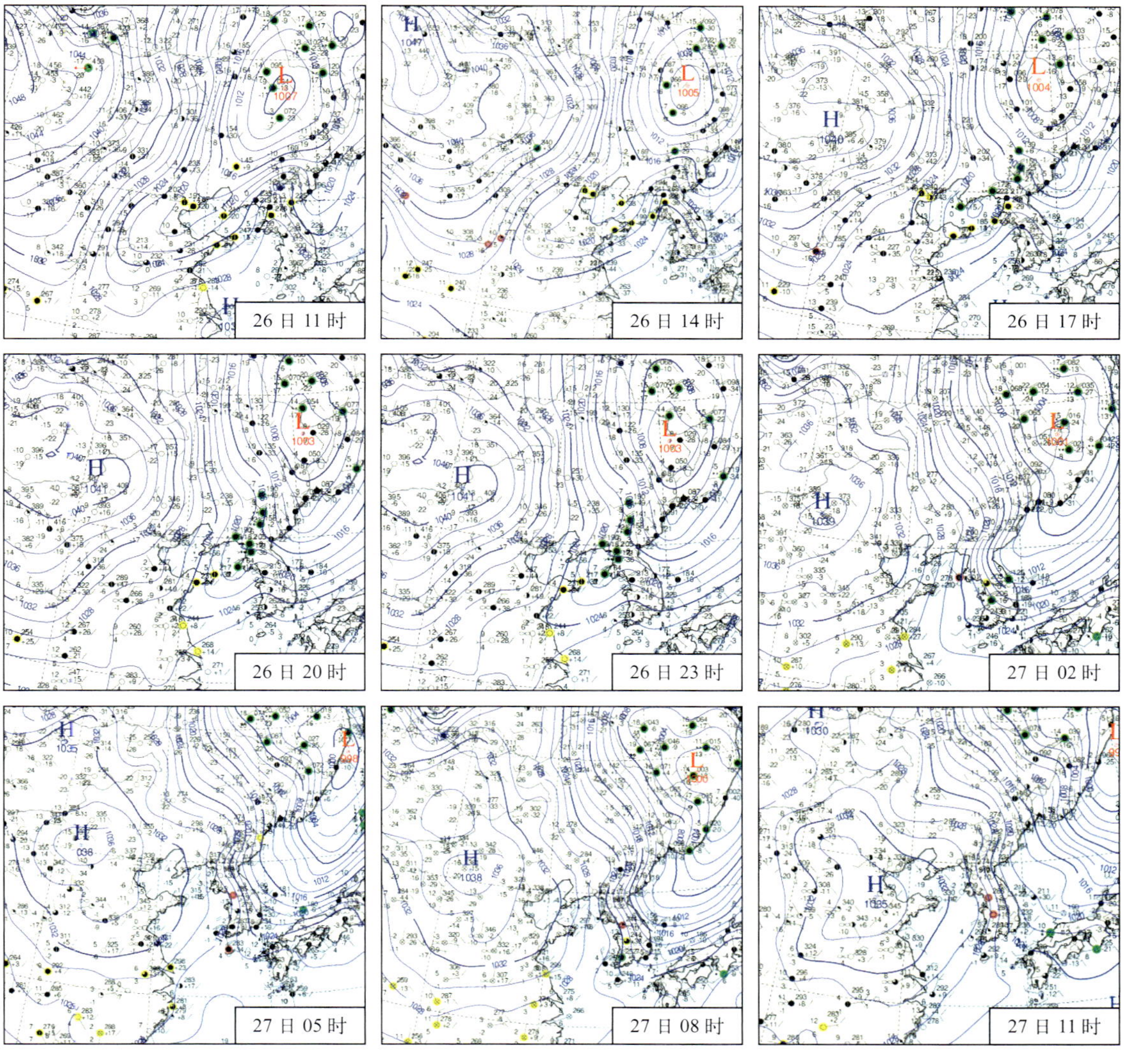

斜锋冷空气风暴潮曲线与气压场（2017 年 1 月 26—27 日）

11.2.2 温带气旋配合类

2005 年 11 月 27—29 日

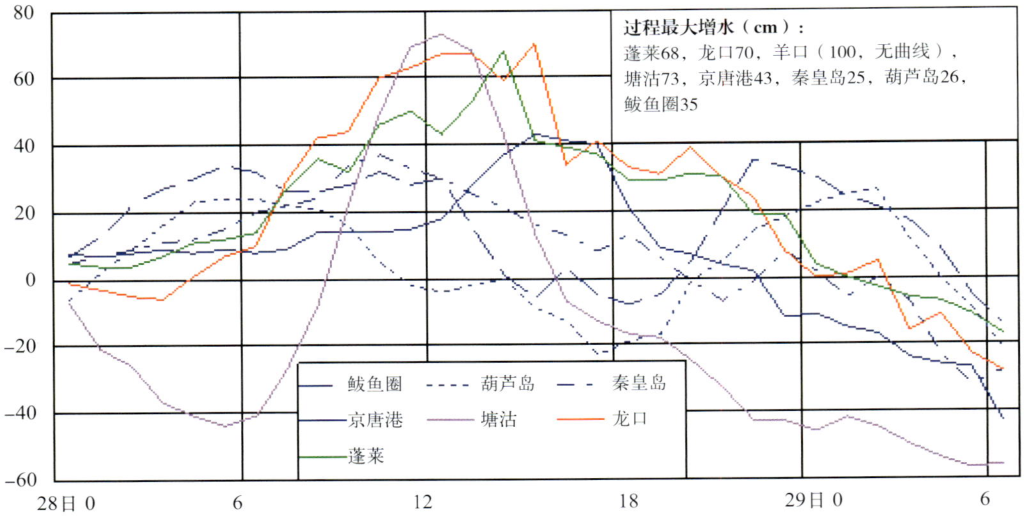

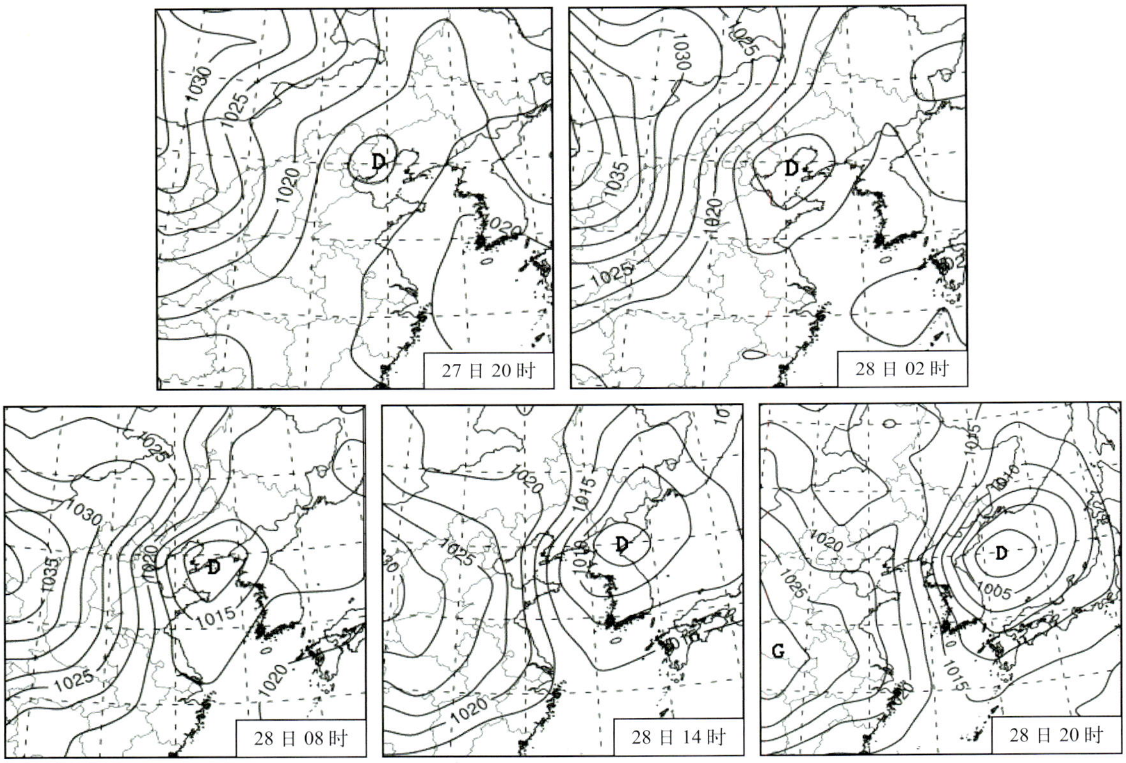

斜锋冷空气（渤海气旋配合）风暴潮曲线与气压场（2005 年 11 月 27—29 日）

2009 年 12 月 4—5 日

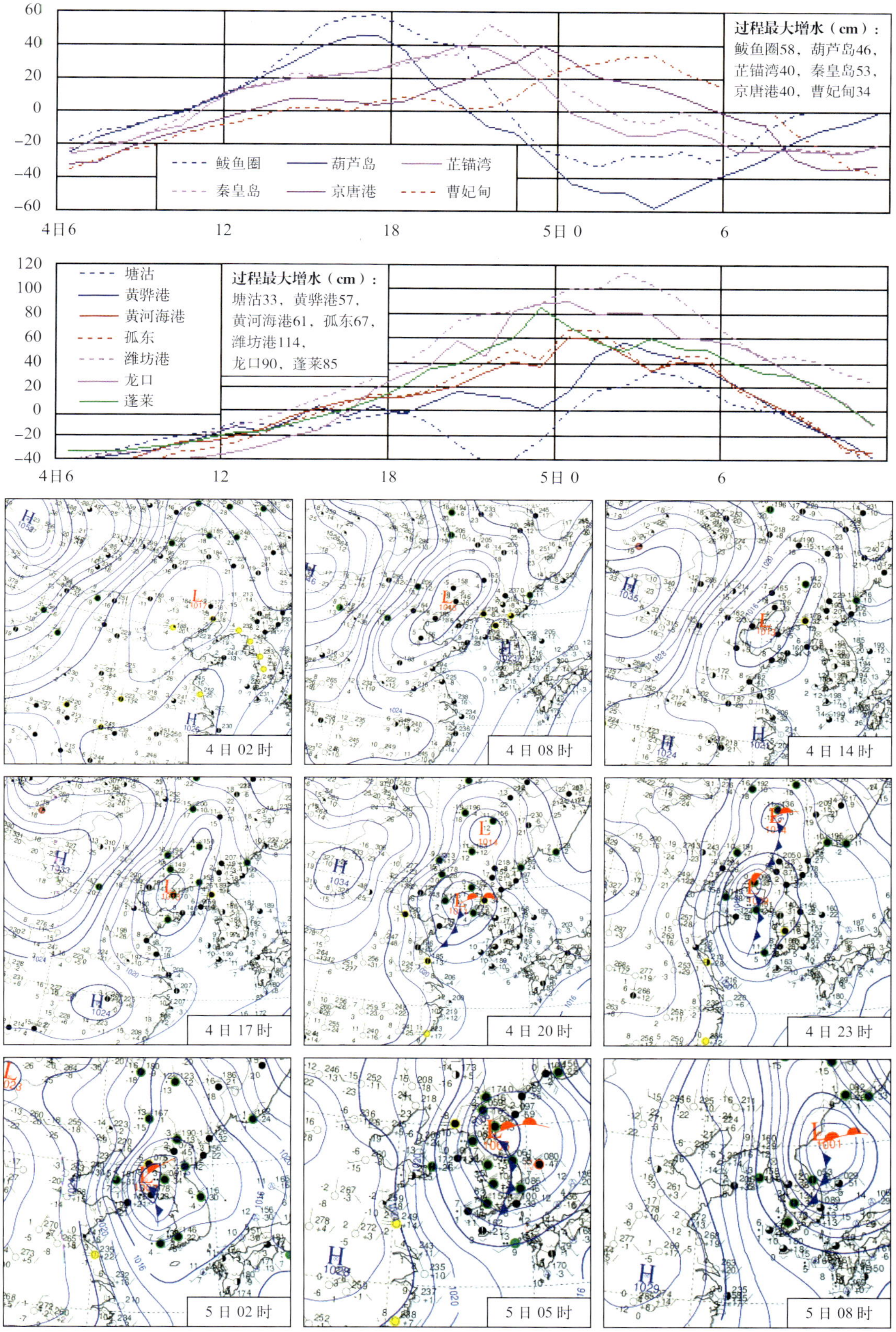

斜锋冷空气（渤海气旋配合）风暴潮曲线与气压场（2009 年 12 月 4—5 日）

2012 年 11 月 10—11 日

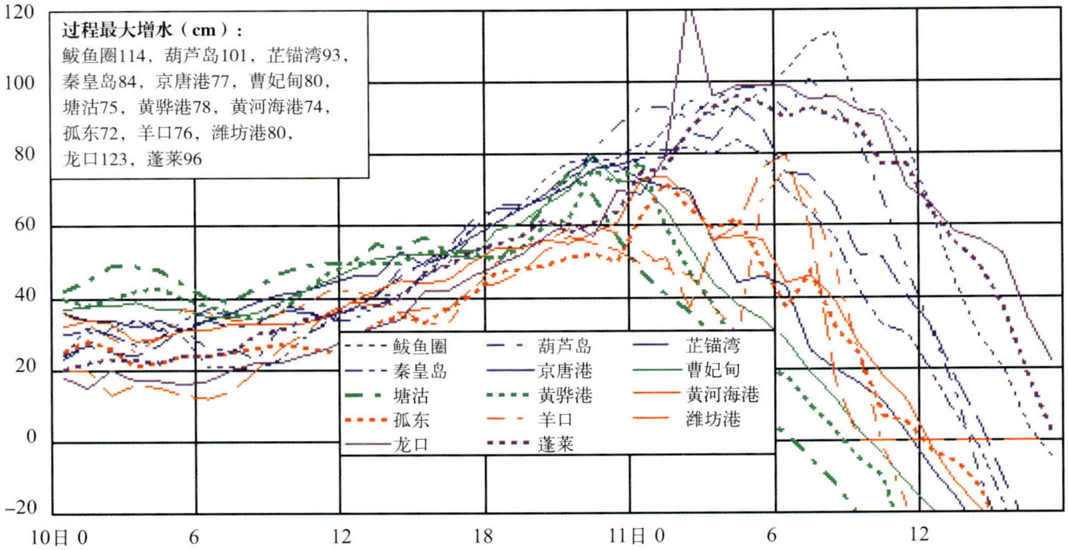

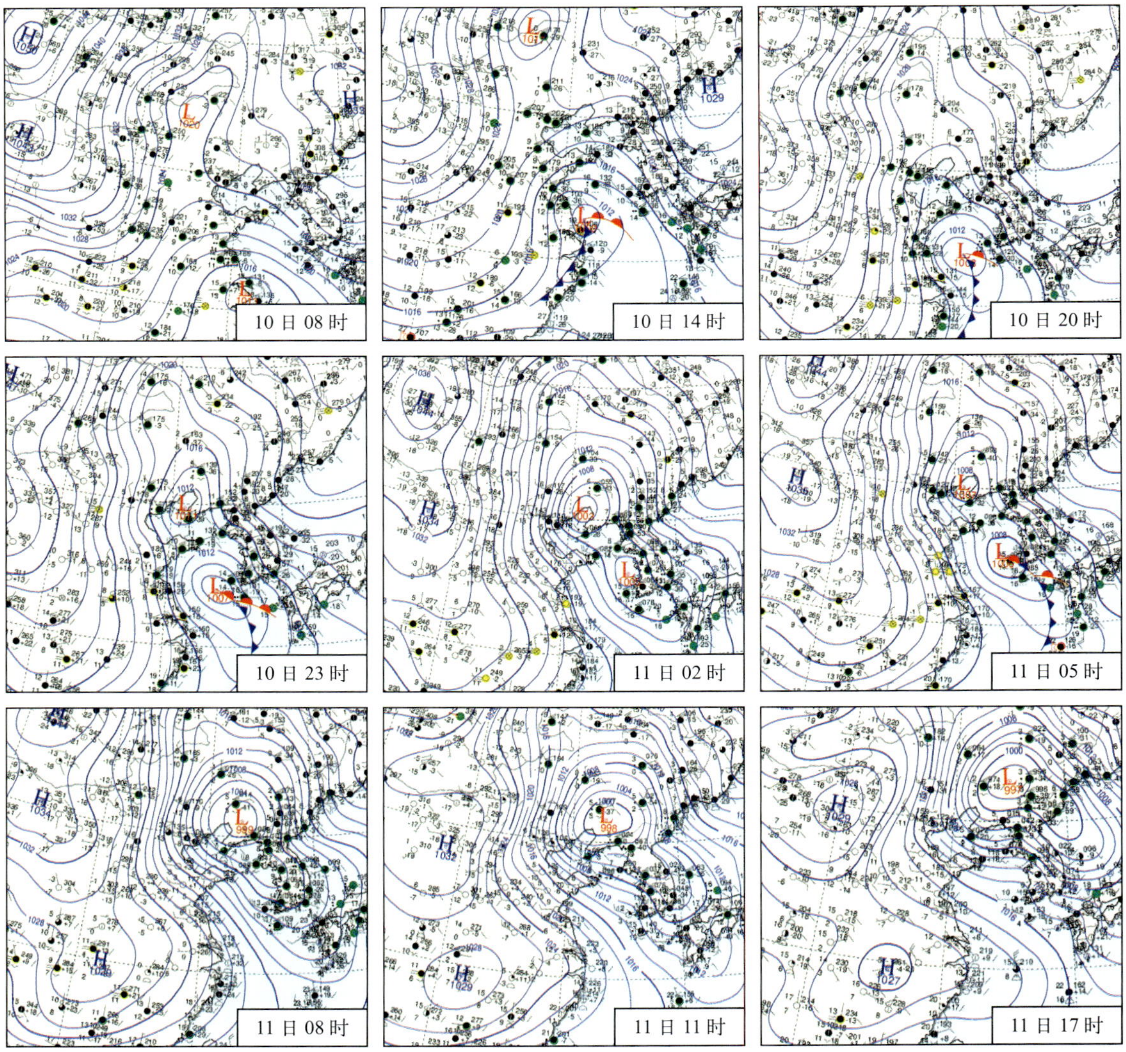

竖锋冷空气（黄海、渤海气旋共同配合）冷空气风暴潮曲线与气压场（2012 年 11 月 10—11 日）

2015 年 9 月 30 日—10 月 1 日

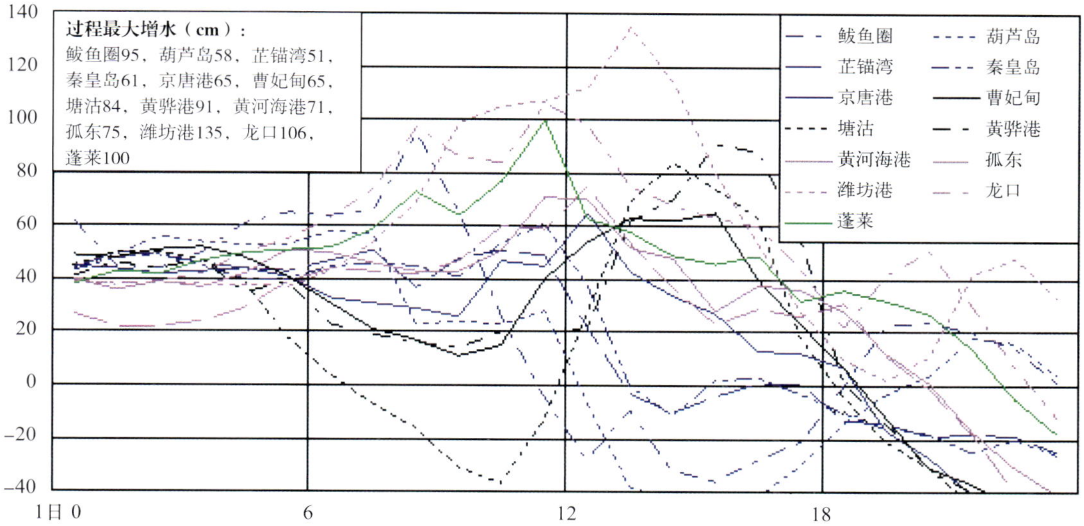

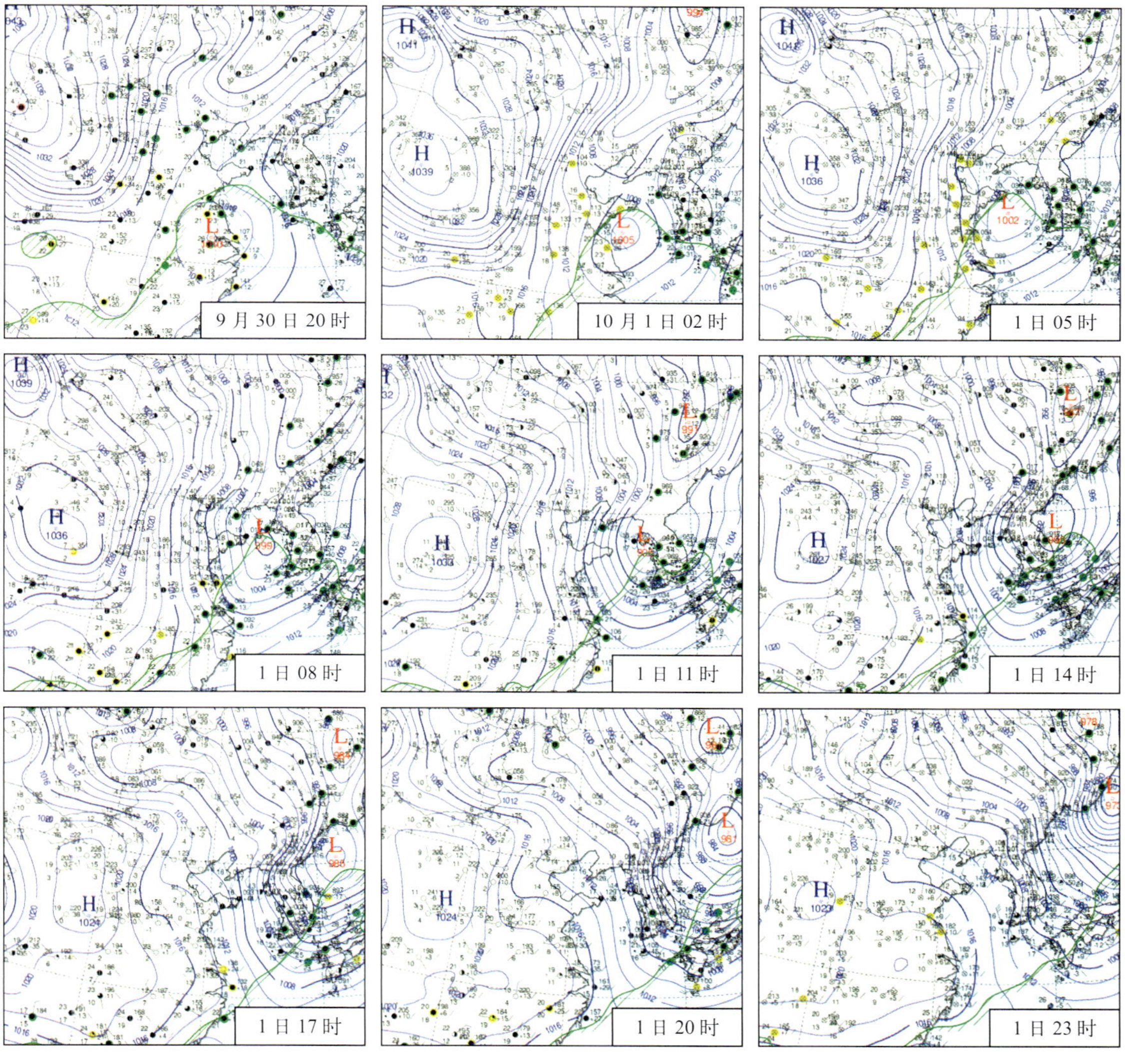

竖锋冷空气（江淮气旋配合）风暴潮曲线与气压场（2015 年 9 月 30 日—10 月 1 日）

第12章

北方气旋槽前SW向风场风暴潮图集

12.1 覆加减水回振类

1960 年 9 月 28—30 日

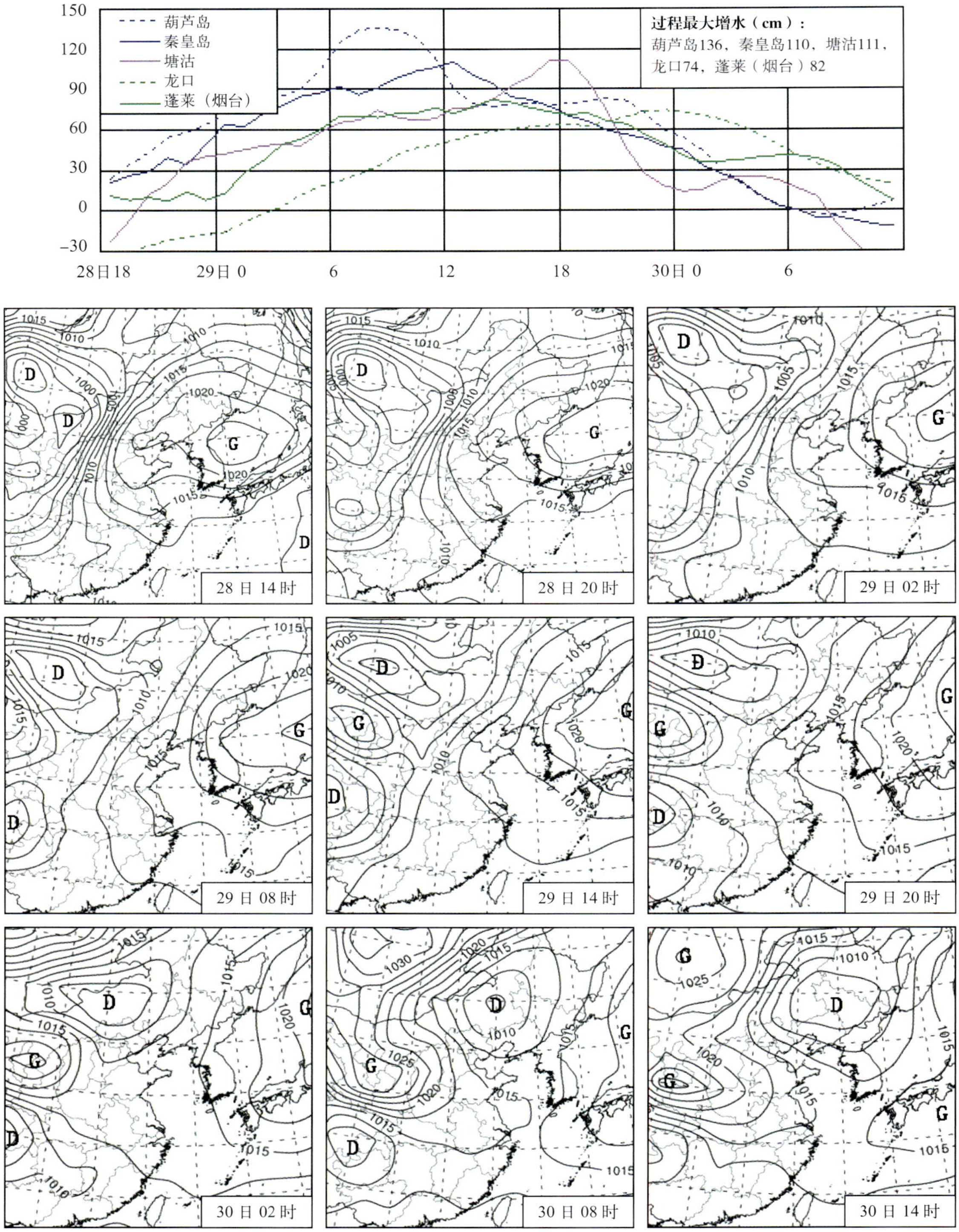

SW 向风场（覆加减水回振）增水曲线与气压场（1960 年 9 月 28—30 日）

1961 年 5 月 5—7 日

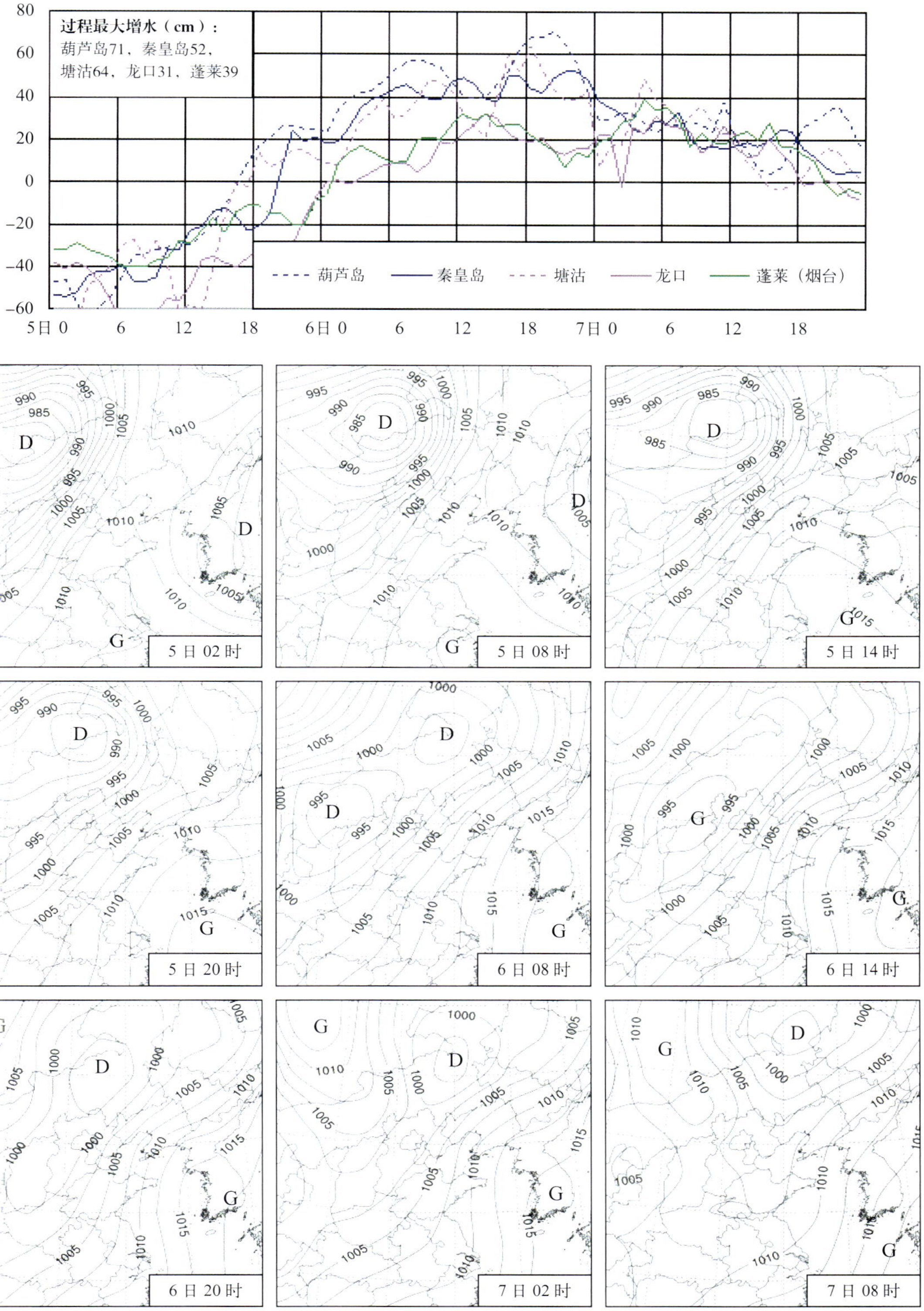

SW 向风场（覆加减水回振）增水曲线与气压场（1961 年 5 月 5—7 日）

1963 年 3 月 29—31 日

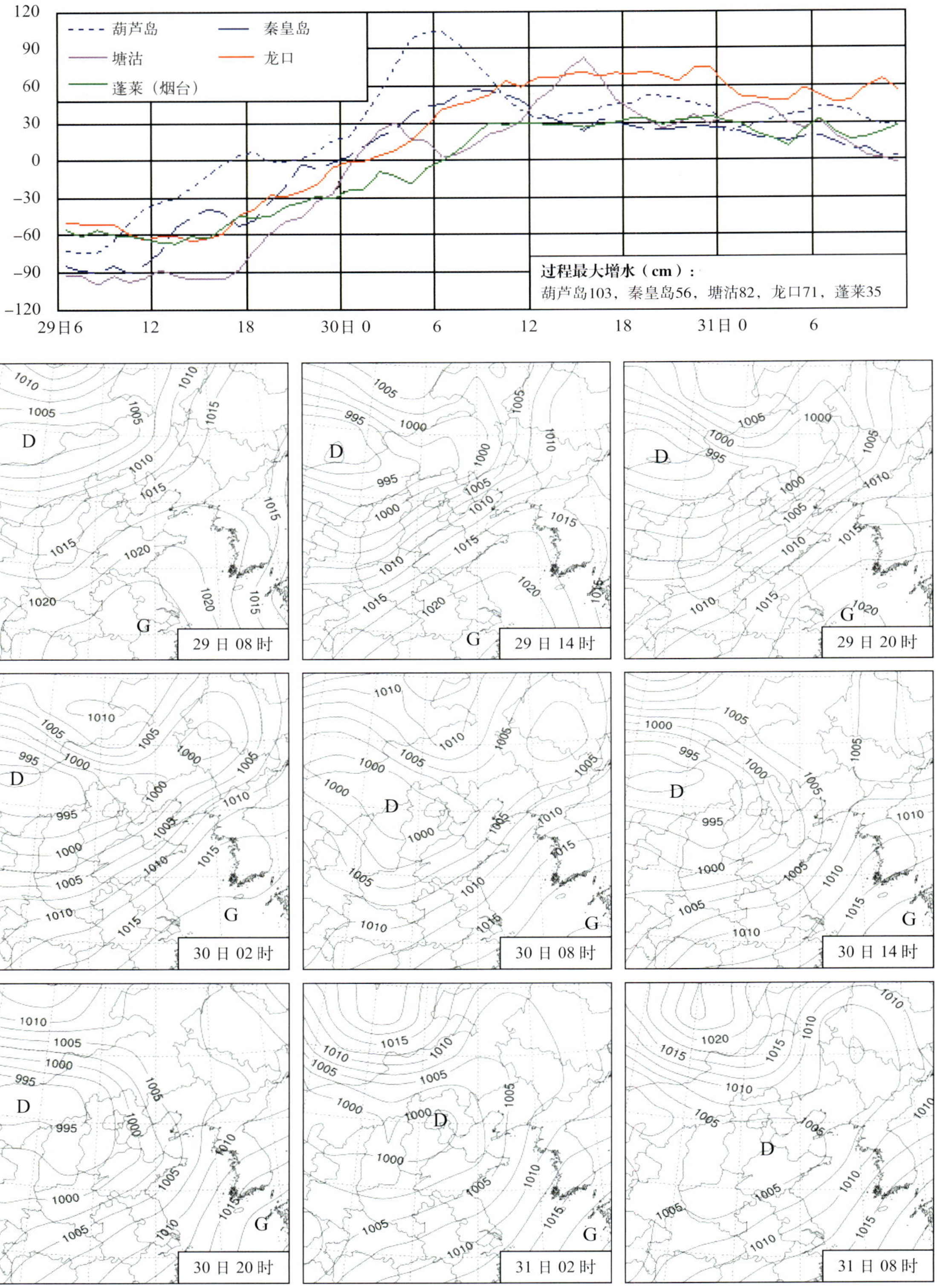

SW 向风场（覆加减水回振）增水曲线与气压场（1963 年 3 月 29—31 日）

1969 年 4 月 19—21 日

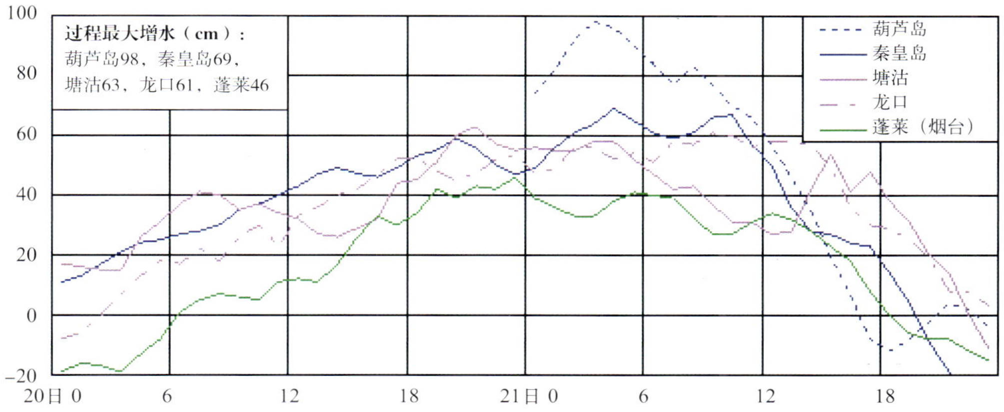

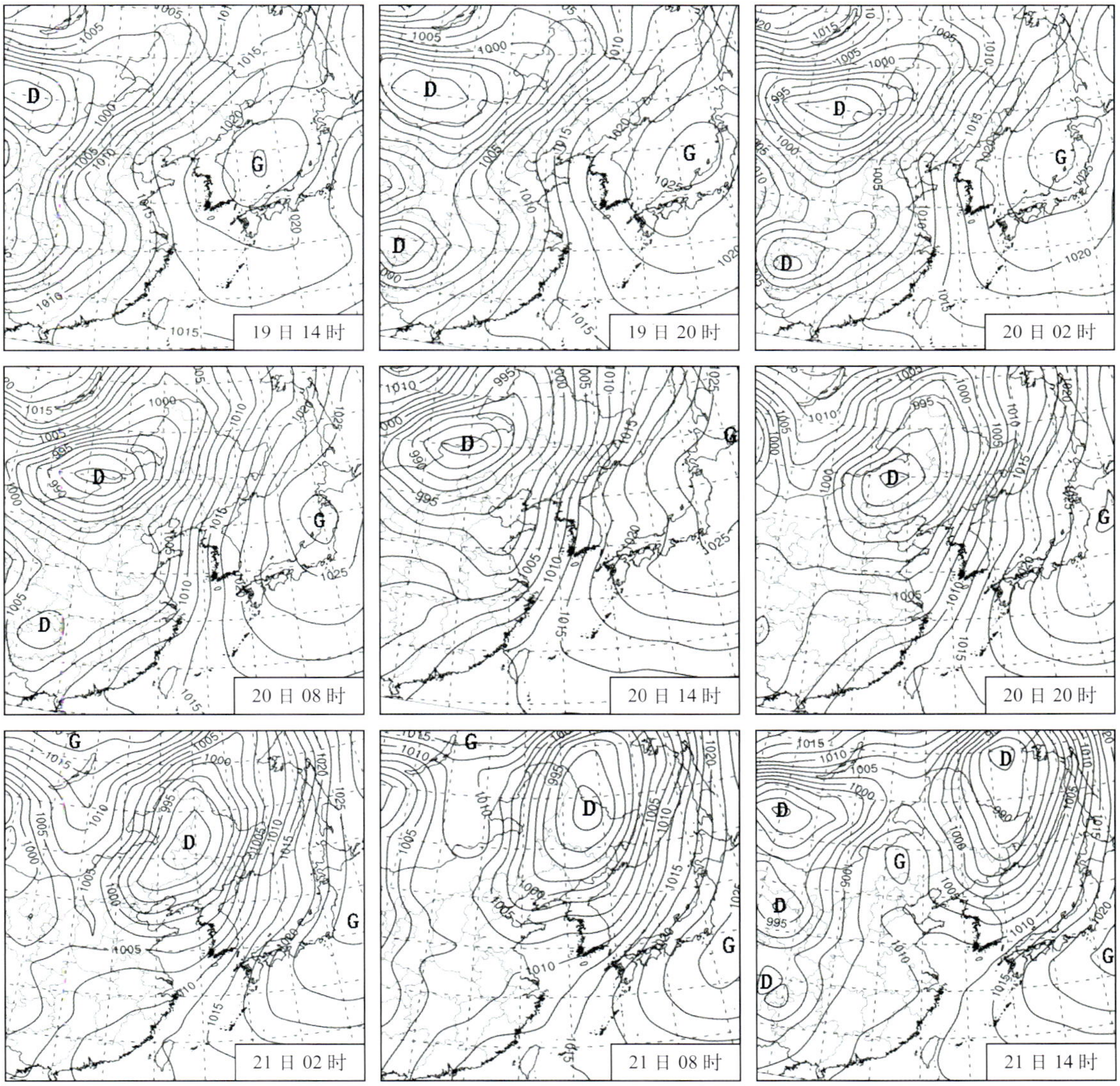

SW 向风场（覆加减水回振）增水曲线与气压场（1964 年 4 月 19—21 日）

1972 年 4 月 1—3 日

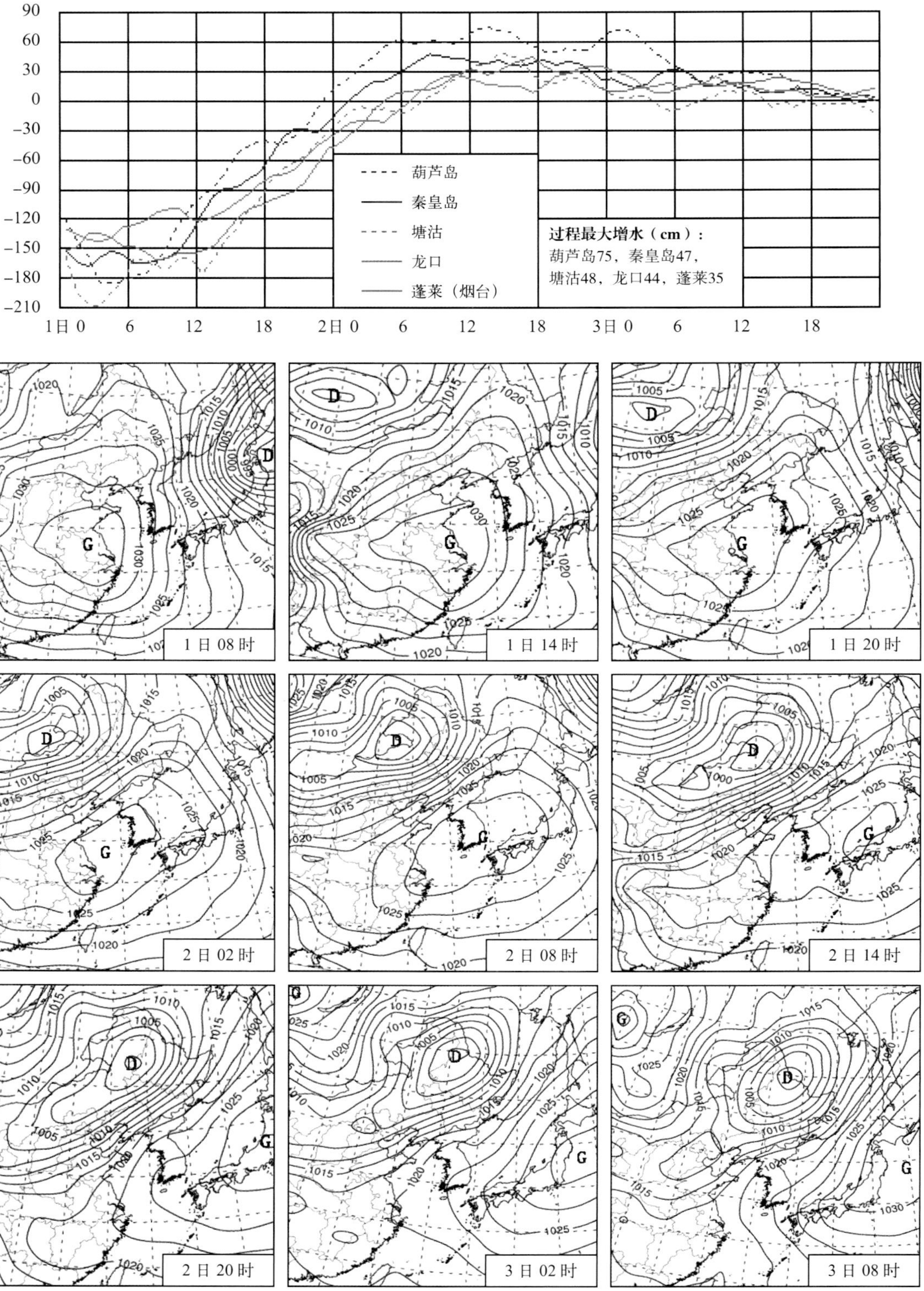

SW 向风场（覆加减水回振）增水曲线与气压场（1972 年 4 月 1—3 日）

1978 年 3 月 1—3 日

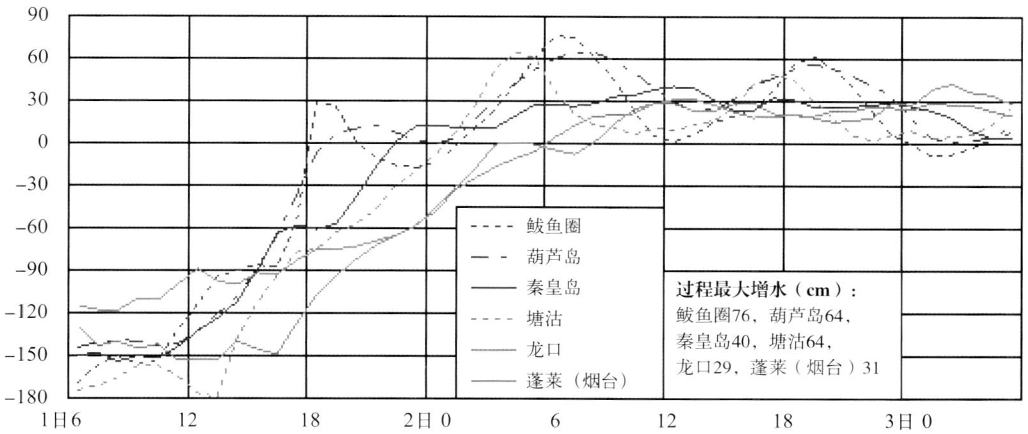

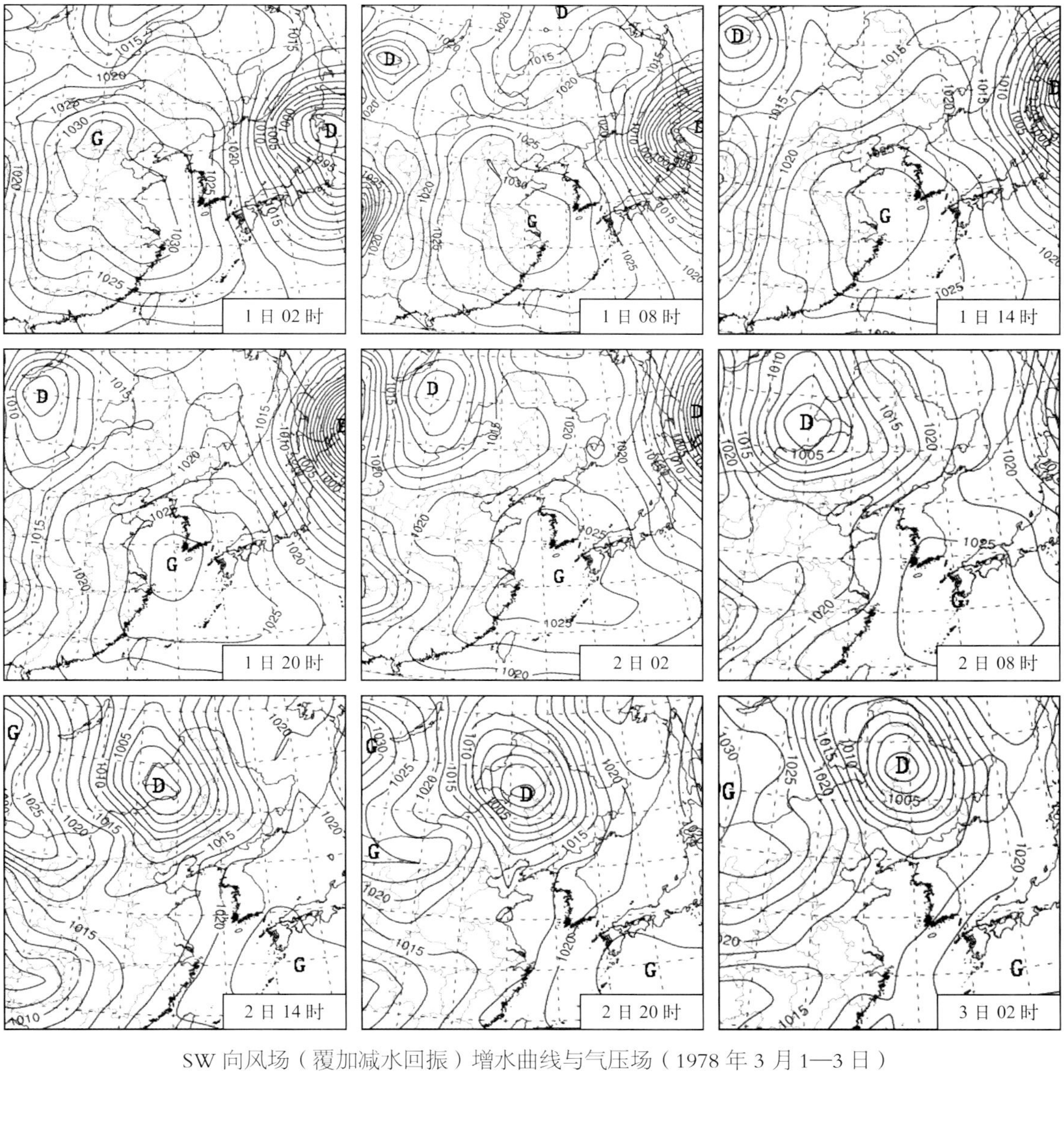

SW 向风场（覆加减水回振）增水曲线与气压场（1978 年 3 月 1—3 日）

1981 年 2 月 16—18 日

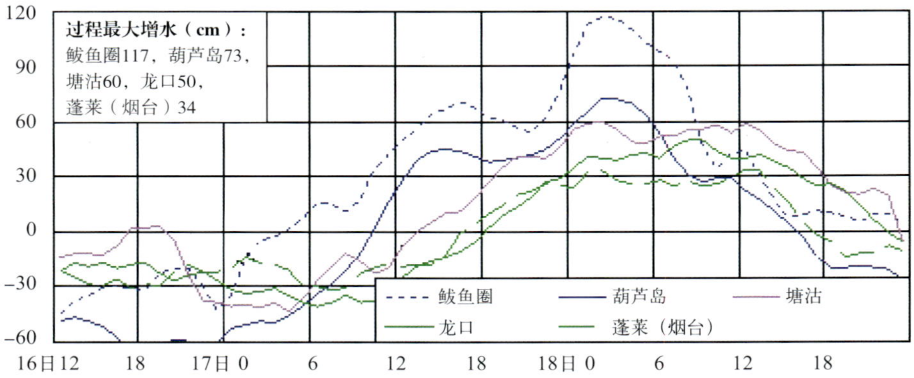

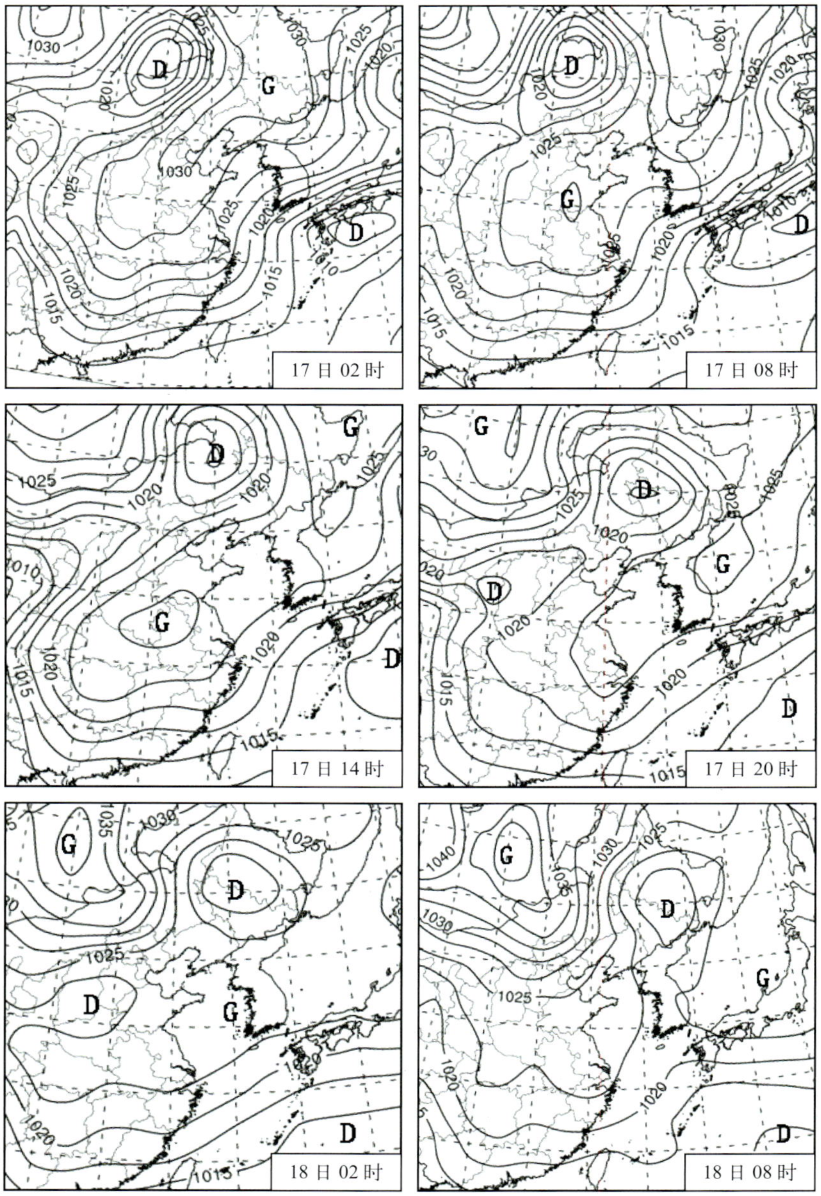

SW 向风场（覆加减水回振）增水曲线与气压场（1981 年 2 月 16—18 日）

1987 年 1 月 13—15 日

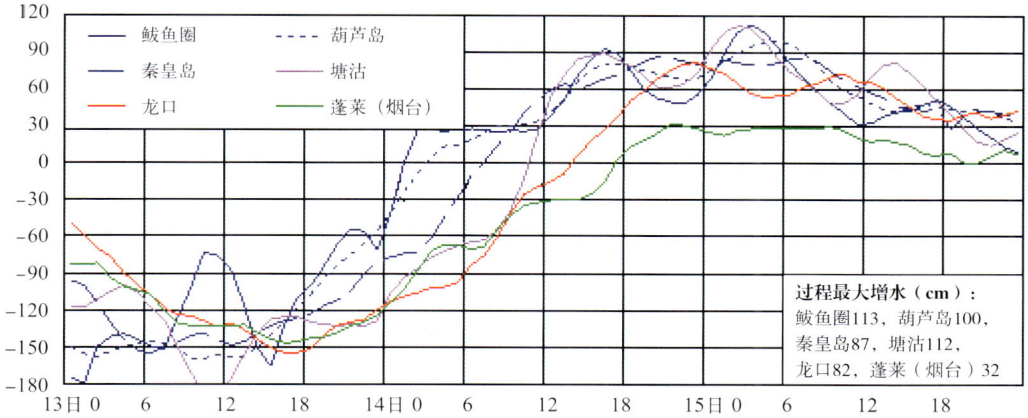

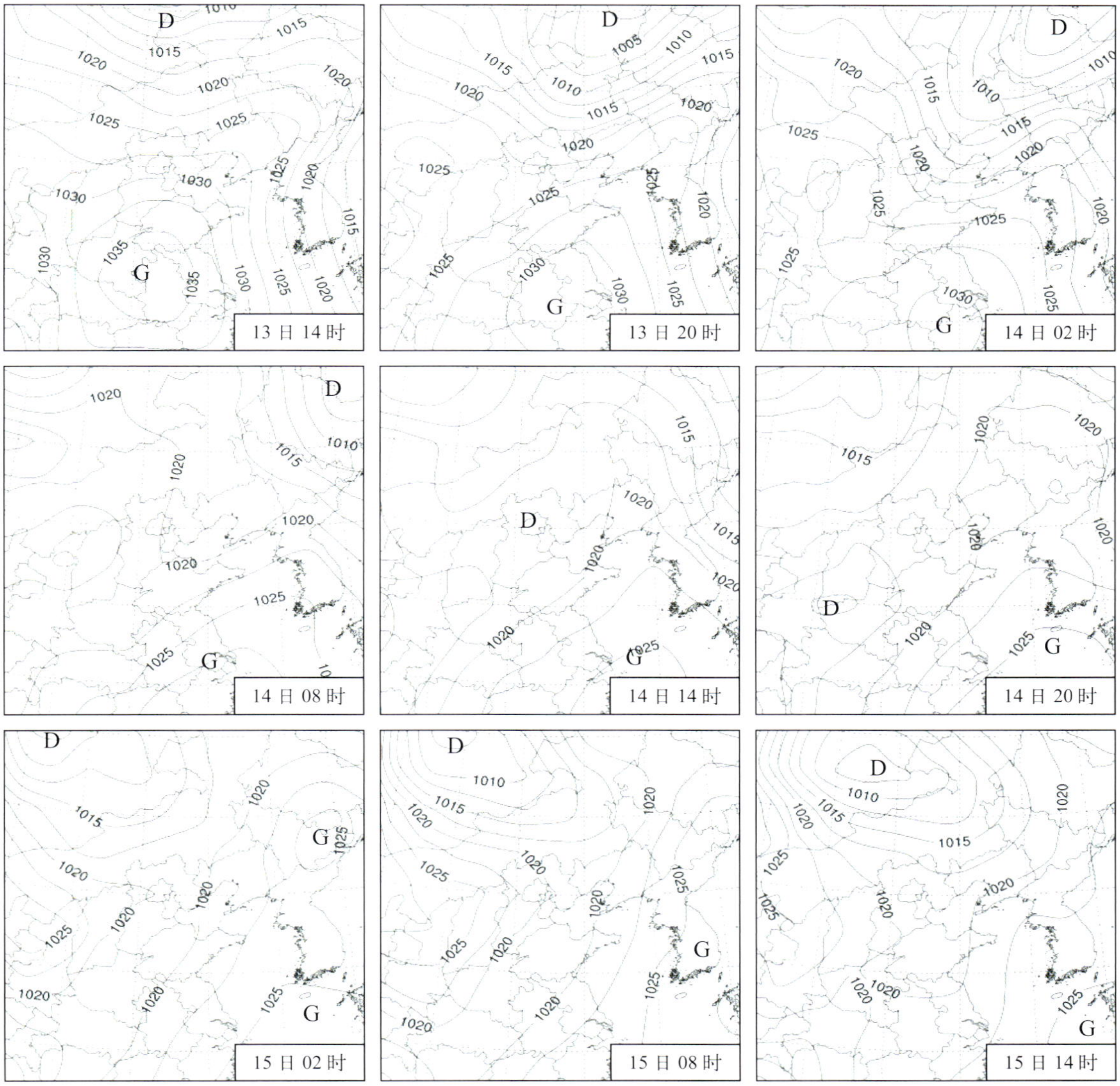

SW 向风场（覆加减水回振）增水曲线与气压场（1987 年 1 月 13—15 日）

1987 年 12 月 30 日—1988 年 1 月 1 日

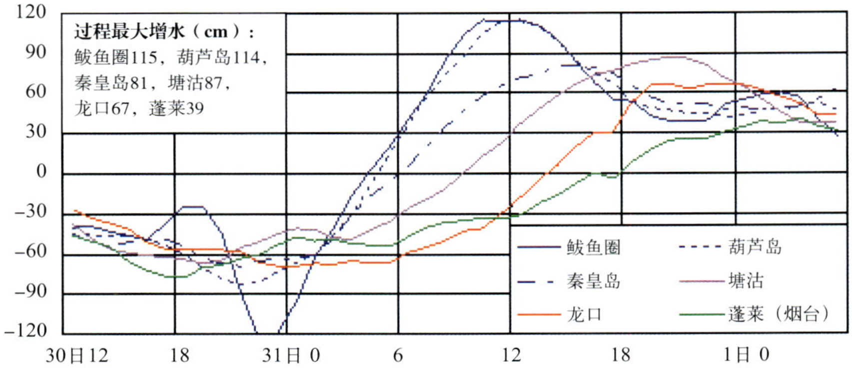

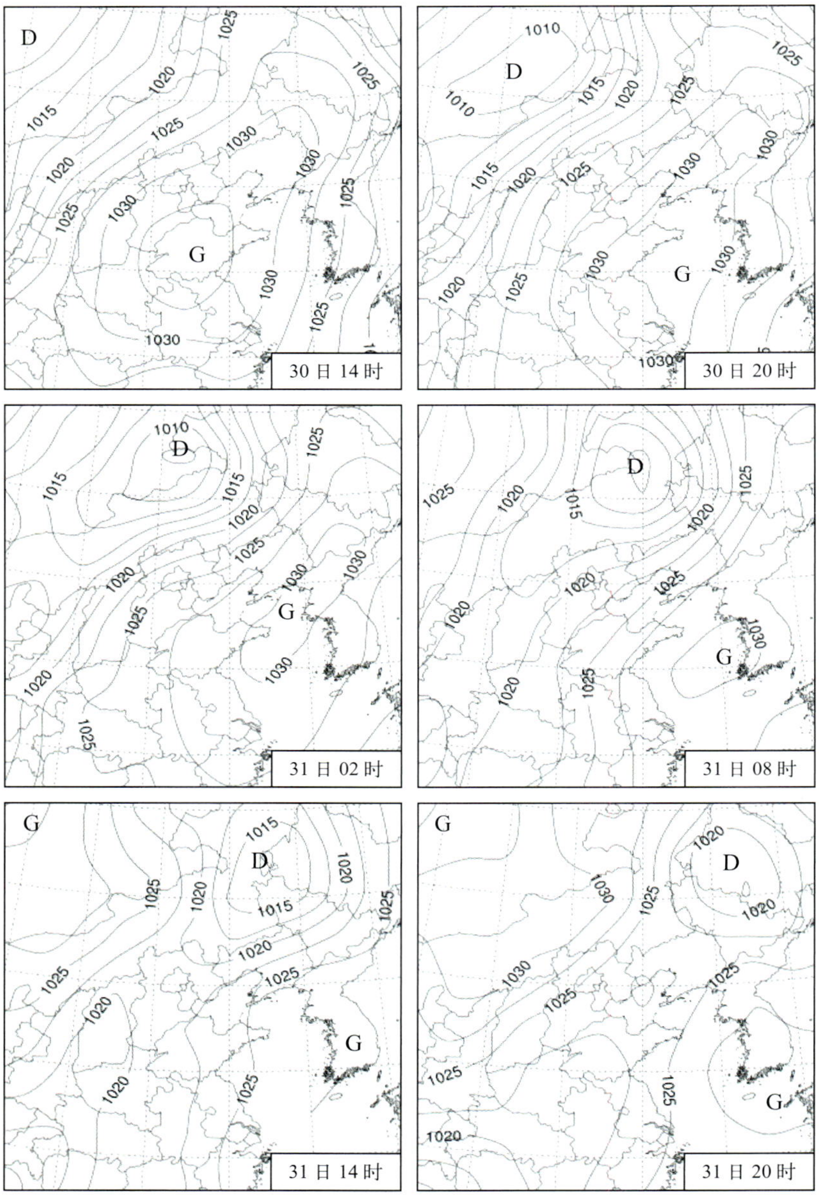

SW 向风场（覆加减水回振）增水曲线与气压场（1987 年 12 月 30 日—1988 年 1 月 1 日）

1992 年 9 月 25—29 日

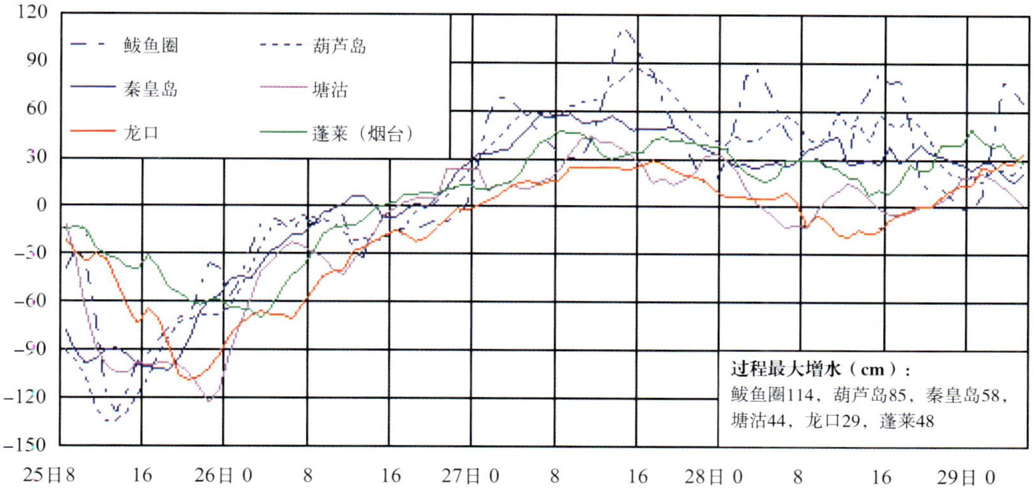

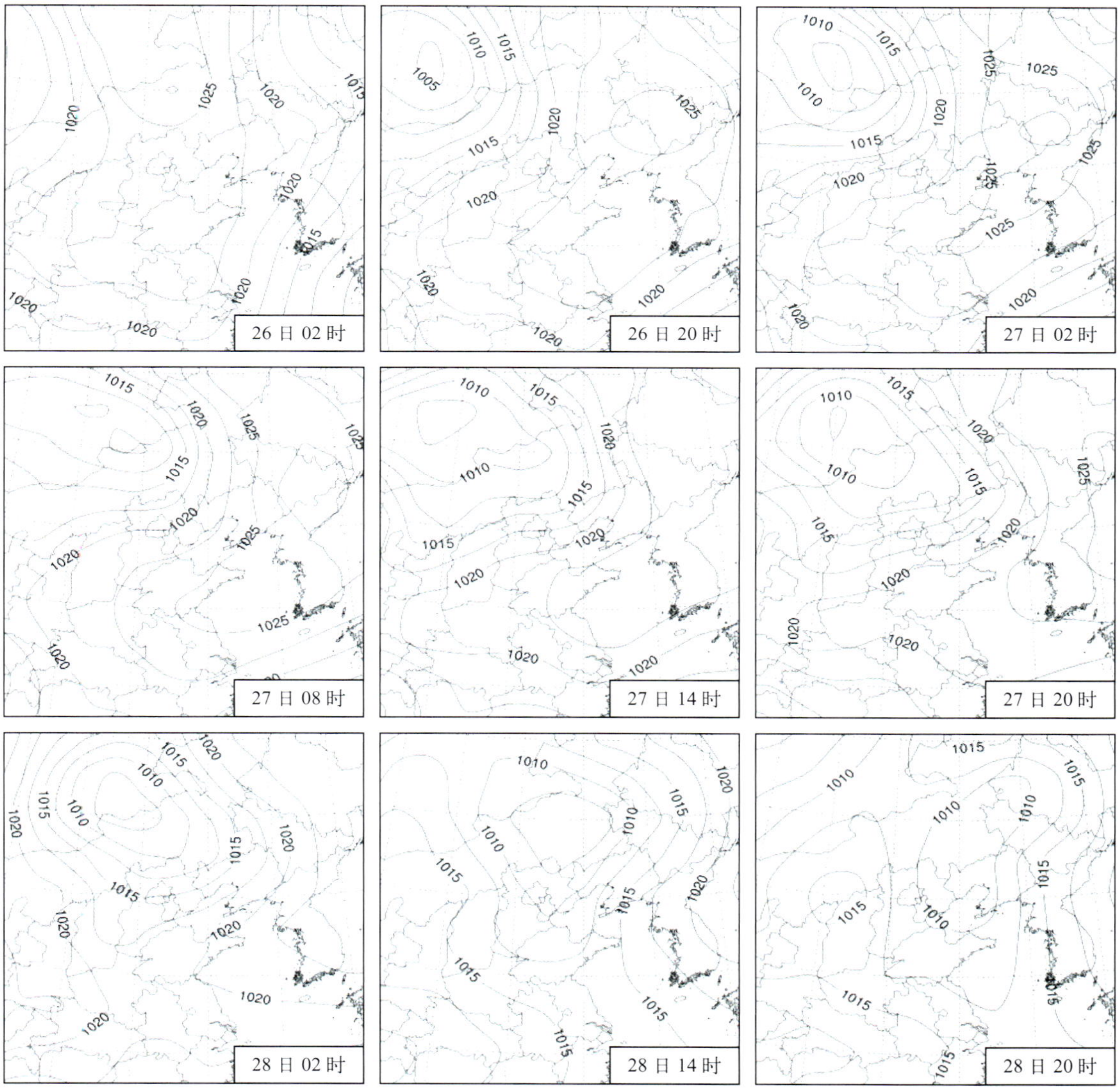

SW 向风场（覆加减水回振）增水曲线与气压场（1992 年 9 月 25—29 日）

1996 年 10 月 26—28 日

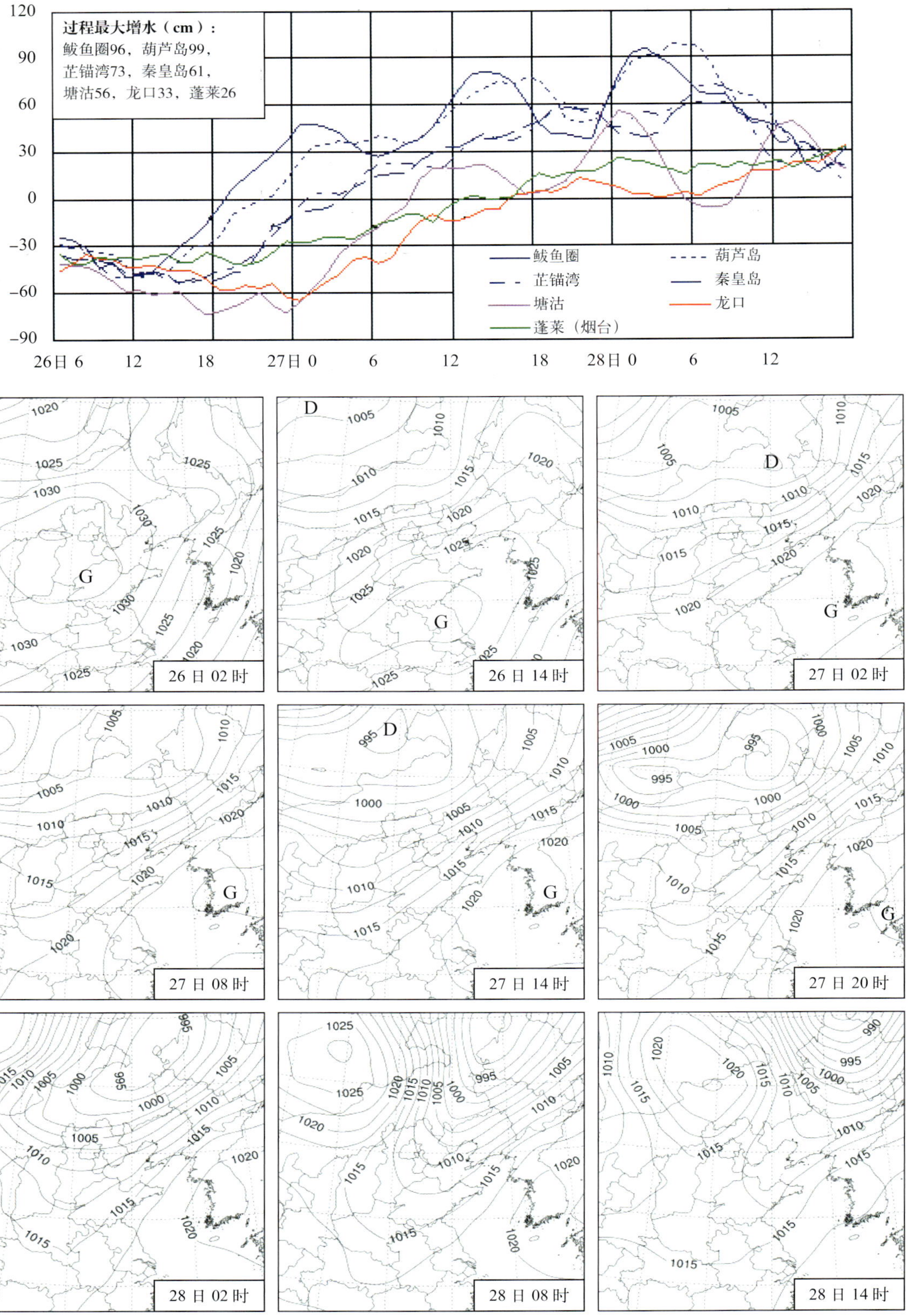

SW 向风场（覆加减水回振）增水曲线与气压场（1996 年 10 月 26—28 日）

2008 年 12 月 5—8 日

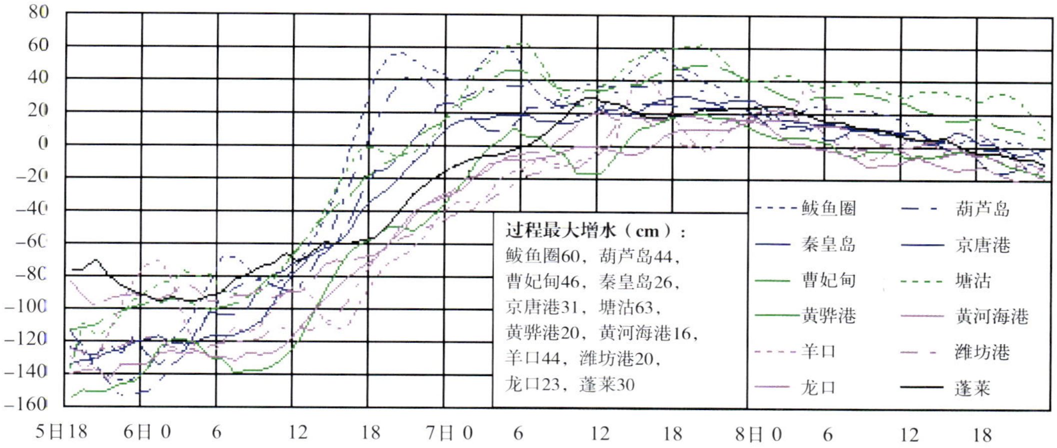

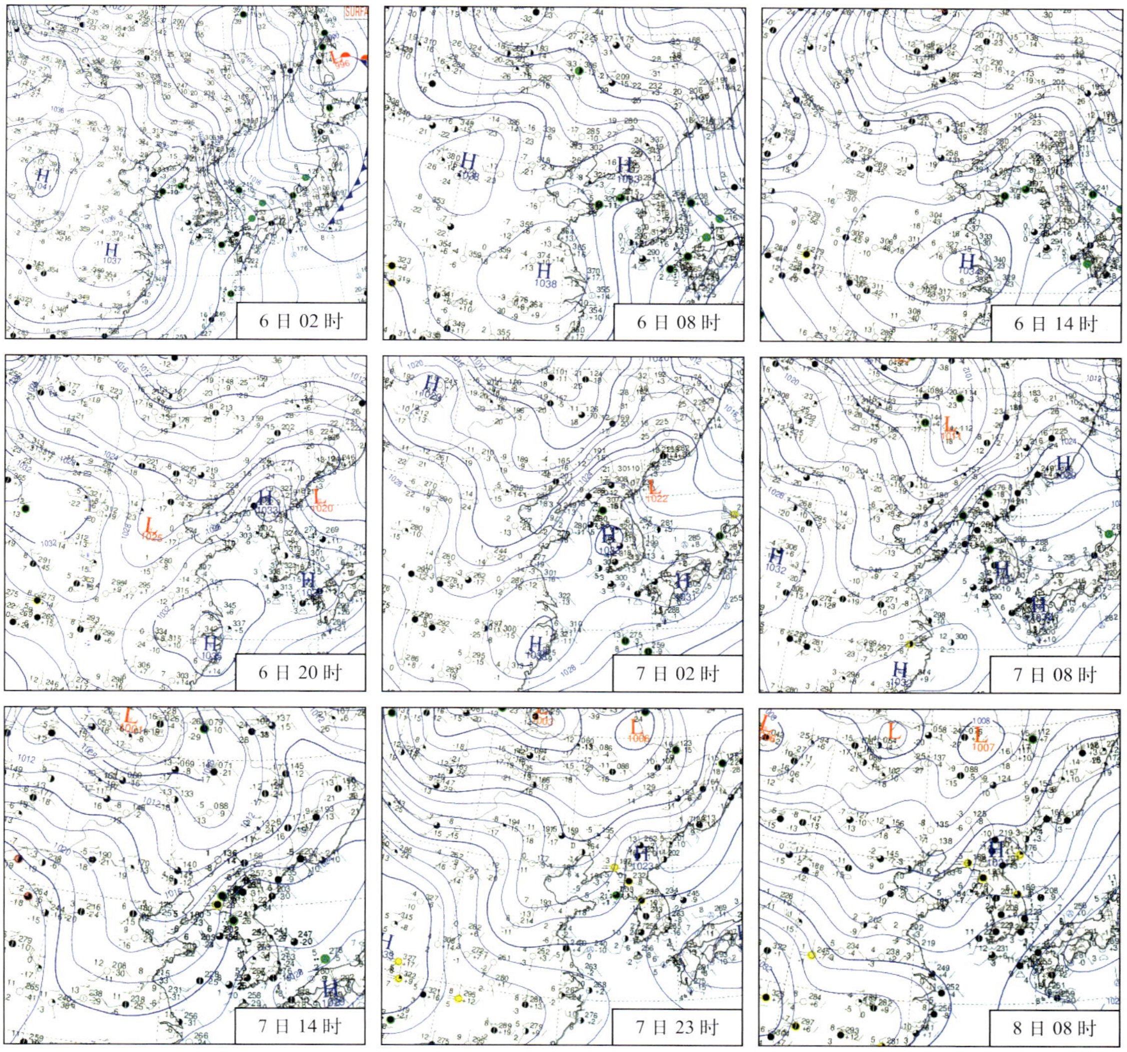

SW 向风场（覆加减水回振）增水曲线与气压场（2008 年 12 月 5—8 日）

2010 年 3 月 10—12 日

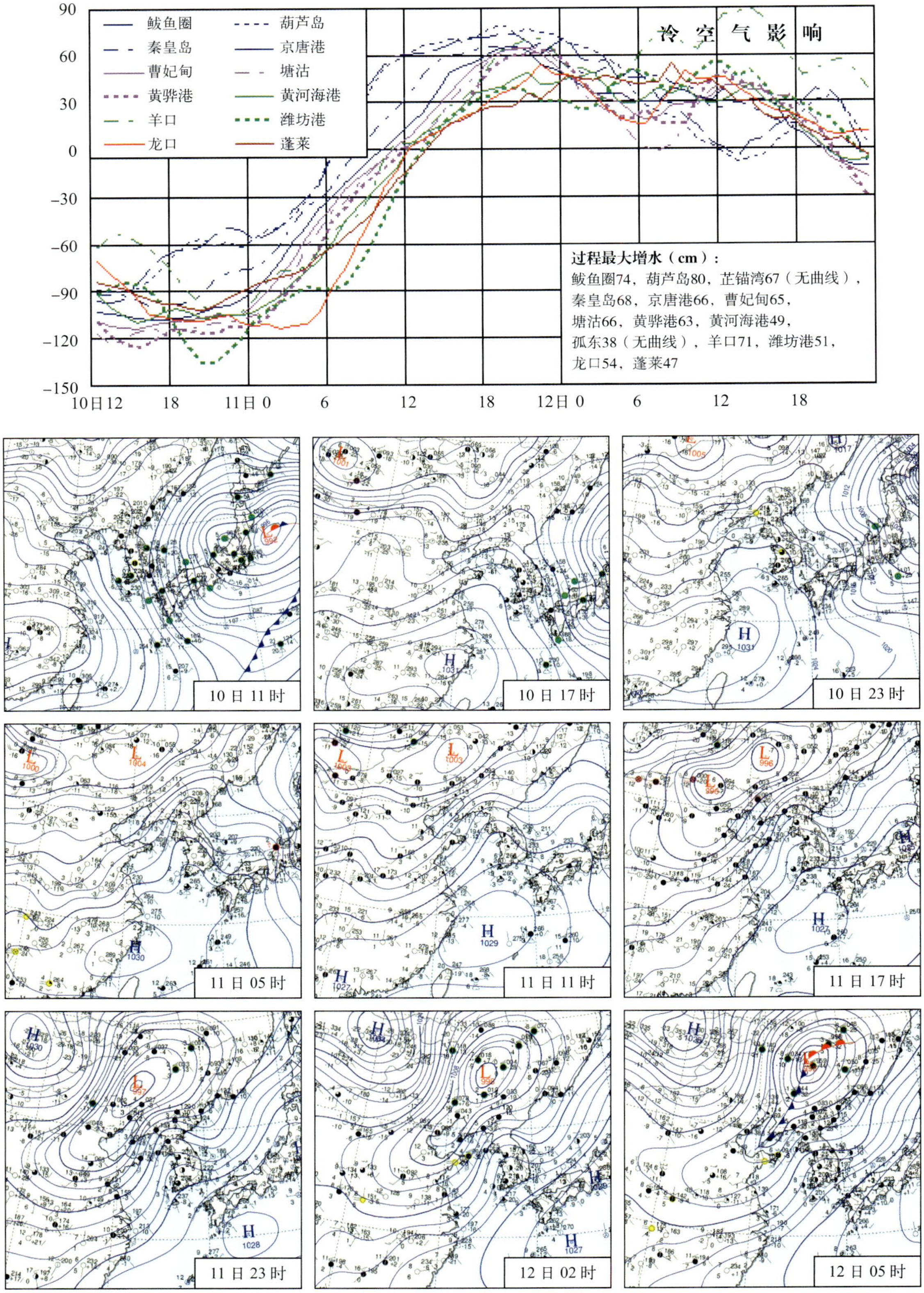

SW 向风场（覆加减水回振）增水曲线与气压场（2010 年 3 月 10—12 日）

2012 年 11 月 26—28 日

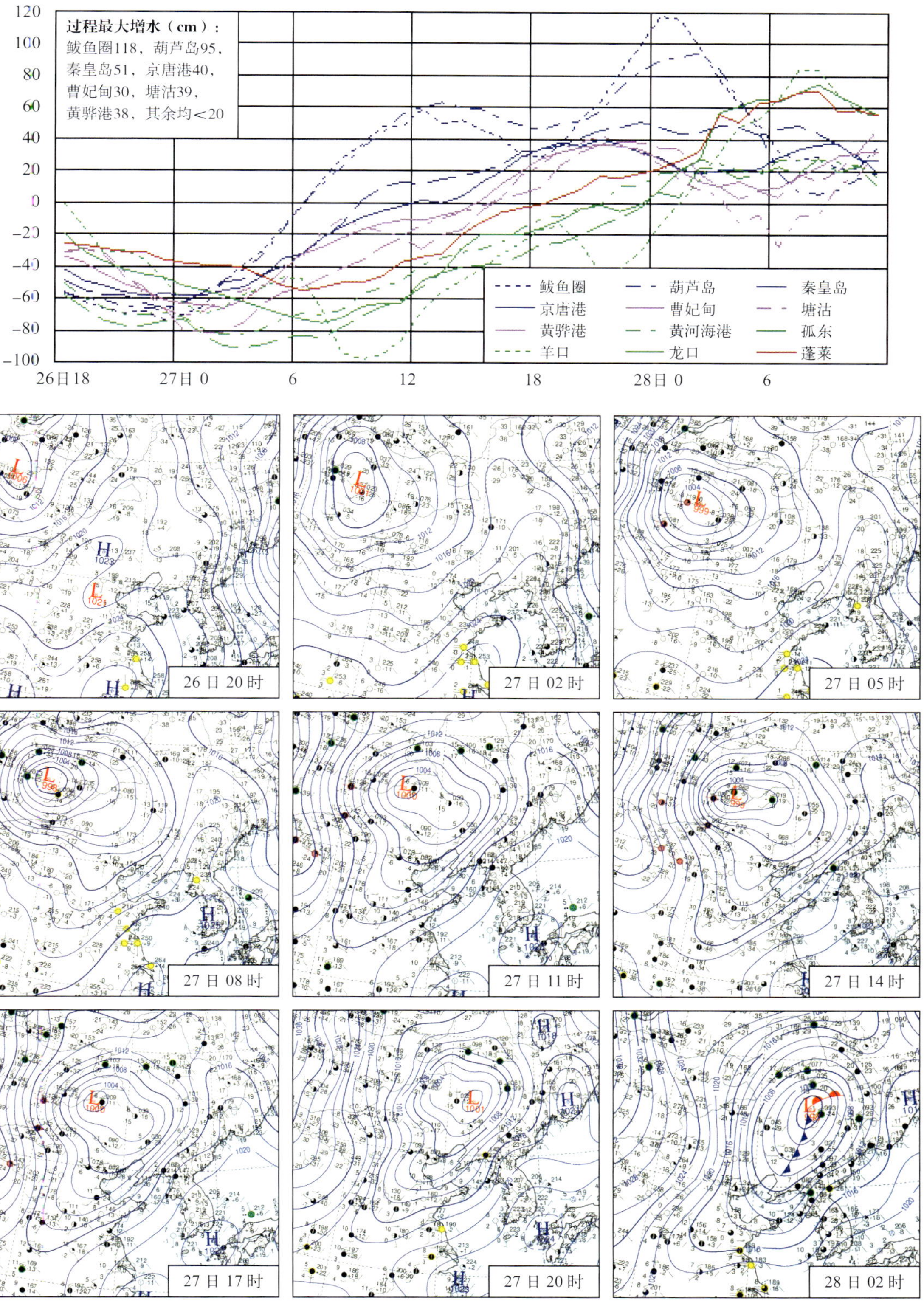

SW 向风场（覆加减水回振）增水曲线与气压场（2012 年 11 月 26—28 日）

2013 年 3 月 14—15 日

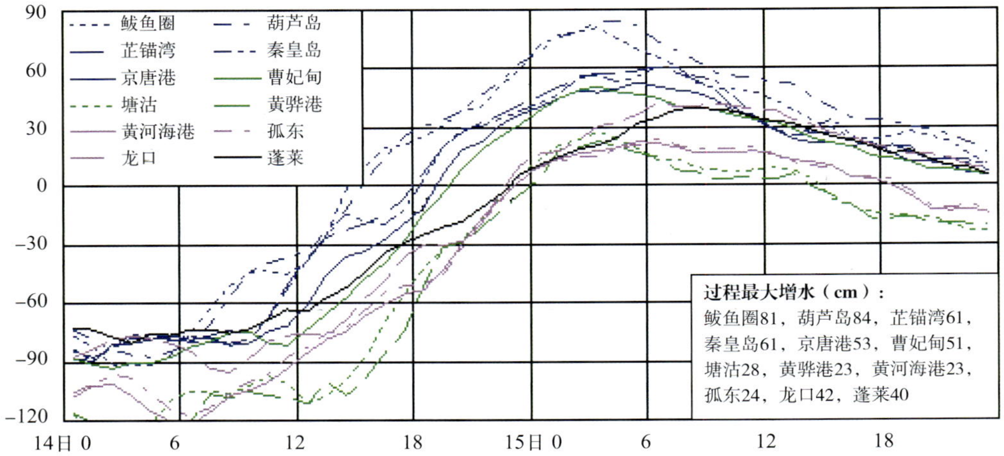

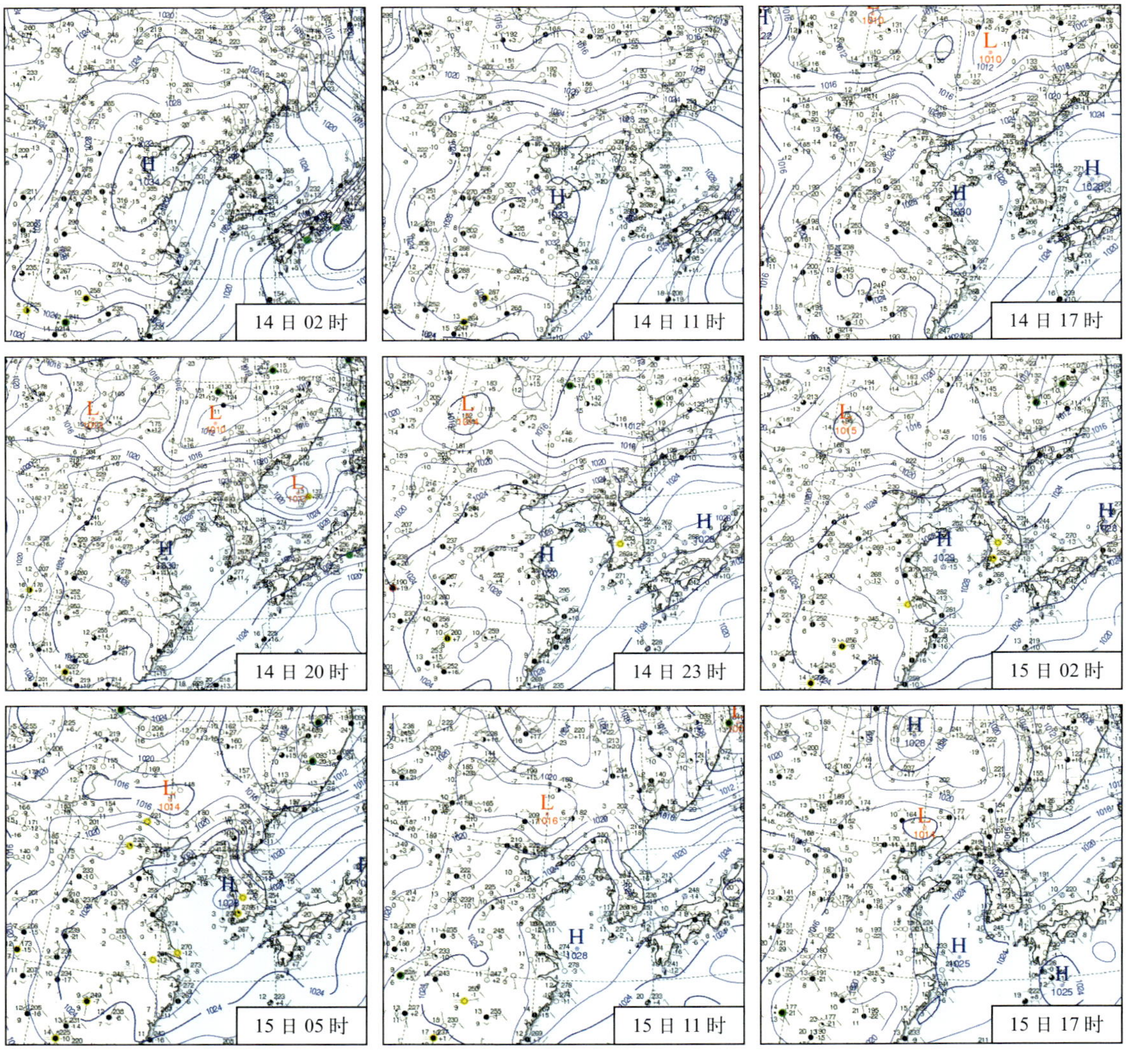

SW 向风场（覆加减水回振）增水曲线与气压场（2013 年 3 月 14—15 日）

2014 年 10 月 14—15 日

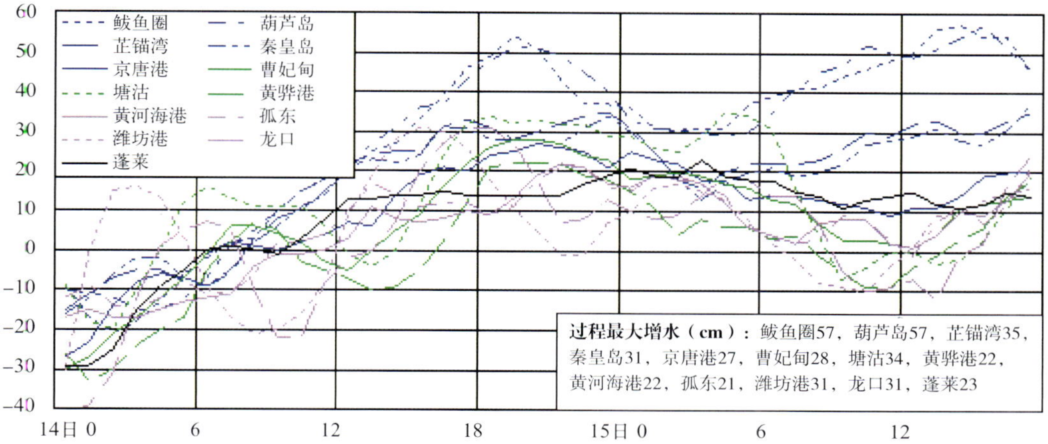

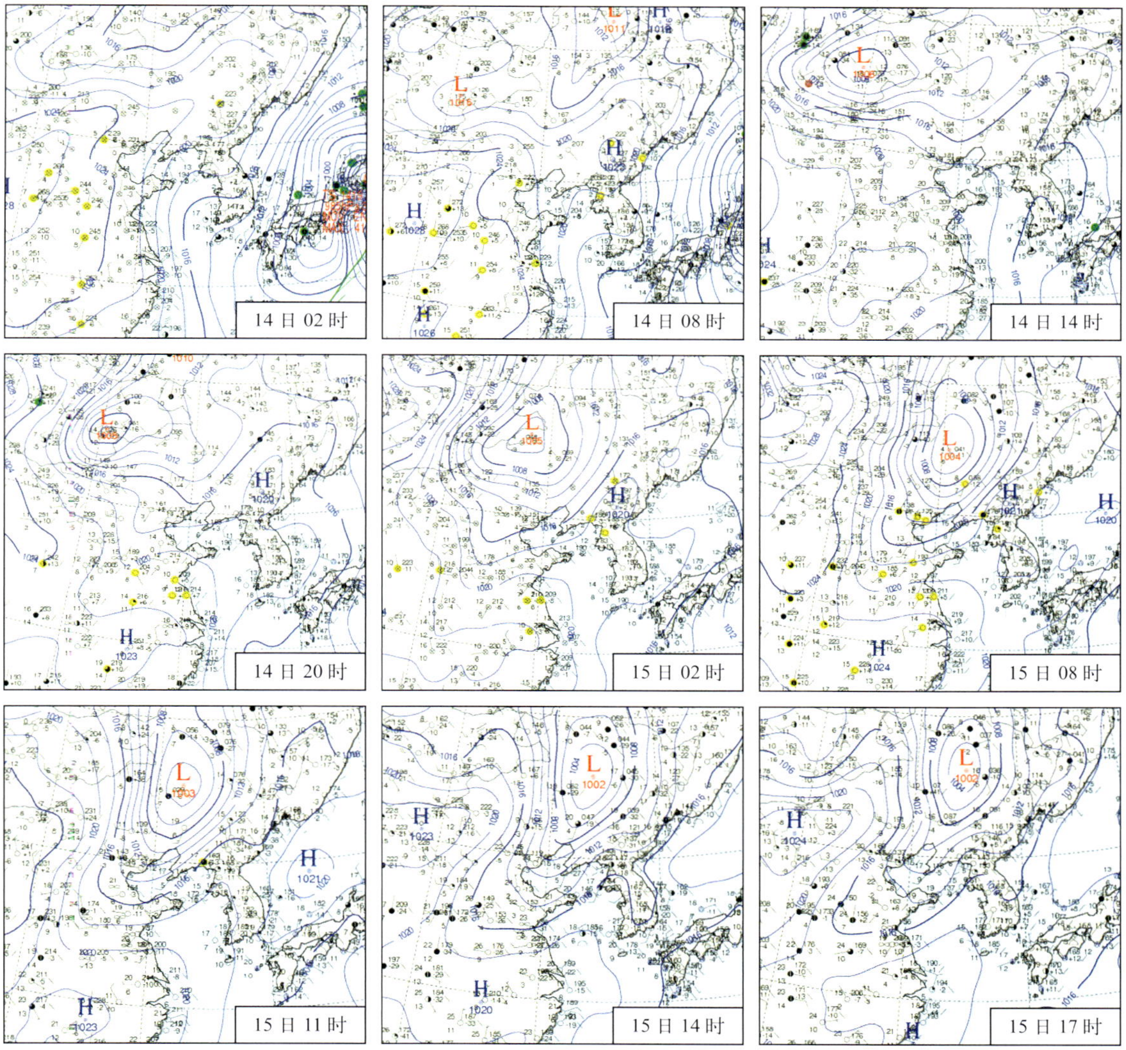

SW 向风场（覆加减水回振）增水曲线与气压场（2014 年 10 月 14—15 日）

2016年11月8—10日

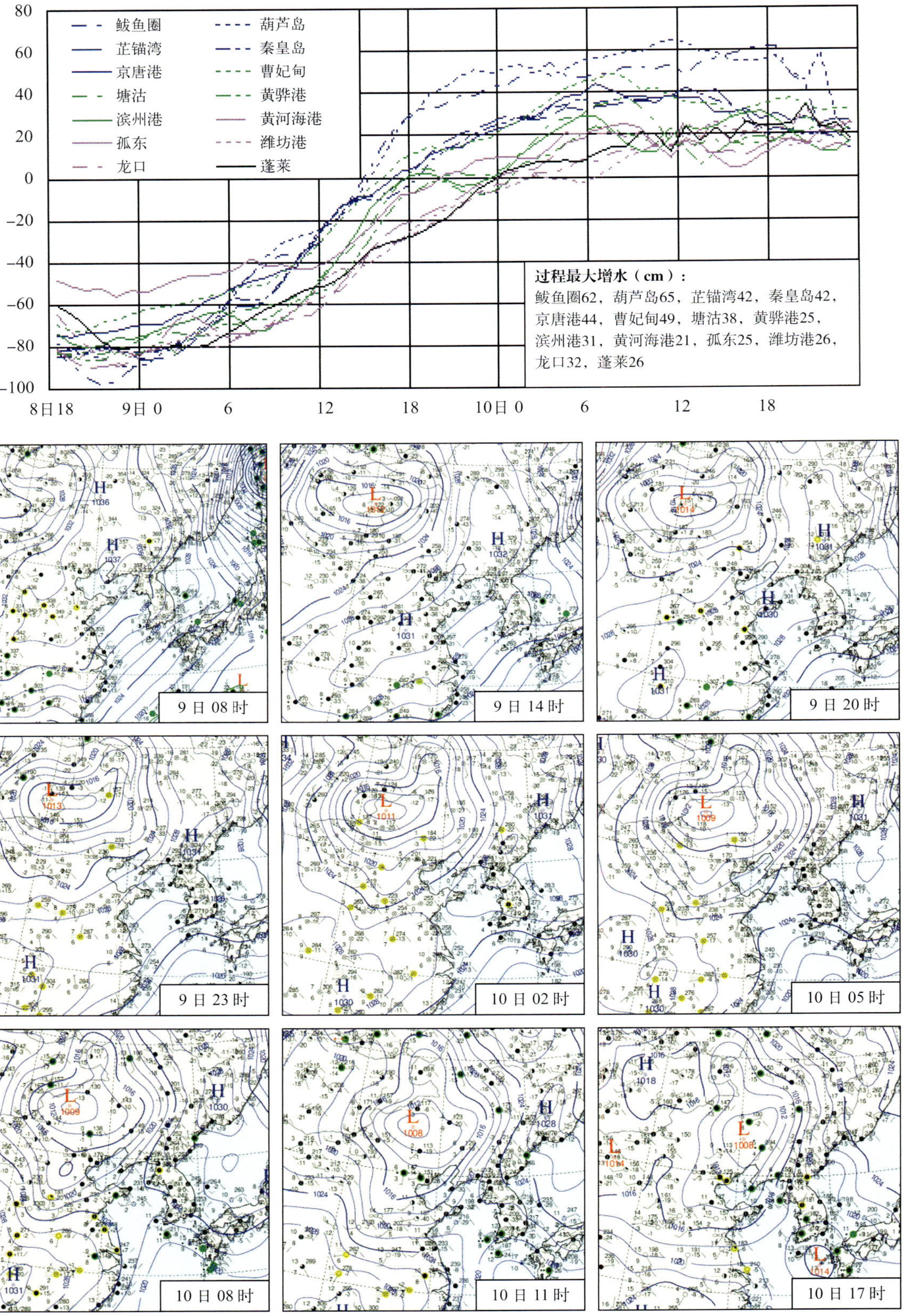

SW向风场（覆加减水回振）增水曲线与气压场（2016年11月8—10日）

12.2　前无明显减水类

1960 年 7 月 29 日—8 月 2 日

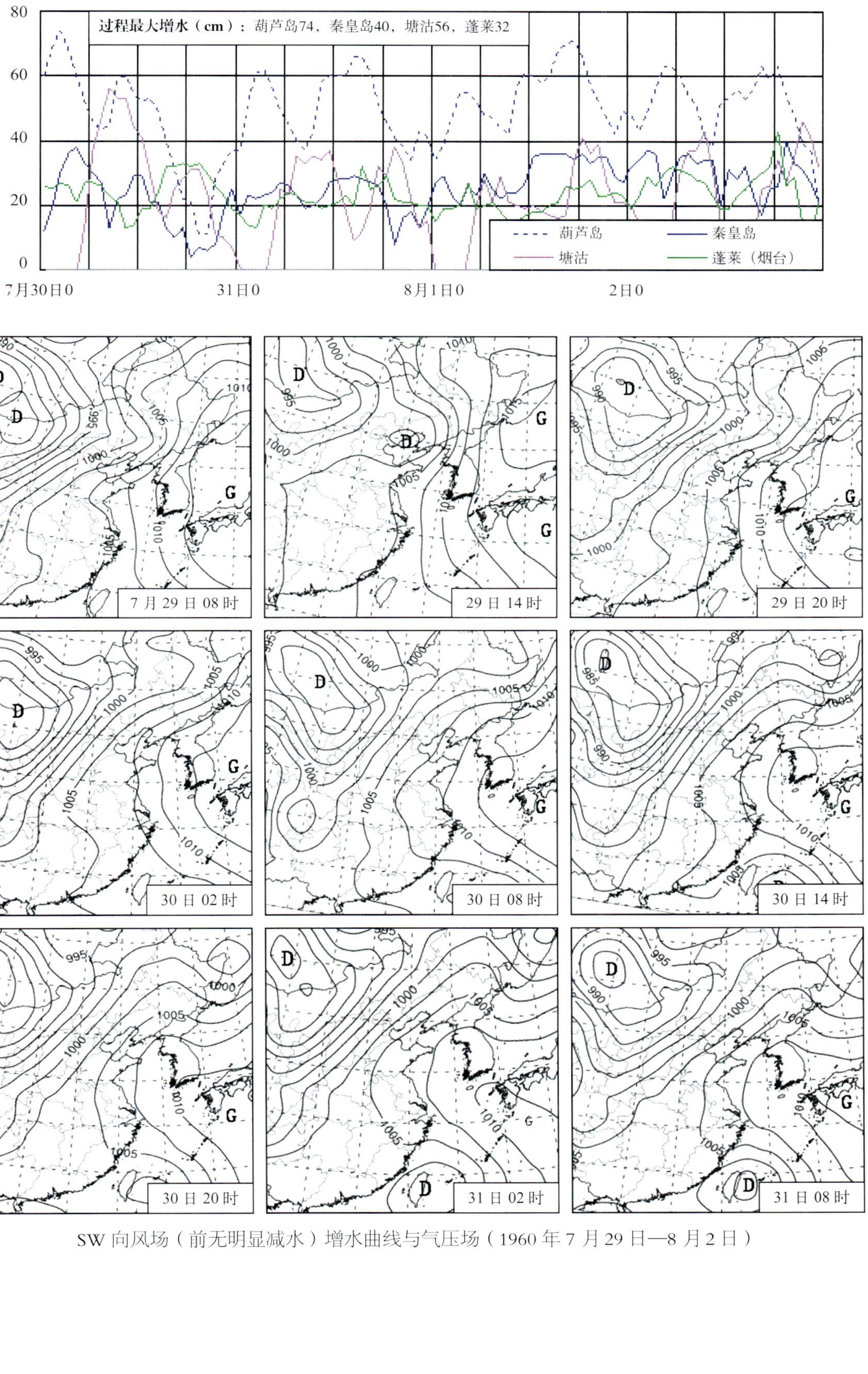

SW 向风场（前无明显减水）增水曲线与气压场（1960 年 7 月 29 日—8 月 2 日）

续上

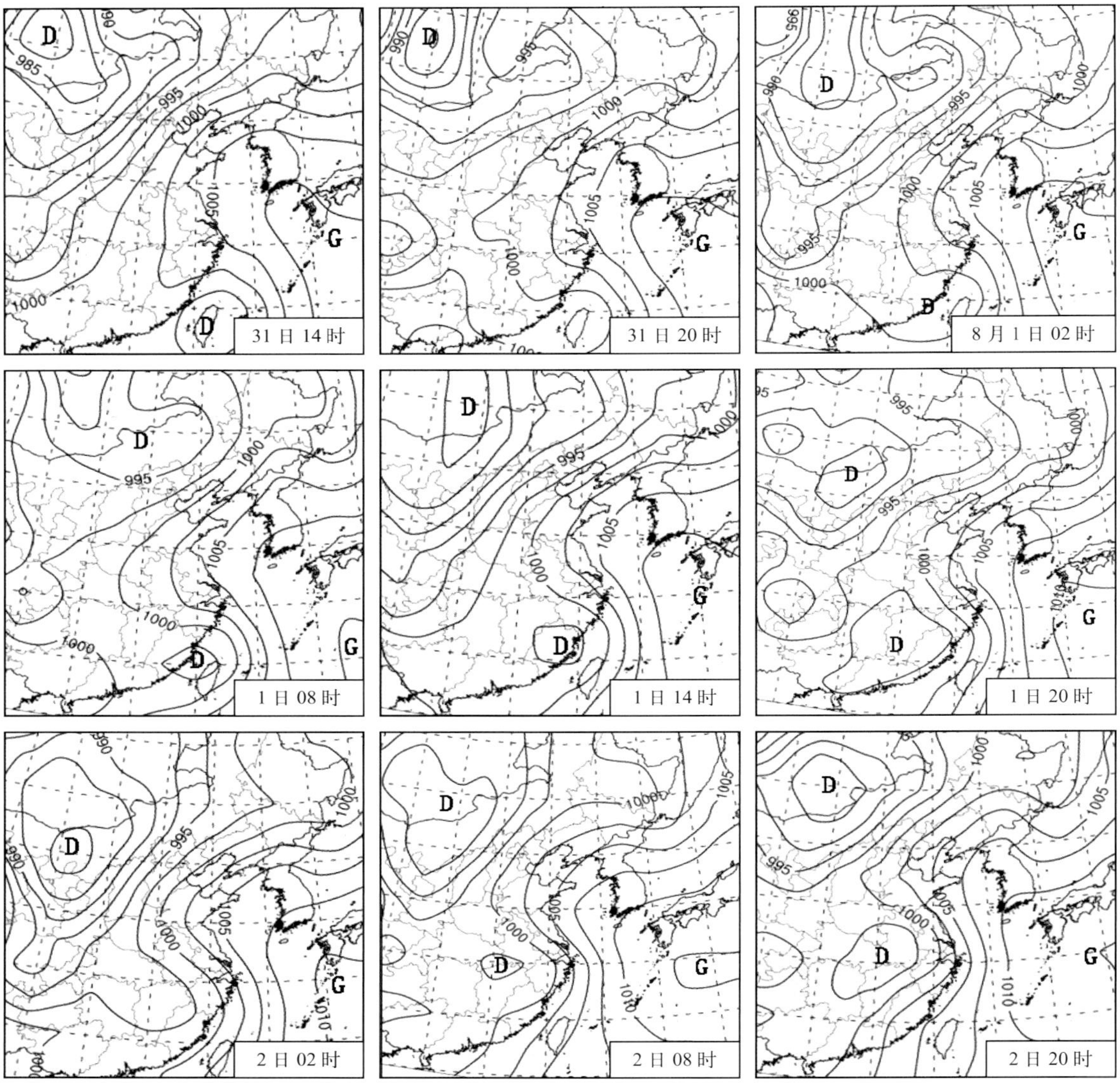

SW 向风场（前无明显减水）增水曲线与气压场（1960 年 7 月 29 日—8 月 2 日）

1961 年 4 月 2—4 日

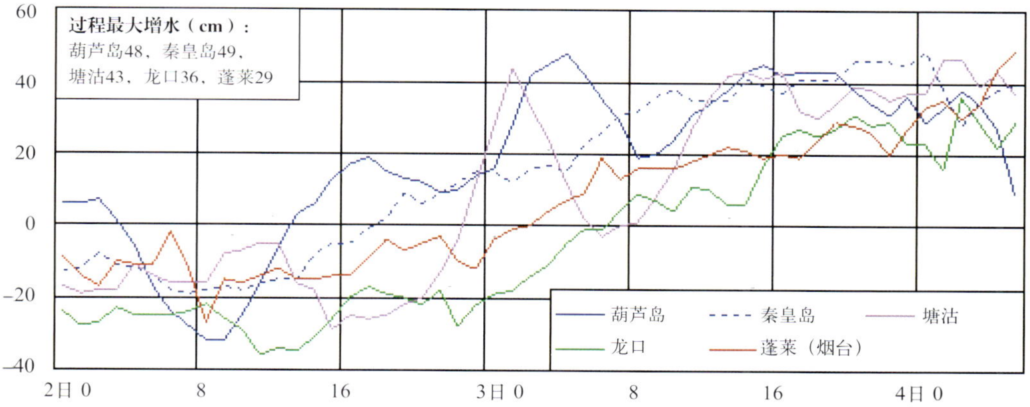

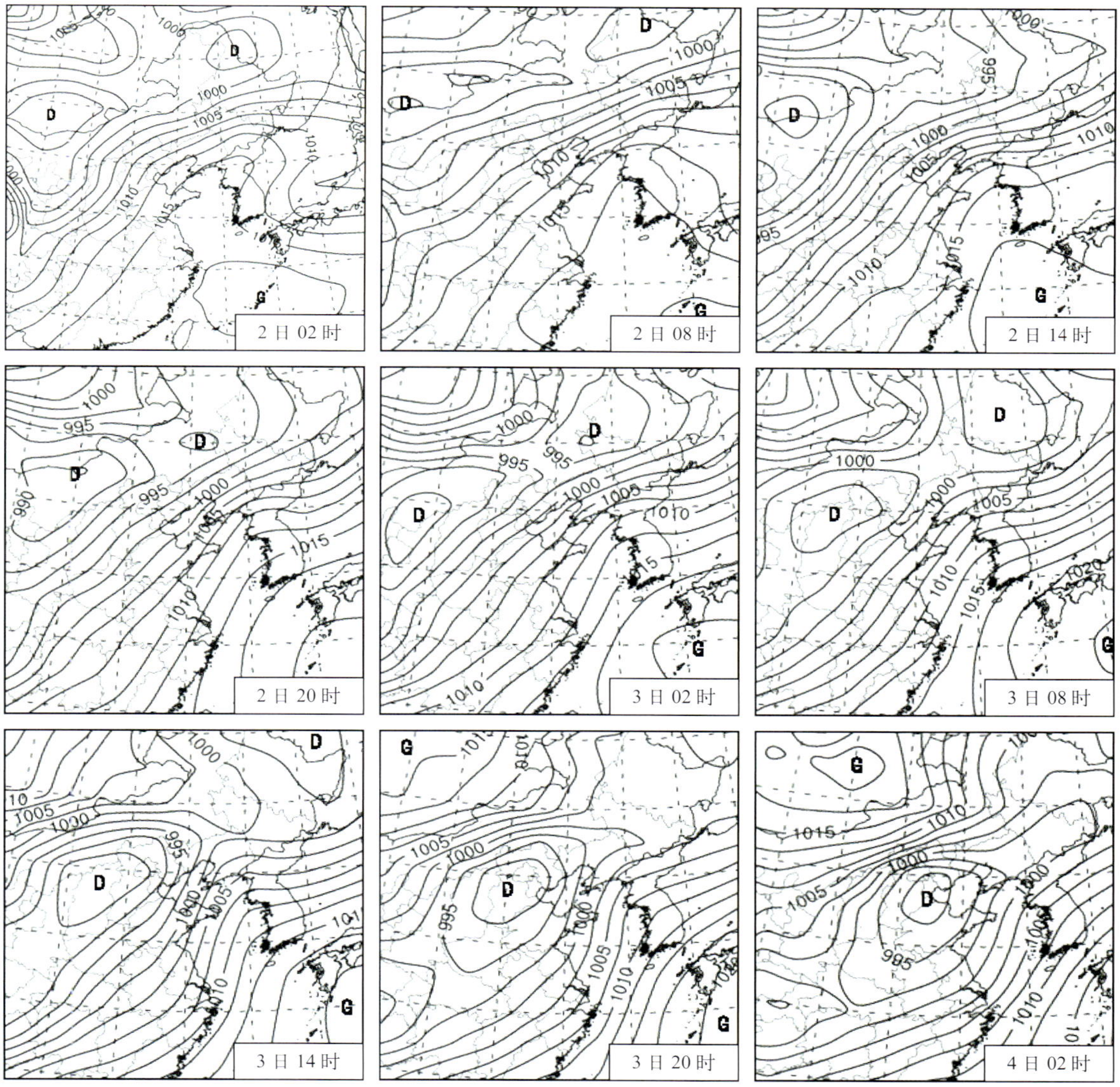

SW 向风场（前无明显减水）增水曲线与气压场（1961 年 4 月 2—4 日）

1969 年 5 月 27—28 日

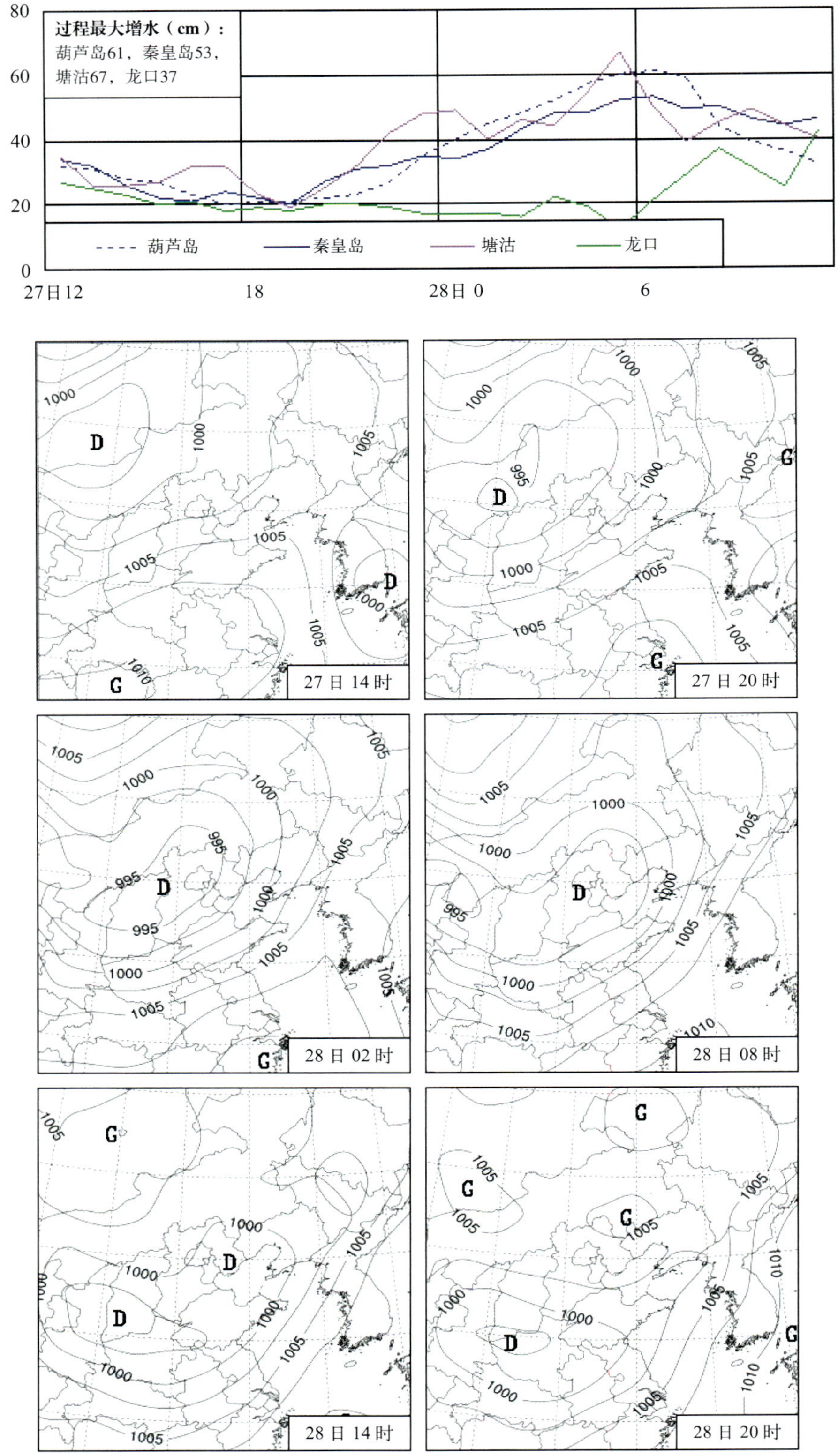

SW 向风场（前无明显减水）增水曲线与气压场（1969 年 5 月 27—28 日）

1971 年 5 月 7—10 日

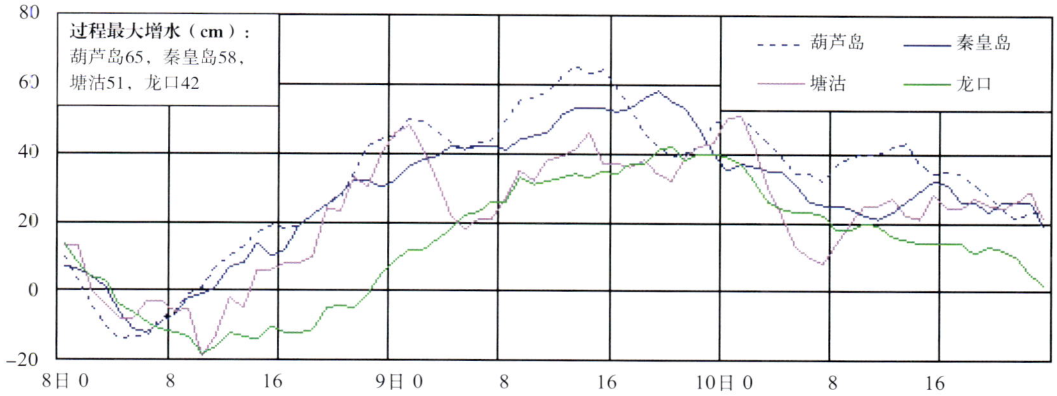

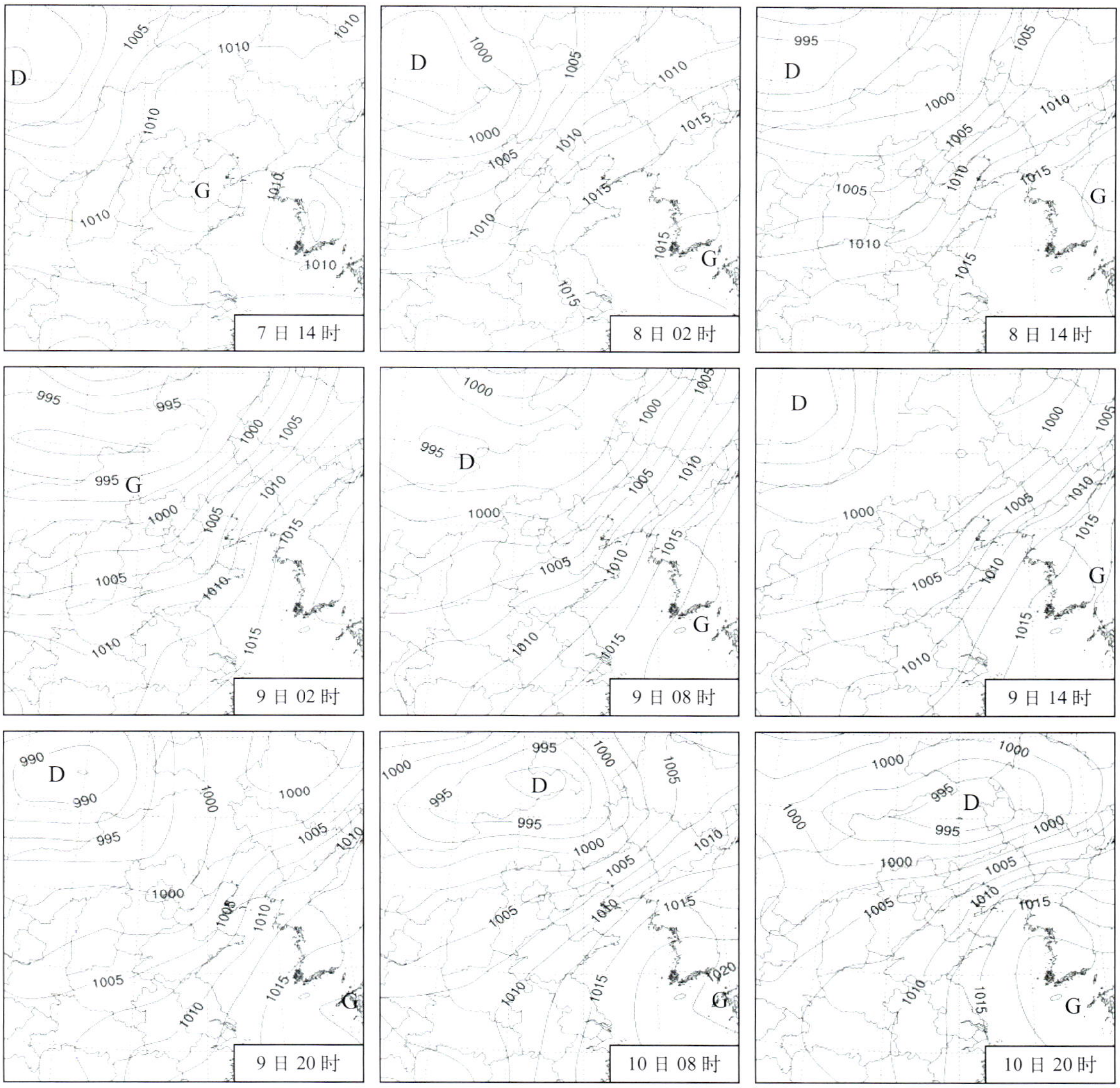

SW 向风场（前无明显减水）增水曲线与气压场（1971 年 5 月 7—10 日）

1985 年 4 月 6—7 日

SW 向风场（前无明显减水）增水曲线与气压场（1985 年 4 月 6—7 日）

2006 年 5 月 2—4 日

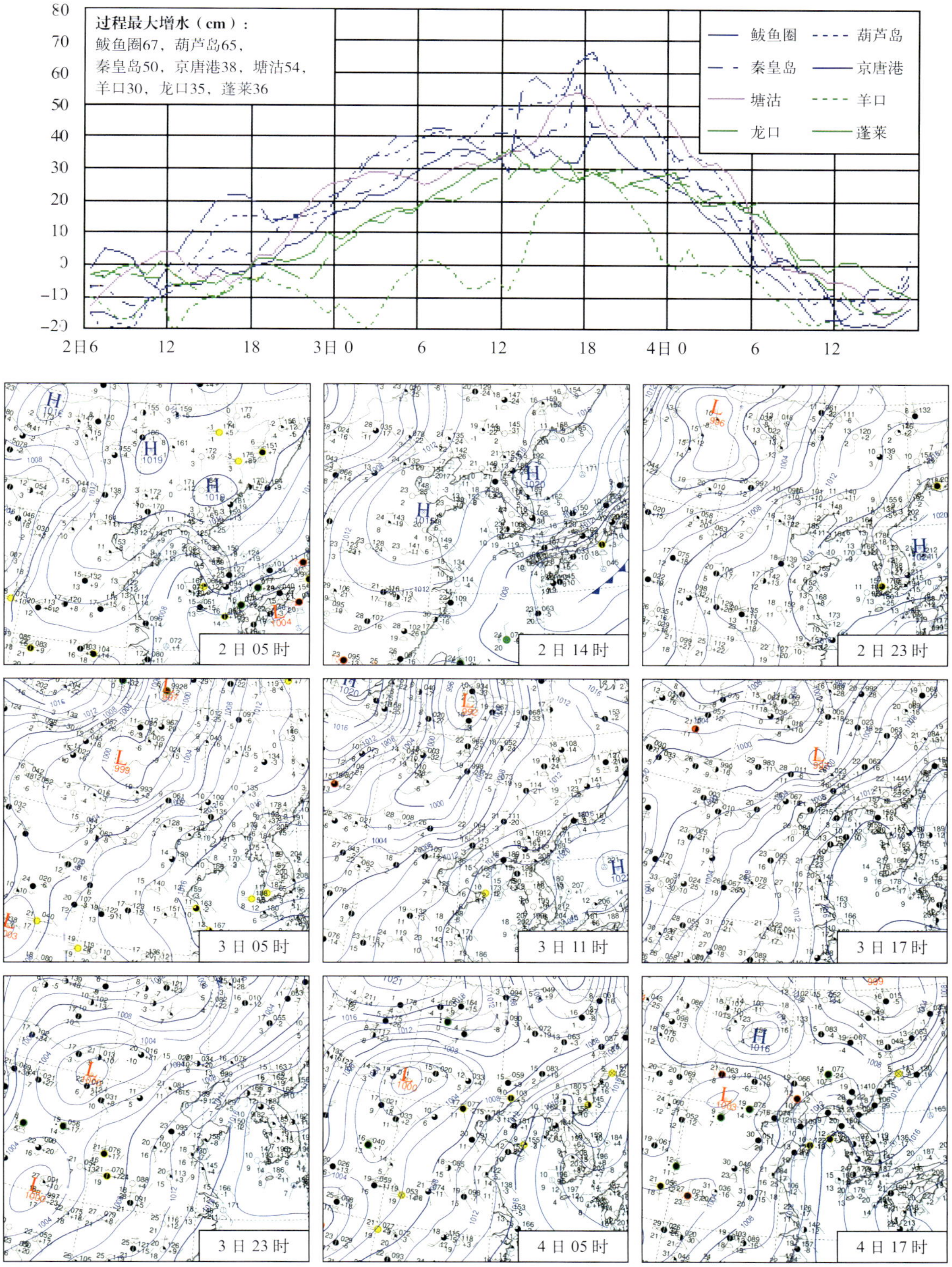

SW 向风场（前无明显减水）增水曲线与气压场（2006 年 5 月 2—4 日）

2008 年 10 月 7—8 日

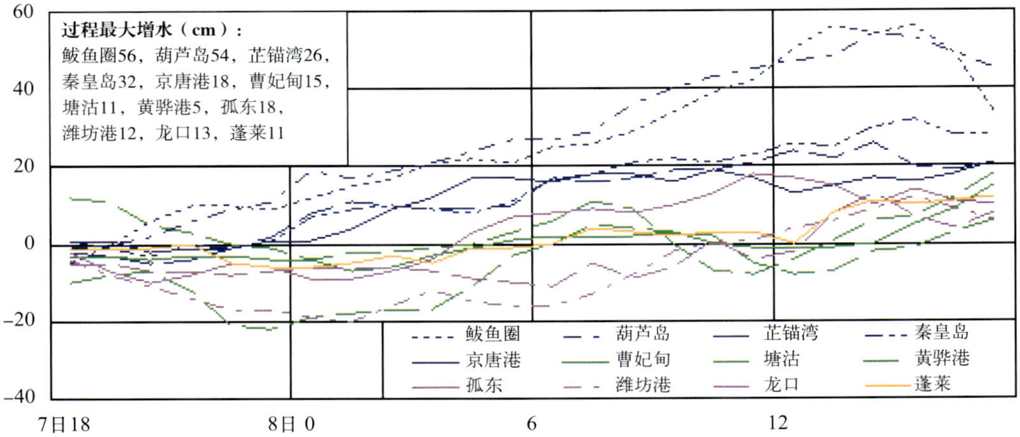

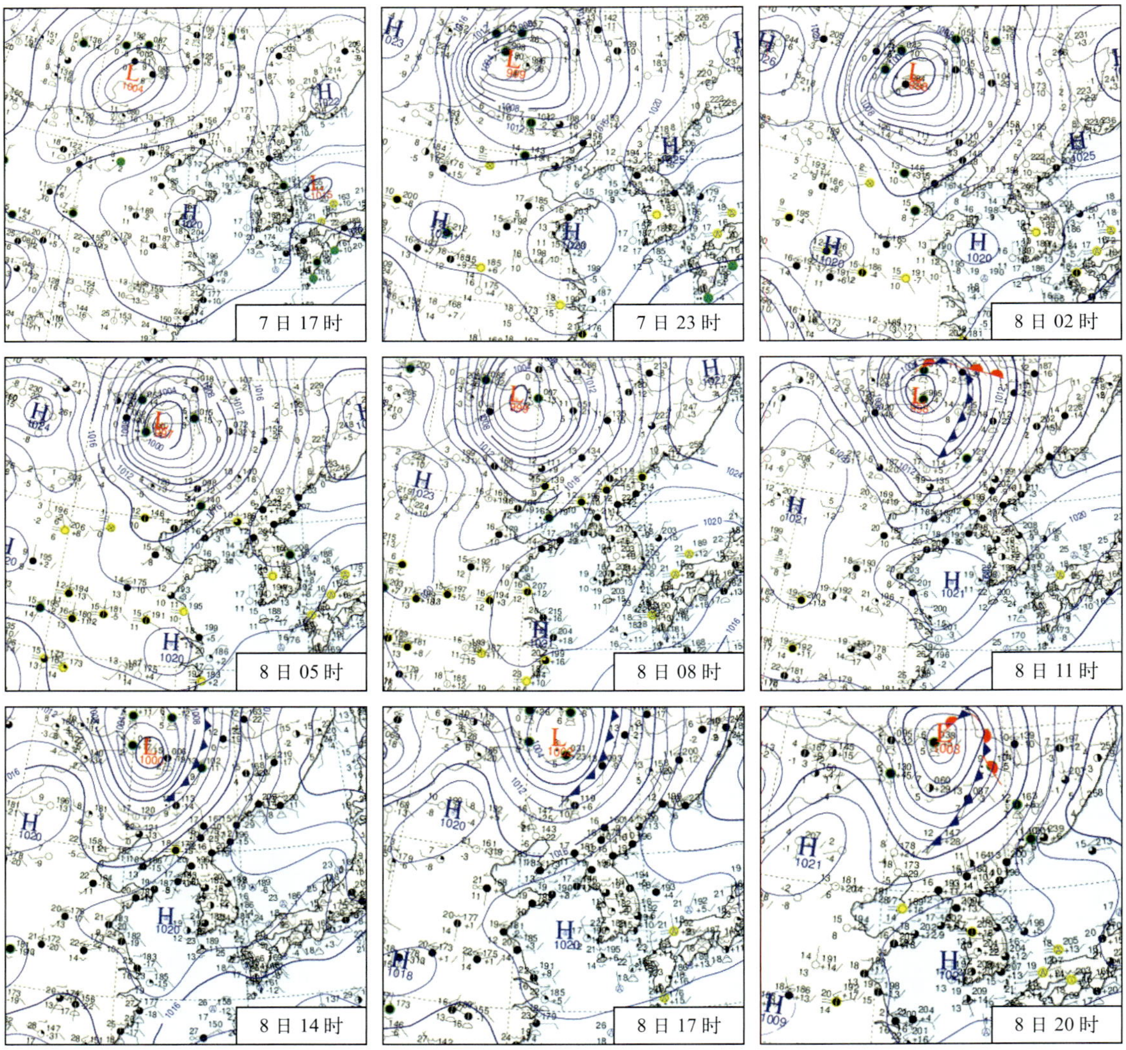

SW 向风场（前无明显减水）增水曲线与气压场（2008 年 10 月 7—8 日）

2012 年 3 月 15—16 日

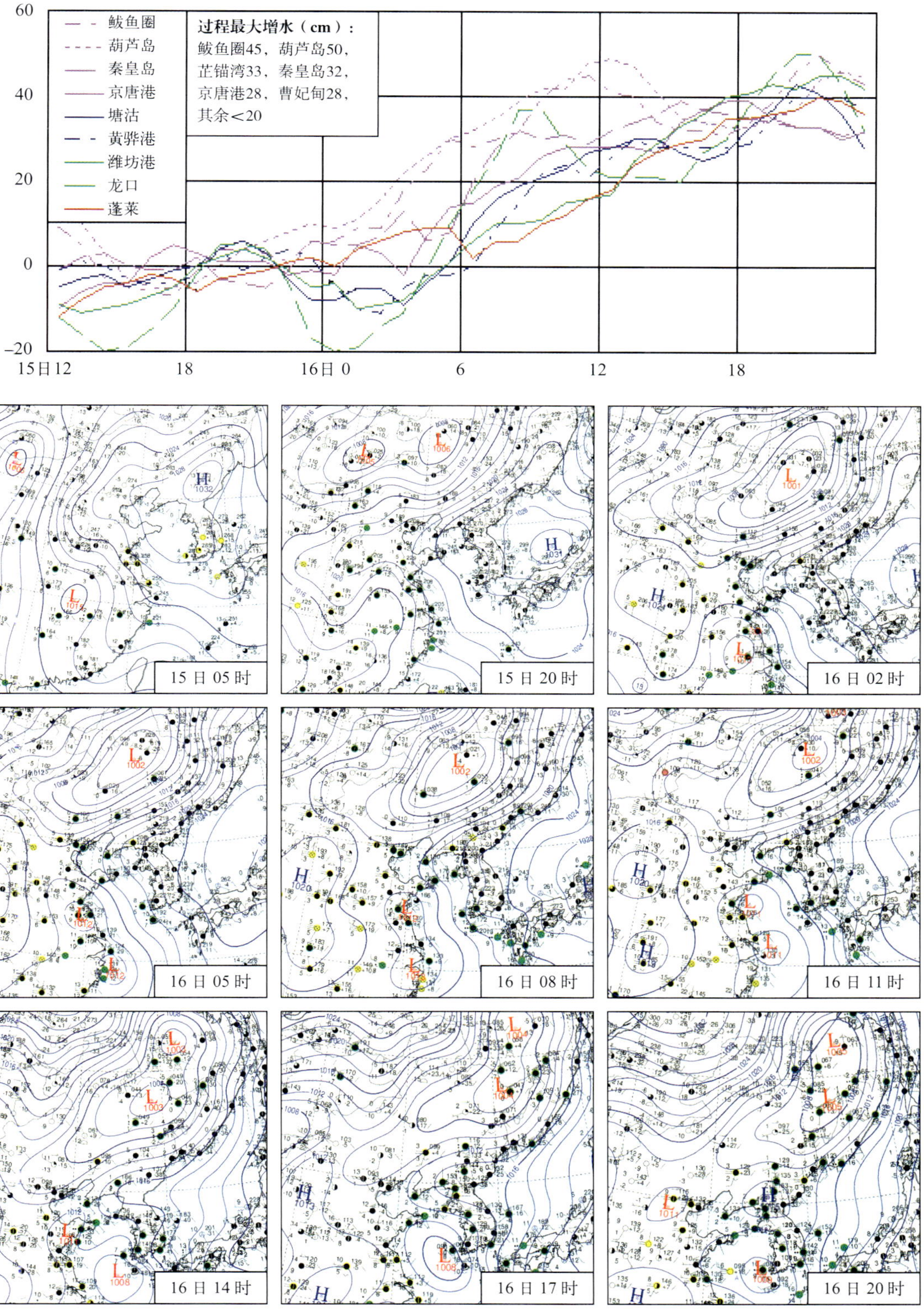

SW 向风场（前无明显减水）增水曲线与气压场（2012 年 3 月 15—16 日）

2012 年 4 月 16—20 日

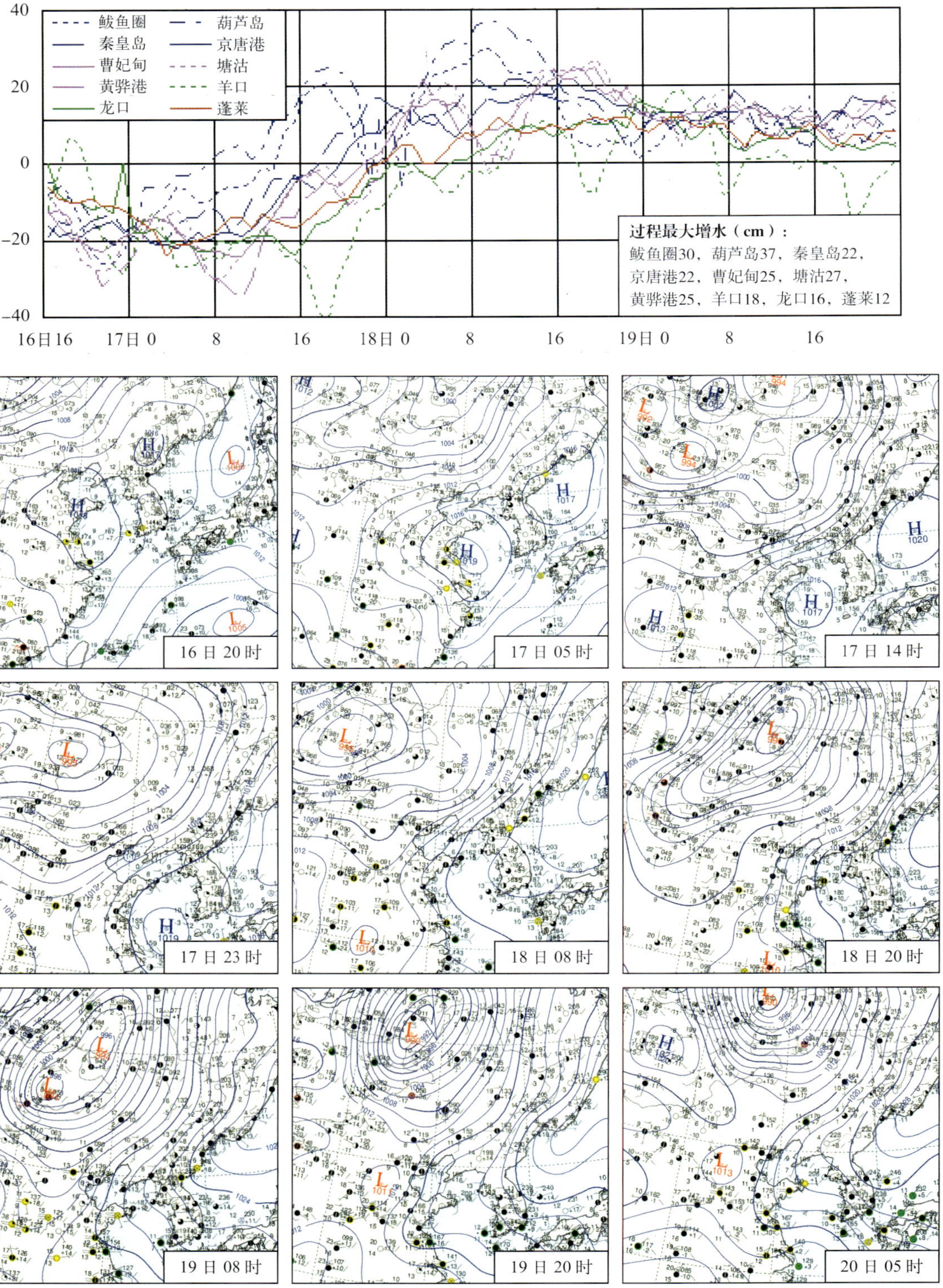

SW 向风场（前无明显减水）增水曲线与气压场（2012 年 4 月 16—20 日）

2014 年 4 月 22—25 日

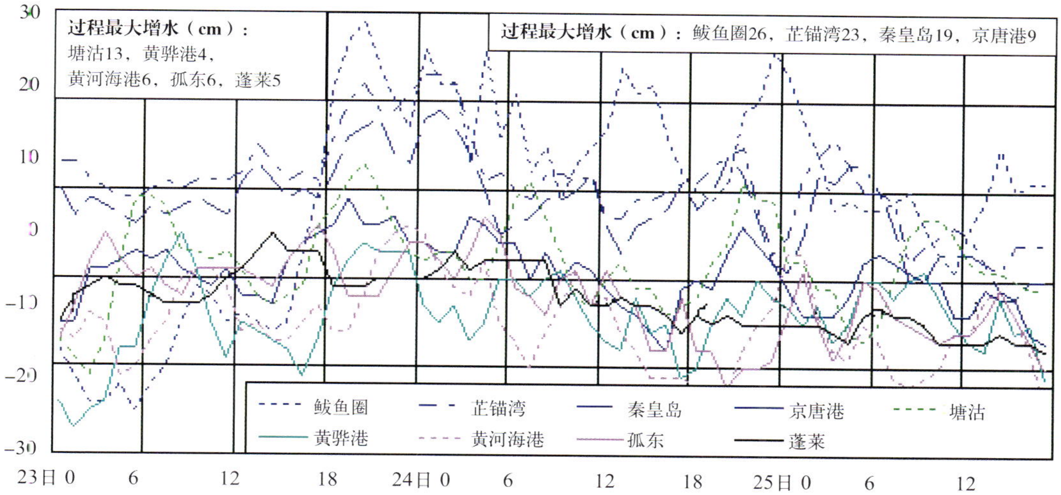

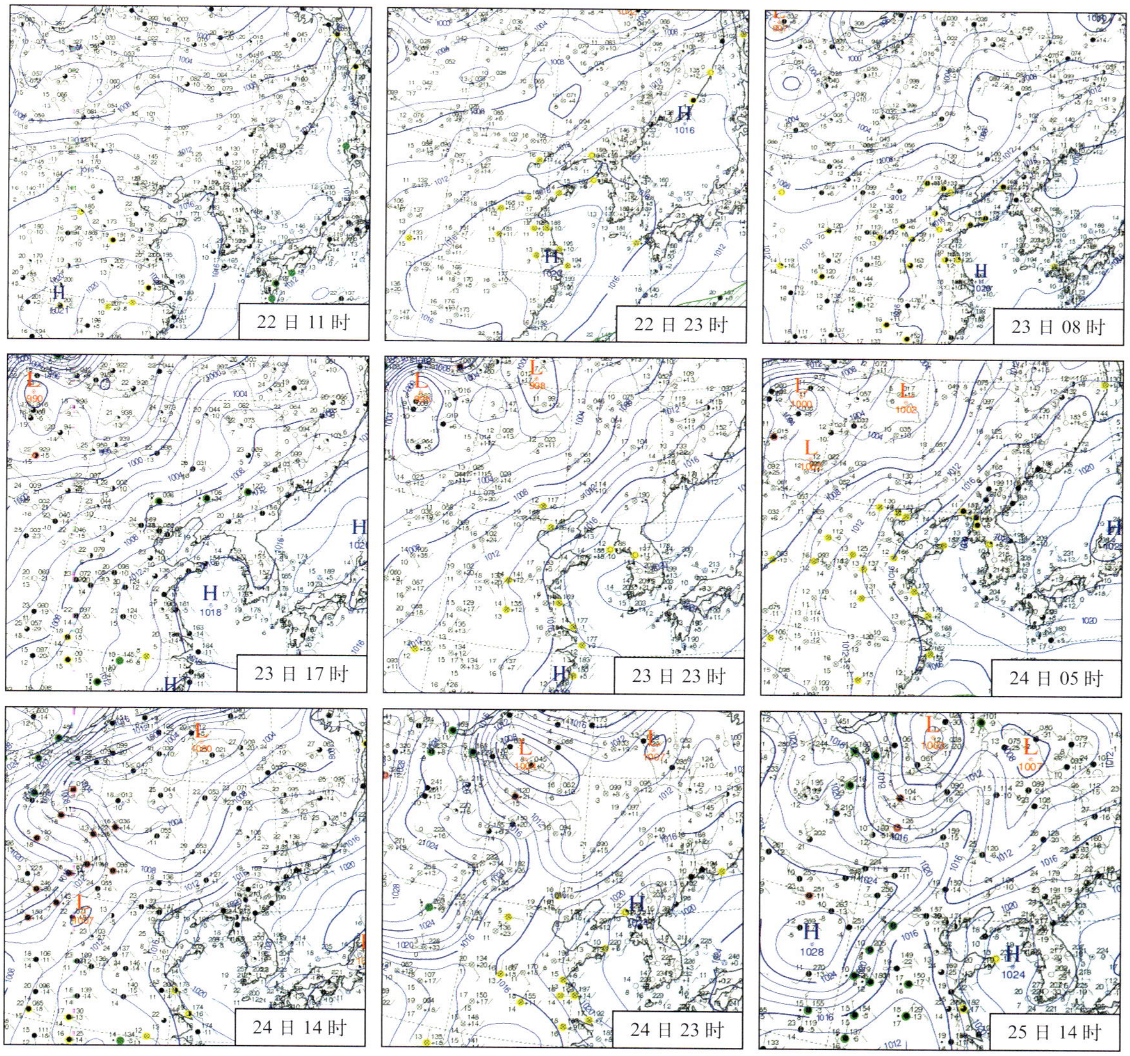

SW 向风场（前无明显减水）增水曲线与气压场（2014 年 4 月 22—25 日）

2015 年 5 月 30 日—6 月 1 日

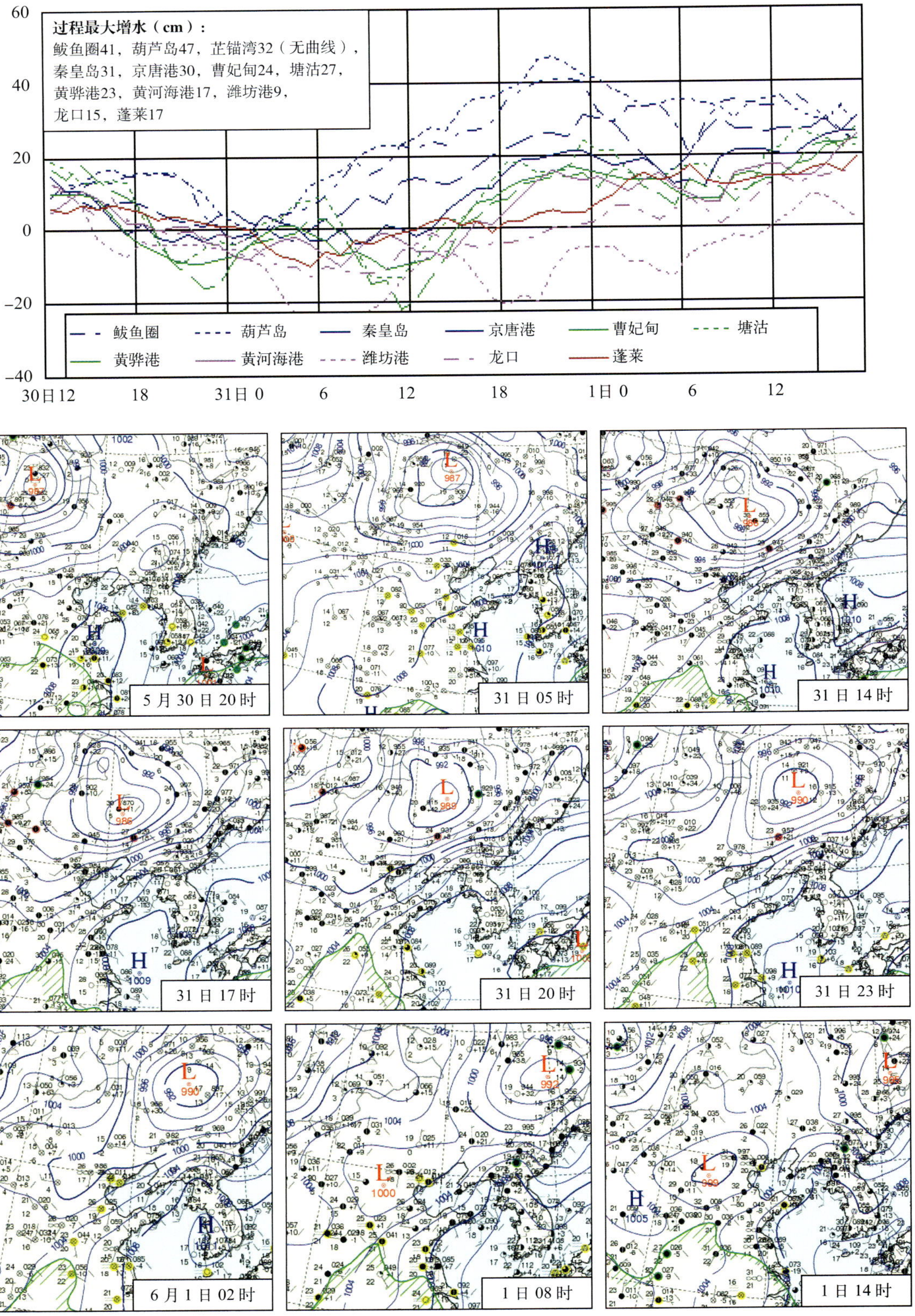

SW 向风场（前无明显减水）增水曲线与气压场（2015 年 5 月 30 日—6 月 1 日）

2016 年 3 月 30 日—4 月 1 日

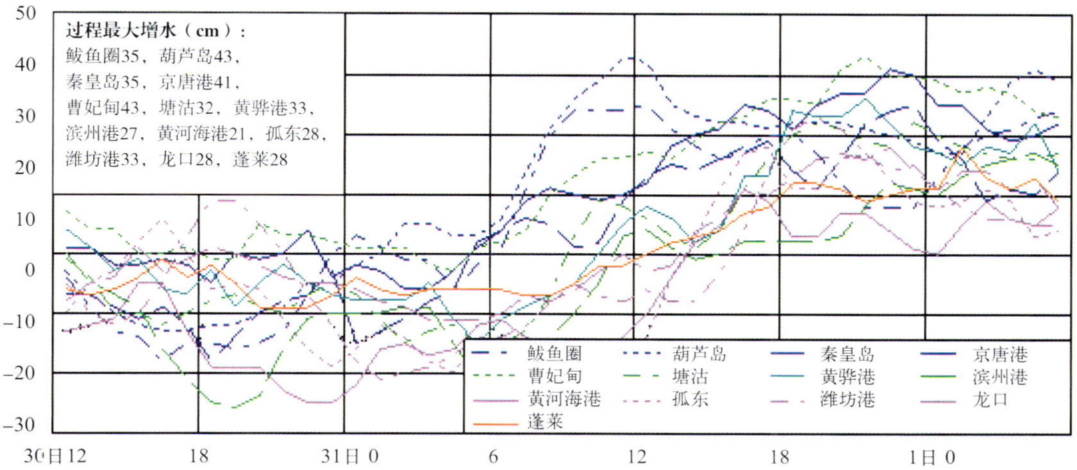

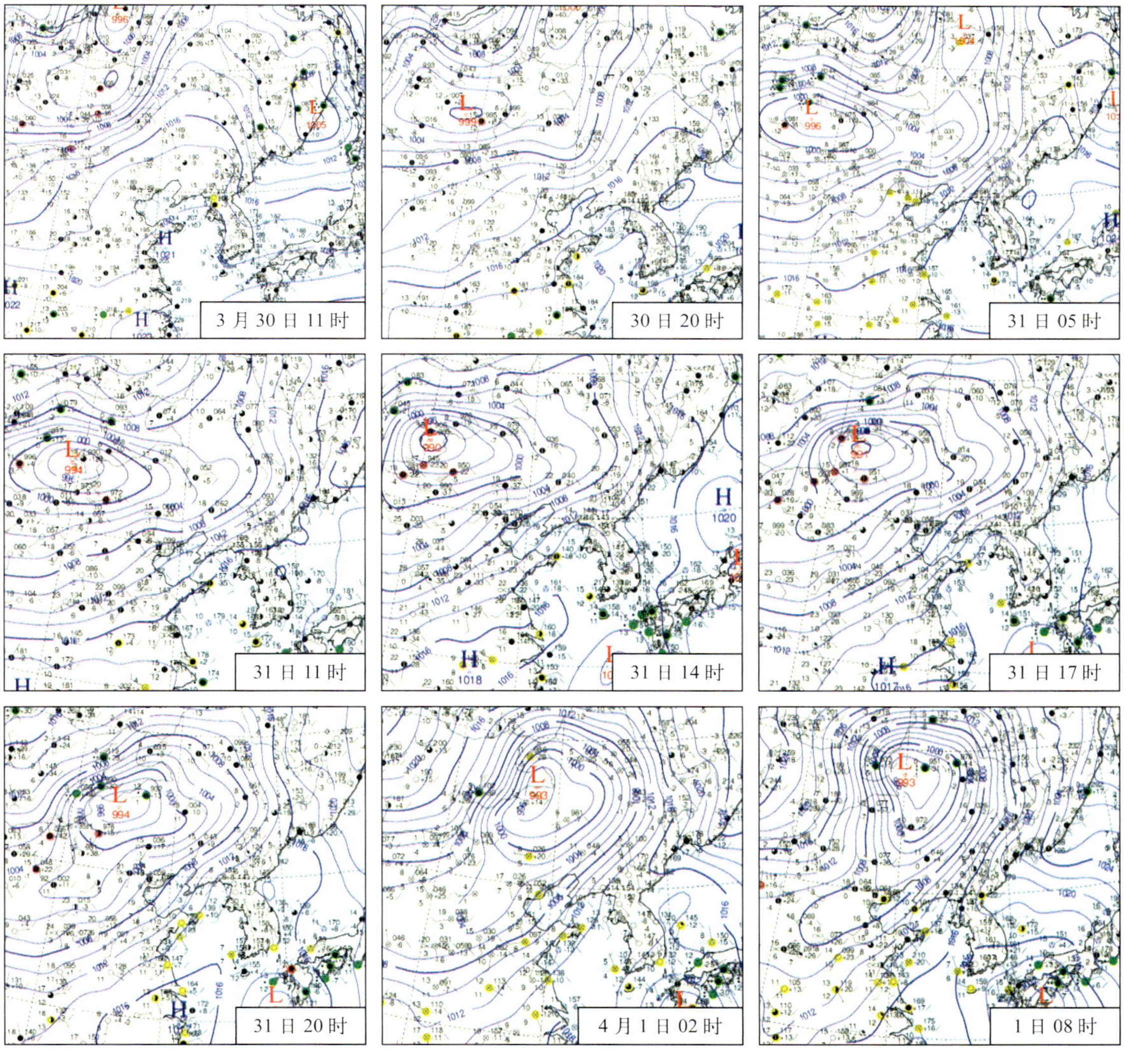

SW 向风场（前无明显减水）增水曲线与气压场（2016 年 3 月 30 日—4 月 1 日）

2017 年 1 月 24—26 日

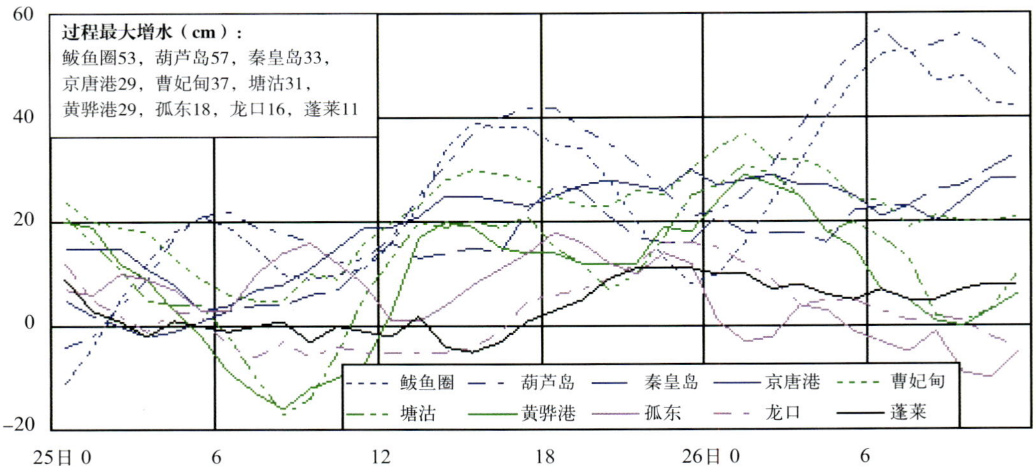

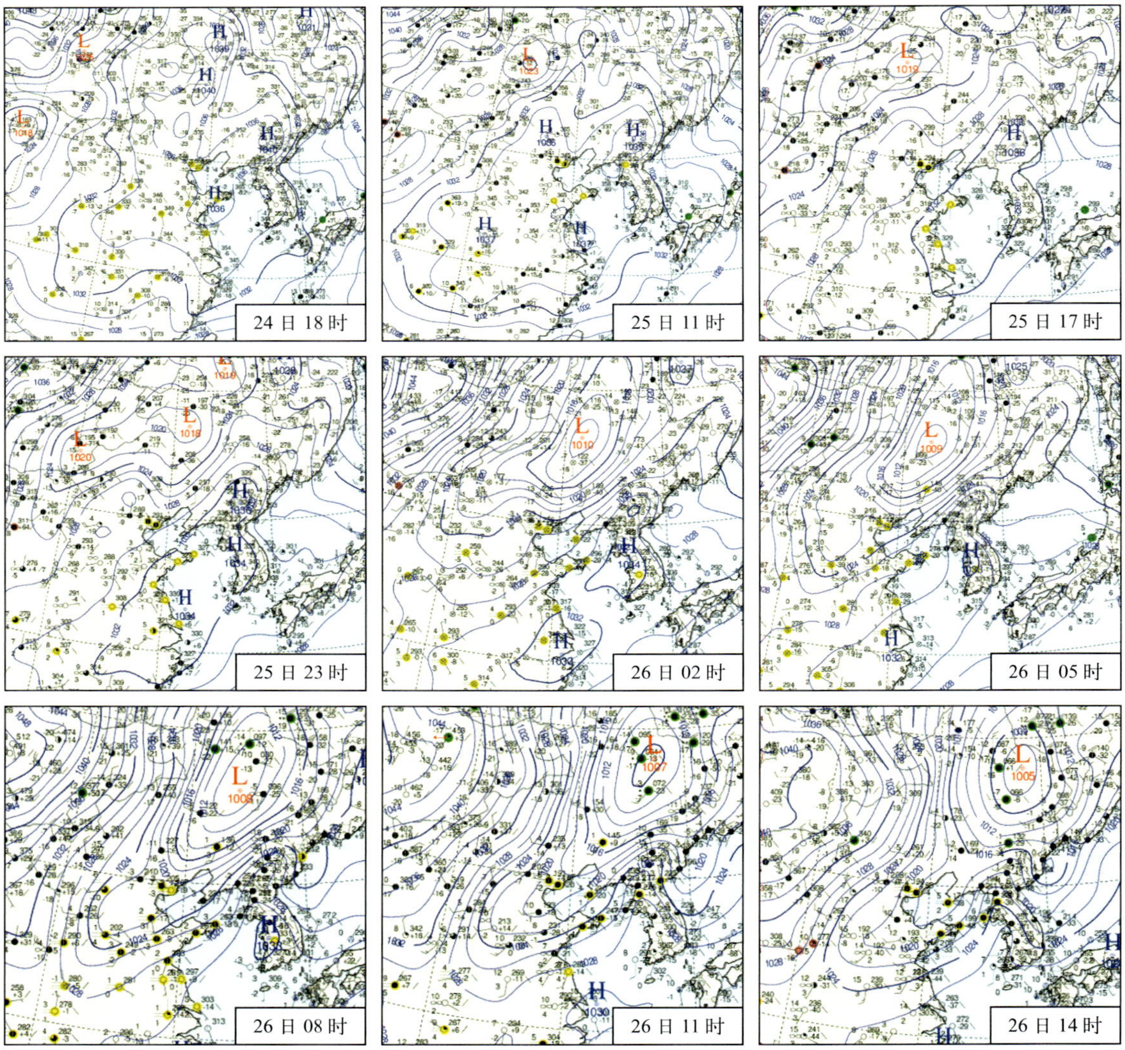

SW 向风场（前无明显减水）增水曲线与气压场（2017 年 1 月 24—26 日）

第13章

典型负风暴潮图集

1962 年 4 月 2—4 日

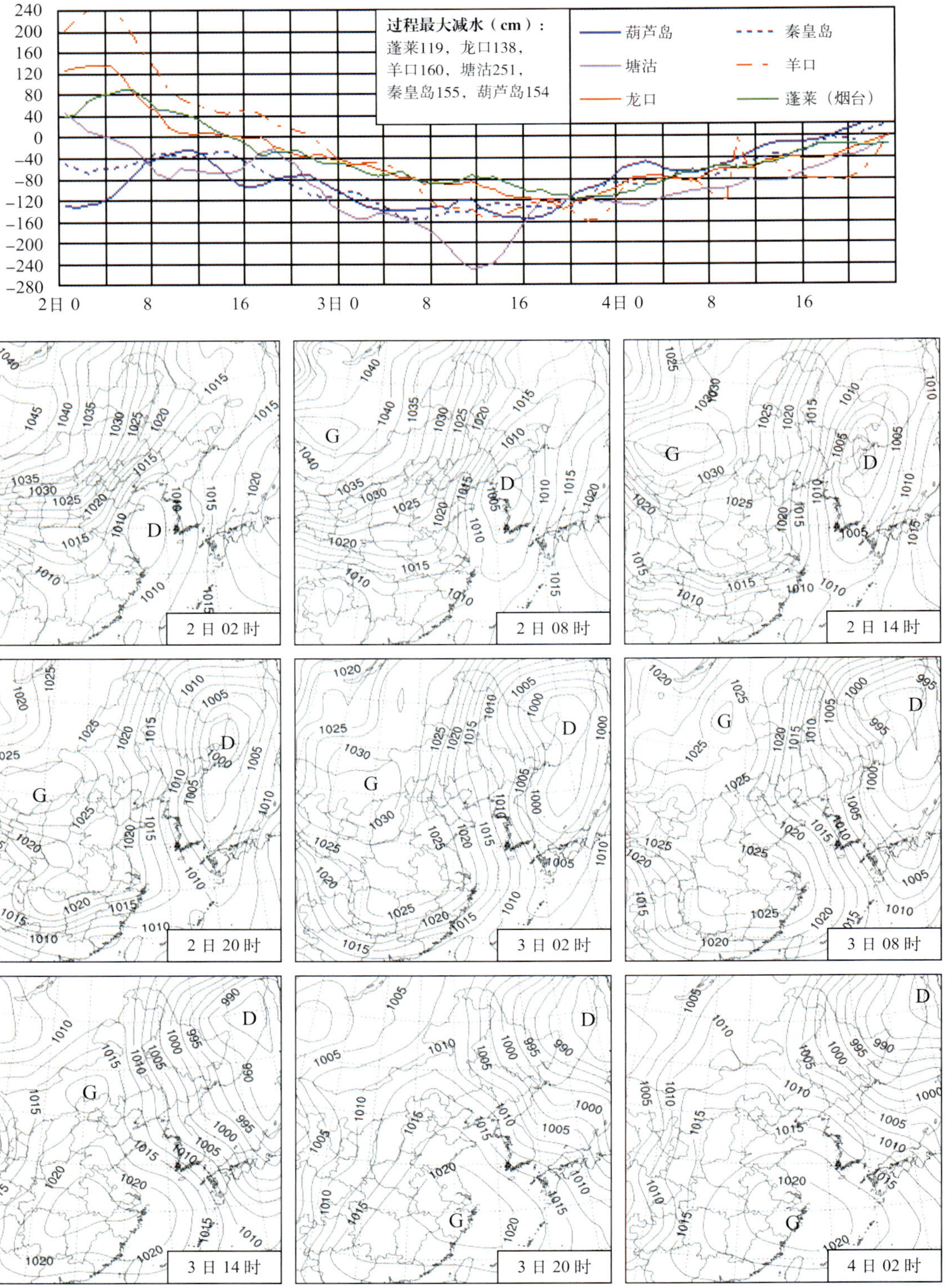

负风暴潮曲线与气压场（1962 年 4 月 2—4 日）

1965 年 1 月 10—13 日

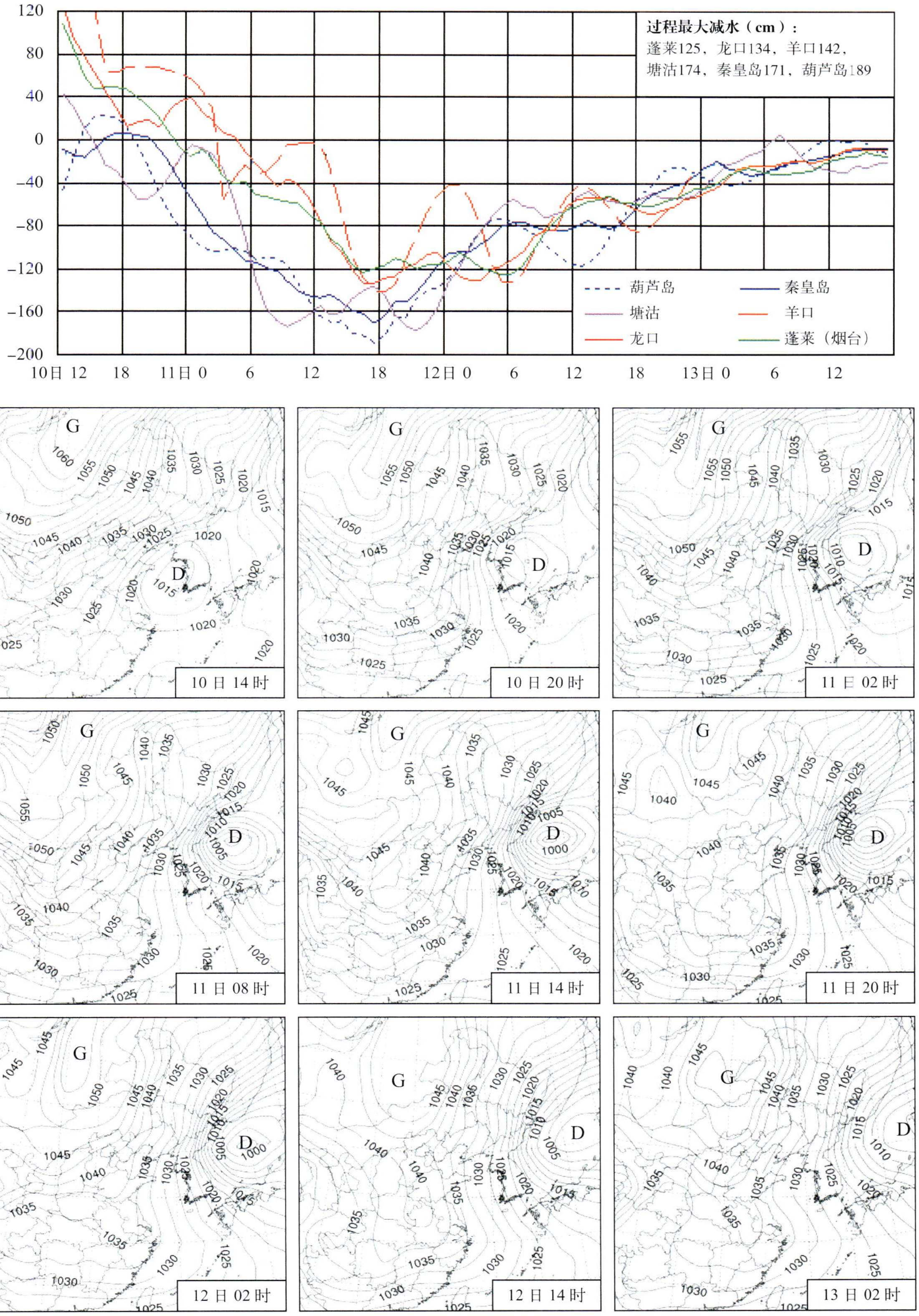

负风暴潮曲线与气压场（1965 年 1 月 10—13 日）

1966 年 2 月 10—13 日

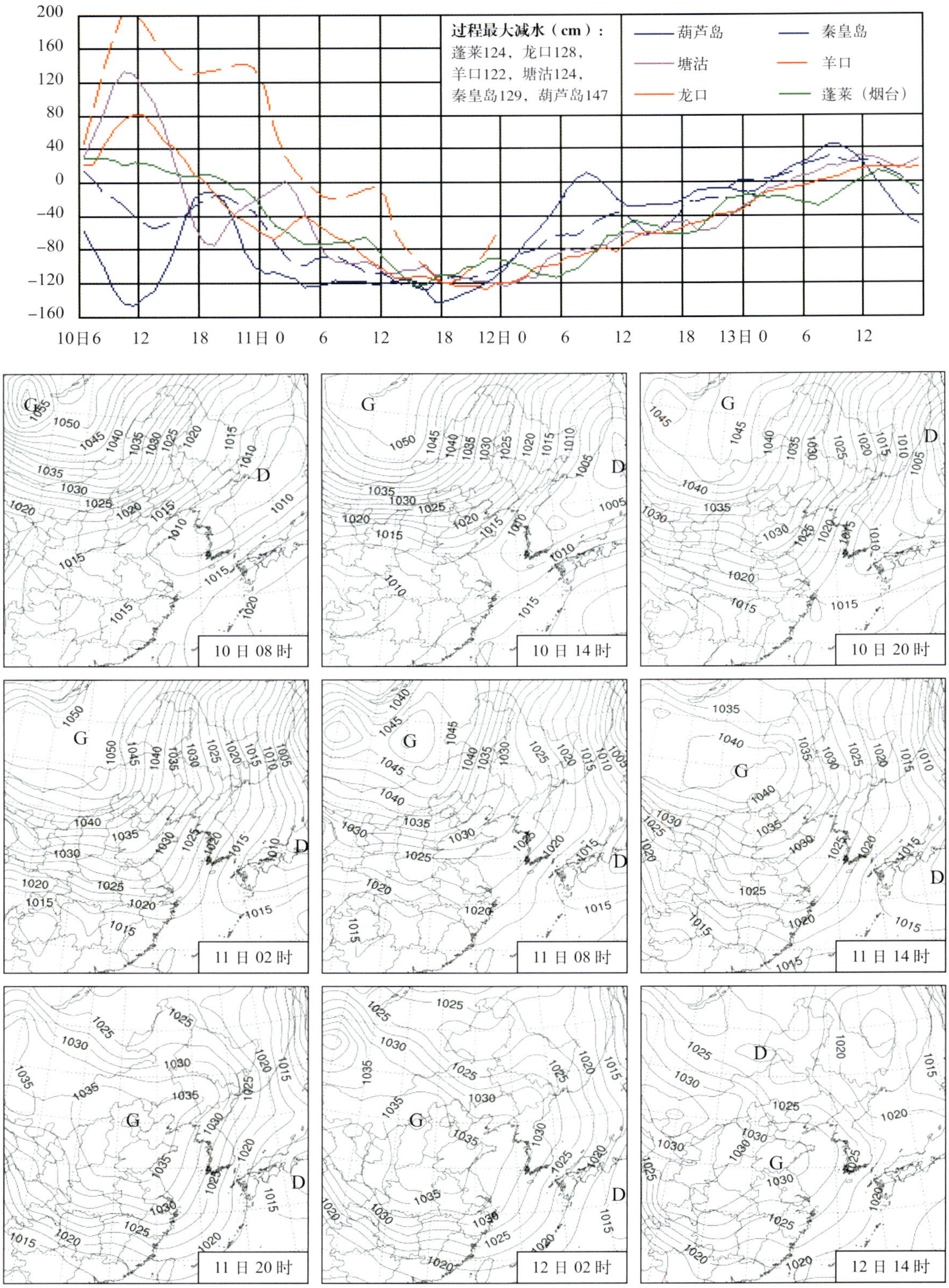

负风暴潮曲线与气压场（1966 年 2 月 10—13 日）

1968 年 1 月 13—16 日

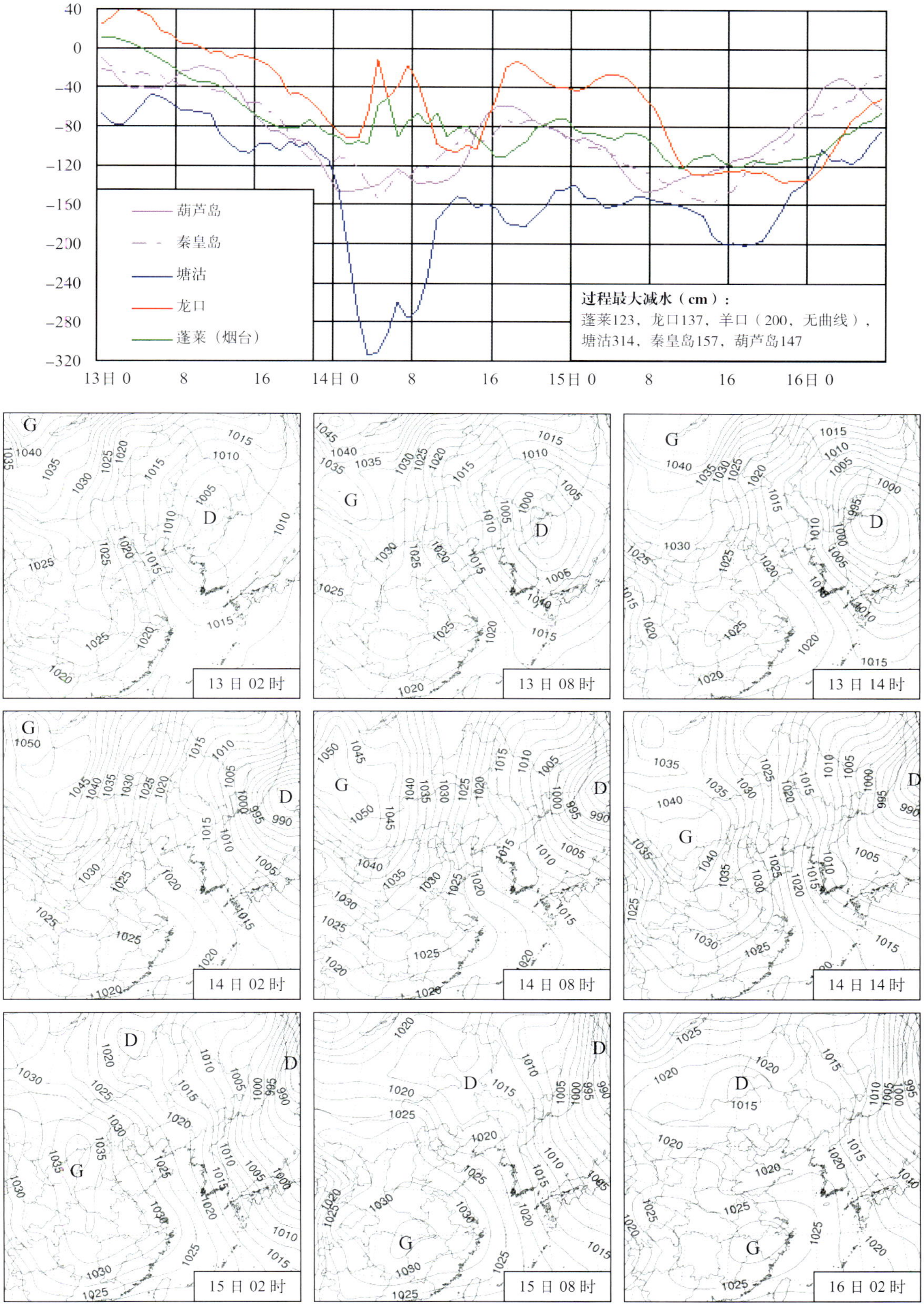

负风暴潮曲线与气压场（1968 年 1 月 13—16 日）

1972 年 3 月 31 日—4 月 2 日

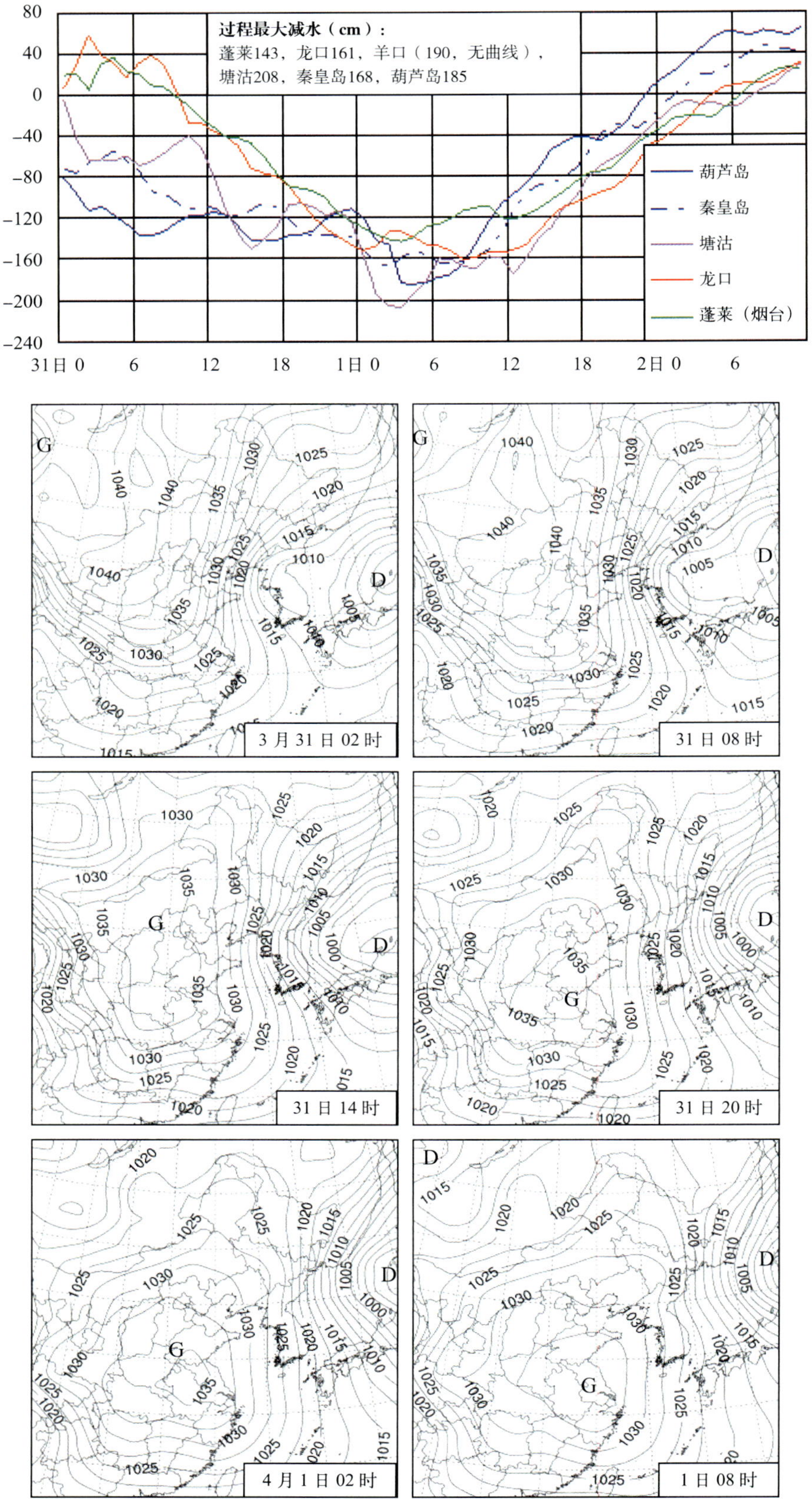

负风暴潮曲线与气压场（1972 年 3 月 31 日—4 月 2 日）

1973 年 12 月 21—23 日

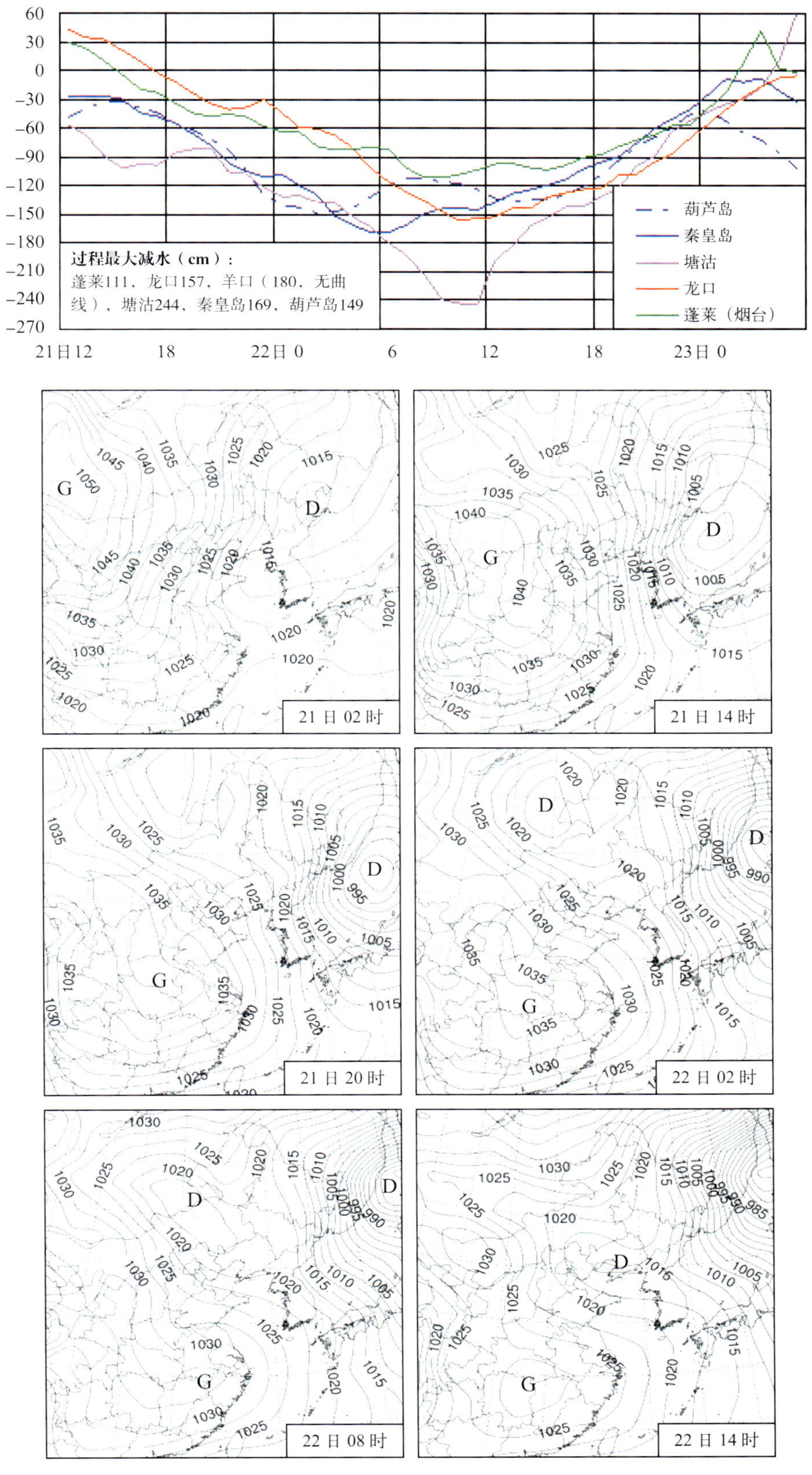

负风暴潮曲线与气压场（1973 年 12 月 21—23 日）

1973 年 12 月 23—25 日

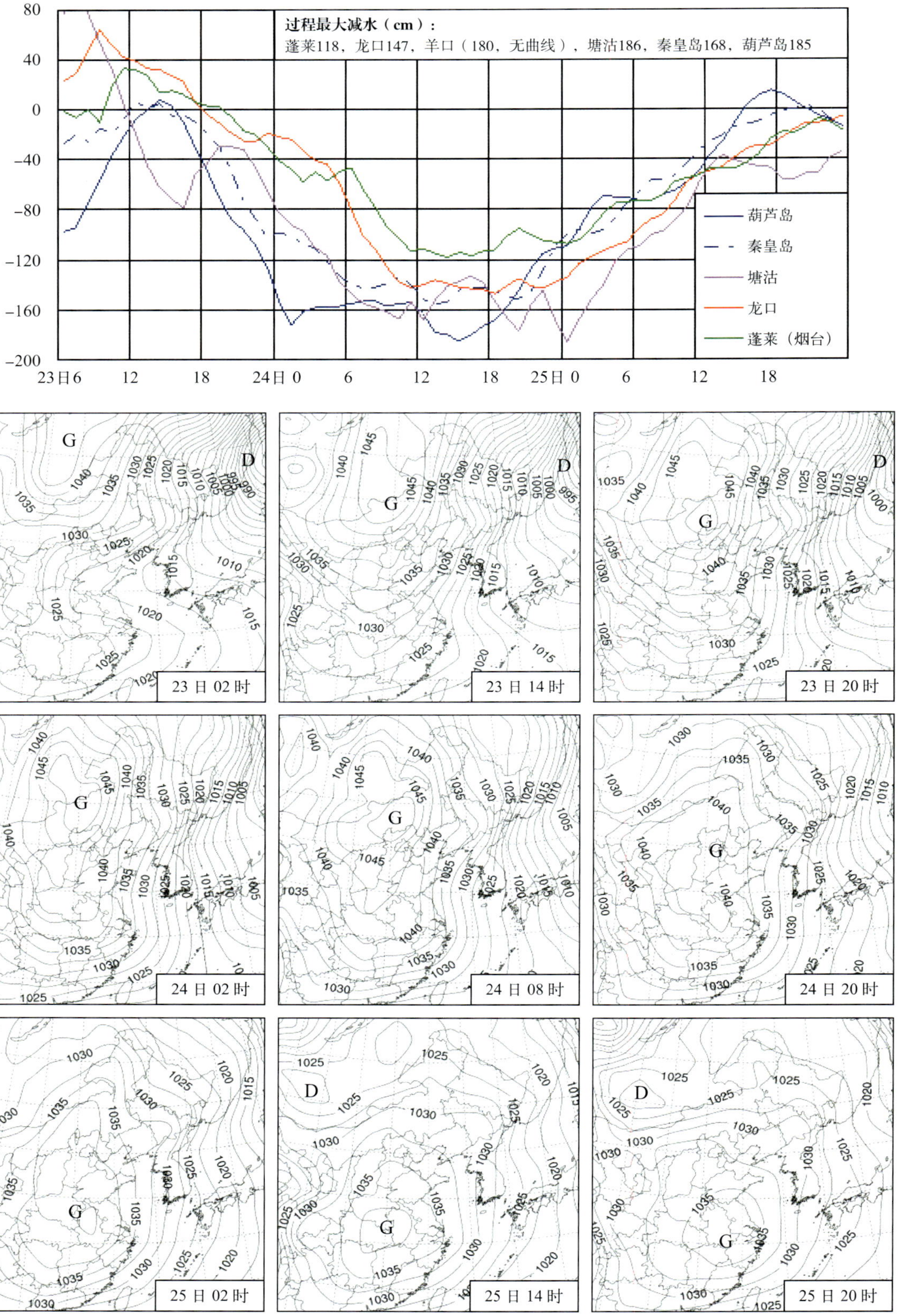

负风暴潮曲线与气压场（1973 年 12 月 23—25 日）

1976 年 3 月 17—20 日

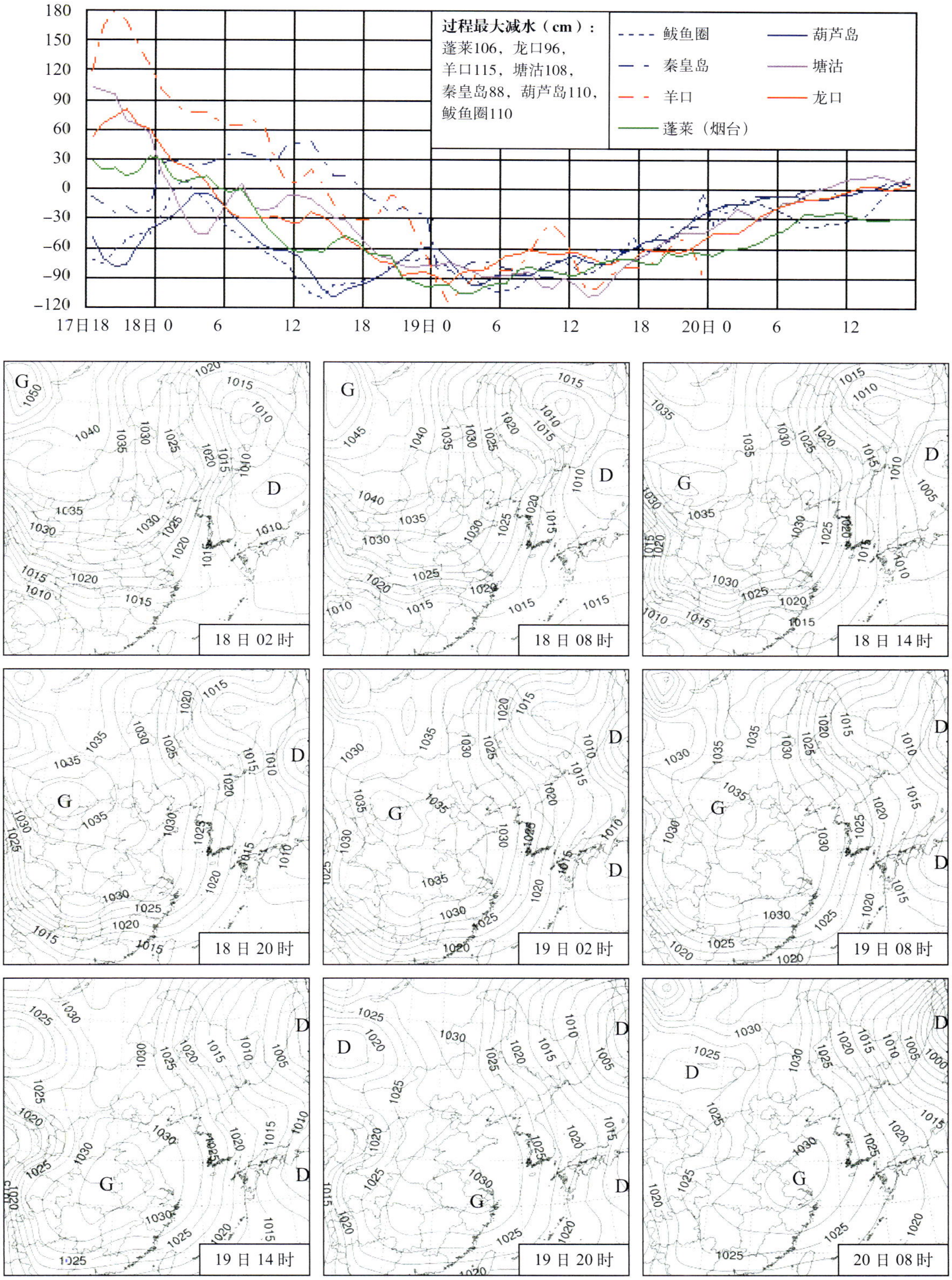

负风暴潮曲线与气压场（1976 年 3 月 17—20 日）

1977 年 3 月 1—3 日

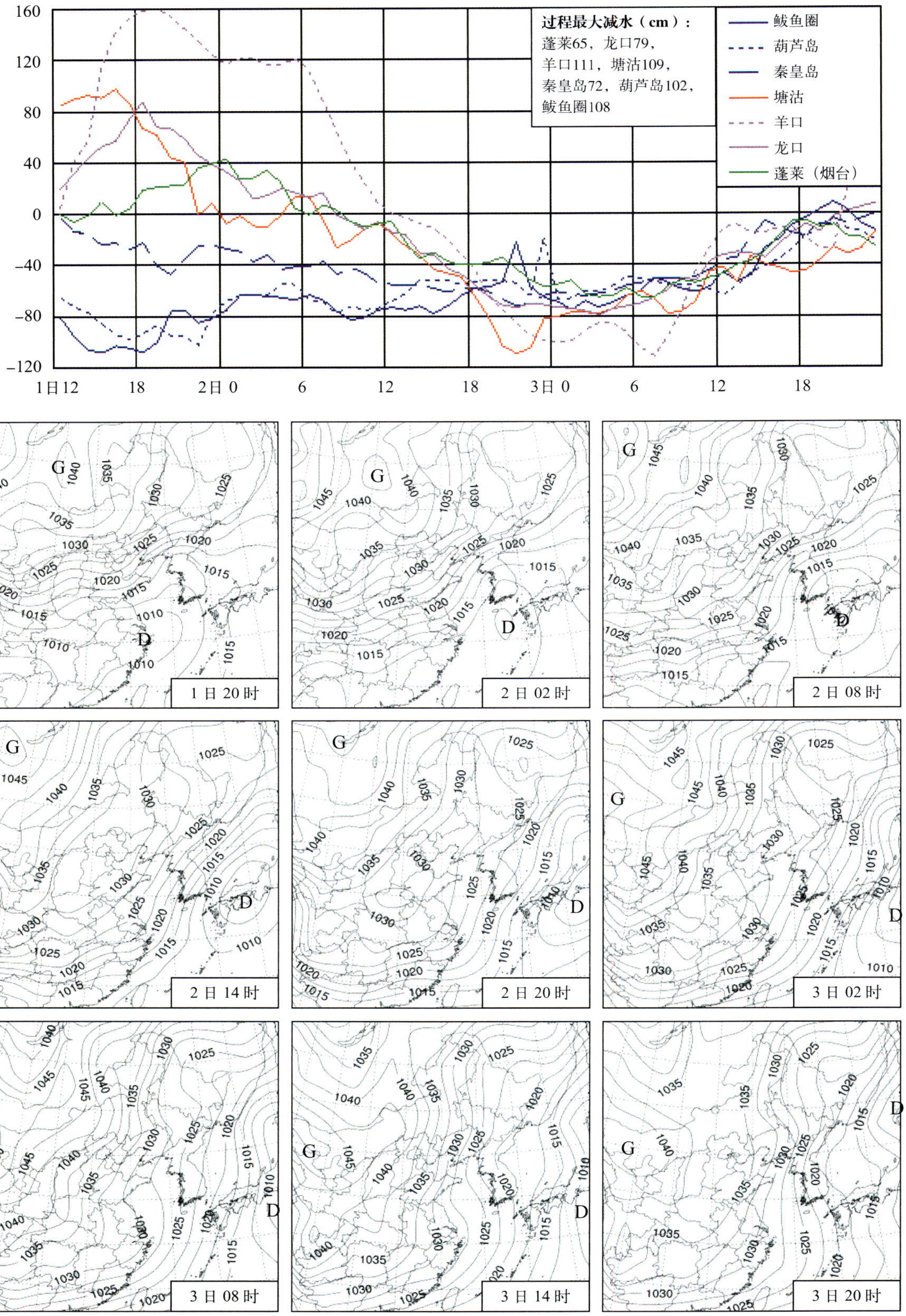

负风暴潮曲线与气压场（1977 年 3 月 1—3 日）

1980 年 10 月 24—27 日

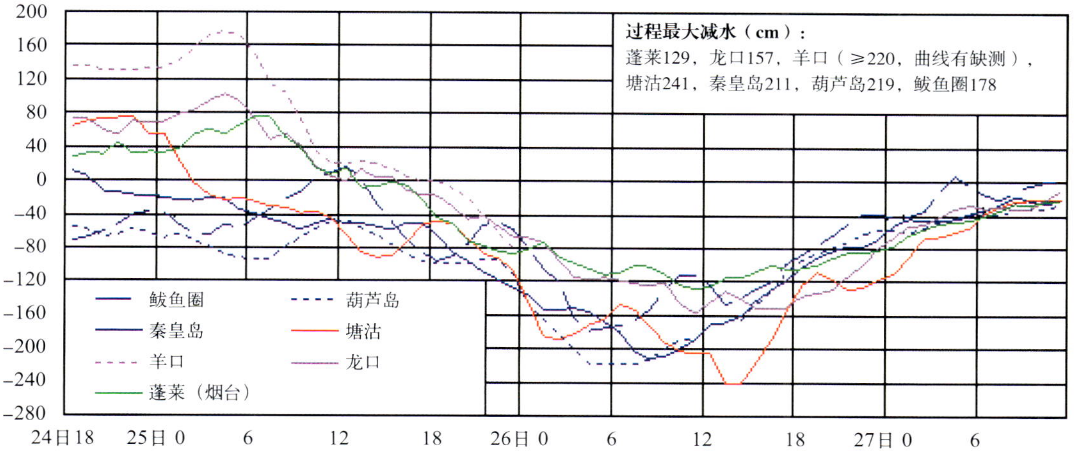

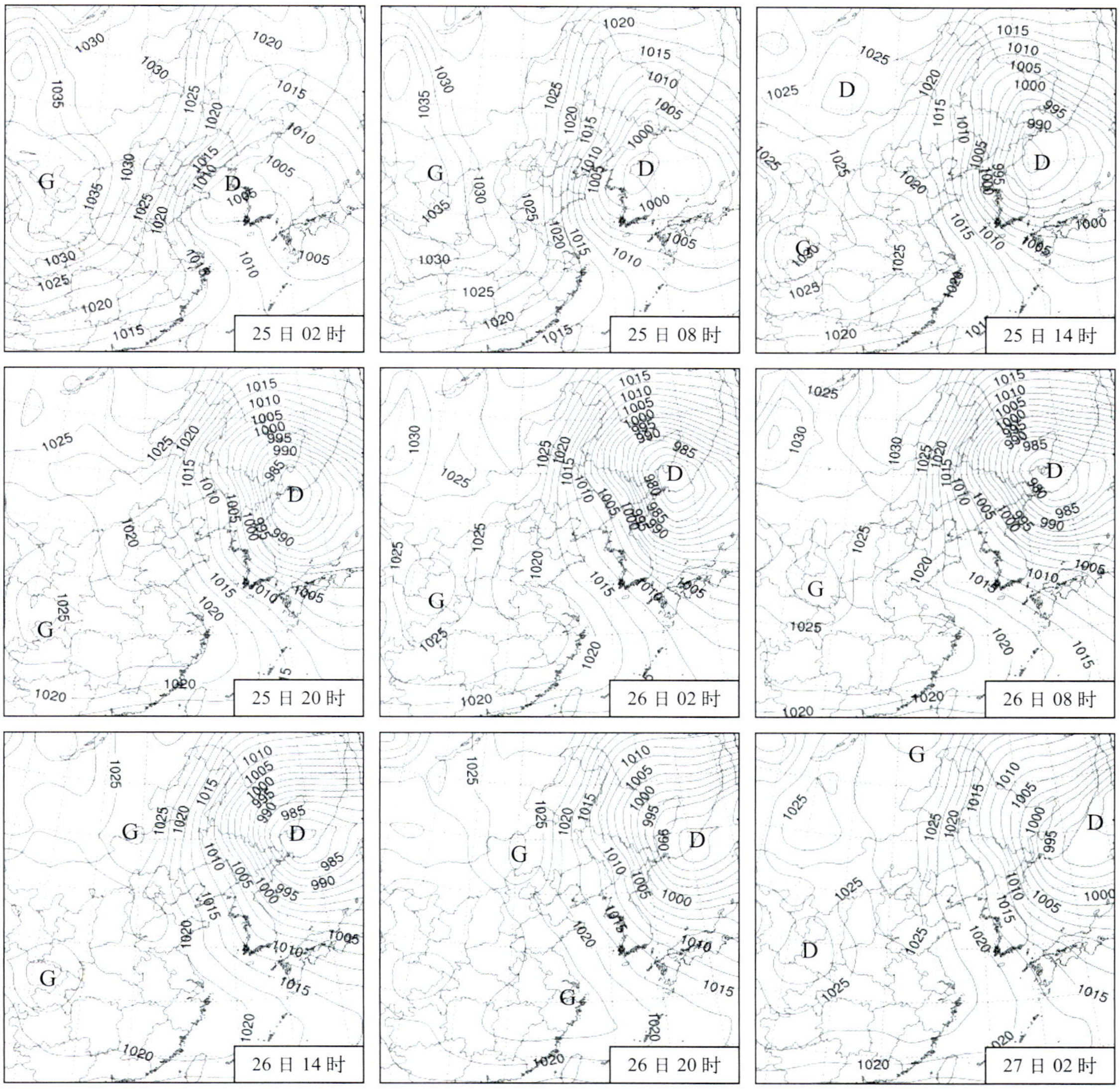

负风暴潮曲线与气压场（1980 年 10 月 24—27 日）

1980 年 12 月 2—5 日

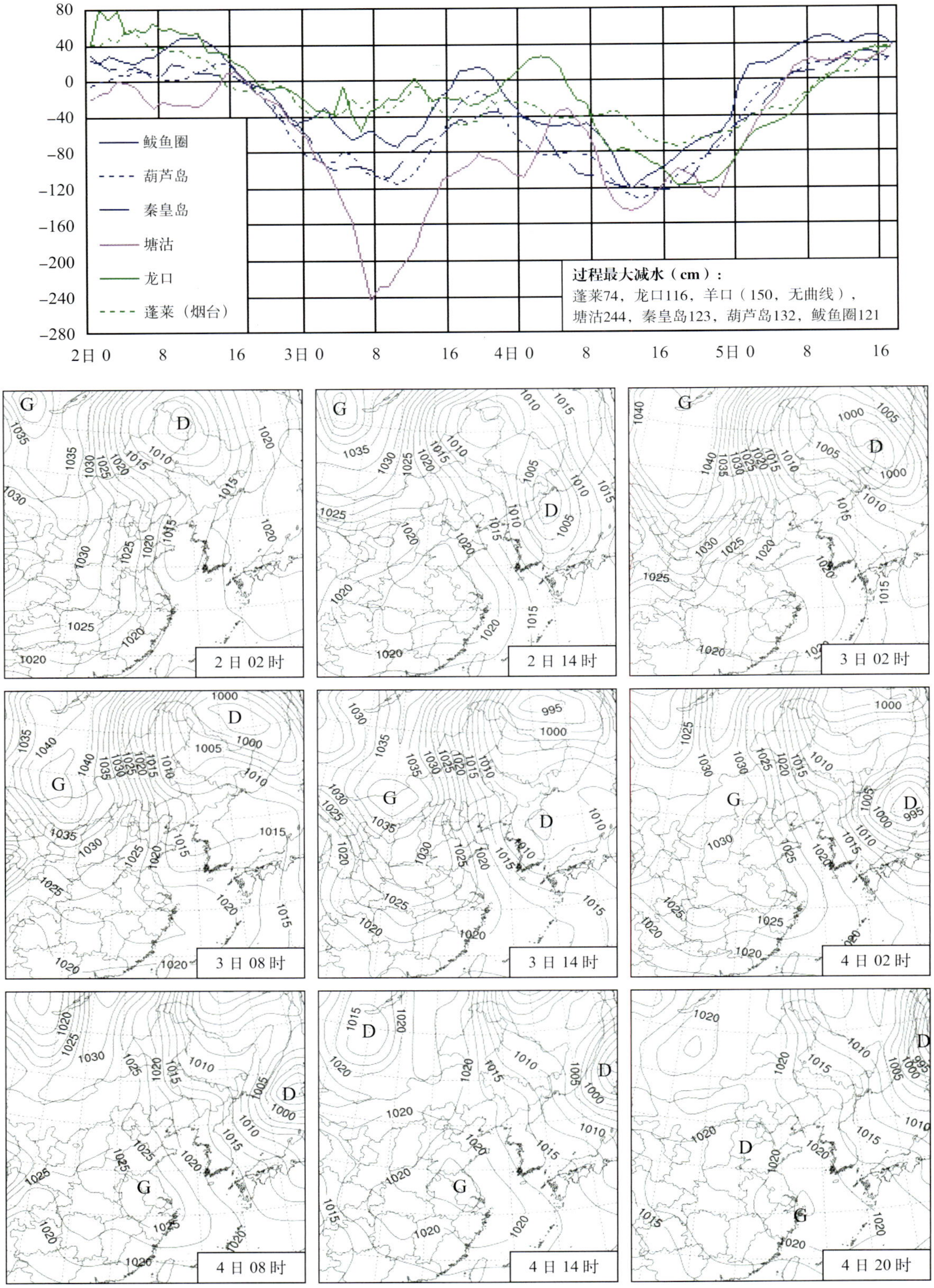

负风暴潮曲线与气压场（1980 年 12 月 2—5 日）

1981 年 10 月 22—25 日

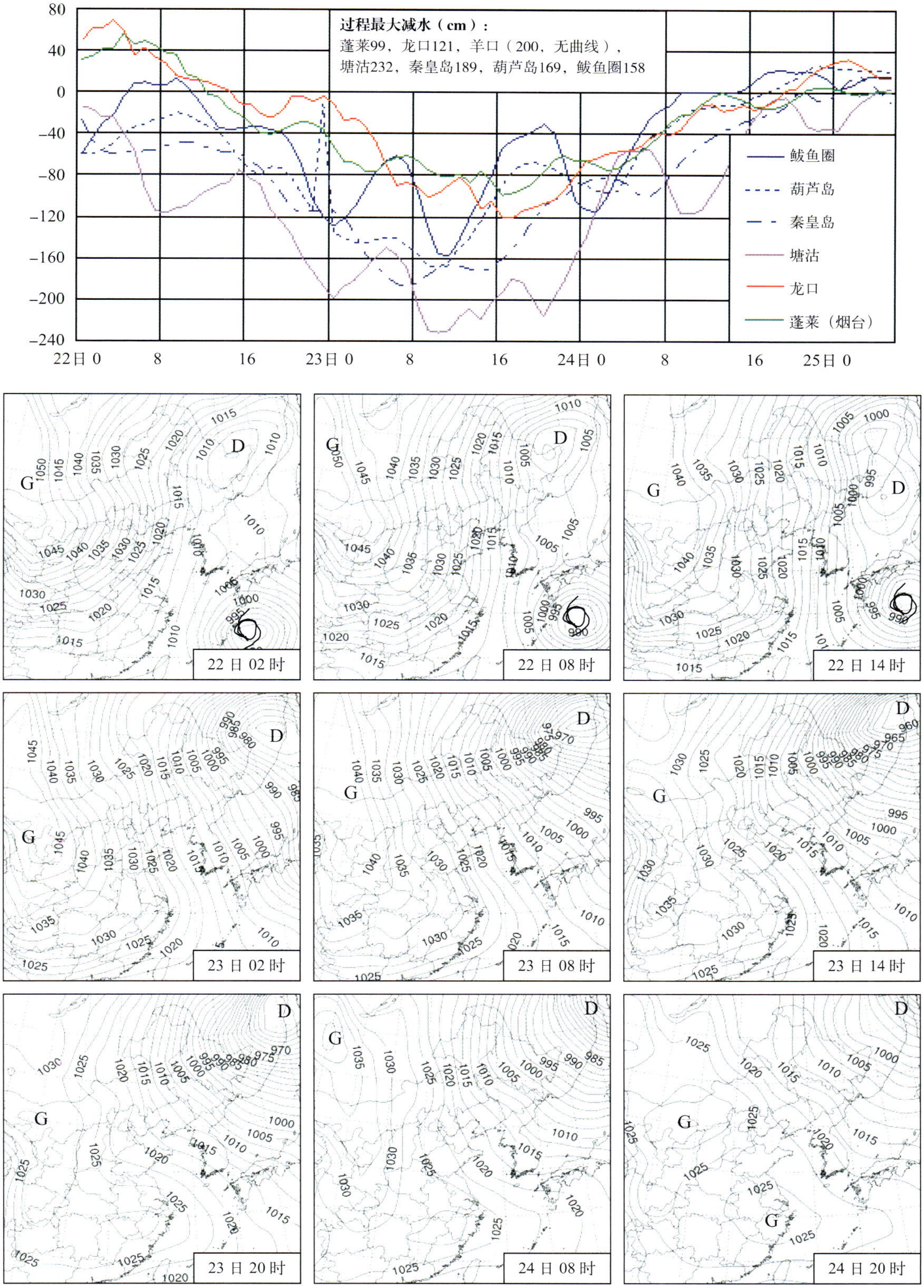

负风暴潮曲线与气压场（1981 年 10 月 22—25 日）

1986 年 8 月 28—30 日

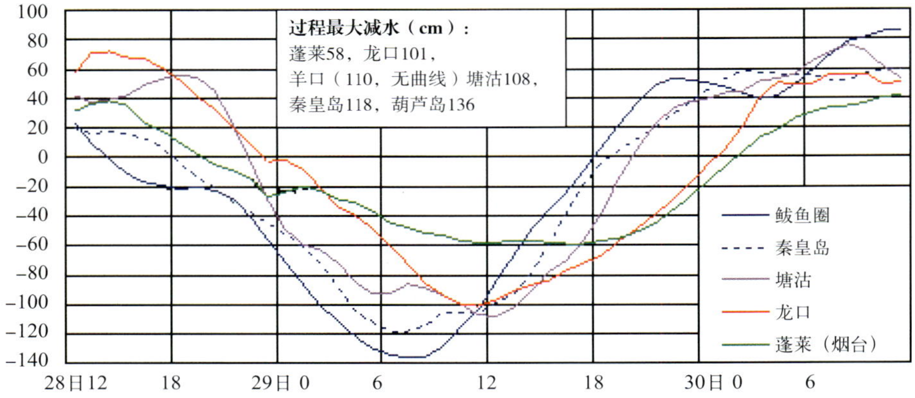

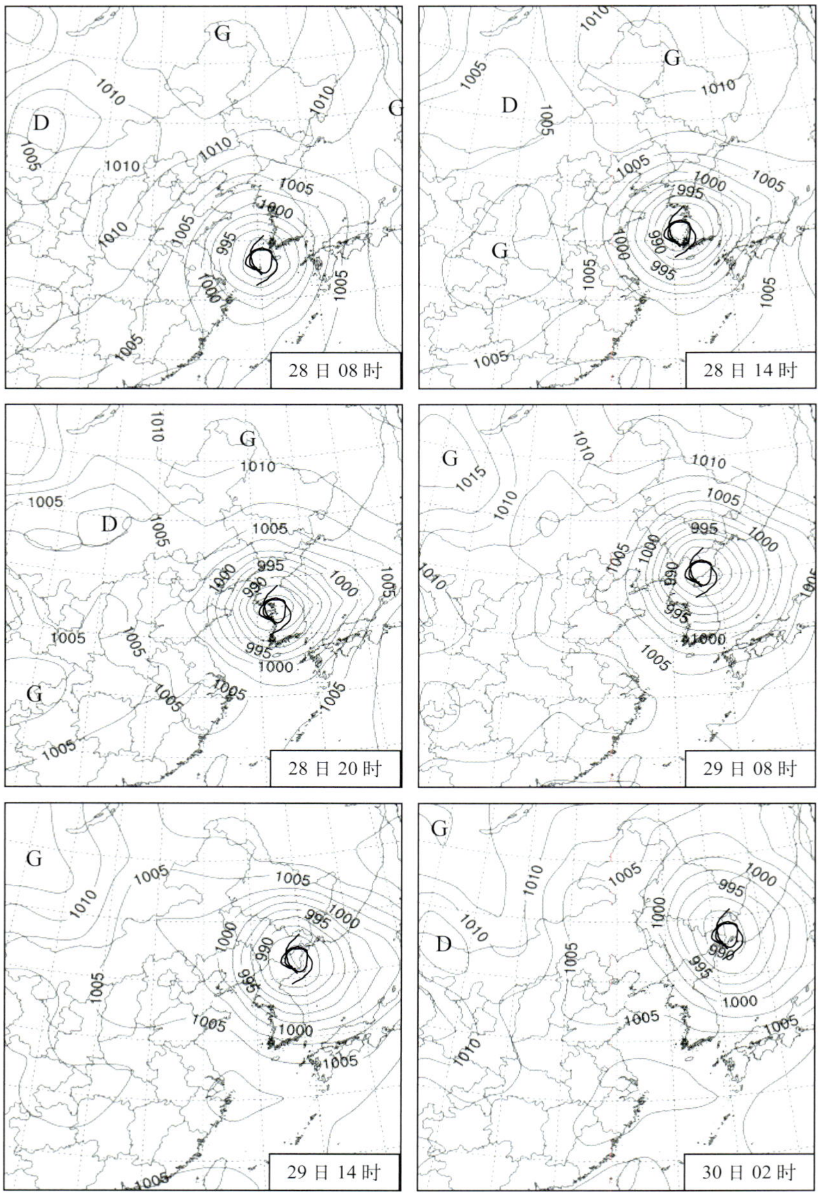

负风暴潮曲线与气压场（1986 年 8 月 28—30 日，8615 台风）

1987 年 2 月 2—4 日

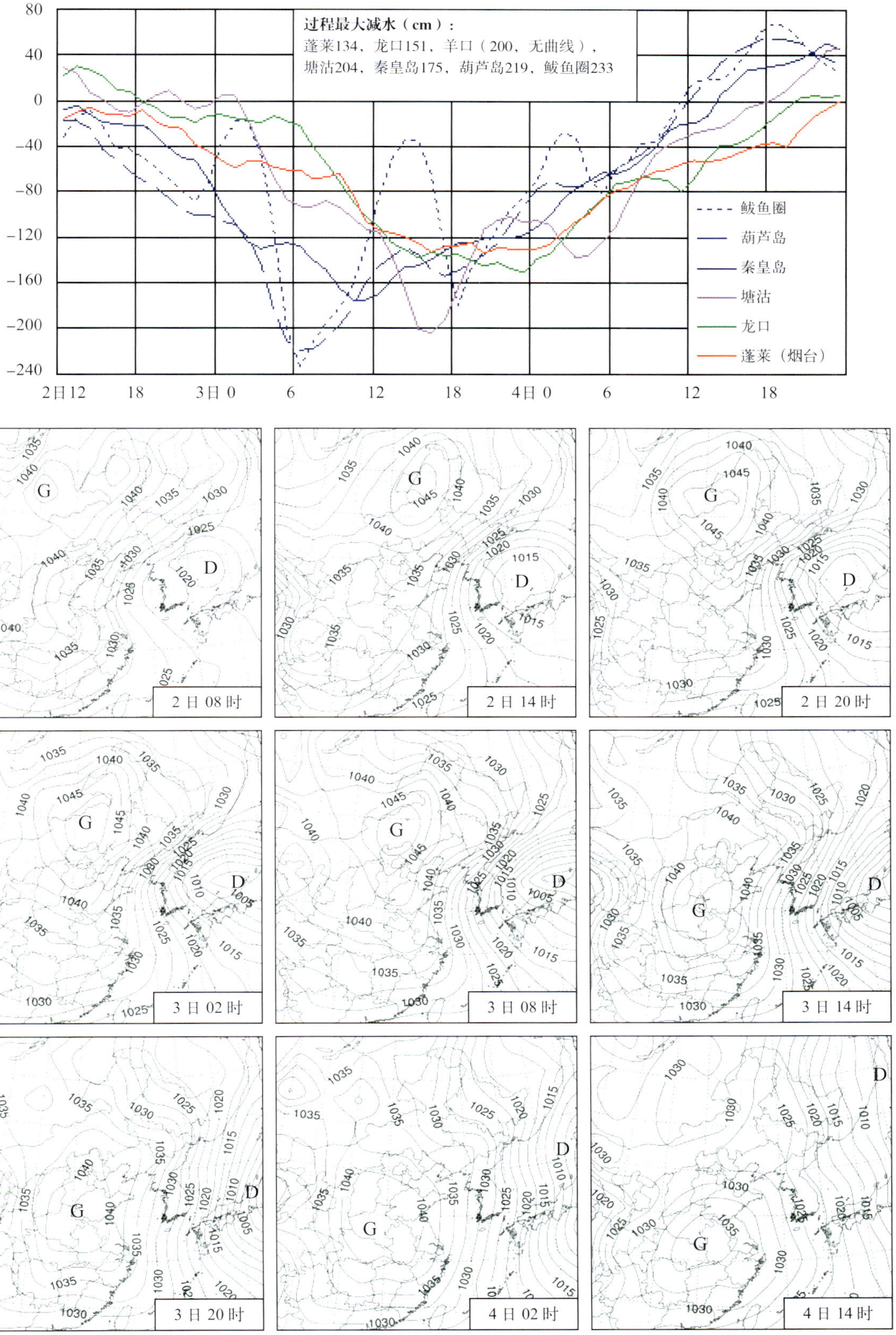

负风暴潮曲线与气压场（1987 年 2 月 2—4 日）

1990 年 11 月 29 日—12 月 3 日

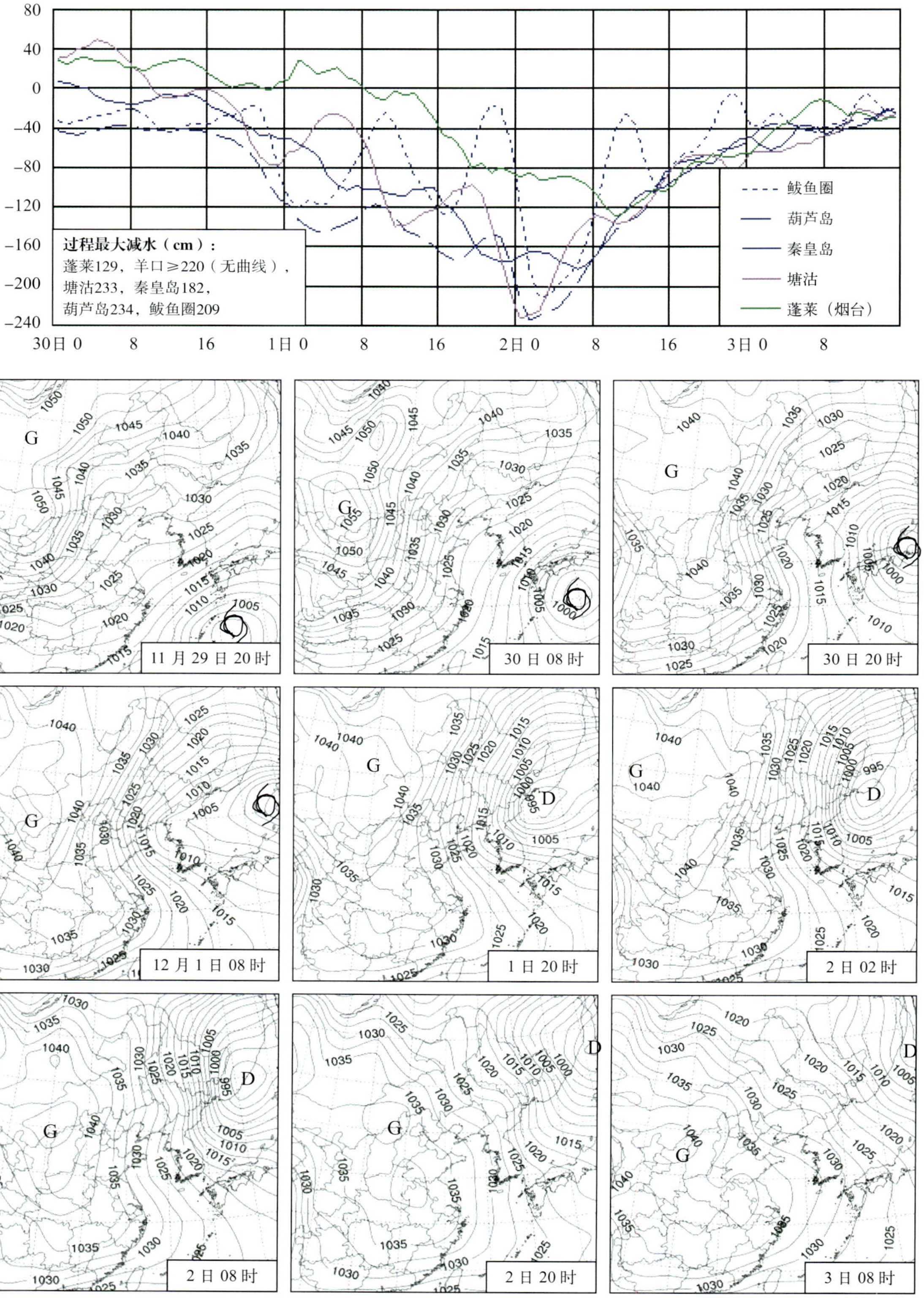

负风暴潮曲线与气压场（1990 年 11 月 29 日—12 月 3 日）

1990 年 12 月 25—27 日

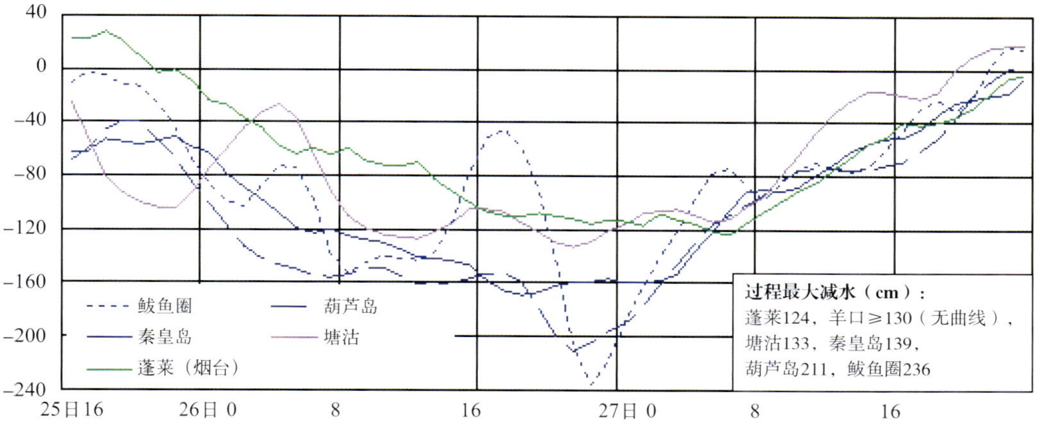

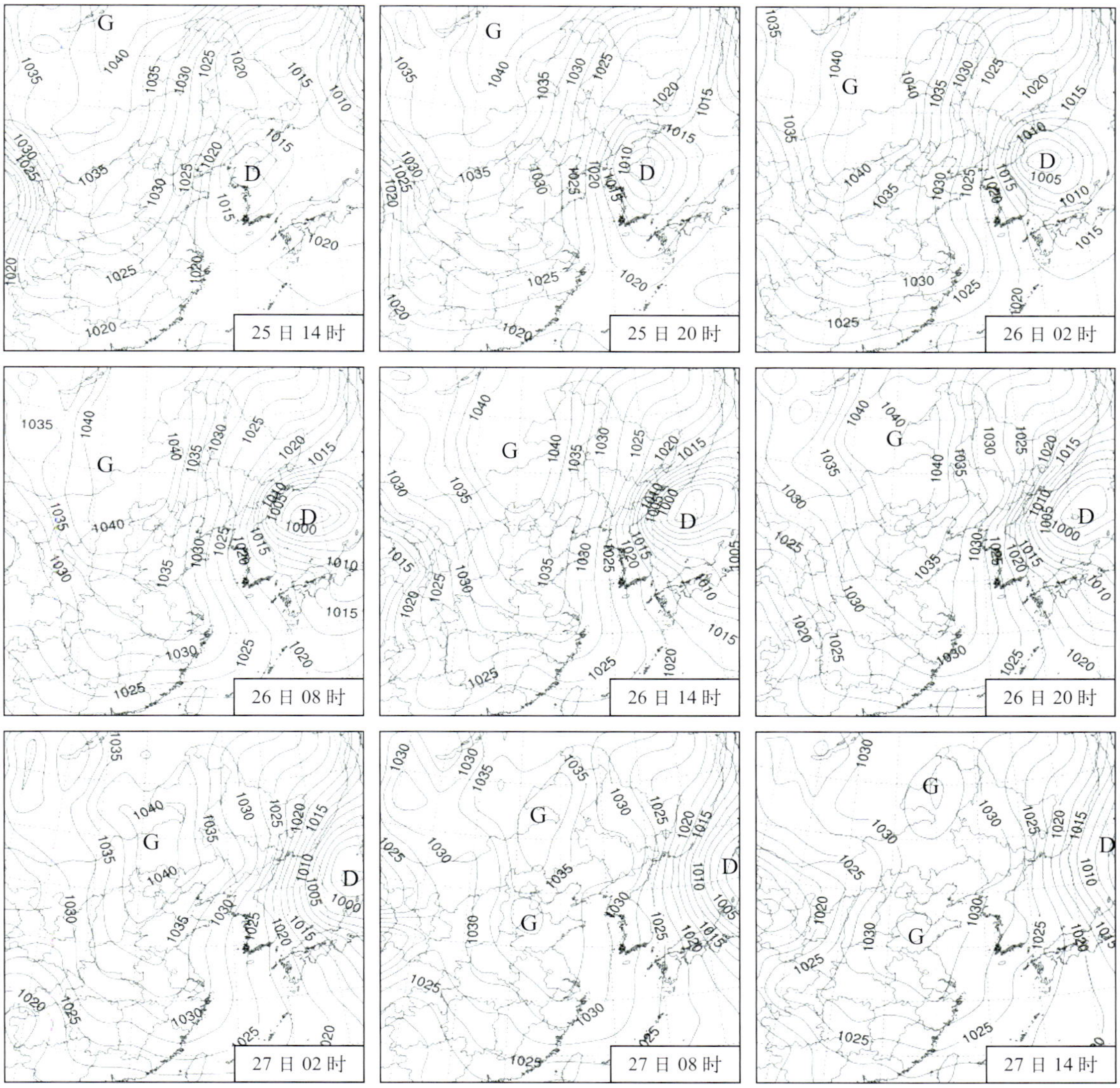

负风暴潮曲线与气压场（1990 年 12 月 25—27 日）

1994 年 2 月 8—10 日

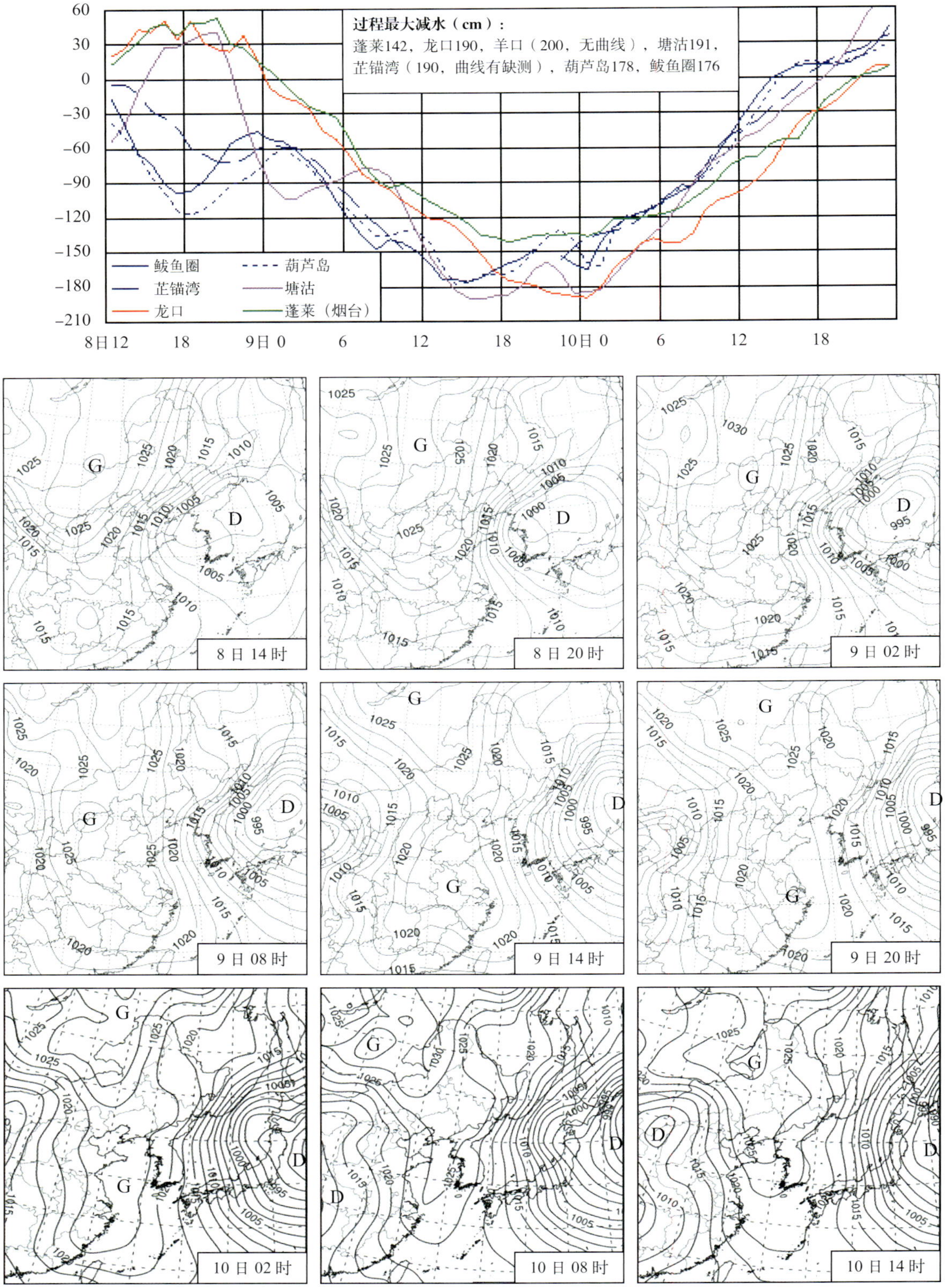

负风暴潮曲线与气压场（1994 年 2 月 8—10 日）

1996 年 1 月 7—9 日

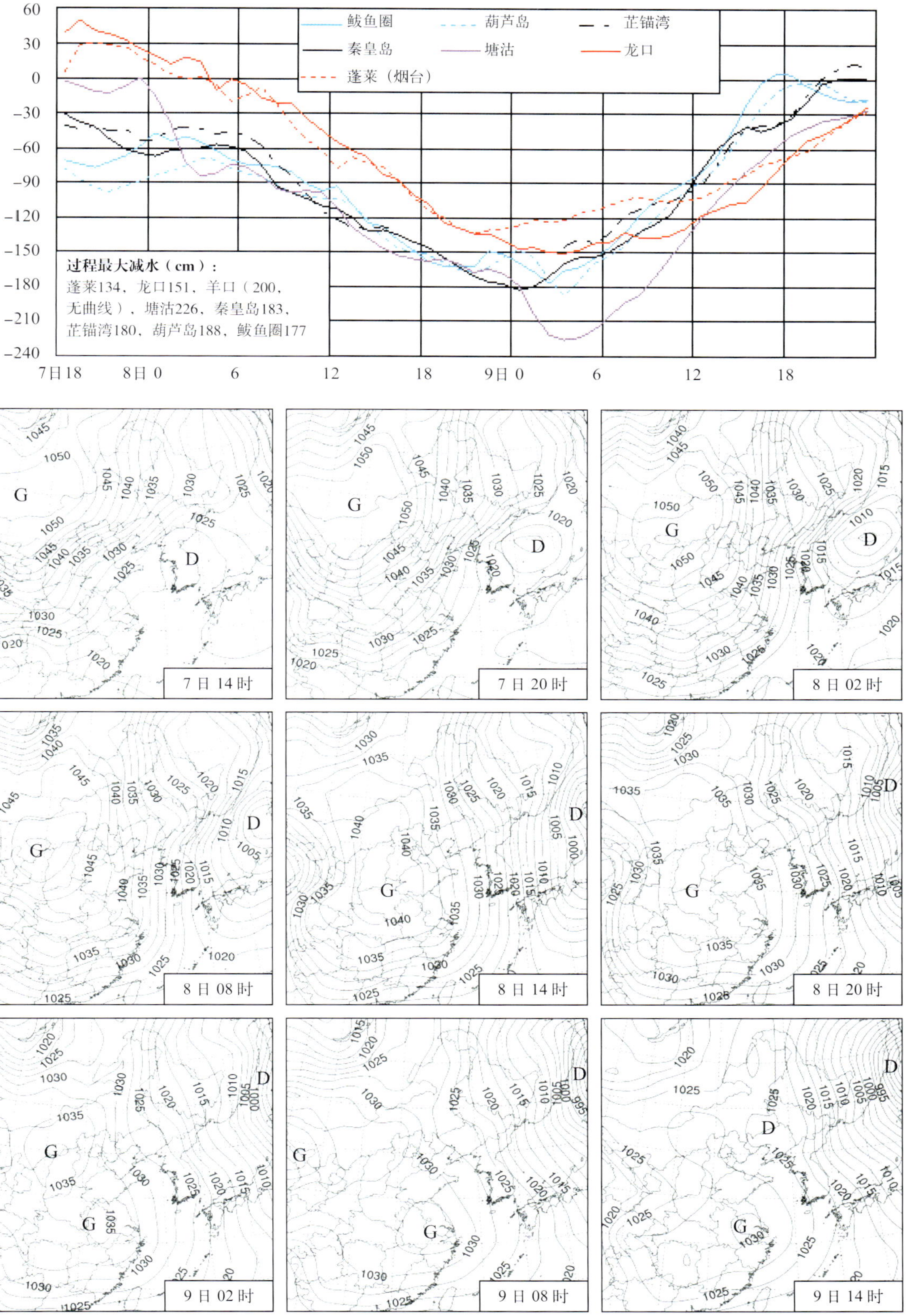

负风暴潮曲线与气压场（1996 年 1 月 7—9 日）

2001 年 12 月 12—15 日

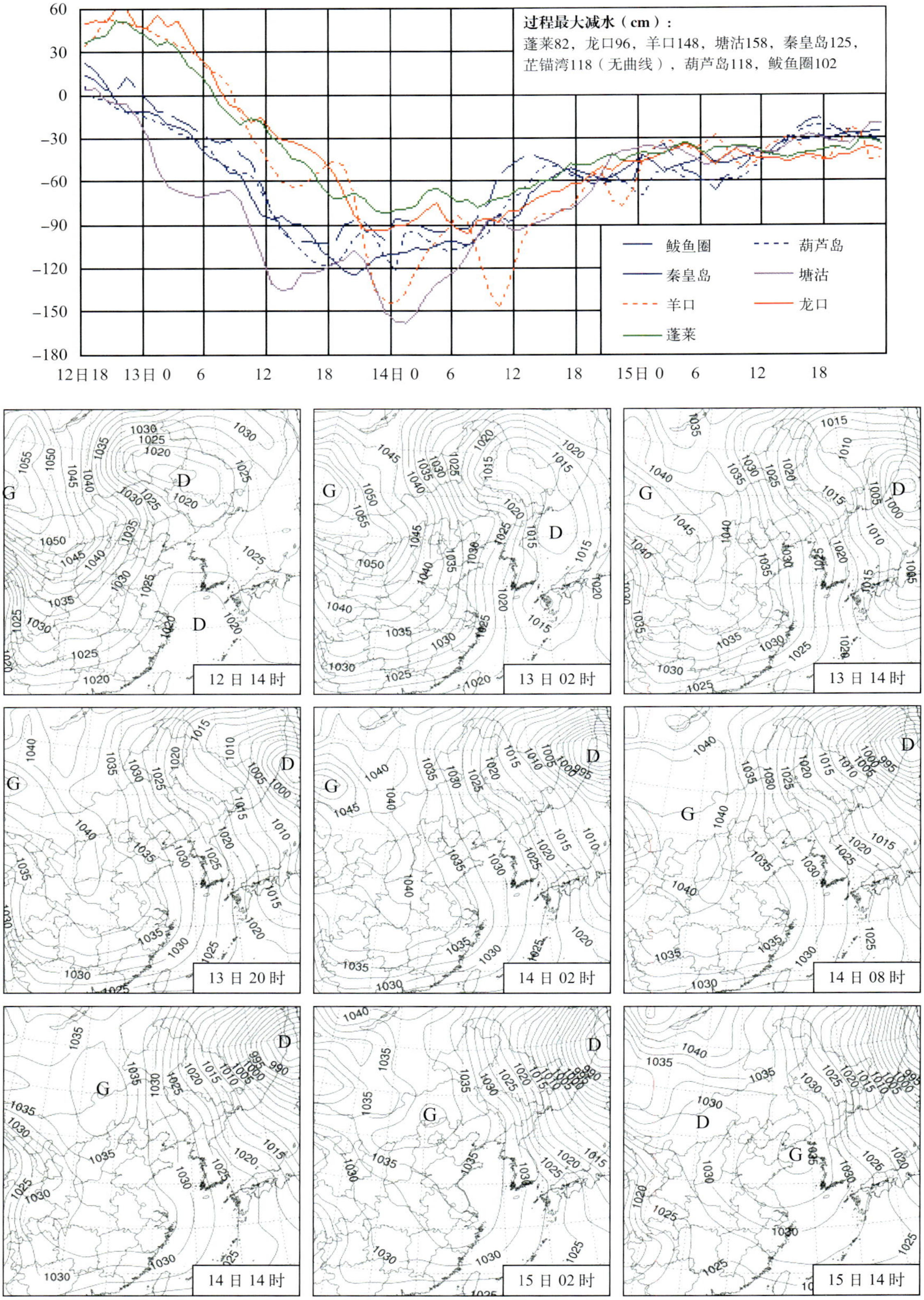

负风暴潮曲线与气压场（2001 年 12 月 12—15 日）

2005 年 12 月 3—6 日

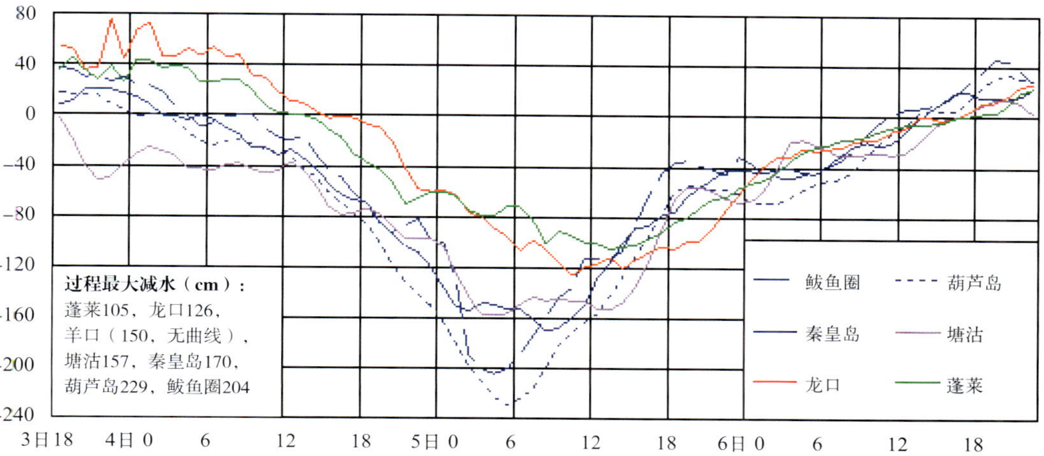

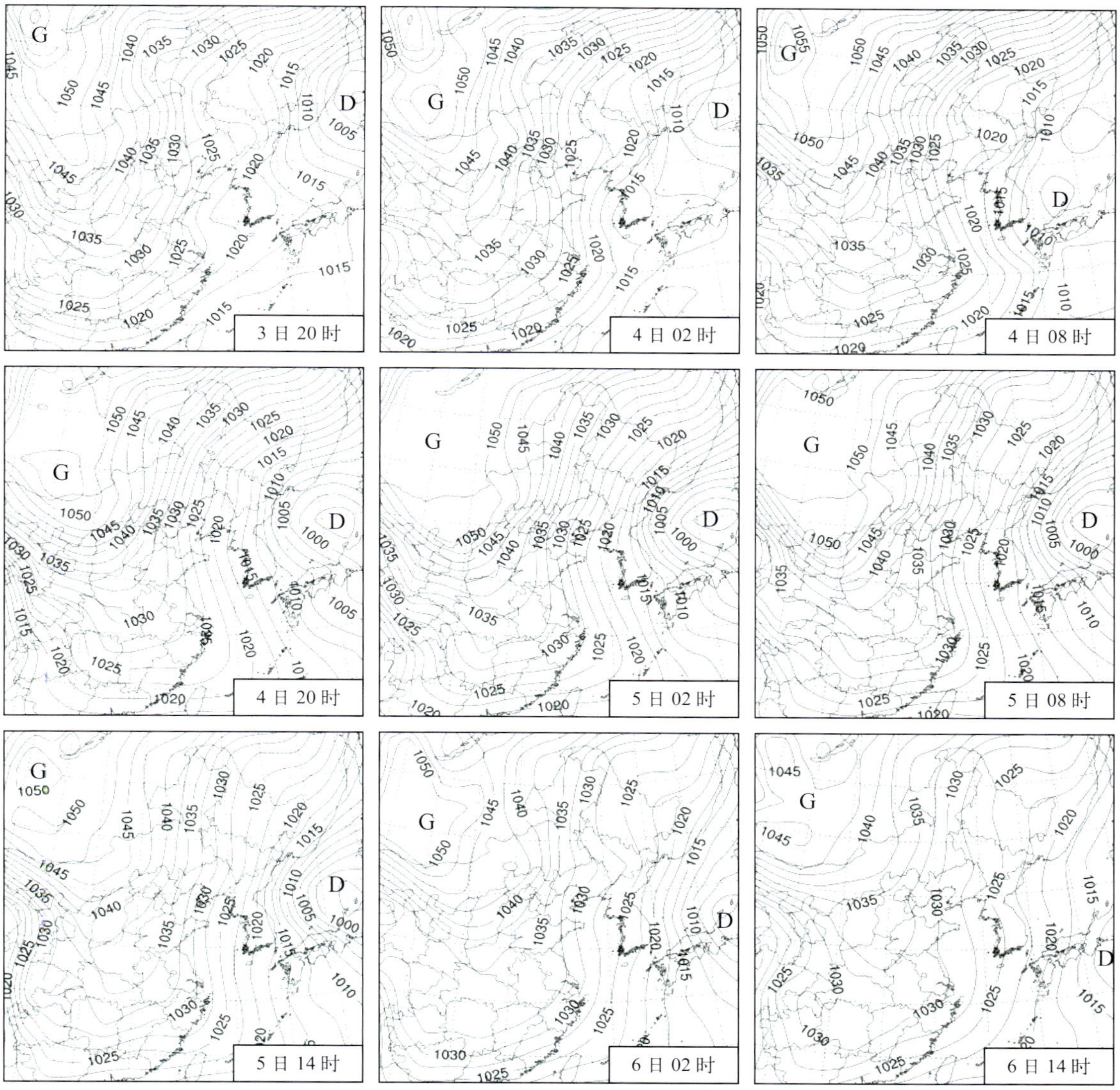

负风暴潮曲线与气压场（2005 年 12 月 3—6 日）

2006 年 2 月 7—9 日

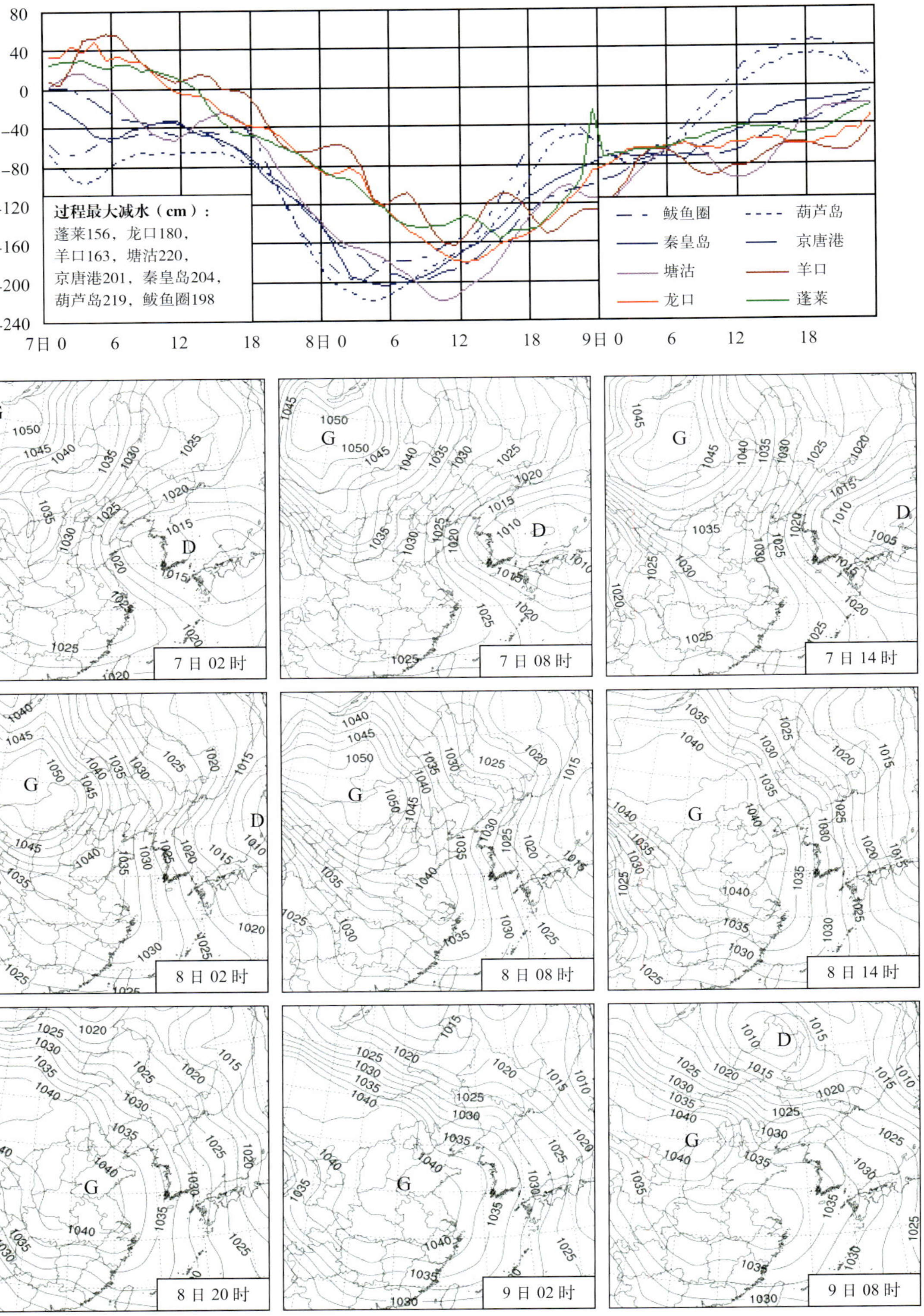

负风暴潮曲线与气压场（2006 年 2 月 7—9 日）

2006 年 3 月 11—14 日

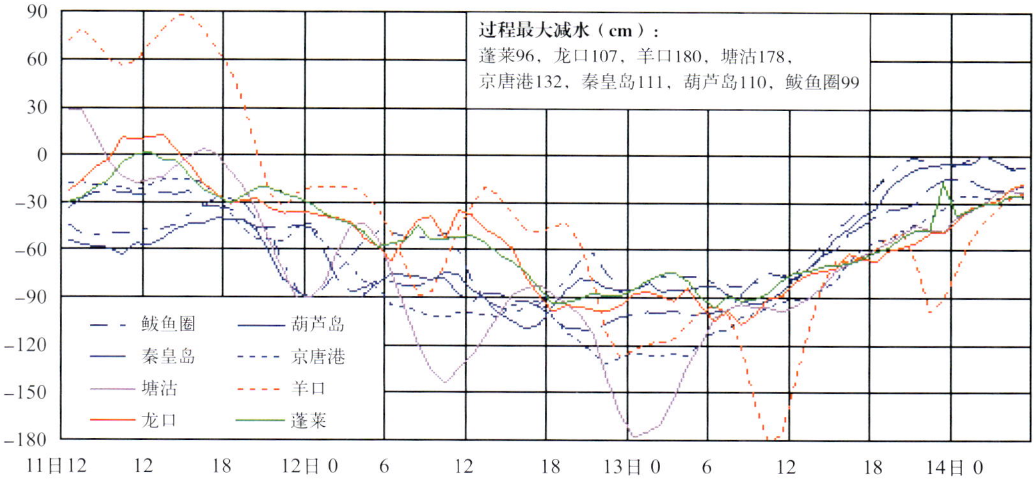

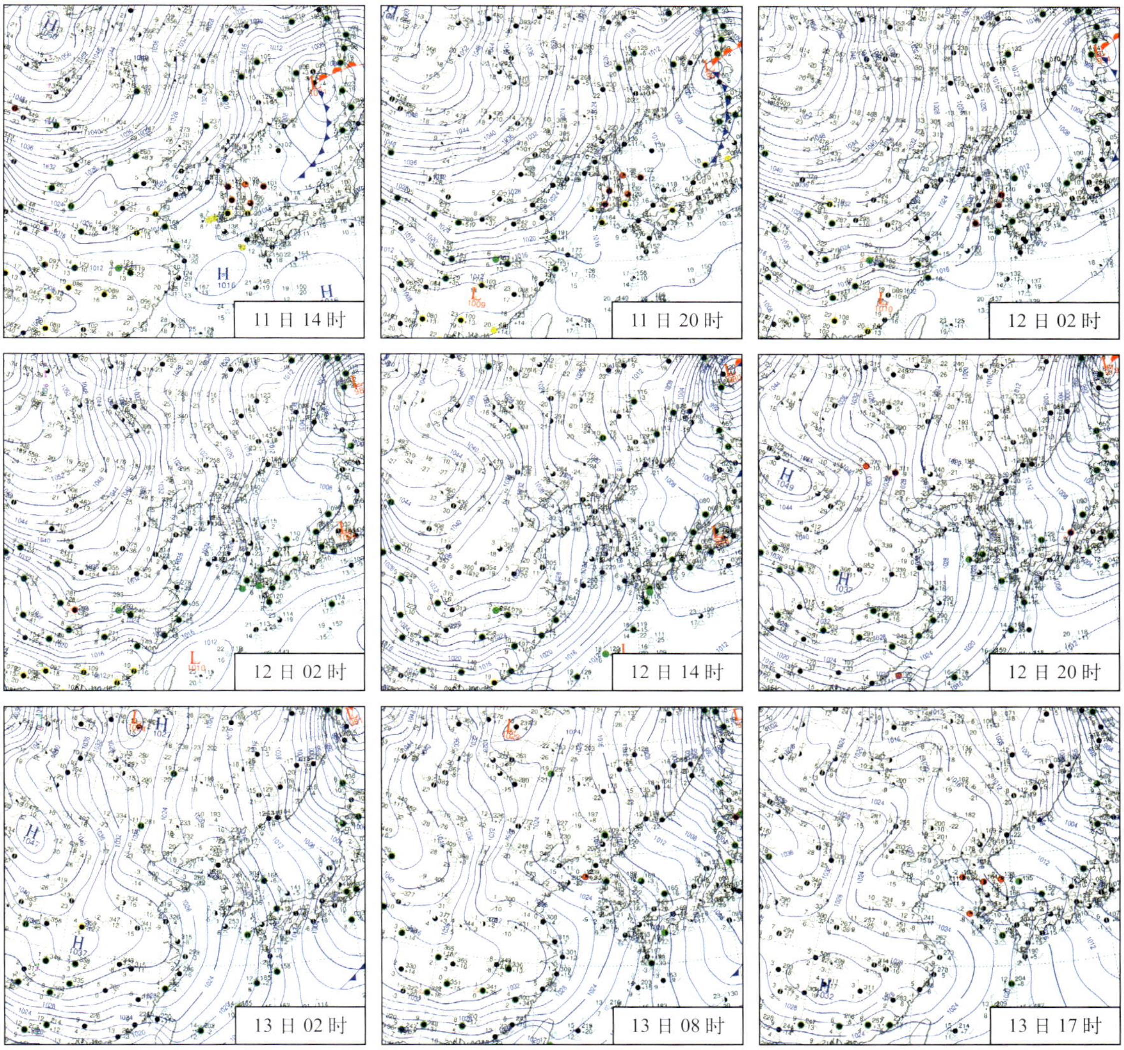

负风暴潮曲线与气压场（2006 年 3 月 11—14 日）

2007 年 3 月 4—7 日

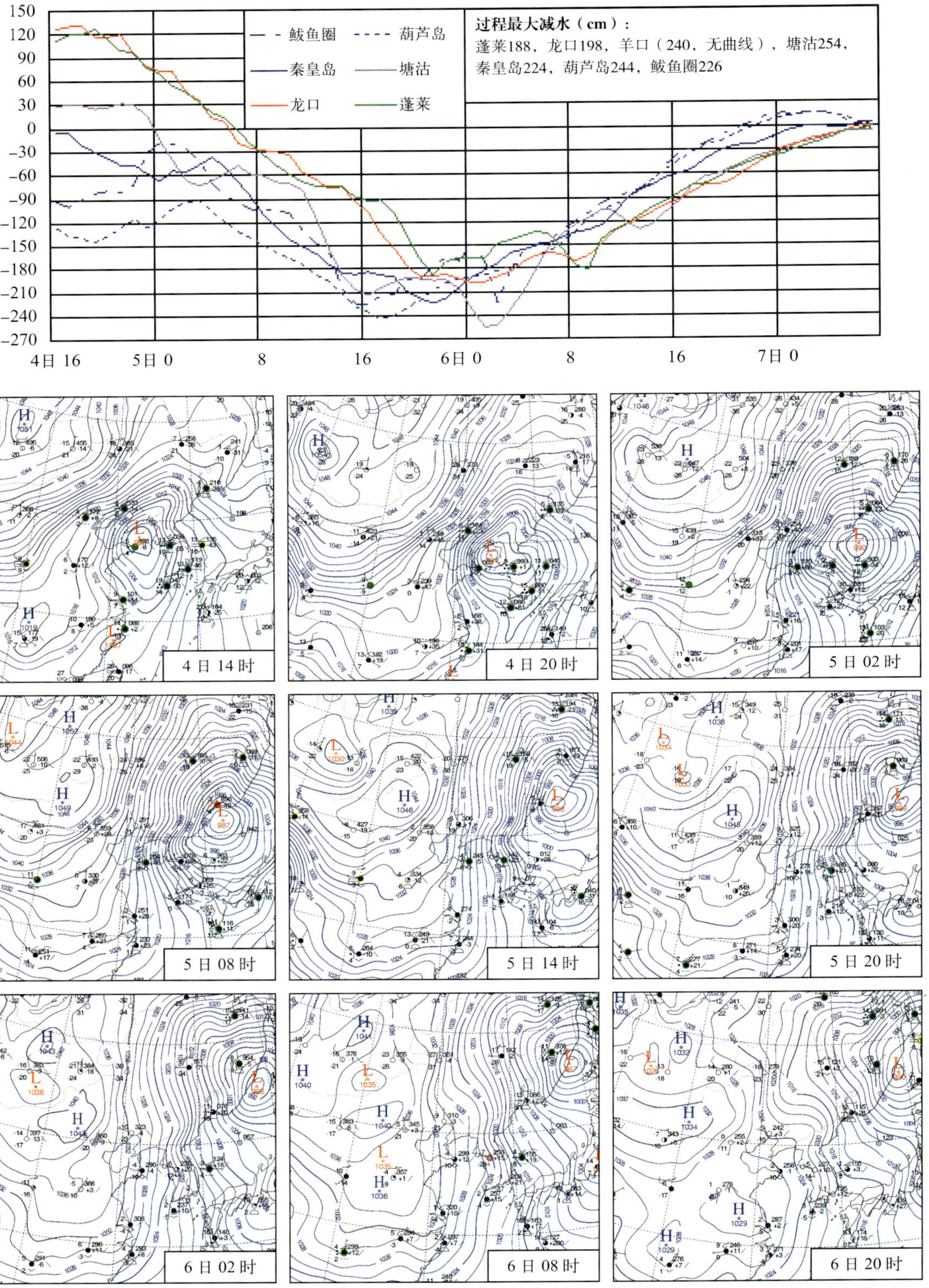

负风暴潮曲线与气压场（2007 年 3 月 4—7 日）

2008 年 12 月 21—23 日

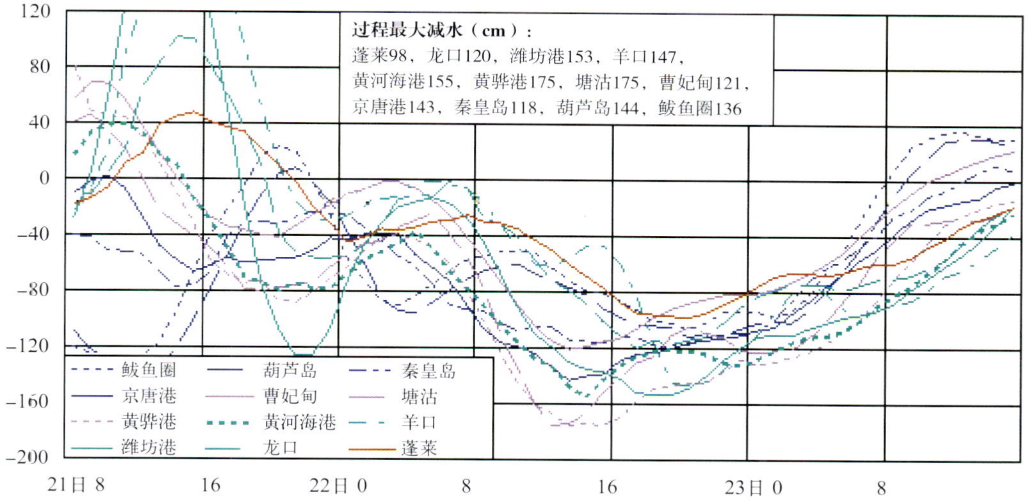

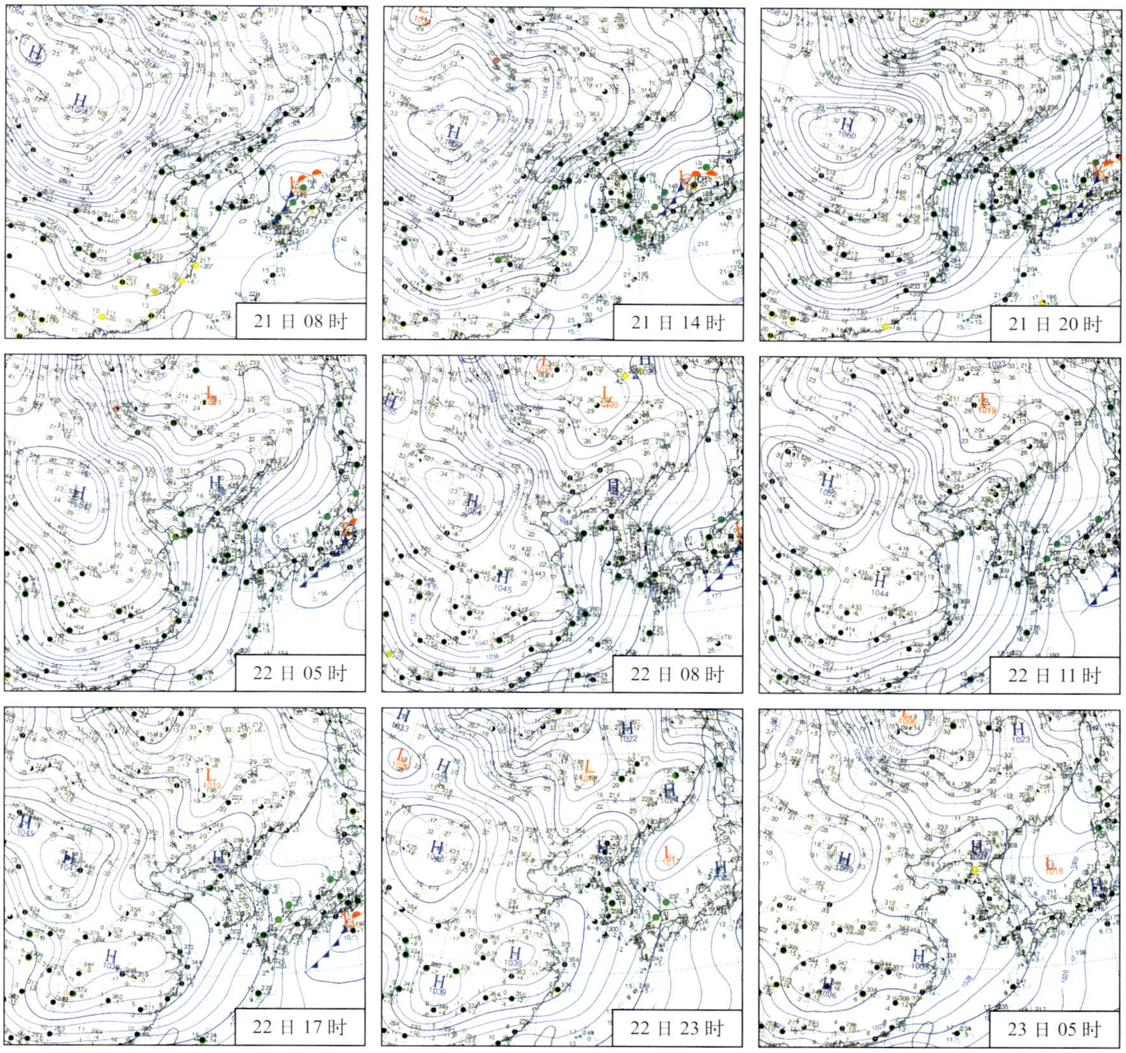

负风暴潮曲线与气压场（2008 年 12 月 21—23 日）

2009 年 1 月 22—24 日

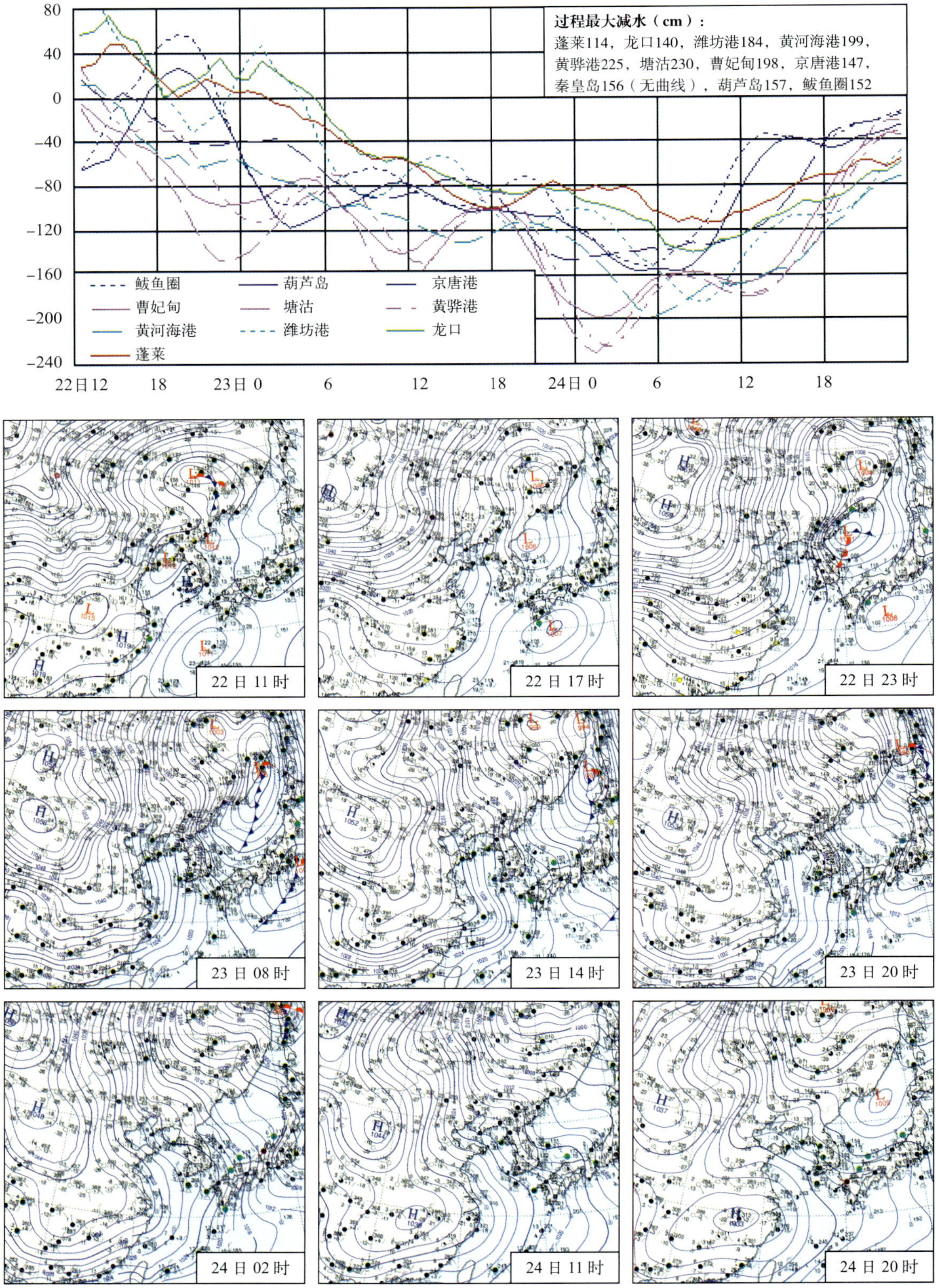

负风暴潮曲线与气压场（2009 年 1 月 22—24 日）

2010 年 12 月 30 日—2011 年 1 月 2 日

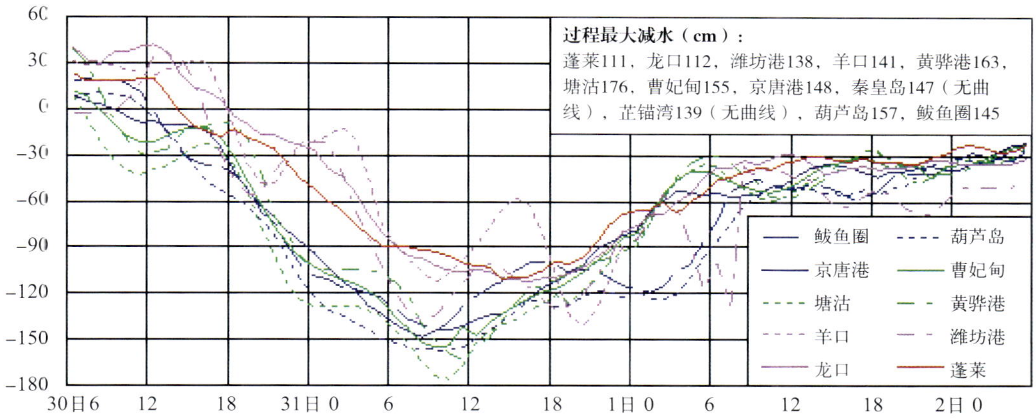

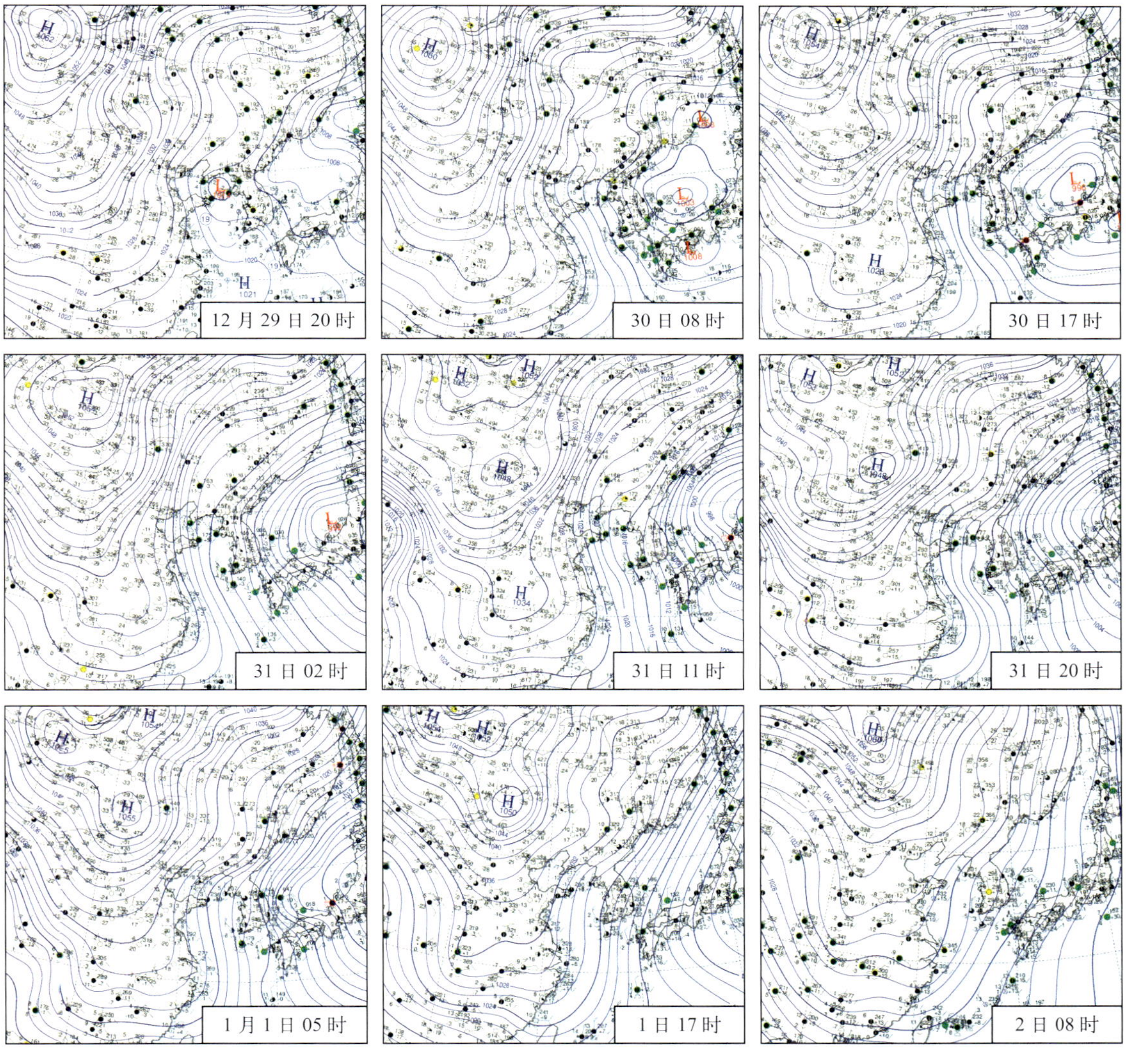

负风暴潮曲线与气压场（2010 年 12 月 30 日—2011 年 1 月 2 日）

2011 年 1 月 14—18 日

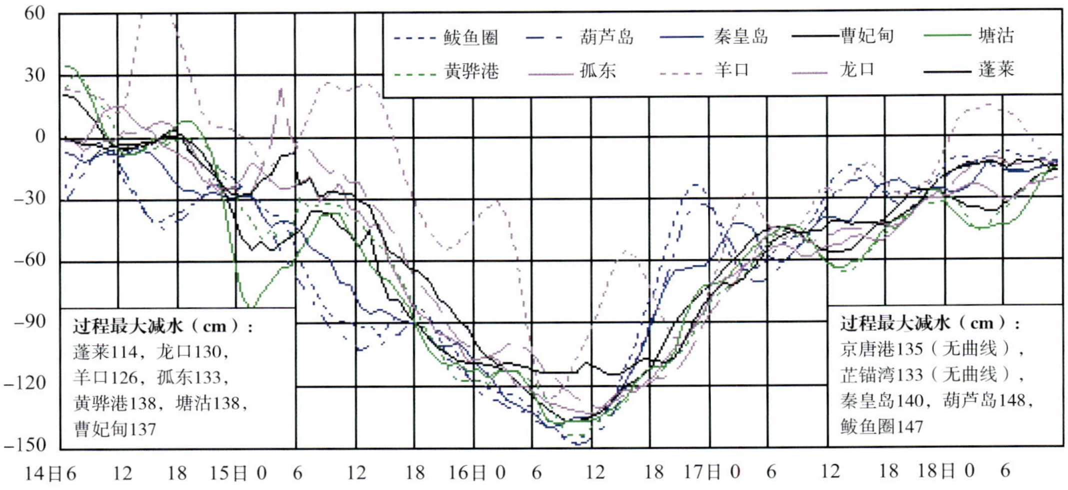

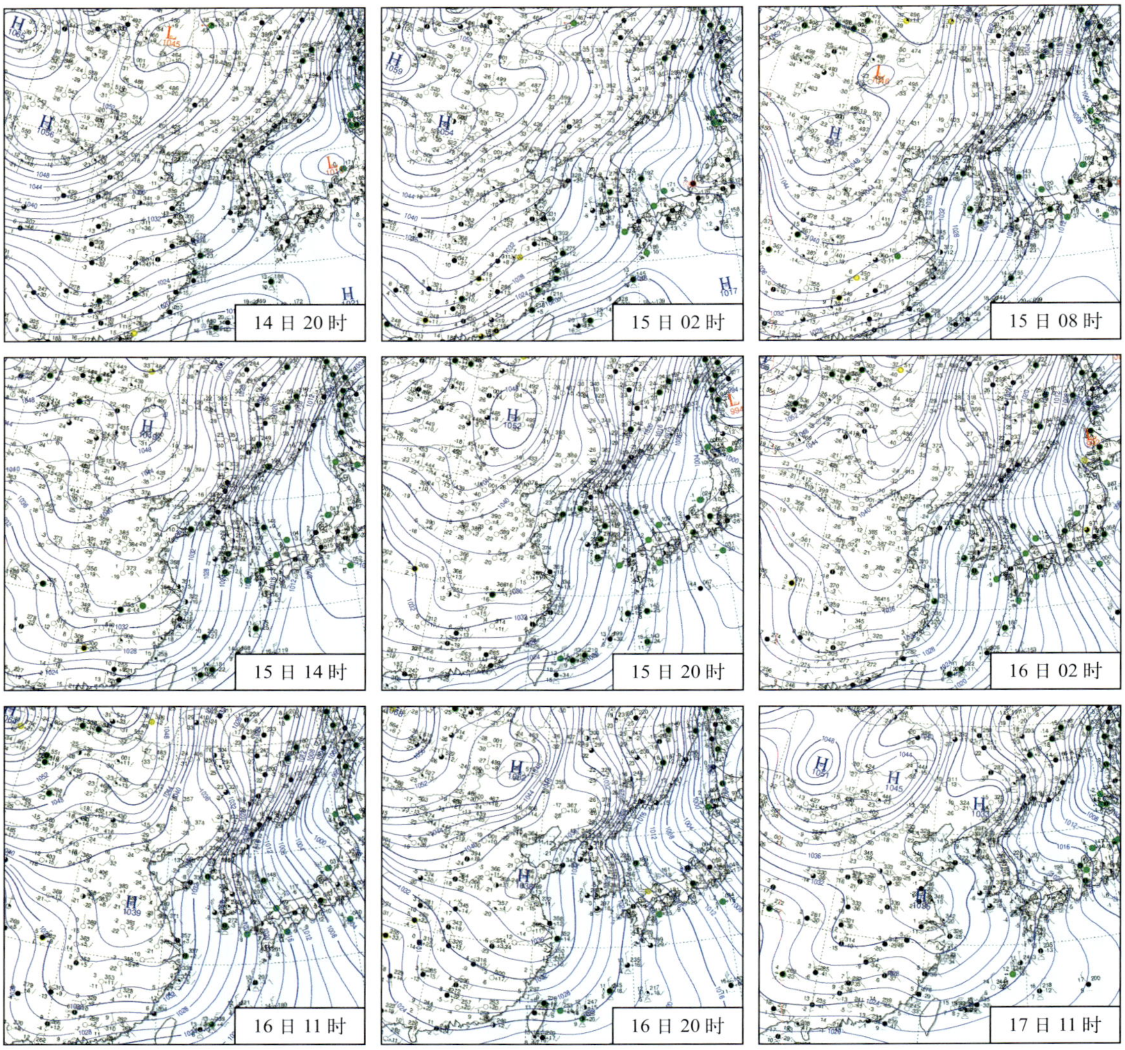

负风暴潮曲线与气压场（2011 年 1 月 14—18 日）

2012 年 4 月 2—4 日

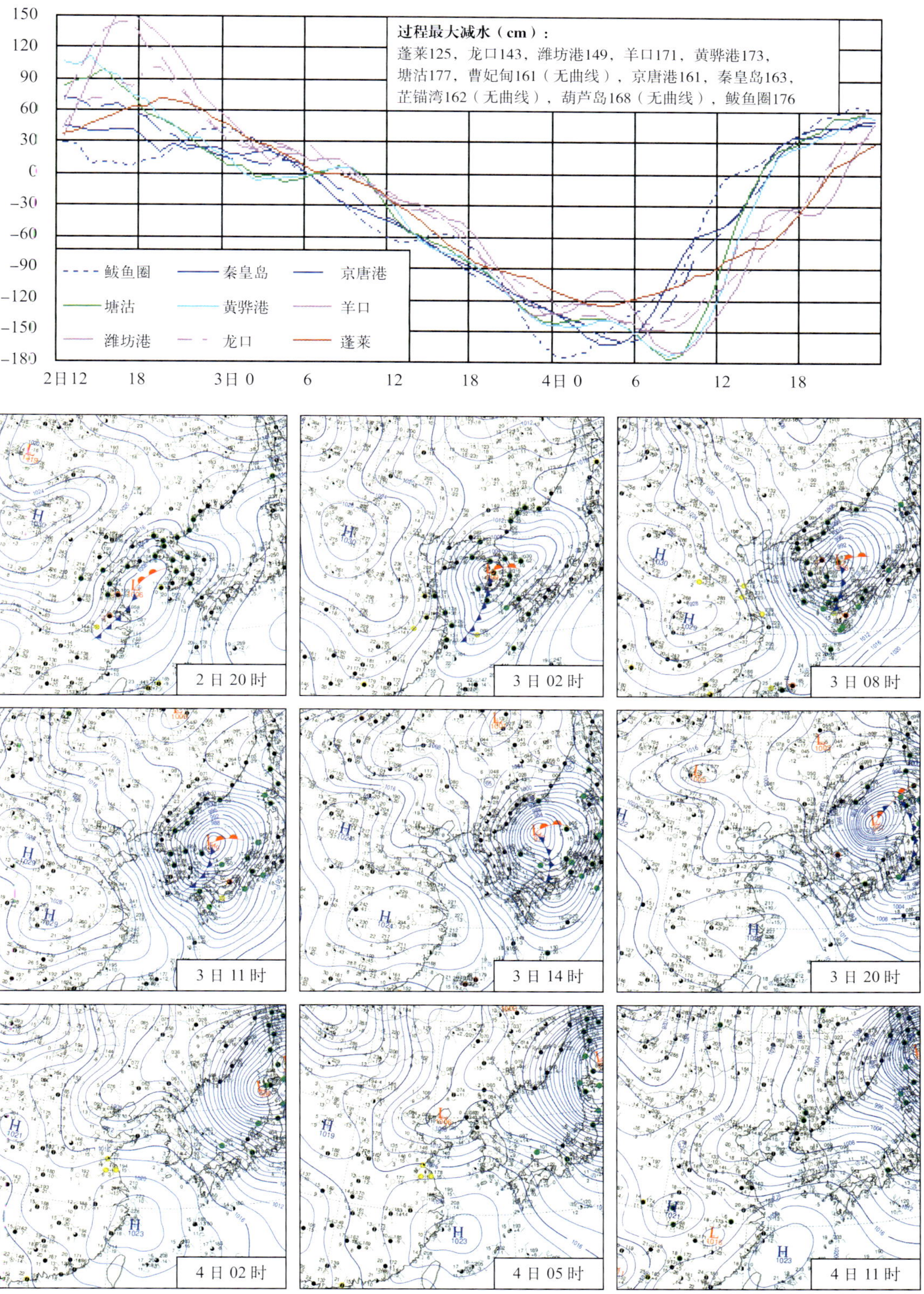

负风暴潮曲线与气压场（2012 年 4 月 2—4 日）

2012 年 11 月 11—13 日

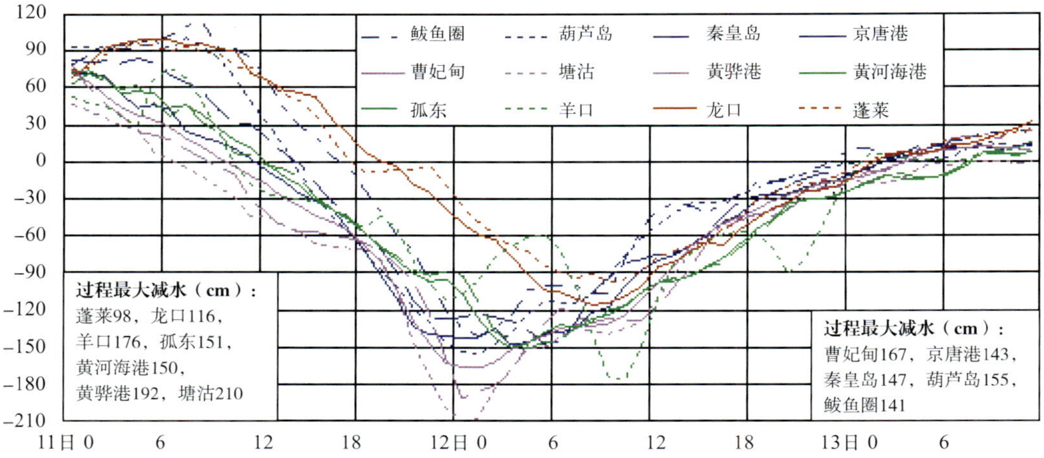

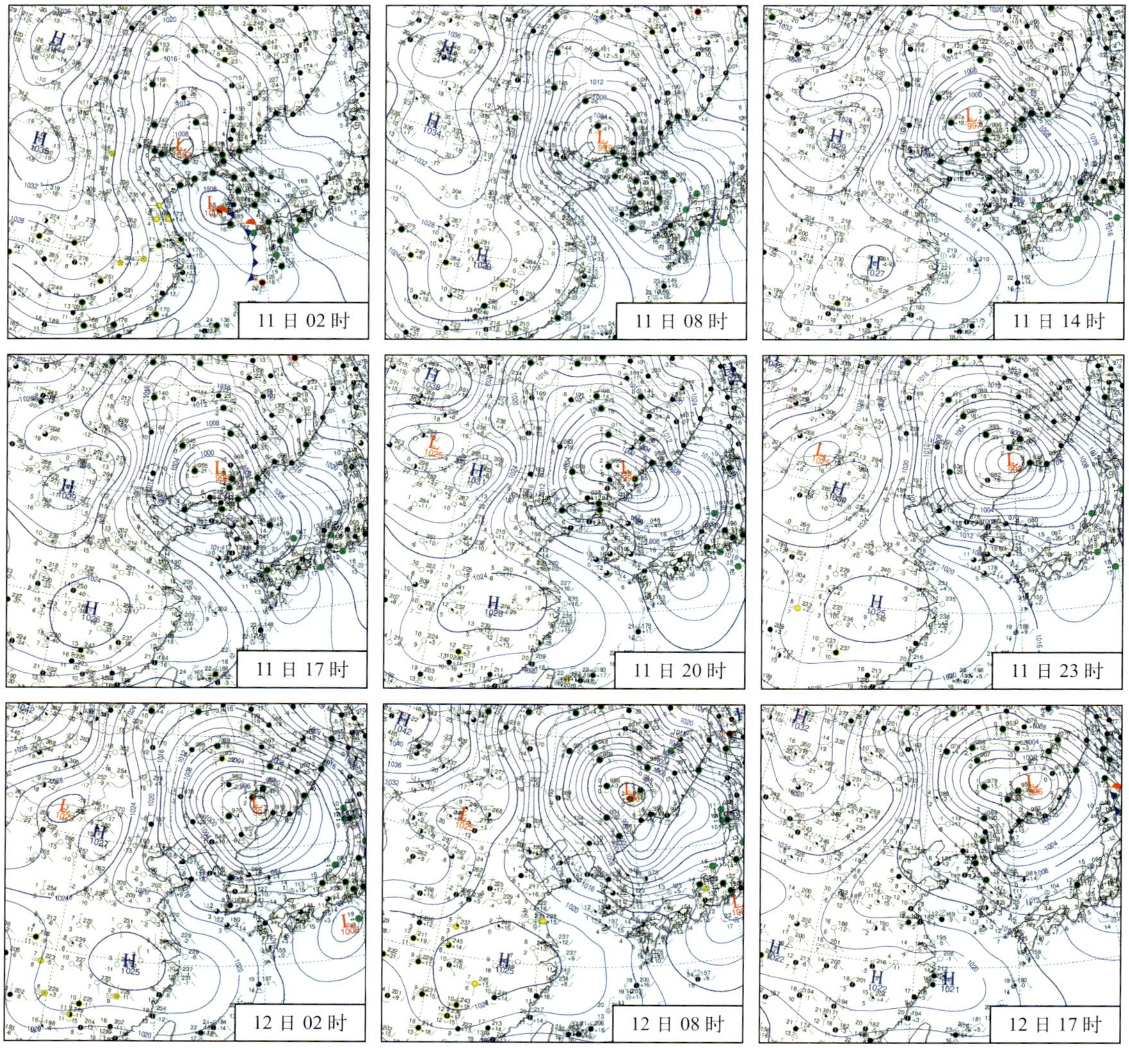

负风暴潮曲线与气压场（2012 年 11 月 11—13 日）

2013 年 11 月 24—27 日

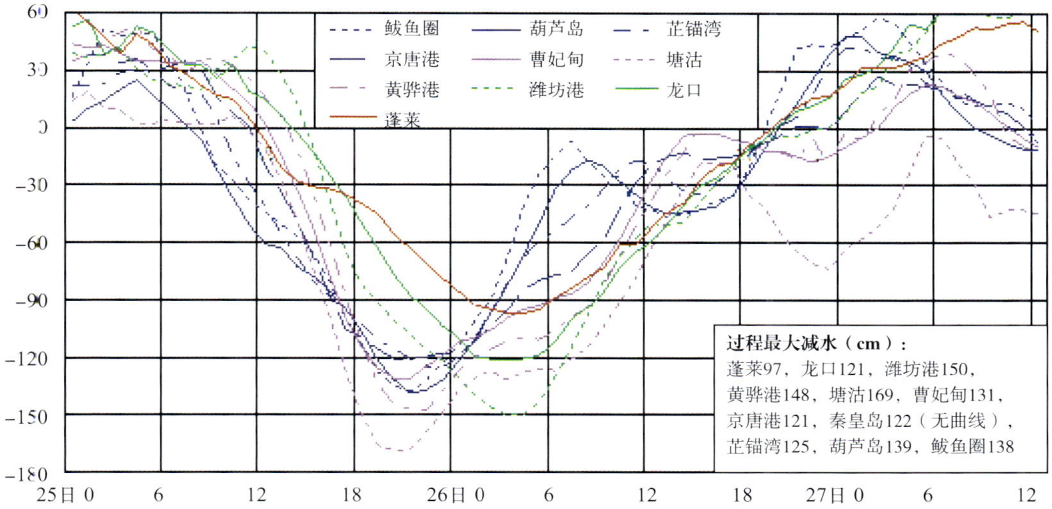

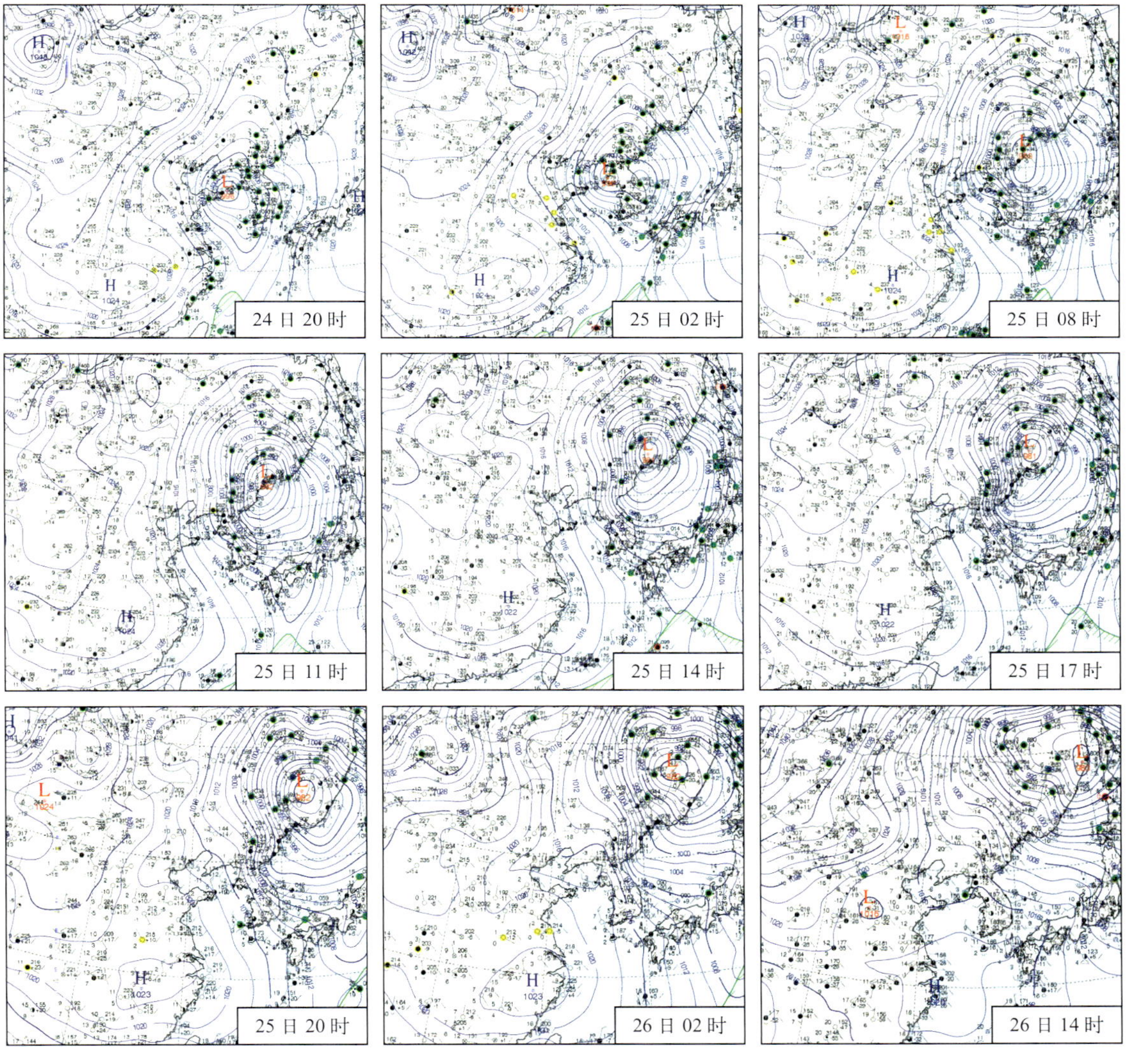

负风暴潮曲线与气压场（2013 年 11 月 24—27 日）

2013 年 11 月 26—29 日

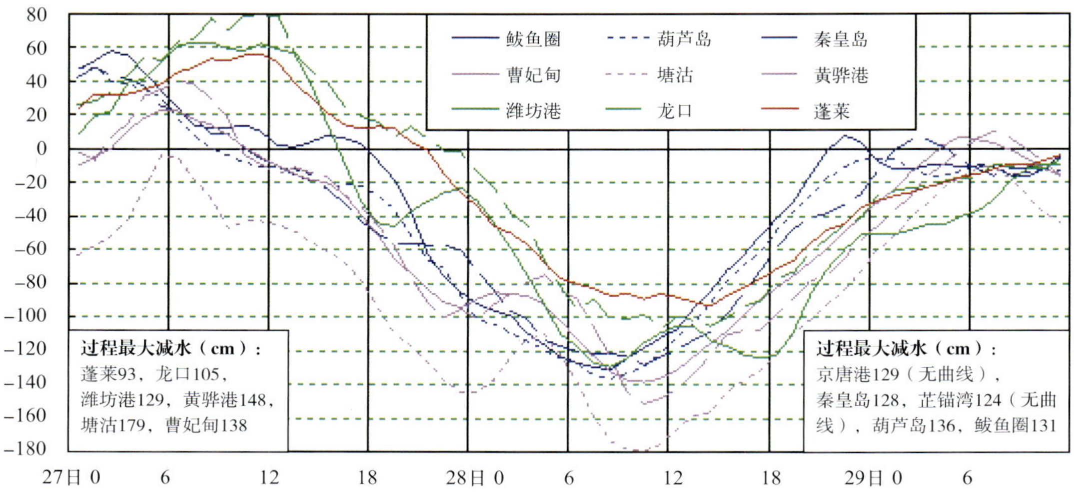

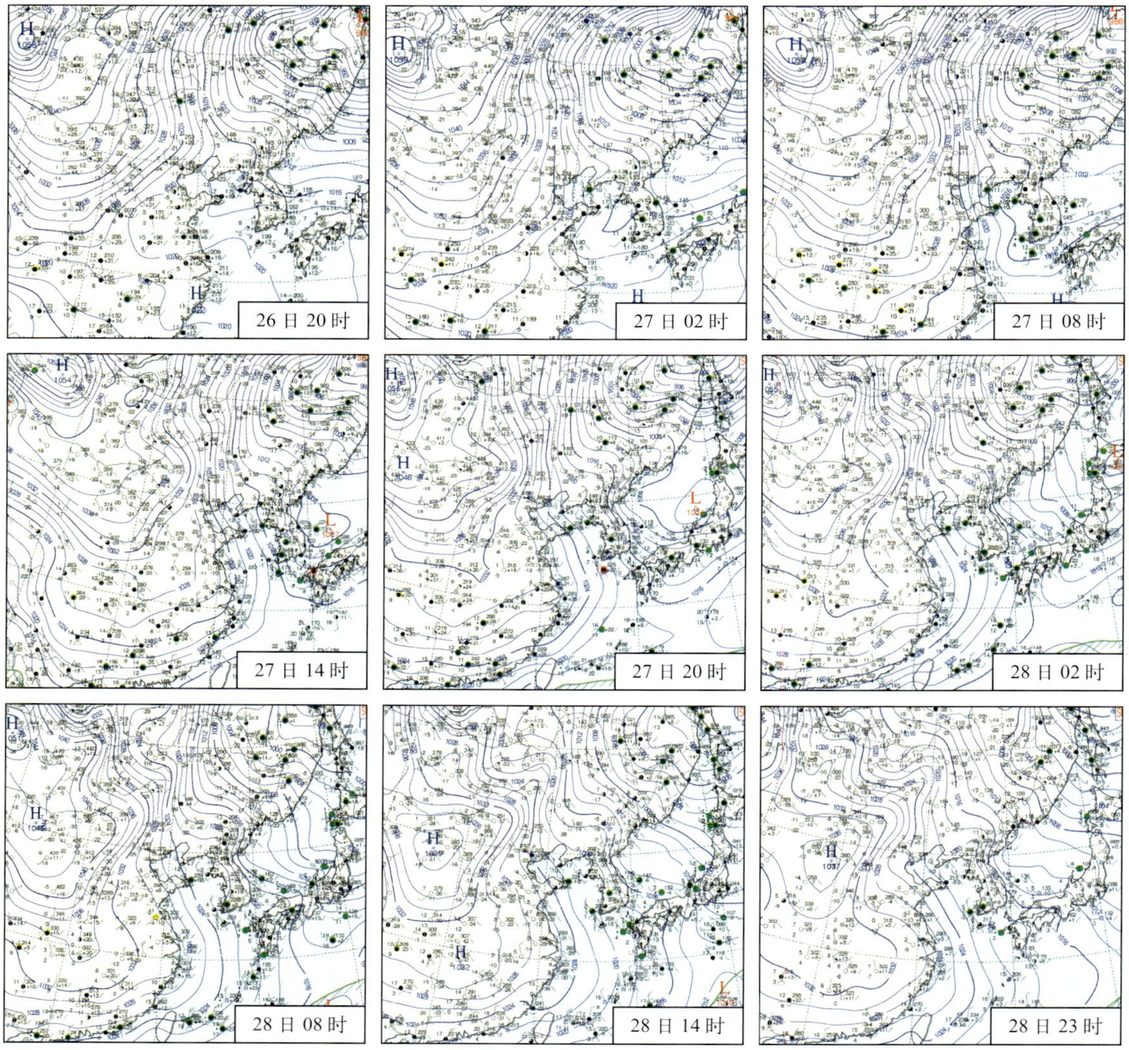

负风暴潮曲线与气压场（2013 年 11 月 26—29 日）

2014 年 11 月 30 日—12 月 3 日

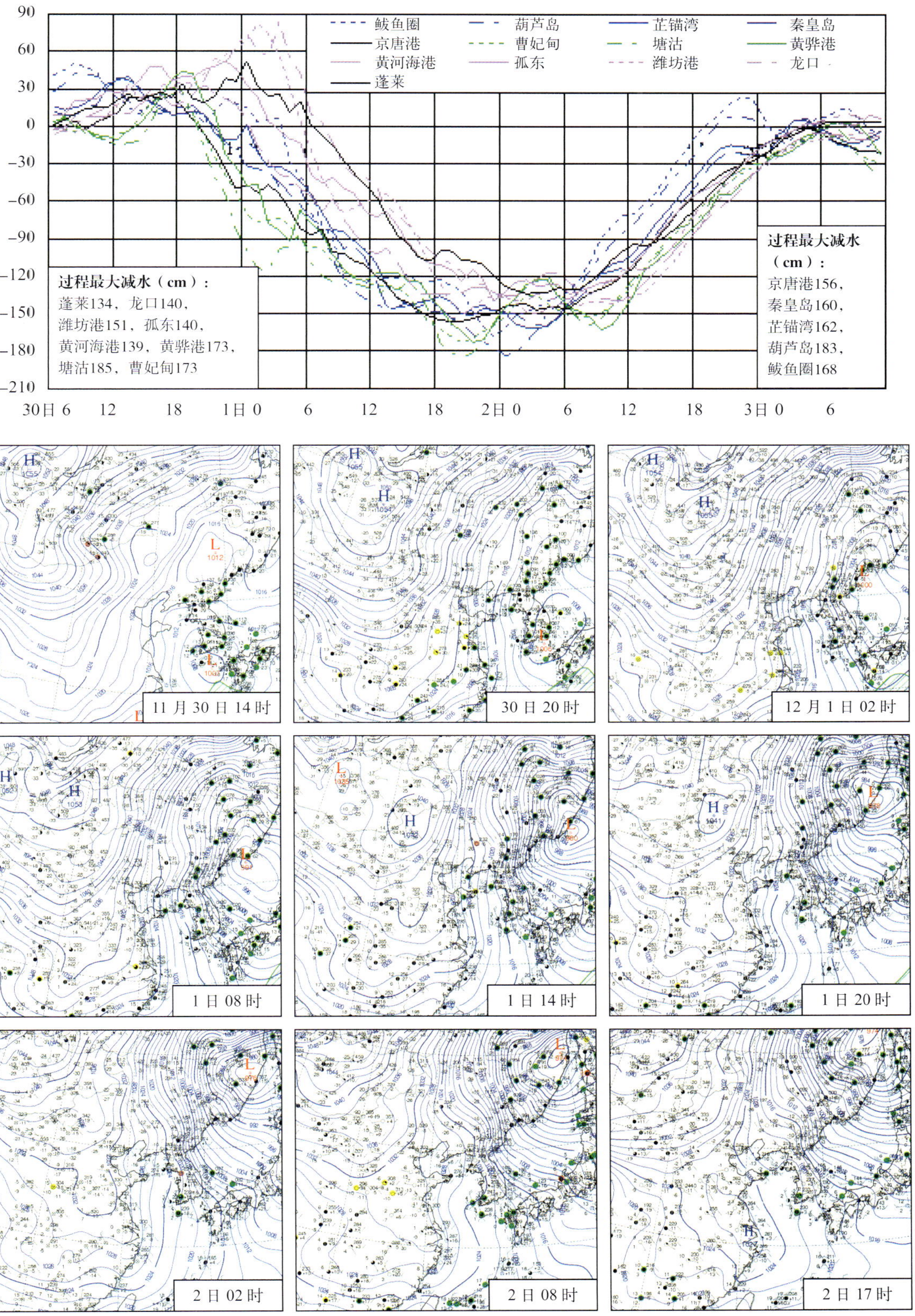

负风暴潮曲线与气压场（2014 年 11 月 30 日—12 月 3 日）

2015 年 10 月 1—2 日

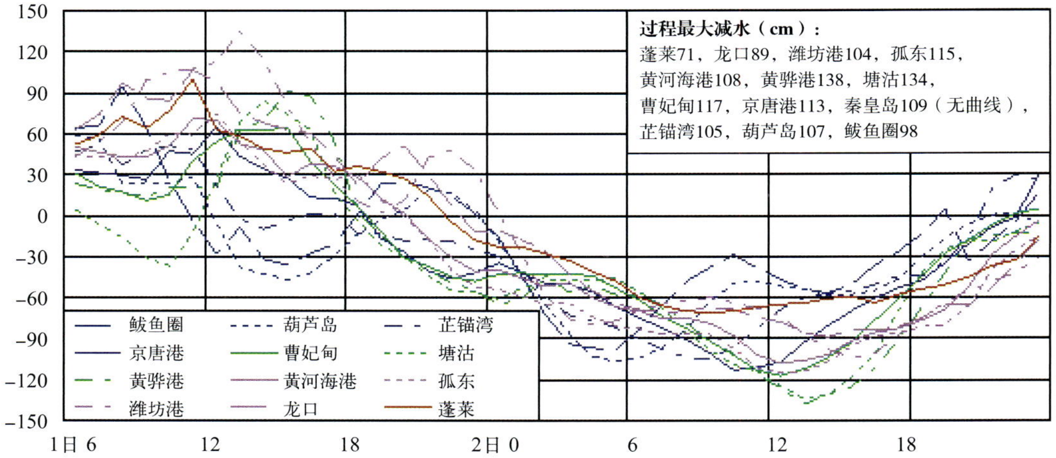

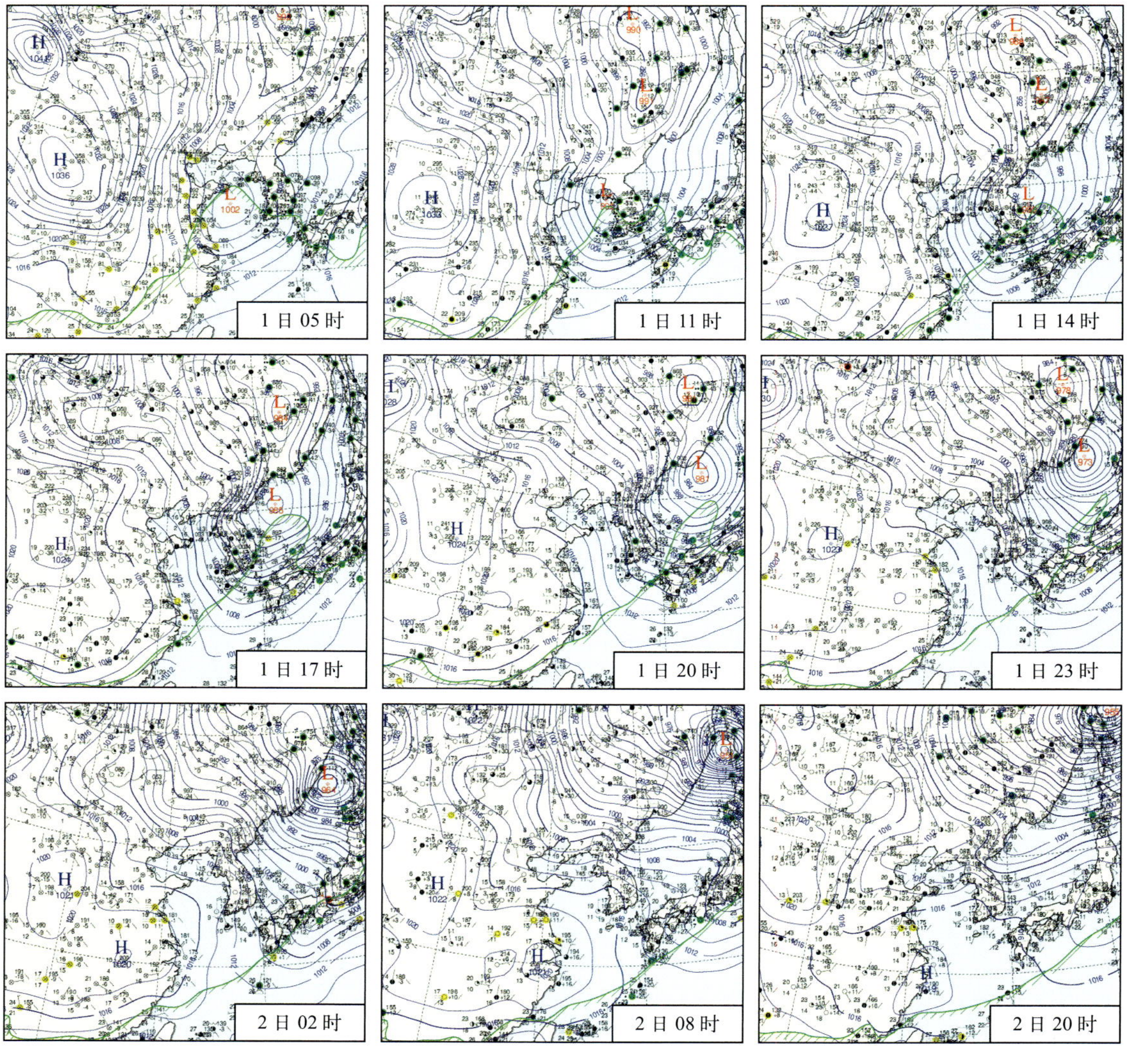

负风暴潮曲线与气压场（2015 年 10 月 1—2 日）

2016 年 2 月 13—16 日

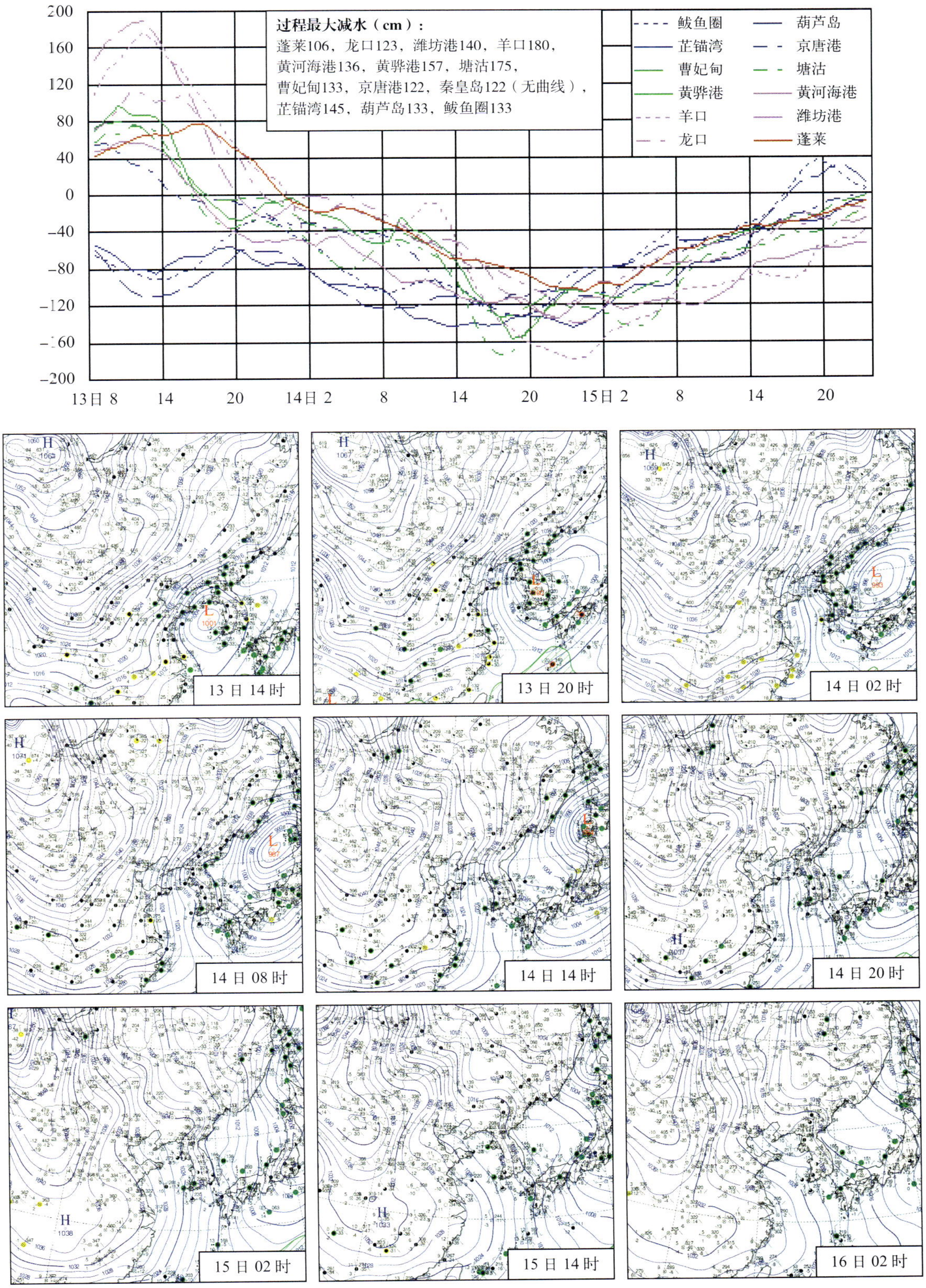

负风暴潮曲线与气压场（2016 年 2 月 13—16 日）

2017 年 12 月 15—18 日

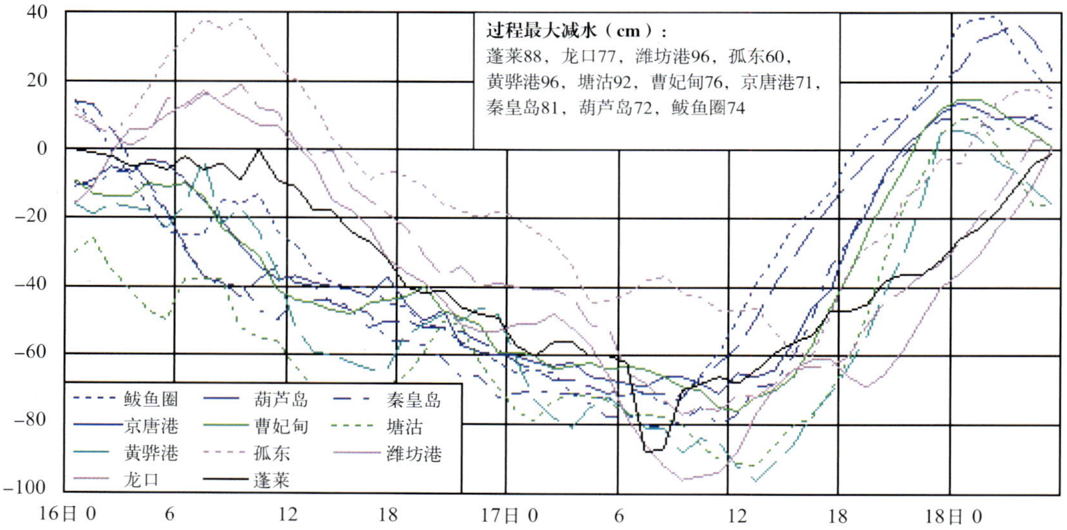

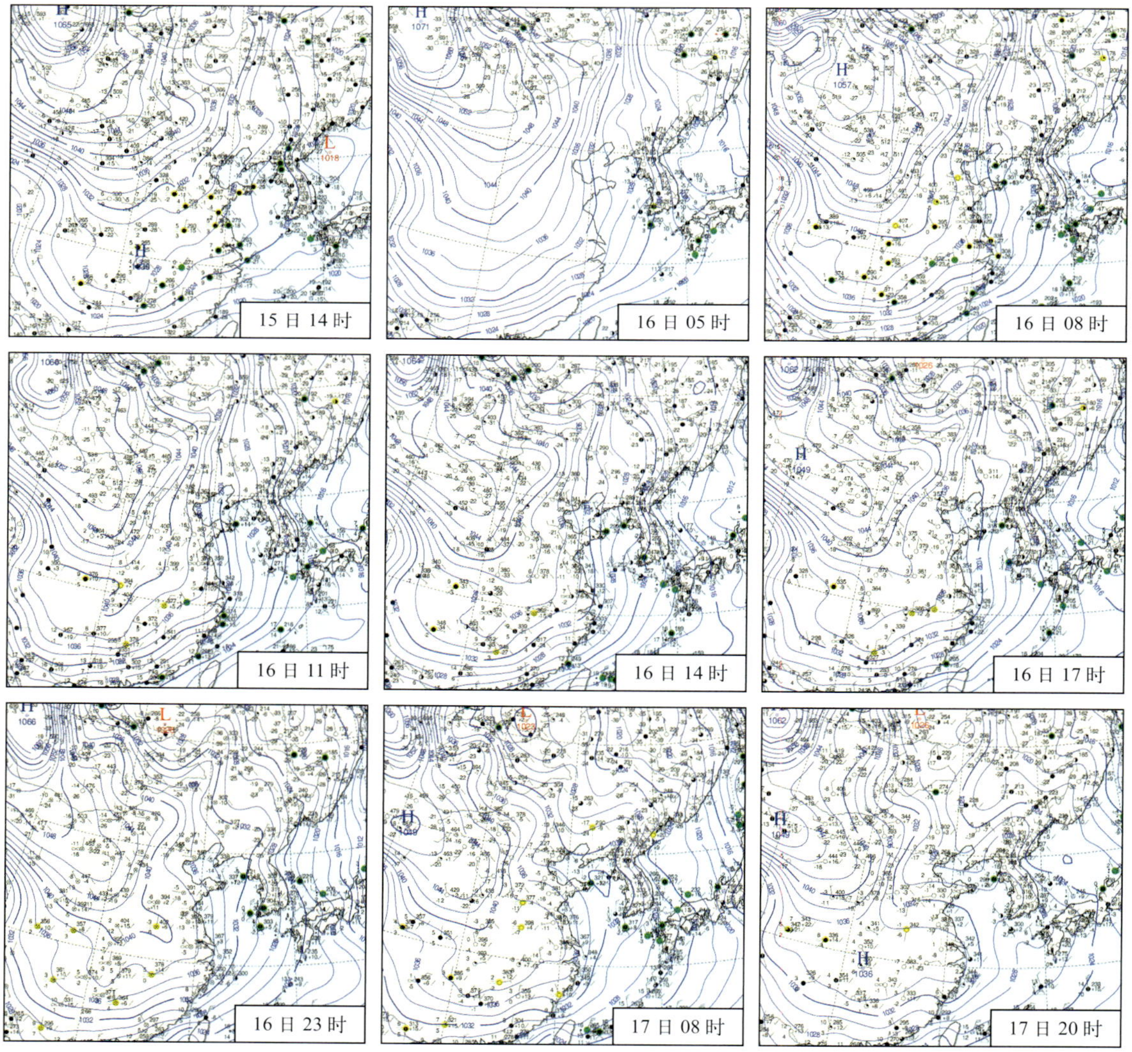

负风暴潮曲线与气压场（2017 年 12 月 15—8 日）

参考文献

[1] 杨华庭，等．中国海洋灾害四十年（1949—1990）资料汇编．北京：海洋出版社，1993.

[2] 河北省海洋环境监测中心．《河北省沿海警戒潮位核定技术报告》. 2013.

[3] 国家海洋局北海分局．北海区域海洋站海洋水文气候志．北京：海洋出版社，1993.

[4] 高由禧，曾佑恩．台风的路径图及其一些统计．北京：科学出版社，1957.

[5] 李文欢，石海莹．海南省风暴潮灾害预报及防范系统研究．北京：海洋出版社，2013,62.